物性科学ハンドブック

― 概念・現象・物質 ―

東京大学物性研究所［編］

朝倉書店

まえがき

　「物性科学とは何か？」という問いにごく簡単に答えるならば，「多様で多彩な物質の性質を物理学や化学の基本法則から統一的に理解する営み」ということになる．しかしながら，本書の序章で歴史的な観点から俯瞰され，諸学問分野の中で適切に位置づけされるように，物性科学は物質観を構築する基礎学問という側面にとどまらず，現代社会を支える先端技術や材料工学の基盤になっているものである．

　東京大学物性研究所は，その物性科学の基礎的研究を高度の総合性をもって行う，わが国の中心的研究機関という使命を託されて1957年に設立された．その目的に沿って十分な近代的研究設備を整えるとともに，その設備を全国の研究者に開放して共同利用・共同研究を強力に推進している．設立後半世紀以上の時を経て今日（2016年春）を迎えているが，その間，時代の要請に応えるべく，研究所内外の研究者の十分な議論の下に3度の大きな自己変革を繰り返してきた．とりわけ，2000年には物質科学の国際拠点としての共同利用研究所を目指して，研究所全体が六本木から柏に移転した．その後，放射光・レーザー・強磁場・中性子・スーパーコンピュータなどの大型施設の高度化による世界最高水準の研究設備の充実に意を注ぎ，2006年に国際超強磁場科学研究施設，2011年に計算物質科学研究センター，2012年には極限コヒーレント光科学研究センターを発足させることができた．これらの施設の充実もあって，2009年には物性科学研究拠点として国の共同利用・共同研究拠点に認定され，2015年の文部科学省の期末評価では，「物性物理学分野における多数の先端実験装置やスーパーコンピュータなどの総合的な研究プラットフォームを国内外の多数の共同研究者に提供し，多くの優れた研究成果を挙げるとともに，学術の大型プロジェクト『強磁場コラボラトリー』の実現など，当該分野の発展に大きく貢献している」として，高く評価された．

　この物性科学研究拠点の認定を一つの契機として，2010年の春に家泰弘所長（当

時）の発案でハンドブック形式の本書が計画された．ただ，ハンドブック形式とはいえ，この計画の当初から物性科学全般を網羅した解説書を上梓しようという意図はなく，予定される著者はこのような使命と歴史をもつ物性研究所の（旧教員を含む）スタッフに限ることとした．内容の取捨選択に関して幾度かの会議をもった後に，最終的には 21 名のスタッフに依頼し，それぞれが基本的には独立した（平均として）約 50 ページの研究解説を執筆し，それらを一つに集めて本書が構成されている．なお，本書で取り扱われる題材のほとんどは何らかの意味で物性研究所の研究に関連したものに限られているとはいえ，物性科学研究の基本である 3 つの要素，すなわち，「物質」，「現象」，「概念」を偏りなく解説したものになっている．具体的には，新規な物性を生じさせる舞台としての無機物および有機物の合成を推進する物質開発グループ，軌道放射・中性子・超強磁場などの国家的大型施設を含む最先端の研究設備を有して新たな興味ある現象を求める物性実験グループ，そして，スーパーコンピュータ施設も活用しながら現象の裏にある新概念を探る物性理論グループのそれぞれが十分な紙幅をもって当該分野のごく基礎的・初歩的な知識の紹介から始めて世界トップレベルの研究を展開して得られた結果を丁寧に説き起こしながら，その分野や関連する隣接分野における今後の発展動向を展望するという解説スタイルをとっている．そして，本書を全体としてみれば，これら基本 3 要素が有機的に結合して物性科学研究の全体を構成している現状が浮き彫りにされるとともに，近未来の研究動向が明確になるように意を注いだ．

　最後に，2016 年度以降の物性研究所の動向について一言ふれておこう．先に述べたように，柏移転以降の 16 年間で大型研究施設は充実され，それに伴いいくつかの組織改革が行われたが，一方，スモールサイエンスを担う新物質科学，物性理論，ナノスケール物性，極限環境の 4 研究部門と物質設計評価施設の物質グループでは組織更新はほとんどなされていない．確かに，スモールサイエンスを遂行する研究活動においては研究者個々のアイデアを自由に追求する研究環境が重要で，そこで生み出される研究成果は長期的な視野で評価されるべきものではあるが，同時に，物性研究所のサイエンスの屋台骨を担うこれらの研究グループの不断の活性化は時代の要請であり，また，研究組織の固定化は各分野の高度化と相まって異分野間の交流を通して新しいサイエンスの芽を育む機会が少なくなっているとの問題点も指摘されている．そこで，これを改善するための処方として，従来の研究部門を横断

まえがき

する形で横串となる研究組織2つを新たに導入することになった．ひとつは「量子物質研究グループ」で，長年にわたって蓄積されてきた強相関電子系の物質研究を発展させ，新規物質における新しい量子現象を対象として，新たな視点をもって物性コミュニティを先導することを目指すものである．もう一つは「機能物性研究グループ」で，これまで伝統的な物性物理学では扱われてこなかったソフトマターや生体物質に代表される階層構造をもつ物質系に着目し，そこに現れる有用な機能や特異な物性の理解を目指して励起状態やダイナミクスの研究を行い，新しい「機能物性」の確立を模索するものである．この横断的で柔軟に研究方向や研究体制を変化させていく2つの新しい組織が人的交流を加速させ，そこで芽生えた研究テーマが大型施設・センターを巻き込んで物性研究所内の共同研究を活性化し，新たなサイエンスの方向を模索するための基盤となり，ひいては物性研究所の大局的な研究動向に新機軸をもたらすことが期待される．本書の読者には，この物性研究所の新しい試みに是非とも注目していただきたい．

2016年4月

編集委員を代表して　高田康民

東京大学物性研究所

編集

編集委員

家　泰弘　　日本学術振興会
　　　　　　前 東京大学物性研究所

高田　康民　　前 東京大学物性研究所

執筆者

家　泰弘　　日本学術振興会
　　　　　　前 東京大学物性研究所

松田　巖　　東京大学物性研究所

上田　和夫　　東京大学 名誉教授

秋山　英文　　東京大学物性研究所

高田　康民　　前 東京大学物性研究所

板谷　治郎　　東京大学物性研究所

川島　直輝　　東京大学物性研究所

金道　浩一　　東京大学物性研究所

押川　正毅　　東京大学物性研究所

松田　康弘　　東京大学物性研究所

榊原　俊郎　　東京大学物性研究所

徳永　将史　　東京大学物性研究所

瀧川　仁　　東京大学物性研究所

柴山　充弘　　東京大学物性研究所

長田　俊人　　東京大学物性研究所

森　初果　　東京大学物性研究所

勝本　信吾　　東京大学物性研究所

廣井　善二　　東京大学物性研究所

河野　公俊　　理化学研究所

中辻　知　　東京大学物性研究所

小森　文夫　　東京大学物性研究所

(執筆順)

目 次

0. 序にかえて——物質科学の系譜と展開 ....[家　泰弘]... 1
   0.1　はじめに 1
   0.2　自然理解と物質科学の系譜 2
      0.2.1　始原物質 2
      0.2.2　錬金術から近代化学へ 4
      0.2.3　磁石と磁力 7
      0.2.4　近代的原子論 9
   0.3　物性科学の位置づけ 11
      0.3.1　現代社会と科学・技術 11
      0.3.2　基礎科学としての物性物理学 13
      0.3.3　物性物理学の構成と物性研究の展開 15
   0.4　本書の構成 20
   文　献 25

第 I 部　物性理論

1. 物性理論の考え方——超伝導を例として ....[上田　和夫]... 29
   1.1　金属電子論の基礎 29
      1.1.1　多電子問題と 1 体近似 29
      1.1.2　ブロッホの定理 30
      1.1.3　バンド構造と金属・絶縁体の区分 33
      1.1.4　自由電子気体モデル 35
      1.1.5　ハバードモデル 38
   1.2　BCS 型の超伝導 40
      1.2.1　超伝導現象 40
      1.2.2　ギンツブルク–ランダウ（GL）理論 41
      1.2.3　クーパー対形成 48
      1.2.4　BCS 理論 50

		1.2.5 電子格子相互作用と引力の起源 ·	55

- 1.3 強相関電子系の超伝導 · 57
    - 1.3.1 重い電子系の超伝導と銅酸化物高温超伝導体 · 57
    - 1.3.2 一般化された BCS 理論 · 60
    - 1.3.3 一般化された GL 理論 · 65
- 1.4 量子相転移と強相関電子系の超伝導 · 70
    - 1.4.1 金属磁性の平均場近似 · 71
    - 1.4.2 金属磁性のスピンの揺らぎの理論 · 75
    - 1.4.3 量子臨界性と超伝導 · 80
- 文　献 · 86

2. 第一原理からの物性理論 · [高田　康民] · · · 88

- 2.1 物性理論概観 · 88
    - 2.1.1 自然の階層構造と物性理論 · 88
    - 2.1.2 第一原理系のハミルトニアン · 89
    - 2.1.3 第一原理系を取り扱う理論手法 · 91
    - 2.1.4 第一原理計算の狙い · 94
- 2.2 波動関数的アプローチ · 94
    - 2.2.1 水素原子と電子軌道の古典力学的イメージ · 94
    - 2.2.2 陽子の質量効果と断熱近似 · 96
    - 2.2.3 ヘリウム原子：ハートリー–フォック近似と自己相互作用補正 · · · · · · · 98
    - 2.2.4 相関効果とジャストロウ因子 · 100
    - 2.2.5 交換効果とフント則 · 103
    - 2.2.6 水素分子とハイトラー–ロンドン理論 · 104
    - 2.2.7 水素分子における化学結合の本質 · 107
    - 2.2.8 断熱ポテンシャルと 2 陽子系の運動 · 109
    - 2.2.9 閉じ込め分子模型と高圧下の固体水素 · 111
- 2.3 場の量子論的アプローチ · 113
    - 2.3.1 第 2 量子化と電子場の生成・消滅演算子 · 113
    - 2.3.2 断熱近似下の価電子イオン複合系 · 114
    - 2.3.3 電子ガス系とそのハートリー–フォック近似の状態 · · · · · · · · · · · · · · · · · 116
    - 2.3.4 動径分布関数：フェルミホールとクーロンホール · · · · · · · · · · · · · · · · · · 117
    - 2.3.5 基底状態エネルギーと相関エネルギー · 121
    - 2.3.6 圧縮率とスピン帯磁率：電子ガス系とアルカリ金属の比較 · · · · · · · · · 121
    - 2.3.7 誘電異常と超臨界状態のアルカリ金属流体 · 124

	2.3.8	GWΓ法：動的構造因子と1電子スペクトル関数	127
2.4		密度汎関数論的アプローチ	130
	2.4.1	ホーエンバーグ–コーンの密度汎関数原理	130
	2.4.2	ホーエンバーグ–コーンの密度変分原理と普遍汎関数	131
	2.4.3	コーン–シャムの方法と相互作用のない参照系	133
	2.4.4	実用的な交換相関エネルギー汎関数とLDA	134
	2.4.5	1原子埋め込み電子ガス系とスピン偏極	135
	2.4.6	不純物アンダーソン模型：近藤効果から近藤問題へ	139
	2.4.7	陽子埋め込み電子ガス系：第一原理からの近藤問題	144
文　献			148

3. モンテカルロ法と量子臨界現象　　　　　　　　　　［川島　直輝］　151

3.1	計算物理学による物理現象の「理解」	151
3.2	計算物理学の展開	152
3.3	モデル計算の手法	154
	3.3.1 有限系の数値厳密解	155
	3.3.2 級数展開	155
	3.3.3 分子動力学シミュレーション	156
	3.3.4 連続体モデルと有限要素法	157
	3.3.5 新しい方法論	157
3.4	モンテカルロ法	158
	3.4.1 単純な確率的求積法	158
	3.4.2 マルコフ鎖モンテカルロ法	159
	3.4.3 詳細釣り合いとエルゴード性	160
	3.4.4 収束性	161
	3.4.5 「自由エネルギー」の単調増加性	162
	3.4.6 クラスタ更新	163
3.5	経路積分表示による量子モンテカルロ法	166
	3.5.1 ループ分割による状態更新	168
	3.5.2 ワームによる状態更新	170
3.6	臨界現象の一般論と有限サイズスケーリング	175
3.7	ボース凝縮—U(1)対称性のある場合—	176
	3.7.1 XYモデルとボース–ハバードモデル	177
	3.7.2 臨界現象 ($d>2$)	180
	3.7.3 実験—シングレットダイマー物質—	181

    3.7.4 臨界現象（$1 \leq d \leq 2$） 182
    3.7.5 フラストレーションの効果 183
  3.8 シングレットダイマー系の臨界現象—SU(2) 対称性のある場合— 185
    3.8.1 ボンド変調のある反強磁性ハイゼンベルクモデル 185
    3.8.2 コヒーレント表示 185
    3.8.3 トポロジカル数とハルデーンギャップ 187
    3.8.4 2次元以上の場合 189
    3.8.5 数値計算 189
  3.9 新しいタイプの臨界現象 191
    3.9.1 SU(N) ハイゼンベルクモデル 191
    3.9.2 脱閉じ込め転移 193
    3.9.3 数値計算 196
  文　献 197

4. 物性理論の新潮流 200
  4.1 はじめに ....[高田　康民]... 200
  4.2 量子臨界現象 ....[川島　直輝]... 201
  4.3 物性物理学におけるトポロジー ....[押川　正毅]... 206
    4.3.1 トポロジーとは？ 206
    4.3.2 トポロジカルな現象としての整数量子ホール効果 210
    4.3.3 ディラックフェルミオン 217
    4.3.4 端状態 219
    4.3.5 トポロジカル絶縁体 220
  文　献 229

第 II 部　スモールサイエンスとしての物性実験

5. 基礎の物性実験—比熱・磁化測定からわかること ....[榊原　俊郎]... 233
  5.1 比熱測定 233
    5.1.1 格子振動と比熱 233
    5.1.2 電子系の比熱 243
    5.1.3 核比熱 254
  5.2 磁化測定 258
    5.2.1 磁化および帯磁率の一般論 258
    5.2.2 さまざまな磁化 261

　　　　　　　　　　　目　　　次　　　　　　　　　　　　xi

　　5.2.3　磁化および磁場・温度相図に関する熱力学関係式 279
　5.3　磁化測定における最近の発展 282
　文　　献 288

6. 核磁気共鳴法 ....[瀧川　仁]... 291
　6.1　核磁気共鳴の基礎と超微細相互作用 291
　　6.1.1　磁気共鳴の原理 292
　　6.1.2　固体中の超微細相互作用，4重極相互作用 302
　　6.1.3　NMRで見る固体の性質 304
　6.2　NMRスペクトルとスピン・電荷・格子の局所構造 313
　　6.2.1　常磁性状態におけるNMRスペクトル 314
　　6.2.2　磁気秩序状態におけるNMRスペクトル 321
　　6.2.3　f電子系の多極子秩序とNMRスペクトル 327
　6.3　核磁気緩和現象と電子・格子のダイナミクス 331
　　6.3.1　核スピン-格子緩和率 331
　　6.3.2　スピンエコー減衰率 338
　　6.3.3　フォノンによる緩和の例，ラットリングと超伝導 343
　文　　献 345

7. 電気伝導──低次元電子系の量子伝導 ....[長田　俊人]... 348
　7.1　はじめに 348
　7.2　固体中の電子動力学 349
　　7.2.1　有効質量近似 350
　　7.2.2　半古典近似 353
　　7.2.3　磁場中の電子状態 353
　　7.2.4　ベリー位相と異常速度 359
　　7.2.5　スピン軌道相互作用 365
　7.3　電気伝導の扱い 370
　　7.3.1　ドルーデ理論 370
　　7.3.2　ボルツマン方程式 371
　　7.3.3　久保公式 374
　7.4　電気伝導とフェルミオロジー 383
　　7.4.1　角度依存磁気抵抗振動 384
　　7.4.2　量子振動効果 400
　7.5　量子ホール効果 407

7.5.1　2次元電子系……………………………………………… 407
　　　7.5.2　整数量子ホール効果…………………………………… 409
　　　7.5.3　量子ホール効果のゲージ理論………………………… 414
　　　7.5.4　ブロッホ電子系の量子ホール効果…………………… 420
　　　7.5.5　エッジ描像とバルク・エッジ対応…………………… 426
　　　7.5.6　分数量子ホール効果…………………………………… 434
　　　7.5.7　複合粒子描像…………………………………………… 441
　7.6　グラフェンと固体中ディラック電子系………………………… 446
　　　7.6.1　ディラック方程式……………………………………… 447
　　　7.6.2　グラフェンの電子構造………………………………… 448
　　　7.6.3　ベリー位相と後方散乱の消失………………………… 454
　　　7.6.4　ランダウ準位と量子ホール効果……………………… 458
　　　7.6.5　歪誘起ゲージ場………………………………………… 465
　　　7.6.6　2層グラフェン………………………………………… 466
　　　7.6.7　固体中ディラック電子系……………………………… 469
　7.7　まとめと展望……………………………………………………… 472
　文　　献……………………………………………………………………… 473

8. ナノスケール人工量子系 ……………………………[勝本　信吾]… 476
　8.1　ナノスケール量子系……………………………………………… 476
　　　8.1.1　量子構造………………………………………………… 476
　　　8.1.2　半導体人工構造………………………………………… 478
　　　8.1.3　半導体量子構造の光学現象…………………………… 486
　　　8.1.4　コヒーレント輸送現象………………………………… 497
　　　8.1.5　単電子帯電効果と量子ドット………………………… 509
　　　8.1.6　量子コヒーレンス・デコヒーレンスと非平衡伝導… 512
　　　8.1.7　量子ドットを舞台とする物理現象…………………… 528
　　　8.1.8　半導体複合ナノスケール系…………………………… 536
　8.2　スピントロニクス………………………………………………… 540
　　　8.2.1　スピントロニクスとは………………………………… 540
　　　8.2.2　磁性の基礎事項………………………………………… 542
　　　8.2.3　スピン輸送現象………………………………………… 549
　　　8.2.4　スピン注入・スピン緩和・スピン流生成…………… 557
　　　8.2.5　微小磁性体……………………………………………… 568
　　　8.2.6　スピン情報処理………………………………………… 573

　　　　　　　　　　　　　　目　　次

文　　献 ……………………………………………………………………… 577

9. その他の物性実験 ……………………………………………………… 580
9.1 超低温物性 ……………………………………………[河野　公俊]… 580
　9.1.1 低温生成 ……………………………………………………… 580
　9.1.2 超流動 ^{4}He ………………………………………………… 594
　9.1.3 超流動 ^{3}He ………………………………………………… 614
9.2 走査トンネル顕微鏡による表面研究 …………………[小森　文夫]… 623
　9.2.1 固体表面研究 ………………………………………………… 623
　9.2.2 走査トンネル顕微鏡の動作原理 …………………………… 625
　9.2.3 局所電子状態密度の測定 …………………………………… 628
　9.2.4 探針による原子操作 ………………………………………… 631
　9.2.5 表面電子波動関数の観察とその分散関係の測定 ………… 634
　9.2.6 表面原子構造の解明 ………………………………………… 636
　9.2.7 探針電流による表面構造の可逆制御 ……………………… 638
　9.2.8 おわりに ……………………………………………………… 640
文　　献 ……………………………………………………………………… 640

第 III 部　大型施設を使った物性実験

10. 光物性実験 ……………………………………………………………… 645
10.1 序　　論 ………………………………[秋山英文・板谷治郎・松田巖]… 645
　10.1.1 序　　論 …………………………………………………… 645
　10.1.2 レーザー …………………………………………………… 647
　10.1.3 シンクロトロン放射 ……………………………………… 652
　10.1.4 自由電子レーザー ………………………………………… 657
　10.1.5 本章の構成 ………………………………………………… 659
10.2 光と物質の相互作用 …………………………………[板谷　治郎]… 659
　10.2.1 光学応答の現象論 ………………………………………… 659
　10.2.2 古典論とローレンツモデル ……………………………… 666
　10.2.3 光と物質の相互作用の半古典論 ………………………… 672
10.3 真空紫外—軟 X 線での物性実験 ……………………[松田　巖]… 678
　10.3.1 双極子遷移 ………………………………………………… 678
　10.3.2 真空紫外〜軟 X 線での物性実験 ………………………… 683
　10.3.3 発　　光 …………………………………………………… 706

10.3.4　より高度な実験 ･･･ 709
10.4　非線形光学 ･････････････････････････････････････ [板谷　治郎] ･･･ 716
　10.4.1　光パルスの伝搬 ･･･ 716
　10.4.2　摂動論的な非線形光学 ･････････････････････････････････ 717
10.5　ヘテロ構造・ナノ構造デバイス光科学 ･･････････････ [秋山　英文] ･･･ 722
　10.5.1　はじめに ･･･ 722
　10.5.2　半導体低次元系の光学遷移の基礎 ･････････････････････ 723
　10.5.3　半導体光デバイス（レーザー）の基礎 ･･･････････････････ 729
　10.5.4　低次元半導体量子構造の光学物性 ･････････････････････ 739
文　献 ･･･ 760

11. 磁場開発と物性測定 ･･････････････ [金道浩一・松田康弘・徳永将史] ･･･ 766
11.1　緒　　言 ･･･ 766
　11.1.1　はじめに ･･ 766
　11.1.2　磁場に関する基礎事項 ･････････････････････････････････ 771
11.2　強磁場下の電子 ･･ 780
　11.2.1　単位系について ･･ 780
　11.2.2　1電子系の問題 ･･ 780
　11.2.3　多電子系の問題 ･･ 784
11.3　パルス強磁場発生技術 ･･･････････････････････････････････････ 786
　11.3.1　非 破 壊 型 ･･ 786
　11.3.2　破　壊　型 ･･ 789
11.4　定常強磁場および非破壊パルス磁場下における物性測定 ･････････ 804
　11.4.1　直 流 測 定 ･･ 804
　11.4.2　低周波交流測定 ･･ 806
　11.4.3　高周波交流測定 ･･ 807
　11.4.4　磁 化 測 定 ･･ 808
　11.4.5　構 造 測 定 ･･ 813
11.5　破壊パルス強磁場における物性測定 ･･･････････････････････････ 818
　11.5.1　表皮効果とインピーダンスマッチング ･････････････････････ 818
　11.5.2　磁場計測技術 ･･ 822
　11.5.3　電磁ノイズ ･･･ 828
　11.5.4　物性測定技術 ･･ 830
11.6　強磁場下での物性 ･･ 839
　11.6.1　量子スピン ･･･ 839

11.6.2	高温超伝導体の強磁場物性研究	846
11.6.3	銅酸化物超伝導体の量子振動	851
11.6.4	半金属の強磁場物性	854
11.6.5	重い電子	861
11.6.6	構造物性	865

文　献 873

12. 中性子散乱実験とソフトマター ....[柴山　充弘]... 879

- 12.1 はじめに 879
- 12.2 中性子の性質 881
  - 12.2.1 中性子の発生と種類 881
  - 12.2.2 中性子の性質 882
  - 12.2.3 電磁波，電子線，および中性子線のエネルギー分散比較 ... 882
- 12.3 中性子の散乱 883
  - 12.3.1 散乱断面積 884
  - 12.3.2 単一核の散乱理論 884
  - 12.3.3 フェルミの疑似ポテンシャルと散乱長 886
  - 12.3.4 非干渉性散乱 887
  - 12.3.5 弾性散乱と非弾性散乱 888
  - 12.3.6 散乱長密度 888
  - 12.3.7 多数の核からの散乱 890
  - 12.3.8 散乱長密度分布関数と相関関数 891
  - 12.3.9 透過率 892
- 12.4 中性子散乱装置と測定手法 893
  - 12.4.1 小角散乱 893
  - 12.4.2 中性子反射率 896
  - 12.4.3 非弾性散乱 899
- 12.5 高分子 901
  - 12.5.1 領域 I：希薄系―単一鎖状高分子の統計力学― 902
  - 12.5.2 回転半径と Debye の散乱関数 903
  - 12.5.3 領域 II：準濃厚系 ―C^* 定理― 905
  - 12.5.4 領域 III：濃厚系およびメルト ―ポリマーブレンド― ... 905
  - 12.5.5 ブロック共重合体 906
- 12.6 ブレークスルー研究 906
  - 12.6.1 高分子鎖の広がり 906

12.6.2 高分子ブレンドの臨界現象 908
12.6.3 同位体高分子ブレンドの量子相分離 909
12.6.4 スピンエコー法による高分子メルトのレプテーション運動の直接観察 ... 909
12.6.5 反射率測定によるブロック共重合体薄膜の規則構造研究 910
12.6.6 高分子ゲルの体積相転移 911
12.6.7 コントラスト変調法による界面活性効果の研究 912
12.7 トピックス 913
12.7.1 高分子溶液の圧力・温度誘起相分離 913
12.7.2 脂質膜中の両親媒性分子のキネティクス 914
12.7.3 シシカバブ構造 916
12.7.4 イオンの選択溶媒和による水/有機溶媒の膜状構造形成 916
12.7.5 新奇高強力ゲル 916
12.8 将来の展望 918
12.8.1 中性子散乱技法の発展 918
12.8.2 ソフトマターサイエンス 921
12.9 結　　語 923
文　　献 924

第IV部　新物質開発

13. 強相関電子系の物質開発 .... [中辻　知] ... 929
13.1 分子性物質 .... [森　初果] ... 932
13.1.1 分子性導体の発展の歴史—低次元導体から強相関電子系超伝導体まで— 932
13.1.2 強相関電子系分子性物質開発の手法 937
13.1.3 トピックス 958
13.1.4 強相関電子系分子性結晶のまとめと展望 971
13.2 遷移金属酸化物における物質開発 .... [廣井　善二] ... 974
13.2.1 遷移金属酸化物の特徴 974
13.2.2 d 電 子 977
13.2.3 遷移金属酸化物における格子 978
13.2.4 様々な物性 979
13.2.5 量子スピン系 982
13.2.6 フラストレーションとカゴメ格子 982
13.2.7 5d パイロクロア酸化物 984

- 13.3 金属間化合物における強相関電子系：重い電子系 ……… [中辻　知]… 989
  - 13.3.1 はじめに …………………………………………………………… 989
  - 13.3.2 量子臨界現象，スピン揺らぎ，フェルミ液体，異常金属 ………… 990
  - 13.3.3 金属間化合物の合成法 …………………………………………… 993
  - 13.3.4 重い電子系における量子臨界現象 ……………………………… 996
  - 13.3.5 Pr系重い電子化合物における非磁性軌道揺らぎと異常金属，超伝導 1003
  - 13.3.6 さいごに …………………………………………………………… 1006
- 文　献 ……………………………………………………………………………… 1007

索　引 ………………………………………………………………………………… 1013

0. 序にかえて—物質科学の系譜と展開

0.1 はじめに

われわれの日常生活（衣食住）には実にさまざまな物質が利用されている．社会のインフラをなす建築物や交通機関の構造体は，金属，木材，石材，セメント，ガラス，セラミック，ゴムなどの組合せでできている．現代社会を支えるエネルギー/情報ネットワークの機能は，金属，絶縁体，半導体，磁性体などの特性を巧みに利用した電子材料に負っている．身にまとう衣料は，天然/合成繊維やプラスチックなどの高分子化合物と染料（色素）の組合せでつくられている．食や農の関係ではタンパク質，糖，脂質などがさまざまな形で利用される．そもそもわれわれ生命体からして生体高分子（核酸，アミノ酸，糖）などから構成されるきわめて複雑な物質系にほかならない．

およそこの世界に存在する物質は，元素周期表に並ぶ100種類ほどの元素（elements）のさまざまな組合せでできており，それぞれが固有の性質（物性）を示す．広義の物質科学は，単純な原子・分子から，それらのさまざまな凝集系，さらには階層的複合構造にまで及ぶ多彩な物質のありようを扱うという意味で，物理，化学，生命科学にまたがる分野である．しかしながら，今日一般に物性科学という名称で認知される学問分野はもう少し限定的に考えられており，個々の分子を扱う化学の分野や，生物を扱う生命科学の分野とはひとまず一線を画して，もっぱら「きわめて多数の原子・分子からなる凝集相（固体や液体）」を対象とする研究分野を指すことが多い．マクロな固体や液体が示す性質の代表的なものとしては，機械的性質（密度，圧縮率，弾性，塑性，硬度など），熱的性質（比熱，熱伝導度など），電気的性質（導電性，絶縁特性，誘電特性など），磁気的性質（磁化率，磁気構造，飽和磁化など），光学的性質（透過率，反射率，吸収スペクトルなど），およびそれらの交差的性質（圧電性，磁歪，熱電効果，電気磁気効果，など）がある．このような諸物性は，当該の固体や液体を構成するきわめて多数の原子および電子が互いに影響を及

ほしあいつつ，外界からの働きかけ（応力，熱，電場，磁場，電磁波）に応答するさまを反映したものである．

物性科学という学問は，多彩な物質の性質を物理学（特に量子力学と統計力学）や化学の基本原理から解き明かし，統一的物質観の構築を目指す営みといえよう．物性科学はまた，現代社会を支える先端技術や材料工学の基盤となる学問である．本書は，物性基礎科学分野の共同利用研究所である東京大学物性研究所の教員を中心とした執筆陣による分担執筆であり，現代物性科学研究の鳥瞰図を目指したものである．本章はその露払いとして俯瞰めいたことを試みる．

0.2 自然理解と物質科学の系譜

0.2.1 始原物質

太古，人類は道具や火や言葉を使いこなす能力を身につけることによって生物界において抜きん出た地位を獲得し，文明を築く存在となった．自然の中に棲み，季節の移り変わりを体験し，動植物の生態を観察し，天体の運行を観測し，さまざまな天変地異と対峙する中で，それら森羅万象を理解したいという知的欲求が芽生えたことであろう．世界各地の古代文明はそれぞれに「自分たちの世界の成り立ちを記述する神話」を有している．森羅万象の生起を神々の喜怒哀楽に帰すにせよ超越的唯一神の意志に帰すにせよ，ともかく自然界には何らかの摂理があり人知はそれに（部分的にでも）アクセスできる，という認識が自然哲学の営みを生んだ．その種の知的営為が先史時代から存在したであろうことは疑いないが，今日多くの史料が残されてその一端を垣間見ることができるという意味では古代ギリシャの賢人（自然哲学者）たちを嚆矢とする．

人知を尽くして自然界の節理に思いを馳せ，そこに「統一的描像」を打ち立てたいというのは当然の希求である．自然界の摂理へのアクセスといっても五感以外に観察手段をもたなかった時代の自然哲学者たちの考察がドグマティックな思弁や表層的類似性に着目した類推の域にとどまったことはやむをえない．しかしそれらの中には現代の自然観につながる思考法の萌芽も見受けられる．自然界を構成する物質の統一的描像として，そのもとになる万物の源（アルケー：根源）があるはずだと想定し，さまざまな物質がその態様変化や組合せによって生起されるとするのは自然な考えであろう．最初の哲学者といわれるタレースは「水」が万物の根源であるとした．アナクシメネスはアルケーとして「空気」をあげた．ヘラクレイトスは「万物は流転する」という言葉で伝えられるように，自然界は常に変化しているという描像をとり，その背後のロゴス（摂理）に「火」があるとした．ここでいう「火」を「エネルギー」，「流転」を「エネルギー形態の変化」と解するのは現

代の目からみた拡張解釈かもしれないが，そのような概念の萌芽をみてとることもできよう．それに対して，パルメニデスは万物の根源は不生不滅の「あるもの」であって，感覚でとらえられる変化や運動は 2 次的なものであるとした．アナクシマンドロスはアルケーは「ト・アペイロン（無限なもの）」であるとし，万物（有限なもの）はそこから生起してやがてそこに返るとした．ピュタゴラスは「数」がアルケーであるとした．ピュタゴラス教団はピュタゴラス音律にみるように自然界の構成原理として調和比に着目し，「数」に象徴的意味を付与して，後世の「数神秘学」の端緒を開いた．

エンペドクレスは物質のアルケーは単一ではなくて，火・風（空気）・水・地（土）という 4 つのリゾーマタ（根）からなり，それらが愛（引力）と憎（斥力）とによって離合集散することによって物質の多様性が生じている，という自然像を描いた．自然界を，その構成要素とそれらの間の相互作用によって記述するという，現代の物理学的自然観に通ずる考え方の源流をみることができる．ここでいう「空気」，「水」，「土」，「火」は，文字どおりの化学物質としてのそれらというよりは，「気体的なもの」，「液体的なもの」，「固体的なもの」，「熱的なもの」の総称と解するべきであろう．アリストテレスによって集大成された自然哲学体系においては，月下界（地上界）の物質はこれら四大元素から構成され，天上界はそれらとは異なる第 5 元素（エーテル）から構成されるとされた．ほぼ同じ頃，古代中国では「木・火・土・金・水」の五行説が唱えられていたことからしても，日常観察に基づく物質観として自然な考え方であったといえるのだろう．

アリストテレスの著作はその大部分がヨーロッパではいったん失われたが，いわゆる「12 世紀ルネッサンス」の時代に，神聖ローマ皇帝フリードリッヒ II 世のシチリアやスペインのトレド，コルドバなどイスラム世界との接点を通してアラビア語の文献が伝えられ，ラテン語への翻訳が行われた．キリスト教の教義とはまったく異なる知の体系であるアリストテレスの自然哲学は，当初パリ大学では禁令が出されたりしたが，やがてロジャー・ベーコンやアルベルトゥス・マグヌスといった碩学による講義が行われ，トマス・アクィナスによってキリスト教神学に調和的に取り込まれてスコラ哲学として体系化された．四大元素説ないしはその発展形に基づく物質観もスコラ哲学に受け継がれ，中世後期からルネッサンス期に盛んに行われた錬金術の基礎学理ともなった．

話を古代ギリシャに戻して，物質の基本構成単位に関する描像をみてみよう．物体を次々に細かく分割していくことを想定したとき，その作業が無限に続くか，あるいはどこかでそれ以上は分割不可能な単位に行き当たるかの哲学的思弁で，レウキッポスやデモクリトスは後者の立場をとり，「分割不可能な最小単位」をアトモス（$\alpha\tau o\mu o\sigma$）と名づけた．アトモス（原子）自体は不生不滅であって，物質相の変化はそれらの離合集散による，との

考え方である．デモクリトスはまた，「甘いものは原子が丸くて適度な大きさのもの．酸っぱいものは原子が大きくて角張ったもの」というように，物質の性質を原子の大きさや形状に結び付けて解釈した．もちろん現代の目からは稚拙であるが，物質の性質（物性）をその構成要素たる原子の幾何学的形状や配置に帰するという「物理学的還元主義」の萌芽をそこにみることもできる．エピクロスは，レウキッポス/デモクリトス流の原子論に動的要素を加えて発展させた．ローマ時代のルクレティウスは，エピクロスの原子論を詩の形で記した『物の本質について』という書を著した．その書が伝えるエピクロスの原子論では，われわれの感覚が物体の性質をとらえるのは，その物体から飛び出してくる原子が感覚器官に飛び込んで刺激することによるとされている．相互作用を原子の運動によって解釈するというミクロな視点の萌芽といったら過大評価であろうか．

　物質の最小構成単位としての粒子の存在を想定すると，必然的にそれらの粒子が運動する空間を想定することとなり，粒子と粒子の隙間は「何もない空間（ケノン）」つまり「真空」ということになる．これは「自然は真空を嫌う」として，空間が物質によって充満されているものととらえていたエンペドクレス/アリストテレス流の連続的物質観とは相容れないものであった．結局のところ，「無限分割」という受け入れがたい概念を許容するか，または「真空」という受け入れがたい概念を許容するか，の選択だったのではないかと推測される．

　デモクリトス/エピクロス流の思弁的原子論（素朴原子論）は，それを検証する手段もなく発展性に乏しかったこともあって，エンペドクレス/アリストテレス流の連続体物質観の陰に隠れることとなった．特に，アリストテレス哲学が絶対的に権威をもつに至った中世には，デモクリトス/エピクロス流の原子論は完全に忘れ去られることとなった．ルネッサンス期に至って人文主義者（ユマニスト）たちがギリシャ・ローマの古典に注目する風潮が高まった．ルクレティウス著の『物の本質について』の写本が，ブラッキオリーニによってドイツの修道院の書庫から発掘されて，古代ギリシャの原子論が再び世に知られるところとなった．これを機に，原子論はガッサンディらによる研究を経て，後述するボイルらの化学的原子論へとつながっていく．

0.2.2 錬金術から近代化学へ

　中世期には，食品加工，醸造，冶金，鋳造，窯業などに関する実践的技術の進歩と並行して，金属や鉱石や塩や酸など多様な物質の知識，および，燃焼，融解，蒸発，凝縮，溶解，化学反応といった物質変化にかかわる知識が蓄積された．その中にはイスラム世界から伝えられたものも多い．物質の性質（物性）の記述は，五感でとらえうる性質，すなわち，形状，重さ，硬さ，色，臭い，味などが主であった．中世後期からルネッサンス期にかけて盛んに研究された錬金術は，ヘルメス哲学に立脚した思想体系である．古代エジプ

トの伝説上の神人であるヘルメス・トリスメギストスに帰せられる「ヘルメス文書」に記されたヘルメス思想は，紀元3世紀頃までにネオプラトニズムやグノーシス主義の影響を受けて形成され，イスラム文化圏や東ローマ文化圏での醸成を経て西ヨーロッパに伝わった．先にあげたロジャー・ベーコンやアルベルトゥス・マグヌスは錬金術の研究でも著名である．錬金術の本来の目標は，失われた古代の神智を求め，物質や精神の浄化によって完全至高の状態を実現することにある．具体的には，卑金属を貴金属に変える力をもつとされる賢者の石（philosopher's stone）や，不老不死の霊薬とされるエリクシル（elixir）を探求する営みであった．物質原理はエンペドクレスやアリストテレスの四大元素を基本としたが，イスラム世界においてジャービル・イブン=ハイヤーン（ラテン名はゲベルス）を祖とする研究の進展があり，「アラビアの3原質」と称される硫黄，水銀，塩，が基本的要素として加わった．ここでいう硫黄・水銀・塩などの用語は，具体的物質というよりは象徴的表現という意味合いが強い．また，塩酸，硝酸，硫酸などの酸による溶解・精製の手法が発達した．硫黄は男性原理を体現し，水銀は女性原理を体現するものとされた．ルネッサンス期の有名な医師・錬金術師パラケルススはこれを発展させ，対立的な性質をもつ硫黄と水銀を調停し結び付けるものとして塩の機能に注目した．このような錬金術の実践を通じて，溶解，熔融，焼成，蒸留，といった化学的処理技術が発達し，諸物質に関する知識が増して近代化学への発展の下地が形成されていった．

17世紀に入って，ロバート・ボイルは実験に基づく元素探求への道筋を開いた．ボイル自身は錬金術師的要素も多分に有していた人物であるが『懐疑的化学者（The Sceptical Chemist）』を著し，錬金術的手法の批判とともに，元素の概念や化合物と混合物の区別を明らかにした．アリストテレス以来の四大元素論に疑問を呈し，元素が微小粒子からなり化学反応はそれら微小粒子の運動によって起こると考えたが，それらを実証する手段は未だ存在しなかった．ボイルはまた，トリチェリやフォン・ゲーリケによる真空の研究に触発され，助手のロバート・フックとともに真空ポンプを製作して，気体の圧力と体積の反比例関係（ボイルの法則）を確立した．真空の概念の確立は，「自然は真空を嫌う」というアリストテレス以来の固定観念の反証となり，物質観の新たな進展に道を開く意義があったものと思われる．

ボイルによって錬金術的伝統から脱却して，実験に基づいて元素を同定する研究が進むことになるが，「何が元素であるか」を確定することは容易ではなく，かなりの混乱が続いた．古代から知られていた，金，銀，銅，鉄，鉛，錫，水銀，炭素，硫黄，に加えて，ヒ素，アンチモン，ビスマス，リン，はかなり早い段階，遅くともルネッサンス期には知られていた．有名な「ボルジアの毒薬」の主成分はヒ素化合物であり，毒殺を恐れた貴族たちは銀（ヒ素と反応すると変色する）の食器を用いた．グーテンベルクによって活字印刷

が発明されて以後，低融点の活字合金用としてビスマスやアンチモンが重宝された．さらに，鉱山開発と精錬技術の発達により，コバルト，ニッケル，マンガンなどが同定された．これらの金属元素は教会のステンドグラス用の色ガラス製作にも重要であった．

アントワーヌ・ラヴォアジェが1789年に著した『化学原論』には当時知られていた33種類の元素があげられている．そのリストは，光，熱素，酸素，窒素，水素，硫黄，リン，炭素，塩酸の元（塩素），フッ酸の元（フッ素），ホウ酸の元（ホウ素），アンチモン，銀，ヒ素，ビスマス，コバルト，銅，錫，鉄，マンガン，水銀，モリブデン，ニッケル，金，白金，鉛，タングステン，亜鉛，石灰（カルシウム），マグネシア（マグネシウム），バリタ（バリウム），アルミナ（アルミニウム），シリカ（ケイ素），という顔ぶれである．このリストで目を引くのは，「光」と「熱素（カロリック）」が含まれていることである．この時期「光」の本質に関しては，ニュートン流の粒子説とホイヘンス流の波動説が並立した状況であり，トマス・ヤングが2重スリットによる光の干渉実験によって波動説に軍配を上げるのがもう少し先の1805年頃であるから，「光の粒子」を元素のひとつに数えたものと思われる．熱の本質に関しては，熱物質説と熱運動説が唱えられていたが，ラヴォアジェは前者の立場をとり，熱が重さのない物質であるとしてそれを熱素（カロリック）と名づけた．熱が物質ではなく，原子の運動というエネルギーの一形態であることが明らかになるのは，後年のベンジャミン・トンプソン（ランフォード伯）やフォン・マイヤーやジュールの研究をまたなければならなかった．

ラヴォアジェの元素リストには「酸素」が含まれている．燃焼現象に関しては，ベッヒャーやシュタールによって燃素（フロギストン）説が唱えられていた．すなわち，ある物質が燃えるのは，その物質に含まれていたフロギストンという元素が流出する過程にほかならないというものである．金属を燃焼させると生成された金属灰が元の金属よりも重くなるという，フロギストン説にとって都合の悪い事実が知られていたが，シュタールは「フロギストンが抜けた分だけ金属が濃縮するので重くなる」あるいは「フロギストンが放出された分だけ空気が金属に入り込む」と考えた．さらには，「フロギストンは負の質量をもつ」という解釈も現れた．プリーストリーは水銀灰の還元によって発生する気体を収集し，その気体中では燃焼が激しく起こることを見いだした．プリーストリーはこの気体を「脱フロギストン空気」と名づけた．ラヴォアジェは，金属が燃焼の際に重量を増すことから，燃焼は金属からフロギストンが流出するのではなく，空気中の成分が金属と結び付く過程であることを提唱した．そして金属と結び付く成分（酸素）と残りの成分（窒素）を同定した．このような展開に先立ってキャヴェンディッシュは，金属と酸の反応で生ずる気体が空気よりずっと軽くて非常に燃えやすいことを見いだし，これこそがフロギストンではないかと考えた．プリーストリーは，空気とこの可燃性気体が混じった状態で火花を飛ばす

と，水が発生することを見いだした．ラヴォアジェはこれを，可燃性気体と空気中の酸素が結合することによって水が生成されたものと解釈し，可燃性気体を水素と命名した．すなわち，水はそれまで考えられていたような単一元素ではなく，酸素と水素の化合物であると認識されたことになる．

　近代的な原子論はこのような化学的知見の蓄積から醸成されてきた．ラヴォアジェによる質量保存の法則の発見や，ゲイ=リュサックによる気体反応の法則の発見によって確立された知見，すなわち，化合物を構成する元素の量が簡単な整数比になるという事実は，物質を構成する粒子からなると考えることにより自然な説明が与えられる．これらに基づいてドルトンは，各元素は一定質量をもつ最小構成単位（原子）からなること，同じ元素の原子は同一であること，化合物は異なる原子が整数比で結合してできていること，化学反応は原子の結合の変化であって原子自体は不変であること，を主張し化学的原子論を打ち立てた．ドルトンはまた，初めて原子記号を提唱したが，これはあまり普及しなかった．化学元素に関する研究の進展は，メンデレーフによる元素周期律の発見をもって一つの集大成を迎える．メンデレーフはそれまでに知られていた元素を原子量順に並べると何番目かごとに性質が似たものが現れることに着目し，元素周期表を提案した．その周期表において空欄として存在が予言された新元素（ガリウム，スカンジウム，ゲルマニウム）が，その後に次々と発見されたことによって，元素周期律は確信されるに至った．

0.2.3　磁石と磁力

　古代からの物質科学の展開の中で特異な位置を占めたのが磁気現象の研究であった．鉄が使われだしたのはシュメールやヒッタイトの時代とされているので，鉄を引き寄せる不思議な石（天然磁石）の存在もいつの時点かで発見されたことは疑いないと思われるが，記録に残っている最初はやはり古代ギリシャ時代である．プラトンの書『イオン』やプリニウスの書『博物誌』に「マグネスの石（lapis magnes）」として天然磁石への言及がある．古代中国においても，鉄を引き寄せる天然磁石の存在が知られ，母が子を慈しみ引き寄せるさまに似ていることから「慈石」とよばれていた．秦の始皇帝時代の書『呂氏春秋』に「慈石召鉄或引之也」との記述がある．わが国における最古の記録としては『続日本紀』に「和銅六年（713年）近江から慈石を献ず」との記述がある．

　磁気現象は琥珀現象（静電気）とともに，万物に内在する霊魂（プシュケー）に起因する魔術的な遠隔作用とみられていた．磁力は，（ある種の宝石が病を治す霊力をもつと信じられていたのと同様），磁石に秘められた霊的な力とみられていた．石と金属はまったく別のカテゴリーのものと考えられており，前者に属する磁石が後者に属する鉄を引き付けることは知られていても，その逆は認識されていなかった．また，磁石にニンニクを塗り付

けたり，ダイヤモンドをそばに置いたりすることによって無力化される，といった根拠のない妄説がプリニウス以後16世紀に至るまでまかりとおっていた．

磁石で擦った鉄針（方位磁針）あるいは磁石自体が南北を指し示すことは古くから知られていたようだが，指南針という羅針盤の原型は宋代中国（11世紀）での発明とされている．沈括という人物による『夢溪筆談』という書にある記述が記録として最も古いものである．ちなみに，春秋戦国時代に「指南車」というものが戦場で使われた記録があって紛らわしいが，これは磁石を使ったものではなく，差動ギアの原理で，車が方向を変える際，搭載した人形を同じ角度だけ逆向きに回すことにより，常に同じ方向を指し示すようにしたものである．明・清代に中国を訪れたヨーロッパからの宣教師が，これを羅針盤と混同して，中国では古代から羅針盤が使われていたものと誤解したことにより，混乱が生じたということらしい．

ヨーロッパで航海用羅針儀（コンパス）が使われだすのは12世紀末頃からである．アレキサンダー・ネッカム『事物の本性について』（1187年）に最古の記述がある．マルコ・ポーロが中国からヨーロッパに持ち帰ったという俗説もあるが，それよりかなり前からヨーロッパで使われていたので，イスラム世界経由で伝わったかヨーロッパでも独立に発見されたか，のどちらかであろう．磁石や磁針が示す指北性は，北極星の方向を指しているものと信じられ，地上の物体に対して天からの影響が及ぶことの証拠と考えられた．つまり，天上界から地上界へ影響が及ぶことの動かぬ証拠とされ，占星術の根拠の一つとされたわけである．大航海時代になって羅針盤が広く使われるようになると，磁針が指す方位に真北からのズレ（偏角）があり，しかもそれが地球上の位置によって異なることが認識されるようになった．コロンブスの航海日誌にも記述がある．さらに，羅針盤製作者ロバート・ノーマンによって伏角の存在が発見された．このようなことから，磁針の指北性は北極星ないしは天の北極に由来するものではなく，原因が地球自体にあることが地図作成者のメルカトールらによって認識されるようになった．

磁力の研究はルネッサンス時代に大きく進展した．ニコラウス・クザーヌス，ペトルス・ペレグリヌス，ジローラモ・カルダーノ，デッラ=ポルタらの研究を経て，ウィリアム・ギルバートが1600年に著した『磁石論』が一つの集大成となった．そこには，磁気現象と琥珀現象が異なるものであること（磁気と電気の区別），磁石と鉄の磁性が本質的に同質でありそれらの間の引力が相互的であること，磁力が遠隔作用であること，磁化された鉄を赤熱すると磁力が失われること，磁石を分割すると新たな磁極が現れること，など現代の目からみても驚くほど正確な記述がある．ギルバートは地球が巨大な磁石であると述べるとともに，月の公転が地球の磁力（遠隔作用）によると考えた．この考えはヨハネス・ケプラーに影響を与え，ニュートンによる万有引力（遠隔作用）という概念の前駆としての役割を果たした．磁気現象の理解はその後19世紀に大きく進展し，エールステッド，アン

ペール，ウェーバーらの研究を経て，ファラデーとマクスウェルによって電磁気学として集大成されることになる．また，磁性の本質は20世紀に入って，ピエール・キュリー，ランジュバン，ワイス，ネール，ハイゼンベルクらの研究によって明らかになっていった．

0.2.4　近代的原子論

19世紀の後半，クラウジウスやマクスウェルは気体が原子（分子）の集合体であるとして分子衝突による平均自由行程の概念を導入し，ある定常的な速度分布が実現することを示して，粘性などの輸送現象を扱う基礎を築いた．ロシュミットは平均自由行程のデータから気体 $1\,\mathrm{cm}^3$ 中に含まれる分子数を算定した．ボルツマンは気体分子の速度分布を支配する運動論的方程式（ボルツマン方程式）を定式化した．このように気体が原子（分子）からなることを前提とする理論が発展する一方，マッハやオストヴァルトに代表されるような実証主義者の立場からは，（当時の技術では）観測不可能な原子というものの実在性を否定する見解もまた根強かった．原子の実在性に関する論争は，液体中に懸濁した微粒子の不規則な運動（ブラウン運動）に関するアインシュタインの1905年の論文とペランによる実験によって決着をみたといえよう．アインシュタインは気体分子運動論に基づいて懸濁微粒子の拡散係数を表す式を導出し，拡散係数がアボガドロ数に関係していることを指摘した．ペランはこの提案に基づいてブラウン運動の詳細な実験を行い，そこから得られるアボガドロ数の値が他の方法による値とよく一致することを示した．このことによって原子の実在性は疑いもないものとなった．

時代が跳ぶが，量子電磁力学の業績で朝永振一郎とともにノーベル物理学賞を受賞したファインマンは，カリフォルニア工科大学で行った物理学の講義をもとにした教科書『ファインマン物理学』の中で，次のように述べている．

──もしも一大天変地異によって，それまでに積み上げられたあらゆる科学的知識が失われることになり，次の世代の生き物にたった1つの文章だけしか伝えることができないとしたら，最小限の語数で最大限の情報を込めた文章とはどんなものだろうか？　私はそれは原子仮説，すなわち『あらゆるモノは原子からできている』という知識であると信ずる．

もちろん，自然界の究極の構成単位が原子である，などといっているわけではない．実際，以下に述べるように20世紀に入って原子よりも小さいサブアトミックの構造として原子核や素粒子の研究が大きく発展し，現在までに，物質の構成要素としてのクォークやレプトンとそれらの間に働く4種類の力（強い力，電磁力，弱い力，重力）という描像が確立している．上掲のファインマンの言葉は，自然界に究極の構成単位が存在するという基本認識と自然観の重要性を述べているのである．

話を19世紀から20世紀への変わり目に戻すと，この頃「それ以上分割不可能な最小単位」としての原子の概念は新たな展開を迎える．J. J. トムソンは，真空放電管においてみられる陰極線が，負の電荷をもち水素原子の約2000分の1という非常に軽い質量の粒子（電子）からなる粒子線であることを見いだした．これにより物質の最小構成単位と考えられていた原子よりも小さな単位の存在が明らかになった．原子が，負電荷をもつ電子と正電荷をもつ構成要素とからなることが推測され，原子の内部構造が問題となった．トムソンは広がった分布をもつ正電荷の中に負電荷をもつ電子が運動している構造をもつというプラムプディング型モデルを提唱した．ペランは正電荷のまわりを電子が周回する太陽系型モデル，長岡半太郎は土星型モデルをそれぞれ提唱した．ラザフォードはα線を金箔に照射する実験において，入射α粒子の大多数がまっすぐに透過する一方，まれに大きな角度で散乱されるものがあることを観測し，原子の質量の大部分が微小領域に集中していることを結論づけた．これにより，正電荷をもつ重い原子核のまわりを電子が周回するというラザフォードの原子模型が確立した．

しかしながら古典力学・電磁気学の教えるところによれば，円運動（加速度運動）を行う電子は電磁波を放出する．電子は電磁波放出により速やかにエネルギーを失って中心の原子核に向かって落ち込んでしまうはずである．すなわち，ラザフォードの原子模型が古典物理学の範囲では不安定ということになる．これを解決したのが量子仮説に基づくボーアの原子模型であった．当時すでに，原子の発光スペクトルの研究により，原子が発する光は特定の振動数のみに限られ，各振動数の間に一定の関係が成り立つこと（バルマーの公式やリッツの結合則など）が知られていた．ボーアは「ボーアの量子条件」とよばれる仮説を用いることによって，電子がとりうる安定軌道（エネルギー準位）が離散的なものに限定されること，電子がそれらの準位間を遷移するときにエネルギー差に相当する電磁波を放出または吸収すること，を示して，水素原子のスペクトルを見事に説明した．ボーアの原子模型の成功により量子論に勢いがつき，ハイゼンベルクやシュレーディンガーらによって量子力学の体系が築かれていった．

ボーアの原子模型の形成が光学スペクトルの解釈をめぐる考察に多くを負っていたのと同様，その後の発展においてもスペクトルの実験データからの示唆が大きな役割を果たした．ナトリウム原子の発光スペクトル線が磁場をかけると分裂することは，量子論以前の19世紀末にゼーマンによって発見されていた．ウーレンベックとハウトスミットはこのゼーマン効果を説明するために，電子が原子核のまわりを公転すると同時に自転（スピン）しているという描像を導入したが，電子が有限の大きさをもつとすると自転速度が光速を超えることになるという問題点を含んだモデルであったため批判を受けた．1922年にシュテルンとゲルラッハによる実験において，磁場中を通過する銀原子ビームが2つに分裂す

ることが示され,電子スピンの実在性が証明された.スピン自由度の存在は物性物理学を豊かなものにしている重要な要素である.

　貴金属や宝石から実用材料まで多彩な物質が示す性質は,古来多くの学者による研究対象となり,その一部は実用に供されてきた.多様な物質が示す多彩な物性の本質的理解には量子力学の成立が必要であった.量子力学の建設と並行して,建設途上の量子力学(および統計力学)がさまざまな系に適用されることによって,原子・分子などミクロな系やそれらの集合体である固体物質の性質の理解が進んだ.そのことは量子力学が,その哲学的基礎につきまとう不可解さにもかかわらず,広く受容されていくことに貢献したものと思われる.物性科学は量子力学の試金石であるとともに,豊穣な応用の舞台となったのである.

0.3　物性科学の位置づけ

0.3.1　現代社会と科学・技術

　現代社会に生きるわれわれは科学・技術のさまざまな成果の恩恵に浴している.科学・技術には負の側面もあるので,その発達を単純に手放しで称賛するわけにもいかないが,それでも大局的にみて科学・技術の発達が人類の福祉向上に貢献していることは疑いのないところであろう.科学研究は,この世界の森羅万象を理解し,その根底にある原理を究めようとする活動であり,人類が本来もつ知的探求心に基づく営みである.観察・実験・理論構築・検証により精査された知は整理・体系化され,次世代に受け継がれる.そのようにして蓄積された知を適用することにより価値を生み出すのが技術の営みである.すなわち,技術は目的を達成したり,課題を解決したりするための知の実践である.図 0.1 は,それを概念的に示したものである.実在世界における事象を記述するとともにその原理を解明して知の世界を構築する営みが科学であり,価値を実現するために知を実践する営みが技術である,と位置づけることができるだろう.

　図 0.2 は「知の大循環」,すなわち,人文社会科学から自然科学までのあらゆる学問分野

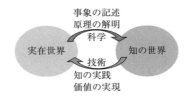

図 0.1　科学と技術.

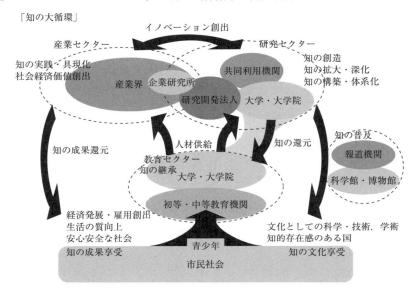

図 0.2　科学・技術と社会——知の大循環.
「この半世紀でわれわれの生活や社会の在り方に最も大きな影響を与えた科学・技術は何だろうか」という問い対する答えは人によってさまざまであろう．巨大建築物による都市空間の変化，鉄道・自動車・航空機などの交通システムや物流の発達，農業革命による食糧増産，先端医療や創薬の発達をあげる人もあろうし，軍事技術の発達や環境破壊など科学・技術の負の側面に目を向ける人もあるだろう．しかし，われわれの行動様式や物の考え方に大きな影響を及ぼしたという意味では，やはりコンピュータをはじめとする電子機器の発達とインターネットなどの情報通信システムのめざましい進歩がリストのトップにくるのではないだろうか．

の知の創成と知の実践による価値創出，そしてそれらの次世代への継承と市民社会への還元のスキームを描いたものである．

　現代社会の情報インフラを可能にしている半導体，磁性体，レーザーなどは，その動作原理の基礎を量子力学や統計力学に基づく物性物理学に置いている．物性科学の研究から多様な物質・多彩な物性に関する総合的知識体系が構築され，そこからわれわれの生活を豊かにするような高機能材料や高性能機器が数多く生み出されてきた．身のまわりを見渡したたけでも，液晶（テレビなどのディスプレー），発光ダイオード（省エネ照明や交通信号），高強度繊維（航空機やテニスラケットなど），高分子ゲル（コンタクトレンズや高機能吸水材など）などの優れモノは枚挙にいとまがない．太陽光発電，燃料電池，リチウムイオン電池など，エネルギー革命を予感させるような展開もめざましい．物性実験の手法として開発された核磁気共鳴法を応用した磁気共鳴画像装置（MRI）が医療現場の必須ア

イテムになっているといった例もある．物性物理学およびその隣接分野である化学や材料工学には，このように社会に役立つ新しい物質材料や技術を生み出していくという役割がある．これが物性科学の（社会からみてわかりやすい）一つの側面である．

0.3.2　基礎科学としての物性物理学

物性科学のもう一つの側面は，物理学体系の一環としての物性物理学である．自然界の構造は，その究極の構成要素である素粒子から宇宙全体，すなわちプランク長（$\sim 10^{-35}$m）から観測可能な宇宙の差渡し（$\sim 10^{27}$m）まで，の数十桁のスケールにわたっているが，そこにはいくつかの階層がある．物理的世界の各階層はエネルギースケールや長さのスケールにおいて互いに遠く隔たっていて，それぞれの階層には階層特有の定式化（有効理論）が存在する．物性物理学が対象とするのは，原子のスケール（$\sim 10^{-10}$m）から，マクロな物質のスケール（10^{-2}m）までである．

スケールの両極端は実は密接につながっており，「物質の究極の構成要素とそれらの間に働く力の本質は何か」，「時空の構造はどのようなものか」，「宇宙の始まりはどうなっていたのか」といった根源的な問いは，高エネルギー素粒子物理学と宇宙物理学の両方が関係するテーマである．それに対して，多様な物質が示す多彩な性質（物性）を扱う物性物理学では，多様性や複雑性は本質的要素である．しかしながら，物性物理学は決して多様性の博物学ではなく，物質の多様性の中に統一原理を追い求める．「物質観の構築」目指す営みといってもよいかもしれない．物性物理学が扱う現実の物質は一般に複雑であるが，問題とする現象の本質をとらえるよう，本来の複雑性から諸要素を取捨して可能な限り単純なモデルを立てる必要がある．しかし，もちろん本質的要素を失うほど単純化してはならない．"Everything should be made as simple as it can be, but not simpler."[*1)]というわけであり，その匙加減に難しさと面白さがある．

第21期の日本学術会議・第三部（理学・工学）が，関連分野の学協会と協力して「理学・工学分野の科学・夢ロードマップ」を2011年8月にとりまとめた．これは理学および工学の各分野の長期的な発展の方向性や課題解決の目標を「夢ロードマップ」と題して描いたものである．基礎科学の発展は予想外の展開をみせることのほうが通常であるので，「ロードマップ」にはなじまないところがあるが，各分野の最先端の研究者たちが現時点で抱いている問題意識やヴィジョンを，異なる分野の研究者や将来の研究者，科学・技術行政に携わる人々，さらには一般市民と共有するための試みである．図0.3は，その中の物性科学（物性物理学）分野の「夢ロードマップ」を2枚にまとめたものである．先に述べ

[*1)]　アインシュタインの言葉とされる．

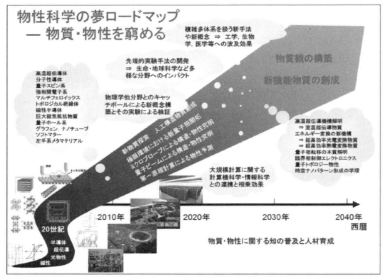
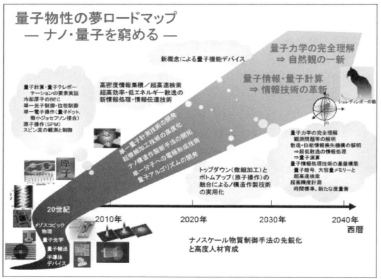

図 0.3 第 21 期日本学術会議報告「理学・工学分野における科学・夢ロードマップ」より．[http://www.scj.go.jp/ja/info/kohyo/kohyo-21-h132.html]

たように，物性科学の基本テーマは，物質と物性を理解し「物質観」を構築することにある．その営みの中で社会に役立つ新機能を有する物質を発掘することも視野に入れている．物性科学は量子力学・統計力学の実践の場である．近年では，ナノスケールの量子構造を人工的に作り出し，量子現象を積極的に制御し利用する研究も盛んになっている．

異なる階層を研究対象とする物理学各分野の研究はそれぞれ特有の概念や手法の展開をもたらしてきた．さらに，ある分野で醸成された概念が他の分野に移植されて新たな展開を生むという例や，異なる分野での手法が相互に刺激しあって発展するという例は少なくない．よく知られているところでは，超伝導のマイスナー効果や素粒子の質量起源としてのヒッグス機構の議論に共通する「自発的対称性の破れ」と「南部–ゴールドストーン・モード」の概念，クォーク閉じ込めや近藤効果に共通する「漸近的自由性」の概念，臨界現象を扱う「繰り込み群」の手法，などがある．多粒子系の相転移やランダム事象や非平衡現象を扱うために開発されたさまざまな統計力学的手法や概念の中には，物理学の他分野だけでなく経済学や社会学など人文・社会系の学問分野にまで波及しているものもある．

0.3.3 物性物理学の構成と物性研究の展開

物性物理学の営みを単純化して表現するならば，「相互作用する多数の粒子の集合体である系（多体系）の振る舞いを量子力学・統計力学・電磁気学に基づいて理解する」，ということになろう．ここでいう「粒子」としては，原子，ないしは，原子を構成する原子核と電子，を考えればよいのであって，原子核の内部構造にまで立ち入る必要はない．つまり，原子核を構成する核子（陽子・中性子）の階層，いわんやクォークなどの素粒子の階層にまでさかのぼる必要はない．また，自然界の4つの力（強い力，電磁力，弱い力，重力）のうち，物性の世界で実質的に働くのは電磁力のみである．このように限定して考えることの正当性は，上述の階層間の隔たりにある．物性の世界における典型的なエネルギースケールがeVからmeVの領域であるのに対して，原子核現象のエネルギースケールはMeV以上であって，その間に明確な階層の違いがあることによっている．

物性物理学が対象とする物質の構成要素は，質量 M，電荷 $+Ze$，核スピン I をもつ粒子と見なす原子核と，質量 m，電荷 $-e$，スピン $1/2$ をもつ電子である．原子に含まれる電子のうち内殻の電子は原子核に強く束縛されているので，原子核と内殻電子をひとまとめにしたものを1個の粒子（イオン）と見なし，それと外殻電子（価電子）とを考える見方も多くの場合に有用である．マクロな物質は典型的にはアボガドロ数（$\sim 6 \times 10^{23}$）程度の膨大な数の原子の集合体である．固体ではそれらの原子が整列して結晶格子を形成している．隣接原子間の相互作用は，原子が互いにバネでつながれたようなものとしてモデル化することができる．結晶構造は原子がそれぞれ安定な平衡位置に収まるように決まる．

有限温度では熱揺らぎによる安定位置からの変位があり，それが結晶中を波として伝わる．この格子振動を量子化したものはフォノンとよばれる．

　量子力学以前にドゥルーデは，金属電子系を古典的な自由電子気体と見なしてボルツマンによる気体原子運動論を適用することにより電気伝導を記述した．ゾンマーフェルトは自由電子モデルをフェルミ縮退電子系に適用して量子力学的金属電子論の基礎をつくった．結晶を構成する原子（イオン）がつくる周期ポテンシャル中に置かれた電子の運動の様子は，自由空間における運動とは大きく異なるものになる．固体中の電子がとりえるエネルギーのスペクトルはその固体特有のものであり，バンド構造とよばれる．バンド構造を考えるうえで，自由空間の描像から出発して周期ポテンシャルを導入していく考え方と，原子に束縛された電子の描像から出発して隣接原子への飛び移りを導入していく考え方の2通りがある．前者は「ほとんど自由な電子（nearly-free electron）」モデル，後者は「強束縛（tight-binding）」モデルとよばれ，互いに相補的な近似法である．バンド構造は，エネルギーと波数 k の関係（分散関係）$\varepsilon_n(k)$ によって表される（n はバンドを指定する指数）．結晶格子が完全であれば，これらは固有状態である．結晶の完全性からの乱れとして，格子欠陥や不純物原子など静的な乱れと，動的な揺らぎである格子振動とがある．これらは電子を異なる固有状態に遷移させる．電気抵抗の原因となる電子散乱過程には，散乱の前後で電子の運動量のみが変化しエネルギーは変化しない弾性散乱と，エネルギーも変化する非弾性散乱とがある．金属や半導体の電気的性質や光学的性質つまり電磁応答は，多くの場合，バンド構造と電子散乱過程により基本的に理解される．

　固体中の電子は結晶格子の影響を受けるだけでなく，他の電子との相互作用を行う．ランダウは相互作用のあるフェルミ粒子系を扱うフェルミ液体論を展開した．相互作用のあるフェルミ粒子系（フェルミ液体）では，自由フェルミ粒子にかわって，他の粒子との相互作用の効果を繰り込んだ「準粒子」を考えることにより，自由フェルミ気体と類似の定式化が可能であるというもので，相互作用の効果は有効質量をはじめとする一連のパラメータで表される．液体ヘリウム3は金属電子系とともにフェルミ液体の典型例となっている．固体中の構成要素であるきわめて多数の原子核と電子のレベルにまで立ち戻ってすべての相互作用を取り込んで第一原理から電子バンド構造を計算することは基本的に重要かつ本質的に難しい課題である．密度汎関数法をはじめとするバンド計算手法の開発とコンピュータの計算能力の飛躍的な進歩によって，大きな進展がみられる分野である．

　電子間相互作用（電子相関）の重要性は物質によってかなり異なる．固体中の電子の集団は，電子-電子相互作用や電子-格子相互作用の兼ね合いによって，金属絶縁体転移，磁気秩序，超伝導などさまざまな相転移，秩序状態を示す．その兼ね合いが圧力や電場や磁

0.3 物性科学の位置づけ

場など外部条件によって微妙に変化することによって更なる多様性が展開する．そのような多様性は物性物理学の醍醐味といえるが，一般に電子相関の強い系の理論的取り扱いは難しいため，未解決のテーマの宝庫となっている．高温超伝導やマルチフェロイックなど強相関電子系において展開されるめざましい現象は新機能の発現の舞台でもあり，近年の物性科学の重要テーマとなっている．

物性物理学の醍醐味は多体系が示す多様な相転移であろう．相転移の例としては，固相液相転移，構造相転移，磁気転移，金属非金属転移，超伝導転移，超流動転移，など枚挙にいとまがない．熱力学的相転移の基本は，相互作用による秩序化傾向と熱揺らぎによる無秩序化傾向とのせめぎあいである．強磁性体を例にとると，原子がもつ磁気モーメントが隣接原子の磁気モーメントと交換相互作用により互いに平行な配置をとろうとする．絶対零度においては，相互作用エネルギーを極小にするようにすべての磁気モーメントがそろった秩序状態（強磁性基底状態）が実現する．温度を上げていくと，磁気モーメントの向きが熱揺らぎによりバラバラになる傾向が強まり，ある温度（キュリー点）において巨視的な磁気モーメントが消失する．磁気モーメント間の多体相互作用をまともに解くことは通常は困難であるため，このような相転移を扱う最も簡単なモデルとしてワイス理論がある．そこでは，着目する原子の磁気モーメントに対する，隣接原子の磁気モーメントとの相互作用の効果をある平均的な有効磁場（平均場）として採り入れることによって自己無撞着な方程式を導き，それを解く．平均場近似から出発してミクロな揺らぎの効果を逐次的に採り入れる手法も開発されている．

相互作用する多数の個の集合体である多体系が，それら個々の構成要素単独の性質からは予測がつかないような，質的に新しい振る舞いを示したりすることはしばしばみられるところである．それらは「創発現象」とよばれ，P. W. Anderson が "More is different."[1] という言葉で簡明に表現したところのものにほかならない．「上部階層の物理は，より基本的な下部階層の物理に帰着されるはず」という還元主義はドグマティックには正しいかもしれないが，現実には決して実行可能ではない．仮に下部階層の物理原理が完璧にわかったとしても，より複雑な上部階層の物理がそこから「単なる演習問題」として導かれるわけでない．

量子力学的粒子はそのスピンによって量子統計性を異にする．すなわち，スピンが整数であるボース粒子はボース–アインシュタイン統計に従い，複数の粒子が同じ状態を占有することが許されるのに対して，スピンが半奇数であるフェルミ粒子はフェルミ–ディラック

---

[1] P. W. Anderson: "More is Different", Science **177**, 393 (1972).

統計に従い，同じ状態には1個の粒子のみというパウリの排他律の制約を受ける．原子の電子構造も，軌道およびスピン状態を電子がパウリの排他律に従って占有することによっている．ボース–アインシュタイン統計とフェルミ–ディラック統計は高温極限ではいずれも古典統計であるマックスウェル–ボルツマン統計に帰着する．量子統計性があらわになるためには温度が十分に低いことが条件となる．量子力学的粒子の多体系の基底状態は量子統計性に支配される．自由な多粒子系を考えると，フェルミ粒子系の場合の基底状態は，1粒子状態としての最低エネルギー状態（運動量ゼロの状態）から順に粒子数の分だけ状態を占有した状態（フェルミ縮退状態）である．つまり，あるエネルギー（フェルミ準位）を境にそれ以下の1粒子状態は電子によって占有されており，それ以上は空いた状態となる．一方，ボース粒子系の場合の基底状態は1粒子最低エネルギー状態にすべての粒子が凝縮した状態である．有限温度ではより高いエネルギーの1粒子状態にも分布するが，ある温度（ボース凝縮温度）以下では1粒子最低エネルギー状態に巨視的な数の粒子が凝縮している．

原子自体も全スピンが整数であるか半奇数であるかによってボース粒子とフェルミ粒子に分類される．ヘリウムには ^{4}He と ^{3}He という2種類の安定同位体があり，それぞれボース粒子系とフェルミ粒子系をなす．液体ヘリウム4は2.17 K以下で超流動状態になるが，これは基本的にボース凝縮現象（原子間の相互作用があるので自由粒子系のそれとは異なるものの）として理解される．近年レーザー冷却によってRbなどのアルカリ原子の気体を極低温に冷却する手法が確立して，原子の種類によってボース粒子系やフェルミ粒子系，さらにはそれらの混合系も実現することができるようになっており，ボース凝縮やBCS超伝導状態をはじめとしてさまざまな興味深い多体状態が実現されている．原子間相互作用をフェッシュバッハ共鳴によって微調整することや，レーザー光の干渉によって光格子とよばれる空間周期ポテンシャルを導入することなど，洗練された実験手法が使えることもあって，めざましい発展を遂げている分野である．

物性科学の歴史を振り返ってみると，新展開がもたらされるきっかけとして，(1) 新物質の発見，(2) 新現象の発見，(3) 新概念の提案，(4) 新手法の開拓，などいくつかの類型があるように思われる．ある分野が大きく発展する際には，これら複数の要素が絡み合って新展開を生み出すことが多い．物質に関していえば，物性科学の研究対象は，伝統的な固体結晶から，アモルファス（非晶質）物質やゲルや液晶などのいわゆるソフトマター，人工超格子や人工ナノ構造など人為的に設計・作製される系へと拡大してきた．新物質の発見による展開の近年の例としては，銅酸化物高温超伝導物質，重い電子系，分子性導体，フラーレン，ナノチューブ，グラフェンなど炭素系物質，などが直ちに思い浮かぶ．化学物質としては既知であっても，それが示す物性のある側面が新たに注目される場合も少なく

ない．また新手法とも深く関係するが，超高真空技術，超高純度化技術，エピタキシャル結晶成長技術，微細加工技術などの発達によって，超高品質試料や人工構造系が作製可能となり，質的に新しい物性の展開がみられた例も枚挙にいとまがない．人工超格子構造によるバンド制御，高移動度半導体 2 次元電子系における量子ホール物理の展開，量子ドットや量子細線など低次元電子系，超伝導ジョセフソン素子，清浄表面や表面ナノ構造の研究などはその典型例である．新現象の発見の例として，古くは超伝導・超流動，最近では量子ホール効果や高温超伝導をあげることができる．新概念の提案は新物質や新現象の発見と密接に関連しているが，最近のトポロジカル絶縁体などは物質に対する新しい見方を提示した例といえよう．

　実験科学の他の分野と同様，物性科学の発達は実験手法や装置の絶えざる開発・改良によるところが大きい．ある物質の性質を調べる際に，その物質の化学組成や原子配列（結晶構造）を元素分析や X 線構造解析によって知ることが第一歩であろう．超高分解能電子顕微鏡を用いれば実空間の原子像を観測することも可能である．その物質のどのような物性に興味があるかによって，電気的性質（電気抵抗，誘電率など），磁気的性質（磁化率など），光学的性質（吸収率・反射率など光学スペクトル），熱的性質（比熱，熱伝導度，熱膨張率など），力学的性質（弾性率など）を測定する．一般にそれらの性質は，外場（例えば磁場）に対する応答（磁化）の大きさを表す比例係数（感受率）として表される．それらの量は，その物質が置かれる物理環境（温度，圧力，磁場など）によっても変化するので，外部パラメータを変化させた測定を行う．電気抵抗の温度変化の測定などがそれに当たる．物理環境を表す変数（例えば温度）を変化させていくと，ある値で感受率が発散して相転移が起こり，系に質的な変化が起こることもある．電波から X 線までさまざまな電磁波に対する系の応答を調べる分光学（スペクトロスコピー）は，その電磁波の振動数と波数に対応する系の励起に関する情報を与える．電磁波のうち，電波は核スピンのゼーマン分裂，マイクロ波は電子スピンのゼーマン分裂のエネルギースケールに相当するので，これらを利用した核磁気共鳴（NMR），電子スピン共鳴（ESR）の手法が確立している．より波長の短い電磁波では，赤外領域は格子振動，可視光は価電子励起，X 線は内殻励起，にそれぞれ対応し，それらの自由度に関する情報をもたらす．エネルギーおよび波数に依存する系の応答という点は，電子線や中性子線など量子ビームを用いるスペクトロスコピーにも共通するものである．物性実験の手法は研究対象と同様多種多様であるが，概していえば，さまざまな外場に対する系の応答を調べることにより，物質の中の電子の振る舞いを明らかにすることにあるといえよう．

　物性実験は伝統的にはいわゆるスモールサイエンス，つまり比較的小型の装置を使った実験が主体であったが，近年は実験手法の先鋭化と高度化のために中・大型の装置や大規

模施設の重要性が増している．超強磁場，超低温，超高圧，強励起など物理環境を極端条件にまで拡張することによって，未踏の極限物理環境を実現し，その中での新奇現象や新物質相を探求する営みも重要な分野である．電磁波の中でも単色性・可干渉性・強度・短パルス性など優れた特徴をもつレーザー光は，超精密分光や超高速分光など先鋭的な分光学的手法を可能にしている．加速器の電子ビームの軌道が曲げられる際に放射される軌道放射光は，特に短波長域の強力光源として有用であることから，世界各地に放射光専用のリングが建設されてさまざまな用途に利用されている．最近では自由電子レーザーの開発も盛んである．中性子は，高い物質透過性，X線とは異なる元素選択性，磁気的相互作用などユニークな特徴をもった量子ビームである．実験設備としては大別して，研究用原子炉をベースとする定常中性子ビームと，加速器ベースのパルス中性子ビームとがある．陽電子やミュオンもそれぞれユニークな利用法をもつビームプローブである．複雑な現象の物理的本質をとらえるモデルや理論の構築とともに，スーパーコンピュータを用いた大規模数値計算による研究手法も近年とみに発達し，計算物性科学という一大分野をなしている．

0.4 本書の構成

冒頭にも述べたように，本書は，物性研究所の教員を中心とした執筆者がそれぞれ得意とする分野を担当し，全体として現代物性科学研究の営みを俯瞰することを意図している．各章は，前半部分ではその分野を理解するための基礎を解説し，後半では最近の興味深い展開や展望を執筆者自身の研究内容や興味に従って自由に書くという構成になっている．

本書のはじめの数章は，物性理論の基礎となる諸概念と，物性研究に用いられる理論的手法の解説に当てられる．

第1章（上田和夫）では，固体電子論の基礎となるバンド理論から説き起こし，金属電子系のうちs電子の記述に適した自由電子気体モデルと，d電子やf電子など幅の狭いバンドの記述に用いられるハバードモデルについて述べる．超伝導に関して，まず現象論的記述のギンツブルクーランダウ（GL）理論やロンドン方程式によって超伝導の基本的性質を説明した後，ミクロなクーパー対の形成，Bardeen–Cooper–Schrieffer（BCS）理論を解説する．これらを基礎として，酸化物高温超伝導物質や重い電子系など強相関電子系と総称される一群の物質系における超伝導の特徴を明らかにする．特に，非s波，スピン3重項といったエキゾチックな超伝導について解説する．金属磁性については，基礎的な事項の説明を踏まえて，動的なスピン揺らぎや量子臨界性といったトピック，およびそれらと超伝導との関係についての解説を行う．

第2章（高田康民）では，固体を構成する粒子（電子と原子核）とそれらの間に働くクー

0.4 本書の構成

ロン相互作用をすべて取り込んだ第一原理ハミルトニアンを導入したうえで，それを現実的に扱う手法を解説する．まず最も単純な系である水素原子を題材に，電子の運動と原子核（陽子）の運動を分離する断熱近似について述べる．続いて，電子2個と原子核からなるヘリウム原子を考え，ハートリー–フォック近似の考え方を解説する．多電子系の取り扱いの難しさはクーロン相互作用の遮蔽効果と相関効果の扱いにある．交換相互作用とは，電子間のクーロン相互作用のスピンに依存する部分を指すもので，原子やその集合体が示す磁性を支配する重要な概念である．原子内の各軌道に含まれる複数の電子のスピンのそろい方を支配するフント則という経験則があるが，その物理的起源についての考察を述べる．次に，電子2個と原子核2個からなる水素分子の問題を採り上げ，ハイトラー–ロンドンの理論と分子軌道の概念を解説する．章の後半では電子多体系（電子ガス，電子液体）の理論的扱いについて述べ，電子ガス中の不純物スピンの系における近藤効果という重要な現象について解説する．

第3章（川島直輝）では，物性物理学の大きなテーマの一つである相転移の臨界現象，特に通常の熱揺らぎによる相転移とは趣を異にする量子臨界現象に焦点を当てている．スピン系のイジング模型を例にとって，d次元量子系の絶対零度臨界現象が$d+1$次元古典系の有限温度臨界現象に等価であることが説明される．本章の大半は，多体系を扱う方法論として計算機の発達とともに近年ますます重要性を増した計算物理学の手法とその適用例の解説に当てられる．数値シミュレーションの代表的手法である分子動力学法，モンテカルロ法，有限要素法などについて概説した後，量子モンテカルロ法について詳しい議論を展開する．マグノンのボース凝縮やフラストレーション系などへの適用例を紹介する．

第4章（高田康民，川島直輝，押川正毅）は，物性理論における新しい展開や将来の方向性を論じる．4.1節で高田は，今から約30年前に，当時の留学先の指導者であったコーン（Kohn）先生と交わした物性理論の将来展望に関する会話をもとに，その後の物性理論の発展の様子と今後の方向性を論じている．物理理論の役割である「現象の記述」と「概念の提起」が互いに絡み合い刺激し合って発展することが述べられる．続いて，近年の物性理論において注目を集めている，「量子相転移」と「トポロジカル秩序」という2つの概念が採り上げられる．4.2節（川島）は，量子相転移の概念を解説する．通常の熱力学的相転移では熱ゆらぎによって秩序が壊れるのに対して，絶対零度における量子相転移では量子ゆらぎが本質的な役割を果たす．d次元系の量子臨界現象が，$(d+1)$次元系の古典臨界現象に対応づけられることが述べられる．量子モンテカルロ法を用いた量子臨界現象の取り扱いは第3章で述べられている．4.3節（押川）は，量子ホール効果の研究などを通じてその重要性が認識されてきた，物性物理におけるトポロジー（位相幾何学）の概念について解説する．関連して，最近目覚ましい発展を遂げているディラック・フェルミオンや

トポロジカル絶縁体について，系の対称性に基づくトポロジカル不変量やトポロジカル相について述べられる．第7章（長田）にも関連テーマの記述があるので，読み比べると興味深い．

第5章以降は物性研究に用いられるさまざまな実験手法の原理と，それらを半導体，磁性体，超伝導体などの物質系に適用することによって得られる情報について述べる．

第5章（榊原俊郎）では，比熱や磁化という熱力学量の測定から，その物質についてどのような情報が得られるかを解説する．比熱はその系の励起スペクトルを直接反映する基本的な量である．格子比熱や電子比熱の基礎的な記述に続いて，超伝導や磁気転移などに伴う比熱の振る舞い，を述べる．磁性の起源は電子のスピンと軌道運動である．磁性を担う電子系が原子に束縛されている局在系であるか，動き回っている遍歴系であるかによって様相が異なる．キュリー常磁性やパウリ常磁性，強磁性と反強磁性など，磁性の現れ方の典型をいくつか述べた後，帯磁率や磁化のデータの解析方法を解説する．最後に著者が取り組んでいる極低温磁化測定とそれを用いた重い電子系の研究について述べる．

第6章（滝川仁）では，ミクロな磁性プローブとして強力な手法である核磁気共鳴（NMR）について，その基本原理およびNMRスペクトルや緩和時間測定から得られる情報を説明するとともに，NMRが量子スピン系や超伝導物質の研究に実際にどのように使われているかを述べる．

第7章（長田俊人）は，電気伝導に関していろいろな側面を扱う．固体中の伝導電子の振る舞いに関して，有効質量近似，半古典動力学，ランダウ量子化，ベリー位相，スピン軌道相互作用，などの基本概念の説明に続いて，電子輸送を扱うボルツマン方程式と久保公式を概説する．フェルミ面上の電子の磁場中の運動に起因する特徴的な磁気伝導現象である角度依存磁気抵抗振動効果や磁気量子振動効果からフェルミ面に関してさまざまな情報が得られる．量子ホール効果は強磁場下の2次元電子系で発見されためざましい現象である．まず整数量子ホール効果に関して，局在描像，ゲージに基づく量子化の議論，チャーン数，エッジ描像などの重要な概念を説明し，続いて分数量子ホール効果に関して，非圧縮性流体（ラフリン状態）とよばれる特異な量子多体状態や，複合粒子描像を解説する．グラファイトの原子層1層だけを取り出した系であるグラフェンでは，ディラック電子つまり直線的な分散関係をもつ電子系が実現する．クライン・トンネリングや特異なランダウ準位などディラック電子特有の性質や，蜂の巣格子構造に伴う谷（バレー）の自由度に関する性質について解説する．

0.4 本書の構成

　第 8 章（勝本信吾）は，人工ナノ構造において実現される低次元電子系と，そこで展開されるメゾスコピック量子現象を扱う．8.1 節では，エネルギーギャップの異なる半導体のヘテロ接合形成によるバンドギャップ・エンジニアリングと量子井戸構造，スプリット・ゲートや結晶成長時の自己形成による量子細線や量子ドットの形成など，人工ナノ構造作製の手法について述べた後，それらの量子構造特有の光学現象について解説する．続いて，コヒーレント伝導を扱うランダウアー・ビュティカー公式と，S 行列や T 行列によるメゾスコピック量子回路の扱いについて述べる．量子ドットにおける単電子帯電効果を解説した後，量子ドットを舞台とする非平衡伝導，ファノ効果，近藤効果など特徴ある物理について述べ，最後に超伝導常伝導接合系におけるアンドレーフ反射に係る物理について述べる．8.2 節では「スピントロニクス」という名称で知られるようになった分野を概観する．スピン自由度が顕わに関係する量子伝導現象は基礎物理のみならず，電子デバイスへの応用としても注目を集めている．金属磁性体多層膜における巨大磁気抵抗効果などは既に広く利用されている．スピン偏極の生成，輸送，緩和，変換，検出など，スピントロニクスの基本となる基礎過程について解説した後，いくつかの具体的な例が述べられる．量子ドットにおけるスピン・ブロッケード効果や核スピンが関与するスピン輸送などは，量子情報処理の観点から注目されている．

　第 9 章（河野公俊，小森文夫）は，特殊な実験技術を要する超低温分野と表面ナノ物性を採り上げる．9.1 節（河野）では，超低温分野の大きなテーマであるヘリウムの凝縮相（液体・固体）の特徴ある量子物性を扱う．ヘリウムの安定同位体として ^{4}He（ボース粒子）と ^{3}He（フェルミ粒子）の両方が存在することは物性物理学にとって真に幸運だったといえる．本章では，超低温の生成技術について述べた後，超流動 ^{4}He の現象論および素励起スペクトルについて解説する．次いで，液体 ^{3}He の常流動相の性質を，縮退フェルミ液体として理解する．^{3}He の超流動は，電子系の超伝導と同様，クーパー対形成によって起こるが，p 波のスピン三重項対形成であることが特徴である．秩序パラメータがとりえるさまざまな対称性の中から，^{3}He 超流動相で実現しているのは A 相と B 相である．超流動 ^{3}He は，異方的ペアリングの雛型となり，エキゾチック超伝導体の研究に指針を与えた．9.2 節（小森）では，表面研究において欠かせないツールとなった走査プローブ顕微鏡とそれらを用いた表面ナノ物性の研究を解説する．はじめに，走査トンネル顕微鏡（STM）の動作原理と，そこから得られる情報について述べる．次いで，STM を用いた表面研究の実例のいくつかを紹介する．STM は表面観察や表面電子状態の測定に威力を発揮するほか，表面での原子操作にも用いることができる．人工的に作製した表面ナノ構造における局所電子状態の測定や，探針からの電流注入による局所構造のスイッチング，などの例を紹介する．STM をはじめとする走査プローブ顕微鏡は，X 線構造解析や電子線回折，光電子分光など他の有力な実験手法と相補的に利用されて，表面研究を格段に精緻化させている．

第10章（松田巌，秋山英文，板谷治郎）は，物質の光応答のさまざまな側面を採り上げる．はじめに，光学物性実験に用いられる2つの代表的な光であるレーザーと放射光について光源の原理と光としての特性を述べる．次いで，光と物質の相互作用を理解する基礎として，古典的ローレンツモデルや量子力学的な取り扱いを記述する．光学物性の醍醐味の一つはさまざまな非線形現象の発見とそれらを巧みに利用した物質の制御であろう．高強度のコヒーレント光を必要とする非線形光学はレーザーの開発とともに発達してきた分野であり，さまざまな特徴をもつレーザーの実現においても重要な役割を果たす．最近では自由電子レーザーの登場によってX線領域にも広がりつつある．また，超短パルスレーザーの開発によって超高速分光の技術が発展し，原子・分子や物質中で起こる過渡現象のダイナミクスの解明に利用されている．半導体量子構造の光学物性の記事（秋山）は第7章（勝本）の関連部分と併せてお読みいただきたい．高エネルギー領域（真空紫外〜X線）の光を用いた実験手法の代表的なものとして，光電子分光（PES），X線吸収微細構造（XAFS），X線発光分光についてその原理とそこから得られる情報を解説する．レーザーおよび放射光の光源技術のめざましい発展により，最近では両者の守備範囲が重なってきている．また，両者を巧みに組み合わせた新たな実験手法も開発されつつある．

第11章（金道浩一，松田康弘，徳永将史）は，物理環境としての強磁場の発生技術と磁場中での物性実験の手法について記述する．磁場は，物性の変化や新物質相の出現をもたらす重要なパラメータであり，強磁場発生装置は物性実験に欠かせない設備である．強磁場発生の歴史を振り返った後，磁場にかかわる電磁気学の基礎，および，磁場が電子の軌道運動やスピンに及ぼす効果について述べる．市販の超伝導マグネットでは発生が難しい20 T超の磁場発生は，超伝導マグネットと水冷常伝導マグネットを組み合わせたハイブリッドマグネットによる以外は，パルス強磁場発生による．パルスマグネットには大別して非破壊型と破壊型があり，最高到達磁場や磁場持続時間に関してそれぞれの特徴がある．非破壊型および破壊型のパルス強磁場発生技術を解説する．後半では，強磁場環境，特にパルス磁場下における，電気伝導，磁化，磁歪，分光などの測定方法を説明する．最近では，放射光や中性子ビームとパルス磁場を組み合わせた実験手法も開発されている．

第12章（柴山充弘）では，中性子散乱という実験手法の特徴と，その特徴を活かしたソフトマター研究への適用を述べる．ビームプローブとしての中性子はX線や電子線とは異なる特徴をもっている．X線は原子に含まれる電子によって散乱されるため，原子番号の大きな元素（原子）ほど散乱断面積が大きいのに対して，中性子の散乱は原子核によっており，その散乱断面積は元素ごとにさまざまであり，特に水素などの軽元素による散乱が相対的に強い．このため，X線や電子線の回折と適宜組み合わせることにより，物質の構造

解析において強力なツールとなる．高分子，液晶，コロイド，ゲルなど，ソフトマターと総称される物質群では構造に階層性があることから，さまざまなスケールの構造解析ツールと，熱力学量や輸送係数の測定を総合したアプローチが必要であり，中性子小角散乱は強力な実験手法となっている．原子炉からの定常中性子ビームと J-PARC 加速器によって発生するパルス中性子ビームのそれぞれの特徴を活かした研究展開の展望が述べられる．

　第 13 章（廣井善二，中辻知，森初果）では，強相関物質と総称されるさまざまな物質系の新物質開発を扱う．遷移金属酸化物は，磁石材料のフェライトや強誘電体のチタン酸バリウムなど古くから研究されてきた物質群であるが，1980 年代後半に銅酸化物系における高温超伝導の発見があり，その後もマンガン酸化物系における巨大磁気抵抗効果，フラストレートした量子スピン系，熱電変換材料など，遷移金属酸化物系を舞台とするめざましい研究展開があって一躍研究人口が増えた．希土類あるいはアクチノイド元素を含む金属間化合物は，f 電子系と伝導電子系とが絡み合いが織りなす物理，すなわち，近藤効果，RKKY 相互作用，重い電子系の形成，磁気秩序と超伝導の関係，量子相転移など多彩な現象の舞台である．それらの物理とともに，物質探索や結晶作成について述べる．有機物質の大部分は絶縁体であるが，電荷移動型錯体など金属的な伝導を示す分子性導体も数多く知られている．一般に分子性導体は，それを構成する有機分子が比較的大型で複雑な形状を有するため，結晶成長において欠陥などが入りにくく結晶性の高いクリーンな試料が得られる．そのため，電子移動度が高く磁気量子振動などを利用したフェルミオロジーが適用できる．分子自体は複雑であっても，フェルミ面付近の電子構造は少数の分子軌道で決まっていて比較的単純である．構成分子の微細構造を調整したり，圧力を印加したりすることにより，物性を大きく変化させたり新規な電子相を実現したり，といった自由度が大きいのが分子性導体研究の特徴である．　　　　　　　　　　　　　　　　　　[家　泰弘]

文　献

1) 奥田毅：実験物理の歴史（内田老鶴圃新社，1975）．
2) 山本義隆：磁力と重力の発見（みすず書房，2003）．
3) 山本義隆：熱学思想の史的展開（筑摩書房，2009）．
4) 伊東俊太郎：近代科学の源流（中公文庫，2007）．
5) Charles H. Haskins : *Renaissance of the 12th Century* (Harvard University Press, 1927).
6) 伊東俊太郎：12 世紀ルネッサンス（講談社学術文庫，2006）．
7) Abraham Pais : *Inward Bound: Of Matter and Forces in the Physical World* (Clarendon Press/Oxford University Press, 1988).

第Ⅰ部

物性理論

1. 物性理論の考え方—超伝導を例として

1.1 金属電子論の基礎

1.1.1 多電子問題と1体近似

物質科学に現れるさまざまな現象を物理学の基本原理に則って理解しようとするのが物性理論である．したがって，考察する現象に応じて取り扱う対象も手法も多岐にわたる．この章では，その一つの典型例として超伝導現象を取り上げ，その基礎概念がどのようにして形成され，今日の研究の焦点がいずれにあるかを紹介することを目的とする．

話を具体的にするため，1種類の元素からなる単体が，ある安定な結晶構造をとるとしよう．与えられた温度，圧力のもとで安定な構造を決めること自体物性理論の重要な問題の一つであるが，いまはその問題は問わないことにして，自然が答えを教えてくれていると考えることにしよう．

この元素の原子番号を Z とし，固体の体積を V，その中に含まれる原子の数を N_0 と書くことにする．原子核も平衡位置のまわりで運動しているから，それを含めると N_0 個の原子核，ZN_0 個の電子の集団を扱うことになる．1モルの固体を考えると N_0 はアボガドロ数 (6.02×10^{23}) であるから，天文学的な数の多粒子系を扱うことになる．原子核の質量は電子に比べて何千倍も大きいので，仮に原子核は平衡位置にとどまっていると近似したとすれば，電子系に対するハミルトニアンは

$$\mathcal{H} = \sum_i \frac{p_i^2}{2m} - \sum_i \sum_n \frac{Ze^2}{|\boldsymbol{r}_i - \boldsymbol{R}_n|} + \sum_{\langle i,j \rangle} \frac{e^2}{|\boldsymbol{r}_i - \boldsymbol{r}_j|} \tag{1.1}$$

で与えられる．ここで $\boldsymbol{R}_n$ は原子核の平衡位置で，$\boldsymbol{r}_i$ は i 番目の電子の座標，$\boldsymbol{p}_i$ はその運動量である．電子はスピン自由度ももっているが，ここでは相対論的補正は考えないことにし，外部から与えられた電磁場もない場合を考えることにしたので，このハミルトニアンにはスピン座標は現れていない．

固体中の電子状態の特徴を理解するために，式 (1.1) に対する1電子近似を考えること

にする．いま注目している電子以外の電子がある与えられた状態にあるとして，それらの電子が考えている電子に及ぼすポテンシャルおよび原子核のポテンシャルの和を $U(\bm{r})$ と書くことにすれば，この電子に対する1電子近似のハミルトニアンは，

$$\mathcal{H}(\bm{r}) = -\frac{\hbar^2 \nabla^2}{2m} + U(\bm{r}) \tag{1.2}$$

と書ける．この1電子問題を解くことができれば，その固有状態に電子を詰めていくことにより，多電子問題の近似解を構成できる．特にエネルギー固有値の低い状態から詰めていき，それらの電子のつくるポテンシャルと原子核のつくるポテンシャルの和が最初に仮定した $U(\bm{r})$ と一致すれば，多体問題に対するよい出発点となる1体近似が構成できたことになる．このプロセスを実行するのがバンド計算といわれるもので，以下で簡単に議論するが，実用的な計算コードについては2.1.4項や13.1.2項を参照されたい．

1.1.2 ブロッホの定理

1体近似のポテンシャル $U(\bm{r})$ が結晶構造と同じ並進対称性をもつとしたときの1電子状態については，以下に述べるブロッホ（Bloch）の定理が基本的である．それを導くためにいくつか準備をする．

a. ブラベー格子

結晶の並進対称性はブラベー（Bravais）格子で表される．同一平面上にない3つのベクトルを $\bm{a}_1, \bm{a}_2, \bm{a}_3$ としたとき，任意の整数の組 (n_1, n_2, n_3) で表される格子点

$$\bm{R} = n_1 \bm{a}_1 + n_2 \bm{a}_2 + n_3 \bm{a}_3 \tag{1.3}$$

の集合をブラベー格子という．$\bm{a}_1, \bm{a}_2, \bm{a}_3$ は基本並進ベクトルとよばれる．

ブラベー格子のあるベクトル $\bm{R}$ が与えられたとき，座標の関数 $f(\bm{r})$ の変数を $\bm{R}$ だけ変化させる操作を並進操作 $T_{\bm{R}}$ と定義する．すなわち

$$T_{\bm{R}} f(\bm{r}) = f(\bm{r} + \bm{R}) \tag{1.4}$$

である．1電子問題における並進対称性は，ブラベー格子の任意のベクトル $\bm{R}$ に対して

$$T_{\bm{R}} U(\bm{r}) = U(\bm{r} + \bm{R}) = U(\bm{r}) \tag{1.5}$$

であると表現される．

ブラベー格子に対応する並進操作の全体は群を構成するが，並進対称の群は

$$T_{\bm{R}} T_{\bm{R}'} = T_{\bm{R}'} T_{\bm{R}} = T_{\bm{R}+\bm{R}'} \tag{1.6}$$

をみたす可換群である．

b. 逆 格 子

式 (1.5) で表される並進対称性をもつ関数は

$$U(\boldsymbol{r}) = \sum_{\boldsymbol{K}} U_{\boldsymbol{K}} e^{i\boldsymbol{K}\cdot\boldsymbol{r}} \tag{1.7}$$

とフーリエ変換される．ここで $\boldsymbol{K}$ は任意のブラベー格子点 $\boldsymbol{R}$ に対して

$$e^{i\boldsymbol{K}\cdot\boldsymbol{R}} = 1 \tag{1.8}$$

をみたすベクトルの集合である．この集合を逆格子とよぶ．逆格子の任意のベクトルは，3つの整数の組を (m_1, m_2, m_3) として

$$\boldsymbol{K} = m_1 \boldsymbol{b}_1 + m_2 \boldsymbol{b}_2 + m_3 \boldsymbol{b}_3 \tag{1.9}$$

と書くことができる．すなわち，逆格子は 1 つのブラベー格子であって，その基本並進ベクトルは

$$\boldsymbol{b}_1 = 2\pi \frac{\boldsymbol{a}_2 \times \boldsymbol{a}_3}{\boldsymbol{a}_1 \cdot (\boldsymbol{a}_2 \times \boldsymbol{a}_3)} \tag{1.10}$$

$$\boldsymbol{b}_2 = 2\pi \frac{\boldsymbol{a}_3 \times \boldsymbol{a}_1}{\boldsymbol{a}_1 \cdot (\boldsymbol{a}_2 \times \boldsymbol{a}_3)} \tag{1.11}$$

$$\boldsymbol{b}_3 = 2\pi \frac{\boldsymbol{a}_1 \times \boldsymbol{a}_2}{\boldsymbol{a}_1 \cdot (\boldsymbol{a}_2 \times \boldsymbol{a}_3)} \tag{1.12}$$

で与えられる．実空間の単位胞の大きさは $v = |\boldsymbol{a}_1 \cdot (\boldsymbol{a}_2 \times \boldsymbol{a}_3)|$ で与えられるが，逆格子空間の単位胞の大きさは $(2\pi)^3/v$ である．

c. ブロッホの定理

1 電子問題のポテンシャル $U(\boldsymbol{r})$ が，並進対称性をもつとき，その固有状態は平面波 $e^{i\boldsymbol{k}\cdot\boldsymbol{r}}$ と，結晶と同じ周期性をもつ関数の積で表される．すなわち

$$\psi(\boldsymbol{r}) = e^{i\boldsymbol{k}\cdot\boldsymbol{r}} u_{\boldsymbol{k}}(\boldsymbol{r}) \tag{1.13}$$

と書くことができて，$u_{\boldsymbol{k}}(\boldsymbol{r})$ は

$$T_{\boldsymbol{R}} u_{\boldsymbol{k}}(\boldsymbol{r}) = u_{\boldsymbol{k}}(\boldsymbol{r} + \boldsymbol{R}) = u_{\boldsymbol{k}}(\boldsymbol{r}) \tag{1.14}$$

をみたす．これらの性質は合わせて

$$\psi(\boldsymbol{r} + \boldsymbol{R}) = e^{i\boldsymbol{k}\cdot\boldsymbol{R}} \psi(\boldsymbol{r}) \tag{1.15}$$

と表現することができる．

[証明]

ポテンシャルが並進対称性をもつとき

$$T_{\boldsymbol{R}}[\mathcal{H}(\boldsymbol{r})\psi(\boldsymbol{r})] = \mathcal{H}(\boldsymbol{r})T_{\boldsymbol{R}}\psi(\boldsymbol{r}) \tag{1.16}$$

であるから,

$$T_{\boldsymbol{R}}\mathcal{H} = \mathcal{H}T_{\boldsymbol{R}} \tag{1.17}$$

と,ハミルトニアンと並進対称操作は可換である.したがって,この系の固有関数は $\mathcal{H}$ と $T_{\boldsymbol{R}}$ の同時固有関数にとることができる.

$$\mathcal{H}\psi(\boldsymbol{r}) = \varepsilon\psi(\boldsymbol{r}) \tag{1.18}$$

$$T_{\boldsymbol{R}}\psi(\boldsymbol{r}) = C(\boldsymbol{R})\psi(\boldsymbol{r}) \tag{1.19}$$

ここで,ε はエネルギー固有値,$C(\boldsymbol{R})$ は $\boldsymbol{R}$ に対応した並進操作に対する固有値である.いま基本並進ベクトル $\boldsymbol{a}_1, \boldsymbol{a}_2, \boldsymbol{a}_3$ に対する固有値を

$$C(\boldsymbol{a}_i) = e^{2\pi i x_i} \qquad (i=1,2,3) \tag{1.20}$$

と書くと,任意の $\boldsymbol{R} = n_1\boldsymbol{a}_1 + n_2\boldsymbol{a}_2 + n_3\boldsymbol{a}_3$ に対する固有値は,式 (1.6) の性質から

$$C(\boldsymbol{R}) = [C(\boldsymbol{a}_1)]^{n_1}[C(\boldsymbol{a}_2)]^{n_2}[C(\boldsymbol{a}_3)]^{n_3} \tag{1.21}$$

であるから,

$$C(\boldsymbol{R}) = e^{i\boldsymbol{k}\cdot\boldsymbol{R}} \tag{1.22}$$

と書くことができる.ここで

$$\boldsymbol{k} = x_1\boldsymbol{b}_1 + x_2\boldsymbol{b}_2 + x_3\boldsymbol{b}_3 \tag{1.23}$$

である.これで,固有関数がブロッホの定理の形に書けることが示された.

波数ベクトル $\boldsymbol{k}$ は境界条件を課すことによって決定される.わかりやすい例として,周期的境界条件を用いることにする.

$$\psi(\boldsymbol{r}+N_1\boldsymbol{a}_1) = \psi(\boldsymbol{r}+N_2\boldsymbol{a}_2) = \psi(\boldsymbol{r}+N_3\boldsymbol{a}_3) = \psi(\boldsymbol{r}) \tag{1.24}$$

すなわち,考えている結晶には $N_0 = N_1N_2N_3$ 個の単位胞があるとする.この周期的境界条件をみたすには,

$$e^{i2\pi x_i N_i} = 1 \qquad (i=1,2,3) \tag{1.25}$$

でなくてはならない.このことから,

$$x_i = \frac{m_i}{N_i} \qquad (m_i = \text{整数}) \tag{1.26}$$

と書けることがわかる.この中で独立なものとしては,N_i を偶数とすれば,

$$m_i = -\frac{N_i}{2}+1, \cdots, 0, \cdots, \frac{N_i}{2} \tag{1.27}$$

ととればよい．

したがって，独立な k 点は逆格子空間の単位胞の中に $N_0 = N_1 N_2 N_3$ 個ある．逆格子空間において 1 個の k 点の占める体積は

$$\frac{(2\pi)^3}{vN_0} = \frac{(2\pi)^3}{V} \tag{1.28}$$

である．逆格子空間のウィグナー（Wigner）–サイツ（Seitz）胞を第 1 ブリルアン（Brillouin）ゾーンという．例えば格子定数が a である単純立方格子の第 1 ブリルアンゾーンは k 空間の

$$-\frac{\pi}{a} \leq k_x \leq \frac{\pi}{a}, \quad -\frac{\pi}{a} \leq k_y \leq \frac{\pi}{a}, \quad -\frac{\pi}{a} \leq k_z \leq \frac{\pi}{a} \tag{1.29}$$

の領域である．

1.1.3 バンド構造と金属・絶縁体の区分

ブロッホの定理において，波数 k で特徴づけられる固有関数の，結晶の周期性と同じ周期性をもつ部分を

$$u_{\bm{k}}(\bm{r}) = \sum_{\bm{K}} \alpha_{\bm{k}+\bm{K}} e^{i\bm{K}\cdot\bm{r}} \tag{1.30}$$

とフーリエ展開すると，ブロッホ関数は

$$\psi(\bm{r}) = \sum_{\bm{K}} \alpha_{\bm{k}+\bm{K}} e^{i(\bm{k}+\bm{K})\cdot\bm{r}} \tag{1.31}$$

と書ける．

したがって，式 (1.2) をハミルトニアンとするシュレーディンガー（Schrödinger）方程式は，$\varepsilon^0(\bm{k}) = \frac{\hbar^2 k^2}{2m}$ とおいて，

$$\varepsilon^0(\bm{k}+\bm{K})\alpha_{\bm{k}+\bm{K}} + \sum_{\bm{K}'} U_{\bm{K}-\bm{K}'} \alpha_{\bm{k}+\bm{K}'} = \varepsilon(\bm{k})\alpha_{\bm{k}+\bm{K}} \tag{1.32}$$

と書かれる．これは各 k に対して，逆格子ベクトルを添え字とする巨大な（無限次元の）行列の固有値方程式になっている．

この固有値を低いほうから順に番号をつけて，$\varepsilon_n(\bm{k})$ と書くことにしよう．n はバンドのインデックスとよばれる．われわれは固体内に束縛されている電子に興味があるので，負の値をとる $\varepsilon_n(\bm{k})$ を考える．$\varepsilon_n(\bm{k})$ は $\bm{k}$ の関数として連続である．$\bm{K}$, $\bm{K}'$ は逆格子空間のベクトルなので，$\bm{k}$ は第 1 ブリルアンゾーンで定義されていると考えてもよいし，あるいは $\bm{k}$ 空間で逆格子の周期性をもつと考えても同じことである．

ポテンシャルが与えられたとき，$\varepsilon_n(\bm{k})$ を求めるにはいろいろな方法があるが，ポテンシャルが運動エネルギーに比べて小さいときには，摂動論を用いることができる．これは「ほとんど自由な電子の近似」とよばれる．それを用いると，1 次元では図 1.1 のような分

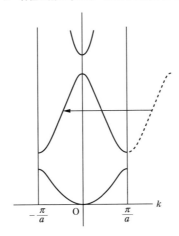

図 1.1 1次元におけるバンド分散の例.

散関係が得られることは,固体物理の入門で誰もが学ぶことなので,ここで繰り返すことはしない.図 1.1 の例では,n 番目のバンドの最も高いエネルギーと $n+1$ 番目のバンドの最低エネルギーの間にはエネルギーギャップがあるが,2次元,3次元の場合にはエネルギーギャップが,必ずしも存在するとは限らない.例えば単純立方格子の例でも (100) 方向と (111) 方向では,一般に分散が異なるので,図 1.2 のように n 番目のバンドと $n+1$ 番目のバンドがエネルギー的に重なっていて,エネルギーギャップがない場合もしばしばみられる.

1電子近似をしたとき,多電子の基底状態は1電子状態のエネルギーの低い状態から電子を詰めていくことによって構成される.電子はフェルミオンであるから各 k 点にはスピンの異なる2個の電子を収容することができる.第1ブリルアンゾーンには N_0 個の k 点があるので各バンドには $2N_0$ 個の電子を収容することができる.Z が偶数で $n = Z/2$ までのバンドの状態まで電子が完全に詰まり,その上にエネルギーギャップが存在するときには,多電子系の基底状態から励起状態をつくるには,エネルギーギャップに相当する有限のエネルギーが必要なので,基底状態は絶縁体である.絶縁体のうちエネルギーギャップの値が小さく,室温でマクロな数の電子,あるいは正孔が励起されるものを半導体という.ここでいう電子とは,基底状態においては電子の詰まっていない空のバンドに励起された電子,逆に正孔とは,基底状態では占拠されているバンドにできた空隙をいう.絶縁体以外の場合は,1体近似の範囲では金属と分類される.1体近似では金属と考えられるものが多体効果のために絶縁体となることもある.これはモット (Mott) 絶縁体とよばれるが,それについては後に議論する.

1.1 金属電子論の基礎

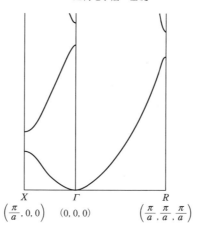

図 **1.2** 3 次元におけるバンド分散の例.

1.1.4 自由電子気体モデル

最も簡単な場合として，1体のポテンシャルが一定で定数と見なしてよい場合を考えよう．エネルギーの原点を一定のポテンシャルの値にとることとする．1電子の固有状態は平面波で表される．N 個の電子が 1 辺 L の立方体の中に閉じ込められているとして周期的境界条件を用いると，規格化された 1 電子状態の波動関数は

$$\psi = \frac{1}{L^{3/2}} e^{i\boldsymbol{k}\cdot\boldsymbol{r}} \qquad (k_x, k_y, k_z) = \left(\frac{2\pi}{L} m_x, \frac{2\pi}{L} m_y, \frac{2\pi}{L} m_z\right) \tag{1.33}$$

で与えられる．ここで，m_x, m_y, m_z は任意の整数である．この 1 電子状態のエネルギーは

$$\varepsilon_{\boldsymbol{k}} = \frac{\hbar^2 k^2}{2m} \tag{1.34}$$

で与えられる．

多粒子系を考えるときにも電子間の相互作用を無視できるとすると，基底状態は各 $\boldsymbol{k}$ 点の状態に上向き，下向きのスピンをもった電子を 2 個ずつ，エネルギーの低いほうから詰めていくことによって構成される．基底状態において，電子で占められている波数ベクトルは $\boldsymbol{k}$ 空間の球をなす．占められている 1 電子状態の最大のエネルギーをフェルミ（Fermi）エネルギー ε_F といい，$\varepsilon_{\boldsymbol{k}} = \varepsilon_\mathrm{F}$ で定義されるフェルミ面で囲まれた部分をフェルミ球という．フェルミ球の大きさは

$$2\left(\frac{L}{2\pi}\right)^3 \int_{\varepsilon_{\boldsymbol{k}} < \varepsilon_\mathrm{F}} d^3\boldsymbol{k} = 2\frac{V}{(2\pi)^3} \frac{4\pi}{3} k_\mathrm{F}^3 = N \tag{1.35}$$

で決まる．フェルミ球の半径 k_F はフェルミ波数とよばれる（図 1.3 参照）．

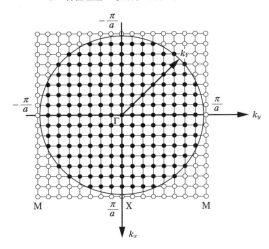

図 1.3 フェルミ球.

次に，自由な電子の熱力学的性質を議論しよう．フェルミ–ディラック（Dirac）分布関数を

$$f(\varepsilon) = \frac{1}{e^{\beta(\varepsilon-\mu)}+1} \qquad \left(\beta = \frac{1}{k_\mathrm{B}T}\right) \tag{1.36}$$

と書く．ここで μ は化学ポテンシャルで

$$2\sum_{\bm{k}} f(\varepsilon_{\bm{k}}) = 2\frac{V}{(2\pi)^3}\int 4\pi k^2 dk \frac{1}{e^{\beta(\varepsilon_{\bm{k}}-\mu)}+1} = N \tag{1.37}$$

の条件で決定される．したがって，フェルミエネルギーは絶対零度における化学ポテンシャルにほかならない．内部エネルギー U は

$$U = 2\sum_{\bm{k}} \varepsilon_{\bm{k}} f(\varepsilon_{\bm{k}}) \tag{1.38}$$

で与えられる．これから単位体積あたりの熱容量（比熱）を計算すると，$k_\mathrm{B}T \ll \varepsilon_\mathrm{F}$ のとき

$$C_v = \frac{\pi^2}{3}k_\mathrm{B}^2 D(\varepsilon_\mathrm{F}) T \tag{1.39}$$

が得られる．ここで，

$$D(\varepsilon) = \frac{2}{V}\sum_{\bm{k}} \delta(\varepsilon-\varepsilon_{\bm{k}}) = \frac{3}{2}\frac{1}{\varepsilon_\mathrm{F}}\frac{N}{V}\left(\frac{\varepsilon}{\varepsilon_\mathrm{F}}\right)^{1/2} \tag{1.40}$$

は，単位体積あたりの状態密度である．フェルミ面における状態密度は

$$D(\varepsilon_\mathrm{F}) = \frac{mk_\mathrm{F}}{\hbar^2\pi^2} \tag{1.41}$$

と書くことができる．

一様な外部磁場 $\boldsymbol{B}$ が与えられたときの，スピン磁気モーメントによるゼーマン (Zeeman) エネルギーは，磁場の方向を z 軸にとって，

$$\mathcal{H}_\mathrm{Z} = g\mu_\mathrm{B} s_z B \tag{1.42}$$

である．したがって，1電子のエネルギーはスピンの方向により，

$$\varepsilon_{k\sigma} = \frac{\hbar^2 k^2}{2m} + \frac{1}{2}g\mu_\mathrm{B} B \sigma \qquad (\sigma = \pm 1) \tag{1.43}$$

と，書くことができる．したがって，全電子数 N と単位体積あたりの磁化 M は

$$\sum_{\boldsymbol{k}\sigma} f(\varepsilon_{\boldsymbol{k}\sigma}) = N \tag{1.44}$$

$$\frac{1}{2}g\mu_\mathrm{B} \sum_{\boldsymbol{k}} [f(\varepsilon_{\boldsymbol{k}\downarrow}) - f(\varepsilon_{\boldsymbol{k}\uparrow})] = VM \tag{1.45}$$

の条件で決定される．これから $T=0$ での磁化率が，

$$\chi = \lim_{B\to 0} \frac{M}{B} = \left(\frac{1}{2}g\mu_\mathrm{B}\right)^2 D(\varepsilon_\mathrm{F}) \tag{1.46}$$

と求められる．これは，パウリ (Pauli) の常磁性磁化率とよばれる．有限温度になると磁化率の値は変化するが，その補正項は $(k_\mathrm{B}T/\varepsilon_\mathrm{F})^2$ のオーダーである．通常フェルミエネルギーは温度に換算して 10^4 K くらいあるので，室温程度ではこうした補正は重要ではない．

自由な電子気体という概念が現実の金属の性質を考える際の出発点として有効なのか，という問題を考えてみよう．ナトリウムやカリウムのようなアルカリ金属が，こうした考察の対象とすべき典型例である．具体的にナトリウムを考えると，$Z=11$ で原子の電子配置は $1\mathrm{s}^2 2\mathrm{s}^2 2\mathrm{p}^6 3\mathrm{s}^1$ である．$1\mathrm{s}^2$ から $2\mathrm{p}^6$ までの内殻の電子は閉殻を構成していて，ナトリウムの金属としての性質にはあまり関与していない．したがって，最外殻の1個の電子を価電子として扱い，それらの集団を自由電子として考えることがナトリウムの固体を考えるときによい出発点であるか，という問題である．

ナトリウムのフェルミ面はほぼ完全な球形をしていて，そのフェルミ波数がナトリウムの価電子の密度から式 (1.35) で決定されるものとよい一致を示すことは，よく知られている．低温の熱容量を $C_v = \gamma T$ と書いたときの電子比熱係数 γ は，価電子の密度から決まる k_F と電子の質量 $m_\mathrm{e} = 9.11 \times 10^{-23}$ kg を用いた理論値が 1.09 mJ/mole K^2 であるのに対して，実測値は 1.38 mJ/mole K^2 であり，2割程度の誤差である．これは，モデルの簡単さを考えると，よい一致であると考えるべきであろう．

ここで，波動関数について考えてみよう．自由電子の波動関数を文字どおりに受け取ると，ブロッホの定理の周期関数 $u_{\boldsymbol{k}}(\boldsymbol{r})$ が定数の場合に当たっているが，それが成り立たな

いことは自明である．ナトリウムの例でいえば，3s 電子の波動関数の振幅はイオン間の領域にまで大きく伸びているが，それは 1s および 2s の波動関数と直交しなければならないので，イオン半径より小さな領域で節をもつ必要がある．したがって，単純な平面波といえるような波動関数からはほど遠いものである．そうしたブロッホ関数がフェルミエネルギー近傍で自由電子と似た分散関係をもつことを意味している．アルカリ金属でなぜ自由電子に似た分散関係をもつかを理解するにはバンド計算の詳細に立ち入る必要があるので，ここではふれない．

一般には，1 体近似の分散関係 $\varepsilon_n(\boldsymbol{k})$ が求められると，フェルミエネルギーのところのバンドを考え，その状態密度を式 (1.40) と同様に定義すれば，電子比熱係数や磁化率などを，同じように計算できる．そのときには，フェルミ面の形はもはや球ではないが，フェルミ面に囲まれた $\boldsymbol{k}$ 空間の体積は価電子の密度だけで決まっている．

比熱の理論値と実測値の違いの原因としては，電子間相互作用の効果も忘れてはならない．1 体近似では相互作用のうち，1 体ポテンシャルとして取り入れられる部分のみを取り入れたのであって，そのようには表現できない，いわば本当の多体効果は考慮されてはいないのである．同じことは，いちばん最初に仮定した原子核は動かないという近似についてもいうことができる．ナトリウムの例でみられた 20 % の誤差の中には，こうした効果も含まれている．ナトリウムの例を続ければ，そのフェルミ面はほとんど完全な球面であり k_F の値が価電子の密度で決定されているとすると，式 (1.39) に式 (1.41) を代入した結果は，こうした本当の多体効果の影響が電子比熱係数に関しては実効的な質量の繰り込みとして理解できる可能性があることを示唆している．

ここで述べたことはランダウに始まるフェルミ液体の考え方であり，適当な条件下では，多体効果の本質が相互作用のない系から相互作用を連続的に導入することによって理解できる場合が多々あることを意味している．フェルミ液体の基本的性質として，フェルミエネルギーより低い温度で成り立つ次の 3 つの性質があげられる．すなわち，(1) 温度によらない常磁性磁化率，(2) 温度に比例する比熱，そしてここでは議論しなかったが，(3) 温度の 2 乗に比例する多体散乱による電気抵抗である．一般に金属を相互作用する多電子系として理解する際の出発点として，金属の自由電子モデルは重要な役割を担っている．

1.1.5 ハバードモデル

ナトリウムの価電子である 3s 電子の波動関数は，固体中ではイオンの間の中間領域に大きな振幅をもっていることを前項で述べた．これに対して，フェルミエネルギー付近にあって固体の凝集機構に関与する価電子であっても波動関数の局在性が強く，固体中の波動関数が孤立した原子（イオン）の波動関数の線形結合とあまり変わらない場合もある．遷移金属の d 電子や希土類金属の f 電子に対しては，自由電子近似よりもこうした記述のほうがよりよいアプローチになっていると考えられる．

話を単純にするために，d 軌道や f 軌道の軌道縮退を無視して考えよう．サイト i の軌道 $\phi_i(\boldsymbol{r})$ にスピン σ の電子を生成する（消滅させる）演算子を $c_{i\sigma}^{\dagger}$ ($c_{i\sigma}$) と書くことにする．イオンが集まって結晶をつくったとき，まわりにイオンが存在する効果はいろいろあるが，最も重要なプロセスはトンネル効果で，まわりのサイトに電子が跳び移っていくことが可能になることである．サイト j からサイト i にトンネルしていく行列要素を t_{ij} と書くことにすると，トンネル効果によって生じる運動エネルギーは

$$\mathcal{H}_{\mathrm{K}} = \sum_{ij} \sum_{\sigma} t_{ij} c_{i\sigma}^{\dagger} c_{j\sigma} \tag{1.47}$$

と書くことができる．ここで，異なるサイトの軌道 $\phi_i(\boldsymbol{r})$, $\phi_j(\boldsymbol{r})$ は直交していると仮定した．$\phi_i(\boldsymbol{r})$ として原子の軌道をとると，異なるサイトの軌道は直交していないのでそのための補正を考える必要があるが，ここではその補正は重要でないとしてこの問題にこれ以上立ち入らない．

全サイト数を N_0 としてフーリエ変換を

$$\begin{aligned}
c_{i\sigma} &= \frac{1}{\sqrt{N_0}} \sum_{\boldsymbol{k}} e^{i\boldsymbol{k}\cdot\boldsymbol{r}_i} c_{\boldsymbol{k}\sigma} \\
c_{\boldsymbol{k}\sigma} &= \frac{1}{\sqrt{N_0}} \sum_{i} e^{-i\boldsymbol{k}\cdot\boldsymbol{r}_i} c_{i\sigma}
\end{aligned} \tag{1.48}$$

と定義すると，式 (1.47) は対角化できて

$$\mathcal{H}_{\mathrm{K}} = \sum_{\boldsymbol{k}} \sum_{\sigma} \varepsilon_{\boldsymbol{k}} c_{\boldsymbol{k}\sigma}^{\dagger} c_{\boldsymbol{k}\sigma} \tag{1.49}$$

となる．ただし，

$$\varepsilon_{\boldsymbol{k}} = \sum_{j} t_{ij} e^{-i\boldsymbol{k}\cdot(\boldsymbol{r}_i - \boldsymbol{r}_j)} \tag{1.50}$$

である．

次に電子間のクーロン相互作用を考える．クーロン力は長距離相互作用であるが，金属では長距離部分は遮蔽されると考えられる．したがって，最も重要な項は同じサイトに 2 個電子がきたときのクーロン斥力

$$U = \int d^3\boldsymbol{r} \int d^3\boldsymbol{r}' |\phi_i(\boldsymbol{r})|^2 |\phi_i(\boldsymbol{r}')|^2 \frac{e^2}{|\boldsymbol{r} - \boldsymbol{r}'|} \tag{1.51}$$

である．

実際の d 電子や f 電子では軌道縮退があるため，同じサイトのクーロン相互作用に限っても多くの行列要素があり，それらがフント (Hund) の規則のもととなっている．ここでは軌道縮退を無視しているので，運動エネルギー (1.47) と同一サイトのクーロン斥力 (1.51) のみを考慮したモデル

を考える．この単純化された模型は，今日ではハバード（Hubbard）モデルとよばれる．
フーリエ変換した表示では，このハミルトニアンは

$$\mathcal{H} = \sum_{\bm{k}}\sum_{\sigma} \varepsilon_{\bm{k}} c_{\bm{k}\sigma}^{\dagger} c_{\bm{k}\sigma} + I \sum_{\bm{k}\bm{k}'\bm{q}} c_{\bm{k}+\bm{q}\uparrow}^{\dagger} c_{\bm{k}'-\bm{q}\downarrow}^{\dagger} c_{\bm{k}'\downarrow} c_{\bm{k}\uparrow} \tag{1.53}$$

$$\mathcal{H} = \sum_{ij}\sum_{\sigma} t_{ij} c_{i\sigma}^{\dagger} c_{j\sigma} + U \sum_{i} c_{i\uparrow}^{\dagger} c_{i\uparrow} c_{i\downarrow}^{\dagger} c_{i\downarrow} \tag{1.52}$$

と書かれる．ここで，$U = N_0 I$ である．実空間表示では相互作用は対角化されているが，運動エネルギーは非対角であるのに対し，$\bm{k}$ 表示では運動エネルギーが対角化されているが，相互作用は非対角である．

1.1.3 項での議論では，1体近似に基づくバンド構造の描像に基づき，イオンあたり奇数個の価電子がある場合には常に金属であることを議論した．ハバードモデルが広く研究されている一つの理由として，バンド描像では金属であると期待される系が，相互作用のために絶縁体となりうる最も簡単なモデルである，ということをあげることができる．

サイトあたり1個の電子があるとしたとき，U が運動エネルギーよりも大きいとすると，各サイトに1個の電子が存在する電子配置のエネルギーが最も低くなる．その状態から電子を移動させると，どこかに電子が2個存在する電子配置をつくらなければならない．したがって，電荷を移動させるためには最低 U のエネルギーが必要で，絶縁体になることが期待される．多体効果のために絶縁体となっている場合をモット絶縁体とよぶ．ハバードモデルでは，各サイトに1個の電子を配置した段階では，それらの電子のスピンの向きはまだ決定されずに残っていて，それらがどういう磁気状態をつくるかが重要な問題となる．すなわち，多くの場合磁性絶縁体はモット絶縁体であり，ハバードモデルは磁性絶縁体を研究するうえでも出発点となる系になっている．この問題については，1.4節でさらに詳しく議論する．

1.2　BCS型の超伝導

1.2.1　超伝導現象

超伝導現象とはある温度以下で金属の電気抵抗がゼロとなる現象である．その温度を超伝導転移温度 T_c という．弱い磁場中におかれた超伝導体を考えると，$T > T_c$ では図1.4(a)にあるように磁束は導体の内部を貫いているが，$T < T_c$ では (b) のように，その内部から磁束が排除されるという性質がある．この性質をマイスナー（Meissner）効果という．マイスナー効果は T_c 以下の超伝導状態が熱平衡状態であることを意味している．

水銀の電気抵抗が $T_c = 4.153$ K 以下でゼロとなる現象は1911年カマリン・オネス（Kamerlingh Onnes）によって発見され，超伝導発見以来100年以上を経たことになる．これに対してマイスナー効果は，だいぶ年代が下がり1933年にマイスナーとオクセンフェ

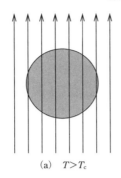 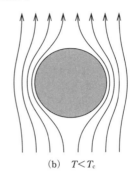

(a) $T>T_{\rm c}$　　　　　(b) $T<T_{\rm c}$

図 1.4　マイスナー効果.

ルト（Ochsenfeld）によって発見された．超伝導に対する物性理論の目標はマイスナー効果を示す熱平衡状態をいかにして記述するか，ということになる．

1.2.2　ギンツブルク–ランダウ（GL）理論

超伝導に対するミクロなレベルからの理解は，次節で議論する BCS 理論[1]によって 1957 年に永年の謎が一気に解決することになる．超伝導の現象論に関しては，BCS 理論に先立つこと 7 年，1950 年にギンツブルク（Ginzburg）とランダウ（Landau）によって完全な理論の枠組みが提案された[2]．当時は東西冷戦のさなかで，旧ソビエト連邦を中心とする東側の物理学界とヨーロッパ，米国を中心とする西側のコミュニティーの間では情報の伝達が困難であったことを考慮に入れても，GL 理論の独創性には感嘆するほかはない．以下それを紹介しよう．

超伝導の議論に入る前に，よりイメージを描きやすい磁性体を例として考えよう．外部磁場がなくても磁化があるときそれを自発磁化とよび，自発磁化がある状態が強磁性状態である．強磁性の転移温度はキュリー（Curie）温度 $T_{\rm C}$ とよばれる．$T>T_{\rm C}$ の常磁性相では外部磁場がなければ，磁化は当然ゼロである．一般に，転移温度以上ではゼロであって，秩序相ではゼロでない値をとって秩序相を特徴づける物理量を秩序変数とよぶ．強磁性体の秩序変数は磁化である．

単位体積の強磁性体を考え，その磁化を $\boldsymbol{M}$ と書くことにしよう．いま，この強磁性体が磁場 $\boldsymbol{B}$ の中におかれているとして，磁化の関数としての自由エネルギーを $\boldsymbol{M}$ について展開すると

$$F = F_0 + aM^2 + \frac{1}{2}bM^4 - \boldsymbol{M}\cdot\boldsymbol{B} \tag{1.54}$$

と書くことができる．いま，熱力学的な安定性が成り立つ条件として $b>0$ を仮定する．一般に a,b は温度の関数であるが，b は常に正であるとしているので，以下の議論では b

の温度依存性は無視して正の定数であるとする．

熱平衡状態の $\boldsymbol{M}$ は

$$\frac{\partial F}{\partial \boldsymbol{M}} = 2a\boldsymbol{M} + 2bM^2\boldsymbol{M} - \boldsymbol{B} = 0 \tag{1.55}$$

の条件で決定される．いま $a > 0$ として，磁場も小さいとすれば $\boldsymbol{M}$ は $\boldsymbol{B}$ に比例し，その比例定数が磁化率 χ であるから，

$$a = \frac{1}{2\chi} \tag{1.56}$$

である．$T = T_\mathrm{C}$ で χ は発散するから a は $T = T_\mathrm{C}$ でゼロとなる．そのような性質をもつ最も簡単な関数として

$$a = a'(T - T_\mathrm{C}) \qquad (a' > 0) \tag{1.57}$$

を仮定しよう．$T < T_\mathrm{C}$ では $a < 0$ となり，そのとき式 (1.55) は $\boldsymbol{B}$ がゼロであってもゼロでない $\boldsymbol{M}$，すなわち自発磁化をもった状態が安定解となる．自発磁化の大きさは

$$M = \sqrt{-\frac{a}{b}} = \sqrt{\frac{a'}{b}(T_\mathrm{C} - T)} \tag{1.58}$$

で与えられる．

以上が強磁性体に対する GL 理論の骨格である．超伝導に対して同様な議論をしようとしたときに最初に問題となるのは何を秩序変数にとればよいかという問題である．1950 年当時それは知られていなかったが，ギンツブルクとランダウは量子力学の波動関数のような複素数の振幅 ψ で表されると仮定した．そのミクロスコピックな実体については次節の BCS 理論のところで明らかになる．

超伝導体の単位体積あたりの自由エネルギー密度を $\mathcal{F}$ と書くと，その常伝導状態からの変化分は秩序変数に関して展開して

$$\mathcal{F} = \mathcal{F}_0 + a|\psi|^2 + \frac{1}{2}b|\psi|^4 \tag{1.59}$$

と書けるはずである．強磁性体の例では，磁化 $\boldsymbol{M}$ が時間反転に対して符号を変えることから自由エネルギーの表式には $\boldsymbol{M}$ の偶数次しかありえないことに注目し，$\boldsymbol{M}$ がベクトル量であることに着目すれば，等方的な強磁性体の自由エネルギーの展開形は式 (1.54) の形に一意的に定まる．超伝導体の秩序変数として複素振幅を仮定すれば，自由エネルギーは実数でなければならないからその ψ による展開形は式 (1.59) の形でなければならない．したがって，一様な超伝導状態と強磁性体の熱力学的性質は共通の構造をもっていることになる．

超伝導体の磁場に対する応答を考えるには，図 1.4(b) からわかるように磁場の空間変化を考慮することが必要である．このとき磁場は超伝導体の内部および表面付近でミクロなスケールで変化する可能性があり，そうした空間変化する磁場を $\boldsymbol{h}(\boldsymbol{r})$ と書くことにする．

1.2 BCS型の超伝導

この磁場を導くベクトルポテンシャルを $\boldsymbol{A}(\boldsymbol{r})$ と書く．

$$\boldsymbol{h}(\boldsymbol{r}) = \mathrm{rot}\boldsymbol{A}(\boldsymbol{r}) \tag{1.60}$$

磁場のミクロなスケールでの変化は超伝導電流の空間分布によってもたらされているはずであるから，超伝導の秩序変数の空間変化 $\psi(\boldsymbol{r})$ を考える必要がある．その場合，秩序変数の空間変化に伴うエネルギーの上がりは $\psi(\boldsymbol{r})$ の勾配によって与えられるから，

$$\frac{1}{2m^*}\left|\frac{\hbar}{i}\boldsymbol{\nabla}\psi\right|^2 \tag{1.61}$$

のように書くことができる．勾配があるためのエネルギーの増加の係数を $\frac{\hbar^2}{2m^*}$ とおいた．これは質量 m^* をもつ粒子の量子力学的ハミルトニアンの形をしている．この粒子が荷電粒子であってその電荷を q とすると，磁場との相互作用は

$$\frac{1}{2m^*}\left|\left(\frac{\hbar}{i}\boldsymbol{\nabla} - \frac{q}{c}\boldsymbol{A}\right)\psi\right|^2 \tag{1.62}$$

で与えられる．これを電磁場とのミニマルな相互作用という．$\psi(\boldsymbol{r})$ を超伝導電流を担う場の振幅と考え，その有効電荷を e^* として磁場とのミニマルな結合を考えると

$$\frac{1}{2m^*}\left|\left(\frac{\hbar}{i}\boldsymbol{\nabla} - \frac{e^*}{c}\boldsymbol{A}\right)\psi\right|^2 \tag{1.63}$$

となることが期待される．

以上の超伝導体のエネルギーに磁場のエネルギーを加えて，体積 V の超伝導体の自由エネルギーは

$$F = F_0 + \int_V \mathcal{F}[\psi(\boldsymbol{r}), \boldsymbol{A}(\boldsymbol{r})]dv \tag{1.64}$$

$$\mathcal{F}[\psi(\boldsymbol{r}), \boldsymbol{A}(\boldsymbol{r})] = a|\psi|^2 + \frac{1}{2}b|\psi|^4 + \frac{1}{2m^*}\left|\left(\frac{\hbar}{i}\boldsymbol{\nabla} - \frac{e^*}{c}\boldsymbol{A}\right)\psi\right|^2 + \frac{1}{8\pi}h^2(\boldsymbol{r}) \tag{1.65}$$

で与えられる．この超伝導体が外部磁場 $\boldsymbol{H}_0$ の中におかれているときには，ギブス（Gibbs）の自由エネルギー

$$G = F - \frac{1}{4\pi}\int \boldsymbol{h}(\boldsymbol{r}) \cdot \boldsymbol{H}_0 dv \tag{1.66}$$

を最小にするような $\psi(\boldsymbol{r}), \boldsymbol{A}(\boldsymbol{r})$ を求めればよい．

これは典型的な変分問題である．$\psi(\boldsymbol{r})$ は複素関数であるからその実部と虚部について変分をとることになるが，それは $\psi(\boldsymbol{r})$ と $\psi^*(\boldsymbol{r})$ を独立と考えて変分をとるのと同等である．いま，$\psi^*(\boldsymbol{r}) \to \psi^*(\boldsymbol{r}) + \delta\psi^*(\boldsymbol{r})$ と変化させたとしよう．そのとき G の変化分は

$$\delta G = \int_V \Bigg(a\psi\delta\psi^* + b|\psi|^2\psi\delta\psi^* \\
+ \frac{1}{2m^*}\left[\left(\frac{\hbar}{i}\boldsymbol{\nabla} - \frac{e^*}{c}\boldsymbol{A}\right)\psi\right] \cdot \left[\left(-\frac{\hbar}{i}\boldsymbol{\nabla} - \frac{e^*}{c}\boldsymbol{A}\right)\delta\psi^*\right]\Bigg)dv \tag{1.67}$$

となるが，第 2 行には $\boldsymbol{\nabla}\delta\psi^*$ という変分量の微分が出てくるので，部分積分を用いて書き直すと

$$\delta G = \int_V \left\{ a\psi + b|\psi|^2\psi + \frac{1}{2m^*}\left(\frac{\hbar}{i}\boldsymbol{\nabla} - \frac{e^*}{c}\boldsymbol{A}\right)^2\psi \right\}\delta\psi^* dv \\ + \int_S \frac{1}{2m^*}\delta\psi^*\left(-\frac{\hbar}{i}\right)\left(\frac{\hbar}{i}\boldsymbol{\nabla} - \frac{e^*}{c}\boldsymbol{A}\right)\psi \cdot d\boldsymbol{s} \tag{1.68}$$

となる．第 2 行は超伝導体の表面に関する積分で，$d\boldsymbol{s}$ は向きのついた表面の積分要素である．第 1 行からは超伝導体内部の点における条件が導かれ，第 2 行からは表面における境界条件が導かれる．$\boldsymbol{A}(\boldsymbol{r})$ に関する変分も同様にして求められる．

a．ギンツブルク–ランダウ方程式

以上をまとめると，超伝導体の内部で

$$a\psi + b|\psi|^2\psi + \frac{1}{2m^*}\left(\frac{\hbar}{i}\boldsymbol{\nabla} - \frac{e^*}{c}\boldsymbol{A}\right)^2\psi = 0 \tag{1.69}$$

$$\boldsymbol{J} = \frac{c}{4\pi}\text{rot}\,\boldsymbol{h} = \frac{e^*}{2m^*}\frac{\hbar}{i}(\psi^*\boldsymbol{\nabla}\psi - \psi\boldsymbol{\nabla}\psi^*) - \frac{e^{*2}}{m^*c}|\psi|^2\boldsymbol{A} \tag{1.70}$$

が得られ，表面での境界条件として

$$\left[\frac{1}{2m^*}\left(\frac{\hbar}{i}\boldsymbol{\nabla} - \frac{e^*}{c}\boldsymbol{A}(\boldsymbol{r})\right)\psi(\boldsymbol{r})\right]_{\text{n}} = 0 \tag{1.71}$$

$$\left[\boldsymbol{h}(\boldsymbol{r}) - \boldsymbol{H}_0\right]_{\parallel} = 0 \tag{1.72}$$

を得る．ここで $[\cdots]_{\text{n}}$ は表面における垂直成分，$[\cdots]_{\parallel}$ は表面に平行な成分を表している．

b．ゲージ不変性

与えられた磁場分布 $\boldsymbol{h}(\boldsymbol{r})$ を導くベクトルポテンシャルは一意的には定まらない．ある $\boldsymbol{A}(\boldsymbol{r})$ に対して任意の関数 $\chi(\boldsymbol{r})$ の勾配だけ異なるベクトルポテンシャル

$$\boldsymbol{A}'(\boldsymbol{r}) = \boldsymbol{A}(\boldsymbol{r}) + \text{grad}\chi(\boldsymbol{r}) \tag{1.73}$$

も同じ磁場分布を与える．ベクトルポテンシャルの選び方に関するこの自由度をゲージ変換という．ゲージ変換に対して GL 理論は不変になっている．いま $\boldsymbol{A}(\boldsymbol{r})$ のかわりに $\boldsymbol{A}'(\boldsymbol{r})$ を用いると同時に，$\psi(\boldsymbol{r})$ のかわりに

$$\psi'(\boldsymbol{r}) = \psi(\boldsymbol{r})\exp\left[\frac{ie^*}{\hbar c}\chi(\boldsymbol{r})\right] \tag{1.74}$$

を用いると，自由エネルギーが不変に保たれることが容易に示される．

c. ロンドン方程式

上で述べたゲージ変換の自由度を用いて,秩序変数を実にとると電流の方程式 (1.70) は

$$\boldsymbol{J} = -\frac{e^{*2}}{m^*c}|\psi|^2\boldsymbol{A} \tag{1.75}$$

となる.いま,

$$\frac{1}{\Lambda} = \frac{e^{*2}}{m^*}|\psi|^2 \tag{1.76}$$

とおき,式 (1.75) の時間微分をとると

$$\frac{\partial}{\partial t}(\Lambda \boldsymbol{J}) = \boldsymbol{E} \tag{1.77}$$

また,回転をとると

$$\boldsymbol{h}(\boldsymbol{r}) = -c\,\mathrm{rot}(\Lambda\boldsymbol{J}) \tag{1.78}$$

となる.この 2 つの式はロンドン(London)方程式とよばれる.通常のオームの法則

$$\boldsymbol{J} = \sigma\boldsymbol{E} \tag{1.79}$$

は,一定の電場があるとそれに見合った定常電流が流れることを表しているが,式 (1.77) は電場があると電流が増大し続けることを意味していて,伝導度 σ の発散した超伝導状態にあることを表している.ロンドン方程式の 2 番目の式はマイスナー効果を表しているが,これについては項をあらためて説明する.

d. バルクの解

外部磁場がなくて,秩序変数の空間変化も無視できるとすれば,$a < 0$ のとき式 (1.69) の秩序変数 ψ はゼロでない解をもつ.超伝導転移温度を T_c とすれば,T_c の近傍では

$$a = a'(T - T_c) \qquad (a' > 0) \tag{1.80}$$

と仮定してよく,

$$|\psi|^2 = \frac{-a}{b} = \frac{a'}{b}(T_c - T) \tag{1.81}$$

を得る.したがって,$T < T_c$ での自由エネルギーは,単位体積あたり

$$\mathcal{F} - \mathcal{F}_0 = -\frac{1}{2}\frac{a^2}{b} = -\frac{H_c^2}{8\pi} \tag{1.82}$$

となる.超伝導の凝集エネルギーを磁場に換算した H_c は熱力学的臨界磁場とよばれる.自由エネルギーを温度に関して 2 階微分して,$T < T_c$ での比熱は

$$C = -T\frac{\partial^2 \mathcal{F}}{\partial T^2} = C_0 + \frac{a'^2}{b}T \tag{1.83}$$

と求められる.ここで,C_0 は常伝導状態における比熱である.この T_c 近傍での比熱の振る舞いは GL 理論に共通のもので図 1.5 のようになる.

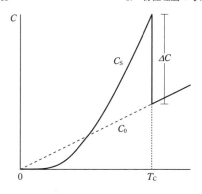
図 1.5 超伝導転移点近傍での比熱の温度依存性.

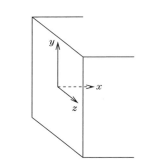
図 1.6 磁場中の半無限の超伝導体.

e. マイスナー効果と磁場侵入長

図 1.6 のように半無限の超伝導体を考え,その表面に弱い磁場がかかっているとしよう.超伝導体の表面を $x=0$ とする.磁場は弱くて秩序変数は超伝導体の表面までほとんど変化せず

$$|\psi|^2 = \psi_0^2 \qquad (x>0) \tag{1.84}$$

とおいてよいとする.ψ_0 は前項で議論したバルクの解である.

このとき第 2 の GL 方程式は

$$\boldsymbol{J} = \frac{c}{4\pi}\mathrm{rot}\boldsymbol{h} = -\frac{e^{*2}}{m^*c}\psi_0^2\boldsymbol{A} \tag{1.85}$$

であるが,その回転をとると

$$\frac{c}{4\pi}\mathrm{rot}\,\mathrm{rot}\,\boldsymbol{h} = -\frac{e^{*2}}{m^*c}\psi_0^2\boldsymbol{h} \tag{1.86}$$

となる.$\boldsymbol{h}$ は x のみの関数であるから,この方程式は

$$\frac{c}{4\pi}\frac{d^2h}{dx^2} = \frac{e^{*2}}{m^*c}\psi_0^2\,h \tag{1.87}$$

と書くことができ,境界条件 $h(0)=H_0$ をみたす解は,

$$h(x) = H_0 e^{-\frac{x}{\lambda}} \tag{1.88}$$

と求められる.すなわち,超伝導体の内部からは磁場が排除されるマイスナー効果を記述していることがわかる.磁場は表面付近では超伝導体にしみ込んでいるが,その深さは

$$\lambda^2(T) = \frac{c^2 m^*}{4\pi e^{*2}}\frac{1}{\psi_0^2} = \frac{c^2 m^*}{4\pi e^{*2}}\frac{b}{|a|} \tag{1.89}$$

で与えられ,磁場侵入長とよばれる.$\lambda(T)$ は温度変化を示し,$T=T_\mathrm{c}$ で $1/\sqrt{T_\mathrm{c}-T}$ で発散する.

f. コヒーレンス長と GL パラメータ κ

GL 方程式には，磁場侵入長に加え，もう一つの長さのスケールが存在している．それは秩序変数の空間変化を特徴づける長さのスケールで，式 (1.69) の第 1 項と第 3 項に現れる空間微分の項を比較することにより，

$$\xi^2(T) = \frac{\hbar^2}{2m^*|a|} \tag{1.90}$$

で与えられることがわかる．この特徴的な長さはコヒーレンス長とよばれる．$\xi(T)$ も温度変化を示し，$T = T_c$ で $1/\sqrt{T_c - T}$ で発散する．

磁場侵入長とコヒーレンス長の比

$$\kappa = \frac{\lambda(T)}{\xi(T)} \tag{1.91}$$

を GL パラメータとよぶ．式 (1.80) の仮定を用いると κ は温度によらないことになるが，実際の超伝導体でもあまり温度によらないのが普通で，超伝導物質を特徴づけるパラメータと考えてよい場合が多い．この κ が超伝導体の磁場に対する応答を決定し，

$$\kappa < \frac{1}{\sqrt{2}} \quad \text{第 1 種超伝導体}$$
$$\kappa > \frac{1}{\sqrt{2}} \quad \text{第 2 種超伝導体}$$

と区別される．

第 1 種超伝導体では，超伝導状態にとどまる限り，磁束は表面領域を除いて超伝導体の内部に入ることはなく，熱力学的臨界磁場まで完全反磁性を示す（図 1.7(a)）．これに対して第 2 種超伝導体では H_c よりも小さな第 1 臨界磁場 (H_{c1}) までは完全反磁性を示すが，それ以上の磁場では，超伝導状態を保ちながら磁束を渦糸（ボーテックス）の形で超伝導体内部を貫通させたほうが，磁場を含めた全系のエネルギーとしては安定となる．こうした磁場中の超伝導状態を混合状態とよぶ．第 2 種超伝導体で，超伝導の秩序変数が消失する磁場の強さは第 2 臨界磁場 (H_{c2}) とよばれる．H_{c2} は H_c よりも大きい（図 1.7(b)）．

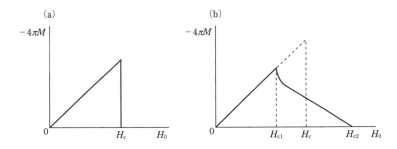

図 **1.7** 超伝導体の磁化．第 1 種超伝導体 (a) と第 2 種超伝導体 (b).

第 2 種超伝導体の混合状態に対する理論はアブリコソフ（Abrikosov）によって構築された[3]．この論文は物性理論の分野で最も美しい理論の一つであるが，その紹介は別の機会に譲る．

1.2.3　クーパー対形成

GL 理論が超伝導現象の本質を記述していることはわかったが，そこに登場する複素数の秩序変数の実体は何であろうか．その問いへの解答に対して重要なヒントとなったのは，引力相互作用がある場合に正常状態が示す不安定性で，クーパー（Cooper）による発見である．

式 (1.52) あるいは式 (1.53) で与えられるハバードモデルにおいて相互作用が引力 ($U < 0$) である場合を考える．この節以降しばらく電子数 N の異なる状態を扱うので $\mathcal{H}$ のかわりに $\mathcal{H} - \mu\mathcal{N}$ を考える．ここで μ は化学ポテンシャルであり，$\mathcal{N}$ は電子数演算子である．化学ポテンシャルから測った 1 電子のエネルギーを

$$\xi_{\bm{k}} = \varepsilon_{\bm{k}} - \mu \tag{1.92}$$

とおく．$T = 0$ の化学ポテンシャルがフェルミエネルギー ε_F にほかならない．

仮に引力相互作用が弱いとすれば，1 電子エネルギーの低い状態からフェルミエネルギーまでフェルミ統計に従って電子を詰めた状態 $|\Psi_\mathrm{F}\rangle$ が N 電子系の基底状態に対するよい出発点になると期待される．

$$|\Psi_\mathrm{F}\rangle = \prod_{\varepsilon_{\bm{k}} < \varepsilon_\mathrm{F}} c_{\bm{k}\uparrow}^\dagger c_{\bm{k}\downarrow}^\dagger |0\rangle \tag{1.93}$$

ここで $|0\rangle$ は真空状態を表し，N は偶数であると仮定した．$|\Psi_\mathrm{F}\rangle$ をフェルミ状態とよぶことにする．

以下では，このフェルミ状態に 2 個電子を付け加えたときの安定性を議論する．そのために全スピンの z 成分がゼロである空間における基底状態の波動関数として

$$|\Psi\rangle = \sum_{\bm{k}_1 \bm{k}_2} \Gamma_{\bm{k}_1,\bm{k}_2} c_{\bm{k}_1\uparrow}^\dagger c_{\bm{k}_2\downarrow}^\dagger |\Psi_\mathrm{F}\rangle \tag{1.94}$$

を考えよう．電子はフェルミ粒子であることから $\bm{k}_1$, $\bm{k}_2$ はフェルミ面の外側にある波数ベクトルでなくてはならない．右辺の各状態の全運動量は $\bm{k}_1 + \bm{k}_2$ であるが，全運動量は当然保存する．以下，全運動量がゼロである状態を考えることにする．このとき係数が

$$\Gamma_{\bm{k},-\bm{k}} = \Gamma_{-\bm{k},\bm{k}} = \Gamma_{|\bm{k}|} \tag{1.95}$$

をみたせば，付け加えた 2 個の電子の入れ替えに対して空間部分の波動関数は対称なので，スピン波動関数は反対称となり，全スピンの大きさがゼロのシングレット対を記述している．これに対して

$$\Gamma_{\boldsymbol{k},-\boldsymbol{k}} = -\Gamma_{-\boldsymbol{k},\boldsymbol{k}} \tag{1.96}$$

のときは，全スピンの大きさが 1 でトリプレット対の波動関数になっている．ここではシングレット対を考える．

ハバードモデルのような多体相互作用をしているハミルトニアンでは式 (1.94) の形の波動関数が厳密な固有状態であることは不可能である．式 (1.94) のようにフェルミ面の外側に 2 個電子を付け加えた状態から出発しても，相互作用が働くとフェルミ面の内側にホール（正孔）が励起され，外側に電子が 3 個付け加わった状態が生成され，さらに多数の電子・正孔対が励起された状態も生成されるからである．ここでは式 (1.94) の波動関数を変分関数として，フェルミ状態は多体効果によって変更を受けないという仮定のもとに計算を進める．

ハミルトニアン (1.53) の相互作用項を $\mathcal{H}_I$ と書き，波動関数 $|\Psi\rangle$ に作用させると，上記の仮定のもとでは

$$\mathcal{H}_I |\Psi\rangle = I\left(\frac{N}{2}+1\right)^2 |\Psi\rangle + I \sum_{\boldsymbol{p}} \sum_{\boldsymbol{q}} \Gamma_{|\boldsymbol{p}|} c^{\dagger}_{\boldsymbol{p}+\boldsymbol{q}\uparrow} c^{\dagger}_{-\boldsymbol{p}-\boldsymbol{q}\downarrow} |\Psi_{\mathrm{F}}\rangle \tag{1.97}$$

となる．第 1 項はハートレー項で，それは一電子のエネルギー $\varepsilon_{\boldsymbol{k}}$ を定数だけずらすことに対応していて新しい物理的効果を何らもたらさない．したがってシュレーディンガー方程式

$$(\mathcal{H} - \mu \mathcal{N})|\Psi\rangle = E|\Psi\rangle \tag{1.98}$$

は

$$\Gamma_{|\boldsymbol{k}|}\left\{\xi_{\boldsymbol{k}} + \xi_{-\boldsymbol{k}} + 2\sum_{\varepsilon_{\boldsymbol{p}}<\varepsilon_{\mathrm{F}}} \xi_{\boldsymbol{p}}\right\} + I \sum_{\varepsilon_{\boldsymbol{p}}>\varepsilon_{\mathrm{F}}} \Gamma_{|\boldsymbol{p}|} = E\Gamma_{|\boldsymbol{k}|} \tag{1.99}$$

と表現される．時間反転対称性を仮定すれば $\xi_{\boldsymbol{k}} = \xi_{-\boldsymbol{k}}$ が成立し，

$$\Gamma_{|\boldsymbol{k}|}(2\xi_{\boldsymbol{k}} - \varepsilon) + I \sum_{\varepsilon_{\boldsymbol{p}}>\varepsilon_{\mathrm{F}}} \Gamma_{|\boldsymbol{p}|} = 0 \tag{1.100}$$

となる．ここでフェルミ状態からのエネルギーの変化分を $\varepsilon = E - 2\sum_{\varepsilon_{\boldsymbol{p}}<\varepsilon_{\mathrm{F}}} \xi_{\boldsymbol{p}}$ とおいた．

上式の両辺を $(2\xi_{\boldsymbol{k}} - \varepsilon)$ で割り，$\boldsymbol{k}$ について和をとると，固有値方程式は

$$1 = I \sum_{\varepsilon_{\boldsymbol{k}}>\varepsilon_{\mathrm{F}}} \frac{1}{\varepsilon - 2\xi_{\boldsymbol{k}}} = IG(\varepsilon) \tag{1.101}$$

と書くことができる．和をとる $\boldsymbol{k}$ について $\xi_{\boldsymbol{k}}$ は正であるので $G(\varepsilon)$ は図 1.8 のような構造をもつ．$G(\varepsilon)$ が $1/I$ となる点が固有値を与えるが，$I>0$ であればすべての固有値が正の値をとるのに対して，$I<0$ であれば負のエネルギーをもつ束縛状態が 1 個あって，フェルミ状態が不安定になることを意味している．

負の ε に対する $G(\varepsilon)$ は，フェルミエネルギーにおける状態密度を $\rho(\varepsilon_{\mathrm{F}})$ として

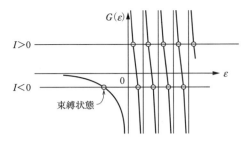

図 **1.8** 引力相互作用の場合の束縛状態の形成.

$$G(\varepsilon) \simeq \rho(\varepsilon_F) \int_0^{\hbar\omega_c} \frac{1}{\varepsilon - 2\xi} d\xi = -\frac{1}{2}\rho(\varepsilon_F) \log \frac{2\hbar\omega_c}{-\varepsilon} \tag{1.102}$$

と計算される.ここで引力は ε_F から $\hbar\omega_c$ の範囲の電子状態に関して働くとし,状態密度 $\rho(\varepsilon_F)$ は一つのスピン方向に対して定義している.このため式 (1.40) の状態密度とは因子 2 だけ異なっている $[D(\varepsilon_F) = 2\rho(\varepsilon_F)]$.これより束縛エネルギーは

$$-\varepsilon = 2\hbar\omega_c e^{-\frac{2}{|I|\rho(\varepsilon_F)}} \tag{1.103}$$

と求められた.引力相互作用があれば,それがどんなに弱くても,束縛状態が形成されフェルミ状態は不安定であることを,この式は意味している.このクーパー対形成に関するフェルミ状態の不安定性には,電子の占拠数に跳びがあるフェルミ面の存在が本質的であることを指摘しておく.

1.2.4 BCS 理論[1)]

a. 非対角的長距離秩序に対する平均場近似

前節で議論したクーパー対形成に対する不安定性は,引力相互作用がある場合には電子数が 2 個違う状態間に行列要素を生じてエネルギーを低下させることができる可能性があることを示唆している.クーパー対の全運動量をゼロ,全スピンの z 成分がゼロを仮定すれば

$$\begin{aligned}\langle c_{\boldsymbol{k}\uparrow} c_{-\boldsymbol{k}\downarrow} \rangle \neq 0 \\ \langle c^\dagger_{-\boldsymbol{k}\downarrow} c^\dagger_{\boldsymbol{k}\uparrow} \rangle \neq 0\end{aligned} \tag{1.104}$$

となる可能性を意味している.

これらの期待値がゼロでないと仮定したとき,相互作用項を平均場近似で扱うことを考えよう.相互作用項を

$$\mathcal{H}_I = I \sum_{\boldsymbol{k}\boldsymbol{k}'\boldsymbol{q}} [\langle c^\dagger_{\boldsymbol{k}+\boldsymbol{q}\uparrow} c^\dagger_{-\boldsymbol{k}-\boldsymbol{q}\downarrow} \rangle \delta_{\boldsymbol{k}',-\boldsymbol{k}} + c^\dagger_{\boldsymbol{k}+\boldsymbol{q}\uparrow} c^\dagger_{\boldsymbol{k}'-\boldsymbol{q}\downarrow} - \langle c^\dagger_{\boldsymbol{k}+\boldsymbol{q}\uparrow} c^\dagger_{-\boldsymbol{k}-\boldsymbol{q}\downarrow} \rangle \delta_{\boldsymbol{k}',-\boldsymbol{k}}]$$

$$\times [\langle c_{-\boldsymbol{k}\downarrow} c_{\boldsymbol{k}\uparrow}\rangle \delta_{\boldsymbol{k}',-\boldsymbol{k}} + c_{\boldsymbol{k}'\downarrow} c_{\boldsymbol{k}\uparrow} - \langle c_{-\boldsymbol{k}\downarrow} c_{\boldsymbol{k}\uparrow}\rangle \delta_{\boldsymbol{k}',-\boldsymbol{k}}] \tag{1.105}$$

と平均値と平均値からのずれとで表して，平均値からのずれの積である揺らぎの項を無視すると

$$\simeq \Delta^* \sum_{\boldsymbol{k}} c_{-\boldsymbol{k}\downarrow} c_{\boldsymbol{k}\uparrow} + \Delta \sum_{\boldsymbol{k}} c^\dagger_{\boldsymbol{k}\uparrow} c^\dagger_{-\boldsymbol{k}\downarrow} - \frac{1}{I}|\Delta|^2 \tag{1.106}$$

と書くことができる．ここで

$$\begin{aligned}
\Delta &= -I \sum_{\boldsymbol{k}} \langle c_{\boldsymbol{k}\uparrow} c_{-\boldsymbol{k}\downarrow}\rangle \\
\Delta^* &= -I \sum_{\boldsymbol{k}} \langle c^\dagger_{-\boldsymbol{k}\downarrow} c^\dagger_{\boldsymbol{k}\uparrow}\rangle
\end{aligned} \tag{1.107}$$

は超伝導の秩序変数である．

相互作用が引力であれ斥力であれ，ハバードハミルトニアンでは全電子数は保存する．いま基底関数に位相 $\phi/2$ を与える変換 Φ を考える．この変換は

$$\begin{aligned}
\Phi c_{\boldsymbol{k}\sigma} &= e^{i\frac{\phi}{2}} c_{\boldsymbol{k}\sigma} \\
\Phi c^\dagger_{\boldsymbol{k}\sigma} &= e^{-i\frac{\phi}{2}} c^\dagger_{\boldsymbol{k}\sigma}
\end{aligned} \tag{1.108}$$

と定義され U(1) ゲージ変換とよばれ，その全体は可換群をなしている．全粒子数の保存則は U(1) ゲージ変換に対するハミルトニアンの不変性として表現される．

2 次相転移によってある秩序が生じたとき，一般的に対称性の低下を伴うが，U(1) ゲージ変換に対する対称性を保つような秩序変数を対角的長距離秩序，U(1) ゲージ対称性を破るものを非対角的長距離秩序という．超伝導の秩序変数 (1.107) は非対角的長距離秩序の一例である．

b. 南部表示とボゴリューボフ変換

平均場近似のハミルトニアンは 2 行 2 列の行列を用いて

$$\mathcal{H}_{\mathrm{MF}} - \mu\mathcal{N} = \sum_{\boldsymbol{k}} (c^\dagger_{\boldsymbol{k}\uparrow}, \ c_{-\boldsymbol{k}\downarrow}) \begin{pmatrix} \xi_{\boldsymbol{k}} & \Delta \\ \Delta^* & -\xi_{\boldsymbol{k}} \end{pmatrix} \begin{pmatrix} c_{\boldsymbol{k}\uparrow} \\ c^\dagger_{-\boldsymbol{k}\downarrow} \end{pmatrix} + 定数項 \tag{1.109}$$

と書くことができる．ここで $\xi_{\boldsymbol{k}} = \xi_{-\boldsymbol{k}}$ の関係を用いている．この関係は系に時間反転対称性があれば一般的に成り立つ．この行列表示を南部表示という．

南部表示の 2 行 2 列の行列はユニタリ変換

$$\begin{pmatrix} c_{\boldsymbol{k}\uparrow} \\ c^\dagger_{-\boldsymbol{k}\downarrow} \end{pmatrix} = \begin{pmatrix} u_{\boldsymbol{k}} & -v_{\boldsymbol{k}} e^{i\theta} \\ v_{\boldsymbol{k}} e^{-i\theta} & u_{\boldsymbol{k}} \end{pmatrix} \begin{pmatrix} \alpha_{\boldsymbol{k}\uparrow} \\ \alpha^\dagger_{-\boldsymbol{k}\downarrow} \end{pmatrix} \tag{1.110}$$

を用いて対角化することができる．ユニタリの条件は $u^2_{\boldsymbol{k}} + v^2_{\boldsymbol{k}} = 1$ で与えられ，このとき $\alpha_{\boldsymbol{k}\uparrow}, \alpha_{\boldsymbol{k}\downarrow}, \alpha^\dagger_{\boldsymbol{k}\uparrow}, \alpha^\dagger_{\boldsymbol{k}\downarrow}$ はフェルミオンの交換関係をみたしている．この変換はボゴリューボ

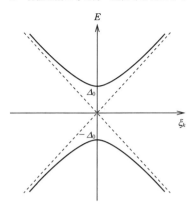

図 1.9 超伝導状態における準粒子のエネルギー.

フ (Bogoliubov) 変換とよばれる.秩序変数の位相を $\Delta = \Delta_0 e^{i\theta}$ とおくと,ユニタリ変換の位相を秩序変数の位相に等しくとればよいことは容易に確かめられる.簡単な計算から,固有値は

$$\omega = \pm\sqrt{\xi_{\bm{k}}^2 + \Delta_0^2} = \pm E(\bm{k}) \tag{1.111}$$

となる.超伝導状態の準粒子の励起エネルギーは図 1.9 のように $2\Delta_0$ のギャップをもつ.変換行列は,固有ベクトルの計算から

$$u_{\bm{k}}^2 - v_{\bm{k}}^2 = \frac{|\xi_{\bm{k}}|}{\sqrt{\xi_{\bm{k}}^2 + \Delta_0^2}} \tag{1.112}$$

$$2u_{\bm{k}}v_{\bm{k}} = \frac{\Delta_0}{\sqrt{\xi_{\bm{k}}^2 + \Delta_0^2}} \, \mathrm{sgn}\,\xi_{\bm{k}} \tag{1.113}$$

で与えられる.ここで sgn $\xi_{\bm{k}}$ は $\xi_{\bm{k}}$ の符号である.

対角化された平均場のハミルトニアンは,

$$\mathcal{H}_{\mathrm{MF}} - \mu \mathcal{N} = \sum_{\bm{k}} \mathrm{sgn}\xi_{\bm{k}}\, E(\bm{k})\, (\alpha_{\bm{k}\uparrow}^\dagger \alpha_{\bm{k}\uparrow} + \alpha_{-\bm{k}\downarrow}^\dagger \alpha_{-\bm{k}\downarrow}) - \frac{1}{I}|\Delta|^2 \tag{1.114}$$

と書くことができる.

c. ギャップ方程式

平均場近似のハミルトニアンが対角化されたので,最初に仮定した秩序変数はそれに基づいて計算することができる.式 (1.107) にボゴリューボフ変換を用いると

1.2 BCS 型の超伝導

$$\begin{aligned}\Delta &= -I\sum_{\boldsymbol{k}}\langle(u_{\boldsymbol{k}}\alpha_{\boldsymbol{k}\uparrow}-v_{\boldsymbol{k}}e^{i\theta}\alpha^{\dagger}_{-\boldsymbol{k}\downarrow})(v_{\boldsymbol{k}}e^{i\theta}\alpha^{\dagger}_{\boldsymbol{k}\uparrow}+u_{\boldsymbol{k}}\alpha_{-\boldsymbol{k}\downarrow})\rangle \\ &= -I\sum_{\boldsymbol{k}}e^{i\theta}u_{\boldsymbol{k}}v_{\boldsymbol{k}}[\langle\alpha_{\boldsymbol{k}\uparrow}\alpha^{\dagger}_{\boldsymbol{k}\uparrow}\rangle-\langle\alpha^{\dagger}_{-\boldsymbol{k}\downarrow}\alpha_{-\boldsymbol{k}\downarrow}\rangle] \\ &= -Ie^{i\theta}\sum_{\boldsymbol{k}}\frac{\Delta_0}{2E(\boldsymbol{k})}\tanh\frac{1}{2}\beta E(\boldsymbol{k})\end{aligned} \tag{1.115}$$

となる。ここで $\beta=1/k_{\mathrm{B}}T$ は温度の逆数である。$e^{i\theta}$ は Δ の位相にとってあるので，秩序変数の振幅 Δ_0 に対する自己無撞着な方程式

$$1 = |I|\sum_{\boldsymbol{k}}\frac{1}{2E(\boldsymbol{k})}\tanh\frac{1}{2}\beta E(\boldsymbol{k}) \tag{1.116}$$

が得られた．各温度で秩序変数の大きさを決定するこの式はギャップ方程式とよばれる．

絶対零度における秩序変数すなわちギャップの大きさは，

$$|I|\sum_{\boldsymbol{k}}\frac{1}{2\sqrt{\xi_{\boldsymbol{k}}^2+\Delta_0^2}} = |I|\rho(\varepsilon_{\mathrm{F}})\int_{-\hbar\omega_{\mathrm{c}}}^{\hbar\omega_{\mathrm{c}}}\frac{1}{2\sqrt{\xi^2+\Delta_0^2}}d\xi \simeq |I|\rho(\varepsilon_{\mathrm{F}})\log\frac{2\hbar\omega_{\mathrm{c}}}{\Delta_0} \tag{1.117}$$

から

$$\Delta_0 = 2\hbar\omega_{\mathrm{c}}\exp\left(-\frac{1}{|I|\rho(\varepsilon_{\mathrm{F}})}\right) \tag{1.118}$$

と求められる．クーパー対の問題と同様，引力相互作用はフェルミエネルギーから $\hbar\omega_{\mathrm{c}}$ の範囲にある電子状態に働くとした．クーパー対の束縛エネルギーの表式 (1.103) と比べて指数関数の肩が因子 2 だけ違っているのは，クーパー対の問題ではフェルミエネルギー以下の電子状態は変更を受けないと仮定していたのに対し，BCS 理論では電子対の励起だけでなく，ホール対の励起も同等に扱われているからである．

超伝導転移温度 (T_{c}) は，ギャップ方程式 (1.116) がゼロでない Δ_0 を解としてもちはじめる温度である．$\beta_{\mathrm{c}}=1/k_{\mathrm{B}}T_{\mathrm{c}}$ とおくと，$\Delta_0\to 0$ の極限をとって，

$$1 = |I|\sum_{\boldsymbol{k}}\frac{1}{2|\xi_{\boldsymbol{k}}|}\tanh\frac{1}{2}\beta_{\mathrm{c}}|\xi_{\boldsymbol{k}}| \tag{1.119}$$

を解くことによって超伝導転移温度が求められる．右辺は

$$|I|\rho(\varepsilon_{\mathrm{F}})\int_0^{\hbar\omega_{\mathrm{c}}}d\xi\frac{1}{\xi}\tanh\frac{1}{2}\beta_{\mathrm{c}}\xi \simeq |I|\rho(\varepsilon_{\mathrm{F}})\log\left(\frac{2C}{\pi}\beta_{\mathrm{c}}\hbar\omega_{\mathrm{c}}\right) \tag{1.120}$$

と計算される．ここで $C=e^{\gamma}=1.781$ で，$\gamma=0.5772$ はオイラー定数である．これより超伝導転移温度は

$$k_{\mathrm{B}}T_{\mathrm{c}} = \frac{2C}{\pi}\hbar\omega_{\mathrm{c}}\exp\left(-\frac{1}{|I|\rho(\varepsilon_{\mathrm{F}})}\right) \tag{1.121}$$

となる．$2C/\pi=1.13$ である．

BCS 理論には引力相互作用の大きさ $|I|$，引力の働く電子状態に対するカットオフ $\hbar\omega_{\mathrm{c}}$

およびフェルミエネルギーにおける状態密度 $\rho(\varepsilon_\mathrm{F})$ の3個のパラメータがある．しかし，これらのパラメータは独立に理論に現れるわけではない．例えば絶対零度におけるギャップの大きさと転移温度の比をとると

$$\frac{2\Delta_0}{k_\mathrm{B} T_\mathrm{c}} = \frac{2\pi}{C} = 3.53 \tag{1.122}$$

と物質定数によらない普遍定数になる．ここで紹介した BCS 理論は引力が弱い場合に成り立つ弱結合の超伝導理論とよばれる．弱結合の超伝導理論では，一つの物理量（例えば T_c）が与えられると他のすべての熱力学的物理量がそれによってスケールされる性質がある．この性質は弱結合超伝導理論の普遍的性質とよばれることがある．T_c と Δ_0 の比例関係はこの普遍性の一例となっている．逆に，ある超伝導体の $2\Delta_0/k_\mathrm{B} T_\mathrm{c}$ の値が 3.53 に近いか否かは，その超伝導体を弱結合の超伝導体と考えてよいか否かの重要な指標となる．

d. BCS 理論と GL 理論

自由エネルギーは

$$e^{-\beta \mathcal{F}} = \mathrm{Tr}[e^{-\beta(\mathcal{H} - \mu \mathcal{N})}] \tag{1.123}$$

で定義される．BCS 理論は平均場理論なので $\mathcal{H}$ として式 (1.109) の $\mathcal{H}_\mathrm{MF}$ を用いる．自由エネルギーの Δ^* に対する変分をとると

$$\frac{\delta \mathcal{F}}{\delta \Delta^*} = -\sum_{\boldsymbol{k}} \langle c_{-\boldsymbol{k}\uparrow} c_{\boldsymbol{k}\downarrow} \rangle - \frac{1}{I} \Delta \tag{1.124}$$

ここで Δ は複素量なので，Δ と Δ^* を独立として変分をとった．この式の両辺を Δ^* について積分することにより

$$\mathcal{F} - \mathcal{F}_0 = \int_0^{|\Delta|^2} \left\{ -\sum_{\boldsymbol{k}} \frac{1}{2E(\boldsymbol{k})} \tanh\left(\frac{1}{2}\beta E(\boldsymbol{k})\right) - \frac{1}{I} \right\} d|\Delta|^2 \tag{1.125}$$

が得られる．

被積分関数 $\{\cdots\} = 0$ は，形式的には式 (1.116) のギャップ方程式を与えるが，ギャップ方程式は熱平衡状態にある Δ に対してのみ成立するので，上記の積分途上の任意の Δ の値について成り立っているわけではない．これに対して T_c を決定する式 (1.119) は Δ によらない式であるので，これを被積分関数の第 2 項に用いると

$$\mathcal{F} - \mathcal{F}_0 = \int_0^{|\Delta|^2} \left\{ \sum_{\boldsymbol{k}} \frac{1}{2\xi_{\boldsymbol{k}}} \tanh\left(\frac{1}{2}\beta_\mathrm{c} \xi_{\boldsymbol{k}}\right) - \sum_{\boldsymbol{k}} \frac{1}{2E(\boldsymbol{k})} \tanh\left(\frac{1}{2}\beta E(\boldsymbol{k})\right) \right\} d|\Delta|^2 \tag{1.126}$$

となる．被積分関数を $T - T_\mathrm{c}$ および $|\Delta|^2$ について展開すると

$$\{\cdots\} = \rho(\varepsilon_\mathrm{F}) \left\{ \frac{T - T_\mathrm{c}}{T_\mathrm{c}} + \frac{7}{8} \frac{1}{(\pi k_\mathrm{B} T_\mathrm{c})^2} \zeta(3) |\Delta|^2 + \cdots \right\} \tag{1.127}$$

と求められる．ここで $\zeta(3) = 1.202$ はリーマンのツェータ関数である．

以上により，BCS 理論を T_c 近傍で展開すれば，秩序変数が一様な場合の GL 理論の自由エネルギーが得られ

$$\mathcal{F} - \mathcal{F}_0 = \rho(\varepsilon_F) \left\{ \frac{T - T_c}{T_c} |\Delta|^2 + \frac{7}{16} \frac{1}{(\pi k_B T_c)^2} \zeta(3) |\Delta|^4 + \cdots \right\} \tag{1.128}$$

となることがわかった．現象論である GL 理論の展開係数がミクロな理論によって決定されたことになる．

秩序変数が空間変化するときの GL 理論はゴルコフ（Gorkov）[4] によって定式化された．それによって GL 理論はミクロな理論によって完全に基礎づけられたわけであるが，その議論は本章では割愛する．

1.2.5 電子格子相互作用と引力の起源

電子は $-e$ の電荷をもっているので，電子間にはクーロン相互作用が働いている．伝導電子系に対して平面波の基底をとると，このクーロン相互作用は

$$\mathcal{H}_C = \frac{1}{2} \sum_{\boldsymbol{k}\boldsymbol{k}'} \sum_{\boldsymbol{q} \neq 0} \sum_{\sigma\sigma'} \frac{4\pi e^2}{q^2} c^\dagger_{\boldsymbol{k}+\boldsymbol{q}\sigma} c^\dagger_{\boldsymbol{k}'-\boldsymbol{q}\sigma'} c_{\boldsymbol{k}'\sigma'} c_{\boldsymbol{k}\sigma} \tag{1.129}$$

と表される．多電子系ではまわりの電子の分極で長距離クーロン相互作用は遮蔽される．この効果は $1/q^2$ に比例する行列要素を

$$\frac{4\pi e^2}{q^2} \to \frac{4\pi e^2}{q^2 + q_{TF}^2} \tag{1.130}$$

で与えられる実効的行列要素で置き換えることによって表現されることが示されている．ここで

$$q_{TF}^2 = 8\pi e^2 \rho(\varepsilon_F) \tag{1.131}$$

はトーマス（Thomas）-フェルミの遮蔽長の逆数の 2 乗である．このように，多電子系の分極効果を取り入れると長距離のクーロン相互作用が遮蔽され実効的に短距離力と見なしうることはわかったが，遮蔽されてもやはり斥力であり BCS 理論で仮定されるような実効的引力の存在を説明することはできない．

電子間の実効的引力の起源を理解するためにはこの章の出発点に戻らなければならない．式 (1.1) のハミルトニアンでは原子核，あるいは価電子のみを考えるとすれば内殻の電子までを含めたイオンは平衡位置に止まっていると仮定した．イオンが平衡位置のまわりで振動する自由度を考慮すれば，格子振動（フォノン）を考えることになる．イオンが振動すればイオンの分極が生じるので，電子系はそれによって散乱を受ける．金属の電気抵抗の原因はさまざまあるが，電気抵抗の温度依存性を示す部分に対する散乱機構の一つがこの電子格子相互作用であることはよく知られている．

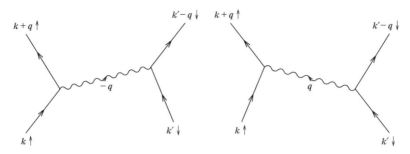

図 1.10 電子格子相互作用の 2 次摂動による電子間の散乱過程.

フォノン系のハミルトニアンを

$$\mathcal{H}_{\mathrm{ph}} = \sum_{\bm{q}} \hbar\omega_{\bm{q}} \left(b_{\bm{q}}^{\dagger} b_{\bm{q}} + \frac{1}{2} \right) \tag{1.132}$$

と書こう.$b_{\bm{q}}^{\dagger}, b_{\bm{q}}$ はフォノンの生成,消滅演算子でボソンの交換関係に従う.電子系とフォノンの結合定数を $g_{\bm{q}}$ と書くことにすると,電子格子相互作用は

$$\mathcal{H}_{\mathrm{ep}} = \frac{1}{\sqrt{N_0}} \sum_{\bm{k}\bm{q}} \sum_{\sigma} g_{\bm{q}} (b_{\bm{q}} - b_{-\bm{q}}^{\dagger}) c_{\bm{k}+\bm{q}\sigma}^{\dagger} c_{\bm{k}\sigma} \tag{1.133}$$

と表される.

電子格子相互作用の 2 次摂動から生じる電子間の散乱過程には図 1.10 の 2 つのプロセスがある.ここでは具体的に $(\bm{k}\uparrow, \bm{k}'\downarrow)$ の電子対が $(\bm{k}+\bm{q}\uparrow, \bm{k}'-\bm{q}\downarrow)$ の電子対に散乱される過程を考える.この行列要素は

$$|g_{\bm{q}}|^2 \left\{ \frac{1}{\varepsilon_{\bm{k}} - \varepsilon_{\bm{k}+\bm{q}} - \hbar\omega_{\bm{q}}} + \frac{1}{\varepsilon_{\bm{k}'} - \varepsilon_{\bm{k}'-\bm{q}} - \hbar\omega_{\bm{q}}} \right\} \tag{1.134}$$

で与えられる.このプロセスに関与している電子状態がフェルミエネルギーの近傍にあり,フェルミエネルギーとの差がフォノンの典型的なエネルギーであるデバイ (Debye) エネルギー ($\hbar\omega_{\mathrm{D}}$) よりも小さければ

$$\simeq -\frac{2|g_{\bm{q}}|^2}{\hbar\omega_{\bm{q}}} \tag{1.135}$$

と実効的な引力が生じることになる.

このフォノンに媒介された引力が遮蔽されたクーロン斥力に打ち勝てば超伝導が実現することになる.以上の考察は BCS 理論で要請される引力の起源を明らかにしているばかりではなく,引力の働く電子状態に対するカットオフエネルギーとしてはデバイ振動数を用いればよいことも同時に示している.フォノンの周波数はイオンの質量の平方根に反比例することはよく知られている.式 (1.121) で ω_{c} を ω_{D} と考えれば超伝導転移温度のアイ

ソトープ効果が説明される．この事実は，超伝導を実現するために必要な引力の起源が電子格子相互作用にあることの明瞭な実験的根拠と考えられている．

1.3 強相関電子系の超伝導

1.3.1 重い電子系の超伝導と銅酸化物高温超伝導体

図 1.11 は超伝導転移温度が，超伝導の発見以来，年代の進行とともにどのように上昇してきたかを表した図である．各種の超伝導体のうちで，BCS 型の超伝導と考えられるもの，銅酸化物高温超伝導体，そして最近発見された鉄ヒ素系超伝導体の 3 つの物質群について，それぞれの超伝導転移温度の最高値をプロットしている．

何といっても，1986 年から始まる銅酸化物高温超伝導体の発見による T_c の上昇が顕著である[5]．高温超伝導体発見の意義は，その転移温度が高いという実用上の利点にとどまらず，電子間相互作用が本質的な役割を果たしている強相関電子系を舞台にして起きる超伝導であるという点に基礎科学上の意義が存する．銅酸化物高温超伝導体のような強相関 d 電子系では，電子格子相互作用に媒介された実効的引力が電子間のクーロン斥力に打ち勝って超伝導が実現するという BCS 理論の標準的なシナリオがそのまま適用できると考えるのは困難である．

強相関電子系における超伝導の研究は，d 電子系よりもさらに電子相関効果が強いと考えられる f 電子系で先行した．1979 年にステーグリッヒとその共同研究者たちは CeCu$_2$Si$_2$ が超伝導を示すことを発見した[6]．その転移温度は $T_c \simeq 0.5$ K と低いが，T_c 近傍での比

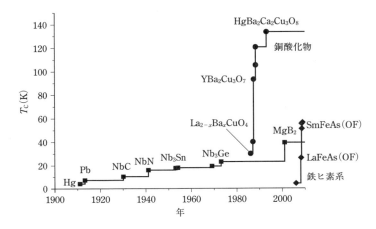

図 1.11 BCS 型の超伝導体，銅酸化物高温超伝導体，鉄ヒ素系超伝導体の超伝導転移温度の推移．[北川，橘高両氏による]

熱の振る舞いには，それまでの超伝導体にはみられない特徴があった．

1.1.4 項で述べたように，金属の電子比熱は低温で温度に比例し，その係数 γ はフェルミエネルギーにおける状態密度で決定される．電子間の相互作用の影響はこの状態密度に対する多体効果として記述することが可能で，それは有効質量の繰り込みとして理解できることも，そこで簡単にふれた．$CeCu_2Si_2$ における T_c 以上での比熱は，T_c に近づくにつれて温度に比例するようになり，T_c 近傍の温度領域でフェルミ液体と考えてよい状態が形成されていることを示している．ところが，その係数は $\gamma \simeq 1 \, J \, (K^2 \, mole)^{-1}$ と通常の金属に比べて数百倍大きな値である．これは有効質量がその程度増大していると解釈することができ，電子間相互作用がきわめて強いことを意味している．超伝導転移温度では比熱に跳びがみられる．これは平均場的な 2 次相転移に特徴的な振る舞いであるが，$CeCu_2Si_2$ におけるその跳びの大きさは γ 値と同程度である．この事実は強い斥力をもった準粒子自体がクーパー対を形成していることの実験的証拠であると考えられ，標準的な BCS 理論では理解できない超伝導であることを示唆している．

$CeCu_2Si_2$ の超伝導は，良質の試料を得ることが難しくサンプル依存性が顕著なこともあって，当初は懐疑的な見方もあった．しかし，1983 年に UBe_{13} において[7]，続いて 1984 年に UPt_3 で[8]同様に有効質量の大きな f 電子系における超伝導が発見された．やがて，これらを含む f 電子系物質群は重い電子系とよばれるようになり，そこにおける特異な超伝導の理解は物性物理学の重要な問題の一つと認識されるようになった．こうした潮流の中で 1986 年にベドノルツ（Bednorz）とミューラー（Müller）によって銅酸化物高温超伝導体が発見された．当初 40 K に達しなかった転移温度はまたたく間に 90 K を超え，図 1.11 にあるように，水銀系では 130 K を超えている．

銅酸化物高温超伝導体の電子状態を理解するために，$La_{2-x}Ba_xCuO_4$ を例として考えよう．電流を担うキャリアを導入するため La の一部を Ba で置換するのであるが，まず $x = 0$ の母物質を考えよう．La_2CuO_4 は磁性絶縁体であるが，その結晶構造は図 1.12 に示したような正方晶である．この物質は層状構造をしているのが特徴で，CuO_2 面が $(LaO)_2$ の 2 重層で挟まれている．CuO_2 面が超伝導の主たる舞台であるが，その構造を図 1.13 に示した．

La は +3 価のイオンであり，O は −2 価のイオンであるから $(LaO)_2$ の 2 重層は全体として +2 価であり，CuO_2 面の価数は −2 価である．したがって，Cu^{2+}, O^{2-} と考えて辻褄が合っている．すなわち，O の p 殻は閉殻を構成し，Cu についてはその d 殻にホールが 1 個あることになる．

d 軌道は 5 重縮退しているが，その縮退は結晶場によって解けて，La_2CuO_4 の d ホールは $d_{x^2-y^2}$ の軌道に入ると考えられている．図 1.13 に示したように，CuO_2 面の Cu イオンのみを考えれば正方格子をなしている．さらに，ホールの入る $d_{x^2-y^2}$ 軌道だけを取り出せば軌道縮退のない正方格子ハバードモデルを考えることになる．そのハミルトニアン

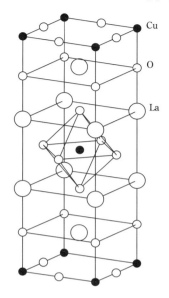
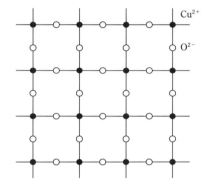

図 1.12　La_2CuO_4 の結晶構造.　　　　図 1.13　CuO_2 面.

は式 (1.52) の形に書かれるが，そのとき $c_{i\sigma}^{\dagger}$ は正方格子のサイト i の $d_{x^2-y^2}$ 軌道にスピン σ のホールを生成する演算子という意味をもつ．また U は，同じサイトに 2 個のホールが入ったときのエネルギーの上がりを表している．

　ホールはサイトあたり 1 個であるから，常磁性を仮定してバンド描像で考えれば，バンドに電子が半分詰まった金属である．しかし実際には，クーロン相互作用のために電子（ホール）は各サイトに局在し，モット絶縁体となっている．正方格子上のモット絶縁体では，ふつう基底状態において反強磁性秩序が存在するが，反強磁性を仮定すればバンド描像でも絶縁体となり，両者の考え方に本質的な違いはない．

　La の一部を Ba に置換することによって超伝導が実現する．La イオンが +3 価であるのに対して，Ba イオンは +2 価であるので，この置換によって CuO_2 面に置換量 x に対応したホールが注入されることになる．注入されたホールは主として酸素の p 軌道に入ると考えられているが，電子系に対する有効ハミルトニアンとしてハバードモデルを考える立場からは，いま考えている d 軌道にホールが入るとして扱うことになる．現実をより忠実に反映するモデルとして Cu の d 軌道と O の p 軌道を明示的に導入して考えることはもちろん可能で dp モデルとよばれている．議論する物理量によってはこの dp モデルで考えることが必要不可欠な場合もあるが，強相関電子系における超伝導の本質の理解には共通な点が多い．強相関電子系の具体的イメージとして，本節ではより簡単なハバードモデ

ルを念頭において議論を進める.

1.3.2 一般化された BCS 理論

BCS 理論が完成してほどなく,その一般化への試みが始められた.ヘリウム 3 の超流動は 1972 年に発見されたが,そのときには BCS 理論の拡張が種々考察されていたので,それらの知識を動員して超流動状態を同定するのにあまり時間はかからなかった.

これに対して強相関電子系の超伝導のような,BCS 理論のシナリオが何らかの意味で本質的な変更をせまられる超伝導の研究の歩みは長い道のりを経ることになる.それを記述するのが本節以降の主題である.このカテゴリーの超伝導は,英語では unconventional superconductivity とよばれることが多く[9],日本語では新奇超伝導とか非従来型超伝導などの用語が用いられることが多いが,いずれもしっくりした用語とはいいがたい.ぜひ,どなたか適切な表現を考えてほしいものであるが,名案があるわけではないのでここでは新しいタイプの超伝導とよぶことにする.

これまでに知られている超伝導体はすべて電子対が凝縮したものである.新しいタイプの超伝導と思われている場合も例外ではない.したがってその現象を理解するために必要なことは BCS 理論を否定することではなく,拡張して一般化することである.

超伝導の転移温度は,高温超伝導体であっても,そのフェルミエネルギーに比べるとはるかに小さく,フェルミ面近傍の準粒子間に働く実効的な相互作用が問題となる.ハバードモデルのようなミクロスコピックなモデルからこの実効的な相互作用を導くことは,多体問題の最も重要なテーマの一つであるが,この節では仮にそれができたとして話を進める.

以上のような意味で,カットオフエネルギー $\hbar\omega_c$ で定義されるフェルミエネルギー近傍の電子状態を記述する有効ハミルトニアンとして

$$\mathcal{H} = \sum_{\bm{k}} \varepsilon_{\bm{k}} c^\dagger_{\bm{k}\sigma} c_{\bm{k}\sigma} + \frac{1}{2} \sum_{\bm{k}\bm{k}'\bm{q}} \sum_{\sigma_1\sigma_2\sigma_3\sigma_4} V_{\sigma_1\sigma_2\sigma_3\sigma_4}(\bm{q}) c^\dagger_{\bm{k}+\bm{q}\sigma_1} c^\dagger_{\bm{k}'-\bm{q}\sigma_2} c_{\bm{k}'\sigma_3} c_{\bm{k}\sigma_4} \quad (1.136)$$

を用いることにする.1 体のエネルギー ε_k は,本来高いエネルギーのプロセスを繰り込んで変更を受けているものであるが,ここでは特に区別をせず式 (1.53) と同じ記号を用いた.クーパー対の全運動量をゼロに仮定すると,平均場近似で寄与が生じるのは $\bm{k}' = -\bm{k}$ の項のみで,それらのみを取り出すと相互作用項は

$$\mathcal{H}_I = \frac{1}{2} \sum_{\bm{k}\bm{k}'} \sum_{\sigma_1\sigma_2\sigma_3\sigma_4} V_{\sigma_1\sigma_2\sigma_3\sigma_4}(\bm{k}-\bm{k}') c^\dagger_{-\bm{k}\sigma_1} c^\dagger_{\bm{k}\sigma_2} c_{\bm{k}'\sigma_3} c_{-\bm{k}'\sigma_4} \quad (1.137)$$

と書くことができる.

一般化された超伝導の秩序変数を

1.3 強相関電子系の超伝導

$$\Delta_{\sigma_1\sigma_2}(\boldsymbol{k}) = -\sum_{\boldsymbol{k}'}\sum_{\sigma_3\sigma_4} V_{\sigma_2\sigma_1\sigma_3\sigma_4}(\boldsymbol{k}-\boldsymbol{k}')\langle c_{\boldsymbol{k}'\sigma_3}c_{-\boldsymbol{k}'\sigma_4}\rangle$$
$$\Delta^*_{\sigma_1\sigma_2}(\boldsymbol{k}) = -\sum_{\boldsymbol{k}'}\sum_{\sigma_3\sigma_4} V_{\sigma_4\sigma_3\sigma_1\sigma_2}(\boldsymbol{k}'-\boldsymbol{k})\langle c^\dagger_{-\boldsymbol{k}'\sigma_4}c^\dagger_{\boldsymbol{k}'\sigma_3}\rangle$$
(1.138)

と定義すると,平均場近似のハミルトニアンは

$$\mathcal{H}_{\mathrm{MF}} - \mu\mathcal{N} = \sum_{\boldsymbol{k}\sigma}\xi_{\boldsymbol{k}}c^\dagger_{\boldsymbol{k}\sigma}c_{\boldsymbol{k}\sigma} - \frac{1}{2}\sum_{\boldsymbol{k}}\sum_{\sigma_1\sigma_2}\Delta_{\sigma_2\sigma_1}(\boldsymbol{k})c^\dagger_{-\boldsymbol{k}\sigma_1}c^\dagger_{\boldsymbol{k}\sigma_2}$$
$$-\frac{1}{2}\sum_{\boldsymbol{k}}\sum_{\sigma_1\sigma_2}\Delta^*_{\sigma_1\sigma_2}(\boldsymbol{k})c_{\boldsymbol{k}\sigma_1}c_{-\boldsymbol{k}\sigma_2} + \text{定数項}$$

$$= \frac{1}{2}\sum_{\boldsymbol{k}}(c^\dagger_{\boldsymbol{k}\uparrow}\ c^\dagger_{\boldsymbol{k}\downarrow}\ c_{-\boldsymbol{k}\uparrow}\ c_{-\boldsymbol{k}\downarrow})\begin{pmatrix} \xi_{\boldsymbol{k}} & & \Delta_{\uparrow\uparrow}(\boldsymbol{k}) & \Delta_{\uparrow\downarrow}(\boldsymbol{k}) \\ & \xi_{\boldsymbol{k}} & \Delta_{\downarrow\uparrow}(\boldsymbol{k}) & \Delta_{\downarrow\downarrow}(\boldsymbol{k}) \\ -\Delta^*_{\uparrow\uparrow}(-\boldsymbol{k}) & -\Delta^*_{\uparrow\downarrow}(-\boldsymbol{k}) & -\xi_{\boldsymbol{k}} & \\ -\Delta^*_{\downarrow\uparrow}(-\boldsymbol{k}) & -\Delta^*_{\downarrow\downarrow}(-\boldsymbol{k}) & & -\xi_{\boldsymbol{k}} \end{pmatrix}\begin{pmatrix} c_{\boldsymbol{k}\uparrow} \\ c_{\boldsymbol{k}\downarrow} \\ c^\dagger_{-\boldsymbol{k}\uparrow} \\ c^\dagger_{-\boldsymbol{k}\downarrow} \end{pmatrix}$$

$$= \frac{1}{2}\sum_{\boldsymbol{k}}(c^\dagger_{\boldsymbol{k}\uparrow}\ c^\dagger_{\boldsymbol{k}\downarrow}\ c_{-\boldsymbol{k}\uparrow}\ c_{-\boldsymbol{k}\downarrow})\begin{pmatrix} \xi_{\boldsymbol{k}}\hat{\sigma}_0 & \hat{\Delta}(\boldsymbol{k}) \\ -\hat{\Delta}^*(-\boldsymbol{k}) & -\xi_{\boldsymbol{k}}\hat{\sigma}_0 \end{pmatrix}\begin{pmatrix} c_{\boldsymbol{k}\uparrow} \\ c_{\boldsymbol{k}\downarrow} \\ c^\dagger_{-\boldsymbol{k}\uparrow} \\ c^\dagger_{-\boldsymbol{k}\downarrow} \end{pmatrix} \quad (1.139)$$

と書かれる.ここで $\hat{\Delta}(\boldsymbol{k})$ は 2 行 2 列の秩序変数であり, $\hat{\sigma}_0$ は 2 行 2 列の単位行列である.

a. 秩序変数のパリティ,ユニタリ性

電子はフェルミオンであるから,その生成・消滅演算子は反交換関係をみたしている.そのことから,秩序変数に対して

$$\hat{\Delta}(\boldsymbol{k}) = -\hat{\Delta}^t(-\boldsymbol{k}) \tag{1.140}$$

が結論される. A^t は A の転置行列である.

いま,対象としている系に反転対称性があると仮定すれば,超伝導の秩序変数もパリティによって分類することができる.偶パリティをもつ超伝導状態は $\hat{\Delta}(\boldsymbol{k}) = \hat{\Delta}(-\boldsymbol{k})$ の性質があるから

$$\hat{\Delta}(\boldsymbol{k}) = i\hat{\sigma}_y\psi(\boldsymbol{k}) = \begin{pmatrix} 0 & \psi(\boldsymbol{k}) \\ -\psi(\boldsymbol{k}) & 0 \end{pmatrix} \tag{1.141}$$

と書くことができる.ここで $\psi(\boldsymbol{k}) = \psi(-\boldsymbol{k})$ である.このとき,クーパー対の電子は必ず異なるスピンをもち,合成スピンの大きさがゼロであるスピンシングレット状態にある.

これに対して奇パリティの超伝導状態は $\hat{\Delta}(\boldsymbol{k}) = -\hat{\Delta}(-\boldsymbol{k})$ であるから,クーパー対のスピン波動関数は対称でスピントリプレットの状態にある.この場合の秩序変数は,いわゆる $\boldsymbol{d}$ ベクトルを導入するのが便利で

$$\hat{\Delta}(\boldsymbol{k}) = i(\boldsymbol{d}(\boldsymbol{k}) \cdot \hat{\sigma})\hat{\sigma}_y = \begin{pmatrix} -d_x(\boldsymbol{k}) + id_y(\boldsymbol{k}) & d_z(\boldsymbol{k}) \\ d_z(\boldsymbol{k}) & d_x(\boldsymbol{k}) + id_y(\boldsymbol{k}) \end{pmatrix} \quad (1.142)$$

と表される．$\boldsymbol{d}$ベクトルは奇パリティ $\boldsymbol{d}(\boldsymbol{k}) = -\boldsymbol{d}(-\boldsymbol{k})$ をもつベクトルである．

秩序変数とそのエルミート共役な行列の積を考えよう．偶パリティの秩序変数に対して，その積は

$$\hat{\Delta}(\boldsymbol{k})\hat{\Delta}^\dagger(\boldsymbol{k}) = |\psi(\boldsymbol{k})|^2 \hat{\sigma}_0 \quad (1.143)$$

と対角行列になる．これに対して奇パリティの秩序変数に対しては

$$\hat{\Delta}(\boldsymbol{k})\hat{\Delta}^\dagger(\boldsymbol{k}) = |\boldsymbol{d}(\boldsymbol{k})|^2 \hat{\sigma}_0 + \boldsymbol{q} \cdot \hat{\sigma} \qquad (\boldsymbol{q} = i\boldsymbol{d}(\boldsymbol{k}) \times \boldsymbol{d}^*(\boldsymbol{k})) \quad (1.144)$$

と計算される．この行列の積が対角となる秩序変数をもつ超伝導はユニタリ状態とよばれ，そうでないものを非ユニタリ状態という．あとで表1.2でみるように，時間反転の対称操作で $\boldsymbol{d}(\boldsymbol{k})$ は $-\boldsymbol{d}^*(-\boldsymbol{k}) = \boldsymbol{d}^*(\boldsymbol{k})$ と変換されるから，時間反転対称性を破る奇パリティ（スピントリプレット）超伝導状態のみが非ユニタリとなりうる．

b. ボゴリューボフ変換

平均場近似のハミルトニアン (1.139) はユニタリ変換

$$\begin{pmatrix} c_{\boldsymbol{k}\uparrow} \\ c_{\boldsymbol{k}\downarrow} \\ c^\dagger_{-\boldsymbol{k}\uparrow} \\ c^\dagger_{-\boldsymbol{k}\downarrow} \end{pmatrix} = \begin{pmatrix} \hat{u}_{\boldsymbol{k}} & \hat{v}_{\boldsymbol{k}} \\ \hat{v}^*_{-\boldsymbol{k}} & \hat{u}^*_{-\boldsymbol{k}} \end{pmatrix} \begin{pmatrix} \alpha_{\boldsymbol{k}\uparrow} \\ \alpha_{\boldsymbol{k}\downarrow} \\ \alpha^\dagger_{-\boldsymbol{k}\uparrow} \\ \alpha^\dagger_{-\boldsymbol{k}\downarrow} \end{pmatrix} = U \begin{pmatrix} \alpha_{\boldsymbol{k}\uparrow} \\ \alpha_{\boldsymbol{k}\downarrow} \\ \alpha^\dagger_{-\boldsymbol{k}\uparrow} \\ \alpha^\dagger_{-\boldsymbol{k}\downarrow} \end{pmatrix} \quad (1.145)$$

によって対角化することができる．$\hat{u}_{\boldsymbol{k}}, \hat{v}_{\boldsymbol{k}}$ は2行2列の行列であり，ボゴリューボフ変換 (1.110) を4行4列の南部表示に対して拡張したものになっている．フェルミオンの交換関係をみたすには変換行列 U はユニタリの条件 $UU^\dagger = 1$ をみたす必要がある．以下ではユニタリ状態を仮定して具体的に対角化を実行する．このとき，時間反転対称性は保存しているのでスピンによる分裂はなく，固有値は

$$\begin{pmatrix} E_{\boldsymbol{k}} & & & \\ & E_{\boldsymbol{k}} & & \\ & & -E_{\boldsymbol{k}} & \\ & & & -E_{\boldsymbol{k}} \end{pmatrix} \quad (1.146)$$

と2重に縮退する．非ユニタリ状態に対する対角化および固有値については Sigrist and Ueda[9] をみていただきたい．

偶パリティの状態については式 (1.110) から

$$\begin{aligned} \hat{u}_{\boldsymbol{k}} &= a(\boldsymbol{k})\hat{\sigma}_0 \\ \hat{v}_{\boldsymbol{k}} &= b(\boldsymbol{k})\hat{\Delta}(\boldsymbol{k}) \end{aligned} \quad (1.147)$$

とおくと対角化できることがわかる．このとき U がユニタリ行列である条件は

$$|a(\boldsymbol{k})|^2 + |b(\boldsymbol{k})|^2 |\psi(\boldsymbol{k})|^2 = 1 \tag{1.148}$$

であればみたされている．エネルギー行列の対角化の条件は

$$2a^*(\boldsymbol{k})b(\boldsymbol{k})\psi(\boldsymbol{k})\xi_{\boldsymbol{k}} + a^*(\boldsymbol{k})^2 \psi(\boldsymbol{k}) - b(\boldsymbol{k})^2 |\psi(\boldsymbol{k})|^2 \psi(\boldsymbol{k}) = 0 \tag{1.149}$$

で与えられることがわかる．一般性を失うことなく $a(\boldsymbol{k})$ は実ととってよく，そのとき上の方程式から $b(\boldsymbol{k})$ も実になることがわかる．したがって変換行列のユニタリ条件から

$$\begin{aligned} a(\boldsymbol{k}) &= \cos\theta_{\boldsymbol{k}} \\ b(\boldsymbol{k})|\psi(\boldsymbol{k})| &= \sin\theta_{\boldsymbol{k}} \end{aligned} \tag{1.150}$$

とおくと，対角化の条件は

$$\begin{aligned} \cos 2\theta_{\boldsymbol{k}} &= \frac{\xi_{\boldsymbol{k}}}{\sqrt{\xi_{\boldsymbol{k}}^2 + |\psi(\boldsymbol{k})|^2}} \\ \sin 2\theta_{\boldsymbol{k}} &= \frac{-|\psi(\boldsymbol{k})|}{\sqrt{\xi_{\boldsymbol{k}}^2 + |\psi(\boldsymbol{k})|^2}} \end{aligned} \tag{1.151}$$

でみたされることがわかる．エネルギー固有値は

$$E_{\boldsymbol{k}} = \sqrt{\xi_{\boldsymbol{k}}^2 + |\psi(\boldsymbol{k})|^2} \tag{1.152}$$

となる．

奇パリティの状態に対してもユニタリ状態であれば，ユニタリ変換を式 (1.147) とおくことによって対角化できることが容易に確かめられる．このとき規格化の条件から

$$\begin{aligned} a(\boldsymbol{k}) &= \cos\theta_{\boldsymbol{k}} \\ b(\boldsymbol{k})|\boldsymbol{d}(\boldsymbol{k})| &= \sin\theta_{\boldsymbol{k}} \end{aligned} \tag{1.153}$$

とおくと，エネルギー行列の対角化の条件から

$$\begin{aligned} \cos 2\theta_{\boldsymbol{k}} &= \frac{\xi_{\boldsymbol{k}}}{\sqrt{\xi_{\boldsymbol{k}}^2 + |\boldsymbol{d}(\boldsymbol{k})|^2}} \\ \sin 2\theta_{\boldsymbol{k}} &= \frac{-|\boldsymbol{d}(\boldsymbol{k})|}{\sqrt{\xi_{\boldsymbol{k}}^2 + |\boldsymbol{d}(\boldsymbol{k})|^2}} \end{aligned} \tag{1.154}$$

となり，エネルギー固有値は

$$E_{\boldsymbol{k}} = \sqrt{\xi_{\boldsymbol{k}}^2 + |\boldsymbol{d}(\boldsymbol{k})|^2} \tag{1.155}$$

と求められる．

c. ギャップ方程式

平均場近似のハミルトニアンが対角化されたので，最初に仮定した秩序変数 (1.138) を計算することができる．この式の右辺の生成・消滅演算子にボゴリューボフ変換を施し，対角化された基底に移ることによって，各温度 T におけるギャップ関数に関する自己無撞着な方程式を得る．

$$\Delta_{\sigma_1\sigma_2}(\boldsymbol{k}) = -\sum_{\boldsymbol{k}'}\sum_{\sigma_3\sigma_4} V_{\sigma_2\sigma_1\sigma_3\sigma_4}(\boldsymbol{k}-\boldsymbol{k}')\mathcal{F}_{\sigma_3\sigma_4}(\boldsymbol{k}',\beta) \tag{1.156}$$

$$\hat{\mathcal{F}}(\boldsymbol{k},\beta) = \frac{\hat{\Delta}(\boldsymbol{k})}{2E_{\boldsymbol{k}}}\tanh(\frac{1}{2}\beta E_{\boldsymbol{k}})$$

ここで $\beta = 1/k_\mathrm{B}T$ である．

d. ヘリウム 3 の超流動

s 波でないクーパー対が実現されていることが確定された最初の例はヘリウム 3 の超流動である．その温度・圧力平面での相図を図 1.14 に示した[10]．

ヘリウム 3 の超流動状態には比較的高温高圧側でみられる A 相と低温低圧側の B 相とがある．フェルミオンであるヘリウム 3 の超流動を担うクーパー対はスピントリプレットの p 波状態にあることが知られている．スピンの 3 成分と空間部分の 3 成分 (k_x, k_y, k_z) があり，秩序変数は 9 次元の自由度をもつ．B 相の秩序変数は，$\boldsymbol{d}$ ベクトル空間の直交する 3 個の単位ベクトルを $\hat{x}, \hat{y}, \hat{z}$ として

$$\boldsymbol{d}(\boldsymbol{k}) \propto \hat{x}k_x + \hat{y}k_y + \hat{z}k_z, \quad \hat{\Delta}(\boldsymbol{k}) \propto \begin{pmatrix} -k_x + ik_y & k_z \\ k_z & k_x + ik_y \end{pmatrix} \tag{1.157}$$

と書くことができる．この相はユニタリ状態であってギャップの大きさは

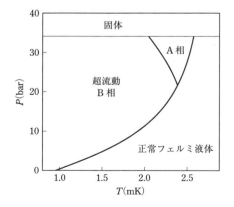

図 **1.14** ヘリウム 3 の温度・圧力相図．

$$\hat{\Delta}(\bm{k})\hat{\Delta}^{\dagger}(\bm{k}) \propto k_x^2 + k_y^2 + k_z^2 \tag{1.158}$$

とフェルミ面上で等方的になっている．一方，A 相の秩序変数は

$$\bm{d}(\bm{k}) \propto \hat{z}(k_x + ik_y)\,, \quad \hat{\Delta}(\bm{k}) \propto \begin{pmatrix} 0 & k_x + ik_y \\ k_x + ik_y & 0 \end{pmatrix} \tag{1.159}$$

と書くことができる．この状態は時間反転対称性を破っているがユニタリ状態である．そのギャップの大きさは

$$\hat{\Delta}(\bm{k})\hat{\Delta}^{\dagger}(\bm{k}) \propto k_x^2 + k_y^2 \tag{1.160}$$

からわかるように，異方的でフェルミ球の北極と南極の 2 点でゼロとなっている．p 波のユニタリ状態ではもう一つの安定な状態が知られている．その秩序変数は

$$\bm{d}(\bm{k}) \propto \hat{z}k_z\,, \quad \hat{\Delta}(\bm{k}) \propto \begin{pmatrix} 0 & k_z \\ k_z & 0 \end{pmatrix} \tag{1.161}$$

で表され，ギャップの大きさは

$$\hat{\Delta}(\bm{k})\hat{\Delta}^{\dagger}(\bm{k}) \propto k_z^2 \tag{1.162}$$

となり，フェルミ面の赤道上でゼロとなる．

以上の 3 つの状態は p 波のクーパー対が凝縮した代表的な相で，それぞれ Balian–Werthamer（BW）状態[11]，Anderson–Brinkman–Morel（ABM）状態[12]，ポーラー状態とよばれる．

1.3.3　一般化された GL 理論

BCS 理論のギャップ方程式は非線形方程式なので，仮に相互作用の形が与えられたとしても安定な超伝導状態を完全に決定するのは容易ではない．現実の超伝導物質に対して式 (1.136) の有効相互作用が知られているという例は皆無といってよく，むしろ超伝導状態の特性から相互作用の性質を絞り込んでいくというのが研究の実際の姿であることが多い．

新しいタイプの超伝導状態の顕著な性質として U(1) ゲージ対称性に加えてそれ以外の対称性も破ることが可能である．超伝導状態を分類するには，系を不変とする対称操作に対する秩序変数の変換性を調べ，群論的手法を用いて一般化された GL 理論を展開するのが有効である[9]．

a. 対称操作の群

式 (1.136) のハミルトニアンは系ごとに定まる一群の対称操作に対して不変になっている．2 つの対称操作を引き続いて実行してもそれらは合わせて 1 つの対称操作になっていて，対称操作の全体は群を構成する．クーパー対の全運動量がゼロである超伝導状態に関して考察すべき対称操作の群 $\mathcal{G}$ は点群 G，スピン空間の回転対称性 SU(2)，時間反転 $\mathcal{K}$,

そして U(1) ゲージ対称性からなる.

$$\mathcal{G} = G \otimes \mathrm{SU}(2) \otimes \mathcal{K} \otimes \mathrm{U}(1) \tag{1.163}$$

本章では反転対称性をもつ金属における超伝導を議論する. 最近反転対称性をもたない構造をした超伝導体が次々と発見されその興味深い性質が関心を集めているが[13], その議論は別の機会に譲る.

対称操作の群の具体的なイメージを描いてもらうために, いま考えている超伝導体の結晶構造が正方対称の点群 D_{4h} に属しているとしよう. 一例として, 図 1.12 に示した構造はこの対称性をもっている. この点群には回転で表されるものとして表 1.1 に示した 8 個の対称操作がある. D_{4h} では空間反転 I もあるので, これら 8 個の回転操作と I との積も点群 G に含まれ, 合わせて 16 個の対称操作がある.

表 1.1 点群 D_{4h} の対称操作.

操作		回転軸	操作の数
E	恒等変換		1
C_4	4 回回転軸のまわりの $\pi/2$ の回転	z 軸	1
$C_2 = C_4^2$	4 回回転軸のまわりの π の回転	z 軸	1
C_4^3	4 回回転軸のまわりの $3\pi/2$ の回転	z 軸	1
C_2'	2 回回転軸のまわりの π の回転	x 軸, y 軸	2
C_2''	2 回回転軸のまわりの π の回転	$(1,1)$ 軸, $(1,-1)$ 軸	2

以上 8 個の操作の他に空間反転 I があり, I と上の回転操作の積を加え, 総計 16 個の対称操作がある.

いま, これらの要素の 1 つを $g \in G$ とすると, 秩序変数の変換性は

$$g\hat{\Delta}(\boldsymbol{k}) = \hat{\Delta}(\hat{D}_{(G)}^{(-)}(g)\boldsymbol{k}) \tag{1.164}$$

と表される. ここで $\hat{D}_{(G)}^{(-)}(g)$ は群 G の $\boldsymbol{k}$ 空間における表現で肩の添え字 $(-)$ は空間反転に対して符号を変えることを表している.

スピン空間における SU(2) 回転対称性の秩序変数に対する変換性はシングレットとトリプレットに分けて考えたほうがわかりやすい. $g \in \mathrm{SU}(2)$ に対してシングレットの秩序変数は変更を受けない.

$$g\psi(\boldsymbol{k}) = \psi(\boldsymbol{k}) \tag{1.165}$$

一方, スピントリプレットの秩序変数に対しては $\boldsymbol{d}$ ベクトルの回転として表される.

$$g\boldsymbol{d}(\boldsymbol{k}) = \hat{D}_{(G)}^{(+)}(g)\boldsymbol{d}(\boldsymbol{k}) \tag{1.166}$$

ここで $\hat{D}_{(G)}^{(+)}(g)$ は 3 次元ベクトルの回転に対する表現であるが, 空間反転に対して符号を変えない表現であることを意味している. 以上を含め表 1.2 に対称操作による秩序変数の

表 1.2 秩序変数の変換性.

変換性	偶パリティ（スピンシングレット）	奇パリティ（スピントリプレット）
フェルミオンの交換	$\psi(\boldsymbol{k}) = \psi(-\boldsymbol{k})$	$\boldsymbol{d}(\boldsymbol{k}) = -\boldsymbol{d}(-\boldsymbol{k})$
点群	$g\psi(\boldsymbol{k}) = \psi(\hat{D}^{(-)}_{(G)}(g)\boldsymbol{k})$	$g\boldsymbol{d}(\boldsymbol{k}) = \boldsymbol{d}(\hat{D}^{(-)}_{(G)}(g)\boldsymbol{k})$
スピン空間の回転	$g\psi(\boldsymbol{k}) = \psi(\boldsymbol{k})$	$g\boldsymbol{d}(\boldsymbol{k}) = \hat{D}^{(+)}_{(G)}(g)\boldsymbol{d}(\boldsymbol{k})$
時間反転	$K\psi(\boldsymbol{k}) = \psi^*(-\boldsymbol{k})$	$K\boldsymbol{d}(\boldsymbol{k}) = -\boldsymbol{d}^*(-\boldsymbol{k})$
U(1) ゲージ	$\Phi\psi(\boldsymbol{k}) = e^{i\phi}\psi(\boldsymbol{k})$	$\Phi\boldsymbol{d}(\boldsymbol{k}) = e^{i\phi}\boldsymbol{d}(\boldsymbol{k})$

変換性をまとめた．

スピン軌道相互作用があれば 1 電子状態の固有状態は上向きスピンの成分と下向きスピンの成分が混じったスピノール状態である．ある波数ベクトルをもつスピノール状態を $|\boldsymbol{k},\alpha\rangle$ と書くと，これに空間反転および時間反転を施した状態は互いに直交し

$$I|\boldsymbol{k},\alpha\rangle = |-\boldsymbol{k},\alpha\rangle$$
$$K|\boldsymbol{k},\alpha\rangle = |-\boldsymbol{k},\beta\rangle \tag{1.167}$$

と書くことができる．2 つの対称操作を続いて施すと $IK|\boldsymbol{k},\alpha\rangle = KI|\boldsymbol{k},\alpha\rangle = |\boldsymbol{k},\beta\rangle$ と同じ波数ベクトルをもち $|\boldsymbol{k},\alpha\rangle$ に直交するスピノール状態が定義できる．こうして定義される α,β を擬スピンとして用いることができる．

スピン軌道相互作用が無視できない系ではスピン空間の SU(2) は独立な回転対称性ではなくなり，実空間での点群の対称操作と同時に実行して初めて不変性が保たれる．すなわち，点群の対称操作に吸収される．このとき偶パリティ（スピンシングレット）の秩序変数の変換性は変更を受けず

$$g\psi(\boldsymbol{k}) = \psi(\hat{D}^{(-)}_{(G)}(g)\boldsymbol{k}) \tag{1.168}$$

で表されるが，奇パリティ（スピントリプレット）の秩序変数は

$$g\boldsymbol{d}(\boldsymbol{k}) = \hat{D}^{(+)}_{(G)}(g)\boldsymbol{d}(\hat{D}^{(-)}_{(G)}(g)\boldsymbol{k}) \tag{1.169}$$

と $\boldsymbol{k}$ ベクトルと $\boldsymbol{d}$ ベクトルが同時に変換される．

b. 既約表現と転移温度

新しいタイプの超伝導であっても転移温度 T_c はギャップ方程式 (1.156) を線形化した

$$\omega\Delta_{\sigma_1\sigma_2}(\boldsymbol{k}) = -\sum_{\boldsymbol{k}'}\sum_{\sigma_3\sigma_4} V_{\sigma_2\sigma_1\sigma_3\sigma_4}(\boldsymbol{k}-\boldsymbol{k}')\frac{1}{2\xi_{\boldsymbol{k}'}}\tanh\left(\frac{1}{2}\beta_c\xi_{\boldsymbol{k}'}\right)\Delta_{\sigma_3\sigma_4}(\boldsymbol{k}') \tag{1.170}$$

が $\omega = 1$ に対して非自明な解をもちはじめる温度として定義される．ここで $\beta_c = 1/k_B T_c$ である．すなわち，式 (1.170) の固有値問題に対してその最大固有値が 1 となる温度が T_c である．この固有値問題の積分核はハミルトニアンと同じ対称性をもち，それらの対称操作に対して不変になっている．したがって式 (1.170) の固有値は対称操作の群の既約表現によって分類することができ，固有関数は既約表現の基底になっている．

スピン軌道相互作用のある系を考えると，すでに述べたように，スピン空間の SU(2) 回転は独立な対称性ではなくなり点群に吸収される．したがって，対称操作の群は $G \otimes \mathcal{K} \otimes \mathrm{U}(1)$ であるが，$\mathcal{K}$ と $\mathrm{U}(1)$ の対称操作は，表 1.1 からわかるように，G に対する表現の関数空間を保つので，超伝導の秩序変数の分類には点群 G が本質的である．本節では，正方晶系の点群 $\mathrm{D}_{4\mathrm{h}}$ を例として取り上げているが，その既約表現は $\Gamma_1^\pm, \Gamma_2^\pm, \Gamma_3^\pm, \Gamma_4^\pm, \Gamma_5^\pm$ の 10 種であることが知られている[14]．肩の指標はパリティを表している．$\Gamma_5^\pm$ は 2 次元表現であるが，その他はすべて 1 次元表現である．通常の BCS 型の超伝導の秩序変数は Γ_1^+ の既約表現に属している．

既約表現による秩序変数の性質の違いをみるには，それぞれの既約表現の基底関数の特徴をみるのが便利である．ここでは，なじみの深い角運動量の知識を用いて，基底関数の簡単な例をつくってみよう．等方的でスピン軌道相互作用のない系を考えると，既約表現は軌道角運動量 l とスピン角運動量 S で指定される．クーパー対に対して許される S の値は $S=0$ （スピンシングレット）か $S=1$ （スピントリプレット）である．$l = \text{even}$ のものは偶パリティをもち，$l = \text{odd}$ のものは奇パリティをもつので，反対称の条件をみたす秩序変数は

$$\hat{\Delta}(\boldsymbol{k}) = \begin{cases} \sum_m c_m Y_{lm}(\boldsymbol{k}) i\hat{\sigma}_y & \mathrm{sing}let, l = \mathrm{even} \\ \sum_{m\hat{n}=\hat{x},\hat{y},\hat{z}} c_{m\hat{n}} Y_{lm}(\boldsymbol{k}) i(\hat{\sigma}\cdot\hat{n})\hat{\sigma}_y & \mathrm{trip}let, l = \mathrm{odd} \end{cases} \tag{1.171}$$

のように与えられる．$(S=0, l=0)$ の表現は 1 次元，$(S=1, l=1)$ は 9 次元，$(S=0, l=2)$ は 5 次元の表現である．

点群の既約表現の基底関数を求めるには，式 (1.171) の基底関数が点群の対称操作に対してどのように変換されるかを調べればよい．$\mathrm{D}_{4\mathrm{h}}$ については表 1.1 の対称操作のもとでの変換性を調べることにより，表 1.3 の結果が得られる．ただし Γ_2^+ の基底関数は $l=2$ までの空間には含まれていない．

銅酸化物高温超伝導体は図 1.12 に示した構造をもち $\mathrm{D}_{4\mathrm{h}}$ の点群で考えればよい場合になっている．その超伝導の秩序変数は Γ_3^+ の既約表現に属していると考えられている．

表 1.3　正方晶系の点群 $\mathrm{D}_{4\mathrm{h}}$ の既約表現と基底．

Γ_1^+	$1, k_x^2+k_y^2-2k_z^2$	Γ_1^-	$\hat{x}k_x + \hat{y}k_y, \hat{z}k_z$
Γ_2^+	$k_x k_y (k_x^2 - k_y^2)$	Γ_2^-	$\hat{x}k_y - \hat{y}k_x$
Γ_3^+	$k_x^2 - k_y^2$	Γ_3^-	$\hat{x}k_x - \hat{y}k_y$
Γ_4^+	$k_x k_y$	Γ_4^-	$\hat{x}k_y + \hat{y}k_x$
Γ_5^+	$\begin{cases} k_x k_z \\ k_y k_z \end{cases}$	Γ_5^-	$\begin{cases} \hat{x}k_z \\ \hat{y}k_z \end{cases}, \begin{cases} \hat{z}k_x \\ \hat{z}k_y \end{cases}$

c. バルクの超伝導状態

いま考察の対象としている超伝導の秩序変数が1次元の既約表現に属しているとすると，秩序変数の形は決まっているので，あとはその振幅を決めればよい．この問題はGL理論の範囲では通常のBCS型の超伝導に対するGL理論と同様である．これに対して多次元の既約表現に属する場合には，その縮退を解いて超伝導状態を定める必要がある[9]．

多次元表現に属する場合は秩序変数を基底関数 $\hat{\Delta}(\Gamma, m : \boldsymbol{k})$ で展開することができる．

$$\hat{\Delta}(\boldsymbol{k}) = \sum_m \eta_m \hat{\Delta}(\Gamma, m : \boldsymbol{k}) \tag{1.172}$$

ここで，Γ は多次元の既約表現を表し，m はその基底関数を指定する番号で，η_m は展開係数である．基底関数 $\hat{\Delta}(\Gamma, m : \boldsymbol{k})$ を適当に規格化しておけば，T_c 以下の超伝導状態を決めるには自由エネルギーに対するギンツブルク-ランダウ展開 $\mathcal{F}(\{\eta_m\})$ を用いることができる．既約表現 Γ がわかれば，群論的な考察によって，2次，4次の不変式を構成することができる．

D_{4h} の2次元表現 $\Gamma_5^\pm$ のいずれかを考えることにすると，どちらの場合も一般的に，

$$\mathcal{F} - \mathcal{F}_0 = \rho(\varepsilon_F)\{A(T)(|\eta_1|^2 + |\eta_2|^2) + \beta_1(|\eta_1|^2 + |\eta_2|^2)^2 + \beta_2(\eta_1^*\eta_2 - \eta_2^*\eta_1)^2 + \beta_3|\eta_1|^2|\eta_2|^2\} \tag{1.173}$$

と書くことができる．このエネルギーを最小にする条件から，4次の係数の関係に応じて，3つの安定な相があることがわかる．

$$\begin{aligned}
&\beta_3 > 0 \quad \text{かつ} \quad \beta_3 > 4\beta_2 \quad \text{のとき} \quad (\eta_1, \eta_2) \propto (1, 0) \text{ または } (0, 1) \\
&\beta_3 < 0 \quad \text{かつ} \quad \beta_2 < 0 \quad \text{のとき} \quad (\eta_1, \eta_2) \propto (1, \pm) \\
&\beta_2 > 0 \quad \text{かつ} \quad \beta_3 < 4\beta_2 \quad \text{のとき} \quad (\eta_1, \eta_2) \propto (1, \pm i)
\end{aligned}$$

これらの相を，それぞれ $(1, 0)$ 相，$(1, 1)$ 相，$(1, i)$ 相とよぶことにする．これらの相の安定領域を図1.15に示した．

これらの超伝導状態の特徴を調べるために，具体例として Γ_5^- の既約表現に属し基底関数が $(\hat{z}k_x, \hat{z}k_y)$ で表されるような場合を考えよう．$(1, \pm i)$ 相では秩序変数は

$$\hat{\Delta}(\boldsymbol{k}) \propto \hat{z}(k_x \pm ik_y) \tag{1.174}$$

で，時間反転対称性が破れている．クーパー対の角運動量の z 成分が ± 1 であるこの相はカイラルp波状態とよばれる．この超伝導状態はヘリウム3のA相の D_{4h} 版ともいうべき相で，ギャップの振幅

$$\hat{\Delta}(\boldsymbol{k})\hat{\Delta}^\dagger(\boldsymbol{k}) \propto (k_x^2 + k_y^2) \tag{1.175}$$

からわかるように，超伝導状態における点群は D_{4h} のままである．前野たちが発見した

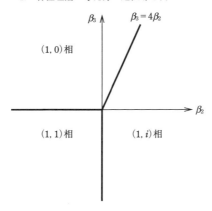

図 1.15　4h の既約表現 $\Gamma_5^\pm$ に属する超伝導状態の安定相.

Sr_2RuO_4 は D_{4h} の対称性をもつ構造をしていて，その超伝導状態はこのカイラル p 波状態ではないかと考えられている[15]．

(1,0) 相では，時間反転対称性は保たれているが，

$$\hat{\Delta}(\boldsymbol{k})\hat{\Delta}^\dagger(\boldsymbol{k}) \propto k_x^2 \tag{1.176}$$

からわかるように，超伝導状態での点群は D_{2h} に低下している．同じように (1,1) 相でも

$$\hat{\Delta}(\boldsymbol{k})\hat{\Delta}^\dagger(\boldsymbol{k}) \propto (k_x + k_y)^2 \tag{1.177}$$

で超伝導状態での点群は D_{2h} に低下している．

以上の例が示しているように，多次元表現に属する超伝導状態では U(1) ゲージ対称性以外の何らかの対称性が破れている．その破れに伴い，各相には互いにその対称操作で結びつく異なる秩序変数の相がエネルギー的に縮退している．バルクの物質では，それらの縮退した相がドメイン構造をとることになる．

新しいタイプの超伝導に対しても，磁場中の第2種超伝導体である場合や，界面が存在する場合などには，秩序変数が空間変化する効果を考慮することが必要となる．そうした場合も群論に基づく一般化された GL 理論は有力な手法であるが，その議論は本章では割愛する．興味のある読者は Sigrist and Ueda[9] を参照されたい．

1.4　量子相転移と強相関電子系の超伝導

前節で議論した強相関電子系の超伝導を電子格子相互作用に基づく伝統的な BCS 理論のシナリオによって理解しようとするのは基本的に無理があると思われる．強相関電子系

を特徴づけるのはクーロン相互作用が強いことであり，電子格子相互作用を媒介とする実効的引力がそれに打ち勝つことは困難であると考えられるからである．ではクーパー対を形成する原動力は何であろうか．現在有力な考え方は，スピンの揺らぎをはじめとする多体電子系の集団励起に原因を求めるものである．物性物理学において，かつてはほぼ独立した研究分野と考えられていた超伝導と磁性は，現在では最も密接な関連をもつ研究分野となっている．

1.4.1 金属磁性の平均場近似[16]
a. 金属強磁性の平均場近似

金属磁性の理解の出発点は斥力 ($U > 0$) をもつハバードモデル (1.52) に対する平均場近似である．強磁性状態では上向きスピンの電子と下向きスピンの電子の数が異なっている．式 (1.52) のハミルトニアンを扱う際の困難の原因は相互作用にある．強磁性を記述するためにはスピンに依存した数演算子をその平均値とそれからのずれで表す．

$$Un_{i\uparrow}n_{i\downarrow} = U(\langle n_{i\uparrow}\rangle + n_{i\uparrow} - \langle n_{i\uparrow}\rangle)(\langle n_{i\downarrow}\rangle + n_{i\downarrow} - \langle n_{i\downarrow}\rangle) \tag{1.178}$$

ここで「ずれ」の2乗の項

$$(n_{i\uparrow} - \langle n_{i\uparrow}\rangle)(n_{i\downarrow} - \langle n_{i\downarrow}\rangle) \tag{1.179}$$

を平均値と「ずれ」の積に比べて無視すると，平均場近似のハミルトニアンとして

$$\mathcal{H}_{\mathrm{HF}} = \sum_{ij}\sum_{\sigma} t_{ij} c_{i\sigma}^{\dagger} c_{j\sigma} + U\sum_{i}(\langle n_{i\downarrow}\rangle n_{i\uparrow} + \langle n_{i\uparrow}\rangle n_{i\downarrow} - \langle n_{i\uparrow}\rangle\langle n_{i\downarrow}\rangle) \tag{1.180}$$

が得られる．これは各サイトにスピンに依存したポテンシャルがかかっている1体問題であるから，原理的に解ける問題である．各サイトにおけるスピンに依存した電子数 $\langle n_{i\sigma}\rangle$ を自己無撞着に解けばよいことになる．すなわちこの平均場近似はハートリー–フォック (HF：Hartree–Fock) 近似である．

BCS理論も一種の平均場近似であったが，ここでの平均場近似とは平均値に置き換える物理量が異なっている．U が引力のときはクーパー対の振幅という"異常な"項の平均値を残したほうがエネルギーが下がるのに対して，斥力の U に対してはスピンに依存した各サイトの電子数という"自然な"物理量の期待値を残したほうが全系のエネルギーが下がるのである．

一様な強磁性状態を仮定して，サイトあたりの平均電子数を n，$g\mu_{\mathrm{B}}$ を単位とした磁化の大きさを m とすると，並進対称性から

$$\begin{aligned}\langle n_{i\uparrow}\rangle &= \frac{1}{2}n - m \\ \langle n_{i\downarrow}\rangle &= \frac{1}{2}n + m\end{aligned} \tag{1.181}$$

でなければならない．外部磁場のもとでこの連立方程式を解くことにより，$(g\mu_B)^2$ を単位とする 1 サイトあたりの常磁性磁化率が

$$\chi = \frac{\chi^0(T)}{1 - 2U\chi^0(T)} \tag{1.182}$$

と求められる．ここで，$\chi^0(T)$ は相互作用のない場合の磁化率である．式 (1.46) からわかるように，$\chi^0(T=0) = D(\varepsilon_F)/4 = \rho(\varepsilon_F)/2$ である．ただし，ここでは磁化率をサイトあたりで定義しているので，状態密度もサイトあたりで定義している．$\chi^0(T)$ が低温になるにつれ大きくなるような場合

$$1 - U_c\rho(\varepsilon_F) = 0 \tag{1.183}$$

で決まる U_c よりも U が大きければ，

$$1 - 2U\chi^0(T_C) = 0 \tag{1.184}$$

で決まるキュリー温度 T_C で常磁性磁化率は発散する．フェルミ温度よりも低い温度の常磁性領域では磁化率の温度依存性は

$$\chi = \frac{\frac{1}{2}\rho(\varepsilon_F)}{U\rho(\varepsilon_F) - 1} \frac{T_C^2}{T^2 - T_C^2} \tag{1.185}$$

で表される．

　キュリー温度以下では，m に対する自己無撞着な方程式を解くことにより自発磁化が求められる．$m(T=0)$ が小さいときには，T_C もフェルミ温度に比べて小さく $m(T)$ の温度依存性は

$$m(T) = m(T=0)\sqrt{1 - \left(\frac{T}{T_C}\right)^2} \tag{1.186}$$

で表される．

b. 金属反強磁性の平均場近似

　反強磁性金属に対しても同様に扱うことができる．簡単のため同数のサイトからなる 2 つの部分格子 A, B に分割可能な格子を考える．その場合，最も単純な反強磁性状態では，$i \in A$ $(j \in B)$ に対して

$$\begin{aligned}\langle n_{i\uparrow}\rangle &= \frac{1}{2}n - m_s \\ \langle n_{i\downarrow}\rangle &= \frac{1}{2}n + m_s \\ \langle n_{j\uparrow}\rangle &= \frac{1}{2}n + m_s \\ \langle n_{j\downarrow}\rangle &= \frac{1}{2}n - m_s\end{aligned} \tag{1.187}$$

と期待される．こうした A, B 部分格子で反対を向いている磁化 m_s を交代磁化という．
2分割可能な格子に対しては，

$$e^{i\boldsymbol{Q}\cdot\boldsymbol{r}_j} = \begin{cases} 1 & (j \in A) \\ -1 & (j \in B) \end{cases} \quad (1.188)$$

をみたす波数ベクトル $\boldsymbol{Q}$ が定義でき，反強磁性ベクトルとよばれる．格子間隔を a としたとき，正方格子では $\boldsymbol{Q} = (\pi/a, \pi/a)$ であり，単純立方格子では $\boldsymbol{Q} = (\pi/a, \pi/a, \pi/a)$ である．

A 部分格子には上向きの磁場 b_s, B 部分格子には下向きの磁場 $-b_s$ を掛けたとき，誘起される交代磁化を求めることによって交代磁化率 $\chi_{\boldsymbol{Q}}$ を計算することができる．ハートリー–フォック近似では

$$\chi_{\boldsymbol{Q}} = \frac{\chi_{\boldsymbol{Q}}^0(T)}{1 - 2U\chi_{\boldsymbol{Q}}^0(T)} \quad (1.189)$$

と求められる．ここで，$\chi_{\boldsymbol{Q}}^0$ は相互作用がない系の交代磁化率で

$$\chi_{\boldsymbol{Q}}^0 = \frac{1}{2}\frac{1}{N_0}\sum_{\boldsymbol{k}} \frac{f(\varepsilon_{\boldsymbol{k}+\boldsymbol{Q}}) - f(\varepsilon_{\boldsymbol{k}})}{\varepsilon_{\boldsymbol{k}} - \varepsilon_{\boldsymbol{k}+\boldsymbol{Q}}} \quad (1.190)$$

で与えられる．U が大きい場合，

$$1 - 2U\chi_{\boldsymbol{Q}}^0(T_N) = 0 \quad (1.191)$$

をみたす温度がネール（Néel）温度で，そこで $\chi_{\boldsymbol{Q}}$ は発散する．$T < T_N$ では交代磁化が自発的に生じるが，その温度依存性も強磁性の場合と同様に計算することができる．

電子数が $n = 1$ 以外のときは，反強磁性状態であってもフェルミ面が存在する金属状態であるが，$n = 1$ の場合は特殊である．U がバンド幅に比べて大きくて，大きな交代磁化が出るときにはフェルミ面全体にギャップができ絶縁体となる．この意味で，ハートリー–フォック解は反強磁性絶縁体の基底状態も記述できる理論体系になっている．反強磁性長距離秩序のないモット絶縁体は基底状態であってもハートリー–フォック近似では記述できない．

c. 動的磁化率に対する RPA 近似

前項では（一様）磁化率，交代磁化率を計算したが，もっと一般に波数ベクトル $\boldsymbol{q}$ で空間変化をし，振動数 ω で時間変化をする磁場によって誘起される磁化を考える．磁場が弱いときは磁化は磁場に比例し，同じ波数ベクトルと振動数によって空間時間変化をする．その比例係数を動的磁化率とよび $\chi(\boldsymbol{q}, \omega)$ と書く．この線形応答の範囲では，任意の空間時間変化をする磁場をフーリエ分解すれば，各フーリエ成分に対する磁化は $\chi(\boldsymbol{q}, \omega)$ で記述され，全体として誘起される磁化は重ね合わせの原理によって求めることができる．

常磁性状態におけるハバードモデルの動的磁化率は，ハートリー–フォック（HF）近似

を一般化した RPA 近似（Random Phase Approximation）の範囲では次のように求められる．

$$\chi(\boldsymbol{q},\omega) = \frac{\chi^0(\boldsymbol{q},\omega)}{1 - 2U\chi^0(\boldsymbol{q},\omega)} \tag{1.192}$$

ここで，

$$\chi^0(\boldsymbol{q},\omega) = \frac{1}{2}\frac{1}{N_0}\sum_{\boldsymbol{k}} \frac{f(\varepsilon_{\boldsymbol{k}+\boldsymbol{q}}) - f(\varepsilon_{\boldsymbol{k}})}{\omega + \varepsilon_{\boldsymbol{k}} - \varepsilon_{\boldsymbol{k}+\boldsymbol{q}}} \tag{1.193}$$

である．

この動的磁化率の静的極限 ($\omega = 0$) で長波長極限 $\boldsymbol{q} = 0$ をとると式 (1.182) の常磁性磁化率に帰着する．また $\omega = 0$ で $\boldsymbol{q} = \boldsymbol{Q}$ とおくと式 (1.189) の交代磁化率になっている．

d. HF-RPA 近似の特徴と限界

以上みてきたように HF-RPA 近似は平均場近似という同じ考え方に基づく一連の理論的枠組みである．その特徴は磁化率 (1.185) と磁化の温度依存性 (1.186) に現れている．図 1.16 にその定性的な振る舞いを示した．HF 近似では反強磁性金属についても，その交代磁化率および交代磁化は図 1.16 と同様の温度依存性を示す．ただし，反強磁性金属の一様磁化率は交代磁化率に比べて弱い温度依存性しか示さない．

実験的には，金属であっても強磁性を示す物質の磁化率はキュリー–ワイス則が観測されることが多く，式 (1.185) 式の温度依存性とは定性的に異なっている．また，金属磁性体のバンド構造を用いて，基底状態の磁化あるいは交代磁化の大きさが実験と合うように相互作用定数の大きさを決めると，得られる T_C あるいは T_N の値は実際の転移温度よりも数倍からそれ以上大きくなることがしばしばみられる．これらは HF 近似の限界を示唆する事実だと考えられる．

HF-RPA 近似は平均場近似なので相互作用の大きさ U が，非摂動項である運動エネルギーに比べて小さければ正当化される近似であることはいうまでもない．では，磁性が生じるギリギリのところで式 (1.183) がみたされる近傍に U の値があれば HF-RPA 近似が有効であるかといえば，上に述べた実験との矛盾はそうした議論が成り立たないことを意

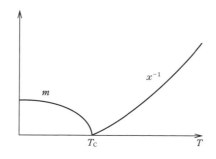

図 **1.16** 金属強磁性の HF 近似による磁化率と磁化の温度依存性．

味している.むしろ,式 (1.183) の条件は HF 近似における量子臨界点の条件にほかならず,量子臨界領域では必然的に中間結合領域にあることを意味している.さらに量子臨界点では,臨界揺らぎであるスピンの揺らぎの零点振動が基底状態においても重要であり,HF-RPA 近似の改善が不可欠となる.

 U をさらに大きくして強結合領域になると HF-RPA 近似はまったく無力かといえば,逆に基底状態では悪い近似ではないことに気づく.例えば,反強磁性が基底状態となるような電子構造を考えることにすると,U が運動エネルギーよりもはるかに大きければ,各サイトの磁気モーメントの大きさはフルモーメントの大きさに近い値になっていて,式 (1.179) の揺らぎの期待値は小さくなっているからである.このことは基底状態からの低エネルギー励起についても成り立っていて,反強磁性状態において RPA 近似を適用すれば,超交換相互作用で記述される反強磁性スピン波が正しく得られる.HF-RPA 近似は強結合領域においても,十分発達した長距離秩序があれば,基底状態およびそこからの素励起を正しく記述しているのであるが,温度を上げるとその欠陥が直ちに露呈してしまう.それは,平衡状態を決める際に最も重要な寄与をする集団的スピン励起が考慮されていないからである.

 以上をまとめると,HF-RPA 近似は弱結合領域では全温度領域で,それに加えて強結合領域の基底状態では正当化できる近似であるが,量子臨界領域では基底状態を含め全温度領域で,そして強結合領域の有限温度では本質的な改善が必要とされている.それらの領域では,スピンの揺らぎの効果を含めて平衡状態を再構成する理論の枠組みが必要とされている.

1.4.2 金属磁性のスピンの揺らぎの理論[16, 17]
a. SCR 理論のまとめ

強磁性的なスピンの揺らぎが支配的な場合の常磁性相におけるスピンの揺らぎの理論は,最も簡単な近似で

$$\frac{\chi^0}{\chi} = 1 - 2U\chi^0 + g\frac{1}{N_0}\sum_{\bm{q}} \frac{1}{2\pi}\int_{-\infty}^{\infty} d\omega \, \coth\frac{1}{2}\beta\omega \, Im\chi(\bm{q},\omega) \tag{1.194}$$

と書くことができる[16].動的磁化率の虚部がスピンの揺らぎのスペクトル強度を与えていること,および

$$\coth\frac{1}{2}\beta\omega = 1 + \frac{2}{e^{\beta\omega}-1} \qquad (\omega > 0) \tag{1.195}$$

と書けることに注目しよう.そうすると式 (1.194) は,波数 $\bm{q}$,振動数 ω のスピンの揺らぎが,そのゼロ点振動およびボース分布に従って熱的に励起され,それらの寄与を集めた局所的スピンの揺らぎの振幅が磁化率に反映されることを表している.g はその結合定数である.

 動的磁化率の静的極限 ($\omega = 0$) で,さらに長波長極限 ($q \to 0$) をとると磁化率 χ に一

致するはずであるから，$\chi(\bm{q},\omega)$ の $\bm{q}$ 依存性と ω 依存性がわかっていれば，式 (1.194) は χ に対する自己無撞着な繰り込み（Self-Consistent Renormalization）理論となる．強磁性量子臨界点の近傍では，展開形

$$\frac{\chi^0}{\chi(\bm{q},\omega)} = \frac{\chi^0}{\chi} + A\left(\frac{q}{k_\mathrm{F}}\right)^2 - iC\frac{\omega}{\varepsilon_\mathrm{F}}\frac{k_\mathrm{F}}{q} \tag{1.196}$$

を用いることができる．虚部の関数形が ω/q に比例するのは，一様磁化が保存量であることの反映である．展開係数 A, C は量子臨界点においても発散などの臨界性を示さないと考えられる．したがって，エネルギースケールを与える χ^0 を別として，U, g, A, C を物質ごとに定まる定数だと考えると，式 (1.194) と式 (1.196) の組は χ^0/χ に対する連立方程式を与える．

以上がスピンの揺らぎに関する SCR 理論[18]の骨格であるが，さらに多少の近似を用いて量子臨界性がよりはっきり見える形に書いてみよう．絶対零度では，式 (1.194) は

$$\frac{\chi^0}{\chi(T=0)} = 1 - 2U\chi^0 + g\frac{1}{N_0}\sum_{\bm{q}}\frac{1}{\pi}\int_0^\infty d\omega\, Im\left[\chi_{(\bm{q},\omega)}\right]_{T=0} \tag{1.197}$$

と表される．これを用いて式 (1.194) を書き直すと，近似的に

$$\frac{\chi^0}{\chi} = \frac{\chi^0}{\chi(T=0)} + g\frac{1}{N_0}\sum_{\bm{q}}\frac{1}{\pi}\int_0^\infty d\omega\, \frac{2}{e^{\beta\omega}-1}\, Im\chi_{(\bm{q},\omega)} \tag{1.198}$$

が得られる．ここでスピンの揺らぎの零点振動の寄与に対して，$T=0$ のスペクトルを用いて得られる値と，$T\neq 0$ におけるスペクトルを用いて得られる値の違いを無視した．式 (1.196) と式 (1.198) の連立方程式を解くことによって，各温度における磁化率が決定される．$\chi^0/\chi(T=0)$ は絶対零度における磁化率の逆数で，強磁性量子臨界点からの距離を表している．この定式化では，A, C, g および $\chi^0/\chi(T=0)$ が物質定数である．

基底状態において強磁性長距離秩序がある場合には，以上の理論を自然に拡張して，T_C 以下では磁化を自己無撞着に決める方程式が導かれる．強磁性金属の場合は，A, C, g および絶対零度における磁化の値を物質定数にとることができる．基底状態における磁化の値を与えたときの T_C の値は，HF 近似で計算される値よりも大幅に低くなる．

SCR 理論は反強磁性量子臨界点のまわりでも自然に適用することができる[19]．この場合，臨界性を示すのは交代磁化率 $\chi_{\bm{Q}}$ であるから，それをスピンの揺らぎの効果を含めて自己無撞着に決定することになる．

$$\frac{\chi^0_{\bm{Q}}}{\chi_{\bm{Q}}} = \frac{\chi^0_{\bm{Q}}}{\chi_{\bm{Q}}(T=0)} + g_{\bm{Q}}\frac{1}{N_0}\sum_{\bm{q}}\frac{1}{\pi}\int_0^\infty d\omega\, \frac{2}{e^{\beta\omega}-1}\, Im\chi(\bm{Q}+\bm{q},\omega) \tag{1.199}$$

ここで，$g_{\bm{Q}}$ は局所的なスピンの揺らぎの振幅と交代磁化率の間の結合定数である．動的磁化率を，最大値をとる反強磁性ベクトルのまわりで展開すると

$$\frac{\chi_{\boldsymbol{Q}}^0}{\chi(\boldsymbol{Q}+\boldsymbol{q},\omega)} = \frac{\chi_{\boldsymbol{Q}}^0}{\chi_{\boldsymbol{Q}}} + A\left(\frac{q}{k_{\rm F}}\right)^2 - iC\frac{\omega}{\varepsilon_{\rm F}} \tag{1.200}$$

となる．式 (1.194) と比べて虚部の関数形が異なっているのは，一様磁化とは異なり，交代磁化はハミルトニアンと可換でないことの反映である．

基底状態で反強磁性秩序がある場合に SCR 理論を拡張することも，強磁性の場合と同様に実行することができる．基底状態における交代磁化の大きさを与えたとき，$T_{\rm N}$ の値が HF 近似で得られる値よりも低下し，改善される事情も強磁性の場合と同様である．

b．量子臨界揺らぎ

$\chi(\boldsymbol{q},\omega)$ の関数形が式 (1.196) で与えられたとき，式 (1.198) 右辺第 2 項の $\omega-$ 積分は $\omega/T = 2\pi t$ と変数変換することにより

$$\begin{aligned}\frac{1}{\pi}\int_0^\infty d\omega \frac{1}{e^{\beta\omega}-1}{\rm Im}\chi(\boldsymbol{q},\omega) &= \frac{\chi^0 \varepsilon_{\rm F}}{\pi C}\frac{q}{k_{\rm F}}\int_0^\infty dt \frac{1}{e^{2\pi t}-1}\frac{t}{u^2+t^2} \\ &= \frac{\chi^0 \varepsilon_{\rm F}}{2\pi C}\frac{q}{k_{\rm F}}\left[\ln u - \frac{1}{2u} + \psi(u)\right]\end{aligned} \tag{1.201}$$

と実行することができる．ここで u は

$$u = \frac{1}{C}\frac{q}{k_{\rm F}}\left(\frac{\varepsilon_{\rm F}}{2\pi T}\right)\left[\frac{\chi^0}{\chi} + A\left(\frac{q}{k_{\rm F}}\right)^2\right] \tag{1.202}$$

で定義され，$\psi(u)$ はディガンマ関数である．$\Phi(u) = \ln u - \frac{1}{2u} + \psi(u)$ とおくと運動量に関する積分は，定数項を除き

$$\int_0^{\tilde{q}_{\rm B}} \tilde{q}^{D-1} d\tilde{q}\; \tilde{q}\; \Phi(u) \tag{1.203}$$

と書かれる．ここで，$\tilde{q} = q/k_{\rm F}$ とおき，D は系の次元である．$\tilde{q}_{\rm B}$ は $k_{\rm F}$ を単位とした第 1 ブリルアンゾーンの大きさである．さらに，$\frac{\varepsilon_{\rm F}}{2\pi T}\tilde{q}^3 = p^3$ とおくと，

$$(1.203) = \left(\frac{2\pi T}{\varepsilon_{\rm F}}\right)^{\frac{D+1}{3}}\int_0^{p_{\rm B}} p^D dp\; \Phi(u) \tag{1.204}$$

$$u = \frac{1}{C}p\left[\frac{\chi^0}{\chi}\bigg/\left(\frac{2\pi T}{\varepsilon_{\rm F}}\right)^{\frac{2}{3}} + Ap^2\right] \tag{1.205}$$

と書くことができる．$\Phi(u)$ の漸近形が，

$$\Phi(u) \sim \begin{cases} 1/2u & (u \ll 1) \\ 1/12u^2 & (u \gg 1) \end{cases} \tag{1.206}$$

であることに注目すると式 (1.204) の積分は $D = 2, 3$ で収束していることがわかる．

強磁性量子臨界点は $\chi^0/\chi(T=0) = 0$ で定義される．量子臨界点直上の低温領域を考えよう．いま，式 (1.205) の [ ] の中の第 1 項が小さくて無視できると仮定しても，$D > 2$

であれば式 (1.204) 中の積分は収束して定数となる．したがって $D=3$ では，式 (1.198) 右辺第 2 項のスピンの揺らぎの寄与は低温で $T^{4/3}$ に比例し，$D=3$ の強磁性量子臨界点の低温では

$$\frac{\chi^0}{\chi} \propto T^{\frac{4}{3}} \tag{1.207}$$

となることが示された．

$D=2$ において，式 (1.205) の [ ] の χ^0/χ をゼロとおくと，式 (1.204) の積分は対数発散をする．したがって，$\chi^0/\chi(T=0)=0$ であっても，有限温度では χ^0/χ を有限として積分を評価する必要があり，その項が対数発散のカットオフを与えることがわかる．そのことから，$D=2$ における量子臨界点における低温での磁化率が，

$$\frac{\chi^0}{\chi} \propto -T \ln T \tag{1.208}$$

の温度依存性をもつことが示される[17]．

反強磁性量子臨界点においても同様の計算をすることができ，$D=3$ では低温の交代磁化率の温度依存性は

$$\frac{\chi^0_{\boldsymbol{Q}}}{\chi_{\boldsymbol{Q}}} \propto T^{\frac{3}{2}} \tag{1.209}$$

となる．$D=2$ では，事情は多少複雑で，ゼロ点振動に対する対数補正を考慮する必要がある．その詳細については教科書[17]に記述があるが，その効果を含め低温で

$$\frac{\chi^0_{\boldsymbol{Q}}}{\chi_{\boldsymbol{Q}}} \propto -T \frac{\ln |\ln T|}{\ln T} \tag{1.210}$$

となることが示されている．

量子臨界点近傍であっても，高温領域では式 (1.202) で定義される u の中にある χ^0/χ を自己無撞着に決めることが必要となる．その結果，強磁性量子臨界点近傍の高温領域では，χ^0/χ が近似的にキュリー–ワイス則に従うことが，$D=2$ および 3 でともに示されている．同様に，反強磁性量子臨界点近傍の高温領域では，$D=2,3$ で，$\chi^0_{\boldsymbol{Q}}/\chi_{\boldsymbol{Q}}$ がキュリー–ワイス則に近似的に従うことも示されている．

c. 量子臨界領域における非フェルミ液体的性質[20, 21]

1.1.4 項ではフェルミ液体の低温での基本的性質として，(1) 温度によらない磁化率，(2) 温度に比例する電子比熱，および (3) 温度の 2 乗に比例する電気抵抗の 3 つの性質をあげた．上で議論した量子臨界点における低温での磁化率（交代磁化率）の特異な温度依存性は，2 次元や 3 次元の金属においても磁気量子臨界点ではフェルミ液体の概念に修正が必要となることを意味している．

$T=0$ で臨界磁気揺らぎが発散を示す量子臨界点では，比熱や電気抵抗などスピンの揺らぎが支配的な役割をする物理量も特異な温度依存性を示し，フェルミ液体の範疇から外

1.4 量子相転移と強相関電子系の超伝導

れるようになる．表 1.4 には量子臨界点における磁化率 (交代磁化率) の温度変化について スピンの揺らぎの理論で得られる結果をまとめた．表中の CW は高温でキュリー–ワイス 則が成り立つことを示している．核磁気共鳴の緩和率 ($1/T_1$) は超微細結合を通して電子 系の動的磁化率によって決定される．通常のフェルミ液体では $1/T_1T = $ 一定，というコ リンハ (Korringa) 則が成立するが，量子臨界点では磁化率の特異な温度依存性を反映し てコリンハ則から外れる．揺らぎの性質と次元による $1/T_1T$ の $\chi(\chi_Q)$ 依存性の違いも表 1.4 にまとめた．比熱と電気抵抗の量子臨界揺らぎによる特異な温度依存性についても併 せて記した．

表 1.4 量子臨界点における非フェルミ液体的性質．

	強磁性 ($Q=0$)		反強磁性 ($Q \neq 0$)	
	3 次元	2 次元	3 次元	2 次元
$1/\chi_Q$	$T^{4/3} \to$ CW	$-T\ln T \to$ CW	$T^{3/2} \to$ CW	$-T\ln|\ln T|/\ln T \to$ CW
$1/T_1T$	χ	$\chi^{3/2}$	$\chi_Q^{1/2}$	χ_Q
$C_{\rm el}/T$	$-\ln T$	$T^{-1/3}$	Const.$-T^{1/2}$	$-\ln T$
$R-R_0$	$T^{5/3}$	$T^{4/3}$	$T^{3/2}$	T

量子臨界点から常磁性相側に移れば，2 次元および 3 次元金属の低温極限はフェルミ液体 として振る舞うことが期待される．それと量子臨界点における非フェルミ液体とはどういう 関係にあるのだろうか．いま，対象としている系の $\chi(T=0)/\chi^0$ あるいは $\chi_Q(T=0)/\chi_Q^0$ の値を S と書くことにしよう．このとき，$1/S$ は量子臨界点への距離を表している．

S で表される低温極限の磁化率（交代磁化率）と式 (1.207)〜(1.210) で与えられる量子 臨界揺らぎによって決定される磁化率の大きさが同程度となるところでフェルミ液体とし ての記述は不十分となり，量子臨界揺らぎが支配する温度領域へとクロスオーバーしてい くと考えられる．したがって，S が大きければフェルミ液体の概念が成立するのは低温の 狭い温度範囲に限られる．S の発散する量子臨界点では，絶対零度から非フェルミ液体と しての温度依存性を示すことになる．このクロスオーバーの概念図を図 1.17 に示した．

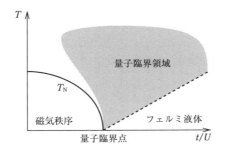

図 1.17 金属磁性体の量子臨界点とフェルミ液体から非フェルミ液体へのクロスオーバー．

量子臨界点近傍のフェルミ液体領域では，磁化率がパウリ常磁性から因子 S で増大している．同じように，スピンの揺らぎが支配的な役割をしている電子比熱の温度係数 (γ), 核磁気緩和率 ($1/T_1 T$) および電気抵抗の T^2 の係数なども増強される．それらの物理量の S 依存性を表 1.5 にまとめた．

表 1.5 磁気量子臨界点近傍での因子 S による増強.

	強磁性 ($Q=0$)		反強磁性 ($Q \neq 0$)	
	3 次元	2 次元	3 次元	2 次元
$C_{\rm el}/T\ (=\gamma)$	$\ln S$	$S^{1/2}$	Const.$-S^{-1/2}$	$\ln S$
$1/T_1 T$	S	$S^{3/2}$	$S^{1/2}$	S
$(R-R_0)/T^2$	$S^{1/2}$	S	$S^{1/2}$	S

1.4.3　量子臨界性と超伝導[20, 21]

a.　スピンの揺らぎによる超伝導

磁気量子臨界点の周辺ではスピンの揺らぎが成長しているので，それを媒介としてクーパー対を形成することが可能になる．1.3.2 項での議論に戻って，フェルミエネルギー近傍の準粒子に対する有効ハミルトニアン (1.136) を考えよう．

スピン空間の回転対称性がある場合には，一般に

$$V_{\sigma_1 \sigma_2 \sigma_3 \sigma_4}(\boldsymbol{q}) = I(\boldsymbol{q})\delta_{\sigma_1 \sigma_4}\delta_{\sigma_2 \sigma_3} + \frac{1}{4}J(\boldsymbol{q})\boldsymbol{\tau}_{\sigma_1 \sigma_4} \cdot \boldsymbol{\tau}_{\sigma_2 \sigma_3} \tag{1.211}$$

と書くことができる．ここで，τ_x, τ_y, τ_z はパウリ行列である．ハバードモデルにおいて RPA 近似を用いると

$$I(\boldsymbol{q}) = \frac{1}{4}\frac{U}{1+2U\chi_0(\boldsymbol{q})} = \frac{1}{4}[U - 2U^2 \chi_\rho(\boldsymbol{q})] \tag{1.212}$$

$$J(\boldsymbol{q}) = -\frac{U}{1-2U\chi_0(\boldsymbol{q})} = -[U + 2U^2 \chi(\boldsymbol{q})] \tag{1.213}$$

が得られる．ここで

$$\chi_\rho(\boldsymbol{q}) = \frac{\chi^0(\boldsymbol{q})}{1+2U\chi^0(\boldsymbol{q})} \tag{1.214}$$

は RPA 近似による電荷応答関数,

$$\chi(\boldsymbol{q}) = \frac{\chi^0(\boldsymbol{q})}{1-2U\chi^0(\boldsymbol{q})} \tag{1.215}$$

は波数に依存した磁化率であるが，式 (1.192) で求められている動的磁化率の $\omega = 0$ における値にほかならない．ハバードモデルのような斥力の系では，$\chi_\rho(\boldsymbol{q})$ は相互作用によって抑制され，$\chi(\boldsymbol{q})$ に比べて重要ではないと考えられる．

RPA 近似より進んだ理論を用いても，磁化率に比例した項が $J(\boldsymbol{q})$ に現れることは物理

的に自然な結果と考えられ，それに対してスピンの揺らぎの理論で求めた $\chi(\boldsymbol{q})$ を用いることは合理的な処方箋の一つと考えられる．さらに一般には，電子格子相互作用を強結合理論で扱う場合のように，動的磁化率を用いて周波数に依存した有効相互作用を考えればクーパー対形成における遅延効果を取り入れることになる．本項では 1.3.2 項と同様，遅延効果を考えるかわりに有効相互作用にカットオフを導入して議論を進めることとする．

有効相互作用と超伝導状態との関連を見るために，線形化したギャップ方程式に対応する固有値方程式 (1.170) を考える．いま偶パリティ，すなわちスピンシングレットのクーパー対を仮定すると $\Delta_{\uparrow\downarrow}(k) = -\Delta_{\downarrow\uparrow}(k)$ に対して (1.170) は

$$\omega \Delta_{\uparrow\downarrow}(\boldsymbol{k}) = -\sum_{\boldsymbol{k}'} V_{\mathrm{s}}(\boldsymbol{k},\boldsymbol{k}') \frac{\Delta_{\uparrow\downarrow}(\boldsymbol{k}')}{2\xi_{\boldsymbol{k}'}} \tanh\left(\frac{1}{2}\beta_c \xi_{\boldsymbol{k}'}\right) \tag{1.216}$$

となる．ここでシングレット対に対する積分核は

$$V_{\mathrm{s}}(\boldsymbol{k},\boldsymbol{k}') = I(\boldsymbol{k}-\boldsymbol{k}') - \frac{3}{4}J(\boldsymbol{k}-\boldsymbol{k}') \tag{1.217}$$

であるが，偶パリティの性質を用いると

$$V_{\mathrm{s}}(\boldsymbol{k},\boldsymbol{k}') = \frac{1}{2}[V_{\mathrm{s}}(\boldsymbol{k},\boldsymbol{k}') + V_{\mathrm{s}}(\boldsymbol{k},-\boldsymbol{k}')] \tag{1.218}$$

と書くことが出来る．

一方，奇パリティすなわちスピントリプレットのクーパー対を仮定すると $\Delta_{\uparrow\uparrow}(k)$, $\frac{1}{\sqrt{2}}(\Delta_{\uparrow\downarrow}(k) \Delta_{\downarrow\uparrow}(k))$, $\Delta_{\downarrow\downarrow}(k)$ の各成分に対する固有値方程式は共通で

$$\omega \Delta_{\uparrow\uparrow}(\boldsymbol{k}) = -\sum_{\boldsymbol{k}'} V_{\mathrm{t}}(\boldsymbol{k},\boldsymbol{k}') \frac{\Delta_{\uparrow\uparrow}(\boldsymbol{k}')}{2\xi_{\boldsymbol{k}'}} \tanh\left(\frac{1}{2}\beta_c \xi_{\boldsymbol{k}'}\right) \tag{1.219}$$

のようになる．ここでトリプレットに対する積分核は

$$V_{\mathrm{t}}(\boldsymbol{k},\boldsymbol{k}') = I(\boldsymbol{k}-\boldsymbol{k}') + \frac{1}{4}J(\boldsymbol{k}-\boldsymbol{k}') \tag{1.220}$$

であるが，奇パリティの性質を用いると

$$V_{\mathrm{t}}(\boldsymbol{k},\boldsymbol{k}') = \frac{1}{2}[V_{\mathrm{t}}(\boldsymbol{k},\boldsymbol{k}') - V_{\mathrm{t}}(\boldsymbol{k},-\boldsymbol{k}')] \tag{1.221}$$

と置いて良い．

ヘリウム 3 のような等方的フェルミ液体ではフェルミ面は球面であるから，有効相互作用を球面調和関数を用いて展開することができる．

$$\begin{aligned} I(\boldsymbol{k}-\boldsymbol{k}') &= I_0 + I_1 \hat{\boldsymbol{k}}\cdot\hat{\boldsymbol{k}}' + I_2 \frac{1}{2}[3(\hat{\boldsymbol{k}}\cdot\hat{\boldsymbol{k}}')^2 - 1] + \cdots \\ J(\boldsymbol{k}-\boldsymbol{k}') &= J_0 + J_1 \hat{\boldsymbol{k}}\cdot\hat{\boldsymbol{k}}' + J_2 \frac{1}{2}[3(\hat{\boldsymbol{k}}\cdot\hat{\boldsymbol{k}}')^2 - 1] + \cdots \end{aligned} \tag{1.222}$$

ここで、$\hat{\boldsymbol{k}}$ は大きさ 1 に規格化したフェルミ面上の波数ベクトルである．等方的フェルミ液体ではシングレットおよびトリプレットのクーパー対に対して，それぞれ偶数次と奇数次の球面調和関数で有効相互作用を表すことができる．

$$V_\mathrm{s} = [I_0 - \frac{3}{4}J_0] + [I_2 - \frac{3}{4}J_2]\frac{1}{2}[3(\hat{\boldsymbol{k}}\cdot\hat{\boldsymbol{k}}')^2 - 1] + \cdots$$
$$V_\mathrm{t} = [I_1 + \frac{1}{4}J_1]\hat{\boldsymbol{k}}\cdot\hat{\boldsymbol{k}}' + \cdots \tag{1.223}$$

ヘリウム 3 を考えると，2 つのヘリウム原子が同じ位置にくることはできないので，$I_0 - \frac{3}{4}J_0$ は斥力であるが，スピンの揺らぎは $\boldsymbol{q}=\boldsymbol{0}$ に最大値があり J_1 は負で大きく，$I_1 + \frac{1}{4}J_1$ も負であると考えられる．この場合には p 波の超流動が実現するが，そのエネルギー的に安定な秩序変数については 1.3.2 項ですでに議論した．

強相関電子系の超伝導では電子間の斥力が強く，電子格子相互作用を考えても全体として $I_0 - \frac{3}{4}J_0$ が負となることは難しいと考えられる．結晶中の電子系ではフェルミ面はもはや球面ではないが，かりに丸いと仮定し $\chi(\boldsymbol{q})$ が $\boldsymbol{q}=\boldsymbol{0}$ にピークを持てばスピントリプレットの p 波状態が有利となる傾向がある．これに対して反強磁性量子臨界点近傍では，$\boldsymbol{q}=\boldsymbol{Q}$ の近傍で $\chi(\boldsymbol{q})$ は発散的に成長する．この場合，フェルミ球の大きさが $\boldsymbol{Q}$ の大きさと同程度であれば J_2 が大きな値を取り d 波チャンネルに引力が生じる傾向がある．このことは，反強磁性に近い金属で超伝導が起きれば d 波超伝導が自然であることを意味している[22, 23]．

強相関電子系のスピンのゆらぎの性質とクーパー対の対称性との関連については，直接固有値方程式を考えたほうが理解しやすい．繰り返しになるが，強相関電子系では $I(\boldsymbol{q})$ は斥力 ($I(\boldsymbol{q})>0$) で $\boldsymbol{q}$ 依存性は小さいと期待されるのでシングレット s 波 (一般には A_1 表現) のクーパー対に対する固有値が正で 1 を超えることは難しいことが結論される．非 s 波の秩序変数 $\Delta_{\sigma_1\sigma_2}(\boldsymbol{k})$ をフェルミ面上で平均すると零なので，$\boldsymbol{q}$ 依存性の小さい $I(\boldsymbol{q})$ は積分核において重要な寄与をしない．したがって，固有値方程式の積分核で非 s 波に対する主要項は，

$$V_\mathrm{s}(\boldsymbol{k},\boldsymbol{k}') = \frac{3}{2}U^2\chi(\boldsymbol{k}-\boldsymbol{k}')$$
$$V_\mathrm{t}(\boldsymbol{k},\boldsymbol{k}') = -\frac{1}{2}U^2\chi(\boldsymbol{k}-\boldsymbol{k}') \tag{1.224}$$

で与えられ，シングレットチャンネルに対しては斥力，トリプレットチャンネルに対しては引力になっている．

強磁性的スピンのゆらぎが成長している系では，クーパー対もスピントリプレットのチャンネルで形成されることが期待される．実際 $\chi(\boldsymbol{q})$ は $\boldsymbol{q}\sim 0$ にピークを持つので $\Delta_{\sigma_1\sigma_2}(\boldsymbol{k})$ と $\Delta_{\sigma_1\sigma_2}(\boldsymbol{k}')$ は $\boldsymbol{k}-\boldsymbol{k}'=\boldsymbol{q}$ が小さいときに同符号であれば (1.219) 式の固有値は正で大きくなる．しかし $\Delta_{\sigma_1\sigma_2}(\boldsymbol{k})$ をフェルミ面上で平均を取るとゼロでなくてはならないので，

$\Delta_{\sigma_1\sigma_2}(\boldsymbol{k})$ は最小つまり 1 個のノードを持つ関数, すなわち p 波クーパー対となるのが自然である.

これに対して反強磁性的スピンのゆらぎが成長している系では, $\chi(\boldsymbol{q})$ は $\boldsymbol{q} \sim \boldsymbol{Q}$ で最大値を取るので, $\Delta_{\sigma_1\sigma_2}(\boldsymbol{k})$ と $\Delta_{\sigma_1\sigma_2}(\boldsymbol{k}')$ が $\boldsymbol{k} - \boldsymbol{k}' \sim \boldsymbol{Q}$ の時反対符号を取ることによってスピンシングレットのチャンネルの固有値 (1.216) が正で大きくなる可能性がある. フェルミ面の大きさと $\boldsymbol{Q}$ の長さが同程度であれば d 波のギャップ関数がこの条件を満たしている. 反強磁性のスピンゆらぎが支配的となる具体例としてハーフフィリングの正方格子を考えよう. 簡単化して, 最近接サイト間のホッピングのみを考えると, フェルミ面は図 1.18 のように正方形である. 反強磁性波数ベクトルは $\boldsymbol{Q} = (\pi/a, \pi/a)$ であるから秩序変数の符号を図のように変化させると反強磁性スピンゆらぎを最も効率的にクーパー対形成に用いることが出来る. すなわち d 波超伝導が期待される. 実際, 銅酸化物高温超伝導体は 2 次元的な層状構造を持ち超伝導の秩序変数は図 1.18 のような符号変化をしていることが知られている.

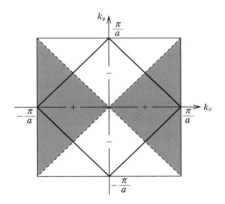

図 **1.18** 2 次元正方格子の第 1 ブリルアンゾーンとフェルミ面. d 波超伝導の秩序変数の符号はフェルミ面上で $+, -, +, -$ と変化する.

b. 強相関電子系の超伝導と量子臨界性

ケンブリッジのロンザリッチ[24)]のグループは, 重い電子系の反強磁性金属である $CeIn_3$ と $CePd_2Si_2$ に圧力をかける実験を行った. 圧力とともにネール温度は低下するが, 転移温度がほとんどゼロとなる圧力領域の低温で 2 つの物質がともに超伝導を示すことを発見した. 図 1.19 は $CeIn_3$ の圧力下での相図である. 常圧でネール温度が低いこれらの物質では, 圧力によって量子臨界領域に達することが可能で, そこでは基底状態が超伝導となることを雄弁に物語っている. 図 1.17 は金属磁性体の量子臨界領域の概念図として示した

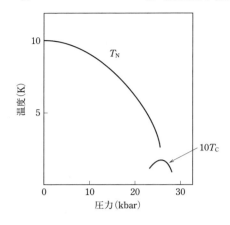
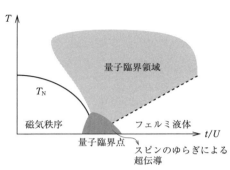

図 1.19 反強磁性金属 CeIn$_3$ の圧力下の相図.

図 1.20 磁性金属の量子臨界点近傍の, 超伝導相を考慮した概念.

ものであるが，本節で考慮した超伝導の可能性まで含めると，図 1.20 のようになると考えられる．これは図 1.19 の実験で得られた相図と定性的によい一致を示している．

こうしてわれわれは量子臨界揺らぎによる超伝導という普遍的概念に到達する．この観点から，最近活発に研究が進展している 2, 3 の超伝導体の相図を眺めてみよう．図 1.21(a) は，銅酸化物高温超伝導体のキャリアドーピングに対するよく知られた相図である．電子あるいは正孔がドープされていない母物質は反強磁性のモット絶縁体である．電子にしろ正孔にしろキャリアをある濃度以上ドープすると，反強磁性が消失し伝導が金属的になるとともに超伝導を示す．キャリアの種類によって反強磁性絶縁体から超伝導への転移の様相は異なっているが，図 1.20 との類似性は明瞭である．

図 1.21(b) は，比較的最近発見された超伝導を示す重い電子系化合物 CeRh$_{1-x}$Ir$_x$In$_5$ の相図である[25]．この系では超伝導相が量子臨界点のまわりの広い領域に広がっている．同様の性質が，2008 年に発見された鉄ヒ素系についてもみられている．図 1.21(c) には鉄ヒ素系の化合物の一つである SrFe$_2$As$_2$ の圧力下での相図を示した[26]．

銅酸化物高温超伝導体では，1986 年の発見以来，常伝導相の研究が活発に行われてきた．低ドープ領域から，超伝導転移温度が極大となる最適ドープ領域にかけて，単純なフェルミ液体としては理解しがたい現象が広くみられたためである．その典型例としては，最適ドープ領域において電気抵抗が広い温度範囲で T^2 ではなく T に比例することや，核磁気緩和率がコリンハ則から外れ $1/T_1T$ がキュリー則を示す χ_Q のように振る舞うこと，などをあげることができる．表 1.4 を眺めると，銅酸化物高温超伝導体のこうした非フェルミ液体的性質は 2 次元反強磁性量子臨界点近傍にある金属状態と考えると矛盾がない．実際 1.3.1 項，図 1.12 に示したように，銅酸化物高温超伝導体が 2 次元的な層状構造をしてい

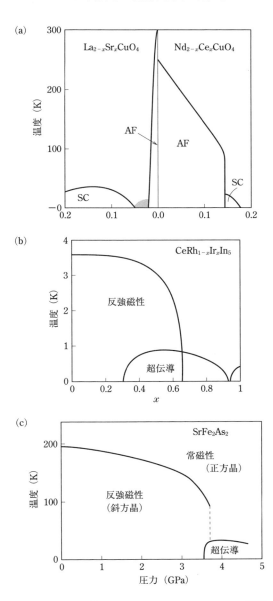

図 **1.21** (a) 銅酸化物高温超伝導体の相図. (b) $CeRh_{1-x}Ir_xIn_5$ の相図. (c) 鉄ヒ素系超伝導体 $SrFe_2As_2$ の圧力下での相図.

ることはよく知られている．最近の鉄ヒ素系超伝導についてもスピンの揺らぎを媒介とする超伝導として大筋は理解されているようである．

以上みてきたように，強相関電子系の超伝導については磁性量子臨界点近傍のスピンの揺らぎを媒介とする超伝導という大きな枠組みで理解が形成されつつあるが，未解決の問題も多い．それらの中で特に重要だと思われるものは，銅酸化物高温超伝導体における擬ギャップの問題である．図1.21(a)の相図の左側はホール（正孔）ドープ側であるが，反強磁性が消失したのちT_cの低い低ドープ領域では，核磁気緩和率がT_cよりも高温ですでに減少をし始め，スピンギャップ的な振る舞いがみられている．また，低ドープ領域での光電子分光では一電子スペクトルにも擬ギャップの振る舞いがみられる．これらの擬ギャップの問題については，現在も活発な研究が続いていて，それほど遠くない将来にその物理的描像が明らかにされることが期待される． ［上田和夫］

文 献

1) J. Bardeen, L.N. Cooper and J.R. Schrieffer, Phys. Rev. **108**, 1175 (1957).
2) V.L. Ginzburg and L.D. Landau, Zh. Exsper. Teor. Fiz. **20**, 1064 (1950).
3) A.A. Abrikosov, Soviet Physics JETP **5**, 1174 (1957).
4) L.P. Gorkov, Soviet Physics JETP **9**, 1364 (1959).
5) J.G. Bednorz and K.A. Mueller, Z. Phys. B**64**, 189 (1986).
6) F. Steglich, J. Aartz, C.D. Bredle, W. Lieke, D. Meschede, W. Franz and H. Schaefer, Phys. Rev. Lett. **43**, 1892 (1979).
7) H.R. Ott, H. Rudgier, Z. Fisk and J.L. Smith, Phys. Rev. Lett. **50**, 1595 (1983).
8) G.R. Stewart, Z. Fisk, J.O. Willis and J.L. Smith, Phys. Rev. Lett. **52**, 679 (1984).
9) M. Sigrist and K. Ueda, Rev. Mod. Phys. **63**, 308 (1991).
10) J.C. Wheatley, Rev. Mod. Phys. **47**, 415 (1975).
11) R. Barian and N.R. Werthamer, Phys. Rev. **131**, 1553 (1963).
12) P.W. Anderson and P. Morel, Phys. Rev. **123**, 1911 (1961).
13) E. Bauer and M. Sigrist, *Non-Centrosymmetric Superconductors* (Springer, 2012).
14) 犬井鉄郎，田辺行人，小野寺嘉孝，応用群論（裳華房，1976）．
15) Y. Maeno, T.M. Rice and M. Sigrist, Physics Today **54**, 42 (2001).
16) 上田和夫，磁性入門（裳華房，2011）．
17) 守谷亨，磁性物理学（朝倉書店，2006）．
18) T. Moriya and A. Kawabata, J. Phys. Soc. Jpn **34**, 639 (1973); **35**, 669 (1973).
19) H. Hasegawa and T. Moriya, J. Phys. Soc. Jpn **36**, 1542 (1974).
20) T. Moriya and K. Ueda, Adv. Phys. **49**, 555 (2000).
21) T. Moriya and K. Ueda, Rep. Prog. Phys. **66**, 1299 (2003).
22) K. Miyake, S. Schmitt-Rink and C.M. Varma, Phys. Rev. B **34**, 6554 (1986).
23) D.J. Scalapino, E. Loh and J.E. Hirsh, Phys. Rev. B **34**, 8190 (1986).
24) N.D. Mathur et al., Nature **394**, 39 (1998).
25) P.G. Pagliuso et al., Phys. Rev. B**64**, 100503 (2001).

文　　献

26) H. Kotegawa, H. Sugawara and H. Tou: J. Phys. Soc. Jpn **78**, 013709 (2009).

2. 第一原理からの物性理論

2.1 物性理論概観

2.1.1 自然の階層構造と物性理論

　われわれの自然は，およそ 10^{-35} m のプランク（Planck）長で特徴づけられる素粒子から 10^{27} m 程度と見積もられている宇宙に至るまで，その大きさは実に 60 桁以上の広がりをもつが，その大きな長さの尺度全般にわたって自然が単一の構造をしているわけではなく，その顕著な特色はいくつかの階層からなる複合的な構造をもつことである．この複合構造を担うそれぞれの階層は長さにして 6〜8 桁程度の大きさをもち，その階層内で発現する物理現象はそこで有効になる物理法則で正しく理解されるという意味で，めいめいの階層が独立した存在といえる．したがって，このような特徴をもつ自然の全容を解明したいと思えば，まず，各階層で有効な物理法則を特定し，次に，その法則が個別の現象をどのように支配しているかを十分に把握するとともに，それぞれの物理法則を階層を越えてお互いに関連づけることが肝要になる．

　さて，その多層構造の中で物性理論が対象とする物性科学の階層は，10^{-14} m を中心に広がる原子核物理の階層よりは上で，10^{-2} m を中心とした生物学の階層よりは下である．そして，その基本構成要素は正の点電荷としての原子核と負の点電荷の電子であり，これら構成要素間には電磁気力が働いていて，その相互作用下の運動状況は量子力学と統計力学で記述される．このように，この階層は極度に単純化された系に還元されるものであり，しかも，その系を支配する物理法則もそれを記述する物理理論も既知である．しかしながら，銅酸化物超伝導体の高温超伝導機構を同定しきれないことからも明らかなように，現在の物性理論の発展段階では，この簡単な系での単純な物理法則の発現様式を十分には把握しきれていない状況である．

　ところで，物性科学の階層を出発点として上下の階層を眺めると，上部構造（生物学や宇宙物理の範疇）は当然であるが，予想外にも，この単純な階層を生み出しているはずの

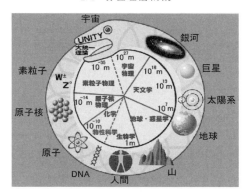

図 2.1 Glashow によって提唱されたウロボロス（Ouroboros）の概念[1].

下部構造（原子核物理から素粒子物理が守備範囲とするもの）もずっと入り組んだ "複雑系" の様相をもつ世界であることが判明してきた．そして，その世界を支配する基本の物理法則も必然的に複雑になっている．さらにいえば，素粒子物理の究極は自然界の 4 つの力の統一であり，その場合，極微の極致は重力場の理論を通して宇宙物理という極大の世界に直接的に結びつく．この意味で，自然の階層構造は一直線に並んだ "開放端" というよりは，図 2.1 に模式的に示されるように，端のない "周期的" なものととらえた方が正しいこと[1] になるが，この環状構造の中で物性科学の階層（いわゆる**凝縮系物理の範疇**）は最も単純な物理系であり，それゆえ，この階層を対象とする物性理論を窮めることはもっと複雑な系を対象としている他のあらゆる物理理論に率先して遂行されるべきものということができる．そして，その成功が他の物理理論を先導するものと考えられる．

このように認識すれば，現段階における物性理論の最重要課題はクーロン相互作用下の原子核電子複合系（いわゆる第一原理系）を正確に解き，その系に内在されている物理を余すところなく抽出することであろう．そして，それによって凝縮系物理で記述される階層における多様で多彩な物質や現象を統一的な見地から明確にしていくことであろう．

2.1.2 第一原理系のハミルトニアン

前項で述べたように，微視的に凝縮系を記述する場合，その構成要素は原子核と電子だけである．この際，問題を凝縮系物理の階層に限定すれば，原子核や電子の内部構造にまで立ち入って力学現象を議論する必要がない．したがって，電子については，単に質量 m, 電荷量 $-e$, スピン $\frac{1}{2}$ という電子固有の性質をもつ量子力学的な粒子として考えればよい．同様に，各原子核についても，その質量 M, 電荷量 $+Ze$, および核スピン I をもつ粒子として扱う．そして，凝縮系物理における現象を支配している相互作用はこれら構成粒子

間の電磁相互作用であり，通常，電気的に中性，すなわち，電子の総数はちょうど原子核の正電荷の総量に等しいという条件のもとで考えることになる．

ところで，いまの場合，電磁相互作用といっても点電荷のクーロン相互作用が圧倒的に重要になる．また，問題とするエネルギーの尺度は 1 eV が代表的で，せいぜい 1 keV 程度までである．このエネルギー尺度は原子核についてはもちろんのこと，電子の静止エネルギー（$m = 0.51$ MeV）よりもずっと小さく，非相対論的な取り扱いが許される．これを考慮すると，第一原理系を記述するハミルトニアン H_FP（FP: First Principles）において，その主要項は非相対論近似における寄与 H_NR（NR: Non Relativistic）であり，それは

$$H_\mathrm{NR} = T_\mathrm{e} + T_\mathrm{N} + U, \qquad U = U_\mathrm{ee} + U_\mathrm{NN} + U_\mathrm{eN} \tag{2.1}$$

のように書ける．ここで，各項は $\boldsymbol{r}_i$，$\boldsymbol{R}_j$ をそれぞれ i，j 番目の電子，原子核の位置座標とし，対応する運動量を $\boldsymbol{p}_i$，$\boldsymbol{P}_j$ とすると，第 1 量子化の表現で次のようになる[2]．

$$T_\mathrm{e} = \sum_i \frac{\boldsymbol{p}_i^2}{2m},\ T_\mathrm{N} = \sum_j \frac{\boldsymbol{P}_j^2}{2M},\ U_\mathrm{ee} = \frac{1}{2}\sum_{i \neq i'} u(\boldsymbol{r}_i, \boldsymbol{r}_{i'}),\ U_\mathrm{NN} = \frac{1}{2}\sum_{j \neq j'} Z^2 u(\boldsymbol{R}_j, \boldsymbol{R}_{j'}),$$

$$U_\mathrm{eN} = -\sum_{ij} Z u(\boldsymbol{r}_i, \boldsymbol{R}_j), \qquad \text{ここで，}\quad u(\boldsymbol{r}, \boldsymbol{r}') \equiv \frac{e^2}{|\boldsymbol{r}-\boldsymbol{r}'|} \tag{2.2}$$

なお，全電子数を N_e とすると，i や i' は 1 から N_e までの和をとる．同様に，全原子核数を N_N とすれば，j や j' は 1 から N_N までの和である．また，簡単のため，原子核は 1 種類としたので，電気的中性条件から，$N_\mathrm{e} = Z N_\mathrm{N}$ であるが，多種の原子核にわたる場合は M や Z にも j の添え字をつけることになり，$N_\mathrm{e} = \sum_j Z_j$ となる．

ちなみに，凝縮系物理で考えるエネルギーはせいぜい 1 keV であるといったが，これはいわば平均のエネルギーであり，例えば，クーロンポテンシャルの性質上，電子が大きな Z の原子核にごく接近することも可能で，その場合には電子に働く引力ポテンシャルの大きさは電子の静止質量エネルギーに比べて必ずしも無視できるということにはならず，非相対論的な取り扱いに対する補正を考慮する（あるいは，はじめから相対論的な計算をする）必要がある．したがって，H_NR に付け加えるべき電子の相対論的補正が必要になるが，その中でも重要なものはスピン軌道（SO: Spin-Orbit）相互作用で，それは

$$H_\mathrm{SO} = -\frac{1}{2m^2}\sum_{ij} Z \boldsymbol{s}_i \cdot \left(\frac{\partial u(\boldsymbol{r}_i,\boldsymbol{R}_j)}{\partial \boldsymbol{r}_i} \times \boldsymbol{p}_i\right) = \frac{e^2}{2m^2}\sum_{ij} Z \frac{\boldsymbol{s}_i \cdot \boldsymbol{L}_{ij}}{|\boldsymbol{r}_{ij}|^3} \tag{2.3}$$

で与えられる．ここで，$\boldsymbol{s}_i$ は電子 i のスピン演算子，$\boldsymbol{L}_{ij}$ は原子核 j のまわりの電子 i の角運動量で，この $\boldsymbol{L}_{ij}$ は $\boldsymbol{r}_{ij}$ を $\boldsymbol{r}_{ij} \equiv \boldsymbol{r}_i - \boldsymbol{R}_j$ で導入すると，$\boldsymbol{L}_{ij} \equiv \boldsymbol{r}_{ij} \times \boldsymbol{p}_i$ で定義される．

この章では，H_SO をあまり考慮しなくてもよい話題を選んで解説するので，$H_\mathrm{FP} = H_\mathrm{NR}$ と考えてよい．もし，H_SO が必要となっても，摂動論的にそれを取り込んで議論する．

2.1.3 第一原理系を取り扱う理論手法

さて，前項で導入した $H_{\rm FP}$ で記述される第一原理系を解く場合，その系の規模によって難易度が大きく異なってくる．そして，その系の規模はそこに含まれる電子の総数 $N_{\rm e}$ によって決まることになるので，$N_{\rm e}$ の大きさによって解法を適切に選ばなければならない．まず，$N_{\rm e}=1$ の場合には $N_{\rm N}=Z=1$ に限られるが，これは水素原子にほかならず，陽子の非断熱効果も含めて解析的に完全に解ける例になっている．これに反して，$N_{\rm e} \geq 2$ の場合には $N_{\rm e}=2$ のヘリウム原子（$N_{\rm N}=1$ で $Z=2$）や水素分子（$N_{\rm N}=2$ で $Z=1$）を含めて解析的には解けなくなる．しかしながら，$N_{\rm e}$ が数個から10個程度の場合，これは原子核の数 $N_{\rm N}$ も数個程度なので，原子や小さい分子の系にほかならず，したがって，量子化学で精緻に開発されているさまざまな手法[3]，とりわけ，配置間相互作用（CI: Configuration Interaction）法を用いればよい．$N_{\rm e}$ がそれ以上に大きいが，しかし，せいぜい100個のオーダーである場合は量子モンテカルロ法，特に，拡散モンテカルロ（DMC: Diffusion Monte Carlo）法[4] が有効に使える．これらの方法は原理的には厳密解を与えるものではあるが，実際に数値計算を遂行するうえで，CIでは基底関数の数の制限がある，DMCでは多フェルミオン系での負符号問題という難問を回避する目的で節固定近似を採用する，などのために，得られる結果はかなり正確であるとはいっても必ずしも厳密とはいえない．いずれにしても，$N_{\rm e}$ が小さい場合は多体系の基底波動関数 Ψ_0 を直接的に考えて，それがみたすシュレーディンガー（Schrödinger）方程式を数値的な手法で解いて，その波動関数から得られる情報から系の物性を知ることになる．これを**波動関数的アプローチ**とよぼう．2.2節ではこのアプローチを通して，非断熱効果や電子相関，凝集機構などの基本概念を解説する．

$N_{\rm e}$ がさらに大きくなり，事実上無限大と見なされる場合，上述した数値的手法は適用できず，より解析的な考察が必要になってくる．そして，基底状態を議論する際には，大きく分けて2種類のアプローチがある．一つは $H_{\rm FP}$ の中の相互作用項について摂動展開するものであり，もう一つは基底状態の波動関数 Ψ_0 の形を仮定して変分法的な考え方に沿って計算するものである．前者の場合，まず，電子間の相互作用の効果を1体的な平均場の考え方でとらえ，その結果として電子系に働く有効な1体ポテンシャル $V_{\rm eff}$ を導き（あるいは，仮定して），それと $T_{\rm e}$ を併せた1体問題を記述するハミルトニアン $H_0 = T_{\rm e} + V_{\rm eff}$ を定義する．次いで，この H_0 の固有関数系からつくられる $N_{\rm e}$ 電子系の基底状態（スレーター行列式）Φ_0 を理論の出発点として通常の摂動展開理論をこの多体系に適用する．したがって，これは形式上は厳密解に至るもの[5] である．一方，後者の変分法的なアプローチでは $\Psi_0 = F\Phi_0$ と書いて電子間の相関効果を記述する演算子 F の形を仮定する．例えば，2体相関だけを取り込む目的でジャストロウ（Jastrow）関数[6] やグッツビラー（Gutzwiller）関数[7] などを仮定し，そこに含まれる各種のパラメータを何らかの方法で最適化する．この際，この関数形の選び方や最適化のやり方の違いで相関基底関数（CBF: Correlated-Basis

Function）法[8]），FHNC（Fermi Hypernetted Chain）法[9]，トランスコリレーテッド法[10]などと枚挙にいとまがないが，残念なことに，これらの変分理論はその出発点の段階で近似理論にすぎないという宿命を背負っている．ちなみに，このカテゴリーに属しながらも原理的には厳密解を与えうる手法が2つあって，一つはCC（Coupled-Cluster）法[11]，もう一つはEPX（Effective-Potential Expansion）法[12]である．これらは共にまったく同じ基底状態の波動関数 Ψ_0 を与えることになり，そして，それは基本的に摂動展開理論でのそれに還元されるものである．ただ，物理量の計算に際して違いがあって，EPXは変分計算のスキームに忠実で，基底状態エネルギー E_0 は $E_0 = \langle\Psi_0|H|\Psi_0\rangle/\langle\Psi_0|\Psi_0\rangle$ で評価されるが，CCはそうではなく，$E_0 = \langle\Phi_0|H|\Psi_0\rangle/\langle\Phi_0|\Psi_0\rangle$ で評価される．いずれにしても，厳密解に至る手法は場の量子論に基づく多体摂動理論なので，これらを**場の量子論的アプローチ**とよぼう．2.3節ではこのアプローチを通して，原子核の電荷分布をジェリー状に一様に近似した背景正電荷のもとでの多電子系である電子ガス系や電子イオン相互作用が弱い擬ポテンシャルで記述されるアルカリ金属での交換相関効果，超臨界アルカリ流体金属などの低密度電子系における誘電異常の物理を中軸に据えて解説する．

　励起状態の情報も必要になる場合，CIを除くほとんどすべての多体手法において基底状態に対する理論を（変分原理が成り立たないなどの理由で）そのまま用いることはできないが，場の量子論的アプローチにおいてはグリーン関数法がこの点では非常に優れた手法である．この方法では，観測される物理量のそれぞれにふさわしい各種のグリーン関数を適切に導入し，それらを多体摂動理論，あるいは，非摂動論的な関係式を駆使して計算することになる．その際，基底状態に対する計算がシームレスに熱平衡状態や励起状態が関与する各種の動的応答の計算につながっている．なお，N_e が事実上無限大の固体中では単純な摂動計算は無力で，必ず無限次数までの何らかの和をとる必要がある．そのため，非摂動論的な汎用手法の開発がまたれる．2.3節の最後には，1電子グリーン関数を計算する手法としてのGWΓ法が簡単に紹介され，同時に，低電子密度の電子ガス系に応用され，その系での準粒子という概念の妥当性が調べられている．なお，伝導電子密度が十分に小さくなると，その伝導電子系を記述する第一原理のハミルトニアンは電子ガス系のそれに収斂するという普遍性があるので，低電子密度の電子ガス系の研究は低電子密度系一般の研究そのものということになり，大変重要なものといえる．

　さて，この場の量子論的アプローチは形式的には厳密解を与えうるとはいえ，現実には高精度の近似解ですら，それが得られるのは，電子ガス模型や表面のある電子ガス模型，アルカリ金属結晶のように単純な系で V_{eff} も簡単な系に限られる．実際，これらの系では，E_0 や基底状態の電子密度分布 $n(\boldsymbol{r})$ などはCCやEPXではもちろんのこと，CBFやFHNCであっても高精度の結果が得られている．しかしながら，このような通常の多体理論に基礎をおく計算法に従うと，たとえ $n(\boldsymbol{r})$ のように "1体的な情報" ですら，（密度分布が一定である

電子ガス模型を除けば) あまり簡単には得られず, しかも, 厳密な結果が得られるという可能性はほとんどない. その理由は "BBGKY (Bogoliubov–Born–Green–Kirkwood–Yvon) の階層構造" の存在[13]である. すなわち, $n(\boldsymbol{r})$ を厳密に決定するための方程式を書き上げると, その方程式には必ず2体の密度相関関数 $n_2(\boldsymbol{r}_1, \boldsymbol{r}_2)$ が現れるが, その $n_2(\boldsymbol{r}_1, \boldsymbol{r}_2)$ を決めるための方程式を書き下すと3体の密度相関関数 $n_3(\boldsymbol{r}_1, \boldsymbol{r}_2, \boldsymbol{r}_3)$ が現れるというように, 無限に続く密度相関関数の階層構造と真正面から向き合うことになるからである. したがって, 具体的に $n(\boldsymbol{r})$ を得ようとすれば, この構造をどこかで断ち切るという近似を導入せねばならず, それゆえ, その計算で与えられる $n(\boldsymbol{r})$ はその切断近似がうまく働いて精度のよい結果が得られる可能性があるとしても, 原理上は常に近似値にすぎないということになる.

ところで, 多体理論におけるこの常識は密度汎関数理論 (DFT: Density Functional Theory) の登場[14]で覆された. すなわち, DFT では $n_2(\boldsymbol{r}_1, \boldsymbol{r}_2)$ や $n_3(\boldsymbol{r}_1, \boldsymbol{r}_2, \boldsymbol{r}_3)$ に関係なく, E_0 や $n(\boldsymbol{r})$ が原理上厳密に決定されることが証明されたのである. しかも, 現実の計算においても, V_{eff} を適切に選べば, $n(\boldsymbol{r})$ は, $\psi_\sigma(\boldsymbol{r})$ をスピン σ の電子場の消滅演算子として, $\langle \Phi_0 | \sum_\sigma \psi_\sigma^+(\boldsymbol{r}) \psi_\sigma(\boldsymbol{r}) | \Phi_0 \rangle$ で "厳密に" 与えられるという驚くべきものである. なお, 高次の密度相関関数に無関係に, 単に1体問題を解くだけで $n(\boldsymbol{r})$ が厳密に決定されるということは, BBGKY の階層構造で記述される物理的実体と直接的には無関係に $n(\boldsymbol{r})$ が決められるということなので, DFT で使われるこの V_{eff} は物理的な実体ではありえない. このように, BBGKY 階層構造の呪縛から逃れた DFT は数多ある多体理論の中でも特異なものといえるが, 残念ながら, その理論の内部に V_{eff} を具体的に決定する仕組みをもたない. 確かに形式的には, いわゆる交換相関エネルギーの密度に関する汎関数 $E_{xc}[n(\boldsymbol{r})]$ が与えられれば, V_{eff} はその汎関数微分を用いて一意的に決められるが, この $E_{xc}[n(\boldsymbol{r})]$ の汎関数形を正確に作り出す処方箋が DFT の内部に存在しないのである. そこで, 通常の多体理論はこの $E_{xc}[n(\boldsymbol{r})]$ を近似的に構成するために用いられることになる. 実際, 電子ガス系に対する研究から, 局所密度近似 (LDA: Local Density Approximation) や一般化された勾配近似 (GGA: Generalized Gradient Approximation) が考案された. いずれにしても, この DFT に基礎をおくものを**密度汎関数論的アプローチ**とよぼう. 2.4 節の前半ではこのアプローチの基礎として正常状態における基底状態に関する理論を解説するが, そこで明らかになるように, 通常の DFT では E_0 や $n(\boldsymbol{r})$ 以外に物理的に有意な情報は得られない (むしろ, これらの物理量の厳密計算のみに焦点を合わせた理論を構成したのである). その欠点を解消すべく構成されたのが, DFT の時間依存版 (TDDFT: Time-Dependent DFT) で, それは励起状態を記述するものである. また, 超伝導状態への拡張 (SCDFT: DFT for Superconductors) も行われているが, ここでは TDDFT や SCDFT にはふれないことにする[15].

2.1.4 第一原理計算の狙い

近年,スーパーコンピュータを駆使した第一原理計算が盛んに行われるようになったが,それは $H_{\rm FP}$ を出発点にして DFT に対する既存近似手法である LDA や GGA を用いて個々の物質(あるいは,物質群)の物性を微視的に研究することを目指したものである.これは現代の物質科学をその微視的な基礎から支える重要な側面であり,物性理論の直接的な応用分野である.そして,今後は新材料や機能性材料の開発においてなくてはならない役割を果たすものと思われる.そして,その支援も兼ねて,いくつもの有用な計算コードが,商用・研究者対象用を問わず,出回っている[16].もし,読者がこの段階で満足できるのであれば,各自(各コードの特徴は微妙に異なっているので,計算目的に合わせて)適宜コードを選んで(習熟にはいくらかのまとまった時間,おそらく少なくとも 1 週間程度,がかかることに覚悟しながら)計算を遂行すればよい.

しかしながら,第一原理系の研究は物質の多様性に焦点を合わせたこのようなものだけに尽きるのではなく,それとは大分異なった,物理理論本来の観点からの研究も可能である.その観点とは,個々の物質よりも物質に共通する概念や現象に焦点を当てたもので,もっと具体的にいえば,一つには,モデルハミルトニアンを通して確立されてきた物理概念を $H_{\rm FP}$ から直接的に再検証し,概念の深化を目指すことであり,もう一つは DFT の発展とその計算コードの高度化に関するものである.後者についてもう少し敷衍すれば,DFT の観点では,物質の多様性は電子系に働く 1 体ポテンシャル $U_{\rm eN}$ の違いだけに起因し,多電子効果の根源はすべて電子間クーロン斥力ポテンシャル $U_{\rm ee}$ を通して,電子ガス系のハミルトニアン $H_{\rm EG} \equiv T_{\rm e} + U_{\rm ee}$ 中に普遍的に存在することになる.そこで,$H_{\rm EG}$ に含まれる物理現象を基底状態や励起状態の別なく調べあげれば,すでに知られている概念のすべてはもちろんのこと,未知の概念の発見もできることになる.同時に,この研究は DFT において鍵になる物理量,すなわち,$E_{xc}[n(\boldsymbol{r})]$ の構成に直接的に関係してくるので,この研究を通して LDA を越えて強相関系にも適用可能なよりよい汎関数形がつくられれば,それを用いて強相関機能材料の開発に大いに役立つものと考えられる.

以上のことを鑑みて,本章の 2.4 節の後半では 1 原子を埋め込んだ電子ガス系を,まず,DFT の応用例として議論し,その後,この系と深く関連するが,通常は不純物アンダーソンモデルで議論される近藤問題を復習しながら $H_{\rm FP}$ を通して再考すると同時に,DFT における LDA の限界とそれを改善する方向を考察する.

2.2　波動関数的アプローチ

2.2.1　水素原子と電子軌道の古典力学的イメージ

まず,いちばん簡単な第一原理系である水素原子($N_{\rm e} = N_{\rm N} = Z = 1$)から考えよう.この系は陽子と電子からなる 2 体系なので,慣例に従って重心座標 $\boldsymbol{R}_{\rm CM} \equiv (M\boldsymbol{R}+m\boldsymbol{r})/(M+m)$

と相対座標 $\boldsymbol{\rho} \equiv \boldsymbol{r} - \boldsymbol{R}$ に分離しよう．これらに対応して，全運動量 $\boldsymbol{P}_{\text{total}} = \boldsymbol{P} + \boldsymbol{p}$ と相対運動量 $\boldsymbol{\pi} = (M\boldsymbol{p} - m\boldsymbol{P})/(M + m)$ が導入される．重心運動は自由運動で，その基底状態 ($\boldsymbol{P}_{\text{total}} = \boldsymbol{0}$) だけを考え，以後，相対運動にのみ注目しよう．すると，解くべき換算系でのシュレーディンガー方程式は，換算質量 μ を $\mu = mM/(M+m)$ とし，$\rho \equiv |\boldsymbol{\rho}|$ とすると，

$$-\frac{1}{2\mu}\frac{\partial^2}{\partial \boldsymbol{\rho}^2}\Psi(\boldsymbol{\rho}) + V(\rho)\Psi(\boldsymbol{\rho}) = E\Psi(\boldsymbol{\rho}), \qquad \text{ここで，} V(\rho) \equiv -\frac{e^2}{\rho} \qquad (2.4)$$

となる．この方程式を解析的に解く方法はよく知られていて，球面調和関数 $Y_{lm}(\theta, \varphi)$ を

$$-\left[\frac{1}{\sin\theta}\frac{\partial}{\partial\theta}\left(\sin\theta\frac{\partial}{\partial\theta}\right) + \frac{1}{\sin^2\theta}\frac{\partial^2}{\partial\varphi^2}\right]Y_{lm}(\theta,\varphi) = l(l+1)\,Y_{lm}(\theta,\varphi),$$

$$-i\frac{\partial}{\partial\varphi}Y_{lm}(\theta,\varphi) = m\,Y_{lm}(\theta,\varphi) \qquad (2.5)$$

で導入すると，波動関数 $\Psi(\boldsymbol{\rho})$ は，$\boldsymbol{\rho}$ を極座標 (ρ, θ, φ) で表示して，

$$\Psi(\boldsymbol{\rho}) = \frac{P(\rho)}{\rho}Y_{lm}(\theta,\varphi) \qquad (2.6)$$

のように変数分離型に書ける．そして，その動径部分 $P(\rho)$ を決定する微分方程式は

$$\left[-\frac{1}{2\mu}\frac{d^2}{d\rho^2} - \frac{e^2}{\rho} + \frac{l(l+1)}{2\mu\rho^2}\right]P(\rho) = E\,P(\rho) \qquad (2.7)$$

であり，これを境界条件 $P(0) = P(\infty) = 0$ の下で解けばよい．すると，エネルギー固有値 E_n は，$n = 1, 2, 3, \cdots$ とし，$a_{\text{B}}\ (\equiv 1/me^2 = 0.529\ \text{Å})$ をボーア (Bohr) 半径として，

$$E_n = -\frac{e^2}{2a_{\text{B}}^*}\frac{1}{n^2}, \qquad \text{ここで，} a_{\text{B}}^* = \frac{m}{\mu}a_{\text{B}} = \frac{1}{\mu e^2} \qquad (2.8)$$

で与えられる．また，$l = 0, 1, 2, \cdots, n-1$ として，固有関数 $P_{nl}(\rho)$ はラゲール陪関数を使って表される．そして，量子数 m は $m = -l, -l+1, \cdots, l-1, l$ である．

ちなみに，基底状態は 1s ($n=1, l=m=0$) 状態であり，その波動関数 $\Psi_{1\text{s}}(\boldsymbol{\rho})$ は

$$\Psi_{1\text{s}}(\boldsymbol{\rho}) = \frac{1}{\sqrt{\pi a_{\text{B}}^{*3}}}e^{-\rho/a_{\text{B}}^*} \qquad (2.9)$$

である．これは球対称性を示していて，古典力学的な軌道のイメージでいえば，太陽のまわりの地球軌道である．しかしながら，s 軌道は常にこのようなものと考えてはならない．実際，(n,l,m) の量子数で指定される各固有状態における動径距離の期待値を計算すると，

$$\langle\rho\rangle = \frac{a_{\text{B}}^*}{2}[3n^2 - l(l+1)], \quad \langle\rho^2\rangle = \frac{a_{\text{B}}^{*2}}{2}n^2[5n^2 + 1 - 3l(l+1)],$$

$$\langle\rho^{-1}\rangle = \frac{1}{a_{\text{B}}^*}\frac{1}{n^2}, \quad \langle\rho^{-2}\rangle = \frac{1}{a_{\text{B}}^{*2}}\frac{1}{n^3(l+1/2)} \qquad (2.10)$$

が得られるが，ここで注目されるのは，$n\ (\neq 0)$ が同じ場合，$l=0$（s 波）では $l \neq 0$ に比べて $\langle \rho \rangle$ や $\langle \rho^2 \rangle$ は大きいが，逆に $1/\sqrt{\langle \rho^{-2} \rangle}$ は小さくなることである．これは大きい n の s 波は，古典力学的なイメージでいえば，彗星のような軌道で，原子核の真上にも貫通してくるが，同時に原子核から大きく離れて原子の外側といえるような領域にも到達しうることを示している．一方，$l\ (\approx n-1)$ が（そして，n が）大きくなってくると，$\langle \rho \rangle$，$\langle \rho^{-1} \rangle^{-1}$，$\sqrt{\langle \rho^2 \rangle}$，$1/\sqrt{\langle \rho^{-2} \rangle}$ など，どのような平均のとり方をしても，ρ の平均は $n^2 a_B^*$ になるが，これは（地球軌道型の）円軌道で，その円軌道からの揺らぎも無視できることを示唆している．これから，3d ($n=3, l=2$) 軌道や 4f ($n=4, l=3$) 軌道は円運動のイメージでとらえられることがわかる．ただし，その軌道に沿っては波動関数の角度部分である球面調和関数の符号が変動するので，その意味では等方的というよりは異方的というべきであるが，これはド・ブロイ（de Broglie）波長が小さな円軌道運動をしていると考えればよい．いずれにしても，このような軌道の特徴から，遷移金属原子や希土類金属原子では，3d や 4f 電子は原子内に局在的であり，一方，外殻の 4s, 5s, 6s 電子は原子領域の内外にわたって遍歴しているという性質の違う 2 種の電子が存在しているという描像が導かれる．

2.2.2　陽子の質量効果と断熱近似

この水素原子の問題では，断熱近似の妥当性に関連して陽子の質量効果にも注目される．通常のボルン–オッペンハイマー（BO: Born–Oppenheimer）近似では，陽子の質量 M は無限大と考えるので，この近似下での水素原子の基底状態エネルギー E_1^{BO} は式 (2.8) から $E_1^{\mathrm{BO}} = -me^4/2 = -1$ Ry となるが，実際は $M/m = 1836$ であるので，本当の E_1 は

$$E_1 = -\frac{me^4}{2}\frac{M}{m+M} \approx -\frac{me^4}{2}\left(1-\frac{m}{M}\right) = E_1^{\mathrm{BO}} + \frac{m}{M}\frac{me^4}{2} \quad (2.11)$$

で与えられる．したがって，E_1 は E_1^{BO} から (m/M) Ry だけ小さくなる（0.054% だけ束縛エネルギーが減る）ことになる．

ところで，陽子の運動量 $\boldsymbol{P}$ は $-\boldsymbol{\pi} + M\boldsymbol{P}_{\mathrm{total}}/(M+m)$ で与えられるが，$\boldsymbol{P}_{\mathrm{total}} = 0$ なので，$\boldsymbol{P} = -\boldsymbol{\pi}$ ということになる．したがって，陽子の運動エネルギーの期待値 $\langle T_{\mathrm{N}} \rangle$ は

$$\langle T_{\mathrm{N}} \rangle = \left\langle \frac{\boldsymbol{P}^2}{2M} \right\rangle = \frac{m}{m+M}\left\langle \frac{\boldsymbol{\pi}^2}{2\mu} \right\rangle = \frac{m}{m+M}\langle T \rangle \quad (2.12)$$

で計算される．ここで，$\langle T \rangle$ は換算系での運動エネルギーの期待値である．しかるに，換算系における基底状態で $\langle T \rangle$ とポテンシャルエネルギーの期待値 $\langle V \rangle$ の間に成り立つビリアル定理，$\langle T \rangle = -\langle V \rangle/2$，を適用すると，$E_1 = \langle T \rangle + \langle V \rangle = -\langle T \rangle$ が得られるので，この結果を式 (2.12) に代入すると，$\langle T_{\mathrm{N}} \rangle$ は

$$\langle T_{\mathrm{N}} \rangle = -\frac{m}{m+M}E_1 = \frac{Mm}{(M+m)^2}\frac{me^4}{2} \approx \frac{m}{M}\frac{me^4}{2} \quad (2.13)$$

となる．この結果を式 (2.11) と比較すると，$E_1 = E_1^{\mathrm{BO}} + \langle T_{\mathrm{N}} \rangle$ であることがわかるので，陽子の質量効果による束縛エネルギーの減少分は，M が有限のために陽子の量子振動が可能になり，それに付随して発生した運動エネルギーの増加分そのものということになる．そして，ここで特に重要なことは，電子系が関与するエネルギーは $M \to \infty$ として計算された BO 近似の結果から何らの変更も受けていないことである．

そこで，電子系のエネルギーが不変の理由を知るために，この陽子の量子振動の振幅の大きさを評価しよう．そのために $\boldsymbol{R} - \boldsymbol{R}_{\mathrm{CM}}$ を調べることになるが，$\boldsymbol{R} = \boldsymbol{R}_{\mathrm{CM}} - m\boldsymbol{\rho}/(M+m)$ なので，この量子振幅の大きさの見積もりとして $1/\langle|\boldsymbol{R} - \boldsymbol{R}_{\mathrm{CM}}|^{-1}\rangle$ を考えると，

$$\frac{1}{\langle|\boldsymbol{R} - \boldsymbol{R}_{\mathrm{CM}}|^{-1}\rangle} = \frac{m}{M+m}\frac{1}{\langle\rho^{-1}\rangle} = \frac{m}{M+m}a_{\mathrm{B}}^* = \frac{m}{M}a_{\mathrm{B}} \tag{2.14}$$

が得られる．ここで，式 (2.10) の結果を用いた．この式 (2.14) の結果をみると，電子の波動関数の広がりである a_{B} に比較して陽子のそれは m/M 倍と圧倒的に小さくなり，電子にとっては無視できるほどになっている．したがって，電子は（静電気学のガウスの定理の証明を想像すれば容易にわかるように）常に陽子の全電荷量をみていることになり，電子陽子間相互作用の減少は起きず，それゆえに電子系のエネルギーが変わらなかったのである．この意味で，陽子の運動効果は何ら電子系の運動に反映されていないといえる．

このように，原子核の中でもいちばん軽い陽子ですら，まず原子核を固定して（$M \to \infty$ として）電子系だけのシュレーディンガー方程式を解いて電子状態を決定した後，原子核の運動に伴うエネルギーを加える（水素原子では運動エネルギーであったが，結晶格子中ではフォノンのゼロ点エネルギーを加える）近似でもかなりの精度で基底状態エネルギーが決定される．このような近似手法は一般的に断熱近似とよばれていて，縮退のない基底状態を取り扱う際にはほとんど常に有効であるが，通常の金属状態を含めて，縮退のある状況が出現する場合にはこの近似の範疇に入らない非断熱効果に注意する必要がある．特に，フォノン機構の超伝導では，原子核の運動が電子状態に反映して，金属電子系が正常状態から超伝導状態に相転移するという意味で非断熱効果の代表というべき現象が起こっている．

なお，蛇足ながら，上で用いたビリアル定理を証明しておこう．これは長さの尺度の微小変換に対する基底状態の安定性の帰結であるので，まず，式 (2.9) の $\Psi_{1\mathrm{s}}(\boldsymbol{\rho})$ で $\boldsymbol{\rho}$ を $\lambda\boldsymbol{\rho}$ へ変換して定義される規格化された変分試行関数 $\Psi_\lambda(\boldsymbol{\rho}) \equiv \lambda^{3/2}\Psi_{1\mathrm{s}}(\lambda\boldsymbol{\rho})$ を導入しよう．この $\Psi_\lambda(\boldsymbol{\rho})$ に関して，元のハミルトニアンに対するエネルギー期待値 $E(\lambda)$ を計算すると，

$$E(\lambda) = \lambda^2 \langle T \rangle + \lambda \langle V \rangle \tag{2.15}$$

が得られる．しかるに，$\lambda = 1$ で $\Psi_\lambda(\boldsymbol{\rho})$ は正しい基底状態 $\Psi_{1\mathrm{s}}(\boldsymbol{\rho})$ を再現するので，変分原理から，このエネルギー $E(\lambda)$ は $\lambda = 1$ で最小の E_1 になる．したがって，

$$\left.\frac{dE(\lambda)}{d\lambda}\right|_{\lambda=1} = 2\langle T \rangle + \langle V \rangle = 0 \tag{2.16}$$

が成り立つが,これから直ちに $\langle T \rangle = -\langle V \rangle/2$ というビリアル定理が導かれる.

2.2.3　ヘリウム原子:ハートリー–フォック近似と自己相互作用補正

次に,$N_\mathrm{e} = Z = 2$ で $N_\mathrm{N} = 1$(ヘリウム原子)の場合を考えよう.この項でははじめから BO 近似を採用することにして,アルファ粒子の質量は無限大とし,それを座標原点に固定しよう.すると,この系を記述するハミルトニアン H は第 1 量子化の表現で

$$H = -\frac{1}{2m}\frac{\partial^2}{\partial \boldsymbol{r}_1^2} - \frac{2e^2}{r_1} - \frac{1}{2m}\frac{\partial^2}{\partial \boldsymbol{r}_2^2} - \frac{2e^2}{r_2} + \frac{e^2}{|\boldsymbol{r}_1 - \boldsymbol{r}_2|} \tag{2.17}$$

となる.これは中心場のうちの 2 電子系という量子力学の中でも基本的かつ基礎的な問題で,解析的な解が得られていてもよさそうに思えるが,実際には CI か DMC のような数値的手法でしか高精度の解は得られていない.なお,これらの数値解法においては計算誤差はよく制御され,誤差を組織的に減少させることができるので,最終的に得られる数値解は事実上"厳密解"と考えてよい.ただ,いくら精度の高い数値解が得られたとしても,それだけではその解に含まれている物理的な内容を十分には汲み尽くせない.そこで,物理的な意味がよくわかっている近似解と比較して,その数値解をよく吟味する必要がある.

さて,このヘリウム原子の問題に対する標準的な近似手法はハートリー–フォック(HF: Hartree–Fock)近似である.これは古典的な近似手法で,多電子系におけるめいめいの電子は(自分自身も含めたすべての電子が平均的に作り上げる)有効 1 体ポテンシャル中を運動しているものと考えて,問題を 1 体近似下のシュレーディンガー方程式に還元する.そして,この 1 体ポテンシャル下の電子の固有波動関数を"1 電子軌道"という概念でとらえて,その各軌道をフェルミ(Fermi)粒子である電子が最低軌道エネルギー状態から順次占有していくという統計平均処理のもとで有効 1 体ポテンシャルを再計算し,それが初めに仮定した有効ポテンシャルと一致する(自己無撞着になる)まで逐次近似的に解くものである.

ところで,変分原理の観点からは,逐次的に最終的に決まる 1 電子軌道は 1 体近似下での最適な波動関数になっていることが知られているので,ここでは HF 近似につながる変分試行波動関数から出発して 1 電子軌道を決定するシュレーディンガー方程式を導こう.具体的には,まず,2 電子系全体の基底状態に対する試行波動関数 $\Phi_0(\boldsymbol{r}_1, \sigma_1; \boldsymbol{r}_2, \sigma_2)$ を

$$\begin{aligned}\Phi_0(\boldsymbol{r}_1, \sigma_1; \boldsymbol{r}_2, \sigma_2) &= \frac{1}{\sqrt{2!}} \det \begin{pmatrix} \phi_{1\mathrm{s}}(\boldsymbol{r}_1)\alpha(\sigma_1) & \phi_{1\mathrm{s}}(\boldsymbol{r}_1)\beta(\sigma_1) \\ \phi_{1\mathrm{s}}(\boldsymbol{r}_2)\alpha(\sigma_2) & \phi_{1\mathrm{s}}(\boldsymbol{r}_2)\beta(\sigma_2) \end{pmatrix} \\ &= \frac{\alpha(\sigma_1)\beta(\sigma_2) - \beta(\sigma_1)\alpha(\sigma_2)}{\sqrt{2}} \phi_{1\mathrm{s}}(\boldsymbol{r}_1)\phi_{1\mathrm{s}}(\boldsymbol{r}_2) \end{aligned} \tag{2.18}$$

のようなスレーター行列であると仮定しよう.すると,この Φ_0 はスピン部分と空間座標部分が分離していて,特にスピン部分はシングレットなので,パラ(para)ヘリウムに対

応する．ここで，$\alpha(\sigma)$ や $\beta(\sigma)$ はスピン上向きや下向きの固有関数であり，$\phi_{1s}(\boldsymbol{r})$ は 1 電子軌道のうちの基底波動関数である．そして，この Φ_0 に関する全エネルギーの期待値は

$$E[\Phi_0] = \langle \Phi_0 | H | \Phi_0 \rangle / \langle \Phi_0 | \Phi_0 \rangle \tag{2.19}$$

で計算される．この $E[\Phi_0]$ に変分原理を適用し，その停留条件 $\delta E[\Phi_0]/\delta \phi_{1s}^*(\boldsymbol{r}) = 0$ から

$$\left[-\frac{1}{2m}\frac{\partial^2}{\partial \boldsymbol{r}^2} - \frac{2e^2}{r} + \int d\boldsymbol{r}' \frac{e^2 |\phi_{1s}(\boldsymbol{r}')|^2}{|\boldsymbol{r}-\boldsymbol{r}'|} \right] \phi_{1s}(\boldsymbol{r}) = \varepsilon_{1s}\phi_{1s}(\boldsymbol{r}) \tag{2.20}$$

が導かれる．この方程式を自己無撞着にみたす $\phi_{1s}(\boldsymbol{r})$ が HF 近似での最適 1 電子基底軌道である．なお，この $\phi_{1s}(\boldsymbol{r})$ は規格化されたものとして，これを用いると電子密度 $n(\boldsymbol{r})$ は

$$n(\boldsymbol{r}) = \left\langle \Phi_0 \left| \sum_i \delta(\boldsymbol{r}-\boldsymbol{r}_i) \right| \Phi_0 \right\rangle \Big/ \langle \Phi_0 | \Phi_0 \rangle = 2|\phi_{1s}(\boldsymbol{r})|^2 \tag{2.21}$$

で与えられる．また，この $\phi_{1s}(\boldsymbol{r})$ を用いて計算される $E[\Phi_0]$ を E_0^{HF} と書くと，それは

$$E_0^{\mathrm{HF}} = 2\varepsilon_{1s} - \int d\boldsymbol{r} \int d\boldsymbol{r}' \frac{e^2}{|\boldsymbol{r}-\boldsymbol{r}'|} |\phi_{1s}(\boldsymbol{r})|^2 |\phi_{1s}(\boldsymbol{r}')|^2 \tag{2.22}$$

のように 1 電子軌道エネルギー ε_{1s} を用いて表すことができる．この E_0^{HF} が HF 近似での全系の基底状態エネルギーであるが，変分原理から，これは厳密解の値 E_0 以上となる．

この HF 近似で得られた微分積分方程式 (2.20) についても解析解は得られず，これを数値的に解かざるをえないが，現代では，たとえパソコンであったとしても，またたく間に収束した自己無撞着解が得られるほどに簡単に解ける．その結果，得られる E_0^{HF} は $-2.8617 E_{\mathrm{h}}$（$1E_{\mathrm{h}} = 2\mathrm{Ry} = 27.21 \mathrm{eV}$）である．一方，DMC や精密な CI による "厳密な" E_0 は $-2.9034 E_{\mathrm{h}}$ であるので，E_0^{HF} における相対誤差はわずか 1.4% ということになり，この HF 近似（すなわち，1 体近似）の精度はかなり高いと判断される．

ちなみに，古典電磁気学でいえば，方程式 (2.20) の左辺に含まれるポテンシャル部分は

$$\rho^{\mathrm{HF}}(\boldsymbol{r}) \equiv 2e\delta(\boldsymbol{r}) - e|\phi_{1s}(\boldsymbol{r})|^2 \tag{2.23}$$

で定義される静電的な電荷分布 $\rho^{\mathrm{HF}}(\boldsymbol{r})$ がある場合，それによってポアソン方程式を通してつくられる静電ポテンシャルを $\varphi^{\mathrm{HF}}(\boldsymbol{r})$ と書くと，$-e\varphi^{\mathrm{HF}}(\boldsymbol{r})$ に還元される．実際，

$$\Delta \varphi^{\mathrm{HF}}(\boldsymbol{r}) = -4\pi \rho^{\mathrm{HF}}(\boldsymbol{r}) \tag{2.24}$$

という空間座標表示でのポアソン方程式を次のように定義されるフーリエ変換・逆変換

$$\varphi^{\mathrm{HF}}(\boldsymbol{r}) = \sum_{\boldsymbol{q}} e^{i\boldsymbol{q}\cdot\boldsymbol{r}} \varphi^{\mathrm{HF}}(\boldsymbol{q}), \quad \varphi^{\mathrm{HF}}(\boldsymbol{q}) = \int d\boldsymbol{r}\, e^{-i\boldsymbol{q}\cdot\boldsymbol{r}} \varphi^{\mathrm{HF}}(\boldsymbol{r}) \tag{2.25}$$

を用いて解くと，$-e\varphi^{\mathrm{HF}}(\boldsymbol{q})$ は

$$-e\varphi^{\mathrm{HF}}(\boldsymbol{q}) = -\frac{4\pi e^2}{\boldsymbol{q}^2}\left[2 - \int d\boldsymbol{r}\, e^{-i\boldsymbol{q}\cdot\boldsymbol{r}}\,|\phi_{1s}(\boldsymbol{r})|^2\right] \tag{2.26}$$

であることがわかるが，これに $e^2/|\boldsymbol{r}|$ に対するフーリエ変換の公式

$$\frac{e^2}{|\boldsymbol{r}|} = \sum_{\boldsymbol{q}} e^{i\boldsymbol{q}\cdot\boldsymbol{r}}\frac{4\pi e^2}{\boldsymbol{q}^2} \tag{2.27}$$

を適用すれば，$-e\varphi^{\mathrm{HF}}(\boldsymbol{r})$ は式 (2.20) の有効 1 体ポテンシャルに還元されることがわかるであろう．なお，式 (2.26) や式 (2.27) において，$\boldsymbol{q}=\boldsymbol{0}$ の部分は発散して不定になるが，この発散は全電荷の中性条件から回避できるので，この部分を便宜上ゼロと考えてよい．

このように，HF 近似での有効 1 体ポテンシャルは多電子系における電子の運動を静的に平均化して得られる電荷分布で決められるが，この際に重要なことは，式 (2.23) の $\rho^{\mathrm{HF}}(\boldsymbol{r})$ は全電子の密度分布をそのまま反映していないという点である．もし，全電子の電荷密度で決まるのならば，式 (2.21) からも明らかなように，式 (2.23) の右辺第 2 項は $-2e|\phi_{1s}(\boldsymbol{r})|^2$ のように変更されなくてはいけないし，実際，通常のハートリー近似といわれるものでは，その有効 1 体ポテンシャル $-e\varphi^{\mathrm{H}}(\boldsymbol{r})$ はこのような全電子密度によって決められる．しかしながら，この $-e\varphi^{\mathrm{H}}(\boldsymbol{r})$ には非物理的な"自己相互作用"（電子それ自身とのクーロン相互作用）も含まれていて，あまりよい結果を与えない．一方，$\rho^{\mathrm{HF}}(\boldsymbol{r})$ を用いる HF 近似はこの自己相互作用を補正して取り除いていて，これが E_0^{HF} の精度が高い一つの重要な要因になっている．後の節で解説する局所密度近似（LDA: Local-Density Approximation）では，$-e\varphi^{\mathrm{H}}(\boldsymbol{r})$ のようにまったく自己相互作用補正がないわけではないが，HF 近似とは違って自己相互作用補正が完全ではないので，それを水素原子やヘリウム原子のように局在した電子系に適用すると，その解は HF 近似よりも精度が落ちる．

2.2.4　相関効果とジャストロウ因子

一般に，HF 近似の結果と厳密解のそれとの差は電子間の"相関効果"としてとらえられる．摂動論的な見方では，HF 近似とは電子間相互作用について最低次の基底波動関数 Φ_0 のみを使ってさまざまな物理量の期待値を計算することであるので，HF 近似を越えるとは，Φ_0 から出発して摂動の高次項を取り込んで全系の波動関数 Ψ_0 を改善することを意味する．そして，この Φ_0 から Ψ_0 への変化に伴う物理量の期待値への影響を相関効果とよぶ．しかしながら，閉殻であるヘリウム原子に摂動論を直接的に適用しても，摂動論に現れるエネルギー分母は（それがゼロになるような金属系や縮退系とは異なって）大きな値に留まるため，少し高次項まで計算したとしても得られる Ψ_0 はほとんど改善されない．

そこで，変分法的な見方に戻って，適当な試行関数を使って Ψ_0 を改善しよう．そのために，式 (2.18) の Φ_0 の意味を考え直そう．この Φ_0 では，それぞれの電子は他方の電子の位置とは関係なく，単に引力中心とのかかわりだけでその存在確率を決めている．しか

2.2 波動関数的アプローチ

し，本当はクーロン斥力が働いて，他の電子をより避けるように位置するはずで，とりわけ，原子核からの距離が同じとしても，2つの電子がお互いに原子核の反対側に存在する確率が高くなることが期待される．このような効果をもたらす試行波動関数 Ψ_0 として

$$\Psi_0(\boldsymbol{r}_1, \sigma_1; \boldsymbol{r}_2, \sigma_2) = A\Phi_0(\boldsymbol{r}_1, \sigma_1; \boldsymbol{r}_2, \sigma_2) f(|\boldsymbol{r}_1 - \boldsymbol{r}_2|) \tag{2.28}$$

を考えよう．ここで，A は規格化定数で全電子数が2になるように決めるものであり，また，f は "相関関数" といわれるもので，この $f(r)$ のように2電子間の相対距離 r のみに依存すると仮定した場合，ジャストロウ因子とよばれている．具体的には，$f(r) = 1 - e^{-\beta r^2}$，あるいは，$f(r) = \beta r^2/(1 + \beta r^2)$ のように，$r = 0$ では 0, $r \to \infty$ では 1 になるような関数形を適当に考えて，パラメータ β を変分的に決定する．なお，このような形でヘリウム原子の変分計算を初めて遂行したのがヒエラース (Hylleraas) で，彼の場合は $f(r) = 1 + \beta r$ の形から始めて，次第に複雑な関数形を選んで（それと同時に変分パラメータの数を数百のオーダーまで増やして），最終的にほぼ厳密解に到達している．

さて，Φ_0 と比較して電子相関が考慮された波動関数には顕著な特徴がある．それは変分的に決定される基底1電子軌道 $\phi_{1s}(\boldsymbol{r})$ の空間的な広がりが HF 近似でのそれよりも "縮む"，したがって，規格化条件を考慮に入れると，$n(0)$ が大きくなることである．これは，2つの電子がそれぞれ原子核のまわりを回りながらも相関効果でお互いに原子核の位置に関して空間反転の場所にいる確率が高くなると，他の電子による原子核の正電荷の遮蔽効果が弱まって，結果として，それぞれの電子がより強い引力を感じて原子核に近づくためである．なお，全エネルギーの項別変化では，相関を考えると波動関数 $\phi_{1s}(\boldsymbol{r})$ の縮まりによって少し運動エネルギーの期待値が大きくなり，また，電子間のクーロン斥力のエネルギー期待値も大きくなるが，これらのエネルギー損失よりも電子と原子核の間の引力エネルギーの期待値の利得が上回るのである．

実際のヘリウム原子における状況は図 2.2(a) で示されていて，相関効果の入った $n(r)$（実線）は $r < 0.45 a_B$ では HF 近似でのそれ（破線）よりも大きくなっていて，1電子軌道が縮まっていることを意味している．ただ，この系では HF 近似はかなり精度のよい近似なので，相関効果は弱く，1電子軌道の縮まり方もわずかであることがわかる．

この $n(r)$ の結果に関連して，カスプ (cusp) 定理にも言及しておこう．この定理によれば，原子核電子複合系において各原子核（その位置 $\boldsymbol{R}$）のごく近傍では定常状態の全電子密度の対数微分はその原子核の原子価 Z によって完全に指定されることになる．すなわち，

$$\lim_{\boldsymbol{r} \to \boldsymbol{R}} \frac{\partial}{\partial r}[\ln n(\boldsymbol{r})] = \lim_{\boldsymbol{r} \to \boldsymbol{R}} \frac{1}{n(\boldsymbol{r})} \frac{\partial n(\boldsymbol{r})}{\partial r} = -\frac{2Z}{a_B} \tag{2.29}$$

である．この定理は，簡単に説明すれば，ある電子がある原子核に大変近づくと，他の電子は相関効果（および同種スピン間では次項で説明する交換効果）のため，決してそのまわりに近づいてこないので，その原子核のごく近傍では問題は電子原子核2体系に還元される．

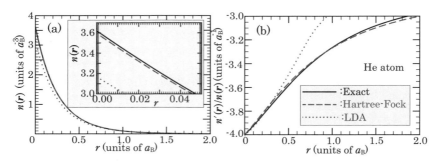

図 2.2 ヘリウム原子の (a) 電子密度分布 $n(r)$ と (b) その対数微分 $n'(r)/n(r)$. なお，正確な密度と HF 近似でのそれとの違いをはっきりさせるために，(a) の中の挿入図では原子核の位置（$r = 0$）近傍での様子を拡大して書いてある.

そして，その問題を記述するシュレーディンガー方程式は式 (2.4) で $V(\rho)$ を $-Ze^2/\rho$ に置き換えたものなので，この近傍での $n(r)$ はこの方程式の 1s 状態だけで決まることに注意すればよい．ちなみに，この説明から容易にわかるように，この定理に現れる対数微分の値は電子間相互作用の強さには何ら関係なく，電子の運動エネルギーと電子原子核クーロンエネルギーのバランスだけで決まっている．また，2 体問題そのものの水素原子では，式 (2.9) からも明らかなように，いかなる r であっても（$M/m \to \infty$ として）$n'(r)/n(r) = -2/a_B$ である．しかしながら，アルファ粒子を含めて 3 体問題であるヘリウム原子では r がごく小さい原子核近傍でしか，カスプ定理の状況は成り立たない．その様子は図 2.2(b) に示されているが，それによれば，HF 近似の方が早くカスプ定理から破れることがわかる．これはカスプ定理の破れは原子核と電子の 2 体系に他の電子が侵入し，もはや 2 体問題に還元されなくなることに起因するが，電子相関効果が効くと，他の電子の侵入をより防ぐからであると理解できる．

いずれにしても，相関効果は 2 電子相関に関与した物理量のみに効くのではなく，1 電子状態にも変化が起こることに注意されたい．ちなみに，1 電子軌道の収縮が決定的な役割を果たす例として水素負イオンの束縛状態 H^- をあげられる．これは HF 近似や LDA では記述されないが，相関効果を取り入れて初めて束縛状態が得られる（$E_0 = -0.5278 E_h$）．

なお，遮蔽効果と相関効果という 2 つの概念について，それらがときどき混同して使われているようなので，ここではこれら 2 つの違いを明確にしておこう．基本的には，その起源は共に電子間クーロン斥力であるが，遮蔽効果はポアソン方程式でも取り扱える性質のもので，それゆえ，1 体近似でも取り込める．それに対して，相関効果は波動関数に 2 電子間の相対距離依存性を入れて初めて考慮できる性質のもので，本質的に 1 体近似では取り扱えない．物理的には，相関効果は遮蔽ではなく，電子の運動の途上でお互いに避け

合うという性質と，それがいろいろな物理量に反映したものを指している．

2.2.5　交換効果とフント則

前項で議論したパラヘリウムでは異種スピンの電子間の問題であったが，一般的にいえば，電子間の避け合い効果はパウリ（Pauli）排他律が働く同種スピンの電子間の方が強くなる．この統計性に由来した電子がお互いに避け合う性質とその物理量への反映は"交換効果"とよばれていて，スピントリプレットのオルソ（ortho）ヘリウムでは大変重要になる．

このオルソヘリウムを HF 近似で取り扱う場合，例えば，上向きスピンの電子が 1s と 2s の 1 電子軌道を 1 つずつ占める場合，全系の波動関数 $\Phi_0(\boldsymbol{r}_1, \sigma_1; \boldsymbol{r}_2, \sigma_2)$ は

$$\Phi_0(\boldsymbol{r}_1, \sigma_1; \boldsymbol{r}_2, \sigma_2) = \frac{1}{\sqrt{2!}} \det \begin{pmatrix} \phi_{1s}(\boldsymbol{r}_1)\alpha(\sigma_1) & \phi_{2s}(\boldsymbol{r}_1)\alpha(\sigma_1) \\ \phi_{1s}(\boldsymbol{r}_2)\alpha(\sigma_2) & \phi_{2s}(\boldsymbol{r}_2)\alpha(\sigma_2) \end{pmatrix}$$
$$= \alpha(\sigma_1)\alpha(\sigma_2) \frac{\phi_{1s}(\boldsymbol{r}_1)\phi_{2s}(\boldsymbol{r}_2) - \phi_{2s}(\boldsymbol{r}_1)\phi_{1s}(\boldsymbol{r}_2)}{\sqrt{2}} \qquad (2.30)$$

で与えられる．そして，この試行波動関数に関する全エネルギーの期待値 $E[\Phi_0]$ を計算し，それに変分原理の停留条件を適用すると，1 電子軌道関数 $\phi_{1s}(\boldsymbol{r})$ を決定する方程式は

$$\left[-\frac{1}{2m}\frac{\partial^2}{\partial \boldsymbol{r}^2} - \frac{2e^2}{r} + \int d\boldsymbol{r}' \frac{e^2|\phi_{2s}(\boldsymbol{r}')|^2}{|\boldsymbol{r}-\boldsymbol{r}'|} \right] \phi_{1s}(\boldsymbol{r}) - \int d\boldsymbol{r}' \frac{e^2\phi_{2s}(\boldsymbol{r}')\phi_{1s}(\boldsymbol{r}')}{|\boldsymbol{r}-\boldsymbol{r}'|} \phi_{2s}(\boldsymbol{r})$$
$$= \varepsilon_{1s}\phi_{1s}(\boldsymbol{r}) \qquad (2.31)$$

で与えられる．また，上の方程式で 1s ↔ 2s とした方程式で動径波動関数に節点が 1 つ入る解が $\phi_{2s}(\boldsymbol{r})$ になり，これと $\phi_{1s}(\boldsymbol{r})$ を自己無撞着に解くことになる．なお，この方程式 (2.31) 左辺の最後の項は"交換項"とよばれ，パウリ排他則の直接の結果である．

さて，1s と 2s の 1 電子軌道に 1 つずつ電子を入れた状態はスピンシングレットでも実現可能であって，それを HF 近似で考えると，得られる方程式は上の式 (2.31) とほぼ同じであるが，交換項が現れないという重要な違いが出てくる．したがって，全エネルギーの計算ではその分だけエネルギーが上昇することは容易に予想されよう．実際，実験によれば，1s と 2s を占めるスピントリプレット状態（^3S）の全エネルギーは -59.19 eV $= -2.175E_\mathrm{h}$ であり，一方，同じ軌道状態のスピンシングレット状態（^1S）では -58.39 eV $= -2.146E_\mathrm{h}$ になる．これは軌道状態が同じ場合，全スピンが大きい方がエネルギーは低くなるという"フント則（Hund's rule）"の一環として理解されている．

ちなみに，フント則とは原子のスピン角運動量の大きさ S や軌道角運動量の大きさ L と全エネルギーとの関係に関する経験則で，HF 近似において縮退している状態のうち，実際に全エネルギーが低くなるのはスピン多重度が最大の状態になるというものである．また，スピン多重度も同じなら，軌道角運動量が最大のものが選ばれる．なお，スピン多重

度が最大ということは電子のスピンがそろっていることを意味し，これは交換効果がよく効いているためと解釈されている．そして，この経験則は上のように交換項の存在，すなわち，パウリ排他律による統計的な電子間の避け合いの効果により，クーロン斥力の効果が弱められるためであると長年信じられてきた．

しかしながら，これに関してもっと詳細な議論が必要である．実際，詳しい変分計算[17]によれば，長年信じられていたこととは逆に，(1s, 2s) の軌道でスピンが ^3S の状態の方が同じ軌道でスピンが ^1S の状態よりもクーロン斥力エネルギーが大きいことがわかった．具体的には，$\langle U_{ee} \rangle$ は ^3S では $0.2682E_h$，^1S では $0.2495E_h$ である．そして，前者で全エネルギーが下がるのは，むしろ，電子と原子核との引力効果であって，$\langle U_{eN} \rangle$ は ^3S では $-4.6186E_h$，^1S では $-4.5413E_h$ となり，前者が後者を大きく上回るためである．これはパウリ排他則に由来する交換効果のために，相関効果と相まって，電子間の避け合いが大きくなったため，各電子はより強く原子核の引力を感じられて，軌道波動関数がより縮まったことを意味する．そして，その縮まりのために，たとえ運動エネルギーや電子間クーロン斥力のエネルギー期待値が少々上昇しても原子核との引力ポテンシャルのエネルギー期待値の利得で安定化を得ているということがフント則の正しい解釈ということになる．

より一般的に，Z が2よりも大きな Z をもつ原子でも同じような事情にあることが確かめられているので，フント則を導く駆動力はパウリ排他則によって電子が原子核の正電荷をより強く感じられるようになり，これによって電子原子核間の引力相互作用の効果がより大きくなったためであると結論される．また，スピン多重度が同じ場合，全軌道角運動量が最大のときに全エネルギーがいちばん低くなることも同じような解釈が可能である．例えば，p軌道が2つからなる2電子系では $L = 2$ が選ばれるが，これは p_z^2 であれば，同じ p_z 軌道の正符号の側と負符号の側に1つずつ電子が入って軌道が収縮するためと考えられる．

2.2.6　水素分子とハイトラー–ロンドン理論

基本的に，$N_N = 1$ の1中心問題（1サイト系）では，固体物理として重要な凝縮機構や電子のサイト間の跳び移り（量子トンネル機構）とそれによる電子の輸送・伝搬問題が記述されない．これらについて定量的に信頼できる議論が行える最も簡単で基本的なものは $N_N = 2$ の2中心系（2サイト系）である．第一原理系の中で具体的にいえば，水素分子になるので，ここではこれを詳しく考える．なお，2サイト系の重要性は，たとえ多サイト系であっても，強結合極限での物理はこの系に還元して議論できることである．

さて，水素分子は $N_e = N_N = 2$ で $Z = 1$ の場合に対応し，系のハミルトニアン H は

$$H = -\frac{1}{2M}\frac{\partial^2}{\partial \boldsymbol{R}_1^2} - \frac{1}{2M}\frac{\partial^2}{\partial \boldsymbol{R}_2^2} + \frac{e^2}{|\boldsymbol{R}_1 - \boldsymbol{R}_2|} - \frac{1}{2m}\frac{\partial^2}{\partial \boldsymbol{r}_1^2} - \frac{1}{2m}\frac{\partial^2}{\partial \boldsymbol{r}_2^2}$$

$$+ \frac{e^2}{|\boldsymbol{r}_1 - \boldsymbol{r}_2|} - \frac{e^2}{|\boldsymbol{r}_1 - \boldsymbol{R}_1|} - \frac{e^2}{|\boldsymbol{r}_2 - \boldsymbol{R}_1|} - \frac{e^2}{|\boldsymbol{r}_1 - \boldsymbol{R}_2|} - \frac{e^2}{|\boldsymbol{r}_2 - \boldsymbol{R}_2|} \tag{2.32}$$

である．ここで，右辺の最初の 2 項は陽子の運動エネルギー T_N を表す．この 4 体クーロン系の基底束縛状態については，いかなる M/m であっても精巧な変分法や DMC で高精度の解が数値的に得られる[18]が，ここでは断熱極限を考えて，陽子の質量 M は無限大とする．すると，$T_\mathrm{N} = 0$ なので，$[H, \boldsymbol{R}_1] = [H, \boldsymbol{R}_2] = 0$ となる．これから各陽子の位置 $\boldsymbol{R}_i$ は運動の恒量になることがわかるので，問題は与えられた任意の $\boldsymbol{R}_i$ のもとでの基底電子状態を解くことになる．そこで，2 つの陽子に関して典型的な配置をいろいろと考えてみよう．

まず，$|\boldsymbol{R}_1 - \boldsymbol{R}_2| \to \infty$ の孤立極限では，1 つの電子が大きく離れた陽子間を跳び移ることはないので，2 つの電子は 1 つずつ別の陽子につくか，2 つとも一方の陽子につくかのいずれかである．前者は（断熱極限の）水素原子 2 つの場合（H+H）であり，その基底状態の全エネルギーは $2 \times (-0.5E_\mathrm{h}) = -1.0E_\mathrm{h}$ である．また，後者では水素正イオンと水素負イオンの系（H$^+$+H$^-$）になるので，全エネルギーは $-0.5278E_\mathrm{h}$ である．したがって，この孤立極限での基底状態は中性水素原子が 2 個独立にある系，H+H，ということになる．

次に，$|\boldsymbol{R}_1 - \boldsymbol{R}_2| \to 0$ の融合極限を考えよう．この状況は陽子間のクーロン斥力項が無限大になり，実際には不安定なものであるが，この定数項を無視すれば，ヘリウム原子と同じ状況になるので，基底電子状態はスピンシングレットで 2 つの電子が共に同じ 1s 電子軌道を占め，お互いに相関をもちながら運動していることになる．ちなみに，2 つの重水素について，何らかの媒質とか触媒作用のお陰で重水素間の直接のクーロン斥力の効果を劇的に小さくして融合極限に至る可能性を考えることが "常温核融合" の問題である．

最後に，孤立極限から 2 つの水素原子が少し近づいてきた場合（漸近領域）を考えてみよう．これは水素原子は a_B 程度に広がっているので，$|\boldsymbol{R}_1 - \boldsymbol{R}_2|$ が a_B の数倍程度以上の場合にあたる．この漸近領域では，陽子間の直接のクーロン斥力や電子間のそれはお互いに相手の原子の中の陽子と電子間の引力で打ち消されて重要な寄与になりえない．しかしながら，点電荷で動かない（$M = \infty$）陽子と違って電子は広がりをもち，分極が可能なためにお互いに相手の電子を双極子分極させることによる相互作用，すなわち，ファン・デル・ワールス（Van der Waals）力が働きうる．これは $|\boldsymbol{R}_1 - \boldsymbol{R}_2|^{-6}$ に比例する比較的遠距離まで到達する引力であるので，2 つの水素原子は無限遠に離れていることは決して安定ではなく，お互いに（弱いながらも）引力で引き合い，次第に近づくことになる．

このように，$|\boldsymbol{R}_1 - \boldsymbol{R}_2|$ が大きすぎても小さすぎても，2 陽子の配置は不安定になるので，どこか中間の地点，おそらくは a_B 近傍に最適値があろう．この最適値の探索は 2 つの水素原子の結合という最も単純で典型的な "化学結合" の形成を議論することでもある．固体物理的な感覚でいえば，水素原子 2 つが凝集して水素分子を作り上げる（H+H $\to$ H$_2$）という意味で，2 つのサブシステムの凝縮機構を考えるいちばん簡単な例といえる．

それでは，$|\boldsymbol{R}_1 - \boldsymbol{R}_2| \approx a_\text{B}$ では何が起こるのだろうか？　まず，その距離では各水素原子に付随した電子雲がお互いに重なり合うので，電子はお互いに相手の陽子近傍に跳び移りはじめる．その際，2電子がお互いに相関をもって跳び移る（2電子が同時に跳び移るため，その場所を交換する）ため，H+H の状況が常に維持されているのか，あるいは，各電子が基本的に独立に跳び移るので，ある瞬間をみれば $\text{H}^+ + \text{H}^-$ の状況も出現しているのか，どちらがより真実をとらえた描像かが問題になる．この問いに対して，$\text{H}^+ + \text{H}^-$ の状況はエネルギー的にとても許されないと考え，それゆえ，2電子が相関をもって跳び移る描像でとらえたのがハイトラー–ロンドン（HL: Heitler–London）理論である．具体的には，水素原子の 1s 軌道 $\phi_{1\text{s}}(\boldsymbol{r})$ を用いて水素分子の電子状態に対して変分試行関数を

$$\Psi_\text{HL}(\boldsymbol{r}_1,\sigma_1;\boldsymbol{r}_2,\sigma_2) = \frac{\phi_{1\text{s}}(\boldsymbol{r}_1+\boldsymbol{R}/2)\phi_{1\text{s}}(\boldsymbol{r}_2-\boldsymbol{R}/2) + \phi_{1\text{s}}(\boldsymbol{r}_1-\boldsymbol{R}/2)\phi_{1\text{s}}(\boldsymbol{r}_2+\boldsymbol{R}/2)}{\sqrt{2(1+S^2)}}$$

$$\times \frac{\alpha(\sigma_1)\beta(\sigma_2) - \beta(\sigma_1)\alpha(\sigma_2)}{\sqrt{2}} \tag{2.33}$$

のように仮定した．ここで，2つの陽子を結ぶベクトルを $\boldsymbol{R}$ として各陽子の位置は，それぞれ，$\boldsymbol{R}_1 = -\boldsymbol{R}/2$, $\boldsymbol{R}_2 = \boldsymbol{R}/2$ ととった．また，式 (2.9) を参考にして $\phi_{1\text{s}}(\boldsymbol{r})$ を

$$\phi_{1\text{s}}(\boldsymbol{r}) = \sqrt{\lambda^3/\pi}\, e^{-\lambda r} \tag{2.34}$$

と仮定すると，重ね合わせ積分 S は

$$S \equiv \int d\boldsymbol{r}\, \phi_{1\text{s}}(\boldsymbol{r}+\boldsymbol{R}/2)\phi_{1\text{s}}(\boldsymbol{r}-\boldsymbol{R}/2) = \left(1 + \lambda R + \lambda^2 R^2/3\right)e^{-\lambda R} \tag{2.35}$$

のように計算される．そして，距離 R での全エネルギーを $V_\text{ap}(R)$ と書く（ap: adiabatic potential）と，これは $V_\text{ap}(R) = \langle \Psi_\text{HL}|H|\Psi_\text{HL}\rangle$ から直接的に計算される．特に，$\lambda = a_\text{B}^{-1}$ と選ぶと，$V_\text{ap}(R)$ は $R = R_\text{e} = 1.664 a_\text{B}$ で最小になり，その最小値は $-1.1165 E_\text{h}$ である．これらの値はより詳しい変分計算や DMC による値，$R_\text{e} = 1.40081 a_\text{B}$ のときの $-1.17448 E_\text{h}$ と比べても，その試行関数の簡単さにもかかわらず，大変よい結果であると判断された．

ところで，凝縮エネルギーは $V_\text{ap}(\infty)\,(=-1E_\text{h})$ と $V_\text{ap}(R_\text{e})$ の差で計算され，それは HL 理論では $0.1165 E_\text{h} = 3.17$ eV となり，正確な値である 4.744 eV と比べてもそれほど悪くはない．しかも，この凝縮エネルギーは電子の運動エネルギーの減少によってもたらされたことがわかったので，化学結合の推進力は2電子の相関をもった跳び移りによって可能になった運動領域の増大による運動エネルギーの減少であるという概念に結びついた．

この概念を確かめるために，Ψ_HL のかわりに各電子が独立して陽子間を跳び移る描像での変分計算も行われた．これは "分子軌道（MO: Molecular Orbital）" という2陽子間をまたがる1電子軌道の概念をまず構成し，その1電子軌道を使って

$$\Psi_{\mathrm{MO}}(\boldsymbol{r}_1,\sigma_1;\boldsymbol{r}_2,\sigma_2) = \frac{[\phi_{1\mathrm{s}}(\boldsymbol{r}_1+\boldsymbol{R}/2) + \phi_{1\mathrm{s}}(\boldsymbol{r}_1-\boldsymbol{R}/2)][\phi_{1\mathrm{s}}(\boldsymbol{r}_2+\boldsymbol{R}/2) + \phi_{1\mathrm{s}}(\boldsymbol{r}_2-\boldsymbol{R}/2)]}{2(1+S)}$$
$$\times \frac{\alpha(\sigma_1)\beta(\sigma_2) - \beta(\sigma_1)\alpha(\sigma_2)}{\sqrt{2}} \quad (2.36)$$

のような変分試行関数 Ψ_{MO} を考える．すると，この Ψ_{MO} での結果は $R_{\mathrm{e}} = 1.60 a_{\mathrm{B}}$ で $V_{\mathrm{ap}}(R_{\mathrm{e}}) = -1.0974 E_{\mathrm{h}}$ なので，Ψ_{MO} は Ψ_{HL} より劣る試行関数と結論された．なお，この Ψ_{MO} でも前と同じように凝縮エネルギーは運動エネルギーの減少によってもたらされた．

2.2.7 水素分子における化学結合の本質

この HL 理論による化学結合の微視的機構の解釈では，電子のサイト間の跳び移りによる運動エネルギー t と電子間のオンサイトでのクーロン斥力 U との競合で電子が相関のある運動をしながら，結局は量子トンネル効果でつくられる結合・反結合軌道のうち，結合軌道に 2 つの電子がスピンシングレットで入ることによる運動エネルギーの利得が化学結合の推進力とされた．この理論のインパクトは大きく，これを根拠として，t と U の競合を記述するハバード（Hubbard）模型が固体中での電子相関の本質をとらえるものとして，長年，その解明が物性理論の中心テーマの一つとなっている．

しかしながら，このような単純なスキームでは決して化学結合の本質をとらえきれるものではないという見方は，少なくとも水素分子に関しては 1960 年代の初めから一部の人にはよく知られていたことで，とりわけ，リュデンバーグ（Ruedenberg）のビリアル定理に則った以下の議論[19]は明快である．一般に，原子極限でも，また，安定な分子が形成された後でも，それぞれ，独立にビリアル定理が成り立つ．まず，前者では電子の運動エネルギーの期待値 $\langle T_{\mathrm{e}} \rangle$ と全ポテンシャルエネルギーの期待値 $\langle V \rangle$ との間には

$$\langle T_{\mathrm{e}} \rangle = -\langle V \rangle/2 = -V_{\mathrm{ap}}(R \to \infty) = 1\ E_{\mathrm{h}} \quad (2.37)$$

が成り立ち，また，$R = R_{\mathrm{e}}$ における後者では，

$$\langle T_{\mathrm{e}} \rangle = -\langle V \rangle/2 = -V_{\mathrm{ap}}(R_{\mathrm{e}}) = 1.17448 E_{\mathrm{h}} \quad (2.38)$$

が成り立つので，両者の差をとると，

$$\langle \Delta T_{\mathrm{e}} \rangle = -\langle \Delta V \rangle/2 = -V_{\mathrm{ap}}(R_{\mathrm{e}}) + V_{\mathrm{ap}}(R \to \infty) = 0.17448 E_{\mathrm{h}} > 0 \quad (2.39)$$

が常に得られる．これは正の凝縮エネルギーが得られて化学結合が可能なときは必ず運動エネルギーの差 $\langle \Delta T_{\mathrm{e}} \rangle$ は正であることを明確に示す．図 2.3 には，ほぼ厳密な $\langle T_{\mathrm{e}} \rangle$，$\langle V \rangle$，そして，$V_{\mathrm{ap}}(R)$ の R 依存性をプロットしているが，$R = R_{\mathrm{e}}$ では $\langle \Delta T_{\mathrm{e}} \rangle > 0$ であることがわかると同時に，運動領域が広がったことによって $\langle \Delta T_{\mathrm{e}} \rangle$ が負になるのは R が約 $2a_{\mathrm{B}}$ より大きいときであることもわかる．いずれにしても，$\langle \Delta T_{\mathrm{e}} \rangle$ が $R = R_{\mathrm{e}}$ で負である HL

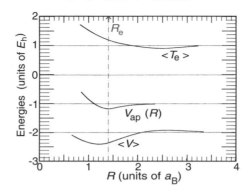

図 2.3 断熱極限下の水素分子における基底状態エネルギー V_{ap}, 電子の運動エネルギーの期待値 $\langle T_{\mathrm{e}} \rangle$, および, 全ポテンシャルエネルギーの期待値 $\langle V \rangle$ の陽子間距離 R 依存性.

理論は定量的にはもちろんのこと, 定性的にも正しくないことは明らかである.

そこで, HL 理論を超えて, より高度な変分関数を用いた解析が行われるようになった. その中でいちばん簡単なものは, Ψ_{HL} の形はそのままにして, $\phi_{1\mathrm{s}}(\boldsymbol{r})$ の定義の中で λ を a_{B}^{-1} と決めないで変分パラメータとする考え方である. すると, $\lambda = 1.166 a_{\mathrm{B}}^{-1}$ と決まり, このとき, $R_{\mathrm{e}} = 1.4064 a_{\mathrm{B}}$ で $V_{\mathrm{ap}}(R_{\mathrm{e}}) = -1.139 E_{\mathrm{h}}$ が得られる. これは HL 理論に比べてかなり大きな改善であり, そして, 何よりもこの場合はビリアル定理が完全にみたされる.

こうして得られた水素分子の基底状態を解析してみると, 凝縮エネルギーにいちばん寄与しているのは (λ が大きくなって) 1s 軌道の波動関数が収縮したことによって大きくなった電子と陽子との間の引力ポテンシャルエネルギーである. なお, この軌道波動関数の収縮は各陽子近傍での電子の運動エネルギーの増大をもたらすが, その増大分の多くは運動領域の拡大によって打ち消されているというのが実情である. すなわち, 結合軌道の形成による運動エネルギーの減少はサイト・エネルギーの低下のために支払われるコストをできる限り少なくするためのものであって, 決して凝縮の主要推進力というわけではない.

もともと, 量子力学では, 離散エネルギー準位は運動エネルギーとポテンシャルエネルギーの相克による妥協の産物として決まっているが, 運動領域の拡大によって運動エネルギーの圧力が下がると引力ポテンシャルの効果が増し, 軌道波動関数が縮まってエネルギー準位が下がることになる. そして, この引力ポテンシャルによるエネルギー準位の低下が結合軌道形成によって得られるエネルギー利得の主要項になるので, これが化学結合の推進力と考えられる. ちなみに, この場合の軌道波動関数の収縮は前々項までに解説してきたような相関や交換という多体効果が引き金となって起こったものではなく, 運動エネルギーという 1 体効果が引き金になっていることがここでのポイントである. これはまった

く同じような軌道波動関数の収縮とそれによるエネルギー準位の低下が H_2^+ という 2 中心 1 電子系でもみられることから，多体効果が起源でないことは明確である．

このように，化学結合の本質は水素分子のような簡単な系でも決して単純ではなく，量子力学における波動関数の変化の妙が端的に現れていて，大変興味深い．関連して，ハバード模型を取り扱う際にも，結合軌道をとることによる運動エネルギーの減少が HL 理論のいうように化学結合の主因になるのではなく，それはあくまでも引き金にすぎず，エネルギー的には電子原子核引力ポテンシャルの効果が支配的であるという事実に留意されたい．

ちなみに，水素分子形成には電子相関は Ψ_{HL} に示唆されるほどに重要な役割を果たさないが，Ψ_{MO} のようにまったく無相関というわけでもない．そこで，これら 2 つの変分試行関数をハイブリッドして作り上げた試行波動関数 $\Psi_{HL-MO}(\bm{r}_1,\sigma_1;\bm{r}_2,\sigma_2)$ を

$$\Psi_{HL-MO}(\bm{r}_1,\sigma_1;\bm{r}_2,\sigma_2) = \frac{\alpha(\sigma_1)\beta(\sigma_2) - \beta(\sigma_1)\alpha(\sigma_2)}{\sqrt{2}}$$
$$\times \Big\{ A_1\big[\phi_{1s}(\bm{r}_1+\bm{R}/2)\phi_{1s}(\bm{r}_2-\bm{R}/2) + \phi_{1s}(\bm{r}_1-\bm{R}/2)\phi_{1s}(\bm{r}_2+\bm{R}/2)\big]$$
$$+ A_2\big[\phi_{1s}(\bm{r}_1+\bm{R}/2)\phi_{1s}(\bm{r}_2+\bm{R}/2) + \phi_{1s}(\bm{r}_1-\bm{R}/2)\phi_{1s}(\bm{r}_2-\bm{R}/2)\big] \Big\}$$
(2.40)

の形に書き，DMC で得られた波動関数の結果を参考にして，2 つの係数，A_1 と A_2，を決めると，$\phi_{1s}(\bm{r})$ の詳細にあまり依存しないで，$A_1 = 0.455$, $A_2 = 0.137$, すなわち，$A_1 : A_2 \approx 3 : 1$ という結果が得られる．これは 2 電子の空間分布について H+H の状況と $H^+ + H^-$ の状況の比がだいたい 4:3 程度の相関の強さであることを示している．

2.2.8 断熱ポテンシャルと 2 陽子系の運動

前項の図 2.3 で得られている $V_{ap}(R)$ を R の関数としてみると，これは陽子系に働く有効ポテンシャルであり，"断熱ポテンシャル"とよばれる．これと M を有限とした陽子系の運動エネルギー T_N とからなるハミルトニアンを解くと，基底電子状態に伴う 2 陽子系の運動が取り扱える．電子陽子 2 体系の場合と同じように，この 2 陽子系においても重心運動と相対運動に分離しよう．そのうち重心運動については，$V_{ap}(R)$ が相対距離 $R \,(= |\bm{R}| \equiv |\bm{R}_2 - \bm{R}_1|)$ だけの関数なので，自由運動になる．この自由運動は全運動量がゼロの最低運動状態であるとすると，そのエネルギーもゼロになる．また，相対運動を記述する陽子の波動関数を $\Psi_N(\bm{R})$ とすると，それを決めるシュレーディンガー方程式は

$$-\frac{1}{M}\frac{\partial^2}{\partial \bm{R}^2}\Psi_N(\bm{R}) + V_{ap}(R)\Psi_N(\bm{R}) = E_N \Psi_N(\bm{R}) \tag{2.41}$$

となる．これも中心力場の問題であるので，角度部分と動径部分に分離して，$\Psi_N(\bm{R})$ を

$$\Psi_N(\bm{R}) = \frac{P_N(R)}{R} Y_{JM}(\theta,\varphi)\chi(I_1,I_2) \tag{2.42}$$

と書こう．ここで，核スピン固有関数 $\chi(I_1, I_2)$ はシングレット（パラ水素：para-H_2）か，トリプレット（オルソ水素：ortho-H_2）を表し，系全体がフェルミオンの交換関係をみたす必要があることから，前者では全角運動量 J は偶数 $(J = 0, 2, 4, \cdots)$，後者では奇数 $(J = 1, 3, 5, \cdots)$ に限られる．すると，$P_N(R)$ がみたすべき方程式は

$$-\frac{1}{M}\frac{d^2}{dR^2}P_N(R) + V_{ap}(R)P_N(R) + \frac{J(J+1)}{MR^2}P_N(R) = E_N P_N(R) \tag{2.43}$$

となる．この式 (2.43) の左辺第 3 項は分子全体の回転運動に対応していて，平均的な陽子間距離 R_e を用いると，その慣性モーメント I は $(M/2)R_e^2$ となり，これから回転運動のエネルギースケール B_e はだいたい $B_e = 1/2I = 1/MR_e^2$ となる．ただし，全系の基底状態はパラ水素で $J = 0$ の場合であるので，系の回転エネルギーはゼロである．

動径部分の運動は分子の振動（バイブロン：vibron）に対応し，そのエネルギースケールである振動エネルギー ω_e は $P_N(0) = P_N(\infty) = 0$ という境界条件で式 (2.43) を解いてゼロ点振動エネルギーを求めれば，その 2 倍が ω_e となる．なお，数値的に解かなくても，次の議論から ω_e は評価できる．いま，"分子振動のバネ定数"を K とすると，$\omega_e = \sqrt{K/M}$ である．ところで，ポテンシャル $V_{ap}(R)$ はその底から R が R_e 程度にずれると分子の束縛エネルギー程度の値に上昇するはずである．そして，その束縛エネルギーはだいたい Ry のオーダーなので，$KR_e^2/2 \approx 1/2ma_B^2$ となる．しかるに，$R_e \approx a_B$ なので，$K \approx 1/mR_e^4$ である．これから，$\omega_e = \sqrt{K/M} \approx (1/MR_e^2)\sqrt{M/m}$ となるので，$B_e/\omega_e \approx \sqrt{m/M} \approx 0.023$ が得られ，振動運動と回転運動はエネルギー的に大きく分離していることがわかる．これは回転運動を考える場合には振動運動は凍結されていると考えて，R を静的に，すなわち，その平均値 R_e で近似してもよいことを意味する．ちなみに，実際の水素分子での値は，$\omega_e = 0.544$ eV，$B_e = 7.55$ meV である．また，$\omega_e \approx (1/ma_B^2)\sqrt{m/M}$ とも書けるので，振動エネルギーのスケールは電子が直接的に関与するエネルギー，例えば，分子の乖離エネルギー（束縛エネルギー）4.744 eV に比べてもやはり同じ因子，$\sqrt{m/M}$，だけ小さくなっていることがわかる．このように，分子の運動は，電子励起，振動励起，回転励起のそれぞれでエネルギー的にきれいに分離した階層構造をもっており，その分離を特徴づけるパラメータが質量比の平方根，$\sqrt{m/M}$，ということになる．

数値的に式 (2.43) を解いた結果が図 2.4 に示されている．この図のうち，(a) には陽子対の分布関数 $g_{NN}(R)$ がプロットされている．これは 2 つの陽子が相対距離 R で確認される確率を示していて，基底状態の波動関数 $\Psi_N(\boldsymbol{R})$ を使うと，$g_{NN}(R) = 4\pi|\Psi_N(\boldsymbol{R})|^2$ であり $g_{NN}(0) = 0$ であるので，陽子が交換する（あるいは，2 陽子が融合・交叉する）ことは起こりえない．そして，この断熱近似の精度は高く，陽子のゼロ点振動が電子系の運動にフィードバックされる効果はまったく無視できる．とはいえ，このゼロ点量子振動による陽子の運動領域は予想外に大きいことに注意されたい．また，(b) には振動エネルギー準位を基底状態から第 14 番目の励起状態まで，非調和的な断熱ポテンシャル $V_{ap}(R)$ の中

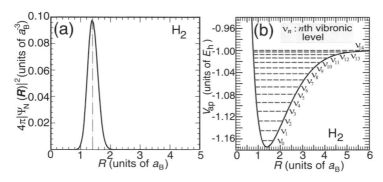

図 2.4 断熱近似下の水素分子における陽子系の運動. R の関数として, (a) 基底状態の陽子対分布関数 $g_{\mathrm{NN}}(R)$ と (b) 断熱ポテンシャル $V_{\mathrm{ap}}(R)$ を書いた. また, $V_{\mathrm{ap}}(R)$ の非調和性をみるために固有振動のエネルギー準位を示した.

で可能なすべての準位が書き込まれている. なお, $V_{\mathrm{ap}}(R)$ の非調和性のため, 平均分子長である"結合長 (bond length)"は R_{e} ではなく, ゼロ点振動の効果を取り入れて計算すると, $1.448 a_{\mathrm{B}}$ となる. ちなみに, 調和ポテンシャルでは M が変化してゼロ点振動のエネルギー準位が変わっても単振動の平均位置は不変で R_{e} であるが, 非調和ポテンシャルでは R_{e} より小さいところの振幅とそれより大きいところの振幅が非対称になるので, 振幅の平均位置は M に依存し, 例えば, トリチウム分子 ($M/m = 5497$) や重水素分子 ($M/m = 3671$) でも R_{e} より若干大きく, それぞれ, $1.428 a_{\mathrm{B}}$, $1.434 a_{\mathrm{B}}$ となる.

2.2.9 閉じ込め分子模型と高圧下の固体水素

これまでは, 無限に大きい空間中の原子や分子を議論してきたが, 有限の大きさの容器中にある原子や分子の問題も興味深い. これはフラーレンやナノチューブ, ゼオライト中の原子・分子系や量子ドットなどの人工的ナノ構造体中の電子構造の研究のように, 直接的な応用がすぐに見込まれる問題であるが, 次のように考えれば, 高圧下の物性を比較的簡便に議論する一つの有力な手段であることがわかる.

いま, 体積が V の容器に (原子の場合も含めて"分子"とよぶことにして) 分子を閉じ込めたとしよう. このとき, この分子系のハミルトニアンは無限空間の場合と同じであるが, 境界条件が違っていて, 容器内側の表面で原子核および電子の波動関数が厳密にゼロという条件に変わる. これを反映して, この分子系の基底状態エネルギーも V に依存するようになるので, これを $E_0(V)$ と書こう. ところで, 熱力学の関係式 $p = -\partial E_0(V)/\partial V$ がこの 1 分子系にも適用可能と仮定すると, この式から V の関数として圧力 p が決められる. もちろん, 波動関数の裾が境界に当たるくらいに V が小さくない限り, $E_0(V)$ は V に依存せず, したがって, $p = 0$ のままであるが, いったん V が十分に小さくなると, p は

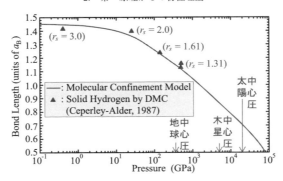

図 2.5 圧力下の水素分子の結合長．閉じ込め分子模型の結果を固体水素に対する DMC の結果 [Ceperley and Alder, Phys. Rev. B **36**, 2092 (1987)] と比較した．

V の減少とともに増大していくと期待される．いずれにしても，V の関数として $E_0(V)$ を含む任意の物理量 A の基底状態における期待値 A_0 を計算してしまうと，変数 V を p に読み替えることで A_0 が p の関数として得られることになる．

このように，高圧物性の計算を1分子系の計算に還元して行う近似法は"閉じ込め分子模型（molecular confinement model）"[20)] の方法とよばれている．近似のレベルとしては分子場近似下のスピンクラスターを取り扱うようなものであり，粗い近似といわざるをえないが，分子系自身を高精度の DMC や CI などで解けば，電子間交換効果や短距離の電子間，および，電子原子核間の相関効果を正確に取り扱えるよい手段といえよう．

例として，水素分子を楕円体中に入れ，その2つの焦点に陽子2つを配置して，その焦点間距離の関数として（この焦点間距離を変える際に全体積 V は不変になるように楕円体の長軸や短軸の長さを調整して）断熱ポテンシャルを DMC で計算[21)] し，その後，その断熱ポテンシャル中の陽子のゼロ点振動の効果も含めて結合長を計算した．その結果は圧力の関数として図 2.5 に描かれている．この図では，圧力下の固体水素を直接的に DMC で計算して得られた結合長の結果と比較されているが，この両者はよく一致していて，共に 490 GPa の圧力下では結合長は 22% も縮まる（したがって，分子体積は半分以下になる）ことを示している．これは，高圧下でも水素分子は解離せずに結合長を縮めて存在し続ける堅固な構造物であることを意味している．ちなみに，陽子間の平均距離は無次元の密度パラメータである r_s を用いると，ほぼ $2r_s a_B$ と評価されるが，500 GPa 近傍では $r_s \approx 1.3$ なので，結合長（$\approx 1.1 a_B$）の方が小さくなり，したがって，地球の中心圧を超えるこの圧力下でも固体水素は水素分子からなる分子性結晶であることを示唆している．

ところで，水素は元素の周期律表の中で特殊な地位を占める．H_2 分子を単位として hcp 格子を組んだ分子性結晶固体をつくるという性質は VII 族の Cl, Br, I と同じものである．

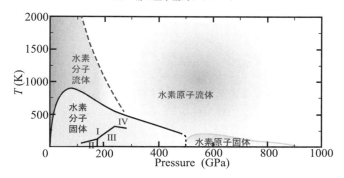

図 2.6 高圧下の固体水素の大まかな (p, T) 相図. 詳しくは, J. Chen et al., Nature Commun. 4: 2064 (2013) doi: 10.1038/ncomms3064 を参照のこと.

一方, I 族のアルカリ金属と同じ性質ももつはずで, 実際, 1935 年, ウィグナー (Wigner) とハンティントン (Huntington) は超高圧下で原子状の水素が bcc 格子を組んで金属水素が実現されると予言した. それ以降, 多くの理論家や実験家がこの高密度水素における金属化の実現とそこでの高温超伝導の発見という大きな夢を目指した. 固体水素の (p, T) 相図に関して, 2013 年 6 月時点での最新情報が図 2.6 に記されている. これは DMC を中心とした量子モンテカルロ計算を駆使して理論的に想定されたものである. 実験的には, 地球中心圧に対応する 350 GPa 程度の超高圧まで実験室で加圧可能になってきているが, 少なくとも低温では金属水素が実現されたという確かな情報はいまだない. ただ, たとえ水素分子固体のままであっても,（II 族のアルカリ土類元素の固体が金属になるのと同じように）圧力が 400 GPa 程度になれば, バンドオーバーラッピングが起こって金属化するとの予測もある. いずれにしても, この問題は約 1 世紀にわたって絶えず追求されてきた高圧物理学上の大問題になっていて, 今後の展開が楽しみである[22].

2.3 場の量子論的アプローチ

2.3.1 第 2 量子化と電子場の生成・消滅演算子

前節では, N_e が 1 と 2 の場合を詳しく議論しながら, 短距離相関の物理など, 第一原理系を考える際に重要になるいくつかの基本概念を紹介した. しかし, N_e がそれ以上になると, N_e 体の波動関数を第 1 量子化の表示で直接的に得ることは難しくなると同時に, たとえそれが得られたとしても, そこに含まれる膨大な情報量を上手に選別して, いくつかの重要情報を正しく引き出すことはもっと難しい. さらに, そもそも $N_e \approx 10^{23}$ である固体を第 1 量子化の方法で記述しようと考えること自体に無理がある.

そこで, 本節では $N_e \to \infty$ でも有効である "場の量子論" で第一原理系を取り扱おう.

この理論の枠組みでは，N_e は初めから与えられたものとはせず，まず，電子数演算子 $\hat{N}_e$ を定義し，その期待値 $\langle \hat{N}_e \rangle$ が計算の結果として N_e であると解釈する．これは統計力学でいえば，ミクロカノニカルアンサンブルからグランドカノニカルアンサンブルへの移行と同等で，したがって，ハミルトニアン $\hat{H}$ を $\hat{H} - \mu \hat{N}_e$ に読み替えて理論を展開し，$\langle \hat{N}_e \rangle = N_e$ になるように化学ポテンシャル μ を決定すればよい．なお，$\beta \equiv 1/T$ として，物理量 $\hat{A}$ の平均 $\langle \hat{A} \rangle$ は $e^{\beta \Omega} \text{tr}(e^{-\beta(\hat{H}-\mu\hat{N}_e)} \hat{A})$ で計算される．ここで，Ω は熱力学ポテンシャルで，系の自由エネルギーを F として $\Omega = F - \mu N_e = -T \ln[\text{tr}(e^{-\beta(\hat{H}-\mu\hat{N}_e)})]$ となる．

このように，N_e があらゆる値をとりえるとして量子力学を展開することを"第2量子化"というが，この場合，第1量子化で各 N_e ごとの状態の集合であるヒルベルト空間はすべての N_e を含むヒルベルト–フォック空間に統合・拡張され，それに伴って $\hat{H}$ や $\hat{N}_e$ をはじめとしてすべての演算子の定義も一意的に拡張される．その結果，あらゆる演算子はヒルベルト–フォック空間に作用する電子場の生成・消滅演算子，$\psi_\sigma^+(\boldsymbol{r})$ と $\psi_\sigma(\boldsymbol{r})$，を用いて一意的に表現される．例えば，スピンが σ の電子数密度演算子 $\hat{n}_\sigma(\boldsymbol{r})$ と $\hat{N}_e$ は

$$\hat{n}_\sigma(\boldsymbol{r}) = \psi_\sigma^+(\boldsymbol{r})\psi_\sigma(\boldsymbol{r}), \quad \hat{N}_e = \sum_\sigma \int d\boldsymbol{r}\, \hat{n}_\sigma(\boldsymbol{r}) \tag{2.44}$$

と書ける．そして，電子の運動を決定する運動方程式はこれら生成・消滅演算子の間に働く

$$\{\psi_\sigma(\boldsymbol{r}), \psi_{\sigma'}(\boldsymbol{r}')\} = \{\psi_\sigma^+(\boldsymbol{r}), \psi_{\sigma'}^+(\boldsymbol{r}')\} = 0, \; \{\psi_\sigma(\boldsymbol{r}), \psi_{\sigma'}^+(\boldsymbol{r}')\} = \delta(\boldsymbol{r}-\boldsymbol{r}')\delta_{\sigma\sigma'} \tag{2.45}$$

という反交換関係のもとで解かれる．なお，ここでは，第2量子化の基礎概念やいろいろな物理量のヒルベルト–フォック空間での（式 (2.44) のような）演算子としての表現を詳しく導出することは省略したが，これに興味ある読者は他の教科書[23]を参照されたい．また，表記の簡単化のため，今後は誤解の生じない限り，演算子につけた"ハット"は原則的に省く（$\hat{A} \to A$）．また，$\hat{H} - \mu \hat{N}_e$ を単にハミルトニアン H とよぶことにしよう．

2.3.2 断熱近似下の価電子イオン複合系

前節でみたように，原子核の運動を考慮するとしても，第一原理系では $T_N = 0$ の断熱極限をまず考えて，与えられた原子核の配置下で多電子問題を解きはじめることになる．ところで，固体を調べる場合，単独の原子でもみられる性質にはあまり興味がなく，多数の原子集団で初めて発現する性質や現象の発見が第一の目標になる．そこで，独立原子集団との違いを意識しながら固体物性を議論することになるが，この場合，独立原子集団と"共通のもの"は簡便化して出発するのが便利である．この共通のものとは，各原子核に付随して常に局在し，その励起のためには $Z^2 E_h$ 程度のエネルギーが必要な"内殻電子（core electron）"のことを指している．一方，この内殻電子の外側にある"価電子（valence electron）"は原子中では局在していても固体中では遍歴的になり，その励起のために必要なエネルギーは E_h 以下である．そこで，原子核と内殻電子を一体のものとして"イオン"という概念で取

り扱うと，固体物性の問題は価電子イオン複合系の多体問題に還元される．今後は価電子を単に電子とよぶと，この系を記述する第一原理のハミルトニアン H は

$$\begin{aligned} H &= U_{\rm ii} + T_{\rm e} + U_{\rm ei} + U_{\rm ee} \\ &= \frac{1}{2}\sum_{j\ne j'} V_{\rm ii}(\boldsymbol{R}_j - \boldsymbol{R}_{j'}) + \sum_\sigma \int d\boldsymbol{r}\; \psi_\sigma^+(\boldsymbol{r})\left(-\frac{1}{2m}\frac{\partial^2}{\partial \boldsymbol{r}^2} - \mu\right)\psi_\sigma(\boldsymbol{r}) \\ &\quad + \sum_\sigma \int d\boldsymbol{r}\; \psi_\sigma^+(\boldsymbol{r})\left[\sum_j V_{\rm ei}(\boldsymbol{r} - \boldsymbol{R}_j)\right]\psi_\sigma(\boldsymbol{r}) \\ &\quad + \frac{1}{2}\sum_{\sigma\sigma'} \int\int d\boldsymbol{r}d\boldsymbol{r}'\; \psi_\sigma^+(\boldsymbol{r})\psi_{\sigma'}^+(\boldsymbol{r}')\frac{e^2}{|\boldsymbol{r}-\boldsymbol{r}'|}\psi_{\sigma'}(\boldsymbol{r}')\psi_\sigma(\boldsymbol{r}) \end{aligned} \tag{2.46}$$

のように第 2 量子化の表現で与えられる．ここで，$V_{\rm ii}(\boldsymbol{R}-\boldsymbol{R}')$ はイオン間相互作用ポテンシャルで，それらの和 $U_{\rm ii}$ は与えられたイオン配置 $\{\boldsymbol{R}_j\}$ のもとでは演算子ではなく単なる定数である．また，$V_{\rm ei}(\boldsymbol{r}-\boldsymbol{R})$ は電子イオン相互作用ポテンシャルである．

イオン系が完全結晶を組んでいる場合，その基本並進ベクトルを $\boldsymbol{a}_1, \boldsymbol{a}_2, \boldsymbol{a}_3$ とし，その格子点 $\boldsymbol{R}_j$ は単位胞中では位置 $\boldsymbol{d}_{j_0}$ を占めるとすると，$\boldsymbol{R}_j$ は 3 整数 j_1, j_2, j_3 を使って

$$\boldsymbol{R}_j = \boldsymbol{d}_{j_0} + j_1\boldsymbol{a}_1 + j_2\boldsymbol{a}_2 + j_3\boldsymbol{a}_3 \tag{2.47}$$

と書ける．ここで，単位胞中のイオンの数を n_i 個とすると，$j_0 = 1, \cdots, n_i$ である．そして，結晶の単位胞の体積を $\Omega_{\rm a}(=\boldsymbol{a}_1\cdot\boldsymbol{a}_2\times\boldsymbol{a}_3)$，単位胞の数を $N_{\rm a}$ とすると，全系の体積 Ω_t は $N_{\rm a}\Omega_{\rm a}$ となり，全電子数は $N_{\rm e} = n_i Z N_{\rm a}$ となる．また，逆格子空間の基本ベクトルは $\boldsymbol{b}_1 = (2\pi/\Omega_{\rm a})\boldsymbol{a}_2\times\boldsymbol{a}_3,\; \boldsymbol{b}_2 = (2\pi/\Omega_{\rm a})\boldsymbol{a}_3\times\boldsymbol{a}_1,\; \boldsymbol{b}_3 = (2\pi/\Omega_{\rm a})\boldsymbol{a}_1\times\boldsymbol{a}_2$ であり，3 整数 k_1, k_2, k_3 を使うと任意の逆格子ベクトルは $\boldsymbol{K} = k_1\boldsymbol{b}_1 + k_2\boldsymbol{b}_2 + k_3\boldsymbol{b}_3$ と表される．

いま，$\psi_\sigma(\boldsymbol{r})$ を任意の運動量 $\boldsymbol{p}$ の平面波の固有状態とスピン σ の固有関数 χ_σ を使って

$$\psi_\sigma(\boldsymbol{r}) = \sum_{\boldsymbol{p}} c_{\boldsymbol{p}\sigma}\frac{1}{\sqrt{\Omega_t}}e^{i\boldsymbol{p}\cdot\boldsymbol{r}}\chi_\sigma \tag{2.48}$$

と展開しよう．ここで，$c_{\boldsymbol{p}\sigma}$ は $\{c_{\boldsymbol{p}\sigma}, c_{\boldsymbol{p}'\sigma'}\} = \{c_{\boldsymbol{p}\sigma}^+, c_{\boldsymbol{p}'\sigma'}^+\} = 0,\; \{c_{\boldsymbol{p}\sigma}, c_{\boldsymbol{p}'\sigma'}^+\} = \delta_{\boldsymbol{p}\boldsymbol{p}'}\delta_{\sigma\sigma'}$ の反交換関係をみたす．これを式 (2.46) に代入し，$V_{\rm ii}(\boldsymbol{R}-\boldsymbol{R}')$ は普通のクーロンポテンシャルと見なすと，長距離クーロン力に特有の長波長極限での発散項は系全体が電気的に中性であるという条件で相殺され，最終的に，$H = T_{\rm e} + U_{\rm ee} + U_{\rm HC} + U_{\rm ei} + E_{\rm M}$ と書き直せる．ここで，$T_{\rm e}$ と $U_{\rm ee}$ は電子の運動エネルギー項と電子間クーロン相互作用項で，

$$T_{\rm e} = \sum_{\boldsymbol{p}\sigma}\left(\frac{\boldsymbol{p}^2}{2m} - \mu\right)c_{\boldsymbol{p}\sigma}^+ c_{\boldsymbol{p}\sigma},\quad U_{\rm ee} = \frac{1}{2}\sum_{\boldsymbol{q}\ne 0}\sum_{\boldsymbol{p}\sigma}\sum_{\boldsymbol{p}'\sigma'}\frac{4\pi e^2}{\Omega_t \boldsymbol{q}^2}c_{\boldsymbol{p}+\boldsymbol{q}\sigma}^+ c_{\boldsymbol{p}'-\boldsymbol{q}\sigma'}^+ c_{\boldsymbol{p}'\sigma'}c_{\boldsymbol{p}\sigma} \tag{2.49}$$

で与えられる．また，$U_{\rm HC}$ は電子とイオンのハードコア (HC: hard core) との相互作用項，$U_{\rm ei}$ は電子とイオンの周期ポテンシャルとの相互作用項であり，これらは

$$U_{\mathrm{HC}} = \sum_{\boldsymbol{p}\sigma} U_{\boldsymbol{p},\boldsymbol{p}}\, c^+_{\boldsymbol{p}\sigma} c_{\boldsymbol{p}\sigma}, \quad U_{\mathrm{ei}} = \sum_{\boldsymbol{K}\neq 0}\sum_{\boldsymbol{p}\sigma} U_{\boldsymbol{p},\boldsymbol{p}+\boldsymbol{K}}\, c^+_{\boldsymbol{p}\sigma} c_{\boldsymbol{p}+\boldsymbol{K}\sigma} \qquad (2.50)$$

と書けるが,ここに現れる行列要素は原子形状因子 $S_{\mathrm{a}}(\boldsymbol{K})$ ($=\sum_{j_0} e^{i\boldsymbol{K}\cdot\boldsymbol{d}_{j_0}}/n_i$) を使って,

$$U_{\boldsymbol{p},\boldsymbol{p}+\boldsymbol{K}} = S(\boldsymbol{K})\, \frac{n_i}{\Omega_{\mathrm{a}}} \int d\boldsymbol{r}\, e^{-i\boldsymbol{p}\cdot\boldsymbol{r}} \left(V_{\mathrm{ei}}(\boldsymbol{r}) + \frac{Ze^2}{r}\delta_{\boldsymbol{K},0}\right) e^{i(\boldsymbol{p}+\boldsymbol{K})\cdot\boldsymbol{r}} \qquad (2.51)$$

で計算される.最後に,E_{M} はマーデルング (M: Madelung) エネルギーの定数項である.

今後,$V_{\mathrm{ei}}(\boldsymbol{r})$ に対してアルカリ金属原子で有効なアッシュクロフト (Ashcroft) の空芯擬ポテンシャルを使うことにする.すると,$U_{\boldsymbol{p},\boldsymbol{p}+\boldsymbol{K}} = -S(\boldsymbol{K})(n_i/\Omega_{\mathrm{a}})(4\pi Ze^2/\boldsymbol{K}^2)\cos(Kr_c)$,および,$U_{\boldsymbol{p},\boldsymbol{p}} = 2\pi Ze^2 r_i^2 (n_i/\Omega_{\mathrm{a}})$ のように与えられる.ここで,r_i はイオン半径,r_c は擬イオン半径で,例えば,Na$^+$ では $r_i = 1.85 a_{\mathrm{B}}$,$r_c = 1.81 a_{\mathrm{B}}$ である.すると,$U_{\boldsymbol{p},\boldsymbol{p}}$ は $\boldsymbol{p}$ によらない定数であるので,U_{HC} も $2\pi e^2 r_i^2 (n_i/\Omega_{\mathrm{a}}) N_e$ という定数に還元される.

2.3.3　電子ガス系とそのハートリー–フォック近似の状態

金属中の多電子系を簡単化したものとして電子ガス (EG: electron gas) 模型がある.これは一様密度の背景正電荷をもつ"硬い"容器を考え,それに全体が電気的に中性になるだけの数の電子をみたしたものである.これは前項で取り上げた第一原理系で,格子定数 a_0 がゼロ(同時に r_i や r_c もゼロ)の極限に対応する.実際,$a_0 \to 0$ では逆格子ベクトルは $\boldsymbol{0}$ か無限大しかなく,後者での相互作用はゼロなので,結局,H は $H_{\mathrm{EG}} \equiv T_e + U_{ee}$ に還元される.この H_{EG} が電子ガス模型を記述するハミルトニアンである.なお,$a_0 \to 0$ の条件は非現実なものと思うかもしれないが,金属系ではフェルミ運動量 p_{F} を用いて $a_0 p_{\mathrm{F}} \ll 1$ であれば,実質上は $a_0 \to 0$ と同じことになる.すなわち,第一原理からの格子系で考えたとしても p_{F} が小さい低密度金属は大変よい近似で電子ガス模型に従うことを意味する.ちなみに,逆極限 $a_0 \to \infty$ では(単位胞を構成する)原子・分子系の問題に還元される.

さて,この H_{EG} を構成する 2 項のうち,運動エネルギー項 T_e は電子を自由に動かして空間に一様分布させる遍歴化の効果をもつが,一方,相互作用項 U_{ee} は電子どうしをできるだけ空間的に隔離させようとする局在化の効果をもつ.これら 2 つの相反する効果の競合を(前項で調べた原子・分子系とは違って)何らの引力中心もない電子ガス系で詳しく調べると,U_{ee} に起因するいわば本来あるがままの交換相関効果の実態を知ることになる.

いま,U_{ee} の効果が弱く,基底状態 Ψ_0 は T_e の基底状態 Φ_0 でよく近似されるとしよう.この Φ_0 はスレーター行列式で,それを構成する N_e 個の 1 体状態のそれぞれは運動量空間において原点を中心として半径 p_{F} の球内を占める各 $\boldsymbol{p}$ で指定される平面波状態である.この球は"フェルミ球"とよばれ,その半径であるフェルミ運動量 p_{F} は電子密度 n を使って

$$n \equiv \frac{N_e}{\Omega_t} = \frac{1}{\Omega_t} \sum_{|\boldsymbol{p}|\leq p_{\mathrm{F}},\sigma} 1 = 2\left(\frac{1}{2\pi}\right)^3 \frac{4\pi}{3} p_{\mathrm{F}}^3 \quad \text{すなわち,}\ p_{\mathrm{F}} = \left(3\pi^2 n\right)^{1/3} \qquad (2.52)$$

で与えられる．この Φ_0 は電子ガス系における HF 近似での基底波動関数であるが，第 2 量子化の表現で $|0\rangle$ と書くと，それは真空状態 $|\text{vacuum}\rangle$ にフェルミ球内の電子を順番に詰めた状態なので，$|0\rangle = \prod_{|\boldsymbol{p}|\leq p_\text{F}\sigma} c^+_{\boldsymbol{p}\sigma}|\text{vacuum}\rangle$ と書ける．この $|0\rangle$ を用いて，HF 近似での 1 電子あたりの運動エネルギーの期待値 ε_KE と U_ee の期待値 ε_ex が簡単に計算され，

$$\varepsilon_\text{KE} = \frac{\langle 0|T_\text{e}+\mu N_\text{e}|0\rangle}{N_e} = \frac{3}{10}\frac{1}{\alpha^2 r_s^2}E_\text{h} \approx \frac{1.105}{r_s^2}E_\text{h} \tag{2.53}$$

$$\varepsilon_\text{ex} = \frac{\langle 0|U_\text{ee}|0\rangle}{N_e} = -\frac{3}{4\pi}\frac{1}{\alpha r_s}E_\text{h} \approx -\frac{0.458}{r_s}E_\text{h} \tag{2.54}$$

を得る．ここで，定数 α は $(4/9\pi)^{1/3} \approx 0.5211$ であり，また，密度パラメータ r_s は

$$n = \left(\frac{4\pi}{3}r_s^3 a_\text{B}^3\right)^{-1} \quad \text{すなわち，} r_s = \left(\frac{3}{4\pi n}\right)^{1/3}\frac{1}{a_\text{B}} = \frac{1}{\alpha p_\text{F} a_\text{B}} \tag{2.55}$$

で定義される．この r_s は重要なパラメータであり，E_h を単位として無次元化した H_EG はこの r_s だけで規定される．そして，たいていの固体では $r_s \approx 2$ であるが，それは原子が凝集して固体になる平均的な密度は原子の最外殻電子がお互いに接触しはじめる状況に対応し，そのときの r_s はだいたい 2 になるからである．アルカリ金属ではイオンが接触する前に固体が安定化して r_s が 5 くらいになりえるので，まずは金属密度領域の $1 \leq r_s \leq 5$ で考えよう．

なお，式 (2.53) や式 (2.54) における期待値の計算を第 1 量子化で行うと N_e 次の行列式を用いた煩雑なものになるが，第 2 量子化ではその煩雑さは消えて，単に $c_{\boldsymbol{p}\sigma}$ や $c^+_{\boldsymbol{p}'\sigma'}$ の間の反交換関係を用いた簡単な演算になる．これが第 2 量子化の主たる効用である．

2.3.4 動径分布関数：フェルミホールとクーロンホール

この HF 近似の基底状態 $|0\rangle$ はフェルミ統計に従う "自由電子気体" の状況を表しているが，金属密度領域の r_s では $\varepsilon_\text{KE} \approx |\varepsilon_\text{ex}|$ という結果が得られたので，相互作用の効果は運動エネルギーのそれと同程度といえる．これは実際の様相は電子気体でなく，"電子液体" の状態であることを示唆している．一般的にいって，液体の状態を調べる有効なプローブは "対分布関数" であり，ここでは一様密度の "フェルミ液体" なので，"スピンに依存した動径分布関数" $g_{\sigma\sigma'}(r)$ を用いて交換相関効果の実態を調べることになる．

さて，この関数は，電子密度 n を用い，かつ，$r \to \infty$ で 1 という規格化のもとで，

$$\begin{aligned}g_{\sigma\sigma'}(r) &= \left(\frac{2}{n}\right)^2\frac{1}{\Omega_t}\int d\boldsymbol{r}'\langle\psi^+_\sigma(\boldsymbol{r}+\boldsymbol{r}')\psi^+_{\sigma'}(\boldsymbol{r}')\psi_{\sigma'}(\boldsymbol{r}')\psi_\sigma(\boldsymbol{r}+\boldsymbol{r}')\rangle \\ &= \left(\frac{2}{n}\right)^2\frac{1}{\Omega_t}\int d\boldsymbol{r}'\langle[n_\sigma(\boldsymbol{r}+\boldsymbol{r}')-\delta_{\sigma\sigma'}\delta(\boldsymbol{r})]n_{\sigma'}(\boldsymbol{r}')\rangle\end{aligned} \tag{2.56}$$

で計算される．この定義から，スピン σ' の電子がある位置 $\boldsymbol{r}'$ に存在するときにスピ

ン σ の別の電子が $\boldsymbol{r}+\boldsymbol{r}'$ に存在する確率分布が $g_{\sigma\sigma'}(r)$ であることがわかる．そこで，$(n/2)[g_{\sigma\sigma'}(r)-1]$ を考えると，これはスピン σ' の電子が座標原点に存在する場合，距離 r でのスピン σ の電子密度が平均密度 $n/2$ に比べて正か負にいかにずれているかを表しているものなので，この量を全空間で積分すると，このズレの総和は同じスピン間ではもともと座標原点におかれた電子 1 個分の欠落，違うスピン間ではゼロを示さなければならない．すなわち，

$$\frac{n}{2}\int d\boldsymbol{r}\ [g_{\sigma\sigma'}(r)-1] = -\delta_{\sigma\sigma'} \tag{2.57}$$

である．また，パウリの排他律から $g_{\uparrow\uparrow}(0)=0$ であるが，相関効果の指標である $g_{\uparrow\downarrow}(0)$ は必ずしもゼロではない．なお，カスプ定理から $g'_{\uparrow\downarrow}(0)/g_{\uparrow\downarrow}(0)=1/a_{\rm B}$ である．

具体的に式 (2.56) を計算するために，その定義式に含まれる $n_\sigma(\boldsymbol{r})$ を

$$n_\sigma(\boldsymbol{r}) = \frac{1}{\Omega}\sum_{\boldsymbol{q}} e^{i\boldsymbol{q}\cdot\boldsymbol{r}} n_{\boldsymbol{q}\sigma}, \quad \text{ここで，} n_{\boldsymbol{q}\sigma} = \sum_{\boldsymbol{p}} c^+_{\boldsymbol{p}\sigma} c_{\boldsymbol{p}+\boldsymbol{q}\sigma} \tag{2.58}$$

のようにフーリエ変換して代入し，式 (2.56) の最終式を書き直すと，

$$g_{\sigma\sigma'}(r) = 1 + \left(\frac{2}{N_e}\right)^2 \sum_{\boldsymbol{q}\neq\boldsymbol{0}} e^{i\boldsymbol{q}\cdot\boldsymbol{r}} \langle n_{\boldsymbol{q}\sigma} n_{-\boldsymbol{q}\sigma'}\rangle - \frac{2}{n}\delta_{\sigma\sigma'}\delta(\boldsymbol{r}) \tag{2.59}$$

となる．HF 近似では $\langle n_{\boldsymbol{q}\sigma} n_{-\boldsymbol{q}\sigma'}\rangle$ を $\langle 0|n_{\boldsymbol{q}\sigma} n_{-\boldsymbol{q}\sigma'}|0\rangle$ で計算することになり，その結果，

$$g^{\rm HF}_{\uparrow\uparrow}(r) = 1 - 9\left(\frac{\sin p_{\rm F}r - p_{\rm F}r\cos p_{\rm F}r}{p_{\rm F}^3 r^3}\right)^2, \quad g^{\rm HF}_{\uparrow\downarrow}(r) = 1 \tag{2.60}$$

を得るので，HF 近似でも $g^{\rm HF}_{\uparrow\uparrow}(0)=0$ で平行スピン間の避け合い（交換効果）はよく考慮されているが，反平行スピン間の避け合い（相関効果）は考慮外になっていることがわかる．

そこで，HF 近似を超えて相関効果を多体摂動理論で取り扱おう．$H_{\rm EG}$ の中で T_e を非摂動項，U_{ee} を摂動項とし，物理量 A の T_e についての平均を $\langle A\rangle_0 \equiv {\rm tr}(e^{-\beta T_e}A)/{\rm tr}(e^{-\beta T_e})$ と書こう．また，$U_{ee}(\tau)$ を $U_{ee}(\tau)\equiv e^{T_e\tau}U_{ee}e^{-T_e\tau}$ で導入すると，S 行列 $S(\tau,\tau')$ は

$$S(\tau,\tau') = T_\tau \exp\left[-\int_{\tau'}^{\tau} d\tau_1\ U_{ee}(\tau_1)\right] \tag{2.61}$$

と書ける．ここで，演算子 T_τ は T 積を表し，$T_\tau[U_{ee}(\tau_1)\cdots U_{ee}(\tau_i)\cdots U_{ee}(\tau_n)]$ は τ_i の大きさに従って左から順に $U_{ee}(\tau_i)$ を n 個並べた積を意味する．すると，$\langle A\rangle = \langle S(\beta,0)A\rangle_{0c}$ で計算できる．添え字 c (connected) はダイアグラムとして連結した項のみをとることを指定する．具体的に $\langle n_{\boldsymbol{q}\sigma} n_{-\boldsymbol{q}\sigma'}\rangle$ を計算する際に考慮すべき代表的なダイアグラムは図 2.7 に記されている．このうち，(a) は HF 近似で計算する際の唯一の項であるが，(b) には長距離相関を取り入れる際に重要になるリング (ring) の直接項のダイアグラムを示してい

図 2.7 動径分布関数の計算に必要になる期待値 $\langle n_{q\sigma} n_{-q\sigma'} \rangle$ に寄与するダイアグラム．

る．これはスピン平行・反平行のいずれにもまったく同じ寄与を与えるもので，(c) に示す RPA（Random Phase Approximation）での有効相互作用を使うと，例えば，$g_{\uparrow\downarrow}(r)$ は

$$g_{\uparrow\downarrow}^{\rm RPA}(r) = 1 - \frac{1}{N_{\rm e}^2} T \sum_{\omega_q} \sum_{\bm{q} \neq 0} e^{i\bm{q}\cdot\bm{r}} \frac{u(\bm{q}) \Pi^{(0)}(\bm{q}, i\omega_q)^2}{1 + u(\bm{q}) \Pi^{(0)}(\bm{q}, i\omega_q)} \tag{2.62}$$

で与えられる．ここで，$u(\bm{q}) = 4\pi e^2/(\Omega_t \bm{q}^2)$ であり，また，$\Pi^{(0)}(\bm{q}, i\omega_q)$ は RPA での分極関数で，ω_q はボソンの松原振動数 $2\pi T q$ $(q=0, \pm 1, \pm 2 \pm 3, \cdots)$ とすると，

$$\Pi^{(0)}(\bm{q}, i\omega_q) = \sum_{\bm{p}\sigma} \frac{f(\xi_{\bm{p}+\bm{q}}) - f(\xi_{\bm{p}})}{i\omega_q + \xi_{\bm{p}} - \xi_{\bm{p}+\bm{q}}} = 4 \sum_{\bm{p}} f(\xi_{\bm{p}}) \frac{\xi_{\bm{p}+\bm{q}} - \xi_{\bm{p}}}{\omega_q^2 + (\xi_{\bm{p}+\bm{q}} - \xi_{\bm{p}})^2} \tag{2.63}$$

で与えられる．ここで，$\xi_{\bm{p}} = \bm{p}^2/(2m) - \mu$ であり，$f(x)$ はフェルミ分布関数である．

ところで，図 2.8(b) に示したように，$r_s = 2$ では小さい r で $g_{\uparrow\downarrow}^{\rm RPA}(r)$ は（確率分布関数としては決して許されない）負になる．さらに，$r_s > 2$ では，（図には示していないが,）この傾向はますます強くなり，より大きな r まで負になるという非物理的な結果を与えるので，RPA は金属密度領域でよい近似とはいえない．なお，$g_{\uparrow\uparrow}^{\rm RPA}(r)$ には図 2.7(d) のリングの交換項も寄与して，$r \approx 0$ では直接項とほぼ相殺するので，深刻な問題にならない．

この $g_{\uparrow\downarrow}(r)$ の小さな r での振る舞いは，図 2.7(e) に示した電子電子梯子（ladder）項を考慮することで改善される．この梯子項は短距離相関効果を記述する主要項であるが，これを取り込む際には同時に図 2.7(f) の電子正孔梯子項も考慮しなければならない．さらに，$g_{\uparrow\uparrow}(r)$ ではこれらに対応する交換項も同時に取り入れないとパウリ排他律がみたされない．このように，リング項，梯子項，それらの交換項をすべてバランスよく，かつ，いろいろな総和則や極限での正しい漸近形をみたしつつ取り込むことはたやすいことではない．

これら各種の項の複合和が難しくなるのは裸のクーロン斥力ポテンシャル $u(\bm{q})$ の長距離（小さい $|\bm{q}|$）における発散的振る舞いに一因がある．実際，リング項の無限和をとるのはその発散を押さえるためであるが，逆にいえば，摂動の展開パラメータが $u(\bm{q})$ である限り，常に無限複合和に悩まされることになる．そこで，展開パラメータを初めから短距離の遮蔽クーロンポテンシャル $\tilde{u}(\bm{q})$ に変えるというアイデアが湧く．このアイデアを具体化するために，まず，通常の摂動展開での基底状態 $|\Psi_0\rangle$ を考えると，それは $U_{\rm ee}$ を使って

$$|\Psi_0\rangle = S(0, -\infty)|0\rangle = |0\rangle + \sum_{l \neq 0} |l\rangle \frac{\langle l|U_{\rm ee}|0\rangle}{E_0^{(0)} - E_l^{(0)}} + \cdots \tag{2.64}$$

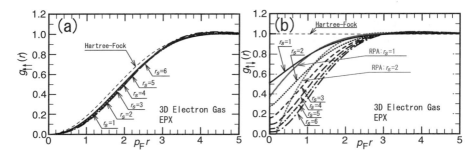

図 2.8 金属密度領域でのスピンに依存した動径分布関数. EPX の結果とともに, HF 近似 (細破線) や (b) のスピン反平行の場合には RPA での結果も示している.

である. ここで, $|l\rangle$ は T_e の固有励起状態 ($T_e|l\rangle = E_l^{(0)}|l\rangle$) である. そこで, U_{ee} 中の $u(\boldsymbol{q})$ を $\tilde{u}(\boldsymbol{q})$ に換えて $\tilde{U}_{ee}$ を定義し, それを使って試行関数 $|\tilde{\Psi}_0\rangle$ を与える. そして, 変分法的に $\tilde{u}(\boldsymbol{q})$ の最善形を決める. これが有効ポテンシャル展開 (EPX: Effective Potential Expansion) 法の核心である. 実際の定式化と計算法の詳細は原著論文[12,24]に譲るが, この EPX を使って得た高精度の $g_{\sigma\sigma'}(r)$ の結果を図 2.8 に示す. その図 (a) によれば, $r = 0$ では $g_{\uparrow\uparrow}(r) = 0$ の条件が完全にみたされ, また, $r \approx 0$ では $g_{\uparrow\uparrow}(r) \propto r^2$ である. そして, r_s によらずに $r \approx 4/p_F$ で $g_{\uparrow\uparrow}(r)$ はほぼ 1 に回復する. このように, $g_{\uparrow\uparrow}(r)$ は HF 近似の値からほとんど変化していないので, 平行スピン電子間ではフェルミ量子統計性による避け合い (交換効果) が支配的で, HF 近似を越えた高次効果は重要でないことがわかる. そして, $g_{\uparrow\uparrow}(r) < 1$ である半径 $4/p_F$ の球は "フェルミホール (Fermi hole)" とよばれ, 式 (2.57) でみたように, その中にはちょうど電子 1 個分の隙間ができていることになる.

一方, 図 2.8(b) によれば, $g_{\uparrow\downarrow}(0)$ は HF 近似の値である 1 より小さくなる. その値は相関効果の特徴を反映して r_s に依存するが, $r_s > 6$ では $g_{\uparrow\downarrow}(0) \approx 0$ である. そして, $r < 2.5/p_F$ である限り $g_{\uparrow\downarrow}(r) < 1$ となり, 反平行スピン電子間にも電子密度の隙間ができることを示している. このクーロン斥力が起源である半径 $2.5/p_F$ の電子欠乏の球は "クーロンホール (Coulomb hole)" とよばれる. この半径の値 $2.5/p_F$ は相関効果を特徴づける長さといえるが, それは $4/p_F$ (交換効果の特徴的長さ) よりもずっと短いため, 電子ガス系では, 通常, 交換効果が相関効果を上回ることになる. それゆえ, 各電子のまわりは避け合う効果が小さい反平行スピン電子で囲まれることになり, 局所的には反強磁性的な環境といえる.

2.3.5 基底状態エネルギーと相関エネルギー

任意の r_s で動径分布関数が得られると,密度が r_s の電子ガス系における 1 電子あたりの基底状態エネルギー ε_0 $(\equiv E_0/N_e)$ は次の公式を使って計算される.いま,λ は 0 から 1 まで変化する実数としてハミルトニアン $H(\lambda) \equiv T_e + \lambda U_{ee}$ を考え,この系にヘルマン (Hellmann)–ファインマン (Feynman) の定理を適用し,密度が λr_s での動径分布関数を $g_{\sigma\sigma'}(r:\lambda r_s)$ と書くと,ε_0 は

$$\varepsilon_0 = \varepsilon_{\text{KE}} + \frac{n}{8}\sum_{\sigma\sigma'}\int_0^1 d\lambda \int \boldsymbol{r}\frac{e^2}{r}[g_{\sigma\sigma'}(r:\lambda r_s) - 1] \tag{2.65}$$

で与えられる.この式に $g_{\sigma\sigma'}(r:\lambda r_s) = g_{\uparrow\uparrow}^{\text{HF}}(r)$ を代入すると,$\varepsilon_0 = \varepsilon_{\text{KE}} + \varepsilon_{\text{ex}}$ となり,HF 近似での結果を再現する.ところで,"相関エネルギー" ε_c は厳密な ε_0 と HF 近似の値との差として定義されるので,変分原理から常に $\varepsilon_c \leq 0$ である.ε_c の具体的な値は,式 (2.65) の右辺第 2 項で,そのカギ括弧の中を $g_{\sigma\sigma'}(r:\lambda r_s) - g_{\uparrow\uparrow}^{\text{HF}}(r)$ に置き換えて計算される.

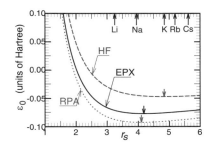

図 **2.9** 電子ガス系の 1 電子あたりの基底状態エネルギー.EPX と HF の結果の差が相関エネルギー ε_c を与える.

図 2.9 には,EPX で得られた高精度の ε_0 が r_s の関数として描かれている.グリーン関数モンテカルロ (GFMC) 法でも(適切なサイズ補正後は)同等の結果が得られているが,HF 近似や RPA はかなり精度の悪い結果を与える.正確な ε_0 は $r_s = 4.18$ で最小になり,この値の r_s のときだけ電子ガス系が熱力学的に安定でビリアル定理がみたされる.

2.3.6 圧縮率とスピン帯磁率:電子ガス系とアルカリ金属の比較

多電子系の静的長波長極限の電荷応答やスピン応答は圧縮率 κ やスピン帯磁率 χ で特徴づけられる.電子密度 n の自由電子系で温度 T がゼロの場合,κ や χ は,それぞれ,

$$\kappa_{\text{F}} = \frac{r_s^5}{8623}\text{ GPa}^{-1} \quad \text{および} \quad \chi_{\text{F}} = \frac{2.589 \times 10^{-6}}{r_s}\text{ cgs} \tag{2.66}$$

で与えられる．ところで，結晶中では κ や χ はイオンの周期場に由来する"バンド効果"や電子間のクーロン斥力に由来する"多体効果"のため，κ_F や χ_F からずれる．$T=0$ では，そのズレは上向きスピンの電子密度 $n_\uparrow$ と下向きスピンのそれ $n_\downarrow$ の関数として求めた単位体積あたりの基底状態のエネルギー $f_0(n_\uparrow, n_\downarrow)$ ($\equiv E_0/\Omega_t = n\varepsilon_0$) を用いて，

$$\frac{\kappa_F}{\kappa} = \left(\frac{1}{4\pi^2 \alpha r_s}\right)\left(\frac{\partial^2}{\partial n_\uparrow^2} + 2\frac{\partial^2}{\partial n_\uparrow \partial n_\downarrow} + \frac{\partial^2}{\partial n_\downarrow^2}\right) f_0(n_\uparrow, n_\downarrow)\bigg|_{n_\uparrow = n_\downarrow = n/2} \quad (2.67)$$

$$\frac{\chi_F}{\chi} = \left(\frac{1}{4\pi^2 \alpha r_s}\right)\left(\frac{\partial^2}{\partial n_\uparrow^2} - 2\frac{\partial^2}{\partial n_\uparrow \partial n_\downarrow} + \frac{\partial^2}{\partial n_\downarrow^2}\right) f_0(n_\uparrow, n_\downarrow)\bigg|_{n_\uparrow = n_\downarrow = n/2} \quad (2.68)$$

で計算される．なお，$\kappa_F/\kappa - \chi_F/\chi$ は電荷自由度に伴う応答とスピン自由度のそれとの分離の大きさを与えているが，その分離は $f_0(n_\uparrow, n_\downarrow)$ におけるスピン反平行電子間の絡み合いの項に起因している．したがって，HF 近似のように，$f_0(n_\uparrow, n_\downarrow)$ 中にその絡みの項が含まれていない近似では電荷応答とスピン応答に差が出ないことになる．物理的には，HF 近似は 1 体近似で，その場合，裸の電子とまったく同様に固体中の電子といえども常に電荷とスピンは一体のものとして外部摂動に反応するので，$\kappa_F/\kappa = \chi_F/\chi$ という結果になる．

さて，1 体近似を超えると $\kappa_F/\kappa \neq \chi_F/\chi$ になる．例えば，長距離クーロン力による多体効果だけが働く電子ガス系では，κ_F/κ や χ_F/χ は r_s の増加とともに図 2.10 のような変化を示す．破線で表した HF 近似では，κ (χ) は交換効果のために κ_F (χ_F) から増大するが，上述したとおり，その増大率は電荷とスピンの応答間で差はない ($\kappa_F/\kappa = \chi_F/\chi = 1 - \alpha r_s/\pi$)．しかし，反平行スピン電子間の相関効果を取り入れると，κ_F/κ と χ_F/χ とは分離する．定性的には，電荷応答では相関効果は交換効果と同じ向きに働いて κ を増大させるが，スピン応答では交換効果とは逆向きに働いて χ を抑制する．なお，格子点上の短距離クーロン力を考えるハバード模型では（ハーフ–フィルド近傍を除けば）相関効果は電荷応答を抑制し，スピン応答を増大させることがよく知られているので，同じ相関効果とはいえ，電子ガス模型とハバード模型とではまったく正反対の性格をもつこと[25]に注意されたい．

ところで，通常，理想的な電子ガス系と見なされているアルカリ金属で実験すると，

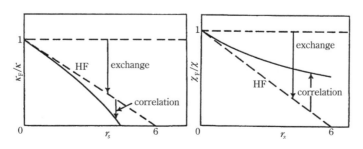

図 **2.10** 電子ガス系の圧縮率とスピン帯磁率の r_s による変化．

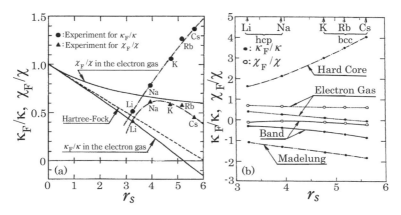

図 2.11 アルカリ金属での圧縮率とスピン帯磁率．(a) は電子ガス系の結果との比較，(b) は κ_F/κ と χ_F/χ を構成するそれぞれの成分の r_s 依存性．

図 2.11(a) に示すように，すべてのアルカリ金属で $\kappa_F/\kappa > \chi_F/\chi$ が得られていて，電子ガス系で期待される結果に相反している．電子間相互作用については，アルカリ金属においても電子ガス系と同様に長距離クーロン力が働くので，このような相違は電子ガス系にはなくてアルカリ金属では無視できないバンド効果のような電子イオン相互作用の何らかの効果が重要であることを物語っている．

そこで，長距離クーロン力による多体効果とバンド効果の競合を解明するという観点から，アルカリ金属の圧縮率やスピン帯磁率を再検討してみた．ハミルトニアン H としては非一様密度の電子ガス系を記述する式 (2.46) を採用し，その H $(= T_e + U_{ee} + U_{HC} + U_{ei} + E_M)$ に EPX を適用して調べた．実際の計算上の手順や計算結果の詳細は原著論文[26]に譲るが，最終結果として得られた κ や χ は，定性的にはもちろんのこと，定量的にも実験とよい一致を示す．特に，Na については 1% 以内の誤差で実験結果を再現する．より詳しくアルカリ金属と電子ガス系における応答の違いをみるために，まず，κ_F/κ と χ_F/χ をそれぞれの構成成分に分けて，

$$\frac{\kappa_F}{\kappa} = \left(\frac{\kappa_F}{\kappa}\right)_{\text{Electron Gas}} + \left(\frac{\kappa_F}{\kappa}\right)_{\text{Band}} + \left(\frac{\kappa_F}{\kappa}\right)_{\text{Hard Core}} + \left(\frac{\kappa_F}{\kappa}\right)_{\text{Madelung}} \quad (2.69)$$

$$\frac{\chi_F}{\chi} = \left(\frac{\chi_F}{\chi}\right)_{\text{Electron Gas}} + \left(\frac{\chi_F}{\chi}\right)_{\text{Band}} \quad (2.70)$$

のように書こう．ここで，κ_F/κ と χ_F/χ の第 1 項は電子ガス系の結果を取り出したもの，第 2 項は U_{ei} が関与したバンド効果の寄与の全体であるが，この中にはバンド効果と多体効果の絡みの部分も含まれる．さらに，κ_F/κ には U_{HC} や E_M のそれぞれに起因するイオンのハードコアからの寄与やマーデルングエネルギーからのそれもある．

図 2.11(b) にはアルカリ金属におけるこれら各種の寄与の大きさをプロットしている。この図から次のようなことがわかる。(1) バンド効果は κ も χ も増大させる働きがある。特に χ についていえば、Na や K、Rb ではその増大効果が小さいが、Li や Cs では大きい。そのため、Li から Cs へアルカリ金属元素を順に変えた場合、図 2.11(a) の χ_F/χ にみられるような上に凸の振る舞いが得られる。(2) マーデルングエネルギーからの寄与は κ を増大させるが、ハードコアの抑制効果はそれを大きく上回る。実際、このハードコアからの寄与は他のあらゆる寄与に打ち勝ち、その結果、アルカリ金属では $\kappa_F/\kappa > \chi_F/\chi$ が得られている。(3) このハードコアからの寄与は $(\kappa_F/\kappa)_{\text{Hard Core}} = 9\alpha^2 r_i^2/r_s$ と書けるので、r_i が大きなイオンほど、この抑制効果が強まる。したがって、Li から Cs へ r_i を順に大きくしていくと、図 2.11(a) の κ_F/κ にみられるような振る舞いが得られることになる。(4) 物理的には、このハードコアからの寄与とは、伝導電子の波動関数が内殻電子のそれと直交するために増加する運動エネルギーの効果といえる。あるいは、加圧してもその大きさが変化しないイオンコアの存在で伝導電子の自由可動領域が狭められた効果ともいえる。

2.3.7　誘電異常と超臨界状態のアルカリ金属流体

前項では、常圧下のアルカリ金属ではバンド効果と多体効果の絡みは重要ではなく、単純にハードコアの存在によって $\kappa_F/\kappa > \chi_F/\chi$ というスピン応答が勝る状態が出現していることをみた。しかしながら、何らかの方法で系全体を膨張させ、伝導電子密度を十分に小さく (r_s を十分に大きく) できたとすると、伝導電子はイオンコアの領域にあまり滞在する必要がなくなる。すると、$(\kappa_F/\kappa)_{\text{Hard Core}}$ の寄与は十分に小さくなり、系全体の応答は電子ガス系本来のものに回帰するはずである。しかも、もし、そのときの電子密度が $r_s > 5.25$ の条件をみたせば、負の電子圧縮率、$(\kappa_F/\kappa)_{\text{Electron Gas}} < 0$、という大変興味深い状況が生まれることになる。ちなみに、電子ガス系の誘電関数 $\varepsilon(\bm{q},\omega)$ は正確な分極関数 $\Pi(\bm{q},\omega)$ を用いて $\varepsilon(\bm{q},\omega) = 1 + u(\bm{q})\Pi(\bm{q},\omega)$ と書くが、圧縮率総和則から

$$\lim_{q \to 0} \Pi(\bm{q},0) = n^2\, \Omega_t\, \kappa_{\text{Electron Gas}} \tag{2.71}$$

であるので、$\kappa_{\text{Electron Gas}} < 0$ に伴って少なくとも小さな q では $\varepsilon(\bm{q},0)$ は負になる。これは"誘電異常現象"の出現を示唆していて、このような系に正の試験電荷を 2 つ入れると、通常とは違って、これらの試験電荷はお互いに引き寄せ合うと考えられる。

ところで、このような状況を実験室で作り上げ、誘電異常現象を観測することに成功した実験[27] がある。これは図 2.12 に模式的に示したように、超臨界流体の特徴に着目して、3 重臨界点を迂回しつつ液体から気体へと体積を大幅に、かつ、連続的に膨張させることによってアルカリ金属流体の密度を広範囲にわたって制御しつつ、その物性を測定したものである。とりわけ、液体金属 Rb を取り上げ、r_s を 5.25 よりもずっと大きくしながら、Rb イオン間の動径分布関数 $g_{ii}(R)$ をイオン間距離 R の関数として、X 線回折、X 線小

2.3 場の量子論的アプローチ

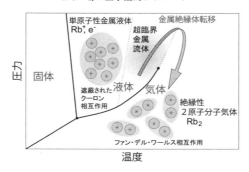

図 2.12 ルビジウムなどのアルカリ金属元素にみられる温度-圧力相図の模式図. 3 重点近傍で液体金属を膨張させると超臨界金属流体が現れ, やがて金属絶縁体転移を経て絶縁性の 2 原子分子気体へと変化していく.

角散乱, および, X 線非弾性散乱などを組み合わせて測定した. なお, $g_{ii}(R)$ は

$$g_{ii}(R) = \frac{1}{n^2} \left\langle \sum_{j \neq j'} \delta(\boldsymbol{R}_j - \boldsymbol{R}_{j'} - \boldsymbol{R}) \right\rangle \tag{2.72}$$

のように定義され, 一様密度の流体では $R = |\boldsymbol{R}|$ の関数になる.

その実験で得られた結果は図 2.13(a) の実線で示されている. この $g_{ii}(R)$ の第 1 ピークの位置 R_{ii} は Rb イオン対の最短距離を与えるもので, 本来, 密度が薄く (r_s が大きく) なってイオン間の平均距離が増大すれば, それに伴って R_{ii} も増大するはずであるが, 実験によれば, r_s の増大とともに R_{ii} は逆に減少するという注目すべき異常性を見いだした.

この異常性の起源は $r_s > 5.25$ のような低密度電子ガス系で現れる $\varepsilon(\boldsymbol{q}, 0)$ の誘電異常に関係すると予想して, まず, Rb 金属流体を量子的な電子流体と古典的な Rb イオン流体の複合系と見なそう. すると, Rb イオン間の有効相互作用 $\tilde{V}_{ii}(R)$ はイオン間の直接のクーロン斥力のほかに伝導電子の電荷揺らぎを媒介とした間接的な相互作用も働くものとして計算される. しかるに, Rb イオンと電子との相互作用は弱い擬ポテンシャルで取り扱えるので, この間接相互作用は電子ガス中に導入された 2 つの試験電荷間の相互作用という形で取り扱える. その結果, $\tilde{V}_{ii}(R)$ の全体はイオンコアの外側の領域 ($R > 2r_c$) では

$$\tilde{V}_{ii}(R) = \sum_{\boldsymbol{q} \neq 0} e^{i\boldsymbol{q}\cdot\boldsymbol{R}} \frac{u(\boldsymbol{q})}{\varepsilon(\boldsymbol{q}, 0)} n_{\mathrm{ps}}(\boldsymbol{q})^2 \tag{2.73}$$

で与えられる. ここで, "擬電荷" $n_{\mathrm{ps}}(\boldsymbol{q})$ は r_c を擬イオン半径として $\cos(qr_c)$ で与えられる. なお, Rb では $r_c = 1.27$Å である. また, $\varepsilon(\boldsymbol{q}, 0)$ の計算に必要な分極関数 $\Pi(\boldsymbol{q}, \omega)$ は "局所場補正関数" $G_+(\boldsymbol{q}, i\omega_q)$, あるいは, $G_s(\boldsymbol{q}, i\omega_q)$ を用いて,

$$\Pi(\boldsymbol{q}, \omega) = \frac{\Pi^{(0)}(\boldsymbol{q}, i\omega_q)}{1 - G_+(\boldsymbol{q}, i\omega_q)u(\boldsymbol{q})\Pi^{(0)}(\boldsymbol{q}, i\omega_q)} = \frac{\Pi_{\mathrm{WI}}(\boldsymbol{q}, i\omega_q)}{1 - G_s(\boldsymbol{q}, i\omega_q)u(\boldsymbol{q})\Pi_{\mathrm{WI}}(\boldsymbol{q}, i\omega_q)} \tag{2.74}$$

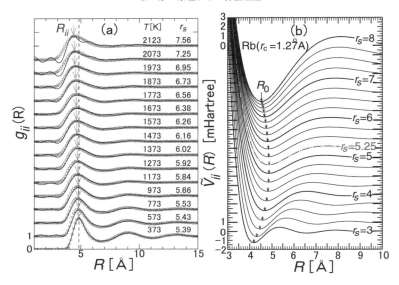

図 2.13 (a) 超臨界 Rb 金属流体における動径イオン分布関数 $g_{ii}(R)$. 実験 (実線) と理論 (白抜き丸点) を比べたもの. (b) イオン間有効相互作用.

と書き直せる. ここで, $\Pi_{\text{WI}}(\boldsymbol{q}, i\omega_q)$ は $\Pi^{(0)}(\boldsymbol{q}, i\omega_q)$ の定義式 (2.63) の右辺最終式で, $f(\xi_{\boldsymbol{p}})$ を正確な運動量分布関数 $n(\boldsymbol{p})$ に置換して定義されたものである. また, $G_+(\boldsymbol{q}, i\omega_q)$ や $G_s(\boldsymbol{q}, i\omega_q)$ については各種の漸近形や保存則を正確にみたす高精度の関数形[28] がすでによく知られているので, それを用いて $\tilde{V}_{ii}(R)$ をいろいろな電子密度について計算した. その結果, 図 2.13(b) が示すように, $\tilde{V}_{ii}(R)$ が最小になる距離 R_0 は r_s の関数としてみると, $r_s = 5.25$ で最大になり, r_s がそれより大きくても小さくても, r_s の変化とともに R_0 が減少することがわかる. もちろん, この特異な振る舞いは誘電異常に起因するものである.

この $\tilde{V}_{ii}(R)$ を用いてイオン系の運動を古典モンテカルロ・シミュレーションで取り扱うと, $g_{ii}(R)$ が計算される. 図 2.13(a) の白抜き丸点はその理論計算の結果を示すが, 実験とほぼ完全な一致が得られていて, R_{ii} の振る舞いは R_0 のそれをなぞっていることがわかる. このように, 超臨界 Rb 金属流体におけるイオン間距離の異常な振る舞いは負の電子圧縮率の出現とそれに伴う誘電異常現象の発現の結果であることが明確になった.

ちなみに, このような異常は, Rb に限らず, K などでも観測されうることが指摘された. 詳しくは原著論文[29] に譲るが, これはこの問題で物理的に意味のある電子密度は系全体での平均密度ではなく, イオンコア領域近傍のそれであり, それは平均密度よりも薄いのである. また, 超臨界アルカリ金属流体の問題に限らず, 電子系の圧縮率の発散が引き

起こす物理は大変興味深く，一般的にいえば，このような発散は潜在的に"相分離現象"の引き金になるものなので，この分野での今後の研究の発展が期待される．

2.3.8　GWΓ 法：動的構造因子と 1 電子スペクトル関数

これまでは基底状態を議論してきたが，励起状態が関与する系の動的応答も有用な情報を与える．場の量子論の立場では，これは各種のグリーン関数を使って応答関数を計算することになる．例えば，高速電子ビーム散乱実験や軟 X 線非弾性散乱実験で測定できる"動的構造因子" $S(\boldsymbol{q},\omega)$ は遅延分極関数 $\Pi(\boldsymbol{q},\omega+i0^+)$ を用いて，

$$S(\boldsymbol{q},\omega) = -\frac{1}{1-e^{-\beta\omega}}\frac{1}{\pi}\mathrm{Im}\left[-\frac{\Pi(\boldsymbol{q},\omega+i0^+)}{1+u(\boldsymbol{q})\Pi(\boldsymbol{q},\omega+i0^+)}\right]$$
$$= \frac{1}{1-e^{-\beta\omega}}\frac{1}{\pi}\mathrm{Im}\left[\frac{\Pi_{\mathrm{WI}}(\boldsymbol{q},\omega+i0^+)}{1+[1-G_s(\boldsymbol{q},\omega+i0^+)]u(\boldsymbol{q})\Pi_{\mathrm{WI}}(\boldsymbol{q},\omega+i0^+)}\right] \quad (2.75)$$

で与えられる．なお，式 (2.75) で第 2 式から第 3 式に移行する際には式 (2.74) を用いた．もちろん，$\Pi_{\mathrm{WI}}(\boldsymbol{q},\omega+i0^+)$ と $G_s(\boldsymbol{q},\omega+i0^+)$ のかわりに $\Pi^{(0)}(\boldsymbol{q},\omega+i0^+)$ と $G_+(\boldsymbol{q},\omega+i0^+)$ を使うことも考えられるが，$S(\boldsymbol{q},\omega)$ の計算では前者の方がよい．それは $\Pi^{(0)}(\boldsymbol{q},\omega+i0^+)$ では 1 対の電子正孔励起しか記述しないが，$\Pi_{\mathrm{WI}}(\boldsymbol{q},\omega+i0^+)$ は多対励起も含むからである．

ところで，この多対電子正孔励起を正しく取り込むためには，運動量分布関数 $n(\boldsymbol{p})$ を精度よく知らねばならない．これは ω_p をフェルミオンの松原振動数 $\pi T(2p+1)$ ($p=0,\pm 1,\pm 2 \pm 3,\cdots$) として，1 電子グリーン関数 $G(\boldsymbol{p},i\omega_p)$ を使って，

$$n(\boldsymbol{p}) = \langle c_{\boldsymbol{p}\sigma}^+ c_{\boldsymbol{p}\sigma}\rangle = T\sum_{\omega_p} e^{i\omega_p 0^+} G(\boldsymbol{p},i\omega_p) \quad (2.76)$$

で与えられる．この $G(\boldsymbol{p},i\omega_p)$ 自体も物理的に重要で，これを実軸上に解析接続して得られる遅延 1 電子グリーン関数 $G(\boldsymbol{p},\omega+i0^+)$ からは 1 電子スペクトル関数 $A(\boldsymbol{p},\omega)$ が

$$A(\boldsymbol{p},\omega) = -\frac{1}{\pi}\mathrm{Im}\left[G(\boldsymbol{p},\omega+i0^+)\right] \quad (2.77)$$

によって計算される．なお，この関数は"角度分解型光電子分光"(ARPES: Angle-Resolved Photo-Emission Spectroscopy)[30] で測定され，その実験結果や計算による解析結果から固体中の電子を記述する"準粒子"という重要な概念の正否が確かめられる．

この $G(p)$（ここで，p は $(\boldsymbol{p},i\omega_p)$ の簡略表記）を金属中で高精度で得るためには，局所的な電子数保存則（あるいは，局所ゲージ変換不変性）から導かれる"ワード (Ward) 恒等式"を常にみたすバーテックス関数 $\Gamma(p,p+q)$ を導入しつつ，自己無撞着に解かねばならない．しかし，これは困難な課題で，固体中ではまだ実行されていないが，金属密度の電子ガス系に対してはそれを具体的に実行するための "GWΓ 法" が提案・遂行[31]された．

その GWΓ 法を使って誘電異常直前の $r_s=5$ で $S(\boldsymbol{q},\omega)$ の高精度な結果[32]が得られ

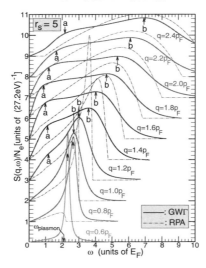

図 2.14 $r_s = 5$ における電子ガス系の動的構造因子 $S(\boldsymbol{q},\omega)$. 単位は E_h^{-1} である. また, ω の単位はフェルミエネルギー $E_\mathrm{F}\ (=p_\mathrm{F}^2/2m = 0.0737E_\mathrm{h})$ で, プラズモンエネルギー ω_plasmon は $2.10E_\mathrm{F}$ である.

た. 図 2.14 には, それと RPA での結果 (式 (2.75) で $\Pi(\boldsymbol{q},\omega+i0^+)$ を $\Pi^{(0)}(\boldsymbol{q},\omega+i0^+)$ で近似したもの) が比較されている. $|\boldsymbol{q}|$ が小さい場合, プラズモン (そのエネルギーが ω_plasmon) が主要な構造を与えるが, $|\boldsymbol{q}|$ が大きくなるとプラズモンピークは急激に幅を広げ, ついには電子正孔対励起の平均的なエネルギーを与える緩やかなピークに連続的に移行する. ピーク $\boldsymbol{b}$ で示されるその構造は定性的には RPA でも正しく記述される. しかしながら, 低エネルギー側に現れるもう一つのピーク $\boldsymbol{a}$ は電子正孔励起後に引き続いて起こる励起子状態の存在を示すもので, バーテックス補正の入らない RPA では決して記述されない. r_s を誘電異常が起こる 5.25 にさらに近づけていくと, このピーク $\boldsymbol{a}$ はより低エネルギーにシフトしていき, ついにはゼロ励起エネルギーになっていく. したがって, 電子系の圧縮率の発散はゼロエネルギーの励起子生成に伴うものという解釈が可能[33]になる.

この誘電異常の状況が 1 電子グリーン関数にすぐに直接的な影響を与えるものではないが, 逐次近似の各段階で $\Pi(q)$ を用いるオリジナル版の GWΓ 法では自己エネルギー $\Sigma(p)$ の収束解が数値的には得られないことがわかってきた. そこで, $r_s > 5.25$ のような低密度系での $G(p)$ を得るために, $\Pi(q)$ を直接用いないスキームを考案して GWΓ 法を改良[34]した. 図 2.15(a) には, このスキームの概要を示しているが, 鍵になるものはワード恒等式を常にみたすために導入されたバーテックス関数 $\Gamma_\mathrm{WI}(p, p+q)$ で, その定義は

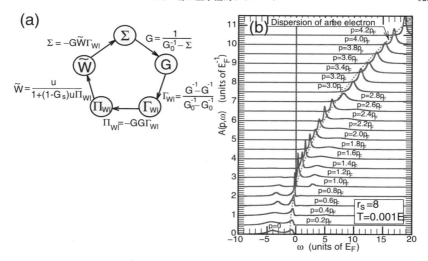

図 2.15 (a) 改良された GWΓ 法：バーテックス補正を含む自己エネルギーを自己無撞着に決定するスキーム．(b) $r_s = 8$ の低電子密度の電子ガス系における 1 電子スペクトル関数．E_F はフェルミエネルギー $p_F^2/2m = 0.0288 E_h$.

$$\Gamma_{\mathrm{WI}}(p, p+q) = \frac{G(p)^{-1} - G(p+q)^{-1}}{G_0(p)^{-1} - G_0(p+q)^{-1}} \quad ここで, \ G_0(p) = \frac{1}{i\omega_p - \xi_{\boldsymbol{p}}} \quad (2.78)$$

である．これを使うと，$\Pi_{\mathrm{WI}}(q)$ は

$$\Pi_{\mathrm{WI}}(q) = -T \sum_{\omega_p} \sum_{\boldsymbol{p}\sigma} G(p)G(p+q)\Gamma_{\mathrm{WI}}(p, p+q) = 4\sum_{\boldsymbol{p}} n(\boldsymbol{p})\frac{\xi_{\boldsymbol{p}+\boldsymbol{q}}-\xi_{\boldsymbol{p}}}{\omega_q^2 + (\xi_{\boldsymbol{p}+\boldsymbol{q}}-\xi_{\boldsymbol{p}})^2} \quad (2.79)$$

であり，また，$\tilde{W}(q) = u(\boldsymbol{q})/\{1+[1-G_s(q)]u(\boldsymbol{q})\Pi_{\mathrm{WI}}(q)\}$ とすると，$\Sigma(p)$ は

$$\Sigma(p) = -T \sum_{\omega_q} \sum_{\boldsymbol{q}} G(p+q)\tilde{W}(q)\Gamma_{WI}(p, p+q) \quad (2.80)$$

で計算される．そして，$G(p) = 1/[G_0(p)^{-1} - \Sigma(p)]$ で与えられる．

図 2.15(b) には，このスキームを用いて得られた $r_s = 8$ での 1 電子スペクトル関数 $A(\boldsymbol{p}, \omega)$ が描かれている．フェルミ面近傍では準粒子の存在を示す鋭いピークがあるが，その準粒子の有効質量 m^* は裸の電子質量 m の 0.72 倍でかなり小さくなる．解析の結果，これは励起子形成による正常相の不安定化に対抗するために m^* を小さくしている（電子分散関係を大きくして電子正孔形成時の運動エネルギーを大きくしている）という事情があることがわかってきたが，さらに r_s を大きくすると，いずれ相互作用の効果がより強まり，励起子形成不安定化のために正常状態が崩れることが予想される．なお，たとえ $r_s = 8$ で

あっても，フェルミ準位から少し離れると，準粒子の寿命は大変短くなり，通常の正常金属に期待されている様相からかけ離れている．とりわけ，電子正孔対称性は破れていて，フェルミ球内部の状態はプラズモンの実励起を伴うプラズマロンも準粒子と同程度以上の大きなスペクトル強度をもっているので，準粒子像の概念そのものが問題になってきている．

いずれにしても，前にもふれたように，$p_F a_0 \ll 1$ の低電子密度の状態を記述する第一原理のハミルトニアンは電子ガス系のそれに収斂していくので，低密度電子ガス系のいろいろな物性を詳しく調べることは，取りも直さず，低密度金属の普遍的な物性を解明することになり，大変意義深いものであるが，まだまだ未知のことが多い重要な課題である．今後の進展が期待される．それから，$\Gamma_{\mathrm{WI}}(p, p+q)$ を用いた $\mathrm{GW}\Gamma$ 法は3次元系のフェルミ流体だけでなく，1次元系のラッティンジャー（Luttinger）流体にも有効なものである．したがって，この手法を土台として擬1次元系や擬2次元系において多体効果の次元クロスオーバー（あるいは，ラッティンジャー流体からフェルミ流体へのクロスオーバー）の問題を定量的に議論し，新たな概念を構築するような研究も望まれる[35]．

2.4 密度汎関数論的アプローチ

2.4.1 ホーエンバーグ–コーンの密度汎関数原理

前項で解説した場の量子論の方法は，(1) 形式上は厳密解を与える，(2) 必要最小限の情報を使って物理量を計算する枠組みである，(3) 自己完結的な理論で，必要があれば，あらゆる物理量をその枠内で計算できる，などの大きな利点があり，理想的な理論手法といえる．なお，(2) に関連して，この理論では，通常，波動関数に含まれる過度に冗長な情報を避けるべく，グリーン関数を適切に定義して運用している．しかしながら，この理論を N_e が大きい系に活用して，有用で十分な精度がある興味深い情報が得られる場合は少ない．相互作用が弱い場合は別にして，相互作用が大きくて電子間相関効果が重要になってくると，ある限られた目的のために簡単化された模型を除いて，対象を第一原理系に絞ると，具体的に実行可能な系は前項で取り扱った電子ガス系，および，その類似系だけになってしまう．

ところで，実際のマクロな凝縮物質は，N_e が事実上無限大で，交換相関効果も弱くはなく，しかも，電子イオン相互作用は非一様な1体ポテンシャルで，その下で電子密度は非均一性の強い分布になっている系である．このような現実物質を効率よく解析するための（おそらく唯一の）汎用スキームが密度汎関数理論（DFT）である．これから解説するように，この理論は上述した場の量子論の方法の利点のうち，(1) と (2) は保持するが，(3) は放棄するもので，この放棄により実用計算が可能になったと理解される．

さて，ホーエンバーグ（Hohenberg）とコーン（Kohn）による DFT の根本原理とは，「第一原理系における（任意の励起状態が関与することも含めて）すべての物理情報は3次

元空間のスカラー量である電子の基底密度分布関数 $n(r)$ という極端に少ない情報だけで一意的に決定されている」というものである．あるいは，「任意の物理量 A の（任意に定義された）期待値 $\langle A \rangle$ は常に系の基底状態の電子密度分布 $n(r)$ の汎関数 $A[n(r)]$ である」ということで，これが "密度汎関数理論" という名前がつけられたゆえんである．

この原理の正しさとそれに含まれる意味を感覚的に理解してもらうために，第一原理系に限定した直感的な説明をしよう．図 2.16 には，固体中の基底状態における電子密度分布関数 $n(r)$ を模式的に示している．この $n(r)$ で特徴的なことは，各原子核の位置で $n(r)$ は尖っていることである．逆にいえば，その尖りの位置から原子核の位置 R が特定される．しかも，式 (2.29) のカスプの定理によれば，その尖り具合（密度の対数微分）からその原子核の原子数 Z も特定できるので，第一原理系のハミルトニアン $H_{\rm FP}$ は，式 (2.1) の $H_{\rm NR}$ だけでなく，式 (2.3) の $H_{\rm SO}$ も含めて完全に指定される．そして，いったん，$H_{\rm FP}$ が指定されれば，通常の量子力学や統計力学を用いて任意の物理情報が得られることになる．

図 **2.16** 固体中の基底状態における電子密度分布関数 $n(r)$ の模式図．

このように，基底状態の電子密度分布 $n(r)$ の中には，それ自身を決める際に必要であったすべての量子情報が埋め込まれていて，そのため，いったん $n(r)$ を与えると，すべての物理情報は決定され，それらの情報の一つ一つはもとの $n(r)$ の汎関数といえるのである．

2.4.2 ホーエンバーグ–コーンの密度変分原理と普遍汎関数

次に，$n(r)$ を具体的に決定する際に基本となる変分原理を説明しよう．第一原理系を考える際に断熱近似を採用すると，与えられた原子核の配置 $\{R_j\}$ のもとで具体的に解くべき多電子系を記述するハミルトニアン H は，定数となる原子核間相互作用の部分を省略し，電子原子核相互作用 $V_{\rm ei}(r - R_j)$ を使って電子に働く外部 1 体ポテンシャルの部分 $U_{\rm ei}$ と電子の運動エネルギーの部分 $T_{\rm e}$ を具体的に書くと，

$$H = -\sum_\sigma \int d\boldsymbol{r}\, \psi_\sigma^+(\boldsymbol{r}) \frac{1}{2m} \frac{\partial^2}{\partial \boldsymbol{r}^2} \psi_\sigma(\boldsymbol{r}) + U_{ee} + \sum_\sigma \int d\boldsymbol{r}\, \psi_\sigma^+(\boldsymbol{r}) \left[\sum_j V_{ei}(\boldsymbol{r}-\boldsymbol{R}_j)\right] \psi_\sigma(\boldsymbol{r})$$

$$\equiv T_e + U_{ee} + \sum_\sigma \int d\boldsymbol{r}\, \psi_\sigma^+(\boldsymbol{r}) U_{ei}(\boldsymbol{r}) \psi_\sigma(\boldsymbol{r}) \equiv T_e + U_{ee} + U_{ei} \tag{2.81}$$

となる. そこで, λ を区間 $[0,1]$ 中の任意の実数として, 全電子数が N_e でハミルトニアンが $H(\lambda) \equiv T_e + \lambda U_{ee} + U_{ei}$ の系を考えよう. すると, 基底状態に対するシュレーディンガー–リッツの波動関数変分原理から, その系の基底状態エネルギー $E_0(\lambda)$ は規格化条件

$$\left\langle \Psi \left| \sum_\sigma \int d\boldsymbol{r}\, \psi_\sigma^+(\boldsymbol{r}) \psi_\sigma(\boldsymbol{r}) \right| \Psi \right\rangle = N_e \tag{2.82}$$

をみたす N_e 電子系の波動関数 $|\Psi\rangle$ を任意に選びながら計算した全エネルギーの最小値

$$E_0(\lambda) = \min_{\{|\Psi\rangle\}} \left\{ \langle \Psi | T_e + \lambda U_{ee} + U_{ei} | \Psi \rangle \right\} \tag{2.83}$$

である. ところで, ここに現れるヒルベルト空間 $\{|\Psi\rangle\}$ の任意の要素 $|\Psi\rangle$ から電子密度分布 $n(\boldsymbol{r}) = \langle \Psi | \sum_\sigma \psi_\sigma^+(\boldsymbol{r}) \psi_\sigma(\boldsymbol{r}) | \Psi \rangle$ が計算されるが, 逆に, 全電子数は $N_e = \int d\boldsymbol{r}\, n(\boldsymbol{r})$ である任意の $n(\boldsymbol{r})$ を与えると, ある要素 $|\Psi\rangle$ が必ず存在して, その $n(\boldsymbol{r})$ を再現すること (ハリマンの構成法) が知られているので, このヒルベルト空間は $n(\boldsymbol{r})$ の分類に従って,

$$\{|\Psi\rangle\} = \bigcup_{\{n(\boldsymbol{r})\}} \{|\Psi\rangle\}_{n(\boldsymbol{r})} \tag{2.84}$$

ここで, $\{|\Psi\rangle\}_{n(\boldsymbol{r})} \equiv \left\{ |\Psi\rangle : n(\boldsymbol{r}) = \langle \Psi | \sum_\sigma \psi_\sigma^+(\boldsymbol{r}) \psi_\sigma(\boldsymbol{r}) | \Psi \rangle \right\} \tag{2.85}$

のように分割できる. したがって, 式 (2.83) の最小値探索作業は 2 段階に分割されて,

$$E_0(\lambda) = \min_{\{n(\boldsymbol{r})\}} \left\{ \min_{\{|\Psi\rangle\}_{n(\boldsymbol{r})}} [\langle \Psi | T_e + \lambda U_{ee} + U_{ei} | \Psi \rangle] \right\}$$

$$= \min_{\{n(\boldsymbol{r})\}} \left\{ F_\lambda[n(\boldsymbol{r})] + \int d\boldsymbol{r}\, U_{ei}(\boldsymbol{r}) n(\boldsymbol{r}) \right\} \tag{2.86}$$

となる. ここで, 外部ポテンシャル $U_{ei}(\boldsymbol{r})$ に無関係な "普遍汎関数" $F_\lambda[n(\boldsymbol{r})]$ は

$$F_\lambda[n(\boldsymbol{r})] \equiv \min_{\{|\Psi\rangle\}_{n(\boldsymbol{r})}} [\langle \Psi | T_e + \lambda U_{ee} | \Psi \rangle] \tag{2.87}$$

で定義される. したがって, いったん $F_\lambda[n(\boldsymbol{r})]$ の汎関数形が具体的にわかれば, 式 (2.86) の最終項で示唆される電子密度分布 $n(\boldsymbol{r})$ についての最適化作業を全電子数が N_e という条件下で行えば, 求める $E_0(\lambda)$ が得られる. 同時に, このとき最適化された $n(\boldsymbol{r})$ が基底電子密度分布を与える. これがホーエンバーグ–コーンの密度変分原理である.

2.4 密度汎関数論的アプローチ

なお，全電子数が一定の条件をラグランジュの未定係数 μ_λ で取り扱うと，$E_0(\lambda)$ が最小値となる停留条件から最適化される $n(\boldsymbol{r}) = n_\lambda(\boldsymbol{r})$ を決定する方程式は

$$\frac{\delta}{\delta n(\boldsymbol{r})}\left\{F_\lambda[n(\boldsymbol{r})] + \int d\boldsymbol{r}[U_{\mathrm{ei}}(\boldsymbol{r}) - \mu_\lambda]n(\boldsymbol{r})\right\} = \frac{\delta F_\lambda[n(\boldsymbol{r})]}{\delta n(\boldsymbol{r})} + U_{\mathrm{ei}}(\boldsymbol{r}) - \mu_\lambda = 0 \quad (2.88)$$

である．そして，物理的には μ_λ はこの系の化学ポテンシャルである．

2.4.3 コーン–シャムの方法と相互作用のない参照系

前項では $F_\lambda[n(\boldsymbol{r})]$ が既知として，各 λ で最適化された $n_\lambda(\boldsymbol{r})$ の決定法を学んだ．実際には，$\lambda = 1$ の $n_1(\boldsymbol{r})$ のみ物理的に興味があるので，それを単に $n(\boldsymbol{r})$ と書こう．

さて，いま，λ を 1 から連続的に小さくして $\lambda = 0$ に到達させよう．その際，$U_{\mathrm{ei}}(\boldsymbol{r})$ を固定せず，逆に $n_\lambda(\boldsymbol{r}) = n(\boldsymbol{r})$ と固定されるように $U_{\mathrm{ei}}(\boldsymbol{r})$ を変化させて，それを $U_{\mathrm{ei}}(\boldsymbol{r}; \lambda; [n(\boldsymbol{r})])$ と書こう．ちなみに，2.4.1 項では証明を省略したが，原著論文[14]も含めて多くの DFT の教科書で数学的に証明されているように，密度汎関数原理では任意の $n(\boldsymbol{r})$ に対して，それを基底密度分布として与える $U_{\mathrm{ei}}(\boldsymbol{r})$ は定数差を除いて一意的に決定される．この $\lambda = 0$ の系は "相互作用のない参照系" とよばれ，物理的な実体ではないが，その基底状態は厳密に与えられる．実際，電子の運動エネルギーと 1 体ポテンシャル $U_{\mathrm{ei}}(\boldsymbol{r}; 0; [n(\boldsymbol{r})])$ からなる 1 体のシュレーディンガー方程式を解いて得られるスレーター行列式の状態 $|0; [n(\boldsymbol{r})]\rangle$ がそれである．そして，$n(\boldsymbol{r})$ やこの系の全運動エネルギー $T_s[n(\boldsymbol{r})]$ は $n(\boldsymbol{r}) = \langle 0; [n(\boldsymbol{r})]|\sum_\sigma \psi_\sigma^+(\boldsymbol{r})\psi_\sigma(\boldsymbol{r})|0; [n(\boldsymbol{r})]\rangle$ と $T_s[n(\boldsymbol{r})] = \langle 0; [n(\boldsymbol{r})]|T_e|0; [n(\boldsymbol{r})]\rangle$ で，それぞれ，計算される．この $T_s[n(\boldsymbol{r})]$ を用い，また，任意の λ における基底波動関数を $|\Psi_0(\lambda; [n(\boldsymbol{r})])\rangle$ と書くと，式 (2.65) の導出に倣って

$$\begin{aligned}F_1[n(\boldsymbol{r})] &= T_s[n(\boldsymbol{r})] + \int_0^1 d\lambda \langle \Psi_0(\lambda; [n(\boldsymbol{r})])|U_{\mathrm{ee}}|\Psi_0(\lambda; [n(\boldsymbol{r})])\rangle \\ &= T_s[n(\boldsymbol{r})] + \frac{1}{2}\int d\boldsymbol{r}\int d\boldsymbol{r}'\frac{e^2}{|\boldsymbol{r}-\boldsymbol{r}'|}n(\boldsymbol{r})n(\boldsymbol{r}') + E_{xc}[n(\boldsymbol{r})]\end{aligned} \quad (2.89)$$

が導かれる．ここで，"交換相関エネルギー汎関数" $E_{xc}[n(\boldsymbol{r})]$ は式 (2.56) で定義されたスピンに依存した動径分布関数 $g_{\sigma\sigma'}(r)$ を非均一密度系に拡張し，スピンについて平均化して得られる対分布関数 $g(\boldsymbol{r}; \boldsymbol{r}'; \lambda; [n(\boldsymbol{r})])$ を用いて，

$$E_{xc}[n(\boldsymbol{r})] = \frac{1}{2}\int d\boldsymbol{r}\int d\boldsymbol{r}'\frac{e^2}{|\boldsymbol{r}-\boldsymbol{r}'|}n(\boldsymbol{r})n(\boldsymbol{r}')\int_0^1 d\lambda\bigl(g(\boldsymbol{r}; \boldsymbol{r}'; \lambda; [n(\boldsymbol{r})]) - 1\bigr) \quad (2.90)$$

で定義される．そこで，$\lambda = 1$ の場合の式 (2.88) に式 (2.89) を代入して得た結果から，$\lambda = 0$ の場合の結果である $\delta T_s/\delta n(\boldsymbol{r}) + U_{\mathrm{ei}}(\boldsymbol{r}; 0; [n(\boldsymbol{r})]) - \mu_0 = 0$ を差し引くと，定数差を除いて $U_{\mathrm{ei}}(\boldsymbol{r}; 0; [n(\boldsymbol{r})])$ は決定される．それは "KS（コーン–シャム）ポテンシャル" $U^{\mathrm{KS}}(\boldsymbol{r}; [n(\boldsymbol{r})])$ とよばれ，"交換相関ポテンシャル" $U_{xc}(\boldsymbol{r}; [n(\boldsymbol{r})]) \equiv \delta E_{xc}[n(\boldsymbol{r})]/\delta n(\boldsymbol{r})$ を

用いて,

$$U_{\rm ei}(\boldsymbol{r};0;[n(\boldsymbol{r})])=U^{\rm KS}(\boldsymbol{r};[n(\boldsymbol{r})]\equiv U_{\rm ei}(\boldsymbol{r})+\int d\boldsymbol{r}'\frac{e^2}{|\boldsymbol{r}-\boldsymbol{r}'|}n(\boldsymbol{r}')+U_{xc}(\boldsymbol{r};[n(\boldsymbol{r})]) \quad (2.91)$$

で与えられる.

このように, DFT での中心的な物理量は交換相関エネルギー汎関数 $E_{xc}[n(\boldsymbol{r})]$ で, それが厳密に与えられると, それから導かれる $U_{xc}(\boldsymbol{r};[n(\boldsymbol{r})])$ や $U^{\rm KS}(\boldsymbol{r};[n(\boldsymbol{r})])$ も厳密になる. そして, それを使って1体問題を解いて得られる $n(\boldsymbol{r})$ も厳密に正しいものになり, 得られた $n(\boldsymbol{r})$ を式 (2.89) に代入して $F_1[n(\boldsymbol{r})]$ を評価し, それに1体ポテンシャルエネルギーの寄与 $\int d\boldsymbol{r} U_{\rm ei}(\boldsymbol{r})n(\boldsymbol{r})$ を加えると, 厳密な基底状態エネルギー $E_0(1)$ が求められる. これがコーン–シャムの方法であり, 基底状態の多体波動関数 $|\Psi_0\rangle$ をまったく知らなくても, 適当な"1体問題の基底波動関数" $|0;[n(\boldsymbol{r})]\rangle$ (これは正確な波動関数ではなく, 疑似波動関数) の知識で $E_0(1)$ と $n(\boldsymbol{r})$ だけは原理的に正確に知りうるという提案である. ただ, $|\Psi_0\rangle$ がわからないので, 上の2つ以外の物理量は近似的にしか得られず, その精度の保証もない.

2.4.4 実用的な交換相関エネルギー汎関数と LDA

この核心の物理量 $E_{xc}[n(\boldsymbol{r})]$ は式 (2.90) で形式的に定義されているが, それを具体的に計算する方法が DFT の内部にはない. その意味で, DFT は自己完結的な理論ではない. そして, DFT が提出された当時 (一部では現在でも), この理由で批判されていた. しかしながら, DFT の最大の功績は不均一密度系における $n(\boldsymbol{r})$ を厳密に計算する枠組みを整理し, すべての近似は $E_{xc}[n(\boldsymbol{r})]$ のみを通して導入されるという仕組みを明確にしたことである. そして, 既成の $n(\boldsymbol{r})$ の計算コードをほとんど変えることなく, 単に $E_{xc}[n(\boldsymbol{r})]$ に対する部分を自在に高度化して計算の精度を組織的に向上できるスキームが完成された.

ところで, DFT が広汎に用いられるようになった本当の理由は "局所密度近似" (LDA: Local Density Approximation) の成功によるといえる. この LDA とは, $n(\boldsymbol{r})$ がほぼ一様な系を想定して式 (2.65) の右辺第2項を $\varepsilon_{xc}(n)$ と書き, それを用いて $E_{xc}[n(\boldsymbol{r})]$ を

$$E_{xc}[n(\boldsymbol{r})]=E_{xc}^{\rm LDA}[n(\boldsymbol{r})]\equiv\int d\boldsymbol{r}\, n(\boldsymbol{r})\varepsilon_{xc}(n(\boldsymbol{r})) \quad (2.92)$$

と近似することである. そして, これまで膨大な数の現実系に対して LDA が適用されて, その有効性を評価したところ, 強相関系といわれる物質群の除けば, LDA はその想定される有効範囲を大きく超えて, 定性的にはほぼ正しい結果を常に与えることがわかった.

もちろん, 定量的に詳しく実験と比較すると, LDA の問題点が指摘されることも多く, それゆえ, LDA 改良の試みは継続的に行われている. まず, 磁性を取り扱うためにスピン密度分布 $n_\sigma(n(\boldsymbol{r}))$ に依存するように拡張され, それは LSDA (Local Spin Density Approximation)[36)] とよばれ, LDA といえば, 今日では通常 LSDA のことを指す. 次いで,

電子密度の急な空間変化に対処するために $n(\boldsymbol{r})$ だけでなく，その勾配 $\nabla n(\boldsymbol{r})$ にも依存した汎関数形が導入され，GGA (Generalized Gradient Approximation) とよばれている．この GGA には種々の提案があるが，PBE (Perdew–Burke–Ernzerhof)[37] によるものが最もよく知られている．ただ，GGA ではカスプの定理がみたされない．その欠点が是正されうるものとして，密度勾配の 2 次の項 $\nabla^2 n(\boldsymbol{r})$ 迄を含むメタ (meta)GGA[38] が提案されている．このほか，最近，よく使われているものとして，GGA と HF 近似を組み合わせたハイブリッド GGA があげられる．特に，B3LYP とよばれるバージョン[39] が量子化学の分野を中心に広まっている．ちなみに，ヘリウム原子を取り扱った 2.2.3〜2.2.4 項で述べたように，金属系と違って，もともと，原子・分子系では HF 近似は大変よい近似なので，それをもう少し改良してハイブリッド汎関数を考えるという意図は十分に理解できる．

このように，$E_{xc}[n(\boldsymbol{r})]$ の新汎関数形の開発・提案は，枚挙にいとまがないほどに盛んな研究分野になっている．しかしながら，今のところ，明確に LDA の精度を大幅に超えて強相関系までも視野に入れられる "超越 LDA (beyond LDA) 汎関数" というべき決定的な汎関数形は開発されていない．今後の更なる研究の進展が望まれる．これに関連して，$E_{xc}[n(\boldsymbol{r})]$ やそれを汎関数微分した交換相関ポテンシャル $U_{xc}(\boldsymbol{r};[n(\boldsymbol{r})])$ の性格について一部に誤解があるようなので，あえて一言注意しておこう．基本的に，これらは相互作用のない参照系でのエネルギーやポテンシャルなので，物理的な実体ではない．したがって，単純に物理的直感で正しそうな形を提案しても必ずしも成功しない．例えば，$U_{xc}(\boldsymbol{r};[n(\boldsymbol{r})])$ のかわりに 1 電子グリーン関数の自己エネルギー（特に，その $\omega = 0$ の静的な値）を使うという提案がよくなされるが，自己エネルギーは物理的な実体であるので，それが $U_{xc}(\boldsymbol{r};[n(\boldsymbol{r})])$ として有効である必然性はない．特に，強相関系の場合，自己エネルギーの強い ω 依存性は電子間の強い避け合い効果の反映であり，この事象の本質であるので，単に $\omega = 0$ の自己エネルギーを選んでいたのではうまく強相関系の物理をとらえられない．逆にいえば，強い ω 依存性の物理を静的な $U_{xc}(\boldsymbol{r};[n(\boldsymbol{r})])$ にうまく投影できてこそ，初めて強相関系でも有効な $E_{xc}[n(\boldsymbol{r})]$ の開発に結びつくという認識が求められているのであろう．

2.4.5　1 原子埋め込み電子ガス系とスピン偏極

この DFT の具体的運用例として，電子ガスに埋め込まれた 1 原子系を取り上げよう．この "ジェリウム原子複合系" は簡単な第一原理系とはいえ，電子の遍歴性と局在性の競合，さまざまな重要現象の物理を，その基礎から第一原理的に理解するうえで有用である．ずっと以前に，この系は LDA で詳しく研究されたが，その研究の観点は "原子挿入法" (embedded-atom method)，もしくは，"有効媒質理論" (effective-medium theory) の提案[40] であり，その目的は，完全結晶とは違って対称性が低い，例えば，合金，アモルファス，液体金属，固体表面などの系や格子欠陥が含まれる系の基底状態エネルギーを簡

便に，しかし，第一原理から計算することであった．この提案の基本的認識として，固体中の各原子はその他のすべての原子から構成されるホストの固体に埋め込まれた"不純物"と見なされる．そして，その"不純物"のエネルギーはホストの各原子から派生した電子分布の，その"不純物"の位置での平均的な電子密度によって決められると考える．したがって，もし，与えられた電子密度のジェリウム原子複合系における1電子あたりのエネルギー変化量が計算されていれば，そのエネルギーの総和として系全体のエネルギーが近似的に評価されるというわけである．

さて，この系は原子核の電荷 Z と電子ガス系の r_s（あるいは，対応する電子濃度 n_0）の2つのパラメータで記述される．いま，仮想的に $Z \ll 1$ の試験電荷のような原子核を考えよう，すると，一様密度の電子ガス系から出発した線形応答理論が適用できる．そして，遍歴電子による誘電遮蔽が起こって原子核のまわりに電子は局在せず，スピン偏極もないという描像になる．反対に，$Z \gg 1$ では電子が原子核に束縛されて局在化する．そして，r_s も大きくなると，当該原子（不飽和殻原子ではその負イオン）が希薄電子ガス中にほぼ孤立している描像が予想される．しかし，先行研究[40,41]はスピン偏極にあまりふれていないので，中間領域の Z や r_s では電子の局在性やスピン偏極の詳細は不明である．

そこで，スピン偏極の可能性も視野に入れて LSDA を採用して調べた結果[42]を紹介しよう．まず，相互作用のない参照系における KS（コーン–シャム）方程式は

$$\left[-\frac{\Delta}{2m} + U_\sigma^{\mathrm{KS}}(r)\right] \phi_{i\sigma}(\boldsymbol{r}) = \epsilon_{i\sigma} \phi_{i\sigma}(\boldsymbol{r}) \quad (2.93)$$

という1電子シュレーディンガー方程式で，各電子はこれから得られるエネルギー準位 $\epsilon_{i\sigma}$ の下から順にその総数だけ詰められることになる．この方程式で，スピンに依存した KS ポテンシャル $U_\sigma^{\mathrm{KS}}(r)$ は，ホストになる均一密度の電子ガス系（その密度は n_0）における（空間的には一様で定数である）KS ポテンシャルとの差として表すと便利であり，それは

$$U_\sigma^{\mathrm{KS}}(r) = -\frac{Ze^2}{r} + \int d\boldsymbol{r}' \frac{e^2}{|\boldsymbol{r}-\boldsymbol{r}'|}(n(\boldsymbol{r}') - n_0) + U_{xc}(\boldsymbol{r}\sigma;[n_\sigma(\boldsymbol{r})]) - U_{xc}(n_0) \quad (2.94)$$

と書ける．ここで，交換相関ポテンシャル，$U_{xc}(\boldsymbol{r}\sigma;[n_\sigma(\boldsymbol{r})])$ や $U_{xc}(n_0)$, は標準的な LSDA の交換相関エネルギー汎関数 $E_{xc}[n_\uparrow, n_\downarrow]^{36)}$ や式 (2.92) の $E_{xc}^{\mathrm{LDA}}[n(\boldsymbol{r})]$ を選ぶと，

$$U_{xc}(\boldsymbol{r}\sigma;[n_\sigma(\boldsymbol{r})]) = \frac{\delta E_{xc}[n_\uparrow, n_\downarrow]}{\delta n_\sigma(r)} \quad \text{および} \quad U_{xc}(n_0) = \frac{\delta E_{xc}^{\mathrm{LDA}}[n_0]}{\delta n_0} \quad (2.95)$$

となる．また，スピン密度分布 $n_\sigma(\boldsymbol{r})$ は

$$n_\sigma(\boldsymbol{r}) = \sum_{i\,(\epsilon_{i\sigma} \leq \mu)} |\phi_{i\sigma}(\boldsymbol{r})|^2 \quad (2.96)$$

で計算され，全局所密度分布 $n(\boldsymbol{r})$ はこれらの和，$n_\uparrow(\boldsymbol{r}) + n_\downarrow(\boldsymbol{r})$, である．これら $n_\sigma(\boldsymbol{r})$ は逐次近似で式 (2.93)〜(2.96) を解きつつ，自己無撞着に決定される．ちなみに，式 (2.93)

2.4 密度汎関数論的アプローチ

を解く際の境界条件は，束縛状態については自明であろうが，連続状態については，$j_l(z)$ と $n_l(z)$ を球ベッセル関数とし，$\phi_{i\sigma}(\boldsymbol{r}) = R_{pl\sigma}(r)Y_{lm}(\theta,\varphi)$ と書くと，$r\to\infty$ で $R_{pl\sigma}\to\cos[\delta_{l\sigma}(p)]j_l(pr)-\sin[\delta_{l\sigma}(p)]n_l(pr)$ という漸近形をみたすものとする．ここで，$\delta_{l\sigma}(p)$ は原子挿入に伴って波動関数に現れる"位相差"である．

この自己無撞着な $n_\sigma(\boldsymbol{r})$ を用いると，原子挿入に伴う全エネルギーの変化量 δE は

$$\delta E = \sum_{i\sigma\in\{\text{Bound states}\}} \epsilon_{i\sigma} + \frac{1}{\pi}\sum_{l\sigma}(2l+1)\int_0^{p_F} dp\frac{p^2}{2m}\delta'_{l\sigma}(p) + \int d\boldsymbol{r}\left\{\frac{Ze^2}{r}(n_0-n(\boldsymbol{r}))\right.$$
$$\left.-\sum_\sigma U_{xc}(\boldsymbol{r}\sigma;[n_\sigma(\boldsymbol{r})])n_\sigma(\boldsymbol{r})\right\} + \frac{1}{2}\int d\boldsymbol{r}\int d\boldsymbol{r}'\frac{e^2}{|\boldsymbol{r}-\boldsymbol{r}'|}(n(\boldsymbol{r})-n_0)(n(\boldsymbol{r}')-n_0)$$
$$+ E_{xc}[n_\uparrow,n_\downarrow] - E_{xc}^{\text{LDA}}[n_0] \tag{2.97}$$

で計算される．ここで，右辺第 1 項は式 (2.93) の固有解のうち，束縛状態がもし出現すれば，それらの固有エネルギーの和を表す．一方，原子挿入に伴う状態密度の変化は $\delta'_{l\sigma}(p)/\pi$ であることから，第 2 項は原子挿入の前後で生じる $R_{pl\sigma}(r)$ で表される連続状態の固有エネルギーの差の全体量を与えている．残りの項は静電エネルギーや交換相関エネルギーの各変化量である．なお，数値計算的には $\delta_{l\sigma}(p)$ の微分を使うことを避けて，

$$\frac{1}{\pi}\sum_{l\sigma}(2l+1)\int_0^{p_F}dp\frac{p^2}{2m}\delta'_{l\sigma}(p) = \frac{1}{\pi}\sum_{l\sigma}(2l+1)\left[\frac{p_F^2}{2m}\delta_{l\sigma}(p_F)-\int_0^{p_F}dp\frac{p}{m}\delta_{l\sigma}(p)\right] \tag{2.98}$$

のように部分積分を施してから数値積分するのがよい．また，束縛状態の数を Z_b として，

$$Z - Z_b = \sum_{l\sigma}(2l+1)\int_0^{p_F}dp\frac{\delta'_{l\sigma}(p)}{\pi} = \frac{1}{\pi}\sum_{l\sigma}(2l+1)[\delta_{l\sigma}(p_F)-\delta_{l\sigma}(0)] \tag{2.99}$$

という"フリーデルの和公式"が得られる．もし，$\delta_{l\sigma}(\infty)=0$ で位相差を正規化すると，"レビンソン (Levinson) の定理"から $Z_b=\sum_{l\sigma}(2l+1)\delta_{l\sigma}(0)/\pi$ であるので，これを式 (2.99) に代入すれば，通常引用されるフリーデルの和公式 $Z=\sum_{l\sigma}(2l+1)\delta_{l\sigma}(p_F)/\pi$ が得られる．

この SLDA の手順で計算すると，埋め込まれる原子が周期律表の第 1 と第 2 周期の元素 ($Z=1$ から 10 の sp 電子系)では，電子ガスの電子密度が高い (r_s が約 4 以下の) 場合，スピン偏極がないことが確かめられ，定性的にも定量的にも先行研究の結果を再現している．しかしながら，ホウ素，炭素，窒素，酸素では r_s が大きくなっていくと，局所スピン偏極率 $\zeta(\boldsymbol{r})$ を $\zeta(\boldsymbol{r})\equiv[n_\uparrow(\boldsymbol{r})-n_\downarrow(\boldsymbol{r})]/[n_\uparrow(\boldsymbol{r})+n_\downarrow(\boldsymbol{r})]$ で定義すると，それはゼロでなくなり，空間的に振動する (図 2.17(a) 参照)．そして，図 2.17(b) でみられるように，電荷とスピンが混合したフリーデル振動が生じる．なお，静電エネルギーの計算で重要になるその密度振動の振幅はスピン分極が生じない LDA 計算でのそれに比べてずっと小さくなるので，これがスピン分極状態がエネルギー的に有利になる一因である．ちなみに，$r\to\infty$

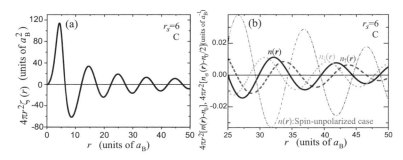

図 **2.17** 電子ガス ($r_s = 6$) 中に埋め込まれた炭素原子における (a) 局所スピン偏極率 $\zeta(r)$, および, (b) スピン密度分布関数 $n_\sigma(r)$ と密度分布関数 $n(r)$. 比較のため, スピン分極がないとして計算した場合の $n(r)$ も 1 点鎖線で示されている.

における $n(\boldsymbol{r})$ の漸近形は, $n_\sigma(\boldsymbol{r})$ として式 (2.96) を用い, $j_l(z)$ や $n_l(z)$ の $z \to \infty$ での漸近形が, それぞれ, $\sin(z - l\pi/2)/z$ と $-\cos(z - l\pi/2)/z$ であることに注意すると,

$$\lim_{r\to\infty}[n(\boldsymbol{r})-n_0] = \frac{4\pi}{(2\pi)^3 r^2}\sum_{l\sigma}(2l+1)\int_0^{p_\mathrm{F}}dp\left[\sin^2\left(pr - \frac{\pi}{2}l + \delta_{l\sigma}(p)\right) - \sin^2\left(pr - \frac{\pi}{2}l\right)\right]$$
$$\approx \frac{1}{8\pi^2 r^3}\sum_{l\sigma}(2l+1)(-1)^l\left[\cos\left(2p_\mathrm{F} r - \frac{3\pi}{2} + 2\delta_{l\sigma}(p_\mathrm{F})\right) - \cos\left(2p_\mathrm{F} r - \frac{3\pi}{2}\right)\right]$$
(2.100)

というフリーデル振動の表式が得られる.

このように $\zeta(r) \neq 0$ の結果が得られる場合, 系全体のスピン偏極の大きさ S を

$$S = \frac{1}{2}\int d\boldsymbol{r}\left[n_\uparrow(\boldsymbol{r}) - n_\downarrow(\boldsymbol{r})\right] \quad (2.101)$$

で計算すると, それ自体もゼロでなくなる. その結果は図 2.18(a) に示されている (この結果は LSDA を GGA に変えても, 若干の定量的な差はあるものの, 基本的にはまったく同様の解を得る). これは原子のまわりの遍歴電子密度の制御でその原子のスピン偏極が変化させられることを意味している. また, これは電子ガス系をアルカリ金属に変えた類似の問題でも同様の結果[43)] が得られているが, それと整合的である.

ところで, r_s が十分に大きい場合, S はホウ素, 炭素, 窒素, 酸素のそれぞれに対して, $\hbar$ を単位として, 1.0, 1.5, 1.0, 0.5 に収束していくようにみえるので, 予想どおり, この領域ではそれぞれが原子ではなく, 原子のまわりに余分に 1 つの電子が局在した負イオンの B^-, C^-, N^-, O^- を形成していることがわかる. 実際, 図 2.18(b) には $r_s = 14$ で原子を中心とした半径 R の球内に存在する電子数を計算した結果が R の関数としてプロットされているが, もともとのジェリウムの電子密度に由来する電子数の増加量 $(R/r_s a_\mathrm{B})^3$

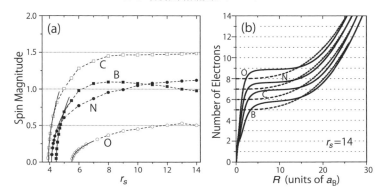

図 2.18 (a) 埋め込まれた原子のスピン偏極の大きさ S と電子ガスの密度 r_s との関係. (b) $r_s = 14$ で原子を中心とした半径 R の球内に存在する電子数の R に対する依存性(実線). 破線は $Z + (R/r_s a_B)^3$ を表す. 窒素の振る舞いが他と異なる.

に比べて, $Z+1$ 個分だけ増えている. なお, 窒素の場合だけは少し特異な振る舞いがみられる. すなわち, 他の原子では $R \approx 5a_B$ になるとほぼ $Z+1$ に飽和するのに対し, 窒素では原子状態と負イオン状態の間を揺らいでいる様子が示唆されている. ちなみに, S はゼロのままではあるが, 水素やリチウムの場合にも r_s が大きい極限で H^- や Li^- になると同時に, 窒素と同様に原子状態と負イオン状態の間を揺らぐ振る舞いがみられている.

S が立ち上がる r_s が 4 の前後では, r_s の増加に伴う S の変化は $S \propto \sqrt{r_s - r_s^c}$ のような普遍的な振る舞いを示すこともわかった. ここで, 臨界電子密度 r_s^c はホウ素, 炭素, 窒素, 酸素のそれぞれに対して, 4.46, 3.91, 4.13, 5.52 である. ちなみに, この r_s の領域では S の値は $\hbar$ の半整数倍ではないので, スピンの出現を担う電子は局在したものだけでなく, 遍歴的な電子も必ず関与していることになる. この状況は孤立原子系でのスピン偏極とは大きく異なっていて, 金属中の原子の場合にのみ可能なもので, 大変興味深い.

2.4.6 不純物アンダーソン模型:近藤効果から近藤問題へ

前項の議論は, 結局のところ, 金属中の不純物原子において, 基底状態でそのスピンが残るか消えるかの条件を探るものであったが, 実際, これは"近藤問題"の中心課題にほかならない. ただ, 通常, 近藤問題は第一原理系から出発するのではなく, "不純物アンダーソン模型"に基づいて議論される. その模型を記述するハミルトニアン H_A は

$$H_A = \sum_{\bm{k}\sigma} \xi_{\bm{k}} c^+_{\bm{k}\sigma} c_{\bm{k}\sigma} + \sum_{\bm{k}\sigma} \left(V c^+_{\bm{k}\sigma} c_{d\sigma} + V^* c^+_{d\sigma} c_{\bm{k}\sigma} \right) + E_d (n_{d\uparrow} + n_{d\downarrow}) + U n_{d\uparrow} n_{d\downarrow} \quad (2.102)$$

で与えられる．ここで，$\bm{k}$ を第 1 ブリルアン（Brillouin）帯中の擬運動量として $c_{\bm{k}\sigma}$ はスピン σ の伝導電子の消滅演算子でその分散関係は $\xi_{\bm{k}}$，$c_{\mathrm{d}\sigma}$ は座標原点にある不純物原子に局在した d 電子の消滅演算子でその局在準位が E_{d}，d 電子数演算子は $n_{\mathrm{d}\sigma} = c_{\mathrm{d}\sigma}^{+} c_{\mathrm{d}\sigma}$ であり，d 電子間のクーロン斥力が U，そして，V がこの d 電子と伝導電子の混成エネルギー項である．

この模型を式 (2.81) のハミルトニアンから"導出する"とすれば，まず，$U_{\mathrm{ee}} + U_{\mathrm{ei}}$ の中から固体の 1 体周期ポテンシャルの部分を取り出し，それと T_{e} を併せた 1 体問題のハミルトニアン H_0 を考える．その H_0 にはブロッホ（Bloch）の定理が適用できるので，ブロッホ関数 $\phi_{\nu\bm{k}}(\bm{r})$ とスピン関数 χ_σ の積からなる完全系で電子場の消滅演算子が $\psi_\sigma(\bm{r}) = \sum_{\nu\bm{k}} c_{\nu\bm{k}\sigma}\phi_{\nu\bm{k}}(\bm{r})\chi_\sigma$ と展開できる．ここで，ν は電子バンドの指数で，$H_0 = \sum_{\nu\bm{k}\sigma} \xi_{\nu\bm{k}} c_{\nu\bm{k}\sigma}^{+} c_{\nu\bm{k}\sigma}$ と書けるが，今後は伝導帯（$\nu = \mathrm{c}$）と局在性が強い（それゆえ，$\xi_{\mathrm{d}\bm{k}} \approx \xi_{\mathrm{d}}$：一定である）d 電子からなるバンド（$\nu = \mathrm{d}$）のみを残し，他のバンドは無視しよう．そして，d バンドでは格子点の総数を N_{N} としてブロッホ関数をワーニア（Wannier）関数 $w_{\mathrm{d}\bm{R}_n}(\bm{r})$ $[\equiv 1/\sqrt{N_{\mathrm{N}}} \sum_{\bm{k}} e^{-i\bm{k}\cdot\bm{R}_n} \phi_{\mathrm{d}\bm{k}}(\bm{r})]$ に変換してから展開すると，$\psi_\sigma(\bm{r}) = \sum_{\bm{k}} c_{\mathrm{c}\bm{k}\sigma}\phi_{\mathrm{c}\bm{k}}(\bm{r})\chi_\sigma + \sum_{\bm{R}_n} c_{\mathrm{d}\bm{R}_n\sigma} w_{\mathrm{d}\bm{R}_n}(\bm{r})\chi_\sigma$ となり，これから $H_0 = \sum_{\bm{k}\sigma} \xi_{\mathrm{c}\bm{k}} c_{\mathrm{c}\bm{k}\sigma}^{+} c_{\mathrm{c}\bm{k}\sigma} + \xi_{\mathrm{d}} \sum_{\bm{R}_n\sigma} c_{\mathrm{d}\bm{R}_n\sigma}^{+} c_{\mathrm{d}\bm{R}_n\sigma}$ が得られる．ところで，H_0 には含まれない U_{ei} 中の $\bm{R}_n = \bm{0}$ での短距離不純物ポテンシャルの寄与を ΔU_{ei} と書くと，それは

$$\Delta U_{\mathrm{ei}} = \sum_\sigma \int d\bm{r}\, \psi_\sigma^{+}(\bm{r})\Delta U(\bm{r})\psi_\sigma(\bm{r}) \approx \Delta U(\bm{0})\left\{\sum_{\bm{k}\bm{k}'\sigma} |\phi_{\nu\bm{k}}(\bm{0})|^2 c_{\mathrm{c}\bm{k}\sigma}^{+} c_{\mathrm{c}\bm{k}'\sigma} \right. \\ \left. + \sum_{\bm{k}\sigma}[\phi_{\nu\bm{k}}^{*}(\bm{0}) w_{\mathrm{d}\bm{0}}(\bm{0}) c_{\mathrm{c}\bm{k}\sigma}^{+} c_{\mathrm{d}\bm{0}\sigma} + \mathrm{h.c.}] + \sum_\sigma |w_{\mathrm{d}\bm{0}}(\bm{0})|^2 c_{\mathrm{d}\bm{0}\sigma}^{+} c_{\mathrm{d}\bm{0}\sigma}\right\} \quad (2.103)$$

となる．これを導く際には $\Delta U(\bm{r})$ の短距離性を仮定した．ところで，伝導電子の遍歴性と d 電子の局在性から，$|\phi_{\nu\bm{k}}(\bm{0})| \approx O(1/\sqrt{N_{\mathrm{N}}})$, $|w_{\mathrm{d}\bm{0}}(\bm{0})| \approx O(1)$ に注意すると，式 (2.103) 右辺第 1 項は無視できる．そして，$V \approx \Delta U(\bm{0})\phi_{\nu\bm{k}}^{*}(\bm{0})w_{\mathrm{d}\bm{0}}(\bm{0})$，$E_{\mathrm{d}} \approx \xi_{\mathrm{d}} + \Delta U(\bm{0})|w_{\mathrm{d}\bm{0}}(\bm{0})|^2$ とし，d 電子については座標原点にある電子のみを考慮すると，H_{A} の相互作用項以外の部分が得られる．相互作用項も U_{ee} を電子場の演算子で書いた後に $\psi_\sigma(\bm{r}) \approx c_{\mathrm{d}\bm{0}\sigma} w_{\mathrm{d}\bm{0}}(\bm{r})\chi_\sigma$ を代入すれば，$U = \int d\bm{r} \int \bm{r}' |w_{\mathrm{d}\bm{0}}(\bm{r})|^2 |w_{\mathrm{d}\bm{0}}(\bm{r}')|^2/|\bm{r} - \bm{r}'|$ として再現される．

さて，歴史的には，"近藤効果"とは非磁性金属（金，銀，銅など）に磁性不純物（鉄，マンガン，クロムなど）がごく微量に含まれる場合，電気抵抗 ρ を温度を変えて測定すると，

$$\rho(T) = c\rho_0 + aT^5 - c\rho_1 \ln T \quad (2.104)$$

で表される $-\ln T$ 項を含む特徴的な振る舞いを示して，温度 $T = (c\rho_1/5a)^{1/5}$ で $\rho(T)$ が極小になることを指す．ここで，c は不純物濃度，$c\rho_0$ 項は残留抵抗を与える通常の不純物散乱の寄与，aT^5 項は低温でのフォノン散乱の寄与で，これら 2 つの一般的な寄与だけで

は T の低下とともに $\rho(T)$ は単調減少するのみである．なお，磁性不純物とホストとの相性も重要で，例えば，鉄が含まれるアルミニウムなどでは電気抵抗極小現象はみられない．また，c が大きくて不純物間の相互作用が無視できなくなると，この現象はみられない．

この $-\ln T$ 項は，(1) 磁性不純物における局所スピンの出現，(2) その不純物スピンと伝導電子とのスピン反転を伴う衝突過程におけるフェルミ端効果による異常な散乱確率の増大，に由来すると理解されている．ちなみに，H_A において（フェルミ準位 μ をエネルギーの原点として）$E_d < 0 < E_d + U$，かつ，$|V| \ll |E_d|, E_d + U$ が成り立つと，不純物サイトに電子 1 つが局在し，局所スピンが発生する．そして，この場合，H_A は V の 2 次摂動（あるいは，$1/U$ 展開）から導かれる "sd 模型" の有効ハミルトニアン $H_{\rm sd}$，すなわち，

$$H_{\rm sd} = \sum_{\bm{k}\sigma} \xi_{\bm{k}} c^+_{\bm{k}\sigma} c_{\bm{k}\sigma} + \frac{W}{N_{\rm N}} \sum_{\bm{k}\bm{k}'\sigma} c^+_{\bm{k}'\sigma} c_{\bm{k}\sigma} + \frac{J}{2N_{\rm N}} \sum_{\bm{k}\bm{k}'\sigma\sigma'} c^+_{\bm{k}'\sigma} \bm{\sigma}_{\sigma\sigma'} c_{\bm{k}\sigma'} \cdot \bm{S} \quad (2.105)$$

に還元される．ここで，$\bm{\sigma}$ はパウリ行列，$\bm{S}$ は局在スピンで $S_z = (n_{d\uparrow} - n_{d\downarrow})/2$，$S_+ = c^+_{d\uparrow} c_{d\downarrow}$，$S_- = c^+_{d\downarrow} c_{d\uparrow}$ であり，伝導電子の散乱行列要素である W と J は，それぞれ，

$$W = \frac{N_{\rm N}|V|^2}{2}\left(-\frac{1}{E_d} - \frac{1}{E_d + U}\right), \quad J = 2N_{\rm N}|V|^2\left(-\frac{1}{E_d} + \frac{1}{E_d + U}\right) \quad (2.106)$$

で与えられる．そして，抵抗率は $\rho(T) \approx c\rho_0[1 + 2Jg(0)]$ と書ける．ここで，ρ_0 は式 (2.105) 中の W 項，および，J 項のうちでスピン反転しない項からの寄与から決まるものであり，一方，$g(\xi)$ は J 項中のスピン反転を伴うスピン演算子の非可換性に起因する因子で，

$$g(\xi) = \frac{1}{2N_{\rm N}} \sum_{\bm{k}} \frac{1 - 2f(\xi_{\bm{k}})}{\xi_{\bm{k}} - \xi}, \quad g(0) = \frac{1}{N_{\rm N}} \sum_{\bm{k}} \frac{1}{2\xi_{\bm{k}}} \tanh\left(\frac{\xi_{\bm{k}}}{2T}\right) \quad (2.107)$$

で定義される．この因子は超伝導のクーパー（Cooper）対不安定性にも関連するもので，"フェルミ端異常"の物理を記述し，$T \to 0$ で $g(0) \approx -N(0)\ln T$ の漸近形で $+\infty$ に発散する．ここで，$N(0)$ は 1 スピンあたりのフェルミ面での状態密度である．この $g(0)$ を用いて $\rho(T)$ を求めると，式 (2.104) が得られ，希薄磁性不純物による近藤効果の説明[44]に成功する．

しかしながら，この成功が新たな，そして，より深淵な問題を提起する．すなわち，いまの 2 次摂動計算は $|Jg(0)| \ll 1$ の条件が成り立つときのみ，意味をもつが，$T \to 0$ で $g(0)$ が発散するので，このままでは基底状態が非物理的になってしまう．そこで，より高次の摂動項を取り込んで物理的に正しい基底状態を得るための理論手法を開拓して，それで得られる基底状態の性格を解明する必要に迫られたのである．これを "近藤問題"[45] という．

この問題に対して，$H_{\rm sd}$ に基づいて最強発散項（および次最強発散項）の無限和をとる方法やそれと等価なアンダーソン（Anderson）の "poor man's scaling"[46] の方法を適用

すると, (1) $J < 0$ の強磁性的な結合の場合, 有効相互作用 J_{eff} は低温でゼロに近づくので, 局在スピンは独立して存在し, 伝導電子にも特別なことは起こらない. (2) H_A から導かれる式 (2.106) における J のように $J > 0$ の反強磁性的な結合の場合, J_{eff} は T の低下とともに増大し, 特に, $T_K \equiv D \exp[-1/JN(0)]$ (ここで, D は伝導帯のバンド幅) で定義される "近藤温度" 以下では通常の摂動理論は破綻することがわかった.

その後, $J > 0$ の H_{sd} に対して, ウィルソン (Wilson) の数値的繰り込み群による高精度の解やベーテ仮説法による厳密解が得られた. その結果, 高温の $T \gg T_K$ ではキュリー則に従う帯磁率をもつ局在スピンが存在する (局在スピンと伝導電子との結合が弱い, いわゆる "漸近的自由" な) 状況から T_K を超えて低温極限に至ると局在スピンが完全に消えた (量子色力学におけるクォークの閉じ込めにも喩えられるような強結合状況の) パウリ常磁性状態に連続的に移り変わるという様相[47] が明らかになった. そして, 最終的に現れる基底状態 Ψ_0 では $J_{\text{eff}} \to +\infty$ のために局在スピン S と伝導電子のスピンが一重項状態に結合し, その束縛エネルギーが T_K となっている. その状況が図 2.19 に模式的に示されていて, Ψ_0 の成分のうち, S_z (S の z 成分) が上向き (下向き) のものは, その S のまわりの伝導電子密度は変化しないものの, 上向きスピンの密度は電子 1/2 個分減り (増え), 下向きスピンの密度は 1/2 個分増している (減っている). このように, 局在スピンはその相手の伝導電子を絶えず変えながらも (したがって, それぞれの伝導電子は決して局在せずに) 常にスピン一重項に結合しているので, 局在スピンが帯磁率に寄与しないのである.

さて, この "近藤一重項状態" Ψ_0 は, U が大きいとして H_A から導かれた H_{sd} の基底状態なので, U が大きいときの H_A の基底状態でもある. また, U が小さい H_A ではスピン偏極は出現しないので, 基底状態は非磁性である. したがって, U の値に関係なく, H_A の基底状態 Ψ_0 は常に非磁性状態であることがわかる. (これは H_A に数値的繰り込み群やベーテ仮説法を直接適用することでも確かめられている.) このように, U の増加に伴って相転移などの特異な振る舞いを経ずに Ψ_0 は $U = 0$ の状況から連続的に変化するだけなので, これは相互作用の印可に伴う変化をフェルミ流体理論で完全に記述できる状況であることを示唆している. 実際, ノジェール (Nozières) は "局所フェルミ液体理論"[48] を展開して, 通常の摂動論では簡単に計算できない $T \ll T_K$ での物理量を簡便に計算した. 具体的には, 不純物の効果は s 波の位相差 $\delta_{0\sigma}$ を通してすべての物理量を記述できることから, これを "準粒子" のエネルギー ε と準粒子の "分布関数" δn_σ の汎関数と考えて,

$$\delta_{0\sigma}(\varepsilon) = \delta_{0\sigma}^{(0)} - \frac{\varepsilon}{\varepsilon_K} - \sigma \frac{1}{2N(0)\varepsilon_K}(\delta n_\uparrow - \delta n_\downarrow) \tag{2.108}$$

のように展開する. ここで, "近藤エネルギー" ε_K が唯一の現象論的なパラメータであるが, これは必ずしも前に定義した近藤温度 T_K とは完全に一致しないかもしれないが, その物理的意味からお互いに比例した量である. この展開式を使うと, フェルミ流体効果による帯磁率の相対変化量, $\delta\chi/\chi$, と比熱のそれ, $\delta C_v/C_v$, の比 ("ウィルソン比") は 2

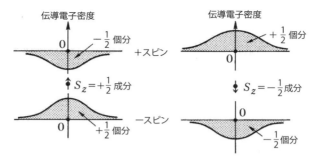

図 2.19 sd 模型の基底状態：$S_z = \pm 1/2$ 成分をもつ局在スピンのまわりの伝導電子密度の変化の様子を模式的に示したもの．

であることが導かれる．また，$J_{\text{eff}} \to +\infty$（図 2.19 の状況）では，原点での各スピン成分の過剰電子数は（局在スピンの電子も全電子数に加えると $S_z = \pm 1/2$ のいずれの場合も）1/2 になるので，フリーデルの和公式で s 波の位相差のみを考慮すると $\delta_{0\sigma}^{(0)} = \pi/2$ となる．したがって，低温での電気抵抗率 $\rho(T)$ と $T = 0$ でのそれとの比は

$$\frac{\rho(T)}{\rho(0)} = 1 - \pi^2 \left(\frac{T}{\varepsilon_{\text{K}}}\right)^2 \tag{2.109}$$

で与えられる．このように，$\rho(T)$ は式 (2.104) で示唆される $T \to 0$ での発散は消えて，降温とともにフェルミ流体特有の T^2 則に従いつつ，ある一定値に下から飽和する．なお，電子正孔対称系（すなわち，$E_d = \mu$）で $U \to \infty$ の場合，微視的な計算で $\rho(T)/\rho(0) = 1 - (\pi^4 w^2/16)(T/T_{\text{K}})^2$ が得られているので，式 (2.109) と比べると，その系では $\varepsilon_{\text{K}} = 4T_{\text{K}}/\pi w \approx 3.08\, T_{\text{K}}$ であることがわかる．ここで，"ウィルソン数" w は $w = 0.4128 \pm 0.002 \approx e^{\gamma + 1/4}/\pi^{3/2}$（$\gamma$ はオイラーの定数で，$\gamma = 0.57721\cdots$）で与えられる．

先にふれたように，近藤問題における重要な物理は漸近的自由状態から強結合状態への連続的な変化であるが，フリーデル振動を詳しく解析すると，この物理を直接的に検証できる．実際，sd 模型の 1 電子グリーン関数を使ってフリーデル振動の表式を求める[49]と，各部分波のうちで s 波成分だけが重要で，その位相差 $\delta_0 [\equiv \delta_{0\uparrow}(p_{\text{F}}) = \delta_{0\downarrow}(p_{\text{F}})]$ を用いると，

$$\lim_{r \to \infty} [n(\boldsymbol{r}) - n_0] \approx \frac{C_D}{r^D} \left[\cos\left(2p_{\text{F}} r - \frac{\pi D}{2} + 2\delta_0\right) F\left(\frac{r}{\xi_{\text{K}}}\right) - \cos\left(2p_{\text{F}} r - \frac{\pi D}{2}\right)\right] \tag{2.110}$$

のように式 (2.100) が書き直される．ここで，$D (= 1, 2, 3)$ は伝導電子系の空間次元であり，定数 C_D は $C_1 = 1/(2\pi)$，$C_2 = 1/(2\pi^2)$，$C_3 = 1/(4\pi^2)$ である．また，$\xi_{\text{K}} [\equiv p_{\text{F}}/(mT_{\text{K}})]$ はこの伝導電子系における近藤問題の特徴的な長さ，$F(r/\xi_{\text{K}})$ は D に依存しない普遍関

数である.そして,この関数がこの系の物理の本質をよく表現していて,$r/\xi_K \ll 1$(大きなエネルギースケールが関与する漸近的自由な領域)では $F(r/\xi_K) \to 1$,$r/\xi_K \gg 1$(小さいエネルギースケールの強結合領域)では $F(r/\xi_K) \to -1$ のような振る舞いを示す.そのため,$p_F^{-1} \ll r \ll \xi_K$ の領域で計算される δ_0 と比べて,$r \gg \xi_K$ で観測される位相差は $\delta_0 + \pi/2$ ということになるが,これは中間距離でみるよりも遠距離でみる方が伝導電子により強い引力が働いていることになり,クォーク閉じ込めの物理と共通の様相である.

この近藤問題が1970年代を中心に解明された経緯は以上のとおりであるが,その後,この研究は H_A に含まれる不純物を周期的に並べた "周期的アンダーソン模型" の研究に拡張された.そして,その模型に基づいて "重い電子系" の物理が議論されている.また,それとは別に,量子ドット系の電気伝導を議論する場合,その量子ドットは電極金属に接合する一不純物と見なせば,近藤効果・近藤問題の新しい,そして,より制御しやすい舞台が与えられたものというとらえ方が可能になり,その観点からの研究も盛んになっている.

2.4.7 陽子埋め込み電子ガス系:第一原理からの近藤問題

前項の近藤問題についての知識に基づいて,前々項で考えた電子ガス中の1原子系の問題を第一原理からの近藤問題の研究という立場から再検討してみよう.この際,H_A に最も近い系は $Z=1$ の陽子を埋め込んだものなので,これを詳しく調べよう.なお,このジェリウム陽子複合系は量子モンテカルロ計算が遂行できるほどに簡単な系なので,LDAのほかにDMCでも調べられる.そして,もし,そのDMCで高精度の電子密度分布 $n(\boldsymbol{r})$ が得られれば,その $n(\boldsymbol{r})$ と1対1に対応する正確なKSポテンシャル $U^{KS}(\boldsymbol{r};[n(\boldsymbol{r})])$ を逆コーン–シャム変換で求められる(通常とは逆に,$n(\boldsymbol{r})$ から対応する $U_{KS}(\boldsymbol{r};[n(\boldsymbol{r})])$ を求めることを "逆コーン–シャム変換" とよぶ).すると,このジェリウム原子複合系での正確な $U_{xc}(\boldsymbol{r};[n(\boldsymbol{r})])$ の様相が明確にされると同時にLDAの欠点がみえてくるので,その情報を利用して,少なくとも2.2.9項でふれた高圧下の固体水素の問題において従来よりはずっとよいDFT計算が可能になろう.さらに,この情報は交換相関ポテンシャルの新汎関数形の構成に大いに役立つと思われるので,この方向の研究のいっそうの進展を期待したい.

さて,すでに2.4.5項で調べたように,このジェリウム陽子複合系の場合,$r_s \ll 1$ の高密度領域では陽子のまわりに電子がまったく局在しない H^+ の誘電遮蔽状態,逆に,$r_s \gg 1$ の低密度電子ガス中では陽子はそのまわりにスピン一重項の電子対が強く局在した水素負イオン H^- であることはわかっている.また,スピン偏極状態はいかなる r_s でも決して現れないこともわかっていて,これは前項の H_A におけるスピン非偏極な基底状態と整合的である.そこで,解明すべきことをあげるとすれば,(1) そもそも,この系で r_s をゼロから次第に大きくしていった場合,H^+ 状態と H^- 状態の中間に近藤一重項状態が出現するか?,(2) もし出現するとすれば,それはどの r_s の領域か?,(3) その出現に伴う H^+

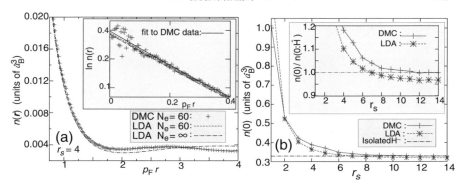

図 2.20 (a) 陽子埋め込み電子ガス系 ($r_s = 4$) の電子密度分布 $n(r)$. 有限系 ($N_e = 60$) での DMC と LDA の結果と無限系での LDA の結果を比較した. (b) カスプ切片値 $n(0)$. 孤立 H^- イオンの正確な値 $n(0:H^-) = 0.329\,a_B^{-3}$ と比較した.

状態や H^- 状態との転移は鋭いものか,あるいは,クロスオーバー的なものか?,ということになる.

図 2.20(a) には,DMC で得られた結果を LDA のそれと比較した一例が示されている.基本的には,LDA は DMC の結果を定性的に正しく再現するが,定量的には有意な差がある.例えば,陽子近傍の $n(r)$ では,カスプ定理のために $n(r) = n(0)\exp(-2r/a_B)$ となるので,"カスプ切片値" $n(0)$ の比較だけの問題に還元されるが,挿図に示すように,$r_s = 4$ では DMC の方が LDA よりも大きな $n(0)$ を与える.これは,2.2.4 項の議論からも明らかなように,陽子近傍では LDA では十分な強さの交換相関効果を与えられなかったことを示唆する.ちなみに,図 2.20(b) に示すように,r_s が約 2 を越えると同様の結果が得られるが,逆に r_s がそれよりも小さい高密度側ではまったく正反対になるので,高密度系では LDA では交換相関効果が強く入りすぎていることになる.これらの事実は LDA を越えた交換相関ポテンシャル汎関数を新しく構成する際に考慮すべき重要な条件を与えている.ちなみに,LDA では有限系・無限系にかかわらず計算できるが,現在のところ,DMC では全電子数 N_e の上限が 170 程度の有限系しか計算できない.そこで,有限系での端の効果を軽減するために $Z = 1$ の結果と $Z = 0$ の結果の差をとって陽子挿入の効果をみると同時に,LDA の計算を通して系のサイズ依存性も分析している.

次に,図 2.21 には,無限系に LDA を適用して得られた位相差のうち,近藤問題で重要になる s 波の成分の p 依存性を,いろいろな r_s の場合に各密度の p_F に対して $0 \leq p \leq p_F$ の範囲で示している.この $\delta_{0\sigma}(p)$ は十分に遠方で計算したもので,もし近藤一重項が出現していて ξ_K という特徴的な長さがあったとしてもそれよりもずっと大きいと思われる距離で計算している.得られた結果は次のように要約できる.(1) $r_s < 1.97$ の場合, $\delta_{0\sigma}(p)$

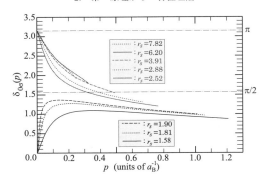

図 2.21 p の関数としての s 波の位相差（スピン依存性はない）．各 r_s について，$p \leq p_F$ の領域で示している．

は $p=0$ でゼロから出発して，$a = -\delta'_{0\sigma}(0)$ で定義される "散乱長" は負で引力的なポテンシャルが働いていることを示しているので，これは H$^+$ の領域にあると考えられる．(2) $r_s > 1.97$ の場合，$\delta_{0\sigma}(0)$ は急に π だけ跳び，散乱長 a は正で斥力的なので，陽子のまわりに局在電子が出現したことがわかる．そして，これはクロスオーバーではなく，鋭い転移であることがわかる．(3) この転移が H$^-$（2 個の電子の局在）状態か，近藤一重項（1 個の電子の局在）状態かはこの $\delta_{0\sigma}(0)$ の値からだけでは明確でないが，r を小さくしていった場合の（例えば，有限系での）フリーデル振動の変化の様子から判断できる．実際，図 2.20(a) の $r_s = 4$ の場合，有限系と無限系でのフリーデル振動の違いは明らかで，これから，少なくとも r_s が 4 程度よりも小さい場合は近藤一重項状態が出現していると結論できる．そして，この場合，陽子近傍で定義される s 波の位相差は無限遠方のそれよりも $\pi/2$ だけ減ることになるので，$\delta_{0\sigma}(0) = \pi/2$ となり，局在電子は 1 個であることになる．(4) LDA 計算に現れる KS 軌道は 1 体問題の解なので，近藤一重項状態のような本質的に多体状態を再現できず，したがって，KS 軌道の性格を単純に調べても物理的な状況が直接的にわかるわけではない．しかしながら，原理上，DFT では電子密度（この場合，具体的にはそのフリーデル振動）自体は KS 軌道の密度分布の和で正確に再現されるはずであり，実際，KS 軌道の中に現れる束縛状態は大変広がった密度分布をもっていて，その広がり具合が ξ_K という長さのスケールを与えてフリーデル振動の特徴的な振る舞いを再現している．(5) DMC においても r_s が 2 の近傍では定量的にも LDA の結果とよく一致する結果が得られる．そして，式 (2.110) で記述される異常フリーデル振動の振る舞いに注目すれば，たとえ N_e が 170 までのデータしかなくても ξ_K は十分な精度で定量的に評価される．その解析の詳細は Takada ら[50)] に譲るが，$r_s = 4$ では $p_F \xi_K = 35 \pm 3$ という値が得られる．いったん ξ_K が評価されると，近藤温度 T_K は $T_K = 2E_F/(p_F \xi_K)$ で与え

2.4 密度汎関数論的アプローチ

られるので,直ちに $T_K = 2100 \pm 200$ K が得られる.また,同じような解析から,r_s が 3 から 8 までの間では T_K は 1000 K 以上となるので,この電子密度領域の電子ガスに陽子を挿入した系は非常に高い近藤温度をもつ特異な系ということになる.ちなみに,このような高い T_K をもつ系では,常温以下の温度で物理量を測っていても近藤効果に特有の $\ln T$ の振る舞いは観測されないと予想される.(6) r_s が 10 を超える低密度領域で r_s を次第に増加させながら DMC を実行し,陽子近傍の $n(r)$,特に,その分布誤差の詳細を解析すると,$r_s \approx 12.5$ で近藤一重項状態から H^- へ鋭く転移することがわかった.この 2 つめの転移も鋭いものになることは,物理的には次のように考えれば理解できる.まず,r_s が無限大の極限から出発して,r_s が充分に大きい低密度系では,丁度,ヘリウム原子を挿入したときのように,閉殻構造になっている H^- 中の 2 つの局在電子はパウリ排他律によって周りの電子ガス系中の電子からは独立して存在しているが,この状態から電子ガス系の密度を上げていくと,H^- にかかる周りの金属電子からの圧力が上昇していき,ある臨界密度で H^- 中に閉じ込められた局在電子がその運動エネルギーの過度の上昇を逃れるために H^- の外に飛び出すようになる.この飛び出した状態が近藤共鳴状態であり,したがって,H^- から近藤共鳴状態への転移も鋭いものということになる.(7) 最後に付け加えると,近藤一重項状態において,KS 軌道の一つとして現れる束縛状態は伝導電子のバンド端よりも下に出るが,物理的にはこれは正しいものではなく,物理的に正しい準位はフェルミ準位近傍に現れるはずのものである.これは KS 軌道が物理的な実体でないことを如実に表す好例といえる.

以上みたように,ジェリウム陽子複合系で局在電子と伝導電子の区別がつかず,しかも,伝導電子間にもクーロン斥力が働いているような第一原理のハミルトニアンから出発しても,H_A で見いだされたような近藤物理が確認された.そして,LDA が想像以上に定性的に正しい結果を与えることがわかったので,2.4.5 項で議論した軌道縮退した場合に出現するスピン偏極状態の信憑性も増したものと思える.いずれにしても,軌道縮退した場合はフント則による強磁性的な相互作用が働くことがスピン偏極状態が出現する鍵を握っているようである.そして,このフント則が働かなくなるハーフフィルドの状況がそうでない場合との違いとして理解できそうである.近藤問題を研究している分野では,この問題は"マルチチャネル近藤問題"とよばれるもので,それを第一原理から研究することは大変興味深く,将来の詳しい検討を期待したい.また,1 不純物の問題を 2 不純物の問題に拡張すれば,例えば,2.2.7 項で述べた水素分子の化学結合の概念と近藤物理の概念の組み合わせの問題[18,51] をはじめとして,さまざまな興味深い問題を提起できる.さらに不純物の数を増やすと,近藤物理とルーダーマン–キッテル–糟谷–芳田(RKKY: Ruderman–Kittel–Kasuya–Yosida)相互作用の競合問題につながっていくことになり,希薄磁性半導体の問題も視野に入ってくる.そして,マクロな数の陽子が格子状に入った系(金属水素化物)で T_K と RKKY 相互作用がほぼ等しい量子臨界状態[52] が実現される場合,転移温度 T_c が $T_c \approx 0.1 T_K$ とい

う高温超伝導が期待されなくもない[50]．いずれにしても，解析計算と数値計算をうまく組み合わせて，物理概念の深化と開拓を推し進める研究の今後の発展を期待したい．

[高田康民]

文　献

1) 素粒子物理学者 Sheldon L. Glashow が提唱するウロボロス（Ouroboros）の概念である．これに関しては，須藤靖，ものの大きさ，pp.77-79（UTPhysics 1, 東京大学出版会, 2006）参照．
2) ここでは，式の記述を簡単にするために $\hbar = k_B = c = 1$ ととろう．すると，この単位系では，例えば，微細構造定数 α は $\alpha = e^2 \approx 1/137.036$ となり，また，エネルギーの単位であるハートリー E_h は $E_h = m\alpha^2 \approx 27.2114$ eV となる．ここで，電子の静止質量 m は $m \approx 0.510999$ MeV である．
3) P.-O. Löwdin, Adv. Chem. Phys. **2**, 207 (1959)；原田義也，量子化学（裳華房, 2007）は量子化学の諸手法を論じた最近の教科書である．
4) B. L. Hammond, W. A Lester, Jr. and P.J. Reynolds, *Monte Carlo Methods in Ab Initio Quantum Chemistry* (World Scientific, 1994); W. M. C. Foulkes, L. Mitas, R. J. Needs and G. Rajagopal, Rev. Mod. Phys. **73**, 33 (2001).
5) 例えば，高田康民，多体問題，pp.85-89（朝倉物理学大系 9, 1999）参照．
6) R. Jastrow, Phys. Rev. **98**, 1479 (1955).
7) M. C. Gutzwiller, Phys. Rev. Lett. **10**, 159 (1963).
8) E. Feenberg, *Theory of Quantum Fluids* (Academic, 1969).
9) S. Fantoni and S. Rosati, Nuovo Cimento **25**, 593 (1975).
10) S. F. Boys and N. C. Handy, Proc. Roy. Soc. A **309**, 195; 209; **310**, 43; 46; **311**, 309 (1969).
11) F. Coester and H. Kümmel, Nucl. Phys. **17**, 477 (1960).
12) Y. Takada, Phys. Rev. A **28**, 2417 (1983); Phys. Rev. B **35**, 6923 (1987).
13) G. Sandri, Ann. Phys. (NY) **24**, 332 (1963); E. Gozzi and M. Reuter, Phys. Rev. E **47**, 726 (1993).
14) P. Hohenberg and W. Kohn, Phys. Rev. **136**, 864 (1964); W. Kohn and L. J. Sham, Phys. Rev. **140**, A1133 (1965); W. Kohn, Rev. Mod. Phys. **71**, 1253 (1999).
15) TDDFT のさわりは高田康民，多体問題特論，pp.129-147（朝倉物理学大系 15, 2009）に記した．また，SCDFT の解説は，例えば，高田康民，計算と物質，pp.256-266（岩波講座計算科学 3, 2012）参照．
16) 第一原理からの電子状態計算には，大別して，分子化学系と物性物理系の 2 系統がある．前者としては，「Gaussian」や「Gamess」などが，また，後者としては，「VASP」，「WIEN2k」，「Quantum Espresso」，「Abinit」などがあげられる．
17) R. P. Messmer and F. W. Birss, J. Phys. Chem. **73**, 2085 (1969); R. J. Boyd, Nature **310**, 480 (1984).
18) Y. Takada and T. Cui, J. Phys. Soc. Jpn. **72**, 2671 (2003); M. Shimomoto and Y. Takada, J. Phys. Soc. Jpn. **78**, 034706 (2009).
19) K. Ruedenberg, Rev. Mod. phys. **34**, 326 (1962).
20) W. Jaskólski, Phys. Reports **271**, 1 (1996); S. A. Cruz and J. Soullard, Chem. Phys. Lett. **391**, 138 (2004).
21) T. Pang, Phys. Rev. A **49**, 1709 (1994).

22) 超高圧下の固体水素における高温超伝導に関連して，2015 年に大きな進展があった．200 GPa を超える超高圧下の硫化水素は H_3S の化学式で表されるような構造が安定になり（Duan et al., Sci. Rep. **4**, 6968 (2014)），その状態で 200 K を超える超伝導転移温度が観測された（Drozdov et al., Nature (London) **525**, 73 (2015)）．
23) 例えば，高田康民，多体問題特論，pp.363-372（朝倉物理学大系 15, 2009）参照．
24) Y. Takada, Phys. Rev. B **30**, 3882 (1984); Phys. Rev. B **43**, 5962 (1991).
25) Y. Takada, J. Phys. Soc. Jpn. **61**, 4275 (1992).
26) Y. Takada, Phys. Rev. B **47**, 3482 (1993).
27) K. Matsuda, K. Tamura and M. Inui, Phys. Rev. Lett. **98**, 096401 (2007).
28) C. F. Richardson and N. W. Ashcroft, Phys. Rev. B **50**, 8170 (1994).
29) H. Maebashi and Y. Takada, J. Phys. Soc. Jpn. **78**, 053706 (2009).
30) 光電子分光実験の解説書としては，小林俊一編，物性測定の進歩 II（シリーズ物性物理の新展開），第 3 章電子分光（藤森淳）（丸善, 1996）；日本表面科学界編，X 線光電子分光法（丸善, 1998）；D. W. Lynch and C. G. Olsen, *Photoemission Studies of High-Temperatue Superconductors* (Cambridge University Press, 1999); S. Hufner, *Photoelectron Spectroscopy* (Springer, 2003); W. Schülke, *Electron Dynamics by Inelastic X-Ray Scattering* (Oxford University Press, 2007).
31) Y. Takada, Phys. Rev. Lett. **87**, 226402 (2001).
32) Y. Takada and H. Yasuhara, Phys. Rev. Lett. **89**, 216402 (2002).
33) Y. Takada, J. Superconductivity **18**, 785 (2005)
34) H. Maebashi and Y. Takada, Phys. Rev. B **84**, 245134 (2011).
35) H. Maebashi and Y. Takada, Phy. Rev. B **89**, 201109(R) (2014).
36) O. Gunnarsson and B. I. Lundqvist, Phys. Rev. B **13**, 4274 (1976).
37) J. P. Perdew, K. Burke and M. Ernzerhof, Phys. Rev. Lett. **77**, 3865 (1996).
38) J. P. Perdew, A. Ruzsinszky, G. I. Csonka, L. A. Constantin and J. Sun, Phys. Rev. Lett. **103**, 026403 (2009): *ibid.* **106**, 179902 (2011); J. M. del Campo, J. L. Gázquez, S. B. Trickey and A. Vela, Chem. Phys. Lett. **543**, 179 (2012)
39) J. Paier, M. Marsman and G. Kresse, J. Chem. Phys. **127**,024103 (2007).
40) M. J. Stott and E. Zaremba, Phys. Rev. B **22**, 1564 (1980); J. K. Nϕrskov and N. D. Lang, Phys. Rev. B**21**, 2131 (1980).
41) C. O. Almbladh, U. von Barth, Z. D. Popovic and M. J. Stott,Phys. Rev. B **14**, 2250 (1976); M. J. Puska, R. M. Nieminen and M. Manninen, Phys. Rev. B **24**, 3037 (1981); M. J. Puska and R. M. Nieminen, Phys. Rev. B **43**, 12221 (1991).
42) V. U. Nazarov, C. S. Kim, and Y. Takada, Phys. Rev. B **72**, 233205 (2005).
43) N. Papanikolaou, N. Stefanou, R. Zeller and P. H. Dederichs,Phys. Rev. Lett. **71**, 629 (1993).
44) J. Kondo, Prog. Theor. Phys. **32**, 37 (1964).
45) 近藤問題の要点をとりまとめたものとしては，上田和夫・大貫惇睦，重い電子系の物理, pp.48-64（裳華房, 1998）を参照されたい．
46) P. W. Anderson, J. Phys. C: Solid St. Phys. **3**, 2436 (1970).
47) 近藤問題が解明されていった状況を詳しく知りたい読者は，例えば，芳田奎, 磁性（岩波書店, 1991）；近藤淳, 金属電子論（裳華房, 1983）；A. C. Hewson, *The Kondo Problem to Heavy Fermions*, (Cambridge University Press 1993) などを精読されたい．
48) P. Nozières, J. Low Temp. Phys. **17**, 31 (1974).
49) I. Affleck, L. Borda and H. Saleur, Phys. Rev. B **77**, 180404(R) (2008).

50) Y. Takada, R. Maezono and K. Yoshizawa, Phys. Rev. B **92**, 155140 (2015).
51) S. A. Bonev and N. W. Ashcroft, Phys. Rev. B **64**, 224112 (2001).
52) S. Doniach, Phys. B (Amsterdam) **91**, 231 (1977).

3. モンテカルロ法と量子臨界現象

3.1 計算物理学による物理現象の「理解」

物性物理学は本質的に多体問題であるが，一般に多体問題を解析的に解くことは難しい．古典力学においては，3体以上の多体問題の軌道を与える一般的な解析的公式が存在しないことがポアンカレによって示されている．もちろん，物性物理学において興味の対象となるのは，系の巨視的な特性であるので，必ずしも個々の自由度の詳細な情報が得られる必要はなく，統計力学的な手法を用いて，巨視的な量の振る舞いに関する予言ができればよい．したがって，微視的な解が存在しないからといって，物性物理学的な意味において問題が解けないということには必ずしもならない．実際の成功例の代表格は，2次元イジングモデルの厳密解がオンサーガー（Onsager）によって1自由度の積分の問題に帰着されたであろう[*1]．

しかし，実際には，こうした厳密な答えを一般の統計力学モデルに関して導くことは不可能に思われる．そこで，平均場近似，変分法，摂動論など，さまざまな近似理論が古くから用いられてきた．これらの理論は，直観的な解釈がしやすく，物理現象の「本質の理解」に直結するものである．例えば，平均場近似や変分法では，あらかじめ秩序変数や変分パラメータとして対象とする物理系の熱力学的性質を特徴づける，あるいはその可能性のあるパラメータを理論に導入しておく．この典型例は，磁性体のワイス（Weiss）理論における磁気モーメント $m \equiv \langle S_i \rangle$ や超伝導体のBCS理論における超伝導秩序変数 $\langle c_{k,\uparrow} c_{-k,\downarrow} \rangle$，超流動体の平均場理論における $\langle b_{k=0} \rangle$ などである．平均場近似はこれらの秩序変数をまず考えて，その定量的な振る舞いを計算によって導くというアプローチである．最終段階の計算はしばしば数値計算によって行われるが，それは少数自由度問題の解法として用いられるのみである．近似の結果が実験などを通じて実際に観測される系の振る舞いと定性的に合致する限り，物理的解釈が得られることがあらかじめ保証されているアプローチとい

[*1] オンサーガーの厳密解は1944年．

える．

　これらのアプローチの共通点は，最終的に議論の焦点を対象とする系のサイズに関係ない個数の（つまり $O(1)$ の個数の）自由度に絞り込むことである．これは，われわれが「理解」とよんでいるものが，人間の自然言語による理解である，ということに関連しているかもしれない．系を特徴づけるパラメータの個数が膨大であったり，系のサイズとともに増加していくようなものであったりするようでは，それを自然言語で記述することは難しい．

　しかし，理解という言葉をより広く解釈して，一般に，問題の複雑さを下げる操作のことを理解とよぶことも可能であろう．一般に N 個の自由度を含む多体問題を解くには，（特に工夫をしない限り）e^{aN} 程度以上の計算の手間が必要である．厳密解は厳密に，平均場近似は近似的にこの $O(e^{aN})$ の問題を $O(1)$ の問題に圧縮する手法である．この意味でこれらの方法による理解は「完全な理解」であるといえる．コンピュータの出現以前は，基本的に $O(1)$ の問題しか扱うことができなかったので，$O(1)$ まで圧縮するのでなければ圧縮する意味がなかったが，コンピュータの出現によって，必ずしも $O(1)$ の問題でなければ扱えないということはなくなった．例えば，見かけ上 $O(e^{aN})$ の複雑さをもった問題を多項式時間（つまり $O(N^b)$ の計算の手間）で解ける形に圧縮することが意味をもつようになったのである．広い意味ではこれも理解（の一部）といってよいであろう．$O(N^3)$ まで帰着されていた問題をさらに $O(N)$ の問題に圧縮することも理解することの一部ということになる．超伝導状態を記述する Bogoliubov–de-Genne 方程式の方法など，連続体モデルに翻訳する方法や，2次元スピングラス問題を自由フェルミオン問題へと帰着する厳密な変換の方法などがある．また，4.2節で述べる d 次元量子系を $d+1$ 次元古典系にマッピングするのも，計算量を指数関数から多項式のオーダーに圧縮する操作の一種になっている．

3.2　計算物理学の展開

　物理現象の本質をどのように理解するかという問題を別にして，定量的な性質が問題となる場合に威力を発揮することも計算物理学の手法の特徴である．現代的な，すなわちプログラム可能なコンピュータの直接の源流は，第2次世界大戦中から戦後にアメリカで開発されたエニアックなどの真空管を用いた計算機であるが，この計算機を用いて最初に行われたのは，軍事的，工業的な応用を念頭においた計算であった．これらの問題の多くは，物理学上の問題として本質的な部分は理解されていたが，応用の問題としては定量的な解答が必要であった．

　歴史的には科学的な計算がこれに続いた．初期の計算としては，アルダー（Alder），ウェインライト（Wainwright）らによる剛体球，剛体円盤系の分子動力学シミュレーション[4]，メトロポリス（Metropolis）らによるマルコフ過程を利用したモンテカルロシミュレーショ

ン[5]などをあげることができる．前者においては，斥力のみからなる古典力学系において，相転移が起きることが見いだされ，後者においては，本稿において取り上げるモンテカルロ法の基礎が提案されている．

コンピュータが契機となって，新たに興ってきた科学分野も多い．カオスは直接にはコンピュータとは独立な概念であるが，カオス理論の発展に果たしたコンピュータの役割は大きい．Fermi–Pasta–Ulamによる連結非線形振動子系の計算機シミュレーションにおいて示された非エルゴード的振る舞いと[6]，それに続くKdV方程式のソリトン解の発見[7]はその一例である．フラクタル概念の発展についても同様のことがいえるであろう[8]．

また，これらのモデルを用いた計算と並行して，シュレーディンガー（Schrödinger）方程式から直接出発して，分子や固体のエネルギーや電子状態などを計算する第一原理物性計算は，固体電子論においてはバンド計算として非常に重要であり，Hohenberg–Kohnの定理[9]に基づく密度汎関数理論[10]によって大きく前進した．さらに，電子状態計算を分子動力学法と組み合わせることで，ダイナミックに物質の反応過程を追跡する方法も提案されている[11]．電子相関をより正確に取り入れる試みとしては，GW近似など，グリーン関数に基づく精密計算の手法も提案されている[12]．

新理論・新概念の正当性の検証も数値計算の大きな役割である．多くは解析的な理論に基づいて提案されるさまざまな新概念も，具体的なモデル物理系において実際にそれが予言どおり実現されることによって，その正当性が確立されることがある．その際のモデル系の計算には多くの場合コンピュータシミュレーションが用いられる．例えば，ヘリウム4の超流動状態がボース（Bose）–アインシュタイン（Einstein）凝縮の一種として理解できることは今日では「常識」になっているが，ヘリウム4は斥力相互作用が強く，理想ボース気体の凝縮とは定量的に非常に異なった様相をもっているため，実験と理論の比較による検証を行うためには相互作用の強い場合であっても実験との比較に耐える高精度の計算が必要である．これは，量子モンテカルロシミュレーション[13]によって実現した．すなわち，凝縮密度の数値的評価が実験結果と一致したことなどによって上記の「常識」が正しいことが確認されたのである．

固体物理の分野でもそうした例は多いが，例えば，2次元強相関量子系として最も基本的といえる，$S=1/2$反強磁性ハイゼンベルクモデル（Heisenberg）の基底状態が有限の磁気秩序をもつかどうかは1980年代中頃までは確立された結論がでていなかった．しかし，量子モンテカルロシミュレーション[14]などの結果が最終的に受け入れられ，今日では，数学的な証明は依然として存在しないものの，2次元系での磁気秩序の存在は「常識」として定着している．

上の2つの例は物理学における数値計算の役割の1つの典型的な側面を示している．物理学研究の王道は理論と実験の一致によって基礎固めをしながら自然現象の理解を進めて

いくことにあるが，解析的な（多くの場合近似的な）理論と実験との距離は必ずしも近くない．そのような場合に数値計算が威力を発揮する．結果として何らかの解析的近似理論の結果が正しいことが確認されるのだが，だからといって，その解析的近似理論であらかじめすべてがわかっていたわけでないことに注意が必要である．個々の解析的近似理論は，物理現象に対する（しばしば複数の）整合性のある説明であるにすぎず，その中のどれが正しい説明になっているかを判定するのは解析的理論だけでは困難な場合があるのである．

計算機を用いた物性物理学は今日ではほとんどの領域に広がっており，本章でそのすべてを紹介することはできない．以下，本章では，第一原理計算には立ち入らず，モデル計算，特にモンテカルロ法を用いた量子臨界現象研究に注目する．

3.3　モデル計算の手法

今日物性物理の多くの分野で数値計算のさまざまな手法が使われている．この中で，個々の構成要素である原子・分子の性質まで含めてすべてを計算でカバーするやり方は「第一原理計算」といわれ，工業的な応用など，物質機能の設計を目指す分野においては特に重要な計算手法である．しかし，基礎論的な興味からは，原子・分子の個別的な性質を捨て去ったあとに残る普遍的な性質に関心がもたれることも多い．例えば相図のトポロジカルな性質や，相転移付近でみられる臨界現象であり，これらを議論するには，系のミクロな構造について大胆に簡単化したモデルが用いられる．イジングモデルはその代表例であり，この1つのモデルが，磁性体，合金，液相・気相相転移，さらに神経回路など，原理もスケールも互いに異なる多くの物理系を記述していると考えられている．これは，ミクロなレベルではその基本原理すら異なっている複数の系の振る舞いが同一の数学的モデルで記述されるということであり，このこと自体が単純化された多体モデルのもつ普遍性を示している．また，基礎論的な興味だけでなく，応用上もモデルパラメータを適当に選びさえすれば十分に正確に現実の物性と合致する場合があり，モデル計算は物性の多くの分野で盛んに行われている．本章では主にモデル計算に用いられる計算手法について議論する．本章で主に扱うのはモンテカルロシミュレーションの方法であるが，この方法は適用範囲が比較的広いものの，万能の方法ではない．研究者がモデル計算を始めるにあたっては，考察の対象とするモデルやそのパラメータによって最適な方法を使うべきである．その意味で，本節では，物性物理学で用いられるいくつかの代表的な手法を取り上げて，その適用範囲や長短を考えることにしよう．モデル計算に用いられている計算手法を大別すると以下のようになる．

(1) 有限系の数値厳密解，
(2) 級数展開（広い意味の摂動論），
(3) 分子動力学法，

(4) モンテカルロシミュレーション,
(5) 有限要素法（モデルが偏微分方程式の形をとる場合）,
(6) そのほか問題に応じて特殊化した計算手法.
以下では，これらの方法の特性を述べる.

3.3.1 有限系の数値厳密解

一般に，無限自由度では不可能であっても，有限自由度であれば数値的に厳密な計算が可能である．これが有限系の厳密解による方法である．例えば，N 個のスピンを含むイジングモデルの場合であれば，2^N に比例する計算時間と N に比例する程度のメモリがあればあらゆる物理量の計算が可能である．さらに，数値的転送行列の方法[15]を用いると，一辺の長さが L であるような d 次元系の計算は $O(2^{L^{d-1}})$ 程度のメモリと，$O(L^{d-1}2^{L^{d-1}})$ 程度の計算量ですむ．例えば大雑把にいって 20 個のスピンからなる系であれば，100 万回程度足し算や掛け算を実行すれば厳密解を得ることができる．量子系では単純な足し上げでなく，行列の対角化が必要になる[16〜18]．このため，一般に古典系に比べてさらに計算に必要な時間やメモリが大きい．例えば $S = 1/2$ のハイゼンベルクモデルであれば，N 個のスピンからなる系のヒルベルト空間は 2^N 次元空間であるので，基底状態を求めるには，2^N 次元のハミルトニアン行列の対角化をしなければならず，例えばランチョス（Lanczos）法を用いて基底状態波動関数を求めようとした場合，2^N 程度のメモリと 2^{3N} 回程度の四則演算が必要になる．いずれにしても，厳密対角化に必要な計算時間やメモリサイズは系の構成要素（自由度）の数の関数として指数関数的に増大するので，数値的な厳密解を得られるのは，比較的小さい系に限られる．臨界現象に代表される，長距離の振る舞いが重要である物理現象など，自由度数が大きい場合にのみ観測される現象については，有限系厳密解の方法では本質をとらえられないことが多い．一方，問題によっては小さな系の計算によって，問題の本質的な部分が理解できる場合もあり，さらに小さい系に関してならどのような情報をも得られるという点で，厳密解の方法は他の方法にはない長所をもつ非常に強力な方法である．

3.3.2 級数展開

考えている問題が，あるパラメータを含んでいて，それが 0 や無限大のときに，厳密計算可能になるような場合，ターゲットとなるケースを，計算可能なモデルに摂動を加えたものとみることで，パラメータに関する摂動展開が可能である[19,20]．級数展開の代表例は系の分配関数やその他の物理量を温度の逆数で展開したときの係数を求める高温展開である．この方法の長所は高温展開の係数がシステムサイズに依存しないため，係数を求めること自体に熱力学極限における物性を知ることになるという点である．しかし，厳密解の方法と同様，例外的な場合を除き，計算する最大次数とそれに必要な計算資源の間には指

数関数的な関係があって,計算機の性能が1,2桁増大したとしても,物理的観点からみて大きな進展は望めない.また,級数展開の収束円内の領域(高温展開では,高々相転移温度の逆数まで)については比較的信頼できる物理量の評価値が得られる一方,収束円を超えた領域に関する情報が得られない,または得にくい,という欠点もある.項の種類が膨大であり,場合によってはそれぞれの項自体がコンパクトな解析的表式でなく,多次元積分で表されている場合があるため,級数展開自体をモンテカルロ法を用いて評価するという方法も提案されている[21,22].以下でみるように,そのような方法のうちあるものは,本稿で紹介する経路積分表示から出発するモンテカルロ法と本質的に同一の方法になる.

3.3.3 分子動力学シミュレーション

分子動力学法は1950年代,電子計算機の黎明期にロスアラモスで初めて試みられた多体問題計算法であり,剛体球の系でモンテカルロ法に次いで試され,気相-液相転移の存在を実証した[4,23]方法である.この方法では,ニュートン方程式やシュレーディンガー方程式など物理的な運動方程式を忠実に(あるいは熱揺らぎを導入する項をいれて)解くことによって時間変化を追う方法であって,熱揺らぎの項が含まれていない場合は基本的にミクロカノニカル分布を生成する方法である.この方法の最大の長所は時間発展に関する情報を得ることができる点である.この長所のために,分子動力学法は分子科学,生物学などの分野でも広く用いられている.エネルギー一定でなく温度一定のシミュレーションを分子動力学シミュレーションとして行う方法も考案されている[24,25].また,第一原理的な電子状態計算と原子位置の時間発展を同時に行う分子動力学法はカー–パリネロ(Car–Parrinello)法[11]とよばれ,量子力学的効果が重要であるような動的現象の解明に広く用いられている.

分子動力学法に基づくシミュレーションは,物理系の時間発展を忠実に再現する方法であるために,遅い緩和現象をもつ物理系に対して応用すると,当然に計算にも時間がかかることになる.また,タンパク質の折りたたみ問題などにおいては,現象が発生/展開する時間のスケールに比べて計算上の時間刻みが非常に短いので,計算ステップ数を非常に大きくしなければならないことが,多くの研究において障害になっている.そのため,時間発展の情報が得られるという長所を犠牲にしてモンテカルロ法と組み合わせて用いるようなやり方も提案されている[26].この方法の長所は,適用範囲が広く,上述の(最低限の計算に必要な)計算時間やメモリの指数関数的増大の問題がないために大きな系が扱える,ということである.避けられない欠点は得られる結果に統計誤差がある,ということであるが,これは緩和時間の問題や負符号問題に比べると本質的でない.緩和時間が計算可能な時間の範囲内で,負符号問題がなく,単に統計誤差だけが問題であるならば,計算時間を大きくすることによっていくらでも誤差を小さくしていけるからである.しかし,一般には臨界点近傍や低温極限で緩和時間が発散したり,準安定状態にはまりこむという問題が生じる.また,分子動力学における「粒子」は多くの場合,現実の分子をモデル化した

ものであるが，計算速度を向上させるため，より大きな単位を粒子として導入する場合もある[27,28]．

3.3.4 連続体モデルと有限要素法

有限要素法は，偏微分方程式と解く際の一般的な数値解法であるが，物性物理学においても，解くべきモデルが偏微分方程式の形になっている場合にはこれが用いられることが多い．流体・弾性体の方程式や，ギンツブルク–ランダウ（GL：Ginzburg–Landau）方程式など，広い意味での場の理論モデルが代表的な例である．ボース凝縮体の時間発展を近似的に表現する Gross–Pitaevski（GP）方程式や超伝導相を記述する Bogoliubov–de-Genne（BdG）方程式などもこのカテゴリーに分類される．この手法の長所は，粒子をそのまま扱ったのでは不可能な程度に大規模な構造の特徴をとらえられる可能性があること，時間発展方程式を解く場合であれば，ダイナミクスに関する情報が得られること，などがあげられる．特に，GP 方程式や BdG 方程式の場合，量子モンテカルロ法などでは直接には得られない巨視的な波動関数の位相の情報が得られる可能性があること，さらに，BdG 方程式の場合には，他の多くの手法にとってやっかいな不符号問題がないことも長所である．ただし，これらのモデルは粒子描像に直接基づく計算手法と比較すると，多粒子系の連続体近似としては，一段と抽象化されたモデルであるので，モデル化の段階で失うものがどの程度あるかに注意が必要である．

3.3.5 新しい方法論

このほか，物性で登場する多体問題は多岐にわたっているので，それぞれの問題の特性に応じていろいろな計算手法が考案されている．上で述べたのは比較的広い範囲の問題に適用されている手法であるが，適用範囲は狭いながら，その範囲で強力な計算手法は多い．例えば，1 次元量子系に対して非常に強力な手法として，密度行列繰り込み群法などがある[29,30]．この方法は，2 次元以上の系に対しても，帯状や柱状の有限系を 1 次元系と見なすことで適用できるが，そのやり方では，帯の幅や柱の断面積の関数として指数関数的に計算コストが増大するために，あまり大きな系を扱うことができない．これは，密度行列繰り込み群法が行列積表現による変分波動関数を用いた変分法であり，行列積がもともと1 次元的な構造であることに起因する．行列を一般化して，多数の足をもつテンソルにすると，より高い次元のネットワークを考えることができ，それに伴って，高次元への適用可能性も高くなると期待できるが，一般には，行列積の場合と違って，縮約をとる操作の計算時間がシステムサイズの増大とともに指数関数的に増大する．これを克服する試みはテンソルネットワーク法とよばれ近年盛んに研究が行なわれており[31,32]，フラストレートしたスピン系など，他の方法では計算困難な事例について計算例が示されている．

また，一般に強い相関をもつ遍歴電子系は，強い相関のためにバンド計算に適さず，一

方モンテカルロ法も負符号問題のために大きな系の計算が困難である．最近平均場近似を改良した手法として，動的平均場近似が提案され，多くの適用例が報告されている[33,34]．通常の平均場近似では平均場に虚数時間依存性がないのに対して，この方法では，虚数時間依存の平均場を仮定するために，量子揺らぎの効果がより正確に取り入られる．この方法をハバード（Hubbard）モデルに適用することで，金属-モット（Mott）転移を含む相図を再現することができる[35]．

3.4 モンテカルロ法

マルコフ過程に基づくモンテカルロ法の適用範囲は広く，任意の次元，格子形状，相互作用のモデルに対して適用可能である．しかし，量子系への適用は負符号問題のために，フラストレーションのある場合や，フェルミオン系に適用した場合には，計算時間はシステムサイズに対して指数関数的に増大する．このため，それらの系に対する応用では，平均場近似や厳密対角化など他の手法と組み合わせて用いられることが多い．一方，フラストレーションのないスピン系やボース系の問題については，必要計算時間はシステムサイズに対して冪乗でしか増大せず，臨界点近傍を除く多くの場合には，計算時間は自由度数に比例する程度ですむ．この特性のために，モンテカルロ法は大自由度系の計算が必要になる臨界現象研究には頻繁に用いられる方法である．

前節で，さまざまな方法論の特性を簡単に紹介したが，本節では，主にモンテカルロ法，特にマルコフ過程に基づくモンテカルロ法と，それを用いた量子臨界現象の最近の研究成果について議論する．マルコフ過程は時系列で多くの状態を発生させていく方法であるため，これを時間方向に延びる鎖に見たてて，マルコフ鎖ともよぶ[*1]．

3.4.1 単純な確率的求積法

モンテカルロ法とは疑似乱数を利用した数値計算法の総称であり，その中には，ダーツ投げで円周率を求めるような単純な棄却法も含まれる．例えば，「区間 $[0,1)$ に一様分布する乱数 x, y を発生し $x^2 + y^2 < 1$ かどうかを判定する」という作業を多数回行って $x^2 + y^2 < 1$ であった回数を全試行回数で割ると，$\pi/4$ の近似値が得られる．これは，積分

$$\int_0^1 dx \int_0^1 dy \, \theta\left(1 - (x^2 + y^2)\right) = \frac{\pi}{4}$$

を数値的に計算していることに相当する（$\theta(x)$ は $x > 0$ のときに 1，それ以外で 0 となる階段関数）．この例では，被積分関数にそれほど偏りがなく，特定の (x, y) の値からの寄与が積分値を大きく左右することはない．これが，単純な棄却法がうまくいくための必要条

[*1] ただし，ここでいう「時間」は計算の順序の意味での時間であって，計算の対象となっている系の物理的時間とは直接関係ない．

件である.一方,求めたい積分が

$$\int_0^1 dx \int_0^1 dy\, \theta\left(0.0001 - (x^2 + y^2)\right) = \frac{\pi}{4} \times 0.0001$$

であったとするとどうだろうか? この場合は,被積分関数は,$x = y = 0$ の近傍のごく狭い領域でのみ有限の値をとる.これを $[0,1] \times [0,1]$ の領域を的とした「ダーツ投げ」の方法で小さな相対誤差で求めるには,この狭い領域内にダーツが十分多い回数だけヒットしなければならないが,それには,最初のケースに比べてより大きな試行回数が必要である.これは積分値がごく限られた (x, y) の領域からの寄与で決まっているからである[*1)].

物性物理学で登場する分配関数は,この系を記述する微視的変数の組を $S \equiv (x_1, x_2, \cdots, x_N)$ として,

$$Z = \sum_S e^{-\beta E(S)} \quad (\beta \equiv 1/k_\mathrm{B} T)$$

と書けるが,低温では,小さな $E(S)$ の値に対応する状態からの寄与が分配関数全体を支配する.そのような状態の総数が全状態に対して占める割合は系のサイズの関数として指数関数的に小さなものである.したがって,ダーツ投げで積分を求める問題の例でいうと後者の部類,しかも全自由度数 N が大きいほど被積分関数の偏りが極端な場合に相当している.これはダーツ投げに代表される単純な確率的求積法にはまったく不向きな問題である.そのような場合に有効なモンテカルロ法がマルコフ過程を利用したモンテカルロ法であり,本章で議論するモンテカルロ法はすべてこのカテゴリーに属する方法である.

3.4.2 マルコフ鎖モンテカルロ法

一般に,積分や平均値に大きく寄与する状態の集団が全状態の集団に比べてきわめて小さい場合には,寄与が大きな状態が優先的に発生されるような方法を考えるしかない.これはダーツを投げる範囲自体を自動的に最適化する手法であるともいえる.マルコフ鎖モンテカルロ法はそれを狙った方法である.乱数を用いるあるルールに従って,次々と発生される状態の系列 $\{S_1, S_2, S_3, \cdots\}$ を考えよう.特に,ある時刻の状態が,直前の状態とその時々に発生される乱数にしか依存しないような過程を考える.乱数が理想的なものであるならば,これは確率的に状態を発生させることに対応している.つまり,現在の状態が S であるときに直後の状態が S' になる確率は,時刻によらないある関数 $T(S'|S)$ で表されることになる.次の状態を決めるルールに関する情報はすべて T に含まれている.このような確率過程をマルコフ過程とよぶ.

[*1)] もちろん,ここであげた例では,ダーツを投げる範囲を狭くすることで,精度を上げることができることは明らかだが,全領域から小さいが有限の寄与がある場合や,そもそもどの部分が大きな寄与を与えているかわからない場合など,一般には,ダーツを投げる範囲を変えるだけでは重みの偏りの問題を解決することはできない.

マルコフ過程において，t 番目の状態が S である確率を $P^{(t)}(S)$ とすると，

$$P^{(t)}(S) = \sum_{S'} T(S|S') P^{(t-1)}(S') \tag{3.1}$$

という漸化式が成立する．ここで，$P^{(t)}(S)$ をベクトル $\boldsymbol{P}^{(t)}$ の第「S」成分，同様に，$T(S|S')$ を行列 T の第「S 行 S' 列」成分と見なすと，

$$\boldsymbol{P}^{(t)} = T\boldsymbol{P}^{(t-1)} \tag{3.2}$$

と書ける．行列 T はある時刻の状態から次の時刻での状態への遷移を特徴づける確率なので，遷移確率，または遷移行列とよばれる．

マルコフ過程を用いたモンテカルロ法で，重み W の重みつき平均値を計算するには，$\lim_{t\to\infty} P^{(t)}(S) \propto W(S)$ となるように遷移行列 T を選べばよい．なぜなら，もしこのように T を選ぶことができれば，十分長いマルコフ鎖において，十分に大きなある経過時間後の状態は $W(S)$ に比例した確率で出現するのだから，任意の量 $Q(S)$ の期待値は，単純にある時刻以降に出現するすべての状態に関する単純平均を考えればよい．つまり，$S_1, S_2, \cdots, S_{N_{\mathrm{MC}}}$ をマルコフ過程で生成される状態の列とすると，t_0 を上記の「十分大きい」ある時間として，

$$\langle Q(S) \rangle \equiv Z^{-1} \sum_S W(S) Q(S) \approx \frac{1}{t_{\mathrm{MC}}} \sum_{t=t_0+1}^{t_0+t_{\mathrm{MC}}} Q(S_t)$$

以下では特に断らない限り，単にモンテカルロ法というとき，それはこのような原理に基づくマルコフ鎖モンテカルロ法を意味するものとする．

3.4.3 詳細釣り合いとエルゴード性

出現確率が望みの重み $W(S)$ に比例したものに収束するように遷移確率を選ぶことはいつでも可能なのだろうか？

やや天下りだが，与えられた重み W と任意の状態の組 S, S' に対して，次の詳細釣り合いとよばれる条件式をみたす遷移確率 $T(S|S')$ を考える．

$$T(S|S') W(S') = T(S'|S) W(S) \tag{3.3}$$

T は確率なので，当然

$$\sum_{S'} T(S'|S) = 1 \tag{3.4}$$

もみたさなければならない．このとき，$\boldsymbol{W}$ は行列 T の固有値 1 の固有ベクトルである．なぜなら，詳細釣り合いの条件式 (3.3) から

$$\sum_{S'} T(S|S') W(S') = \sum_{S'} T(S'|S) W(S)$$

となるが，右辺は確率としての規格化条件 (3.4) により $W(S)$ に等しい．つまり行列，ベクトルの記法で

$$T\boldsymbol{W} = \boldsymbol{W} \tag{3.5}$$

$T^t \boldsymbol{P}^{(0)} = \boldsymbol{P}^{(t)}$ が t を大きくしたときに $\boldsymbol{W}$ に収束するためには，少なくとも収束したあとの $\boldsymbol{W}$ に T を作用させたときにそれ以上変化があってはいけないから，上の式は，T がみたすべき条件が確かにみたされていることを示している．しかし，これだけでは，十分条件であることまでは示したことにならない．実際，T として単位行列を考えれば，明らかに式 (3.3) と式 (3.4) をみたすが，それは，いつまでたっても最初の状態と同じ状態を生成し続けるだけで役に立たない．

遷移行列が単位行列に等しい場合は，時刻 0 での状態以外は明らかに現れようがない極端な場合であるが，それほど極端でなくても，与えられた初期状態に対して原理的に出現しようがない状態が存在するような遷移確率を用いると，仮にそれが詳細釣り合いをみたしていても，望みの性質は得られない．このような場合を非エルゴード的であるという．逆に，どのような初期状態から始めたとしても，他の任意の状態がやがては出現しうるような場合をエルゴード的であるということにする．いかではこれより若干強いエルゴード性を仮定することにする．つまり，「初期状態によらないある t_0 が存在して，それ以上に時間が経つと，どのような状態も出現確率が 0 でない」ことをエルゴード的ということにする．形式的には，

$$\exists t_0 \left(\forall t > t_0 \left(\forall (S, S') \left(T^t(S'|S) > 0 \right) \right) \right) \tag{3.6}$$

が成り立つことである．

3.4.4 収　束　性

停留条件 (3.5) と，強いエルゴード性 (3.6) からモンテカルロ法が収束すること，

$$\lim_{t \to \infty} T^t \boldsymbol{P} = \boldsymbol{W}$$

を示すことができる．ここでは，重みが規格化されている（$\sum_i W_i = 1$）とし，さらに，記号が簡略になるように，状態を S でなく i などの文字で表して状態の重みを $W(S)$ でなく W_i などと書くことにする．概略は以下のとおりである．まず，「誤差」を

$$\epsilon(t) \equiv |\boldsymbol{P}^{(t)} - \boldsymbol{W}|_1 \equiv \sum_i |P_i^{(t)} - W_i|$$

と定義すると，

$$\epsilon(t+1) = \sum_i \left| \sum_j T_{ij} P_j^{(t)} - W_i \right| = \sum_i \left| \sum_j T_{ij}(P_j^{(t)} - W_j) \right|$$

$$\leq \sum_i \sum_j T_{ij}|P_j^{(t)} - W_j| = \sum_j |P_j^{(t)} - W_j| = \epsilon(t)$$

より，誤差が単調減少であることがわかる．定義から誤差は下から0で押さえられているから収束する．上の式で不等式が1カ所あるが，収束した暁にはここは等号になっているはずである．等号成立条件を考えてみると，それは，条件「i に遷移する可能性のあるすべての j について（つまり $T_{ij} > 0$ であるすべての j について），$P_j(t) - W_j$ の符号が同じか0である」が，すべての i に関して成立することである．ここで，十分に大きな t_0 をとると，強いエルゴード性から，T^{t_0} のすべての成分は正になるが，上の議論で，T のかわりに T^{t_0} を使うと，すべての j について，i に遷移する可能性があるわけなので，上記の等号成立条件は簡単に「すべての j に関して，$P_j(t) - W_j$ の符号が同じか0である」ということになる．しかし，P も W も同様に1に規格化されているので，この条件は $\boldsymbol{P} = \boldsymbol{W}$ である場合以外みたされようがない．したがって，遷移行列 T^{t_0} に関しては収束性が示されたことになる．これは，もとのマルコフ過程でいえば，t_0 ステップ目だけに注目すると収束するということが示されたことになるが，誤差の単調減少性（これは T についても示されている）から，もとのマルコフ過程自体が収束していることは明らかである．

3.4.5 「自由エネルギー」の単調増加性

収束性を示す際には停留条件だけでよく，詳細釣り合い条件までは必要としないが，詳細釣り合い条件があると，モンテカルロ法における熱力学第2法則またはH定理とでもいうべき関係式が成り立つことを示すことができる．

以下では，$f(x)$ を任意の下に凸な関数 $f''(x) > 0$ とする．この f を用いて，$\boldsymbol{P}$ の関数 Φ を

$$\Phi \equiv \sum_i W_i \, f\left(\frac{P_i}{W_i}\right) \tag{3.7}$$

と定義する．モンテカルロシミュレーションのある離散時刻における値を Φ，P_i などで表し，次の時刻の値をプライムをつけて Φ'，P_i' などで表すことにする．すると以下が成り立つ（最後の等式に詳細釣り合い条件を用いた）．

$$\Phi' \equiv \sum_i W_i \, f\left(\frac{P_i'}{W_i}\right) = \sum_i W_i \, f\left(\sum_j \frac{T_{ij} P_j}{W_i}\right) = \sum_i W_i \, f\left(\sum_j \frac{T_{ji} P_j}{W_j}\right)$$

ここで，$\sum_j T_{ji} = 1$ であることから，以下の Jenssen の定理が使える．すなわち，一般に

$$a_i \geq 0, \quad \sum_i a_i = 1$$

であれば，下に凸の関数 f に対して，

$$f\left(\sum_i a_i x_i\right) \leq \sum_i a_i f(x_i)$$

であり，かつ，等号成立は $a_i > 0$ であるようなすべての i について x_i が同じ値であるときのみである．これを用いると，f の値を上から抑えることができて，

$$\Phi' \leq \sum_i W_i \sum_j T_{ji} f\left(\frac{P_j}{W_j}\right) = \sum_j W_j f\left(\frac{P_j}{W_j}\right) = \Phi \quad (3.8)$$

となる．関数 f は下に凸でありさえすればなんでもよいが，重要な例は，$f(x) = x \log x$ ととった場合であり，このとき，Φ は次の Kullback–Leibler 相互情報量に等しい

$$\Phi = I_{KL}(P||W) \equiv \sum_i P_i \log \frac{P_i}{W_i}$$

これは物理的には過剰自由エネルギー（熱平衡状態の自由エネルギーと比較してどれだけ余計な自由エネルギーを系がもっているか）

$$\Phi = (F - F_{\text{eq}})/T$$

に等しい．すなわち，自由エネルギーが単調減少であること，言い換えると，モンテカルロシミュレーションにおいて，熱力学第 2 法則が成り立っていることがわかったことになる．平衡状態に収束することはすでに示されているから，Φ の収束先は平衡状態での値，すなわち 0 である．

3.4.6 クラスタ更新

マルコフ過程を使ったモンテカルロシミュレーションで相転移や臨界現象を研究する場合，しばしば臨界緩和の問題に遭遇する．これは，実験で観測されるのと同様の現象で，相関が及ぶ範囲が広くなるために，その範囲を平衡状態に収束させるまでに必要な時間が長くなることによる．緩和現象そのものに興味がある場合はそれを観測すればよいが，平衡状態に興味がある場合には，臨界状態に近い状態ではいくら待っても計算が収束しないという問題が起きることになり，望ましくない．このような問題を解決するのが，クラスタ更新法である．

クラスタ更新法で最初に提案されよく知られているのが，イジングモデルのシミュレーションに使われる Swendsen と Wang による方法である[36]．このアルゴリズムでは，格子上で定義されたグラフ G_i が状態空間を限定する．具体的には，グラフ G_i の中で結合されている（同じ連結クラスタに属している）2 つのスピンは必ず同じ向きを向いていなければいけないという制約条件が課せられる．このアルゴリズムにおいては，一般の状態空間制約法と同様に，まず，制約条件（つまりグラフ G_i）を確率的に発生させる．次に，この制約条件を満足する状態の中から等確率で 1 つの状態がランダムに選ばれる．このプロセスは，単純に個々のクラスタをコインに見たてて，ランダムコイントスを想像すればよい．すなわち，個々のクラスタが互いに独立に確率 1/2 で 2 つのうち 1 つの状態を選ぶ．

> **FOR** 相互作用するすべてのスピン対 (i,j)
>   **IF** $S_i = S_j$ **THEN** 確率 $1 - e^{-2K}$ で2つのスピンを結合
> **ENDFOR**
> **FOR** グラフ中のすべての連結クラスタ
>   • 確率 $1/2$ でクラスタに属するすべてのスピンを一斉に反転
> **ENDFOR**

図 **3.1** Swendsen–Wang のクラスタアルゴリズム.

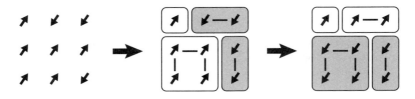

図 **3.2** Swendsen–Wang アルゴリズムの1モンテカルロステップ.

図 3.1 がそのアルゴリズムである.

この手順を実行することが確かに詳細釣り合い (3.3) をみたすマルコフ過程になっているかどうかを検討してみよう.クラスタアルゴリズムにおいては,もともとのスピン変数に加えてグラフ自由度を考えているから,これをスピン自由度とグラフ自由度の両方からなる状態空間内のマルコフ過程ととらえることにする.つまり,ここでの状態とは,S でなく,(S,G) である.上記の手続きがもし,

$$\sum_G W(S,G) = W(S) \tag{3.9}$$

をみたす重み関数 $W(S,G)$ について詳細釣り合いをみたしているとすると,極限分布は $P^{(\infty)}(S,G) \propto W(S,G)$ となるはずであるから,単純に G を無視して S にのみ注目すれば $P^{(\infty)}(S) = \sum_G \bar{P}^{(\infty)}(S,G) \propto W(S)$ となり,S は正しい極限分布に従って出現しているはずである.

結論を先に書くとすると,上のクラスタ更新の手続きは,

$$W(S,G) \equiv \prod_{(ij)} w(g_{ij}|S_i,S_j) \tag{3.10}$$

$$w(1|S_i,S_j) = \delta_{S_i,S_j}(e^{2K} - 1), \quad w(0|S_i,S_j) = 1 \tag{3.11}$$

に関して詳細釣り合いをみたしており,かつ $W(S,G)$ は式 (3.9) をみたしている.ここで,グラフ変数としてサイト対 i,j が直接結合されていれば $g_{ij} = 1$,そうでなければ $g_{ij} = 0$ を対応させる変数を考えている.全体を指定するグラフ変数 G は,g_{ij} をまとめたもの

($G \equiv \{g_{ij}\}$) である．まず，式 (3.10) が式 (3.9) をみたしていることは，

$$\sum_{g_{ij}=0,1} w(g_{ij}|S_i,S_j) = w(S_i,S_j) \tag{3.12}$$

から，明らかである．イジングモデルの場合には，$w(S_i,S_j) \equiv e^{2K\delta_{S_i,S_j}}$ であるが，このような形に重み関数を書くことが可能であることはクラスタアルゴリズムを一般化する際に重要なポイントである．

次に，上記の Swendsen–Wang アルゴリズムの手続きが式 (3.10)，(3.11) に関して詳細釣り合いをみたしていることは，$T_\mathrm{g}(S',G'|S,G)$ をグラフを生成する確率，$T_\mathrm{s}(S',G'|S,G)$ を状態を生成する確率として，

$$T_\mathrm{g}(S',G'|S,G) = \delta_{S,S'}\frac{W(S,G')}{W(S)}, \quad T_\mathrm{s}(S',G'|S,G) = \delta_{G,G'}\frac{W(S',G)}{W(G)} \tag{3.13}$$

と書けることからわかる．（ここで，$W(G) \equiv \sum_S W(S,G)$．）式 (3.13) の第 1 式を示すには，式 (3.10)，(3.11)，(3.13)，から，グラフ生成の確率 $T_\mathrm{g}(S',G'|S,G)$ を考えればよい．これは

$$T_\mathrm{g}(S',G'|S,G) = \delta_{S,S'} \prod_{(ij)} T(g_{ij}|S_i,S_j), \tag{3.14}$$

$$T(1|S_i,S_j) = \delta_{S_i,S_j}(1-e^{-2K}), \quad T(0|S_i,S_j) = 1 - T(1|S_i,S_j)$$

となるが，上記の Swendsen–Wang アルゴリズムの手続きで用いられたグラフ割り当て確率にほかならない．一方，同様に，式 (3.13) の第 2 式についても $\Delta(S,G) = 0,1$ を G 上で連結されているスピンはすべて同じ符号をもつ場合に 1，そうでない場合に 0 となる関数として，

$$T_\mathrm{s}(S',G'|S,G) = \delta_{G,G'}\frac{\Delta(S',G)}{\sum_{S''} \Delta(S'',G)}$$

と書けるが，これはちょうどランダムコイントスによって新しい状態を生成するときの確率である．よって，式 (3.13) がみたされることがわかった．さて，式 (3.13) の第 1 式がみたされるということは，

$$T_\mathrm{g}(S',G'|S,G)W(S,G) = \delta_{S,S'}\frac{W(S,G')}{W(S)}W(S,G)$$

$$= \delta_{S,S'}\frac{W(S,G)}{W(S')}W(S',G') = T_\mathrm{g}(S,G|S',G')W(S',G')$$

が成り立つということであり，グラフ割り当ての確率が拡張された状態空間 $\{(S,G)\}$ で詳細釣り合いをみたすことを意味している．状態更新部分が詳細釣り合いをみたすことも第 2 式から同様に導かれる．

最後に，エルゴード性については，グラフ割り当て時に隣接スピンを結ぶボンドが 1 つ

も割り当てられず，結果として，結合クラスタはすべて単一のスピンからなるようなグラフが割り当てられた場合を考えると，スピン反転によって任意のスピン状態が出現しうる．このことからエルゴード性が成立していることがわかる．

3.5 経路積分表示による量子モンテカルロ法

一般に経路積分表示[37]によって，d 次元空間で定義された量子系は $d+1$ 次元空間で定義された古典系と対応させることができ，これによって量子系の分配関数やその微分量の計算も，一種の古典系の計算に帰着することができる．古典系に帰着させたあとは，これまで述べてきた一般のモンテカルロ法の枠組みを使った数値計算の対象となる．ここでは，それをやや詳しくみることにする．

一般に正規直交系 $\Gamma \equiv \{|\psi\rangle\}$ 上で張られる空間内で定義されたハミルトニアン演算子 $\mathcal{H}$ で記述される量子系の分配関数は

$$Z = \sum_{\psi \in \Gamma} \langle \psi | e^{-\beta \mathcal{H}} | \psi \rangle$$

と書けるが，この式において，指数演算子を $e^{-\beta \mathcal{H}} = e^{-(\beta/M)\mathcal{H}} \times e^{-(\beta/M)\mathcal{H}} \times \cdots \times e^{-(\beta/M)\mathcal{H}}$ のように M 個の因子の積に分解しておいて，隣どうしの演算子の間に完全系による 1 の展開式 $1 = \sum_\psi |\psi\rangle\langle\psi|$ を挿入すると以下のように変形できる．

$$Z = \sum_{\psi(1),\psi(2),\cdots,\psi(M)} \prod_{k=1}^{M} \left\langle \psi(k+1) \left| e^{-\Delta\tau \mathcal{H}} \right| \psi(k) \right\rangle \quad (\Delta\tau \equiv \beta/M) \tag{3.15}$$

と書くことができる（ただし，$\psi(M+1) \equiv \psi(1)$ としている）．ここで，さらに $M \to \infty$ の極限をとって，k を連続変数 τ で置き換えると，よくみる経路積分の式

$$Z = \int D\psi(\tau) \, e^{-\int_0^\beta d\tau L[\dot{\psi}(\tau),\psi(\tau)]} \tag{3.16}$$

になり，これは，虚数因子 i を除くと時間発展の情報を含む母関数と同じ形をしているので，τ は虚数時間とよばれる．連続極限をとる前の式における $\tau = \Delta\tau k$ は離散化された虚数時間ということになる．虚数時間は $0 \leq \tau < \beta$ の値をとり，上記の導出から周期境界条件 $\psi(\beta) = \psi(0)$ が課されていることは自明である．式 (3.15) は，各虚数時刻における状態を集めたもの $\Psi \equiv (\psi(1),\psi(2),\psi(3),\cdots,\psi(M))$ に関する和の形をしているが，Ψ は，全系の状態の虚数時間方向の発展のパターンに対応している．考えている量子系が粒子の集団であり，完全系として位置座標を指定する状態をとった場合，$\psi(k)$ は全粒子の時刻 $\tau = k\Delta\tau$ における位置の情報を表していることになる．その場合 Ψ はすべて粒子の運動の軌跡からなるパターンと 1 対 1 に対応する．粒子の軌跡を「世界線」とよぶ．系が局

所的な粒子数保存則をみたす場合には，粒子がある時刻で現れたり消えたりすることはないので，世界線は時刻 0 から時刻 β まで連続した曲線（ループ）となる．

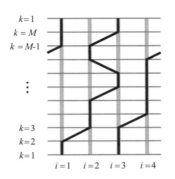

図 3.3 世界線のパターン．系は長さ 4 の 1 次元系（周期境界条件）．太線が粒子の軌跡．この例では，粒子数が 2 だが世界線は 1 本のループになっている．

物性科学の分野で登場するハミルトニアンは，多くの場合，2 体相互作用の和の形をしている．つまり，b をスピン対を指定する記号として，

$$\mathcal{H} = \sum_b^{N_\mathrm{B}} \mathcal{H}_b$$

の形をとっている．ここで，N_B はスピン対（ボンド）の数，$\mathcal{H}_b$ はスピン対 b を構成する 2 つのスピンにのみ作用する演算子である．連続時間の極限，すなわち，$\Delta\tau \to 0$ の極限では，

$$e^{-\Delta\tau \sum_b \mathcal{H}_b} = \prod_b e^{-\Delta\tau \mathcal{H}_b}$$

とする近似が厳密になるので，式 (3.15) にでてくる行列要素は，

$$\langle \psi(k+1) | e^{-\Delta\tau \mathcal{H}} | \psi(k) \rangle = \prod_{b=1}^{N_\mathrm{B}} \langle \psi(k+1) | e^{-\Delta\tau \mathcal{H}_b} | \psi(k) \rangle$$

のように，さらに「細かい」因子に分解してしまってもよい．$b \equiv (i_b, j_b)$ とすると，定義により，$\mathcal{H}_b$ は i_b と j_b にしか作用しないのだから，最後の因子は，

$$\langle \psi_{i_b}(k+1), \psi_{j_b}(k+1) | e^{-\Delta\tau \mathcal{H}_b} | \psi_{i_b}(k), \psi_{j_b}(k) \rangle$$

と書くことができる．記号が煩雑になったが，重要なことは，重み関数が，$(x, \tau) = (i_b, k\Delta\tau)$，$(i_b, (k+1)\Delta\tau)$，$(j_b, k\Delta\tau)$，$(j_b, (k+1)\Delta\tau)$ の 4 点における状態だけにしか依存していない因子の積の形に分解されたことである．すなわち，重みが時間的にも空間的にも局所

な因子の積で表されることがわかった.それがよりわかりやすいように p を上記の 4 点の組,$\psi'_p \equiv (\psi_{i_b}(k+1), \psi_{j_b}(k+1))$, $\psi_p \equiv (\psi_{i_b}(k), \psi_{j_b}(k))$, $S_p \equiv (\psi'_p, \psi_p)$ などとして,整理して書くと,

$$Z = \sum_S W(S), \quad W(S) = \prod_p w_p(S_p), \tag{3.17}$$

$$w_p(S_p) = \langle \psi'_p | e^{-\Delta\tau \mathcal{H}_b} | \psi_p \rangle \tag{3.18}$$

となる.

3.5.1 ループ分割による状態更新

3.4.6 項でみたクラスタ更新法を経路積分に応用することを考えてみる.クラスタアルゴリズムを構成する基本的処方箋は,重み関数 $W(S)$ が局所的な重みの積の形で与えられたとき,式 (3.12) の条件をみたすような局所重みのグラフ展開を考え,これにもとづいてグラフ G と重み $W(S,G)$ を導入し,そのうえで一般的にグラフ割り当てや状態生成を式 (3.13) とすることで詳細釣り合いを満足する,というものである.これをいまの問題に応用するには,すでに分配関数が離散化された虚数時間の表現で式 (3.17) のように表されているので,この中の $w_p(S_p)$ を式 (3.12) のようにグラフ分割してやればよい.

この分解式はモデルに依存する.例として,$S = 1/2$ 反強磁性ハイゼンベルクモデルを考えてみよう.この場合は,以下のようにシンプルな分解が可能である.

$$\left\langle \psi'_p \left| 1 - \Delta\tau\mathcal{H}_b \right| \psi_p \right\rangle = \delta_{\psi'_i,\psi_i}\delta_{\psi'_j,\psi_j} + (\Delta\tau)\frac{J}{2}\delta_{\psi_j,-\psi_i}\delta_{\psi'_j,-\psi'_i} \tag{3.19}$$

右辺第 1 項を $w(0|S_p)$,第 2 項を $w(1|S_p)$ とすると,形式的に

$$w(S_p) = \sum_{g_p=0,1} w(g_p|S_p) \tag{3.20}$$

と書けたことになり,グラフ分解が得られたことになる.この場合,クロネッカーデルタで表されている部分がグラフによって課される状態への制限であり,具体的には,式 (3.19) の第 1 項は,空間位置の同じ 2 つの古典スピン変数が同じ値になる拘束条件,第 2 項は,時間位置の同じ 2 つの古典スピン変数が互いに逆の値をもつという拘束条件に対応している.図で表せば図 3.4 のようになる.

あるプラケットの始状態と終状態が異なっているときに,世界線はそこで折れ曲がっていることになるので,そのプラケットにキンクがある,という言い方をしよう.このとき,離散時間版のループアルゴリズムは,各プラケットについて,そこにキンクがあれば,確率 1 で第 2 項に対応する横棒 2 本のグラフ要素を割り当て,キンクがない場合は,2 つのスピン変数が反平行の場合にのみ,横棒 2 本のグラフ要素を $\Delta\tau J/2$ の確率で割り当てる.横棒 2 本のグラフを割り当てない場合には,縦棒 2 本のグラフを割り当てる,ということ

3.5 経路積分表示による量子モンテカルロ法

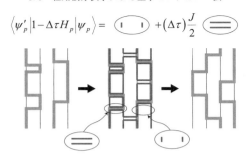

図 **3.4** $S=1/2$ 反強磁性ハイゼンベルクモデルのループアルゴリズムのグラフ要素と1モンテカルロステップ．

```
FOR    すべての世界線のキンク
  • 「2重横棒」の割り当て
ENDFOR
FOR    キンクで区切られたすべての区間
  • $m \leftarrow IJ/2$ ($I \equiv$ (区間の長さ))
  • 確率 $P_n = e^{-m}m^n/n!$ で $n$ を発生
  • 区間の中に $n$ 個の点を一様ランダムに選んでそこに「2重横棒」を挿入
ENDFOR
FOR    すべてのループ
  • ループ上のスピン変数を更新
ENDFOR
```

図 **3.5** ループによる状態更新（$S=1/2$ 反強磁性ハイゼンベルクモデル）

になる．

ただし，ここまでは離散化された虚時間を考えているので，これを連続時間に改めたい．キンクの個数は連続時間極限でも有限に保たれるので，上記の操作はそのままでよいが，キンクでないプラケットの個数は連続時間極限で無限になるので，このままでは実行できない．しかし，上記の操作は連続時間極限では，スピン変数が反平行になっている区間に対して密度 $J/2$ で横棒2本のグラフ要素をおいていく操作に等価である．これは，例えば，区間の長さを I とすると，まず，平均値が $IJ/2$ となるポアソン分布に従う整数値ランダム変数を発生させ，その個数だけ，一様ランダムに区間からグラフ要素の挿入場所を選んで挿入する，という操作で実現できる．この操作では時間が離散化されている必要はない．これが実際にループアルゴリズムで用いられる手順である．以上をまとめると，ループアルゴリズムの手順は図 3.5 のようになる．

図 3.5 の中で，「グラフ要素 g_p を割り当てる．」となっている部分については，一般には

可能なグラフ要素が複数ある場合が考えられる．そのような場合には，(3.20) の $w(g_p|S_p)$ に比例する確率で1つを選択して割り当てればよい．また，「確率 $P_n = e^{-m}m^n/n!$ で n を発生」となっている部分についても，ここで例として取り上げている，$S = 1/2$ 反強磁性ハイゼンベルクモデルの場合は，恒等演算子（縦棒2本のグラフ要素）以外のグラフは横棒2本のグラフ要素1つだけであるが，一般には複数ある．その場合はそのようなグラフ要素のすべてについて，このFORループを繰り返せばよい．

3.5.2　ワームによる状態更新

前節で議論したループ分割による状態更新は多くの場合に臨界緩和を抑え，かつ並列計算にも向いている優れた方法であるが，外部磁場や2対相互作用などの間に競合（フラストレーション）がある場合には，実用にならないことが知られている．このような場合にも実用的な計算が可能な方法として，ワームによる状態更新法が提案されている．この状態方法に基づく量子モンテカルロ法は負符号問題がない限り非常に広く適用可能な方法なので，以下ではこの方法をやや詳しく解説する．

イジングモデルではイジングスピンの配位空間，量子モンテカルロ法では，世界線のパターンの空間，など多くのモンテカルロシミュレーションでは，自然な配位空間が決まっていて，その空間内のすべての状態が興味のある分配関数に寄与する構造になっている．しかし，一般には，自然な配位空間に人工的な状態を付け加えて，状態空間を広げてもよい．クラスタアルゴリズムでグラフ自由度を新たに導入したのもその例と考えられる．このように配位空間を拡張するのは，多くの場合，もとの空間では何らかの意味で狭すぎて，空間内を十分いきわたるようなランダムウォークを構成しにくいからである．クラスタアルゴリズムの場合ではもとの状態空間だけでは局所更新が自然な更新法であり，それだけでは十分早く空間内を探索できないために臨界緩和が生じるのである．ここでは，もとの変数と同程度の個数の自由度を導入したクラスタアルゴリズムとは異なり，ごくわずかの付加的自由度を導入することによって，緩和を加速する方法を考察する．

ワームアルゴリズムとよばれる方法では，もともとは連続的なものとして導入された世界線に，全時空で2カ所だけ不連続点を導入する．この不連続点の時空内での位置が新たに導入される自由度である．この2つの不連続点を「ヘッド」と「テール」とよぶことにする．不連続点の前後では，局所的な状態は異なっていて，例えば，ヘッドの直後（ヘッドと同じ空間的な位置で，虚数時刻がヘッドの時刻よりわずかに大きい位置）での粒子数が直前の粒子数よりも1だけ多いような不連続点を考える．そのようなヘッドが時空内を動き回ることで，世界線のパターンが更新されていく．もちろん，不連続点のあるパターンはもとの分配関数の足し算の中には出てこないので，このような状態がいくら発生され

ても本来の計算には役立たない[*1].しかし,ヘッドとテールが同じ場所に来た場合には,対消滅するというルールを導入することでこの問題は解消される.ヘッドとテールが存在していない状態が十分な頻度で出現するのであれば,そのような状態だけを,分配関数への寄与としてカウントすればよいからである.

不連続点が存在する状態の重みはもともと定義されていないので,任意に決めてよいが,通常は以下のように不連続点以外の場所では通常の局所重み,不連続点では新たに不連続点固有の局所重みを定義して,それらすべての積を全体の重み関数 $\tilde{W}(S)$ とする.以下の議論では虚数時間も間隔 $\Delta\tau$ で離散化されているとしておく.この結果,全時空には $\tilde{N} \equiv N\beta/\Delta\tau$ 個の格子点が存在することになる(離散化した描像を使うのは,議論を簡単にするためで,実際の計算においては $\Delta\tau \to 0$ の極限が用いられる).

$$\tilde{W}(S) \equiv W(S) \times W_{\mathrm{worm}}(S)$$
$$W(S) = \prod_p \left\langle S'_p \left| (1+(\Delta\tau)H_p) \right| S_p \right\rangle$$
$$W_{\mathrm{worm}}(S) = \eta \times \left\langle S'_{\mathrm{tail}} |Q| S_{\mathrm{tail}} \right\rangle \left\langle S'_{\mathrm{head}} \left| Q^\dagger \right| S_{\mathrm{head}} \right\rangle$$

ここで,Q はテールまたはヘッドに対応する演算子で,各行に 1 つだけ非対角要素のみをもつような行列で表されるものを用いる.よく用いられるのは,ボース系であれば $Q = b_i + b_i^\dagger$,スピン系では $Q = S_i^- + S_i^+$ である.また,η は定数でこれを変えると,ワームの生成/消滅確率が変わる.η も Q の定義に含めてよいが,以下の議論を簡明にするため,別に定義しておく.

ワームの生成/消滅の手順は上記の重みに関して詳細釣り合いが成り立つように以下のようにする.まず,現在の状態がワームの存在しない状態($=S_1$)である場合には,確率 $1/\tilde{N}$ で,時空の 1 点を選ぶ.この点にワーム対をつくる($p_{\mathrm{create}} = 1$ とする).一方,現在の状態がワームが存在して,かつヘッドとテールが同じ場所にある状態($=S_2$)ならば,確率 $p_{\mathrm{annihilate}}$ でワームを消滅させる.この確率は一般に消滅する直前のヘッドとテールの周辺の状態に依存する.2 つの状態 S_1, S_2 の間の詳細釣り合いから,

$$\frac{1}{\tilde{N}} \times p_{\mathrm{create}} = \eta \times \left\langle S'_{\mathrm{head}} |Q| S_{\mathrm{head}} \right\rangle \left\langle S'_{\mathrm{tail}} |Q| S_{\mathrm{tail}} \right\rangle \times p_{\mathrm{annihilate}}$$

ここで,S'_{head} はヘッドの位置から無限小虚数時間後の状態,S_{head} はヘッドの位置から無限小虚数時間前の状態などであり,ヘッドはテールの直後にあるとし,$S_{\mathrm{head}} = S'_{\mathrm{tail}}$ の場合を想定している.そこで,$\eta = 1/\tilde{N}$ ととることにすると,

$$p_{\mathrm{create}} = 1, \quad p_{\mathrm{annihilate}} = \frac{1}{\left\langle S'_{\mathrm{tail}} |Q| S_{\mathrm{tail}} \right\rangle \left\langle S'_{\mathrm{head}} |Q| S_{\mathrm{head}} \right\rangle}$$

[*1] 実際には 2 点関数などの計算に役立つのだが.

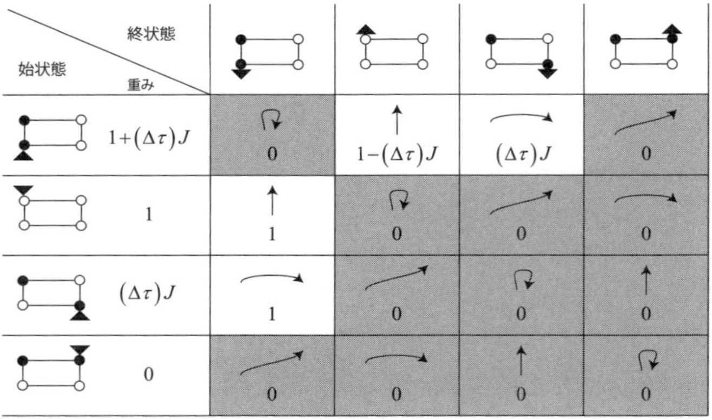

図 3.6 $S = 1/2$ 量子スピンモデルにおける，プラケットでのヘッドの動き．下段は SU(2) ハイゼンベルクモデルの場合の散乱確率（網掛け部分は SU(2) $S = 1/2$ 反強磁性ハイゼンベルクモデルの場合には発生しない）．

のような選択が可能である（Q の定義の任意性を使って，Q の 0 でない行列要素は常に 1 より大きいようにとってあるとする）．例えば，$S = 1/2$ ハイゼンベルクモデルで $Q = 2S_i^x$ ととった場合には，$p_{\text{create}} = p_{\text{annihilate}} = 1$ となって，生成消滅ともに確率 1 で行うことができることになり，非常にシンプルである．

アルゴリズムを確定するうえで残った作業は，いったんワームが生成されたとして，ヘッドがどのような確率過程で動き回るかを指定することである．虚数時間を離散化している描像では，個々のプラケットに着目すると，ヘッドは各ステップで，「U ターン」，「直進」，「隣に移って U ターン」，「隣に移って直進」，の 4 つの選択肢しかない．（図 3.6）一般に，この 4 つの動きの終状態について，それぞれに対応する $1 - \Delta\tau\mathcal{H}$ の行列要素を $w_i (i = 1, 2, 3, 4)$ とし，w_{ij} を $w_{ij} = w_{ji} \geq 0$，$w_i = \sum_j w_{ij}$ をみたす数とする．このとき，ワームが初期状態 i にあるプラケットに進入したときに終状態が j となる方向をとる確率を

$$p_{ji} = w_{ji}/w_i$$

とすれば詳細釣り合いがみたされることは容易に確認できる．具体例としては，$S = 1/2$ 反強磁性ハイゼンベルクモデルの場合，

$$w_1 = 1 + \Delta\tau J, \quad w_2 = 1, \quad w_3 = \Delta\tau J, \quad w_4 = 0$$

であるから，

$$w_{ij} = \begin{cases} 1 & ((ij) = (12), (21)) \\ \Delta\tau J & ((ij) = (13), (31)) \\ 0 & (\text{otherwise}) \end{cases}$$

結果として，ワームの散乱確率は

$$p_{21} = 1 - (\Delta\tau)J, \quad p_{31} = (\Delta\tau)J, \quad p_{12} = 1, \quad p_{31} = 1$$

とし，それ以外は 0 とすればよいことがわかる（図 3.6）．つまり，ワームはキンク以外のプラケットでは，それが反強磁性的な状態（図 3.6 の左端のいちばん上のダイアグラム）にあれば確率 $(\Delta\tau)J$ で隣に移って U ターンし，強磁性的な状態（同図左端の上から 2 番目のダイアグラム）にあれば，確率 1 でまっすぐに通過する．キンクのあるプラケットに侵入した場合は常にキンクを解消するように散乱する．

上の表式は $\Delta\tau$ が散乱確率にあらわに含まれていて，離散時間のシミュレーションのための式になっている．原理的には離散時間のままシミュレーションを行うことも可能であるが，時間離散化による誤差が残るので連続時間の極限をとった計算を直接行うのが望ましい．それには，前節のループアルゴリズムでやったように，統計的に等価で連続極限のとりやすい操作に置き換えればよい．いま例にとっている $S = 1/2$ 反強磁性ハイゼンベルクモデルの場合に現在ワームヘッドが，図 3.6 の始状態の最上段のように，隣と反平行なスピンの上を上方向に移動しているとする．$S'_p \neq S_p$ であるようなキンクのあるプラケットの出現頻度は $\Delta\tau$ に比例した微小なものなので，典型的には，ワームの進路方向には多数の同じ状態のプラケットが続いている．そのようなプラケットにおける散乱確率は上記のように $(\Delta\tau)J$ であるから，実際には高い確率で多くのプラケットを素通りすることになる．この過程は，平均寿命が $\bar{t} \equiv 1/J$ で与えられる原子核の崩壊と同じポアソン過程であるから，個々のプラケットについて散乱するかどうかを判定するかわりに，次に散乱が起こるまでの時間 t_s を分布

$$dt_s P(t_s) = \frac{dt_s}{\bar{t}} \exp\left(-\frac{t_s}{\bar{t}}\right)$$

に従って発生して，一気にその時刻までヘッドを進めてそこで散乱させても統計的には同じ結果が得られる．散乱時間 t_s は，$(0, 1)$ の一様乱数 r を使って

$$t_s = \bar{t} \log(r) \tag{3.21}$$

によって発生させればよい．

実際には，隣接格子点が複数あることから，それに応じてプラケットもそれぞれの隣接格子点へとつながるような複数種類のプラケットを考えなければならない．また，同じプラケットでも，散乱の種類は一般には複数種類ある．相互作用の相手の再隣接格子点がどれかということも含めて散乱チャネルを変数 μ で指定することにすると，(3.21) に現れる $\bar{t}$ は散乱頻度の形で，

$$\bar{t}^{-1} = \sum_\mu J_\mu$$

```
● 時空の 1 点を一様ランダムに選びそこにヘッドとテールを配置.
LOOP
    ● $t_s \leftarrow \bar{t} \log r$    ($r \in (0,1)$ は一様乱数)
    IF  ヘッドの進行方向にあるいちばん近いキンクが $t_s$ より近い距離にある
    THEN  ヘッドをそのキンクの直前まで移動する.
        IF  そのキンクはテールである.
        THEN  確率 $p_{\text{annihilate}}$ で消滅してループを抜ける. 消滅しな
              い場合には, ヘッドの向きを反転.
        ELSE  キンクが解消するような散乱チャネルで散乱させる. 複
              数のチャネルが該当する場合はそれぞれの終状態の重みに
              比例して 1 つを選択して散乱.
        ENDIF
    ELSE  ヘッドを $t_s$ だけ移動して終状態の重みに比例する確率で散乱チャ
          ネルを選択して散乱.
    ENDIF
ENDLOOP
```

図 **3.7** ワームによる状態更新.

と書ける. ここで, J_μ 各散乱チャネルに対応する相互作用定数である. 上記の手続きによって, t_s が決まったあとは, 散乱チャネルを確率的に 1 つ選ぶ. チャネル μ が選択される確率は

$$P_\mu \equiv \bar{t} J_\mu$$

である. 以上まとめると, ワームアルゴリズムは, 図 3.7 のような操作となる. 図 3.7 の中の,「確率 $p_{\text{annihilate}}$ で消滅してループを抜ける. 消滅しない場合には, ヘッドの向きを反転」となっている部分については, 消滅と反転だけでなく, 通過する可能性も含めて考えてもよい. この場合も, 詳細釣り合いが成立するように確率を決定することが一般には可能であるが, 煩雑を避けるため, ここでは割愛する.

Q のとり方は任意であるが, ワームの軌跡は Q に関する 2 点相関関数と密接にかかわっている. そのため, Q として, 長距離相関が最も大きくなるような演算子をとるとヘッドは生成されてから消えるまでの間, 広い範囲をいきわたるようになるので, 全体として効率のよいシミュレーションになる. つまり, 臨界点でのスケーリング次元が最も小さな (つまり最も relevant な) 演算子を用いるのが一般的である. 有限温度でスピンの x 成分が整列して自発磁化がでることが期待される等方的, あるいは容易面的な異方性のある XXZ モデルなどで $Q = 2S_i^x$ が用いられるのはそのためである.

3.6 臨界現象の一般論と有限サイズスケーリング

臨界現象を議論するには繰り込み群に関する知識が欠かせないが，数値計算の結果を整理するうえでも非常に重要である．これは，臨界点近傍における有限系での諸物理量の値が，系の繰り込み変換による変化，つまりスケーリング則を反映しているからである．繰り込み群や臨界現象の一般論については，すでに多くの教科書があるので[38〜40]，以下ではそれらについて詳しく解説することはせず，数値計算によって臨界現象を解明しようとする際に必要な道具立てについて簡単に述べるにとどめる．

考察の対象とする系を特徴づける熱力学パラメータを t, h, u とし，システムのリニアサイズを L とする．これらのパラメータは繰り込み固定点ですべて 0 になるように定義されているとする[*1]．系の全自由エネルギーは，これらのパラメータとシステムサイズの関数として，

$$F(t, h, u, L)$$

と書ける．

系がスケール b の繰り込み変換によって不変であり，その変換に際して

$$t \to tb^{y_t}, \quad h \to hb^{y_h}, \quad u \to ub^{y_u} \tag{3.22}$$

と変化するとする．ここで，y_f はパラメータ f のスケーリング固有値であり，この場に共役な演算子 X のスケーリング次元 $x_X = d - y_f$ で与えられ，臨界点での X の相関関数は

$$\langle X(\boldsymbol{x}) X(\boldsymbol{y}) \rangle \propto \frac{1}{|\boldsymbol{x} - \boldsymbol{y}|^{2x_X}}$$

という漸近形をもつ．相互作用が irrelevant であって漸近的に小さくなる上部臨界次元 d_u 以上においては，スケーリング固有値は単純な次元解析から得られる値に一致するが，相互作用が relevant である d_u 以下の次元では，相互作用による補正が加わるために，一般にはこれを正確に求めることはできなくなる．これに対する系統的な摂動論的アプローチが ϵ 展開であるが，本章ではこれにはふれない．

パラメータが，系の全自由エネルギーに関して式 (3.22) の変化をするということは，

$$F(t, h, u, L) = F(tb^{y_t}, hb^{y_h}, ub^{y_u}, L/b)$$

が成り立つことを意味する．この式で，$L/b = \Lambda$ として，b を消去すると，

[*1] パラメータの個数は一般には 3 とは限らないが，ここでは記号の煩雑を避けるため 3 としておく．有限温度の磁性体の場合では，t は臨界温度からのずれ，h は外部磁場，u は相互作用の大きさを表すパラメータとして用いられることが多い．

$$F(t,h,u,L) = \tilde{F}(tL^{y_t}, hL^{y_h}, uL^{y_u}, \Lambda)$$

と書ける．ここで，各引数はもともとは $t(L/\Lambda)^{y_t}$ の形であるが Λ 依存性は関数 $\hat{F}$ の定義に吸収した．最後にこの Λ を定数とすると，以下の議論では，Λ を忘れても差し支えないので，これをあらわには書かないことにして，

$$F(t,h,u,L) = \tilde{F}(tL^{y_t}, hL^{y_h}, uL^{y_u}) \tag{3.23}$$

を得る．これがいわゆる有限サイズスケーリングの表式である．さらに，1粒子あたりの自由エネルギーを考えると

$$f(t,h,u,L) \equiv \frac{F(t,h,u,L)}{L^d} = t^{\frac{d}{y_t}} \hat{F}\left(tL^{y_t}, \frac{h}{t^{\phi_{h,t}}}, \frac{u}{t^{\phi_{u,t}}}\right)$$

と変形できる．ここで，$\phi_{h,t} \equiv \frac{y_h}{y_t}$, $\phi_{u,t} \equiv \frac{y_u}{y_t}$ である．自由エネルギーは示量性の量であるから両辺を L^d で割ったものは熱力学極限で有限値をとるはずである．特に，右辺の $\hat{F}(tL^{y_t}, \cdots)$ は $L \to \infty$ で第1引数に依存しない極限をもつはずである．この極限を $\hat{f}(\cdots)$ として，熱力学極限での1自由度あたりの自由エネルギー $f(t,h,u) \equiv \lim_{L\to\infty} f(t,h,u,L)$ に対して，

$$f(t,h,u) = t^{\frac{d}{y_t}} \hat{f}\left(\frac{h}{t^{\phi_{h,t}}}, \frac{u}{t^{\phi_{u,t}}}\right) \tag{3.24}$$

を得る．通常自由エネルギーの「スケーリング形」とは系のサイズをあらわに含まないこの式を意味するが，数値計算でよく用いられるのはサイズ依存性をあらわに含んだ (3.23) である．式 (3.23) はパラメータで微分することでエネルギー，比熱，磁化，帯磁率などの物理量が，サイズにどのように依存するかを記述する式となっており，これと数値計算によって得られる有限サイズのシステムの各物理量の値とを比較することによって，スケーリング次元や臨界指数を数値的に評価することが出来る．

3.7　ボース凝縮—U(1)対称性のある場合—

前章で量子臨界現象の概略について解説し，本章前節までで，格子上の量子多体問題の解法に利用される主な手法として，量子モンテカルロ法について比較的詳しく紹介した．本節以下では，この方法を利用して研究されるいくつかの量子臨界現象の事例を考えることにする．

最初に考えるのは，ボース粒子系における凝縮転移である．ボース凝縮についてはヘリウム4の超流動に代表される実験がよく知られているが，近年はアルカリ金属などの原子集団をレーザーの定在波でつくった周期ポテンシャル中に閉じ込め全体を極低温にすることが可能になった．このような系は「光格子」系とよばれ，従来の固体物理では実現することのできなかったさまざまな系を高度な制御の可能な状態で創り出すことができる点や，

量子コンピュータへの応用など，量子情報理論の観点からの興味からも注目され，非常に盛んに研究されている[41]．光格子系では，ボース系の代表的な理論モデルであるボース–ハバードモデルで表現される状況に近い系も実現可能である．

ボース–ハバードモデルは U(1) 対称性をもつが，スピン系でこれに対応するのは，XY モデル，あるいは XXZ モデルである．粒子数をコントロールする化学ポテンシャルには，Z 方向の磁場が対応する．スピン系における磁場誘起臨界現象は，素励起のボース凝縮と解釈することができる．以下では具体的にそれをみていくことにする．

3.7.1　XY モデルとボース–ハバードモデル

XY モデル

$$\mathcal{H} = -J \sum_{(ij)} \left(S_i^x S_j^x + S_j^y S_j^y \right) - H \sum_i S_i^z \tag{3.25}$$

は，z 軸のまわりのスピン空間の回転の生成子である S_{total}^z と可換である．

$$\left[\sum_i S_i^z, \mathcal{H} \right] = 0$$

このために，z 軸のまわりのグローバルな回転に関する U(1) 対称性をもつ．このモデルは磁性体のモデルとしてだけでなく，相互作用するボース粒子系の最も簡単なモデルとしても重要である．

この状況をみるために，飽和磁化付近のこのモデルの特性を考えてみることにする．S^z を対角化する表示 $S^z|n\rangle = (S-n)|n\rangle$ $n = 0, 1, 2, \cdots, 2S$ をとると，正の大きな磁場の極限では $n = 0$ の状態の重みが支配的になる．この表示で，

$$S^-|n\rangle = \sqrt{n(2S + n + 1)}\,|n\rangle$$

となるが，

$$b^\dagger \equiv S^-/\sqrt{2S}$$

と定義すると，$n \ll S$ のとき，

$$b^\dagger|n\rangle \approx \sqrt{n+1}\,|n+1\rangle$$

となって，ボース系の消滅演算子行列要素と近似的に同じになる．違いは，n/S のオーダーの補正項と，n に上限があることであるが，これらの違いは，磁場が強く $n \sim S$ の状態がほとんど分配関数に寄与しないような状況では無視できるであろう．$S_i^z = S - n = S - b_i^\dagger b_i$ に対応させられるから，S が大きく磁場が強いときに，上記の量子 XY モデルは，

$$\mathcal{H} = -t \sum_{(ij)} (b_i^\dagger b_j + b_i b_j^\dagger) + \mu \sum_i b_i^\dagger b_i \tag{3.26}$$

とほぼ等価だということになる．ここで,

$$t = 2SJ, \quad \mu = H$$

である．スピンハミルトニアン (3.25) のもつスピン空間の U(1) 回転対称性は，ボース系においては，変換

$$b_i \to e^{i\theta} b_i, \quad b_i^\dagger \to e^{-i\theta} b_i^\dagger$$

に関するゲージ対称性に対応する．絶対零度の状態を考えると，スピン系 (3.25) は $H = 0$ のとき，1次元では有限の自発磁化をもたず，相関関数が冪的に減衰する臨界状態であるのに対して[42, 43]，2次元以上では S^z に垂直な自発磁化をもつ．すなわち，$\langle S_i^x \rangle \neq 0$．ボース系でこれに対応するのは，ゲージ対称性が自発的に破れた状態，すなわち超流動状態であり，$\langle b \rangle \neq 0$ で特徴づけられる．

しかし，上のボース粒子ハミルトニアンには，$H < H_c$（$\mu < \mu_c$）で期待される磁気秩序相（ボース凝縮相）を正しく記述しないという致命的な欠点がある．それは，$H < H_c$ では励起エネルギーが負の準粒子状態が存在して相互作用がないために，無限個の粒子がその状態に陥ってしまうからである．本来は，粒子数に上限があるためにそのようなことは起きないはずである．凝縮相も含めて正しくボース凝縮を記述するためには，相互作用項を付け加えて，例えば

$$\mathcal{H} = -t \sum_{(ij)} (b_i^\dagger b_j + b_i b_j^\dagger) + U \sum_i n_i(n_i - 1) + \mu \sum_i n_i \tag{3.27}$$

としなければならない．このモデルは U が同じサイト上にボース粒子が2つ以上きたときのクーロン斥力効果を表しているが，$U \to \infty$ の極限では，$n_i = 0, 1$ の2状態しか許されず，その場合には，1サイトに $S_z = -1/2, 1/2$ の2通りの状態しか許されない $S = 1/2$ の場合の XY モデルと等価になる．$n = 0, 1$ の空間に制限された，ボース–ハバードモデル (3.27) はハードコアモデルとよばれ，$t = J/2, \mu = H$ の場合の $S = 1/2$ XY モデルと正確に同じ行列要素をもつ．つまり，数学的に完全に等価である．

そこで，以下では，式 (3.25) で $S = 1/2$ の場合を考えることにする．この問題が U(1) 対称なスピン系だけでなく，相互作用するボース系の本質を含んでいるからである．磁気秩序相（超流動相）における秩序変数は磁場の方向と直交しているので，磁場方向の磁化が飽和磁化に近づくと当然それに垂直な成分は 0 に向かって減少する．さらに磁場を大きくしていくとある磁場の大きさにおいて垂直成分が 0 になり，磁気モーメントは磁場の方向に完全に並行になる．この状況を，分子場近似で考えてみよう．外部磁場の方向を「縦方向」とし，平均的にスピンが外部磁場 H と角度 θ をなしているとする．このとき，あるスピンの感じる有効磁場の横成分は z を最近接格子点の数として，$zJm\sin\theta$ である．したがって，このスピンが感じる有効磁場の縦横比は，$H/(zJm\sin\theta)$ であるが，これは，磁

化自体の縦横比に等しくなければならないから，$H/(zJm\sin\theta) = \cos\theta/\sin\theta$ となって，

$$m_z = m\cos\theta = S\frac{H}{H_c} \quad (H \leq H_c = zJS)$$

を得る．$H > H_c$ では，$m_z = m$, $\theta = 0$ である．この簡単な考察から飽和磁化の直前では，磁化は磁場の1次関数として飽和磁化に向かうことがわかる．2次元以上の磁化の磁場依存性については，この分子場からの結論は正しい．

粒子描像によれば，スピン平均場近似による上記の臨界値の評価 $H_c = zSJ$ が正確であることを以下のように説明できる．$H > H_c$ では，基底状態は磁化が完全に z 方向にそろった状態であるので，エネルギーはゼーマン（Zeeman）項からの寄与 $E_0 = -NSH$ となる．ここで，N は全スピン数である．マグノン励起によって，この完全磁化状態が壊れ始める点が臨界点であるとすると，1マグノンが1つだけ励起されている状態のうちで最低のエネルギー準位 E_1 が E_0 と縮退する点が臨界点だと予想できる．完全磁化状態において，$\boldsymbol{r}$ にあるスピンの z 成分を1だけ下げた状態を $|\boldsymbol{r}\rangle$ として，

$$|\boldsymbol{k}\rangle \equiv \frac{1}{N}\sum_{\boldsymbol{r}} e^{-i\boldsymbol{k}\boldsymbol{r}}|\boldsymbol{r}\rangle$$

とすると，$\boldsymbol{k}$ は式 (3.25) の固有状態であり，固有エネルギーは

$$E_1(\boldsymbol{k}) = -2SJ\left(\sum_{\mu=1}^{d}\cos k_\mu\right) - H(NS - 1)$$

であることが容易に示せる．したがって，エネルギーギャップ

$$\Delta \equiv \min_{\boldsymbol{k}} E_1(\boldsymbol{k}) - E_0 = H - zSJ$$

となって，臨界点が古典スピン描像に基づく平均場近似の結果 $H = H_c = zSJ$ と同じであることがわかる．

ここで注意すべきことは，第2の導出が，飽和磁化からのずれの起こり始める点を決める議論として厳密であるということである．このような厳密な結果は例外的な場合にしか得られないが，いまの場合は，臨界点直上でも系が真空であり，励起子（いまの場合はマグノン）どうしの相互作用の影響を無視できるために，厳密な結果が導けるのである．粒子数密度が小さい限り，マグノンどうしの相互作用は無視できるから1マグノン励起のエネルギーが負になったとたん，マグノンの数密度が有限になって相互作用の効果が無視できなくなる密度領域まで，マグノンが励起される．これらのマグノンは低温では凝縮状態にあり，磁気秩序相とは，マグノンがボース-アインシュタイン凝縮を起こしている状態であると理解できる．

3.7.2 臨界現象 ($d > 2$)

上記のように U(1) 対象性のある場合の臨界現象は一般の超流動転移の典型例であるので，その臨界現象をより詳しくみてみることにする．そのために，このモデルの経路積分を，$b|\psi\rangle = \psi|\psi\rangle$ となるようなコヒーレント表示で表し，連続空間極限をとって対応する有効作用を導いてみると以下のようになる．

$$S = \int d\tau d\bm{x} \left(\psi^* \frac{\partial \psi}{\partial \tau} + |\nabla \psi|^2 - \eta \mathrm{Re}\psi + r|\psi|^2 + u|\psi|^4 \right) \quad (3.28)$$

ここででてくるパラメータ η, r, u は一般にはボース–ハバードモデルのパラメータと正確な対応関係があるわけではないが，r は量子相転移点からのずれのパラメータであって，$r \propto H - H_c \propto \mu - \mu_c$ と考えてよい．この作用はスケール変換

$$\begin{aligned} \beta \to \beta b^{-2}, \quad L \to L b^{-1}, \quad \psi \to \psi b^{d/2}, \\ \eta \to \eta b^{2+d/2}, \quad r \to r b^2, \quad u \to u b^{2-d} \end{aligned} \quad (3.29)$$

に関して不変である．次元が $d > 2$ であるとき，相互作用項 u が irrelevant になることがわかる．つまり，この系の上部臨界次元は $d_u = 2$ であり，この次元以上では，平均場的な臨界現象に支配される．特に 2 次元ではそれぞれの物理量の臨界次元が単純な次元解析から得られるものと一致する．また，τ, β のスケーリングから，系の時間の次元である動的臨界指数は $z = 2$ であることもわかる．特に，実験と比較するうえで重要な 3 次元やそれ以上の次元では，臨界現象は一般にハートリー（Hartree）–フォック（Fock）近似によるものと一致する[44]．ハートリー–フォック近似からは，

$$\begin{aligned} T_c(r) &\propto |H - H_c|^{\frac{2}{d}}, \\ \chi(r=0, T) &\propto T^{-\frac{d}{2}}, \\ \chi(r, T=0) &\propto |H - H_c|^{-1}, \\ n(r, T=0) = S - m^z &\propto |H - H_c| \end{aligned}$$

などが得られる．

3 次元の場合のように平均場的なスケーリングに従う臨界現象を有限サイズスケーリングで実際に確認するのには注意が必要である．それは，上述のように 3 次元が上部臨界次元より上であるために，臨界次元以下で成立しているスケーリング則（式 (3.24)）や有限サイズスケーリング則（式 (3.23)）をそのまま適用することはできないことによる．相互作用項が irrelevant ではあるものの，これを無視すると理論が発散して意味のある議論にならなくなるからである[38]．したがって有限サイズスケーリングに修正が必要になる[45]．

3.7.3 実験—シングレットダイマー物質—

近年強い磁場のもとでのさまざまな実験が可能になり，磁場の印加によって引き起こされる量子臨界現象も観測されるようになった．その一例がシングレットダイマー磁性体とよばれる一群の磁性体における磁場誘起量子臨界現象である．

TlCuCl$_3$，KCuCl$_3$，BaCuSi$_2$O$_6$ などの物質においては，格子点上に 2 つの $S=1/2$ のスピンが配置されていて，2 つは互いに強く反強磁性的に相互作用している．異なるペア間の交換相互作用は，ペア内の相互作用に比べて小さい．

$$\mathcal{H} = J_0 \sum_{(ij)} \boldsymbol{S}_{i1} \cdot \boldsymbol{S}_{i2} + J_1 \sum_{(ij)} \sum_{\alpha=1,2} \boldsymbol{S}_{i\alpha} \cdot \boldsymbol{S}_{j\alpha} - H \sum_{i,\alpha} S_{i\alpha}^z \tag{3.30}$$

このような系においては，外部磁場がなければ J_0 で結合された 2 つのスピンはすべてシングレットをつくり，それ以外のトリプレット状態は系の熱力学的な性質にあまり寄与しない．シングレット状態では当然顕著な磁気的な性質はみられない．しかし，これに磁場を印加すると，2 つのスピンからつくられるトリプレット状態のうち，磁場に並行な全スピンをもつ準位が相対的に低エネルギー側にシフトしてくるので，シングレット状態とトリプレット状態のエネルギー準位差は小さくなる．外部磁場の大きさが磁場がないときのエネルギー準位差と同じ程度の大きさになると，トリプレット状態が系の熱力学的性質を変化させるようになる．実際にはダイマー間相互作用の効果によって，孤立系のトリプレット準位とシングレット準位が縮退するようになる磁場の大きさよりも小さいところで転移が起こる．これは，前節の U(1) 対称性のある場合についてすでにみたマグノンの凝縮による臨界現象と本質的に同じ現象であるが，バックグラウンドとなる状態が磁気的飽和状態か，シングレットペア形成によるゼロ磁化状態かの違いのために，この場合のマグノンをとくに「トリプロン」とよぶこともある．

つまり，あるシングレットペアに関して，2 つのスピンの合成スピンが S で，$S_z = m$ の状態を $|S,m\rangle$ と表すことにすると，$|0,0\rangle$ と $|1,1\rangle$ の 2 状態だけを考えれば物性がわかることになり，もとのモデルを $|\downarrow\rangle \equiv |0,0\rangle$，$|\uparrow\rangle \equiv |1,1\rangle$ の 2 状態からなる有効 $S=1/2$ モデルに書き換えると次の XXZ モデルを得る[47]．

$$\mathcal{H} = -J \sum_{(ij)} \left(\tilde{S}_i^x \tilde{S}_j^x + \tilde{S}_i^y \tilde{S}_j^y + \frac{1}{2} \tilde{S}_i^z \tilde{S}_j^z \right) - H \sum_i \tilde{S}_i^z \tag{3.31}$$

現実には，式 (3.30) のように対応するスピンどうしのみがカップルするだけでなく $\boldsymbol{S}_{i1} \cdot \boldsymbol{S}_{i2}$ のような相互作用も含まれている可能性があるが，本質的には同様の有効 $S=1/2$ XXZ モデルのハミルトニアンで表現できる．式 (3.31) には z 成分の積も含まれていて完全な XY モデルではないが，XY モデルと同じ対称性をもち，同様の相図と臨界現象を示すと期待される．

実験の一例として，図 3.8 に TlCuCl$_3$ に関する実験結果を紹介する[46]．左が磁化の温

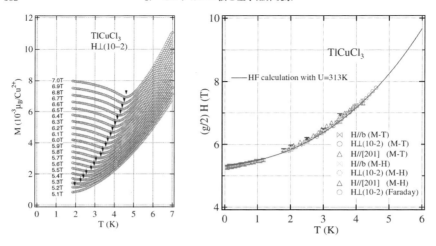

図 3.8 磁化の温度依存性（左）と温度磁場相図（右）．[Yamada ら[46]] より転載]

度依存性であり，右が温度磁場相図である．平均場近似では，磁化の温度依存性には転移温度で有限の飛びが生じるが，実際には実験においても，ボース-ハバードモデルや XY モデルなどのモデル計算においても，そのような不連続性はなく，磁化の温度依存性は連続的な曲線である．転移温度は，磁化が極小値をとる温度よりやや低いところにある．相図の絶対零度近傍での振る舞いは

$$H_c - H_c(T=0) \propto T^\phi$$

と表され，実験からは，$\phi = 1.50(6)$ と評価されている[46]．これは，平均場から予想される数値 $\phi = d/2 = 1.5$ とよく一致している．

3.7.4 臨界現象 ($1 \leq d \leq 2$)

磁気飽和転移点を厳密に求める際には，量子転移点そのものにおいて，系が真空状態にあることが重要であった．この事実は，転移点の決定だけでなく，量子臨界現象の性質にも重要な影響をもっている．有効作用 (3.28) において，次元が 2 より小さいときには相互作用が relevant になるため，一般には臨界指数が平均場のものとは一致しなくなると期待される．しかし，相互作用が relevant であっても，その相互作用を担う粒子がそもそも存在しないのであれば，その影響は単純なスケーリング (3.29) から得られる臨界指数を変化させない[48]．すなわち，$x_\psi = d/2$ や $y_r = 2$ などが厳密に正しい．例えば，磁化 $m \propto \psi^2$ の磁場依存性について考えると，$x_{\psi^2} = D - y_r = d$ となるので，$f = 0$ での自由エネルギー $F \equiv -T \log \mathrm{Tr} e^{-S}$ のスケーリング形

$$F \sim \tilde{F}(rL^{y_r}) \tag{3.32}$$

から

$$n \propto \psi^2 \propto \frac{1}{\Omega}\frac{\partial}{\partial r}\tilde{F}(rL^{y_r}) \propto |r|^{\frac{d+2-y_r}{y_r}} \propto |H-H_c|^{\frac{d}{2}} \quad (1 \le d \le 2)$$

を得る.ここで,$\Omega \equiv L^d\beta$ であり,境目の臨界次元 $d=2$ では臨界次元より高い次元で成り立つ前述の平均場近似の結果と一致する.

同様の考察から臨界温度の磁場依存性を導くこともできる.$r<0$ ($H<H_c$) の領域では,$|\psi|>0$ となり,これはボース凝縮相に対応するが,2次元では,この相は微小な熱揺らぎに対して安定であり,高温の無秩序相から有限の相転移温度において相転移を起こして凝縮相となる.自由エネルギーの有限サイズスケーリングの式 (3.32) が,有限温度の特異性

$$F_{T>0}(r,\beta) \propto f(r-r_c)$$

(f は原点で特異的な関数)と矛盾しないためには,式 (3.32) のスケーリング関数が

$$\tilde{F}(x) \sim f(x-x_c)$$

の形をしていなければならない.このとき,転移点は $x(\equiv rL^{y_r})=x_c$ から決まり,

$$r_c(\beta) \approx x_c \beta^{-\frac{y_r}{z}}$$

となる.これを T_c の H 依存性の形に直すと,$y_r=z=2$ より,

$$T_c(H) \propto |H-H_c| \quad (d \le 2)$$

であることがわかる.2次元より小さな次元では有限温度のボース凝縮転移は起きないので,上の式に意味があるのは,結局2次元のときのみであるが[*1],この場合には,前節で述べた平均場近似による臨界磁場と温度の関係と同じ依存性になることがわかる.

3.7.5 フラストレーションの効果

フラストレーションとは,互いに競合する異なる相互作用の存在する状況のことをさし,通常とは質的に異なる物性が期待されるために,磁性体も含めて多くのフラストレーション系が研究されている.例として,反強磁性的に結合した2次元正方格子磁性層が多数積層し,面間結合が互いに打ち消しあうように摂動相互作用として入っている3次元磁性体を考える.完全なフラストレーションがあると,分子場近似のレベルでは,ある面に対して隣接する面から及ぼされる分子場が相殺するので各面ごとのネール(Néel)磁化の方向

[*1] 2次元のときには超流動秩序変数 $\langle b \rangle$ が有限になる相転移は起きないが,秩序変数の相関が無限レンジになる Kosterlitz–Thouless 転移が起き,これは「ほとんど」凝縮転移であるといってよいので,本章では,これも一種のボース–アインシュタイン凝縮であるととらえることにする.

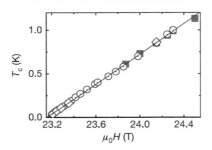

図 3.9 BaCuSi$_2$O$_6$ の温度磁場相図．[Sebastian ら[50)] から転載]

が互いに独立になる．しかし，標準的なフラストレーション効果の説明[49)]では，熱揺らぎや量子揺らぎのために面間に有限の有効相互作用が（摂動の 2 次以上の効果として）必ず残るので，面ごとのネール磁化方向が独立になるということはなく，実際には 3 次元的な秩序化が観測され臨界現象も 3 次元磁気相転移のそれになる．ところが，BaCuSi$_2$O$_6$ における量子臨界現象において，これとは一見矛盾する現象がみられた．この物質は BCT 格子の格子点上にシングレットダイマーが配置された構造をもち，BCT 格子のフラストレーション効果のために，仮に各面が完全なネール秩序をもつとすると，上述のように，分子場近似レベルでは各面が独立になるが実際には 3 次元的な臨界現象が期待される．ところが，この物質の臨界磁場の温度依存性が，量子臨界点近傍に近づくにつれて漸近的に 2 次元系に近い振る舞いをする様子が観測された[50)]．図 3.9 は量子臨界点近傍における臨界温度の磁場依存性を示したものである．3 次元量子系であるにもかかわらず，臨界温度は指数 $\phi = d/2 = 1.5$ ではなく，$\phi = 1$ で特徴づけられている様子がわかる．これは面間の有効相互作用を生の相互作用に関する摂動論で計算すると，励起されているマグノン数に比例することがわかるが，上記の漸近的 2 次元性は，マグノンが希薄になる量子臨界点の極限で有効面間相互作用がゼロになるためであると理解される[51)]．このようにフラストレーションは量子臨界現象にも興味深い影響を与える．また，この系においては有限温度転移に関しても，フラストレーションが本質的な影響を与え，実際には 3 次元古典ハイゼンベルク固定点の 2 次転移ではなく，弱い 1 次転移である可能性も指摘されている．しかし，1 次転移に特有の不連続性があるとしても非常に小さいと予想されている．実験的にはこの予想は確認されていない[52)]．

3.8 シングレットダイマー系の臨界現象 ―SU(2) 対称性のある場合―

3.8.1 ボンド変調のある反強磁性ハイゼンベルクモデル

前節でみた例では,磁場を印加することで量子臨界現象を実現したが,多くの実験に対応する重要な例ではあるものの,印加する外場を表す項がそれ以外の項(主要項)と可換であるという意味で特殊な例であった.この節では,印加する項と主要項が非可換であって,量子揺らぎが基底状態に非自明な変化をもたらす事例を考えることにする.

$$\mathcal{H} = J_0 \sum_{(ij) \in E_0} \boldsymbol{S}_i \cdot \boldsymbol{S}_j + J_1 \sum_{(ij) \in E_1} \boldsymbol{S}_i \cdot \boldsymbol{S}_j \quad (J_0, J_1 > 0) \tag{3.33}$$

ここで,E_0, E_1 は最近接格子点対の集合であって,$E_0 \cap E_1 = \emptyset$ であり,かつ,$E_0 \cup E_1 = E$ は最近格子点対すべての集合になっているとする.代表例は,図 3.10 の左図のように,1枚の正方格子の上にもう1枚の正方格子が重なっていて,各格子点は自分とは異なる格子上にそれぞれ対応する格子点をもっている.この対応する2つの格子点間が相互作用 J_0 で結合され,各面内の相互作用が J_1 である.また,右側のように,1枚の正方格子で,E_0 が,コラム上に配列した x 方向のボンドの集合である場合も考えられる.

$$E_0 \equiv \{ ((x,y), (x+1,y)) \mid x \text{ は奇数} \}$$

ハミルトニアン (3.33) において,主要項(第1項)と外場項(第2項)が可換でないことは明らかであろう.この系が J_1/J_0 の値を変化させることによって,無秩序状態から,秩序状態に変化することは容易にみてとることができる.まず,$J_1 = 0$ である場合,スピン対の集合であり,各スピン対は反強磁性的に結合しているが,スピン対間には相互作用がない.したがって,基底状態はシングレットダイマーの対である.一方,$J_1 = J_0$ においては,結合定数に変調のない系となり,図 3.10 の2つの例ではともに2次元反強磁性秩序が生じる.シングレットダイマー状態と,ネール状態では対称性が異なるので,両者が相図上で解析的に連結していることはありえない.したがって,何らかの量子相転移が期待される.

このような,d 次元格子上の反強磁性ハイゼンベルクモデルにおける量子臨界現象は,一般に,$d+1$ 次元 O(3) 非線形 σ モデルで表現されると考えられている[53~55].その事情をまずみてみよう.

3.8.2 コヒーレント表示

ハミルトニアン (3.33) でボンド変調がない場合について,スピンコヒーレント状態

$$\langle \boldsymbol{n} | \boldsymbol{S} | \boldsymbol{n} \rangle = S\boldsymbol{n}, \quad |\boldsymbol{n}| = 1$$

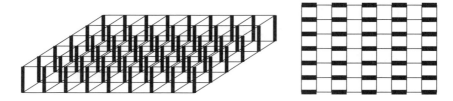

図 3.10 ボンド変調の例. 太線上で J_0, 細い線上で J_1.

を用いた分配関数の経路積分表現から

$$Z = \int D\bm{n}\, e^{-S[\bm{n}]} \tag{3.34}$$

$$S[\bm{n}] \equiv -iS\sum_i \omega[\bm{n}_i] + \int_0^\beta d\tau\, \mathcal{H}(\bm{n}(\tau)) \tag{3.35}$$

$$\mathcal{H}(\bm{n}) \equiv JS^2 \sum_{(ij)\in E} \bm{n}_i \cdot \bm{n}_j \tag{3.36}$$

が得られる.ここで,式 (3.35) の第 1 項はコヒーレント状態の非直交性からくるベリー(Berry)位相項であり,この項の存在が非磁性状態の性質を大きく変える場合がある.具体的には,$\omega[\bm{n}_i]$ は $\bm{n}_i$ が虚数時間の変化とともに動いて描く閉曲線の囲む立体角に等しい.

反強磁性的な相関長 ξ が十分に大きい領域では,古典ベクトル変数 $\bm{n}_i$ を,空間的にゆっくりと変化する成分 $\bm{\sigma}_i$ と揺らぎ $\bm{l}_i$ とに分解することができる.すなわち,

$$\bm{n}_i = \eta_i \bm{\sigma}_i \sqrt{1 - |\bm{l}_i/S|^2} + \bm{l}_i/S$$

と書くことができる.ここで,$\eta_i = \pm 1$ は A 副格子上で 1,B 副格子上で -1 となる変数,また,$|\bm{\sigma}_i| = 1$, $\bm{\sigma}_i \cdot \bm{l}_i = 0$ である.$\bm{l}_i$ について 2 次の揺らぎまで取り入れて積分したのち,連続極限をとると,分配関数について次の式が得られる.

$$Z = \int_\Lambda D\bm{\sigma}\, e^{-S_\mathrm{B} - S_\mathrm{NLS}} \tag{3.37}$$

$$S_\mathrm{B} \equiv -iS\sum_i \eta_i \omega[\bm{\sigma}_i] \tag{3.38}$$

$$S_\mathrm{NLS} \equiv \int_0^\beta d\tau \int_\Lambda d\bm{x}\left(\frac{\chi_0}{2}(\partial_\tau \bm{\sigma})^2 + \frac{\rho_\mathrm{s}}{2}(\nabla\bm{\sigma})^2\right) \tag{3.39}$$

ここで,

$$\chi_0 \equiv \frac{1}{4dJa^d}, \quad \rho_s \equiv \frac{JS^2}{a^{d-2}}$$

である(a は格子定数).積分についている $\Lambda \sim a^{-1}$ は紫外カットオフであり,経路積分が $|k| < \Lambda$ をみたす波数成分の自由度について行われることを表す.第 2 項 (3.39) は,非

線形 σ モデルにほかならない．時間と空間の対称性をみやすい表現に直すため，

$$x_0 \equiv c\tau, \quad c \equiv \sqrt{\rho_s/\chi_0} = 2\sqrt{d}SJa$$

とすると，

$$S_{\text{NLS}} = \frac{\rho_s}{2c} \int d^D \boldsymbol{x} \sum_{\mu=0}^{d} \sum_{\alpha=1}^{3} (\partial_\mu \sigma_\alpha)^2 \qquad (D \equiv d+1) \tag{3.40}$$

と書ける．

このようにして，仮にベリー位相項を無視してもよければ，d 次元反強磁性ハイゼンベルクモデルは $d+1$ 次元非線形 σ モデルに同等であることがわかった．さらに，$d+1$ 次元非線形 σ モデルは $d+1$ 次元古典ハイゼンベルクモデルの連続極限であるので，それらはともに 3 次元以上で臨界点をもつ．この臨界点は $O(3)$ Wilson–Fisher 固定点によって支配されるユニバーサリティクラスに属する．上の議論は簡単のために一様な系から出発したが，もとのモデルにボンドに変調がある場合などを考えると，対応する非線形 σ モデルの結合定数を変化させることができ，これによって相転移を起こさせることができる．ベリー位相効果がこの相転移の性質を質的に変化させる可能性が残っているので，d 次元反強磁性ハイゼンベルクモデルの量子臨界点が本当に $d+1$ 次元 $O(3)$ Wilson–Fisher 固定点に支配されているかどうかはこの段階では明らかではない．

3.8.3 トポロジカル数とハルデーンギャップ

1 次元の場合にベリー位相の効果を考えてみる．

$$S_{\text{B}} = -S \sum_{k=0,L/2-1} (\omega[\boldsymbol{\sigma}_{2k+1}] - \omega[\boldsymbol{\sigma}_{2k}]) \approx \frac{S}{2} \int_0^L dx \frac{d\omega[\boldsymbol{\sigma}(x)]}{dx}$$

前述のように，ω は $\sigma(\tau)$ の軌跡が囲む立体角であるから，$\Delta x(d\omega/dx)$ は，図 3.11 のように，球面上の細い帯上の（符号つき）面積であり，これをさらに時間間隔も $\Delta\tau$ で離散化して考えると，$\Delta\omega \equiv \Delta x \Delta\tau (d^2\omega/dx/d\tau)$ は $\Delta_\tau \boldsymbol{\sigma}$ と $\Delta_x \boldsymbol{\sigma}$ とがつくる平行四辺形を球面上に射影したものの面積になる．すなわち，

$$\Delta\omega = \Delta x \Delta\tau \, \boldsymbol{\sigma} \cdot (\partial_x \boldsymbol{\sigma} \times \partial_\tau \boldsymbol{\sigma})$$

と書ける．よって，

$$S_{\text{B}} = \frac{S}{2} \int dx d\tau \, \boldsymbol{\sigma} \cdot (\partial_x \boldsymbol{\sigma} \times \partial_\tau \boldsymbol{\sigma})$$

と表される．積分は，$1+1$ 次元の周期境界時空から，3 次元単位球面への写像が球面を覆う回数 $\Theta_{\text{P}}[\boldsymbol{\sigma}]$，すなわちポントリャーギン（Pontryagin）数に 4π を掛けたものに等しいので，

$$S_{\text{B}} = i2\pi S \times \Theta_{\text{P}}[\boldsymbol{\sigma}]$$

のように最終的にはかなりシンプルな形になることがわかる．分配関数の表式でベリー位相に関連する因子はこれが指数関数の肩にのっている形をしているが，Sが整数であれば，この因子は常に1であり，ベリー位相の効果は無視してよい．これに対して，Sが半整数であれば，多くのスピン配位が互いに打ち消しあうことになるので，ベリー位相の効果が無視できるかどうかは自明でなくなる．

まず，$S = 1, 2, 3, \cdots$ で，ベリー位相の効果が無視できる場合には，系は，式 (3.40) で記述されるが，これは，有限温度における D 次元古典ハイゼンベルクモデルの連続空間極限である．$d = 1, D = 2$ の場合には，Mermin–Wagner の定理によって，有限温度の2次元古典ハイゼンベルクモデルが自発磁化をもつ可能性は除外されるので，1次元量子反強磁性ハイゼンベルクモデルが自発磁化をもつことがないことがわかる．実際には数値計算などから2次元古典ハイゼンベルクモデルにおいては，有限温度で自発磁化が生じないだけでなく，スピンの2点相関関数が指数関数的に減衰することもわかっているので，整数スピンの1次元量子反強磁性ハイゼンベルクモデルについても同様であることが示唆される．このことは，相関関数の逆数は第1励起状態の励起エネルギーに比例することから，励起状態のスペクトルに有限のギャップがあることを意味している．整数スピンのスピン鎖の場合のこのギャップの存在は数値計算によって確認され[56]，ハルデーン（Haldane）ギャップとよばれている．

一方，$S = 1/2, 3/2, 5/2, \cdots$ の場合には，上記のようにベリー位相の効果は非自明なものとなるが，ベーテ仮説法などによる厳密解から，1次元 $S = 1/2$ のスピン鎖の2点相関関数は距離 r の関数として，$1/r$ に比例する形で減衰することが知られている．このことは，少なくとも $S = 1/2$ では，S が整数のときと異なって，励起状態のギャップがゼロであることを意味し，ベリー位相の効果が基底状態の性質に本質的な変化を与えていることがわかる[57]．

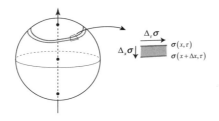

図 **3.11** 2つの隣接した古典スピン変数の軌跡が囲む立体角の差．

3.8.4 2次元以上の場合

2次元以上の場合にも，1次元の場合と同様の議論が少なくとも途中までは可能である．すなわち，一般に，d 次元反強磁性ハイゼンベルクモデルの作用は，$d+1$ 次元 $O(3)$ 非線形 σ モデルの作用と，ベリー位相の寄与との和の形に書くことができる．連続的なスピン配位に対して定義されたポントリャーギン数が重みの相殺を引き起こした1次元の場合と異なり，2次元で古典スピン $\boldsymbol{n}$ の配位に連続性を課した場合，位相因子は常に1となり相殺は起こらないことがわかる．なぜならば，2次元系を1次元鎖が並んでいるものと考えると，連続的配位では，すべての1次元鎖から同じポントリャーギン数がでてきて，反強磁性的位相因子をかけてこれをすべての鎖について足し合わせると常に0になるからである．したがって，もし，ベリー位相の寄与が物性に本質的影響をもつとすると，それは，古典スピン配位における不連続性，すなわち特異点からの寄与が重要である場合に限られることがわかる．

ハルデーンは，ヘッジホッグ（またはモノポール）型の特異点がベリー位相を通じて分配関数にどのような影響を与えるかを考察し，以下の因子を得た[58]．

$$e^{S_{\mathrm{B}}} = \prod_{\boldsymbol{x}} \eta(\boldsymbol{x})^{2SQ(\boldsymbol{x})}$$

ここで，$\boldsymbol{x}$ はモノポールの中心の時空座標，$Q(\boldsymbol{x}) = \pm 1$ モノポールの符号，$\eta(\boldsymbol{x})$ は，モノポールの空間座標が2進数表現で $(0,0),(1,0),(1,1),(0,1)$ であるとき，$1, i, -1, -i$ の値をとる変数である．

このような因子が実際に基底状態の性質を本質的に変更するためには，特異点をつくるコストが十分小さくなければならないが，ネール的な秩序の存在下では一般にそのようなコストが大きすぎて基底状態の定性的な性質に本質的な影響をもつことはないと考えられている[59]．しかし，無秩序相や量子臨界点直上でもベリー位相項が無視できるかどうかについては，この議論からはわからない．いくつかのモデルに関する量子モンテカルロ法を使った計算によると，ベリー位相効果が無視できると推定される場合と，そうでない場合がある．まず，ベリー位相効果が無視できると推定される場合の事例をみてみよう（ベリー位相が量子臨界点や無秩序相に本質的な影響を及ぼしているかもしれない事例は，次節で紹介する）．

3.8.5 数値計算

Sandvik と Scalapino は[63]，反強磁性的に結合した2つの2次元ハイゼンベルクモデル層からなる系に関して数値計算を行った．2層からなる系では，ベリー位相に対して2層が互いにほぼ逆符号の寄与をもつことから，ベリー位相が相殺して臨界現象に本質的な影響を及ぼさないことが期待される．具体的には，スタガード帯磁率 χ，構造因子 $S(\pi, \pi)$，相関長 ξ と，一様帯磁率 χ_{u} などの計算が行われ，図 3.12 は特に構造因子の有限サイズ

ケーリングを行った図である.臨界指数は古典 3 次元ハイゼンベルクモデルについて得られていた $\nu = 0.70$, $\eta = 0.03$[61] を用いている[*1].逆温度はシステムサイズに比べて十分大きいので,実質的に無限大と考えてよい.図からわかるように,3 次元古典ハイゼンベルクモデルの有限温度転移における臨界指数は,2 次元ハイゼンベルクモデルの量子臨界現象をよく記述している.このことは,この系の臨界現象について,期待どおりベリー位相が本質的な影響を及ぼさず,2 次元量子ハイゼンベルクモデルにおけるネール相から磁気無秩序相への量子臨界現象が,3 次元古典ハイゼンベルクモデルの有限温度転移や 3 次元 $O(3)$ 非線形 σ モデルと同様,$O(3)$ Wilson–Fisher 固定点によって支配されていることを強く示唆している.

2 層モデルとは異なり,ベリー位相が完全に相殺するかどうかがそれほど自明でないケースについて,ベリー効果を調べた数値計算の例としては,Troyer, Imada, Ueda によって行われた[64] 1/5 の割合でボンドが抜けている正方格子上のモデルがある(図 3.13).図のよう

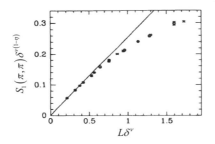

図 **3.12** 反強磁性 2 層ハイゼンベルクモデルの静的構造因子の有限サイズプロット ($L \leq 10$, $\beta = 48$, $J_{0c} = 2.51 J_1$, $\delta \equiv (J_0 - J_{0c})/J_{0c}$, $\nu = 0.70$, $\eta = 0.03$)[63].

図 **3.13** 1/5 ボンド欠損格子.太い線が J_0 細い線が J_1 に対応[64].

[*1] より精密な評価として,$\nu = 0.7112(5)$, $\eta = 0.0375(5)$[62] がある.

に，残りのボンドについてもボンド変調が導入され，$J_0/J_1 > g_c \approx 0.939$ であればプラケットシングレット状態が実現するようになっている．彼らはスピン数にして $N = 20,000$，逆温度で $J_0\beta \approx 160$ のサイズの計算まで行い，臨界指数に関して $\nu = 0.70(3)$，$\eta = 0.033(5)$ の結果を得た．これによって，ベリー位相が相殺していることがそれほど自明でない系についても，臨界現象は $O(3)$ Wilson–Fisher 固定点によって支配されているらしいことがわかった．

3.9 新しいタイプの臨界現象

3.7 節でみた，磁場によって対称性が U(1) に落ちている場合の臨界現象は，ハミルトニアンにおいて磁場による摂動項とそれ以外の項が可換であるため，非磁気的な基底状態と有限の磁化に対応する励起状態が磁場の大きさによって単純にシフトし，エネルギー準位がちょうど入れ替わるところで，系に特異性が現れるものであり，基底状態や励起状態自体に変化が起こらないという意味で，自明な量子臨界現象であるといえる．これに対して，3.8 節でみた SU(2) 対称性が保持される場合には，摂動項と主要項は一般に交換せず，その意味で非自明であるが，多くの場合，虚数時間軸は実空間軸と等価であり，量子系の特質は，実効的な次元の増加という 1 点に集約されてしまう．しかし，一般に，量子臨界現象は，常に $d+1$ 次元のよく知られた古典系の臨界現象に等価となるわけではない．量子論的な場の理論に含まれる要素の中で，古典系に通常直接の対応物が存在しないのがベリー位相項であり，ベリー位相項が臨界現象において本質的な役割を果たす場合には，対応する古典系は普通には古典モデルとして扱われないものになるであろう．

3.9.1 SU(N) ハイゼンベルクモデル

前節まででみてきたように d 次元スピン系では，スピンの大きさに応じてベリー位相効果がほぼ完全に相殺して $d+1$ 次元古典系によく対応する場合と，1 次元半奇数スピンの場合のようにベリー位相効果が系の振る舞いに質的な変化をもたらしていると考えられる場合がある．Read と Sachdev は[65] $N \to \infty$ の極限では正確な議論が可能となるように，問題を拡張した．すなわち，問題を通常の SU(2) 対称性から SU(N) に拡張して，ハミルトニアン

$$\mathcal{H} \equiv \frac{J}{N} \sum_{(ij)} S_\alpha^\beta(i) \bar{S}_\beta^\alpha(j) \tag{3.41}$$

を考えた．ここで，$S_\alpha^\beta(i)$，$\bar{S}_\alpha^\beta(j)$ は，SU(N) の生成演算子であり，

$$[S_\alpha^\beta(i), S_\gamma^\delta(j)] = \delta_{ij}(\delta_\alpha^\delta S_\gamma^\beta - \delta_\gamma^\beta S_\alpha^\delta) \quad (\alpha, \beta, \gamma, \delta = 1, 2, \cdots, N)$$

をみたす．表現としては，A 格子ではヤングダイアグラムで，1 行 n 列のもの，B 格子ではそれと共役なものを用いる．B 副格子上のスピンを表す記号にバーがついているのはそれを明示するためであり，交換関係は表現に依存しないので，B 副格子についても同じ交換関係が成り立つ．ただし，行列としては，$\bar{S}^\nu_\mu(j) = -S^\mu_\nu(j)$ が成り立つので，以下ではそのような表示を用いることにする．SU(2) の場合との対応は簡単で，スピンの大きさ S は単に A 格子で用いられる表現に対応するヤング図の「箱」の数 n の 1/2 に対応し，実際 $N=2$ の場合には，通常の反強磁性ハイゼンベルクモデルと同一のモデルになる．

彼らは，Schwinger ボゾンの表示

$$S^\beta_\alpha(i) = b^\dagger_\alpha(i) b_\beta(i)$$

を用いて，コヒーレント表示経路積分を経由し，平均場 $Q \sim J\langle b_\alpha(i) b_\alpha(j)\rangle$ を含む以下の平均場ハミルトニアンを得た．

$$\mathcal{H} = \sum_{(ij)} \left(\frac{N}{4J}|Q|^2 - Q b_\alpha(i) b_\alpha(j) \right) + \lambda \sum_i \left(b^\dagger_\alpha(i) b_\alpha(i) - n \right)$$

この平均場ハミルトニアンは，$n > n_c \approx 0.19N$ のときにはギャップレスとなり，ネール状態

$$\langle b_\alpha(i) \rangle \neq 0$$

を基底状態としてもつが，$n < n_c$ のときには，第 1 励起状態がギャップをもつようになり，ネール状態は基底状態にならない（図 3.14）．彼らはさらに，モノポールを記述する有効作用として，

$$S = \frac{N\pi}{e^2} \sum_{(\boldsymbol{x},\boldsymbol{y})} \frac{m(\boldsymbol{x})m(\boldsymbol{y})}{|\boldsymbol{x}-\boldsymbol{y}|} + \sum_{\boldsymbol{x}} \left(NE_c m(\boldsymbol{x})^2 + i\frac{n\pi}{2}\zeta(\boldsymbol{x})m(\boldsymbol{x}) \right)$$

を得た．第 1 項はモノポール間の 3 次元クーロン相互作用系の作用である．第 2 項の $\zeta(\boldsymbol{x})$ は，空間座標が 2 進表現で $(0,0), (1,0), (1,1), (0,1)$ のどれかによって，$0, 1, 2, 3$ の値をとる変数であり，第 2 項全体としては，前節ででてきたハルデーンによる位相項になっている．この位相項に対応して，上記の作用は，2×2 を単位格子として周期的に変動するポテンシャルをもつ sine-Gordon モデルにマップすることができる．$n = 0 \pmod{4}$ であれば，この周期ポテンシャルは存在せず，系は一様等方になるが，$n \neq 0 \pmod{1}$ であれば，系の一様性または等方性が破れて，図 3.14 に示すような基底状態が期待される．

式 (3.41) のモデルの $n=1$ の場合に関して，Harada, Kawashima, Troyer[66] はループアルゴリズムを用いた量子モンテカルロシミュレーションを行った．その結果，$N \leq 4$ では，基底状態はネール秩序をもち，$N \geq 5$ では，基底状態は非磁気的状態であることがわかった（図 3.15）．これは，N の臨界値に関する平均場の予想 $N_c \approx 5.3$ がそれほど大きくは違っていないことを示すものである．また，この計算によって，$N \geq 5$ の場合の秩

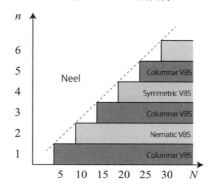

図 3.14 SU(N) モデルの基底状態相図.

序相については，ダイマー秩序変数

$$\Psi(\boldsymbol{r}) = D_x(\boldsymbol{r}) + iD_y(\boldsymbol{r}), \quad D_\mu(x,y) \equiv (-1)^{x+y} S_\beta^\alpha(\boldsymbol{r}) \bar{S}_\alpha^\beta(\boldsymbol{r}+\boldsymbol{e}_\mu)$$

が有限であることも確認された．さらに，その後[67]の計算によって，この VBS 秩序が確かにコラムナー型の自発的対称性の破れであることが確認された．

ダイマー秩序変数が有限であることが先にわかっていたにもかかわらず，しばらくの間それがコラムナー型の配列であることが確認されなかったのは，秩序変数の分布関数がほぼ連続対称になってみえるためであった．もともとモデルはそのような連続回転対称性のない格子上で定義されているので，一見すると不思議なことである．これは，次節でみるように連続対称性（U(1)）を本来の離散対称性（Z_4）に落としている項が臨界点直上で irrelevant になることに関係している．すなわち，臨界点では，漸近的に本来モデルにはなかった U(1) 対称性が出現するのである．量子揺らぎをコントロールする項を付け加えて後に行われた数値計算でもこの説明の妥当性が確認されている[68]．すなわち，図 3.15(b) にあるように，量子臨界点近傍では，本来みられるはずの Z_4 的な構造ではなく，見かけ上 U_1 対称の構造が観測されるのである．また，$n>1$ の場合の同様の計算[69,70]から，$N-n$ 相図上の相境界が $n=2,3,4$ の場合にも得られ，$1/N$ 展開からの予想がほぼ正確であることもわかっている．

3.9.2 脱閉じ込め転移

さて，本章のもともとのテーマである量子臨界現象に話をもどす．これまで述べてきたように，反強磁性ハイゼンベルクモデルについては，ベリー位相効果が本質的であるかどうかが焦点の 1 つであった．すでにみたように，SU(2) ハイゼンベルクモデルの拡張である SU(N) モデルにおいては，ベリー位相効果によって，無秩序相の性質が大きく変化す

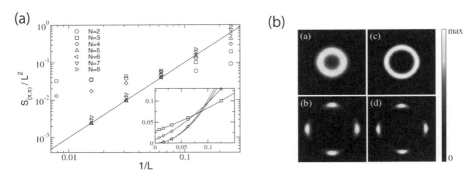

図 3.15 (a) 基本表現 ($n = 1$) の場合の静的構造因子 $S(\pi,\pi)$. $N \leq 4$ ではネール秩序が有限に残ることを示唆している[66]. (b) ダイマー秩序変数の分布. ($L = 32$) (左上) SU(2) $J-Q_3$ モデル. 臨界点の近く ($Q/(J+Q) = 0.635 > q_c = 0.600(5)$). (左下) SU(2) $J-Q_3$ モデル. 臨界点から離れた点 ($Q/(J+Q) = 0.85$). (右上) SU(3) $J-Q_2$ モデル. 臨界点の近く ($Q/(J+Q) = 0.45 > q_c = 0.335(2)$). (右下) SU(3) $J-Q_2$ モデル. 臨界点から離れた点 ($Q/(J+Q) = 0.65$)[68].

る場合があることがわかっている. それでは, ベリー位相が無秩序相を質的に変化させるような場合に, そのような無秩序相と反強磁性秩序相とを隔てる相転移点での臨界現象はやはり質的影響を受けるのであろうか?

そもそも, ネール秩序相からVBS秩序相への移り変わりが1回の連続転移で起こっているのだとすると, 通常の O(3) Wilson–Fisher 固定点での転移と比較して異常な点が2つある. 1つはすでにあげた漸近的あるいは近似的 U(1) 対称性であり, もう1つは, 単純な自発的な対称性破れになっていない臨界現象だということである. 通常の臨界現象は, 自発的対称性の破れで特徴づけられるという意味において, Landau–Ginzburg–Wilson 理論の範疇に入るものである. しかし, ネール秩序相から VBS 秩序相への転移に関しては, スピン空間の対称性が破れた状態からそれが回復した状態への転移とみれば, 対称性が高まっているのに対して, 空間並進や回転対称性が破れた状態からそれらが破れていない状態への転移とみると, むしろ対称性が低くなっている. つまり, 一方の相の対称変換からなる群が他方のそれの部分群になっていない.

これらの問いに関する答えは脱閉じ込め転移の理論として Senthil らによって提案されている[72,73]. Senthil らのシナリオによれば, この転移で重要なのは, マグノンではなく, 半マグノンともいうべきスピノンである. 2つの反対符号のスピノンが互いに遠く離れて存在する状況は, ネール秩序の存在下ではエネルギー的に損であるので実現しない. これはスピノンの閉じ込めとよばれ, 素粒子物理学においてクォークが単独では観測されないとされるのと類似の現象である. 臨界点に近づいていくにつれて, 束縛が弱くなり, 臨界

点直上では，スピノンが自由に動き回れるようになる．さらに VBS 状態側に入ると，スピノンが有限の密度をもつようになる．VBS 状態はスピノンが量子力学的に凝縮した状態とみることができる．一方，同じ量子臨界点を VBS 状態側から近づいてみるときには，渦（vortex）を考えるのが都合がよい．この渦は，スピンの渦ではなく，可能な VBS の 4 つのパターンを 4 状態離散有効スピンに対応させたときの，有効スピンがつくる渦である（図 3.16）．この渦の中心には，不対スピンが存在し，このために，通常の古典 Z_4 XY モデルとは異なる臨界現象を示す[74]．

Senthil らは議論の出発点として，CP^{N-1} ゲージ理論を考えた．このケージ理論においては，モノポールの自由度があらわに取り入れられている[72,73]．モノポールの生成消滅演算子を Ψ，$\Psi^\dagger$ とすると，格子がもともともっている離散回転対称性から，正方格子の場合 $(\Psi)^4$ $(\Psi^\dagger)^4$ などの項が有効ハミルトニアンに含まれることになる．この記述の仕方では，ネール秩序相では，$\langle\Psi\rangle = \langle\Psi^\dagger\rangle = 0$ であり，モノポールは対で束縛されているが，臨界点でその束縛は解け，磁気無秩序相は多くの励起されたモノポールが凝縮しているモノポール凝縮相であると解釈される．

モノポールとスピノンは互いに双対的な関係にあり，スピノン場の渦がモノポールであるのに対して，凝縮したモノポール場 Ψ の渦がスピノンに対応すると考えられている．数値計算で登場したダイマー秩序変数 D は本質的にはこのモノポール場 Ψ にほかならない．Senthil らの議論によると，もともとの格子の対称性からくるモノポール場に関する「立方晶異方性項」Ψ^4 は，CP^{N-1} モデルの臨界点では irrelevant であり，これが，臨界点直上での漸近的な U(1) 対称性や，臨界点近傍での近似的な U(1) 対称性の原因である．ただし，モノポール場は dengerously irrelevant であり，無秩序相では relevant となるため，無秩序相においては，もともと格子がもっていた Z_4 対称性が回復する．

この事情は，古典スピン系でも類似の現象がみられる[75]．Kosterlitz–Thouless 型連続転移を示す古典 XY モデルに対して，対称性を Z_q ($q = 2, 3, 4, \cdots$) に落とす項を付加すると，$q = 2, 3$ では付加項が relevant であるため，転移自体が通常の 2 次元イジング転移

図 **3.16** Z_4 渦．黒い矢印は水平面内の VBS 秩序変数．4 方向を向きやすくする Z_4 対称性破れの項のために，どの方向に VBS 秩序変数が向いているかによって，全領域はほぼ 4 つの領域に分割される．中央の垂直の矢印はスピン．

や，2次元3状態ポッツ（Potts）モデルの転移に変化する．これに対して，$q \geq 6$ では，付加項が irrelevant であるために，転移そのものは KT 的転移でありつづける．しかし，同時に，この付加項は秩序相では relevant となるため秩序相を本質的に変化させる．いまの場合，この秩序相は，モノポール場 Ψ についての秩序相，すなわち VBS 相に対応する．

3.9.3 数値計算

脱閉じ込め転移に関する理論は有限の N については厳密な理論ではないので，その妥当性は数値計算などで確認する必要がある．Sandvik[76] は，そのままでは量子臨界現象を示さない2次元 SU(2) ハイゼンベルクモデルに対して，量子揺らぎをコントロールして VBS 状態を実現させるため，4体力の項を付け加えた（SU(2) $J-Q$ モデルとよばれる）．

$$\mathcal{H} = -J \sum_{(ij)} P_{(ij)} - Q \sum_{(ijkl)} \left(P_{(ij)} P_{(kl)} + P_{(ik)} P_{(jl)} \right) \tag{3.42}$$

ここで，$P_{(ij)}$ は，ペアシングレット状態への射影演算子で，

$$P_{(ij)} \equiv \frac{1}{N} \sum_{\alpha\beta} S^{\beta}_{\alpha}(i) S^{\beta}_{\alpha}(j)$$

と表される．特に，SU(2) の場合は

$$P_{(ij)} \equiv \frac{1}{4} - \bm{S}_i \cdot \bm{S}_j$$

である．新たに付け加えられた項は $Q > 0$ のときにネール状態に比べて相対的に VBS 状態のエネルギーを下げる効果があるので，$N = 2, 3, 4$ で実現されるネール状態から出発して，Q を大きくしていくと，やがてネール状態から VBS 状態への転移が起こることが期待される．実際の計算結果は1回の2次転移でネール状態から VBS 状態への変化が起こることを示唆するものであった．この根拠は非自明な数値の臨界指数 $\eta = 0.26(3), \nu = 0.78(3)$ に関して，最もよく有限サイズスケーリングによる結果のフィッティングが得られたことである．動的臨界指数 z も独立に評価され，$z = 1$ とコンシステントな結果が得られた．

$1/N$ 展開からの漸近評価と数値計算の比較も有力な状況証拠を与える．例えば，η_d はダイマー秩序変数についての相関関数の減衰を特徴づける臨界指数であるが，前述のとおり，ダイマー秩序変数はモノポール場の演算子であり，モノポール演算子のスケーリング次元 x_ψ とは，

$$\eta_\mathrm{D} = 2 x_\psi - 1$$

のように対応づけられる．一方，このスケーリング次元については，$1/N$ 展開に基づいた最低次数（$O(N)$）までの評価があって[77]，

$$x_\psi = 0.124592 N + O(N^0)$$

と評価されている．一方，$N=2,3,4$ について臨界指数の評価[68]や，$N=5,6,\cdots,12$ についての評価[78]によると，臨界指数 η_d は単調に増加し，$O(1/N)$ の補正項の係数をフィッティングパラメータとして考慮すると，上記 $1/N$ 展開による x_ψ の評価とコンシステントな

$$\frac{\eta_D}{N} \approx 0.2492 - 0.32\frac{1}{N}$$

が η_D のモンテカルロシミュレーションによる評価値をほぼ再現する[78]．ここで右辺定数項が $1/N$ 展開からの予測で，第 2 項の係数がフィッティングによって決められた値であり，このフィッティングのよさが，この一連の転移が $1/N$ 展開の前提となっている 2 次転移の存在を示している．

しかし，SU(N) $J-Q$ モデルで観測される転移を 2 次転移であるとすることについては，異論もある．Prokofiev らは，CP^{N-1} モデルを直接シミュレートすることによって，きわめて弱い 1 次転移の可能性を示唆した[79]．この計算はモデルに含まれるパラメータを変化させることで，明らかな 1 次転移的特性を示す場合と 2 次転移にみえる場合を両方含むことを利用して，両者が特異点で隔てられることなく連続的につながっていることを数値的に示そうとしたものである．より最近の計算[80]では，CP^{N-1} モデルと SU(N) $J-Q$ モデルとが中間的なシステムサイズまでは共通のユニバーサルな振る舞いをみせる一方で，ある程度以上のスケールでは両者は異なった振る舞いをみせることがわかった．このことが究極的には 1 次転移であることを示唆しているという議論があり，現在のところ，これらのモデルのおける連続量子相転移の存在の有無に関して，確定的な結論は出ていない．

[川島直輝]

文　献

1) S. Kimura, Y. Narumi, K. Kindo, H. Kikuchi and Y. Ajiro, Prog. Theor. Phys. **159**, 153 (2005).
2) P. Pfeuty, Annals of Physics **57**, 79 (1970).
3) H. A. Kramers and G. H. Wannier, Physical Review **60**, 252 (1941).
4) B. J. Alder and T. E. Wainwright, J. Chem. Phys. **27**, 1208 (1957); B. J. Alder and T. E. Wainwright, Phys. Rev. **127**, 359 (1962).
5) N. Metropolis, A. W. Rosenbluth, M. N. Rosenbluth, A. H. Teller and E. Teller, Journal of Chemical Physics, **21**, 1087 (1953). See also, Nicolas Metropolis, "The Beginning of the Monte Carlo Method.", Los Alamos Science, No. 15, 125 (1987).
6) E. Fermi, J. Pasta and S. Ulam, Los Alamos Report, LA-1940 (1955).
7) N. J. Zabusky and M. D. Kruskal, Physical Review Letters **15**, 240-243 (1965).
8) B. B. Mandelbrot, *The Fractal Geometry of Nature* (W. H. Freeman and Company, 1982).
9) P. Hohenberg and W. Kohn, Physical Review **136**, B864–B871 (1964).
10) W. Kohn and L. J. Sham, Physical Review **140**, A1133–A1138 (1965).
11) R. Car and M. Parrinello, Physical Review Letters **55**, 2471 (1985).

12) 本書第2章.
13) E. L. Pollock and D. M. Ceperley, Physical Review B **36**, 8343 (1987).
14) J. D. Reger and A. P. Young, Phys. Rev. B **37**, 5978 (1988)
15) K. Binder, Physica **62**, 508 (1972).
16) N. Laflorencie and D. Poilblanc, "Simulations of pure and doped low-dimensional spin-1/2 gapped systems", Lecture Notes in Physics **645**, 227 (2004).
17) R. M. Noack and S. Manmana, "Diagonalization- and Numerical Renormalization-Group-Based Methods for Interacting Quantum Systems", AIP Conference Proceedings **789**, 93 (2005).
18) A. Weisse and H. Fehske, "Exact Diagonalization Techniques", Lecture Notes in Physics **739**, 529 (2008).
19) C. Domb and M. S. Green, "Phase Transitions and Critical Phenomena", **3** Academic Press (1974).
20) M. P. Gelfand, R. R. P. Singh and D. A. Huse, Journal of Statistical Physics **59**, 1093 (1990).
21) N. Prokof'ev and B. Svistunov, Phys. Rev. Lett. **99**, 250201 (2007).
22) O. F. Syljuåsen and A. W. Sandvik, Phys. Rev. E **66**, 046701 (2002).
23) B. J. Alder and T. E. Wainwright, Journal of Chemical Physics **31**, 459 (1959).
24) S. Nose, J. Chem. Phys. **81**, 511 (1984).
25) W. G. Hoover, Phys. Rev. A **31**, 1695 (1985).
26) A. Mitsutake, Y. Sugita and Y. Okamoto, Biopolymers (Peptide Science) **60**, 96 (2001).
27) A. Smith and C. K. Hall, Proteins **44**, 344 (2001).
28) E. Paci, M. Vendruscolo and M. Karplus, Biophysical Journal **83**, 3032 (2002).
29) S. White, Physical Review Letters **69**, 2863 (1992).
30) K. A. Hallberg, Advances in Physics **55**, 477 (2006).
31) F. Verstraete and J. I. Cirac, arXiv:condmat/0407066.
32) G. Vidal, Physical Review Letters **101**, 110501 (2008).
33) A. Georges and G. Kotliar, Physical Review B **45**, 6479 (1992).
34) A. Georges et al., Reviews of Modern Physics **68**, 13 (1996).
35) G. Kotliar and D. Vollhardt: Physics Today **57**, 53 (2004).
36) R. Swendsen and J.-S. Wang, Physical Review Letters **58**, 86 (1987).
37) R. P. Feynman, Reviews of Modern Physics **20**, 367 (1948).
38) J. Cardy, *Scaling and Renormalization in Statistical Physics* (Cambridge, 1996).
39) 西森秀俊, 相転移・臨界現象の統計物理学 (培風館, 2005).
40) S.-K. Ma, *Modern Theory of Critical Phenomena* (Benjamin Cummings, 1976).
41) I. Bloch, Nature Physics **1**, 23 (2005).
42) T. Giamarchi, *Quantum Physics in One Dimension* (Oxford University Press, 2003).
43) M. Takahashi, *Thermodynamics of One-Dimensional Solvable Models* (Cambridge University Press, 2005).
44) T. Nikuni, M. Oshikawa, A. Oosawa and H. Taanaka, Phys. Rev. Lett. **84**, 5868 (2000)
45) Y. Kato and N. Kawashima, Physical Review E **81**, 011123 (2010).
46) F. Yamada, T. Ono, H. Tanaka, G. Misguich, M. Oshikawa and T. Sakakibara, Journal of the Physical Society of Japan **77**, 013701 (2008).
47) M. Tachiki and T. Yamada, Prog. Theor. Phys. Suppl. No.46, 291 (1970).

48) S. Sachdev, *Quantum Phase Transitions* (Cambridge, 1999).
49) M. Maltseva, and P. Coleman, Physical Review B **72**, 174415(R) (2005).
50) S. E. Sebastian1, et al., **441** 617 (2006).
51) C. D. Batista, et al., Physical Review Letters **98**, 257201 (2007).
52) Y. Kamiya, N. Kawashima and C. D. Batista, Physical Review B **82**, 054426 (2010).
53) S. Chakravarty, B. I. Halperin and D. R. Nelson, Physicsl Review Letters **60**, 1057 (1988).
54) F. D. M. Haldane, Physics Letters **93A**, 464 (1983).
55) A. Auerbach, *Interacting Electrons and Quantum Magnetism*, (Springer, 1994).
56) 例えば, H.-J. Mikeska and A. K. Kolezhuk, Lecture Notes in Physics vol.645, p. 1 (2004) 参照.
57) Th. Giamarchi, "Quantum Physics in One Dimension", International Series of Monographs on Physics vol.121, Oxford Science Publications (Clarendon Press, 2004).
58) F. D. M. Haldane, Phys. Rev. Lett. **61**, 1029 (1988).
59) S. Chakravarty, B. I. Halperin and D. R. Nelson, Physical Review B **39**, 2344 (1989).
60) A. Sandvik and D. Scalapino, Phys. Rev. Lett. **72**, 2777 (1994).
61) P. Peczac, A. M. Ferrenberg and D. P. Landau, Phys. Rev. B **43**, 6087 (1991).
62) M. Campostrini, et al., Phys. Rev. B **65**, 144520 (2002).
63) A. Sandvik and D. Scalapino, Phys. Rev. B **51**, 9403 (1995).
64) M. Troyer, M. Imada and K. Ueda, J. Phys. Soc. Jpn. **66**, 2957 (1997).
65) N. Read and S. Sachdev, Phys. Rev. Lett. **62**, 1694 (1989).
66) K. Harada, N. Kawashima and M. Troyer, Phys. Rev. Lett. **90**, 117203 (2003).
67) K. S. D. Beach, F. Alet, M. Mambrini and S. Capponi, Phys. Rev. B **80**, 184401 (2009).
68) J. Lou, A. W. Sandvik and N. Kawashima, Physical Review B **80**, 180414(R) (2009).
69) N. Kawashima and Y. Tanabe, Phys. Rev. Lett. **98**, 057202 (2007).
70) T. Okubo, K. Harada, J. Lou and N. Kawashima, Physical Review B **92**. 134404 (2015).
71) K. Harada, N. Kawashima and M. Troyer, J. Phys. Soc. Jpn. **76**, 013703 (2007).
72) T. Senthil, L. Balantz, S. Sachdev, A. Vishwanath and M. P. A. Fisher, Physical Review B **70**, 144407 (2004).
73) T. Senthil, A. Vishwanath, L. Balantz, S. Sachdev and M. P. A. Fisher, Science **303**, 1490 (2004).
74) M. Levin and T. Senthil, Phys. Rev. B **70**, 220403(R) (2004).
75) M. Oshikawa, Physical Review B **61**, 3430 (2000).
76) A. W. Sandvik, Physical Review Letters **98**, 227202 (2007).
77) G. Murthy and S. Senthil, Nuclear Physics B **344**, 557 (1990).
78) Ribhu K. Kaul and Anders W. Sandvik, Phys. Rev. Lett. **108**, 137201 (2012).
79) A. B. Kuklov, M. Matsumoto, N. V. Prokof'ev, B. V. Svistunov and M. Troyer, Physical Review Letters **101**, 050405 (2008).
80) K. Chen, Y. Huang, Y. Deng, A. B. Kuklov, N. V. Prokof'ev and B. V. Svistunov, Phys. Rev. Lett. **110**, 185701 (2013).

4. 物性理論の新潮流

4.1 はじめに

　1983年の初秋，筆者はランチでの雑談の合間に「これからの30年を考えて，物性理論のなかで主流になってくる研究テーマや分野は何か？」とコーン（W. Kohn）先生[1]）にお尋ねしたところ，あまり躊躇せずに次の5つをあげられた．(1) モンテカルロ法を活用した諸分野．特に，量子系には限定せずに分子動力学法で取り扱えるような莫大な数の多粒子系における運動概念の深化に言及された．(2) 強結合電子格子相互作用系．これは超伝導の文脈というよりはイオンの非断熱性とそれから生まれるイオン運動の新概念に結びつくような文脈で語られたもので，例えば，イオンの量子トンネル効果（とそれに伴う電子運動の問題）も示唆された．(3) 強相関電子系．これは一般的な意味での電子相関というよりも，もっと具体的に価数揺動や価数スキッピング現象を念頭に置いたもので，それらの系での近藤効果や超伝導の問題も絡められた．(4) 化学反応．量子化学の伝統的なテーマではあるが，これは基底状態の計算に重点をおいた従来の物性理論の限界を越えて，動的，非平衡的，非線形的というキーワードで語られるような新しい方向へ物性理論を発展させるうえで大変よいトピックであると説明された．また，溶媒中や表面というような環境に依存した化学反応の違いを定量的に理解することの重要性にもふれられた．そして，最後に，(5) 1次相転移現象．特に，ホーエンバーグ（P. C. Hohenberg）とハルペリン（B. I. Halperin）の論文[2]）をあげながら，ランダウ理論でその普遍的な振る舞いが大まかには理解される2次相転移と違う側面，特に，その動的現象の面白さを強調された．

　さて，実際に30年を経てコーン先生の予言を見直してみると，第3章でも解説されたように，モンテカルロ法の発展とその1次相転移を含む相転移現象への応用における進展は目を見張るものがある．また，化学反応の問題は今や量子化学固有のものでなくなり，物理と化学（さらには生物学）の学際フロンティア領域における中核的課題と見なされるようになった．このほかの2つの問題，すなわち，強結合電子格子系や強相関電子系の問題

は，もちろん，物性理論の中心課題ではあるが，ただ，30年前と比べて大きく進展したかといわれれば，その評価には大きなバラツキがあって，あまり本質的な進展はなかったという意見も多く聞かれる．確かに，このような結合定数が大きな系における量子統計力学の問題を現実の系に沿って高精度に解くような理論がこの30年間に開発されて安定して計算結果が得られるようなコードがスーパーコンピュータに実装されたわけでもないので，その意味で真に革新的な進歩がなかったといえる．

ところで，一般に理論物理には（あるいは，もっと一般的にいえば，数学には）2つの大きな役割がある．その一つは「具体的な課題の解決」，もう一つは「概念の提起」というものである．第2章で述べたような第一原理のハミルトニアンを高精度に解くという行為は前者に根ざしたものであるのに対して，第1章で解説されたような概念の形成とそれによって具体的な現象や物質を理解するという行為は後者の立場と理解される．これら2つの理論の側面はお互いに排他的なものではなく，両方が助け合って進展していくものである．実際，精緻な概念は高精度の理論計算の結果を土台として得られるものであるし，逆に，いくら多数の物質で高精度の結果を得たとしても，それだけでは人類に「新しい知を与えた」ことにはならない．その事情はトポロジーの概念を発見したポアンカレ（Jules Henri Poincaré）の名言「科学者は秩序づけを志すべきである．事実の集積が科学でないことは，石の堆積が家でないのと同じである」でいみじくも言い表されている．さらにいえば，人間の脳機能の特徴は認識の際に概念化しその概念化されたものの相互関係をいろいろと操作して創造に至ると考えられる．したがって，理論とはこの概念形成とそのように形成された概念の操作を指すものと理解されるので，「物性理論の新潮流」という題目で語られる事項は，いつの時代でも，その時代の最先端の実験や理論の手法を用いて新たに付け加えられた結果に基づいて，新しい概念を形成し，それによって諸現象や物質群に新しい関連づけを行うこと，あるいは，古い結果に基づいてすでに作り上げられていた概念をより深化させたり，より普遍化したりすることといえる．

このような観点から，本章では最近話題になっている概念のうちの2つ，すなわち，「量子相転移」と「物性物理学におけるトポロジー」を解説する．このほか，非平衡・非線形・量子計算・量子情報・多階層モデリング（階層間接続やマルチスケール計算）などが近年の物性理論に現れるキーワードであるが，（まだまだしっかりとした概念の形成途上であることも理由のひとつとして）これらについてはここでは割愛したい． ［高田康民］

4.2 量子臨界現象

物性理論で登場する多体問題においては，個々の自由度の振る舞いからは単純には予見することのできない多様な物理現象が生じるが，臨界現象に着目すると多様な物性の中にも普遍性を見いだすことができる．それが臨界現象の研究対象としての魅力であり，相図

上の特異点として現れる臨界点から出発して，その周辺を明らかにしていくのが，物性研究の1つの標準的なアプローチでもある．さらに，臨界点は繰り込み群の議論においては，繰り込み変換の固定点ととらえられるが，相も1つの固定点で特徴づけられる．つまり相は安定固定点，その境界である臨界点は不安定固定点であって，相図の理解は繰り込み固定点の理解にほかならない．量子系においても，臨界現象および繰り込み固定点は古典系の場合と同様に重要であるが，特に，低温の物理においては量子系特有の臨界現象も観測される．

有限温度における転移では熱揺らぎの増大によって秩序が壊れるが，絶対零度における臨界現象である量子臨界現象においては量子揺らぎによって秩序が壊れる．一般に，量子揺らぎはハミルトニアンに秩序パラメータとは可換でない演算子が含まれているところから生じる．量子臨界現象の例はすでに3章でみたがここでは原点に戻って最も単純な系における典型的な量子臨界現象を考えてみることにする．古典統計力学で臨界現象を示す最も単純なモデルはイジングモデルであるが，量子臨界現象を示す最も単純なモデルは横磁場イジングモデルである．横磁場イジングモデルは通常のイジングモデルにおいて，$S_i^z = \pm 1/2$ を角運動量演算子の z 成分と見なし，これと非可換な項として一様な x 方向の磁場に関するゼーマン（Zeeman）項を付け加えたものである．

$$\mathcal{H}_{\text{TFI}} \equiv -J \sum_{(ij)} S_i^z S_j^z - \Gamma \sum_i S_i^x \tag{4.1}$$

$\Gamma = 0$ であれば，基底状態はすべてのスピンが同じ方向にそろった完全な強磁性状態であるのに対して，$\Gamma \neq 0$ であれば，完全強磁性状態は基底状態ではなくなる．これは，第2項と第1項の非可換性のために，第1項の固有状態が同時に第2項の固有状態であることができず，ハミルトニアンの第2項を完全強磁性状態に作用させると，新たに直交する成分が結果としてでてくるからである．この量子揺らぎが直ちに強磁性状態を完全に破壊するか，それとも，多少強磁性秩序が弱まるものの，依然として自発的に対称性が破れた状態にとどまるかは自明でない．さまざまな考察や計算からすでにわかっていることは，横磁場イジングモデルにおいて，絶対零度で J を一定に保ったまま磁場を $H = 0$ から初めて次第に大きくしていくと，特定の H の値でイジング的秩序相から無秩序相に相転移を起こすことである．

現実的な例として，$CsCoCl_3$ を考えよう．この物質は，1次元的な反強磁性スピン鎖が（それぞれの鎖が1点にみえるように）鎖方向からみたときに三角格子を組んでいるような構造をもっている．鎖間の相互作用は非常に小さく，また，Co原子上の局在スピンが強いスピン異方性をもつために，イジングモデルとしての記述がよいと考えられている．図4.1はこの物質に容易軸とは垂直方向の磁場をかけたときに磁場方向に誘起される磁化を磁場の強さの関数として示したものである[3]．飽和磁化に近い強磁場領域で，急激な磁化の増加がみられる．この特徴的な曲線は，横磁場イジングモデル鎖に関する厳密解[4]か

ら得られる磁化曲線と同様のものになっている．厳密解ではより精密に絶対零度臨界点が $\Gamma_c = J/2$ にあること，さらにこの点において磁場方向の磁化曲線の傾きが無限大となることもわかっている．ただし，微分係数の発散は対数的であり，通常の冪関数的な発散と比較すると弱いものである．

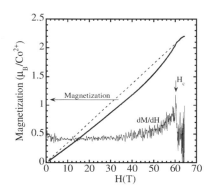

図 4.1 CsCoCl$_3$ における横磁場による磁化過程．[Kimura et al.[3)] から転載]

厳密解に基づいた議論は一般化がしにくく，どの程度広く成立することなのかがわかりにくいが，上のような議論は必ずしも厳密解がなければできないわけではない．一般に，d 次元量子系の絶対零度臨界現象は何らかの $d+1$ 次元古典系の有限温度臨界現象に等価である．このことを，式 (4.1) の分配関数の経路積分から出発して考えてみる．あとで古典系との対応がわかりやすいように，経路積分表示の際には，虚数時間を離散的にとっておく（離散化の単位が十分に小さければこの離散化は物事の本質を変えないであろう）．すなわち，逆温度 $\beta \equiv 1/k_\mathrm{B}T$ を M 分割するとして，時刻は $\tau = \Delta\tau k$ $(k = 1, 2, \cdots, M)$ をみたす整数 k で指定されることになる．このようにすると，もともと d 次元格子の格子点 i ごとに定義されていたスピン変数 S_i は，新たなインデックス k ももつことになって，$\{\sigma_i^k\}$ $(i = 1, 2, \cdots, N)$, $(j = 1, 2, \cdots, M)$ が経路積分の中の１つの「経路」を指定することになる[*1)]．この新しい自由度を使うと，局所的なボルツマン因子はスピン間相互作用に対応する部分は

$$e^{\Delta\tau J(\hat{S}_i^z \hat{S}_j^z)} \Rightarrow e^{\frac{\Delta\tau J}{4}\sigma_i^k \sigma_j^k}$$

のように各時刻でのスピン間相互作用の形で表される一方，横磁場に対応する部分は

$$e^{\Delta\tau \Gamma \hat{S}_i^x} \Rightarrow \langle \sigma_i^{k+1}|e^{\Delta\tau \Gamma \hat{S}_i^x}|\sigma_i^k\rangle \sim e^{\frac{1}{2}\log(\frac{2}{\Delta\tau\Gamma})\sigma_i^k \sigma_i^{k+1}}$$

のように「時間方向」の相互作用の形になる．整理すると，

[*1)] ここでは，$S_i^z = \pm 1/2$, $\sigma_i^k = \pm 1$ のように定義する．

$$Z = \mathrm{Tr}_{\{\sigma_i^k\}} e^{K_x \sum_{(ij),k} \sigma_i^k \sigma_j^k + K_t \sum_{i,k} \sigma_i^k \sigma_i^{k+1}} \tag{4.2}$$

$$K_x = \frac{J\Delta\tau}{4}, \quad K_t = \frac{1}{2}\log\frac{2}{\Gamma\Delta\tau} \tag{4.3}$$

ということになる．

式 (4.2) は $d+1$ 次元古典イジングモデルの分配関数の表式にほかならない．ちなみに，$d=1$ の場合には，2 次元古典イジングモデルの臨界点に関する厳密な関係式[5]

$$\sinh 2K_x \sinh 2K_t = 1 \tag{4.4}$$

に，式 (4.3) を代入し，さらに $\Delta\tau \to 0$ とすることで，1 次元横磁場イジングモデルの臨界磁場の式

$$\frac{\Gamma_c}{J} = \frac{1}{2}$$

が得られる．このような厳密な関係式は $d=1$ の場合に限定されるが，量子系と古典系との対応は一般的である．すなわち，量子臨界点とはもとの d 次元系を経路積分を用いて $d+1$ 次元古典系に翻訳したときに，後者の「古典臨界点」として現れるものである．

ただし，熱力学極限の意味が古典系への変換によって変化することに注意が必要である．もともと，系の時間方向の「サイズ」は温度の逆数であったので，もとの量子系の意味でのサイズ無限大極限（熱力学極限）は古典系に変形したあとの問題では，$d+1$ の方向のうち，d 個の方向についてのみサイズ無限大で，一方向については有限値に固定したままの極限に対応する．時間方向のサイズも含めて無限大となるのは，絶対零度の極限の場合である．一般に，D 次元系の特定の $D-D'$ 次元方向のサイズを固定して，残りの D' 次元方向のサイズのみが無限大であるような状況では，有限に保たれている方向（いまの場合は温度の逆数）のサイズに関して，D' 次元臨界現象から，D 次元臨界現象への「次元クロスオーバー」が観測される．このクロスオーバーは，D 次元系としての時間方向の相関長（相関時間）ξ_t が時間方向のシステムサイズと同程度になったときに観測される．すなわち，g を量子臨界点からのずれ，ν' を量子臨界点での相関時間の発散を特徴づける臨界指数として，

$$\beta^* \sim \xi_t \Rightarrow T^* \sim g^{\nu'}$$

がクロスオーバー温度 T^* を決める条件式となる．ここで考えるのは，$D=d+1$, $D'=d$ のケースである．$T \ll T^*$ のときは，時間方向の相関が逆温度方向のシステムサイズが有限であることよって遮られることがないため，系は $d+1$ 次元系と同様に振る舞い，逆に $T \gg T^*$ のときには，時間方向の揺らぎがほぼ 0 になるために，系は d 次元的に振る舞う．この様子を模式的に表したのが，図 4.2 である．上記のクロスオーバー温度よりも低温の領域（$T \ll T^* \ll J$）が量子無秩序相または秩序相であるが，$d \geq 2$ の横磁場イジングモデルのように有限温度でも自発的秩序の破れが起こるような場合には，クロスオーバー線

ではなく相転移線となる．量子無秩序相と秩序相の間の低温領域（$T^* \ll T \ll J$）が量子臨界相，横磁場イジングモデルの J のような，系の微視的なエネルギースケールよりも高温の領域が古典無秩序相（$T \gg J$）である．量子臨界相では，温度の減少とともに，相関長が増大し，相関長以下のスケールでは，例えば相関関数の冪的な減衰など，絶対零度の量子臨界点でみられる普遍的な振る舞いがほぼそのまま実現している．この領域が量子臨界相とよばれるのはそのためである．また，秩序相側の有限温度相転移点の近傍は d 次元古典臨界現象でよく記述される領域が広がっており，この古典臨界領域の幅は，量子臨界点に近づくほど狭くなっていく．これは臨界現象における一般的な次元クロスオーバーと同様の現象であり，いまの場合には，d 次元古典臨界現象を示す古典臨界点最近傍での振る舞いと，その外側の $d+1$ 次元量子臨界現象を示す領域との間のクロスオーバー現象がみられる．

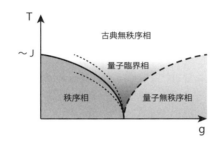

図 **4.2** 有限温度相転移がある場合の量子臨界点近傍の一般的な相図．秩序相の境界（実線）は転移．それを両側から挟んでいる点線の内側が古典臨界領域．量子無秩序相の境界（破線）はクロスオーバー．

このように，「通常の」量子臨界現象は対応する1次元高い空間内での古典相転移に対応させることができるが，対応する古典系はどういうものであるかは常に自明というわけではないことは3.9節でみたとおりである．このほかにも，ランダムな不均一系の量子臨界点などでは，時間方向は質的に空間方向と異なっており，単純な縦横のスケール変換で時空を等方的にすることはできない．そのような場合には量子臨界点に近づくときの空間方向の相関長と時間方向の相関長の発散の仕方が臨界点からのずれの関数として異なる冪指数で特徴づけられる．つまり，

$$\xi \sim g^\nu, \quad \xi_t \sim g^{\nu'}, \quad z = \nu'/\nu$$

としたときに，z は必ずしも1にならない．これに対して横磁場イジングモデルの例では，$d+1$ 次元モデルにおいて，虚数時間方向は定数倍の違いを除けば本質的に実空間方向と等価であるので，動的臨界指数は $z=1$ である．　　　　　　　　　　　　　　　　[川島直輝]

4.3 物性物理学におけるトポロジー

物性物理学におけるトポロジー（位相幾何学）の重要性が確立してから30年以上が経過したが，これに関連する研究は，トポロジカル絶縁体を代表として近年再び大きな展開をみせている．ここでは，物性物理学，特に量子多体系におけるトポロジーの役割について，入門的な解説を行う．

4.3.1 トポロジーとは？

数学的には，トポロジーとは簡単にいえば「連続変形で保持される性質」の研究[6]である．典型的な例として，円環 S^1 から，ある空間 $\mathcal{V}$ への写像の集合を考える．この「写像」とは，物理的には輪ゴムを空間 $\mathcal{V}$ に配置したものと考えればよい．もちろん，輪ゴムの配置は無数に存在し，これに対応して写像も無数に存在する．しかし，ここで輪ゴムの配置を連続に変形させることを考え，連続変形によって移り変わることのできる2つの配置を同一視することにする．例えば空間 $\mathcal{V}$ が長方形（あるいはその連続変形）の場合，すべての可能な輪ゴムの配置は連続変形によって1点に縮めることができる（もちろん，現実の輪ゴムではなく，伸縮自在な理想的な輪ゴムについての話である）．したがって，「連続変形によって移り変わることのできる2つの配置を同一視すれば」輪ゴムの配置は1種類しか存在しないことになる．このことを，「トポロジカルには輪ゴムの配置は1種類しかない」ともいう．

では，あらゆる空間について，同じことがいえるだろうか？ 反例はすぐに構成することができる．例えば，長方形から，その内部の円状の領域を取り除いた空間 $\mathcal{V}$ を考える．このとき，図4.3のように輪ゴムが円状の「孔」のまわりを例えば1周している配置が存在するが，これは輪ゴムを切らない限り1点に縮めることはできない．このように，連続変形によって1点に縮めることができない配置が存在する．また，この空間については，輪ゴムが孔のまわりを2周，3周，…した配置が存在する．輪ゴムに向きがついていると

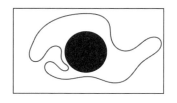

図 4.3 長方形からその内部の円状の領域を取り除いた空間 $\mathcal{V}$ における輪ゴム（閉じた経路）の配置の一例．このとき，輪ゴムの巻きつき数は1であり，輪ゴムの連続変形によって1点に縮めることはできない．

すれば，−1周，−2周，…のものも考えることになり，トポロジカルには任意の整数である「巻きつき数」に対応した配置が存在することになる．

上で直観的にすでに導入したが，孔が存在する空間では輪ゴムの「巻きつき数」という整数を定義することができる．これは整数に量子化されていることからもわかるように，輪ゴムの連続変形によって変化しない．このように，連続変形によって変化しない量を「トポロジカル不変量」とよぶ．トポロジカル不変量の異なる2つの配置があれば，これら2つの配置は連続変形によってつながらないことになる．したがって，トポロジカルに異なる配置の分類にトポロジカル不変量を用いることができる．一方で，2つの配置のもつトポロジカル不変量が同一である場合，一般にはこの2つが連続変形でつながるかどうかについては何もいえない．上記の例では，巻きつき数が同じである配置は連続変形でつながっている．しかし，より複雑な場合も存在する．例えば，2つの孔をもつ空間を考える．このとき，それぞれの孔に注目してトポロジカル不変量である巻きつき数を定義することができる．しかし，この場合には，それぞれの巻きつき数が等しくても連続変形でつながらない配置が複数存在する．

数学的には，円環を2つ「つなげる」操作を導入するとこのような写像の同値類は群をなすため，ホモトピー群とよばれる．特に，円環 S^1 からの写像から構成したホモトピー群 π_1 は基本群とよぶ．

トポロジーは，物性物理学にさまざまな応用がなされている．例えば，欠陥の分類にはトポロジーが用いられる[7]．上記で議論した基本群 π_1 と関連する簡単な例として，U(1)の秩序パラメータをもつ2次元系における点欠陥を考えよう．これは例えば超伝導体のように，空間の各点が位相の自由度をもつ系である．基底状態では，すべての点における位相が同じ値に定まっている．点欠陥が存在する場合，ある点とその周囲では（例えば）超伝導状態が「壊れて」秩序パラメータをもたない状態になる．そこで，秩序パラメータ（位相）が定義される空間は，もとの空間から欠陥の周囲を除いたものになる．さて，欠陥はどのように分類すればよいだろうか．ある点とその周囲で超伝導状態が壊れている場合，当然その領域での状態はもとの超伝導状態とは異なる．しかし，単に超伝導状態が壊れているだけであれば，その領域で超伝導状態を復活させればもとの状態に戻る．このように，「修理」できる欠陥は，欠陥として安定なものではない．そこで，興味のある問題としては，「修理」ができず，したがって安定に存在する欠陥の分類となる．欠陥の周囲を1周する経路を考える．この経路上での位相の変化は，トポロジカルには再び（経路としての）円環 S^1 から（位相のとる自由度である）円環 S^1 への写像として理解できる．これが連続変形によって，経路上で位相が一定値となる自明な写像に変形できるとすれば，欠陥上でも同じ位相をとるように「修理」することができることになる．一方，上記の写像がトポロジカルに自明でない，すなわち欠陥のまわりを1周する経路上で位相が必ず変化する場合を考えよう．このとき，この1周する経路を縮めていっても，これも連続変形の一種である

から，やはり位相は必ず変化することになる．特に，点欠陥のまわりの無限に小さな経路を考えても位相を一定にできないので，この欠陥にはある値の位相を与えて「修理」することが不可能であることがわかる．逆にいえば，上記の写像がトポロジカルに自明でない場合，秩序パラメータの定義できない点欠陥の存在が要請されることになる．

このように，2次元系におけるトポロジカルに安定な点欠陥の分類は，（欠陥の周囲の経路としての）円環 S^1 から秩序パラメータの空間への写像のトポロジカルな分類，すなわち基本群に対応する．上で議論した U(1) 秩序パラメータ（位相）の場合，すなわち秩序パラメータの空間も円環 S^1 である場合，輪ゴムの配置として議論したように $\pi_1(S^1) = Z$ である．すなわち，点欠陥は整数のトポロジカル量子数で分類できる．これは「渦度」とよばれるものにほかならない．渦度がゼロの場合，安定な点欠陥は存在しない．

秩序パラメータが U(1) の場合の点欠陥として，渦がよく知られている．渦度が $+1$ のものが「渦」で，渦度が -1 のものが「反渦」（antivortex）である．渦度の絶対値が2以上のものは，複数の渦あるいは反渦の結合状態と考えることができる．渦と反渦の間には引力が働き，これにより有限温度で Berezinskii–Kosterlitz–Thouless 転移が起きることはよく知られている．

秩序パラメータが U(1) の場合の渦はよく知られており，わざわざトポロジーを持ち出す必要はあまり感じられないかもしれない．しかし，より一般的な系の欠陥を系統的に理解しようとするとき，トポロジーは助けになる．興味深い例として，秩序パラメータが SO(3) の場合の2次元系における点欠陥を考えよう．SO(3) は3次元回転行列のなす群である．

例えばフラストレーションをもつ三角格子上の古典ハイゼンベルク（Heisenberg）反強磁性体を考える[9]．この系の基底状態は，各三角形上でスピンが120度構造をとるもので与えられる．しかし，この120度構造にもさまざまな可能性が存在する．例えば，ある120度構造を出発点として，すべてのスピンに同じ回転操作を行っても120度構造は保たれる．逆に，異なる回転操作を行うと，スピンの向きが異なる120度構造を得る．したがって，三角格子上の古典ハイゼンベルク模型の秩序パラメータは3次元回転行列のなす群，すなわち SO(3) と同一視できる．

なお，通常の強磁性体や反強磁性体の場合も，すべてのスピンに一斉に同じ回転を作用させても，もちろん基底状態は基底状態にとどまる．しかし，この場合は，基底状態のスピンがすべて同じ方向を向いているため，スピンの方向を軸とする回転はスピンの状態を全く変化させない．そのため，秩序パラメータの空間は $SO(3)/O(2) = S^2$ となる．

SO(3) は SU(2) と深い関係があることが知られている[8]．角運動量は空間回転，すなわち SO(3) の生成子に対応し交換関係

$$[J^x, J^y] = iJ^z \tag{4.5}$$

をみたす．これは SU(2) の生成子のみたす交換関係と同一である．SU(2) は2次元の特

殊ユニタリ行列全体のなす群であり，これらの行列は

$$U = n_0 + i\mathbf{n}\cdot\boldsymbol{\sigma} \tag{4.6}$$

と書ける．ただし，$(n_0, \mathbf{n}) = (n_0, n_1, n_2, n_3)$ は $\sum_\mu n_\mu^2 = 1$ をみたす4次元単位ベクトルであり，$\boldsymbol{\sigma} = (\sigma^x, \sigma^y, \sigma^z)$ はパウリ（Pauli）行列である．SU(2) の元と4元ベクトルは1対1に対応するので，SU(2) は3次元球面 S^3 と同相である．スピン 1/2 の状態（スピノール）は2成分の複素ベクトルであり，SU(2) の表現を与える．これと，SO(3) の元である空間回転 O の対応は，

$$U^\dagger \boldsymbol{\sigma} U = O\boldsymbol{\sigma} \tag{4.7}$$

で与えられる．これは，SU(2) と SO(3) の2対1対応を与えている．すなわち，ある SO(3) の元 O について，U がこれに対応する SU(2) の元であるとすれば，$-U$ も同様に O に対応する SU(2) の元となっている．したがって，SO(3) は SU(2) において U と $-U$ を同一視したものと考えられる．前述のように，SU(2) は S^3 に対応しているので，SO(3) は S^3 において対蹠点を同一視したものに対応する．SU(2)，あるいは S^3 についての基本群は自明であるが，SO(3) においては，図 4.4 に示すように，連続変形で1点に縮めることのできない非自明な閉じた経路が存在する．なお，このような経路を2周したものは，連続変形で1点に縮めることができる．したがって，基本群は

$$\pi_1(SO(3)) = Z_2 \tag{4.8}$$

となる．

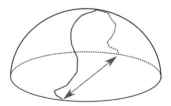

図 4.4 SO(3) におけるトポロジカルに非自明な閉じた経路．SO(3) は S^3 において対蹠点を同一視したものであるが，S^2 の対蹠点を同一視したものを図示する．対蹠点を同一視するため，この図で太い曲線が閉じた経路となり，これは連続変形で1点に縮めることはできない．

さきほどの点欠陥に関する一般論とあわせると，SO(3) 秩序パラメータをもつ2次元系における点欠陥は「Z_2 渦」というものになることがわかる．Z_2 渦の解離に対応した相転移が提案[9]され，最近もこの考え方に基づいた研究が活発に行われている．

4.3.2 トポロジカルな現象としての整数量子ホール効果

前述のような,実空間における欠陥の分類はトポロジーの物理への応用として自然なものである.しかし,物理学におけるトポロジーの重要性はこれにとどまらず,さらに広く深い流れをつくっている.その一つの基本となったのが,整数量子ホール効果[10]のトポロジー的な理解である.

a. 整数量子ホール効果とは

磁場中では,印加した電場と垂直方向に電流が流れるというホール (Hall) 効果が一般に期待できる. x 方向の電流密度と y 方向に印加した電場の間に

$$j_x = \sigma_{xy} E_y \tag{4.9}$$

の関係があるとき,比例定数 σ_{xy} をホール伝導度という.古典的な運動方程式の解からは,ρ を電子の面密度として, $\sigma_{xy} = e\rho/B$ と,ホール伝導度は磁場に比例して増加するはずである.しかし,実際の 2 次元電子系における実験で,ホール伝導度が磁場の関数として階段状に変化し,その平坦部(プラトー)では σ_{xy} は e^2/h の整数倍に量子化されることが見いだされた.これを整数量子ホール効果とよぶ.整数量子ホール効果におけるホール伝導度の量子化は 10 桁以上という非常に高い精度をもっている.

整数量子ホール効果における量子化されたホール伝導度はプランク (Planck) 定数 h を含むことからも,整数量子ホール効果が量子力学に起因する現象であることは明らかである.そこで,量子力学的に磁場中の 2 次元電子系を考えてみることにする.この問題自体は,量子ホール効果発見のはるか以前から研究されている.電子の運動する 2 次元空間を xy 平面とし,これに垂直な磁場 B が印加されているとする.簡単のため,電子のスピン自由度はないものとして考える.すると,1 電子の運動を記述するハミルトニアンは

$$H = \frac{1}{2m}\left[(-i\hbar\partial_x + eA_x)^2 + (-i\hbar\partial_y + eA_y)^2\right] \tag{4.10}$$

となる.ベクトルポテンシャル $\boldsymbol{A} = (A_x, A_y)$ は磁場 B を与えるようにとる.このようなベクトルポテンシャルは一意に定まらない(ゲージ自由度)が,例えば以下のようにとることができる(ランダウ (Landau) ゲージ).

$$(A_x, A_y) = (By, 0) \tag{4.11}$$

このとき,ハミルトニアンは座標 x にあらわに依存しない.すなわち, x 方向の並進対称性を保っているので, x 方向の波数 k_x(あるいは運動量の x 成分 $p_x = \hbar k_x$)が保存量である.そこで, x についてフーリエ変換を行うと,有効ハミルトニアンは

$$H = \frac{1}{2m}p_y{}^2 + \frac{m\omega_c{}^2}{2}\left(y + \frac{\hbar k_x}{m\omega_c}\right)^2 \tag{4.12}$$

となる.ただし,サイクロトロン(角)振動数

$$\omega_{\mathrm{c}} = \frac{eB}{m} \tag{4.13}$$

を導入した.与えられた k_x に対して,これは調和振動子のハミルトニアンにほかならない.したがって,このハミルトニアンの固有値問題は厳密に解くことができる.エネルギー固有値は n を非負の整数として

$$E_n = \hbar\omega_{\mathrm{c}}\left(n + \frac{1}{2}\right) \tag{4.14}$$

で与えられる.このように,磁場中の2次元電子系のエネルギー固有値は,磁場がないときの連続スペクトルから一転して量子化されることになる.非負の整数 n でラベルされる,量子化されたそれぞれのエネルギー準位をランダウ準位とよぶ.調和振動子については,エネルギー固有値に縮退がなくそれぞれの固有値に属する固有状態は1つだけである.しかし,磁場中の2次元電子系については,同じエネルギーに異なる波数 k_x をもつ複数の状態が縮退する.縮退した状態数については,以下のように見積もることができる.系の大きさを $L_x \times L_y$ とする.k_x は $2\pi/L_x$ の整数倍に量子化されている.一方,有効ハミルトニアンより,固有状態の波動関数は y 方向には $y = -\hbar k_x/(m\omega_{\mathrm{c}})$ を中心として局在している.したがって,y 方向の長さ L_y である場合には,この準位に属する独立な固有状態の数は概ね

$$\frac{L_y}{2\pi\hbar}m\omega_{\mathrm{c}}L_x = \frac{BL_xL_y}{(hc/e)} = \frac{\Phi}{\Phi_0} \tag{4.15}$$

で与えられる.ただし,$\Phi_0 = h/e$ は磁束量子であり,Φ は系を貫く全磁束 BL_xL_y である.

ここで,電子間に相互作用がない場合を考えよう.絶対零度では,エネルギーの低い準位の状態から順に電子が1つずつ占有することになる.このとき,ホール伝導度はどうなるだろうか.量子力学的な(ハイゼンベルク)運動方程式は,古典的な運動方程式と全く同じ形をしている.このことから,電子1個あたりのホール伝導度への寄与は古典論の場合と全く同じであることがわかる.したがって,電子の面密度を ρ として

$$\sigma_{xy} = \frac{e\rho}{B} \tag{4.16}$$

となる.これでは,全く量子ホール効果が説明できないように思える.しかし,仮に磁場 B が与えられているとして,化学ポテンシャル μ を連続的に変化させたとするとどうなるだろうか.量子力学的には,上述のようにエネルギー準位が量子化され離散的なランダウ準位を形成する.したがって,化学ポテンシャルがランダウ準位 (4.14) を超えるごとに,そのランダウ準位に属する状態がすべて電子で占有されることになる.(4.15) より,ランダウ準位1つあたりの電子の面密度は $eB/(hc)$ であるので,

$$\sigma_{xy} = \nu\frac{e^2}{h} \tag{4.17}$$

と書ける．ここで，ν は電子の面密度とランダウ準位1つあたりの面密度の比であり，占有率（filling fraction）とよばれる．上記の状況では，非負の整数 n について

$$E_n < \mu < E_{n+1} \tag{4.18}$$

である場合には，占有率 ν は完全に占有されたランダウ準位の数 n に等しい．したがって，化学ポテンシャルを連続的に変化させると，ホール伝導度は階段状に変化し，$\mu = E_n$ となる特殊な点を除くとホール伝導度は e^2/h の整数倍に量子化されることになる．これで量子ホール効果の説明ができたようにも思えるが，実際にはそうではない．実験では，化学ポテンシャルを制御しているのではなく，電子数一定の条件のもとで磁場 B を制御している．さきほどまで議論したランダウ準位の描像を元にこの状況を考えると，磁場によってランダウ準位あたりの状態数が連続的に変化するので，占有率 $\nu = \rho hc/(eB)$ も連続的に変化する．すなわち，一般的な磁場ではランダウ準位が部分的に占有されることになる．すると，ホール伝導度は結局電子の与えられた面密度 ρ によって式 (4.16) で決まることになる．これは古典論の結果と全く同じであり，量子ホール効果は存在しないことになってしまう．

　実験で観測された量子ホール効果を説明するには，上記で無視していた不純物の存在を考慮することが必要である．不純物による電子状態の局在，および磁場が局在に及ぼす影響はそれ自体が非常に興味深い研究テーマである．本節の主題からは逸れるのでここで詳述することはしないが，簡単にいえば不純物の存在によって局在状態が出現する．局在状態を占有する電子はホール伝導度に寄与することはない．磁場を変化させることで，局在状態の占有数が変化している間はホール伝導度は変化しない．これによって，ホール伝導度のプラトーが生じる．これによって，実験で観測されたホール伝導度の階段状の変化が理解できる．

b. ホール伝導度の量子化とトポロジー

　しかし，これだけでは，ホール伝導度がプラトー上で量子化されるという事実が理解できない．単純に考えると，一部の状態が不純物によって局在するとその分ホール伝導度も量子化されるように思われる．しかし，実験で観測されたホール伝導度の高精度の量子化は，不純物によって一部の状態が局在しても，残った非局在状態が，もともとランダウ準位に属していたすべての状態と同じ大きさのホール伝導度を担うことを示している．このホール伝導度の非自明な量子化は，トポロジカルな機構の存在を示唆している．

　ラフリン（Laughlin）によって，以下のようなゲージ不変性に基づく議論がなされている[11]．大きさ $L_x \times L_y$ で x 方向にのみ周期境界条件を課した円筒状の系を考える．このときも，円筒上の各点では面に直交する磁場 B が印加されている．簡単のため，化学ポテンシャルはギャップ中にあり，2次元電子系の内部での励起ギャップは正（ゼロではない）としよう．上で論じたように，この仮定は現実的な状況に直接適用するには強すぎるが，

化学ポテンシャルを変化させて局在状態（のみ）の占有状態を変化させてもホール伝導度は変化しないと考えられる．そこで，まずこの状況について不純物がホール伝導に及ぼす影響の可能性を議論することにする．

ここで，円筒の y 軸に平行な「孔」の中にさらに磁束 ϕ を導入する（2次元面を貫く磁束 Φ とは区別される）．$t = 0$ における初期状態では $\phi = 0$ であったとしよう．その後一定の割合で磁束を増加させ $t = T$ では $\phi = \Phi_0$（磁束量子）に至ったとする．この間，系には x 方向の誘導電場

$$E_x = \frac{\Phi_0}{L_x T} \tag{4.19}$$

が誘起される．これによって y 方向に電流密度 $j_y = \sigma_{xy} E_x$ のホール電流が流れるので，上記の過程中に y 方向に運ばれる全電荷は

$$Q_y = j_y L_x T = \sigma_{xy} \Phi_0 = \sigma_{xy} \frac{h}{e} \tag{4.20}$$

である．ところで，$t = T$ の終状態では $\phi = \Phi_0$ であるが，この磁束はラージゲージ変換で消去することができる．「孔」に制限された磁束は円筒上の2次元電子系と直接接触しないので，古典的には静的な磁束は2次元電子系に何らの影響も及ぼさない．しかし，量子力学的には，孔の中の磁束 ϕ はベクトルポテンシャルを通じて孔の外の電子系に影響を与える．すなわち，磁束 ϕ は孔を一周する経路としない経路の間で相対的な位相差 $2\pi i \phi / \Phi_0$ を与えるので，量子力学的な干渉を変化させる．これはアハロノフ–ボーム（Aharonv-Bohm）効果として知られている．しかし，ϕ が Φ_0 の整数倍であるときは，位相差が 2π の整数倍となるので，干渉に全く影響を与えない．したがって，例えばエネルギースペクトルは $\phi = 0$ の場合と $\phi = \Phi_0$ の場合で全く同じになる．ラージゲージ変換は，この等価性をユニタリ変換としてあらわに示したものである．簡単のため系が格子上で定義されているとすれば，ラージゲージ変換は

$$U = \exp\left(\frac{2\pi i}{L_x} \sum_{\boldsymbol{r}} x n_{\boldsymbol{r}}\right) \tag{4.21}$$

で定義される．ただし，$\boldsymbol{r} = (x, y)$ は格子点の座標である．このとき，

$$\mathcal{H}(\phi = 0) = U \mathcal{H}(\phi = \Phi_0) U^{-1} \tag{4.22}$$

が成り立つ．

上述のように，いまは2次元電子系の内部では励起ギャップがあると仮定している．時間 T を大きくとれば，磁束の増加は断熱過程であると考えられ，初期状態が基底状態であれば終状態も基底状態となるはずである．ここで，先ほどのラージゲージ変換による等価性より，結局終状態は初期状態と等価な状態であることになる．このように，磁束の増加

の前後で 2 次元電子系の内部の状態は全く変化しない.このとき,ホール効果が存在する場合,両端の間で電子が移動することになるが,2 次元電子系の内部の状態が全く変化しないためには,両端との間で出し入れする電子の個数が整数 $\tilde{n}$ である必要があると考えられる.すなわち,$Q_y = \tilde{n}e$ となる.これと式 (4.20) を合わせると,

$$\sigma_{xy} = \tilde{n}\frac{e^2}{h} \tag{4.23}$$

となり,ホール伝導度の量子化が導かれた.

実際には,上で行った議論にはいろいろな微妙な問題があり,完全な証明とはいえないが,ホール伝導度の量子化を示唆するものである.また,この議論はゲージ不変性(ラージゲージ変換についての対称性)に基づいたものであるが,ホール伝導度の量子化は結局はラージゲージ変換の量子化からきている.ラージゲージ変換は系を一周するに伴う位相ひねりを与える変換である.量子力学的な位相はトポロジカルには円環と同じ構造であるため,一般的なラージゲージ変換も基本群 $\pi_1(S^1)$ によって分類できる.すなわち,一般的なラージゲージ変換は整数である「巻きつき数」で特徴づけられることになる.式 (4.21) で定義したものは,巻きつき数が 1 の,基本的なラージゲージ変換であった.これよりも「小さな」ラージゲージ変換が存在しないという事実は,系を 1 周する際に伴う位相ひねりの最小単位が 2π であることに由来する.このような意味で,ホール伝導度の量子化もトポロジカルな機構によるものといえる.

c. ホール伝導度とトポロジカル不変量

ただし,上の議論ではホール伝導度の値自体については何もいえない.そこで,ホール伝導度のより直接的な定式化を考える.ここでは,不純物のない,周期ポテンシャル中の 2 次元電子系を考える.周期ポテンシャルが小さく,2 次元電子系への弱い摂動と考えられる場合,ポテンシャルがないときのランダウ準位が摂動によっていくつかのサブバンドに分裂する.1 つのランダウ準位あたりのホール伝導度は e^2/h であったので,単純に考えると各サブバンドあたりのホール伝導度は e^2/h の分数倍になりそうである.しかし,上述のゲージ不変性の議論から,化学ポテンシャルがサブバンド間のギャップ中にあり,系の励起ギャップがゼロでない場合にはやはりホール伝導度は e^2/h の整数倍になるはずである.すなわち,各サブバンドあたりのホール伝導度も e^2/h の整数倍になるはずである.

これがなぜかを理解し,またホール伝導度の値自体も与えることができる定式化が与えられた[12,13].(直流)ホール伝導度は,線形応答理論によれば久保公式

$$\sigma_{xy} = \frac{e^2 \hbar}{i} \sum_{E^\alpha < \mu < E^\beta} \frac{(v_y)_{\alpha\beta}(v_x)_{\beta\alpha} - (v_x)_{\alpha\beta}(v_y)_{\beta\alpha}}{(E^\alpha - E^\beta)^2} \tag{4.24}$$

で与えられる.ただし,

$$\boldsymbol{v} = (v_x, v_y) = \frac{1}{m}(\boldsymbol{p} + e\boldsymbol{A}) \tag{4.25}$$

であり，α, β は1電子状態のラベル，E^α は状態 α の固有エネルギー，$X_{\alpha\beta}$ は演算子 X の状態 α, β に関する行列要素である．

2次元自由空間中の電子の議論からもわかるように，磁場中では磁場を表現するのにベクトルポテンシャルを導入する必要があり，このために系がもともともっていた並進対称性が失われてしまう．しかし，磁場中でも「磁気並進演算子」を定義することができ，これによる部分的な並進対称性は残っている．ポテンシャルの周期構造による単位胞を貫く磁束が p, q を整数として $\Phi_u = (p/q)\Phi_0$ と書けるとき，磁場中での有効的な単位胞はもとの単位胞の q 倍に拡大される．すなわち，磁場中での有効的な単位胞を貫く磁束は磁束量子の整数倍でなくてはならない．

この並進対称性を用いると，通常の周期ポテンシャル中の問題と同様にフーリエ変換を行うことができ，磁場と周期ポテンシャル中の2次元電子系の1電子状態は，波数 $\boldsymbol{k}$ でラベルされる有効ハミルトニアンの固有値問題

$$H(\boldsymbol{k})|\alpha(\boldsymbol{k})\rangle = E^\alpha(\boldsymbol{k})|\alpha(\boldsymbol{k})\rangle \tag{4.26}$$

に還元される．ただし，単位胞の拡大に対応して，$\boldsymbol{k}$ が属する「磁気ブリルアン（Brillouin）ゾーン」は磁場がないときのブリルアンゾーンに比べて $1/q$ に縮小している．このとき，

$$(v_i)_{\alpha\beta} = \frac{1}{\hbar}\langle\alpha(\boldsymbol{k})|\frac{\partial H}{\partial k_i}|\beta(\boldsymbol{k})\rangle = \frac{E^\beta - E^\alpha}{\hbar}\langle\alpha|\frac{\partial}{\partial k_i}|\beta\rangle \tag{4.27}$$

となる．ただし，2行目では波数のラベル $\boldsymbol{k}$ は省略した．これを用いると，久保公式によるホール伝導度は

$$\sigma_{xy} = \sum_{E^\alpha < \mu} \sigma_{xy}^\alpha \tag{4.28}$$

のように，電子で完全に満たされたバンドからの寄与の和として表される．個々のバンドからの寄与は，

$$\sigma_{xy}^\alpha = \frac{e^2}{h}\frac{1}{2\pi}\int dk_x dk_y \, \boldsymbol{\nabla}_{\boldsymbol{k}} \times \boldsymbol{\mathcal{A}}^\alpha(\boldsymbol{k}) \tag{4.29}$$

と表される．ここで，

$$\boldsymbol{\mathcal{A}}^\alpha(\boldsymbol{k}) = -i\langle\alpha(\boldsymbol{k})|\boldsymbol{\nabla}_{\boldsymbol{k}}|\alpha(\boldsymbol{k})\rangle \tag{4.30}$$

である．$\boldsymbol{k}$ は磁気ブリルアンゾーン上で定義され，これはトポロジー的にはトーラス，あるいは周期的境界条件を課した長方形と同相である．すると，単純には式 (4.29) 中の積分にストークスの定理を適用して，長方形を1周する積分路 P 上の線積分

$$\frac{1}{2\pi i}\int d\boldsymbol{k} \, \boldsymbol{\nabla}_{\boldsymbol{k}} \times \boldsymbol{\mathcal{A}}^\alpha(\boldsymbol{k}) = \frac{1}{2\pi i}\oint_P d\boldsymbol{k} \cdot \boldsymbol{\mathcal{A}}^\alpha(\boldsymbol{k}) \tag{4.31}$$

で表すと，周期的境界条件により相対する辺上の積分がそれぞれキャンセルしてゼロになってしまいそうにみえる．すると，磁場が存在しても常にホール伝導度がゼロになるという物理的におかしな結論になる．実は，上のストークスの定理に基づく議論には「穴」があり，成立しない．これはまさにゲージ場のトポロジーに関わる問題で，ホール伝導度の量子化と密接に関連している．しかし，本節では数学的な議論は避け，物理的に式 (4.29) がゼロになるとは限らないこと，またその値は e^2/h の整数倍に量子化されること，を論じることとする．

まず，各 $\bm{k}$ についての固有状態 $|\alpha(\bm{k})\rangle$ の選び方には（縮退がなくても）位相の任意性があることに注意する．すなわち，以下のように固有状態の位相のとり方を変えてもよい．

$$|\alpha(\bm{k})\rangle \to e^{i\theta(\bm{k})}|\alpha(\bm{k})\rangle. \tag{4.32}$$

このとき，式 (4.30) で定義したベクトル場は

$$\bm{\mathcal{A}}^\alpha(\bm{k}) \to \bm{\mathcal{A}} + \bm{\nabla}_{\bm{k}}\theta(\bm{k}) \tag{4.33}$$

のように変換される．すなわち，$\bm{\mathcal{A}}$ 自体は固有状態の位相のとり方によって変化し，一意には定まらない．しかし，ホール伝導度は式 (4.29) のように $\bm{\nabla}_{\bm{k}} \times \bm{\mathcal{A}}^\alpha$ にしか依存しないので，

$$\bm{\nabla}_{\bm{k}} \times (\bm{\nabla}_{\bm{k}}\theta) = 0 \tag{4.34}$$

より，$\bm{\mathcal{A}}$ の不定性によらず一意に決まる．これらの関係をよくみてみると，式 (4.33) は電磁気学で現れるベクトルポテンシャルのゲージ変換と類似していることがわかる．電磁気学のベクトルポテンシャルとそのゲージ変換は実空間で定義されているが，$\bm{\mathcal{A}}$ は磁気ブリルアンゾーン上の運動量空間で定義されている．

$$\mathcal{B}(\bm{k}) = \bm{\nabla}_{\bm{k}} \times \bm{\mathcal{A}}^\alpha(\bm{k}) \tag{4.35}$$

を定義すると，これは仮想的なベクトルポテンシャル $\bm{\mathcal{A}}$ に対応する磁場であると解釈できる．なお，ここでは 2 次元系に限定して考えているので磁場は擬スカラー量であることに注意する．

これを用いて式 (4.29) を書き直すと，

$$\sigma_{xy}^\alpha = \frac{e^2}{h}\frac{1}{2\pi}\int dk_x dk_y \, \mathcal{B}(\bm{k}) \tag{4.36}$$

となり，ホール伝導度への各バンドの寄与は磁気ブリルアンゾーンを貫く仮想的な全磁束に比例することがわかる．

磁気ブリルアンゾーンはトポロジー的にはトーラスと等価であり，このような閉曲面を貫く全磁束は磁束量子の整数倍に量子化されることが知られている．上で定義した仮想的

な磁場 $\mathcal{B}$ に関しては，「磁束量子」は 2π なので，結局 σ^α_{xy} は e^2/h に磁気ブリルアンゾーンを貫く仮想的な磁束量子の数をかけたものである．後者は上で述べたように整数であるから，これで各バンドのホール伝導度への寄与は e^2/h の整数倍に量子化されることがわかる．この整数は，数学的にはゲージ場のチャーン（Chern）数とよばれるトポロジカル不変量に対応している．このようにしてホール伝導度が e^2/h の整数倍に量子化される理由が理解できるだけではなく，ホール伝導度の具体的な計算も可能になる．

4.3.3 ディラックフェルミオン

簡単のため，磁場中で2つしかバンドをもたない系を考えよう．化学ポテンシャルがこの2つのバンド間のギャップ内にあるとすれば，系のホール伝導度は価電子帯（エネルギーが低いバンド）のチャーン数で与えられる．価電子帯のチャーン数がゼロの場合，系はホール伝導度がゼロの通常の絶縁体である．一方，下のバンドのチャーン数がゼロでない場合，系は整数量子ホール効果を示す．これらの2つの状態は異なる相に属すると考えられる．ハミルトニアンを変化させて下のバンドのチャーン数が0から1に変化したとする．この変化は一種の量子相転移として理解される．実際，チャーン数は整数に量子化されているため，その値は連続に変化することができず，パラメータのある値で不連続に変化するはずである．チャーン数はトポロジカル不変量であるため，ギャップが開いている限り変化できない．したがって，チャーン数が変化する量子相転移点では2つのバンドの間のギャップが閉じていることになる．

量子相転移点において，磁気ブリルアンゾーン内でギャップが閉じる運動量を $\bm{k} = \bm{k}^*$ とする．この点を基準とした運動量を $\bm{p} = \bm{k} - \bm{k}^*$ と定義する．2バンド系の有効ハミルトニアンは 2×2 のエルミート行列であり，以下のようにパウリ行列で展開することができる．

$$H(\bm{p}) \sim \mathfrak{d} \cdot \bm{\tau} \tag{4.37}$$

ただし，$\mathfrak{d} = (d_x, d_y, d_z)$ は3次元のベクトルであり，$\bm{\tau} = (\tau^x, \tau^y, \tau^z)$ の各成分はパウリ行列である．量子相転移点では $\bm{p} = 0$ でギャップが閉じることを考えると，上記の状況を表すには

$$\mathfrak{d} = (p_x, p_y, m) \tag{4.38}$$

と選べばよい．m はハミルトニアンを制御するパラメータに相当し，$m = 0$ が量子相転移点である．すると，このハミルトニアンは空間2次元のディラック（Dirac）フェルミオンのハミルトニアンと等価であり，m はディラックフェルミオンの質量に対応する．すなわち，2つの相はそれぞれ質量が正と負のディラックフェルミオンの真空に対応する．

ディラックフェルミオンのもつホール伝導度は，場の理論の問題としても研究されてき

た[14]．詳細は省略するが，場の理論の標準的な方法でホール伝導度を計算すると

$$\sigma_{xy} = \frac{e^2}{2h}\mathrm{sgn}\,(m) \tag{4.39}$$

となる．すなわち，ホール伝導度は m の符号により $\pm e^2/(2h)$ のどちらかの値をとる．これは e^2/h の整数倍に量子化されておらず，ホール伝導度が一般に量子化されるというさきほどの議論と矛盾するようにみえる．

これについてはいろいろな解釈が可能だが，1つの解釈を以下に示そう．ホール伝導度，あるいはチャーン数の量子化には周期的境界条件をもつ磁気ブリルアンゾーンのトポロジーが本質的に重要であった．1つのディラックフェルミオンのみが存在し，有効ハミルトニアンが式 (4.38) によって与えられるという仮定が，実は磁気ブリルアンゾーンの周期性と整合しない．式 (4.38) は，運動量空間の遠方 $|\boldsymbol{p}| \to \infty$ での振る舞いが方向によることを意味している．このままでは，遠方で周期的境界条件を課すことができない．そこで，式 (4.38) を次のように変更する．

$$\mathfrak{d} = (p_x, p_y, m + \Gamma \boldsymbol{p}^2) \tag{4.40}$$

すると，運動量空間での遠方 $|\boldsymbol{p}| \to \infty$ で $\mathfrak{d} \sim +\Gamma \boldsymbol{p}^2$ と方向によらなくなるので，遠方で周期的境界条件を課すことができる．

このときのホール伝導度はどうなるだろうか．一般に，2バンド系のハミルトニアンが式 (4.37) のように与えられるとき，下のバンドのチャーン数は

$$\frac{1}{8\pi} \int dk_x\, dk_y\, \hat{\mathfrak{d}} \cdot \left(\partial_{k_x}\hat{\mathfrak{d}} \times \partial_{k_y}\hat{\mathfrak{d}}\right) \tag{4.41}$$

と書ける[15]．ただし，$\hat{\mathfrak{d}} = \mathfrak{d}/|\mathfrak{d}|$ である．すなわち，$\hat{\mathfrak{d}}$ は3次元単位ベクトルであり，2次元球面 S^2 上に値をもつ．上のチャーン数の表式は，運動量空間から $\hat{\mathfrak{d}}$ が値をもつ2次元球面への写像の巻きつき数になっており，この観点からもトポロジカル不変量であることがわかる．

$\mathfrak{d}$ が式 (4.40) で与えられるとき，巻きつき数が m の符号により変化することは簡単に理解することができる．$\Gamma > 0$ としよう．このとき，$\hat{\mathfrak{d}}$ は遠方で北極 $(0, 0, 1)$ にある．$m > 0$ であれば，全運動量空間で $\hat{\mathfrak{d}}$ は常に北半球 $\hat{d}_z > 0$ にあることから，巻きつき数はゼロであることが明らかである．一方，$m < 0$ の場合，$\hat{\mathfrak{d}}$ は原点 $\boldsymbol{p} = 0$ で南極にあり，さらに巻きつき数が1であることがわかる．したがって，この系のホール伝導度は $m > 0$ ではゼロであり，$m < 0$ で e^2/h となる．

これによって，ホール伝導度の量子化という一般的な制約と矛盾しない結果が得られたが，もちろん結果は Γ の選び方によって変わってしまう．これは，「ディラックフェルミオン」のホール伝導度への寄与は低エネルギーの有効理論であるディラックハミルトニアンだけでは決まらず，一般に高エネルギーでのバンド構造にも依存することを示している[16]．

このことは，ホール伝導度あるいはチャーン数が磁気ブリルアンゾーン全域にわたる積分で与えられることからも理解できる．しかし，同時にディラックフェルミオンは電子系のトポロジカルな構造を反映しており，ディラックフェルミオンに基づく議論から多くの有用な洞察を得ることができる．

4.3.4 端 状 態

一般に，量子化されたゼロでないホール伝導度をもつ量子ホール状態が外部との境界をもつとき，そこにはギャップレスな端状態が存在する．このことを，前述のディラックフェルミオンの描像に基づいて示そう．量子ホール状態と外部の境界は，量子ホール状態と，ホール伝導度がゼロである「自明な絶縁体」の境界として理解できる．したがって，ディラックフェルミオンの描像では，質量が負の領域と正の領域の境界として理解できる．この境界を x 軸にとり，$y<0$ が量子ホール状態，$y>0$ が自明な絶縁体であるとすると，この状況を表す有効的なディラックハミルトニアンは

$$H = -i\partial_x \tau^x - i\partial_y + m(y)\tau^z \tag{4.42}$$

で与えられる（ここでは，式 (4.40) で導入したような高エネルギー状態の正則化は考えない）．ただし，$m(y)$ は y 座標に依存したディラック質量であり，$y<0$ で $m(y)<0$，$y>0$ で $m(y)>0$ である．簡単には，例えば $m(y) = m_0 \,\mathrm{sgn}\,(y)$ のようにとればよい．

このとき，境界に局在したギャップレスな状態があることを示す．まず，ハミルトニアンの固有関数で変数分離したもの

$$\psi(x,y) = \psi_1(x)\xi(y) \tag{4.43}$$

を求めることにする．ただし，ψ_1 は 2 成分のスピノル，ξ はスカラーである．このとき，

$$\xi(y) = e^{-\int_0^y m(y')dy} \tag{4.44}$$

とおくと，この解は $y \sim 0$ に局在することになる．これを固有方程式に代入すると，ψ_1 に関する方程式

$$-i\partial_x \tau^x \psi_1(x) + m(y)\left[i\tau^y \psi_1(x) + \tau^z \psi_1(x)\right] = E\psi_1(x) \tag{4.45}$$

を得る．これが任意の y で成り立つことから，まず

$$i\tau^y \psi_1(x) + \tau^z \psi_1(x) = 0 \tag{4.46}$$

が要請される．これより，スカラー $\chi(x)$ を用いて

$$\psi_1(x) = \frac{1}{\sqrt{2}}\begin{pmatrix} 1 \\ -1 \end{pmatrix}\chi(x) \tag{4.47}$$

と書けることになる．これと式 (4.45) より

$$i\partial_x \chi(x) = E\chi(x) \tag{4.48}$$

を得る．これは，フーリエ変換によって

$$p_x \chi(p_x) = E\chi(p_x) \tag{4.49}$$

を得ることからもわかるように，境界 (x 軸) に沿って右方向のみに伝播するカイラルなモードを表す．

　1次元の連続空間中の理論としては右向きのみに伝播するカイラルなフェルミオンのみが一応定義できる．しかし，格子上の模型あるいは物性系の低エネルギー有効理論として空間1次元の相対論的な1フェルミオンを実現すると，左向きと右向きのモードが必ず対になって出現する．これは，ブリルアンゾーンの周期性と分散が運動量の連続関数であることの必然的な帰結であり，より一般にはニールセン−二宮の定理[17]として知られている事実の1次元版である．しかし，さきほどの議論から，2次元の量子ホール状態の端状態ではカイラルなフェルミオンが実現できることがわかる．2次元系の端状態として構成することにより，ニールセン−二宮の定理の適用範囲を外れることができたことになる．

　なお，有限の大きさの2次元量子ホール状態では，両側の端に互いに反対方向に伝播するカイラルなフェルミオンが出現するので，両者をあわせて考えると結局右向きと左向きが対になっている．

　以上の議論では，ディラック質量の y 依存性 $m(y)$ の詳細によらず，$y<0$ と $y>0$ で質量の符号が逆転するという性質のみを用いていることにも注目すべきである．これは，端状態として現れるカイラルなフェルミオンの存在はトポロジカルな機構によるものであり，安定していることを示している．端状態の安定性は，端状態自体に基づいて理解することもできる．通常は，1次元のギャップレスな電子状態に不純物などの摂動を加えるとギャップが生じてしまう．しかし，端状態として現れるカイラルなフェルミオンは例えば右向きのモードしかもたないため，不純物を加えても後方散乱が起こらず，ギャップを開くことが不可能である．したがって，端状態は不純物などの摂動に対して安定である．

　量子ホール状態がトポロジカルな相であるという事実も，この安定な端状態の存在をもとに理解することもできる．自由電子系については，さまざまな対称性のもとで存在するトポロジカル相の分類が進んでいる．この分類を導くにはさまざまな手法があるが，その端緒となった研究では，不純物などの摂動に対して安定な端状態の分類に基づいてトポロジカル相の分類を行っている．

4.3.5　トポロジカル絶縁体

　物性物理におけるトポロジーの応用として，最近大きく進展した分野がトポロジカル絶縁体およびトポロジカル超伝導体である[18]．本項では，2次元のトポロジカル絶縁体につ

いて，上で整数量子ホール状態について行った考察を応用して簡単に議論する．

量子ホール状態は，磁場中で実現される状態であり，このときハミルトニアンは時間反転対称性をもたない．これに対し，トポロジカル絶縁体は，時間反転対称性をもつ系で実現されるトポロジカルな状態である．トポロジカル絶縁体は，「対称性によって保護されたトポロジカル相」の一例であり，時間反転対称性によって保護されている．すなわち，時間反転対称性を保ってハミルトニアンを変形した場合，トポロジカル絶縁体相と自明な相との間には必ず量子相転移があり，この量子相転移によってトポロジカル絶縁体を相として定義することができる．一方，いったん時間反転対称性を破ると，ハミルトニアンの連続変形で基底状態をトポロジカル絶縁体状態から自明な状態に変化させることができる．このような意味で，時間反転対称性のない系では，トポロジカル絶縁体は相として存在しない（あるいは定義できない）．

本項では相互作用のない電子系に限定して考えるので，安定な相は，バンドギャップ中にフェルミ準位があり励起エネルギーが正である状態に対応する．また，量子相転移は整数量子ホール状態のときの議論と同様に，バンドギャップが閉じて系がギャップレスになった状態に対応する．上記のように，トポロジカル絶縁体を考えるにあたっては磁場がなく時間反転対称性のある状況を考えるので，電子のスピンは偏極しておらず無視することができない．実際，以下にみるように，トポロジカル絶縁体は電子のスピンの性質によって実現される状態である．

a. 時間反転対称性

電子がスピンをもつ場合，電子の波動関数はスピン添字によっても特徴づけられる．周期ポテンシャル中（あるいは周期的な格子上の）電子状態について，運動量空間での固有方程式を考えよう．これは，形式的には式 (4.26) と同じであるが，ここでは k が通常のブリルアンゾーンに属することと，電子状態がスピン添字をもつ点に留意する．

ここで，系のもつ時間反転対称性を考えよう．時間反転操作 $\mathcal{T}$ は，量子力学における通常の対称操作とは異なり反ユニタリ変換である．反ユニタリ変換は一般に，複素共役演算子 K とユニタリ演算子 U によって UK と書ける．以下では，多粒子系の状態に対する時間反転操作 $\mathcal{T}$ と，1 電子状態に対する時間反転操作 T を区別して表記することにする．

時間反転操作は，スピン演算子を反転させる

$$T\mathbb{S}T^{-1} = -\mathbb{S} \tag{4.50}$$

ことが物理的に要請される．電子がもつスピン 1/2 について，適当な基底をとればスピン演算子は

$$\mathbb{S} = \frac{1}{2}\boldsymbol{\sigma} \tag{4.51}$$

とパウリ行列と同一視できる．この基底で式 (4.50) をみたすことを要請すると，

$$T = i\sigma^y K \tag{4.52}$$

を得る.これを用いると,

$$T^2 = i\sigma^y K i\sigma^y K = -1 \tag{4.53}$$

となる.この $T^2 = -1$ は半奇数スピンが一般に示す特性であり,以下でみるように物理的に重要な帰結を生む.

まず,多体系のハミルトニアンの時間反転対称性

$$\mathcal{T}\mathcal{H}\mathcal{T}^{-1} = \mathcal{H} \tag{4.54}$$

は $[\mathcal{T}, \mathcal{H}] = 0$ と等価である.これより,フーリエ変換した際の有効ハミルトニアンについては,

$$TH(\boldsymbol{k})T^{-1} = H(-\boldsymbol{k}) \tag{4.55}$$

が成立する.これより,固有方程式 (4.26) をみたす固有状態 $|\alpha(\boldsymbol{k})\rangle$ について,$T|\alpha(\boldsymbol{k})\rangle$ は $H(-\boldsymbol{k})$ の固有状態になっている.

ブリルアンゾーンには,$\boldsymbol{k}$ と $-\boldsymbol{k}$ が等価となる時間反転不変な運動量が存在する.2次元では4点あり,例えば格子定数1の正方格子では $\boldsymbol{k}_{\mathrm{TRI}} = (0,0), (\pi,0), (0,\pi), (\pi,\pi)$ である.これらの時間反転不変な運動量では,有効ハミルトニアン自体が時間反転不変性をもつ.

$$TH(\boldsymbol{k}^*)T^{-1} = H(\boldsymbol{k}^*) \tag{4.56}$$

このときは,固有方程式 (4.26) をみたす固有状態 $|\alpha(\boldsymbol{k}_{\mathrm{TRI}})\rangle$ について,$T|\alpha(\boldsymbol{k}_{\mathrm{TRI}})\rangle$ も同じ有効ハミルトニアンの同じエネルギー固有値に属する固有状態である.一方,式 (4.53) より,

$$\langle \alpha(\boldsymbol{k}_{\mathrm{TRI}})|T|\alpha(\boldsymbol{k}_{\mathrm{TRI}})\rangle = 0 \tag{4.57}$$

が成立する.したがって $|\alpha(\boldsymbol{k}_{\mathrm{TRI}})\rangle$ と $T|\alpha(\boldsymbol{k}_{\mathrm{TRI}})\rangle$ は同じエネルギー固有値に属する縮退した固有状態となる.これはクラマース(Kramers)縮退にほかならない.

一般の波数 $\boldsymbol{k}$ については,$H(\boldsymbol{k})$ と $H(-\boldsymbol{k})$ は異なるので,時間反転対称性だけから $H(\boldsymbol{k})$ のスペクトルについて制約を与えることはできない.一方,波数 $\pm\boldsymbol{k}$ の固有状態が互いに時間反転操作で結びつくことになるので,ブリルアンゾーンのうち半分の領域でエネルギースペクトルと固有状態がわかれば,ブリルアンゾーン全域が決定されることになる.この性質を用いて,時間反転対称性をもつ自由フェルミ粒子系には新しく Z_2 トポロジカル不変量を定義することができる[19].

b. 空間反転対称性

しかし，一般的な場合のトポロジカル不変量の導入は煩雑なので，本項では系が時間反転対称性に加えて空間反転対称性ももつ場合に限って議論する[20]．一般に，時間反転対称性に加えて，さまざまな空間対称性が存在する場合，これらの対称性によって保護された多彩なトポロジカル相が出現する．ただし，以下の議論では空間反転対称性は議論を簡単にする役割のみを果たし，時間反転対称性のみで保護されるトポロジカル絶縁体相以外の新しい相を導入するわけではない．

空間反転 $\mathcal{P}$ はユニタリ演算子であり，

$$\mathcal{P}\bm{r}\mathcal{P}^{-1} = -\bm{r}, \quad \mathcal{P}\mathsf{S}\mathcal{P}^{-1} = \mathsf{S} \tag{4.58}$$

をみたす．また，$\mathcal{P}^2 = 1$ である．これより，運動量空間の有効ハミルトニアンは $P^2 = 1$ をみたすユニタリ演算子 P について

$$PH(\bm{k})P^{-1} = H(-\bm{k}) \tag{4.59}$$

をみたす．これも $H(\bm{k})$ と $H(-\bm{k})$ の間の関係を与えるのみだが，系が時間反転と空間反転両方の対称性をもつ場合，

$$PTH(\bm{k})(PT)^{-1} = H(\bm{k}) \tag{4.60}$$

が成立する．$[P, T] = 0$ より $(PT)^2 = P^2 T^2 = -1$ であり，これよりクラマース縮退の導出と同様の議論により，任意の運動量 $\bm{k}$ について $H(\bm{k})$ の固有値は2重縮退することがいえる．すなわち，時間反転と空間反転両方の対称性をもつとき，エネルギーバンドはブリルアンゾーンの全域にわたって2重縮退する．

c. 有効ハミルトニアンと量子相転移

量子相転移が起きるとき，2つのバンドの間のギャップが閉じる．いま考えている系では，それぞれのバンドが2重縮退しているので，量子相転移を記述する最小の模型はクラマース縮退を含めて4つのバンドを含まなくてはならない．以下では，このような最小の模型を考える．上記の2重縮退の構造から，有効ハミルトニアンは

$$H(\bm{k}) = E_0(\bm{k}) + \sum_{j=1}^{5} d_j(\bm{k})\Gamma_j \tag{4.61}$$

と書くことができる．ここで，Γ_j は 4×4 のエルミート行列でクリフォード代数

$$\{\Gamma_j, \Gamma_k\} = 2\delta_{jk} \tag{4.62}$$

をみたすものであり，$\Gamma_1, \ldots, \Gamma_5$ の5つ存在することが知られている．この有効ハミルトニアンの固有値は

$$E_0(\boldsymbol{k}) \pm \sqrt{\sum_j (d_j(\boldsymbol{k}))^2} \tag{4.63}$$

であり,それぞれの固有値が 2 重に縮退している.この系でバンドギャップが閉じるにはすべての $j = 1, \ldots, 5$ について $d_j(\boldsymbol{k}) = 0$ が成立しなくてはならない.

量子相転移を実現するには,ハミルトニアンに含まれるパラメータを制御して変化させる必要がある.通常は,一つのパラメータの変化を考える.まず,一般の運動量についてバンドギャップが閉じる量子相転移が生じうるかどうかを考える.

2 次元系では運動量の成分が 2 つ,ハミルトニアンの制御パラメータが 1 つ,で合計 3 つの変数があることになる.バンドギャップが閉じるには,上記のように,5 つの係数 d_j がすべてゼロにならなくてはならないが,変数が 3 つしかないので,一般的な状況ではこのようなことは起こらない.

しかし,時間反転対称な運動量では事情が異なり,もう少し注意深く検討する必要がある. P は $P^2 = 1$ をみたすので,固有値は ± 1 である.さらに,式 (4.58) より, P はスピン演算子と可換なので, σ^z を対角化する基底でブロック対角行列として書ける.時間反転対称な運動量は,同時に空間反転についても対称になっている.したがって, $[P, H(\boldsymbol{k}_{\text{TRI}})] = 0$ である.そのため,時間反転対称な運動量 $\boldsymbol{k} = \boldsymbol{k}_{\text{TRI}}$ では,エネルギー固有状態が同時に P の固有状態になっているような基底をとることができる.このとき, $[P, T] = 0$ より

$$P = 1, \quad P = \tau^z \otimes 1 \tag{4.64}$$

のいずれかの場合を考えればよいことがわかる.ただし, τ^z は軌道の空間に作用するパウリ行列であり,スピンの状態空間に作用する恒等演算子とのテンソル積をとった.

まず, $P = 1$ の場合を考える.このとき,系の空間反転対称性 (4.59) より $H(\boldsymbol{k}) = H(-\boldsymbol{k})$ が成り立つ.すなわち,式 (4.61) の展開については

$$d_i(\boldsymbol{k}) = d_i(-\boldsymbol{k}), \quad E_0(\boldsymbol{k}) = E_0(-\boldsymbol{k}) \tag{4.65}$$

となる.先に議論したように,時間反転対称な運動量 $\boldsymbol{k}_{\text{TRI}}$ は複数存在する.ここでは,簡単のためその中の一つ $\boldsymbol{k} = 0$ に注目し,その点における空間反転操作を論じる.他の時間反転対称な運動量 $\boldsymbol{k}_{\text{TRI}}$ についても同様の議論を行うことができる.

さらに,式 (4.60) と $P = 1$ を合わせると,

$$TH(\boldsymbol{k})T^{-1} = H(-\boldsymbol{k}) = H(\boldsymbol{k}) \tag{4.66}$$

を得る.これより,式 (4.61) に現れる Γ_j 行列はすべて時間反転に対して不変でなくてはならないことになる.このような Γ_j の選び方は存在し,例えば

$$\Gamma_1, \ldots, \Gamma_5 = \{\tau^x \otimes 1, \tau^z \otimes 1, \tau^y \otimes \sigma^x, \tau^y \otimes \sigma^y, \tau^y \otimes \sigma^z\} \tag{4.67}$$

である．このとき，一般の $\bm{k} \neq 0$ については，先に議論したように 5 つの係数 $d_1(\bm{k}), \ldots, d_5(\bm{k})$ が残る．2 次元の運動量とハミルトニアンの制御パラメータの 3 つの変数を変化させても，一般にはすべての係数が消えることはないので量子相転移は起こらない．また，時間反転不変な運動量 $\bm{k} = 0$ についても，ここで仮定した $P = 1$ の場合にはやはり 5 つの係数が残る．運動量はすでに固定されているので，変数は制御パラメータの 1 つしかなく，ますます量子相転移は起こらないことになる．

次に，$P = \tau^z \otimes 1$ の場合を考える．このとき，

$$PT = -i\tau^z \otimes \sigma^y K \tag{4.68}$$

である．式 (4.60) より，式 (4.61) の展開に現れる Γ_j 行列は

$$[PT, \Gamma_j] = [-i\tau^z \otimes \sigma^y K, \Gamma_j] = 0 \tag{4.69}$$

をみたさなくてはならない．このような Γ_j の選び方は存在し，例えば

$$\Gamma_1, \ldots, \Gamma_5 = \{\tau^x \otimes \sigma^z, \tau^y \otimes 1, \tau^x \otimes \sigma^x, \tau^x \otimes \sigma^y, \tau^z \otimes 1 = P\} \tag{4.70}$$

である．式 (4.59) より，

$$d_i(\bm{k}) = -d_i(-\bm{k}) \qquad (i = 1, 2, 3, 4) \tag{4.71}$$

$$d_5(\bm{k}) = d_5(-\bm{k}) \tag{4.72}$$

を得る．再び，一般の運動量 $\bm{k} \neq 0$ では 5 つの係数が残るので，運動量 $\bm{k}$ と制御パラメータの 3 つの変数を変化させても一般的にはバンドギャップが閉じることはない．しかし，時間反転不変な運動量 $\bm{k} = 0$ では大きく事情が異なり，$d_1, \ldots, d_4$ の 4 つの係数は対称性によりゼロになる．残るのは d_5 のみであり，一般的にハミルトニアンの制御パラメータを変化させることで d_5 の符号を変化させることができる．このとき，時間反転不変な運動量 $\bm{k} = 0$ について，$d_5(0) = 0$ となる点でバンドギャップが閉じ，量子相転移が起きる．

d. $\mathbf{Z}_2$ トポロジカル不変量

前述の量子相転移によって，$d_5(0) > 0$ の領域と $d_5(0) < 0$ の領域が隔てられる．$\bm{k} = 0$ における有効ハミルトニアンは式 (4.71) より

$$H(0) = d_5(0)\Gamma_5 = d_5(0)P \tag{4.73}$$

である．したがって，$d_5(0) > 0$ の場合，負のエネルギーをもつ価電子帯の $\bm{k} = 0$ における状態は空間反転に関する固有値 $P = -1$ に属し，$d_5(0) < 0$ の場合は固有値 $P = +1$ に属する．なお，式 (4.63) で議論したように，2 つのバンドはそれぞれブリルアンゾーン全域で 2 重縮退しているため，$\bm{k} = 0$ でも価電子帯は 2 重縮退している．この，$\bm{k} = 0$ で 2 重縮退した価電子帯の状態のうちの一つについて，P の固有値を ξ_0 と定義する．

$\bm{k}=0$ 以外にもすべての時間反転対称な運動量 $\bm{k}_{\text{TRI}}$ について上と同様な議論を適用して，$\xi_{\bm{k}_{\text{TRI}}}$ を定義することができる．これを用いて，トポロジカル絶縁体を特徴づけるトポロジカル不変量を定義することができる．

まず，原子間の電子のホッピングをゼロとして，孤立した原子の集合となる極限を考えると，これはトポロジカルに自明な絶縁体であるはずである．このとき，ハミルトニアンは運動量 $\bm{k}$ によらない．したがって，$\xi_{\bm{k}_{\text{TRI}}}$ はすべての時間反転対称な運動量について等しい値をもつ．時間反転対称な運動量 $\bm{k}_{\text{TRI}}$ はブリルアンゾーンに偶数個（2次元では4個，3次元では8個）存在するので，

$$\eta \equiv \prod_{\bm{k}_{\text{TRI}}} \xi_{\bm{k}_{\text{TRI}}} \tag{4.74}$$

を定義すると，孤立原子の極限では必ず $\eta=1$ である．ホッピングを導入してハミルトニアンを（時間反転と空間反転それぞれに関する対称性を保ったままで）変形しても，η はバンドギャップが閉じて量子相転移が起きるまで変化しない．このように孤立原子の極限と量子相転移を経ずにつながっている系は，自明な絶縁体相に属すると考えることができる．自明な絶縁体相では，$\eta=1$ である．

一方，ある時間反転対称な運動量 $\bm{k}_{\text{TRI}}$ でバンドギャップが閉じて量子相転移が起きた場合，その運動量における $\xi_{\bm{k}_{\text{TRI}}}$ の符号が変化するので，η も符号を変える．逆に，$\eta=-1$ である系と，孤立原子の極限の間には（時間反転と空間反転それぞれに関する対称性を保つ限り）必ず量子相転移が存在する．したがって，$\eta=-1$ をもつ系は，自明な絶縁体相とは区別される，別の相に属すると考えられる．これをトポロジカル絶縁体相とよぶ．整数であるチャーン数で特徴づけられる整数量子ホール状態に対し，トポロジカル絶縁体は ± 1 の値のみをもつ Z_2 トポロジカル量子数 η によって特徴づけられる．

ここで定義した Z_2 トポロジカル量子数によるトポロジカル絶縁体の特徴づけは，時間反転と空間反転両方に関する対称性をもつ2次元系および3次元系に適用することができる．トポロジカル絶縁体の概念自体は，空間反転に関する対称性がなくても時間反転対称性をもつ自由電子系について成立する．しかし，そのより一般的な場合の Z_2 トポロジカル量子数の定義はさらに複雑なので，本項では議論を省略する．

e. 2次元トポロジカル絶縁体と端状態

2次元のトポロジカル絶縁体の具体的な例を構成しよう．式 (4.70) について，

$$H(\bm{k}) = \sin k_x \Gamma_1 + \sin k_y \Gamma_2 + (2+M-\cos k_x - \cos k_y)\Gamma_5 \tag{4.75}$$

を考える．ただし，M は実数のパラメータである．これは，ブリルアンゾーンの周期性をみたし，短距離のホッピングのみをもつ格子模型に対応する．また，時間反転および空間反転それぞれに関する対称性をもっている．実際には，$\Gamma_{1,2,5}$ はいずれも σ_z と可換であるため，このハミルトニアンはスピンの z 成分を保存する．したがって，スピン↑とスピン↓

の電子をそれぞれ独立に考えることができる．別のいい方をすれば，この系は U(1)×U(1) の高い対称性をもっている．一般のトポロジカル絶縁体はこのように高い対称性をもっていないが，出発点としてハミルトニアン (4.75) を考えることにする．

スピン↑の電子についてのハミルトニアンは

$$\mathfrak{d} = (\sin k_x, \sin k_y, 2 + M - \cos k_x - \cos k_y) \tag{4.76}$$

として式 (4.37) で与えられる．このとき，価電子帯のチャーン数は

$$C_\uparrow = \begin{cases} 0 & (M > 0) \\ -1 & (-2 < M < 0) \\ +1 & (-4 < M < -2) \\ 0 & (M < -4) \end{cases} \tag{4.77}$$

で与えられる．同様に，スピン↓の電子について価電子帯のチャーン数は

$$C_\downarrow = \begin{cases} 0 & (M > 0) \\ 1 & (-2 < M < 0) \\ -1 & (-4 < M < -2) \\ 0 & (M < -4) \end{cases} \tag{4.78}$$

である．

したがって，$-4 < M < -2$ および $-2 < M < 0$ それぞれの領域では，スピン↑と↓がそれぞれ整数量子ホール状態にあることになる．ただし，それぞれのスピンは反対符号のチャーン数をもつ．このとき，通常のホール伝導度を考えると，スピン↑と↓の電子からの寄与が打ち消し合いゼロになってしまう．しかし，電場に対して垂直なスピン流について「スピンホール伝導度」を考えると，量子化された有限値

$$\sigma^S_{xy} = \pm \frac{e}{4\pi} \tag{4.79}$$

をとる．

この系について，Z_2 トポロジカル量子数 (4.74) を考える．まず，$M \to -\infty$ では自明な絶縁体相に属すると考えられる．実際，すべての時間反転不変な運動量 $\bm{k}_{\mathrm{TRI}}$ について $\xi_{\bm{k}_{\mathrm{TRI}}} = 1$ なので，$\eta = 1$ である．ここから M を増加させていくと，まず $M = -4$ で $\bm{k}_{\mathrm{TRI}} = (\pi, \pi)$ でギャップが閉じて量子相転移が起きる．そのため，$-4 < M$ では $\eta = -1$ となり，トポロジカル絶縁体相にあることになる．ここから M を増加させると，$M = -2$ では $\bm{k}_{\mathrm{TRI}} = (0, \pi)$ および $(\pi, 0)$ の 2 点でギャップが閉じて量子相転移が起きる．このときは，2 点でそれぞれ $\xi_{\bm{k}_{\mathrm{TRI}}}$ の符号が反転するので，Z_2 トポロジカル量子数 η は前後で変

化しない.さらに M を増加させると,$M=0$ で $\bm{k}_{\mathrm{TRI}}=(0,0)$ でギャップが閉じて量子相転移が起きる.したがって,この系は $M<-4$ と $0<M$ では系は $\eta=1$ をもつ自明な絶縁体相にあるが,$-4<M<-2$ および $-2<M<0$ では $\eta=-1$ をもつトポロジカル絶縁体相にある.ここで考えているモデル (4.75) は,先述のとおりスピンを保存するため,「トポロジカル絶縁体相」は 2 つのスピン成分がそれぞれチャーン数 ± 1 をもつ整数量子ホール状態にほかならない.一方,スピン軌道相互作用をもつ現実の系ではスピンは一般に保存されないため,2 つのスピン成分を独立に考えることはできない.しかし,この場合にも,時間反転対称性があれば,トポロジカル絶縁体は自明な絶縁体相とは区別される相として存在する.このことは,以下のように端状態に基づいて理解することもできる.

この系に境界が存在する場合を考えよう.このとき,それぞれのスピンの電子については,整数量子ホール状態についての議論が適用でき,1 次元的な端状態が存在することになる.ただし,反対符号のチャーン数を反映して,端状態の伝播の方向がそれぞれのスピンで逆になる.例えばスピン↑の電子についての端状態が右向きに伝播する場合,スピン↓の電子の端状態は左向きに伝播する.通常の 1 次元電子系ではそれぞれのスピンの電子について左右両方に伝播するモードが存在するが,この場合はその「半分」のモードが存在することになる.このような端状態をヘリカル端状態とよぶ.

さて,上で議論したように,ハミルトニアン (4.75) はスピンを保存する点であまり現実的ではない.実際には,スピン軌道相互作用によってスピンの保存が破れているような系を考えたい.これは,式 (4.75) のモデルに対称性を破る摂動を加えたものとして考えられる.ここでは,そのような摂動を具体的に書き下すことはせず,ヘリカル端状態に与える影響を定性的に考察することにする.ヘリカル端状態の分散関係をみると,スピンが逆向きの 2 つのモードがエネルギーのゼロ点で交わっている.したがって,一般的な摂動を加えると,ギャップが開いて低エネルギーで端状態が消失することが期待される.しかし,摂動が時間反転対称性を保っている限り,ギャップが開くことは禁止される.これは,以下のような理由による.ヘリカル端状態の 2 つのモードの交点では,2 つの状態が縮退していることになるが,これはスピンの向きの自由度に由来するクラマース縮退である.時間反転対称性が保たれる限り,クラマース縮退は残る.ヘリカル端状態のゼロ・エネルギーにおけるクラマース縮退が消失するには,磁場のように時間反転対称性を破る摂動が加わるか,バルクで量子相転移が起きて自明な絶縁体相に移るか,のどちらかが必要である.すなわち,バルクで量子相転移が起きない限り,時間反転対称性によってヘリカル端状態が保護されることになる.そのため,2 次元のトポロジカル絶縁体(量子スピンホール状態)は普遍的にヘリカル端状態をもつことになる.逆に,ヘリカル端状態の存在によってトポロジカル絶縁体を特徴づけることもできる.端状態に関する考察からも,トポロジカル絶縁体が相として区別されるためには,時間反転対称性が必要であることがわかる.時間反転対称性を破ると,ヘリカル端状態も一般に消失するため,トポロジカル絶縁体と自

明な絶縁体を本質的に区別することができなくなる．

このような意味で，トポロジカル絶縁体は「対称性によって保護されたトポロジカル相」(Symmetry-Protected Topological Phase, SPT 相)[21] の一例である．SPT 相の他の例として，1次元反強磁性体におけるハルデン相があり，端状態の安定性についてクラマース縮退に基づいた上と類似の議論を適用することもできる[22]．　　　　　　　　　　[押川正毅]

文　献

1) その当時，カリフォルニア大学サンタバーバラ校の理論物理学研究所の所長で，1998 年にノーベル化学賞を受賞した．彼の業績や人柄は，たとえば，高田康民，固体物理，**34**, No. 2, 68 (1999) を参照のこと．ちなみに，"30 年" というのは筆者の定年までの期間を考えてのものであった．
2) P. C. Hohenberg and B. I. Halperin, Rev. Mod. Phys. **49**, 435 (1977).
3) S. Kimura, Y. Narumi, K. Kindo, H. Kikuchi and Y. Ajiro, Prog. Theor. Phys. **159**, 153 (2005).
4) P. Pfeuty, Annals of Physics **57**, 79 (1970).
5) H. A. Kramers and G. H. Wannier, Physical Review **60**, 252 (1941).
6) 物理学者向けの全般的な教科書として，例えば M. Nakahara, *Geometry, Topology and Physics, Second Edition* (Graduate Student Series in Physics, IoP Publishing, 2003).
7) N. D. Mermin, Rev. Mod. Phys. **51**, 591 (1979).
8) 山内恭彦・杉浦光夫，連続群論入門（培風館，2010）．
9) H. Kawamura and S. Miyashita, J. Phys. Soc. Jpn. **53**, 4138 (1984).
10) 教科書として，例えば吉岡大二郎，量子ホール効果（新物理学選書）（岩波書店，1998）．
11) R. B. Laughlin, Phys. Rev. B **23**, 5632(R) (1981).
12) D. J. Thouless, M. Kohmoto, M. P. Nightingale and M. den Nijs, Phys. Rev. Lett. **49**, 405 (1982).
13) M. Kohmoto, Ann. Phys. **160**, 343 (1985).
14) G. W. Semenoff, Phys. Rev. Lett. **53**, 2449 (1984).
15) W.-Y. Hsiang and D. H. Lee, Phys. Rev. A **64**, 052101 (2001).
16) M. Oshikawa, Phys. Rev. B **50**, 17357 (1994).
17) H. B. Nielsen and M. Ninomiya, Nucl. Phys. B **185**, 20 (1981); *ibid.* **193**, 173 (1981).
18) 全般的な教科書として，B. A. Bernevig with T. L Hughes, *Topological Insulators and Topological Superconductors* (Princeton University Press, 2013).
19) C. L. Kane and E. J. Mele, Phys. Rev. Lett. **95**, 146802 (2005).
20) L. Fu and C. L. Kane, Phys. Rev. B **76**, 045302 (2007).
21) Z.-C. Gu and X.-G. Wen, Phys. Rev. B **80**, 155131 (2009).
22) F. Pollmann, A. M. Turner, E. Berg and M. Oshikawa, Phys. Rev. B **81**, 064439 (2010); F. Pollmann, E. Berg, A. M. Turner and M. Oshikawa, Phys. Rev. B **85**, 075125 (2012).

第II部

スモールサイエンスとしての物性実験

5. 基礎の物性実験—比熱・磁化測定からわかること

　この章では比熱および磁化測定から得られる情報について述べる．これらはきわめて基本的な実験手段であるが，そこから得られる情報は電子系のみならず核スピン系や格子系まで多岐に及ぶ．ここでは，物質の示す比熱や磁化の挙動の背後にある現象について解説するとともに，それらが実際にはどのように観測されるのかを例をあげて紹介していく．また，比熱・磁化測定実験の最近の発展に関して，重い電子系の磁性と超伝導に関する話題をいくつか紹介する．

5.1　比熱測定

　比熱 C は，試料が受け取った熱量 ΔQ とそのときの試料の温度上昇 ΔT との比 $C = \Delta Q/\Delta T$ として定義される．系の体積 V が一定の過程では比熱（定積比熱）は内部エネルギーを U として

$$C_V = \left(\frac{\partial U}{\partial T}\right)_V \tag{5.1}$$

と書かれ，系の低エネルギー励起を反映する重要な熱力学量である．固体における比熱の起源は大きく分けると格子振動による比熱，電子系の比熱，および核スピン比熱に分類される．比熱測定では常にこれらの合計が観測されるので，温度範囲に応じてこれらを正しく分離することが実験データの解析において重要である．以下ではそれぞれについてその起源を実験例とともに詳しく説明する．

5.1.1　格子振動と比熱

　まず，銅[1]および銀[2]のモル比熱の測定値を図 5.1 に示す．これらは金属であるため伝導電子の寄与を含むが，次節で示すようにこの図のスケールではほぼ格子振動による比熱，すなわち格子比熱のみをみていることになる．固体の比熱の実験はほとんどの場合圧力一定の条件下で行われるため，直接得られるのは定圧比熱 C_P である．これに対して，理論

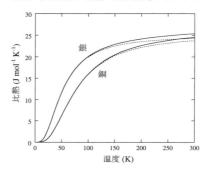

図 5.1 銅および銀の比熱．実線は実験から得られた定圧比熱[1, 2]，点線は式 (5.2) を用いて求めた定積比熱を表す．

計算などで扱われるのは主に定積比熱 C_V である．両者の違いは熱力学関係式から

$$C_P - C_V = 9\alpha^2 BVT \tag{5.2}$$

で表され，ここで α は線膨張率，B は体積弾性率である．通常の固体の場合，この差は低温ではあまり大きくはないが，図 5.1 に示すように銅や銀の場合，室温付近になると明確に現れる．さらに，重い電子系化合物など低温で大きな熱膨張を示す物質の場合には，低温領域においても C_P と C_V に無視できない差が生じる場合があるので注意が必要である．

a. 格子比熱の特徴

図 5.1 の比熱のデータをみると，銅と銀で比熱の立ち上がる温度スケールに違いがあるものの，両者ともに C_V は高温でおよそ 25 J·mol^{-1}K^{-1} の値に向かって漸近している．これはデュローン–プティ則（Dulong and Petit law）とよばれ，格子比熱の古典的極限に対応する．十分高温では各原子は x, y, z の 3 方向の自由度をもつ独立な調和振動子として振る舞うと考えれば，等分配則から 1 原子あたりの平均エネルギーは k_B をボルツマン（Boltzmann）定数として $3k_BT$ となる．したがって単元素固体の場合，高温極限の定積モル比熱は $3N_Ak_B$（N_A はアボガドロ数），すなわち $3R$（R は気体定数で 8.314 J·mol^{-1}K^{-1}）で与えられる[*1]．化合物の場合には化学式あたりの原子数を f とすれば，$C_V = 3fR$ になる．この格子比熱の高温極限は格子振動の全自由度を反映している点で本質的である．

一方，室温以下になると比熱はデュローン–プティ則から外れ，温度の低下とともに減少していく．これは低温では格子振動による比熱を量子論的に扱わなければならないことを示している．そこで低温における格子比熱の特徴を示すために，伝導電子をもたない Ge の低温定圧比熱を温度の 3 乗に対してプロットしたものが図 5.2 である．$T \sim 5$ K 以下の

[*1] より厳密には原子間力の非調和性のために C_V は高温極限で一定にならず，T に比例する寄与が現れる．その大きさは Si や Ge などの場合，室温付近で C_V の 1.5%程度と評価されている[3]．

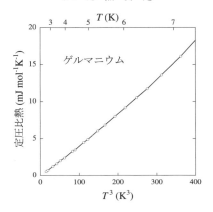

図 **5.2** ゲルマニウムの低温比熱[4]．

低温においてきわめて直線的になっていることから，格子比熱の低温極限では T^3 則が成り立っていることがわかる．この T^3 則は以下に示すように音響フォノンの励起によるものである．

b. 格子振動のモード

 低温における格子振動は原子の集団運動として記述され，波として伝搬する．この原子の集団運動は，原子の変位の方向と波の伝搬方向との関係によりいくつかのモードに分かれる．銅や銀のように基本単位格子あたり 1 個の原子からなる固体では，格子振動は音響モードのみをもつ．音響モードには，原子の変位が波の伝搬方向と平行な縦波音響モード（londitudinal acoustic mode, LA）および原子変位が波の伝搬方向と垂直な 2 つの横波音響モード（transverse acourstic mode, TA）の計 3 つのモードがあり，それぞれ長波長極限では線形的な角振動数の分散

$$\omega_k = v|\boldsymbol{k}| \tag{5.3}$$

を示すことが特徴である．ここで $\boldsymbol{k}$ は格子振動の波数ベクトル，また v は音速で一般にモードおよび振動の伝搬方向（$\boldsymbol{k}$ の方向）に依存する．音響モードの振動数の波数依存性は古典的な運動方程式を解いて得ることができる．簡単のため，図 5.3 のような 1 次元モデル（格子定数 a）で LA モードのみを考えることにする．

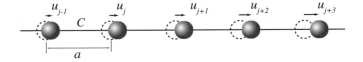

図 **5.3** 基本単位格子に 1 個の原子をもつ 1 次元格子モデル．

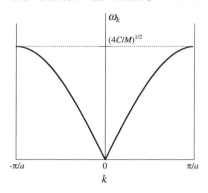

図 5.4 1 次元格子における音響モードのエネルギー分散.

j 番目の原子に働く力 F_j は

$$F_j = C\left(u_{j+1} - u_j + u_{j-1} - u_j\right) \tag{5.4}$$

で与えられる．ここで u_j は j 番目の原子の変位，C は力定数である．この力を用いると運動方程式は原子質量を M として

$$M\frac{d^2 u_j}{dt^2} = C\left(u_{j+1} + u_{j-1} - 2u_j\right) \tag{5.5}$$

で与えられる．この方程式の解は

$$u_j = u e^{ikja} e^{-i\omega t} \tag{5.6}$$

の形で求めることができる．式 (5.6) を式 (5.5) に代入することにより，

$$\omega(k) = \sqrt{\frac{2C\left(1 - \cos ka\right)}{M}} = 2\sqrt{\frac{C}{M}}\left|\sin\frac{1}{2}ka\right| \tag{5.7}$$

が得られる．また周期的境界条件を用い，基本単位格子数を N とすれば，

$$e^{ikNa} = 1 \tag{5.8}$$

がみたされなければならない．これより波数 k は s を整数として

$$k = \frac{2\pi}{a}\frac{s}{N} \tag{5.9}$$

で与えられ，独立な k は N 個存在する．すなわち N 個の規準振動モードがある．通常 k は $-\frac{\pi}{a}$ から $\frac{\pi}{a}$ の範囲（1 次元格子の第 1 ブリルアンゾーン）にとる．この ω_k を図 5.4 に示す．3 次元立方格子の場合には，辺の長さ L の立方体結晶について周期的境界条件を適用すると，規準振動モードの波数は

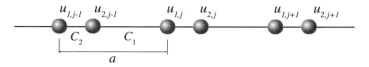

図 5.5 基本単位格子に同じ質量 M の 2 個の原子をもつ 1 次元格子モデル. 単位格子内の力定数を C_2, 単位格子間の力定数を C_1 （$C_1 < C_2$）としている.

$$k_x, k_y, k_z = \frac{2\pi}{L}s \tag{5.10}$$

で与えられる. よって 1 つの規準振動モードが波数空間で占める体積は $(2\pi)^3/L^3$ の大きさになるので, 第 1 ブリルアン (Brillouin) ゾーン内の規準振動のモード数は 1 つの分枝あたり

$$\left(\frac{2\pi}{a}\right)^3 \times \frac{L^3}{(2\pi)^3} = N \tag{5.11}$$

である. 3 つの音響モードそれぞれが N 個の規準振動をもつため, 音響モードに含まれる全規準モード数は $3N$ 個になる.

基本単位格子に複数個の原子をもつ固体の場合には[*1)], 音響モードに加えて光学モード (optical mode) が現れる. 光学モードにも縦波 (LO) と 2 つの横波 (TO) があり, いずれも長波長極限において有限の振動数をもつ. 最も簡単な例として, 図 5.5 に示すような基本単位格子に 2 個の原子をもつ 1 次元格子 (格子定数 a) のモデルについて古典的運動方程式を解くことによって, 光学モードの振動数の分散関係が得られる. j 番目の単位格子中の原子の変位を $u_{1,j}$, $u_{2,j}$ とすると, 運動方程式はそれぞれ

$$M\frac{d^2 u_{1,j}}{dt^2} = C_2(u_{2,j} - u_{1,j}) + C_1(u_{2,j-1} - u_{1,j}) \tag{5.12}$$

$$M\frac{d^2 u_{2,j}}{dt^2} = C_2(u_{1,j} - u_{2,j}) + C_1(u_{1,j+1} - u_{2,j}) \tag{5.13}$$

で与えられる. この場合も同様に,

$$u_{1,j} = u_1 e^{i(kja - \omega t)} \tag{5.14}$$

$$u_{2,j} = u_2 e^{i(kja - \omega t)} \tag{5.15}$$

の形で解を求めることができる. これらを式 (5.13) に代入することによって,

$$\omega^2 = \frac{C_1 + C_2}{M} \pm \frac{1}{M}\sqrt{C_1^2 + C_2^2 + 2C_1 C_2 \cos ka} \tag{5.16}$$

が得られ, 2 つの解をもつ. このうち 1 つの解は $k = 0$ で振動数がゼロになる音響モードで, 他の解は有限の振動数をもつ光学モードである. 図 5.6 にこの ω_k を図示する.

[*1)] 単元素固体でも Si や Ge のように基本単位格子あたり 2 個の原子をもつ場合がある.

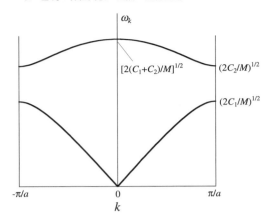

図 5.6　1 次元格子における光学モードおよび音響モードのエネルギー分散.

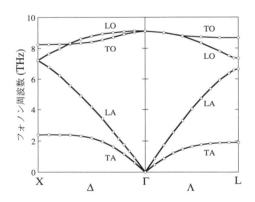

図 5.7　ゲルマニウムの [100] 方向（Δ）および [111] 方向（Λ）のフォノン分散. これらの方向では横波モード（TA, TO）はそれぞれ 2 重に縮退している. [G. Nilsson and G. Nelin, Phys. Rev. B **3**, 364 (1971)]

3 次元格子の例として，図 5.7 に中性子非弾性散乱実験から求められた Ge の格子振動のエネルギー分散を示す．Ge はダイヤモンド構造をもち，空間格子は面心立方格子（fcc）である．この図では fcc のブリルアンゾーンの [100] 方向（Δ）および [111] 方向（Λ）の分散関係が示されてある．3 次元格子の場合，一般に基本単位格子あたりの原子数を m 個とすると，3 つの音響モードに加えて $3(m-1)$ 本の光学モード分枝が存在する．これら各分枝の第 1 ブリルアンゾーン内における規準振動モードの数は基本単位格子数 N に等しいので，すべての分枝の規準振動モードを足し合わせると $3mN$ 個になり，ちょうど全原

子数の 3 倍に等しい. 光学モードは通常いずれも高いエネルギーをもつために, 低温の格子比熱にはほとんど影響しないが, 高温極限のデュローン–プティ則には寄与する.

c. 音響フォノンによる低温比熱

量子論的に扱った場合には格子振動は角振動数 ω_k のフォノンの励起として記述され, そのエネルギーは

$$E = \sum_{\boldsymbol{k},p} \left(n_{\boldsymbol{k},p} + \frac{1}{2} \right) \hbar \omega_{\boldsymbol{k},p} \tag{5.17}$$

で与えられる. ここで $n_{\boldsymbol{k},p}$ はフォノンの占有数, 和は分枝 p および第 1 ブリルアンゾーン内のすべての規準振動モードについてとる. 実際の計算ではフォノンの状態密度 $D_p(\omega)$ を用いるのが便利である. ここで $D_p(\omega)d\omega$ は, 分枝 p について角振動数が ω から $\omega + d\omega$ の間にある規準振動モード数である. またフォノン占有数の熱平均値は化学ポテンシャルがゼロのボース (Bose) 分布に従うので, フォノンによる比熱は

$$C_{\mathrm{ph}} = \frac{\partial}{\partial T} \sum_p \int_0^\infty d\omega D_p(\omega) \frac{\hbar\omega}{e^{\hbar\omega/k_\mathrm{B}T} - 1} \tag{5.18}$$

と書くことができる. この式の低温極限について考えてみよう. 低温では光学フォノンや音響フォノンの高エネルギー部分は励起されないので, フォノンのエネルギー分散は式 (5.3) の線形項を仮定すれば十分である. 簡単のため, 3 次元固体の音速 v が等方的でかつ 3 つの音響分枝で同じであると仮定すれば[*1)], $D_p(\omega)$ の低振動数部分として

$$D(\omega) = \frac{V\omega^2}{2\pi^2 v^3} \tag{5.19}$$

が得られる. これを式 (5.18) に代入することにより,

$$C_{\mathrm{ph}} = 3k_\mathrm{B} \frac{V}{2\pi^2 v^3} \left(\frac{k_\mathrm{B}T}{\hbar} \right)^3 \int_0^\infty dx \frac{x^4 e^x}{(e^x - 1)^2} \tag{5.20}$$

と求まる. ここで p についての和から係数 3 が付いている. また $\hbar\omega/k_\mathrm{B}T$ を x とおいた. 上式の被積分関数は x の大きい領域で急速にゼロに近づくために, 低温極限 ($\hbar\omega \gg k_\mathrm{B}T$) を考える限り積分範囲の上限は無限大にとってかまわない. この定積分は $4\pi^4/15$ になるので, 低温比熱として

$$C_{\mathrm{ph}} = \frac{2\pi^2 V k_\mathrm{B}^4}{5v^3 \hbar^3} T^3 \tag{5.21}$$

が得られ, T^3 の依存性をもつことが示される.

d. デバイ近似

以上のように格子比熱の低温極限は T^3 則, また高温の古典的極限ではデュローン–プティ則に従う. 一方, 中間温度領域の比熱を求めるには式 (5.18) において $D_p(\omega)$ が全振

[*1)] 現実の固体では音速は一般に異方的である. この場合には v を平均の音速と考えればよい.

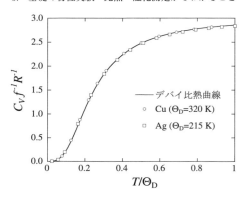

図 5.8 デバイ近似による格子比熱と銅および銀の格子比熱[1,2]の比較．デバイ温度は中間温度領域で実験結果とデバイ比熱曲線が最もよく合うように選んである．

動数に対して与えられなければ計算できないが，3次元格子系について $D_p(\omega)$ を正しく求めることは容易ではない．この格子比熱の低温極限と高温極限の間を簡単な近似で内挿する方法がデバイ（Debye）近似である．

デバイ近似では，光学モードの有無にかかわらず格子振動を式 (5.3) の等方的な線形分散をもつ3つのモードで代用する．また第1ブリルアンゾーン内の規準振動モードのかわりに，波数 k_D を半径とする球内の規準振動モードを考える．k_D はデバイ波数とよばれる．これらの近似により，状態密度はすべての振動数に対して式 (5.19) の形を用いることになる．ただし角振動数の上限を $\omega_D = v k_D$ とし，デバイ振動数とよぶ．ここで重要なことは k_D の決め方である．デバイ近似における全規準振動モード数は

$$3 \int_0^{\omega_D} D(\omega) d\omega = \frac{V}{2\pi^2 v^3} \omega_D^3 = \frac{V}{2\pi^2} k_D^3 \tag{5.22}$$

であるが，これが系の全規準振動モード数に一致することを要請する．すなわち体積 V 中の基本単位格子数 N および基本単位格子あたりの原子数 m を用いて，

$$\frac{V}{2\pi^2} k_D^3 = 3mN \tag{5.23}$$

である．mN は系の全原子数にほかならない．この条件は半径 k_D の球の体積を第1ブリルアンゾーンの体積の m 倍にとることと等価であり，k_D^{-1} はおよそ平均の原子間距離の程度になる．以上のことから，デバイ近似による固体1モルあたりの格子比熱は化学式中の原子数を f として

$$C_D = 9fR\left(\frac{T}{\Theta_D}\right)^3 \int_0^{\Theta_D/T} \frac{x^4 e^x}{(e^x - 1)^2} dx \tag{5.24}$$

で与えられる．ここでデバイ温度 $\Theta_D = \hbar \omega_D / k_B$ を導入した．上式からわかるように，デ

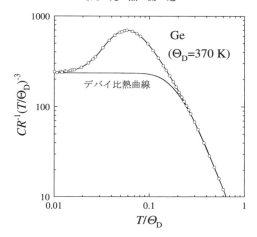

図 5.9 ゲルマニウムの格子比熱[4]とデバイ比熱曲線の比較．デバイ温度は低温極限で両者が一致するように選んでいる．

バイ比熱 C_D は T/Θ_D の関数であり，実験で決めるべきパラメータは Θ_D のみである．式 (5.24) を数値的に計算した結果を図 5.8 に実線で示す．図には，銅および銀の定積比熱から次節で示す方法によって伝導電子の寄与を差し引いて得られた格子比熱を，各デバイ温度でスケールした結果も示してある．ここで各々のデバイ温度は比熱の中間値付近でデバイ比熱曲線に最も合うように決めたものである．簡単な近似であるにもかかわらず，この例ではデバイ比熱曲線は実験結果を驚くほどよく再現している．なお式 (5.24) の高温極限をとると $(T \gg \Theta_D)$，被積分関数は x^2 と近似できるので簡単に積分が実行でき，$C_D \to 3fR$ となってデュロン–プティ則が正しく導かれる．

一方，式 (5.24) の低温極限を式 (5.20) と同様に計算すると，

$$C_D \simeq \frac{12\pi^4}{5} fR \left(\frac{T}{\Theta_D}\right)^3, \quad T \ll \Theta_D \tag{5.25}$$

が得られる．通常，デバイ温度は式 (5.25) が実験で得られた低温比熱の T^3 項に一致するように決められることが多い．格子比熱の T^3 則がよく成り立つのは普通，デバイ温度の 100 分の 1 程度以下の温度領域である．次節で述べるように銅および銀の格子比熱の T^3 項はそれぞれ 0.0477 mJ·mol^{-1}K^{-4}, 0.169 mJ·mol^{-1}K^{-4} と求められるので，式 (5.25) を用いてデバイ温度を評価すると，銅では Θ_D=344 K, 銀では Θ_D=226 K となり，図 5.8 の結果と比べて少し高い値が得られる．言い換えれば，このように低温極限で評価されたデバイ温度を用いると，中間温度領域ではデバイ比熱曲線との一致があまりよくない．この傾向は Ge などではより顕著であり，その様子を図 5.9 に示す．この図では C/R を $(T/\Theta_D)^3$ で割った量を Ge およびデバイ比熱曲線について比較している．両者が低温極限で一致す

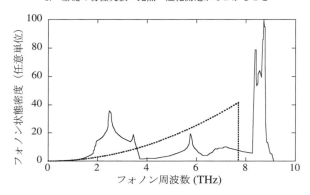

図 5.10 ゲルマニウムのフォノン状態密度の観測結果(実線)[5]とデバイ近似による状態密度(点線)の比較. 両者の低振動数領域および積分値は等しい. デバイ振動数は $\omega_D/2\pi = 7.7$ THz.

るように Ge のデバイ温度は 370 K にとっている. このとき, $T/\Theta_D \sim 0.06$ 付近で Ge の比熱の実験値の方が 3 倍ほど大きくなっていることがわかる. この不一致の主な原因は, 図 5.10 に示すようにデバイ近似におけるフォノン状態密度 (5.19) が Ge の実際のフォノン状態密度の構造を正しく反映していないことによる. 図 5.10 で 1.9 THz から 3.5 THz にかけての状態密度の山は, 図 5.7 における TA モードのゾーン境界近傍でのほぼ平坦な分散からきている. 一方, 8 THz 以上の高振動数領域にある状態密度の大きなピークは光学モードによるものである. このような状態密度の構造, 特に 2.5 THz 近傍の状態密度の山を反映して, 図 5.9 に示すように Ge の格子比熱が中間温度付近でデバイ比熱曲線よりも速く増大しているものと考えられる. このように, デバイ近似の意味と限界を十分理解したうえで測定データの解析を行う必要がある.

e. アインシュタインモデルと低振動数光学フォノン

単一の角振動数 ω_E をもつ N 個の調和振動子からなる系の比熱は

$$C_E = N k_B \left(\frac{\hbar\omega_E}{k_B T}\right)^2 \frac{e^{\hbar\omega_E/k_B T}}{\left(e^{\hbar\omega_E/k_B T} - 1\right)^2} \tag{5.26}$$

で与えられる. この式は固体の格子比熱が低温でゼロに向かって減少する様子を説明するために, アインシュタイン (Einstein) によって導入された格子比熱の最も素朴な量子論モデルである. この式自体は低温で指数関数的に減少する温度依存性をもつので, 低温格子比熱の T^3 則を説明できない. しかし特定の光学フォノンの寄与を記述する目的でデバイ近似と組み合わせて用いられることがある.

基本単位格子あたりの原子数 m が数十以上の結晶では, 音響モードの規準振動モード数が全体に占める割合 m^{-1} は小さく, 大部分が光学モードである. このような場合でもデ

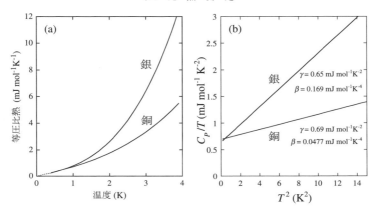

図 5.11　銅および銀の低温定圧比熱．[D. L. Martin, Phys. Rev. **170**, 650 (1968)]

バイ近似を適用することは可能であるが，分散の小さい低振動数の光学モードが存在するケースでは低振動数領域に状態密度の鋭いピークが現れるため，やはり中間温度領域における比熱の測定値とデバイ比熱曲線との不一致が顕著になる．このように低振動数領域に分散の小さい格子振動モードが存在する場合に，上記のアインシュタインモデルを用いてこのモードの振動数を比熱測定から評価する試みがなされている[6, 7]．全部で $3m$ 個ある格子振動モードの分枝のうち，w 個を式 (5.26) のアインシュタインモデルで近似するとすれば，全体の比熱は

$$C = wC_\mathrm{E} + \left(1 - \frac{w}{3m}\right) C_\mathrm{D} \tag{5.27}$$

と表される．したがって実験結果を最もよく再現するように w および ω_E を選べばよい．この式を複数のアインシュタイン振動数 ω_E が存在する場合に拡張することも容易である．

5.1.2　電子系の比熱
a．電子比熱

金属の伝導電子による比熱をみるために，銅および銀の低温比熱を図 5.11(a) に示す．格子比熱の T^3 項に加えて，温度に比例する項があることがわかる．これが伝導電子による比熱，すなわち電子比熱である．自由電子モデルを用いると，金属 1 モルあたりの電子比熱は

$$C_\mathrm{el} = \gamma T \tag{5.28}$$

$$\gamma = \frac{ZR\pi^2}{2} \frac{k_\mathrm{B}}{\varepsilon_\mathrm{F}} \tag{5.29}$$

で表される*[1]．ここで ε_F はフェルミ（Fermi）エネルギー，また金属 1 モルあたりの伝導電子数を ZN_A 個としている．γ は電子比熱係数とよばれる．一般に伝導電子状態密度を $D_e(\varepsilon)$ とすると，

$$\gamma = \frac{\pi^2}{3} k_B^2 D_e(\varepsilon_F) \tag{5.30}$$

と表すことができる．

通常の金属において電子比熱の大きさを前節の格子比熱と比較すると，ε_F が数 eV になるので室温付近では $C_{el}/C_{ph} \sim 10^{-2}$ 程度であることがわかる．一方，十分に低温では格子比熱は T^3 で減少するため，電子比熱が格子比熱を上回る．格子比熱の T^3 項と合わせて，金属の低温比熱は

$$C = \gamma T + \beta T^3 \tag{5.31}$$

と書くことができる．そこで両辺を T で割った式

$$C/T = \gamma + \beta T^2 \tag{5.32}$$

を用いて，比熱の測定結果から γ および β を決定する．図 5.11(b) は銅および銀の比熱データについて C/T を T^2 に対してプロットしたもので，いずれも低温でよい直線になっていることがわかる．この直線部分を $T=0$ に外挿した値が γ，その傾きが β を与える．この β の値から銅および銀のデバイ温度 Θ_D を式 (5.25) 式により評価すると，それぞれ 345 K，226 K が得られる．また電子比熱係数から室温における電子比熱を計算するといずれも 0.2 J·mol^{-1}K^{-1} の程度であり，格子比熱のデューロン–プティ則の 100 分の 1 以下であることがわかる．

銅および銀について，電子比熱係数を自由電子モデルと比較してみよう．いずれも原子 1 個あたり 1 個の s 電子が伝導に寄与すると考えると（$Z=1$），電子密度 n はそれぞれ 8.49×10^{22} cm^{-3} (Cu)，5.84×10^{22} cm^{-3} (Ag) である．これらから ϵ_F を求めると，それぞれ 7.0 eV (Cu)，5.5 eV (Ag) となる．これらを用いて式 (5.29) から γ を計算すると，0.505 mJ·mol^{-1}K^{-2} (Cu)，0.643 mJ·mol^{-1}K^{-2} (Ag) が得られる．これらを測定値と比較すると，銀ではほぼ一致しているが，銅では 1.37 倍測定値の方が大きい．式 (5.29) の電子比熱係数は電子の質量に比例するので，この結果は銅の伝導電子の質量が自由電子の質量 m_0 に比べ，見かけ上大きくなっていることを意味している．これを有効質量（specific heat effective mass）m^* として表すと，銅について $m^*/m_0 = 1.37$ が得られる．

一般に m^*/m_0 は電子-格子相互作用や電子-電子相互作用のために 1 よりも増大する．

---

*[1] 電子比熱は一般に $k_B T/\varepsilon_F$ の奇数次の冪で展開できる．通常の金属の場合，室温程度以下の比熱を考える限り $k_B T/\varepsilon_F$ は高々 1/100 程度なので，3 次以上の項は無視でき，1 次の項のみを考えれば十分である．

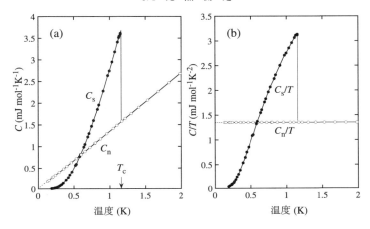

図 5.12 アルミニウムの低温電子比熱 (a) および C/T プロット (b). C_s はゼロ磁場の超伝導状態, C_n は 300 Oe の磁場下でのノーマル状態の比熱を表す[8]).

大多数の単体金属では m^*/m_0 は 1 から 2 の間にある. しかし重い電子系とよばれる f 電子金属化合物では, 比熱から求めた有効質量 m^* が $100m_0$ を越えるものも珍しくない. これらの物質では, ほとんど局在した f 電子と遍歴する伝導電子間の混成効果により, きわめて状態密度の大きい金属状態が低温で実現している. このような系では実質的なフェルミエネルギーが非常に低く, ε_F/k_B が 10 から 100 K 程度である. したがって C_{el}/T が温度とともに顕著に変化する. C_{el}/T が一定となるフェルミ縮退した状態を実現するためには 1 K 以下の低温環境が必要になる. また, 通常の金属では γ 値は磁場依存性をもたないが, 重い電子系では γ 値が数テスラの磁場範囲で顕著に変化する.

(1) アルミニウムの超伝導転移と電子比熱 次に相転移に伴って電子比熱が変化する例として, アルミニウムの低温電子比熱を図 5.12(a) に示す. アルミニウムは約 1.2 K において超伝導転移を示す第 1 種超伝導体である. 図で C_s はゼロ磁場で測定した超伝導状態の比熱, また C_n は 300 Oe の弱い磁場をかけて超伝導状態を壊して測定したノーマル状態の比熱である. アルミニウムのデバイ温度はおよそ 430 K あり, 格子比熱は T^3 項の $\beta = 0.0255$ mJ·mol^{-1}K^{-4} を用いて差し引いてある. このデータでは超伝導転移温度 T_c は 1.163 K で[*1)], この温度で比熱は鋭い飛びを示す. アルミニウムの超伝導は s 波なのでフェルミ面の全面でギャップが開き, T_c 以下で温度低下とともに電子比熱は指数関数的に減少している. 超伝導の BCS 理論によると, T_c における比熱の飛び ΔC とノーマル状態の比熱の大きさ γT_c との比は $(\Delta C/\gamma T_c)_{BCS} = 1.43$ で与えられる. 図 5.12(a) から

---

*1) 国際温度目盛 ITS-90 によれば, 純粋な Al のゼロ磁場における超伝導転移温度は 1.1810±0.0025 K とされている.

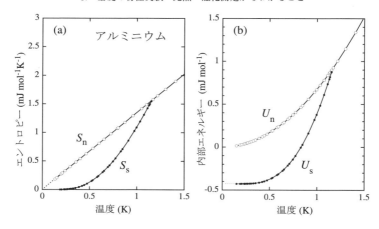

図 5.13　アルミニウムの電子エントロピー (a) と内部エネルギー (b)[8].

アルミニウムについてこの比を評価すると，$(\Delta C/\gamma T_c)_{\rm Al} = 1.35$ が得られ，ほぼ BCS 理論値に等しい．この比熱のデータから簡単に導かれる情報を以下に示そう．

まず，比熱を温度で割った量 C/T を温度に対してプロットした結果が図 5.12(b) である．C/T を温度で積分することによって，エントロピー $S(T)$ が得られる．すなわち，

$$S(T) = \int_0^T \frac{C(T')}{T'} dT' \tag{5.33}$$

を計算する．実際の C/T の実験データは有限温度でしか得られないので，グラフから $T = 0$ の値を外挿して計算する．アルミニウムの場合，C_n/T は 4 K 以下では一定の $\gamma = 1.35$ mJ·mol^{-1}K^{-2} と考えられる[8]．このようにして計算された，超伝導状態およびノーマル状態のエントロピー曲線 $S_s(T)$, $S_n(T)$ を図 5.13(a) に示す．超伝導転移に伴って当然ながらエントロピーは減少するが，この例ではエントロピーは T_c 以下で指数関数的に減少する．なお，式 (5.33) を用いてそれぞれの実験データから求めた $S_s(T)$ および $S_n(T)$ が T_c において一致していることを確認することは重要な点で[*1)，各測定結果が正しいことの裏づけとなる．超伝導体によっては，臨界磁場が高いなどの理由で T_c 以下のノーマル状態の比熱を実験的に求めることが困難な場合がある．その場合には，超伝導転移に伴うエントロピー変化から逆にノーマル状態の電子比熱をある程度推測することも可能である．簡単に述べると図 5.12(b) のような C/T プロットにおいて，C_s/T と C_n/T の2つの曲線で区切られた2つの領域の面積が等しくなるように，C_n/T 曲線を描けばよい．例えば重い電子系の超伝導体などでノーマル状態の電子比熱が T に比例しない，いわゆる非フェルミ液体的挙動を示す物質がある．そのような系ではノーマル状態の低温電子比熱

---

*1)　ノーマル状態に対する磁場の影響はアルミニウムの場合無視できる．

を推測することは重要な問題である.

次に比熱を温度で積分することにより，内部エネルギー $U(T)$ を求めてみよう．すなわち

$$U(T) = U(0) + \int_0^T C(T')dT' \tag{5.34}$$

を実験データから計算する．$U(0)$ の値は，ノーマル状態については $U_n(0) = 0$ とし，超伝導状態に関しては $U_s(T_c) = U_n(T_c)$ となるように決める．このようにして得られた内部エネルギーを図 5.13(b) に示す．この結果から，$U_n(0) - U_s(0) = 0.427$ mJ·mol^{-1} が得られる．これがこの比熱データから求められた $T = 0$ におけるアルミニウムの超伝導凝縮エネルギーである．さらにエントロピーと内部エネルギーから，自由エネルギー $F = U - TS$ が計算できる[*1)]．図 5.14(a) にアルミニウムのノーマル状態と超伝導状態との自由エネルギー差 $\Delta F = F_n - F_s$ を示す．ゼロ磁場の超伝導転移は 2 次転移なので，$\Delta F(T)$ の傾きは T_c においてゼロに向かう．この ΔF を用いると，熱力学的臨界磁場 H_c が求まる．H_c の定義は CGS 単位系を用いて

$$\frac{H_c^2}{8\pi} = F_n - F_s \tag{5.35}$$

と書かれることが多い．ここで自由エネルギーについては単位を J·mol^{-1} から erg·cm^{-3} に換算しなければならない．アルミニウムの熱力学的臨界磁場を ΔF から求めた結果が図 5.14(b) である．

式 (5.35) の両辺を T で微分すると，

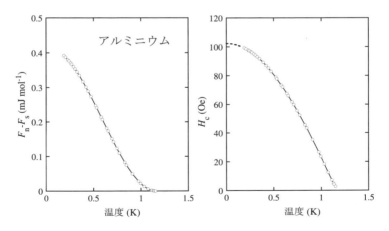

図 **5.14** アルミニウムのノーマル状態と超伝導状態との自由エネルギー差 (a) と熱力学的臨界磁場 (b)[8)]．

---

*1) $F(T)$ はエントロピー $S(T)$ を温度で積分しても得られる．

$$\frac{H_\mathrm{c}}{4\pi}\frac{dH_\mathrm{c}}{dT} = -(S_\mathrm{n} - S_\mathrm{s}) \tag{5.36}$$

が得られる．今の場合，約 $0.3\,\mathrm{K}$ 以下では右辺の温度依存性はほぼ S_n だけに依存し，$-\gamma T$ に等しい．したがって低温極限では $H_\mathrm{c}(0) - H_\mathrm{c}(T)$ は T^2 に比例して変化する[*1]．$H_\mathrm{c}(T)$ 曲線の低温部を T^2 で外挿すると（図中破線），$H_\mathrm{c}(0) = 102\,\mathrm{Oe}$ が得られる．第 1 種超伝導体に磁場をかけていくと，$H_\mathrm{c}(T)$ において 1 次相転移を示しノーマル状態に転移する．このとき式 (5.36) から，潜熱

$$Q = \frac{TH_\mathrm{c}}{4\pi}\frac{dH_\mathrm{c}}{dT} \tag{5.37}$$

を吸収する．

b. 局在電子系の比熱

遷移元素や希土類元素を含む化合物の多くでは局在した d, f 電子がスピンや軌道の自由度をもち，さまざまな磁性を示す．このような局在電子自由度に由来する比熱は磁気比熱ともよばれ，さまざまな情報を含んでいる．磁気比熱を考えるには，磁気エントロピーから出発するのがわかりやすい．スピン S をもつ遷移元素イオンや全角運動量 J の状態にある希土類イオンは，それぞれ $2S+1$, $2J+1$ 個の準位をもつ．これらのイオン 1 モルあたりの磁気エントロピーを S_m とすると，十分高温では各準位が等確率で占有されるので S_m はそれぞれ一定値 $R\ln(2S+1)$, $R\ln(2J+1)$ に漸近する．一方，温度が低下すると系に存在する種々の相互作用の結果 S_m は減少し，通常 $T=0$ では $S_\mathrm{m}=0$ になる．磁気比熱 C_m（簡単のため定積比熱を考える）は

$$C_\mathrm{m} = T\left(\frac{\partial S_\mathrm{m}}{\partial T}\right)_V \tag{5.38}$$

で与えられるので，一般に $C_\mathrm{m}(T)$ は十分高温および $T=0$ においてゼロであり，相互作用で決まる特徴的温度で最大値をとるような温度の関数である．

(1) ショットキー型比熱 有限個の離散的準位をもつ系の示す比熱をショットキー型比熱 (Schottky type specific heat)，または比熱のショットキー異常 (Schottky anomaly) とよぶ．ここでは局在電子のスピンや軌道の自由度に伴うショットキー型比熱について，いくつかの例を紹介する．

磁気モーメントをもった自由な磁性イオンに磁場をかけると，ゼーマン (Zeeman) 効果によって離散的準位が現れる．スピン S が z 方向の磁場中にあるときのゼーマンエネルギーは

$$E_m = g\mu_\mathrm{B} mH, \quad (m = S, S-1, \cdots, -S) \tag{5.39}$$

で与えられる[*2]．ここで g はスピンの g 因子，μ_B はボーア (Bohr) 磁子 ($= 9.274\times$

[*1] 厳密には $H_\mathrm{c}(T)$ 曲線は中間温度で 2 次関数からのずれを示し，これも BCS 理論で説明される．
[*2] 電子は負電荷をもつので，スピン磁気モーメントはスピンの向きと逆方向である．

10^{-24} J/T），m は磁気量子数である．これより，スピンあたりの分配関数 z は $\alpha = g\mu_B H/k_B T$ とおくと

$$z = \sum_{m=-S}^{S} e^{-\alpha m} = \frac{\sinh(S+\frac{1}{2})\alpha}{\sinh \frac{1}{2}\alpha} \tag{5.40}$$

となる．磁性イオンの数を N とすると，自由エネルギー $F^*(T,H)$ は

$$F^* = -Nk_B T \ln z \tag{5.41}$$

となるので，磁気比熱 C_m は

$$C_\mathrm{m} = -T\frac{\partial^2 F^*}{\partial T^2} = Nk_B \left(2T\frac{\partial \ln z}{\partial T} + T^2 \frac{\partial^2 \ln z}{\partial T^2} \right) \tag{5.42}$$

を計算すればよい．ここで $x = g\mu_B SH/k_B T$ とおくと $\ln z$ の微分は，

$$\frac{\partial \ln z}{\partial T} = \frac{\partial \ln z}{\partial \alpha}\frac{\partial \alpha}{\partial T} = -SB_S(x)\frac{g\mu_B H}{k_B T^2}, \tag{5.43}$$

$$B_S(x) = \frac{2S+1}{2S}\coth \frac{2S+1}{2S}x - \frac{1}{2S}\coth \frac{1}{2S}x \tag{5.44}$$

と書くことができ，$B_S(x)$ はブリルアン関数（Brillouin function）とよばれる．これを用いると，式 (5.42) は

$$C_\mathrm{m} = -Ng\mu_B SH \frac{\partial B_S(g\mu_B SH/k_B T)}{\partial T} \tag{5.45}$$

となる．具体的に，$S=5/2$，$g=2$ の場合について計算した結果を図 5.15 に示す．有限磁場における比熱は磁場の大きさで決まる温度で最大値をとり，その値は磁場によらず一定（7.07 J mol^{-1}K^{-1}）である．また図に矢印で示すように，比熱がピークとなる温度は

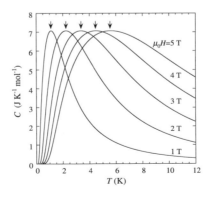

図 **5.15** $S=5/2$ のスピンのゼーマン分裂によるショットキー比熱．

磁場に比例して増大する．これらは式 (5.45) が T/H の関数であることによる．すなわち温度を磁場でスケールすることにより図 5.15 の各曲線は 1 つに重ねることができる．核比熱の項でも述べるが，比熱の高温極限は $(H/T)^2$ の依存性をもつ．またピークよりも低温側では，有限のエネルギーギャップを反映して比熱は指数関数的に減少する．

ショットキー比熱の重要な例として，希土類イオンの基底多重項の結晶場分裂がある．自由な希土類イオンの $4f$ 電子は，フント（Hund）則により，全軌道角運動量 L，全スピン角運動量 S および全角運動量 J の各量子数の定まった基底多重項の状態にあり，その縮重度は $2J+1$ 重である．結晶中ではまわりの原子から受けるポテンシャル（結晶場）の影響を受けて，多重項がいくつかの準位に分裂する．これは結晶場分裂とよばれ，希土類イオンの磁性を考えるうえで重要な要素である．結晶場分裂を記述するハミルトニアン（結晶場ハミルトニアン）は，基底多重項に作用する等価演算子として J の偶数次の項からなる演算子で書かれ，結晶に依存するいくつかのパラメータ（結晶場パラメータ）含んでいる．

立方対称（O_h 群）の場合，結晶場ハミルトニアンは

$$\mathcal{H}_{\text{CEF}} = W\left[x\frac{O_4^0 + 5O_4^4}{F(4)} + (1-|x|)\frac{O_6^0 - 21O_6^4}{F(6)}\right] \tag{5.46}$$

と表せる[9]．ここで O_n^m はスチーブンスの等価演算子であり，$F(4)$，$F(6)$ は J の値で決まる定数である．また W および x（$|x|<1$）は物質に依存するパラメータである．これによる各 J 多重項の結晶場分裂は Lea らによって計算されている[9]．これらの結晶場パラメータは通常，比熱や磁化，中性子非弾性散乱などの実験によって決められる．結晶場分裂による比熱を計算するには，内部エネルギー

$$U(T) = N\frac{\sum_i n_i E_i e^{-\beta E_i}}{z} \tag{5.47}$$

を考えるのが便利である．ここで N は原子数，E_i は各準位のエネルギー，n_i はその縮重度である．また z は希土類原子あたりの分配関数 $z = \sum_i n_i e^{-\beta E_i}$ で，$\beta = (k_{\text{B}}T)^{-1}$ とおいた．U を温度で微分することによって，比熱

$$C_{\text{m}} = \frac{N}{k_{\text{B}}T^2}\left[\frac{\sum_i n_i E_i^2 e^{-\beta E_i}}{z} - \left(\frac{\sum_i n_i E_i e^{-\beta E_i}}{z}\right)^2\right] \tag{5.48}$$

が得られる．

具体的に立方晶の Pr 化合物の例で比熱の計算結果を示そう．Pr^{3+} は 2 個の f 電子をもち，基底多重項は $^3H_4$（$J=4$）である．$J=4$ の 9 重縮退は立方対称の結晶場で 4 つの準位，すなわち一重項 Γ_1，二重項 Γ_3，および 2 個の三重項 Γ_4，Γ_5 に分裂する[9]．Pr^{3+} の場合，立方晶 O_h の結晶場パラメータは 2 個である．この結晶場分裂が，Γ_1（0 K），Γ_5（6 K），Γ_4（65 K），Γ_3（110 K）であったとしよう．括弧内は基底準位を規準とするエネルギーを k_{B} で割って温度に換算した値である．この結晶場分裂に対して，式 (5.48) を

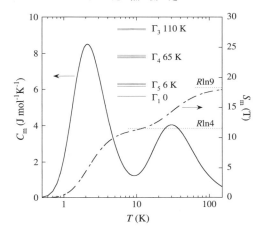

図 5.16 Pr^{3+} の結晶場分裂によるショットキー比熱の例．鎖線はエントロピーの温度変化を示す．

計算した結果が図 5.16 の実線である．図で 2 K 付近にみられる比熱のピークは，基底準位から第一励起準位への熱励起によるショットキーピークである．他の励起準位の寄与は 30 K 付近にブロードなピークをもつ比熱として現れている．破線は C_m/T を積分して得られたエントロピーの温度変化で，10 K 付近で $R\ln 4$ の大きさのプラトーを示していることがわかる．この例では結晶場基底準位が一重項なので $T = 0$ でエントロピーが残らないが，基底準位に縮退がある場合には注意が必要である．基底準位の縮重度は式 (5.48) の比熱には寄与しない．通常この縮退はイオン間の相互作用によって何らかの相転移を引き起こし，比熱の異常を生じる．あるいは磁場をかけることにより，図 5.15 のように比熱を引き出すこともできる．

通常の実験では，比熱の測定結果から逆に結晶場分裂を推測する作業が行われる．もしも図 5.16 のような磁気比熱が得られたとすれば，一重項-三重項の基底結晶場準位であることは容易に推測でき，第 1 励起準位のエネルギーもショットキーピークの位置からかなり正確に決めることができる．しかしより上の結晶場状態に対しては比熱測定だけで決定することは困難である．また実際の物質では比熱に格子振動による寄与が含まれ，特に 10 K 以上ではその寄与が非常に大きくなる．したがって磁気比熱を実験から求めるには工夫が必要である．これには，参照物質として磁性イオンを非磁性イオンで置換した結晶を作製し，その比熱から格子振動の寄与を見積もるのが標準的なやり方である．このような参照物質が利用できない場合は高温領域の磁気比熱の評価が難しい．

(2) 磁気秩序に伴う比熱　　局在電子系の示す比熱のうち最も重要かつ興味深い問題は磁気秩序などの相転移に伴う比熱の異常である．図 5.17 に典型的な 3 次元ハイゼンベル

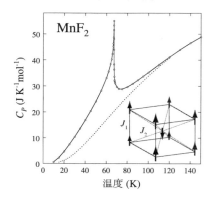

図 5.17 MnF$_2$ の比熱. 破線は ZnF$_2$ の比熱を元に評価した格子比熱[11]. 挿入図は秩序状態のスピン構造.

ク (Heisenberg) スピン反強磁性体である MnF$_2$ の定圧比熱の実験結果を示す[10]. この化合物は絶縁体で, Mn^{2+} イオンが体心正方格子を組んでいる. Mn^{2+} イオンの $3d$ 軌道は 5 個の電子で占有されていて全軌道角運動量はゼロでスピン $S = 5/2$ をもつ. したがって磁気異方性は弱く, それは主に磁気双極子相互作用からくる. MnF$_2$ は転移温度 T_N=67.3 K において図 5.17 の挿入図に示すような反強磁性状態に 2 次相転移する[12]. このとき比熱 C は発散的な異常を示す[*1].

図 5.17 の比熱は格子振動の寄与を含んでいるので, 磁気比熱 C_m を分離するためには格子比熱を差し引く必要がある. そこで MnF$_2$ と同じ結晶構造で非磁性の ZnF$_2$ の比熱を用いて格子比熱を評価した結果が図 5.17 の点線である. すなわち,

$$C_m \approx C(\mathrm{MnF}_2) - C^*(\mathrm{ZnF}_2) \tag{5.49}$$

ここで非磁性結晶で格子比熱の寄与を評価する場合の注意点として, デバイ温度の違いがある. 結晶構造が同じでも MnF$_2$ と ZnF$_2$ では原子質量に違いがあるためにデバイ温度が異なり, 格子比熱の温度依存性に両者で差ができる. このため ZnF$_2$ の比熱をそのまま引くと, 正しい結果が得られない. 今の場合は C_m/T を積分して得られるエントロピーが T_N よりも十分高温で $R\ln(2S+1) = R\ln 6$ になるように, ZnF$_2$ の比熱の温度軸を定数倍してスケールしたものを $C^*(\mathrm{ZnF}_2)$ と定義している[10].

このようにして得られた磁気比熱 C_m を図 5.18 に示す. C_m は T_N の 2 倍近い温度領域からすでに増加しはじめていることがわかる. 言い換えると, スピン系のエントロピーは相転移温度よりもかなり高温から低下しはじめる. これは磁性体など短距離相互作用の系

[*1] 図 5.17 のデータは定圧比熱であるが, 今の場合, 定圧比熱と定積比熱の差は無視できるので, ここでは両者を区別せず単に C と表す.

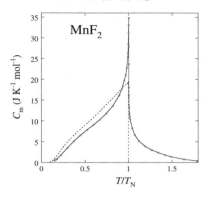

図 5.18 MnF$_2$ の磁気比熱[11]．破線は平均場近似の結果を T_N^{MF} でスケールしたもの．

表 5.1 古典スピン系の比熱の臨界指数．

	α	文献
2次元イジング	0 (log)	Onsager[14]
3次元イジング	$\sim$0.11	Pelissetto et al.[15]
3次元 XY	$\sim$-0.01	Pelissetto et al.[15]
3次元ハイゼンベルク	$\sim$ -0.11	Pelissetto et al.[15], Chen[16]

における2次相転移の特徴であり，物理的にはスピン間の短距離秩序，すなわち近接するスピンどうしなるべく反平行に並ぼうとする傾向が長距離秩序の起こる温度よりもずっと高温から始まっていることによる[*1]．C_m が T_N に向かって発散的に増加する挙動は2次相転移における臨界現象であり，これは一般に転移温度を T_c とすると

$$C \simeq A^{\pm}|1 - T/T_c|^{-\alpha} \tag{5.50}$$

で表される．α は比熱に関する臨界指数（critical exponent）とよばれ，2次相転移を特徴づける重要なパラメータの1つである[11]．また係数 A^+, A^- はそれぞれ $T > T_c$, $T < T_c$ の場合に対応している．代表的な古典スピンモデルについて知られている α の値を表 5.1 に示す．α が負の場合には比熱は相転移点で発散せず，カスプになる．

実際の磁性体において臨界指数 α を実験的に求めるのはそれほど容易ではない．多くの場合 α の絶対値は小さく，対数発散に近い．そこで式 (5.50) のかわりに

$$C \simeq A^{\pm}(|1 - T/T_c|^{-\alpha} - 1)/\alpha \tag{5.51}$$

の式を用いて解析する方法が考えられている[11]．式 (5.51) は $\alpha \to 0$ の極限で $-A\ln|1 -$

[*1] 同じ2次相転移でも，Al の超伝導転移に伴う比熱（図 5.12）は臨界的挙動を示さない．これは相互作用の長さのスケール，すなわちコヒーレンス長が 1 μm 程度と非常に長く，その範囲内にきわめて多数の電子が含まれることによる．

$T/T_c|$ に一致する. このような解析によると MnF_2 の場合, T_N から比較的遠い温度領域では α はハイゼンベルク系で期待される -0.1 程度の負の値をとり, T_N に近づくにつれて α が正の値に変化しているとする報告がある[13]. このような臨界指数のクロスオーバーが起こる理由は系のもつ弱い磁気異方性にあると考えられる. すなわちスピン相間の発達している転移温度のごく近傍では系のもつ弱い磁気異方性の効果が重要になり, 転移点に近づくにつれてイジングスピン的な臨界現象へと移行するためと解釈される.

MnF_2 では c 軸方向のスピン間距離が最も短いが, この c 軸方向の最近接交換相互作用 J_1 は強磁性的で小さい. これに対して, 体心と角のスピン間の次近接交換相互作用 J_2 が反強磁性的で最も大きいことがわかっている. MnF_2 の反強磁性転移を記述する最も基本的なモデルは次のハイゼンベルク模型

$$\mathcal{H} = -2J_1 \sum_{\langle i,j \rangle} \boldsymbol{S}_i \boldsymbol{S}_j - 2J_2 \sum_{\langle i,k \rangle} \boldsymbol{S}_i \boldsymbol{S}_j \quad (J_1 > 0, J_2 < 0) \tag{5.52}$$

である. ここで $\boldsymbol{S}_i$ は i 番目の格子点にあるスピンの演算子であり, 和はそれぞれ最近接および次近接のすべてのスピン対についてとる. 式 (5.52) は簡単にみえるが, 比熱などの熱力学量や T_N の値を厳密に導く理論は存在しない. かわりにさまざまな近似計算や数値解析が行われている. その中で, 最も素朴な近似が後に述べる平均場近似 (mean-field approximation) である[*1]. 平均場近似によって計算された比熱曲線を図 5.18 に破線で示す. 平均場近似では短距離秩序がまったく考慮されていないので, C_m は転移温度以上でゼロであり, 転移温度で有限の飛びを示す. 式 (5.52) の平均場近似による磁気転移温度は

$$T_N^{MF} = \frac{2(z_1 J_1 + z_2|J_2|)S(S+1)}{3k_B} \tag{5.53}$$

で与えられる. ここで MnF_2 の場合 $z_1 = 2$ (最近接スピン数) および $z_2 = 8$ (次近接スピン数) である. 平均場近似は短距離相間の効果が取り入れられていないために一般に転移温度を過大評価する. 式 (5.53) の T_N^{MF} は数値解析から予測される式 (5.52) の真の転移温度よりも約 1.3 倍ほど高いことを注意しておく. この傾向は低次元系ほど顕著で, 式 (5.52) のようなハイゼンベルク模型は 2 次元以下では有限温度で長距離秩序を示さないが, 平均場近似は常に有限の転移温度を与える.

5.1.3 核 比 熱

銅の同位体, ^{63}Cu および ^{65}Cu はそれぞれ核スピン $I = 3/2$ をもち, 天然存在比 (Natural Abundance, NA) は 69 % および 31 % である. このほかにも ^{27}Al ($I = 5/2$, NA=100 %) や ^{141}Pr ($I = 5/2$, NA=100 %) など, 核スピンをもちかつ天然存在比の大きい元素は多数ある. 化合物がこれらの元素を含む場合, それぞれ元素 1 モルあたり $n_A R \ln(2I+1)$

[*1] 分子場近似 (molecular-field approximation) ともよばれる.

の大きな核スピンエントロピーをもっていることになる．ここで n_A は核スピンをもつ同位体の天然存在比である．この大きなエントロピーは核スピンの縮退が解けない限り比熱に影響しない．しかし外部磁場や磁気転移に伴う内部磁場などによって核スピンの縮退が解けると，低温で核スピンのショットキー比熱が現れる．

核スピン I が z 方向の磁場中にあるときのゼーマンエネルギーは

$$E_\mathrm{m} = -g_\mathrm{N}\mu_\mathrm{N} mH, \quad (m = I, I-1, \cdots, -I) \tag{5.54}$$

で与えられる．ここで g_N は核 g 因子，また μ_N は核磁子（$=5.05\times10^{-27}$ J/T）である．このゼーマン分裂による比熱の計算は式 (5.39)～(5.45) と同じであり，$x = g_\mathrm{N}\mu_\mathrm{N} IH/k_\mathrm{B}T$ とおくと

$$C_\mathrm{N} = -Ng_\mathrm{N}\mu_\mathrm{N} IH\frac{\partial B_I(x)}{\partial T} \tag{5.55}$$

と書ける．

$x \ll 1$ の場合，すなわち高温極限においては，

$$B_I(x) \simeq \frac{I+1}{3I}x \tag{5.56}$$

と近似できるので，これを用いて式 (5.55) を計算すれば，

$$C_\mathrm{N} \simeq N\frac{I(I+1)(g_\mathrm{N}\mu_\mathrm{N} H)^2}{3k_\mathrm{B}T^2} \tag{5.57}$$

が得られ，比熱は温度の逆2乗に比例することがわかる．核スピンのゼーマン分裂は通常小さいので，多くの場合，式 (5.57) の近似が十分よく成り立つ．

具体例として，金属アルミニウムを考えよう．Al の核スピン磁気モーメントは 3.64 μ_N であるので，核スピン g 因子は $g_\mathrm{N} = 1.46$ である．これを式 (5.57) に代入すると

$$C_\mathrm{N} \simeq 0.691 \times 10^{-5} \left(\frac{\mu_0 H}{T}\right)^2 \quad [\mathrm{J\cdot K^{-1} mol^{-1}}] \tag{5.58}$$

となる．ただし $\mu_0 H$ はテスラを単位としている．数テスラ以上の磁場下では，核比熱は低温で無視できない寄与になる．

化合物中の磁性原子が磁気分極を起こしている場合には，核スピンは内部磁場を受けてゼーマン分裂する．この効果が特に大きいのは自分自身の原子が磁化している場合で，その代表的な例が Pr 化合物である．Pr の核スピン（$I = 5/2$）は $4f$ 電子の磁気モーメントとの間に超微細相互作用（hyperfine interaction）

$$\mathcal{H}_\mathrm{hf} = A_\mathrm{hf}\boldsymbol{IJ} \tag{5.59}$$

をもつ．ここで，$\boldsymbol{J}$ は $4f$ 電子の全角運動量演算子である．相互作用係数の大きさは，Pr について $A_\mathrm{hf}/k_\mathrm{B} = 51.4$ mK と求められている[17]．これより Pr 原子が m_Pr [μ_B/Pr] の

磁気モーメントをもつときの内部磁場を H_int とすると,

$$g_\text{N}\mu_\text{N} H_\text{int} = \frac{A_\text{hf} m_\text{Pr}}{g_J \mu_\text{B}} \tag{5.60}$$

と書ける. ここで g_J はランデの g 因子で, f 電子の基底多重項の量子数 L, S および J を用いて

$$g_J = \frac{3}{2} + \frac{S(S+1) - L(L+1)}{2J(J+2)} \tag{5.61}$$

と表される. Pr (Pr^{3+}, $J = 4$) の場合 $g_J = 4/5$ である. これらから, $\mu_0 H_\text{int}/m_\text{Pr} =$ 107 $[\text{T}/\mu_\text{B}]$ の関係が得られる. この内部磁場はきわめて大きく, Pr 原子の磁気モーメントが $2\,\mu_\text{B}$ のときには 214 T に達する. この内部磁場を式 (5.55) に代入すれば核比熱が得られるが, これほど大きな内部磁場を受けると低温で式 (5.57) の T^{-2} 則からのずれが顕著になり, 核比熱が 100 mK 付近で図 5.15 のようなショットキーピークを形成するようになる. Pr などの大きな超微細相互作用を利用して, 電子系が秩序化したときの磁気モーメントの大きさを核比熱の測定から評価する実験も行われている[18, 19].

核スピンが電気 4 重極モーメントをもつ場合には, 結晶中の電場勾配との核 4 重極相互作用 (nuclear quadrupole interaction) によって核スピン準位が分裂する場合がある. この分裂, すなわち核 4 重極分裂は次式で表される.

$$\mathcal{H}_Q = \frac{1}{6} h \nu_Q \left[3I_z^2 - I(I+1) + \eta(I_x^2 - I_y^2) \right] \tag{5.62}$$

ここで ν_Q は振動数の次元をもち, 核 4 重極モーメントおよび核のまわりの z 方向の電場勾配で決まるパラメータである. また η は非対称パラメータとよばれ, 結晶の低対称性を反映する量である. 核スピンのまわりの電場対称性が立方対称の場合には, これらのパラメータの値はゼロである. $\mathcal{H}_Q$ による核スピン準位の分裂は, f 電子系における 2 次の結晶場ポテンシャルによる準位の分裂に類似している. 核 4 重極分裂を示す化合物では, 外部磁場や磁気秩序がなくとも低温で核比熱が現れることがある. ただし核 4 重極分裂は通常小さいので, 核比熱を T^{-2} 項で近似して差し引くことができる.

正方晶化合物 CeCoIn_5 の低温比熱の測定例を図 5.19 に示す[20]. この物質は超伝導転移温度が 2.3 K の重い電子超伝導体で, a 軸方向の上部臨界磁場は約 11.5 T である. したがってこの図の磁場温度範囲では超伝導混合状態にある. この化合物では Co および In がそれぞれ核スピン 7/2 および 9/2 をもつ. 0.2〜0.3 K 以下でみられる C/T の上昇が核比熱の寄与である. ゼロ磁場でも核比熱がみられるのは電場勾配による核 4 重極分裂の影響である. AT^{-2} の温度依存性を仮定して核比熱を差し引き, 得られた電子比熱 $C - C_\text{N}$ を温度で割った量をプロットした結果が図 5.20 である. $(C - C_\text{N})/T$ が各磁場で温度に対してよい直線性を示すことから, $C - C_\text{N}$ が T^2 の温度依存性をもつことがわかる. ゼロ磁場において電子比熱が T^2 に比例した温度依存性を示すことは, この物質の超伝導ギャッ

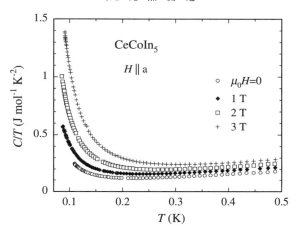

図 5.19　$CeCoIn_5$ の超伝導状態における低温比熱.

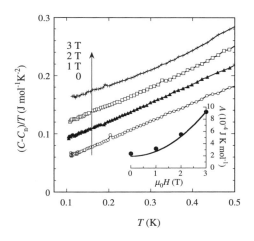

図 5.20　$CeCoIn_5$ の超伝導状態における低温電子比熱. 挿入図は実験（黒丸）および式 (5.63) の数値計算（実線）から求めた核比熱の T^{-2} の項の係数 A の磁場変化.

プが線状ノードをもつことを意味している. 図 5.20 の挿入図は実験から得られた A の係数の磁場依存性を黒丸で示している. A の係数はゼロ磁場では核 4 重極分裂を反映し, 磁場増加とともにゼーマン分裂の効果が加わる. 実線は,

$$\mathcal{H} = \mathcal{H}_Q - g_N \mu_N I_x H \tag{5.63}$$

を数値的に解いて核比熱の T^{-2} の係数を求めた結果で, 実験とよく合っている[20].

5.2 磁化測定

5.2.1 磁化および帯磁率の一般論

物質の磁化の起源は電子のスピンや軌道運動、および原子核のスピンである。ここではまず磁化の微視的説明の前に、固体の磁化に関する一般的説明を行う。

物質が有限な磁化を示すということは、物質の自由エネルギーが磁場に依存していることにほかならない。磁場を独立変数とする自由エネルギーを F^* とすると、磁化 M は

$$M = -\frac{\partial F^*}{\partial H} \tag{5.64}$$

で表される。また帯磁率 χ は

$$\chi = \left(\frac{\partial M}{\partial H}\right)_{H=0} \tag{5.65}$$

で定義される。

自発磁化をもたない系においては、時間反転対称性から F^* は磁場について偶数次の項しかもたないので、

$$F^* = F_0 - \frac{1}{2}\chi H^2 + AH^4 + \cdots \tag{5.66}$$

のように展開できる。ここで F_0 は磁場に依存しない寄与を表す。常磁性スピン系の場合、係数 A は通常正である。多くの場合 H^4 の項の寄与はあまり大きくないので、ある程度弱い磁場（通常 1 kOe 程度以下）のもとでの M/H の値を帯磁率としてよい。ただし、ごく低温における常磁性スピン系や強磁性転移近傍では係数 A が大きくなるので、より小さい磁場で測定する必要がある。逆に常磁性不純物の影響を避けるために、意図的に大きい磁場（数十 kOe）のもとでの M/H 値を帯磁率と見なすこともある。

式 (5.66) は等方的な系の場合であり、磁化は常に磁場に平行（反磁性の場合は反平行）に向く。固体結晶の場合には結晶の対称性を反映して磁化や帯磁率が磁場方向に依存するようになる。これを磁気異方性という。この場合、自由エネルギー F^* は磁場ベクトルの成分 H_x, H_y, H_z の関数となり、磁化ベクトルの μ 方向成分 $(\mu = x, y, z)$ は

$$M_\mu = -\frac{\partial F^*}{\partial H_\mu} \tag{5.67}$$

で定義される。また帯磁率は一般にテンソルで表され、主軸を適当に選ぶと、

$$\tilde{\chi} = \begin{pmatrix} \chi_{xx} & 0 & 0 \\ 0 & \chi_{yy} & 0 \\ 0 & 0 & \chi_{zz} \end{pmatrix} \tag{5.68}$$

と書くことができる。

例として，立方晶の結晶を考えよう．一般に F^* は結晶の対称操作に対して不変でなければならない．立方対称の場合の 2 次の不変式は $H_x^2 + H_y^2 + H_z^2$ の形しかないが，これは H^2 にほかならないので 2 次の項は式 (5.66) と同一となり，帯磁率には異方性が現れない（式 (5.68) の帯磁率テンソルで $\chi_{xx} = \chi_{yy} = \chi_{zz}$）[*1]．したがって，立方晶の系の磁気異方性は F^* を磁場で展開した 4 次以上の項から生じる．ここでは 4 次の異方性項について考えてみよう．立方対称における 4 次の不変式には H^4 の項のほかに

$$A_1(H_x^4 + H_y^4 + H_z^4) \tag{5.69}$$

がある．A_1 が正の場合には式 (5.69) は [100] 方向で最大，[111] 方向で最小となるので，有限磁場における磁化は [100] 方向で最小，[111] 方向で最大である．A_1 が負の場合はこれと逆の異方性を与える．なお，結晶によっては磁性原子のまわりの局所対称性が立方対称よりも低対称のものがある．この場合でも，結晶全体として立方対称性が失われない限り，マクロな磁化に関しては上記の議論が成り立つ．

正方晶の結晶では c 軸を z 軸にとると，2 次の不変式として H_z^2 および $H_x^2 + H_y^2$ が独立に存在するので，帯磁率テンソルの成分は $\chi_{xx} = \chi_{yy} \neq \chi_{zz}$ となる．この場合は，c 面内の帯磁率が磁場方向によらず一定である．面内磁気異方性はやはり 4 次以上の項から生じる．

a. 磁化・帯磁率の単位について

磁性分野では，磁化や帯磁率の単位に CGS 単位系がよく用いられる．本来，磁化は物質の単位体積あたりの磁気モーメントとして定義され，CGS 系では磁場と同じ次元をもつ．しかし通常よく用いられる磁化の定義は，物質の単位質量 [g] あたり，または 1 モルあたりに含まれる磁気モーメントであり，その単位は慣用としてそれぞれ [emu/g] または [emu/mol] と表される．1 emu/g の磁化が 1 Oe の磁場に平行におかれているときの単位質量あたりのポテンシャルエネルギーが 1 erg/g である．帯磁率は磁化を磁場で割った量なので本来無次元であるが，これも普通，単位質量あたり，またはモルあたりの大きさで表し，それぞれ慣用として [emu/g] または [emu/mol] を単位として表現されることが多い．

このほか，物質の磁化の起源が特定の原子の磁気モーメントであることが確実な場合には，その原子あたりの磁気モーメントをボーア磁子 μ_B を単位として表すこともよく行われる．換算方法を具体例で示そう．$Dy_2Ti_2O_7$ という化合物があり，モル重量は 532.8 g である．この化合物で Dy 1 原子あたりの磁気モーメントの磁場方向成分が平均で 5 μ_B であるとき，磁化の大きさは 5 μ_B/Dy と書かれる[*2]．この磁化の値を [emu/g] を単位として表すと，

$$5 \times 2 \times 5585/532.8 = 104.7 \text{ [emu/g]} \tag{5.70}$$

[*1] [100]，[010]，[001] の 3 軸方向だけでなく，[110] や [111] 方向の帯磁率も同じ値となることに注意．
[*2] 個々の Dy の磁気モーメントは磁場と平行であるとは限らない．

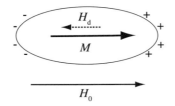

図 5.21 磁化による表面磁荷と反磁場 H_d.

となる.左辺の 5585 の値は μ_B とアボガドロ数の積からくる定数である.また左辺が 2 倍されているのは,組成式あたり 2 個の Dy 原子を含むことによる.

b. 反磁場補正について

磁場中におかれた物質の内部における巨視的な磁場は,外部から加えた磁場(以下外部磁場とよぶ)だけでなく一般に物質の磁化および形状に依存する.物質が磁化すると,物質表面に仮想的な正負の磁荷が生じる.この磁荷によって物質内部につくられる磁場を反磁場(demagnetizing field)とよぶ(図 5.21).巨視的内部磁場は外部磁場と反磁場の和で与えられる.式 (5.64) の磁化の磁場依存性や式 (5.65) の帯磁率を実験から求める場合,正しくは巨視的内部磁場に対する応答として考える必要がある.幸い多くの場合,反磁場の効果は小さく特段考慮しなくてよい.しかし帯磁率の大きい物質や,磁化が磁場の関数として急激に変化するような場合,また超伝導体のマイスナー状態などでは,反磁場の補正が重要となることがある.

任意形状の物質では,たとえ一様に磁化していても反磁場は大きさと方向が空間的に一様でなく場所によって変化するため,簡単な形で表せない.しかし形状が楕円体の場合には反磁場が一様となり,巨視的内部磁場 H_i と外部磁場 H_0 および磁化 M の間に,

$$H_i = H_0 - 4\pi N M \tag{5.71}$$

の関係が成り立つ.ここで M の定義は単位体積あたりの磁気モーメントである.また N は反磁場係数(demagnetization coefficient)とよばれ,楕円体の形状と磁場方向に依存して 0 から 1 の間の値をとる.楕円体の各主軸方向に磁場をかけたときの反磁場係数を N_x, N_y, N_z とすると,

$$N_x + N_y + N_z = 1 \tag{5.72}$$

の関係がある.当然ながら球では $N_x = N_y = N_z = 1/3$ である.回転楕円体についての N の値の例を表 5.2 に示す.ここで,細長楕円体については長軸方向(z 方向)の値 N_z,また扁平楕円体については短軸方向を z 方向にとったときの長軸方向の値 $N_x(=N_y)$ を示している.また,寸法比の定義はそれぞれ長軸と短軸の比である.細長楕円体の短軸方向に磁場をかけた場合の反磁場係数は式 (5.72) より $N_x = N_y = \frac{1}{2}(1-N_z)$ となり,寸法比

表 5.2　回転楕円体の長軸方向の反磁場係数[21].

寸法比	細長楕円体	扁平楕円体
1	1/3	1/3
2	0.1735	0.2364
5	0.0558	0.1248
10	0.0203	0.0696
20	0.00675	0.0369
50	0.00144	0.01472
100	0.00043	0.00776
200	0.000125	0.0039
500	0.0000236	0.001567
1000	0.0000066	0.000784

が大きい極限で 0.5 に近づく．同様に扁平楕円体の短軸方向の反磁場係数は $N_z = 1 - 2N_x$ で与えられ，寸法比が大きい極限で 1 に近づく．

磁化測定で直接に得られるのは H_0 の関数としての M である．その結果から式 (5.73) を用いて，H_i と M の関係が導かれる．帯磁率については以下のようになる．物質固有の帯磁率を $\chi = M/H_i$，実測される帯磁率を $\chi_{\mathrm{obs}} = M/H_0$ とすると，式 (5.72) から

$$\chi = \frac{\chi_{\mathrm{obs}}}{1 - 4\pi N \chi_{\mathrm{obs}}} \tag{5.73}$$

が得られる．後に述べるように強磁性転移点で χ は発散するが，実際に観測される帯磁率は $(4\pi N)^{-1}$ に飽和する．したがって，このような場合に χ を正しく求めるためには，極力 N が小さくなるように試料の形状を選ぶとともに式 (5.73) により補正を行う必要がある．

5.2.2　さまざまな磁化

a. ランジュバンの反磁性

磁気モーメントをもたない閉殻軌道の電子では，磁場をかけるとわずかながら磁場を打ち消す向きに電流が誘起され，負の帯磁率を示す．これはランジュバン反磁性（Langevin diamagnetism）またはラーモアの反磁性（Larmor diamagnetism）とよばれ，その帯磁率は

$$\chi_{\mathrm{dia}} = -\frac{Ne^2}{4mc^2} \overline{\sum_i \langle \rho_i^2 \rangle} \tag{5.74}$$

で与えられ温度や磁場に依存しない．ここで N は原子数，和は原子内のすべての電子についてとる．$\langle \rho_i^2 \rangle$ は i 番目の電子の軌道について磁場に垂直な動径成分の 2 乗の期待値であり，磁場方向を z 軸にとると，$\rho_i^2 = x_i^2 + y_i^2$ である．またオーバーラインは全原子についての平均を意味する．電子軌道の配向がランダムに分布している場合には，$\overline{\sum \langle \rho_i^2 \rangle} = \frac{2}{3} \sum \langle r_i^2 \rangle$，($r_i^2 = x_i^2 + y_i^2 + z_i^2$) と書ける．式 (5.74) の表式は量子論以前にラーモア（J. Larmor）やランジュバン（P. Langevin）によって初めて導かれたものである．しかし実は古典論に

厳密に従うと，式 (5.74) と同じ大きさの常磁性成分が現れて全帯磁率はゼロになってしまう[22]．このように古典論では物質の磁化は正しく説明できない．これは一般にボーア–ファンリューエンの定理（Bohr–van Leeuwen theorem）として知られている．量子論による反磁性エネルギーの計算は，電子の電荷を $-e$，ベクトルポテンシャルを $\boldsymbol{A} = -\frac{1}{2}\boldsymbol{r} \times \boldsymbol{H}$ としたときの運動エネルギー $\frac{1}{2m}\sum_i \left(\boldsymbol{p}_i - \frac{e}{2c}\boldsymbol{r}_i \times \boldsymbol{H}\right)^2$ を展開し，H^2 項について 1 次摂動を計算すればよい[*1]．この反磁性エネルギーを磁場 H で 2 階微分すれば，反磁性帯磁率として式 (5.74) と同じ結果が得られる．

さて，式 (5.74) を具体的に計算してみよう．原子あたりの電子数を 10，$\langle r_i^2 \rangle \simeq 1\,\text{Å}^2$ とすると，原子 1 モルあたりの反磁性帯磁率は $\chi_{\text{dia}} \simeq -1 \times 10^{-6}\,\text{emu·mol}^{-1}$ の程度となる．無機化合物磁性体では，磁性原子の固有磁気モーメントによる常磁性帯磁率に比べて反磁性帯磁率は通常十分に小さい．しかし，高温領域における常磁性帯磁率を正確に評価したい場合には反磁性の補正が必要になることがある．特に，分子量の大きい有機分子磁性体においては反磁性補正は重要である．物質の反磁性帯磁率はある程度原子単位で加算則が成り立ち，種々の原子やイオンに対して各々定数が求められている．また化合物や分子の反磁性帯磁率は化学結合の形態にも依存するので，種々の化学結合について補正値も求められている．これらはパスカル定数（Pascal's constants）とよばれる[23]．

以上はランダムに配向した分子や結晶における等方的な反磁性帯磁率の場合である．一方，個々の分子では反磁性帯磁率が異方的になることがある．特にベンゼンの π 電子軌道などのように，扁平な分子軌道をもつ分子では，式 (5.74) から予想されるように分子軌道面に垂直方向の反磁性帯磁率が大きくなる．また 2 次元的な電子構造をもつグラファイトも 2 次元面に垂直方向に大きな反磁性を示すことが知られている．3 次元的な無機化合物結晶においても，反磁性帯磁率にわずかながら結晶構造を反映した異方性が存在する場合がある[24]．

b. 伝導電子の帯磁率

電子相間の弱い多くの金属では，室温以下で温度にほとんど依存しない帯磁率が観測される．その起源はフェルミ縮退した伝導電子のスピンによるパウリ常磁性と伝導電子の軌道運動による反磁性，および原子の内殻電子によるランジュバン反磁性に分けられる．ここではパウリ常磁性と伝導電子の反磁性をとりあげる．

まず，伝導電子のスピンに由来するパウリ常磁性について説明しよう．磁場がかかると，磁場と平行（反平行）なスピンをもつ電子のエネルギーは $\mu_\text{B} H$ $(-\mu_\text{B} H)$ だけシフトする．そこで磁場と平行なスピンをもつ伝導電子の状態密度 $D_+(\varepsilon)$，および反平行スピンの状態密度 $D_-(\varepsilon)$ は，

[*1] H の 1 次の項は軌道磁気モーメントの寄与を表すが，閉殻軌道の場合，軌道磁気モーメントは残らない．

$$D_\pm(\varepsilon) = \frac{1}{2} D_e(\varepsilon \mp \mu_B H) \tag{5.75}$$

と書くことができる．ここで $D_e(\varepsilon)$ はゼロ磁場における単位体積あたりの伝導電子状態密度である．フェルミ分布関数を $f(\varepsilon)$ とすると，平行および反平行スピンをもつ電子数はそれぞれ

$$n_\pm = \int d\varepsilon D_\pm(\varepsilon) f(\varepsilon) \tag{5.76}$$

と表される．ここで伝導電子の磁化は，単位体積あたりの電子数 $n = n_+ + n_-$ が一定の条件のもとで

$$M = -\mu_B(n_+ - n_-) \tag{5.77}$$

で与えられる．通常，$D_e(\varepsilon)$ が大きなエネルギー依存性をもたない限り，式 (5.75) は H について 1 次までの近似

$$D_\pm(\varepsilon) = \frac{1}{2}\left[D_e(\varepsilon) \mp \mu_B H D_e'(\varepsilon)\right] \tag{5.78}$$

を考えれば十分である．これらより，

$$M = \mu_B^2 H \int D_e'(\varepsilon) f(\varepsilon) d\varepsilon = \mu_B^2 H \int D_e(\varepsilon) \left(-\frac{\partial f}{\partial \varepsilon}\right) d\varepsilon \tag{5.79}$$

が得られる．$T = 0$ では式 (5.79) は帯磁率

$$\chi_P = \mu_B^2 D_e(\varepsilon_F) \tag{5.80}$$

を与える．これが金属のパウリ常磁性帯磁率であり，式 (5.78) の近似が成り立つ限り，磁場依存性をもたない．有限温度では式 (5.80) に $(k_B T / \varepsilon_F)^2$ の程度の補正が入る．

自由電子気体の場合は電子密度を n とすると

$$\chi_P = \mu_B^2 \frac{m}{\hbar^2} \left(\frac{3n}{\pi^4}\right)^{1/3} \tag{5.81}$$

となる．1 価金属の Li を例にとると $n = 4.7 \times 10^{22}$ cm^{-3} であり，式 (5.81) から

$$\chi_P = 8 \times 10^{-7} \tag{5.82}$$

が得られる．実際の金属では，通常の方法で測定される帯磁率に反磁性成分が含まれるため，パウリ常磁性の寄与を評価するには工夫が必要である．磁気共鳴法を用いるとパウリ常磁性成分だけを分離して測定することが可能であり，Li について $\chi_P = 2.1 \times 10^{-6}$ という値が得られている[25]．式 (5.82) との違いは電子格子相互作用や電子間相互作用によるものと考えられる．

以上では伝導電子のスピンの自由度のみを考慮した．一方，伝導電子の軌道運動が磁場によって変化することから生じる反磁性の寄与もある．自由電子気体の場合はランダウの

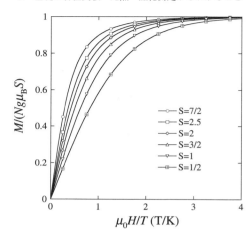

図 5.22 自由電子スピン系の磁化. g 値は 2 としている.

反磁性（Landau diamagnetism）とよばれ[26]，式 (5.81) の $-1/3$ 倍の大きさになる．その起源は電子の軌道が磁場中で量子化されることに起因しており，やはり古典論では説明ができない．一般の金属では格子の周期ポテンシャルの効果に加えてバンド間遷移の効果があるため，反磁性帯磁率を簡単な形で表すことが難しい[27, 28]．

c. 常磁性スピン系の磁化と帯磁率

相互作用のないスピン系（大きさ S，個数 N）の磁化は，自由エネルギー (5.41) を磁場で微分することによって得られ，

$$M = Ng\mu_B S B_S \left(\frac{g\mu_B S H}{k_B T} \right) \tag{5.83}$$

で表される．式 (5.83) からわかるように，磁化は H/T の関数である．いくつかのスピン値について式 (5.83) を計算した結果を図 5.22 に示す．

式 (5.83) にブリルアン関数の近似式 $B_S(x) = \frac{(S+1)x}{3S} + O(x^3)$ を用いると，帯磁率

$$\chi = \frac{N(g\mu_B)^2 S(S+1)}{3k_B T} \tag{5.84}$$

が得られる．式 (5.84) は温度に逆比例し，キュリー則（Curie's law）とよばれる．

実際の物質ではスピン間に相互作用が働くため，帯磁率のキュリー則がそのまま成り立つ場合は少ない．スピン数密度が小さくスピン間距離が大きい系では，相互作用が弱いために低温でかなりよい精度でキュリー則が観測されることがある．その代表例は CMN とよばれる化合物 $Ce_2Mg_3(NO_3)_{12}\cdot 24H_2O$ で，磁性を担う Ce^{3+} イオン間の距離は約 8.6 Å ときわめて大きい．CMN は液体ヘリウム温度以下でほぼキュリー則に従う帯磁率を示す

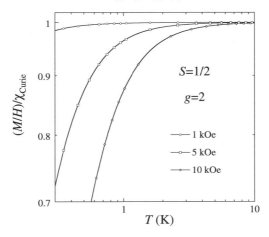

図 5.23 自由な電子スピン系の M/H のキュリー則からのずれ.

ため磁気温度計としてよく用いられる[*1)]. また別な例として磁性不純物の問題がある. 物質を合成した際に, 試料中に微量の磁性不純物が含まれることがある. このような磁性不純物は低温で帯磁率にキュリー則を示すことが多い. その場合には, 不純物スピンのキュリー則 $\chi_{\mathrm{imp}} = C_{\mathrm{imp}}/T$ を仮定し, C_{imp} をパラメータとしてその寄与を差し引くことがよく行われる.

実際の帯磁率測定では多くの場合, 有限磁場下で M/H を測定している. このとき弱磁場条件 ($k_{\mathrm{B}}T \gg g\mu_{\mathrm{B}}SH$) が成り立たなくなると, キュリー則からのずれが生じる. 電子スピン系の場合, $S = 1/2$, $g = 2$ として 1 kOe の磁場において M/H のキュリー則からのずれが 1 % となる温度はおよそ 0.4 K である (図 5.23). 一方, 核スピン系は相互作用が非常に小さく, かつゼーマンエネルギーが小さいために広い磁場温度範囲で $k_{\mathrm{B}}T \gg g_{\mathrm{N}}\mu_{\mathrm{N}}H$ の条件がみたされる. したがって特殊な場合を除いてキュリー則

$$M/H = \frac{N(g_{\mathrm{N}}\mu_{\mathrm{N}})^2 I(I+1)}{3k_{\mathrm{B}}T} \tag{5.85}$$

がかなり低温高磁場下でも正確に成り立つと考えてよい[*2)]. この性質を利用した核スピン温度計は, 極低温・有限磁場下での 1 次温度計として使うことができる[30, 31)].

(1) キュリー–ワイス則と平均場近似 相互作用のあるスピン系の帯磁率は, 高温極限においてキュリー–ワイス則 (Curie–Weiss law)

[*1)] $J = 5/2$ の多重項が結晶場で 3 つのクラマース二重項に分かれる. その基底二重項が擬スピン 1/2 として振る舞う. ワイス温度は 0.5 mK 程度である[29)].
[*2)] ^{195}Pt の場合, 10 mK, 100 kOe の温度磁場領域でキュリー則からのずれは 1.5 % 程度である.

$$\chi = \frac{C}{T-\theta} \tag{5.86}$$

を示す．ここで C はキュリー定数

$$C = \frac{N(g\mu_B)^2 S(S+1)}{3k_B} \tag{5.87}$$

また，θ はワイス温度（Weiss temperature）とよばれる．式 (5.86) は平均場近似を用いて以下のように導かれる．1 個のスピン S_0 に着目し，そのハミルトニアンを

$$\mathcal{H}_0 = g\mu_B \boldsymbol{S}_0 \boldsymbol{H} - 2\boldsymbol{S}_0 \sum_\rho J_{0,\rho} \boldsymbol{S}_\rho \tag{5.88}$$

と仮定する．右辺第 2 項は S_0 とまわりのスピン S_ρ との交換相互作用を表している[*1]．式 (5.88) は次のように書くことができる．

$$\mathcal{H}_0 = g\mu_B \boldsymbol{S}_0 \left(\boldsymbol{H} - \frac{2}{g\mu_B} \sum_\rho J_{0,\rho} \boldsymbol{S}_\rho \right) \tag{5.89}$$

ここで右辺括弧の中はまわりのスピンとの相互作用を含んだ有効磁場 $\boldsymbol{H}_\text{eff}$ である．

相互作用が存在するために，常磁性状態においても本来各 $\boldsymbol{S}_\rho$ は $\boldsymbol{S}_0$ と相間をもって揺らいでいる．しかし十分高温においてはこの相間は重要でなく，各スピンはそれぞれ磁場方向のまわりに独立に揺らいでいると考えてよい．そこでこの場合の平均場近似では $\boldsymbol{S}_\rho$ を $\boldsymbol{S}_0$ の統計平均（磁場 H と平行な成分）で置き換える．すなわち磁場方向を z 軸にとれば，

$$H_\text{eff} = H - \frac{2\langle S_{0z}\rangle}{g\mu_B} \sum_\rho J_{0,\rho} \tag{5.90}$$

この H_eff を式 (5.83) の H のところに代入して

$$M = N g\mu_B S B_S \left(\frac{g\mu_B S}{k_B T} H_\text{eff} \right) \tag{5.91}$$

$$H_\text{eff} = H + \frac{2M}{N(g\mu_B)^2} \sum_\rho J_{0,\rho} \tag{5.92}$$

の関係式が得られる．ここで $M = -N g\mu_B \langle S_{0z}\rangle$ の関係を用いた．式 (5.91) および式 (5.92) をみると，M を与える式 (5.91) の右辺のブリルアン関数の引き数にも M が含まれることがわかる．これは自己無撞着方程式とよばれ，一般には数値的にしか解けない．しかし高温極限ではブリルアン関数の 1 次の近似式を用いて式 (5.91) は

$$M \simeq \frac{N(g\mu_B)^2 S(S+1)}{3k_B T} \left[H + \frac{2M}{N(g\mu_B)^2} \sum_\rho J_{0,\rho} \right] \tag{5.93}$$

[*1] 最近接スピン間に限定しない．

5.2 磁化測定

表 5.3 Pr^{3+} の結晶場波動関数.

Γ_3	$\sqrt{\frac{1}{2}}\|2\rangle + \sqrt{\frac{1}{2}}\|-2\rangle$
	$\frac{1}{2}\sqrt{\frac{7}{6}}\|4\rangle - \frac{1}{2}\sqrt{\frac{5}{3}}\|0\rangle + \frac{1}{2}\sqrt{\frac{7}{6}}\|-4\rangle$
Γ_4	$\sqrt{\frac{1}{2}}\|4\rangle - \sqrt{\frac{1}{2}}\|-4\rangle$
	$\frac{1}{2}\sqrt{\frac{1}{2}}\|\mp 3\rangle + \frac{1}{2}\sqrt{\frac{7}{2}}\|\pm 1\rangle$
Γ_5	$\sqrt{\frac{1}{2}}\|2\rangle - \sqrt{\frac{1}{2}}\|-2\rangle$
	$\frac{1}{2}\sqrt{\frac{7}{2}}\|\pm 3\rangle - \frac{1}{2}\sqrt{\frac{1}{2}}\|\mp 1\rangle$
Γ_1	$\frac{1}{2}\sqrt{\frac{5}{6}}\|4\rangle + \frac{1}{2}\sqrt{\frac{7}{3}}\|0\rangle + \frac{1}{2}\sqrt{\frac{5}{6}}\|-4\rangle$

の形になる.これを M/H について解けば式 (5.86) の形が得られ,ワイス温度は

$$\theta = \frac{2S(S+1)}{3k_B}\sum_\rho J_{0,\rho} \tag{5.94}$$

で与えられる.θ の値は系に含まれるスピン間相互作用の重要な指標となる.

実験データの解析では,帯磁率の逆数 χ^{-1} を温度に対してプロットしたものを直線フィットし,その傾きから C が,また直線を外挿して温度軸を切る温度から θ が求まる.なお温度低下とともに,式 (5.89) の有効磁場 $\boldsymbol{H}_{\mathrm{eff}}$ において $\boldsymbol{S}_0$ と $\boldsymbol{S}_\rho$ の間のスピン相関が発達するために平均場近似 (5.92) が悪くなる.したがって帯磁率も一般に式 (5.86) の温度依存性から外れていく.

d. 局在 f 電子の結晶場分裂と帯磁率

局在 f 電子における基底多重項の結晶場分裂は希土類化合物の帯磁率に特徴的な温度依存性をもたらす.結晶場分裂がある場合の f 電子の磁化は

$$\mathcal{H} = \mathcal{H}_{\mathrm{CEF}} + g_J\mu_B \boldsymbol{J}\boldsymbol{H} \tag{5.95}$$

を解いて得られる.ここで g_J はランデの g 因子である.希土類イオンあたりの磁化 $\boldsymbol{m}$ を磁場の関数として求めるには,式 (5.95) を J 多重項の $2J+1$ 個の基底について対角化して固有値 E_i および固有関数 $|i\rangle$ を求め,

$$\boldsymbol{m} = \frac{\sum_i \langle i| - g_J\mu_B \boldsymbol{J}|i\rangle e^{-E_i/k_B T}}{\sum_i e^{-E_i/k_B T}} \tag{5.96}$$

を計算すれば得られる.

Pr^{3+} イオンを例にとり,図 5.16 と同じ立方対称の結晶場分裂について,磁化の温度変化を計算した例を図 5.24 に示す.結晶場パラメータは $W/k_B = 1.85$ K,$x = 0.5$ である.表 5.3 には Pr^{3+} の結晶場波動関数を示した.低温における磁化の温度依存性は,この場合の結晶場分裂の特徴をよく表している.Γ_5 三重項は磁気モーメントをもつため,約 6 K

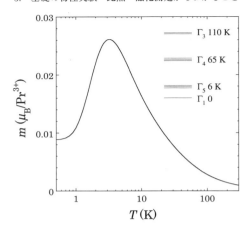

図 5.24 立方対称場下にある Pr^{3+} イオンの磁化の温度依存性の例. 磁場の大きさは $1 = kOe$.

以上での磁化はほぼキュリー則に従う. 一方, 基底 Γ_1 一重項は磁気モーメントをもたない. また表 5.3 からわかるように, Γ_1 一重項と Γ_5 三重項の間には $\boldsymbol{J}$ の行列要素がないため, 磁場下で基底状態に Γ_5 三重項の波動関数が混じらない. その結果, 3 K 以下で帯磁率は急激に減少し, $T \to 0$ では一定値に近づく. $T \sim 0$ における温度によらない有限の帯磁率は, 磁場によって基底状態に Γ_4 三重項の波動関数がわずかに混ざることによって生じている[*1].

e. 強磁性体の帯磁率と磁化

強磁性とは原子の磁気モーメントが自発的に一様に整列した状態である. ここではまず, 強磁性転移の概略について平均場近似を用いて説明する. 次のような 3 次元最近接強磁性ハイゼンベルクモデルを考えよう.

$$\mathcal{H} = -2J_1 \sum_{\langle i,j \rangle} \boldsymbol{S}_i \boldsymbol{S}_j + g\mu_B H_z \sum_i S_{iz} \quad (J_1 > 0) \tag{5.97}$$

このモデルは $H = 0$ のとき有限温度で強磁性転移を示す. 以下では具体的に, $S = 5/2$, $g = 2$, $zJ_1/k_B = 5$ K の場合を考える. ここで z は最近接スピン数である. まず式 (5.97) の磁化率は高温でキュリー–ワイス則 (5.86) を示し, 式 (5.94) よりワイス温度は $\theta = 29.17$ K である. 平均場近似 (5.90)〜(5.92) を低温まで適用すると, 式 (5.86) の磁化率は $T = \theta$ で発散する. これを逆帯磁率, すなわち χ^{-1} で表すと図 5.25 に示すように直線となり, $T = \theta$ でゼロになる. これが強磁性転移温度, すなわちキュリー温度 (キュリー点) T_C であ

[*1] バンブレック (van Vleck) 帯磁率とよばれる.

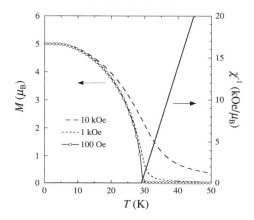

図 5.25 平均場近似により求めた強磁性体のスピンあたりの磁化および逆帯磁率.

る[*1)]. 任意の磁場における磁化の振る舞いは式 (5.91), (5.92) を数値的に解いて得られる. 100 Oe の微弱磁場下における磁化の温度変化が図 5.25 に白丸で示されている. 理想的な強磁性体では無限小磁場下において一様な磁化（自発磁化）が T_C 以下で連続的に発生する. したがって強磁性転移は 2 次の相転移であり，自発磁化（spontaneous magnetization）がその秩序変数である. なお平均場近似では，自発磁化の温度依存性は T_C 近傍で $(T_C - T)^{1/2}$ に比例する. これは自己無撞着方程式 (5.91), (5.92) でブリルアン関数の 3 次までの展開式から示すことができる.

図 5.25 には 1 kOe および 10 kOe の磁場下での磁化の温度変化の計算結果も示してある. これらからわかるように，有限磁場下では磁化は滑らかな温度変化を示し, キュリー点付近でも特異性をもたない. 言い換えると強磁性転移は有限磁場下で消失する. これは一様磁場が強磁性の秩序変数と共役な外場になっていることによる. このため有限磁場での磁化測定から T_C を正確に決める場合には適当な方法でゼロ磁場に外挿することが必要となる. そこでよく用いられるのがアロットプロット（Arrott plot）とよばれる解析法である[32]. 例として図 5.26(a) に前述のモデルについて T_C 付近のさまざまな温度における磁化の磁場依存性（磁場範囲は 1 kOe から 50 kOe まで）を計算した結果を示す. このような実験データが得られた場合，図 5.26(b) のように縦軸を M^2, 横軸を H/M にとって描く. この図の弱磁場付近のデータを直性で外挿すると, $T > T_C$ では横軸を切り，その切片が逆帯磁率を与える. 一方, $T < T_C$ では縦軸を切り，その切片が自発磁化の 2 乗に対応する. ちょうど原点を通る場合がキュリー点になり，図 5.26 から T_C は 29 K と 30 K の間にあることがわかる. 実際の測定ではさまざまな要因によって微弱磁場領域の本質的

[*1)] 一般に θ が正であれば常に強磁性に秩序するとは限らない.

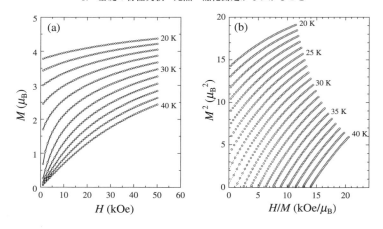

図 5.26 平均場近似により求めた強磁性体の磁化曲線 (a) およびアロットプロット (b). 温度刻みはそれぞれ 2 K と 1 K で，白丸は 1 kOe ごとのデータ点を示している．

な磁化が得られないことがあるが，アロットプロットを用いるとある程度大きな磁場からの直線外挿で T_C を決定できることが利点である．アロットプロットの原理は，磁化を独立変数とする自由エネルギーを展開して得られる状態方程式

$$H = \frac{1}{\chi}M + A'M^3 + \cdots \tag{5.98}$$

においてキュリー点では M の 1 次の項の係数がゼロになるため，高次項を除くと M^3 が H に比例することに基づいている．この前提は平均場近似では正しいが，現実の多くの強磁性体の臨界的挙動はこれと少し異なるので，後で述べるように，改良されたアロットプロットが用いられることもある．

なお平均場近似から得られた自発磁化の温度依存性を用いると，比熱の温度変化を計算することができる．スピン数を N とすると，内部エネルギーは

$$U = -\frac{1}{2} \times 2NzJ_1 \langle S_{iz} \rangle^2 \tag{5.99}$$

で与えられる．ここで係数 $\frac{1}{2}$ は相互作用を重複して数えないことによる．磁気比熱は U を温度で微分して得られ，その結果が図 5.18 の破線になる[*1)]．平均場近似では $\langle S_{iz} \rangle^2$ は $T > T_C$ でゼロ，T_C 直下では $T_C - T$ に比例して増大するので，比熱は T_C で有限の飛びを示す．

以上は平均場近似に基づいた強磁性転移の説明であった．以下では現実の強磁性体の磁

[*1)] 強磁性の場合と反強磁性の場合とで比熱に違いはない．

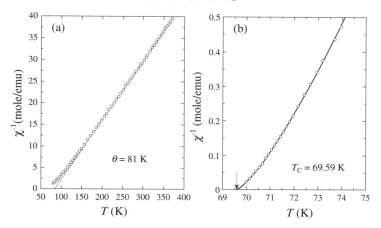

図 5.27　EuO の逆帯磁率 (a) およびそのキュリー点近傍の拡大図 (b)[33]．図 (a) の点線は高温のキュリー–ワイス則の外挿．図 (b) の実線は $a(T/T_C - 1)^{1.29}$ の依存性を示す．

化について例を示そう．上に述べたように磁化は強磁性転移の秩序変数である．そこで磁化測定により 2 次相転移の臨界現象を直接観測することができる．ここでは現実の強磁性体の臨界現象に注目し平均場近似との相違点を示そう．対象物質は EuO である．この物質は半導体で，Eu^{2+} イオンが fcc 格子を組んでいる．Eu^{2+} イオンの 7 個の $4f$ 電子は全軌道角運動量がゼロで全スピンが 7/2 の状態にある．したがって EuO は 3 次元ハイゼンベルクスピン系に近い性質をもつと考えられる．図 5.27(a) は高温までの帯磁率の測定結果から逆帯磁率を描いたものである．200 K 以上の温度領域の帯磁率はキュリー–ワイス則に従い，ワイス温度 $\theta = 81$ K が得られる．150 K 以下になるとスピン間の短距離相間の発達に伴い逆帯磁率がキュリー–ワイス則から外れ，図 5.27(b) に示すように実際のキュリー温度は 69.6 K 付近にある．キュリー点近くの逆帯磁率は一般に

$$\chi^{-1} \simeq a(T/T_C - 1)^\gamma, \quad (T > T_C) \tag{5.100}$$

の温度依存性に従う．臨界指数 γ は平均場近似では 1 であるが，EuO では 1.29~1.39 の値が得られている[33,34]．

次に EuO の自発磁化の温度依存性を示そう．自発磁化は磁化測定からも評価されているが[33]，ここでは ^{153}Eu のゼロ磁場 NMR 実験による内部磁場の測定結果を図 5.28(a) に示す[35]．ゼロ磁場 NMR における内部磁場は自発磁化に比例するので，その共鳴周波数の温度変化は直接に自発磁化の温度変化に対応する．キュリー点近傍の自発磁化 M_s は臨界指数 β を用いて

$$M_s \simeq b(1 - T/T_C)^\beta, \quad (T < T_C) \tag{5.101}$$

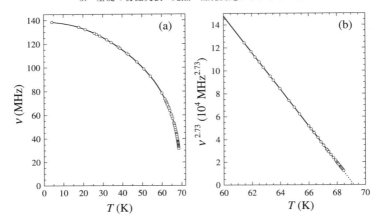

図 5.28 EuO の ^{153}Eu ゼロ磁場 NMR 共鳴周波数の温度変化 (a) およびそのキュリー点近傍の臨界的挙動 (b)[35]. この測定では $T_C = 69.23$ K である.

のように表すことができる. 平均場近似では $\beta^{-1} = 2$ であるが, 図 5.28(b) に示すように EuO では $\beta^{-1} \approx 2.73$ になっている.

以上に加えて, キュリー点における磁場と磁化の関係は一般に臨界指数 δ を用いて

$$H \simeq cM^\delta, \quad (T = T_C) \tag{5.102}$$

のように表され, スケーリング則により $\delta = 1 + \gamma/\beta$ の関係が成り立つことがわかっている[11]. 平均場近似では $\delta = 3$ であるが, EuO の場合は以上から δ は 4.5〜4.8 程度の値になる.

このように EuO の臨界挙動 (5.100)〜(5.102) ではそれぞれ平均場近似とは異なる臨界指数 β, γ, δ をもつ. 平行磁場下のイジング型強磁性体ではまた異なった臨界指数を示すことが知られている[11]. これらの強磁性体に対して図 5.26(b) のようなアロットプロットを行うと弱磁場における直線性が悪く, あまり適当ではない. そこで改良されたアロットプロットでは β, γ をパラメータとして縦軸を $M^{1/\beta}$, 横軸を $(H/M)^{1/\gamma}$ にとる[36]. β および γ の値を, 直線性のよいアロットプロットが得られるように最適化することにより, 各臨界指数および T_C を決定することができる[37]. 厳密解や数値解析から得られている古典スピン強磁性体の各臨界指数を表 5.4 に示す.

f. 反強磁性体の帯磁率と磁化

反強磁性に秩序化すると, 一般に磁気モーメントは全磁化がゼロの周期配列を示す. またその秩序構造は秩序波数ベクトル Q で特徴づけられ, そのフーリエ成分の振幅が秩序変数である. 最も単純な反強磁性構造は図 5.17 の MnF_2 の例に示すような, 2 つの部分格子をもった磁気モーメントの交替的配列である. この場合は 2 つの部分格子の磁気モーメ

5.2 磁化測定

表 5.4 古典スピン強磁性体の臨界指数.

	β	γ	δ	文献
2次元イジング	$\frac{1}{8}$	$\frac{7}{4}$	15	Onsager[14]
3次元イジング	$\simeq 0.32$	$\simeq 1.24$	$\simeq 4.9$	Pelissetto et al.[15]
3次元ハイゼンベルク	$\simeq 0.37$	$\simeq 1.4$	$\simeq 4.8$	Pelissetto et al.[15], Chen[16]
平均場	$\frac{1}{2}$	1	3	

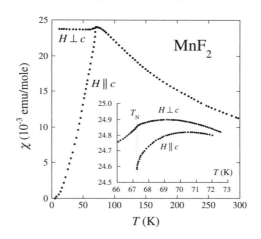

図 5.29 MnF$_2$ の帯磁率[38]. 挿入図は転移温度近傍の拡大図[39].

ントの差が秩序変数になる．このような反強磁性の秩序変数は一様磁場とは線形に結合しないので，強磁性の場合とは異なり帯磁率や磁化は2次相転移の臨界現象を直接的には反映しない．そのかわり，有限磁場下でも反強磁性秩序はすぐには壊れないので，秩序状態は磁場-温度平面上で閉じた有限の領域を占める．また磁場下でさまざまな相転移（磁気構造の変化）を示す場合がある．したがって，反強磁性体の磁化測定では磁場-温度相図を調べることが重要な課題の1つとなる．

MnF$_2$ を例にとって説明しよう．図 5.29 に帯磁率の実験結果を示す．十分高温では，帯磁率はほぼ等方的でキュリー–ワイス則 (5.86) を示し，ワイス温度 θ は約 -80 K と負の値を示す．すなわち帯磁率はキュリー則よりもゆるやかに増大する．MnF$_2$ の磁性を記述する最も単純なモデルは式 (5.52) にゼーマン項および磁気異方性項を追加した以下のモデルである．

$$\mathcal{H} = -2J_1 \sum_{\langle i,j \rangle} \bm{S}_i \bm{S}_j - 2J_2 \sum_{\langle i,k \rangle} \bm{S}_i \bm{S}_j + g\mu_\mathrm{B} \bm{H} \sum_i \bm{S}_i - D \sum_i S_{i,z}^2 \quad (5.103)$$

ここで J_1 は c 軸方向の最近接スピン間の交換相互作用，J_2 は対角方向の次近接交換相互作用で，MnF$_2$ の場合，$J_1/k_\mathrm{B} \simeq 0.3$ K，$J_2/k_\mathrm{B} \simeq -1.8$ K である[40,41]．また $g = 2$ で，

D は磁気異方性エネルギーのパラメータである．MnF_2 の異方性の起源は主に磁気双極子相互作用によるものであるが，ここでは1イオン型異方性で近似している．D/k_B の値はおよそ1K程度で c 軸が磁化容易軸である．転移温度以上の高温領域では異方性の効果はほとんど無視できる．式 (5.103) の帯磁率は十分高温ではキュリー–ワイス則 (5.86) に従い，ワイス温度は式 (5.94) より

$$\theta = \frac{2(z_1 J_1 + z_2 J_2)S(S+1)}{3k_B} \simeq -81 \text{ K} \quad (z_1 = 2, z_2 = 8) \tag{5.104}$$

となって実験値をよく再現する．転移温度以下での帯磁率は磁場方向によって大きく異なり，スピンの向く容易軸方向（$H \parallel c$，平行帯磁率とよぶ）では $T=0$ に向かって減少を示すのに対し，容易軸と垂直な方向（$H \perp c$，垂直帯磁率とよぶ）ではほぼ一定値をとる．これが典型的な反強磁性体の帯磁率の振る舞いである．

転移温度以下の帯磁率の振る舞いは平均場近似によって半定量的に再現できる．反強磁性体の平均場近似ではまず磁気秩序構造が決まっていなければならない．MnF_2 の磁気秩序構造は図 5.17 に示すように，上向きスピンの格子と下向きスピンの格子とが入れ子になった2部分格子構造である．それぞれの部分格子のスピンを $\boldsymbol{S}_A$, $\boldsymbol{S}_B$ とし，c 軸方向を z 軸にとると平均場のハミルトニアンは

$$\begin{aligned}\mathcal{H}_A &= -\boldsymbol{S}_A \left(2z_1 J_1 \langle \boldsymbol{S}_A \rangle + 2z_2 J_2 \langle \boldsymbol{S}_B \rangle\right) + g\mu_B \boldsymbol{H} \boldsymbol{S}_A - D S_{A,z}^2 \\ \mathcal{H}_B &= -\boldsymbol{S}_B \left(2z_1 J_1 \langle \boldsymbol{S}_B \rangle + 2z_2 J_2 \langle \boldsymbol{S}_A \rangle\right) + g\mu_B \boldsymbol{H} \boldsymbol{S}_B - D S_{B,z}^2\end{aligned} \tag{5.105}$$

と表される．簡単のため $D=0$, $H=0$ の場合を考え，$\langle \boldsymbol{S}_A \rangle = -\langle \boldsymbol{S}_B \rangle$ の形に解を求めると，強磁性体の場合と同様にして転移温度 (5.53) が求まる．MnF_2 の相互作用パラメータを用いて式 (5.53) を計算すると $T_N^{MF} = 88$ K が得られるが，この値は実際の転移温度 67.3 K に比べて30%ほど大きい．このように平均場近似は式 (5.103) の真の転移温度を過大評価している．

式 (5.105) はそれぞれ有効磁場

$$\begin{aligned}\boldsymbol{H}_{\text{eff},A} &= \boldsymbol{H} - \frac{2z_1 J_1 \langle \boldsymbol{S}_A \rangle + 2z_2 J_2 \langle \boldsymbol{S}_B \rangle}{g\mu_B} \\ \boldsymbol{H}_{\text{eff},B} &= \boldsymbol{H} - \frac{2z_1 J_1 \langle \boldsymbol{S}_B \rangle + 2z_2 J_2 \langle \boldsymbol{S}_A \rangle}{g\mu_B}\end{aligned} \tag{5.106}$$

のもとでの1軸異方性のあるスピンの問題であり，数値計算により磁化率を求めることができる．その結果を図 5.30 に示す．平行帯磁率は $T=0$ でゼロになるが，これは容易軸方向の磁場に対して，2つの部分格子の磁気モーメントが $T=0$ では完全に打ち消し合うためである．これに対して容易軸と垂直方向の磁場に対しては，$T=0$ においても2つの部分格子の磁気モーメントが磁場方向に傾くことによって磁化を生じることが可能なため，垂直帯磁率は有限になる．

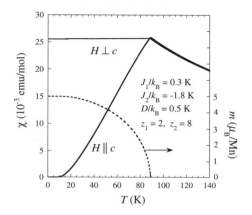

図 5.30 平均場近似による MnF_2 の帯磁率と部分格子磁化（破線）．この計算では $T_N^{MF} = 88$ K である．

平均場近似による反強磁性体の帯磁率は図 5.30 のように転移温度で最大値をとる．ところが図 5.29 の挿入図に示すように MnF_2 の転移温度付近を拡大すると，帯磁率は転移点の少し上の温度で最大となっていることがわかる．これは転移点に近づくにつれて反強磁性の短距離相関が発達し，帯磁率を減少させるように働くためである．この傾向は低次元性の強い反強磁性体において特に顕著で，帯磁率が最大値をとる温度よりもはるかに低い温度で長距離秩序を示すものが多い．

MnF_2 などの 2 部分格子反強磁性体の秩序状態における磁化過程を理解するにはベクトルモデルを用いるのが便利である．以下では簡単のため $T = 0$ とする．まず磁化容易軸と垂直方向の磁化を考えよう．部分格子の磁化をそれぞれ $\bm{m}_A$, $\bm{m}_B$ とし，それぞれゼーマンエネルギーを稼ぐために磁化容易軸（z 軸）から角度 α だけ傾いている場合を考える．磁場方向の全磁化 M は

$$M = 2m\sin\alpha, \quad (m = |\bm{m}_{A,B}| = \frac{N}{2}g\mu_B S) \tag{5.107}$$

またこのときの 2 次の異方性エネルギーを

$$E_{\mathrm{aniso}} = -K\cos^2\alpha \tag{5.108}$$

と書くことにする．一方，部分格子間の交換相互作用エネルギーは

$$E_{\mathrm{exch}} = \lambda \bm{m}_A \cdot \bm{m}_B = -\lambda m^2 \cos 2\alpha \tag{5.109}$$

と表される．ここで $\lambda (>0)$ は相互作用係数で，式 (5.105) を用いると $\lambda = 4z_2|J_2|/(Ng^2\mu_B^2)$ である．磁場 H のもとでのゼーマンエネルギーを加えると，

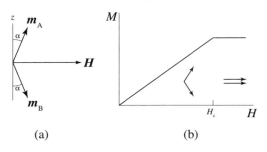

図 **5.31** 反強磁性体の磁化容易軸に垂直に磁場をかけた場合のベクトルモデル (a) と磁化過程 (b) ($T=0$).

$$E = E_{\text{exch}} + E_{\text{aniso}} - MH \tag{5.110}$$

を最小とするように角度 α が決まる．これを解けば，

$$M = \frac{H}{\lambda + (K/2m^2)} \tag{5.111}$$

が得られ，磁化は図 5.31(b) に示すように磁場に対して直線的に増加することになる．またその傾きが垂直帯磁率に相当する．磁化が完全に飽和するときの値は $M=2m$ なので，これより臨界磁場 H_c は

$$H_c = 2m\lambda + (K/m) = 2H_E + H_A \tag{5.112}$$

で与えられる．ここで $H_E \equiv \lambda m$, $H_A \equiv K/m$ は磁場の次元をもち，それぞれ交換磁場および異方性磁場とよばれる．

次に磁化容易軸方向の磁化過程を考えよう．はじめ部分格子磁化はそれぞれ $\pm z$ 方向にあって $T=0$ では磁化しない．このときのエネルギーは

$$E_1 = -\lambda m^2 - K \tag{5.113}$$

と書け，磁場によらず一定である．磁場がある程度大きくなると，部分格子磁化は図 5.32(a) のようにゼーマンエネルギーを得するように反強磁性成分が磁場と垂直になる向きに回転する．これをスピンフロップ転移とよぶ．スピンフロップ相のエネルギーは

$$E_2 = \lambda m^2 \cos 2\alpha - K \cos^2\alpha - 2mH\cos\alpha \tag{5.114}$$

と書ける．やはり磁場 H のもとで E_2 を最小とするように α を決めると，

$$M = \frac{H}{\lambda - (K/2m^2)} \tag{5.115}$$

$$E_2 = -\lambda m^2 - \frac{H^2}{2\lambda - (K/m^2)} \tag{5.116}$$

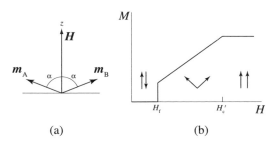

図 5.32 反強磁性体の磁化容易軸に磁場をかけた場合のスピンフロップ後のベクトルモデル (a) と磁化過程 (b) ($T=0$).

が得られる．弱磁場では $E_1 < E_2$ のため部分格子磁化が容易軸方向を向いた反強磁性構造が安定であるが，$E_1 = E_2$ となる磁場 H_f を境にスピンフロップ相が安定化する．スピンフロップ磁場 H_f は式 (5.113) と式 (5.116) から

$$H_\mathrm{f} = \sqrt{2H_\mathrm{E}H_\mathrm{A} - H_\mathrm{A}^2} \tag{5.117}$$

と求まる[*1]．このとき磁化は H_f において図 5.32(b) のように有限の飛びを示すことから，スピンフロップ転移は 1 次転移である．またスピンフロップ相が閉じる磁場 H_c' は式 (5.115) において $M = 2m$ とおくことにより，

$$H_\mathrm{c}' = 2H_\mathrm{E} - H_\mathrm{A} \tag{5.118}$$

と表せる．

$\mathrm{MnF_2}$ の場合，$|J_2| \simeq 1.8$ K より $H_\mathrm{E} \simeq 535$ kOe が得られる．一方，$\mathrm{MnF_2}$ のスピンフロップ磁場は $H_\mathrm{f} = 92.6$ kOe であることが実験からわかっている[42]．これらより，$H_\mathrm{A} \simeq 8.1$ kOe と求まる．$\mathrm{MnF_2}$ の H_c' は 1000 kOe を越えるため直接観測することが困難であるが，H_c' が測定可能な範囲にある反強磁性体では H_c' と H_f の実験値から λ や K の値を決めることが可能である．なお，H_A が大きくなるにつれ，H_f は増大し H_c' は減少する．ちょうど $H_\mathrm{A} = H_\mathrm{E}$ となったところで両者は一致し，これ以上異方性が大きくなるとスピンフロップ相は消失し，$H_\mathrm{c}'' \equiv H_\mathrm{E}$ においていきなり反平行のスピン配置から磁化の飽和した常磁性への転移が起こる．このような転移はメタ磁性とよばれ，$\mathrm{FeCl_2}$ や $\mathrm{DyPO_4}$ などでみられる[43]．

以上を元に，2 部分格子反強磁性体の磁場-温度相図を描くと図 5.33 のようになる．磁化容易軸方向で異方性が大きくない場合（$H_\mathrm{E} > H_\mathrm{A}$）にはスピンフロップ転移が存在し，これは 1 次相転移である．スピンフロップ磁場 H_f は通常，温度上昇とともに増加する．

[*1] 異方性が小さい場合には $H_\mathrm{f} = \sqrt{2H_\mathrm{E}H_\mathrm{A}}$ の形もよく用いられる．

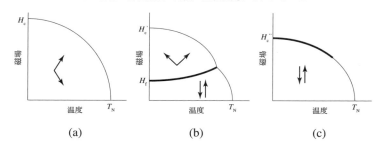

図 5.33 反強磁性体の磁気相図の例. (a) 磁化困難軸方向, (b) 磁化容易軸方向 ($H_E > H_A$), (c) 磁化容易軸方向 ($H_E < H_A$). 太線は 1 次転移を表す.

これは平行帯磁率が温度とともに増大するために式 (5.113) の E_1 に H^2 に比例して減少する項が加わることによる. 一方, 異方性が大きい場合 ($H_E < H_A$) にはメタ磁性転移となり, これは低温で 1 次の相転移になる.

磁場中での反強磁性転移温度 $T_N(H)$ は通常, T_N 近傍では H^2 に比例して減少する. これは平均場近似の計算から示すこともできるが, 以下のように現象論的な説明が可能である. 系の自由エネルギーを次のように展開する.

$$F = F_0 + \frac{1}{2}a(T - T_N)M_Q^2 + \frac{1}{4}A_1 M_Q^4 + \frac{1}{2\chi}M^2 - MH + \frac{1}{2}A_2 M_Q^2 M^2 \cdots \quad (5.119)$$

ここで M_Q は反強磁性の秩序変数, T_N はゼロ磁場における転移温度である. また M は一様磁化で χ は温度にゆるやかに依存する帯磁率を表す. 右辺の最後の項は M と M_Q との最低次の結合項で, 通常は $A_2 > 0$ と考えてよい[*1]. これよりゼロ磁場における秩序変数は

$$\begin{aligned} M_Q^2 &= 0 & (T \geq T_N) \\ &= \frac{a}{A_1}(T_N - T) & (T < T_N) \end{aligned} \quad (5.120)$$

と表される. また帯磁率は

$$M/H = \frac{\chi}{1 + \chi A_2 M_Q^2} \quad (5.121)$$

となり, 式 (5.120) より転移温度以下では $\chi(T)$ に対して $T_N - T$ に比例して減少することがわかる. 一方, 磁場中での転移温度は M_Q^2 の係数がゼロとなる条件から

$$T_N(H) = T_N - \frac{A_2}{a}M^2 \approx T_N - \frac{A_2}{a}(\chi H)^2 \quad (5.122)$$

と表され, H^2 に比例して低下することが示せる.

[*1] $M_Q M$ のような項は並進対称性から排除される.

5.2.3　磁化および磁場・温度相図に関する熱力学関係式

この項では，磁化のデータを解析したり磁気相図を作成したりする場合に役に立つ熱力学的関係式について紹介しよう．

a. 磁化とエントロピー・比熱の間の熱力学的関係：マクスウェルの関係式

物質の磁化 M とエントロピー S との間には，

$$\left(\frac{\partial M}{\partial T}\right)_H = \left(\frac{\partial S}{\partial H}\right)_T \tag{5.123}$$

という関係が成り立つ．これは熱力学におけるマクスウェルの関係式（Maxwell relations）とよばれるものの1つであり，自由エネルギー $F^*(T, H)$ の2階偏導関数が連続でかつ偏微分の順番が交換できるとすれば得られる．この関係から，磁化が温度増加とともに減少（増加）している領域では，系のエントロピーは磁場の減少（増加）関数となっていることがわかる．上式の両辺をさらに T で微分することにより，

$$\left(\frac{\partial^2 M}{\partial T^2}\right)_H = \left(\frac{\partial}{\partial H}\right)_T \left(\frac{C}{T}\right) \tag{5.124}$$

という関係が導かれる．この式を H で積分すれば，金属磁性体における電子比熱係数 γ の磁場変化を磁化の温度依存性の測定だけから求めることができる．すなわち，

$$\gamma(H) = \gamma(0) + \int_0^H \left(\frac{\partial^2 M}{\partial T^2}\right)_{T\to 0} dH' \tag{5.125}$$

である．γ の磁場依存性を比熱測定から求めようとすると，大変時間のかかる実験となる．一方，磁化測定であれば比較的短時間でデータが得られるので，式 (5.125) を用いる方が効率的な場合がある[44, 45]．

b. 1次相転移におけるクラウジウス–クラペイロンの式

これは1次相転移におけるエントロピーと磁化の不連続変化の関係を表す式である．図 5.34 のような磁場温度相図において，I相とII相との間の1次の相境界を $H_c(T)$ とする．このとき，

$$\frac{dH_c}{dT} = -\frac{\Delta S}{\Delta M} \tag{5.126}$$

の関係が成り立つ．これは1次相転移に関するクラウジウス–クラペイロンの式（Clausius–Clapeyron equation）とよばれるものの1つである．ここで，ΔS および ΔM はそれぞれ，I相からII相へ転移する際のエントロピーと磁化の飛びの大きさを表す．

この式は次のように導かれる．まずI相内で相境界に沿って自由エネルギー $F_I^*(T, H)$ の微小変化を考える．

$$\begin{aligned}\Delta F_I^* &= F_I^*(T+\Delta T, H+\Delta H) - F_I^*(T, H) \\ &= \frac{\partial F_I^*}{\partial T}\Delta T + \frac{\partial F_I^*}{\partial H}\Delta H \\ &= -S_I \Delta T - M_I \Delta H\end{aligned} \tag{5.127}$$

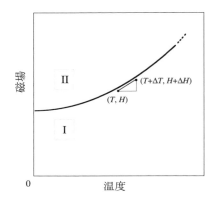

図 5.34　1 次相転移の相図の例．実線は 1 次相境界 $H_c(T)$ を示す．I 相から II 相への転移に伴い，磁化およびエントロピーが不連続に変化する．

同様に，II 相内でも相境界に沿って $\Delta F_{\text{II}}^*(T, H)$ を求める．1 次転移における F^* の連続性により $\Delta F_{\text{I}}^*(T, H) = \Delta F_{\text{II}}^*(T, H)$ であるので，

$$(S_{\text{II}} - S_{\text{I}}) \Delta T = -(M_{\text{II}} - M_{\text{I}}) \Delta H \tag{5.128}$$

となるが，今の場合 $\Delta H/\Delta T$ は dH_c/dT に等しいので式 (5.126) が得られる．

　温度一定の条件下で磁場を増加させて，I 相から II 相へ転移する場合を考えよう．ΔM は普通正であるため，ΔS は dH_c/dT と逆の符号になることがわかる．これには 2 通りの場合が考えられる．一般に I 相が秩序相で II 相が無秩序相の場合は $dH_c/dT < 0$ である．逆に $dH_c/dT > 0$ の例として興味深いのは，遍歴電子メタ磁性転移である[46]．これは YCo$_2$ など強磁性寸前の常磁性金属が低温高磁場下で磁化の大きな状態へと 1 次相転移を起こす現象であるが，高磁場相の方が電子比熱係数が小さいために $\Delta S \sim T\Delta\gamma < 0$ となり，$dH_c/dT > 0$ を示す．さらに dH_c/dT の温度依存性は低温ではほぼ ΔS によって決まるので，$H_c(T)$ は T^2 に比例して増加する．またこの 1 次相転移は対称性の変化を伴わない気相・液相型なので，1 次相転移線は有限温度 T_{cr} で臨界終点をもち，$T > T_{\text{cr}}$ では連続変化となる．最近の金属化合物の例として UCoAl もこのような相図を示す[47]．局在スピン系物質の例としては，スピンアイスとして知られている立方晶パイロクロア化合物 Dy$_2$Ti$_2$O$_7$ の [111] 方向における磁化がやはり低温で気相・液相型の 1 次相転移を示すことが知られており[48]，磁気モノポール励起の凝縮転移という解釈が提案されている[49]．

　通常，熱力学第 3 法則により式 (5.126) の ΔS は $T \to 0$ でゼロに近づく．一方 ΔM は有限に残るので，図 5.34 のように 1 次相転移線は一般に $T = 0$ の軸と垂直に交わることになる．

c. 2次相転移におけるエーレンフェストの関係式

磁化測定から磁場温度相図を決めるうえで非常に有用な，2次相転移に関するエーレンフェストの関係式（Ehrenfest relation）について説明しよう[*1]．

これは転移温度が $T_0(H)$ で与えられる2次相境界を横切るときの，磁化の変化の仕方を表す関係式で，

$$\frac{dT_0}{dH} = -\frac{\Delta(\partial M/\partial T)}{\Delta(C/T)} \tag{5.129}$$

と書かれる．ここでも $\Delta(\partial M/\partial T)$ や $\Delta(C/T)$ はそれぞれ2相間の磁化の温度微分および C/T 値の差を表す．この関係式は，2次相転移でエントロピーが連続であることを用いて，式 (5.126) と同様に導かれる．相境界に沿ったエントロピーの微小変化は

$$\Delta S = \left(\frac{\partial S}{\partial H}\right)\Delta H + \left(\frac{\partial S}{\partial T}\right)\Delta T = \left(\frac{\partial M}{\partial T}\right)\Delta H + \left(\frac{C}{T}\right)\Delta T \tag{5.130}$$

と書ける．ここでマクスウェルの関係式 (5.123) を用いた．また，$\Delta T = (dT_0/dH)\Delta H$ である．ΔS を2次相境界の両側で評価し，互いに等しいとおけば式 (5.129) が得られる．

図 5.35 に示すように一定磁場のもとで2次相境界を高温側から横切る場合，比熱の飛び ΔC は常に正である．したがって，dT_0/dH の符号によって $\partial M/\partial T$ の変化の仕方が決まる．図 5.35(a) に示すように，$T_0(H)$ が右下がりの場合には $M(T)$ は転移温度で山型に折れ曲がる[*2]．逆に $T_0(H)$ が右上がりの場合には，図 5.35(c) に示すように $M(T)$ は転移温度で谷型に折れ曲がる．注意すべきは相境界が図 5.35(b) のように垂直に立っている部分を横切る場合で，磁化にはまったく異常が現れない．このようなときには他の測定手段，例えば比熱測定から相境界を決める必要がある．また $H=0$ では M も消えるので，式 (5.129) の右辺はゼロになる．したがって $T_0(H)$ は $H=0$ の軸に垂直に交わることになる．ただし $H \to 0$ の転移が1次になる場合はこの限りではない．

d. 相転移点近傍における比熱と帯磁率の関係（Fisher の関係式）

エーレンフェストの関係式からは，2次相転移において比熱の異常と磁化の温度微分の異常との間に比例関係が成り立つことが示唆される．M. E. Fisher は反強磁性スピン系についての統計力学的考察から，2次相転移に伴う比熱の異常が

$$C(T) \simeq A\frac{\partial}{\partial T}[T\chi_\parallel(T)] \tag{5.131}$$

のように帯磁率の温度微分でスケールされることを示した[50]．ここで $\chi_\parallel$ は平行帯磁率で，A は温度にあまり依存しない量である．詳細は省略するが，この関係式は多くの反強磁性体においてよく成り立っていることが実験的に示されている．実際，図 5.29 にある MnF_2

[*1] ここでいう2次転移は磁気転移に限ることはなく，転移温度が磁場変化するようなものであれば何でもよい．

[*2] 式 (5.129) は磁化の温度微分の変化量を与えるのであって，符号を含め温度微分の値を与えるものではないことに注意．

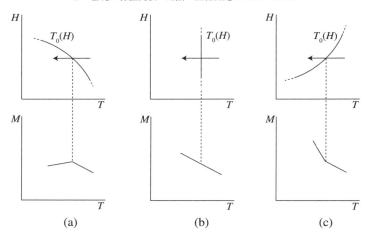

図 5.35 磁化に関するエーレンフェストの関係式の説明図.

の c 軸帯磁率の温度微分は T_N において発散的である．この関係式から，磁気転移温度を帯磁率測定から求める場合には帯磁率がピークとなる温度よりもむしろ帯磁率の温度微分がピークとなる温度で定義する方が合理的であるといえる．

5.3 磁化測定における最近の発展

以上述べたように，比熱測定や磁化測定は物質の電子状態を考えるうえでの基礎データを提供するものである．しかし最近の測定技術の発展により，これらの測定から新しい現象や，他の測定手段から容易に得られないような情報が与えられるようになってきた．ここでは磁化測定における最近の発展と実験例について紹介する．

e. 極低温磁化測定と重い電子系への応用

定常磁場下の磁化測定では，SQUID を用いた市販の磁化測定装置が現在世界的に普及している．これらの装置は感度も高く，また測定が自動化されていて便利であるが，測定可能な磁場・温度範囲はかなり制限される[*1)]．これを超える磁場温度範囲で測定するためには，装置を独自に開発製作しなければならない．超伝導マグネットを用いた磁化測定手段としては，引き抜き法や振動試料法などが一般的であり[51)]，液体ヘリウム 3 を用いれば 0.4 K 付近まで試料を冷却できる．一方，これよりもはるかに低い温度に試料を冷やすには希釈冷凍機を用いるが，引き抜き法や振動試料法では試料を検出コイル中で変位させる必要があり，希釈冷凍機と組み合わせることが容易でない．また，試料の変位に伴う発熱

[*1)] 標準的な装置では最低温度約 1.8 K，最大磁場 7 T である．

5.3 磁化測定における最近の発展

が大きな障害となる．そこでこれらの問題を解決するために，ファラデー法を応用した磁化測定装置が開発され，その有用性が確立している．

ファラデー法では，不均一磁場中におかれた試料の受ける力から磁化の大きさを求める．z 方向の磁場が z 方向に磁場勾配をもつ場合，磁気モーメント M には z 方向に

$$F_z = M \frac{\mathrm{d}H_z}{\mathrm{d}z} \tag{5.132}$$

の力が働く．この関係を用いると，力の測定によって磁化が求まる．力の検出には，加えられた力に比例して変位する可動電極をもった小型の平行平板コンデンサを用いることにより，希釈冷凍機中で容易に力の検出が可能となる．これに中心磁場と独立に磁場勾配を生成することのできる専用の超伝導マグネットを組み合わせることにより，高精度の極低温磁化測定が可能となる．測定法の詳細は文献を参照されたい[51,52]．現在，この方法で最低温度約 50 mK，最高磁場 17 T までの磁化測定が可能となっている．

この極低温磁化測定装置を用いた重い電子系超伝導体 $PrOs_4Sb_{12}$ の実験例について紹介する[53]．$PrOs_4Sb_{12}$（空間群 $Im3$）は充填スクッテルダイト化合物とよばれるものの一つである．図 5.36(a) の結晶構造に示すように Pr^{3+} イオン（$4f^2$）は 12 個の Sb 原子からなる正 20 面体のカゴの中心に位置し，体心立方格子を組んでいる．この結晶構造は立方晶でありながら 4 回軸をもたない点が特徴で，正 4 面体群の 1 つである T_h 群に属する．そのため $4f$ 電子の結晶場ハミルトニアンには新たな 6 次の項が加わる[54]．しかしここでは簡単のために，通常の O_h 群で考えることにする[*1]．この場合の結晶場ハミルトニアン

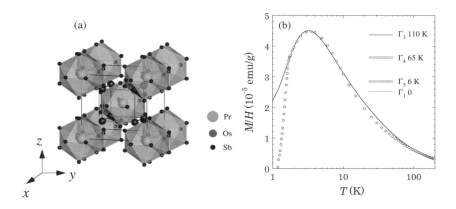

図 **5.36** $PrOs_4Sb_{12}$ の結晶構造 (a) および帯磁率の温度依存性 (b)．約 1.7 K に超伝導転移がみられる．実線は結晶場モデル（$W/k_B = 1.85$ K, $x = 0.5$, $\lambda = -6000$ $(\mathrm{emu/g})^{-1}$）による計算結果．

[*1] T_h 群の効果については Shiina[55] を参照されたい．

は式 (5.46) で与えられる. $PrOs_4Sb_{12}$ では各パラメータはおよそ $W = 1.85$ K, $x = 0.5$ とされ[53], Pr^{3+} の結晶場基底状態は Γ_1 一重項で, 第一励起状態は約 6 K 離れたところにある Γ_5 三重項である. これ以外の励起準位はさらに数十 K 以上離れているので, 低温領域の磁性は主にこの 2 つの準位によって決まっている. このような結晶場状態は初めから確立していたわけではなく, 研究の初期の段階では結晶場基底状態のとり方に諸説あった. 特に f 電子と伝導電子との混成が強いことが期待される場合には, f 電子の結晶場分裂を特定することが容易ではない. しかし磁場中の比熱測定[56]や以下に述べる磁化測定[53]から見いだされた磁場誘起相転移の存在が大きな手がかりとなって, 上に述べた一重項-三重項の擬四重縮退に決着したという経緯がある.

図 5.36(b) に $PrOs_4Sb_{12}$ の帯磁率の温度依存性を示す. 約 3 K 付近にブロードな極大を示すのが特徴である. また 1.7 K 付近で帯磁率が急激に減少しているのは超伝導転移によるものである. 超伝導転移を除くと, この帯磁率の温度変化は図 5.24 の計算結果を用いてかなりよく再現できる. ただし, 反強磁性的な相互作用の効果を平均場近似で取り入れる必要がある. 式 (5.95) から導かれる帯磁率を χ_{CEF} として, 磁気モーメント間の相互作用がある場合の微弱磁場 H に対する磁化 M は

$$M = \chi_{\mathrm{CEF}}(H + \lambda M) \tag{5.133}$$

と近似できる. ここで λ は平均場の相互作用係数である. これを M について解いて M/H を求めるべき帯磁率 χ とおくと,

$$\chi^{-1} = \chi_{\mathrm{CEF}}^{-1} - \lambda \tag{5.134}$$

の関係が得られる. 図 5.36(b) の実線は, 図 5.24 の計算結果を基に反強磁性的相互作用 $\lambda = -6000$ $(\mathrm{emu/g})^{-1}$ を取り入れたものである. 以上の結果より, $PrOs_4Sb_{12}$ は弱磁場下では磁気的な秩序状態にはない.

さて, $PrOs_4Sb_{12}$ の [100] 方向の磁化曲線を 60 mK で測定した結果を図 5.37(a) に示す. 20 kOe 付近でみられる弱いヒステリシスは, 第 2 種超伝導体の上部臨界磁場 H_{c2} 直下におけるピーク効果によるものである. 一方, 43 kOe 付近にみられる磁化の折れ曲がりは 2 次相転移を示しており, 磁場誘起の秩序相が存在していることを表している.

この磁場誘起相転移について, 一定磁場のもとでの磁化の温度変化で調べた結果を図 5.37(b) に示す. 磁場 50 kOe のデータで M/H が温度とともに増大しているのは, 図 5.36(b) の帯磁率と同様, 磁気的な励起状態が存在するためである. 矢印で示したように, 0.7 K 付近に折れ曲がりがみられるが, これが磁場誘起相への転移によるものである. この転移温度は, 磁場が 60 kOe から 80 kOe と増加するに伴い, 高温側にシフトしていく. 90 kOe では磁化に明確な異常がみえないが, 100 kOe 以上では再び磁化の折れ曲がりが現れ, 磁場の増加とともに低温側にシフトする. これらの結果を磁場温度相図にまと

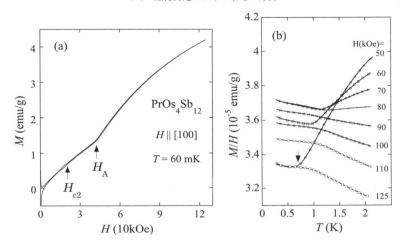

図 5.37 PrOs$_4$Sb$_{12}$ の (a)60 mK における磁化曲線および (b) 磁化の温度依存性の測定結果[53]. 磁場は [100] 方向.

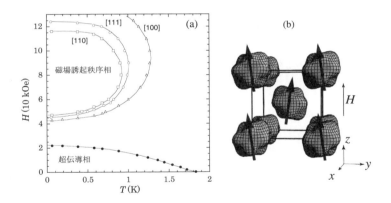

図 5.38 PrOs$_4$Sb$_{12}$ の磁場温度相図[53](a) および磁場誘起秩序相における Pr 磁気モーメントの配列[59](b).

めたのが図 5.38(a) である. 相境界の傾きと, 転移点における磁化温度変化の折れ曲がり方が, 図 5.35 のエーレンフェストの関係をみたしていることに注目されたい. ここには [110] および [111] 方向の結果も併せてプロットしている. いずれにも定性的には [100] と同様の磁場誘起相が現れる. この磁場誘起相は, 以下に示すようにゼーマン分裂した Γ$_5$ 三重項が基底 Γ$_1$ 一重項と交差することによって生じる反強 4 極子秩序相である.

図 5.39 に PrOs$_4$Sb$_{12}$ における孤立した Pr^{3+} イオンの結晶場分裂の磁場効果の全体像

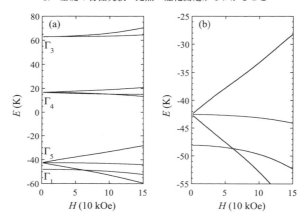

図 **5.39** PrOs$_4$Sb$_{12}$ における Pr^{3+} の結晶場準位の磁場効果. (a) は全体像で (b) は低エネルギー部分の拡大図. 結晶場パラメータ $W = 1.85$ K, $x = 0.5$ で磁場は [100] 方向.

(a) およびその低エネルギー部分の拡大図 (b) を示す. 磁場方向を z 軸とする. Γ_1 一重項と Γ_5 三重項との間には角運動量 $\bm{J}$ の行列要素がないので,基底 Γ_1 一重項とゼーマン分裂した Γ_5 三重項は互いに反発せず図のように 64 kOe 付近で交差する. その結果二重縮退が磁場中で生じ,系が何らかの自由度を獲得する. これは秩序・無秩序型の相転移が起きうることを意味している. ここで注目すべきは,系の自由度である. 局在 f 電子系では,強いスピン軌道相互作用のために,全角運動量 $\bm{J}$ を用いて状態を記述する必要がある. その結果,局在 f 電子準位の自由度は一般にスピンと軌道の複合モーメントである多極子を用いて表される[57]. 例えば, f 電子の磁気モーメントは $\bm{J}$ について 1 次の磁気双極子モーメント (J_x, J_y, J_z) であり,軌道の自由度は $\bm{J}$ について 2 次の演算子である 5 個の電気 4 極子モーメントで表される. 表 5.5 に電気 4 極子モーメントの演算子を示す. これ以外にも, $\bm{J}$ について 3 次の磁気 8 極子モーメントや, 4 次の電気 16 極子モーメントなどが定義できる [*1]. 最近,それら高次多極子が自発的に秩序化する場合があることが明らかにされつつあり,多極子秩序とよばれている.

話を PrOs$_4$Sb$_{12}$ に戻すと, Γ_1 一重項と Γ_5 三重項からなる擬四重項は群論的考察から, 3 つの磁気双極子モーメントに加えて, 5 つの電気 4 極子モーメント, 3 つの磁気 8 極子モーメントおよび 4 つの電気 16 極子モーメントをもつことがわかっている[55]. 磁場誘起秩序相の秩序変数がこれらのうちのどれであるかは,波動関数および磁化曲線,相図の形状からある程度絞り込むことができるが,確定的な証拠を得るには微視的な測定が必要と

[*1] $\bm{J}$ について偶数次のモーメントは電気多極子,奇数次のものは磁気多極子であり,後者の秩序変数は時間反転対称性を破る.

5.3 磁化測定における最近の発展

表 5.5 電気 4 極子モーメントの演算子.

既約表現	4 極子演算子
Γ_3	$O_2^0 \equiv \frac{1}{2}(2J_z^2 - J_x^2 - J_y^2)$
	$O_2^2 \equiv \frac{\sqrt{3}}{2}(J_x^2 - J_y^2)$
Γ_5	$O_{xy} \equiv \frac{\sqrt{3}}{2}(J_xJ_y + J_yJ_x)$
	$O_{yz} \equiv \frac{\sqrt{3}}{2}(J_yJ_z + J_zJ_y)$
	$O_{zx} \equiv \frac{\sqrt{3}}{2}(J_zJ_x + J_xJ_z)$

なる. 核磁気共鳴や磁場中の中性子弾性散乱を用いると, 反強磁性秩序のみならず反強的な 4 極子秩序の特定も可能である.

図 5.38(b) に中性子弾性散乱実験により決定された磁場誘起秩序相の Pr 磁気モーメントの配列を示す. Pr 磁気モーメントは全体として磁場方向（z 方向）を向いているが, 単位格子の角と体心位置の磁気モーメントが交互に y 方向に傾いていることがわかった[58]. すなわち, y 方向の反強磁性成分が現れていることになる. その最も単純な秩序変数としては J_y の反強磁性秩序が考えられるが, 今の場合, 準位交差による二重縮退状態に J_y の行列要素がほとんどないので, その可能性は排除される. 図 5.38(b) の磁場誘起反強磁性モーメントを最も合理的に説明する秩序状態は, O_{yz} 型の 4 極子モーメントの反強的配列である. 4 極子モーメントは f 電子軌道の異方的な電荷分布を表す自由度であり, それ自体が時間反転対称性を破りはしない. しかし 4 極子モーメントが秩序化すると, 軌道の異方性のために局所的な帯磁率に立方対称を破る異方性が生じる. その結果, 一様磁場下で誘起される磁化には交替的な 4 極子構造を反映して, 同一周期の反強磁性成分が現れる. 直感的理解として, O_{yz} の反強的秩序の場合, 単位格子の角と体心位置で平均値 $\langle J_yJ_z \rangle$ は正負の有限値をとる. このとき z 方向に磁場がかかると一様な $\langle J_z \rangle > 0$ が磁場誘起されるので, その結果, $\langle J_y \rangle$ に正負の交替的成分が発生する. これが中性子散乱で検出された反強磁性モーメントであると考えられる. より定量的には, 以下の平均場モデルによって磁化曲線や相図が説明できる.

$$\mathcal{H}_{A(B)} = \mathcal{H}_{\text{CEF}} + g_J\mu_B J_{z,A(B)}H - K_1\langle \boldsymbol{J}_{B(A)} \rangle \boldsymbol{J}_{A(B)} - K_2\langle \boldsymbol{O}_{B(A)} \rangle \boldsymbol{O}_{A(B)} \quad (5.135)$$

ここで A と B は 2 つの部分格子を表し, $\boldsymbol{O}$ は表 5.5 の 3 つの Γ_5 型 4 極子モーメントである. また K_1 と K_2 はそれぞれ反強磁性および反強 4 極子相互作用係数である. K_1 は計算結果の定量性向上のために入れた項で本質的ではない. 式 (5.135) を解くことにより, 図 5.40 に示すように磁化曲線および相図の特徴がよく再現できる. ここで O_h 対称性のもとでは秩序変数 O_{yz} および O_{xz} は互いに等価のため, ドメインを形成するはずである. しかし, 実験では O_{yz} のみが観測されている. これはこの物質の T_h 対称性の現れであり, 磁場をかけて z 軸を固定すると x 方向と y 方向が非等価となることを明確に示している.

図 5.38(a) の相図に戻ると, PrOs$_4$Sb$_{12}$ の超伝導相は磁場誘起の反強的 4 極子相に隣接

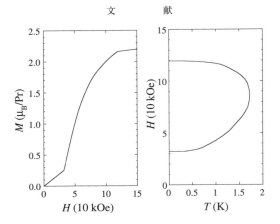

図 5.40 平均場近似による $PrOs_4Sb_{12}$ の磁場誘起秩序の計算結果．(a) は 100 mK での磁化曲線．(b) は相図．結晶場パラメータ $W = 1.85$ K, $x = 0.5$, 相互作用係数 $K_1 = -0.6$ K, $K_2 = -0.04$ K で磁場は [100] 方向．

していることになる．強相関超伝導体の多くは磁気秩序相に隣接し，磁気的揺らぎが超伝導電子対の引力機構となっていると考えられている．この類推から，$PrOs_4Sb_{12}$ の超伝導は4極子揺らぎが引力の起源となる新奇の機構であることが期待されている[59]．またミューオンスピン緩和の実験では超伝導状態で時間反転対称性が破れていることが報告されるなど[59, 60]，注目を集めている．しかし，その超伝導対称性には諸説あって決着がついておらず，今なお研究が続いている問題である． 　　　　　　　　　　　　　　　　　[榊原俊郎]

文　献

1) D. L. Martin, Can. J. Phys. **40**, 1166 (1962) ; Phys. Rev. **141**, 576 (1966).
2) D. R. Smith and F. R. Fickett, J. Res. Natl. Inst. Stand. Technol. **100**, 119 (1995).
3) P. C. Trivedi, H. O. Sharma and L. S. Kothari, J. Phys. C: Solid State Phys. **10**, 3478 (1977).
4) P. Flubacher, A. J. Leadberrer and J. A. Morrison, Phil. Mag. **4**, 273 (1959).
5) G. Nelin and G. Nilsson, Phys. Rev. B **5**, 3151 (1972).
6) A. P. Ramirez and G. R. Kowach, Phys. Rev. Lett. **80**, 4903, (1998).
7) K. Matsuhira, C. Sekine, M. Wakeshima, Y. Hinatsu, T. Namiki, K. Takeda, I. Shirotani, H. Sugawara, D. Kikuchi and H. Sato, J. Phys. Soc. Jpn. **78**, 124601 (2009).
8) N. E. Phillips, Phys. Rev. **114**, 676 (1959).
9) K. R. Lea, M. J. M. Leask and W. P. Wolf, J. Phys. Chem. Solids, **23**, 1381 (1962).
10) W. O. J. Boo and J. W. Stout, J. Chem. Phys. **65**, 3929 (1976).
11) L. P. Kadanoff, W. Götze, D. Hamblen, R. Hecht, E. A. Lewis, V. V. Palciausk, M. Rayl, J. Swift, D. Aspens and J. Kane; Rev. Mod. Phys. **39**, 395 (1967).
12) MnF_2 の磁気構造および中性子散乱を用いた観測方法に関する教育的な解説：Z. Yamani, Z. Tun, D.

H. Ryan, Can. J. Phys. **88**, 771 (2010).
13) H. Ikeda, N. Okamura, K. Kato and A. Ikushima. J. Phys. C: Solid State Phys., **11**, L231 (1978).
14) L. Onsager, Phys. Rev. **65**, 117 (1944).
15) A. Pelissetto and E. Vicari, Phys. Rep. **368**, 549 (2002).
16) K. Chen, A. M. Ferrenberg and D. P. Landau, Phys. Rev. B **48**, 3249 (1993).
17) J. Kondo, J. Phys. Soc. Jpn. **16**, 1690 (1961).
18) Y. Aoki, T. Namiki, T. D. Matsuda, K. Abe, H. Sugawara and H. Sato, Phys. Rev. B **65**, 064446 (2002).
19) R. Higashinaka, T. Maruyama, A. Nakama, R. Miyazaki, Y. Aoki and H. Sato, J. Phys. Soc. Jpn. **80**, 093703 (2011).
20) K. An, T. Sakakibara, R. Settai, Y. Ōnuki, M. Hiragi, S. Takagi and K. Machida, Phys. Rev. Lett. **104**, 037002 (2010).
21) R. M. Bozorth, *Ferromagnetism* (D. van Nostrand, 1951)
22) J. H. Van Vleck, *The Theory of Electric and Magnetic Susceptibilities* (Oxford University Press, 1965).
23) G. A. Bain and J. F. Berry, J. Chem. Edu. **85**, 532 (2008).
24) C. Uyeda and K. Tanaka, J. Phys. Soc. Jpn. **72**, 2334 (2003).
25) R. T. Schumacher and C. P. Slichter, Phys. Rev. **101**, 58 (1956).
26) L. Landau, Z. Phys. **64**, 629 (1930).
27) H. Fukuyama and R. Kubo, **28**, 570 (1970).
28) F. A. Buot and J. W. McClure, Phys. Rev. B **6**, 4525 (1972).
29) P. Mohandas, D. I. Head and R. L. Rusby, Czech. J. Phys. **46**, Suppl. S5, 2867 (1996).
30) D. Candela and D. R. McAllaster, Cryogenics **31**, 94 (1991).
31) A. Harita, T. Tayama, T. Onimaru and T. Sakakibara, Physica B **329-333**, 1582 (2003).
32) A. Arrott, Phys. Rev. **108**, 1394 (1957) .
33) N. Menyuk, K. Dwight and T. B. Reed, Phys. Rev. B **3**, 1689 (1971).
34) S. S. C. Burnett and S. Gartenhaus, Phys. Rev. B **43**, 591 (1991).
35) N. Bykovetz, B. Birang, J. Klein and C. L. Lin, J. Appl. Phys. **107**, 09E142 (2010) .
36) A. Arrott and J. E. Noakes, Phys. Rev. Lett. **19**, 786 (1967).
37) T. Kida, A. Senda, S. Yoshii, M. Hagiwara, T. Takeuchi, T. Nakano and I. Terasaki, Europhys. Lett. **84**, 27004 (2008).
38) S. Foner, *Magnetism*, edited by G. T. Rado and H. Suhl, Vol.I, 387 (Academic Press, 1963).
39) P. Nordblad, L. Lundgren, E. Figueroa, U. Gäfvert and O. Beckman, Physica Scripta **20**, 105 (1979).
40) C. Trapp and J. W. Stout, Phys. Rev. Lett. **10**, 157 (1963).
41) A. Okazaki, K. C. Turberfield and R. W. H. Stevenson, Phys. Lett. **8**, 9 (1964).
42) J. Barak, V. Jaccarino and S. M. Rezende, J. Mag. Mag. Mater. **9**, 323 (1978).
43) E. Stryjewski and N. Giordano, Adv. Phys. **26**, 487 (1977).
44) C. Paulsen, A. Lacerda, L. Puech, P. Haen, P. Lejay, J. L. Tholence and J. Flouquet, J. Low Tem. Phys. **81**, 317 (1990).
45) T. Sakakibara, T. Tayama, K. Matsuhira, H. Mitamura, H. Amitsuka, K. Maezawa and Y. Ōnuki, Phys. Rev. B **51**, 12030 (1995).

46) T. Goto, H. Aruga Katori, T. Sakakibara, H. Mitamura, K. Fukamichi and K. Murata, Solid State Commun. **76**, 6682 (1994).
47) H. Nohara, H. Kotegawa, H. Tou, T. D. Matsuda, E. Yamamoto, Y. Haga, Z. Fisk, Y. Ōnuki, D. Aoki and J. Flouquet, J. Phys. Soc. Jpn. 80, 093707 (2011).
48) T. Sakakibara, T. Tayama, Z. Hiroi, K. Matsuhira and S. Takagi, Phys. Rev. Lett. **90**, 207205 (2003).
49) C. Castelnovo, R. Moessner and S. L. Sondhi, Nature **451**, 42 (2008).
50) M. E. Fisher, Phil. Mag. **7**, 1731 (1962).
51) 三浦登責任編集, 実験物理科学シリーズ 強磁場の発生と応用, p.213 (共立出版, 2008).
52) T. Sakakibara, H. Mitamura, T. Tayama and H. Amitsuka, Jpn. J. Appl. Phys. **33**, 5067 (1994).
53) T. Tayama, T. Sakakibara, H. Sugawara, Y. Aoki and H. Sato, J. Phys. Soc. Jpn. **72**, 1516 (2003).
54) K. Takegahara, H. Harima and A. Yanase, J. Phys. Soc. Jpn. **70**, 1190 (2001).
55) R. Shiina, J. Phys. Soc. Jpn. **73**, 2257 (2004).
56) Y. Aoki, T. Namiki, S. Ohsaki, S. R. Saha, H. Sugawara and H. Sato, J. Phys. Soc. Jpn. **71**, 2098 (2002).
57) H. Kusunose, J. Phys. Soc. Jpn. **77**, 064710 (2008).
58) M. Kohgi, K. Iwasa, M. Nakajima, N. Metoki, S. Araki, N. Bernhoeft, J.-M. Mignot, A. Gukasov, H. Sato, Y. Aoki and H. Sugawara, J. Phys. Soc. Jpn. **72**, 1002 (2003).
59) Y. Aoki, T. Tayama, T. Sakakibara, K. Kuwahara, K. Iwasa, M. Kohgi, W. Higemoto, D. E. MacLaughlin, H. Sugawara and H. Sato, J. Phys. Soc. Jpn. **76**, 051006 (2007).
60) Y. Aoki, A. Tsuchiya, T. Katayama, S. R. Saha, H. Sugawara, H. Sato, W. Higemoto, A. Koda, K. Onishi, K. Nishiyama and R. Kadono, Phys. Rev. Lett. **91**, 067003 (2003).

6. 核磁気共鳴法

　核磁気共鳴（Nuclear Magnetic Resonance，略して NMR）はその誕生以来 70 年近くにわたって精緻な発展を遂げ，今では物理学，化学に限らず，医学，生物学，材料科学など自然科学のほとんどあらゆる分野において重要な実験手法となっている．この章では NMR の原理と実験手法を解説した後，固体物理，特に強相関電子系や量子スピン系の研究にどのように応用されているか，具体例にもとづいて説明する．NMR には

1) 特定の原子サイトを選択的に観測できる
2) 原子核が磁気モーメントと電気 4 重極モーメントを併せ持つ場合には，磁性，構造相転移，電荷秩序など，多種多様な物性に対するプローブとなる
3) 核磁気緩和時間（T_1, T_2）からダイナミクスを知ることができる

という利点があり，これらの長所をフルに発揮するように合理的に実験を組み立てれば，他の方法では得られない貴重な微視的情報が得られる場合が多い．そのためには，観測しているサイトの局所対称性が NMR スペクトルや核磁気緩和率にどのように反映されるか，また対称性を破る秩序状態の出現によってによってこれらがどのような影響を受けるかを理解することが基礎となる．

6.1　核磁気共鳴の基礎と超微細相互作用

　核磁気共鳴（NMR）とは，その名のとおり，原子核の磁気モーメントが示す共鳴現象である．原子核が関わる現象でありながら，主として電子集団の振る舞いを研究する固体物理学に広く応用されているのは，原子核と周囲の電子に超微細相互作用と呼ばれる相互作用が働いており，原子核の共鳴現象に電子系の性質が反映されるからである．したがって，NMR を用いた物性研究では，まず NMR の原理とともに超微細相互作用を正しく理解することが必要である．この節では，まず磁気共鳴の原理を説明した後，超微細相互作用と固体におけるその効果を考え，最後に固体における NMR データの解釈について解説する．

この節の主な内容は多くの教科書で解説されている．NMR の原理を解説した書として C. P. Slichter の古典的名著[1] は今なお優れた価値をもっている．今ひとつの A. Abragam の名著[2] は，今日でも固体物理への応用に必要な NMR の基礎知識がほとんど網羅されている．また強相関電子系への応用に関しては朝山氏の教科書[3] が有用である．

6.1.1 磁気共鳴の原理

a. 磁場中での磁気モーメントの運動と共鳴現象

磁気共鳴は角運動量に付随する磁気モーメントをもつ粒子を対象とする．原子核の角運動量を $\hbar \boldsymbol{I}$ とし，これに比例する磁気モーメントを $\boldsymbol{\mu}$ とすると，両者の間の比例係数として磁気回転比 γ が定義される．

$$\boldsymbol{\mu} = \gamma \hbar \boldsymbol{I} \tag{6.1}$$

静磁場 $\boldsymbol{H}_0$ 中での磁気モーメントのエネルギーは $-\boldsymbol{H}_0 \cdot \boldsymbol{\mu}$ で与えられるから，核スピンのハミルトニアンは

$$\mathcal{H} = -\gamma \hbar \boldsymbol{I} \cdot \boldsymbol{H}_0 \tag{6.2}$$

となる．磁場方向を z 軸にとると，I_z の固有値 m ($m = I, I-1, \ldots, -I$) を用いてエネルギー固有値は $E_m = -\gamma \hbar H_0 m$ と表され，$2I+1$ 個のエネルギー準位が等間隔に並ぶ（図 6.1(a)）．これをゼーマン分裂という．ここで静磁場に垂直に，ゼーマン分裂の間隔に等しい周波数 $\omega = \gamma H_0$ をもつ高周波磁場をかけると，I_x や I_y は $I_z = M$ と $I_z = M \pm 1$ の状態間にゼロでない行列要素ももつために，隣り合う準位の間に遷移が引き起こされる．これが磁気共鳴の最も簡単な説明である．

しかし，この説明では磁気共鳴の本質であるコヒーレンスの概念が伝わらない．また以下に見るように，高周波磁場を特に弱い摂動に限る必要はない．そこでまず，静磁場中の角運動量の時間変化をハイゼンベルグの運動方程式 $d\hbar \boldsymbol{I}/dt = i[\mathcal{H}, \boldsymbol{I}]$ によって考察する．角運動量成分の交換関係 $[I_x, I_y] = iI_z$, $[I_y, I_z] = iI_x$, $[I_z, I_x] = iI_y$ と (6.2) 式から容易

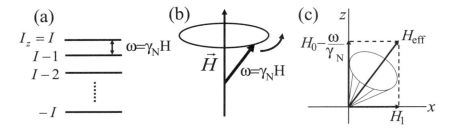

図 **6.1** (a) ゼーマン準位間の遷移．(b) 磁場中のラーモア歳差運動．(c) 高周波磁場下での磁気共鳴．

に，$d\hbar\boldsymbol{I}/dt = \hbar\gamma \boldsymbol{I} \times \boldsymbol{H}_0$ が導かれる．右辺は磁気モーメントと静磁場のベクトル積，すなわち磁気モーメントに働くトルクを表している．したがって，この式は「角運動量の時間変化はトルクに等しい」という古典力学の運動方程式に等価であり，量子力学と古典力学は同じ結果を与える．両辺に γ を掛けて，スピンの波動関数について期待値をとると，

$$\frac{d\boldsymbol{M}}{dt} = \gamma \boldsymbol{M} \times \boldsymbol{H}_0 \tag{6.3}$$

ここで磁化 $\boldsymbol{M} = \hbar\gamma\langle\boldsymbol{I}\rangle$ は，1 個のスピンに関する期待値として定義されたが，多数のスピンからなる集団に対しては巨視的な磁化と考えてよい．また今まで $\boldsymbol{H}_0$ を静磁場と考えたが，この式は磁場が時間的に変化する場合（高周波磁場が存在する場合）でも成立する．

ここで磁気共鳴にとって重要な概念である**回転座標系**を導入しよう．いま実験室系に対して原点を共有し，ある軸のまわりに一定の角速度で回転する座標系を考える．ここで $\boldsymbol{\omega}$ を，その方向が回転軸に平行で大きさが角速度に等しいベクトルとして定義する．この回転座標系に固定された任意のベクトル $\boldsymbol{n}$ を実験室系で見た回転運動は，$d\boldsymbol{n}/dt = \boldsymbol{\omega} \times \boldsymbol{n}$ で表される．いま回転座標系の3つの単位ベクトルを $\boldsymbol{i}, \boldsymbol{j}, \boldsymbol{k}$ とし，磁化 $\boldsymbol{M}$ を回転座標系における成分値 M_X, M_Y, M_Z を用いて，$\boldsymbol{M} = \boldsymbol{i}M_X + \boldsymbol{j}M_Y + \boldsymbol{k}M_Z$ と表すと，磁化の時間変化は

$$\begin{aligned}\frac{d\boldsymbol{M}}{dt} &= \boldsymbol{i}\frac{M_X}{dt} + \boldsymbol{j}\frac{M_Y}{dt} + \boldsymbol{k}\frac{M_Z}{dt} + M_X\frac{d\boldsymbol{i}}{dt} + M_Y\frac{d\boldsymbol{j}}{dt} + M_Z\frac{d\boldsymbol{k}}{dt} \\ &= \frac{\delta\boldsymbol{M}}{\delta t} + (\boldsymbol{\omega} \times \boldsymbol{M})\end{aligned} \tag{6.4}$$

となる．ここで，第 1 項 $\delta\boldsymbol{M}/\delta t = \boldsymbol{i}dM_X/dt + \boldsymbol{j}dM_Y/dt + \boldsymbol{k}dM_Z/dt$ は回転座標系でみた磁化の運動を表している．これと (6.3) 式から，回転系での磁化の運動を表す式として

$$\frac{\delta\boldsymbol{M}}{\delta t} = \gamma \boldsymbol{M} \times \left(\boldsymbol{H}_0 + \frac{\boldsymbol{\omega}}{\gamma}\right) \tag{6.5}$$

が得られる．つまり回転系における磁化の運動は，静磁場 $\boldsymbol{H}_0$ に見かけの磁場 $\boldsymbol{\omega}/\gamma$ が加わった有効磁場 $\boldsymbol{H}_{\text{eff}} = \boldsymbol{H}_0 + \boldsymbol{\omega}/\gamma$ の下での運動に等しい．特に $\boldsymbol{\omega} = -\gamma\boldsymbol{H}_0$ と選ぶと，$\delta\boldsymbol{M}/\delta t = 0$，すなわち磁化は回転系で静止する．実験室系に戻ると，図 6.1(b) に示すように磁化は磁場のまわりを角速度 $-\gamma\boldsymbol{H}_0$ で回転することになる．これはラーモア歳差運動（Larmor precession）と呼ばれる．

ここで，静磁場に垂直に $\boldsymbol{\omega}$ で回転する磁場 $\boldsymbol{H}_1$ を加えることを考える．この場合，(6.3) において静磁場 $\boldsymbol{H}_0$ を $\boldsymbol{H}_0 + \boldsymbol{H}_1$ で置き換えた式が成立する．ところが $\boldsymbol{H}_1$ と共に回転する座標系では $\boldsymbol{H}_0, \boldsymbol{H}_1$ 両方とも静止して見える．回転系の Z 軸を $\boldsymbol{H}_0$ 方向に，X 軸を $\boldsymbol{H}_1$ 方向にとる．ここで，実験室系での磁化の運動について行った上の議論を，今の回転系に適用すると，図 6.1(c) に示すように回転系において磁化は，$\boldsymbol{H}_0 + \boldsymbol{\omega}/\gamma$ と $\boldsymbol{H}_1$ を合成した新しい有効磁場 $\boldsymbol{H}_{\text{eff}}$ の周りを歳差運動することになる．特に $\boldsymbol{\omega} = -\gamma\boldsymbol{H}_0$ と選ぶと有

効磁場は H_1 に等しくなる．したがって，熱平衡状態で静磁場方向を向いていた磁化に，回転磁場を印加すると，磁化は回転系の X 軸のまわりを γH_1 の周波数で回転し，一定の周期で磁化が磁場と反転した状態が現れる．これはラビ振動と呼ばれる．以上が磁気共鳴現象の正確な記述である．以後特に断らない限り，座標軸 X, Y, Z は回転系で定義されたものとする．

b. フリー・インダクション・ディケイ，FT-NMR，スピンエコー

ではこのような共鳴現象を実際にどうやって観測できるのだろうか？ まず共鳴周波数 γH_0 を評価しよう．これは実験室のマグネットが発生できる磁場と原子核の種類によって決まる．最も大きな γ 値をもつ原子核は水素（プロトン）で 42 MHz/T である．また γ が 1 MHz/T より小さな原子核は感度が低いために通常は実験が困難であり，我々が NMR の実験を行う多くの原子核は 10 MHz/T 程度の γ 値をもつ．一方，現在の超伝導磁石を用いて比較的簡単に発生できる磁場は約 10 テスラであるので，多くの NMR 実験では 100 MHz 程度の高周波が使われる．NMR の観測法の概念図を図 6.2(a) に示す．マグネット中にコイルを磁場に垂直方向に置き，その中に試料を入れて高周波電流を印加する．実際に試料にかかるのは回転磁場ではなく一方向（X 方向）の成分をもつ振動磁場であるが，図 6.2(b) に示すように X 方向の振幅 $2H_1$ の振動磁場は XY 面内で互いに逆向きに回る振幅 H_1 の 2 つの回転磁場成分に分けることができる．上に見たように共鳴条件を満たすのは片方だけで，もう一方は回転系で見ると 2ω の極めて速い角速度で回転しているので，核スピンの運動に影響を与えない．

NMR 信号を観測する最も簡単な方法は，静磁場中で熱平衡状態にあり磁場方向に磁化 M をもつスピン系に，共鳴条件 $\omega = \gamma H_0$ を満たす振動磁場を $\gamma H_1 t_w = \pi/2$ で決まる時間 t_w の間だけパルス的に印加する方法である．このパルス磁場は $\pi/2$ の角度に相当するラビ振動を引き起こすので「$\pi/2$ パルス」と呼ばれる．上の議論からわかるように $\pi/2$ パルスの直後，磁化は Y 軸を向いている．振動磁場を切った後は磁化は回転系では静止しているが，実験室系で見れば磁場に垂直な面内で歳差運動をしている．このような磁化の回

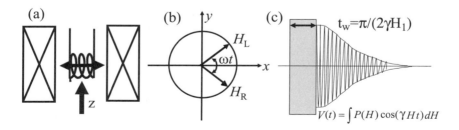

図 **6.2** (a) NMR の観測法．(b) 振動磁場と回転磁場．(c) $\pi/2$ パルスと FID．

転はコイルに誘導起電力を発生し，$V(t) \propto \cos(\omega t)$ という高周波電圧信号として検出できる．磁場が完全に静的で一様であれば，歳差運動は永久に続き信号は減衰しないが，実際には多数の原子核が感じる磁場の値には分布があり，また時間的にも揺らいでいるために，個々の原子核の歳差運動の位相に分布が生じ，信号が減衰する．このため $\pi/2$ パルス後に観測される信号は「自由誘導減衰」(Free Induction Decay．略して FID) と呼ばれる．

FID 信号の減衰をもたらす原因として，マグネットがつくる磁場の不均一性は自明な例であるが，より重要な例として，近接した原子核スピンからくる双極子磁場や，次節で述べる周囲の電子がつくる超微細磁場などのミクロな磁場の分布やその揺らぎがある．これらのミクロな磁場を総称して「局所磁場」(local field) という．時間的な揺らぎに起因する現象は後で考察するとして，ここでは局所磁場の静的な分布を考える．外部磁場と局所磁場を合わせた磁場を H，その分布関数を $P(H)$ とすると，FID 信号は分布した周波数の振動の重ね合わせとして，

$$V(t) = \int P(H) \cos(\gamma H t) dH \tag{6.6}$$

と表される．局所磁場の分布の幅を δh とすると，(6.6) 式は $1/(\gamma \delta h)$ 程度の時間で減衰する振動を表す（図 6.2(c)）．FID が減衰する特徴的な時間を T_2^* と定義する．この減衰は直感的には以下のように理解される．局所磁場に分布があると回転系においてすべてのスピンが静止せず，XY 面内で正や負の向きに色々な角速度で回転する．したがって時間が経つにつれてスピンの位相が一様に分布してしまい，全体として磁化がゼロになったように見える．上式は FID 信号の時間依存性が局所磁場分布のフーリエ変換によって与えられるという関係を表している．すなわち FID 信号を逆フーリエ変換すれば局所磁場の分布が求められる．局所磁場は固体中の電子スピン密度に関する有益な情報を与える．NMR の実験の主要な目的の一つは，この局所磁場の分布を知ることであるといえる．

FID をフーリエ変換するには信号波形をデジタル化する必要があるが，100 MHz もの高周波を直接デジタル化するのは得策ではない．通常は位相検波を行って低周波の信号に変換する．その概念図を図 6.3 に示す．分布 $P(H)$ の中心を H_0，そこからの磁場のズレ $h = H - H_0$ の分布関数を $p(h)$ とし，振動磁場の周波数を $\omega_0 = \gamma H_0$ に設定する．高周波の FID 信号は

$$V(t) = \int_{-\infty}^{\infty} p(h) \cos \gamma (H_0 + h) t dh = A(t) \cos(\omega_0 t + \psi(t)) \tag{6.7}$$

と表される．ここで

$$A(t) \cos \psi(t) = \int_{-\infty}^{\infty} p(h) \cos(\gamma h t) dh, \quad A(t) \sin \psi(t) = \int_{-\infty}^{\infty} p(h) \sin(\gamma h t) dh \tag{6.8}$$

である．通常，局所磁場の分布幅は中心磁場 H_0 に比べてはるかに小さく，$A(t)$ や $\psi(t)$ は ω_0 に比べてゆっくり変動する低周波成分のみを含む．位相検波は Double Balanced

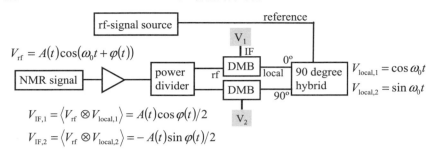

図 **6.3** 位相検波と FT-NMR.

Mixer（DBM）という 3 端子素子を用いて行う．振動磁場を駆動する信号源から位相が 90 度異なる 2 つの参照信号 $V_{\text{local},1} = \cos\omega_0 t$, $V_{\text{local},2} = \sin\omega_0 t$ を取り出し，2 個の DBM の local 端子に入力する．また高周波の FID 信号を 2 つに分けて DBM の RF 端子に入力する．すると IF 端子には 2 つの高周波入力の積に相当する信号が現れる．この出力を適当なフィルターを通して高周波成分をカットすると，$V_{\text{IF},1}(t) = A(t)\cos\psi(t)/2$, $V_{\text{IF},2}(t) = -A(t)\sin\psi(t)/2$ の 2 種類の低周波信号が得られる（図 6.3）．(6.8) 式を用いてこれらを複素数表示すると，

$$V_{\text{IF},1}(t) + iV_{\text{IF},2}(t) = \int_{-\infty}^{\infty} p(h)\exp(-i\gamma ht)dh \tag{6.9}$$

となる．したがって，2 位相検波された信号を複素フーリエ変換することにより，局所磁場分布 $p(h)$ が求まる．これが FT-NMR の原理である．通常 NMR スペクトルといえば，こうして求められた局所磁場の分布を指す．ここで注目すべきは，検波後の低周波信号は回転系における磁化の運動を表しているということである．すなわち $V_{\text{IF},1}(t)$, $V_{\text{IF},2}(t)$ の二つの信号はそれぞれ，回転系における磁化の Y 成分，X 成分に対応している．つまり 2 位相検波は，実験室に居ながらにして回転系での現象を「見る」ことを可能にしているのである．

FID 信号を観測するために印加する $\pi/2$ パルスの幅は，通常 1 マイクロ秒から数十マイクロ秒程度である．またパルス振動磁場を印加するときにコイルに最大数 kV もの大きな電圧がかかるため，その後数マイクロ秒にわたって受信系エレクトロニクスが機能しなくなる．したがって FID の減衰時間 T_2^* がパルス幅と受信系の不感時間の和より短い場合には，FID 信号の観測が不可能になる．これは磁性体や電子相関の強い物質では珍しくないことである．このような場合でも NMR 信号の観測を可能にするのが，1950 年に Erwin Hahn によって発見されたスピンエコー（spin-echo）法である[4]．

その原理を図 6.4 に示す．まず熱平衡状態にある磁化 M（図 6.4(a)）に X 軸方向の $\pi/2$ パルスを印加すると磁化は Y 方向を向く（図 6.4(b)）．図 6.4 右上に示したような局

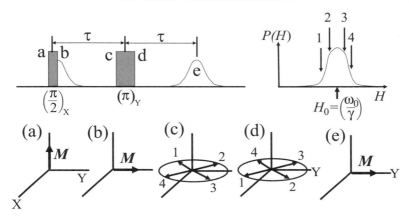

図 **6.4** スピンエコーの原理.

所磁場の分布があると，充分時間がたった後には，磁化の XY 成分の位相が一様に分布し FID 信号が消失する．この様子が図 6.4(c) に模式的に示されている．ここで 1〜4 の矢印は，右上図に 1〜4 で示した局所磁場の値に対応する磁化の方向を示す．1, 2 は負の局所磁場に対応し磁化の位相が遅れるが，3, 4 は正の局所磁場に対応し磁化の位相が進む．その後，$\pi/2$ パルスから時間 τ の後，この 2 倍のパルス幅をもつ π パルスを Y 軸方向に印加する．π パルスは磁化を反転させる機能をもつ（図 6.4(d)）．これまでの議論でわかるように，回転系の XY 面内でどの方向に振動磁場を印加するかは高周波の位相によって決まる．今の場合，π パルスの位相を $\pi/2$ パルスに対して 90 度ずらす．π パルスはそれまでに蓄積された核スピンの XY 面内での位相を反転させる．これは $\pi/2$ パルス後の回転系における歳差運動を逆向きに進めた状況に等しい．したがって時刻 2τ において分布していた位相が再び収束し，$\pi/2$ パルス直後の磁化が Y 方向を向いた状態が再現される（図 6.4(e)）．この時刻の前後においてスピンエコー (spin echo) と呼ばれる NMR 信号が現れる．スピンエコーの波形は FID の波形を左右対称につなぎ合わせた形になっている．スピンエコーの発見は NMR の歴史上特筆すべき出来事で，今日のパルス NMR の隆盛の礎となっているといっても過言ではない．

局所磁場の分布が完全に静的であれば，スピンエコーのピーク強度は τ をいくら大きくしても減衰することはない．しかし局所磁場が時間的に変動すると，π パルスの前後で局所磁場の平均値が異なるので，時刻 2τ において位相が完全に戻らない．したがって一般にスピンエコー強度は 2τ の関数として減衰する．スピンエコーが減衰する特徴的な時間を T_2 と定義する．しかし次項で述べるスピン–格子緩和と異なり，スピンエコーの減衰は指数関数 $\exp(-2\tau/T_2)$ に従うとは限らない．

上に見たように磁気共鳴の正しい記述は，ゼーマン分裂した準位間の遷移という量子的な描像よりも磁気モーメントの歳差運動という古典的なイメージに近い．ゼーマン準位は I_z の固有状態なので，各準位を占有する粒子数を考えるだけでは，歳差運動に本質的なスピンの xy 成分を扱うことはできない．では歳差運動は量子力学でどう記述されるのだろうか？ 簡単のためスピンが 1/2 の場合を考える．$I_z = 1/2$ と $I_z = -1/2$ の固有状態をそれぞれ $|\alpha\rangle$, $|\beta\rangle$ とすると，スピン 1/2 の任意の状態は，波動関数 $|\psi\rangle = u|\alpha\rangle + v|\beta\rangle$ ($|u|^2 + |v|^2 = 1$) によって表される．この状態におけるスピンの各成分の期待値は，

$$\langle I_x \rangle = \frac{u^*v + uv^*}{2}, \quad \langle I_y \rangle = \frac{-u^*v + uv^*}{2}, \quad \langle I_z \rangle = \frac{|u|^2 - |v|^2}{2} \tag{6.10}$$

となる．ここで $\langle I_z \rangle$ は波動関数の係数の 2 乗，つまりスピンが上向きあるいは下向きの状態にある確率だけで決まるのに対し，$\langle I_x \rangle$ や $\langle I_y \rangle$ は複素数としての係数の位相に依存することに注目してほしい．具体的に $u = |u|\exp(i\delta_1)$, $v = |v|\exp(i\delta_2)$ と書くと，$\langle I_x \rangle = |uv|\cos(\delta_2 - \delta_1)$, $\langle I_y \rangle = |uv|\sin(\delta_2 - \delta_1)$ となる．したがって巨視的な磁化が歳差運動をするということは，数多くの原子核スピンの波動関数の位相がそろっている（コヒーレントである）ことを意味する．すなわち NMR の観測はとりもなおさず巨視的な系のコヒーレントな状態を見ているといえる．高分解能 NMR の手法が近年著しい発展をとげたのは，このコヒーレンスを巧みに制御する高度な高周波パルス系列が開発されたことによる．またコヒーレントな状態が長い時間継続するということは量子計算の実現にとって重要な要素である．実際に，スピン系はこれまで多くの量子計算実験の舞台となってきた．上記の波動関数を $t = 0$ における初期条件として仮定し，その後の時間発展をシュレディンガー方程式 $(\partial/\partial t)|\psi\rangle = (-i/\hbar)\mathcal{H}|\psi\rangle$ を解いて求め，任意の時刻におけるスピンの各成分の期待値を求めることにより，スピン 1/2 の磁場中における歳差運動を量子力学的に記述することが可能である．これは読者が自ら確かめられたい．

c. スピン格子緩和率とスピンエコー減衰率

NMR の実験の目的は大きく，電子系や格子系の静的な構造を知ることと動的な振る舞いを調べることに分けることができる．前者では基本的に NMR スペクトルを解析して情報を得る．後者は色々な核磁気緩和率の測定結果を考察する．そのうち固体物理の研究で最も有用なのは核スピン–格子緩和率であり，ついでスピンエコー減衰率である．スピン–格子緩和率 ($1/T_1$) には汎用公式があり，そのため理論との比較が行いやすく，これまで磁性体や強相関電子系の物理の発展に大いに役立ってきた．これに比べると，スピンエコー減衰率 ($1/T_2$) にはユニバーサルな公式というものが存在せず一般に解釈が難しい．しかし，$1/T_2$ の測定でしか得られない情報もあり，非常に有用な場合がある．

スピン–格子緩和率は静磁場方向の核磁化 M_z の変化の速さを特徴づける量で，局所磁場の揺らぎによるゼーマン準位間の遷移確率によって与えられる．簡単のためスピン 1/2 を考えると（図 6.5 左），着目している核スピン系は，周囲の電子や原子核（これらを総称

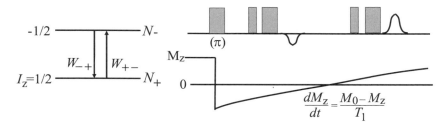

図 **6.5** 核スピン–格子緩和率の概念と測定法.

して「格子」と呼ぶ) との相互作用のために, 2 つの状態の間を有限の確率で遷移する. 具体的には,エネルギー準位を決めている外部磁場以外の,「格子」がつくる時間的に変動する局所磁場 $\boldsymbol{H}_{\mathrm{loc}}$ と核スピンの相互作用,

$$\mathcal{H}' = -\gamma\hbar \boldsymbol{I} \cdot \boldsymbol{H}_{\mathrm{loc}}(t) = -\gamma\hbar \left\{ I^z H_{\mathrm{loc}}^z(t) + \frac{I^+ H_{\mathrm{loc}}^-(t) + I^- H_{\mathrm{loc}}^+(t)}{2} \right\}, \tag{6.11}$$

(ここで $A^\pm = A^x \pm iA^y$) を摂動として考える. この中の $I^+ H_{\mathrm{loc}}^- + I^+ H_{\mathrm{loc}}^+$ の項がゼーマン準位間の遷移を引き起こす. いま上向きと下向きのスピンの数をそれぞれ N_+, N_- とし,上向きから下向きへの遷移確率を W_{+-}, その逆の遷移確率を W_{-+} とすると, N_+, N_- の時間変化は

$$\frac{dN_+}{dt} = -\frac{dN_-}{dt} = -W_{+-}N_+ + W_{-+}N_- \tag{6.12}$$

で与えられる. 熱平衡状態では準位の分布は時間変化しないので $dN_+/dt = 0$, したがって $W_{-+}/W_{+-} = (N_+/N_-)_{\mathrm{eq}} = \exp(\hbar\omega_0/k_\mathrm{B}T)$ が成立する. 核磁化は $n \equiv N_+ - N_-$ に比例するが,上のレート方程式から磁化の時間変化を次のように求めることができる.

$$\frac{dn}{dt} = \frac{n_{\mathrm{eq}} - n}{T_1}, \quad \text{ここで} \quad \frac{1}{T_1} = W_{+-} + W_{-+}, \quad n_{\mathrm{eq}} = N\frac{W_{-+} - W_{+-}}{W_{+-} + W_{-+}} \tag{6.13}$$

何らかの理由で熱平衡値からずれた核磁化は, 上式で決まる T_1 の時定数で熱平衡値に向かって緩和する. 通常 $\hbar\omega_0/k_\mathrm{B}T$ は 1 よりはるかに小さいので,緩和率を計算する際には W_{+-} と W_{-+} の差を無視して, $1/T_1 = 2W$ としてよい. しかし熱平衡においてゼロでない磁化を達成するには W_{+-} と W_{-+} の差が本質的に重要である.

実際に $1/T_1$ を測定するには図 6.5 右のようなパルス系列を用いるのが最も簡単である. まず熱平衡にある核磁化に π パルスを印加し核磁化を反転する. その後核磁化は熱平衡値 M_0 に向かって回復する. π パルスから t だけ時間が経過した時点の磁化は (符号を含めて), その時刻におけるスピンエコーの強度によって知ることができる. したがってスピンエコー強度を t に対してプロットすることにより, 核磁化の回復曲線 $M(t)/M_0$ が得られる. この方法は Inversion Recovery 法と呼ばれる. 回復曲線はスピン 1/2 の場合単純な

指数関数に従う．しかしスピンが1以上で4重極分裂がある場合は，異なる時定数をもつ複数の指数関数の和で表される．また試料に何らかの不均一性や Disorder がある場合には，緩和率に分布が生じ回復曲線は指数関数からずれる[3]．

スピン格子緩和率 $1/T_1$ あるいは遷移確率 W は，量子力学の標準的な公式（フェルミの黄金率）を用いて計算することができる．ただし，核スピンは巨視的な自由度をもった熱浴と相互作用しているので，熱浴の状態の統計分布を考える必要がある．結果は，局所磁場の時間相関関数を用いて次のように簡潔に表せる．

$$\begin{aligned}\frac{1}{T_1} &= \frac{2\pi}{\hbar}\left(\frac{\gamma\hbar}{2}\right)^2 \sum_{n,m} \exp(-\beta\epsilon_n)\left[|\langle m|H_{\text{loc}}^+|n\rangle|^2 \delta(\epsilon_m - \epsilon_n + \hbar\omega_0)\right.\\&\quad \left. + |\langle m|H_{\text{loc}}^-|n\rangle|^2 \delta(\epsilon_m - \epsilon_n - \hbar\omega_0)\right]\\&= \frac{\gamma^2}{2}\int_{-\infty}^{\infty} \langle\{H_{\text{loc}}^-(0), H_{\text{loc}}^+(t)\}\rangle \exp(i\omega_0 t)\, dt \end{aligned} \quad (6.14)$$

ただし，$\beta = 1/k_B T$, $\{A, B\} = (AB + BA)/2$. ここで $H_{\text{loc}}^+(t) = \exp(i\mathcal{H}t/\hbar)H_{\text{loc}}^+\exp(-i\mathcal{H}t/\hbar)$ は格子系に対する演算子 H_{loc}^+ のハイゼンベルグ表示，$|n\rangle$, $|m\rangle$ は格子系のハミルトニアン $\mathcal{H}$ の固有状態であり，$\langle\cdots\rangle$ は統計平均を意味する．（読者は実際に (6.14) 式が成り立つことを確かめられたい．）NMR においては常に $k_B T \gg \omega_0$ なので，$\{H_{\text{loc}}^-(0), H_{\text{loc}}^+(t)\}$ は単に $H_{\text{loc}}^-(0)H_{\text{loc}}^+(t)$ で置き換えてよい．この式は，スピン-格子緩和率が外部磁場に垂直な局所磁場成分の時間相関関数，より正確には，NMR 周波数における揺らぎの振幅によって与えられることを示している．この公式は，遷移確率が遷移を引き起こす摂動場の相関関数で与えられるという，固体物理学にしばしば現れる一般法則の一例であり，中性子や X 線の散乱断面積にも同様の公式が成り立つ．

次節で説明するように，我々に興味があるのは固体中の電子スピンや軌道磁気モーメントによる局所磁場であり，これは通常 100 MHz 程度の NMR 周波数よりはるかに速く揺らいでいる．いま簡単のため局所磁場の揺らぎが等方的であると仮定して，その特徴的な相関

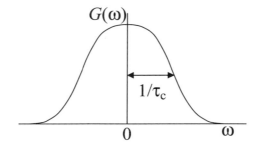

図 6.6 局所磁場の揺らぎと核スピン-格子緩和率．

時間を τ_c とすると,時間相関間数のフーリエ変換 $G(\omega) = \int \langle H_{\text{loc}}^\alpha(0) H_{\text{loc}}^\alpha(t) \rangle \exp(i\omega t) dt$ ($\alpha = x, y, z$,相関関数は等方的であると仮定する) は図 6.6 に示すように周波数の関数として $1/\tau_c$ 程度の半値半幅をもつはずである.$1/T_1 = \gamma^2 G(\omega_0)$ であるが,$\omega_0 \ll 1/\tau_c$ なので,実質的に $\omega_0 \approx 0$ と考えてよい.$G(0)$ は大雑把には図 6.6 のスペクトルの面積 $\int G(\omega) d\omega = 2\pi \langle (H_{\text{loc}}^\alpha)^2 \rangle$ と半値全幅 $2/\tau_c$ の比で与えられるので,

$$\frac{1}{T_1} \approx \gamma^2 G(0) \approx \pi \gamma^2 \langle (H_{\text{loc}}^\alpha)^2 \rangle \tau_c \tag{6.15}$$

となる.この式は揺らぎが速くなるほど (τ_c が小さくなるほど) スピン-格子緩和率が抑制されるという「運動による先鋭化」(motional narrowing) の効果を表している.

この式は次のように理解できる.まず γH_{loc} は,局所磁場によって引き起こされる核スピンの歳差運動の瞬間的なラーモア振動数であると解釈できる.そこで $t=0$ ですべての核スピンの方向がそろっていたと仮定しよう.スピン格子緩和は,その後それぞれの核スピンがランダムな局所磁場のまわりを歳差運動することによって全体の核磁化が減衰する過程であると考えることができる.もし局所磁場の揺らぎが γH_{loc} に比べてゆっくりであれば,磁化は $1/\gamma H_{\text{loc}}$ 程度の時間で減衰してしまう.しかし揺らぎが速く $1/\tau_c \gg \gamma H_{\text{loc}}$ であれば,核スピンが歳差運動によって充分に方向を変える前に局所磁場が変化してしまうことになり,核スピンは有効に歳差運動することができない.結局,核スピンは $1/\gamma H_{\text{loc}}$ 程度の時間で平均した局所磁場を感じることになり,緩和率は瞬間的なラーモア周波数 γH_{loc} より因子 $\gamma H_{\text{loc}} \tau_c$ だけ抑制されることになる.この考え方は多くの系におけるスピン-格子緩和率を直感的に理解する上で有効である.

局所磁場の揺らぎという考え方によって,$1/T_2$ も同様に扱うことができる.しかし歴史的には緩和現象の理論的な取り扱いは,主として FID あるいはそのフーリエ変換である共鳴線形を対象として発展した[1,2].その場合は局所磁場が静的な場合を含めて,ある程度統一的な定式化が可能である.例えば教科書[1] には

$$\frac{1}{T_2} = \frac{1}{2T_1} + \frac{\gamma^2}{2} \int_{-\infty}^{\infty} \langle H_{\text{loc}}^z(0) H_{\text{loc}}^z(t) \rangle dt \tag{6.16}$$

という公式が載っている.この第 1 項は $1/T_1$ と同じプロセス,すなわちラーモア周波数成分の局所磁場の揺らぎによるゼーマン準位間の遷移が横磁化の緩和にも同等に働くことを示している.この項はスピンエコー減衰にも適用できるが,第 2 項はそうではない.この公式では,局所磁場が静的で時間に依存しない場合でも $1/T_2$ に寄与することを示しているが,前に説明したように静的な磁場分布はスピンエコー減衰を引き起こさない.通常 $1/T_2$ は横緩和率,あるいはスピン-スピン緩和率と呼ばれるが,この言葉は多くの場合上記のように FID の減衰を念頭においているので,スピンエコー強度の τ 依存性の結果に対しては「スピンエコー減衰率」と呼ぶ方が正確で間違いがない.強相関電子系の実験においてはほとんどすべての場合,共鳴線形は静的な局所磁場分布に支配されており,ダイナ

ミクスに関する情報を与えることはない．スピンエコー減衰率は静的な分布の影響を排除して，純粋に動的な効果だけを見る点で有用であるが，その分理論的な解釈は難しくなったといえる．

そのような難しさがあるにせよ，時刻 0 から τ までの間に回転系において蓄積された XY 面内の位相が，π パルスによって反転する，というスピンエコーの原理を思い出せば，Z 方向の局所磁場の揺らぎによるスピンエコー減衰曲線を定式化することは可能である．時刻 2τ における核スピンの位相は

$$\phi_{\rm SE}(2\tau) = \gamma \left(\int_0^\tau H_{\rm loc}^z(t)dt - \int_\tau^{2\tau} H_{\rm loc}^z(t)dt \right) \tag{6.17}$$

と表される．したがってこの位相 $\phi_{\rm SE}(2\tau)$ の分布関数を $P_{2\tau}(\phi)$ とすれば，スピンエコー減衰曲線は

$$\frac{M(2\tau)}{M(0)} = \int P_{2\tau}(\phi) \cos(\phi) d\phi \tag{6.18}$$

となる．しかしこのままでは実験の解析に用いることは容易ではない．$P_{2\tau}(\phi)$ がガウシアンで表されると仮定すると，$M(2\tau)/M(0) = \exp(-\langle\phi^2\rangle/2)$ となり，局所磁場の相関関数を用いてスピンエコー減衰関数を表すことが可能になる[5]．これについては 6.3.2 節で説明する．

6.1.2　固体中の超微細相互作用，4重極相互作用

a. 磁気的相互作用

次に局所磁場の原因となる電子と原子核の相互作用についてみていこう．（詳細は教科書[2,3,6]などを参照されたい．）出発点となるのは，外部磁場 $\boldsymbol{H}_0$ がつくるベクトルポテンシャル $\boldsymbol{A}_0 = (\boldsymbol{H}_0 \times \boldsymbol{r})/2$ と核磁気モーメントがつくるベクトルポテンシャル $\boldsymbol{A}_N = \boldsymbol{\mu} \times \boldsymbol{r}/r^3 = \nabla \times \boldsymbol{\mu}/r$ の中におかれた 1 個の電子のハミルトニアンである．

$$\mathcal{H} = \frac{1}{2m}\left\{\boldsymbol{p} + \frac{e}{c}\boldsymbol{A}_0(\boldsymbol{r}) + \frac{e}{c}\boldsymbol{A}_N(\boldsymbol{r})\right\}^2 + 2\mu_B \boldsymbol{H}_0 \cdot \boldsymbol{S} + 2\mu_B \nabla \times \boldsymbol{A}_N \cdot \boldsymbol{S} + V(\boldsymbol{r}) \tag{6.19}$$

ここで r は原子核を原点とした電子の位置，μ_B はボーア磁子，$\boldsymbol{S}$ は電子のスピンを表す．核磁気モーメントが存在しない $\boldsymbol{A}_N = 0$ の場合と比較すると，電子と原子核スピンの相互作用は，括弧を展開したときの (1) $\boldsymbol{A}_N$ と $\boldsymbol{p}$ のクロス項，(2) $\boldsymbol{A}_0$ と $\boldsymbol{A}_N$ のクロス項，(3) $|\boldsymbol{A}_N|^2$ に比例する項，(4) $2\mu_B \nabla \times \boldsymbol{A}_N \cdot \boldsymbol{S}$ の 4 つの項から生じることがわかる．このうち，(1) は $2\mu_B \boldsymbol{l} \cdot \boldsymbol{\mu}/r^3$ に等しく，電子の軌道角運動量（軌道電流）と核スピンの相互作用を表す．(2) は電子の反磁性電流と核スピンの相互作用を表し，反磁性化学シフト（diamagnetic chemical shift）を与える．(3) は原子核が複数あるときに，電子を媒介とした核スピン間の結合を与える．(4) は電子のスピン磁気モーメントと核スピンとの相互作用であるが，原点の特異性に注意して計算すると，$2\mu_B[-\boldsymbol{S}/r^3 + 3(\boldsymbol{S}\cdot\boldsymbol{r})\boldsymbol{r}/r^5 + 8\pi\delta(\boldsymbol{r})\boldsymbol{S}]\cdot\boldsymbol{\mu}$

となる．通常の反磁性物質では (2) と (3) が重要で，例えば有機化合物の構造決定などはこれらの情報に基づいて行われる．しかし，磁性体や強相関電子系では，電子のスピンや軌道自由度が関わる (1) と (4) が重要である．この 2 項をまとめて以下のように，電子のつくる磁気的な超微細磁場（magnetic hyperfine field）$\boldsymbol{H}_{\mathrm{hf}}$ と核スピンの相互作用として表すことができる．

$$\mathcal{H}_{\mathrm{M}} = -\hbar\gamma\boldsymbol{I}\cdot\boldsymbol{H}_{\mathrm{hf}},$$
$$\boldsymbol{H}_{\mathrm{hf}} = 2\mu_{\mathrm{B}}\sum_i\left[\frac{\boldsymbol{l}_i}{r_i^3} + \left\{-\frac{\boldsymbol{S}_i}{r_i^3} + \frac{3(\boldsymbol{r}_i\cdot\boldsymbol{S}_i)\boldsymbol{r}_i}{r_i^5}\right\} + \frac{8\pi}{3}\boldsymbol{S}_i\delta(\boldsymbol{r}_i)\right] \tag{6.20}$$

ここでは，多電子系を考えて個々の電子からの寄与の和をとった．この表式が前節で現象論的に考えた局所磁場の具体例を与える．（局所磁場のもう一つの例は，近傍にある核磁気モーメントからの双極子磁場である．）超微細磁場 $\boldsymbol{H}_{\mathrm{hf}}$ は電子系に対する物理量（演算子）であり，その熱平均値が NMR 共鳴線の位置と線形を与え，時間的な揺らぎが緩和率を決定する．一般に金属や磁性体では，磁場をかけるとスピン偏極や軌道磁気モーメントが現れるので，有限の超微細磁場が発生する．その場合，共鳴周波数は

$$\omega_{\mathrm{res}} = \gamma|\boldsymbol{H}_0 + \langle\boldsymbol{H}_{\mathrm{hf}}\rangle| \tag{6.21}$$

と変更を受ける．超微細磁場がない場合の共鳴周波数 $\omega_0 = \gamma H_0$ との差と ω_0 の比 $K = (\omega_{\mathrm{res}} - \omega_0)/\omega_0$ を周波数シフトあるいは単にシフトという．（金属の場合は金属 Cu において最初にこのような効果を発見した Walter Knight に因んでナイトシフトと呼ぶ．）実際の固体においてこれがどのように観測されるかは次節で説明する．

b．電気 4 重極相互作用

1/2 より大きなスピンをもつ原子核は，一般に磁気モーメントに加えて電気 4 重極モーメントをもつ．これは原子核内部の電荷分布（陽子の分布）が球対称からずれて，回転楕円体の形状をとることに起因する．このような原子核が勾配のある電場中に置かれると，原子核のエネルギーは回転楕円体の向きに依存する．すなわち，核スピンのエネルギー準位が分裂する．この効果は，電磁気学で習うように，原子核中の電荷分布 $\rho(\boldsymbol{r})$ と周囲の電子や格子がつくる静電ポテンシャル $V(\boldsymbol{r})$ の間のクーロン相互作用

$$\mathcal{H}_{\mathrm{Q}} = \int \rho(\boldsymbol{r})V(\boldsymbol{r})d\boldsymbol{r} \tag{6.22}$$

を多重極展開することで，取り扱うことができる．原子核の大きさは電子の軌道半径や格子間距離に比べて充分小さいので，ポテンシャルを原点付近で展開して

$$V(\boldsymbol{r}) = V(0) + \sum_i x_i\left(\frac{\partial V}{\partial x_i}\right)_{r=0} + \sum_{i,j} x_i x_j\left(\frac{\partial^2 V}{\partial x_i \partial x_j}\right)_{r=0} \tag{6.23}$$

これを上式に代入すると，第 1 項は定数を与え第 2 項（電気双極子）は恒等的にゼロとなる．電気 4 重極相互作用を与える第 3 項は次のように書くことができる．

$$\mathcal{H}_Q = \sum_{i,j} V_{ij} Q_{ij} \tag{6.24}$$

ここで，

$$V_{ij} = \left(\frac{\partial^2 V}{\partial x_i \partial x_j} \right)_{r=0}$$
$$Q_{ij} = \int \rho(\boldsymbol{r}) \left(x_i x_j - \frac{r^2}{3} \right) dr = \frac{eQ}{6I(2I-1)} \left\{ \frac{3}{2} (I_i I_j + I_j I_i) - \delta_{ij} I(I+1) \right\} \tag{6.25}$$

最後の変形にはウィグナー–エッカートの定理を用いた．Q_{ij} は原子核の電気 4 重極テンソルである．Q は原子核の 4 重極モーメントで原子核の種類によってユニークに決まる量である．V_{ij} は電場勾配テンソルと呼ばれ，原子核の位置から見た結晶構造の対称性や周囲の電子の電荷分布（波動関数）を敏感に反映する．したがって強相関電子系において構造相転移や電荷秩序などの相転移を検証する有力なプローブとなり，また秩序構造を決定する際に有益な情報を与える．

6.1.3　NMR で見る固体の性質

ここでは前節で述べた超微細相互作用や電気 4 重極相互作用が，NMR スペクトルや緩和率にどのような影響を与え，そこから電子系の性質についてどのようなことがわかるのか，一般的な例を述べ，次節以降の具体的な問題を理解する準備としたい．

a．超微細磁場の静的効果

まず電気 4 重極相互作用がない場合を考える．NMR スペクトルの形状は，超微細磁場の静的な値（熱平均値）によって決まる．超微細磁場には (6.20) 式に示される 3 つの項がある．第 1 項は電子の軌道電流による磁場 H_{orb} である．遷移金属化合物では，結晶場の効果により基底状態の軌道は通常縮退していないので（ヤーン–テラー効果），ゼロ磁場では軌道角運動量は消失している．しかし磁場をかけると励起状態が混成し，有限の軌道磁気モーメントが生じる（van Vleck 常磁性）．軌道電流によるシフトは van Vleck 磁化率に比例し，比例定数（結合定数）は $2/r^3$ で与えられる．（$K_{\mathrm{orb}} = H_{\mathrm{orb}}/H_0 = \langle 2/r^3 \rangle \chi_{\mathrm{vv}}$）ここで $\langle \rangle$ は着目する軌道についての期待値を表す．この事情は金属においても同様である．しかし希土類イオンの $4f$ 電子系など，スピン軌道相互作用の強い場合には，一般に軌道角運動量が消失せず，このような場合には軌道磁気モーメントに起因する巨大な超微細磁場が重要になる．

第 2 項はスピン磁気モーメントからの双極子磁場で，着目する原子核から見て s 波以外の状態にある電子のみが寄与をする．第 3 項はフェルミ接触磁場（Fermi contact field）と呼ばれる項で s 電子のみが寄与をもつ．遷移金属化合物においてスピン磁気モーメントを担うのは d 電子なので，この議論からは遷移金属元素の原子核には双極子磁場のみが働き，したがって鉄やニッケルなど立方対称性をもつ構造では超微細磁場がゼロとなるはず

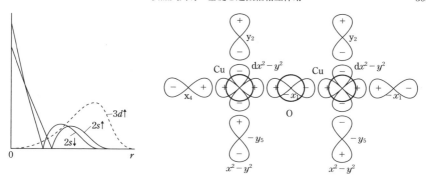

図 6.7 左：内殻偏極（core polarization）による超微細磁場の発生機構．右：銅酸化物における銅原子核および酸素原子核における超微細相互作用．

である．しかし実際にはそのようなことはなく，例えば fcc 金属コバルトの Co 原子核には -20 テスラもの負の超微細磁場が存在する．これは図 6.7 左に示したように，スピン偏極した $3d$ 電子がより内側の内殻 s 電子に対して交換ポテンシャルを及ぼすために，内殻電子の波動関数がスピンの向きによって異なり，原子核の位置において内殻 s 電子のスピン偏極が d 電子とは逆向きに生じることによる．この機構を内殻偏極（core polarization）と呼ぶ．$3d$ 遷移金属元素における結合定数の目安は，軌道，スピン双極子，接触磁場，内殻偏極，についてスピン磁気モーメント $1\mu_B$ 当たりそれぞれ，30，$-20\sim+20$（異方的），100，-10 テスラ程度である．

　局在モーメントをもつ磁性体においては，スピン密度は主として局在した d 電子や f 電子によって担われており，超微細磁場は磁気モーメントをもつ磁性元素サイトからの寄与の和として次のように書ける．

$$\boldsymbol{H}_{\mathrm{hf}} = \sum_i \tilde{A}_i \cdot \boldsymbol{S}_i \tag{6.26}$$

（f 電子の場合はスピン・軌道相互作用が強く，全角運動量 $\boldsymbol{J}$ がよい量子数となっているので，$\boldsymbol{S}$ の代わりに $\boldsymbol{J}$ を考えればよい．以下しばらくは d 電子の場合を考える．）超微細結合テンソル $\tilde{A}_i$ には双極子磁場，接触磁場，内殻偏極の寄与がすべて含まれる．磁性原子上の原子核を観測している場合は，通常同じサイト上の磁気モーメントからの寄与が最も大きい．これは同じサイトの異方的 d 軌道上のスピン密度からの双極子磁場[*1]と等方的な内殻偏極磁場の和である．しかし，共有結合性が比較的強い場合は，あるサイト 0 の d 軌道がまず隣接する陰イオンの p 軌道と混成し，さらにその p 軌道が別の遷移金属サイト 1 の s 軌道と混成する過程（図 6.7 右）を考える必要がある．この混成はわずかであるが

[*1] 一般にはスピン軌道相互作用によって，波動関数が変形する効果や軌道磁気モーメントが生じる効果を考慮する必要がある[6]．

s 電子からの接触磁場は非常に大きいので，隣接するスピンとの結合はしばしば無視できない．これを transferred hyperfine interaction という．この機構は超交換相互作用に類似しているので，超交換結合の大きい銅酸化物などでは特に大きな値となる[7]．図 6.7 右に例として示した銅酸化物の場合，銅サイトは正方格子を形成しそれぞれが 4 つの最近接銅サイトをもつ（次節の図 6.13 参照）．したがって銅原子核の超微細磁場は同一サイトからの異方的な寄与と隣接する 4 サイトからの等方的な寄与の和で表される．

$$\boldsymbol{H}_{\mathrm{hf}}^{Cu} = \tilde{A} \cdot \boldsymbol{S}_0 + \sum_{i=1}^{4} B \boldsymbol{S}_i \tag{6.27}$$

次に遷移金属原子と結合するアニオンサイトを考えよう．図 6.7 右の酸素サイトの場合，酸素の p_σ 軌道や s 軌道と隣の Cu の $d_{x^2-y^2}$ 軌道との間の混成により，スピン密度の一部が酸素上の軌道に移り，それが酸素原子核に双極子磁場や接触磁場を及ぼす．しかしこのスピン密度は主として両隣にある Cu サイトにあるスピン自由度に付随したもので，超微細相互作用としては 2 つの Cu スピンからの寄与の和として表すのが適切である．

$$\boldsymbol{H}_{\mathrm{hf}}^{O} = \sum_{i=1}^{2} \tilde{C} \cdot \boldsymbol{S}_i \tag{6.28}$$

この表式は Cu スピンが反強磁性状態にあるときは（$\langle \boldsymbol{S}_1 \rangle = -\langle \boldsymbol{S}_2 \rangle$），酸素サイトに内部磁場が発生しないという実験事実に整合している．

最後に遷移金属原子と直接結合しない非磁性金属サイト（銅酸化物では Ba, La, Hg など）に関しては，磁性イオン上のスピン磁気モーメントからの古典的な双極子磁場が主要な寄与となる場合が多い．しかし，Cs, Ba, La, Hg, Pb など重い元素の場合，s 電子との混成が非常にわずかであっても，量子数の大きな s 軌道の巨大な接触磁場によって，双極子磁場と同程度かそれ以上の超微細磁場が生じることもめずらしくない．

以上述べたように，強相関電子系における超微細結合定数を与えるメカニズムは非常に複雑であり，また符合の異なる寄与の和である場合も多い．超微細結合定数を第一原理から計算する試みも行われているが，まだ充分な信頼性に欠けるようであり，現時点では実験から決めるパラメータと考えるべきである．超微細結合定数を決めるための標準的な方法は，常磁性状態におけるシフトの温度依存性を測定し磁化率と比較することである．常磁性状態では各サイトのスピンはすべて同じ熱平衡値をもち，磁場方向を向いている（$\langle \boldsymbol{S}_i \rangle = \chi \boldsymbol{H}_0$）．したがってシフトは磁化率と同じ温度依存性を示す．

$$K(T) = K_0 + \left(\sum_i A_i^{zz} \right) \chi(T) \tag{6.29}$$

ここで K_0 は化学シフトや軌道シフトなど，温度に依存しない寄与の和を表し，磁場方向を z 軸にとった．シフトを磁化率に対してプロットすると直線が得られ，その傾きから結

合テンソルの磁場方向の成分 $\sum_i A_i^{zz}$ が実験的に求められる．これを $K-\chi$ プロットという．磁場の方向を変えて測定することにより，結合定数の異方性も決定できる．一例を図 6.8 左に示す．これは次節で議論する擬 2 次元スピン系 $SrCu_2(BO_3)_2$ におけるホウ素サイトの結果である[8]．この物質の結晶構造は次節の図 6.14 に示されている．

この方法は色々な物質に適用できるが，気をつけなければいけないのは，見ている原子核が複数のスピンと結合している場合，結合定数の和しか決定できないという点である．$SrCu_2(BO_3)_2$ の場合も，ホウ素サイトは古典的な双極子磁場以外に，最近接の 1 つの Cu サイトのスピンと次近接の 2 つ Cu スピンから transferred hyperfine field を受けていると想定されるが（図 6.14），この実験だけからは個々のサイトからどれだけの磁場を受けているかはわからない．もちろん，銅酸化物における酸素サイトのように，結合する 2 つの Cu スピンが対称的な位置にある場合は結合テンソルが等価なので，このような問題は存在しない．

アンダードープ領域にある銅酸化物超伝導体 $YBa_2Cu_3O_{6.6x}$ における銅，酸素サイトのシフトの温度依存性を比較した結果を図 6.8 右に示す[9]．図 6.7 右に示した軌道から予想されるとおり，シフトの温度依存性は Cu サイトでは c 軸のまわりに対称的，酸素サイトでは Cu-O-Cu 結合軸のまわりに対称的である．残念ながらこの試料は少量の不純物相が磁化率に影響を与えていたので，$K-\chi$ プロットが直線に載らなかった．他の実験と組み合わせて結合定数の値は，Cu サイトについて $A_{cc} = -32.6, A_{aa} = A_{bb} = 6.8, B = 8.1$ T,

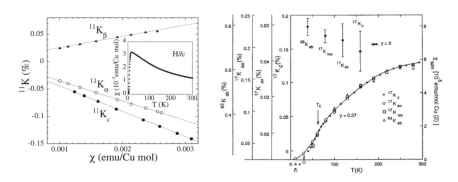

図 6.8 　左：直交ダイマー擬 2 次元スピン系 $SrCu_2(BO_3)_2$ におけるホウ素サイトの $K-\chi$ プロット[8]．α, β は ab 面内の直交する 2 つの方向を表す．挿入図は磁化率の温度依存性を表す．磁化率は低温で急激に減少し，基底状態がシングレットであることを示している．右：アンダードープ領域にある $YBa_2Cu_3O_{6.6}$ における銅，酸素サイトのシフトの温度依存性の比較[9]．凡例は上から酸素サイトのシフトの c 成分，$(K_\parallel - K_\perp)/3$ で定義される異方的成分（$\parallel, \perp$ は Cu-O-Cu 結合軸に平行，垂直成分を表す），$(K_\parallel + 2K_\perp)/3$ で定義される等方的成分，Cu サイトのシフトの ab 面内成分を示す．

酸素サイトについて $C_\parallel = 9.4, C_\perp = 6.0$ T，と評価されている．高温超伝導体の研究初期には，Cu サイト上のスピンを担う d 電子と，主として酸素サイトの p 軌道にドープされたホールが独立に振舞うのではないかという議論がされたが，すべてのシフトが同じ温度依存性を示すこの結果は，両者が強く結合して全体として 1 つのスピン自由度をもつことを示している[9, 10]．

一般に，非磁性サイトの核スピンが結晶学的に等価な複数の磁性サイトと結合している場合，それらの結合テンソルの間には結晶の対称性に基づく関係がある．シフトの測定から結合テンソルに関して最大限の情報を得るには，次節で議論するように空間群の対称性に基づいた考察が必要である．

b. 超微細磁場の動的効果

前節ではスピン–格子緩和率の一般公式 (6.14) を与え，運動による先鋭化が働いているときの近似式 (6.15) を示した．ここではその具体例を 2 つ挙げよう．最初は絶縁体磁性体の高温極限における核磁気緩和率を考える．図 6.9 左に示すように，z 個の最近接スピンと交換相互作用 $\mathcal{H} = J\sum_{i,j} \boldsymbol{S}_i \cdot \boldsymbol{S}_j$ で結ばれているスピン系を考え，核スピン $\boldsymbol{I}$ はそのうちの 1 つのスピンから等方的な超微細磁場 $A\boldsymbol{S}_i$ を受けているとする．瞬間的な局所磁場の 2 乗平均は $\langle(H_{\text{loc}}^\alpha)^2\rangle = \langle\boldsymbol{H}_{\text{loc}}^2\rangle/3 = A^2 S(S+1)/3$ で与えられる．高温極限ではスピン間に相関がなく，各スピンは周囲のスピンからのランダムな交換磁場のまわりを歳差運動することによって向きを変える．この場合，スピンの相関時間は $1/\tau_c = \sqrt{z}J S/\hbar$ で与えられる．(これは次のように考えればよい．最近接の 1 つのスピンからの交換磁場は $JS/\gamma_e\hbar$ であるので，ラーモア周波数は $\omega_{\text{ex}} = JS/\hbar$ となる．最近接サイトが多数あれば，時間相関はガウシアン $\exp(-t^2/2\tau_c^2)$ で減衰し，$1/\tau_c^2$ が近接サイト数に比例すると考えられる．) これらを (6.15) 式に代入すると，$1/T_1 = \pi\hbar\gamma^2 A^2(S+1)/(3\sqrt{z}J)$ となる．守谷によるハイゼンベルグ模型の高温展開を用いたより正確な結果[11]

$$\frac{1}{T_1} = \sqrt{\frac{3}{\pi}}\frac{\hbar\gamma^2 A^2 \sqrt{S(S+1)}}{\sqrt{z}J} \tag{6.30}$$

と比べてもそれ程悪い近似ではない．

もう 1 つの例は金属中の自由電子による緩和である（図 6.9 右）．フェルミ準位におけ

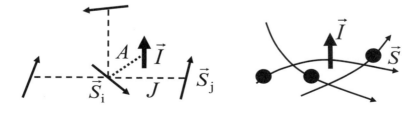

図 6.9 核磁気緩和率の簡単な例．左：絶縁体磁性体の高温極限．右：金属中の自由電子．

る状態密度が $\rho(\epsilon_F)$ である自由電子系から超微細磁場 AS（自由電子なので $S=1/2$）を受けている核スピンの緩和率を考える．よく知られているように，この場合はコリンガ則（Korringa relation）と呼ばれる次の厳密な結果が得られている[1〜3]．

$$\frac{1}{T_1} = \frac{\pi}{4}\hbar\gamma^2 A^2 \{\rho(\epsilon_F)\}^2 k_B T \tag{6.31}$$

この問題を (6.15) 式に従って考える．前の例にならうと，局所磁場の大きさは $\langle (H_{\mathrm{loc}}^\alpha)^2 \rangle = A^2/4$ となるが，今の場合電子系はフェルミ縮退しているので，自由に向きを変えることのできる電子の数は $\rho(\epsilon_F)k_B T$ の割合しかない．したがって，$\langle (H_{\mathrm{loc}}^\alpha)^2 \rangle = A^2\rho(\epsilon_F)k_B T/4$ とするのが妥当であろう．一方局所磁場の揺らぎは電子の運動によるので，少々荒っぽい近似では相関時間はバンド幅あるいは状態密度そのもので与えられる $1/\tau_c = 1/\{\hbar\rho(\epsilon_F)\}$ と考えてよいだろう．結果は $1/T_1 = \hbar\gamma^2 A^2 \{\rho(\epsilon_F)\}^2 k_B T/4$ となり，正確な結果とオーダーは一致する．自由電子系の大きな特徴は，磁化率が状態密度に比例し，したがってナイトシフト K が $A\rho(\epsilon_F)$ に比例するので，$1/(T_1 T K^2)$ が次のように物質によらず原子核の種類だけで決まるユニバーサルな値を示すことである．

$$\frac{1}{T_1 T K^2} = \frac{4\pi k_B}{\hbar}\left(\frac{\gamma}{\mu_B}\right)^2 \equiv S \tag{6.32}$$

ただし，遷移金属のようにフェルミ準位上に複数のバンドが存在する場合は，この結果は変更を受けるので注意が必要である[3]．実際の金属における $1/(T_1 T K^2)$ の測定値はユニバーサルな値 S と異なることが多いが，その原因の中で最も重要なのは電子相関の効果である．大雑把にいうと，波数ゼロの強磁性的な相関があると $1/(T_1 T K^2 S)$ が 1 より小さくなり，有限の波数をもつ反強磁性的な相関が発達すると $1/(T_1 T K^2 S)$ が 1 より大きくなる[12]．

c. 電気 4 重極相互作用の効果

ここでは $I \geq 1$ の核スピン系について，電気 4 重極相互作用がある場合の NMR スペクトルの特徴を述べる．詳細は教科書[2,3]を参照されたい．電気 4 重極相互作用は (6.24, 6.25) 式で与えられているが，電場勾配テンソル V_{ij} は 2 階の対称テンソルなので，適当な直交主軸系をとると対角化できる．絶対値が最大の主値に対応する主軸を z 軸とし，最小絶対値の主値に対応する主軸を x 軸に選ぶ．（$|V_{zz}| \geq |V_{yy}| \geq |V_{xx}|$，ただし $V_{xx} + V_{yy} + V_{zz} = 0$）すると

$$\mathcal{H}_Q = \frac{e^2 qQ}{4I(2I-1)}\left\{3I_z^2 - I(I+1) + \frac{1}{2}\eta(I_+^2 + I_-^2)\right\} \quad \text{ただし } eq = V_{zz}, \eta = \frac{V_{xx} - V_{yy}}{V_{zz}} \tag{6.33}$$

となる．電場勾配が軸対象であれば，$\eta=0$ である．η を非対称パラメータという．外部磁場，あるいは超微細磁場が存在する場合は，このハミルトニアンとゼーマン相互作用 $\mathcal{H}_Z = -\gamma\hbar \boldsymbol{I}\cdot\boldsymbol{H}_{\mathrm{eff}}$（$\boldsymbol{H}_{\mathrm{eff}} = \boldsymbol{H}_0 + \langle \boldsymbol{H}_{\mathrm{hf}}\rangle$）を合わせて，核スピンのエネルギー準位を考

える必要がある．$\mathcal{H}_Z \gg \mathcal{H}_Q$ の場合，$\mathcal{H}_Q$ を摂動として扱うと，もともと1本であった共鳴線が $2I$ 本に分裂する．逆の $\mathcal{H}_Z \ll \mathcal{H}_Q$ の場合には，4重極分裂した準位間の共鳴線が弱い磁場によって分裂あるいはシフトする．

ゼロ磁場共鳴（NQR）：最初に磁場がない場合を考える．$\eta = 0$ の場合は特に簡単で I_z の固有状態がエネルギー固有状態となり，エネルギーは I_z の固有値 $m = -I, -I+1, \ldots, I$ を用いて $E_m = (h\nu_Q/2)(m^2 - I(I+1)/3)$ （ただし $\nu_Q = 3e^2qQ/h2I(2I-1)$）となる．（各準位は2重に縮退している．）4重極分裂があると，ゼロ磁場においても $m \neq 1/2$ に対して $|I_z = m\rangle$ と $|I_z = m-1\rangle$ の2準位間の共鳴を観測することが可能になり，共鳴周波数は $\nu_m = (E_m - E_{m-1})/h = \nu_Q(2m-1)/2$ で与えられる．磁場が存在しないときの共鳴を，核4重極共鳴（Nuclear Quadrupole Resonance, 略して NQR）と呼ぶ．スピン I が半奇数のときは，$\nu_Q, 2\nu_Q, \ldots, (I-1/2)\nu_Q$ と，基本周波数の整数倍の $I-1/2$ 本の共鳴線が観測される．整数スピンの場合は，$\nu_Q/2, 3\nu_Q/2, \ldots, (I-1/2)\nu_Q$ と I 本の等間隔な共鳴線が現れる．

一方，電場勾配が非対称になると（$\eta \neq 0$），NQR スペクトルに大きな変化が現れる[2]．整数スピンの場合は $|I_z = \pm m\rangle$ の2状態の縮退が解け，各共鳴線が2本に分裂する．半奇数スピンの場合は縮退は解けないが（クラマースの定理），共鳴周波数は基本周波数の整数倍とはならない．このズレは η が小さいとき η の2乗に比例する．例えば $I = 5/2$ の場合，$\nu_{5/2}/\nu_{3/2} = 2 - (70/27)\eta^2$ となる．強相関電子系で NMR を観測する原子核は半奇数スピンをもつものが圧倒的に多い．軸対称性からのズレに対する NQR 周波数の敏感性は，構造相転移を検出するのに役立つ．

例としてパイロクロア酸化物 $Cd_2Re_2O_7$ の Re（レニウム）サイトにおける NQR スペクトルを図 6.10 に示す．結晶中では Cd, Re それぞれが，パイロクロア格子と呼ばれる正四面体が連なった格子（図 6.10 左）を形成する．この物質はパイロクロア酸化物としては初めて超伝導（臨界温度 1K）が発見された物質である[13]．常温では立方晶のパイロクロ

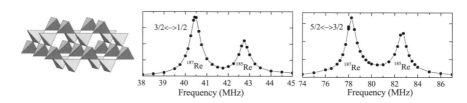

図 6.10 左：パイロクロア格子．中および右：温度 5 K におけるパイロクロア酸化物 $Cd_2Re_2O_7$ の ^{185}Re と ^{187}Re の NQR スペクトル[14]．中および右の図はそれぞれ，$\pm 5/2$ から $\pm 3/2$ への遷移に対応する共鳴線と $\pm 3/2$ から $\pm 1/2$ への遷移に対応する共鳴線を示す．それぞれの同位体について 2 本の共鳴線の周波数比は明瞭に 2 からずれている．

ア構造をとり，正四面体の頂点にある Re サイトは [111] 方向に 3 回軸をもつ．したがって電場勾配は軸対称のはずである．Re 原子核には核スピン 5/2 をもつ同位体位体が 2 種類ある (^{185}Re, ^{187}R)．5 K において両者の NQR スペクトルが観測されたが，±5/2 から ±3/2 への遷移に対応する共鳴線と ±3/2 から ±1/2 への遷移に対応する共鳴線の周波数比は，図に示すように明瞭に 2 からずれている[14]．このことは低温の構造が立方晶より低い対称性をもっていることを意味する．この実験が行われた当時，200 K および 120 K で何らかの相転移があることは知られていたが，低温の構造はまだ不明であった．NQR によって初めて明らかにされた結晶構造の対称性の低下は，その後の精密な構造解析への有益な指針となった．

弱い磁場をかけると NQR 共鳴線は分裂する．臨界磁場の低い超伝導体など，強磁場によって物性が変わってしまう物質に対してこの方法を使うと，弱い磁場下で磁気的シフトを測定することができる．

強磁場下での 4 重極効果：次に強磁場下でゼーマン相互作用が支配的な場合に，NMR スペクトルが 4 重極相互作用によってどのような影響を受けるかを見てみよう．図 6.1(a) に示すように，ゼーマン相互作用のみ存在する場合には準位間の間隔はみな等しく，$2I$ 本の共鳴線の周波数はすべて $\nu_0 = \gamma H_{\text{eff}}/2\pi$ に縮退している．（NMR スペクトルを議論するときは角周波数ではなく振動数（Hz）を単位とすることが多いので，これまでの表式を 2π で割ってある．）これに 4 重極相互作用 (6.33) あるいは (6.24, 6.25) が加わったときにどうなるかをみるには，摂動の 1 次または 2 次の計算をすればよい．この計算は教科書[2]に詳述されているので，ここでは省略し結果だけを述べる．磁場方向を量子化軸 ζ にとると，$|I_\zeta = m\rangle$ と $|I_\zeta = m-1\rangle$ の 2 状態間の周波数 ν_m は，摂動の 1 次で $\nu_m^{(1)} = [3eQ/4I(2I-1)](2m-1)V_{\zeta\zeta}$ だけシフトする．電場勾配の主軸座標系（xyz）における磁場の極角を θ，方位角を ϕ とし，座標変換により $V_{\zeta\zeta}$ を主値で表すと

$$\nu_m^{(1)} = \frac{\nu_Q}{2}\left[3\cos^2\theta - 1 + \eta\sin^2\theta\cos 2\phi\right]\left(m - \frac{1}{2}\right) \tag{6.34}$$

となる．1 次のシフトの大きさは磁場に依存しない．特に重要なのは，半奇数スピンの場合 $m = 1/2$ の中心線に対しては 1 次のシフトがゼロであること，またスピンの値に関わらず $\nu_m^{(1)}$ と $\nu_{-m+1}^{(1)}$ は大きさが等しく符号が反対であること，の 2 点である．したがってもともと縮退していた共鳴線は，中心周波数が変化せずに左右対称に等間隔の $2I$ 本に分裂する．このため $m = 1/2$ 以外の共鳴線は（4 重極）サテライトと呼ばれる．ここには示さないが 2 次摂動のシフト $\nu_m^{(2)}$ も計算されており，非対称な場合も含めた一般式は Stauss[15] に示されている．2 次のシフトに関して注意すべきことは，半奇数スピンの $m = 1/2$ 中心線も一般にゼロではないシフトを示すこと，$\nu_m^{(2)}$ と $\nu_{-m+1}^{(2)}$ は符号も大きさも等しいことである．摂動の一般論から予想されるように，2 次のシフトの大きさは磁場に反比例する．

単結晶試料があれば，強磁場のスペクトルを色々な方向で測定することにより，基本的

には1次の4重極分裂から電場勾配の主値と主軸の方向を知ることができる．次節で述べるように，主軸の方向は結晶構造の対称性から決まっている場合も多い．先に述べたように相転移がある場合に，電場勾配が特異的な変化を示すかどうか，特に対称性に変化があるかどうかをNMRにより調べることは，比較的容易であり，他の実験では得られない重要な情報を与えてくれる場合が多い．

単結晶試料が得られない場合は粉末試料を用いることになる．この場合は磁場の方向が電場勾配の主軸に対してランダムに分布するので，様々な磁場方向に対する共鳴線のヒストグラムとして幅の広い粉末パターンが得られる．しかし (6.34) 式からわかるように，磁場方向が電場勾配の主軸と一致するところで，1次シフトの角度依存性が極値を示す．一般に，角度依存性が極値を示す周波数において粉末パターンはピークまたはエッジなどの特異性を示す．したがってそのような特異点が同定できれば，粉末スペクトルからでも電場勾配の主値を決定することができる．しかし主軸の方向は一般には決まらない．図 6.11 左に $\eta=0$ の場合の $I=3/2$ の粉末パターンのシミュレーションを示す．右には $\eta \neq 0$ の場合の実例として，図 6.10 と同じパイロクロア構造をもつ $Cd_2Os_2O_7$ の酸素サイト ($I=5/2$) の粉末 NMR スペクトル（サテライトのみを拡大してある）を示す[16]．パイロクロア酸化物には2種類の酸素サイトがあるが，Cd のつくる正四面体の中心に位置する酸素サイトは立方 (T_d) 対称性をもっているので電場勾配は消失する．観測しているのは，パイロクロア格子を組む Os 原子の間にあって Os を8面体状に取り囲む酸素である（挿入図の黒

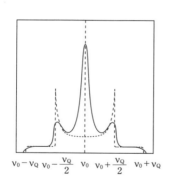
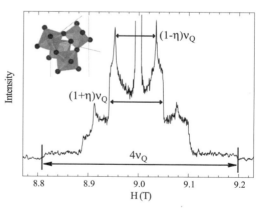

図 6.11 左：$I=3/2$ の核スピンに対する $\eta=0$ の場合の4重極粉末パターン．右：パイロクロア酸化物 $Cd_2Os_2O_7$ における ^{17}O 原子核（スピン 5/2）の 250K の粉末 NMR スペクトル[16]．このような幅の広いスペクトルは，スピンエコー信号のフーリエ変換を，磁場を少しずつ変えながら重ね合わせることによって得られる．

丸).良質の試料でこの程度 S/N がよければ,スペクトルの特異点が明瞭に同定できるので,図に示したように粉末試料からでも精度よく電場勾配が決定できる.

ゼーマン相互作用と 4 重極相互作用の強さが同程度のときは摂動論が使えない.しかし,扱っているハミルトニアンは $(2I+1)\times(2I+1)$ の有限次元行列なので,パソコンで容易に数値対角化を実行することができる.また市販のデータ解析ソフトを用いて,外部磁場の方向をランダムに発生させて共鳴周波数の粉末パターンをシミュレートすることも,比較的簡単にできる.

以上概観したように,NMR/NQR から決められる電場勾配パラメータは,構造や電荷分布の対称性を決定したり,相転移に伴うわずかな変化を検出する手段として大変強力なプローブであるが,パラメータの値を定量的に理解することは困難である.従来,電場勾配を同じサイトの荷電子からの寄与と周囲のイオンからの寄与に分けて,後者については内殻電子の anti-shielding 効果を経験的パラメータで取り入れるといった解析が行われてきたが,厳密な理論的裏付けがあるわけではない.むしろ最近では電子状態計算の進歩により,電場勾配を第一原理から計算する試みがある程度成功している[17,18].磁性をもった遷移金属原子サイトではまだあまり例がないが,アニオンや非磁性サイトでは,定量的に実験結果を再現していることが多い.特に,結晶学的に異なるが同じ対称性をもっているサイトが 2 つ以上あるときなど,実験だけからは,どの共鳴線がどのサイトから来ているか同定できないときに,電場勾配の計算結果と比較することによりサイト同定が可能になる例が見られるようになった.

6.2 NMR スペクトルとスピン・電荷・格子の局所構造

本節と次節で量子スピン系や強相関電子系の研究に NMR がどのように役立っているかという実例を見ていきたい.NMR の測定は大きくいって,電子系のスピンや電荷がつくる何らかの空間的な構造や秩序状態など,静的な性質を知るためのものと,スピン・ダイナミクスなど動的な振る舞いを調べるものに分けることができる.本節では前者に焦点をあてる.量子スピン系や強相関電子系の興味ある問題の 1 つは,対称性の異なる様々な基底状態が拮抗している状況下で,外場や圧力の印加によって引き起こされるそれらの間の量子相転移にある.スピン系においては例えば,非磁性基底状態と磁気秩序状態,さらには磁化プラトー相,Valence-Bond-Crystal 相やスピン・ネマティック状態などの間の相転移,強相関電子系では,反強磁性状態と多極子秩序,超伝導状態の間の相転移などがその例である.NMR は量子相転移における対称性の変化を局所的・微視的に検出するための有力な手段となる.

最初に述べたように,静的な情報に関する NMR の利点はサイト選択性にある.粉末試料においても,ある程度サイト選択的な測定ができる場合はあるが,多くの場合単結晶試料

を用いて初めて，NMR のデータから局所的なサイト対称性に関する決定的な情報が得られる．（もちろん，外部磁場を必要としない NQR や磁気秩序状態におけるゼロ磁場 NMR の場合は，単結晶でも多結晶でも同じ結果が得られる．）単結晶を用いる場合，まず結晶構造の空間群に基づいて観測するサイトの点群対称性を検討し，NMR スペクトルの特徴を理解することが出発点となる．具体的には，(1) 超微細結合テンソルや電場勾配の主軸はどの方向を向いているか，(2) 単位胞中に等価なサイトが複数存在する場合，共鳴線が何本存在するか，(3) それらの共鳴線が一致する特別な磁場方向が存在するか，といったことがポイントとなる．まず高温の対称性の高い状態でこのような予測を実際に確かめた上で，相転移に伴うスペクトルの変化から，低温秩序相がどのような対称性の破れをもっているかを決定するというのが，一般的な解析方法である．局所的な情報に基づくこのような NMR の方法論は，空間的にコヒーレントな周期構造の変化を検出する中性子や X 線による回折実験法とは大きく異なっている．両者は相補的な実験方法であり，同じ研究対象に合わせ用いることによって，秩序構造のより完全な解明が期待できる．

この節では，局所対称性に基づく方法の一般論を説明した後，常磁性状態，磁気秩序状態，さらに f 電子系における多極子秩序についての研究例を紹介する．

6.2.1 常磁性状態における NMR スペクトル

a. 結晶の対称性と NMR スペクトル

常磁性状態において NMR 測定から得られる物理量は，基本的にはシフトと電場勾配である．常磁性シフトの定義は前節 (6.21) 式で与えたが，ここでは，その異方性について検討しよう．常磁性状態ではスピンの熱平均値は外部磁場方向を向いている．しかし (6.26) 式からわかるように，超微細結合テンソルは異方的なので超微細磁場 $\langle \boldsymbol{H}_{\mathrm{hf}} \rangle$ と外部磁場は一般に平行ではない．そこで異方的なシフト・テンソル $\tilde{K}$ を

$$\langle \boldsymbol{H}_{\mathrm{hf}} \rangle = \tilde{K} \cdot \boldsymbol{H}_0 \tag{6.35}$$

によって定義する．[*1)]常磁性状態では一般に超微細磁場は外部磁場に比べてはるかに小さいので，周波数シフトは超微細磁場の外部磁場に平行な成分のみが寄与する．

$$\omega_{\mathrm{res}} - \omega_0 = \frac{\gamma \boldsymbol{H}_0 \cdot \langle \boldsymbol{H}_{\mathrm{hf}} \rangle}{H_0}, \quad \text{したがって} \quad K = \frac{\omega_{\mathrm{res}} - \omega_0}{\omega_0} = \frac{\boldsymbol{H}_0 \cdot \tilde{K} \cdot \boldsymbol{H}_0}{H_0^2} \tag{6.36}$$

となる．シフト・テンソルの主値を K_1, K_2, K_3 とし，外部磁場の方向をシフト・テンソルの主軸座標系 (xyz) における極角 θ と方位角 ϕ によって表すと，

[*1)] 厳密にいえば，電子スピンの g-テンソルが異方的であれば，スピンの熱平均値と磁場は平行ではない．シフト・テンソルは g-テンソルの異方性も含めて考えるものとする．

$$\tilde{K} = \begin{pmatrix} K_1 & 0 & 0 \\ 0 & K_2 & 0 \\ 0 & 0 & K_3 \end{pmatrix}, \quad \boldsymbol{H}_0 = H_0 \begin{pmatrix} \sin\theta\cos\phi \\ \sin\theta\sin\phi \\ \cos\theta \end{pmatrix} \tag{6.37}$$

となり，シフトの角度依存性は

$$K = K_1 \sin^2\theta\cos\phi + K_2 \sin^2\theta\sin\phi + K_3 \cos^2\theta \tag{6.38}$$

で与えられる．ここでシフトの等方的成分と 1 軸異方性，および 2 軸異方性成分をそれぞれ

$$K_{\mathrm{iso}} = \frac{K_1+K_2+K_3}{3}, \quad K_{\mathrm{ax}} = K_3 - \frac{K_1+K_2}{2}, \quad K_{\mathrm{anis}} = \frac{K_1-K_2}{2} \tag{6.39}$$

によって定義すると，

$$K = K_{\mathrm{iso}} + K_{\mathrm{ax}}\left(\cos^2\theta - \frac{1}{3}\right) + K_{\mathrm{anis}}\sin^2\theta\cos 2\phi \tag{6.40}$$

が得られる．これを (6.34) 式と比べると，異方性シフトと 4 重極相互作用の 1 次のシフトは同じ角度依存性を示すことがわかる．したがって粉末試料の場合に異方的シフトによって広がったスペクトルは，4 重極相互作用のサテライトと同様な線形を示す．

次に NMR スペクトルやその角度依存性が結晶の対称性とどのように関連しているかを見ていこう．ここで述べることは，シフト・テンソルにも電場勾配テンソルにも共通にいえることである．以下の考察の出発点は結晶の空間群と，NMR を測定するサイトの点群対称性である．結晶の対称性を記述する空間群は全部で 230 種類あり，すべての空間群について，対称性操作，サイトの種類と座標，点群などをまとめた表が International Table for Crystallography として出版されている[19]．どんな物質であれ，NMR の実験を始めるに当たってはまずこの表で該当する空間群のページを眺めて，測定しようとするサイトの対称性を頭に入れておくことが必要である．もちろん，非常に簡単な結晶構造で対称性が一目瞭然である場合は，このようなことをせずとも NMR スペクトルを理解することは可能である．しかし，近年新しく発見されている強相関電子系の面白い物質は，ほとんどが単位胞中に多数の原子を含む複雑な結晶構造をもっている．多くの場合，空間群の知識に基づいて系統的に考察する方が確実である．少なくとも，International Table の見方や結晶の対称性操作にどのようなものがあるか，といった基本知識は頭に入れておく必要がある[20]．

まずシフトあるいは電場勾配の主軸の方向に関して次の規則が成り立つ．
(1) 観測しているサイトを通る n 回軸 ($n \geq 2$) が存在すれば，これは主軸の 1 つである．特に n が 3 以上の場合はテンソルは軸対称で，この軸に垂直な面内の 2 つの主軸に対する主値は等しい．
(2) 観測しているサイトが鏡映面上にあれば，それに垂直な方向は主軸の 1 つである．

例として $n = 2$ の場合に (1) の規則が成り立つ理由を図 6.12（左）によって考えよう．NMR を観測するサイトを通る 2 回軸が存在するとして，電場勾配テンソル，あるいはシフト・テンソルの任意の主軸に着目する．対称性から，この主軸を 2 回軸のまわりに 180 度回転して得られる軸も同じ主値に対応する主軸でなければならない．このことは 180 度回転によって主軸の方向が不変であることを意味する．したがって任意の主軸は 2 回軸に平行もしくは垂直でなければならない．n が 2 以外の場合，あるいは鏡映面がある場合（図 6.12 右）も，同様な考え方で説明できる．

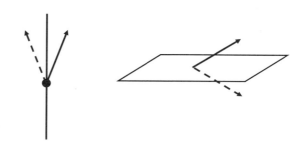

図 6.12 局所対称性と電場勾配テンソル，シフト・テンソルの主軸の関係．左：2 回軸がある場合．右：鏡映面がある場合．

次に単位胞中に等価なサイトが複数ある場合に，これらのサイトからの共鳴線が重なるか分裂するかという問題を考えよう．これは多くの NMR 実験にとって非常に重要で，局所的な対称性を決定する際に鍵となる．単位胞中の等価なサイトとは，結晶の対称操作によって互いに移り変わるサイトである．これらは，結晶構造の上からは全く等価であり，シフトや電場勾配ももちろん等しい．しかし外部磁場のもとでは，これらのサイトが同一の共鳴線を与えるとは限らない．この事情を図 6.13 に示した銅酸化物の例で説明しよう．いま簡単のために仮に銅サイトが完全な正方格子をつくっており，酸素サイトは正方形の辺の中心にあるとする．するとすべての酸素サイトは等価である (a)．ここで注意すべきことは，この構造自体は 4 回対称性をもっているが，酸素サイトは 4 回対称性をもっていないということである．実際に前節で見たように（図 6.7, 6.8），酸素サイトのシフトは Cu-O-Cu 結合軸方向に 1 軸性の異方性をもっている．したがって，(b) のように磁場を [010] 方向にかければ，酸素 A と酸素 B の共鳴線は分裂する．しかし (c) のように磁場を [110] 方向にかければ 2 サイトは等価となり，共鳴線は重なる．

この例からわかるように，2 つの等価なサイトで共鳴線が分裂するのは，1 つのサイトからもう 1 つのサイトに移る対称操作によって磁場の方向が変わる場合である．単位胞中に等価なサイトには，(1) 面心や体心など，センタリングのあるブラベー格子をもつ結晶

6.2 NMR スペクトルとスピン・電荷・格子の局所構造 317

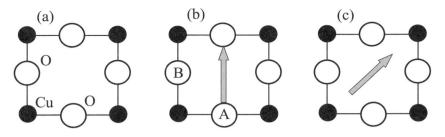

図 **6.13** 等価なサイトの NMR 共鳴線が分裂する例. (a)：正方格子をもつと仮定した銅酸化物の模式図. (b)：磁場を [010] 方向にかけたときは酸素サイトの共鳴線が分裂する. (c)：磁場を [110] 方向にかけたときは分裂しない.

の場合に，格子ベクトルの半分の併進操作によって生じるものと，(2) 回転（らせんを含む），鏡映（グライドを含む），反転などの併進以外の対称操作によって生じるもの，の 2 種類がある．併進操作や反転では磁場の方向は変わらないから，これらの操作で移り変わるサイトの共鳴線は常に重なる．（方向が同じであれば，スペクトルは磁場の向きには依存しない．）一方，回転（らせんを含む）や鏡映（グライドを含む）で移り変わるサイトは一般に共鳴線が分裂する．しかし次の場合には共鳴線が一致する．

(1) C_2（2 回軸まわりの 180 度回転）または 2_1（2 回らせん）で移る 2 つのサイトは，磁場が回転軸に平行または垂直であれば，同一の共鳴線を与える．

(2) n が 3 以上の回転または「らせん」操作で移る 2 つのサイトは，磁場が回転軸に平行であれば，同一の共鳴線を与える．

(3) 鏡映またはグライドで移る 2 つのサイトは，磁場が鏡映（グライド）面に平行または垂直であれば，同一の共鳴線を与える．

これらは，「2 つのサイトを入れ替える対称性操作によって磁場の方向が不変であれば同じ共鳴線を与える」という一般則を具体的なルールにまとめたものである．

現実には，ある温度を境に低温で対称性の破れを伴う何らかの秩序が発生する相転移に伴って，高温相で重なっていた共鳴線が低温相で分裂することが，しばしば観測される．これが磁気相転移であるか構造相転移であるかは，超微細磁場と電場勾配のどちらが（あるいは両方が）変化したかによって判断することができる．磁場の方向によって分裂がどのように変化するかを調べることによって，低温相においてどのような対称性の破れが生じているかをミクロに決定することが一般に可能になる．

b. $SrCu_2(BO_3)_2$ におけるホウ素サイトの NMR

ここでは，上に述べた方法論の具体例として，前節で K-χ プロットを図 6.8 に示した 2 次元直交ダイマースピン系 $SrCu_2(BO_3)_2$ を取り上げる．この絶縁体磁性体は図 6.14(a), (b) に示すように，非磁性 Sr 層と磁性 $CuBO_3$ 層が c 軸方向に交互に積層した結晶構造（空間群

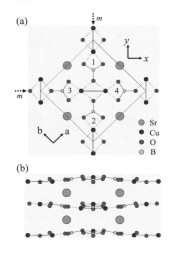
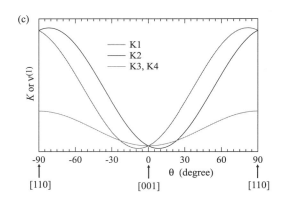

図 **6.14** (a)：c 軸方向から見た $SrCu_2(BO_3)_2$ の結晶構造. a, b は結晶軸の方向を, x, y は直交するダイマーの方向を示す. x 軸と c 軸, y 軸と c 軸を含む鏡映面が存在する. 1～4 の番号は 1 層の単位胞内の 4 個の Cu およびホウ素サイトを示す. (b)：[110] 方向から見た $SrCu_2(BO_3)_2$ の結晶構造. Sr, Cu, B, O は同一平面上にない. (c)：結晶構造の対称性から期待される B サイトの NMR シフト, または 4 重極分裂の角度依存性.

$I\bar{4}2m$) をもつ[21]. 磁性層内ではスピン 1/2 をもつ Cu^{2+} イオンが互いに直交する 2 種類のダイマーを形成する. 1 つの層において最近接ボンド上（ダイマー内）および次近接ボンド上（ダイマー間）の等方的交換相互作用 J, J' を考えると, この物質は Shastry-Sutherland モデルという 2 次元スピンモデルと等価になる[22]. このモデルは $J'/J \leq 0.67$ のとき, 各ダイマーのシングレット状態の直積が厳密な基底状態となる. また励起 3 重項の分散が極めて小さい, すなわちトリプレットの運動エネルギーが強く抑制される, という著しい特徴をもつ[22,23]. $SrCu_2(BO_3)_2$ において, 実際にこのような性質が確かめられ[24], さらに 27 テスラ以上の高磁場の磁化曲線において, 有限の磁場範囲で磁化が飽和磁化の分数値に量子化される磁化プラトーが多数観測された[24,25]. この磁化プラトーは, 励起 3 重項がお互いの斥力によって局在し超周期構造を形成した状態であることが理論的に示され[23], 以来多くの研究が行われている. この磁場領域では中性子散乱の実験が困難なこともあり, 磁化プラトー状態におけるスピン超構造の決定には, NMR が大きな威力を発揮した[26]. ここでは, 常磁性状態におけるホウ素サイトの NMR スペクトルについて考察する[8].

単位胞中に含まれる 2 つの磁性層は, [1/2, 1/2, 1/2] の併進操作によって移り変わるので, NMR スペクトル上は等価である. $I\bar{4}2m$ 群は併進操作以外に 8 個の対称操作を含むので, 一般位置にある原子は 1 層あたり 8 個のサイトを占め, 磁場の任意の方向に対して

一般的に 8 本の共鳴線を与える．ホウ素サイトは (110) または ($1\bar{1}0$) 鏡映面上にあるので，図 6.14(a) に示すようにサイトの数は半分 (4 個) となる．サイト 1 と 2, および 3 と 4 は，鏡映によって移り変わり，これら 2 つの対は 4 回反 ($\bar{4}$, S_4) によって移り変わる．磁場が ($1\bar{1}0$) 面内 (yz 面内) にある場合には，サイト 3 と 4 を入れ替える鏡映操作に対して磁場の方向は不変なので，両サイトは同一の NMR スペクトルを与える．しかしサイト 1 と 2 を入れ替える鏡映操作に対しては，一般に磁場の方向が変わるので，この 2 つのサイトの共鳴線は分裂する．特に磁場が c 軸に平行なときは，$\bar{4}$ に対しても磁場方向は不変なので 4 つのサイトの共鳴線はすべて重なる．予想されるスペクトルの角度依存性を図 6.14(c) に示した．実際このようなシフトおよび 4 重極分裂の角度依存性が観測されている．

c. 不純物によって誘起される現象

低次元スピン系の中には強い量子揺らぎのために基底状態においても磁気秩序を示さないものがある．しかし結晶の完全周期性を乱す何らかの不規則性があると，そのような量子基底状態が不安定となり，本来備わっている強い反強磁性相関が静的な磁気構造として現れる場合がある．低次元 (特に擬 1 次元) スピン系の不純物の周囲に誘起される磁性に関しては，過去 10 年あまりの間に著しい進展があった[27]．不純物の周囲に発生する磁気モーメントの分布を決定することは，原子スケールでのサイト選択性をもつ NMR の得意とする問題である．古くは金属中の磁性不純物 (近藤効果) の研究に関しても，NMR は重要な役割を果たしてきた．

最近接スピン間に反強磁性相互作用が存在する 1 次元ハイゼンベルグ・スピン系

$$\mathcal{H} = J \sum_i \bm{S}_i \cdot \bm{S}_{i+1} \tag{6.41}$$

は，スピンの大きさが半奇数のときは励起ギャップがなく，絶対零度でスピン相関関数が $1/r$ で減衰するのに対し，整数スピンの場合は励起エネルギースペクトルにギャップが存在し (ハルデイン・ギャップ)，スピン相関関数は指数関数的に減衰する．スピン 1 のハイゼンベルグ鎖の基底状態は，図 6.15(a) に模式的に表されているように，1 個のスピン 1 を 2 個のスピン 1/2 の合成として定義し，それぞれが左右のスピン 1/2 とシングレットを組んだ状態 (Valence Bond Solid, 略して VBS 状態) として近似できる．ここで，一つの磁性サイトを図 6.15(b) の 2 個の黒丸で示すようにスピンをもたない非磁性元素で置き換えると，その両隣のサイトにシングレットを組めなくなった自由なスピン 1/2 (図の矢印) が出現する．実際に NENP と呼ばれる物質において，非磁性不純物をドープしたときに現れる自由スピンを電子スピン共鳴を用いて検出したことが，VBS 状態の実験的な証明となった[28]．しかし図 6.15(a)(b) の VBS 状態は近似であり，実際には自由スピンは図 6.15(c) に示すように，端近傍のいくつかのサイトに広がっていると考えられる．不純物によって出現した鎖端付近のスピン自由度に伴う磁化分布は，$Y_2BaNi_{0.95}Mg_{0.05}O_5$ において ^{89}Y-NMR により直接観測された[29,30]．この結果を図 6.15(d)-(g) に示す．

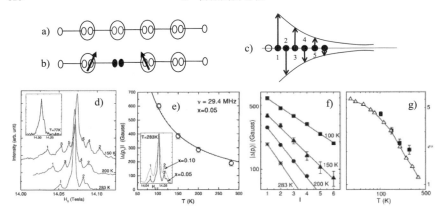

図 6.15 (a) スピン 1 ハイゼンベルグ鎖における VBS 状態の模式図．各サイトのスピン 1 を 2 個のスピン 1/2（図の白丸）の合成として定義し，2 個のスピン 1/2 はそれぞれ隣りのサイトのスピン 1/2 とシングレット対を形成する（図の横線）．このシングレット波動関数に対して，各サイトの 2 つのスピン 1/2 の変数をを入れ替えて和を取るという対称化（図で各サイトの 2 つのスピン 1/2 を囲む大きな白丸で表されている）をほどこした状態が VBS 状態である．対称化によって各サイトのスピンの大きさが 1 であることが保証される．(b) スピンをもたない非磁性不純物があると，その両隣に自由なスピン 1/2 が現れる．(c) 空間的に広がった端スピンの模式図．(d) $Y_2BaNi_{0.95}Mg_{0.05}O_5$ における ^{89}Y NMR スペクトルの温度依存性．(e) 中心線からの第 1 サテライトピークのシフトの温度依存性．実線はスピン 1/2 のキュリー則を示す．(f) サテライトピーク・シフトのサイト依存性．この対数プロットの傾きからスピン相関距離が求まる．(g) (f) の結果から求めた相関距離の温度依存性（四角）．白 3 角は相関距離の数値計算結果を示す[29]．

結晶構造からは，1 個の Y 原子核は主に第 2 近接にある 2 個の Ni スピンと超微細結合していると考えられている．この 2 個のスピンは異なる 1 次元鎖上にあり，この物質では鎖間の相互作用は極めて弱いので，1 次元鎖上の磁化分布を考える際には，Y 原子核は 1 個の Ni スピンだけからの内部磁場を感じていると考えてよい．また ^{89}Y の核スピンは 1/2 なので，4 重極相互作用は存在しない．NMR スペクトルは強い中心線の両側に弱いサテライト線を伴っている（図 6.15(d)）．中心線は不純物がない場合と同じシフトを示しており，不純物から充分離れたサイトからの信号と考えられる．一方サテライト構造は不純物近傍のサイトに起因する．温度の低下とともにサテライト線のシフトの絶対値が増大し，より多くのサテライト線が分離して観測される．この離散的なサテライト線は，Mg 不純物の第 1，第 2，第 3，...近接の Ni スピンから内部磁場を受けている Y 原子核の信号に対応している．このことは，例えば最も大きくシフトした第 1 サテライト線のシフトが自

由スピンのキュリー則に従う温度依存性を示すことからも確認できる（図 6.15(e)）．サテライト線のシフトが交互に正負の値をもつことは，図 6.15(c) に描かれているように，外部磁場によって不純物の近傍に局所的な反強磁性磁化が発生することに対応している．この反強磁性磁化は不純物から離れるにつれて減衰するが，その減衰距離はサテライト線のシフトの絶対値のサイト依存性から求めることができる．図 6.15(f) に示すように，シフトの絶対値は不純物から離れると指数関数的に減少し，このプロットから各温度における減衰距離を求めることができる．減衰距離の温度変化は，図 6.15(g) に黒四角で示されている．同じ図の白三角は，不純物のない一様なスピン 1 ハイゼンベルグ鎖のスピン相関距離の数値計算の結果に対応する．両者はよく一致しており，不純物によって引き起こされる反強磁性磁化の空間分布が，不純物のない系におけるスピン相関距離で決まっていることが分かる．

量子スピン系において，不純物の近傍に誘起された局所的な磁化分布を NMR によって観測した例としては，この他にもスピン 1/2 ハイゼンベルグ鎖[31]，スピン・パイエルス系[32]，2 次元 Shastry-Sutherland 格子[33] などに対する研究がある．

6.2.2 磁気秩序状態における NMR スペクトル

ここまでは，自発磁化をもたない常磁性状態の NMR スペクトルを考えたが，この項では自発的な磁気秩序（強磁性，反強磁性，スピン密度波など）が存在する場合における NMR スペクトルの特徴と，そこから磁気構造に関してどのような情報が得られるかを紹介する．

a. 色々な秩序状態における NMR スペクトル

前節で述べたように，磁気秩序状態においては自発磁気モーメントからの静的な超微細磁場が存在するので，外部磁場をかけなくても共鳴信号を観測することが一般に可能である．共鳴条件は $\omega = \gamma H_{\text{hf}}$ で与えられる．磁気構造の単位胞体積が結晶格子の単位胞体積の整数倍となるとき，すなわち磁気構造が格子と整合する（コメンシュレートである）ときは，NMR スペクトルは有限個の離散的なピークからなる．ゼロ磁場で共鳴が観測されれば，磁気秩序状態にあるということは結論できるが，スピン構造に関する情報を得るには，一般に色々な方向に磁場をかけてスペクトルの変化を見ることが必要である．単結晶試料に対するいくつかのケースを図 6.16 に示す．外部磁場と超微細磁場が両方ある場合の共鳴条件は (6.21) 式で与えられる．まず外部磁場が超微細磁場と平行な場合，強磁性であれば超微細磁場の符号に応じて正または負にシフトする (a)．2 副格子反強磁性の場合は超微細磁場の方向が 2 種類あるので，共鳴線は 2 本に分裂する (b)．また，外部磁場が超微細磁場と垂直である場合，共鳴周波数は $\gamma\sqrt{H_0^2 + H_{\text{hf}}^2}$ で与えられ共鳴線は常に正にシフトする (c)．

一方，磁気構造が格子と非整合（インコメンシュレート）であると，一般的に NMR スペクトルは連続的な分布を示す．例えば非整合なスピン密度波がある場合，超微細磁場は

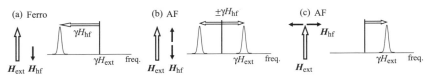

図 **6.16** 磁気秩序状態における単結晶 NMR スペクトル. (a) 強磁性状態, 外部磁場と超微細磁場が平行な場合, (b) 反強磁性状態, 外部磁場と超微細磁場が平行な場合, (c) 反強磁性状態, 外部磁場と超微細磁場が垂直な場合.

ゼロから 2π まで一様に分布する SDW の位相 θ によって $\boldsymbol{H}_{\mathrm{hf}}\cos\theta$ と表すことができる. これに対応して, 局所磁場の大きさ $h \equiv \omega_{\mathrm{res}}/\gamma$ ((6.21) 式) は, $h = H_0 + \Delta\cos\theta$ の形に表される. したがって h は $H_0 - \Delta$ から $H_0 + \Delta$ まで分布し, その分布関数 $p(h)$, すなわちスペクトル線形は

$$p(h)dh = \frac{d\theta}{2\pi}, \ p(h) = \frac{1}{2\pi}\left|\frac{dh}{d\theta}\right|^{-1} \propto \frac{1}{\sqrt{\Delta^2 - (h - H_0)^2}} \tag{6.42}$$

で与えられる (図 6.17(a)). 例として Cs_2CuBr_4 における ^{133}Cs 核の NMR スペクトルを図 6.17(b) に示す[34]. この物質は, 磁場を b 軸方向にかけたとき, 低磁場では非整合ヘリカル秩序, 14 テスラ付近で b 軸方向に up-up-down の 3 倍周期の整合磁気秩序をもつ 1/3 磁化プラトーを示し, さらに高磁場では再び非整合磁気構造が現れる[35]. また結晶構造には 2 種類の非等価は Cs サイト (A サイトと B サイト) が存在する. 実際に観測され

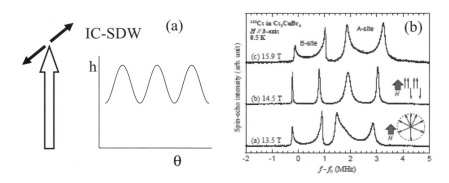

図 **6.17** (a) 非整合スピン密度波秩序があるとき局所磁場の分布. (b) 磁場によって誘起される非整合‒整合転移を示す Cs_2CuBr_4 における ^{133}Cs-NMR スペクトル[34]. 14.5 テスラにおける離散的な共鳴線は, up-up-down の整合スピン構造をもつ 1/3 プラトー状態に対応する. 他の磁場では非整合構造に対応して, 連続的なスペクトルが現れる.

たスペクトルは，低磁場ヘリカル相で (6.42) 式で表されるようなダブル・ホーン型と呼ばれる両端で発散する連続的な線形を示すが，プラトー相では 2 本の離散的なピークに変化する．さらに高磁場の非整合相に入ると，再び両端にピークをもつ連続スペクトルを示す．非整合相で観測されたスペクトルが (6.42) 式と異なり左右非対称であるのは，図 6.17(b) に模式的に示したように，スピン変調が完全な正弦波ではなく磁場方向に多く分布するように歪んでいるためと考えられる．

粉末試料におけるスペクトルは，単結晶試料のスペクトルを磁場方向について平均化したものである．この場合は磁気構造がコメンシュレートであっても連続的なスペクトルとなる．例えば，単純な 2 副格子反強磁性構造をもつ粉末試料の場合，超微細磁場の大きさが一定 (H_{hf}) で方向が外部磁場の方向にに対してランダムに分布する．外部磁場と超微細磁場のなす角度を θ とすると，局所磁場の大きさ h は，$h^2 = H_0^2 + H_{\mathrm{hf}}^2 + 2H_0 H_{\mathrm{hf}} \cos\theta$ によって与えられ，$H_0 - H_{\mathrm{hf}}$ から $H_0 + H_{\mathrm{hf}}$ の範囲で分布する．局所磁場の分布は，立体角要素 $d\cos\theta$ を用いて次のように計算でき，結果は単純な台形となる（図 6.18(a)）．

$$p(h)dh = d\cos\theta, \quad p(h) = \left|\frac{dh}{d\cos\theta}\right|^{-1} = \frac{h}{H_0 H_{\mathrm{hf}}} \quad (6.43)$$

このような台形スペクトルは，実際に多くの反強磁性体の粉末試料において観測されている．

非整合なスピン密度波が存在する場合に粉末試料のスペクトル線形を求めるには，上式において超微細磁場の大きさが正弦波的な変調を受けている，すなわち H_{hf} が (6.42) 式において $|h - H_0|$ を H_{hf} で置き換えた式に従って分布する場合を考えればよい．局所磁場の分布範囲は (6.42) 式と同じく，$H_0 - \Delta \leq h \leq H_0 + \Delta$ で与えられる．この範囲内の任意の h における粉末スペクトル強度 $p(h)$ への寄与は，超微細磁場の大きさが $|h - H_0| \leq H_{\mathrm{hf}} \leq \Delta$ を満たすサイトに限られる．この範囲内の H_{hf} に対して，反強磁性粉末スペクトル関数 (6.43) 式と H_{hf} の分布関数の積を積分することにより，非整合 SDW に対する粉末スペクトルは

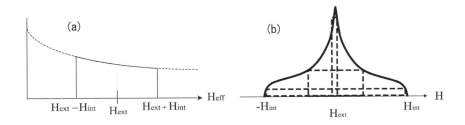

図 6.18 粉末試料における磁気秩序状態の NMR スペクトル．外部磁場が超微細磁場より大きい場合を想定している．(a) 2 副格子反強磁性状態．(b) 非整合スピン密度波状態．

$$p(h) \propto \int_{|h-H_0|}^{\Delta} \frac{dH_{\rm hf}}{\sqrt{\Delta^2 - H_{\rm hf}^2}} \frac{h}{H_0 H_{\rm hf}} = \frac{h}{H_0 \Delta} \log \frac{\Delta + \sqrt{\Delta^2 - (h-H_0)^2}}{|h-H_0|} \quad (6.44)$$

によって表され,図6.18(b)に示した共鳴線形が得られる.

b. 単結晶試料のNMRスペクトルに基づく磁気構造の決定

次に,単結晶試料を用いた磁気秩序状態におけるスペクトルの異方性の測定結果から,磁気構造を推定できる例として,2008年に発見された鉄ヒ素系超伝導体の母物質である$BaFe_2As_2$における^{75}As NMRの結果を紹介しよう[36].この物質は,1970年代に最初の重い電子系超伝導が発見された$CeCu_2Si_2$と同じ層状結晶構造をもつ(図6.19a).常温では正方晶(空間群$I4/mmm$)であるが,140 Kで斜方晶($Fmmm$)への1次の構造相転移と同時に反強磁性秩序を示す.低温相では4回対称性が消失し,ヒ素を含むa, b面,およびBaを含むc面に関する鏡映対称性が残る(図6.19b).低温まで金属的伝導を示すことが,モット絶縁体である銅酸化物の母物質とは大きく異なる点である.BaをKで置換,あるいはFeをCoで置換することによりT_c約40 Kの超伝導が出現する.

図6.19(c)に単結晶試料における^{75}As核のNMRスペクトルを示す.反強磁性転移温度(140 K)以下で,$H \parallel c$ではスペクトルが分裂するが,$H \perp c$の場合は分裂しない.このことは,超微細磁場がc軸に平行であることを意味する.

このような共鳴線の分裂がどのような反強磁性スピン構造から生じるか,検討しよう.まずヒ素原子核には4個の最近接Feサイトがあるので(図6.19(b)),超微細磁場は

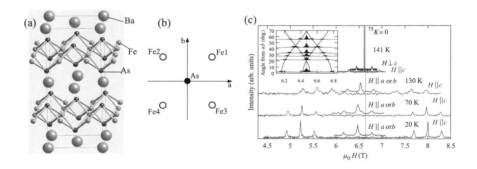

図 **6.19** (a) $BaFe_2As_2$の結晶構造.(b) 低温斜方晶では4回対称性が消失し,ヒ素を含むa, b面,およびBaを含むc面が鏡映面となる.(c) 単結晶試料における^{75}As核のNMRスペクトル[36].140 K以下の反強磁性秩序により,$H \parallel c$ではスペクトルが分裂するが,$H \perp c$の場合は分裂しない.挿入図はab面内の磁場に対する,低温相のスペクトルの角度依存性.ツイン構造のために4重極サテライトが90度位相の異なる2つのセットに分裂している.

$$\boldsymbol{H}_{\mathrm{hf}} = \sum_{i=1}^{4} \tilde{B}_i \cdot \boldsymbol{m}_i \tag{6.45}$$

と書ける．ここで $\boldsymbol{m}_i$ は i 番目の Fe サイトの磁気モーメントである．今着目している As 原子核と Fe 1 サイトの間の超微細結合テンソルを，斜方晶の結晶軸成分によって次のように表示する．

$$\tilde{B}_1 = \begin{pmatrix} B_{aa} & B_{ab} & B_{ac} \\ B_{ba} & B_{bb} & B_{bc} \\ B_{ca} & B_{cb} & B_{cc} \end{pmatrix} \tag{6.46}$$

ここで注意すべきは，As サイトは 2 種類の鏡映操作に対して不変であるが，As 原子核と Fe1 サイトを結ぶボンド軸はどの対称操作に対しても不変でない，ということである．したがって，結合テンソル $\tilde{B}_1$ の各成分は，対称性 $B_{\alpha\beta} = B_{\beta\alpha}$ を満たす限り任意の値をとりえる．しかし Fe 1 サイトとの結合テンソル $\tilde{B}_1$ と，Fe 2 サイトとの結合テンソル $\tilde{B}_2$ の成分の間には，対称性に基づく関係が存在する．すなわち，Fe 1 サイトと Fe 2 サイトは a 面に関する鏡映操作で移り変わるので，$\tilde{B}_2$ は上記の成分を用いて

$$\tilde{B}_2 = \begin{pmatrix} B_{aa} & -B_{ab} & -B_{ac} \\ -B_{ba} & B_{bb} & B_{bc} \\ -B_{ca} & B_{cb} & B_{cc} \end{pmatrix} \tag{6.47}$$

となる．この理由は次のように考えればよい．今 Fe 1 サイトに a 軸正方向のモーメントがあるとすると，これによる超微細磁場は (B_{aa}, B_{ba}, B_{ca}) となる．この状態に a 軸に垂直な鏡映操作を施すと，軸性ベクトルである磁気モーメントや磁場は，鏡映面に平行な成分のみが符号を変えることに注意すると，Fe 2 サイトに a 軸正方向のモーメントが存在する状態が得られる．鏡映操作によって超微細磁場は $(B_{aa}, -B_{ba}, -B_{ca})$ と変換されるので，(6.47) 式の第 1 列が得られる．他の列は b 軸や c 軸方向のモーメントについて，同じような鏡映操作を考えればよい．同様にして

$$\tilde{B}_3 = \begin{pmatrix} B_{aa} & -B_{ab} & B_{ac} \\ -B_{ba} & B_{bb} & -B_{bc} \\ B_{ca} & -B_{cb} & B_{cc} \end{pmatrix} \tilde{B}_4 = \begin{pmatrix} B_{aa} & B_{ab} & -B_{ac} \\ B_{ba} & B_{bb} & -B_{bc} \\ -B_{ca} & -B_{cb} & B_{cc} \end{pmatrix} \tag{6.48}$$

が得られる．

次に，色々な反強磁性スピン構造がどのような超微細磁場を与えるか，検討する．まず図 6.20(a) に示すような通常のネール状態，すなわち a，b いずれの方向にも隣接するサイト上に逆向きのモーメントが存在する構造を考える．この場合，各 Fe サイト上の磁気モーメントは

$$\boldsymbol{m}_1 = -\boldsymbol{m}_2 = -\boldsymbol{m}_3 = \boldsymbol{m}_4 \equiv \boldsymbol{\sigma}^{\mathrm{I}} \tag{6.49}$$

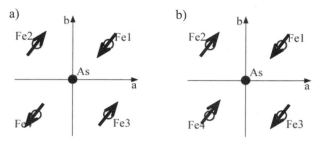

図 6.20 BaFe$_2$As$_2$ の可能な反強磁性スピン構造. (a) 通常のネール状態. (c) ストライプ型反強磁性構造.

と表される. したがって As サイトの超微細磁場は

$$\boldsymbol{H}_{\rm hf} = \left(\tilde{B}_1 - \tilde{B}_2 - \tilde{B}_3 + \tilde{B}_4\right) \cdot \boldsymbol{\sigma}^{\rm I} \tag{6.50}$$

で与えられるが, (6.46)〜(6.48) 式から

$$\tilde{B}_1 - \tilde{B}_2 - \tilde{B}_3 + \tilde{B}_4 = \begin{pmatrix} 0 & 4B_{ac} & 0 \\ 4B_{ac} & 0 & 0 \\ 0 & 0 & 0 \end{pmatrix} \tag{6.51}$$

となるので

$$\boldsymbol{H}_{\rm hf} = 4B_{ab} \begin{pmatrix} \sigma_b^{\rm I} \\ \sigma_a^{\rm I} \\ 0 \end{pmatrix} \tag{6.52}$$

を得る. この結果は, このような反強磁性構造ではモーメントがどのような方向を向いても, As サイトに c 方向の超微細磁場が生じないことを示しており, 実験結果と相容れない.

次に図 6.20(b) に示すように, a 方向に隣接するサイト間で逆向きのモーメントをもち, b 方向にはモーメントの向きがそろったストライプ型の磁気構造を考えよう. この場合, 各 Fe サイト上の磁気モーメントは

$$\boldsymbol{m}_1 = -\boldsymbol{m}_2 = \boldsymbol{m}_3 = -\boldsymbol{m}_4 \equiv \boldsymbol{\sigma}^{\rm II} \tag{6.53}$$

と表され, As サイトの超微細磁場は

$$\boldsymbol{H}_{\rm hf} = \left(\tilde{B}_1 - \tilde{B}_2 + \tilde{B}_3 - \tilde{B}_4\right) \cdot \boldsymbol{\sigma}^{\rm II} \tag{6.54}$$

で与えられる. (6.46)〜(6.48) 式から

$$\tilde{B}_1 - \tilde{B}_2 + \tilde{B}_3 - \tilde{B}_4 = \begin{pmatrix} 0 & 0 & 4B_{ac} \\ 0 & 0 & 0 \\ 4B_{ac} & 0 & 0 \end{pmatrix} \tag{6.55}$$

となるので

$$\bm{H}_{\mathrm{hf}} = 4B_{ab} \begin{pmatrix} \sigma_c^{\mathrm{II}} \\ 0 \\ \sigma_a^{\mathrm{II}} \end{pmatrix} \quad (6.56)$$

を得る．この結果はモーメントは a 方向を向いていれば，c 方向の超微細磁場が生じることを示している．さらに，a 方向に隣接する鉄サイト上のモーメントが逆向きであれば，a 方向に隣接する As サイト間には逆向きの超微細磁場が生じる．したがってこのようなスピン構造によって，NMR 共鳴線の分裂が説明できる．これまで簡単のため，最近接の鉄 4 サイトとの超微細結合だけを考えたが，より長距離の双極子磁場を考慮しても，第 2，第 3，... 近接に対して常に等価な 4 つのサイトが存在するので，上記の議論は変更を受けない．このようにして，対称性に基づいて NMR 共鳴線の分裂を考察することにより，スピン構造を決定することができる．この結果は，中性子散乱の実験結果と整合している．

$BaFe_2As_2$ と同じ構造をもち，同様な構造・磁気相転移を示す $SrFe_2As_2$ に対しても，類似した結果が得られている．さらに $SrFe_2As_2$ においては 5GPa 付近の超高圧下で超伝導と反強磁性が共存する新しい相が NMR で見出されている[37]．

6.2.3　f 電子系の多極子秩序と NMR スペクトル

希土類やアクチナイドなどを含む f 電子系化合物の研究において，通常の磁気秩序（磁気双極子の秩序）以外に電気 4 極子や磁気 8 極子など高次の多極子モーメントが規則的に配列した秩序状態が重要なテーマとなっている．このような多極子が符号を変えながら反強的に配列した状態は，実験的な検出が困難であるためしばしば「隠れた秩序」と呼ばれる．多極子（多重極モーメント）は電磁気学で出会う概念であるが，f 電子系では軌道角運動量がスピンと結合して全角運動量 J が大きな値を示し，それが比較的対称性の良い結晶場に置かれると高い縮重度を保持する場合がある．このような f 電子系の自由度は電荷や磁気双極子だけでは記述できず，高次の多極子を含めて記述される．電気 4 極子，磁気 8 極子，電気 16 極子の例を図 6.21 に示す．直観的には，電気多極子は球対称からずれた電荷分布を，磁気多極子は局所的に有限のスピン偏極をもつような磁化分布を表すと考えられる．全角運動量 J が一定の状態の中では，ウィグナー–エッカートの定理によりこれらの多極子はそれぞれ J の 2 次式，3 次式，4 次式で表される．NMR は共鳴 X 線散乱や中性子回折と相補的な局所プローブとして，多極子の隠れた秩序の検出と，その対称性の同定に威力を発揮する[38~44]．

a. NMR でどうして多極子が見えるか？

原子核スピンが感じる超微細磁場は (6.20) 式で正確に表される．この式はスピンあるいは軌道角運動量に付随する磁気双極子のみを含み，磁気 8 極子などの高次モーメントは現れない．ではなぜ NMR によって多極子が検出できるのか？ その理由は，(6.20) 式のデ

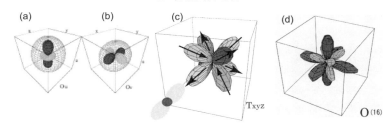

図 6.21 (a) 電気 4 極子 ($3J_z^2 - \boldsymbol{J}^2$). (b) 電気 4 極子 ($J_x^2 - J_y^2$). (c) 磁気 8 極子 ($T_{xyz} = \overline{J_x J_y J_z}$). (d) 電気 16 極子 ($J_x^4 + J_y^4 + J_z^4$). 酒井ほか[38] より転載.

ルタ関数からわかるように,超微細磁場は局所的なスピン密度を反映するからである.例として図 6.21(c) に示した磁気 8 極子 $T_{xyz} = \overline{J_x J_y J_z}$ を考えよう.ここで記号の上の横線は,x, y, z 成分のすべての置換についての和をとることを意味する.図の形状はスピン密度の大きさの角度依存性を示し,矢印はそれぞれの空間領域におけるスピン偏極の方向を現している.スピン偏極の方向は場所によって異なっており,空間的に積分した全磁化はゼロとなる.しかし,図に示したように隣接するリガンドから見ると,特定のスピン偏極の方向が選択される.これがリガンドの p 軌道との混成を通じて隣接原子核に有限の超微細磁場を与えると考えられる.

b. CeB_6 における 4 極子秩序と磁場誘起 8 極子

このようなメカニズムは,CeB_6 の共鳴線の分裂[40] を説明するために,1997 年に酒井らによってはじめて提唱された[39].この物質においては,高温では各 Ce サイトに 1 個の局在 $4f$ 電子が存在する.温度の低下とともに,伝導電子との混成による近藤効果が顕著になる一方で,比熱や磁化率の測定から何らかの秩序状態への相転移が確認された.CeB_6 の結晶構造は空間群 $Pn\bar{3}m$ に属し,Ce サイトが形成する単純立方格子の体心位置に,6 個のホウ素からなる正 8 面体が位置する.図 6.22(a) に示すように,正 8 面体の中心から [100],[010],[001] 方向に変位したホウ素サイトをそれぞれ,B1,B2,B3 サイトと名付ける.ホウ素サイトは [100] またはこれと等価な方向の 4 回軸上にあり,さらにこの軸を含む 2 種類の鏡映面が存在する.ホウ素サイトは結晶学的には一種類であるが,6.2.1(a) 項で説明したように,磁場下では一般に 3 本の共鳴線に分裂する.

低温での相転移は,NMR 測定においても共鳴線の分裂として観測された.[001] 方向の磁場下における ^{11}B-NMR スペクトルの測定から決定された磁気相図を,図 6.22(c) に示す.この磁場方向に対しては,B1 サイトと B2 サイトは等価である.高温無秩序相(相 I)では,B3 サイトと (B1, B2) サイトそれぞれから,4 重極相互作用によって分かれた 3 本の共鳴線(中心線と 2 本のサテライト線)が観測された.温度を下げて図 6.22(c) で II 相と示された領域に入ると,B3 サイトの共鳴線は中心線,サテライトともにそれぞれが 2

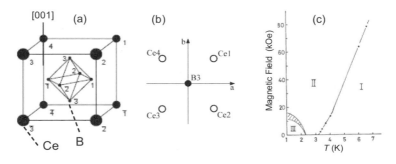

図 6.22 (a) CeB_6 の結晶構造. (b) [001] 方向から見た結晶構造. (c) 磁場を [001] 方向にかけた場合の磁気相図[40].

本に分裂し,2 種類の超微細磁場が発生することが示された.一方,B1,B2 サイトでは II 相に入っても共鳴線は分裂しない.II 相の注目すべき特徴は,磁場の低い領域では B3 サイトの分裂幅が磁場に比例し,磁場をゼロに外挿すると分裂幅もゼロとなることである.

このような共鳴線の分裂の原因は,反強磁性秩序によって B3 サイトに 2 種類の超微細磁場が発生したためと考えるのが,最も自然である.また,分裂幅が磁場に比例することは,反強磁性モーメントが磁場によって誘起されたものであり,ゼロ磁場では消失していることを示唆している.このような振る舞いは,II 相における主要な秩序パラメータが反強 4 極子であると考えると理解できる.反強 4 極子秩序状態とは,直感的には Ce の $4f$ 電子が交互に異なる軌道状態を取りながら配列した状態である.スピン軌道相互作用が強い希土類元素においては,軌道状態が異なれば磁場によって誘起される磁気モーメント(局所磁化率)も一般に異なる.すなわち,ゼロ磁場で或る波数をもつ反強 4 極子秩序が存在する系においては,磁場下では同じ波数の反強磁性モーメントが誘起されることが期待される.

さらに低温の III 相に入ると,NMR スペクトルは複雑な分裂パターンを示し,分裂幅はゼロ磁場でも有限に残る.このことは III 相では自発的な反強磁性秩序が発生していることを意味しており,実際に中性子回折により,4 倍周期の磁気構造をもつ反強磁性秩序が観測されている.

II 相における NMR 共鳴線の分裂の実験結果から,磁気構造について何がわかるだろうか.まず図 6.22 に示すように,正八面体の中心から z 軸正方向にずれた位置にある B3 サイトの原子核と,4 つの最近接 Ce サイト上の f 電子との間の超微細相互作用を,対称性に基づいて考えよう.(ここで x,y,z 座標軸をそれぞれ,[100],[010],[001] 方向にとった.) 例えば,Ce1 サイトと B3 原子核を結ぶボンドは $(1\bar{1}0)$ 鏡映面上にあり,相互作用はこの鏡映操作に対し不変でなければならない.まず f 電子の自由度として磁気モーメント

J を考えると, J_z と $J_x + J_y$ は鏡映によって符号を変えるが (奇パリティ), $J_x - J_y$ は符号を変えない (偶パリティ). 同様に核スピンについても I_z と $I_x + I_y$ は奇パリティ, $I_x - I_y$ は偶パリティである. 相互作用が不変であるためには奇パリティどうし, または偶パリティどうしの結合のみが許される. 今は z 方向の磁場下での共鳴線の分裂を問題としているので, 考えるべきは I_z と結合する自由度であり, 相互作用は一般的に

$$I_z\left[aJ_z(1) + b\{J_x(1) + J_y(1)\}\right] \tag{6.57}$$

と書ける. ここで $J_\alpha(1)$ は Ce1 サイト上の磁気モーメントであることを示す.

次に Ce2 サイトとの同様な相互作用を考える. Ce1 サイトは z 軸まわりの $-\pi/2$ 回転によって Ce2 サイトに移り, このとき磁気モーメントは

$$J_z(1) \to J_z(2),\ J_x(1) \to -J_y(2),\ J_y(1) \to J_x(2) \tag{6.58}$$

のように変換されるので, Ce2 サイトとの相互作用は $I_z\left[aJ_z(2) + b\{J_x(2) - J_y(2)\}\right]$ となる. 他の 2 サイトからの寄与も同様に求め和をとると, B3 サイトの I_z と結合する磁気モーメント成分は

$$a\{J_z(1) + J_z(2) + J_z(3) + J_z(4)\}$$
$$+ b\{J_x(1) + J_x(2) - J_x(3) - J_x(4) + J_y(1) - J_y(2) - J_y(3) + J_y(4)\} \tag{6.59}$$

で与えられる. これから例えば, (001) 面内でモーメントの向きが z 方向にそろっており, 隣接する面で向きが反転するような, 波数 $(0, 0, 1/2)$ をもつ磁気構造 (図 6.23(a)) が実現すれば, B3 原子核の共鳴線が分裂することがわかる.

しかしながら NMR の結果から予想された磁場誘起反強磁性秩序は, 中性子回折の結果とは相容れないことがわかった. II 相における中性子回折の実験では, ゼロ磁場では磁気秩序を示すブラッグピークは観測されず, [111] または [110] 方向に磁場をかけた場合に波

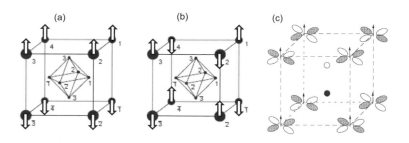

図 6.23 (a) 共鳴線の分裂を説明するために提案された磁気構造. (b) 中性子回折で観測された磁気構造. (c) 反強電気 4 極子構造[39]).

数 $Q = (1/2, 1/2, 1/2)$ に磁気反射が観測された．すなわち II 相において予想された磁場誘起反強磁性秩序が実現していることが確かめられた．このことは，ゼロ磁場で同じ波数の 4 極子秩序が存在することを示唆している．しかし，この波数に対応する磁気構造では，図 6.23(b) に示すように最近接 Ce サイト上でモーメントは逆を向いており，(6.59) 式からわかるように超微細磁場は常にゼロとなってしまう．さらに [001] 方向の磁場下では，いかなる磁気反射も中性子回折の実験では観測されなかった．

この矛盾は，磁気 8 極子による超微細磁場を考えることによって解決した．すでに述べたように，B3 原子核の Ce1 サイト上の磁気 8 極子の間には $cI_z T_{xyz}(1)$ という形の相互作用が存在する．ここで (6.58) 式に注意すると，z 軸まわりの $-\pi/2$ 回転によって磁気 8 極子 $T_{xyz} = \overline{J_x J_y J_z}$ は $T_{xyz}(1) \to -T_{xyz}(2)$ と符号を変えることがわかる．したがって，B3 原子核と結合する多極子には (6.59) 式に加えて

$$c\{T_{xyz}(1) - T_{xyz}(2) + T_{xyz}(3) - T_{xyz}(4)\} \tag{6.60}$$

という項が存在する．この式から磁気 8 極子の場合は，波数 $(1/2, 1.2, 1.2)$ の反強的秩序がゼロでない超微細磁場を生むことがわかる．さらに，もしゼロ磁場において O_{xy} 型の電気 4 極子が波数 $(1/2, 1/2, 1/2)$ の反強的秩序を示すのであれば，[001] 方向の磁場によってこのような 8 極子秩序が誘起されることが，理論的に示された．

これは直観的には以下のように理解できる．O_{xy} 型の反強 4 極子秩序が存在すると，f 電子の電荷分布は図 6.23(c) に示したようになる．ここで黒いハッチは球対称な分布よりも電荷が過剰な部分を，白いハッチは電荷が不足している部分を表す．ここで磁場を [001] 方向にかけて磁化を誘起すると，スピン密度分布はゼロ磁場における電荷分布を反映し，黒い部分には白い部分に比べて過剰なスピン密度が現れる．したがって図中に示した 2 つのホウ素サイトが異なる超微細磁場をもつことが自然に理解できる．さらに各サイトでの磁化の積分値は等しいので，中性子では反強磁性構造が検出されないことも理解できる[39,41]．

その後，NMR による多極子秩序の研究は，超ウラン化合物 NpO_2[42] やスクッテルダイト化合物 $PrFe_4P_{12}$[43] などにおいて興味深い展開を見せている．

6.3　核磁気緩和現象と電子・格子のダイナミクス

6.3.1　核スピン-格子緩和率

スピン-格子緩和率 $1/T_1$ の一般公式は (6.14) 式で与えられた．局所磁場の起源が電子スピンからの超微細磁場である場合，(6.26) 式と組み合わせると，$1/T_1$ は動的スピン相関関数の周波数 ω_0 におけるフーリエ成分として表すことができる．動的スピン相関関数は，理論的には波数の関数として求められる場合が多いので，(6.26) 式を

$$\boldsymbol{H}_{\mathrm{hf}} = \sum_q \tilde{A}_q \cdot \boldsymbol{S}_q, \quad \text{ただし} \quad \boldsymbol{S}_q = \frac{1}{N}\sum_j \boldsymbol{S}_j \exp(-iqr_j), \quad \tilde{A}_q = \sum_j \tilde{A}_j \exp(iqr_j) \tag{6.61}$$

と書き直すと,

$$\begin{aligned}\frac{1}{T_1} &= \frac{\gamma^2}{2}\sum_q |A_q|^2 \int_{-\infty}^{\infty} \langle\{S_q^-(0), S_{-q}^+(t)\}\rangle \exp(i\omega_0 t)\, dt \\ &= \gamma^2 k_{\mathrm{B}} T \sum_q |A_q|^2 \frac{\mathrm{Im}\chi(q,\omega_0)}{\omega_0}\end{aligned} \tag{6.62}$$

となる.ただし,簡単のため超微細結合テンソルの異方性を無視した.また最後の式では揺動散逸定理を用いて相関関数を動的磁化率で表した.対象とする系について動的磁化率が理論的に計算されていれば,この式を用いて理論を検証することができる.比較する具体的な計算がない場合は,逆に $1/T_1$ の温度依存性や磁場依存性などの測定結果から,物理的な考察によって動的磁化率の振る舞いを予測することが可能となる.核磁気緩和率から得られる情報は,動的磁化率の低周波極限,しかも波数空間におけるある種の平均値に限られる.波数とエネルギーの関数として電子系の動的磁化率を直接測定することができる中性子散乱と比べると,情報量が少ないことは否定できない.しかし,原子核サイトの局所対称性に基づいて超微細結合の波数依存性を考慮し,異なる対称性をもつサイトの結果を比較するといった工夫を凝らすことにより,低エネルギーの磁気揺らぎに関する正確で重要な知見を得ることができる.

a. 素励起による緩和

この項では,緩和率が比較的容易に計算できる例として,素励起の散乱による過程を考える.充分低温にある系では,特定の分散関係をもつ独立な素励起によって励起状態が記述できる場合が多い.例えばスピン系においては通常,基底状態は各サイトのスピンの方向が定まった磁気秩序を示し,低エネルギーの励起状態は,そこからのスピンの向きのわずかなずれが伝搬するマグノン(スピン波)として記述される.基底状態のスピン配列とハミルトニアンが与えられれば,スピン波理論を用いて波数 k をもつマグノンのエネルギー $\epsilon(k)$ を求めることができる.もう一つのよく知られた例は,結晶格子の振動(フォノン)である.最初の例では熱的に励起されたマグノンによる超微細磁場の揺らぎが,2番目の例では同じく熱的な格子振動による電場勾配の揺らぎが,核スピン格子緩和をもたらす.このような素励起による緩和率を求めるには,(6.62) 式の出発点となった遷移確率を考える方がわかりやすい.

これらの例ではいずれも素励起はボゾンであり,その数は保存されない.超微細相互作用を摂動と考えた場合,核スピンを反転する最低次(1次)のプロセスは,素励起が核スピンを反転させると同時に消滅する直接過程(図 6.24(a))である.次いで2次のプロセスとして,波数 k をもつ素励起が核スピンとの相互作用によって別の波数 k' に散乱され,

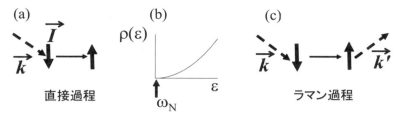

図 6.24 素励起による緩和過程. (a) 直接過程. (b) 素励起の状態密度. (c) ラマン過程.

同時に核スピンが反転するラマン過程がある（図 6.24(c)）．ところがエネルギー保存則を考えると，直接過程が可能であるためには素励起のエネルギーが核スピンのゼーマンエネルギーに等しくなくてはならない．前にも述べたように核スピンのゼーマンエネルギーは電子系の相互作用のエネルギースケールに比べると無視できるほど小さいので，このような素励起の状態密度はほとんどゼロと見なせる（図 6.24(b)）．したがって直接過程の寄与は通常無視できる．ラマン過程においては波数 k と k' における素励起のエネルギーが等しくなければならないので，緩和率の温度依存性は

$$\frac{1}{T_1} \propto \int\int |A(\epsilon_k,\epsilon_{k'})|^2 n(\epsilon_k)\{n(\epsilon_{k'})+1\}\rho(\epsilon_k)\rho(\epsilon_{k'})\delta(\epsilon_k-\epsilon_{k'})d\epsilon_k d\epsilon_{k'}$$
$$\propto \int_0^\infty |A(\epsilon)|^2 n(\epsilon)\{n(\epsilon)+1\}\{\rho(\epsilon)\}^2 d\epsilon \tag{6.63}$$

で与えられる[11,45〜47]．ここで $n(\epsilon) = \frac{1}{\exp(\epsilon/k_B T)-1}$ はボーズ因子，$\rho(\epsilon)$ は素励起の状態密度，$A(\epsilon)$ はラマン散乱過程に対応する行列要素であり，素励起の波動関数や超微細相互作用の詳細に依存する．

例として磁気秩序を示すスピン系の低温における $1/T_1$ の温度依存性を考えよう．等方的なハイゼンベルグ交換相互作用で記述されるスピン系の場合，秩序状態におけるスピン波のエネルギーには励起ギャップが存在しない（ゴールドストーンの定理）．したがって，状態密度は一般にエネルギーのべき乗に比例する（$\rho(\epsilon) \propto \epsilon^n$）．低エネルギーにおける行列要素 $A(\epsilon)$ のエネルギー依存性を同様にべきで表すと（$A(\epsilon) \propto \epsilon^\alpha$，$A$ がエネルギーに依存しない場合（$\alpha = 0$）も含む），(6.63) 式は低温で

$$\frac{1}{T_1} \propto \int_0^\infty \epsilon^{2n+\alpha} \frac{\exp(\epsilon/k_B T)}{(\exp(\epsilon/k_B T)-1)^2} d\epsilon \tag{6.64}$$

となり，$\epsilon/k_B T = x$ の変数変換により $1/T_1$ の温度依存性が

$$\frac{1}{T_1} \propto T^{2n+\alpha+1} \tag{6.65}$$

と求められる．ただし，この結果は $2n+\alpha \leq 0$ の場合（例えば 2 次元反強磁性体）には

適用できない．詳しくは Mila and Rice[46] と Chakravarty ほか[47] を参照されたい．

相互作用が異方的であると，磁化の向きやすい方向（容易軸）が現れる．特に1軸性（イジング性）異方性があると，スピン波励起にエネルギーギャップ Δ が生じる．即ち，$|\epsilon| \leq \Delta$ に対して状態密度 $\rho(\epsilon)$ がゼロとなる．ギャップに比べて温度が充分低ければ（$\Delta/k_BT \gg 1$），(6.63) 式において $n(\Delta) \sim \exp(-\Delta/k_BT)$ が支配的な因子となり，温度のべきで表されるような弱い依存性を無視すれば，緩和率は熱活性型の温度依存性

$$\frac{1}{T_1} \propto \exp\left(-\frac{\Delta}{k_BT}\right) \tag{6.66}$$

を示す．

一方，金属的は電子系における素励起はフェルミ統計に従う準粒子によって記述される．この場合には粒子数が保存されるので，最低次のプロセスはラマン過程となる．フェルミ粒子系の場合にはパウリ原理を考慮すると，(6.63) 式に対応して，

$$\frac{1}{T_1} \propto \int_{-\infty}^{\infty} |A(\epsilon)|^2 f(\epsilon) \{1 - f(\epsilon)\} \{\rho(\epsilon)\}^2 d\epsilon \tag{6.67}$$

が得られる．ここで，$f(\epsilon) = \frac{1}{\exp(\epsilon/k_BT)+1}$ はフェルミ分布関数である．フェルミ準位の近傍 kT 程度のエネルギー領域において，状態密度のエネルギー依存性が無視できる場合（$\rho(\epsilon)$ = 一定），(6.67) 式は簡単に計算ができて，(6.31) 式が得られる．

(6.67) 式は超伝導体に対しても適用できる[48, 49]．ただし超伝導体における素励起（準粒子）の状態密度には，エネルギーギャップが存在する．また，基底状態におけるクーパー対を壊すことによって得られる準粒子は，クーパー対が存在しない通常の金属における電子とは異なる波動関数によって記述される．このため散乱の行列要素に「コヒーレンス因子」と呼ばれる因子が含まれる．超伝導体におけるコヒーレンス因子については Shrieffer[49] に優れた解説がある．

b. スケーリング則と臨界揺らぎ

前項で述べた方法は，独立な自由粒子のように振る舞う素励起によって低エネルギーの揺らぎが記述できるような系に，適用範囲が限られる．そのような前提が成り立たない重要な例として，臨界現象，すなわち系が相転移に近づいたときの振る舞いがある．例えば，高温で常磁性状態にあるスピン系が，ある転移温度 T_c を境に低温で波数 $\bm{Q}$ をもつ反強磁性秩序を示す場合を考えよう．交換相互作用に比べて温度が十分に高ければ，6.1.3 項 b. で述べたように，各スピンは特徴的な相関時間 $1/\tau_c \sim \sqrt{z}JS/\hbar$ をもってランダムに向きを変えており，異なるスピン間の相関 $\langle \bm{S}_i \cdot \bm{S}_j \rangle$ ($i \neq j$) はほとんど無視できる．温度の低下とともに，お互いに離れたスピンの間にも相関が発達するようになる．通常スピン相関は相関距離 ξ によって $\langle \bm{S}_i \cdot \bm{S}_j \rangle \propto \cos(\bm{Q} \cdot \bm{r}_{ij}) \exp(-r_{ij}/\xi)$ と表される．2次の磁気相転移では，温度が T_c に近づくにつれ相関距離 ξ が次第に長くなり（より遠方のスピン間

まで相関が発達し), $\xi \propto (T-T_c)^{-\nu}$ のように T_c において相関距離が無限大に発散する. ここで ν は転移温度に向かって相関距離が発散する特異性を表す臨界指数である.

2次の磁気相転移において, 相関距離の臨界発散 (critical divergence) と並んで重要な現象は, 揺らぎの遅延化 (critical slowing down) である. 温度が T_c に近づくと, 相関距離 ξ がスピン間の距離に比べてずっと長くなり, ξ より小さい領域内ではスピンがほぼ規則正しく並んでいる状態が実現する. (この状態を短距離秩序という.) このような状態におけるスピンの揺らぎは, 個々のスピンが独立に揺らいでいる高温極限とは異なり, 多くのスピンが短距離秩序を保ちながら, 全体がそろって向きを変えることになる. 強く相関している領域が広がるほど, このような運動が遅くなることは, 直観的に理解できるであろう.

強く相互作用しているスピン系や電子系の2次相転移に対して, ミクロなハミルトニアンに基づいて, 様々な物理量が示す特異性を計算することは物性理論の重要なテーマであるが, その方法を説明することは本章の範囲を超えている. ここでは, NMR のスピン–格子緩和率の実験データに基づいて現象論的に相関距離や相関時間の振る舞いを理解する上で有用な, スケーリングの考え方を紹介しよう. まず, $1/T_1$ を動的磁化率によって表した (6.62) 式から出発する. 波数 $\boldsymbol{Q}$ をもつ反強磁性秩序へ転移する場合, 同じ波数の磁化率 $\chi(\boldsymbol{Q})$ が転移温度で発散することを考慮して, 波数の $\boldsymbol{Q}$ からのズレ $\boldsymbol{q}$ の関数として動的磁化率を

$$\chi(\boldsymbol{Q}+\boldsymbol{q},\omega) = \frac{\chi(\boldsymbol{Q}+\boldsymbol{q})}{1-i\omega/\Gamma_{\boldsymbol{Q}+\boldsymbol{q}}} \tag{6.68}$$

と表す. $\Gamma_{\boldsymbol{Q}+\boldsymbol{q}}$ は波数 $\boldsymbol{Q}+\boldsymbol{q}$ のスピンの揺らぎの速さを示す特徴的な周波数 (相関時間の逆数) である. ここで重要なことは, 短距離相関が発達した状態ではスピンの揺らぎの速さは波数に依存するということである. すなわち, 波数が $\boldsymbol{Q}$ に近くなるほど, 多数のスピンが強く相関して運動しているので遅延化が甚だしい, つまり, q が小さいほど $\Gamma_{\boldsymbol{Q}+\boldsymbol{q}}$ が小さい.

(6.68) 式の虚数部をとると,

$$\frac{\mathrm{Im}\chi(\boldsymbol{Q}+\boldsymbol{q},\omega)}{\omega} = \frac{\Gamma_{\boldsymbol{Q}+\boldsymbol{q}}\chi(\boldsymbol{Q}+\boldsymbol{q})}{\omega^2+\Gamma_{\boldsymbol{Q}+\boldsymbol{q}}^2}. \tag{6.69}$$

前に述べたように, (6.62) 式において実質的に $\omega_0 = 0$ としてよいので, 核スピン–格子緩和率の温度依存性は

$$\frac{1}{T_1} \propto T \sum_{\boldsymbol{q}} \frac{\chi(\boldsymbol{Q}+\boldsymbol{q})}{\Gamma_{\boldsymbol{Q}+\boldsymbol{q}}}$$
$$\propto T \int \frac{\chi(\boldsymbol{Q}+\boldsymbol{q})}{\Gamma_{\boldsymbol{Q}+\boldsymbol{q}}} q^{D-1} dq \tag{6.70}$$

によって与えられる. ここで D は系の次元である. 転移温度においては, ξ, $\chi(\boldsymbol{Q})$, $1/\Gamma_{\boldsymbol{Q}}$

が無限大に発散し，これが色々な物理量の特異的な振る舞いを引き起こす．しかしながらすべての特異性の原因となっているのは，相関距離の発散的な振る舞い $\xi \propto (T - T_c)^{-\nu}$ であり，他の物理量の特異性はこの相関距離の温度依存性を通じて現れる．これをスケーリング則という．

具体例によって説明しよう．波数に依存する静的な磁化率 $\chi(\mathbf{Q} + \mathbf{q})$ は $\mathbf{q} = 0$ にピークをもち，その幅は $1/\xi$ で与えられる．スケーリング則とは，磁化率の $\mathbf{q}$ 依存性を $\chi(\mathbf{Q} + \mathbf{q}) = \chi(\mathbf{Q})g(q\xi)$ のように無次元変数 $q\xi$ によって表すとき，転移温度における特異性は ξ の温度依存性を通じてのみ現れることを意味する．したがって，関数 $g(x)$ は特異性を示さない，つまり転移温度近傍に限れば温度依存性を無視してもよい．また $\chi(\mathbf{Q})$ は転移温度で発散するが，この発散は相関距離のべき乗に比例する．通常 $\chi(\mathbf{Q})$ の ξ 依存性を $\chi(\mathbf{Q}) \propto \xi^{2-\eta}$ と表し，この式によって臨界指数 η を定義する．さらに揺らぎの速さ（相関時間）についても同様な考え方を適用する．$1/\Gamma_{\mathbf{Q}+\mathbf{q}} = h(q\xi)/\Gamma_{\mathbf{Q}}$ と表したときに，関数 $h(x)$ は温度に依存せず，相関時間の臨界遅延化は $1/\Gamma_{\mathbf{Q}} \propto \xi^z$ というべき乗の関係によって相関距離と関係づけられる．これを動的スケーリング則といい，z を動的臨界指数と呼ぶ．$\chi(\mathbf{Q} + \mathbf{q})$ と $1/\Gamma_{\mathbf{Q}+\mathbf{q}}$ に対するこれらのスケーリング則を (6.70) 式に代入し，積分変数を q から無次元量 $q\xi$ に変換することにより，転移温度付近の $1/T_1$ の発散的な温度依存性が

$$\frac{1}{T_1} \propto T\xi^{2-\eta+z-D} \tag{6.71}$$

と得られる．磁気相転移を示す様々なモデルに対して，η や z の値が繰り込み群の手法などを用いて理論的に計算されている．NMR の実験結果とこの式を比較することにより，理論を検証する，あるいは考えているモデルが現実の物質に当てはまるかどうかを検証することができる．

遍歴電子磁性体（金属磁性体）やフラストレートした磁性体では，常圧やゼロ磁場では基底状態において反強磁性などの秩序状態が実現しているが，圧力や磁場などの外場を印加すると秩序が次第に抑制され，外場がある臨界値を超えると絶対零度でも秩序が消失する場合がある．図 6.25 にその様子を模式的に示す．通常の臨界現象が有限の温度で起こる

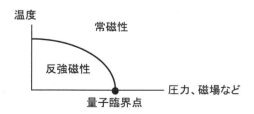

図 **6.25** 量子臨界点の概念図．

のに対し，ここで考えているのは対称性が異なる状態間の絶対零度における相転移である．このような相転移を量子相転移（quantum phase transition）と呼び，その臨界点を量子臨界点（quantum critical point）という．量子臨界点は外場を変えたときに秩序が消失するぎりぎりの状態である．その近傍では強い相関をもった量子揺らぎが発達し，超伝導をはじめとする様々な興味ある物性を引き起こす可能性が指摘されており，近年の物性物理の大きなテーマとなっている．

量子臨界点を転移温度が絶対零度に達したところ（$T_c = 0$）と考えると，相関距離は絶対零度に向かって温度のべき乗で発散する（$\xi \propto T^{-\nu}$）と予想される．例えば遍歴電子反強磁性体の場合は，スピンの揺らぎの理論に基づいて臨界指数が，$\nu = 1/2, \eta = 0, z = 2$ と提案されており，(6.71) 式から核磁気緩和率に対する理論的予想が $1/T_1 \propto T\xi^2 \propto const.$ (2次元)，$1/T_1 \propto T\xi \propto T^{1/2}$（3次元）と得られる[50,51]．量子磁気相転移を示す強相関金属を対象として，核磁気緩和率を含む様々な物理量の量子臨界点における温度依存性を測定し，スピンの揺らぎの理論を検証する試みが広く行われている[50,51]．

量子臨界現象の他のよく知られた例として，反奇数スピンに対する1次元ハイゼンベルグ・モデルがある．スピン 1/2 の場合の基底状態は，ベーテ仮説の方法によって 1930 年代に厳密解が得られており，反強磁性秩序を示さないことが知られている．しかしスピン相関関数は，相関距離が有限の場合に期待される指数関数的な減衰ではなく，距離の逆数に比例する非常にゆっくりとした減衰を示す（$\langle \bm{S}_i \cdot \bm{S}_j \rangle \propto (-1)^{j-i}/r_{ij}$）．このことは基底状態において相関距離が無限大であり，量子臨界状態にあることを示している．有限温度においては，スピン相関関数は指数関数的に減衰するが，相関距離は温度に反比例して，$T = 0$ に向かって発散する（$\xi \propto 1/T$）．したがってこの系は低温で $\nu = 1$ の量子臨界領域にある．共形場理論によって得られたスピン 1/2 の等方的1次元ハイゼンベルグ・モデルに対する動的磁化率の結果を用いて，Sachdev は低温における $1/T_1$ の温度依存性を計算した．その結果は，上に述べたスケーリング則において $\eta = 1, z = 1$ とした場合に相当し，$1/T_1 \propto T\xi \propto const.$ となることが予言された[52]．

この予想の実験的検証は，1次元鎖を含む銅酸化物 Sr_2CuO_3 の銅サイトにおける NMR によって行われた[53]．この物質は鎖内の最近接相互作用が 2200 K と非常に強いにも関わらず，5 K という低温まで3次元反強磁性秩序を示さない理想的なスピン 1/2 の1次元ハイゼンベルグ系である．常温から 20 K までの $1/T_1$ の測定結果は，ほぼ温度に依存しない一定値を示し，理論を支持している．しかしながら 100 K 以下の低温では，わずかではあるが明らかに $1/T_1$ が増大する．実は，スピン 1/2 の1次元ハイゼンベルグ系においてはスケーリング則が厳密には成り立たず，温度の対数に依存する補正項が存在することが，理論的に知られている．その後の解析によって，$1/T_1$ の実験結果は対数補正を取り入れた理論と非常によく一致することが確認された[54〜56]．

一方で2次元正方格子上のスピン 1/2 ハイゼンベルグ系については，高温超伝導の発見

直後に集中的な研究が行われ，基底状態は反強磁性秩序を示すことが理論的に確立した．したがって量子臨界現象は示さないが，純粋な2次元系では反強磁性秩序は絶対零度においてのみ実現可能であり，相関距離は $T=0$ に向かって指数関数的に発散する．Chakravarty と Orbach は，2次元ハイゼンベルグ・スピン系の有効モデルとして非線形シグマ模型を用いた理論[57]に基づいて，$1/T_1$ の温度依存性を計算した[58]．Imai らは高温超伝導体の母物質である La_2CuO_4 の銅サイトの $1/T_1$ を広い温度範囲にわたって測定し，理論的予測と定量的に一致する結果を得ている[59]．

6.3.2 スピンエコー減衰率

これまで見てきたように，核スピン格子緩和率に対しては普遍的な公式が存在するが，6.1.1項 c で述べたように，スピンエコー減衰には一般には複数の異なる機構が働くので，単一の公式で表すことができない．スピンエコー減衰を引き起こすメカニズムを図 6.26 にまとめて示す．まずスピンエコー減衰を，局所磁場の xy 成分（核スピンの量子化軸に垂直な成分）の揺らぎによる寄与と z 成分からの寄与に分けて考える．

$$\frac{M(2\tau)}{M(0)} = g_\perp(2\tau) g_z(2\tau) \tag{6.72}$$

最初の因子 $g_\perp$ はスピン格子緩和プロセスによる寄与であり，(6.16) 式にあるように時定数 $1/2T_1$ によって減衰する．$1/T_2$ の結果に独自に含まれる新しい情報は，局所磁場の z 成分に由来する．

ここで局所磁場の発生源が，観測しているサイトと等価でかつ同じ種類の原子核（等価スピン (like spin) と呼ぶ）である場合と，それ以外の非等価な原子核（異種スピン (unlike spin) と呼ぶ）あるいは電子からの超微細磁場である場合を区別することが重要である．後者の場合は，スピンエコーを観測する過程において局所磁場の発生源は高周波パルスによって影響を受けない．したがってこのような発生源からのスピンエコー減衰に対する寄

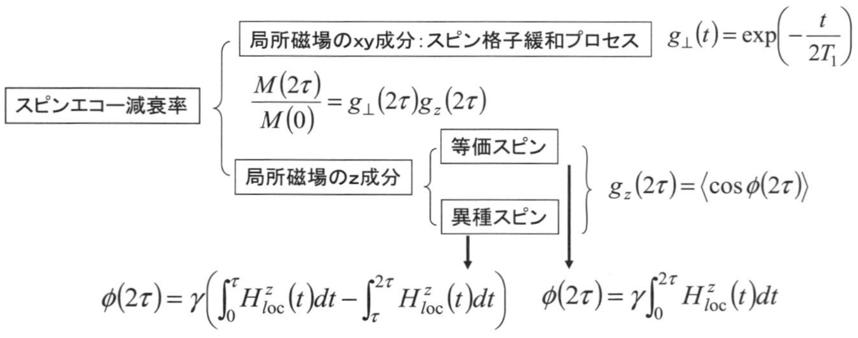

図 6.26　スピンエコー減衰率に寄与する色々な機構のまとめ．

6.3 核磁気緩和現象と電子・格子のダイナミクス

与は，(6.17) 式と (6.18) 式によって表される．一方前者の場合は，π パルスによって観測している核スピンだけでなく，局所磁場の発生源であるスピンも反転するので，π パルスの前後において蓄積された位相は符号を変えずに足しあわされることになる．したがって，(6.17) 式のかわりに，

$$\phi_{\mathrm{FID}}(2\tau) = \gamma \int_0^{2\tau} H_{\mathrm{loc}}^z(t) dt \tag{6.73}$$

とする必要がある．これは FID に対する寄与と同じである．

(6.17) 式または (6.73) 式と (6.18) 式は，局所磁場の z 成分 H_{loc}^z を時間に依存するランダムな確率変数と考えて，スピンエコー減衰曲線 $g_z(2\tau)$ を計算するための基礎となる式である．ここでスピンエコー観測時 ($t=2\tau$) における核スピンの位相分布 $P_{2\tau}(\phi)$ がガウシアン

$$P_{2\tau}(\phi) = \frac{1}{\sqrt{2\pi\langle\phi^2\rangle}} \exp\left(-\frac{\phi^2}{2\langle\phi^2\rangle}\right) \tag{6.74}$$

であると仮定すると，スピンエコー減衰曲線は位相の 2 乗平均 $\langle\phi^2\rangle$ によって

$$g_z(2\tau) = \langle\cos(\phi)\rangle = \exp\left(-\frac{\langle\phi^2\rangle}{2}\right) \tag{6.75}$$

と表される．さらに局所磁場の相関関数のフーリエ変換

$$J(\omega) = \int_{-\infty}^{\infty} \langle H_{\mathrm{loc}}^z(t) H_{\mathrm{loc}}^z(0)\rangle \exp(i\omega t) dt \tag{6.76}$$

を用いると，位相の 2 乗平均は (6.17) 式または (6.73) 式のそれぞれの場合に応じて

$$\langle \phi_{\mathrm{SE}}^2 \rangle = \frac{\gamma^2}{\pi} \int_{-\infty}^{\infty} \frac{J(\omega)}{\omega^2} \{3 - 4\cos(\omega\tau) + \cos(2\omega\tau)\}$$

$$\langle \phi_{\mathrm{FID}}^2 \rangle = \frac{\gamma^2}{\pi} \int_{-\infty}^{\infty} \frac{J(\omega)}{\omega^2} \{1 - \cos(2\omega\tau)\} \tag{6.77}$$

と表される[5]．特に，局所磁場の時間相関に対して以下のような指数関数的な減衰を仮定すると，

$$\langle H_{\mathrm{loc}}^z(t) H_{\mathrm{loc}}^z(0)\rangle = \left(\frac{\Delta}{\gamma}\right)^2 \exp\left(-\frac{|t|}{\tau_{\mathrm{c}}}\right) \tag{6.78}$$

2 つのパラメータ，Δ（局所磁場による瞬間的なラーモア周波数）と τ_{c}（局所磁場の揺らぎの相関時間）によって，異種スピン，等価スピンそれぞれの場合について，スピンエコー減衰曲線を表すことができる[2,5,61]．

$$g_z(2\tau)_{\mathrm{SE}} = \exp\left[-\Delta^2\tau_{\mathrm{c}}^2 \left(2\tau/\tau_{\mathrm{c}} + 4e^{-\tau/\tau_{\mathrm{c}}} - e^{-2\tau/\tau_{\mathrm{c}}} - 3\right)\right]$$

$$g_z(2\tau)_{\mathrm{FID}} = \exp\left[-\Delta^2\tau_{\mathrm{c}}^2 \left(2\tau/\tau_{\mathrm{c}} + e^{-2\tau/\tau_{\mathrm{c}}} - 1\right)\right] \tag{6.79}$$

この式からわかるように，スピンエコー減衰曲線の関数形は Δ や τ_{c} に依存し，一般に

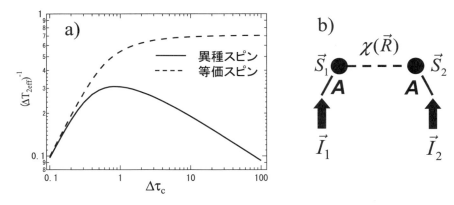

図 6.27 (a) スピンエコー減衰率の相関時間依存性．(b) 電子スピンを介した核スピン間の間接相互作用の機構．

単純なガウシアンや指数関数とはならない．スピンエコー減衰の定性的な振る舞いを理解するために，有効的なスピンエコー減衰率 $1/T_{2\mathrm{eff}}$ を等価スピン，異種スピンそれぞれの場合に，$g_z(T_{2\mathrm{eff}})_{\mathrm{SE}} = 1/e$，あるいは $g_z(T_{2\mathrm{eff}})_{\mathrm{FID}} = 1/e$ によって定義し，これが相関時間にどのように依存するかを図 6.27(a) に示した．両者の違いは相関時間が長い極限（静的な極限）において顕著に表れる．$\tau/\tau_c \ll 1$ のとき，等価スピンの場合はスピンエコー減衰曲線はガウシアン

$$g_z(2\tau)_{\mathrm{FID}} = \exp\left(-\Delta^2(2\tau)^2/2\right) \tag{6.80}$$

になる．特徴的な減衰率は $1/T_{2\mathrm{eff}} = \Delta/\sqrt{2}$ で与えられ，局所磁場による瞬間的なラーモア周波数と同程度の値となる．一方，異種スピンの場合は，

$$g_z(2\tau)_{\mathrm{SE}} = \exp\left(-\Delta^2(2\tau)^3/12\tau_c\right) \tag{6.81}$$

となり，$2\tau \sim 1/\Delta$ においても $g_z(2\tau)_{\mathrm{SE}} \sim \exp(-\tau/6\tau_c) \sim 1$ とほとんど減衰を示さない．この結果は，静的な局所磁場の分布はスピンエコー減衰には寄与しないことに対応している．逆に相関時間が短い極限（$\tau/\tau_c \gg 1$）では，局所磁場の起源が等価スピンか異種スピンかに関わらず，

$$g_z(2\tau)_{\mathrm{SE}} = g_z(2\tau)_{\mathrm{FID}} = \exp\left(-\Delta^2 \tau_c 2\tau\right) \tag{6.82}$$

となり，$1/T_2 = \Delta^2 \tau_c$ で与えられる指数関数的なスピンエコー減衰が実現する．この結果も (6.15) 式と同様に，運動による先鋭化によって理解できる．すなわち局所磁場の揺らぎが，それによるラーモア歳差運動の周期よりも遥かに早い場合には（$\Delta \tau_c \ll 1$），スピンエコー減衰率は Δ に比べて因子 $\Delta \tau_c$ だけ抑制される．

異種スピンを起源とするスピンエコー減衰率の著しい特徴は，相関時間 τ_c が $1/\Delta$ 程度

6.3 核磁気緩和現象と電子・格子のダイナミクス

の値をとるときに最大値 $1/T_{2\mathrm{eff}} \sim 0.3\Delta$ を示すことである．このことを利用して，局所磁場の非常に遅い揺らぎを検出することができる．ここでは擬 1 次元的構造をもつ電子系における例を紹介する．擬 1 次元電子系では，バンド構造からは金属的な伝導が期待される物質であっても，わずかな不規則性によって低温で電子が局在し絶縁体となったり（アンダーソン局在），電子間相互作用によって電子が規則的に整列して凍結したり（電荷秩序）することが知られている．特に電子間相互作用が強い擬 1 次元電子系において，電子系の電荷が温度の低下に伴って何らかの超周期構造を形成する場合，あるいは低温で電子と格子が結合した秩序状態が現れる場合，スピンエコー減衰率に転移温度近傍で明瞭なピークが現れる例が見つかっている[60〜62]．電荷の凍結に伴って相関時間 τ_c が次第に長くなり，$1/\tau_\mathrm{c} \sim \Delta$ となる温度でスピンエコー減衰率にピークが現れると解釈されている．

例えば，ジグザグ鎖構造をもつ銅酸化物 $\mathrm{PrBa_2Cu_4O_8}$ における銅サイトの核 4 重極共鳴（NQR）の実験では，100 K 付近で $1/T_1$ のピーク，50 K 付近で $1/T_2$ のピークが観測された[60]．銅原子核の 2 種類の同位体（$^{63}\mathrm{Cu}$ と $^{65}\mathrm{Cu}$）に対する緩和率の比から，どちらの場合も緩和の原因となるのは 4 重極相互作用，すなわち電場勾配の揺らぎであることが実験的に確かめられている（4 重極緩和については次項参照）．したがって，これらのピークは電子の電荷，または電子と結合した格子の揺らぎが原因であると考えられる．ここで注意すべきことは，$1/T_1$ に寄与するのはラーモア周波数の逆数，つまり 1〜100 ナノ秒程度の揺らぎであるのに対し，$1/T_2$ に寄与する揺らぎの時間スケールは，スピンエコーの観測時間（2τ）そのもの，つまりマイクロ秒からミリ秒程度の非常に遅い揺らぎである，という点である．したがって，$1/T_1$ と $1/T_2$ が異なる温度でピークを示すという結果は，電荷の揺らぎが温度の低下とともに次第に遅くなっていくことを示している．

もう一つの例は，擬 1 次元有機伝導体 $(\mathrm{TMTSF})_2\mathrm{ClO}_4$ における $^{77}\mathrm{Se}$ 核のスピンエコー減衰率の結果である[61,62]．この物質は 25 K という低温で，ClO_4 分子の規則的配向によって格子の周期性が 2 倍となる構造相転移を示す．これに伴い 30 K 付近で TMTSF 分子上の $^{77}\mathrm{Se}$ 核の $1/T_2$ にピークが現れる．$^{77}\mathrm{Se}$ 核のスピンは 1/2 で 4 重極モーメントをもたないことと，$1/T_2$ のピーク値が外部磁場の 2 乗に比例することから，局所磁場の原因は電子系のスピン磁化による超微細磁場，すなわちナイトシフトである．さらに $1/T_2$ の角度依存性がナイトシフトの角度依存性と一致することから，揺らぎの起源として，格子の周期が 2 倍となる構造相転移の前駆現象として，格子と結合した電荷密度の揺らぎが発生し，それがスピン磁化率の遅い揺らぎを引き起こしていると説明されている[62]．

等価スピンからの局所磁場の起源は通常，観測下の NMR 信号と同じ共鳴周波数をもつ同種原子核からの双極子磁場である．この場合，スピンエコー減衰への寄与は結晶格子上の原子の幾何学的な配置によって決まっており，電子系の物性に有用な情報は含まれない．しかし，電子系のスピンを介して核スピン間に間接的相互作用が働く場合には，スピンエコー減衰率を通じて電子系のスピン相関に関する重要な知見が得られることがある．色々

な銅酸化物における銅原子核の NMR 実験はその代表的な例である[53,55,63~68].

図 6.27(b) にその物理的機構を模式的に示す. まずある磁性元素サイト 1 における核スピンと電子スピンの間の超微細相互作用 $\gamma\hbar I_1^z A^{zz} S_1^z$ に着目する. スピンエコー減衰に寄与するのは，局所磁場の外部磁場に平行な成分なので，ここでは超微細相互作用の z 成分だけを考える. これを電子スピン S_1 から見ると，超微細相互作用によって核スピン 1 がつくる有効磁場 $\gamma\hbar I_1^z A^{zz}$ を感じることになる. この有効磁場は，非局所磁化率 $\chi(\boldsymbol{R}) = \sum_q \exp(-i\boldsymbol{q}\boldsymbol{R})\chi_q$ を通じて $\boldsymbol{R}$ だけ離れた別の電子スピン 2 に偏極を生み出し，これがサイト 2 の核スピン 2 に有効磁場をもたらす.

近接する 2 つの核スピンの間の間接相互作用の表式を求めるには，(6.61) 式のように超微細相互作用をフーリエ成分によって表すと便利である. 核スピン 1 がつくる有効磁場によってサイト 2 に生じる電子スピン偏極は，波数に依存する静的磁化率 χ_q を用いて

$$\langle S_2^z \rangle = \hbar\gamma I_1^z \sum_q \exp(-i\boldsymbol{q}\boldsymbol{R}) \chi_q A_q^{zz} \tag{6.83}$$

と表される. その結果，$\boldsymbol{R}$ だけ離れた 2 つの核スピンの間に RKKY 型の間接相互作用

$$\mathcal{H}_{\mathrm{ind}} = I_1^z a(\boldsymbol{R}) I_2^z \tag{6.84}$$

が働く. ここで

$$a(\boldsymbol{R}) = (\hbar\gamma)^2 \sum_q \chi_q |A_q^{zz}|^2 e^{-i\boldsymbol{q}\boldsymbol{R}} \tag{6.85}$$

である. それぞれの核スピンは $2I+1$ 個の状態をランダムに占有すると考えてよいので，このような間接相互作用に起因する局所磁場の 2 乗平均は

$$\Delta_{\mathrm{ind}}^2 = \frac{P}{\hbar^2} \sum_{R\neq 0} |a(\boldsymbol{R})|^2 = P\gamma^4\hbar^2 \left[\sum_q |A_q^{zz}|^4 \chi_q^2 - \left(\sum_q |A_q^{zz}|^2 \chi_q\right)^2\right] \tag{6.86}$$

で与えられる[66]. ここで P は原子核スピンの大きさ，存在比，4 重極分裂の有無などに依存する数値因子である. 一方，相関時間に関しては，今の場合，局所磁場の起源は核スピンの z 成分であるので，τ_c は数値因子を除いて核スピン格子緩和時間 T_1 と一致する. 通常，T_1 は $T_{2\mathrm{eff}}$ あるいは $1/\Delta$ に比べて充分長く，静的な極限 $\Delta\tau_c \ll 1$ にある. したがってスピンエコー減衰曲線は (6.80) 式において Δ^2 に (6.86) 式を代入したガウシアンで与えられる. T_1 が比較的短く，$1/\Delta$ に比べて無視できない場合，あるいはスケーリング則の検証など精密な解析を必要とする場合は，(6.17), (6.73), (6.75) 式に戻って，τ_c が有限であることによる補正を取り入れる必要がある. 詳しくは Curro ら[68]を参照されたい.

(6.86) 式は電子系の静的磁化率の波数依存性，すなわち空間的なスピン相関によって決まっているので，スピンエコー減衰率を調べることにより，スピン相関距離の温度依存性に関する有益な情報が得られる. しかしながら，この方法が適用できるケースは比較的限

られている．第1に電子系を介した間接相互作用が双極子相互作用に比べて充分大きくないと，電子系の情報を精度よく取り出すことが難しい．そのためには超微細相互作用の大きなサイトの NMR を観測する必要があるが，そのような磁性元素サイトでは通常スピンエコー減衰が早すぎて信号の観測が難しい．第2に間接相互作用が強い異方的をもち，核スピンの量子化軸が間接相互作用の強い方向に一致している必要がある．核スピン間の等方的な相互作用（スカラー結合）は全磁化の演算子と交換するので，マクロな磁化の運動には影響を与えることはなく，スピンエコー減衰には寄与しない．

高温超伝導体を含む銅酸化物化合物は，これらの2つの条件を満たす理想的な例である．6.1.3項 a. で述べたように，銅酸化物の銅原子核には，同じサイトの $d_{x^2-y^2}$ 軌道上のスピン密度から大きな超微細磁場が発生する．さらにこの超微細磁場に対する最大の寄与は異方的な双極子磁場であり，z 方向に大きな負の値を示すのに対して，xy 面内での値はずっと小さい．[7] これまで多くの銅酸化物について銅サイトのスピンエコー減衰率の測定が行われ，その結果に基づいて反強磁性スピン相関が議論されてきた．[53,55,63~68] ここでは例として，1次元ハイゼンベルグ・スピン系 Sr_2CuO_3 の銅サイトにおけるスピンエコー減衰率の結果を紹介しよう．前節ではこの化合物における $1/T_1$ の測定結果が，$\eta=1$, $z=1$ という指数に対応する量子臨界スケーリング則を満たすことを述べた．(6.86) 式から，Δ_{ind}^2 の特異的な温度依存性は，$\int \{\chi(\boldsymbol{Q}+\boldsymbol{q})\}^2 q^{D-1} dq \propto \int \{\chi(\boldsymbol{Q})\}^2 \{g(q\xi)\}^2 q^{D-1} dq \propto \xi^{4-2\eta-D}$，すなわち $\Delta_{ind} \propto \xi^{2-\eta-D/2}$ に従うと予想される．前節で述べた1次元ハイゼンベルグ・モデルに対する臨界指数の理論値（$\nu=1, \eta=1, D=1$）に対応して，$\Delta_{ind} \propto \xi^{-1/2} \propto T^{-1/2}$ という理論的予想が導かれる．Sr_2CuO_3 に対して行われた実験によって，$\Delta\sqrt{T}$ の温度依存性が非常に小さいことが実際に確認され[53]，さらにこの弱い温度依存性は1次元ハイゼンベルグ系に特有の対数補正項によって理論的によく説明されることが明らかになった[54,55]．現在では，スピン格子緩和率，スピンエコー減衰率の両者を含めて Sr_2CuO_3 における NMR の結果は，1次元ハイゼンベルグ系のダイナミクスに関する理論に対する非常によい定量的検証となっている[56]．

6.3.3 フォノンによる緩和の例，ラットリングと超伝導

今まで核磁気緩和を引き起こす原因として，局所磁場の揺らぎを考えてきたが，4重極モーメントをもつ原子核に対しては，電子の電荷の揺らぎや格子振動による電場勾配の変動も緩和を引き起こす．NMR 測定が可能な同位体が2つ以上ある場合は，緩和率の同位体比を測定することにより，緩和の機構が磁気的であるか電気的であるかを実験的に決定することができる．磁気的な緩和率は磁気回転比 γ の2乗に比例し，電気4重極相互作用による緩和率は4重極モーメント Q の2乗に比例するからである．前節では，電荷秩序を起こしやすい低次元電子系において，電荷の遅い揺らぎによる4重極緩和が観測されている例を紹介した[60]．一方，格子振動による緩和は一般に効果が弱く，電子による寄与が

大きい強相関電子系では殆ど観測にかからなかった．しかし最近，クラスレート化合物やスクッテルダイト化合物など，広い籠状ネットワークの中である種の原子（イオン）が比較的孤立して存在する結晶構造をもつ物質において，ラットリングと呼ばれる孤立イオンの遅い非調和振動が注目を集めており，その中で金属でありながらもフォノンによる4重極極緩和が支配的な例が見出されてきた[69,70]．

β-パイロクロアと名づけられた構造をもつオスミウム酸化物 AOs_2O_6 (A=K, Rb, Cs) はその代表例で，パイロクロア格子（図6.10左）を組む Os と O のネットワーク内に生じた広い空間をアルカリイオンが占める構造をもっている．これらはいずれも超伝導体であり，特にアルカリイオンの孤立性が最も高い K 化合物において 9 K という高い T_c を示す[71]．図6.28(a)に，KOs_2O_6 粉末試料中の ^{39}K 核の $1/(T_1T)$ の温度依存性を示す．緩和率の同位体比（挿入図）から，測定した温度範囲で緩和機構はほぼ100%フォノンによる

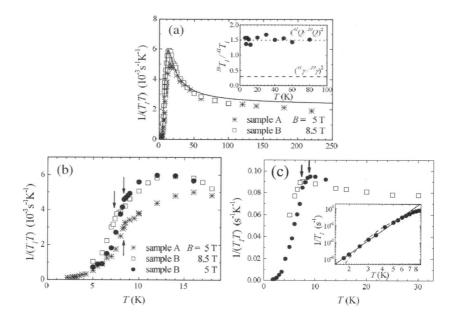

図 **6.28** (a) β パイロクロア構造をもつ KOs_2O_6 の粉末試料における ^{39}K 核の $1/(T_1T)$ の温度依存性．挿入図は2つの同位体 ^{39}K と ^{41}K の緩和率の比を示す．全温度域にわたって，核磁気緩和率の同位体比は4重極モーメントの比の2乗に一致し，緩和がフォノンによることを表している．(b) 低温部分の拡大図．矢印は測定磁場における超伝導転移温度 T_c を示す．T_c 以下で $1/(T_1T)$ が急激に減少する．(c) 酸素サイトの $1/(T_1T)$ の温度依存性．酸素サイトにおける緩和は電子のスピン揺らぎによる

ことがわかる．通常音響フォノンによる核磁気緩和率はデバイ温度より高温で T^2，低温で T^7 に比例するが[2]，観測された温度依存性はそれと異なり，13 K 付近でなだらかなピークを示す（図 6.28(b)）．この異常な温度依存性は，その後 Dahm-Ueda によって伝導電子と相互作用する非調和振動の簡単なモデルによって説明された[72,73]．さらに顕著なのは，K サイトの緩和率が超伝導転移温度以下で急激に減少することである．このことはフォノンのダイナミクスが超伝導によって大きな影響を受ける，すなわちラットリングと伝導電子の強い相互作用を表している．一方，図 6.28(c) に示した酸素サイトの $1/(T_1T)$ の温度依存性は，K サイトと全く異なる．酸素サイトは伝導電子スピンとの結合が強く，またアルカリイオンのラットリングの影響が少ないので，酸素サイトの $1/(T_1T)$ は伝導電子の磁気励起による寄与を表していると考えられる．通常の超伝導体では $1/(T_1T)$ は T_c 直下で増大するが（Hebel-Slichter ピーク），KOs_2O_6 では T_c 以下でなだらかに減少する．これは，ラットリングによる散乱のために超伝導準粒子の寿命が短くなり，BCS 状態密度のギャップ端における発散が押さえられているためと考えられる．このように，観測する核を選ぶことによって，電子格子相互作用の効果を電子サイドと格子サイドの両面から見ることができるという，ユニークな状況が出現している． ［瀧川　仁］

文　献

1) C. P. Slichter, *Principle of Magnetic Resonance* (Springer-Velag, 1989).
2) A. Abragam, *The Principle of Nuclear Magnetism* (Oxford University Press, Oxford, 1961).
3) 朝山邦輔，遍歴電子系の核磁気共鳴（裳華房，2002）．
4) E. L. Hahn, Phys. Rev. **80**, 580 (1950).
5) C. H. Recchia, K. Gorny and C. H. Pennington, Phys. Rev. B **54**, 4207 (1996).
6) A. Abragam and B. Bleaney, *Electron Paramagnetic Resonance of Transition Ions* (Oxford University Press, Oxford, 1970).
7) F. Mila and T. M. Rice, Physica C **157**, 561 (1989).
8) K. Kodama, J. Yamazaki, M. Takigawa, H. Kageyama, K. Onizuka and Y. Ueda, J. Phys.: Condens. Matter **14**, L319 (2002).
9) M. Takigawa, A. P. Reyes, P. C. Hammel, J. D. Thompson, R. H. Heffner, Z. Fisk and K. C. Ott, Phys. Rev. B **43**, 247 (1991).
10) A. J. Millis, H. Monien and D. Pines, Phys. Rev. B **42**, 167 (1990).
11) T. Moriya, Prog. Theor. Phys. **16**, 33 (1956); T. Moriya, Prog. Theor. Phys. **16**, 641 (1956).
12) T. Moriya, J. Phys. Soc. Jpn. **18**, 516 (1963).
13) M. Hanawa, Y. Muraoka, T. Tayama, T. Sakakibara, J. Yamaura and Z. Hiroi, Phys. Rev. Lett. **87**, 187001 (2001).
14) O. Vyaselev, K. Arai, K. Kobayashi, J. Yamazaki, K. Kodama, M. Takigawa, M. Hanawa and Z. Hiroi, Phys. Rev. Lett. **89**, 017001 (2002).
15) G. H. Stauss, J. Chem. Phys. **40**, 1988 (1964).
16) 永島裕樹，修士論文（東京大学大学院新領域創成科学研究科物質系専攻 2008 年）

17) K. Betsuyaku and H. Harima, J. Mag. Mag. Mat. **272-276**, 187 (2004).
18) H. Harima, Physica B **378-380** 246 (2006).
19) *International Table for Crystallography, Volume A: Space Group Symmetry*, edited by Theo Hahn (Springer, 2002).
20) G. Burns and A. M. Glazer, *Space Groups for Solid State Scientists* (Academic Press, New York, 1990).
21) K. Sparta, G. J. Redhammer, P. Roussel, G. Heger, G. Roth, P. Lemmens, A. Ionescu, M. Grove, G. Güntherodt, F. Hüning, H. Lueken, H. Kageyama, K. Onizuka and Y. Ueda, Eur. Phys. J. B **19**, 507 (2001).
22) B. S. Shastry and B. Sutherland, Physica **108B**, 1069 (1981).
23) S. Miyahara and K. Ueda, Phys. Rev. Lett. **82**, 3701 (1999).
24) H. Kageyama, K. Yoshimura, R. Stern, N. Mushnikov, K. Onizuka, M. Kato, K. Kosuge, C. P. Slichter, T. Goto and Y. Ueda, Phys. Rev. Lett. **82**, 3168 (1999).
25) K. Onizuka, H. Kageyama, Y. Narumi, K. Kindo, Y. Ueda and T. Goto, J. Phys. Soc. Jpn. **69**, 1016 (2000).
26) K. Kodama, M. Takigawa, M. Horvatić, C. Berthier, H. Kageyama, Y. Ueda, S. Miyahara, F. Becca and F. Mila, Science **298**, 395 (2002).
27) H. Alloul, J. Bobroff, M. Gabay and P. J. Hirshfeld, Rev. Mod. Phys. **81**, 45 (2009).
28) M. Hagiwara, K. Katsumata, I. Affleck, B. I. Halperin and J. P. Renard, Phys. Rev. Lett. **65**, 3181 (1990).
29) F. Tedoldi, R. Santachiara and M. Horvatić, Phys. Rev. Lett. **83**, 412 (1999).
30) J. Das, A. Mahajan, J. Bobroff, H. Alloul, F. Alet and E. Sorensen, Phys. Rev. B **69**, 144404 (2004).
31) M. Takigawa, N. Motoyama, H. Eisaki and S. Uchida, Phys. Rev. B **55**, 14129 (1997).
32) J. Kikuchi, T. Matsuoka, K. Motoya, T. Yamauchi and Y. Ueda, Phys. Rev. Lett. **88**, 037603 (2002).
33) M. Yoshida, H. Kobayashi, I. Yamauchi, M. Takigawa, S. Capponi, D. Poiblanc, F. Mila, K. Kudo, Y. Koike and N. Kobayashi, Phys. Rev. Lett. **114**. (2015).
34) Y. Fujii, T. Nakamura, H. Kikuchi, M. Chiba, T. Goto, S. Matsubara, K. Kodama and M. Takigawa, Physica B **346-347**, 45 (2004).
35) T. Ono, H. Tanaka, O. Kolomiyets, H. Mitamura, T. Goto, K. Nakajima, A. Oosawa, Y. Koike, K. Kakurai, J. Klenke, P. Smeibidle and M. Meissner, J. Phys.:Condens. Matter **16**, S773 (2004).
36) K. Kitagawa, N. Katayama, K. Ohgushi, M. Yoshida and M. Takigawa, J. Phys. Soc. Jpn. **77**, 114709 (2008).
37) K. Kitagawa, N. Katayama, H. Gotou, T. Yagi, K. Ohgushi, T. Matsumoto, Y. Uwatoko and M. Takigawa, Phys. Rev. Lett. **103**, 257002 (2009).
38) 酒井治, 菊地淳, 椎名亮輔, 瀧川仁, 日本物理学会誌 **63**, 427 (2008).
39) O. Sakai, R. Shiina, H. Shiba and P. Thalmeiyer, J. Phys. Soc. Jpn. **66**, 3005 (1997).
40) M. Takigawa, H. Yasuoka, T. Tanaka and Y. Ishizawa, J. Phys. Soc. Jpn. **52**, 728 (1983).
41) R. Shiina, O. Sakai, H. Shiba and P. Thalmeiyer, J. Phys. Soc. Jpn. **67**, 941 (1998).
42) Y. Tokunaga, D. Aoki, Y. Homma, S. Kambe, H. Sakai, S. Ikeda, T. Fujimoto, R. E. Walstedt, H. Yasuoka, E. Yamamoto, A. Nakamura and Y. Shiokawa, Phys. Rev. Lett. **97**, 257601

(2006).
43) J. Kikuchi, M. Takigawa, H. Sugawara and H. Sato, J. Phys. Soc. Jpn. **76**, 043705 (2007).
44) O. Sakai, J. Kikuchi, R. Shiina, H. Sato, H. Sugawara, M. Takigawa and H. Shiba, J. Phys. Soc. Jpn. **76**, 024710 (2007).
45) D. Beeman and P. Pincus, Phys. Rev. **166**, 359 (1968).
46) F. Mila and T. M. Rice, Phys. Rev. B **40**, 11382 (1989).
47) S. Chakravarty, M. P. Gelfand, P. Kopietz, R. Orbach and M. Wollensak, Phys. Rev. B **43**, 2796 (1991).
48) L. C. Hebel and C. P. Slichter, Phys. Rev. **113**, 1504 (1959).
49) J. R. Shrieffer, *Theory of Superconductivity* (Benjamin/Cummings, Reading 1964).
50) 守谷亨, 磁性物理学 (朝倉書店, 2002).
51) 上田和夫, 磁性入門 (裳華房, 2011).
52) S. Sachdev, Phys. Rev. B **50**, 13006 (1994).
53) M. Takigawa, N. Motoyama, H. Eisaki and S. Uchida, Phys. Rev. Lett. **76**, 4612 (1996).
54) O. A. Starykh, R. R. P. Singh and A. W. Sandvik, Phys. Rev. Lett. **78**, 539 (1997).
55) M. Takigawa, O. A. Starykh, A. W. Sandvik and R. R. P. Singh, Phys. Rev. B **56**, 13681 (1997).
56) V. Barzykin, Phys. Rev. B **63**, 140412(R) (2001).
57) S. Chakravarty, B. Helperin and D. R. Nelson, Phys. Rev. B **39**, 2344 (1989).
58) S. Chakravarty and R. Orbach, Phys. Rev. Lett. **64**, 224 (1990).
59) T. Imai, C. P. Slichter, K. Yoshimura and K. Kosuge, Phys. Rev. Lett. **70**, 1002 (1993).
60) S. Fujiyama, M. Takigawa and S. Horii, Phys. Rev. Lett. **90**, 147004 (2003).
61) M. Takigawa and G. Saito, J. Phys. Soc. Jpn. **55**, 1233 (1986).
62) F. Zhang, Y. Kurosaki, J. Shinagawa, B. Alavi and S. E. Brown, Phys. Rev. B **72**, 060501(R) (2005).
63) C. H. Pennington and C. P. Slichter, Phys. Rev. Lett. **66**, 381 (1991).
64) Y. Itoh, H. Yasuoka, Y. Fujiwara, Y. Ueda, T. Machi, I. Tomeno, K. Tai, N. Koshizuka and S. Tanaka, J. Phys. Soc. Jpn. **61**, 1287 (1992).
65) T. Imai, C. P. Slichter, K. Yoshimura, M. Katoh and K. Kosuge, Phys. Rev. Lett. **71**, 1254 (1993).
66) M. Takigawa, Phys. Rev. B **49**, 4158 (1994).
67) R. E. Walstedt and S.-W. Cheong, Phys. Rev. B **51**, 3163 (1995).
68) N. Curro, T. Imai, C. P. Slichter and B. Dabrowski, Phys. Rev. B **56**, 877 (1997).
69) M. Yoshida, K. Arai, R. Kaido, M. Takigawa, S. Yonezawa, Y. Muraoka and Z. Hiroi, Phys. Rev. Lett. **98**, 197002 (2007).
70) Y. Nakai, K. Ishida, K. Magishi, H. Sugawara, D. Kikuchi and H. Sato, J. Mag. Mag. Mat. **310**, 255 (2007).
71) Z. Hiroi, S. Yonezawa, Y. Nagao and J. Yamaura, Phys Rev. B **76**, 014523 (2007).
72) T. Dahm and K. Ueda, Phys. Rev. Lett. **99**, 187003 (2007).
73) T. Dahm and K. Ueda, J. Phys. Chem. Solids **69**, 3160 (2008).

7. 電気伝導―低次元電子系の量子伝導

7.1 はじめに

　電気伝導は電子物性を調べるうえで最も基本的な研究手段の1つである．比較的簡便な実験手段であるうえに，間接的に検出できる情報が多いため，特に初動段階の発見的研究には有力なツールとなる．超伝導，近藤効果，アンダーソン（Anderson）局在，量子ホール効果など，電子物性における多くの現象の発見や概念形成は電気伝導の研究を軸に行われてきた．

　物質は電気伝導の様式によって金属・半導体・絶縁体に区別される．日常的には電気伝導の大きさによって区別するが，物性物理では電気伝導の温度依存性の違いで区別することも多い．温度を下げていくにつれ電気伝導がよくなる場合を金属的伝導，逆の場合を絶縁体的（比較的抵抗が小さい場合を半導体的）伝導とよぶ．

　絶縁体または半導体では，「電子」や「正孔」など電気伝導に寄与する準粒子（「キャリア」とよばれる）が低温極限で存在しない．熱励起するなど有限のエネルギーを加えて初めてキャリアが誘起されて電気伝導が生ずる．一方，金属では無限小のエネルギー励起でも電気伝導が生じる．すなわち金属と絶縁体の違いはキャリア励起の際のエネルギーギャップの有無である．このギャップの起源は，結晶構造のバンドギャップ，アンダーソン局在した移動度ギャップ，電子間相互作用によるギャップなど様々である．こうしたキャリアが担う電気伝導現象は，低電場の極限でオームの法則に従うので，「オーミック伝導」とよばれる．これはジュール熱を伴うことから熱的に非平衡で散逸的な現象で，散乱を繰り返して乱雑に運動するキャリア集団の平均的な運動として理解される．

　一方，オーミック伝導とは別に，近年，キャリアを考える背景の結晶単位胞内の波動関数自体の断熱的変形が電流を運ぶタイプの電気伝導現象が注目されるようになった．これはエネルギーバンド構造の特殊性に起因し，熱平衡状態でも散逸なく電流を運ぶことができる機構であり，「トポロジカル伝導」とよばれる．この伝導機構はギャップのある絶縁体

でも存在しうることが著しい特徴である．ギャップが開いている場合には，伝導状態は系のパラメータの連続変化や不純物などの摂動に影響されない安定性を示し，「トポロジカルに保護されている」といわれる．量子ホール効果，(内因性)スピンホール効果などがトポロジカル伝導の例である．

　本章の目的は，電気伝導の基礎的事項からはじめて，最近の量子伝導のいくつかの話題までを概観することである．まず基礎的事項として，オーミック伝導のキャリア概念の基礎となる有効質量近似について説明し，ボルツマン(Bolzmann)方程式や久保公式など電気伝導を扱うための手法を整理する．次にオーミック伝導の例として，磁場中にみられる顕著な伝導現象とそれらのフェルミオロジー研究への応用方法について解説する．またトポロジカル伝導の典型として量子ホール効果を解説する．そこではゲージ変換に関連した考え方が重要な役割を果たす．最後にグラフェンなどの固体中ディラック(Dirac)電子系が示す異常な伝導現象に関するいくつかの話題を紹介する．本章の記述は可能な限り自己完結的になるよう努めたが，大学学部水準の量子力学，統計力学，固体物理学の知識は前提とした．なお本章ではSI単位系を採用し，電気素量を$e(>0)$とおいている．また系の長さLや体積Vは，特に断らずに用いることがある．

7.2　固体中の電子動力学

　金属結晶中の多電子状態は「電子」や「正孔」などの準粒子がお互いに独立に周期ポテンシャル中を運動しているという1体描像でよく記述される．ここで電気伝導を議論する場合，個々の「電子」や「正孔」が外場のもとでどのように運動するかという動力学を知らねばならない．本節ではまず結晶中の電子動力学を扱う有力な方法である有効質量近似を紹介しよう．有効質量近似とは，電子の単位胞内での細かい運動(原子を周回する運動)をバンド構造に繰り込んで，電子が単位胞から単位胞へと伝播していく大まかな運動のみを「包絡関数」で記述して粗視化するものである．また有効質量近似の量子力学的枠組みを対応する古典力学に投影した半古典近似についても述べる．有効質量近似の応用例として磁場下にある結晶中の電子状態の問題を取り扱う．さらに有効質量近似を越えて，電子の単位胞内の運動状態の断熱的変形が単位胞間の運動に影響を与える場合について述べる．この場合，包絡関数には予期せぬ幾何学的位相因子，いわゆる「ベリー(Berry)位相」が付加され，半古典的運動方程式は「異常速度」による変更を受けることになる．これはトポロジカル伝導の基礎となるものである．最後に電子の軌道運動がスピン自由度と結合(スピン軌道相互作用)している場合の電子動力学についてふれる．

7.2.1 有効質量近似[1,2)]

結晶中電子状態の1体描像では，まず固定した周期ポテンシャル $V(\boldsymbol{r})$ 中の1体バンド構造を求めて議論の出発点とする．$\boldsymbol{R}$ を一般の格子ベクトルとすると $V(\boldsymbol{r}+\boldsymbol{R})=V(\boldsymbol{r})$ である．m を電子の静止質量，$\hat{\boldsymbol{r}}$ と $\hat{\boldsymbol{p}}$ を電子の座標と運動量の演算子とすると，外部磁場のない場合，ハミルトニアンは

$$\hat{H}_0 = \frac{\hat{\boldsymbol{p}}^2}{2m} + V(\boldsymbol{r}) \tag{7.1}$$

と書ける．これの固有値と固有状態は，バンド指標 n と第1ブリルアン（Brillouin）領域内の波数ベクトル $\boldsymbol{k}$ を量子数とするエネルギーバンド $E_n(\boldsymbol{k})$ とブロッホ（Bloch）状態 $|n\boldsymbol{k}\rangle$ である．対応する波動関数（ブロッホ関数）は座標 $\hat{\boldsymbol{r}}$ の固有状態 $|\boldsymbol{r}\rangle$ との内積をとって，

$$\psi_{n\boldsymbol{k}}(\boldsymbol{r}) = \langle \boldsymbol{r}|n\boldsymbol{k}\rangle = \frac{1}{\sqrt{V}} e^{i\boldsymbol{k}\cdot\boldsymbol{r}} \cdot u_{n\boldsymbol{k}}(\boldsymbol{r}) \tag{7.2}$$

となる．ここで $u_{n\boldsymbol{k}}(\boldsymbol{r}+\boldsymbol{R}) = u_{n\boldsymbol{k}}(\boldsymbol{r})$ である．ブロッホ状態はバンド指標 n または波数ベクトル $\boldsymbol{k}$ の一方のみで直交完全系を張る．ブロッホ状態をユニタリ変換してバンド指標 n と格子点 $\boldsymbol{R}$ で指定されるワニア（Wannier）状態 $|n\boldsymbol{R}\rangle$ が構成される．

$$\langle n\boldsymbol{R}|n\boldsymbol{k}\rangle = \frac{1}{\sqrt{N}} e^{i\boldsymbol{k}\cdot\boldsymbol{R}} \tag{7.3}$$

ワニア状態の波動関数（ワニア関数）$w_n(\boldsymbol{r}-\boldsymbol{R}) = \langle \boldsymbol{r}|n\boldsymbol{R}\rangle$ は格子点 $\boldsymbol{R}$ で指定されるサイト付近に局在している．ブロッホ関数はワニア関数によって次のように書けることになる．

$$\psi_{n\boldsymbol{k}}(\boldsymbol{r}) = \langle \boldsymbol{r}|n\boldsymbol{k}\rangle = \sum_{\boldsymbol{R}} \langle \boldsymbol{r}|n\boldsymbol{R}\rangle\langle n\boldsymbol{R}|n\boldsymbol{k}\rangle = \sum_{\boldsymbol{R}} w_n(\boldsymbol{r}-\boldsymbol{R})\frac{1}{\sqrt{N}} e^{i\boldsymbol{k}\cdot\boldsymbol{R}} \tag{7.4}$$

上式で未知のワニア関数（直交完全系）のかわりに既知の原子軌道波動関数（直交していない）を用いたものはブロッホ和とよばれ，LCAO近似の一種であるタイトバインディング（強束縛）近似を導く．

ここでは縮退していない1つのバンド（指標 n）に属する電子状態のみに着目することにする．ワニア状態を用いて格子点（サイト）座標演算子 $\hat{\boldsymbol{R}} \equiv \sum_{\boldsymbol{R}} |n\boldsymbol{R}\rangle\boldsymbol{R}\langle n\boldsymbol{R}|$ を定義すると，ブロッホ状態により定義される結晶運動量演算子（波数演算子）は，

$$\hbar\hat{\boldsymbol{k}} \equiv \hbar\sum_{\boldsymbol{k}} |n\boldsymbol{k}\rangle\boldsymbol{k}\langle n\boldsymbol{k}| = \hbar\sum_{\boldsymbol{R}}\sum_{\boldsymbol{k}} |n\boldsymbol{R}\rangle\frac{1}{\sqrt{N}} e^{i\boldsymbol{k}\cdot\boldsymbol{R}}\boldsymbol{k}\langle n\boldsymbol{k}|$$

$$= \hbar\sum_{\boldsymbol{R}}\sum_{\boldsymbol{k}} |n\boldsymbol{R}\rangle\left(-i\frac{\partial}{\partial\boldsymbol{R}}\right)\frac{1}{\sqrt{N}} e^{i\boldsymbol{k}\cdot\boldsymbol{R}}\langle n\boldsymbol{K}| = \hbar\sum_{\boldsymbol{R}} |n\boldsymbol{R}\rangle\left(-i\frac{\partial}{\partial\boldsymbol{R}}\right)\langle n\boldsymbol{R}| \tag{7.5}$$

と変形される．ここで元々の格子ベクトル $\boldsymbol{R}$ は離散的な値をとるにもかかわらず，$\boldsymbol{R}$ と $\boldsymbol{R}$ の関数を連続量のように扱って微分演算を形式的に行っている点に注意されたい．$\boldsymbol{R}$ で

表現すると k は形式的に微分演算子になることがわかったので，これから交換関係

$$[\hat{R}_\alpha, \hbar \hat{k}_\beta] = i\hbar \delta_{\alpha\beta} \quad (\alpha, \beta = x, y, z) \tag{7.6}$$

が導かれ，$\hat{R}$ と $\hbar\hat{k}$ を正準共役な座標と運動量として扱えることがわかる．

　結晶中の電子は格子点 R にある単位胞内で激しく運動しながら単位胞間を緩やかに飛び移っていく．この2つ運動のうち結晶の周期ポテンシャルに依存する前者を粗視化によって消去し，後者の緩やかな電子運動の動力学を扱う方法が有効質量近似である．具体的には，$\hat{r}$ と $\hat{p}$ を共役な力学変数とする元々の系のかわりに $\hat{R}$ と $\hbar\hat{k}$ を共役な座標と運動量とする力学系を考えることで，単位胞間を跳び移っていく電子運動を表現する．結晶のハミルトニアンはブロッホ状態で対角化されるが，上の結晶運動量演算子と同様にワニア状態で表現すると，

$$\hat{H}_0 = E_n(\hat{k}) = \sum_k |nk\rangle E_n(k)\langle nk| = \sum_R |nR\rangle E_n\left(-i\frac{\partial}{\partial R}\right)\langle nR| \tag{7.7}$$

と書ける．ここまでは特に近似は入っていない．結晶の周期ポテンシャルの効果はバンド分散 $E_n(k)$ の中に繰り込まれている．

　この結晶に付加的なポテンシャル $U(r)$ が加わったときの電子運動を考えよう．一般に付加ポテンシャル演算子 $U(\hat{r})$ は異なるバンドやサイトのワニア状態の間にも行列要素をもつ．しかしその変化が十分緩やかで単位胞の中ではほぼ一定と見なせる場合は，格子点での値で代表させることができる．このときポテンシャルはワニア状態で対角化される．

$$U(\hat{r}) \approx U(\hat{R}) = \sum_R |nR\rangle U(R)\langle nR| \tag{7.8}$$

ここで付加ポテンシャルの単位胞内での変化によるバンド間遷移やサイト間結合を無視したところが近似である．この近似のもとでのハミルトニアン（有効質量ハミルトニアン）は

$$\hat{H}_{\text{eff}} = E_n(\hat{k}) + U(\hat{R}) = \sum_R |nR\rangle \left\{ E_n\left(-i\frac{\partial}{\partial R}\right) + U(R) \right\} \langle nR| \tag{7.9}$$

と書ける．これから固有状態が従う有効質量方程式が得られる．

$$\langle nR|\hat{H}_{\text{eff}}|\psi\rangle = \left\{ E_n\left(-i\frac{\partial}{\partial R}\right) + U(R) \right\} \langle nR|\psi\rangle = E\langle nR|\psi\rangle \tag{7.10}$$

ここで $F_n(R) \equiv \langle nR|\psi\rangle$ は包絡関数とよばれる．これは真の波動関数が

$$\psi(r) = \langle r|\psi\rangle = \sum_R \langle r|nR\rangle\langle nR|\psi\rangle = \sum_R w_n(r-R)F_n(R) \tag{7.11}$$

のように包絡関数の重みでワニア関数を線形結合したものになるからである．真の波動関数は通常連続で微分可能であるが，格子点での値しか意味をもたない包絡関数は一般にそ

うである必要はない.

次に外部磁場がある場合の有効質量近似を考えよう. 磁場は $\boldsymbol{B}(\boldsymbol{r}) = \nabla \times \boldsymbol{A}(\boldsymbol{r})$ によってベクトルポテンシャルで与えられる. 有効質量近似では, 付加ポテンシャルの場合と同様にベクトルポテンシャルの単位胞内の変動も無視し格子点の値で置き換える.

$$\boldsymbol{A}(\hat{\boldsymbol{r}}) \approx \boldsymbol{A}(\hat{\boldsymbol{R}}) = \sum_{\boldsymbol{R}} |n\boldsymbol{R}\rangle \boldsymbol{A}(\boldsymbol{R}) \langle n\boldsymbol{R}| \tag{7.12}$$

これは磁場(ベクトルポテンシャル)によるバンド間遷移やサイト間の結合を無視する近似になっている. この近似で磁場を導入するには, 上のゼロ磁場のハミルトニアンの微分演算子 $\partial/\partial \boldsymbol{R}$ をゲージ共変微分 $\partial/\partial \boldsymbol{R} + i(e/\hbar)\boldsymbol{A}(\boldsymbol{R})$ で置き換えればよい. この操作は波動関数の位相に作用する磁場の効果を, すべて包絡関数に担わせることに相当する. このとき結晶運動量は

$$\hbar\hat{\boldsymbol{k}} = \hbar\sum_{\boldsymbol{k}} |n\boldsymbol{k}\rangle \boldsymbol{k} \langle n\boldsymbol{k}| = \hbar\sum_{\boldsymbol{R}} |n\boldsymbol{R}\rangle \left(-i\frac{\partial}{\partial \boldsymbol{R}} + \frac{e}{\hbar}\boldsymbol{A}(\boldsymbol{R})\right) \langle n\boldsymbol{R}| \tag{7.13}$$

となり, もはや格子点座標 $\hat{\boldsymbol{R}}$ と正準共役ではなくなる. $\hat{\boldsymbol{R}}$ に共役な全運動量は

$$\hbar\hat{\boldsymbol{K}} \equiv \hbar\hat{\boldsymbol{k}} - e\boldsymbol{A}(\hat{\boldsymbol{R}}) = \hbar\sum_{\boldsymbol{R}} |n\boldsymbol{R}\rangle \left(-i\frac{\partial}{\partial \boldsymbol{R}}\right) \langle n\boldsymbol{R}| \tag{7.14}$$

で与えられ, 動力学的な結晶運動量に電磁場の運動量を加えたものになる. これらの交換関係 $[\hat{R}_\alpha, \hbar\hat{K}_\beta] = i\hbar\delta_{\alpha\beta}$ から, 結晶運動量の各成分についての交換関係

$$[\hat{k}_x, \hat{k}_y] = -i\frac{eB_z}{\hbar} \tag{7.15}$$

などが導かれるが, これは磁場中では波数空間に不確定性が現れることを示す. 磁場中の有効質量ハミルトニアンは

$$\hat{H}_{\text{eff}} = E_n(\hat{\boldsymbol{k}}) + U(\hat{\boldsymbol{R}}) = \sum_{\boldsymbol{R}} |n\boldsymbol{R}\rangle \left\{ E_n\left(-i\frac{\partial}{\partial \boldsymbol{R}} + \frac{e}{\hbar}\boldsymbol{A}(\boldsymbol{R})\right) + U(\boldsymbol{R}) \right\} \langle n\boldsymbol{R}| \tag{7.16}$$

となり, 次の有効質量方程式が得られる.

$$\left\{ E_n\left(-i\frac{\partial}{\partial \boldsymbol{R}} + \frac{e}{\hbar}\boldsymbol{A}(\boldsymbol{R})\right) + U(\boldsymbol{R}) \right\} F_n(\boldsymbol{R}) = E F_n(\boldsymbol{R}) \tag{7.17}$$

ここでは簡単のため縮退のないバンドを扱う単一バンドの有効質量近似について概説した. 複数のバンドが縮退または近接した系では, ポテンシャルによるバンド間結合が無視できなくなるため単一バンドの有効質量近似は使えない. この場合は複数バンドに拡張した有効質量近似を用いる. 有効質量方程式は行列形式で書かれ, 包絡関数は多成分スピノルとなる. 7.6.2項でグラフェンの磁場中電子状態を求める際には複数バンドの有効質量近似を用いる.

7.2.2 半古典近似

前節の有効質量近似は，外場中にある結晶内電子の問題を粗視化の近似により格子点座標 $\hat{\boldsymbol{R}}$ とそれと共役な運動量 $\hbar \hat{\boldsymbol{K}}$ を変数とする単純な量子力学系に還元するものであった．しかし有効質量方程式を量子力学的に解かなくても，対応する古典力学系を考え運動方程式を古典的に解くだけで十分な問題も多い．この半古典近似には量子効果を取り入れることはできないが，電子の運動を直感的に理解できる長所がある．

有効質量ハミルトニアンに対応するハミルトン関数として

$$H_{\text{eff}} = E_n(\boldsymbol{k}) + U(\boldsymbol{R}) = E_n\left(\boldsymbol{K} + \frac{e}{\hbar}\boldsymbol{A}(\boldsymbol{R})\right) + U(\boldsymbol{R}) \tag{7.18}$$

を考える．ここで $\boldsymbol{R}$ は実空間の格子点座標，$\boldsymbol{k}$ は波数空間の座標であり，$\boldsymbol{R}$ と $\hbar\boldsymbol{K} \equiv \hbar\boldsymbol{k} - e\boldsymbol{A}(\boldsymbol{R})$ が系の正準共役な座標と運動量になる．ハミルトンの正準方程式は

$$\begin{cases} \dot{\boldsymbol{R}} = \dfrac{\partial H_{\text{eff}}}{\partial(\hbar\boldsymbol{K})} \\ \hbar\dot{\boldsymbol{K}} = -\dfrac{\partial H_{\text{eff}}}{\partial \boldsymbol{R}} \end{cases} \tag{7.19}$$

であるが，これを $\boldsymbol{R}$ と $\boldsymbol{k}$ についての方程式に変形すると最終的に次式が得られる．

$$\begin{cases} \boldsymbol{v} \equiv \dot{\boldsymbol{R}} = \dfrac{1}{\hbar}\dfrac{\partial E_n(\boldsymbol{k})}{\partial \boldsymbol{k}} \\ \hbar\dot{\boldsymbol{k}} = -e\boldsymbol{v}\times\boldsymbol{B} - e\boldsymbol{E} \end{cases} \tag{7.20}$$

ここで $\boldsymbol{E} = -\partial U(\boldsymbol{R})/\partial \boldsymbol{R}$ と $\boldsymbol{B} = (\partial/\partial \boldsymbol{R})\times\boldsymbol{A}(\boldsymbol{R})$ は電場と磁場である．これが半古典近似における基本方程式であり，実空間と波数空間（結晶運動量空間）における電子運動を記述する．第1方程式はバンド上電子の群速度を与える式であり，第2方程式は結晶運動量の変化率が電磁力で与えられるというニュートン型の運動方程式になっている．

特異なバンド構造では有効質量近似で表現しきれない効果が現れ，半古典運動方程式に「異常速度」による補正が加わることが，近年認識されるようになった．これについては7.2.4項で述べることにする．

7.2.3 磁場中の電子状態

有効質量近似の重要な使用例として，一様磁場中の結晶内電子の問題を取り上げる．その準備として，まず半古典近似で考えてみよう．前節の半古典運動方程式より，軌道運動による波数変化 $d\boldsymbol{k} = \dot{\boldsymbol{k}}dt$ は，群速度 $\boldsymbol{v}$ すなわち $E_n(\boldsymbol{k})$ の等エネルギー面の法線と，磁場 $\boldsymbol{B}$ に垂直であることがわかる．したがって $\boldsymbol{k}$ 空間内の電子の軌道運動は，磁場に垂直な平面による等エネルギー面の切り口の曲線軌道 $C_{\boldsymbol{k}}$ に沿ったものとなる（図7.1）．一方，$d\boldsymbol{R}$ の磁場に垂直な成分を $d\boldsymbol{R}_\perp$，$\boldsymbol{e}_{\boldsymbol{B}} \equiv \boldsymbol{B}/|\boldsymbol{B}|$，$l \equiv \sqrt{\hbar/eB}$ とおくと，$d\boldsymbol{k} = -(e/\hbar)d\boldsymbol{R}\times\boldsymbol{B}$ より $d\boldsymbol{R}_\perp = (\hbar/eB)d\boldsymbol{k}\times\boldsymbol{e}_{\boldsymbol{B}} = l^2 d\boldsymbol{k}\times\boldsymbol{e}_{\boldsymbol{B}}$ が成り立つ．したがって実空間軌道を磁場に

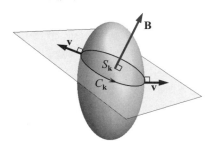

図 **7.1** 波数空間中の等エネルギー面と磁場中電子軌道.

垂直な平面上に射影した軌道 $C_{\bm{R}\perp}$ ($d\bm{R}_\perp$ を積分した軌道) は，$\bm{k}$ 空間軌道 $C_{\bm{k}}$ にスケール変換の因子 $l^2 = \hbar/eB$ をかけて 90° 回転したものになる.

等エネルギー面の切り口 $C_{\bm{k}}$ が閉曲線になる場合，実空間の射影軌道 $C_{\bm{R}\perp}$ も閉曲線となる. このとき $C_{\bm{k}}$ が囲む面積を $S_{\bm{k}}$ とおくと，$C_{\bm{R}\perp}$ は面積 $S_{\bm{R}\perp} = l^4 S_{\bm{k}}$ を囲む. 磁場が強くなると $C_{\bm{R}\perp}$ は小さくなるが，これがド・ブロイ (de Broglie) 波長と同程度になると磁場に垂直方向の軌道運動の量子化が起こる. これは正準共役な変数 $\bm{R}$ と $\hbar \bm{K}$ についてのボーア–ゾンマーフェルト (Bohr–Sommerfeld) の量子化条件

$$\oint_{C_{\bm{R}\perp}} \hbar \bm{K} \cdot d\bm{R}_\perp = \left(N + \frac{1}{2}\right) h \tag{7.21}$$

により与えられる ($N = 0, 1, 2, \cdots$). 左辺を変形すると

$$\oint_{C_{\bm{R}\perp}} \hbar \bm{K} \cdot d\bm{R}_\perp = \oint_{C_{\bm{R}\perp}} (\hbar \bm{k} - e\bm{A}) \cdot d\bm{R}_\perp$$
$$= \hbar l^2 \oint_{C_{\bm{R}}} \bm{k} \cdot (d\bm{k} \times \bm{e}_{\bm{B}}) - e \iint_{S_{\bm{R}\perp}} (\bm{\nabla} \times \bm{A}) \cdot d\bm{S}_{\bm{R}\perp}$$
$$= \hbar l^2 \bm{e}_{\bm{B}} \cdot \oint_{C_{\bm{k}}} (\bm{k} \times d\bm{k}) - e \iint_{S_{\bm{R}\perp}} \bm{B} \cdot d\bm{S}_{\bm{R}\perp} = \hbar l^2 \times 2 S_{\bm{k}} - eB S_{\bm{R}\perp} = \hbar l^2 S_{\bm{k}} \tag{7.22}$$

となるので，閉じた $\bm{k}$ 空間軌道 $C_{\bm{k}}$ は，

$$S_{\bm{k}} = \frac{2\pi}{l^2}\left(N + \frac{1}{2}\right) = \frac{2\pi eB}{\hbar}\left(N + \frac{1}{2}\right) \tag{7.23}$$

を満たすときに定在波を形成できる (オンサーガー (Onsager) の量子化条件). 言い換えると，$\bm{k}$ 空間内で磁場に垂直な平面を固定したとき，断面積が上式をみたす等エネルギー面の軌道だけが定常解として許される. この離散的エネルギー準位を「ランダウ (Landau) 準位」とよぶ. このとき実空間では閉じた軌道 $C_{\bm{R}\perp}$ が $N + 1/2$ 本の磁束量子 (h/e) に相当する磁束を囲むことになる. 有効質量 m^* の 2 次元放物線型バンドの場合は $S_{\bm{k}} = \pi k^2 = \pi(2m^* E/\hbar^2)$ なので，ランダウ準位として $E = \hbar \omega_c (N + 1/2)$ が得られる. ここで $\omega_c \equiv eB/m^*$ で

ある．

　上で述べた磁場中のランダウ量子化を有効質量近似で量子論的に扱ってみよう．最初に簡単な例として，自由電子的な放物線型バンド分散をもつ系を考える．これは半導体のバンド端のように，バンド分散が放物線近似できる領域に電子が存在する場合に相当する．m^*を有効質量とすると，

$$E(\bm{k}) = \frac{\hbar^2 \bm{k}^2}{2m^*} = \frac{\hbar^2}{2m^*}(k_x^2 + k_y^2 + k_z^2) \tag{7.24}$$

バンド指標nは省略した．この系に一様磁場$\bm{B} = (0, 0, B)$がz軸方向に加えられているとする．これを与えるベクトルポテンシャルの選び方にはゲージ変換の自由度があるが，ここではランダウゲージとよばれる$\bm{A} = (0, Bx, 0)$を採用する．前節の処方箋を用いると，包絡関数を$F(\bm{R}) \equiv \langle\bm{R}|\psi\rangle$として有効質量方程式は次式で与えられる．

$$-\frac{\hbar^2}{2m^*}\left\{\left(-i\frac{\partial}{\partial X}\right)^2 + \left(-i\frac{\partial}{\partial Y} + \frac{e}{\hbar}BX\right)^2 + \left(-i\frac{\partial}{\partial Z}\right)^2\right\}F(\bm{R}) = EF(\bm{R}) \tag{7.25}$$

YとZは微分にしか現れないので，包絡関数は$F(\bm{R}) \equiv \langle\bm{R}|\psi\rangle = \phi(X)\cdot\exp(iK_y Y + iK_z Z)$と変数分離できる．これを代入すると，

$$-\frac{\hbar^2}{2m^*}\frac{d^2}{dX^2}\phi(X) + \frac{1}{2}m^*\omega_c^2(X - X_0)^2\phi(X) = \left(E - \frac{\hbar^2 K_z^2}{2m^*}\right)\phi(X) \tag{7.26}$$

となる．$\omega_c \equiv eB/m^*$はサイクロトロン角周波数，$X_0 \equiv -l^2 K_y$は中心座標，$l \equiv \sqrt{\hbar/eB}$は磁気長とよばれる．この方程式は1次元調和振動子のシュレーディンガー（Schrödinger）方程式と同型である．磁場中では自由電子はローレンツ（Lorentz）力を受けて磁場の方向にらせんを描く軌道運動を行うが，上式は磁場に垂直なXY面内の円運動を面内のX軸に射影した単振動の方程式に対応しているのである．したがってエネルギー固有値は，1次元調和振動子と同様に$N = 0, 1, 2, \cdots$として次式で与えられる．

$$E_N(K_z) = \hbar\omega_c\left(N + \frac{1}{2}\right) + \frac{\hbar^2 K_z^2}{2m^*} \tag{7.27}$$

磁場に垂直な面内の円運動が離散準位に量子化される結果，放物型分散をもったバンドは，磁場方向に1次元分散をもった複数のサブバンド群であるランダウ準位に量子化される．エネルギーはランダウ指数N，磁場方向の波数K_zで指定されるが，これは中心座標X_0について磁場に垂直な単位面積あたり$1/2\pi l^2$重に縮退している．これをランダウ準位の縮重度という．磁場中の状態は，(N, X_0, K_z)または(N, K_y, K_z)で指定され，対応する包絡関数の因子$\phi(X)$は$X = X_0$を中心とする1次元調和振動子の波動関数（エルミート–ガウス関数）となる．

$$\phi_{NX_0}(X) = \phi_N(X - X_0) = \frac{1}{\sqrt{2^N N!\sqrt{\pi}l}}H_N\left(\frac{X - X_0}{l}\right)e^{-\frac{(X - X_0)^2}{2l^2}} \tag{7.28}$$

ここで $H_N(\xi)$ は N 次のエルミート多項式である.

一般的な結晶中のブロッホ電子系の磁場中エネルギー準位の量子化をみる前に，まず最も単純なブロッホ電子系の模型として，2次元自由電子系に周期 a の1次元周期ポテンシャル $V\cos(2\pi/a)x$ が加わった系を考えよう[3]. ゼロ磁場での電子状態は2次元波数で指定されるブロッホ状態で，2次元波数空間は $k_x = (2\pi/a)(n+1/2)$ (n：整数) の位置にブリルアン領域の境界ができる．2次元自由電子の放物線型バンド分散には，このブリルアン領域境界の位置でギャップが開き図7.2(a)のような分散となる．この系に磁場が加わったときのエネルギー準位は，

$$-\frac{\hbar^2}{2m_0}\frac{d^2}{dx^2}\phi(x) + \left\{\frac{1}{2}m_0\omega_c^2(x-X_0)^2 + V\cos\frac{2\pi}{a}x\right\}\phi(x) = E\phi(x) \qquad (7.29)$$

を解くことにより得られる．このエネルギー準位の磁場依存性は簡単な数値計算により図7.2(b)のように求まる．半古典論で考えると，図のエネルギー領域Aでは波数空間内の自由電子の半古典的円軌道はブリルアン領域境界に達しないで閉曲線となるため離散準位へのランダウ量子化が起こる．領域Bでは円軌道はブリルアン領域境界近傍に達するため，電子軌道はブラッグ反射されて開いた軌道となりランダウ量子化は起こらない．領域Cではこれにギャップ上の第2バンドの底のランダウ準位が加わる．実際には量子論的計算（図7.2(b)）にみられるように，領域Aのランダウ準位は磁場が増大し領域Bに近づくにつれ，中心座標に関する縮退が解けて幅をもつようになり，領域Bの連続スペクトルに連続的に移行する．また領域Cに入ると第2バンドのランダウ準位と第1バンドの連続

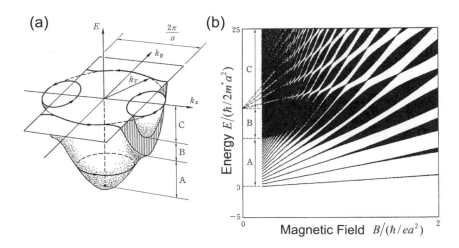

図 **7.2** 磁気貫通とエネルギー準位．(a) 単一周期ポテンシャル中の2次元電子系のバンド分散．(b) エネルギー準位の磁場依存性．領域Cで準位混成が起こる．

準位が混成してギャップが開き，強磁場では第1バンドのランダウ準位の幅が磁場に対して振動しているようなパターンに移行する．ランダウ準位が周期ポテンシャルにより幅をもつ効果を一般に「ハーパー（Harper）・ブロードニング」とよぶ．また2つのバンドの電子が共存する領域Cで，エネルギー準位が第1バンドの底のランダウ準位に再構成されていくことは「磁気貫通（マグネティック・ブレークダウン）現象」として知られる．直感的には，磁場が強くなるとローレンツ力により電子軌道が曲げられるので，ブリルアン領域境界で十分なブラッグ反射が受けられなくなるためであると解釈される．なお，上の模型に限らず，ハーパー・ブロードニングと磁気貫通は一般のブロッホ電子系でしばしばみられる現象である．

磁場中ブロッホ電子系の特徴を抽出するために，より一般的な結晶中電子系（ブロッホ電子系）として cos 型の分散をもつ2次元正方格子上の強束縛模型

$$E(k_x, k_y) = -2t_a \cos ak_x - 2t_b \cos bk_y \tag{7.30}$$

を例にとって磁場中電子状態を有効質量近似を用いて考察しよう．ベクトルポテンシャルとしてランダウゲージを採用すると，有効質量方程式は

$$\left\{-2t_a \cos\left(-ia\frac{\partial}{\partial X}\right) - 2t_b \cos\left(-ib\frac{\partial}{\partial Y} + \frac{beB}{\hbar}X\right)\right\} F(X,Y) = EF(X,Y) \tag{7.31}$$

となる．包絡関数を $F(X,Y) = F_{K_y}(X) \cdot \exp(iK_y Y)$ と変数分離すると，

$$\exp\left(\pm a\frac{\partial}{\partial X}\right) F(X) = \exp\left(\pm a\frac{\partial}{\partial X}\right) \sum_{K_x} C_{K_x} e^{iK_x X} = \sum_{K_x} C_{K_x} e^{iK_x(X \pm a)} = F(X \pm a) \tag{7.32}$$

となるので，有効質量方程式は

$$F_{K_y}(X+a) + F_{K_y}(X-a) + \left\{\frac{2t_b}{t_a}\cos(GX + bK_y) + \frac{E}{t_a}\right\} F_{K_y}(X) = 0 \tag{7.33}$$

という差分方程式（ハーパー方程式）に帰着する．ここで $G \equiv beB/\hbar$ である．この方程式は，変数分離した x 方向の電子の運動が，元々の格子の周期ポテンシャル（周期 a）に加えて，波数 G の実効的周期ポテンシャルのもとで行われることを表す．磁場により付加された波数 G の周期性を「磁気周期性」という．結局，磁場中2次元周期系の問題が，1次元2重周期系の問題に変換されたわけである．一般には，この問題の固有値は連続でも離散的でもなく，稠密な分布をもったカントール集合となる．しかし2つの周期の比 α が p/q（既約分数）となる場合は，系は周期 qa の単一周期系となり，固有値はバンド構造，固有関数は波数 K_x をもつブロッホ関数となる．α は電子の磁束量子 $\Phi_0 = h/e$ を用いて

$$\alpha = \frac{a}{2\pi/G} = \frac{ab}{2\pi l^2} = \frac{abeB}{2\pi\hbar} = \frac{abB}{\Phi_0} \tag{7.34}$$

と表せるので,単位胞面積 ab を貫く磁束量子の数に等しい.この場合,単一磁気周期内の q 個のサイト上の包絡関数値 $F_{K_y}(X+la)$ $(l=0,1,\cdots,q-1)$ についてのハーパー方程式から,$T(l) \equiv 2t_b \cos(G(X+la)+bK_y)$ として,次の永年方程式が得られる.

$$\det \begin{pmatrix} T(0)+E & t_a & & & & t_a e^{-iK_x qa} \\ t_a & T(1)+E & t_a & \cdots & & \\ & t_a & & & & \\ & \vdots & & \ddots & & \vdots \\ & & & \cdots & & t_a \\ t_a e^{iK_x qa} & & & & t_a & T(q-1)+E \end{pmatrix} = 0 \quad (7.35)$$

両端のサイトについてはブロッホ条件 $F_{K_y}(X+qa) = F_{K_y}(X) \cdot \exp(iK_x qa)$ を用いた.X は任意のサイト座標であるから $X=0$ とおいてよい.この $q\times q$ 行列を対角化すれば,単位胞を p/q 本の磁束量子が貫く外部磁場におけるエネルギー固有値が q 個求まる.これらは K_x と K_y に対し分散をもつサブバンドとなる.K_x と K_y の変域は,$-\pi/qa \leq K_x \leq \pi/qa$,$-\pi/b \leq K_y \leq \pi/b$ であり,磁気ブリルアン領域とよばれる.サブバンド群を pq を変えて種々の外部磁場に対してプロットすると,「ホフスタッター・バタフライ (Hofstadter's butterfly)」とよばれる有名な図になる(図 7.3)[4].この図は一見して,一部分が全体と似た構造をもつ自己相似性(フラクタル性)を有することがわかる.一般には α は無理数となり,エネルギー準位は連続なサブバンドのかわりに稠密な準位集団(カントール集合)

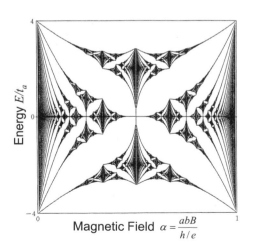

図 **7.3** 2 次元正方格子上のブロッホ電子系の磁場中エネルギー準位(ホフスタッター・バタフライ).

となる.この場合も無限に近い有理数 p/q の極限として α を考えればよいので,図の構造には変化はない.この図で特徴的な点は,α を変えたときに,エネルギー準位はいたるところで分岐するのに対し,エネルギーギャップは連続でよく定義されること,つまり α の変化に対しギャップが安定なことである.

図の左下付近は元々の cos 型バンド下端の電子のランダウ準位に対応する.左下端では放物線型バンド分散に対するランダウ準位と一致し,磁場に対して線形に増大する.磁場が大きくなると cos 型バンドが放物線型バンドから外れるために(非放物線性:non-parabolicity)ランダウ準位の磁場依存性は線形的増大より弱くなる.より磁場が強くなるとランダウ準位は縮退が解けて幅をもち始め(ハーパー・ブロードニング),ランダウ準位は内部に微小なエネルギーギャップが開きいくつかのサブバンド構造に分割される(ホフスタッター準位).一方,図の左上付近は cos 型バンド上端の正孔のランダウ準位に対応し電子と同様の振舞いを示すが,準位のエネルギーは磁場の増大とともに減少する.元々の cos 型バンド中央のファン・ホーブ(van Hove)特異点では,電子と正孔の準位が衝突するが,磁場に依存しないエネルギー準位が常に存在する(ゼロモード).ここでのバンド間結合を無視した模型では,エネルギー準位構造は横軸中央の磁場($\alpha = 1/2$)で折り返し,単位胞に磁束量子が 1 本入る横軸右端の磁場($\alpha = 1$)でゼロ磁場($\alpha = 0$)のバンド構造に戻る.それ以上の磁場では $0 < \alpha < 1$ の領域を周期的に繰り返す.

一般に,単位胞に入る磁束量子数で表した外部磁場 α が有理数 p/q に等しいとき,バンドは q 個のサブバンドに分裂し,p 個のサブバンドをまとめて 1 つのランダウ準位となる.特に図の中央($\alpha = p/q = 1/2$)ではエネルギー準位は 2 つのサブバンドからなるが,(K_x, K_y) 空間における 2 つのサブバンドは,間のギャップがゼロとなり点接触している(これは 7.6.1 項で述べる質量ゼロのディラック電子系である).以上のようにブロッホ電子の磁場中電子状態は厳密には複雑な準位構造となりうる.しかし多くの場合 $\alpha \ll 1$ が成り立つため,通常この準位構造が観測されることはない.これを観測するためには,超強磁場下実験,あるいは単位胞の大きいクリーンなブロッホ電子系の極低温下での実験が必要である.しかしこの 2 次元格子模型は 7.5.4 項で述べる量子ホール効果の TKNN 理論の舞台として重要である.

7.2.4 ベリー位相と異常速度

単一バンドの有効質量近似は結晶の単位胞内の電子運動を無視して,単位胞間の電子波束の伝搬運動の力学を記述する近似であった.平面波 $\exp(i\bm{k} \cdot \bm{r})$ と周期関数 $u_{n\bm{k}}(\bm{r})$ の積であるブロッホ関数において,$u_{n\bm{k}}(\bm{r})$ は単位胞より短い波長の波動関数の変化を分離したもので,バンドの違いによる電子運動の違い(異なるバンド状態の直交性)を表す.有効質量近似ではこれが均一化されてしまい,外場によるバンド間遷移が無視されるだけでなく,単一バンド上の電子運動における単位胞内の状態変化も無視されるのである.本項で

は有効質量近似で無視されていた単位胞内の運動状態 $u_{n\bm{k}}(\bm{r})$ の断熱的変化が，単位胞間の電子運動に与える影響を考える．

まず $\bm{k}$ 空間におけるベリー位相[5]の定式化を行う．結晶のブロッホ状態 $|n\bm{k}\rangle$ を与えるハミルトニアンを $\hat{H}_0 \equiv H_0(\hat{\bm{r}}\hat{\bm{p}})$ とおくと，

$$H_0(\hat{\bm{r}}, \hat{\bm{p}})|n\bm{k}\rangle = E_n(\bm{k})|n\bm{k}\rangle \tag{7.36}$$

$$\langle \bm{r}|n\bm{k}\rangle = e^{i\bm{k}\cdot\bm{r}}\langle \bm{r}|u_{n\bm{k}}\rangle \tag{7.37}$$

ここで $\langle \bm{r}|u_{n\bm{k}}\rangle$ が基本領域の体積 V で規格化されているとして，ブロッホ関数の規格化因子 $V^{-1/2}$ を落とした．これを書き直すと，

$$\hat{H}(\bm{k}) \equiv H_0(\hat{\bm{r}}, \hat{\bm{p}} + \hbar\bm{k}) \tag{7.38}$$

$$\hat{H}(\bm{k})|u_{n\bm{k}}\rangle = E_n(\bm{k})|u_{n\bm{k}}\rangle \tag{7.39}$$

となり，単位胞内の電子運動状態 $|u_{n\bm{k}}\rangle$ は，波数 $\bm{k}$ をパラメータとして固定したハミルトニアン $\hat{H}(\bm{k})$ の固有状態になっていることがわかる．$|u_{n\bm{k}}\rangle$ は n について完全直交系を張る．

ここでパラメータ $\bm{k}$ が「断熱的に」時間変化する状況を考える（$\bm{k} = \bm{k}(t)$）．

$$i\hbar\frac{\partial}{\partial t}|u(t)\rangle = \hat{H}(\bm{k}(t))|u(t)\rangle \tag{7.40}$$

初期条件を $|u(t=0)\rangle = |u_{n\bm{k}(t=0)}\rangle$ とおく．断熱変化の要請から $\bm{k}(t)$ の時間変化は十分遅く，状態の時間発展に伴うバンド間遷移が無視できるとする．電子は常に第 n バンド上にあるので，解は

$$|u(t)\rangle = e^{i\Gamma(t)}|u_{n\bm{k}(t)}\rangle \tag{7.41}$$

の形に書ける（$\Gamma(t=0) = 0$）．断熱変化の要請から，各瞬間での $|u(t)\rangle$ は $\hat{H}(\bm{k}(t))$ の第 n 固有状態になるからである．ただし $|u(t)\rangle$ が $|u_{n\bm{k}(t)}\rangle$ と位相因子まで一致するとは限らない．$|u(t)\rangle$ の位相 $\Gamma(t)$ は初期状態からの時間発展として波動方程式により決定される．$|u(t)\rangle$ を波動方程式に代入して $\Gamma(t)$ を求めると，

$$\Gamma(t) = \gamma_n - \frac{1}{\hbar}\int_0^t E_n(\bm{k}(t'))dt' = i\int_0^t \left\langle u_{n\bm{k}(t')}\left|\frac{du_{n\bm{k}(t')}}{dt'}\right.\right\rangle dt' - \frac{1}{\hbar}\int_0^t E_n(\bm{k}(t'))dt' \tag{7.42}$$

ここで第 2 項はよく知られた動力学的位相である．第 1 項の γ_n は幾何学的位相とよばれ，断熱変化を要請して $\bm{k}(t)$ を第 n バンド上に拘束したことにより生じたものである．

$$\begin{aligned}\gamma_n &= i\int_0^t \left\langle u_{n\bm{k}(t')}\left|\frac{du_{n\bm{k}(t')}}{dt'}\right.\right\rangle dt' = i\int_0^t \left\langle u_{n\bm{k}}\left|\frac{\partial u_{n\bm{k}}}{\partial \bm{k}}\right.\right\rangle \cdot \frac{d\bm{k}(t')}{dt'}dt' \\ &= i\int_{\bm{k}(t=0)}^{\bm{k}(t)} \left\langle u_{n\bm{k}}\left|\frac{\partial u_{n\bm{k}}}{\partial \bm{k}}\right.\right\rangle \cdot d\bm{k} = \int_{\bm{k}(t=0)}^{\bm{k}(t)} \bm{A}_n(\bm{k}) \cdot d\bm{k}\end{aligned} \tag{7.43}$$

7.2 固体中の電子動力学

位相 γ_n は $\bm{k}$ 空間での線積分経路に依存する．これが幾何学的位相の名の由来である．このように波数空間を断熱的に運動すると，ブロッホ状態の周期関数部分 $u_{n\bm{k}}(\bm{r})$ には経路に依存した余分な位相 γ_n がつくことがあるのである．

積分経路を閉じた経路 C に沿った周回積分にすると，$|u(t)\rangle$ は位相因子を除いて元に戻るが，このときの幾何学的位相 $\gamma_n(\mathrm{C})$ を「ベリー位相」（ゲージ束）という．そして，

$$\bm{A}_n(\bm{k}) \equiv i\left\langle u_{n\bm{k}} \middle| \frac{\partial u_{n\bm{k}}}{\partial \bm{k}} \right\rangle \tag{7.44}$$

$$\bm{B}_n(\bm{k}) \equiv \frac{\partial}{\partial \bm{k}} \times \bm{A}_n(\bm{k}) = i\left\langle \frac{\partial u_{n\bm{k}}}{\partial \bm{k}} \middle| \times \middle| \frac{\partial u_{n\bm{k}}}{\partial \bm{k}} \right\rangle \tag{7.45}$$

は各々，「ベリー接続」（ゲージポテンシャル）および「ベリー曲率」（ゲージ場）とよばれる量である．ベリー接続 $\bm{A}_n(\bm{k})$ は点 $\bm{k}$ から微小量離れた点 $\bm{k}+\Delta\bm{k}$ に移動したとき，$|u_{n\bm{k}}\rangle$ の位相がどれだけ変化するかを表す．$\gamma_n(\mathrm{C})$, $\bm{A}_n(\bm{k})$, $\bm{B}_n(\bm{k})$ はそれぞれ $\bm{k}$ 空間（パラメータ空間）における「磁束」，「ベクトルポテンシャル」，「磁場」であるかのように対応づけすることができる．電子が磁場のある実空間中を運動すると電子波にディラック位相がつくが，電子が $\bm{B}_n(\bm{k})$ のある $\bm{k}$ 空間中を運動すると電子波に幾何学的位相がつくのである．$|u_{n\bm{k}}\rangle$ の位相の選び方の自由度（「ゲージ自由度」）に対応して $\bm{A}_n(\bm{k})$ は変化するが（「ゲージ変換」），$\bm{B}_n(\bm{k})$ や $\gamma_n(\mathrm{C})$ は変化しない（「ゲージ不変」）ことが示せる．これも電磁場のゲージ変換に対応している．

$\bm{k}$ 空間における第 n バンド上の電子波束の運動を考えるとき，$\bm{k}$ 空間にベリー曲率 $\bm{B}_n(\bm{k})$ が存在すると，有効質量近似による電子動力学は修正を受ける．単位胞内の電子運動 $u_{n\bm{k}}(\bm{r})$ に幾何学的位相が付加され，ブロッホ波の波面が傾き電子波束の進路が曲がるためである．これはサイト座標 $\hat{\bm{R}}$ を導入して $u_{n\bm{k}}(\bm{r})$ を粗視化する有効質量近似の枠を超えた効果である．ここでは真の座標 $\hat{\bm{r}}$ を用いて電場下の電子波束の運動方程式を導出してみよう[6]．

第 n バンドの $\bm{k}$ 空間にベリー曲率 $\bm{B}_n(\bm{k})$ が存在するとき，座標演算子 $\hat{\bm{r}}$ は

$$\langle n\bm{k}|\hat{\bm{r}}|n\bm{k}'\rangle = \left\{i\frac{\partial}{\partial \bm{k}} + \bm{A}_n(\bm{k})\right\}\delta(\bm{k}-\bm{k}') \tag{7.46}$$

のように表現される．$\hat{\bm{r}}$ と $\hbar\hat{\bm{k}}$ はもはや共役ではないことに注意する．上式は磁場が存在するとき電子の動力学的運動量 $(m\hat{\bm{r}})$ が実空間で $-i\hbar\partial/\partial\bm{r} + e\bm{A}(\bm{r})$ となることに対応する．これを用いると

$$\langle n\bm{k}|[\hat{x},\hat{y}]|n\bm{k}'\rangle = \left\{i\frac{\partial}{\partial \bm{k}} \times \bm{A}_n(\bm{k})\right\}_z \delta(\bm{k}-\bm{k}') = i\{\bm{B}_n(\bm{k})\}_z \delta(\bm{k}-\bm{k}') \tag{7.47}$$

が導かれ，電子が第 n バンドに拘束されているために位置演算子の成分が交換しなくなることがわかる．これは磁場中で動力学的運動量の成分が交換しなくなること（7.2.1 項）に対応する．

次に，外部電場 $\boldsymbol{E}$ のもとでの電子波束の運動を考えよう．外力 $\boldsymbol{F} = -e\boldsymbol{E}$ によりパラメータ $\boldsymbol{k}(t)$ を断熱的に駆動するのである．全ハミルトニアンは $\hat{H} = \hat{H}_0 - \boldsymbol{F} \cdot \hat{\boldsymbol{r}}$ となるので，$|n\boldsymbol{k}\rangle$ は固有状態ではなく，一般には異なるバンド n や異なる波数 $\boldsymbol{k}$ の状態との混成が生ずる．しかし $\boldsymbol{k}(t)$ の変化が十分緩やかであるという断熱変化の仮定により，異なるバンドとの混成を無視し，$\hat{H}_0$ の固有状態である第 n バンド上に波束の運動が拘束されると考える．電子波束をブロッホ状態 $|n\boldsymbol{k}\rangle$ の線形結合として構成すると，

$$|W(t)\rangle = \sum_{\boldsymbol{k}} |n\boldsymbol{k}\rangle \langle n\boldsymbol{k}|W(t)\rangle \tag{7.48}$$

ここで $|\langle n\boldsymbol{k}|W(t)\rangle|^2$ は $\boldsymbol{k}$ 空間における波束中心 $\boldsymbol{k}_c \equiv \langle W(t)|\hat{\boldsymbol{k}}|W(t)\rangle$ で最大になるとする．また実空間における波束中心を $\boldsymbol{r}_c \equiv \langle W(t)|\hat{\boldsymbol{r}}|W(t)\rangle$ とおき，$\boldsymbol{k}_c$ と $\boldsymbol{r}_c$ の時間変化を考える．

$$\begin{aligned}
\langle n\boldsymbol{k}|\hat{x}|n\boldsymbol{k}'\rangle &= \left\langle n\boldsymbol{k} \left| \frac{1}{i\hbar}[x, (\hat{H}_0 - \boldsymbol{F} \cdot \hat{\boldsymbol{r}})] \right| n\boldsymbol{k}' \right\rangle \\
&= \frac{1}{i\hbar}\langle n\boldsymbol{k}|[x, \hat{H}_0]|n\boldsymbol{k}'\rangle - \frac{F_y}{i\hbar}\langle n\boldsymbol{k}|[x, y]|n\boldsymbol{k}'\rangle - \frac{F_z}{i\hbar}\langle n\boldsymbol{k}|[x, z]|n\boldsymbol{k}'\rangle \\
&= \left[\frac{1}{\hbar}\frac{\partial E_n(\boldsymbol{k})}{\partial k_x} - \frac{1}{\hbar}\{\boldsymbol{F} \times \boldsymbol{B}_n(\boldsymbol{k})\}_x\right]\delta(\boldsymbol{k}-\boldsymbol{k}')
\end{aligned} \tag{7.49}$$

なので

$$\begin{aligned}
\dot{\boldsymbol{r}}_c \equiv \langle W(t)|\hat{\boldsymbol{r}}|W(t)\rangle &= \sum_{\boldsymbol{k}} \langle W(t)|n\boldsymbol{k}\rangle \left\{\frac{1}{\hbar}\frac{\partial E_n(\boldsymbol{k})}{\partial \boldsymbol{k}} - \frac{1}{\hbar}\boldsymbol{F} \times \boldsymbol{B}_n(\boldsymbol{k})\right\}\langle n\boldsymbol{k}|W(t)\rangle \\
&\approx \frac{1}{\hbar}\frac{\partial E_n(\boldsymbol{k}_c)}{\partial \boldsymbol{k}_c} - \frac{1}{\hbar}\boldsymbol{F} \times \boldsymbol{B}_n(\boldsymbol{k}_c)
\end{aligned} \tag{7.50}$$

一方，波数については

$$\begin{aligned}
\langle n\boldsymbol{k}|\dot{\hat{\boldsymbol{k}}}|n\boldsymbol{k}'\rangle &= \left\langle n\boldsymbol{k} \left| \frac{1}{i\hbar}[\hat{\boldsymbol{k}}, (\hat{H}_0 - \boldsymbol{F} \cdot \hat{\boldsymbol{r}})] \right| n\boldsymbol{k}' \right\rangle \\
&= -\frac{1}{i\hbar}(\boldsymbol{k}-\boldsymbol{k}')(\boldsymbol{F} \cdot \langle n\boldsymbol{k}|\hat{\boldsymbol{r}}|n\boldsymbol{k}'\rangle) = \frac{1}{\hbar}\boldsymbol{F}\delta(\boldsymbol{k}-\boldsymbol{k}')
\end{aligned} \tag{7.51}$$

であるから

$$\dot{\boldsymbol{k}}_c \equiv \langle W(t)|\dot{\hat{\boldsymbol{k}}}|W(t)\rangle = \frac{1}{\hbar}\boldsymbol{F} \tag{7.52}$$

以上から電場下の波束中心の運動方程式が以下のように求まる．

$$\begin{cases} \dot{\boldsymbol{r}}_c = \dfrac{1}{\hbar}\dfrac{\partial E_n(\boldsymbol{k}_c)}{\partial \boldsymbol{k}_c} - \dot{\boldsymbol{k}}_c \times \boldsymbol{B}_n(\boldsymbol{k}_c) \\ \hbar \dot{\boldsymbol{k}}_c = -e\boldsymbol{E} = \boldsymbol{F} \end{cases} \tag{7.53}$$

以上の議論では簡単のため外部電場 $\boldsymbol{E}$ のみ考えたが，外部磁場 $\boldsymbol{B}$ がある一般の場合に

7.2 固体中の電子動力学

も容易に拡張することができる．この場合，波束中心の運動方程式は次のようになる．

$$\begin{cases} \dot{\boldsymbol{r}}_{\rm c} = \dfrac{1}{\hbar}\dfrac{\partial E_n(\boldsymbol{k}_{\rm c})}{\partial \boldsymbol{k}_{\rm c}} - \dot{\boldsymbol{k}}_{\rm c}\times \boldsymbol{B}_n(\boldsymbol{k}_{\rm c}) \\ \hbar\dot{\boldsymbol{k}}_{\rm c} = -e\boldsymbol{E} - e\dot{\boldsymbol{r}}_{\rm c}\times \boldsymbol{B} = \boldsymbol{F} \end{cases} \tag{7.54}$$

7.2.2 項で述べた有効質量近似による半古典運動方程式と比べると，波束の実空間速度 $\dot{\boldsymbol{r}}_{\rm c}$ の表式に，従来の群速度に加えて新しい速度項 $\boldsymbol{v}_a \equiv -\dot{\boldsymbol{k}}_{\rm c}\times \boldsymbol{B}_n(\boldsymbol{k}_{\rm c})$ が追加されていることがわかる．これはハミルトニアンに外場の寄与 $-\boldsymbol{F}\cdot\hat{\boldsymbol{r}}$ を加えたために生じた補正項で，「カープラス–ラッティンジャー（Karplus–Luttinger）の異常速度」とよばれる[7]．異常速度は $\boldsymbol{k}$ 空間における「速度」$\dot{\boldsymbol{k}}_{\rm c}$ と「磁場」$\boldsymbol{B}_n(\boldsymbol{k}_{\rm c})$ の外積の形をしており，真の磁場によるローレンツ力に対応している．異常速度は外力 $\boldsymbol{F}$ によって駆動されるが，外力とは直交するのでエネルギーの授受は起こらない．磁場のない場合，異常速度は電場と直交する非散逸的な電流を生ずる効果であり，電気伝導度の非対角成分に寄与する．

磁場がない場合の異常速度由来の非対角伝導を調べてみよう．簡単のため一辺 L の 2 次元系を考えると，異常速度による 2 次元電流密度は

$$\boldsymbol{j}_a = \frac{1}{L^2}\sum_{\boldsymbol{k}}(-e)\boldsymbol{v}_a(\boldsymbol{k})f(E_n(\boldsymbol{k})) = -\frac{e^2}{\hbar}\boldsymbol{E}\times\frac{1}{(2\pi)^2}\iint \boldsymbol{B}_n(\boldsymbol{k})f(E_n(\boldsymbol{k}))dk_x dk_y \tag{7.55}$$

低温極限（$T\to 0$）の場合，非対角伝導度は

$$\begin{aligned}\sigma_{xy} &= \frac{\{\boldsymbol{j}_a\}_x}{E_y} = -\frac{e^2}{h}\left[\frac{1}{2\pi}\iint_{\boldsymbol{k}\in{\rm FS}}\{\boldsymbol{B}_n(\boldsymbol{k})\}_z dk_x dk_y\right] = -\frac{e^2}{h}\left[\frac{1}{2\pi}\oint_{\rm FS}\boldsymbol{A}_n(\boldsymbol{k})\cdot d\boldsymbol{k}\right]\\ &= -\frac{e^2}{h}\frac{\gamma_n({\rm FS})}{2\pi}\end{aligned} \tag{7.56}$$

となり，閉じたフェルミ面 FS を周回するベリー位相 $\gamma_n({\rm FS})$ で与えられる．これは「異常ホール伝導度」とよばれるものであるが，現実の系では群速度による大きな散逸的伝導の寄与が存在するため，上の寄与は埋もれてしまう．しかし第 n バンドのすべての状態が占有されて絶縁体になると，散逸的伝導が消失して異常速度による非散逸伝導の効果があらわになる．このときフェルミ面 FS はブリルアン領域境界 $\partial{\rm BZ}$ になる．ブリルアン領域 BZ は端のないトーラスと同一視できるので，一見，ベリー位相 $\gamma_n(\partial{\rm BZ})$ はゼロになるように思える．しかしベリー曲率がブリルアン領域内で特異性をもつ場合は，$\gamma_n(\partial{\rm BZ})$ が必ずしもゼロとならず，2π の整数倍という離散値になることが示せる（7.5.4 項）．よって非対角伝導度は e^2/h の整数倍に量子化され，2 次元絶縁体においてゼロ磁場で量子ホール効果が発現することになる．これは「量子異常ホール効果」とよばれる現象で，量子論的には 7.5.3 項および 7.5.4 項で説明する TKNN 理論によって定式化される．量子異常ホール効果は，1988 年にハルデイン（F. D. M. Haldane）によって初めて考察されたものであるが[8]，2013 年になって磁気ドープしたトポロジカル絶縁体を用いて実現された（「量

子異常ホール絶縁体」あるいは「チャーン（Chern）絶縁体」とよばれる）[9].

　異常速度の効果は，対象とする系のバンド構造のベリー曲率によって引き起こされる．それでは有限なベリー曲率が現れるためには系にどのような条件が必要なのであろうか．磁場 $\boldsymbol{B}$ の発生源まで系に含めるとすると，時間を逆転させた運動も系で可能な運動の1つでなければならない（時間反転対称性）．一般に，時間反転 $t \to -t$ を施すと，$\dot{\boldsymbol{r}}_c \to -\dot{\boldsymbol{r}}_c$，$\boldsymbol{k}_c \to -\boldsymbol{k}_c$，$\boldsymbol{B} \to -\boldsymbol{B}$ のように符号が変わるが（$\boldsymbol{B}$ を発生する電流の向きも逆転する），$\boldsymbol{r}_c$，$\dot{\boldsymbol{k}}_c$，$\boldsymbol{E}$ は不変である．一方，空間反転 $\boldsymbol{r} \to -\boldsymbol{r}$ を施すと，$\boldsymbol{r}_c$，$\dot{\boldsymbol{r}}_c$，$\boldsymbol{k}_c$，$\dot{\boldsymbol{k}}_c$，$\boldsymbol{E}$ は符号を変えるが，$\boldsymbol{B}$ は不変である．波束の運動方程式の第2方程式はこれらの変換を行っても不変である．しかし速度についての第1方程式は，系（バンド構造）がこれらの変換に対する不変性をもっていない限り，一般に不変とはならない．第1方程式に時間反転を施すと，

$$-\dot{\boldsymbol{r}}_c = -\frac{1}{\hbar}\frac{\partial E_n(-\boldsymbol{k}_c)}{\partial \boldsymbol{k}_c} - \dot{\boldsymbol{k}}_c \times \boldsymbol{B}_n(-\boldsymbol{k}_c) \tag{7.57}$$

系が時間反転対称性をもつ場合は，方程式も不変となる必要があるので，上式が元の方程式と一致する条件から $E_n(-\boldsymbol{k}_c) = E_n(\boldsymbol{k}_c)$（偶関数）かつ $\boldsymbol{B}_n(-\boldsymbol{k}_c) = -\boldsymbol{B}_n(\boldsymbol{k}_c)$（奇関数）が要請される．同様にして系が空間反転対称性をもつ場合は，$E_n(-\boldsymbol{k}_c) = E_n(\boldsymbol{k}_c)$（偶関数）かつ $\boldsymbol{B}_n(-\boldsymbol{k}_c) = \boldsymbol{B}_n(\boldsymbol{k}_c)$（偶関数）が要請される．以上より系が時間反転と空間反転の両方の対称性をもつ場合は，$\boldsymbol{B}_n(\boldsymbol{k}_c) \equiv 0$ となり異常速度は現れないことがわかる．したがって，有限のベリー曲率による異常速度効果が現れるためには，系の時間反転あるいは空間反転対称性の少なくとも片方が破れている必要がある．そのような系の例として，空間反転対称性が破れた GaAs などの極性半導体や，時間反転対称性が破れた強磁性体や反強磁性体をあげることができる．さらに波束を駆動する摂動とは見なせない強い外部磁場中の電子系も，時間反転対称性が破れた系の重要な例である．これらの系では，スピンホール効果，異常ホール効果，量子ホール効果，量子スピンホール効果などの種々のトポロジカルな伝導現象が現れる．

　最後にバンドがベリー曲率をもつ場合の磁場中の電子動力学と軌道量子化の問題について述べておこう．半古典運動方程式で電場ゼロ（$\boldsymbol{E} = 0$）とおいて $\dot{\boldsymbol{r}}_c$ を消去すると

$$\hbar\dot{\boldsymbol{k}}_c = -e\frac{1}{1-(e/\hbar)\boldsymbol{B}\cdot\boldsymbol{B}_n(\boldsymbol{k}_c)}\frac{1}{\hbar}\frac{\partial E_n(\boldsymbol{k}_c)}{\partial \boldsymbol{k}_c} \times \boldsymbol{B} \tag{7.58}$$

が導かれ，$\dot{\boldsymbol{k}}_c$ は等エネルギー面の法線 $\partial E_n(\boldsymbol{k}_c)/\partial \boldsymbol{k}_c$ と磁場 $\boldsymbol{B}$ に垂直であることがわかる．したがって電子波束は $\boldsymbol{k}$ 空間中の等エネルギー面を磁場に垂直な平面で切った切り口 C に沿って軌道運動することになる．これは 7.2.3 項の有効質量近似の結果と同じであり，磁場中電子軌道の形状には異常速度あるいはベリー曲率の効果は現れない．ただし軌道運動の速さは因子 $\{1-(e/\hbar)\boldsymbol{B}\cdot\boldsymbol{B}_n(\boldsymbol{k}_c)\}^{-1}$ により曲率に依存した変化を示す．この軌道運動にボーア–ゾンマーフェルトの量子化条件を課せばランダウ量子化が導かれる．半古典運動方程式を導くラグランジュ関数は，$\boldsymbol{r}_c$ と $\boldsymbol{k}_c$ を一般化座標と考える

と $L = \{\hbar\boldsymbol{k}_c - e\boldsymbol{A}(\boldsymbol{r}_c)\} \cdot \dot{\boldsymbol{r}}_c + \hbar\boldsymbol{A}_n(\boldsymbol{k}_c) \cdot \dot{\boldsymbol{k}}_c - \{E_n(\boldsymbol{k}_c) - e\phi(\boldsymbol{r}_c)\}$ のようにとることができる．これから $\boldsymbol{r}_c$ と $\boldsymbol{k}_c$ にそれぞれ共役な一般化運動量は，$\partial L/\partial\dot{\boldsymbol{r}}_c = \hbar\boldsymbol{k}_c - e\boldsymbol{A}$ と $\partial L/\partial\dot{\boldsymbol{k}}_c = \hbar\boldsymbol{A}_n$ になる．したがってボーア–ゾンマーフェルトの量子化条件は次のように書ける．

$$\oint \{(\hbar\boldsymbol{k}_c - e\boldsymbol{A}) \cdot d\boldsymbol{r}_{c\perp} + \hbar\boldsymbol{A}_n \cdot d\boldsymbol{k}_c\} = \left(N + \frac{1}{2}\right)h \tag{7.59}$$

新たに加わった左辺第 2 項は，電子が $\boldsymbol{k}$ 空間の等エネルギー面上を閉曲線 C に沿って一周したときに獲得するベリー位相 $\gamma_n(\mathrm{C})$ の $\hbar$ 倍にほかならない．したがってオンサーガーの量子化条件は

$$S_{\boldsymbol{k}} = \frac{2\pi}{l^2}\left(N + \frac{1}{2} - \frac{\gamma_n(\mathrm{C})}{2\pi}\right) \tag{7.60}$$

のように修正される．ここで $S_{\boldsymbol{k}}$ は $\boldsymbol{k}$ 空間内の閉曲線 C で囲まれた断面積である[10]．

7.2.5　スピン軌道相互作用

スピンホール効果や量子スピンホール効果はスピン軌道相互作用によって引き起こされる伝導現象である．本項では，これらの基礎となるスピン軌道結合下での電子とスピンの動力学について述べる．スピン軌道相互作用は電子の軌道運動がスピンに依存する時間反転対称な効果であり，ディラック方程式をその非相対論的な近似方程式であるシュレーディンガー方程式に書き換える際に現れる相対論的補正効果である．真空中の電子のスピン軌道相互作用は，SI 単位系で

$$\hat{H}_{\mathrm{SO}} = \frac{\hbar}{4m_0^2 c^2}\hat{\boldsymbol{\sigma}} \cdot (\hat{\boldsymbol{p}} \times \nabla U(\hat{\boldsymbol{r}})) \tag{7.61}$$

と書ける．ここで無次元スピン変数 $\hat{\boldsymbol{\sigma}} = (\hat{\sigma}_x, \hat{\sigma}_y, \hat{\sigma}_z)$ は，$\boldsymbol{S} \equiv (1/2)\hbar\boldsymbol{\sigma}$ として電子のスピン角運動量 $\boldsymbol{S}$ から定義される量であり，$\hat{\sigma}_z$ の 2 つの固有状態を基底とするパウリ行列

$$\sigma_x = \begin{pmatrix} 0 & 1 \\ 1 & 0 \end{pmatrix}, \quad \sigma_y = \begin{pmatrix} 0 & -i \\ i & 0 \end{pmatrix}, \quad \sigma_z = \begin{pmatrix} 1 & 0 \\ 0 & -1 \end{pmatrix} \tag{7.62}$$

により表現される．電子のスピン磁気モーメントは $\boldsymbol{\mu}_{\mathrm{s}} = -g\mu_{\mathrm{B}}(\boldsymbol{\sigma}/2) = -\mu_{\mathrm{B}}\boldsymbol{\sigma}$ により与えられる．ここで $\mu_{\mathrm{B}} = e\hbar/2m_0$ はボーア磁子，g はランデ (Lande) の g 因子で真空中では 2 である．$\boldsymbol{\mu}_{\mathrm{s}}$ と $\boldsymbol{\sigma}$ の向きは逆になることに注意されたい．上の $\hat{H}_{\mathrm{SO}}$ の表式は直感的には次のように理解できる．電子が電場 $\boldsymbol{E} = -\nabla U(\boldsymbol{r})/(-e)$ の中を速度 $\boldsymbol{v} = \boldsymbol{p}/m_0$ で運動している状況を考える．このとき電子に固定した座標系でみると，電場 $\boldsymbol{E}$ に加えて磁場 $\boldsymbol{B} = -(1/c^2)(-\boldsymbol{v}) \times \boldsymbol{E}$ が存在する（$|\boldsymbol{v}| \ll c$ の場合のローレンツ変換）．これは電子座標系では電場の発生源である電荷が速度 $-\boldsymbol{v}$ で運動して有効磁場をつくるからである．電子スピンの磁気モーメントがこの有効磁場の中でもつポテンシャルエネルギーがスピン軌道相互作用である．孤立原子（真空中の中心力場）内の電子の場合，原子番号 Z が大きくな

るほど $U(r)$ が大きくなってスピン軌道相互作用は増大するが,軌道角運動量 l が大きくなるほど原子核に近づけなくなりスピン軌道相互作用は減少する[11]。

固体中のスピン軌道相互作用は,原子集団の複雑なポテンシャル分布や電子分布を反映するため単純ではない.スピン軌道相互作用は結晶の周期ポテンシャルをつくる各原子のポテンシャルに起因するので,一般には有効質量近似で扱えない.有効質量近似は結晶の周期ポテンシャルを粗視化する近似だからである.したがって真空中の $\hat{H}_{\mathrm{SO}}$ の表式で運動量 $\hat{p}$ を単純に結晶運動量 $\hbar\hat{k}$ と見なすことは正当化されない.スピン軌道相互作用はバンド構造の形成自体に組み込まれ,バンド上の電子スピンは電子の軌道運動と独立な自由度ではなくなる(スピン $\boldsymbol{\sigma}$ の向きが波数 $\boldsymbol{k}$ に依存するようになる).その結果,一般にバンド $E_{n\boldsymbol{\sigma}}(\boldsymbol{k})$ のスピン縮退は破れ,ゼロ磁場スピン分裂を示すことになる ($E_{n\boldsymbol{\sigma}}(\boldsymbol{k}) \neq E_{n-\boldsymbol{\sigma}}(\boldsymbol{k})$).

それではゼロ磁場スピン分裂はどのような場合に起こるのであろうか.スピン変数 $\boldsymbol{\sigma}$ は時間反転 $t \to -t$ に対して $\boldsymbol{\sigma} \to -\boldsymbol{\sigma}$ のように符号を変えるが,空間反転 $\boldsymbol{r} \to -\boldsymbol{r}$ に対しては不変である.一方,波数 $\boldsymbol{k}$ は時間反転と空間反転のどちらに対しても符号を変える.したがって系に時間反転対称性があれば $E_{n\boldsymbol{\sigma}}(\boldsymbol{k}) = E_{n-\boldsymbol{\sigma}}(-\boldsymbol{k})$ が成り立ち,スピンの異なる分裂バンド上にある一対の状態が同じエネルギーに縮退する(「クラマース(Kramers)対」とよばれる).Γ 点 ($\boldsymbol{k}=0$) など $-\boldsymbol{k}=\boldsymbol{k}+\boldsymbol{G}$ ($\boldsymbol{G}$ は逆格子ベクトル)をみたすブリルアン領域の対称点を一般に時間反転不変運動量(TRIM:time-reversal invariant momentum)とよぶが,TRIM では $E_{n\boldsymbol{\sigma}}(\boldsymbol{k}) = E_{n-\boldsymbol{\sigma}}(\boldsymbol{k}+\boldsymbol{G}) = E_{n-\boldsymbol{\sigma}}(\boldsymbol{k})$ となるので,バンドはスピンについて 2 重縮退する.さらに結晶が空間反転対称性をもつ場合は,$E_{n\boldsymbol{\sigma}}(\boldsymbol{k}) = E_{n\boldsymbol{\sigma}}(-\boldsymbol{k}) = E_{n-\boldsymbol{\sigma}}(\boldsymbol{k})$ となって,バンドはすべての $\boldsymbol{k}$ について 2 重にスピン縮退し,ゼロ磁場スピン分裂は起こらない.以上の考察から,スピン軌道相互作用によるバンドのゼロ磁場スピン分裂は,空間反転対称性のない結晶の TRIM 以外の波数で起こることがわかる.さらに前項の議論により,そこではベリー曲率による異常速度効果が起こりうることになる.

固体中のスピン軌道相互作用は,原子を中心とした空間反転操作に対する対称成分と反対称成分に分けられるが,ゼロ磁場スピン分裂などの重要な効果は反対称成分に起因する.反対称スピン軌道相互作用のバンド構造に対する効果を与える有効ハミルトニアンは,結晶運動量を $\hbar\hat{\boldsymbol{k}} = -i\hbar\partial/\partial\boldsymbol{R}$ として

$$\hat{H}_{\mathrm{SO}} = \lambda\hat{\boldsymbol{\sigma}} \cdot \boldsymbol{g}(\hat{\boldsymbol{k}}) \tag{7.63}$$

の形に書ける.この形を用いれば有効質量近似による取り扱いが可能となる.ここで有効磁場に比例する $\boldsymbol{g}(\boldsymbol{k})$ は,一般に結晶の周期性を反映した周期関数となり ($\boldsymbol{g}(\boldsymbol{k}+\boldsymbol{G}) = \boldsymbol{g}(\boldsymbol{k})$),反対称スピン軌道相互作用の場合には $\boldsymbol{g}(-\boldsymbol{k}) = -\boldsymbol{g}(\boldsymbol{k})$ をみたす.しかし Γ 点 ($\boldsymbol{k}=0$) 近傍の電子状態を議論するときは,$\boldsymbol{g}(\boldsymbol{k})$ を $\boldsymbol{k}=0$ 近傍でべき乗展開した形がしばしば用いられる.例えば $\boldsymbol{g}(\boldsymbol{k}) = \boldsymbol{k} \times \boldsymbol{n}_z = (k_y, -k_x, 0)$ とおいた場合は「ラシュバ(Rashba)

型」スピン軌道相互作用とよばれ，z 軸方向の一様電場中の反対称スピン軌道相互作用を表す．また $\boldsymbol{g}(\boldsymbol{k}) = (k_x(k_z^2 - k_y^2), k_y(k_x^2 - k_z^2), k_z(k_y^2 - k_x^2))$ としたものは「ドレッセルハウス（Dresselhaus）型」とよばれ，結晶が T_d 点群の対称性をもつ場合に現れる．ラシュバ型スピン軌道相互作用は，結晶のもつ一軸的なバルク非対称性に限らず，結晶に導入された構造非対称性によっても生ずる．後者は表面・界面のポテンシャルや外部から印加した電場などがある場合である．

　ラシュバ型スピン軌道相互作用が働く 2 次元電子系におけるスピン分裂を有効質量近似で考えてみよう．2 次元電子系については 7.5.1 項で述べる．2 次元面（xy 面とする）付近には，（空間反転対称性を破った）非対称ポテンシャルが z 方向に存在し，電子を 2 次元面に閉じ込めているとする．この z 方向のポテンシャル勾配は xy 面内を運動する電子にラシュバ効果 $\lambda_\mathrm{R} \hat{\boldsymbol{\sigma}} \cdot (\hat{\boldsymbol{k}} \times \boldsymbol{n}_z)$ を及ぼす．さらに z 方向に（ランダウ量子化が無視できるほど弱い）外部磁場 $\boldsymbol{B} = (0, 0, B_z)$ が加えられていると仮定し，ゼーマン項 $-\boldsymbol{\mu}_s \cdot \boldsymbol{B} = (+g\mu_\mathrm{B}\boldsymbol{\sigma}/2) \cdot \boldsymbol{B} = \mu_\mathrm{B} B_z \sigma_z$（$g = 2$ とした）を加えておく．系の有効質量ハミルトニアンは，

$$\hat{H} = \frac{\hbar^2 \hat{\boldsymbol{k}}^2}{2m^*} + \lambda_\mathrm{R} \hat{\boldsymbol{\sigma}} \cdot (\hat{\boldsymbol{k}} \times \boldsymbol{n}_z) - \hat{\boldsymbol{\mu}}_s \cdot \boldsymbol{B} = \frac{\hbar^2 \hat{\boldsymbol{k}}^2}{2m^*} + \lambda_\mathrm{R} (\hat{\sigma}_x \hat{k}_y - \hat{\sigma}_y \hat{k}_x) + \mu_\mathrm{B} B_z \hat{\sigma}_z = \frac{\hbar^2 \hat{\boldsymbol{k}}^2}{2m^*} + \boldsymbol{H}_{\boldsymbol{k}} \cdot \hat{\boldsymbol{\sigma}} \tag{7.64}$$

と書ける．$\boldsymbol{\sigma}$ の係数ベクトル $\boldsymbol{H}_{\boldsymbol{k}} \equiv (\lambda_R k_y, -\lambda_R k_x, \mu_\mathrm{B} B_z)$ は，$\boldsymbol{k}$ における有効磁場（の μ_B 倍）と見なすことができる．これの方位角と天頂角を $\varphi_{\boldsymbol{k}}, \theta_{\boldsymbol{k}}$ とおいて（$k_y - ik_x = |\boldsymbol{k}|e^{i\varphi_{\boldsymbol{k}}}$, $\tan \theta_{\boldsymbol{k}} = \lambda_\mathrm{R} |\boldsymbol{k}|/\mu_\mathrm{B} B_z$），$\hat{H}$ を対角化すると，

$$E_\pm(\boldsymbol{k}) = \frac{\hbar^2 \boldsymbol{k}^2}{2m^*} \pm |\boldsymbol{H}_{\boldsymbol{k}}| = \frac{\hbar^2 \boldsymbol{k}^2}{2m^*} \pm \sqrt{\lambda_\mathrm{R}^2 \boldsymbol{k}^2 + \mu_\mathrm{B}^2 B_z^2} \tag{7.65}$$

$$\langle \boldsymbol{R} | F_{\boldsymbol{k}+} \rangle = \frac{1}{\sqrt{N}} e^{i\boldsymbol{k} \cdot \boldsymbol{R}} \cdot e^{-i\frac{\alpha_{\boldsymbol{k}+}}{2}} \begin{pmatrix} e^{-i\frac{\varphi_{\boldsymbol{k}}}{2}} \cos \frac{\theta_{\boldsymbol{k}}}{2} \\ e^{+i\frac{\varphi_{\boldsymbol{k}}}{2}} \sin \frac{\theta_{\boldsymbol{k}}}{2} \end{pmatrix},$$

$$\langle \boldsymbol{R} | F_{\boldsymbol{k}-} \rangle = \frac{1}{\sqrt{N}} e^{i\boldsymbol{k} \cdot \boldsymbol{R}} \cdot e^{-i\frac{\alpha_{\boldsymbol{k}-}}{2}} \begin{pmatrix} e^{-i\frac{\varphi_{\boldsymbol{k}}}{2}} \sin \frac{\theta_{\boldsymbol{k}}}{2} \\ -e^{+i\frac{\varphi_{\boldsymbol{k}}}{2}} \cos \frac{\theta_{\boldsymbol{k}}}{2} \end{pmatrix} \tag{7.66}$$

となる．$\alpha_{\boldsymbol{k}\pm}$ は位相の不定分でバンドごとに任意の値をとる．スピン $\boldsymbol{\sigma}$ の期待値は，

$$\boldsymbol{\sigma}_{\boldsymbol{k}\pm} = \langle F_{\boldsymbol{k}\pm} | \hat{\boldsymbol{\sigma}} | F_{\boldsymbol{k}\pm} \rangle = \pm(\cos \varphi_{\boldsymbol{k}} \sin \theta_{\boldsymbol{k}}, \sin \varphi_{\boldsymbol{k}} \sin \theta_{\boldsymbol{k}}, \cos \theta_{\boldsymbol{k}}) = \pm \frac{\boldsymbol{H}_{\boldsymbol{k}}}{|\boldsymbol{H}_{\boldsymbol{k}}|} \tag{7.67}$$

となるので，バンド $E_+(\boldsymbol{k})$ 上では有効磁場 $\boldsymbol{H}_{\boldsymbol{k}} = (\lambda_\mathrm{R} k_y, -\lambda_\mathrm{R} k_x, \mu_\mathrm{B} B_z)$ に平行な向き，バンド $E_-(\boldsymbol{k})$ 上では反平行な向きになることがわかる．スピン軌道相互作用がなく（$\lambda_\mathrm{R} = 0$），外部磁場によるゼーマン効果がある（$B_z \neq 0$）場合は，すべての $\boldsymbol{k}$ で一様にスピン分裂が生じ，スピン $\boldsymbol{\sigma}$ が外部磁場に平行（$\sigma_z = +1$，磁気モーメント $\boldsymbol{\mu}_s$ は反平行）な $E_+(\boldsymbol{k})$

バンドと反平行（$\sigma_z = -1$, 磁気モーメント $\boldsymbol{\mu}_s$ は平行）な $E_-(\boldsymbol{k})$ バンドに分裂する．一方，外部磁場がなく（$B_z = 0$），スピン軌道相互作用がある（$\lambda_R \neq 0$）場合は，$\boldsymbol{k} = 0$ を除く $\boldsymbol{k}$ でゼロ磁場スピン分裂が起こるが，TRIM である Γ 点（$\boldsymbol{k} = 0$）では時間反転対称性によるクラマース縮退のために分裂が起こらない．2つのバンドは $\boldsymbol{k}$ ごとにスピン $\boldsymbol{\sigma}$ の向きが決まっており（$\boldsymbol{k} = 0$ では不定），$\boldsymbol{k}$ と直交する2次元面内の向きとなる．ここに磁場が加わると，時間反転対称性が破れるために $\boldsymbol{k} = 0$ での縮退が解けギャップが開く．スピンは依然として $\boldsymbol{k}$ と直交しているが（$\boldsymbol{k} \cdot \boldsymbol{H}_{\boldsymbol{k}} = 0$），面内から立ち上がって z 成分をもつようになる．この z 成分は特に $\boldsymbol{k} = 0$ 近傍で大きくなり，$\boldsymbol{\sigma}$ は $E_+(\boldsymbol{k} = 0)$ では磁場 B_z に平行に，$E_-(\boldsymbol{k} = 0)$ では反平行になる．以上の様子を図 7.4 に示した．

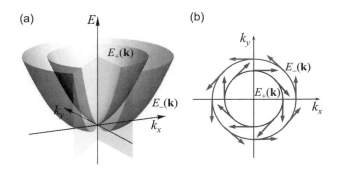

図 7.4 (a) ラシュバ型スピン軌道相互作用のある2次元電子系のゼロ磁場（$B_z = 0$）下のエネルギー分散（ゼロ磁場スピン分裂）．磁場を加えると原点にギャップが開く．(b) 等エネルギー線上の各波数 $\boldsymbol{k}$ でのスピン $\boldsymbol{\sigma}$ の向き．

スピン軌道相互作用のもとでは，系の固有状態は波数 $\boldsymbol{k}$ を指定するとスピン $\boldsymbol{\sigma}$ の向きが自動的に決まってしまう．これ以外のスピン状態は異なるバンドの固有状態を重ね合わせて構成される．外部磁場がゼロの2次元ラシュバ系で，x 軸の正方向に伝播するフェルミ (Fermi) 準位 E_F の状態を考えよう．バンド $E_+(\boldsymbol{k})$ と $E_-(\boldsymbol{k})$ は同心円状のフェルミ面をもつが，各円周上の x 軸方向を向いた波数ベクトルは $\boldsymbol{k}_+ = (1-\delta)\boldsymbol{k}_0$, $\boldsymbol{k}_- = (1+\delta)\boldsymbol{k}_0$ と書ける．ここで $\boldsymbol{k}_0 = (k_0, 0, 0)$, $\delta = m^*\lambda_R/\hbar^2 k_0$ である．これらの異なるバンド上のブロッホ状態を重ね合わせた状態を考えると，$\boldsymbol{H}_{\boldsymbol{k}_+}$ と $\boldsymbol{H}_{\boldsymbol{k}_-}$ は y 軸の負の向きなので（$\varphi_{\boldsymbol{k}_+} = \varphi_{\boldsymbol{k}_-} = -\pi/2$, $\theta_{\boldsymbol{k}_+} = \theta_{\boldsymbol{k}_-} = \pi/2$），

$$\langle \boldsymbol{R}|\psi_{\boldsymbol{k}_0}\rangle = C_+\langle \boldsymbol{R}|F_{\boldsymbol{k}_+}\rangle + C_-\langle \boldsymbol{R}|F_{\boldsymbol{k}_-}\rangle$$
$$= \frac{1}{\sqrt{N}}e^{i\boldsymbol{k}_0 \cdot \boldsymbol{R}}\left\{\frac{C_+ e^{-i\delta\boldsymbol{k}_0 \cdot \boldsymbol{R}}}{\sqrt{2}}\begin{pmatrix} e^{+i\frac{\pi}{4}} \\ e^{-i\frac{\pi}{4}} \end{pmatrix} + \frac{C_- e^{+i\delta\boldsymbol{k}_0 \cdot \boldsymbol{R}}}{\sqrt{2}}\begin{pmatrix} e^{+i\frac{\pi}{4}} \\ -e^{-i\frac{\pi}{4}} \end{pmatrix}\right\} \quad (7.68)$$

7.2 固体中の電子動力学

通常，波数 k が大きく異なるブロッホ状態を重ね合わせて波束を構成しても，各 k における群速度の違いによりすぐに崩壊してしまう．しかしラシュバ系では，同じエネルギーでの $E_+(k)$ と $E_-(k)$ の群速度の大きさが等しいため，k_+ 近傍と k_- 近傍のブロッホ状態から構成した波束は分裂せずに x 方向に伝播する．この波束のスピン状態を調べるために，上の重ね合わせ状態に対するスピン密度 $\hat{\rho}_{\mathrm{spin}}(R) \equiv |R\rangle\hat{\sigma}\langle R|$ の期待値を計算すると，

$$\rho_{\mathrm{spin}}(R) = \langle\psi_{k_0}|\hat{\rho}_{\mathrm{spin}}(R)|\psi_{k_0}\rangle = \langle\psi_{k_0}|R\rangle\hat{\sigma}\langle R|\psi_{k_0}\rangle$$
$$= \begin{pmatrix} -2|C_+||C_-|\sin\{2\delta k_0 x + (\alpha_- - \alpha_+)\} \\ |C_-|^2 - |C_+|^2 \\ 2|C_+||C_-|\cos\{2\delta k_0 x + (\alpha_- - \alpha_+)\} \end{pmatrix} \quad (7.69)$$

となり，x 方向に進行するにつれ y 軸のまわりで歳差運動を行うことがわかる（図 7.5）．ここで複素係数を $C_{\pm} = |C_{\pm}|\exp(i\alpha_{\pm})$ とした．z 方向のポテンシャル電場のもとで x 方向に進む電子は，y 方向の有効磁場 H_k を感じるので，そのスピンは y 軸のまわりで歳差運動するのである．歳差運動の波数 $k_- - k_+ = 2\delta k_0$ は群速度が等しい k_+ と k_- における位相速度の違いを反映しているともいえる．この例のように歳差運動などのスピンの動力学の記述には，スピン軌道相互作用によって分裂した 2 つのバンドが必要となる．

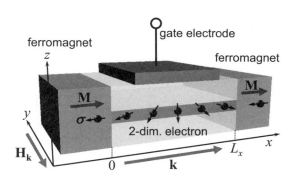

図 **7.5** スピントランジスタ．ゲート電極直下の垂直電場でラシュバ型スピン軌道相互作用を誘起し，伝導層を運動する 2 次元電子にスピン歳差運動を行わせる．

2 次元電子系のラシュバ相互作用をゲート電圧で制御し，歳差運動の回転角を変えて系を挟む強磁性電極間の抵抗を変化させる素子が，ダッタ（S. Datta）とダス（B. Das）が提案したスピントランジスタである（図 7.5）[12]．$0 < x < L_x$ にある 2 次元電子系の両端に強磁性電極を設け x 方向に磁化させておく．このとき電極内の多数の電子の磁気モーメント μ_s は x 方向に（スピン σ は $-x$ 方向に）そろっている．$-x$ 方向のスピンを待つ電子が $x = 0$ で 2 次元電子系に注入され，$x = L_x$ の電極に向かって伝搬する場合を

考える．注入された電子は $x = 0$ で $-x$ 方向のスピンを持つ波束となるので，上の議論で $|C_+| = |C_-| = 1/\sqrt{2}$，$\alpha_- - \alpha_+ = \pi/2$ とおけばよい．x 方向に進むにつれ波束のスピンの向きは xz 面内で回転する．この歳差運動の位相（回転角）は $x = L_x$ の位置で $2\delta L_x = 2(m^*\lambda_R/\hbar^2 k_0)L_x$ だけ進むが，これが 2π の整数倍になるときスピンが $-x$ 方向を向き，電子は $x = L_x$ の強磁性電極に低抵抗で入射できるようになる．2次元電子系の直上に設けたゲート電極によって z 方向の電場強度を変えると，ラシュバ相互作用の強さ λ_R が変わり，歳差運動の回転角も変化するので，2次元電子系を挟んだ強磁性電極間の抵抗が制御できる．スピントランジスタの実現には多くの技術的困難を伴うが，その提案は今日のスピントロニクス分野の端緒の1つとなった．

7.3 電気伝導の扱い

電気伝導とは，電場を加えた物質内に電流が発生する現象である．特に電場が弱い場合，電流は電場に比例すると見なせる．厳密には物質内の各点で電流密度ベクトルと電場ベクトルが線形な関係を示す．このときの線形応答係数（行列）を電気伝導度テンソルとよぶ．本節では後の節の準備として，電気伝導度を扱う基本的手法（ボルツマン方程式と久保公式）のまとめを簡単に行う．詳細な説明については専門の教科書を参照されたい．一方で，試料サイズが微小になり電子波の干渉性が保たれるようになると，物質内の各点で局所的な電気伝導度が定義できない伝導現象が現れる．こうした「メゾスコピック系」の量子伝導を扱う重要な手法として，ランダウアー（Landauer）公式があるが，これについては第8章に説明があるので割愛する．しかし後述の量子ホール系のエッジ伝導の問題（7.5.5項）ではランダウアー公式の使用例を見るであろう．

7.3.1 ドルーデ理論

ドルーデ（P. Drude）の電子論では，外場中で抵抗を受けながら行う1電子運動の総和として電気伝導をとらえる．外場中の質量 m の自由電子の古典的な運動方程式は，

$$m\frac{d\boldsymbol{v}}{dt} = -\frac{m\boldsymbol{v}}{\tau} - e\boldsymbol{E} - e\boldsymbol{v} \times \boldsymbol{B} \tag{7.70}$$

ここで定数の緩和時間 τ を抵抗を表現するために導入した．定常状態（直流）では左辺はゼロとなるので，磁場の向きを $\boldsymbol{B} = (0, 0, B)$ として，$\omega_c \equiv eB/m$（サイクロトロン角周波数）とおくと電子速度は次のように求まる．

$$\boldsymbol{v} = -\frac{e\tau}{m}\begin{pmatrix} 1/(1+\omega_c^2\tau^2) & -\omega_c\tau/(1+\omega_c^2\tau^2) & 0 \\ \omega_c\tau/(1+\omega_c^2\tau^2) & 1/(1+\omega_c^2\tau^2) & 0 \\ 0 & 0 & 1 \end{pmatrix}\boldsymbol{E} \tag{7.71}$$

電子密度を n とすると，電流密度は $\boldsymbol{j} = n(-e)\boldsymbol{v}$ と書けるので，

7.3 電気伝導の扱い

$$j = \sigma E \tag{7.72}$$

$$\sigma = \frac{ne^2\tau}{m} \begin{pmatrix} 1/(1+\omega_c^2\tau^2) & -\omega_c\tau/(1+\omega_c^2\tau^2) & 0 \\ \omega_c\tau/(1+\omega_c^2\tau^2) & 1/(1+\omega_c^2\tau^2) & 0 \\ 0 & 0 & 1 \end{pmatrix} \tag{7.73}$$

電気抵抗率テンソル ρ は上の電気伝導度テンソル σ の逆行列となる．磁場がない場合，電気伝導度は $\sigma = ne^2\tau/m$ で与えられる．弱磁場（$\omega_c\tau \ll 1$）では，磁場に垂直な面内の対角伝導度 σ_{xx} が磁場の 2 乗に比例する減少を示すこと，強磁場（$\omega_c\tau \gg 1$）では，面内の非対角伝導度（ホール伝導度）が $\sigma_{xy} \sim -ne/B$ となって m や τ に依存しなくなることなどが直ちにわかる．

ドルーデ模型はその単純さにもかかわらず電気伝導現象の多くの振る舞いを定性的に説明する．しかし古典論であるため，量子効果・統計効果は一切取り入れられていない．また定数 τ の物理的意味やその現象論的導入の正当性が不明確である．これらの問題点は次に述べるボルツマン方程式を用いた手法によりかなり解決する．

7.3.2　ボルツマン方程式[13]

ボルツマン方程式は気体分子運動論における輸送方程式である．1 粒子（気体分子）の位置座標を r，それに共役な運動量を p とするとき，1 粒子位相空間 (r,p) における分布関数 $f(p,r)$ の変化により輸送現象をとらえる．散乱後の粒子状態は散乱前の粒子運動の履歴に無関係であるとする．これを固体中の電子気体の輸送問題に適用する場合，適当な座標と運動量の組を選ぶ必要がある．通常は有効質量近似の準古典近似（7.2.2 項）で用いたサイト座標 R と結晶運動量 $\hbar k$（第 1 ブリルアン領域内）の組を用いる．もちろんこれは単一バンド内の電子輸送しか扱えない．複数バンドを扱うために，自由電子近似（擬ポテンシャル摂動論）で座標 r と拡張ゾーン形式の運動量 $p = \hbar k$ の組を用いる場合もある．また磁場中では電子は波数空間内の等エネルギー面上を運動するので，結晶運動量 $\hbar k$ のかわりにエネルギー E，磁場方向の波数成分 k_B，角変数 ϕ の組を用いることもある．磁場中伝導度に関するショックレー（W. Shockley）のチューブ積分公式はこの形式で記述される[1]．

本項では（ベリー曲率をもたない）単一バンドの電気伝導を扱うことにして，位相空間 $(R, \hbar k)$ を考えよう．また電子の分布や散乱にスピン依存性はないとして，スピンを考えずに議論を行う（スピン自由度は最後に 2 を乗ずる）．時刻 t にサイト R で結晶運動量 $\hbar k$ をもった電子が存在する確率を $f(k, R, t)$ とおく．これは位相空間における電子の分布関数と見なせ，熱平衡時にはフェルミ分布関数

$$f_0(E_k) = \frac{1}{e^{(E_k - \mu(R))/k_B T(R)} + 1} \tag{7.74}$$

に一致する．ここで $E_k = E(k)$ はバンド分散，$\mu(R)$ と $T(R)$ はサイト R における化学ポテンシャルと温度で，R に対し十分緩やかに変化するとする．分布関数の平衡分布からのずれを

$$\Delta f(k, R, t) \equiv f(k, R, t) - f_0(E_k) \tag{7.75}$$

とおく．電子状態を表す位相空間内の点 $(R(t), \hbar k(t))$ は，外場があると位相空間内を軌跡（トラジェクトリ）に沿って連続的に移動していく．バンドにベリー曲率がなければ，これは有効質量近似による半古典運動方程式

$$\begin{cases} v_k \equiv \dot{R} = \dfrac{1}{\hbar} \dfrac{\partial E_k}{\partial k} \\ \hbar \dot{k} = -e v_k \times B - e E \end{cases} \tag{7.76}$$

に従う（7.2.2項）．電子運動の軌跡は決して他と交わることはない．交点が存在すると，その点を初期条件とする解が複数存在してしまうからである．位相空間内のすべての点の運動は，位相空間内の流れとしてとらえられる．位相空間内の微小領域はこの流れに沿って体積（収容する状態数）を保存する（リュービル（Liouville）の定理）．個々の電子が仮に軌跡に沿って連続変化する電子状態を占有し続けるのであれば，流れに沿う分布関数の変化は生じない．これは $(Df/Dt)_{\text{drift}} \equiv 0$ と表現される．ここで $D/Dt \equiv \partial/\partial t + \dot{k} \cdot \partial/\partial k + \dot{R} \cdot \partial/\partial R$ は流れに沿った時間微分（ラグランジュ微分）で，$(\ )_{\text{drift}}$ は流れによる寄与を表す．しかし実際には，特定の軌跡上にある電子は確率的に散乱を受け，他の軌跡上に不連続ジャンプする．散乱により増減する分布関数の時間変化は $(Df/Dt)_{\text{scatt}}$ と表現され，「衝突項」とよばれる．これは高次の微小量を無視すれば $(\partial f/\partial t)_{\text{scatt}}$ と等しい．結局，流れに沿った分布関数の変化（ラグランジュ形式）は $Df/Dt = (Df/Dt)_{\text{drift}} + (Df/Dt)_{\text{scatt}} = (Df/Dt)_{\text{scatt}}$ と書かれる．これを分布関数の場の変化（オイラー形式）に書き直すと，外場に対する分布関数の応答は次式で与えられることがわかる．

$$\frac{Df}{Dt} = \frac{\partial f}{\partial t} + \dot{k} \cdot \frac{\partial f}{\partial k} + \dot{R} \cdot \frac{\partial f}{\partial R} = \left(\frac{\partial f}{\partial t}\right)_{\text{scatt}} \tag{7.77}$$

これが「ボルツマンの輸送方程式」である．運動方程式を用いて外場（電場と温度勾配）について線形な範囲で書き直すと，

$$\begin{aligned} \frac{D\Delta f}{Dt} - \left(\frac{D\Delta f}{Dt}\right)_{\text{scatt}} &= \frac{\partial \Delta f}{\partial t} + \frac{(-e)}{\hbar}(v_k \times B) \cdot \frac{\partial \Delta f}{\partial k} + v_k \cdot \frac{\partial \Delta f}{\partial R} - \left(\frac{\partial \Delta f}{\partial t}\right)_{\text{scatt}} \\ &= -\left(\frac{\partial f_0}{\partial E_k}\right) v_k \cdot \left\{\left((-e)E - \frac{\partial \mu}{\partial R}\right) - \frac{E_k - \mu}{T}\frac{\partial T}{\partial R}\right\} \end{aligned} \tag{7.78}$$

が得られる．これを「線形化されたボルツマン方程式」という．この導出には「詳細平衡原理」$(\partial f_0/\partial t)_{\text{scatt}} = 0$ を用いた．

上の方程式の右辺は外部電場，化学ポテンシャル勾配（内部電場），温度勾配によって

7.3 電気伝導の扱い

Δf を駆動する．これの応答として Δf が求まれば電気伝導度などの輸送係数が計算できる．例として一様・定常な系の電気伝導を考えると，電流密度は分布関数を $f_{\bm{k}} = f(\bm{k})$ として

$$\bm{j} = \frac{1}{V}\sum_{\text{spin}}\sum_{\bm{k}}(-e\bm{v}_{\bm{k}})f_{\bm{k}} = \frac{2}{V}\sum_{\bm{k}}(-e\bm{v}_{\bm{k}})\Delta f_{\bm{k}} \tag{7.79}$$

となる．ボルツマン方程式の解の形が $\Delta f_{\bm{k}} = (-e)\bm{V}_{\bm{k}} \cdot \bm{E}$ ならば，電気伝導度テンソルの要素は $\sigma_{\mu\nu} = (2e^2/V)\sum_{\bm{k}}\{v_{\bm{k}}\}_{\mu}\{V_{\bm{k}}\}_{\nu}$ のように求まる．

線形化されたボルツマン方程式を解くためには衝突項の具体的表式を与えなければならない．衝突項は電子散乱の詳細な情報が入るため最も重要な項である．しかし散乱の詳細によらず外場による電子軌道運動が重要となる場合は，散乱の詳細を「散乱緩和時間」$\tau(\bm{k}, \bm{R})$ に押し込め，衝突項が以下の形で書けるとする緩和時間近似が有効である．

$$\left(\frac{\partial f}{\partial t}\right)_{\text{scatt}} = \left(\frac{\partial \Delta f}{\partial t}\right)_{\text{scatt}} = -\frac{\Delta f}{\tau(\bm{k}, \bm{R})} \tag{7.80}$$

このとき線形化されたボルツマン方程式は線形1階常微分方程式となり，直接解くことができる（チェンバースの動力学的定式化）．まず特殊解として，

$$\Delta f = \int_{-\infty}^{t}\left(-\frac{\partial f_0}{\partial E_{\bm{k}}}\right)\bm{v}_{\bm{k}(t')}\cdot\left\{\left((-e)\bm{E}(t') - \frac{\partial\mu}{\partial\bm{R}}\right) - \frac{E_{\bm{k}}-\mu}{T}\frac{\partial T}{\partial\bm{R}}\right\}e^{\int_{t}^{t'}\frac{1}{\tau(t'')}dt''}dt' \tag{7.81}$$

が得られるが，これは準定常分布を与える．一般解は上の特殊解に向かって指数関数的に緩和していく過程を与える．特に電子の軌跡 $(\bm{R}(t), \hbar\bm{k}(t))$ に沿って τ, μ, T が一定の場合は，外部電場 $\bm{E}(t)$ により熱平衡電子分布からのずれが生じ，ドリフト電流が流れる．

$$\Delta f_{\bm{k}(t)} = \int_{-\infty}^{t}\left(-\frac{\partial f_0}{\partial E_{\bm{k}}}\right)\bm{v}_{\bm{k}(t')}\cdot(-e)\bm{E}(t')e^{\frac{t'-t}{\tau}}dt' \tag{7.82}$$

角周波数 ω の複素交流電場 $\tilde{\bm{E}}(t) = \bm{E}(\omega)e^{-i\omega t}$ に対する複素電流応答を $\tilde{\bm{j}}(t) = \bm{j}(\omega)e^{-i\omega t}$ とすると，$\bm{j}(\omega) = \tilde{\sigma}(\omega)\bm{E}(\omega)$ をみたす複素交流電気伝導度は，速度相関関数の形で与えられる．

$$\tilde{\sigma}_{\mu\nu}(\omega) = \frac{2e^2}{V}\sum_{\bm{k}(0)}\left(-\frac{\partial f_0}{\partial E_{\bm{k}(0)}}\right)\{v_{\bm{k}(0)}\}_{\mu}\int_{-\infty}^{0}\{v_{\bm{k}(t)}\}_{\nu}e^{\left(\frac{1}{\tau}-i\omega\right)t}dt \tag{7.83}$$

これを「チェンバース (Chambers) の公式」という．添字 μ, ν は x, y, z を表す．これの実部が通常の電気伝導度となる（虚部は分極を表す）．特に直流 ($\omega = 0$) 電気伝導度は

$$\sigma_{\mu\nu} = \frac{2e^2}{V}\sum_{\bm{k}(0)}\left(-\frac{\partial f_0}{\partial E_{\bm{k}(0)}}\right)\{v_{\bm{k}(0)}\}_{\mu}\int_{-\infty}^{0}\{v_{\bm{k}(t)}\}_{\nu}e^{\frac{t}{\tau}}dt \tag{7.84}$$

で与えられる．因子 $-(\partial f_0/\partial E_{\bm{k}(0)})$ は $E_{\bm{k}(0)} = \mu$（化学ポテンシャル）にピークをもつ関

数で,絶対零度の極限ではフェルミ準位 E_F にピークをもつデルタ関数となる.したがって金属ではフェルミ面近傍の電子状態だけが上式に寄与することになる.

バンドがベリー曲率をもつ場合には,位相空間(波数空間)内の状態密度が一様でなくなりリュービルの定理が破綻するので補正が必要となる.

7.3.3 久保公式[14,15]

ミクロなハミルトニアン $\hat{H}$ から出発して,バルクの電気伝導度を量子統計力学的に計算する一般的手段を与えるのが久保公式である.平衡状態にある量子系に外部から摂動が加わると,密度行列で表現される系の状態は平衡状態からずれる.久保公式は,このときの物理量の期待値の変化を摂動に対し線形の範囲で扱う線形応答理論によって定式化される.

a. 線形応答理論

まず線形応答理論について復習しよう.多体ハミルトニアン $\hat{H}$ で表される電子系が,温度 T,化学ポテンシャル μ の平衡状態にあると考えよう.$\beta \equiv 1/k_B T$,Ω を熱力学ポテンシャル,$\hat{N}$ を粒子数演算子とすると,大正準集合の状態和(大分配関数)は,$\Xi = \exp(-\beta\Omega) = \mathrm{Tr}[\exp\{-\beta(\hat{H}-\mu\hat{N})\}]$ となり,密度行列は $\hat{\rho} = \exp\{-\beta(\hat{H}-\mu\hat{N})\}/\Xi$ で与えられる.この系に時間に依存する外場 $F(\omega)e^{-i\omega t + st}$ が作用して摂動 $\hat{H}' = -\hat{A}F(\omega)e^{-i\omega t + st}$ が生じ,密度行列が $\hat{\rho}_{\mathrm{total}} = \hat{\rho} + \hat{\rho}'$ になるとする.ここで $\hat{A}$ は系の多体演算子,s は正の無限小量($s \to +0$)で $t \to -\infty$ で外力がないことを表す.このとき密度行列の時間変化を与えるリュービル–フォン・ノイマン(Liouville–von Neumann)方程式は,

$$i\hbar \frac{\partial \hat{\rho}_{\mathrm{total}}}{\partial t} = [(\hat{H}+\hat{H}')\hat{\rho}_{\mathrm{total}}] \tag{7.85}$$

である.$[\hat{H}', \hat{\rho}']$ の項を無視して,$\hat{H}'$ に対する線形の応答までを考えると,

$$i\hbar \frac{\partial \hat{\rho}'}{\partial t} = [\hat{H}, \hat{\rho}'] + [\hat{H}', \hat{\rho}] \tag{7.86}$$

演算子 $\hat{X}$ の $\hat{H}$ についてのハイゼンベルク(Heisenberg)表示($\hat{H}+\hat{H}'$ にとっては相互作用表示)を $\hat{X}(t) \equiv \exp(i\hat{H}t/\hbar)\hat{X}\exp(-i\hat{H}t/\hbar)$ と書くと,$\hat{\rho}$ と $\hat{H}$ と $\exp(\pm i\hat{H}t/\hbar)$ は可換なので,上式より

$$i\hbar \frac{\partial \hat{\rho}'(t)}{\partial t} = e^{\frac{i\hat{H}t}{\hbar}}\left\{[\hat{H},\hat{\rho}'] + i\hbar\frac{\partial \hat{\rho}'}{\partial t}\right\}e^{-\frac{i\hat{H}t}{\hbar}} = e^{\frac{i\hat{H}t}{\hbar}}[\hat{H}',\hat{\rho}]e^{-\frac{i\hat{H}t}{\hbar}} = [\hat{H}'(t),\hat{\rho}] \tag{7.87}$$

となる.これを形式的に解くと密度行列の外場による変化は

$$\hat{\rho}'(t) = -\frac{i}{\hbar}\int_{-\infty}^{t}[\hat{H}'(t'),\hat{\rho}]dt' \tag{7.88}$$

これに対応して物理量 $\hat{B}$(多体演算子)の期待値 $\langle \hat{B} \rangle = \mathrm{Tr}(\hat{\rho}\hat{B})$ は平衡値から

$$\Delta B = \mathrm{Tr}(\hat{\rho}'\hat{B}) = \mathrm{Tr}(\hat{\rho}'(t)\hat{B}(t)) = -\frac{i}{\hbar}\int_{-\infty}^{t}\mathrm{Tr}\{[\hat{H}'(t'),\hat{\rho}]\hat{B}(t)\}dt'$$

7.3 電気伝導の扱い

$$= -\frac{i}{\hbar}\int_{-\infty}^{t}\mathrm{Tr}\{\hat{\rho}[\hat{B}(t-t'),\hat{H}']\}dt'$$

$$= -\frac{i}{\hbar}\int_{-\infty}^{t}\langle[\hat{B}(t-t'),\{-\hat{A}F(\omega)e^{-i\omega t+st'}\}]\rangle dt'$$

$$= \left\{\frac{i}{\hbar}\int_{0}^{\infty}\langle[\hat{B}(t''),\hat{A}]\rangle e^{i\omega t''-st''}dt''\right\}F(\omega)e^{-i\omega t+st} \quad (7.89)$$

だけずれる($\mathrm{Tr}(\hat{X}\hat{Y}) = \mathrm{Tr}(\hat{Y}\hat{X})$ に注意). よって外場 $F(\omega)e^{-i\omega t}$ に対する $\langle\hat{B}\rangle$ の応答を $\Delta B = \Delta B(\omega)e^{-i\omega t}$ とすると, $\Delta B(\omega) = \chi(\omega)F(\omega)$ をみたす応答関数 $\chi(\omega)$ は次式で与えられる.

$$\chi(\omega) = \frac{i}{\hbar}\int_{0}^{\infty}\langle[\hat{B}(t),\hat{A}]\rangle e^{i\omega t-st}dt \quad (7.90)$$

これを「久保公式」という. 部分積分を行うと

$$\chi(\omega) = -\frac{i}{\hbar}\frac{\langle[\hat{B}(0),\hat{A}]\rangle}{i\omega} - \frac{i}{\hbar}\int_{0}^{\infty}\frac{d\langle[\hat{B}(t),\hat{A}]\rangle}{dt}\frac{e^{i\omega t}}{i\omega}dt = -\frac{i}{\hbar}\int_{0}^{\infty}\frac{d\langle[\hat{B}(t),\hat{A}]\rangle}{dt}\frac{e^{i\omega t}-1}{i\omega}dt \quad (7.91)$$

$\hat{\rho}$ と $\hat{H}$ と $\exp(\pm i\hat{H}t/\hbar)$ が可換であることに注意すると

$$\frac{d\langle[\hat{B}(t),\hat{A}]\rangle}{dt} = \frac{d}{dt}\mathrm{Tr}\left\{\hat{\rho}e^{\frac{i\hat{H}t}{\hbar}}\hat{B}e^{-\frac{i\hat{H}t}{\hbar}}\hat{A} - \hat{\rho}\hat{A}e^{\frac{i\hat{H}t}{\hbar}}\hat{B}e^{-\frac{i\hat{H}t}{\hbar}}\right\}$$

$$= \frac{i}{\hbar}\mathrm{Tr}\left\{\hat{\rho}e^{\frac{i\hat{H}t}{\hbar}}\hat{B}e^{-\frac{i\hat{H}t}{\hbar}}(\hat{A}\hat{H}-\hat{H}\hat{A}) - \hat{\rho}(\hat{A}\hat{H}-\hat{H}\hat{A})e^{\frac{i\hat{H}t}{\hbar}}\hat{B}e^{-\frac{i\hat{H}t}{\hbar}}\right\}$$

$$= -\mathrm{Tr}\{\hat{\rho}\hat{B}(t)\dot{\hat{A}} - \hat{\rho}\dot{\hat{A}}\hat{B}(t)\} = -\langle[\hat{B}(t),\dot{\hat{A}}]\rangle \quad (7.92)$$

となるので($\dot{\hat{A}} \equiv (1/i\hbar)[\hat{A},\hat{H}]$), 久保公式は次のように書き直される.

$$\chi(\omega) = \frac{i}{\hbar}\int_{0}^{\infty}\langle[\hat{B}(t),\dot{\hat{A}}]\rangle\frac{e^{i\omega t}-1}{i\omega}dt \quad (7.93)$$

次に線形応答理論を用いて電気伝導を考えよう. 電気伝導度は, 電場 $\boldsymbol{E}(\omega)e^{-i\omega t+st}$ に対する電流密度 $\boldsymbol{j}(\omega)e^{-i\omega t}$ の平衡値ゼロからのずれを与える応答関数である. 電場が系に及ぼす摂動のハミルトニアンは,

$$\hat{H}' = -V\hat{\boldsymbol{P}}\cdot\boldsymbol{E}(\omega)e^{-i\omega t+st} = -\sum_{i}(-e)\hat{\boldsymbol{R}}_{i}\cdot\boldsymbol{E}(\omega)e^{-i\omega t+st} \quad (7.94)$$

であり($\hat{\boldsymbol{P}}$ は多電子系の分極演算子, $\hat{\boldsymbol{R}}_{i}$ は i 番目の電子のサイト座標), 電流密度は

$$\hat{\boldsymbol{j}} = \frac{\hat{\boldsymbol{J}}}{V} = \frac{1}{V}\sum_{i}(-e)\hat{\boldsymbol{v}}_{i} = \dot{\hat{\boldsymbol{P}}} \quad (7.95)$$

と表される($\hat{\boldsymbol{J}}$ は多電子系の電流演算子, $\hat{\boldsymbol{v}}_{i} \equiv \dot{\hat{\boldsymbol{R}}}_{i} = (1/i\hbar)[\hat{\boldsymbol{R}}_{i},\hat{H}]$ は i 番目の電子の群

速度). したがって, $j(\omega) = \tilde{\sigma}(\omega)E(\omega)$ をみたす複素交流電気伝導度は, 久保公式を用いると

$$\tilde{\sigma}_{\mu\nu}(\omega) = -\frac{K^R_{\mu\nu}(\omega) - K^R_{\mu\nu}(0)}{i\omega V} \tag{7.96}$$

$$K^R_{\mu\nu}(\omega) \equiv -\frac{i}{\hbar}\int_0^\infty \langle [\hat{J}_\mu(t), \hat{J}_\nu]\rangle e^{i\omega t - st} dt \tag{7.97}$$

と書ける. 添字 μ, ν は x, y, z を表す. ここで $K^R_{\mu\nu}(\omega)$ は電流相関関数とよばれる2粒子遅延グリーン関数 $K^R_{\mu\nu}(t) = (-i/\hbar)\theta(t)\langle[\hat{J}_\mu(t), \hat{J}_\nu]\rangle$ をフーリエ変換したものである.

一般に, 大正準集合の (状態和で規格化されていない) 密度行列 $\exp\{-\beta(\hat{H} - \mu\hat{N})\}$ がシュレーディンガー方程式と数学的に同型な方程式 (ブロッホ方程式) をみたす事実を用いて, 時間領域のグリーン関数と温度領域のグリーン関数を関連づけることができる (松原の方法). τ を $\beta \equiv 1/k_B T$ の次元をもつ変数 (虚時間) として,「松原表示」$\hat{X}(\tau) \equiv \exp((\hat{H} - \mu\hat{N})\tau)\hat{X}\exp(-(\hat{H} - \mu\hat{N})\tau)$ を定義する (この表示への変換はユニタリではない). すると $K^R_{\mu\nu}(\omega)$ は, 2粒子温度グリーン関数 $K_{\mu\nu}(\tau) = -\langle T_\tau \hat{J}_\mu(\tau)\hat{J}_\nu\rangle$ のフーリエ係数

$$K_{\mu\nu}(i\nu_n) \equiv -\int_0^\beta \langle T_\tau \hat{J}_\mu(\tau)\hat{J}_\nu\rangle e^{i\nu_n\tau} d\tau \tag{7.98}$$

と上半面の解析接続

$$K^R_{\mu\nu}(\omega) = K_{\mu\nu}(i\nu_n \to \hbar\omega + is) \tag{7.99}$$

によって結びつく. ここで $\nu_n = 2n\pi/\beta$ (松原周波数) である. また T_τ はヴィック (Wick) の記号で, τ についての時間順序積 (電子の生成・消滅演算子を τ の大きい順に並べ変え, 奇置換のときは -1 を乗ずる) を表す. したがって, $K_{\mu\nu}(i\nu_n)$ がわかれば有限温度での電気伝導度が求まるわけであるが, これは場の理論の摂動展開の手法 (ファインマン図形の方法) を用いて系統的に評価することができる.

b. 摂動展開

本項では摂動展開の手法の導入までを簡単に説明する. まず $K_{\mu\nu}(i\nu_n)$ を温度グリーン関数法で扱う一般的な多体摂動の手法をまとめ, 次に弾性散乱 (1体問題) に対する久保グリーンウッドの公式を1体摂動で扱う手法を述べる. 本項の目的は流れを概観することなので, 厳密な説明は行わない. 詳細は専門の教科書を参照されたい[14, 15].

外場を除いた電子系のハミルトニアン $\hat{H}$ は, 散乱がない非摂動系の自由な電子状態 $\hat{H}_0$ と, 不純物ポテンシャルによる弾性散乱や, 電子格子相互作用や電子間相互作用などによる非弾性散乱を表す摂動項 $\hat{V}$ との和になる ($\hat{H} = \hat{H}_0 + \hat{V}$). $\hat{H}_0$ は1体ハミルトニアン $\hat{h}_0$ の固有状態 $|p\rangle$ の生成・消滅演算子 $a_p^\dagger$ および a_p によって $\hat{H}_0 = \sum_{p,q}\langle p|\hat{h}_0|q\rangle a_p^\dagger a_q = \sum_p E_p a_p^\dagger a_p$ と書ける. この $|p\rangle$ を基底にとると, 1体速度演算子を $\hat{v}$ として電流演算子は $\hat{J} = \sum_{p,q}\langle p|(-e)\hat{v}|q\rangle a_p^\dagger a_q$ と書ける. したがって $K_{\mu\nu}(i\nu_n)$ は次のように表現される.

7.3 電気伝導の扱い

$$K_{\mu\nu}(i\nu_n) = -e^2 \sum_{p,q,p',q'} \langle p|\hat{v}_\mu|q\rangle\langle q'|\hat{v}_\nu|p'\rangle \int_0^\beta \langle T_\tau a_p^\dagger(\tau)a_q(\tau)a_{q'}^\dagger a_{p'}\rangle e^{i\nu_n\tau}d\tau \quad (7.100)$$

これを摂動展開により評価しよう．まず $\hat{H}$ での熱平均 $\langle *\rangle \equiv \mathrm{Tr}(\hat{\rho}*)$ を非摂動系 $\hat{H}_0$ での（自由な電子の大正準集合に対する）熱平均 $\langle *\rangle_0 \equiv \mathrm{Tr}(\hat{\rho}_0 *)$ に書き直す必要がある．非摂動系の密度行列を $\hat{\rho}_0 = \exp\{-\beta(\hat{H}_0 - \mu\hat{N})\}/\Xi_0$，状態和を $\Xi_0 = \exp(-\beta\Omega_0) = \mathrm{Tr}[\exp\{-\beta(\hat{H}_0 - \mu\hat{N})\}]$ とする．また虚時間の相互作用表示を角括弧を用いて $\hat{X}[\tau] \equiv \exp((\hat{H}_0 - \mu\hat{N})\tau)\hat{X}\exp(-(\hat{H}_0 - \mu\hat{N})\tau)$ と書くことにする．全系と非摂動系の（状態和で規格化されていない）密度行列の関係を $\exp\{-\beta(\hat{H} - \mu\hat{N})\} = \exp\{-\beta(\hat{H}_0 - \mu\hat{N})\}\hat{U}(\beta)$ とおくと，

$$-\frac{\partial \hat{U}(\beta)}{\partial \beta} = \hat{V}[\beta]\hat{U}(\beta) \quad (7.101)$$

が成り立つ（相互作用表示のブロッホ方程式で，相互作用表示のシュレーディンガー方程式と同型である）．$\hat{U}(0) = 1$（高温極限では $\hat{H}$ も $\hat{H}_0$ も一様分布になる）として形式的に解くと

$$\hat{U}(\beta) = T_\tau \exp\left\{-\int_0^\beta \hat{V}[\tau]d\tau\right\} = \sum_{n=0}^\infty \frac{(-1)^n}{n!}\int_0^\beta\cdots\int_0^\beta T_\tau\{\hat{V}[\tau_1]\cdots\hat{V}[\tau_n]\}d\tau_1\cdots d\tau_n \quad (7.102)$$

となり，$\hat{U}(\beta)$ を $\hat{V}$ のべき級数に摂動展開できる．$K_{\mu\nu}(i\nu_n)$ の表式中の熱平均は

$$\begin{aligned}
\langle T_\tau a_p^\dagger(\tau)a_q(\tau)a_{q'}^\dagger a_{p'}\rangle &= \frac{\mathrm{Tr}(e^{-\beta(\hat{H}-\mu\hat{N})}T_\tau\{a_p^\dagger(\tau)a_q(\tau)a_{q'}^\dagger a_{p'}\})}{\mathrm{Tr}(e^{-\beta(\hat{H}-\mu\hat{N})})} \\
&= \frac{\mathrm{Tr}(e^{-\beta(\hat{H}_0-\mu\hat{N})}\hat{U}(\beta)T_\tau\{\hat{U}^{-1}(\tau)a_p^\dagger[\tau]\hat{U}(\tau)\hat{U}^{-1}(\tau)a_q[\tau]\hat{U}(\tau)a_{q'}^\dagger a_{p'}\})}{\mathrm{Tr}(e^{-\beta(\hat{H}_0-\mu\hat{N})}\hat{U}(\beta))} \\
&= \frac{\mathrm{Tr}(e^{-\beta(\hat{H}_0-\mu\hat{N})}T_\tau\{a_p^\dagger[\tau]a_q[\tau]a_{q'}^\dagger a_{p'}\hat{U}(\beta)\})}{\mathrm{Tr}(e^{-\beta(\hat{H}_0-\mu\hat{N})}\hat{U}(\beta))} \\
&= \frac{\langle T_\tau\{a_p^\dagger[\tau]a_q[\tau]a_{q'}^\dagger a_{p'}\hat{U}(\beta)\}\rangle_0}{\langle \hat{U}(\beta)\rangle_0}
\end{aligned} \quad (7.103)$$

と表されるので，次のように展開できる．

$$\begin{aligned}
&\langle T_\tau a_p^\dagger(\tau)a_q(\tau)a_{q'}^\dagger a_{p'}\rangle \\
&= \frac{1}{\langle \hat{U}(\beta)\rangle_0}\sum_{n=0}^\infty \frac{(-1)^n}{n!}\int_0^\beta\cdots\int_0^\beta \langle T_\tau\{a_p^\dagger[\tau]a_q[\tau]a_{q'}^\dagger[0]a_{p'}[0]\hat{V}[\tau_1]\cdots\hat{V}[\tau_n]\}\rangle_0 d\tau_1\cdots d\tau_n
\end{aligned} \quad (7.104)$$

ポテンシャルによる弾性散乱の場合は $\hat{V} = \sum_{r,s}\langle r|\hat{v}|s\rangle a_r^\dagger a_s$，電子間相互作用による非

弾性散乱の場合は $\hat{V} = (1/2)\sum_{r,s,r',s'} \langle rs|\hat{v}|r's'\rangle a_r^\dagger a_s^\dagger a_{s'} a_{r'}$ など，$\hat{V}$ は一般に行列要素と生成消滅演算子の積の和の形で表される．したがって上式の被積分関数は本質的に，異なる虚時間における（相互作用表示の）生成消滅演算子の積を非摂動系で熱平均したものとなる．証明は省略するが，この熱平均はすべての可能な演算子対の熱平均（コントラクション）$\langle T_\tau a_r[\tau] a_r^\dagger[\tau']\rangle_0$ の積の和に分解できることが示せる．ただし各項には電子の生成消滅演算子の並べ替えが奇置換であるとき -1 を乗ずる．これは「ブロッホ–ドミニシス（Bloch–De Dominicis）の定理」とよばれ，場の理論で真空期待値を分解する「ヴィック（Wick）の定理」に相当するものである．同様にして上式の分母にある $\langle \hat{U}(\beta)\rangle_0$ もコントラクション $\langle T_\tau a_r[\tau] a_r^\dagger[\tau']\rangle_0$ の積の和に分解できる．

散乱行列要素（$\langle r|\hat{v}|s\rangle$ や $\langle rs|\hat{v}|r's'\rangle$）は一体状態 $|r\rangle$ でラベルづけされた異なるコントラクションをつなぎあわせる．したがって上式の被積分関数を分解したコントラクション積の各々は，$a_p^\dagger[\tau], a_q[\tau], a_{q'}^\dagger[0], a_{p'}[0]$ を含むコントラクションにつながるものと，切り離されたものの積になる．一方，分母の $\langle \hat{U}(\beta)\rangle_0$ は切り離されたコントラクション積の総和である．これを考慮すると，上式は約分されて

$$\langle T_\tau a_p^\dagger(\tau) a_q(\tau) a_{q'}^\dagger a_{p'}\rangle$$
$$= \sum_{n=0}^\infty \frac{(-1)^n}{n!} \int_0^\beta \cdots \int_0^\beta \langle T_\tau \{a_p^\dagger[\tau] a_q[\tau] a_{q'}^\dagger[0] a_{p'}[0] \hat{V}[\tau_1]\cdots\hat{V}[\tau_n]\}\rangle_{0L} d\tau_1\cdots d\tau_n \quad (7.105)$$

となることがわかる．ここで $\langle\ \rangle_{0L}$ は非摂動系の熱平均をコントラクション積に分解したとき，$a_p^\dagger[\tau], a_q[\tau], a_{q'}^\dagger[0], a_{p'}[0]$ を含むコントラクションに行列要素を介してつながるものの総和をとることを表す．ここで固有状態 $|p\rangle$ の（自由）1 粒子温度グリーン関数を $G_p^{(0)}(\tau) \equiv -\langle T_\tau a_p[\tau+\tau_0] a_p^\dagger[\tau_0]\rangle_0$ で定義しよう．これは τ の周期 2β の関数で，$-\beta < \tau \leq 0$ に対しては $+\langle a_p^\dagger a_p\rangle e^{-\tau(E_p-\mu)} = f(E_p) e^{-\tau(E_p-\mu)}$，$0 < \tau \leq \beta$ に対しては $-\langle a_p a_p^\dagger\rangle e^{-\tau(E_p-\mu)} = -\{1-f(E_p)\} e^{-\tau(E_p-\mu)}$ という値をとる．そのフーリエ係数は，$\omega_n = (2n+1)\pi/\beta$（松原周波数）として，

$$G_p^{(0)}(\tau) = -\langle T_\tau a_p[\tau] a_p^\dagger[0]\rangle_0 = \frac{1}{\beta}\sum_n G_p^{(0)}(i\omega_n) e^{-i\omega_n\tau} \quad (7.106)$$

$$G_p^{(0)}(i\omega_n) \equiv -\int_0^\beta \langle T_\tau a_p[\tau] a_p^\dagger[0]\rangle_0 e^{i\omega_n\tau} d\tau = \frac{1}{i\omega_n - (E_p-\mu)} \quad (7.107)$$

と書ける．$K_{\mu\nu}(i\nu_n)$ の計算は各コントラクションをフーリエ変換して行うのが便利である．

これを図形的に表現してみよう．コントラクション $\langle T_\tau a_r[\tau] a_r^\dagger[\tau']\rangle_0$ または $-G_p^{(0)}(i\omega_n)$ を生成から消滅に向かう矢印つき実線で表し，行列要素 $\langle r|\hat{v}|s\rangle$ や $\langle rs|\hat{v}|r's'\rangle$ を矢印をつなぐシンボル（結節点）で表して，非摂動系での熱平均を表現したものが「ファインマン（Feynman）図形」である．$(-1/e^2)K_{\mu\nu}(i\nu_n)$ は図 7.6(a) のような型の図形で表される．

左右の外部頂点は速度演算子の行列要素に対応しており，中央の暗色帯は散乱行列要素を介してつながった可能なすべての図形の和を表す．この形の図形を数え上げる際に，各行列要素への虚時間 τ_n の割り当て方（$n!$ 通り）や 2 体相互作用の行列要素 $\langle rs|\hat{v}|r's'\rangle$ と $\langle sr|\hat{v}|s'r'\rangle$ の区別（2 通り）は展開式や相互作用の分母とキャンセルするので，単にトポロジー的に異なる形の図形の和をとればよいことになる．この事実が摂動項の求和を著しく簡単化することになる．すべての形の図形の和を計算することは一般に困難なので，通常は特定の性質をもった図形の和（部分和）に注目する近似を行う．近似の意味を直感的にとらえやすい点もファインマン図形法の利点である．

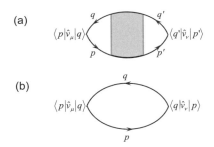

図 **7.6** (a) $(-1/e^2)K_{\mu\nu}(i\nu_n)$ に対応するファインマン図形．中央の暗色帯は電子散乱を与える全過程の和を表す．(b) 最低次の寄与 $(-1/e^2)K^{(0)}_{\mu\nu}(i\nu_n)$ に対応する図形．散乱がない場合に相当する．

$K_{\mu\nu}(i\nu_n)$ に対する最も簡単な寄与は，展開の初項にあたる図 7.6(b) で，次式に対応する．

$$-\frac{1}{e^2}K^{(0)}_{\mu\nu}(i\nu_n) = (-1)\sum_{p,q}\langle p|\hat{v}_\mu|q\rangle\langle q|\hat{v}_\nu|p\rangle \int_0^\beta \langle T_\tau a_p a_p^\dagger[\tau]\rangle_0 \langle T_\tau a_q[\tau] a_q^\dagger\rangle_0 e^{i\nu_n\tau} d\tau \tag{7.108}$$

フーリエ係数に直して $K^{(0)}_{\mu\nu}(i\nu_n)$ を計算し，複素電気伝導度を求めると，

$$\tilde{\sigma}^{(0)}_{\mu\nu}(\omega) = -\frac{i\hbar e^2}{V}\sum_{p,q}\langle p|\hat{v}_\mu|q\rangle\langle q|\hat{v}_\nu|p\rangle\frac{f(E_p)-f(E_q)}{E_q-E_p}\frac{1}{E_q-E_p-\hbar\omega-is} \tag{7.109}$$

となるが，これは散乱がない場合の電気伝導度を与える．また短距離ポテンシャル散乱の場合など，$K_{\mu\nu}(i\nu_n)$ の $\langle\ \rangle_{0L}$ 部分が $a_p^\dagger[\tau]$ と $a_{p'}[0]$ を含むコントラクションにつながるものと，$a_q[\tau]$ と $a_{q'}^\dagger[0]$ を含むコントラクションにつながるものの積に分割できる場合（バーテクス補正を無視する場合：切断近似）は，緩和時間 τ_{scatt} が導入できて，複素伝導度は

$$\tilde{\sigma}_{\mu\nu}(\omega) = -\frac{i\hbar e^2}{V}\sum_{p,q}\langle p|\hat{v}_\mu|q\rangle\langle q|\hat{v}_\nu|p\rangle\frac{f(E_p)-f(E_q)}{E_q-E_p}\frac{1}{E_q-E_p-\hbar\omega-i\hbar/\tau_{\text{scatt}}} \tag{7.110}$$

の形をとる．

以上は多体摂動論を用いて電気伝導を扱う一般的な方法であり，電子間相互作用の影響なども議論できる．しかし乱れた不純物ポテンシャルによる弾性散乱のみを考える場合は，基本的に1体問題となるので，より簡単な扱いが可能になる．この場合，特定の不純物分布についてのハミルトニアンは，1体ハミルトニアン $\hat{h} = \hat{h}_0 + \hat{v}$ の固有状態 $|\alpha\rangle$ によって，$\hat{H} = \hat{H}_0 + \hat{V} = \sum_\alpha E_\alpha a_\alpha^\dagger a_\alpha$ と書ける．$|p\rangle$ のかわりに $|\alpha\rangle$ を基底にとると，特定の不純物分布に対する「厳密な」複素伝導度が次式により与えられることになる．

$$\tilde{\sigma}_{\mu\nu}(\omega) = -\frac{i\hbar e^2}{V} \sum_{\alpha,\alpha'} \langle\alpha|\hat{v}_\mu|\alpha'\rangle\langle\alpha'|\hat{v}_\nu|\alpha\rangle \frac{f(E_\alpha) - f(E_{\alpha'})}{E_{\alpha'} - E_\alpha} \frac{1}{E_{\alpha'} - E_\alpha - \hbar\omega - is} \quad (7.111)$$

公式 $1/(x \pm is) = P(1/x) \mp i\pi\delta(x)$（Pは主値，$s \to +0$）に注意して上式の実部をとると，電気伝導度は次のように得られる．

$$\sigma_{\mu\nu}(\omega) = \frac{\pi\hbar e^2}{V} \int \left(-\frac{f(E+\hbar\omega) - f(E)}{\hbar\omega}\right)$$
$$\times \sum_{\alpha,\alpha'} \langle\alpha|\hat{v}_\mu|\alpha'\rangle\delta(E_{\alpha'} - E - \hbar\omega)\langle\alpha'|\hat{v}_\nu|\alpha\rangle\delta(E - E_\alpha)dE$$
$$= \frac{\pi\hbar e^2}{V} \int \left(-\frac{f(E+\hbar\omega) - f(E)}{\hbar\omega}\right) \text{Tr}\{\hat{v}_\mu\delta(E + \hbar\omega - \hat{h})\hat{v}_\nu\delta(E - \hat{h})\}dE$$
$$(7.112)$$

十分大きい試料では不純物の位置 $\boldsymbol{R}_{\text{imp}}$ はランダムであると見なせるので，$\hat{H}$ の中の不純物の分布について集団平均 $\langle\ \rangle_{\text{imp}}$ をとると，次の「久保–グリーンウッド（Greenwood）の公式」が得られる．

$$\sigma_{\mu\nu}(\omega) = \frac{\pi\hbar e^2}{V} \int \left(-\frac{f(E+\hbar\omega) - f(E)}{\hbar\omega}\right) \langle\text{Tr}\{\hat{\nu}\delta(E + \hbar\omega - \hat{h})\hat{\nu}_\nu\delta(E - \hat{h})\}\rangle_{\text{imp}}dE \quad (7.113)$$

この式は $|\alpha\rangle$ を含まず，基底のとり方によらない形になっている．特に直流対角伝導度は

$$\sigma_{xx}(0) = \frac{\pi\hbar e^2}{V} \int \left(-\frac{df(E)}{dE}\right) \langle\text{Tr}\{\hat{\nu}_x\delta(e - \hat{h})\hat{\nu}_x\delta(E - \hat{h})\}\rangle_{\text{imp}}dE \quad (7.114)$$

ここで $\hat{g}(E \pm is) \equiv 1/(E \pm is - \hat{h})$ を導入すると，$\delta(E - \hat{h}) = (i/2\pi)\{\hat{g}(E+is) - \hat{g}(E-is)\}$ となるので，

$$\sigma_{xx}(0) = \frac{\hbar e^2}{2\pi V} \int \left(-\frac{df(E)}{dE}\right) \langle\text{Tr}\{\hat{\nu}_x\hat{g}(E+is)\hat{\nu}_x\hat{g}(E-is)\}\rangle_{\text{imp}}dE$$
$$\approx \frac{\hbar e^2}{2\pi V} \langle\text{Tr}\{\hat{\nu}_x\hat{g}(E_F+is)\hat{\nu}_x\hat{g}(E_F-is)\}\rangle_{\text{imp}} \quad (7.115)$$

と表される．第3辺は低温極限 $T \to 0$ で $-df(E)/dE \to \delta(E - E_F)$ となることを用い

た。非摂動系 $\hat{h}_0$ の固有状態 $|p\rangle$ を用いて表現すると，

$$\sigma_{xx}(0) \approx \frac{\hbar e^2}{2\pi V} \left\langle \sum_{p,q,p',q'} \langle q|\hat{v}_x|p\rangle\langle p|\hat{g}(E_F+is)|p'\rangle\langle p'|\hat{v}_x|q'\rangle\langle q'|\hat{g}(E_F-is)|q\rangle \right\rangle_{\mathrm{imp}} \tag{7.116}$$

ここで $g_{pq}(E_F \pm is) \equiv \langle p|\hat{g}(E_F+is)|q\rangle = \langle p|1/(E\pm is - \hat{h})|q\rangle$ は 1 体問題のグリーン関数である．$\hat{g}(z) = 1/(z - \hat{h}) = 1/(z - \hat{h}_0 - \hat{v})$ ($z = E \pm is$) は次のように摂動展開できる．

$$\begin{aligned}\hat{g}(z) &= \frac{1}{z - \hat{h}} = \frac{1}{z - (\hat{h}_0 + \hat{v})} = \frac{1}{z - \hat{h}_0} + \frac{1}{z - \hat{h}_0}\hat{v}\frac{1}{z - \hat{h}} \\ &= \frac{1}{z - \hat{h}_0} + \frac{1}{z - \hat{h}_0}\hat{v}\frac{1}{z - \hat{h}_0} + \frac{1}{z - \hat{h}_0}\hat{v}\frac{1}{z - \hat{h}_0}\hat{v}\frac{1}{z - \hat{h}_0} + \cdots \end{aligned} \tag{7.117}$$

これの行列要素をとると，グリーン関数 $g_{pq}(E_F \pm is)$ が，自由粒子のグリーン関数

$$g_p^{(0)}(E \pm is) \equiv \langle p|\hat{g}^{(0)}(E+is)|p\rangle = \left\langle p \left| \frac{1}{E \pm is - \hat{h}_0} \right| p \right\rangle = \frac{1}{E \pm is - E_p} \tag{7.118}$$

を用いて，散乱 $\hat{v}$ のべき級数に展開できることがわかる．$g_p^{(0)}(E \pm is)$ に矢印つき実線を対応させ，行列要素 $\langle p|\hat{v}|q\rangle$ に破線を対応させると，$\sigma_{xx}(0)$ の表式の $\langle\ \rangle_{\mathrm{imp}}$ の中の個々の摂動展開項は，例えば図 7.7(a) のような形の図形として表現される．

不純物散乱の行列要素は，位置 $\boldsymbol{R}_0$ における不純物分布 $\rho_{\mathrm{imp}}(\boldsymbol{R}_0) \equiv \sum_{\boldsymbol{R}_{\mathrm{imp}}} \delta(\boldsymbol{R}_0 - \boldsymbol{R}_{\mathrm{imp}})$ を用いて

$$\langle p|\hat{v}|q\rangle = \langle p|v(\hat{\boldsymbol{R}})|q\rangle = \int \langle p|u(\hat{\boldsymbol{R}} - \boldsymbol{R}_0)|q\rangle \rho_{imp}(\boldsymbol{R}_0) d\boldsymbol{R}_0 \tag{7.119}$$

と書ける．$u(\boldsymbol{R})$ は $\boldsymbol{R} = 0$ にある不純物が $\boldsymbol{R}$ につくるポテンシャルである．したがって個々

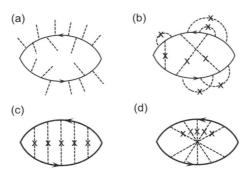

図 **7.7** 一体ポテンシャル散乱の電気伝導度への寄与を与える図形．(a) 一般の寄与の形．(b) ガウシアン模型．(c) ボルツマン伝導度を与える寄与．(d) 弱局在を与える寄与．

の摂動展開項の不純物分布についての平均は，本質的に $\langle \rho_{\mathrm{imp}}(\boldsymbol{R}_0)\rho_{\mathrm{imp}}(\boldsymbol{R}_0')\cdots\rho_{\mathrm{imp}}(\boldsymbol{R}_0'')\rangle_{\mathrm{imp}}$ の形をとることがわかる．不純物の平均密度を $\langle \rho_{\mathrm{imp}}(\boldsymbol{R}_0)\rangle_{\mathrm{imp}} = n_{\mathrm{imp}}$ とおくと，平均操作 $\langle\ \rangle_{\mathrm{imp}}$ は置き換え $\sum_{\boldsymbol{R}_{\mathrm{imp}}} \to n_{\mathrm{imp}}\int d\boldsymbol{R}_{\mathrm{imp}}$ で実行できる．これを使うと，$\langle \rho_{\mathrm{imp}}(\boldsymbol{R}_0)\rho_{\mathrm{imp}}(\boldsymbol{R}_0')\rangle_{\mathrm{imp}} = n_{\mathrm{imp}}\delta(\boldsymbol{R}_0 - \boldsymbol{R}_0') + n_{\mathrm{imp}}{}^2$ となるが，第2項は摂動行列要素の定数部分に対応するので，本質的なのは同一不純物が2回散乱する寄与を表す第1項である．同一不純物が3回以上散乱する寄与を無視すると，$\langle \rho_{\mathrm{imp}}(\boldsymbol{R}_0)\rho_{\mathrm{imp}}(\boldsymbol{R}_0')\cdots\rho_{\mathrm{imp}}(\boldsymbol{R}_0'')\rangle_{\mathrm{imp}}$ は，2つずつの $\rho_{\mathrm{imp}}(\boldsymbol{R}_0)$ の組をつくって $\langle\ \rangle_{\mathrm{imp}}$ をとった $\langle \rho_{\mathrm{imp}}(\boldsymbol{R}_0)\rho_{\mathrm{imp}}(\boldsymbol{R}_0')\rangle_{\mathrm{imp}}$ 型因子の積を，可能なすべての組合せについての和をとったものに分解できる（これをガウシアン模型という）．図形的には，$\langle\ \rangle_{\mathrm{imp}}$ を施すことによって，散乱行列要素を表す波線は2つずつ対をつくり "×" で連結される（図7.7(b)）．電気伝導度は，可能なすべての対のつくり方について和をとることにより計算できる．

同一不純物による2回散乱を繰り返して（ボルン近似）ブロッホ状態から変化した電子状態を矢印つき太線で表すとき，ボルツマン伝導度は図7.7(c)のような梯子型の図形の和によって与えられることが示せる．これとは異なる図形はボルツマン伝導に対する量子力学的補正を与えることになる．例えば "maximally crossed diagram" とよばれる図7.7(d)のような図形の和は，不規則ポテンシャルに多重散乱された電子波の干渉による定在波の形成，すなわち「弱局在効果」（「アンダーソン局在」の前駆現象）を導く[16]．

c. 強磁場中の電気伝導[17]

最後に，久保公式の重要な応用例として強磁場中の電気伝導について述べておこう．ボルツマン方程式は強力な手法で，広範囲の電気伝導の問題を扱うことができる．久保公式は多くの場合，ボルツマン伝導に対する量子力学的な補正の議論に用いられる．しかし強磁場下でランダウ量子化が顕著になると，ボルツマン方程式は使用できなくなり久保公式による扱いが必須となる．

閉じたフェルミ面をもつ3次元電子系を考え，z 軸方向に磁場が加えられているとする．このとき電子の xy 面内のサイクロトロン運動が量子化されるとともに（ランダウ指数 N），ゼーマン効果によるスピン (σ_z) 分裂が起こるため，エネルギー準位は磁場方向に波数 (K_z) 分散をもつランダウ準位群 $E_{N\sigma_z}(K_z)$ になる．このとき各準位は中心座標 X_0 について縮重している．磁場方向（z 軸）に電流を流した場合（縦磁気配置）の電気伝導は，基本的に K_z について1次元分散をもつ各ランダウ準位のバンド伝導の和と考えればよい．この場合，散乱の効果が大きいほど電気伝導度 $\sigma_{zz}(0)$ は抑制される．問題となるのは，磁場に垂直な面内方向（xy 面内）に電流を流した場合（横磁気配置）の電気伝導である．ランダウ準位は面内方向に分散をもたないのでバンド伝導は起こらない．この場合の電気伝導は，電子が異なる中心座標をもつランダウ準位状態の間を不純物散乱によって遷移していくことによって起こる．すなわち，散乱は電気伝導を抑制するのではなく，引き起こすのである．この伝導機構については，久保，三宅，橋詰によって久保公式に基づ

いた定式化が行われており，"center migration theory" とよばれている[17]．それによると，直流（$\omega = 0$）の電気伝導度 $\sigma_{xx}(0)$ は $\hat{\dot{X}}_0 \equiv (1/i\hbar)[\hat{X}_0, \hat{h}] = (1/i\hbar)[\hat{X}_0, \hat{v}]$ の相関関数として書けることが示される（$\hat{h} = \hat{h}_0 + \hat{v}$ は磁場中の 1 体ハミルトニアン）．特に弾性散乱のみを考える場合は，久保−グリーンウッドの公式に対応して，

$$\sigma_{xx}(0) = \frac{\pi\hbar e^2}{V}\int \left(-\frac{df(E)}{dE}\right)\langle \mathrm{Tr}\{\hat{\dot{X}}_0\delta(E-\hat{h})\hat{\dot{X}}_0\delta(E-\hat{h})\}\rangle_{\mathrm{imp}}dE \qquad (7.120)$$

のように書ける．ランダウ・ゲージ $\boldsymbol{A} = (0, Bx, 0)$ をとり，上式を摂動展開すると散乱 $\hat{v}$ についての最低次の項（展開初項）は，図 7.8 に示した寄与で

$$\sigma_{xx}(0) = \frac{e^2}{V}\sum_{\sigma_z}\sum_{NX_0K_z}\sum_{N'X_0'K_z'}\left(-\frac{df(E_{N\sigma_z}(K_z))}{dE_{N\sigma_z}(K_z)}\right)\frac{1}{2}(X_0-X_0')^2 W_{NX_0K_z\sigma_z;N'X_0'K_z'\sigma_z} \qquad (7.121)$$

$$W_{NX_0K_z\sigma_z;N'X_0'K_z'\sigma_z} = \frac{2\pi}{\hbar}\langle |\langle NX_0K_z\sigma_z|\hat{v}|N'X_0'K_z'\sigma_z\rangle|^2\rangle_{\mathrm{imp}}\delta(E_{N\sigma_z}(K_z) - E_{N'\sigma_z}(K_z')) \qquad (7.122)$$

で与えられる．直流横磁気伝導度 $\sigma_{xx}(0)$ は，散乱によるランダウ状態間の遷移確率 W（フェルミの黄金律）とそれに伴う中心座標のシフト（の 2 乗）の積の和になっており，基本的に散乱頻度 $1/\tau$ に比例する．上式は，横磁気配置の電気伝導が散乱による中心座標のホッピングにより生じることを表している．

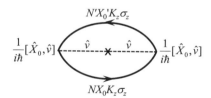

図 **7.8** 磁場中電気伝導度への散乱の最低次の寄与．中心座標の時間微分が散乱を含むため，外部頂点どうしを破線で結合する．

7.4　電気伝導とフェルミオロジー

本節では磁場中で伝導電子系が示す特徴的な伝導現象について，半古典的効果である角度依存磁気抵抗振動と量子効果であるシュブニコフ−ド・ハース振動を中心に紹介する．これらは，フェルミ面上の電子動力学とランダウ量子化を反映したオーミック伝導現象の美しい例である．これらの現象は，未知の物質の電子構造，特にフェルミ面構造に関する知見を得るための重要な実験ツールとして利用されている．

7.4.1 角度依存磁気抵抗振動[18〜20]

金属の磁気抵抗が磁場方向に依存して変化する現象は1930年代から知られている．金や銅などの単結晶で電流方向に垂直な平面内で磁場を回転させると，横磁気抵抗は磁場方位に対して振動的な振る舞いを示す．この現象は波数空間中のフェルミ面の3次元的な多重連結性に起因するものである．これからほぼ半世紀後の1988年に，層状金属（擬2次元導体）において，フェルミ面の連結性とは直接関係しない新しい磁気抵抗角度効果が，カルツォフニック（M. Kartsovnik）ら[21]と梶田ら[22]により独立に発見された．図7.9(a)に層状有機導体結晶 θ-(BEDT-TTF)$_2$I$_3$ で観測された角度依存磁気抵抗振動（Angular Dependent Magnetoresistance Oscillation: "AMRO"）を示す[22]．振動は2次元面の法線と磁場のなす角の正接（tangent）に対して周期的であり，磁場強度には依存しない．この事実は振動の起源が何らかの幾何学的効果に関連していることを示唆するが，この現象も擬2次元系の柱状フェルミ面に関係することが山地によって指摘され，その形状効果として理解されている[23]．擬2次元系の角度依存磁気抵抗振動は「カルツォフニック-梶田振動」あるいは「山地振動」などとよばれる．この現象は有機導体に限らず層状酸化物，層間化合物，半導体超格子など多くの層状金属で普遍的に観測されている．さらに板状フェルミ面をもつ異方的な層状金属（擬1次元導体）においても，複数種の角度依存磁気抵抗振動が見いだされている[24〜28]（図7.9(b)）．本節ではこれらの角度依存磁気抵抗振動効果

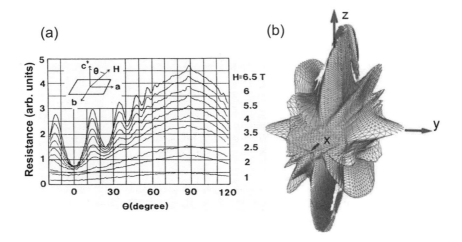

図 7.9 角度依存磁気抵抗振動．(a) 層状有機導体 θ-(BEDT-TTF)$_2$I$_3$ で観測された層間磁気抵抗の角度依存振動[22]．(b) 擬1次元有機導体 (TMTSF)$_2$PF$_6$ で観測された角度依存磁気抵抗現象．原点からの方向と距離が磁場方位と層間伝導度の大きさを表す[28]．

の発現機構と，フェルミオロジーへの応用について解説する．

a. 角度依存磁気抵抗振動の半古典描像

通常，角度依存磁気抵抗振動は歪んだ柱状あるいは板状フェルミ面上の電子の半古典的軌道運動に由来するフェルミ面形状効果であると説明される．ここではまず半古典的なボルツマン輸送理論に基づいて考察してみよう．外部磁場 $\boldsymbol{B}$ の下にある分散 $E_n(\boldsymbol{k})$ をもつバンド上の電子は，7.2.2項で述べたように（ベリー曲率がなければ）次の半古典的運動方程式に従って $\boldsymbol{k}$ 空間内を軌道運動する．

$$\begin{cases} \boldsymbol{v} \equiv \dot{\boldsymbol{R}} = \dfrac{1}{\hbar} \dfrac{\partial E_n(\boldsymbol{k})}{\partial \boldsymbol{k}} \\ \hbar \dot{\boldsymbol{k}} = -e\boldsymbol{v} \times \boldsymbol{B} \end{cases} \qquad (7.123)$$

上式より，群速度 $\boldsymbol{v}$ は $\boldsymbol{k}$ 空間内の等エネルギー面に垂直で，$\boldsymbol{k}$ 空間内の運動方向（$\dot{\boldsymbol{k}}$ に平行）は $\boldsymbol{v}$ と磁場 $\boldsymbol{B}$ に直交することがわかる．したがって，電子系のフェルミ準位を E_{F} とするとき，エネルギー E_{F} をもつ電子は $\boldsymbol{B}$ に垂直な平面でフェルミ面を切った切断面の縁の軌道に沿って運動することになる．一方，7.3.2項で述べたように，散乱緩和時間 τ が定数と見なせる場合のボルツマン方程式は形式的に解け，直流層間伝導度は次のチェンバースの表式で与えられる．

$$\sigma_{zz} = \frac{2e^2}{V} \sum_{\boldsymbol{k}(0)} \left(-\frac{\partial f_0}{\partial E_n(\boldsymbol{k}(0))} \right) v_z(\boldsymbol{k}(0)) \int_{-\infty}^{0} v_z(\boldsymbol{k}(t)) e^{\frac{t}{\tau}} dt \qquad (7.124)$$

軌道運動の初期値 $\boldsymbol{k}(0)$ についての和は，$\boldsymbol{k}$ 空間（ブリルアン領域）内のすべての点についてとるが，因子 $(-\partial f_0/\partial E_n(\boldsymbol{k}(0)))$ は低温極限で $\delta(E_n(\boldsymbol{k}(0)) - E_{\mathrm{F}})$ となるので，平衡状態のフェルミ面近傍の電子軌道のみが伝導度に寄与することがわかる．以上の式をバンド分散 $E_n(\boldsymbol{k})$ の具体的な形と組み合わせることにより，外部磁場下での系の電気伝導度が計算できる．ただし，このようにして計算されるのは緩和時間近似の範囲内での電気伝導度であり，主に電子の軌道運動による寄与を反映するものである．上の扱いは緩和時間が波数やエネルギーに依存するときの温度・磁場依存性を再現するには不十分であることに注意されたい．

b. 擬2次元電子系の角度依存磁気抵抗振動

最初の例として，有効質量 m^* をもつ等方的な2次元電子系が z 軸方向に等間隔 c で積層した層状伝導体（擬2次元電子系）を考えよう．隣接層間は弱いトランスファーエネルギー t_c で結合しているとすると，系のバンド分散は

$$E_n(\boldsymbol{k}) = \frac{\hbar^2(k_x^2 + k_y^2)}{2m^*} - 2t_c \cos ck_z \qquad (7.125)$$

と書ける．層間の結合 t_c が電子のフェルミ準位 $E_{\mathrm{F}} \equiv \hbar^2 k_{\mathrm{F}}^2/2m^*$ より十分小さいとすると，図7.10に示すようにフェルミ面は太さが周期的に変わる起伏（うねり）をもった円柱状

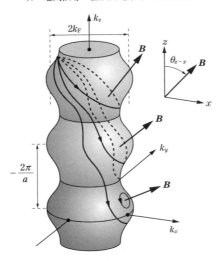

図 **7.10** 擬 2 次元電子系の柱状フェルミ面と異なる方位の磁場下での電子軌道.

の曲面になる．この系に傾斜磁場 $\boldsymbol{B} = (B_x, 0, B_z)$ が加わると，エネルギー E_F の電子は磁場に垂直な平面による柱状フェルミ面の切り口に沿って $\boldsymbol{k}$ 空間内を運動する．うねりが小さい極限 $(t_c \ll E_\mathrm{F}/ck_\mathrm{F})$ では，運動方程式中の t_c を含む項を無視する近似を行うことができる．このとき (k_x, k_y) の運動は等速円運動となる．初期値 $\boldsymbol{k}(0) = (k_x(0), k_y(0), k_z(0))$ に対する電子軌道運動を求め，軌道上での層間群速度を求めると，

$$
\begin{aligned}
v_z(\boldsymbol{k}(t)) &= \frac{2t_c c}{\hbar} \sin ck_z(t) \\
&= \frac{2t_c c}{\hbar} \sin\{-ck_F \cos(\omega_c t + \varphi_0) \tan\theta + (ck_x(0)\tan\theta + ck_z(0))\} \quad (7.126)
\end{aligned}
$$

となる．ここで $\varphi_0 \equiv \tan^{-1}(k_y(0)/k_x(0))$ は初期値 $\boldsymbol{k}(0)$ の方位角，$\theta \equiv \tan^{-1}(B_x/B_z)$ は外部磁場 $\boldsymbol{B}$ の天頂角である．また $\omega_c \equiv eB_z/m^*$ は電子が柱状フェルミ面を周回するサイクロトロン角周波数である．ヤコビ–アンガー（Jacobi-Anger）の展開公式 $e^{iz\cos\theta} = \sum_{n=-\infty}^{\infty} i^n J_n(z)e^{in\theta} = J_0(z) + 2\sum_{n=1}^{\infty} i^n J_n(z)\cos(n\theta)$ を用いると，$v_z(\boldsymbol{k}(t))$ は $\cos(n(\omega_c t + \varphi_0))$ の級数に展開できる．ここで $J_n(z)$ は n 次の第 1 種ベッセル（Bessel）関数である．各展開項は，電子がフェルミ面を周回運動するときの $v_z(\boldsymbol{k}(t))$ の周期変化のフーリエ成分に対応し，係数因子 $J_n(ck_\mathrm{F}\tan\theta)$ をもつ．特に時間変化しない $n = 0$ の項は $v_z(\boldsymbol{k}(t))$ の時間平均を与え，$J_0(ck_\mathrm{F}\tan\theta)$ に比例する．$J_n(z)$ は $z \gg n^2$ で $J_n(z) \approx \sqrt{2/\pi z}\cos(z - n\pi/2 - \pi/4)$ のように振動する関数なので，層間方向の平均群速度は磁場方位の傾き θ に対して振動する．これがカルツォフニック–梶田振動（山地振動）の物理的起源である．実際，$v_z(\boldsymbol{k}(t))$ の表式をチェンバースの式に代入して，低温

極限の層間伝導度を求めると，次のようなドルーデ型の表式が導かれる．

$$\sigma_{zz} = \frac{2t_c^2 cm^* e^2}{\pi \hbar^4} \sum_{n=-\infty}^{\infty} J_n(ck_F \tan\theta)^2 \frac{\tau}{1+(n\omega_c \tau)^2} \quad (7.127)$$

図 7.11 は σ_{zz} を磁場方位 θ の関数として計算したものであるが[29]，実験結果（図 7.9 など）の特徴をよく再現している．

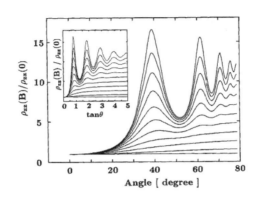

図 **7.11** カルツォフニック–梶田振動の解析的計算[29]．

カルツォフニック–梶田振動は，磁場の方位を変えることによりフェルミ面上の電子軌道の形状を変えて，フェルミ面のうねりを観測したものであるといえる．したがってこれはフェルミ面形状を探る実験ツールとして利用することができる．σ_{zz} の角度依存振動の極小（層間磁気抵抗の極大）は，主要項である $n=0$ の項の係数 $J_0(ck_F \tan\theta)^2$ のゼロ点で起こる．これは近似的に

$$\tan\theta \cong \frac{\pi}{ck_F}\left(N - \frac{1}{4}\right) \quad (7.128)$$

で与えられ，磁場の傾斜角 θ の正接（tangent）に対して周期的になる．その周期から伝導面内のフェルミ波数 k_F，すなわち円柱状フェルミ面の半径を求めることができる．以上は柱状フェルミ面の断面が円となる例であるが，上の議論はより一般的な断面形状をもつ柱状フェルミ面が示すカルツォフニック–梶田振動に対しても容易に拡張できる[30]．この場合も，角度依存振動は磁場の傾斜角（天頂角）θ の正接に対して周期的になるが，その周期は磁場を倒す方位角 φ によって変化する．方位角 φ での磁気抵抗の極大は

$$\tan\theta \cong \frac{\pi}{ck_\parallel(\varphi)}\left(N - \frac{1}{4}\right) \quad (7.129)$$

で起こる．ここで $k_\parallel(\varphi)$ は φ に依存する定数であるが，φ 方向のフェルミ波数にはならな

いので注意を要する．実験から系統的に $k_\|(\varphi)$ を求めれば，図 7.12 に示す作図法によりフェルミ面を再構成できる．すなわち原点 O から方位角 φ（磁場を倒す方向），距離 $k_\|(\varphi)$ にある点を P とするとき，点 P において直線 OP の垂線 L を引く．方位角 φ を変化させると直線 L も移動するが，このときの L の包絡線がフェルミ面を与えるのである．このようにカルツォフニック–梶田振動は，擬 2 次元伝導体の柱状フェルミ面の断面形状を実験的に決定できる強力な実験手法となる．

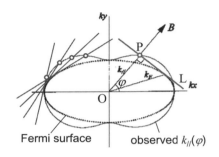

図 7.12 カルツォフニック–梶田振動によるフェルミ面断面形状の決定方法．磁場を傾斜させる方向（方位角 φ）を変えて，カルツォフニック–梶田振動を測定し $k_\|(\varphi)$ を求め閉曲線を作図する．この曲線上の各点 P で原点から引いた直線 OP の垂線 L を引く．これらの垂線群に包絡される曲線がフェルミ面を与える[30]．

以上の議論では磁場中の電子動力学を半古典論で扱い量子効果は無視してきた．しかし非常にクリーンな結晶では弱い磁場からランダウ量子化が顕著になることがある．そこで上の半古典論を有効質量近似で考察してみよう[3]．円柱フェルミ面のバンド分散 $E_n(\boldsymbol{k})$ から磁場中の有効質量方程式をつくると以下のようになる．

$$\left[-\frac{\hbar^2}{2m^*}\left\{\left(-i\frac{\partial}{\partial X}+\frac{e}{\hbar}A_x\right)^2+\left(-i\frac{\partial}{\partial Y}+\frac{e}{\hbar}A_y\right)^2\right\}\right.$$
$$\left.-2t_c\cos c\left(-i\frac{\partial}{\partial Z}+\frac{e}{\hbar}A_z\right)\right]F(\boldsymbol{R})=EF(\boldsymbol{R}) \tag{7.130}$$

ここでは磁場を倒す方向を y 軸方向として，ベクトルポテンシャルを $\boldsymbol{A}=(0,B_zX,-B_yX)$ と選ぶことにする．包絡関数を $F(\boldsymbol{R})=\phi(X)\cdot\exp(iK_yY+iK_zZ)$ と変数分離すると，

$$-\frac{\hbar^2}{2m^*}\frac{d^2}{dX^2}\phi(X)+\frac{1}{2}m^*\omega_c^2(X-X_0)^2\phi(X)-2t_c\cos(G_cX-cK_z)\phi(X)=E\phi(X) \tag{7.131}$$

が導かれる．$\omega_c\equiv eB_z/m^*$ はサイクロトロン角周波数，$X_0\equiv -l^2K_y$ は中心座標，$l\equiv\sqrt{\hbar/e|B_z|}$ は磁気長であり，$G_c\equiv ceB_y/\hbar$ は磁気周期性の波数である．変数分離

して1次元の問題に直すと，ランダウ準位を与える調和振動子に振幅 $2t_c$，波数 G_c の周期ポテンシャルが付加されることがわかる．この意味で7.2.3項で論じた磁気貫通系の問題と数学的に同等であるが，周期ポテンシャルの波数 G_c が面内フェルミ波数に比べて非常に小さい点が異なる．周期ポテンシャル $-2t_c \cos(G_c X - cK_z)$ の振幅はフェルミエネルギーに比べて十分小さいので，これを摂動として扱うことができる．無摂動状態は，7.2.3項で述べたランダウ準位状態 $\langle R|NX_0\rangle$ に，波数 K_z の z 方向平面波を乗じた $\langle R|NX_0K_z\rangle = \langle R|NX_0\rangle \cdot L_z^{-1/2} \exp(iK_z Z)$ になるので，系のエネルギー準位は近似的に

$$E_{NX_0K_z} = \hbar\omega_c\left(N + \frac{1}{2}\right) - 2t_c\langle NX_0K_z|\cos(G_c\hat{X} - cK_z)|NX_0K_z\rangle$$

$$= \hbar\omega_c\left(N + \frac{1}{2}\right) - 2t_c e^{-\frac{G_c^2 l^2}{4}} L_N\left(\frac{G_c^2 l^2}{2}\right) \cos c\left(K_z + K_y\frac{B_y}{B_z}\right)$$

$$\approx \hbar\omega_c\left(N + \frac{1}{2}\right) - 2t_c e^{-\frac{G_c^2 l^2}{4}} J_0(ck_F \tan\theta) \cos c(K_z + K_y \tan\theta) \quad (7.132)$$

と書ける．ここで $L_N(x)$ は N 次のラゲール（Laguerre）多項式，$\tan\theta = B_y/B_z$ である．最後の近似ではフェルミ準位におけるランダウ指数 N が十分大きいことを用いた．傾斜磁場中の擬2次元系のエネルギー準位は，2次元ランダウ準位の中心座標 X_0 に関する縮退が解け，磁場方向に K 分散をもったサブバンド群になることがわかる（図7.13）．この分散は磁場方向の群速度をもつが，これは半古典描像における磁場に巻き付いた螺旋軌道運動に対応する．群速度はサブバンドの幅に比例する大きさをもつので，フェルミ準位における群速度は $ck_F \tan\theta$ に対して周期的に変化し，層間サブバンド伝導の磁場傾斜角 θ

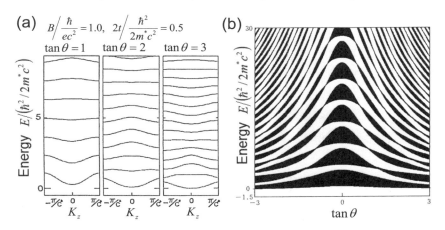

図 **7.13** 傾斜磁場中擬2次元電子系の磁場中エネルギー準位の数値計算結果．(a) ランダウ準位の分散．中心座標についての縮退が解け，磁場方向に分散をもったサブバンド群となる．(b) ランダウサブバンド群の磁場方位依存性．

に対する振動を引き起こす.ランダウサブバンドが重なり合う弱い磁場領域($\hbar\omega_c \ll t_c$)ではランダウ量子化の効果は顕著ではなく,群速度の変化がカルツォフニック–梶田振動を与える.

一方,ランダウ量子化の効果が顕著になるとランダウ準位の状態密度を反映して,電気伝導には次節で述べるシュブニコフ–ド・ハース (Shubnikov-de Haas) 振動が現れる.上述のランダウサブバンド幅の振動は,フェルミ準位における状態密度の振動を与える.したがってランダウ量子化が顕著な状況下でのカルツォフニック–梶田振動はシュブニコフ–ド・ハース振動の振幅変調という形で現れる.

前にふれたように,この問題は 2 次元電子系に周期ポテンシャルと垂直磁場を導入した問題(7.2.3 項)と対応関係が成り立つので,周期変調した 2 次元系でも対応する振動現象が期待できる.実際,半導体界面の 2 次元電子系に人工的に周期ポテンシャル変調を導入した系では,垂直磁場強度の関数として「ワイス (Weiss) 振動」とよばれる磁気抵抗振動が現れることが知られている[31]).

c. 擬 1 次元電子系の角度依存磁気抵抗振動

角度依存磁気抵抗振動効果は,柱状フェルミ面をもつ層状金属(擬 2 次元導体)ばかりではなく,板状フェルミ面をもった層状金属でも観測される.具体的な物質系としては 1 次元伝導鎖が平面上に平行に並んで伝導層を構成している擬 1 次元有機導体などが相当する.こうした系では大きな異方性により柱状フェルミ面が横に引き延ばされてブリルアン領域境界に達し,一対の開いた板状フェルミ面となる.このフェルミ面トポロジーの変化に対応して,柱状フェルミ面のカルツォフニック–梶田振動とは異なる多彩な角度依存磁気抵抗振動が現れる(図 7.9(b)).次に半古典論を用いてそれらを導こう.

x 軸方向に群速度 v_F の線形分散をもつ 1 次元伝導鎖が y 軸方向に等間隔 b で平行に並んで伝導層を形成し,弱いトランスファーエネルギー t_b で結合して異方的 2 次元電子系が実現しているとする.この伝導層が z 軸方向に等間隔 c で積層し,さらに弱いトランスファーエネルギー $t_c(\ll t_b)$ で結合した層状伝導体を考えよう.系のバンド分散は

$$E_n(\boldsymbol{k}) = \hbar v_\mathrm{F}(|k_x| - k_\mathrm{F}) - 2t_b \cos bk_y - 2t_c \cos ck_z \tag{7.133}$$

と書ける.k_F は伝導鎖のフェルミ波数で,鎖間結合 t_b と層間結合 t_c はフェルミ準位 $E_\mathrm{F} \equiv \hbar v_\mathrm{F} k_\mathrm{F}$ より十分小さいとする.このとき図 7.14 に示すようにフェルミ面は起伏のある一対の板状の曲面になる.この系に任意方向の傾斜磁場 $\boldsymbol{B} = (B_x, B_y, B_z)$ が加わったときの層間伝導を考えよう.分散 $E_n(\boldsymbol{k})$ を半古典的運動方程式に代入して,層間結合 t_c を含む項を無視する近似を行うと,k_y の運動は等速運動になる.初期値 $\boldsymbol{k}(0) = (k_x(0), k_y(0), k_z(0))$ に対する電子軌道上での層間群速度は

$$v_z(\boldsymbol{k}(t)) = \frac{2t_c c}{\hbar} \sin ck_z(t)$$

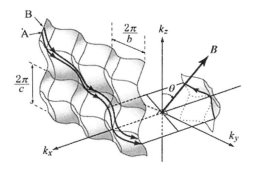

図 **7.14** 擬 1 次元電子系の板状フェルミ面と傾斜磁場下での電子軌道．左側のフェルミ面は複数のブリルアン領域に拡張して描いてある．

$$= \frac{2t_c c}{\hbar} \sin\{-\gamma \cos(\Omega t + bk_y(0)) - \alpha \Omega t + (\gamma \cos bk_y(0) + ck_z(0))\} \quad (7.134)$$

のように変化する．ここで $\alpha \equiv (c/b)B_y/B_z$, $\gamma \equiv (2t_b c/\hbar v_F)B_x/B_z$, $\Omega \equiv (beB_z/\hbar)v_F$ である．sin の引数の中に時間に比例する項 $\alpha\Omega t$ が現れる点が，前述の柱状フェルミ面の場合と異なる．$v_z(\boldsymbol{k}(t))$ の時間変化には $\alpha\Omega t$ 項による角周波数 $\alpha\Omega$ の振動と cos 項による角周波数 Ω の振動の 2 つの振動成分が現れる．これらは板状フェルミ面上を軌道運動する電子が k_z 方向のブリルアン領域境界と k_y 方向の境界を横切る周期に対応している．$v_z(\boldsymbol{k}(t))$ を $\cos(n(\Omega t + bk_y(0)))$ の級数に展開して，チェンバースの式に代入し，低温極限の直流層間伝導度を求めると次式が導かれる．

$$\sigma_{zz} = \frac{4}{2\pi bc\hbar v_F} \left(\frac{et_c c}{\hbar}\right)^2 \sum_{\pm} \sum_{n=-\infty}^{\infty} J_n(\gamma)^2 \frac{\tau}{1 + \{(n\pm\alpha)\Omega\tau\}^2} \quad (7.135)$$

原点からの方向を磁場方向に，原点からの距離を層間伝導度の大きさ（の対数）にとって，上式を 3 次元プロットすると図 7.15 が得られ，図 7.9(b) の実験結果をよく再現することがわかる[28]．磁場方位の関数として複雑な角度依存振動のパターンが現れることがみてとれる．主要なパターンとして，1 次元軸（x 軸）の周囲に放射的なヒレ状構造が現れる（後述するレベデフ共鳴）．1 次元軸方向に近い磁場方位では，三角形状（下半分も加えるとひし形状）の領域で複雑な振動構造（「ダイヤモンド・パターン」）が現れる．次にこれらのパターンの意味を考えていこう．

パラメータ α は 1 次元軸（x 軸）のまわりの磁場方位角に関係する．α がある整数 p に等しくなると，σ_{zz} の表式の和の中で $n = \mp p$ の項が共鳴的ピークをとり，層間伝導度は極大を示す．その条件は

$$\frac{B_y}{B_z} = p\frac{b}{c} \quad (7.136)$$

で与えられる．これは磁場が隣接 2 層上の 2 本の 1 次元鎖が張る結晶面に平行になる条件

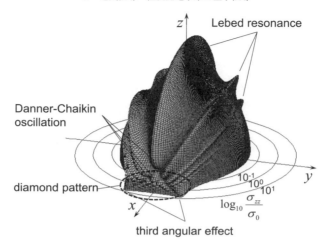

図 **7.15** 擬 1 次元層状導体の層間伝導度の磁場方位依存性の計算結果[28]. 原点からの距離が層間伝導度の大きさを, 原点からの方向が磁場方位を表す.

である. これが図 7.15 のヒレ状構造を与えるのである. 磁場を 1 次元軸 (x 軸) のまわりで回転するとき, ある整数 p について磁場方位が上の条件をみたすと層間磁気抵抗は共鳴的減少を示すことになる[24]. この現象は, 実験に先立って擬 1 次元系の抵抗の角度依存性を論じた研究者の名をとり「レベッド (Lebed) 共鳴」または「魔法角 (magic angle) 共鳴」とよばれる. さて, 軌道運動する電子の群速度 $v_z(\bm{k}(t))$ は角周波数 $\alpha\Omega$ と Ω の 2 つの振動成分をもつが, 一般には 2 つの周波数の比 α は無理数となり $v_z(\bm{k}(t))$ の時間変化は非周期的である. その結果, 単一の初期状態に対する電子軌道は板状フェルミ面を覆い尽くすので, 軌道に沿った層間群速度 $v_z(\bm{k}(t))$ の時間平均は (電子の寿命, すなわち緩和時間が無限大ならば) 相殺してゼロになる. 一方, 共鳴時は $\alpha = p$ (整数) となって 2 つの振動成分が整合し, $v_z(\bm{k}(t))$ は基本振動数 Ω で周期的に変化する. このとき電子は単一の初期状態に対して板状フェルミ面上の特定の軌道上のみを繰り返し運動するようになり, 軌道に沿った層間群速度 $v_z(\bm{k}(t))$ の時間平均は相殺されず有限に残る. これが層間伝導度の共鳴的増大が起こる理由である.

層間伝導度 σ_{zz} の表式において, 和の中の各ローレンツ型共鳴項には因子 $J_n(\gamma)^2$ がついているので, $\alpha = p$ のレベッド共鳴の共鳴強度は因子 $J_p(\gamma)^2$ による変調を受けることになる. 磁場を隣接層の 1 次元鎖が張る結晶面内で 1 次元軸に向かって倒していくと, $\gamma = (2t_b c/\hbar v_\mathrm{F}) B_x / B_z$ の増大に伴い, $\alpha = p$ の共鳴強度は $J_p(\gamma)^2$ に比例して振動的に変化する. これが図 7.15 の 1 次元軸近傍のダイヤモンド・パターンを形成する. 特に磁場を xz 面内で回転させた場合は, $B_y = 0$ なので常に $\alpha = 0$ のレベッド共鳴条件をみたしてお

り，層間伝導度は因子 $J_0(\gamma)^2$ を反映した振動を示す．この層間磁気抵抗の振動は，発見者の名をとって「ダナー–チェイキン（Danner–Chaikin）振動」とよばれる[25]．層間伝導度 σ_{zz} の表式で $\alpha=0$ とおくと，形式的に柱状フェルミ面に対する σ_{zz} の表式とまったく同型になる．したがってダナー–チェイキン振動は，柱状フェルミ面のカルツォフニック–梶田振動に相当する現象であるといえる．実際，$\alpha=p$ のレベベド共鳴時には，周期的電子軌道に沿った群速度 $v_z(\boldsymbol{k}(t))$ の時間平均が，フェルミ面の起伏を反映して $J_p(\gamma)$ に比例して振動することを示すことができる．磁場を z 軸から x 軸へ角度 $\theta_{z \to x}$ だけ傾けたときのダナー–チェイキン振動の抵抗極大は，$J_0(\gamma)^2$ のゼロ点の条件より

$$\tan \theta_{z \to x} = \frac{B_x}{B_z} \cong \frac{\pi \hbar v_\mathrm{F}}{2 t_b c}\left(N - \frac{1}{4}\right) \tag{7.137}$$

で与えられる．

層間伝導度 σ_{zz} は，$B_y/B_z = p(b/c)$ でレベベド共鳴による共鳴的増大を示し，その強度 $J_p(\gamma)^2$ は，$\gamma = (2 t_b c/\hbar v_\mathrm{F})(B_x/B_z) \sim p$ で最大となる．これはベッセル関数 $J_n(z)$ は $z \sim n$ で最大値をとり，それ以上で振動的に振る舞うからである．p を消去することにより，レベベド共鳴の最大値は

$$\frac{B_y}{B_x} \cong \frac{2 t_b b}{\hbar v_\mathrm{F}} \tag{7.138}$$

をみたすことがわかる．垂直磁場成分 B_z が小さくなると，レベベド共鳴が集積してくるので，上の条件は明瞭な伝導度のピークを与える．これは図 7.15 のダイヤモンド・パターンの左右の端の尖った部分に相当する．磁場を伝導面（xy 面）内で回転したときに，これは 1 次元軸近傍の磁気抵抗の極小として観測され「第 3 角度効果」とよばれている[26, 27]．

d．ピーク効果と小閉軌道の存在

以上の議論は，フェルミ面のうねりが小さい極限（$t_c \ll E_\mathrm{F}/ck_\mathrm{F}$）を考え，運動方程式中の t_c を含む項を無視した結果である．しかし磁場の方位角 θ が 90° に近づくと，t_c を含む項が $\tan \theta$ に比例して発散的に大きくなるので，この近似は破綻する．したがって伝導面に平行に近い磁場方位では，近似を用いずに運動方程式を解く必要がある．擬 2 次元系および擬 1 次元系に対し数値的に運動方程式を解いて層間伝導度を評価すると，平行磁場近傍で伝導度の極大に縁取られたディップ構造（抵抗のピーク構造）が現れることが結論される．この角度効果は擬 2 次元系および擬 1 次元系において実験的に確認されており，「ピーク効果」あるいは「コヒーレンス・ピーク」（後述）とよばれている（図 7.16(a)）[32]．

この効果の起源を電子軌道から考えてみよう．磁場方位が擬 2 次元系の柱状フェルミ面の軸（積層軸）に垂直になる場合，あるいは擬 1 次元系の板状フェルミ面の法線（1 次元軸）に平行になる場合，フェルミ面上には小さな（フェルミ面を周回しない）閉じた軌道が現れる（図 7.16(b)）．これは上の近似では無視されていた電子軌道である．この小閉軌道が存在する領域は，フェルミ面上で従来の軌道が存在する領域から，境界線となる軌道

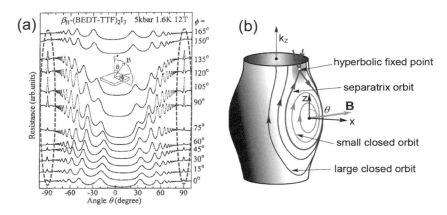

図 **7.16** 層状導体の層間伝導度のピーク効果．(a) 擬 2 次元有機導体 β_H-(BEDT-TTF)$_2$I$_3$ の層間抵抗の磁場方位依存性[32]．カルツォフニック–梶田振動に加えて，$q = \pm 90°$ 付近にピーク効果が現れる．(b) フェルミ面上の小閉軌道と不動点．

によって分離されている．この境界軌道上には 2 本の線が入り 2 本の線が出ていく点が必ず存在するが，この波数 k は軌道運動の（双曲型）不動点となる．また小閉軌道の中心点も（楕円型）不動点となる．小閉軌道の出現条件は，これらの不動点の存在条件，すなわち運動方程式で $\dot{k} = (-e/\hbar)v(k) \times B = 0$ となる k の存在条件と一致する．チェンバースの式によれば，層間伝導度 σ_{zz} は積層方向群速度 $v_z(k(t))$ の時間相関関数として表される．このためフェルミ面上の電子軌道に不動点が存在すると，特に双曲型不動点近傍での $k(t)$ の変化が遅くなるので，群速度の時間相関が大きくなり伝導度が増大することになる．特に楕円型不動点と双曲型不動点が対生成する小閉軌道が出現する瞬間の磁場方位では，不動点近傍の広いフェルミ面上の領域で $k(t)$ の変化が非常に遅くなるので伝導度は共鳴的に大きくなる．これがピーク効果の縁で伝導度が極大（抵抗が極小）になる機構である．ピーク効果の縁は，磁場を 2 次元面または 1 次元軸から積層軸へ傾けた仰角を $\theta_{x \to z} \equiv \tan^{-1}(B_z/B_x)$ とするとき，

$$\tan \theta_{x \to z} = \frac{B_z}{B_x} \cong \frac{2t_c c}{\hbar v_F} \tag{7.139}$$

で与えられる．この抵抗極小で縁どられた角度領域で，層間抵抗は $\theta_{x \to z} = 0$ を中心とするピーク構造を示す．

擬 1 次元導体の場合は，磁場を 1 次元軸（x 軸）から伝導面内で傾けても，小閉軌道の消失に伴う伝導度の極大（ピーク効果の縁）が期待できるが，これは前項で述べた第 3 角度効果と同一の磁場方位で起こる．すなわち第 3 角度効果の伝導度の増大は，運動方程式から t_c を含む項を落とす近似の範囲でも起こる現象であるが，実際には t_c による小閉軌

7.4 電気伝導とフェルミオロジー

道の効果も加わって強調された形で観測されていると考えられる.

e. 量子論的トンネル描像と層間コヒーレンス[33]

これまで層状金属（擬 2 次元系，擬 1 次元系）の層間伝導に現れる角度依存磁気抵抗振動現象を半古典的なフェルミ面形状効果として説明してきた．これはクリーンな結晶のよく定義されたフェルミ面上を軌道運動する電子が，フェルミ面の微妙な曲がり具合を感じて，層間伝導に影響を及ぼすという描像である．しかし以下でみるように，よく定義されたフェルミ面は角度依存磁気抵抗振動の観測に必ずしも必要ではない．すなわち角度依存磁気抵抗振動は，上の半古典描像を包含するさらに一般的な機構により発現しているのである．ここではこれを示すために，層状物質に特化した磁場中層間伝導の量子論的描像である「トンネル描像」について述べる．これは層間結合が十分弱い層状物質において，層間結合を摂動として扱うことにより層間伝導を記述する考え方である．

柱状フェルミ面をもつ擬 2 次元導体に傾斜磁場 $\boldsymbol{B} = (B_x, 0, B_z)$ をかけた場合についてトンネル描像を説明しよう．ゲージを $\boldsymbol{A} = (0, B_z x - B_x z, 0)$ に選ぶと，磁場中の有効質量ハミルトニアンは，

$$\hat{H}_{\mathrm{eff}} = \hat{H}_0 + \hat{H}_\perp = -\frac{\hbar^2}{2m^*}\left\{\left(-i\frac{\partial}{\partial X}\right)^2 + \left(-i\frac{\partial}{\partial Y} + \frac{e}{\hbar}B_z X - \frac{e}{\hbar}B_x Z\right)^2\right\}$$
$$- 2t_c \cos c \left(-i\frac{\partial}{\partial Z}\right) \tag{7.140}$$

となる．ここで層間結合を表す最後の項

$$\hat{H}_\perp \equiv -2t_c \cos c\left(-i\frac{\partial}{\partial Z}\right) = -t_c \sum_{\boldsymbol{R},\pm} |\boldsymbol{R} \pm \boldsymbol{c}\rangle\langle\boldsymbol{R}| \tag{7.141}$$

を摂動として考える．$\boldsymbol{c} = (0, 0, c)$ は層間格子ベクトルである．無摂動ハミルトニアン $\hat{H}_0$ の固有状態は，各 2 次元伝導層（位置 $Z = Z_i$）上のランダウ準位となるので，7.2.3 項と同様にして，エネルギーと包絡関数は

$$E_{NK_y Z_i} = E_N = \hbar\omega_c\left(N + \frac{1}{2}\right) \tag{7.142}$$

$$\langle \boldsymbol{R}|NK_y Z_i\rangle = \phi_N\left(X + l^2 K_y - \frac{B_x}{B_z}Z_i\right) \cdot \frac{1}{\sqrt{L_y}}e^{iK_y Y} \cdot \delta_{Z,Z_i} \tag{7.143}$$

と書ける．ここで $\phi_N(X - X_0)$ は $X = X_0$ を中心座標とする 1 次元調和振動子の波動関数

$$\phi_N(X - X_0) \equiv \frac{1}{\sqrt{2^N N! \sqrt{\pi} l}} H_N\left(\frac{X - X_0}{l}\right) e^{-\frac{(X-X_0)^2}{2l^2}} \tag{7.144}$$

であり，$H_N(\xi)$ は N 次のエルミート多項式である．各層のサイクロトロン運動の中心座標は $X_0 = -l^2 K_y + (B_x/B_z)Z_i$ の関係をみたす．上の無摂動状態 $\langle \boldsymbol{R}|NK_y Z_i\rangle$ を用いて

摂動項 $\hat{H}_\perp$ の行列要素をつくると,

$$\langle N'K'_y Z'_i|\hat{H}_\perp|NK_y Z_i\rangle = -t_c \sum_{\bm{R},\pm} \langle N'K'_y Z'_i|\bm{R}\pm\bm{c}\rangle\langle \bm{R}|NK_y Z_i\rangle$$
$$= -\sum_{\pm} \tilde{t}_c(N',N,\pm) \cdot \delta_{K'_y,K_y} \cdot \delta_{Z'_i,Z_i\pm c} \quad (7.145)$$

$$\tilde{t}_c(N'N,\pm) \equiv t_c$$
$$\times \sqrt{\frac{\min(N',N)!}{\max(N',N)!}} e^{-\frac{1}{4}\left(\frac{cB_x}{lB_z}\right)^2} \left\{\pm\frac{\mathrm{sgn}(N'-N)}{\sqrt{2}}\frac{cB_x}{lB_z}\right\}^{|N'-N|} L_{\min(N',N)}^{(|N'-N|)}\left(\frac{1}{2}\left(\frac{cB_x}{lB_z}\right)^2\right)$$
$$(7.146)$$

となる. ここで $L_N^{(a)}(\xi)$ はラゲールの陪多項式である. 上式から層間結合の行列要素は, 隣接する2層 ($Z'_i = Z_i \pm c$) の波数が等しい ($K'_y = K_y$) ランダウ準位状態の間のみで有限になることがわかる. このとき

$$\frac{X'_0 - X_0}{Z'_i - Z_i} = \frac{B_x}{B_z} \quad (7.147)$$

が成り立つので, 層間トンネル結合は中心座標が磁場方向に並んだ隣接層のランダウ準位状態間にのみ許容されると言い換えることもできる. これは半古典論の磁場に沿った螺旋軌道運動に対応する. 結合強度はトンネルが許される上下の層のランダウ準位波動関数の重なり積分に比例し, $\tilde{t}_c(N',N,\pm)$ で与えられる. これはランダウ指数 N, N' が大きい場合には, ベッセル関数 $J_N(\xi)$ を用いて,

$$\tilde{t}_c(N',N,\pm) \approx t_c \times (-1)^{N'-N} J_{N'-N}\left(ck_\mathrm{F}\frac{B_x}{B_z}\right) \quad (7.148)$$

と近似できる. 磁場を傾斜させていくと, この値はランダウ準位波動関数の振動波形を反映して振動する. つまり磁場を傾けると電子の隣接2層間のトンネル確率が振動するのである. これが角度依存磁気抵抗振動を引き起こすという考え方は, 1995年に吉岡により初めて提案された[34].

久保公式によれば層間伝導度 σ_{zz} は層間方向の速度相関関数で表される. 層間速度 $\hat{v}_z = \dot{\hat{Z}} = -(i/\hbar)(\hat{Z}\hat{H}_\perp - \hat{H}_\perp\hat{Z})$ の行列要素は層間距離 c と層間結合の行列要素 $\tilde{t}_c$ に比例する.

$$\langle N'K'_y Z'_i|\hat{v}_z|NK_y Z_i\rangle = \frac{i}{\hbar}\sum_{\pm}(\pm c)\tilde{t}_c(N',N,\pm) \cdot \delta_{K'_y,K_y} \cdot \delta_{Z'_i,Z_i\pm c} \quad (7.149)$$

複素層間伝導度 $\tilde{\sigma}_{zz}$ を層間結合 t_c について摂動展開すると, t_c の最低次の項は

$$\tilde{\sigma}_{zz}^{(0)} = -\frac{i\hbar e^2}{V}$$

$$\times \sum_{(NK_y Z_i)(N'K'_y Z'_i)} |\langle N'K'_y Z'_i|\hat{v}_z|NK_y Z_i\rangle|^2 \frac{f(E_N)-f(E_{N'})}{E_{N'}-E_N} \frac{1}{E_{N'}-E_N-i\frac{\hbar}{\tau}} \quad (7.150)$$

と書ける（7.3.3項）．上式は隣接した2層間の単一のトンネル過程の層間伝導度への寄与に相当する．τ は伝導層内で電子が散乱を受けずに特定のランダウ準位状態に留まる散乱緩和時間で，ここでは簡単のため定数であると仮定した．ランダウ準位状態の寿命 τ が有限なので，そのエネルギーには $\hbar/\tau$ 程度の不確定性（ぼけ）が生じる．特に層間結合が散乱による「ぼけ」より弱くなるほど（$t_c \ll \hbar/\tau$），層間トンネルの頻度が散乱頻度に比べて低くなるので，$\tilde{\sigma}_{zz}$ に対して t_c の最低次の寄与 $\tilde{\sigma}_{zz}^{(0)}$ が支配的となる．ランダウ量子化が無視できる高温（$k_B T \gg \hbar \omega_c$）で $\tilde{\sigma}_{zz}^{(0)}$ を評価して実数部をとると，前出の半古典論の解析的表式と同一の表式が得られる．

$$\sigma_{zz}^{(0)} = Re\tilde{\sigma}_{zz}^{(0)} = \frac{2t_c^2 cm^* e^2}{\pi \hbar^4} \sum_{n=-\infty}^{\infty} J_n\left(ck_F \frac{B_x}{B_z}\right)^2 \frac{\tau}{1+(n\omega_c \tau)^2} \quad (7.151)$$

こうして隣接2層間のトンネル過程から，カルツォフニック–梶田振動が導かれる．

板状フェルミ面をもつ擬1次元導体の場合も，まったく同様の手順でトンネル描像を構築できる．この場合も t_c の最低次の寄与，すなわち隣接2層間のトンネル過程から半古典論と同じ層間伝導度の解析的表式が得られる（ただし極端な強磁場領域ではないと仮定する）．レベッド共鳴は，トンネル描像では隣接2層間の共鳴トンネル効果として解釈される．

以上，隣接2層間の単一トンネル過程のみで，カルツォフニック–梶田振動やレベッド共鳴などの角度依存磁気抵抗振動を説明できることがわかった．逆にいえば，これらの角度依存磁気抵抗振動は，実は多層系のバルク効果ではなく，本質的には隣接した2層で起こる局所効果であるといえる．一方，近似による解析的表式に含まれないピーク効果は，層間結合 t_c に関するより高次の効果，すなわち多層にわたる連続トンネル過程に由来することになる．半古典的には，ピーク効果は電子が多層にわたる軌道運動を行って初めて発現するバルク効果なのである．

これまでに明らかになったように，多層系の角度依存磁気抵抗振動は2層間単一トンネル過程を積み重ねた結果として起こる．個々のトンネル過程は独立で相関がないため，電子が層間をトンネルしていく合間に伝導層内で散乱されたとしても，現象の発現には影響がないはずである．以下では，散乱が非常に多い乱れた（dirty な）系，あるいは層間結合が非常に弱い系における層間伝導の問題について考察しよう．この問題は，1998年にマッケンジー（R. H. McKenzie）とモーゼス（P. Moses）によって初めて議論された[35]．

まず磁場がない場合を考えよう．層状伝導体において伝導層内の散乱頻度が伝導層間のトンネル頻度より高くなると，電子は伝導層内で散乱を受けることなく隣接層にトンネ

することができなくなる．このとき結晶内を積層方向に運動する電子の伝導面内の波数は，散乱で不規則に変化するため，複数のトンネルを通じて保存されることはない．したがって電子は3次元的なブロッホ波を形成することができない．このような乱れた系を「インコヒーレントな層間結合をもつ系」とよぶことにしよう（図7.17）．伝導層内の電子の散乱緩和時間をτとすると，層間をトンネルする時間間隔は$\hbar/t_c$程度になるので，層間結合がインコヒーレントであるとは，条件

$$\tau \ll \frac{\hbar}{t_c} \tag{7.152}$$

が成り立つことにほかならない．電子が散乱時間間隔のうちに隣接層にトンネルする確率は$\tau/(\hbar/t_c)$なので，散乱されずに積層方向に移動できる距離，すなわち積層方向の平均自由行程は$l_z = c \times \tau/(\hbar/t_c)$で与えられる．すると上の条件は$l_z \ll c$と書き換えられる．すなわちインコヒーレントな層間結合をもつ系では，積層方向の平均自由行程が層間距離より形式的に小さくなるのである．

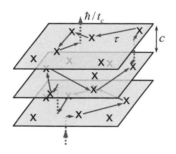

図 **7.17** インコヒーレントな層間結合をもつ層状伝導体．伝導層内の電子散乱が層間トンネルより頻繁に起こる．

3次元的なブロッホ波が形成されなければ3次元フェルミ面も定義できなくなる．散乱がなければフェルミ面は積層方向にバンド幅$4t_c$に相当する起伏をもっているが，インコヒーレント系ではそれが散乱によるエネルギーの不確定性$\hbar/\tau$によるフェルミ面の「ぼけ」の中に埋もれてしまうのである．

磁場中では層間行列要素が$\tilde{t}_c(N', N, \pm)$になるので，層間トンネルの時間間隔は$\hbar/\tilde{t}_c$に変化する．また散乱緩和時間τも磁場中のものに変化する．したがって磁場中のインコヒーレント層間結合の条件は$\tau \ll \hbar/\tilde{t}_c$となるが，ここでは試料の分類の目安として$\tau \ll \hbar/t_c$を用いることにしよう．

さて，層間結合がインコヒーレントな系では$t_c \ll \hbar/\tau$が成り立つので，複素伝導度$\tilde{\sigma}_{zz}$の級数展開で最低次の寄与$\tilde{\sigma}_{zz}^{(0)}$が支配的になる．したがって層間伝導度は$\sigma_{zz}^{(0)}$で与えら

れ，ピーク効果を除く角度依存磁気抵抗振動を引き起こす．すなわち層間結合がインコヒーレントな系でも，言い換えると3次元フェルミ面が定義できないような乱れた系でも，局所効果である角度依存磁気抵抗振動は発現しうることになる．一方，ピーク効果は，高次トンネル過程に起因するバルク効果であるためインコヒーレント系では現れない．したがってピーク効果の有無は系の層間結合のコヒーレンスの1つの指標となる．これがピーク効果を（超伝導の用語を真似て）「コヒーレンス・ピーク」とよぶゆえんである．

上の結論は半導体超格子を用いた実験により確認されている．$GaAs/Al_{1-x}Ga_xAs$ 半導体超格子は原子層単位で厚さを制御した GaAs 超薄膜結晶と $Al_{1-x}Ga_xAs$ 超薄膜結晶を交互積層した人工の層状物質である．$Al_{1-x}Ga_xAs$ 層に不純物原子（Si）をドープすると，GaAs 伝導層に2次元電子系が形成され，これが $Al_{1-x}Ga_xAs$ 障壁層を隔てて層間結合して，柱状フェルミ面をもつ擬2次元電子系となる．不純物ドープ量，障壁層の混晶比 x や

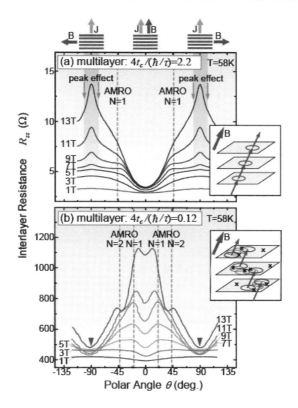

図 **7.18** 半導体超格子の層間抵抗の磁場方位依存性．(a) 層間結合がコヒーレントな場合．(b) 層間結合がインコヒーレントな場合．

膜厚を調整することにより，層間結合 t_c，フェルミ波数 k_F，散乱緩和時間 τ などを人工的に制御できる．図 7.18 は層間結合がコヒーレントな超格子 ($4t_c/(\hbar/\tau) = 2.2$) とインコヒーレントな超格子 ($4t_c/(\hbar/\tau) = 0.12$) の層間磁気抵抗の磁場方位依存性を比較したものである．いずれの試料でも破線位置にカルツォフニック–梶田振動が現れるが，平行磁場方位 ($\theta = \pm 90°$) でのピーク効果はコヒーレント試料にのみ現れることが確認できる[33]．

図にみられるコヒーレンスの違いによる最も顕著な効果は，磁気抵抗のバックグラウンドの角度依存性の相異である．コヒーレント系では磁場を平行磁場方向に傾けるほど層間抵抗が増加するが，これはローレンツ力が効く方向なので直感的に理解できる．しかしインコヒーレント系では逆に磁場が伝導面の法線方向で層間抵抗が最大となり，磁場の法線方向成分でスケールされるような振る舞いを見せる．これは「バックグラウンド反転」とよばれ，層間結合強度の面内不均一性により説明される．

7.4.2　量子振動効果[36]

強磁場中の電子系のランダウ量子化について 7.2.3 項で調べた．このランダウ量子化の効果は，磁場を変化させたときに，磁化や比熱などの熱力学量や電気伝導度や熱電係数のような輸送係数に振動的な振る舞いを引き起こす．磁化に現れる量子振動現象である「ド・ハース–ファン・アルフェン（de Haas–van Alphen）効果」はその最も典型的なもので，ランダウ量子化に伴う自由エネルギーの反磁性振動を反映したものである．一方，電気伝導の量子振動は，「シュブニコフ–ド・ハース（Shubnikov–de Haas）効果」とよばれるが，これはランダウ量子化された状態密度の振動を反映したものである．このシュブニコフ–ド・ハース振動に見かけ上類似した量子振動現象として「シュタルク（Stark）量子干渉効果」がある．これはランダウ量子化とは直接関係しない現象で，$\boldsymbol{k}$ 空間のアハラノフ–ボーム効果とでもいうべき電子波の量子干渉効果である．本節では磁気抵抗に現れる量子振動現象を紹介し，フェルミオロジー研究のためのデータ解析方法について説明しよう．

a. シュブニコフ–ド・ハース効果

磁場に垂直な面内の周期的軌道運動は離散準位にランダウ量子化されるが，磁場方向の運動は影響を受けないので，磁場中の電子状態は磁場方向の波数成分 $K_\parallel$ について 1 次元分散をもったサブバンド群に量子化される．そのとき（エネルギーの関数としての）状態密度 $D(E)$ は各サブバンドの状態密度の和となるが，その関数形は各サブバンドの $K_\parallel$ 分散の重なり方に依存する．ここでは放物線型バンドをもった 3 次元電子系を想定して説明するが，この状態密度の違いにより得られる公式に違いが出ることには注意すべきである．

分散 $E_n(\boldsymbol{k}) = \hbar^2 \boldsymbol{k}^2/2m^*$ をもつ 3 次元電子系のスピンを含めた単位体積あたりの状態密度は $D_0(E)dE = 2/(2\pi)^3 d\boldsymbol{k} = 2/(2\pi)^3 \times 4\pi k^2 dk$ より $D_0(E) = (1/2\pi^2)(2m^*/\hbar^2)^{3/2}\sqrt{E}$ となる．磁場 $\boldsymbol{B} = (0,0,B)$ のもとで，これは次のランダウ準位に量子化される (7.2.3 項).

7.4 電気伝導とフェルミオロジー

$$E_{N\sigma_z}(K_z) = \hbar\omega_c\left(N+\frac{1}{2}\right) + \frac{\hbar^2 K_z^2}{2m^*} + \frac{1}{2}g\mu_B\sigma_z B \tag{7.153}$$

$\omega_c \equiv eB/m^*$ はサイクロトロン角周波数である．ここでは電子スピン $\sigma_z = \pm 1$ に対するゼーマン効果によるエネルギーも考慮した．$\mu_B \equiv e\hbar/2m_0$ はボーア磁子，g はランデの g 因子である．この磁場中エネルギー準位の状態密度は，単位体積あたり

$$D(E) = \frac{1}{2\pi}\left(\frac{2m^*}{\hbar^2}\right)^{1/2}\sum_{N,\sigma_z}\frac{1}{2\pi l^2}\frac{1}{\sqrt{E-\hbar\omega_c\left(N+\frac{1}{2}\right)-\frac{1}{2}g\mu_B\sigma_z B}} \tag{7.154}$$

となる．ここで $l \equiv \sqrt{\hbar/eB}$ は磁気長で，$1/2\pi l^2$ はランダウ準位の縮重度である．上の N についての関数値の和は「ポアソン（Poisson）の和公式」

$$\sum_{N=0}^{\infty} f\left(N+\frac{1}{2}\right) = \int_0^{\infty} f(x)dx + 2\sum_{r=1}^{\infty}(-1)^r \int_0^{\infty} f(x)\cos(2\pi rx)dx \tag{7.155}$$

を用いて関数のフーリエ係数値の和に変換できる．特に $E/\hbar\omega_c \gg 1$ の場合は，状態密度は

$$D(E) = D_0(E)\left\{1 + \sum_{r=1}^{\infty}(-1)^r\sqrt{\frac{\hbar\omega_c}{2Er}}\cos\left(\frac{2\pi E}{\hbar\omega_c}r - \frac{\pi}{4}\right)\cos\left(\pi\frac{g\mu_B B}{\hbar\omega_c}r\right)\right\} \tag{7.156}$$

のように書け（一般の場合は $\cos(2\pi E/\hbar\omega_c - \pi/4)$ がフレネル積分に置き換わる），ゼロ磁場の状態密度 $D_0(E)$ に，磁場の逆数に対して周期的に振動する成分が重畳することがわかる．最後の $\cos$ の引数は $\pi g\mu_B Br/\hbar\omega_c = \pi gm^*r/2m_0$ となるので磁場に依存しないことに注意されたい．これを反映した磁気抵抗の振動がシュブニコフ–ド・ハース効果である．図 7.19 に有機導体で観測されたシュブニコフ–ド・ハース振動の例を示す[37]．

磁場方向に電流を流して測定される縦磁気配置の電気伝導は，基本的に磁場方向に 1 次元分散をもったランダウ準位のバンド伝導によって担われる．このときは緩和時間 $\tau_{\sigma_z}(E_{N\sigma_z})$ が定義できて，散乱確率が $1/\tau_{\sigma_z}(E_{N\sigma_z}) = C \times D(E_{N\sigma_z})$ の形で状態密度に比例することが示される．不純物散乱に関しては $C \cong (2\pi/\hbar)a^2 N_i$（$a$ は散乱強度，N_i は不純物密度）である．この場合の電気伝導度は久保公式より直ちに

$$\sigma_{zz} = -\frac{e^2}{V}\sum_{NX_0K_z\sigma_z}|\langle NX_0K_z\sigma_z|\hat{v}_z|NX_0K_z\sigma_z\rangle|^2\frac{df}{dE_{N\sigma_z}(K_z)}\tau_{\sigma_z}(E_{N\sigma_z}) \tag{7.157}$$

と書き下せ，これより縦磁気抵抗についての公式

$$\rho_\parallel = \rho_{zz} = \frac{1}{\sigma_{zz}} \cong \rho_0\left\{1 + \sum_{r=1}^{\infty}b_r\cos\left(\frac{2\pi\mu}{\hbar\omega_c}r - \frac{\pi}{4}\right)\right\} \tag{7.158}$$

が導かれる．振動部分の相対振幅 b_r は，μ を化学ポテンシャル，Γ を状態密度におけるエネルギー準位のぼけ（broadening）として，次式で与えられる．

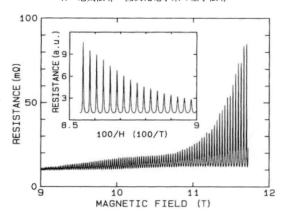

図 **7.19** 層状有機導体 β_H-(BEDT-TTF)$_2$I$_3$ の面内磁気抵抗において観測されたシュブニコフ–ド・ハース効果[37]. 磁場は伝導面に垂直に加えている. 挿入図より,振動が磁場の逆数に対して周期的であること, 強い非調和性が現れていることがわかる.

$$b_r = (-1)^r \sqrt{\frac{\hbar\omega_\mathrm{c}}{2\mu r}} \frac{\frac{2\pi^2 k_\mathrm{B} T}{\hbar\omega_\mathrm{c}} r}{\sinh\left(\frac{2\pi^2 k_\mathrm{B} T}{\hbar\omega_\mathrm{c}} r\right)} \cos\left(\pi \frac{g\mu_\mathrm{B} B}{\hbar\omega_\mathrm{c}} r\right) e^{-\frac{2\pi\Gamma}{\hbar\omega_\mathrm{c}} r} \tag{7.159}$$

磁場に垂直な方向に電流を流して測定される横磁気配置の電気伝導は, 電子が中心座標の異なるランダウ準位状態間を不純物散乱によって遷移していくことによって生ずる. この場合, 電気伝導は散乱によって引き起こされるのである. 7.3.3項で述べたように, 直流伝導度 σ_{xx} は散乱によるランダウ状態間の遷移確率とそれに伴う中心座標シフトの2乗の積の和になっており, 散乱頻度の増大に伴い大きくなる. したがって状態密度を反映した振動現象が横磁気配置の伝導にも現れる. 横磁気抵抗についての公式は最終的に

$$\rho_\perp = \rho_{xx} = \frac{\sigma_{xx}}{\sigma_{xx}^2 + \sigma_{xy}^2} \cong \rho_0 \left\{ 1 + \frac{5}{2} \sum_{r=1}^\infty b_r \cos\left(\frac{2\pi\mu}{\hbar\omega_\mathrm{c}} r - \frac{\pi}{4}\right) + R \right\} \tag{7.160}$$

のように求められる. 右辺 { } 内の第2項は異なる指数をもつランダウ準位間 ($N \neq N'$) の散乱の寄与である. 一方, 第3項の R は同一ランダウ準位内 ($N = N'$) の散乱の寄与で,

$$R = \frac{3}{4} \frac{\hbar\omega_\mathrm{c}}{2\mu} \left\{ \sum_{r=1}^\infty b_r \left[\alpha_r \cos\left(\frac{2\pi\mu}{\hbar\omega_\mathrm{c}} r\right) + \beta_r \sin\left(\frac{2\pi\mu}{\hbar\omega_\mathrm{c}} r\right) \right] - \ln(1 - e^{\frac{4\pi\Gamma}{\hbar\omega_\mathrm{c}}}) \right\} \tag{7.161}$$

$$\alpha_r = 2\sqrt{r} \sum_{s=1}^\infty \frac{1}{\sqrt{s(r+s)}} e^{-\frac{4\pi\Gamma}{\hbar\omega_\mathrm{c}} s}, \quad \beta_r = \sqrt{r} \sum_{s=1}^{r-1} \frac{1}{\sqrt{s(r-s)}} \tag{7.162}$$

で与えられる．散乱頻度が十分大きく，振動の高調波成分（$r > 1$）の減衰が大きい場合は，R を無視することができる．以上の公式はロス（L. M. Ross）とアルギリス（P. N. Argyres）によって得られたもので，磁化のド・ハース–ファン・アルフェン振動に対する「リフシッツ–コセービッチ（Lifshitz–Kosevich）の公式」に対応するものである[38]．

シュブニコフ–ド・ハース振動に対する公式を用いて実験データを解析すると，フェルミ面，有効質量，散乱などに関する情報を得ることができる（磁化のド・ハース–ファン・アルフェン振動の解析方法も全く同様である）．上の等方的な電子系についての議論を拡張して，任意形状の閉じた単一フェルミ面をもった電子系を考える場合も，縦磁気抵抗 $\rho_\parallel$ や横磁気抵抗 $\rho_\perp$ の相対的な基本波振動成分は

$$\frac{\Delta\rho}{\rho_0} \propto b_1 \cos\left(\frac{\hbar S_k}{eB} - \frac{\pi}{4}\right) \tag{7.163}$$

$$b_1 \propto \sqrt{B}\frac{\chi}{\sinh\chi}e^{-\chi_D}\cos\left(\frac{\pi}{2}\frac{m^*}{m_0}g\right) \tag{7.164}$$

の形に書ける．ここで $S_k = \pi(2m^*\mu/\hbar^2)$ はフェルミ面（$E_F \cong \mu$）を磁場に垂直な平面で切った断面積の最大値（極値断面積），$\chi \equiv 2\pi^2 k_B T/\hbar\omega_c$，$\chi_D \equiv 2\pi^2 k_B T_D/\hbar\omega_c$，$T_D \equiv \Gamma/\pi k_B$（「ディングル（Dingle）温度」とよばれる）である．

オンサーガーの量子化条件から期待されるとおり，磁気抵抗は磁場の逆数に対して周期

$$\Delta\left(\frac{1}{B}\right) = \frac{2\pi e}{\hbar S_k} \tag{7.165}$$

で振動するので，振動の山（または谷）を与える $1/B$ の値を整数に対してプロットすると1本の直線上に並ぶ（「ランダウプロット」）．この直線の傾きからフェルミ面の極値断面積 S_k が求まる．さらに磁場中で試料を回転させて実験を行うことにより，極値断面積 S_k の磁場方位依存性がわかるので，適当なバンドモデルを援用すれば，3次元的なフェルミ面形状を再構成することができる．一方，ランダウプロットの直線の切片からは量子振動の位相が求まるが，上式にみられるように単純な場合は $\pi/4$ となる．しかしバンド構造がベリー曲率をもつような場合には，オンサーガーの量子化条件のシフト（7.2.4項）に対応して極値軌道のベリー位相分だけ位相がシフトする．

一定磁場における振動振幅 b_1 の温度依存性は，フェルミ分布のぼけ $k_B T$ に対するランダウ準位間隔 $\hbar\omega_c$ の相対的な大きさ χ で決まるので，準位間隔すなわちサイクロトロン有効質量 m^* の情報を含む．この温度依存性は因子 $\chi/\sinh\chi$ で与えられるので，$\Delta\rho/\rho_0$ の振動振幅 b_1 を温度に対してプロットしたデータに対し，曲線 $b_1 \propto \chi/\sinh\chi$ をフィッティングする．このときの温度軸方向のスケール係数，すなわち $\chi = 2\pi^2 k_B T/\hbar\omega_c = 14.7\,[\mathrm{T/K}](m^*/m_0)(T/B)$ を温度 T に合わせる倍率から有効質量 m^* が求まる（図7.20(a)）．有効質量が重くなるほど実験には低温・強磁場（大きな T/B）が必要となる．

一方，一定温度における振動振幅 b_1 の磁場依存性は，ランダウ準位の重なりを反映した

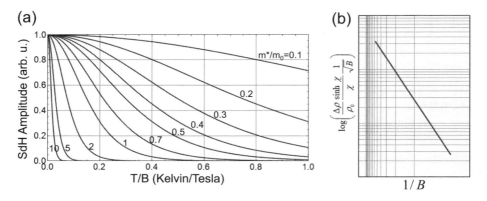

図 **7.20** シュブニコフ−ド・ハース振動の振幅の解析. (a) 一定磁場における振幅の温度依存性. 複数の有効質量についての曲線が描かれている. 最適の曲線に温度依存性をフィッティングすることにより有効質量が求まる. (b) ディングルプロット. 一定温度における振幅の磁場依存性を図のようにプロットしたときの直線の傾きからディングル温度が求まる.

因子 $\sqrt{B}$, 温度依存性因子 $\chi/\sinh\chi$, およびランダウ準位の散乱幅 Γ に対するランダウ準位間隔 $\hbar\omega_c$ の相対的な大きさ χ_D を反映した因子 $e^{-\chi_D}$ の積で決まる. 因子 $e^{-\chi_D}$ を抽出すればディングル温度 T_D を通じて緩和時間や移動度についての情報が得られる. そのために一定温度における振動振幅のデータを, 温度依存性の解析から求めた有効質量 m^* を用いて $\log\{b_1(\sinh\chi/\chi)/\sqrt{B}\}$ (これは $-\chi_D$ に定数を加えたものになる) に直し, $1/B$ に対してプロットすると (「ディングルプロット」), データ点は負の傾きをもつ直線上に並ぶ (図 7.20(b)). この直線の傾きは $2\pi^2 m^* k_B T_D/\hbar e$ となるので, ディングル温度 T_D と準位幅 $\Gamma = \pi k_B T_D$ が求まり, 散乱緩和時間 $\tau = \hbar/2\pi\Gamma$ や移動度 $\mu = e\tau/m^*$ を見積もることができる. なおディングルプロットの解析において, ランダウ準位の状態密度の重なりを反映する第一因子は, バンド構造の次元性 (異方性) に依存するので注意を要する. ランダウ準位が K_z 分散をもつ 3 次元電子系では上述のように $\sqrt{B}$ であるが, K_z 分散のない 2 次元電子系の場合は 1 となる.

これまでは単一のフェルミ面のシュブニコフ−ド・ハース振動について議論してきたが, 複数のフェルミ面が存在すると, 各々の極値断面積に対応した異なる周波数の量子振動が重なって現れる. このような場合には, 磁気抵抗の $1/B$ の関数としての振動波形のデータをフーリエ変換して, 異なる周波数の成分を分離する必要がある. 各フーリエ成分の周波数と強度に対して上述の解析を行えばよい.

複数のフェルミ面が $\boldsymbol{k}$ 空間内で十分離れていれば, それらのランダウ量子化は独立で, 量子振動も単純な重ね合わせになる. しかし 7.2.3 項で述べた「磁気貫通 (magnetic breakdown)」により異なるフェルミ面間の遷移が可能になると，ランダウ準位の混成が生じ，量子振動には半古典的な磁気貫通軌道の断面積に相当する新たな周波数成分が現れる．その振幅の磁場依存性は磁気貫通の遷移確率を反映するようになる．したがって前述の磁場依存性の振舞はそのままでは成立しないので注意を要する．

例として 7.2.3 項の図 7.2 で考えた 1 次元周期ポテンシャルが導入された 2 次元電子系を考えよう．ブリルアン領域境界でギャップが開き一対の開いたフェルミ面（3 次元波数空間では板状）と閉じたフェルミ面（3 次元波数空間では柱状）が存在する（図 7.21(a)）．これは最も簡単な磁気貫通系であるが，擬 2 次元有機導体ではしばしばみられる電子構造である．磁気抵抗には閉じたフェルミ面の断面軌道（α 軌道）に起因するシュブニコフ–ド・ハース振動が現れるが，強磁場領域では 2 つのフェルミ面の間のギャップを磁気貫通するようになり，大きな貫通軌道（β 軌道）に起因する振動が重畳するようになる．その際に抵抗の振動波形をフーリエ解析すると，α 軌道や β 軌道以外に両者が混成した $\alpha + \beta$ 軌道や古典的には許されない $\beta - \alpha$ 軌道に対応する振動成分が現れる（図 7.21(b)）．$\beta - \alpha$ 軌道に対応する振動は次に述べる量子干渉効果によるものである．これらは量子論的には図 7.2(b) の領域 C における状態密度の $1/B$ 依存性のフーリエ成分に対応する．

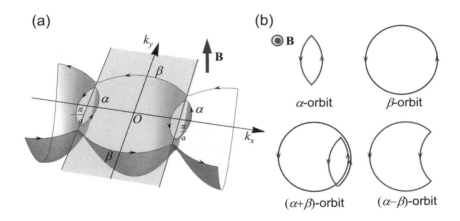

図 **7.21** 磁気貫通系のシュブニコフ–ド・ハース振動．(a) 2 次元磁気貫通系のバンド構造（図 7.2 と同様）．(b) シュブニコフ–ド・ハース振動の各周波数成分の半古典的ネットワークモデルによる解釈．電子は各ギャップ（結節点）で磁気貫通またはブラッグ反射するので種々の電子軌道が考えられる．$\alpha - \beta$ は量子化できる閉じた軌道ではないが，電子経路が 2 つに分かれた後で再び合流するシュタルク干渉計の配置になっているため，量子振動に寄与する（後述）．

b. シュタルク量子干渉効果

磁気貫通に付随した量子干渉効果は一般に「シュタルク (Stark) 量子干渉効果」とよばれる．フェルミ面間のギャップにおいて，電子波は一部がギャップを磁気貫通し，一部がギャップでブラッグ反射される．この2つに分かれた波が再び出会うと干渉が起こる．光の干渉に例えていうならば，フェルミ面の間のギャップが電子波に対してビーム・スプリッターとして働くのである．シュタルク干渉は，通常は輸送現象に現れるが，場合によっては磁化などの熱力学量にも現れうる．

シュタルク干渉の最も顕著な例の1つは，擬1次元有機導体 $(TMTSF)_2ClO_4$ の金属相でみられる磁気抵抗の量子振動（「小周期振動 (rapid oscillation)」とよばれる）である（図 7.22(a)）．この系では，構造相転移によって導入された波数 $\bm{Q} = \bm{b}^*/2$ の超格子により元の1対の板状フェルミ面が2対の板状フェルミ面に裁断されており，圧力を加えて構造相転移を抑制すると振動も消失する[39]．

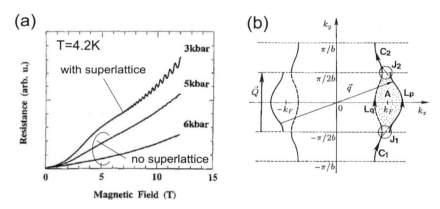

図 7.22 シュタルク量子干渉効果．(a) 金属相にある擬1次元層状有機導体 $(TMTSF)_2ClO_4$ のにおいて観測された面内磁気抵抗の小周期振動[39]．(b) 伝導面のフェルミ面構造．磁場中では本来の経路 L_p と超格子により生じた経路 L_q を進行する電子波がシュタルク干渉する．

この系のフェルミ面配置（図 7.22(b)）を例にとってシュタルク干渉を説明しよう．右側のフェルミ面で軌道 C_1 に沿って軌道運動してきた電子波束は，ブリルアン領域境界のギャップ J_1 に達すると（磁場が十分弱ければ）ブラッグ反射されて軌道 L_q に沿って進む．しかし磁場が十分に強くなるとブラッグ反射を受けずにギャップを磁気貫通して軌道 L_p に進む確率が生じる．波束は2つに分かれて L_q および L_q に沿って軌道運動を行うが，ブリルアン領域境界のギャップ J_2 で再び合流して量子干渉が起こる．J_1 から J_2 まで進む間に，2つの波束は実空間座標 $\bm{R}_1$ から $\bm{R}_2$ まで異なる実空間軌道に沿って外部磁

場 $\boldsymbol{B} = \boldsymbol{\nabla} \times \boldsymbol{A}$ の中を運動し，波動関数の位相にはゲージと経路に依存する幾何学的位相 $\theta = (-e/\hbar) \int_{\boldsymbol{R}_1}^{\boldsymbol{R}_2} \boldsymbol{A}(\boldsymbol{R}') \cdot d\boldsymbol{R}'$ が追加される．したがって座標 $\boldsymbol{R}_2$ で合流したときの両者の間には電磁場によって位相差 $\Delta\theta$ が生ずることになる．$\Delta\theta$ はゲージによらず経路のみに依存する「アハラノフ–ボーム（Aharonov–Bohm）位相」で次のように書き直せる．

$$\Delta\theta = \theta_{L_p} - \theta_{L_q} = -\frac{e}{\hbar}\int_{L_p} \boldsymbol{A}(\boldsymbol{R}') \cdot d\boldsymbol{R}' + \frac{e}{\hbar}\int_{L_q} \boldsymbol{A}(\boldsymbol{R}') \cdot d\boldsymbol{R}' = \frac{e}{\hbar}\oint_{L_q-L_p} \boldsymbol{A}(\boldsymbol{R}') \cdot d\boldsymbol{R}'$$

$$= \frac{e}{\hbar}\iint_{S_R} (\boldsymbol{\nabla} \times \boldsymbol{A}) \cdot d\boldsymbol{S} = \frac{e}{\hbar}\iint_{S_R} \boldsymbol{B} \cdot d\boldsymbol{S} = \frac{eB}{\hbar}S_R = \frac{eB}{\hbar}l^4 S_{\boldsymbol{k}} = \frac{\hbar}{eB}S_{\boldsymbol{k}} \quad (7.166)$$

ここで S_R および $S_{\boldsymbol{k}}$ はそれぞれ実空間と $\boldsymbol{k}$ 空間において 2 つの経路が挟む面積である．この位相差による量子干渉は $1/B$ に対して周期的に起こり，磁気抵抗の振動現象を引き起こす．その周期は次式で与えられる．

$$\Delta\left(\frac{1}{B}\right) = \frac{2\pi e}{\hbar S_{\boldsymbol{k}}} \quad (7.167)$$

これは形式的にシュブニコフ–ド・ハース振動と同じ式であるが，$S_{\boldsymbol{k}}$ が電子軌道が周回して囲む面積ではないという点でまったく異なるものである．シュブニコフ–ド・ハース振動を与える等エネルギー面の断面積 $S_{\boldsymbol{k}}$ はエネルギーをシフトさせると変化するが，シュタルク干渉を与える経路の挟む面積 $S_{\boldsymbol{k}}$ はあまり変化しない．このためシュタルク干渉はシュブニコフ–ド・ハース振動に比べ熱分布のぼけによる減衰（昇温時の減衰）が小さいという特徴をもつ．

7.5 量子ホール効果

　1985 年のフォン・クリッツィング（K. von Klitzing），1998 年のラフリン（R. B. Laughlin），シュテルマー（H. L. Stormer），ツイ（D. C. Tsui）の 2 つのノーベル賞につながった整数および分数量子ホール効果は，超伝導と並ぶ物性物理学上の重要なトピックスである[16,40,41]．不完全性を含む系の輸送係数が電気素量とプランク定数という自然定数のみで表されることは驚くべきことであるが，これは系の詳細に依存しないトポロジー的な原理が背後に潜んでいることを示唆している．量子ホール効果の大きな意義の一つは，絶縁体における散逸を伴わないトポロジカル伝導の典型例であることである．

7.5.1 2 次元電子系

　量子ホール効果発見の舞台となった系は半導体界面に形成された 2 次元電子系である．MOS 型電界効果トランジスタ（FET）のシリコン/酸化膜界面と GaAs/AlGaAs などの異種半導体界面に形成される 2 次元電子系が代表的なものである．半導体の MOS 型電界効果トランジスタ（FET）は，弱く p 型にドープした平板状シリコン結晶の表面に熱処理

により薄い酸化膜(絶縁膜)を形成し,その上にゲート電極として金属膜を設けた構造をもつ(図 7.23(a)).これは絶縁膜を挟んだ一種のコンデンサ構造なので,ゲート電極に正の電圧を加えると酸化膜の両側に電荷を蓄積することができる.酸化膜近傍のシリコン領域には負の電荷(電子)が蓄積し,n 型に極性反転した層(反転層)ができる.この反転層を流れる電流をゲート電圧によって制御する素子が MOSFET である.反転層の厚さは数十 nm 程度であり,これは反転層に蓄積した電子のド・ブロイ波長と同程度である.したがって電子波は界面に垂直方向については離散的モードに量子化される.これは垂直方向の電子運動が数種類の運動に限定されることを意味する.特にすべての電子が最低エネルギーの電子波モードにある場合は,電子の垂直方向の運動が 1 種類に限定され実効的に運動自由度を失うことになる.したがって系は界面に沿った 2 次元面内のみで電子の運動が可能な 2 次元電子系と見なすことができる.

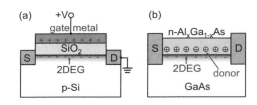

図 **7.23** 半導体 2 次元電子系の例.(a) MOS 型電界効果トランジスタ.(b) $Al_xGa_{1-x}As$/GaAs ヘテロ接合構造(HEMT 構造).図の "2DEG" は反転層の 2 次元電子,"S" と "D" はそれに接続するソース電極とドレイン電極を表す.

MOS 構造では原子層レベルで酸化膜の形成を制御できないため,シリコン/酸化膜界面は完全に平坦にならず,多くの乱雑さが存在する.よりクリーンな 2 次元電子系は異種半導体界面(ヘテロ界面)で実現される.GaAs 結晶と Ga サイトの一部を Al で置換した混晶半導体 $Al_xGa_{1-x}As$ 結晶(以下では Al の組成比 $0 < x < 1$ を省略して AlGaAs と書く)の界面を考える(図 7.23(b)).分子線エピタキシー(MBE)法など原子層レベルで結晶成長の制御が可能な方法を用いて,絶縁性 GaAs 基板の表面に GaAs 結晶を成長し,その上に AlGaAs 結晶を成長させる.ここで GaAs と AlGaAs の格子定数はほとんど等しいので,結晶格子を保ったまま GaAs から AlGaAs へと接続するエピタキシャル成長が可能となる.また GaAs/AlGaAs 界面は 1 原子層の精度で平坦なものが得られる.物質中の電子を取り出すのに必要なエネルギーを仕事関数というが,GaAs は AlGaAs より仕事関数が大きいため,電子のポテンシャルエネルギーは GaAs の方が低くなる.ここで AlGaAs を n 型にドープしておくと,AlGaAs 側の電子の一部は陽イオンを残してポテンシャルの低い GaAs 側に電荷移動し,界面を挟んで電気 2 重層を形成する.GaAs 側の電子は,界面のポテンシャル段差と電気 2 重層による静電ポテンシャルによって界面近傍の

領域に閉じ込められる（反転層）．これの厚さは電子のド・ブロイ波長と同程度であるため，界面に垂直な方向の電子状態の量子化が起こる．最低エネルギー準位のみが占有されていれば系は2次元電子系と見なすことができる．技術的に半導体ヘテロ界面では原子層レベルできわめて平坦かつ急峻な界面を得ることができる．さらに上の構造ではn型ドープ用の不純物はAlGaAs側に存在し，電子が流れるGaAs側と空間的に分離されている．このため元来不純物由来の電子の不純物散乱強度が抑えられ，非常に高い電子移動度をもったクリーンな2次元電子系が実現する．これを素子応用したものが高電子移動度トランジスタ（HEMT）で，高速デバイスとして携帯電話などに使われている．

GaAs等の化合物半導体以外にも，ZnO/MgZnOのような酸化物のヘテロ界面でもクリーンな2次元電子系が得られている．この場合，電子の蓄積には分極が関係する．また近年，グラファイト単原子膜（グラフェン）の単離が実験的に可能となった．これは炭素原子が1つの平面上に蜂の巣格子に並んだ2次元結晶であり，その電子系は質量ゼロのディラック粒子という著しい特徴をもった2次元電子系となる（7.6節で詳述する）．量子ホール効果は1980年にシリコンMOS反転層で発見されたが[42]，現在では種々の2次元系で普遍的に観測されている．

7.5.2 整数量子ホール効果

2次元電子系に図7.24のように電極を取り付け，紙面垂直上方向に磁場Bを印加し，端子$[I_+]$から端子$[I_-]$へ電流Iを流す．このとき間隔L_xの端子$[V_+]$と端子$[V_-]$の間で電圧$V_+ - V_-$を測定すれば縦抵抗Rが，間隔L_yの端子$[V_H]$と端子$[V_-]$の間で電圧$V_H - V_-$を測定すればホール抵抗R_Hが求まる．電流方向をx軸，磁場方向をz軸にとると，

$$R = \frac{V_+ - V_-}{I} = \frac{E_x L_x}{j_x L_y} = \rho_{xx} \frac{L_x}{L_y} \tag{7.168}$$

$$R_H = \frac{V_H - V_-}{I} = \frac{-E_y L_y}{j_x L_y} = -\rho_{yx} = -\frac{\sigma_{xy}}{\sigma_{xx}^2 + \sigma_{xy}^2} \tag{7.169}$$

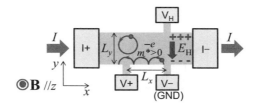

図 **7.24** GaAs/AlGaAs 2次元電子系の磁場中伝導測定の端子配置（ホールバー配置）．電子軌道を模式的に描いてある．

ここで σ は 2 次元電気伝導度，ρ は 2 次元電気抵抗率，j は 2 次元電流密度，E は電場である．σ，ρ，j は 3 次元の場合と次元が異なることに注意する．

$$\begin{pmatrix} j_x \\ j_y \end{pmatrix} = \begin{pmatrix} \sigma_{xx} & \sigma_{xy} \\ -\sigma_{xy} & \sigma_{xx} \end{pmatrix} \begin{pmatrix} E_x \\ E_y \end{pmatrix} \tag{7.170}$$

$$\begin{pmatrix} \rho_{xx} & \rho_{xy} \\ \rho_{yx} & \rho_{yy} \end{pmatrix} = \begin{pmatrix} \sigma_{xx} & \sigma_{xy} \\ -\sigma_{xy} & \sigma_{xx} \end{pmatrix}^{-1} = \frac{1}{\sigma_{xx}^2 + \sigma_{xy}^2} \begin{pmatrix} \sigma_{xx} & -\sigma_{xy} \\ \sigma_{xy} & \sigma_{xx} \end{pmatrix} \tag{7.171}$$

図 7.25 は GaAs/AlGaAs ヘテロ界面で測定された低温での縦抵抗とホール抵抗の磁場依存性である[43]．縦抵抗は低磁場領域では，磁場の増加に伴い減少する（負の磁気抵抗）．散乱体による乱雑ポテンシャルのため，2 次元電子系はゼロ磁場では「弱局在」状態にある．ゼロ磁場では系に時間反転対称性があるため，多重散乱する電子波が干渉した結果，緩く局在した電子の定在波が形成される．これが弱局在状態である．磁場により時間反転対称性を破ると，各散乱波毎に余分な位相が付与されるため，定在波は壊れる．したがって磁場中では弱局在は弱まり負の磁気抵抗が観測されることになる．

磁場が大きくなると縦抵抗には磁場の逆数に対して周期的な振動構造が現れる．これは 2 次元電子系のシュブニコフ–ド・ハース効果である．さらに磁場が大きくなるとシュブニコフ–ド・ハース振動の振幅が増大し，振動の極小が横軸に達する（ゼロ抵抗になる）よう

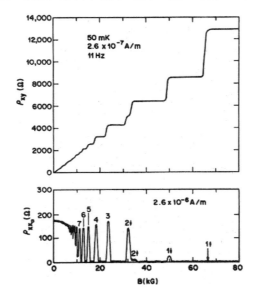

図 **7.25** GaAs/AlGaAs ヘテロ界面で測定されたホール抵抗の量子ホール効果（上）と縦抵抗のシュブニコフ–ド・ハース振動（下）[43]．

になる.それ以上の磁場における縦抵抗のシュブニコフ–ド・ハース振動は,ゼロ抵抗領域と鋭いスパイク状のピークが交互に現れるようになる.

ホール抵抗は低磁場領域では磁場に比例して増大するが,縦抵抗にシュブニコフ–ド・ハース振動が現れると,対応して弱い振動が重畳する.縦抵抗にゼロ抵抗領域が現れるようになると,ホール抵抗は著しい階段的な磁場依存性を示すようになる.縦抵抗のゼロ抵抗領域ではホール抵抗は一定値を取って平坦部(プラトー)となり,縦抵抗のスパイク構造領域ではホール抵抗はプラトーからプラトーへの遷移的変化を示す.ゼロ抵抗領域すなわちプラトー領域での抵抗率あるいは伝導度の値は,ν を整数として

$$\begin{cases} \rho_{xx} = 0 \\ \rho_{yx} = \dfrac{E_y}{j_x} = -\dfrac{1}{\nu}\dfrac{h}{e^2} \end{cases} \quad (7.172)$$

書き直すと,

$$\begin{cases} \sigma_{xx} = 0 \\ \sigma_{xy} = \dfrac{j_x}{E_y} = -\nu\dfrac{e^2}{h} \end{cases} \quad (7.173)$$

を厳密にみたすことが実験的に確認された.これが整数量子ホール効果である.

整数 ν で指定されるゼロ抵抗領域すなわちプラトー領域を量子ホール状態とよぶ.量子ホール状態では対角伝導度 σ_{xx} は消失し,ホール伝導度 σ_{xy} は $-e^2/h$ の ν 倍に量子化される.量子ホール状態では,$\sigma_{xx} = 0$ なのでジュール発熱を伴う散逸的な伝導は系の内部では起こらない.その意味で量子ホール状態は一種の絶縁体状態であると考えることができる.ホール伝導度 σ_{xy} は有限であるため,系の内部では 電流密度 j と電場 E が常に直交し(ホール角 $=90°$)ジュール発熱は起こらない.散逸のない電流が絶縁体に流れていることになる.

量子ホール状態の電気伝導度は電気素量とプランク定数という自然定数のみで与えられ,物質の違いや不純物散乱の強さなどに依存しない普遍的な量となる.外部磁場や電子密度など系のパラメータの小さな変化に対しては値を変えずプラトーを示す.この外部パラメータの変化に対する robustness は,現象の背後にトポロジー的原理が潜むことを示唆する.パラメータを大きく変えると,散逸的な遷移領域を経由して ν の異なる別の量子ホール状態に移る.

2 次元系ではホール抵抗 R_H は試料サイズに依存せず抵抗率 ρ_{yx} により与えられる.また量子ホール状態では電流方向の電圧降下が起こらないため,ホール端子の位置が非対称であってもホール抵抗が測定できる.したがって量子ホール効果の精密測定は,試料形状や端子配置にあまりこだわらずに実行することができる.ホール抵抗の量子化はきわめて高い精度で確認されており,現在では抵抗標準として利用されている.また発見当初は量子電磁力学の結合パラメータである微細構造定数 $\alpha = e^2/4\pi\varepsilon_0\hbar c \sim 1/137$ の決定などへ

の応用も提案された.

2次元電子系は磁場中でランダウ準位に量子化される. 7.2.3項では3次元電子系のランダウ準位を求めたが, 2次元の場合は磁場方向のエネルギー分散（K_z分散）を除いて議論すればよい. 質量 m の放物線分散をもつ2次元系では, ランダウ準位は分散をもたない離散準位となる.

$$E_N = \hbar\omega_\mathrm{c}\left(N + \frac{1}{2}\right) \tag{7.174}$$

ここで $\omega_\mathrm{c} = eB/m$. 各準位には, 中心座標の異なるサイクロトロン運動状態が $1/2\pi l^2$ 個縮退している（$l = \sqrt{\hbar/eB}$ は磁気長）. 不純物などの散乱体のないクリーンな系では単位面積, スピンあたりの状態密度 $D(E)$ は

$$D(E) = \sum_N \frac{1}{2\pi l^2}\delta(E - E_N) \tag{7.175}$$

となる. しかし系に散乱体によるポテンシャルが存在すると, サイクロトロン運動の中心位置によってエネルギーが異なるようになる. そのためランダウ準位の縮退は解け, 状態密度は δ 関数がぼけて幅をもつようになる. 摂動論によって状態密度の関数形を求める場合, 非摂動状態の縮退に由来する発散を抑えるため自己無撞着な取り扱いが必要となる. 最も単純な自己無撞着ボルン近似によると, 単一のランダウ準位の状態密度は上半楕円の形となる. より詳細な数値計算によると状態密度の上下のエネルギー端は裾を引く形状になり, 上下エネルギー端近くの状態はゼロ磁場のアンダーソン弱局在状態とは異なるクラスの局在状態となることが確かめられている（図7.26）.

このことは, 散乱のポテンシャルが磁気長に比べて十分緩やかに変化する場合には, 古典的に理解することができる. 磁場中でサイクロトロン運動している2次元電子がに面内に一様電場を加えると, サイクロトロン運動の中心は電場と直交する方向, すなわち等ポテンシャル線に沿ってドリフト運動する. 2次元面内にサイクロトロン半径（磁気長程度）に比べ十分穏やかに変化するポテンシャルのパターンがあると, サイクロトロン運動中心は等ポテンシャル線に沿って運動する（図7.27）. ポテンシャルの極大点（山）や極小点（谷）付近では等ポテンシャル線は空間的に局在した周回軌道となるので, 電子状態は局在することになる. またパーコレーション理論によれば, 山や谷を周回せず系の端から端に達する等ポテンシャル線が必ず存在する. この系全域を巡る等ポテンシャル線に沿った運動は, 非局在電子状態に対応する. こうして幅をもったランダウ準位の上下端付近では電子状態が局在し, それらに挟まれたランダウ準位中央付近には系全体に広がった非局在状態が必ず存在することが理解できる. 局在状態と非局在状態を分けるエネルギーを移動度端とよぶが, これは散乱ポテンシャルや試料形状など系の詳細に依存する.

幅をもったランダウ準位の局在領域にフェルミ準位が位置する場合, 十分低温では対角伝導度 σ_{xx} はゼロになる. 局在領域で系の端から端に電子が移動するためには, エネル

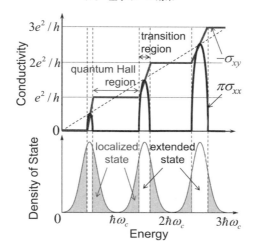

図 **7.26** 一定磁場における 2 次元電子系の状態密度と伝導度の関係．フェルミ準位が局在領域にあるときに量子ホール効果が起こる．

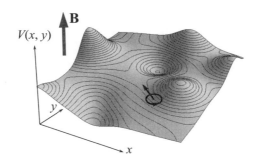

図 **7.27** 緩やかな不規則ポテンシャル中の電子の磁場中軌道運動．サイクロトロン円運動の中心座標がポテンシャルの等高線に沿ってドリフト運動する．

ギーの異なる状態への遷移が必要となるからである．これが量子ホール領域で対角伝導度や縦抵抗がゼロとなる理由である．したがって量子ホール効果の問題は，電子局在による絶縁体状態において，散逸のない電流が流れ，ホール伝導度 σ_{xy} が量子化された普遍的な値を取る理由に収束する．この問題には久保公式や数値計算などのアプローチが試みられた．しかし以下では，各論的な磁場中局在問題を超えて，より一般的なトポロジカル伝導の観点から量子ホール効果を議論する．それは近年のトピックスである量子スピンホール効果（トポロジカル絶縁体）や量子異常ホール効果（チャーン絶縁体）などが，量子ホー

ル効果のトポロジカルな描像を基礎にして論じられているからである.

7.5.3　量子ホール効果のゲージ理論

量子ホール効果の説明は当初，久保公式による従来のホール伝導度 σ_{xy} の計算に局在効果を組み込むことにより行われた．これに対し 1981 年にラフリン（R. B. Laughlin）は 2 次元絶縁体のホール効果に関する「電荷ポンプ」とよばれる思考実験によって，より一般的にホール伝導度の量子化を導いてみせた[44]．

a. 特異ゲージ変換

準備として量子力学のバイヤース–ヤン（Byers–Yang）の定理について説明する．これは「穴のあいた多重連結領域 D の穴に仮想磁束 $\widetilde{\Phi}$ を通し断熱的に変化させると，領域 D 内の電子系のエネルギーは磁束量子 $\Phi_0 = h/e$ を周期として変化する」というものである（図 7.28）．仮想磁束 $\widetilde{\Phi}$ は穴の中に閉じ込められ D 内部には侵入しないとする（断熱変化させる仮想磁束と無関係な固定磁場は D 内に存在していてもよい）．仮想磁束を断熱的に変化させると，系の各波動関数は「連続的に」変形し，各エネルギー準位も連続的に変化する．磁束量子分だけ変化すると，波動関数は位相因子を除いて変化前の波動関数（の 1 つ）に，対応する準位も変化前の準位（の 1 つ）に一致する．このときエネルギー等の観測可能量の値は元に戻る．これをゲージ変換を利用して示そう．

まず電磁場のゲージ変換について復習しておこう．一般に電磁気学はゲージ変換

$$\begin{cases} \boldsymbol{A} \to \boldsymbol{A}' = \boldsymbol{A} + \boldsymbol{\nabla}\chi \\ \phi \to \phi' = \phi - \dfrac{\partial \chi}{\partial t} \end{cases} \tag{7.176}$$

に対して不変である（$\chi(\boldsymbol{r}, t)$ は任意のスカラー関数）．このとき量子力学では波動関数

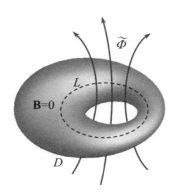

図 7.28　バイヤース–ヤンの定理．磁場ゼロ領域 D の穴を貫く仮想磁束を，断熱的に変化させる．

$\psi(\boldsymbol{r},t) = \langle \boldsymbol{r}|\psi(t)\rangle$ が
$$\langle \boldsymbol{r}|\psi\rangle \to \langle \boldsymbol{r}|\psi'\rangle = e^{-i\frac{e}{\hbar}\chi(\boldsymbol{r},t)}\langle \boldsymbol{r}|\psi\rangle \tag{7.177}$$
のように変換される．つまりゲージ変換は任意の時刻における波動関数の局所位相変換と見なせるのである．ベクトルポテンシャル $\boldsymbol{A}(\boldsymbol{r})$ が存在する場合，物質系の力学的運動量 ($m\dot{\boldsymbol{r}}$ に相当する量) は座標 $\hat{\boldsymbol{r}}$ に共役な全正準運動量 $\hat{\boldsymbol{p}} = -i\hbar\nabla$ ではなく，電磁運動量分を差し引いた $\hat{\boldsymbol{p}} + e\boldsymbol{A}(\hat{\boldsymbol{r}}) = -i\hbar\hat{\boldsymbol{D}}$ ($\hat{\boldsymbol{D}} \equiv \nabla + i(e/\hbar)\boldsymbol{A}$ はゲージ共変微分とよばれる) で与えられる．したがって物質系のハミルトニアンは $\hat{H} = H(\hat{\boldsymbol{r}}, \hat{\boldsymbol{p}} + e\boldsymbol{A}(\hat{\boldsymbol{r}}))$ の形となり，$\boldsymbol{A}(\boldsymbol{r})$ の選び方に依存する．

さてバイヤース–ヤンの定理の設定に戻ると，領域 D 内には仮想磁束がないので $\nabla \times \tilde{\boldsymbol{A}} = 0$ である ($\tilde{\boldsymbol{A}}$ は仮想磁束 $\tilde{\Phi}$ を与えるベクトルポテンシャルであり，一般に D 内にも存在する)．したがって D 内の任意の単連結領域で，$\nabla \tilde{\chi} = -\tilde{\boldsymbol{A}}$ をみたす関数 $\tilde{\chi}(\boldsymbol{r})$ が存在する．多重連結領域 D 全体の $\tilde{\chi}$ はいくつかの単連結領域の $\tilde{\chi}$ を貼り合わせて構成され，一般に多価関数となる．このとき D 内の電子状態 $\psi(\boldsymbol{r}) = \langle \boldsymbol{r}|\psi\rangle$ に対して
$$\langle \boldsymbol{r}|\psi'\rangle = e^{-i\frac{e}{\hbar}\tilde{\chi}(\boldsymbol{r})}\langle \boldsymbol{r}|\psi\rangle \tag{7.178}$$
を考える．上式はゲージ変換と同じ形をしているが，$\tilde{\chi}$ が多価関数なので「特異ゲージ変換」とよばれる ($\langle \boldsymbol{r}|\psi\rangle$ は一価関数であるが，$\langle \boldsymbol{r}|\psi'\rangle$ は多価関数となる)．D 内の状態 $\langle \boldsymbol{r}|\psi\rangle$ が従うハミルトニアンを $\hat{H} = H(\hat{\boldsymbol{r}}, \hat{\boldsymbol{p}} + e\tilde{\boldsymbol{A}}(\hat{\boldsymbol{r}}))$ とすると，変換された $\langle \boldsymbol{r}|\psi'\rangle$ は
$$\hat{H}' = H(\hat{\boldsymbol{r}}, \hat{\boldsymbol{p}} + e\tilde{\boldsymbol{A}}') = H(\hat{\boldsymbol{r}}, \hat{\boldsymbol{p}} + e(\tilde{\boldsymbol{A}} + \nabla\tilde{\chi})) = H(\hat{\boldsymbol{r}}, \hat{\boldsymbol{p}} + 0) \tag{7.179}$$
に従う．変換により $\hat{H}'$ から $\tilde{\boldsymbol{A}}$ を消去することができるが，かわりに $\langle \boldsymbol{r}|\psi'\rangle$ の境界条件が変更を受ける．仮想磁束のある穴を囲む D 内の任意の経路 L に沿って $\boldsymbol{r}$ を 1 周させると 1 価関数である $\langle \boldsymbol{r}|\psi\rangle$ の値は元に戻る．しかし一般に $\langle \boldsymbol{r}|\psi'\rangle$ の値は元に戻らず $\exp(i\theta)\langle \boldsymbol{r}|\psi'\rangle$ となる．ここで位相 θ は
$$\theta = -\frac{e}{\hbar}\oint_L \nabla\tilde{\chi}(\boldsymbol{r})\cdot d\boldsymbol{r} = \frac{e}{\hbar}\oint_L \tilde{\boldsymbol{A}}(\boldsymbol{r})\cdot d\boldsymbol{r} = \frac{e}{\hbar}\iint_S (\nabla\times\tilde{\boldsymbol{A}})\cdot d\boldsymbol{S} = \frac{e}{\hbar}\iint_S \tilde{\boldsymbol{B}}\cdot d\boldsymbol{S} = \frac{e}{\hbar}\tilde{\Phi} \tag{7.180}$$
で与えられる．S は L に囲まれた任意の曲面である．したがって $\langle \boldsymbol{r}|\psi'\rangle$ の境界条件は位相 θ について周期 2π で，すなわち仮想磁束 $\tilde{\Phi}$ について磁束量子 $\Phi_0 = h/e$ の周期で変化する．ハミルトニアン $\hat{H}'$ は仮想磁束によらず共通であるから，仮想磁束を $\Phi_0 = h/e$ だけ変化させたときのエネルギー準位全体は元の準位全体と一致する．波動関数については位相因子を除いて一致する．以上，簡単のために 1 体の量子力学でバイヤース–ヤンの定理を説明したが，これは多体系にも容易に拡張できる．その例を 7.5.6 項でみるであろう．

b．電荷ポンプ

次に量子ホール効果を議論するために，垂直に一様磁場 $\boldsymbol{B} = \nabla \times \boldsymbol{A}$ が印加されているサイズ $L_x \times L_y$ の長方形 2 次元電子系を考える．これを y 方向に巻いて図 7.29 のような

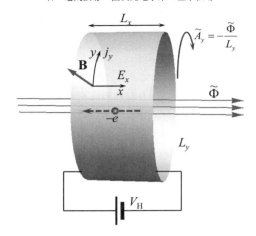

図 **7.29** ラフリンの思考実験（電荷ポンプ）．2 次元電子系を巻いた円筒を貫く仮想磁束 $\tilde{\Phi}$ を断熱的に変化させる．

円筒をつくる．円筒の左右の端は金属電極であるとする．低温極限 ($T=0$) を考え，系はフェルミ準位が局在領域またはエネルギーギャップ領域に位置する絶縁体状態にあると仮定する．x 軸方向の仮想磁束 $\tilde{\Phi}$ を円筒の輪の中央に通し，円筒両端の電極に一定電圧 V_H を加えた実験配置を考えよう．円筒表面には仮想磁束による磁場はないが，周回方向（y 方向）に仮想磁束によるベクトルポテンシャル $\tilde{A}_y = -\tilde{\Phi}/L_y$ が存在する．また円筒両端の電極間（x 方向）は絶縁体状態なので，電流は流れず（$j_x = 0$）一様電場 $E_x = V_\mathrm{H}/L_x$ がかかる．

円筒の周回方向（y 方向）の電流密度を求めてみよう．2 次元電子系のハミルトニアンは $\hat{H} = H(\hat{r}, \hat{p} + e(A(\hat{r}) + \tilde{A}))$ と書ける．A は 2 次元系に垂直な磁場 B を，$\tilde{A}$ は仮想磁束 $\tilde{\Phi}$ を与えるベクトルポテンシャルである．電子の 1 体速度演算子は

$$\hat{v}_y = \hat{\dot{y}} = \frac{1}{i\hbar}[\hat{y}, \hat{H}] = \frac{1}{i\hbar}[\hat{y}, \hat{p}_y]\frac{\partial \hat{H}}{\partial \hat{p}_y} = \frac{\partial \hat{H}}{\partial \hat{p}_y} = \frac{1}{e}\frac{\partial \hat{H}}{\partial \tilde{A}_y} = \frac{L_y}{e}\frac{\partial \hat{H}}{\partial \tilde{\Phi}} \tag{7.181}$$

なので，周回方向の 2 次元電流密度はエネルギーの仮想磁束による微分として表される．

$$j_y = \frac{1}{L_x L_y}(-e)Tr(\hat{\rho}\hat{v}_y) = -\frac{1}{L_x}\frac{\partial Tr(\hat{\rho}\hat{H})}{\partial \tilde{\Phi}} = -\frac{1}{L_x}\frac{\partial U}{\partial \tilde{\Phi}} \tag{7.182}$$

ここで $\hat{\rho}$ は密度行列，$U = Tr(\hat{\rho}\hat{H})$ は多電子系の全エネルギーである．仮想磁束を断熱的に変化させると，周回方向の境界条件が変化し，電子系の波動関数やエネルギー準位も連続的に変化する．バイヤース–ヤンの定理によれば，仮想磁束が $\Delta\tilde{\Phi} = h/e$ だけ変化するごとに周回方向の境界条件が元に戻る結果，エネルギー準位や波動関数は位相因子を除い

て元の状況に戻る．しかし電子系と電極の間は電子の出入りが自由であるため，1 周期の間に波動関数の連続変形により整数個の電子が左右の電極間を移動している可能性がある．電極間には電圧 V_H がかかっているので，この電子の移動は外部に仕事を行う．そのためこの思考実験は「電荷ポンプ」とよばれる．$\Delta\tilde{\Phi} = h/e$ の間に ν 個の電子が電極間を移動したとすると，電子系のエネルギーの増分 ΔU は外部にした仕事と等しいので

$$\Delta U = \nu(-e)V_\mathrm{H} = \nu(-e)E_x L_x \tag{7.183}$$

よって周回電流密度は

$$j_y = -\frac{1}{L_x}\frac{\Delta U}{\Delta\tilde{\Phi}} = \nu\frac{e^2}{h}E_x = (-\sigma_{xy})E_x \tag{7.184}$$

これから，ホール伝導度の量子化が得られる．上の議論で仮想磁束の時間変化に伴う誘導電場や電極間の電子移動による電流は，断熱変化が十分遅いとして無視した（7.5.5 項ではこの機構を考える）．

ラフリンの思考実験においてホール伝導度の量子化は，系が元に戻ったとき電極間を移動した電子は整数個であるという要請から導かれており，結局，電荷の量子化によっていることがわかる．つまり電子の電荷が $-e$ である限りは，ホール効果の量子化値は必ず整数となる．このことはランダウ準位がさらにサブバンドに分裂する 2 次元ブロッホ電子系のような場合にも成立する（次節参照）．逆に整数でない値に量子化されたホール効果が観測された場合は，$-e$ 以外の有効電荷をもつ準粒子の存在が必要となる．この例が後述（7.5.6 項）する分数量子ホール効果である．

仮想磁束を囲まない局在状態は境界条件の影響を受けないため，仮想磁束を断熱的に変化させても変化しない．一方，拡がった非局在状態は連続的に変形して左右端の電極間の電子移動（電荷ポンプ）に寄与する．したがって局在状態は量子ホール電流に寄与せず，電子が詰まった広がった状態がすべての量子ホール電流を担うことがわかる．

c. トポロジカル不変量

ラフリンの議論は，2 次元電子系の詳細に依存しないきわめて一般的な議論である．しかしホール伝導度の量子化値（整数 ν）については何もいえない．次にこれをトポロジカル不変量に結びつけるニウ（Q. Niu），サウレス（D. J. Thouless）らの議論を紹介する[45]．これはラフリンの議論に次節で述べる 2 次元ブロッホ電子系の TKNN 理論を組み合わせたものである．

今回も，一様磁場 $\boldsymbol{B} = \nabla\times\boldsymbol{A}$ が印加されているサイズ $L_x\times L_y$ の長方形 2 次元電子系を考える．電子間相互作用は考えない．x 方向と y 方向両方に周期的境界条件を課すと，これは前の議論の円筒の両端をつなげてつくったトーラスの表面を考えることと同義である．ここで図 7.30 のようにトーラスの穴に仮想磁束 $\tilde{\Phi}_x$ を，トーラスの筒の中心線に沿って仮想磁束 $\tilde{\Phi}_y$ を通し，これらはトーラス表面にふれないものとする．トーラス表面の 2 次元電子

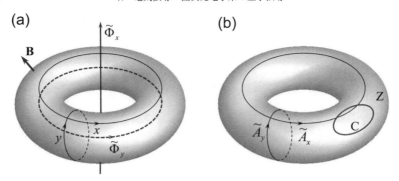

図 7.30 (a) 2次元電子系を巻いたトーラス面に 2 種の仮想磁束を通すと,系の固有状態は仮想磁束に付随する仮想ベクトルポテンシャルに対して周期的に変化する.
(b) 仮想ベクトルポテンシャルの 2 次元ブリルアン領域と同型なトーラス面.

系において,仮想磁束の磁場はゼロであるがベクトルポテンシャル $\tilde{A} = (\tilde{\Phi}_x/L_x, \tilde{\Phi}_y/L_y, 0)$ が存在する.前と同様に,2 次元電子系のハミルトニアンは $\hat{H} = H(\hat{r}, \hat{p} + e\{A(\hat{r}) + \tilde{A}\})$ の形となり,$\tilde{A}$ をパラメータとして含んでいる.

バイヤース–ヤンの定理と同様に,特異ゲージ変換によりハミルトニアンからパラメータ $\tilde{A}$ を消去すると,かわりに周期的境界条件が変更を受け,境界条件は仮想磁束 $\tilde{\Phi}_x$ と $\tilde{\Phi}_y$ について各々周期 $\Phi_0 = h/e$ で変化するようになる.2 次元系のエネルギー準位や波動関数は位相因子を除いてパラメータ $(\tilde{A}_x, \tilde{A}_y)$ に対して周期的に変化する.したがってこのパラメータ空間には「ブリルアン領域」$0 \le \tilde{A}_x \le \Phi_0/L_x$, $0 \le \tilde{A}_y \le \Phi_0/L_y$ を導入することができる.パラメータ $(\tilde{A}_x, \tilde{A}_y)$ もトーラス表面の点であると考えてよい(図 7.30).

散乱を含めた $\hat{H}$ の固有状態と固有エネルギーを $|\alpha\rangle$,E_α のように書くと,速度演算子は,

$$\hat{v} = \frac{1}{i\hbar}[\hat{r}, \hat{H}] = \frac{\partial \hat{H}}{\partial \hat{p}} = \frac{1}{e}\frac{\partial \hat{H}}{\partial \tilde{A}} \tag{7.185}$$

となるので,その行列要素は $\alpha \ne \beta$ の場合,

$$\langle \alpha|\hat{v}_x|\beta\rangle = \frac{1}{e}\left\langle \alpha \left| \frac{\partial \hat{H}}{\partial \tilde{A}_x} \right| \beta \right\rangle = -\frac{1}{e}(E_\alpha - E_\beta)\left\langle \alpha \left| \frac{\partial \beta}{\partial \tilde{A}_x} \right. \right\rangle = \frac{1}{e}(E_\alpha - E_\beta)\left\langle \frac{\partial \alpha}{\partial \tilde{A}_x} \left| \beta \right. \right\rangle \tag{7.186}$$

となる.$|\alpha\rangle$ または $|\beta\rangle$ が局在状態の場合,境界条件の影響を受けない($\tilde{A}$ 依存性がない)ため,これはゼロとなる.フェルミ準位が局在領域にある場合,ホール伝導度を久保公式により求めると,

$$\sigma_{xy}(\tilde{A}) = -\frac{i\hbar e^2}{L_x L_y}\sum_{\alpha, \beta \ne \alpha}\frac{\langle \alpha|\hat{v}_x|\beta\rangle\langle \beta|\hat{v}_y|\alpha\rangle}{(E_\beta - E_\alpha)^2}\{f(E_\alpha) - f(E_\beta)\}$$

$$= -\frac{i\hbar}{L_x L_y} \sum_\alpha \left\{ \left\langle \frac{\partial \alpha}{\partial \tilde{A}_x} \middle| \frac{\partial \alpha}{\partial \tilde{A}_y} \right\rangle - \left\langle \frac{\partial \alpha}{\partial \tilde{A}_y} \middle| \frac{\partial \alpha}{\partial \tilde{A}_x} \right\rangle \right\} f(E_\alpha) \tag{7.187}$$

系が十分大きい熱力学極限 $(L_x, L_y \to \infty)$ では, $(\tilde{A}_x, \tilde{A}_y)$ 空間のブリルアン領域 BZ がきわめて小さくなるので, $\tilde{A}_x, \tilde{A}_y$ に関する平均値を観測量と考えてよいであろう.

$$\sigma_{xy} = \frac{L_x}{\Phi_0} \frac{L_y}{\Phi_0} \iint_{BZ} \sigma_{xy}(\tilde{\boldsymbol{A}}) d\tilde{A}_x d\tilde{A}_y$$

$$= -\frac{e^2}{h} \sum_\alpha \left[-\frac{1}{2}\pi i \iint_{BZ} \left\{ \left\langle \frac{\partial \alpha}{\partial \tilde{A}_x} \middle| \frac{\partial \alpha}{\partial \tilde{A}_y} \right\rangle - \left\langle \frac{\partial \alpha}{\partial \tilde{A}_y} \middle| \frac{\partial \alpha}{\partial \tilde{A}_x} \right\rangle \right\} d\tilde{A}_x d\tilde{A}_y \right] f(E_\alpha) \tag{7.188}$$

大かっこ [ ] で括った量を N_α とおく. 波動関数 $\langle \boldsymbol{r} | \alpha \rangle$ のパラメータ空間におけるベリー接続 $\boldsymbol{A}_\alpha(\tilde{\boldsymbol{A}})$ とベリー曲率 $\boldsymbol{B}_\alpha(\tilde{\boldsymbol{A}})$ を

$$\boldsymbol{A}_\alpha(\tilde{\boldsymbol{A}}) \equiv i \left\langle \alpha \middle| \frac{\partial \alpha}{\partial \tilde{\boldsymbol{A}}} \right\rangle \tag{7.189}$$

$$\boldsymbol{B}_\alpha(\tilde{\boldsymbol{A}}) \equiv \frac{\partial}{\partial \tilde{\boldsymbol{A}}} \times \boldsymbol{A}_\alpha(\tilde{\boldsymbol{A}}) = i \left\langle \frac{\partial \alpha}{\partial \tilde{\boldsymbol{A}}} \middle| \times \middle| \frac{\partial \alpha}{\partial \tilde{\boldsymbol{A}}} \right\rangle \tag{7.190}$$

で定義すると

$$[\boldsymbol{B}_\alpha(\tilde{\boldsymbol{A}})]_z = i \left\{ \left\langle \frac{\partial \alpha}{\partial \tilde{A}_x} \middle| \frac{\partial \alpha}{\partial \tilde{A}_y} \right\rangle - \left\langle \frac{\partial \alpha}{\partial \tilde{A}_y} \middle| \frac{\partial \alpha}{\partial \tilde{A}_x} \right\rangle \right\} \tag{7.191}$$

なので, ストークスの定理を用いると,

$$N_\alpha = \frac{1}{2\pi} \iint_{BZ} [\boldsymbol{B}_\alpha(\tilde{\boldsymbol{A}})]_z d\tilde{A}_x d\tilde{A}_y = \frac{1}{2\pi} \oint_{\partial BZ} \boldsymbol{A}_\alpha(\tilde{\boldsymbol{A}}) \cdot d\tilde{\boldsymbol{A}} = \frac{\gamma_\alpha(\partial BZ)}{2\pi} \tag{7.192}$$

と書ける. 周回積分 $\gamma_\alpha(\partial BZ)$ は $(\tilde{A}_x, \tilde{A}_y)$ 空間のブリルアン領域 BZ の境界 ∂BZ に沿って左回りに行う. これは波動関数 $\langle \boldsymbol{r} | \alpha \rangle$ が ∂BZ を一周したときに獲得する位相(ベリー位相)を与える. 波動関数 $\langle \boldsymbol{r} | \alpha \rangle$ が $\tilde{\boldsymbol{A}}$ について 1 価ならば, ∂BZ を 1 周して元の点に戻ったとき $\langle \boldsymbol{r} | \alpha \rangle$ の位相は 2π の整数倍だけ進むので, 周回積分 $\gamma_\alpha(\partial BZ)$ は 2π の整数倍となり, N_α は整数となる. ハミルトニアン $\hat{H}$ は左右の境界 ($\tilde{A}_x = 0$ と $\tilde{A}_x = \Phi_0/L_x$) および上下の境界 ($\tilde{A}_y = 0$ と $\tilde{A}_y = \Phi_0/L_y$) において一致するので, $\langle \boldsymbol{r} | \alpha \rangle$ が BZ 全域で正則ならば $N_\alpha = 0$ である. BZ 内に $\boldsymbol{A}_\alpha(\tilde{\boldsymbol{A}})$ が定義できない特異点が存在する場合に, $N_\alpha \neq 0$ の整数が現れる. これについては次節でもう一度説明する.

パラメータ $(\tilde{A}_x, \tilde{A}_y)$ がブリルアン領域(トーラス)を覆いつくすように動くと, それに応じてハミルトニアン $\hat{H}$ やその固有関数 $\langle \boldsymbol{r} | \alpha \rangle$ も変化する. 上の整数 N_α は, このときに(向き付けを考えたうえで)固有関数がその変域空間を覆う回数(被覆数)で, 巻き付き数(winding number)あるいは第 1 チャーン(Chern)数とよばれるトーラス上のトポロジカル不変量である.

以上よりホール伝導度は固有状態 $|\alpha\rangle$ についての N_α の総和で与えられる.

$$\sigma_{xy} = -\frac{e^2}{h}\sum_{\alpha} N_\alpha f(E_\alpha) \tag{7.193}$$

この式は個々の固有状態が単一の状態でもすでに整数量子化されたホール伝導度を担っていることを意味している.十分低温でフェルミ準位が局在領域の中にある状況を考える.局在状態は境界条件の影響を受けないので $N_\alpha = 0$ となり σ_{xy} に寄与しない.非局在状態はフェルミ準位から離れているので $f(E_\alpha)$ が 1 またはになる.したがって上式は占有された個々の非局在状態についての整数 N_α の和 $N_\mathrm{C} = \sum_{E_\alpha \leq E_\mathrm{F}} N_\alpha$(整数)となり,各状態の量子化の総和として全系もホール伝導度が整数量子化されることがわかる.N_C もチャーン数とよばれている.

7.5.4 ブロッホ電子系の量子ホール効果

前項の議論は一般的で2次元電子系の詳細に依存しない.もちろん周期ポテンシャルが導入された2次元ブロッホ電子系についても成り立つ議論である.一方,7.2.3項でみたように,周期ポテンシャル下の2次元ブロッホ電子系では,ランダウ準位はさらに複数のサブバンドに分裂し,エネルギー準位は磁場の関数としてホフスタッター・バタフライという複雑なパターンを描く.したがって,このパターン中のすべてのエネルギーギャップ内でホール伝導度の整数量子化が起こることになる.ここではこの非自明な量子ホール効果について考える.

a. TKNN 理論

ブロッホ電子系の量子ホール効果の問題は,サウレス,甲元,ナイチンゲール,デン・ニース(D. J. Thouless, M. Kohmoto, M. P. Nightingale, M. den Nijs)によって最初に議論され,そのトポロジー的側面が明らかにされた[46].これがオリジナルの TKNN 理論であり,トポロジカル伝導現象の基礎を与えるものである.前節の繰り返しになるので,ここでは TKNN 理論の概略だけ記しておこう.2次元ブロッホ電子系の模型として,7.2.3項と同様に強束縛近似によるバンド分散を考える.

$$E(\boldsymbol{k}) = -2t_a \cos ak_x - 2t_b \cos bk_y \tag{7.194}$$

電子散乱を考えないことにすると,有効質量ハミルトニアンは,

$$\hat{H}_\mathrm{eff} = E\left(\hat{\boldsymbol{K}} + \frac{e}{\hbar}\boldsymbol{A}(\hat{\boldsymbol{R}})\right) \tag{7.195}$$

ここで $\hat{\boldsymbol{R}}$ はサイト座標,$\hat{\boldsymbol{P}} \equiv \hbar\hat{\boldsymbol{K}} = -i\hbar\partial/\partial\boldsymbol{R}$ はそれに共役な正準運動量である.格子周期と磁気周期の比 $\alpha \equiv ab/2\pi l^2$ が既約分数 p/q と等しい磁場では,本質的に単一周期の問題に帰着するので,固有状態はサブバンド指数 r と磁気ブリルアン領域内の波数 $\boldsymbol{K}$ で指定されるブロッホ関数型の包絡関数 $\langle \boldsymbol{R}|r\boldsymbol{K}\rangle$ で表される.

$$\hat{H}_{\text{eff}}|\rangle = E_r(\boldsymbol{K})|r\boldsymbol{K}\rangle \tag{7.196}$$

$$\langle \boldsymbol{R}|r\boldsymbol{K}\rangle = e^{i\boldsymbol{K}\cdot\boldsymbol{R}}\langle \boldsymbol{R}|u_{r\boldsymbol{K}}\rangle \tag{7.197}$$

ここで $\langle \boldsymbol{R}|u_{r\boldsymbol{K}}\rangle$ が基本領域 $L_x \times L_y$ で規格化されているとして，ブロッホ関数の規格化因子 $(L_xL_y)^{-1/2}$ を落とした．これを $|u_{r\boldsymbol{K}}\rangle$ についての問題に書き直すと，

$$\hat{H}(\boldsymbol{K}) \equiv E\left(\hat{\boldsymbol{K}} + \frac{e}{\hbar}\boldsymbol{A}(\hat{\boldsymbol{R}}) + \boldsymbol{K}\right) \tag{7.198}$$

$$\hat{H}(\boldsymbol{K})|u_{r\boldsymbol{K}}\rangle = E_r(\boldsymbol{K})|u_{r\boldsymbol{K}}\rangle \tag{7.199}$$

ブロッホ状態の平面波因子を除いた周期関数部分 $|u_{r\boldsymbol{K}}\rangle$ が波数 $\boldsymbol{K}$ をパラメータとするハミルトニアン $\hat{H}(\boldsymbol{K})$ の固有状態になることがわかる．$\boldsymbol{K}$ 空間には磁気周期性があり磁気ブリルアン領域 MBZ が存在する．また $|u_{r\boldsymbol{K}}\rangle$ はサブバンド指数 r について完全直交系を張る．以上は 7.2.4 項でゼロ磁場のブロッホ電子系について行ったのと同じ状況設定である．

前節の議論では，仮想磁束のポテンシャル $\tilde{\boldsymbol{A}}$ がパラメータとして働き，$\tilde{\boldsymbol{A}}$ 空間には周期性が導入され「ブリルアン領域」が存在した．これと比較すると，元々の TKNN 理論では波数 $\boldsymbol{K}$ をパラメータとしていたわけである．フェルミ準位がサブバンド間のギャップに位置している時のホール伝導度は，前節とまったく同じ手順で求められる．速度演算子は，

$$\hat{\boldsymbol{v}} = \frac{1}{i\hbar}[\hat{\boldsymbol{R}},\hat{H}(\boldsymbol{K})] = \frac{\partial \hat{H}(\boldsymbol{K})}{\partial \hat{\boldsymbol{P}}} = \frac{1}{\hbar}\frac{\partial \hat{H}(\boldsymbol{K})}{\partial \boldsymbol{K}} \tag{7.200}$$

となる．ホール伝導度を久保公式で表し，熱力学極限を考え MBZ 内の波数 $\boldsymbol{K}$ で平均をとると以下の式が得られる．第 r サブバンドの（平均）エネルギーを E_r とした．

$$\sigma_{xy} = -\frac{e^2}{h}\sum_r N_r f(E_r) \tag{7.201}$$

$$N_r = \frac{1}{2\pi}\iint_{\text{MBZ}}[\boldsymbol{B}_r(\boldsymbol{K})]_z dK_x dK_y = \frac{1}{2\pi}\oint_{\partial\text{MBZ}}\boldsymbol{A}_r(\boldsymbol{K})\cdot d\boldsymbol{K} = \frac{\gamma_r(\partial MBZ)}{2\pi} \tag{7.202}$$

ここで $\boldsymbol{A}_r(\boldsymbol{K})$ と $\boldsymbol{B}_r(\boldsymbol{K})$ は包絡関数 $\langle \boldsymbol{R}|u_{r\boldsymbol{K}}\rangle$ の $\boldsymbol{K}$ 空間におけるベリー接続とベリー曲率である．

$$\boldsymbol{A}_r(\boldsymbol{K}) \equiv i\left\langle u_{r\boldsymbol{K}}\left|\frac{\partial u_{r\boldsymbol{K}}}{\partial \boldsymbol{K}}\right.\right\rangle \tag{7.203}$$

$$\boldsymbol{B}_r(\boldsymbol{K}) \equiv \frac{\partial}{\partial \boldsymbol{K}} \times \boldsymbol{A}_r(\boldsymbol{K}) = i\left\langle \frac{\partial u_{r\boldsymbol{K}}}{\partial \boldsymbol{K}}\left|\times\right|\frac{\partial u_{r\boldsymbol{K}}}{\partial \boldsymbol{K}}\right\rangle \tag{7.204}$$

また $\gamma_r(\partial MBZ)$ は MBZ 境界を 1 周した際に $\langle \boldsymbol{R}|u_{r\boldsymbol{K}}\rangle$ に付加されるベリー位相である．以下で説明するが，上式の N_r は整数となり第 1 チャーン数とよばれる．各サブバンドが

整数量子化されたホール伝導度を担っており，十分低温では占有されたサブバンドの N_r の総和として整数量子ホール効果が起こることがわかる（$N_C = \sum_{E_r \leq E_F} N_r$）．また量子ホール電流は，7.2.4 項の議論と同様に MBZ 内の占有状態について，「異常速度」

$$\bm{v}_a(\bm{K}) \equiv \frac{e}{\hbar} \bm{E} \times \bm{B}_r(\bm{K}) \tag{7.205}$$

の寄与を加えたものになっている．$\bm{E}$ は量子ホール電場である．

N_r が整数になることの説明の概略を述べておこう[47,48]．MBZ は $\bm{K}$ 空間の周期性からトーラス T^2 と見なせるが，これは境界がないので $\bm{A}_r(\bm{K})$ の周回積分はゼロになるように思える（実際，$\bm{A}_r(\bm{K})$ が MBZ で正則ならば $N_r = 0$ となる）．しかし MBZ 内には（特定の1つの「ゲージ」を選ぶと）$\bm{A}_r(\bm{K})$ が定義できない特異点が存在するため，N_r はゼロにならない．7.2.3 項で述べたように，$\bm{K}$ を固定した $\langle \bm{R} | u_{r\bm{K}} \rangle$ は磁気単位胞内に磁束量子に対応したゼロ点をもつが，$\bm{R}$ を固定（q 通り）したときの磁気ブリルアン領域内にも複数のゼロ点が現れる．ゼロ点では位相が定義できないのでベリー接続 $\bm{A}_r(\bm{K})$ に特異性が現れる．すなわち MBZ 全域をカバーする単一の $\bm{A}_r(\bm{K})$ を定義することはできないのである．そこでトーラス（MBZ）を複数の領域（パッチ）に分割し，各領域では $|u_{r\bm{K}}\rangle$ に適当な位相変換（7.2.4 項でふれた「ゲージ変換」）を施して特異性のない $\bm{A}_r(\bm{K})$ を定義する．領域の境界ではゲージ変換で両側の $|u_{r\bm{K}}\rangle$ や $\bm{A}_r(\bm{K})$ を切り替えて，MBZ 全域で $\bm{A}_r(\bm{K})$ を構成するのである．これは磁気モノポール周囲のベクトルポテンシャルに対する「ヤン–ウー（Yang–Wu）の構成法」と同じ考え方である．このとき $\bm{A}_r(\bm{K})$ の周回積分は各領域毎の積分に分割され，境界に沿ったゲージ変換関数の線積分の和に帰着する．境界を周回すると各領域の包絡関数は位相を含めて元に戻らなければならないので（一価性），この積分は 2π の整数倍となる．なお，この整数 N_r は包絡関数の磁気ブリルアン領域内のすべてのゼロ点のまわりの渦度（位相の周回積分の $1/2\pi$）の和になることも示せる．

磁場中ブロッホ電子系において，ランダウ準位内部のギャップにフェルミ準位が位置するときのホール伝導度の量子化値は興味深い．ランダウ準位が中途半端に占有されているので非整数の量子化値が現れるように思われるが，それは許されないからである．キャリアが電荷 $-e$ の電子である以上，ホール伝導度は必ず整数量子化されなければならない．ここではストレーダ公式を用いてその量子化値を求めてみよう．

まずホール伝導度の「ストレーダ（P. Streda）公式」について説明する．化学ポテンシャル μ が一定に保たれた密度 n の2次元電子系に一様な垂直磁場 $\bm{B}$ がかかっている状況を考える．μ はギャップまたは局在領域にあって散逸的伝導はないと仮定する．図 7.31 のように，仮想的に円形領域で局所的磁場変化 $\delta B_z(t)$ を起こすと，これを取り巻く誘導電場が発生し，これによりホール電流が誘起され円形領域内の電子密度が $\delta n(t)$ だけ変化する（一種の電荷ポンプ機構）．S と L を円形領域の面積と周長とすると，誘導電場は $E = (S/L) d\delta B_z(t)/dt$，ホール電流密度は $j = (-e)(S/L) d\delta n(t)/dt$ となる．両者の比が

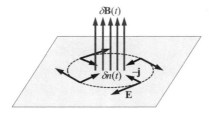

図 7.31 ストレーダ公式の説明. 2次元電子系の円形領域内の磁場を仮想的に変化させると, 誘導電場によるホール電流のため領域内の電子密度が変化する.

ホール伝導度なので,

$$\sigma_{xy} = (-e)\left(\frac{\partial n}{\partial B_z}\right)_\mu \tag{7.206}$$

7.2.3項ではランダウゲージ $\bm{A} = (0, Bx, 0)$ を採用してハーパー方程式を導いた. この議論を用いてホール伝導度を評価する. 単位胞を磁束量子 p/q 本分の磁束が貫く磁場では, x 軸方向に導入された 2 つの周期性である格子周期 a と磁気周期 $2\pi/G$ の比が有理数 p/q となり, 基本周期 qa の単一周期系になる. K_x 軸方向の分散を拡張ゾーン形式で考えると, 下から r 番目のギャップは $K_x = \pm r(\pi/qa)$ に開くが, これを与える逆格子 $Q = r(2\pi/qa)$ は格子波数 $2\pi/a$ と磁気周期波数 G の線形結合であるはずである. s と t をある整数として

$$Q = r\left(\frac{2\pi}{qa}\right) = s\left(\frac{2\pi}{a}\right) + tG \tag{7.207}$$

よって

$$r = sq + tp \tag{7.208}$$

これは互いに素な整数 p と q に対し r から s と t を決める整数論の方程式で, ディオファントス (Diophantus) 方程式とよばれる. r 番目のギャップ以下の状態数は, $Q/(2\pi/L_x) \times (L_y/b)$ なので, 電子密度は $n = Q/2\pi b = s(1/ab) + t(eB/h)$ と表せる. したがってストレーダ公式より, 下から r 番目のギャップにフェルミ準位が位置するときのホール伝導度は

$$\sigma_{xy} = -t\frac{e^2}{h} \tag{7.209}$$

ここで量子化値 t はディオファントス方程式を解いて得られる. 具体的には $r \equiv tp \pmod{q}$ を $|t| \leq q/2$ の範囲で解けばよい.

磁場中エネルギー準位のホフスタッター・バタフライ中の各エネルギーギャップにホール伝導度の量子化値を記入したものを図 7.32 に示す. ランダウ準位内部のギャップでは符号反転したり値の大きな量子化値が現れる. 例えば $\alpha = p/q = 2/5$ の磁場では, 5 個のサブバンドが存在し, 2 個のサブバンドが 1 つのランダウ準位に対応する. 4 つのギャップ

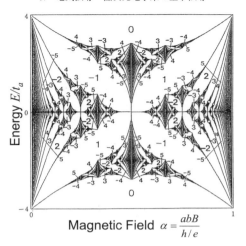

図 **7.32** 2次元ブロッホ電子系の磁場中エネルギー準位（ホフスタッター・バタフライ）の各ギャップにおけるホール伝導度の量子化値（チャーン数）.

の量子化値 t は下から $-2, 1, -1, 2$ となる. $r = 1$ のギャップは電子の最低ランダウ準位の中央に開いているが，ここにフェルミ準位が位置するとホール効果は符号反転して正孔的な量子化値 $t = -2$ を示す．これは最低サブバンドがホール伝導度に正孔的に寄与していることを意味する．

b. 3次元系の量子ホール効果

これまでの議論から量子ホール効果は2次元電子系特有の現象であるかのような印象をもたれたかもしれない．確かに磁場中2次元電子系では，量子ホール効果の実現に必要なギャップや局在領域が存在する絶縁体状態が容易に実現できる．しかし磁場中の3次元ブロッホ電子系でも状態密度にギャップが現れる場合があり，そのときには3次元系の量子ホール効果が現れる．

この問題はハルペリン（B. I. Halperin）によって最初に議論された[49]．3次元ブロッホ電子系においてフェルミ準位が状態密度のギャップまたは局在領域にあるときの3次元非対角伝導度は一般に，添字 i, j, k で x, y, z を表すとして

$$\sigma_{ij} = \frac{e^2}{h} \sum_k \varepsilon_{ijk} \frac{G_k}{2\pi} \tag{7.210}$$

となることが示されている．ここで ε_{ijk} は完全反対称テンソルを表すレビ=チビタ（Levi-Civita）記号で，(ijk) が (xyz) の偶置換のとき 1，奇置換のとき -1，それ以外のときは 0 を与える．また G_k は3次元ブロッホ電子系の1つの逆格子ベクトル $\bm{G}$ の k 成分である．これから1格子面あたりのホール伝導度が量子化されることがわかる．

例として以下のようなバンド分散をもつ擬 1 次元電子系を考えよう[50]．

$$E(\boldsymbol{k}) = \frac{\hbar^2 k_x^2}{2m^*} - 2t_b \cos bk_y - 2t_c \cos ck_z \qquad (7.211)$$

これは図 7.33(a) のように自由電子的な分散をもつ 1 次元伝導鎖が平行に配列した 3 次元結晶のモデルである．1 次元軸に垂直に磁場 $\boldsymbol{B} = (0, B_y, B_z)$ が加えられた場合の磁場中エネルギー準位を考える．ゲージを $\boldsymbol{A} = (0, B_z x, -B_y x)$ と選び，包絡関数を $\varphi(X) \cdot \exp(iK_y Y + iK_z Z)$ と変数分離すると，有効質量方程式は

$$-\frac{\hbar^2}{2m^*}\frac{d^2}{dX^2}\varphi(X) - 2t_b \cos(G_b X + bK_y)\varphi(X) - 2t_c \cos(G_c X - cK_z)\varphi(X) = E\varphi(X) \qquad (7.212)$$

と書ける．ここで $G_b \equiv beB_z/\hbar$, $G_c \equiv ceB_y/\hbar$ は 1 次元軸方向に導入された 2 つの磁気周期性の波数である．これらの比 $\alpha \equiv G_c/G_b = cB_y/bB_z$ が有理数 p/q となる磁場方位で，電子系は波数 $G_b/q = G_c/p$ の単一周期系となる．このとき $\varphi(X)$ は 1 次元軸方向の波数 K_x により指定されるブロッホ型関数となり，バンド端近傍の状態密度には複数のギャップが開く．$t_b = t_b \equiv t$ の場合について，磁場強度を固定して磁場方位を変えた場合のエネルギー準位構造の変化を図 7.33(b) に示す．2 重周期性を反映して，前出の 2 次元ブロッホ電子系のホフスタッター・バタフライとよく似た構造の図となる．

下から r 番目のギャップは，K_x 空間を拡張ゾーン形式で考えると，$K_x = \pm r(G_b/q)/2$ の位置に開くが，これを与える逆格子 $r(G_b/q)$ は 2 つの磁気周期波数の線形結合 $sG_b + tG_c$

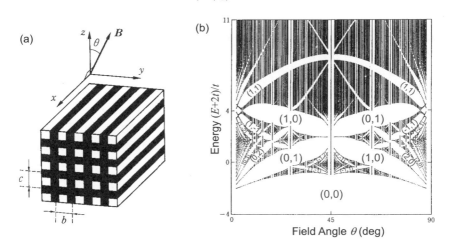

図 **7.33** (a) 1 次元伝導鎖が平行に配列した擬 1 次元結晶．(b) 磁場中エネルギー準位の磁場方位依存性．各ギャップにおけるトポロジカル不変量 (s, t) の値が記入してある．

(s, t は整数) の形に書けるはずである．このことからディオファントス方程式 $r = sq + tp$ が導かれる．さらに r 番目のギャップ以下の 3 次元電子密度は

$$n = \frac{r}{2\pi bc}\left(\frac{G_b}{q}\right) = s\frac{eB_z}{hc} + t\frac{eB_y}{hb} \tag{7.213}$$

となるので，3 次元に拡張されたストレーダ公式

$$\sigma_{ij} = (-e)\sum_k \varepsilon_{ijk}\left(\frac{\partial n}{\partial B_k}\right)_\mu \tag{7.214}$$

を用いると，フェルミ準位が r 番目のギャップにあるときの 3 次元伝導度の各非対角成分が

$$\sigma_{xy} = -\sigma_{yx} = -s\frac{e^2}{h}\frac{1}{c} \tag{7.215}$$

$$\sigma_{zx} = -\sigma_{xz} = -t\frac{e^2}{h}\frac{1}{b} \tag{7.216}$$

$$\sigma_{yz} = -\sigma_{zy} = 0 \tag{7.217}$$

のように求まる．これらはハルペリンの量子化条件を確かにみたしている．この場合，各エネルギーギャップは 2 つのトポロジカル不変量 s, t で特徴づけられる．エネルギースペクトル中の各ギャップにおける (s, t) の値も図中に記した．ここでは簡単のため 1 次元軸に沿った方向の周期ポテンシャルを考えなかったが，任意方位の磁場下の 3 次元ブロッホ電子系の量子ホール状態は一般に 3 つのトポロジカル不変量で特徴づけられる．

7.5.5 エッジ描像とバルク・エッジ対応

これまで量子ホール効果をバルクの性質としてゲージ不変性を用いて議論してきた．そこでは系の端の存在をあらわに考えなかったが，系の形状が仮想磁束を導入する円筒やトーラスに変形できることは暗に仮定されていた（半整数量子化を与えるトポロジカル絶縁体の端のない表面電子系などは適用外となる）．本項では端のある有限の 2 次元系を考え，量子ホール効果を試料端のエッジ伝導によって説明するエッジ描像を紹介する．またバルク描像とエッジ描像の関係について議論する．ここでもゲージ不変性，すなわち電荷保存則が重要な役割を演ずる．

a. エッジ状態

まずエッジ状態（端状態）について説明しよう．2 次元電子系に強磁場を加えると電子はサイクロトロン運動を行い，ランダウ準位に軌道量子化される．試料端近傍では，サイクロトロン運動する電子は試料端での反射を繰り返し，反跳軌道（skipping 軌道）を描いて運動するようになる．これが軌道量子化されたものがエッジ状態（端状態）で，端に沿って一方向のみに電子を運ぶ 1 次元状態である．これは鏡映対称性をもたないという意味で「カイラル」な状態であるといわれる．

7.5 量子ホール効果

エッジ状態を考えるために，試料端 $x = 0$ で急峻に立ち上がる障壁ポテンシャル $U(x)$ によって試料内部 $x \geq 0$ に閉じ込められた有効質量 m^* の 2 次元電子系を考えよう．垂直磁場 $B(> 0)$ をランダウゲージ $\boldsymbol{A} = (0, BX, 0)$ で表現し，包絡関数を $F(\boldsymbol{R}) \equiv \langle \boldsymbol{R}|\psi\rangle = \phi(X) \cdot \exp(iK_y Y)$ のように変数分離すると，有効質量方程式はポテンシャル $U(x)$ 下の 1 次元調和振動子に帰着する（図 7.34(a)）．

$$-\frac{\hbar^2}{2m^*}\frac{d^2}{dX^2}\phi(X) + \left\{\frac{1}{2}m^*\omega_c^2(X - X_0)^2 + U(X)\right\}\phi(X) = E\phi(X) \quad (7.218)$$

ここで $\omega_c \equiv eB/m^*$, $X_0 \equiv -l^2 K_y$, $l \equiv \sqrt{\hbar/eB}$ である．$U(x)$ として $x \leq 0$ で $+\infty$, $x > 0$ で 0 となる急峻な障壁を考える場合は，境界条件 $\phi(X = 0) = 0$ のもとで 1 次元調和振動子の問題を $X \geq 0$ で解けばよい．中心座標 X_0 が試料左端 $X = 0$ より十分離れた試料内部（$X > 0$）にある場合は，エネルギー準位は指数 N で指定されるランダウ準位 E_N である．しかし中心座標が試料端に磁気長程度の距離まで近づくと，包絡関数は境界条件の影響を受けエネルギー準位はランダウ準位より高エネルギー側にずれる．これを中心座標の関数として図示したものが図 7.34(b) である．試料端ポテンシャルによってランダウ準位 E_N の縮退が解け，中心座標 X_0（すなわち波数 K_y）に対して分散をもったエッジ状態 $E_N(X_0)$ に移行していく様子がわかる．分散 $E_N(X_0)$ の各点 X_0 における速度演算子 $\hat{v}_y \equiv (1/i\hbar)[\hat{Y}, \hat{H}(\boldsymbol{K})] = (1/\hbar)\partial \hat{H}(\boldsymbol{K})/\partial K_y$ の期待値は

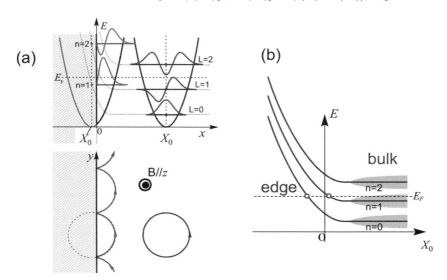

図 **7.34** (a) 2 次元電子系の試料端での反跳軌道の量子化．(b) エッジ状態のエネルギー準位の中心座標依存性．

$v_y(X_0) = (1/\hbar)\partial E_N(X_0)/\partial K_y = -(l^2/\hbar)\partial E_N(X_0)/\partial X_0$ となるので，端に平行な方向の電子の群速度は分散の傾きに比例することになる．群速度はエッジ状態のところで有限になり，試料端に沿って一方向に運動する電子流をつくる．これは半古典的な反跳軌道に対応する．フェルミ準位以下に（電子スピン σ_z の自由度を含め）ν 個のバルクのランダウ準位がある場合，対応する ν 個のエッジ状態がフェルミ準位をよぎることになる．

通常，エッジ状態はバルク状態と共存しているので，その存在があらわになることはない．しかし量子ホール状態では，散乱幅をもったランダウ準位の裾の局在領域の中にフェルミ準位が存在するので，フェルミ準位におけるバルク状態の対角伝導度 σ_{xx} はゼロ（非散逸的）になる．したがって試料端近傍に一方向に電流を運ぶ整数 ν 本の平行な伝導チャネルが形成されることになる．これらのエッジ状態では電子は一方向にのみ伝搬するため，原理的に後方散乱が起こらない．そのため非弾性散乱が無視できる低温ではエッジ伝導は非平衡かつ非局所的になる．試料が有限幅 $0 \leq X \leq L_x$ をもつ場合は，試料の左端（$X = 0$）と右端（$X = L_x$）に逆方向の電流を運ぶエッジチャネルが形成されるが，$L_x \gg l$ が成り立つ限りこれらの間の後方散乱は無視できる．したがってマクロな量子ホール系のエッジ状態は，不純物散乱や局在の影響を受けず安定に一方向に電流を運ぶことになる．

b. ランダウアー–ビュティカー描像

このエッジ伝導によって量子ホール効果を説明する考え方がエッジ描像である．有限幅 $0 \leq X \leq L_x$ の試料のランダウ準位とエッジ状態の中心座標 X_0（波数 K_y）に対する分散 $E_N(X_0)$ の模式図を図 7.35 に示す．ここでは外部からの電流注入により試料端に平行

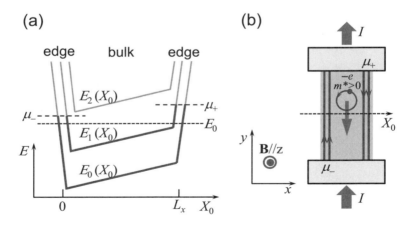

図 **7.35** (a) 有限幅の 2 次元電子系に電流注入したときのエネルギー準位．E_0 以下の全状態（バルクとエッジの一部）の電流に対する寄与は相殺してゼロになる．(b) 実空間のエッジ伝導チャネル．

な y 方向に電流 I_y が流れている非平衡状態を考えている．このとき全電流は各固有状態の寄与の和として

$$\begin{aligned}
I_y &= \sum_{N,\sigma_z} \sum_{X_0} \frac{(-e)}{L_y} v_y(X_0) f(E_N(X_0)) \\
&= \sum_{N,\sigma_z} \frac{L_y}{2\pi l^2} \int_0^{L_x} \frac{(-e)}{L_y} \left(-\frac{l^2}{\hbar} \frac{dE_N(X_0)}{dX_0}\right) f(E_N(X_0)) dX_0 \\
&= \frac{e}{h} \sum_{N,\sigma_z} \int_0^{L_x} \frac{dE_N(X_0)}{dX_0} f(E_N(X_0)) dX_0 \\
&= \frac{e}{h} \sum_{N,\sigma_z} \left\{ \int_0^\infty f_+(E_N) dE_N + \int_\infty^0 f_-(E_N) dE_N \right\} \\
&= \frac{e}{h} \sum_{N,\sigma_z} \int_0^\infty \{f_+(E_N) - f_-(E_N)\} dE_N = \frac{e}{h} \nu(\mu_+ - \mu_-) = -\frac{e^2}{h} \nu(V_+ - V_-)
\end{aligned} \tag{7.219}$$

で与えられる．ここで $f_+(E_N)$ と $f_-(E_N)$ は，それぞれ $dE_N(X_0)/dX_0 > 0$ および $dE_N(X_0)/dX_0 < 0$ となる X_0 の領域での $f(E_N(X_0))$，すなわち試料右端 $(X = L_x)$ または左端 $(X = 0)$ 近傍での分布関数を表す．また $\mu_+ = (-e)V_+$ と $\mu_- = (-e)V_-$ は，それぞれ分布関数 $f_+(E_N)$ と $f_-(E_N)$ の化学ポテンシャルである．上式は，試料端に平行に実電流 I_y が流れると試料両端の化学ポテンシャルに差が生じ，x 方向に電圧降下が起こることを意味する．これはホール抵抗 $R_\mathrm{H} = (V_+ - V_-)/I_y = -(1/\nu)(h/e^2)$ に相当し，量子ホール効果が導かれることになる．上式の変形において，群速度（$\propto dE_N/dX_0$）と状態密度（$\propto dX_0/dE_N$）が相殺して 1 次元分散 $E_N(X_0)$ の関数形に依存しない結果が得られたところがポイントである（この点については後で再びふれる）．後方散乱と非弾性散乱が無視できれば，左右のエッジチャネルに沿って化学ポテンシャルは一定である．したがってこれらはそのエッジチャネルに電子を射出した外部電極（電流端子）の化学ポテンシャルに等しい．図の上側および下側の端子の化学ポテンシャルはそれぞれ μ_+ と μ_- になるので，上下の端子間の 2 端子コンダクタンスは $G = I_y/(V_- - V_+) = \nu(e^2/h)$ となる．これは「ランダウアー（Landauer）公式」で透過率を 1 とした場合に相当する（第 8 章参照）．

量子ホール効果のエッジ描像では，試料内部をバルク絶縁体と仮定し，系をエッジチャネルのネットワークと見なして伝導現象を考える．多端子の量子ホール系の伝導現象は，ランダウアー公式を拡張した「ランダウアー–ビュティカー（Landauer–Buttiker）公式」によって扱うことができる（第 8 章参照）．これはエッジチャネルの節（ノード）にあたる個々の「端子」について，

$$I_i^{(\text{in})} = \frac{e^2}{h}\left\{(N_i^{(\text{out})} - \tilde{R}_{i \leftarrow i})V_i - \sum_{j \neq i} \tilde{T}_{i \leftarrow j} V_j\right\} \quad (7.220)$$

が成立するというものである.$I_i^{(\text{in})}$ は端子 i に流入する外部電流,V_j は端子 j の電位,$N_i^{(\text{out})}$ は端子 i の電子射出チャネル数,$\tilde{R}_{i \leftarrow i} \equiv \sum_l \sum_m R_{i;l \leftarrow i;m}$($R_{i;l \leftarrow i;m}$ を端子 i のチャネル m から端子 i のチャネル l への反射確率),$\tilde{T}_{i \leftarrow j} \equiv \sum_l \sum_m T_{i;l \leftarrow j;m}$($T_{i;l \leftarrow j;m}$ を端子 j のチャネル m から端子 i のチャネル l へ透過確率)である.チャネルは電子のスピンごとに数えるものとする.ここで各端子はチャネルがオーミックに結合した理想的な電極であると仮定しており,入射チャネルの化学ポテンシャルを平均化して射出チャネルに送り出す働きをする.不完全な端子では,端子とチャネル間の結合がトンネル効果的になり,チャネルに依存した重みがつくようになる.

例として,図 7.36 のような系を考えよう.各端子は理想的なオーミック電極であるとする.ホールバー型に加工した 2 次元電子系試料の直上に試料を横切るようにクロスゲート電極 G が設けてある.これに負の電圧 V_G を加えると,G の直下部分のポテンシャルが上がり(エネルギー障壁),2 次元電子系の電子密度が局所的に減少する.2 次元電子系が ν 本のエッジチャネルをもつ量子ホール状態になるように外部磁場を固定し,G の直下領域も ν' 本のエッジチャネルをもつ量子ホール状態になるようにゲート電圧 V_G を調整したとしよう.G の直下以外の 2 次元電子系の ν 本のエッジチャネルのうち,ν' 本がそのまま G 領域を直進できる.残りの $\nu - \nu'$ 本は G 領域に侵入することができず,図のように G 領域(障壁)との境界に沿って進む.端子 1 から 4 に電流 I を流したときのランダウアー–ビュティカー公式は,

$$\begin{pmatrix} I \\ 0 \\ 0 \\ -I \\ 0 \\ 0 \end{pmatrix} = \frac{e^2}{h} \begin{pmatrix} \nu-0 & 0 & 0 & 0 & 0 & -\nu \\ -\nu & \nu-0 & 0 & 0 & 0 & 0 \\ 0 & -\nu' & \nu-0 & 0 & -(\nu-\nu') & 0 \\ 0 & 0 & -\nu & \nu-0 & 0 & 0 \\ 0 & 0 & 0 & -\nu & \nu-0 & 0 \\ 0 & -(\nu-\nu') & 0 & 0 & -\nu' & \nu-0 \end{pmatrix} \begin{pmatrix} V_1 \\ V_2 \\ V_3 \\ V_4 \\ V_5 \\ V_6 \end{pmatrix}$$
(7.221)

と書ける.6 つの 1 次方程式は和をとるとゼロになるので線形独立ではない.また電位 V_j は基準を決めなければ不定となる.そこで端子 4 を電位の基準にとり($V_4 = 0$),6 式中の 5 式を連立させると,各端子の電位が $V_1 = V_2 = (1/\nu')(h/e^2)I$,$V_3 = (1/\nu)(h/e^2)I$,$V_6 = (1/\nu' - 1/\nu)(h/e^2)I$,$V_4 = V_5 = 0$ と求まる.これから 4 端子縦抵抗 R_{xx} とホール抵抗 R_{yx} は以下のように書ける.

$$R_{xx} = \frac{V_2 - V_3}{I} = \frac{V_6 - V_5}{I} = \left(\frac{1}{\nu'} - \frac{1}{\nu}\right)\frac{h}{e^2} \quad (7.222)$$

7.5 量子ホール効果

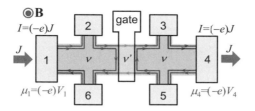

図 **7.36** クロスゲート電極を有するホールバー型 2 次元電子系の量子ホール状態 (ν) におけるエッジチャネル．ゲート電圧により直下の領域の電子密度を変えてチャーン数の異なる量子ホール状態 (ν') を実現できる．

$$R_{yx} = -\frac{V_2 - V_6}{I} = -\frac{V_3 - V_5}{I} = -\frac{1}{\nu}\frac{h}{e^2} \tag{7.223}$$

クロスゲート電極の電圧 V_G がゼロの場合は $\nu' = \nu$ であるので，縦抵抗とホール抵抗は $R_{xx} = 0$, $R_{yx} = -(1/\nu)(h/e^2)$ となって，通常の量子ホール効果を再現する．V_G に負の電圧を加えていくと，G 領域のエッジチャネル数 ν' が ν から減っていくので，障壁を挟む縦抵抗 R_{xx} は V_G の関数としてから階段状に増大することになる．さらに障壁を対角的に挟む「交叉」ホール抵抗 $R_{63} = -(V_3 - V_6)/I = -(2/\nu - 1/\nu')(h/e^2)$ と $R_{52} = -(V_2 - V_5)/I = -(1/\nu')(h/e^2)$ も V_G の関数として階段状変化を示す．

前に指摘したように，上の議論はあくまで各チャネルがオーミックに結合した理想的な端子を仮定したものである．現実の端子ではチャネルごとの結合に差が生じ，上の議論からのずれを生ずる．エッジ描像を使用するうえで，端子は常に考えなければならない重要な問題である．

c. バルク-エッジ対応

量子ホール状態における電流は，エッジ描像では試料端に集中して流れることになるが，前節までの無限系に対するバルク描像では試料内部を一様に流れると考えてきた．異なる電流分布を与えるこれらの描像は両立するものなのであろうか．またバルク描像とエッジ描像で量子ホール抵抗値を指定するトポロジカル数 N_C とエッジチャネル数 ν は一致するのであろうか．以下では 2 つの量子ホール効果の描像を結ぶ「バルク-エッジ対応」について説明しよう．

まず図 7.35 の有限幅の量子ホール系に戻って考えると，端から離れた試料内部では中心座標 X_0 の位置によりホール電場 $E_x(>0)$ によるポテンシャルが異なるため，バルク状態のランダウ準位は右上がりに傾斜する $(dE_N(X_0)/dX_0 > 0)$．したがって各バルク状態は端に平行な方向に有限の群速度 $v_y = -(l^2/\hbar)\partial E_N(X_0)/\partial X_0 = -(l^2/\hbar)eE_x = -E_x/B$ をもつことになる．フェルミ準位以下のランダウ準位数を ν とすると，バルク領域には電流密度 $j_y = \{\sum(-e/L_y)v_y f(E_N(X_0))\}/L_x = +\nu(e^2/h)E_x$ が発生することになり，局

所的伝導度は $\sigma_{yx} = -\sigma_{xy} = \nu(e^2/h)$ となる．ここでは乱れのない理想的なランダウ準位状態を考えたので，量子ホール伝導度の値が得られたのは当然である．量子ホール効果のバルク描像は，ここに乱れによる準位ぼけや局在が導入されても，この局所的伝導度の量子化値が変化しないことを結論する．一方，量子ホール効果のエッジ描像によれば，このバルク領域の電流密度は全電流に反映されない．これは前述の図 7.35(a) での全電流の計算で群速度と状態密度が相殺し，全電流が1次元分散 $E_N(X_0)$ の関数形に依存しなくなったからである．つまり占有された任意のエネルギー E_0 以下では，バルク領域の電流（分散の傾き $dE_N(X_0)/dX_0$ に比例）はエッジ状態の電流によって完全に打ち消され，残った（E_0 以上の）左右のエッジ状態の化学ポテンシャルの差の寄与のみが全電流を与えるのである．この結果は，試料端のチャネル伝導のみを考えてそこに全電流を担わせるエッジ描像を，計算技法として正当化する．しかし実際には，エッジチャネルに全電流が集中してバルク内に電流やホール電場が存在しないわけではないので注意を要する．実験的にも，バルク電流とエッジ電流の共存が確認されている．全電流は一様なバルク電流と真のエッジ電流に振り分けられるが，その比率は系の形状などに依存する．試料幅が非弾性散乱長（位相緩和長）L_ϕ より大きい場合はバルク伝導が，L_ϕ と同程度に小さくなるとエッジ伝導が支配的になることが知られている．

バルク電流をエッジ電流が打ち消すという以上の考察から，量子ホール状態におけるバルクとエッジの接続問題の原理的背景に，電荷保存則が関係することが推察されよう．ここでは一般に「バルクが量子ホール状態になっているときには必然的にカイラルなエッジ状態が試料端に存在する」ことを電荷保存則を用いて説明しよう．7.5.3 項のラフリンの議論と同様に，垂直磁場 $\boldsymbol{B}$ がかかったサイズ $L_x \times L_y$ の長方形2次元電子系を y 方向に円筒状に巻いた系を考える（図 7.37）．ただし円筒の左右の端 $x = 0, L_x$ は金属電極ではなく，急峻な障壁ポテンシャルで $0 \leq x \leq L_x$ のバルク領域に電子を閉じ込める試料端であるとする．またバルク領域はチャーン数（の和）$N_\mathrm{C} = \sum_{E_\alpha \leq E_\mathrm{F}} N_\alpha$ で指定される何らかの量子ホール状態（$\sigma_{xy} = -N_\mathrm{C} e^2/h$）にあり，移動度ギャップのため金属的の伝導は生じない（$\sigma_{xx} = 0$）とする．ここで円筒の軸に沿って時間に比例して変化する仮想磁束 $\tilde{\Phi}(t)$ を通し，端に平行な誘導電場 E_y を印加した状態を考える．

試料の左端（$x = 0$）近傍の電荷のバランスを考えよう．マクロな電荷密度と電流密度をそれぞれ $\rho(\boldsymbol{r})$ と $\boldsymbol{j}(\boldsymbol{r})$ とおくと，電荷保存則より

$$\frac{\partial \rho}{\partial t} + \boldsymbol{\nabla} \cdot \boldsymbol{j} = \frac{\partial \rho}{\partial t} + \frac{\partial j_x}{\partial x} + \frac{\partial j_y}{\partial y} = 0 \tag{7.224}$$

が成り立つ．バルク領域は量子ホール状態，試料外は伝導度ゼロなので，$j_x = \sigma_{xy}\theta(x)E_y = -N_\mathrm{C}(e^2/h)E_y\theta(x)$ と書ける（$\theta(x)$ はステップ関数）．したがって上の連続方程式から

$$\frac{\partial \rho}{\partial t} = -\frac{\partial j_x}{\partial x} = -\sigma_{xy}E_y\delta(x) = N_\mathrm{C}\frac{e^2}{h}E_y\delta(x) \tag{7.225}$$

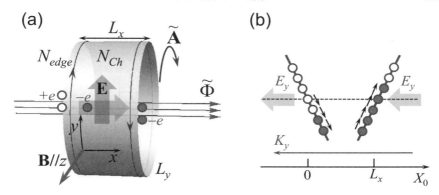

図 **7.37** 電荷ポンプとバルク-エッジ対応. (a) 仮想磁束の誘導電場による試料端の電荷蓄積. (b) 誘導電場による左右のエッジ状態（カイラル 1 次元電子系）の電子分布変化.

となり，周長 L_y の試料左端には時間 Δt に比例して $\Delta Q_{\text{bulk}} = N_\text{C}(e^2/h)E_y L_y \Delta t$ の電荷が蓄積していくことになる．これはラフリンの議論に似た電荷ポンプ機構であり，量子ホール系の詳細に依存しない．

バルクの量子ホール状態は電子密度の決まった状態であるため，試料端に電荷を蓄積することはできない．したがって試料端 $x = 0$ には電場 E_y のもとで電荷が蓄積できる何らかの 1 次元金属状態（ギャップレスモード）が存在しなければならない．しかし通常の 1 次元電子系では電場を加えても占有状態数は変化しないので電荷蓄積は起こらない．一方，1 方向にしか電子が動けないカイラル 1 次元電子系では，以下でみるように電場で占有状態数を変化させることができる．そこで y 方向（右回り）に電子を運ぶカイラル 1 次元電子系が試料左端に 1 つだけ存在すると仮定しよう．そのフェルミ波数 K_F は電場 E_y を加えると，運動方程式 $\hbar \dot{K}_y = -eE_y$ に従い，時間 Δt で $\Delta K_\text{F} = -(e/\hbar)E_y \Delta t$ だけ変化するので，占有電子の全電荷は $\Delta Q = (-e)\Delta K_\text{F}/(2\pi/L_y) = (e^2/h)E_y L_y \Delta t$ だけ変化する．向きの同じカイラル 1 次元電子系が ν 個あれば，時間 Δt での全電荷の変化分は $\Delta Q_{\text{edge}} = \nu(e^2/h)E_y L_y \Delta t$ になる．

電場 E_y のもとで，量子化指数 N_C の量子ホール効果により試料端に蓄積する電荷 ΔQ_{bulk} と，試料端にある ν 個のカイラル 1 次元電子系が収容する余剰電荷 ΔQ_{edge} を等しいとおくと，

$$\nu = N_\text{C} \tag{7.226}$$

が得られる．以上の考察により，「バルク領域がトポロジカル数 N_C で指定される量子ホール状態にある（$\sigma_{xy} = -N_\text{C} e^2/h$）ときは，電荷保存則をみたすように，試料端に必ず N_C 個のギャップのないカイラル 1 次元電子系がエッジ状態として存在する」ことがわかった．

これが量子ホール系における「バルク-エッジ対応（bulk-edge correspondence）」である．

ここでは量子ホール系の試料端に起こる電荷蓄積を，電荷保存則（ゲージ不変性）が見かけ上破れるギャップのないカイラル1次元電子系を導入して吸収した．この電子系の性質は，場の理論において「カイラル異常」とよばれる量子異常（アノマリー）に関係する．量子ホール系のエッジ状態に限らず，トポロジカル相の境界には，保存則の破れを吸収するようにギャップのない金属状態が現れる．これが一般のバルクエッジ対応である．トポロジカル絶縁体の表面に形成されるディラック電子系はその典型である．

7.5.6　分数量子ホール効果[51]

7.5.3項で述べたように，量子ホール効果は突き詰めると電荷の量子化に起因する．電子の電荷が $-e$ である限りホール効果の量子化値は必ず整数となり，逆に非整数値への量子化は $-e$ 以外の有効電荷をもつ準粒子の存在を意味することになる．その典型的な例が分数量子ホール効果である．分数量子ホール状態はエネルギーギャップを隔てて安定化された多体電子状態であり，ギャップ上に励起された準粒子が分数電荷をもってホール効果の分数量子化を起こすのである．ここでは超伝導に続く巨視的量子現象である分数量子ホール効果とその複合粒子描像について簡単に紹介しておこう．

分数量子ホール効果は，整数量子ホール効果が発見された3年後の1982年に，ツイ（D. C. Tsui），シュテルマー（H. L. Stormer），ゴサード（A. C. Gosserd）によって GaAs/AlGaAs ヘテロ界面の2次元電子系で発見された[52]．従来の $\nu = 1$ の整数量子ホールプラトーのさらに強磁場領域の占有率 $\nu = 1/3$ に相当する磁場において，量子ホール効果的な振る舞い，すなわち縦抵抗の極小 $\rho_{xx} \to 0$ とホール抵抗のプラトー $\rho_{xy} = 3(h/e^2)$ を観測したのである．その後，試料の移動度が向上するにつれて，$\nu = 1/3$ 以外の奇数分母の分数占有率 $\nu = p/q$（q は奇数）でも量子ホール効果的な振る舞いが続々と観測された．図7.38は整数量子ホール効果に加えて，複数の分数量子ホール効果が観測されている実験の例である[53]．現在では分数量子ホール効果は，GaAs/AlGaAs系に限らず ZnO/MgZnO 酸化物ヘテロ界面やグラフェンといった高移動度2次元電子系で一般的に観測されている．

これまで個々の電子を独立に考える1体問題として磁場中2次元電子系を扱ってきた．そこでは電子間に働くクーロン相互作用は試料内の乱雑ポテンシャルや温度ぼけに比べ小さいとして考慮しなかった．しかし乱れの少ない高移動度試料では十分な低温下で電子間相互作用の効果は無視できなくなる．特に磁場中の2次元電子系は，電子の運動エネルギーがランダウ準位に完全量子化されて分散を失っているため，電子間相互作用を小さな摂動として扱うことができない強相関極限の電子系となっている．実際，特定のランダウ準位に限って考えれば，多体ハミルトニアンは定数を除いて電子間相互作用そのものとなる．磁場中2次元電子系で電子（電子数 N_e）が基底ランダウ準位（縮重度 $N_\phi = S/2\pi l^2$, S は系の面積）を部分的に占有している状況を考えよう．電子間相互作用を考えない1体問

7.5 量子ホール効果

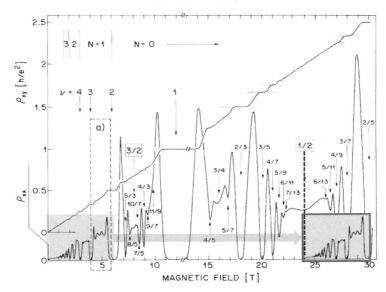

図 7.38 GaAs/AlGaAs ヘテロ界面で観測された分数量子ホール効果[53]．$\nu = 1/2$ の磁場（24 T）以上の分数量子ホール効果による縦抵抗の振動が，あたかも $\nu = 1/2$ をゼロ磁場とする整数量子ホール効果の振動のように見える．これは後述の複合フェルミオン描像で説明される．

題の範囲では，占有する N_e 個の準位を選ぶ場合の数だけの多体状態がエネルギー的に縮退している．ここで電子間相互作用を考えると，電子は互いにできるだけ離れた配置を実現しようとするので，上の縮退は解ける．特定の占有率（$\nu = N_e/N_\phi$）では，エネルギーギャップを隔てて単一の多体状態（分数量子ホール状態）が基底状態として安定化される．内力である相互作用が存在しても多電子系の全角運動量は（系が回転対称である限り）保存するので，この基底状態も角運動量の固有状態になっている．そこで，まず角運動量の固有状態になるランダウ準位の表現から始めよう．

a. 対称ゲージにおけるランダウ準位波動関数

7.2.3 項では一様磁場 $\boldsymbol{B} = (0, 0, B)$ 中の自由電子のランダウ準位を，ベクトルポテンシャルとしてランダウゲージ $\boldsymbol{A} = (0, Bx, 0)$ を採用して有効質量近似で導いた．その結果，ランダウ指数 N と中心座標 X_0（または y 軸方向波数 K_y）を量子数とする固有状態を得た．これに対し対称ゲージとよばれるベクトルポテンシャル $\boldsymbol{A} = (1/2)\boldsymbol{B} \times \boldsymbol{r} = (-By/2, Bx/2, 0)$ を採用して質量 m^* の 2 次元電子系のランダウ準位を求めると，サイト座標を $\boldsymbol{R} = (X, Y) = (R\cos\theta, R\sin\theta)$ として

$$\langle \boldsymbol{R}|Nm\rangle = \frac{1}{l}\sqrt{\frac{N!}{(N+m)!}}e^{-\frac{R^2}{4l^2}}\left(\frac{R}{\sqrt{2}l}\right)^m L_N^{(m)}\left(\frac{R^2}{2l^2}\right)\cdot\frac{1}{\sqrt{2\pi}}e^{-im\theta} \qquad (7.227)$$

という形が得られる．ここで $l \equiv \sqrt{\hbar/eB}$ は磁気長，$L_N^{(m)}(x)$ はラゲールの陪多項式である．量子数 $N \geq 0$ はランダウ指数，もう一つの量子数 m は $-N \leq m < -N+N_\phi$（N_ϕ は縮重度）をみたす整数で軌道角運動量 l_z の大きさを表す．状態 $|Nm\rangle$ は

$$\hat{l}_z|Nm\rangle = (\hat{X}\hbar\hat{K}_y - \hat{Y}\hbar\hat{K}_x)|Nm\rangle = (-m)\hbar|Nm\rangle \qquad (7.228)$$

をみたすので，ハミルトニアンと角運動量を同時に対角化するランダウ準位の基底になっていることがわかる．この角運動量は，電子のサイクロトロン運動の角運動量ではないことに注意されたい．包絡関数 $\langle \boldsymbol{R}|Nm\rangle$ は，確率振幅ゼロとなる原点のまわりを回転する波，すなわち確率密度流の渦を表しており，確率密度は半径 $R_0 = l\sqrt{2(N+m+1/2)}$ の円周付近で最大となる．この渦の角運動量が $(-m)\hbar$ であり，サイクロトロン運動の中心座標は半径 R_0 の円周上に量子化されて存在するのである．

$z \equiv Re^{-i\theta}/l = (X-iY)/l$ において 2 次元座標 $\boldsymbol{R}$ を複素平面上の点 z で表すことにすると，基底ランダウ準位（$N=0$）の包絡関数 $\langle \boldsymbol{R}|N=0,m\rangle$ は

$$\varphi_{N=0,m}(z) = \frac{1}{\sqrt{2\pi m! 2^m}l}e^{-\frac{|z|^2}{4}}z^m \qquad (7.229)$$

と表される．m は $0 \leq m < N_\phi$ の範囲の整数である．ランダウ準位の縮重度 $N_\phi \equiv S/2\pi l^2$（S は 2 次元系の面積）は，系を貫く磁束量子 $\Phi_0 \equiv h/e$ の数に等しい．角運動量 $(-m)\hbar$ の渦の中心である原点は，m 位のゼロ点となっている．

b. 基底ランダウ準位の多体波動関数

さて角運動量について N_ϕ 重に縮退した基底ランダウ準位に，N_e 個の電子を配置した多電子系を考えよう．一般に電子間相互作用は存在しても構わない．またこの多電子系の背景には，全体を電荷中性にするよう一様な正電荷（面密度 $+N_\mathrm{e}e/S$）が存在するとする．この N_e 電子系の任意の多体波動関数は，N_ϕ 重に縮退した基底ランダウ準位から特定の N_e 個（$m = m_1, m_2, \cdots, m_{N_\mathrm{e}}$）を取り出して電子を配置したスレーター（Slater）行列式を基底として，すべての $(m_1, m_2, \cdots, m_{N_\mathrm{e}})$ の組についての線形結合の形で表される．

$$\begin{aligned}
&\Psi(z_1, z_2, \cdots, z_{N_\mathrm{e}}) \\
&= \sum_{0 \leq m_1 < m_2 < \cdots < m_{N_\mathrm{e}} < N_\phi} C_{(m_1,m_2,\cdots,m_{N_\mathrm{e}})} \\
&\quad \times \frac{1}{\sqrt{N_\mathrm{e}!}}\begin{vmatrix} \varphi_{N=0,m_1}(z_1) & \varphi_{N=0,m_2}(z_1) & \cdots & \varphi_{N=0,m_{N_\mathrm{e}}}(z_1) \\ \varphi_{N=0,m_1}(z_2) & \varphi_{N=0,m_2}(z_2) & \cdots & \varphi_{N=0,m_{N_\mathrm{e}}}(z_2) \\ \vdots & \vdots & & \vdots \\ \varphi_{N=0,m_1}(z_{N_\mathrm{e}}) & \varphi_{N=0,m_2}(z_{N_\mathrm{e}}) & \cdots & \varphi_{N=0,m_{N_\mathrm{e}}}(z_{N_\mathrm{e}}) \end{vmatrix} \qquad (7.230)
\end{aligned}$$

ここで $C_{(m_1,m_2,\cdots,m_{N_e})}$ は線形結合の係数である.$\varphi_{N=0,m}(z)$ の形より,上式は各 z_i について最大 $N_\phi - 1 \cong N_\phi$ 次の多項式と指数因子 $\exp(-\sum_{i=1}^{N_e}|z_i|^2/4)$ の積になることがわかる.さて,電子はフェルミオンであるため,多体波動関数は任意の粒子の交換について反対称(z_i と z_j を置き換えると -1 がつく)でなければならない.したがって $\Psi(z_1, z_2, \cdots, z_{N_e})$ の多項式因子の部分は反対称多項式となる.一般に反対称多項式は対称多項式と完全反対称多項式(ヴァンデルモンド(Vandermonde)行列式)の積に因数分解できることが定理として知られているので,上式は

$$\Psi(z_1, z_2, \cdots, z_{N_e}) = P(z_1, z_2, \cdots, z_{N_e}) \times \begin{vmatrix} 1 & z_1 & \cdots & z_1^{N_e-1} \\ 1 & z_2 & \cdots & z_2^{N_e-1} \\ \vdots & \vdots & & \vdots \\ 1 & z_{N_e} & \cdots & z_{N_e}^{N_e-1} \end{vmatrix} \exp\left(-\sum_{i=1}^{N_e} \frac{|z_i|^2}{4}\right)$$

$$= P(z_1, z_2, \cdots, z_{N_e}) \times \prod_{i<j}(z_i - z_j) \cdot \exp\left(-\sum_{i=1}^{N_e} \frac{|z_i|^2}{4}\right) \quad (7.231)$$

と書き直せる.ここで $P(z_1, z_2, \cdots, z_{N_e})$ は各 z_i について最大 $N_\phi - N_e$ 次の任意の対称多項式である.N_e 体波動関数 $\Psi(z_1, z_2, \cdots, z_{N_e})$ ではイメージしにくいので,他の電子の位置 $z_i(i \neq 1)$ を固定し,1つの電子の位置 z_1 に注目したスナップショット関数 $\Psi(z_1)$ として考えてみよう(波動関数の反対称性から他の電子に注目しても基本的な違いはない).多項式部分の最大次数が縮重度(すなわち系を貫く磁束量子数)N_ϕ であることから,$\Psi(z_1)$ は最大 $N_\phi - 1 \cong N_\phi$ 個のゼロ点をもつことがわかる.そのうちヴァンデルモンド行列式に由来する $N_e - 1$ 個のゼロ点は他の電子の位置 $z_i(i \neq 1)$ に一致する.z_1 の電子の存在確率が他の電子の位置でゼロになるのは,フェルミオンのパウリ排他則にほかならない.残りのゼロ点は対称多項式 $P(z_1, z_2, \cdots, z_{N_e})$ に由来し,特に制約なく自由な位置をとれる.

c. ラフリン状態

電子間相互作用がない場合,上の一般形をもつ膨大な数の N_e 体波動関数 $\Psi(z_1, z_2, \cdots, z_{N_e})$ はすべて同一エネルギー $N_e \times \hbar\omega_c/2$ に縮退している.しかし電子間相互作用があると,$P(z_1, z_2, \cdots, z_{N_e})$ の具体的な形の違い(すなわちゼロ点の配置の違い)によってエネルギー差が生じ,この縮退は解ける.したがって相互作用の形が与えられたときの基底状態の問題は,ハミルトニアン,すなわち電子間相互作用エネルギーの期待値を最小化するような対称多項式 $P(z_1, z_2, \cdots, z_{N_e})$ の形を求める変分問題に帰着する.1983 年にラフリン(R. B. Laughlin)は基底状態の N_e 体波動関数として次の試行関数を提案した[54].

$$\Psi_q(z_1, z_2, \cdots, z_{N_e}) \propto \prod_{i<j}(z_i - z_j)^q \cdot \exp\left(-\sum_{i=1}^{N_e} \frac{|z_i|^2}{4}\right) \quad (7.232)$$

ここで q は自然数の変分パラメータである．この波動関数が粒子交換に対して反対称であるためには q は奇数でなければならない．z_1 の関数としてみると，$\Psi_q(z_1)$ は，$\Psi(z_1)$ の対称多項式由来の自由なゼロ点すべてを他の電子の位置 $z_i(i \neq 1)$ に重ねて配置して q 位の多重ゼロ点としたものであることがわかる．z_1 の電子は $z_i(i \neq 1)$ を中心に相対角運動量 $(-q)\hbar$ の確率密度流の渦を形成する．ラフリンの試行関数が電子間斥力によるポテンシャルエネルギーを小さくすることは以下のように直感的に理解できる．z_1 の電子の確率密度は，z_i 近傍で $|z_1 - z_i|^{2q}$ に比例してゼロに近づく．重なったゼロ点数 q が大きいほど（渦の相対角運動量が大きいほど）z_1 電子の z_i 近傍での存在確率は小さくなるので，この状態では 2 つの電子が接近してクーロン斥力ポテンシャルの短距離成分を感じることがないのである．

ラフリンの試行関数の多項式因子は各 z_i について $q(N_e - 1) \cong qN_e$ 次である．一方，一般に多体波動関数の多項式因子の最大次数は $N_\phi - 1 \cong N_\phi$ であった．したがってエネルギーを最小化するように変分パラメータ q を最大化すると，$qN_e = N_\phi$ となることがわかる．これはランダウ準位の占有状態に制限を課してしまう．つまりラフリンの試行関数はいつでも安定化できるわけではなく，ランダウ準位占有率 $\nu \equiv N_e/N_\phi$ が奇数分母の分数 $1/q$ になる場合に限って安定化されるのである．この状態を「$1/q$ ラフリン状態」とよぶ．ラフリン状態は，クーロン相互作用の長距離斥力を無視した場合に，基底状態の厳密な波動関数になることが示されている．また液体ヘリウムの議論で用いられる粒子間の 2 体相関のみを取り入れたジャストロウ（Jastrow）型試行関数を考えても，角運動量の固有関数となる唯一の解となっている．さらに他の多体電子状態に対しギャップを隔てて安定化した基底状態であることも数値的に確かめられている．このようにラフリンの波動関数は，電子間相互作用の具体的な形にまったく依存しないにもかかわらず，相互作用の長距離成分や 3 体以上の相関を無視する限り厳密な基底状態を与えるのである．ラフリン状態では，電子どうしは互いに接近することができないが，それらの配置には特に規則性があるわけではない．また電子密度は $n = N_e/S = 1/2\pi q l^2$ に固定されているので，基底状態を保ったまま圧縮して電子密度を変えることはできない．ラフリン状態はこれらの性質により「非圧縮性量子液体」とよばれる．

以上述べたことを図 7.39 に模式的に示した．図 7.39(a) は占有率 $\nu \equiv N_e/N_\phi = 1/3$ における一般（正常相）の多体波動関数を z_1 の関数としてみたスナップショットである．白い楕円は最大 $N_\phi - 1 \cong N_\phi$ 個の 1 位のゼロ点（確率密度流の渦）を，暗色の球は位置 $z_i(i \neq 1)$ にある $N_e - 1 \cong N_e$ 個の他の電子を表している．z_1 の電子はゼロ点（穴）以外の場所に存在確率をもつ．パウリ排他則から他の電子は必ずゼロ点に存在しなければならない．残ったゼロ点は任意の配置をとれる．図 7.39(b) はその配置の 1 つである 1/3 ラフリン状態のスナップショットである．最大数 N_ϕ 個のゼロ点が，他電子の位置に 3 個ずつ重ねて配置され 3 位のゼロ点を形成する．z_1 の電子はこの 3 重渦によってパウリ排他則以

7.5 量子ホール効果

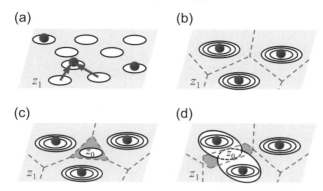

図 7.39 z_1 の関数としてみた多体波動関数のスナップショットの模式図. (a) 一般の多体状態. N_F 個のゼロ点（白丸）のうち N_e 個に他の電子（暗色球）が位置している. (b) 1/3 ラフリン状態. 他の電子の位置が 3 位のゼロ点となり，破線で示した非圧縮性セルを形成する. (c) 1/3 状態の準正孔. セルに属さないゼロ点が挿入される. (d) 1/3 状態の準電子. 複数のセルでゼロ点を共有する.

上に他電子の近傍から強く排除され，他電子近傍の強いクーロン斥力ポテンシャルを感じることがなくなる．電子と 3 重渦の複合体は面積 $3 \times 2\pi l^2$ の非圧縮性のセル（破線）を形成し，そこを磁束量子 3 つ分の一様な磁束が貫く．

d. 分数電荷準粒子

ラフリン状態は非圧縮性量子液体であると述べたが，例えば外部磁場がわずかに変わり占有率が $\nu = N_e/N_\phi = 1/q$ の条件から外れたら何が起こるであろうか．多体波動関数はもはやラフリン状態の形はとれないが，占有率のずれが小さいうちはラフリン状態からの励起状態と考えられる状態がエネルギー的に安定であろう．磁場をわずかに変化させた場合，ゼロ点の個数 N_ϕ が変化するが，各々の非圧縮性セルのゼロ点数を q から ± 1 増減させることはできない．波動関数の反対称性から q は奇数でなければならないからである．

ゼロ点が増加する場合（$\nu = N_e/N_\phi < 1/q$）は，非圧縮性セルの隙間に孤立したゼロ点（渦）が挿入される（図 7.39(c)）．$1/q$ ラフリン状態の位置 z_0 に 1 位のゼロ点を 1 つ挿入した N_e 体波動関数は

$$\hat{S}(z_0)\Psi_q(z_1, z_2, \cdots, z_{N_e}) \propto \prod_i (z_i - z_0) \cdot \Psi_q(z_1, z_2, \cdots, z_{N_e})$$

$$= \prod_i (z_i - z_0) \cdot \prod_{i<j}(z_i - z_j)^q \cdot \exp\left(-\sum_{i=1}^{N_e} \frac{|z_i|^2}{4}\right) \quad (7.233)$$

で与えられる．位置 z_0 では N_e 個すべての電子の存在確率がゼロとなるので，その近傍には背景の正電荷（面密度 $+eN_e/S$）が現れる．ゼロ点 1 つが占有する面積は $S/N_\phi = 2\pi l^2$

程度であるので，z_0 近傍には局在した正電荷 $+eN_e/N_\phi = +e/q$ が現れる．これは分数電荷をもったラフリン状態の個別励起の1つであり「準正孔」とよばれる．

一方，ゼロ点が取り除かれると（$\nu = N_e/N_\phi > 1/q$），非圧縮性セルは重なりをつくって複数のセルでゼロ点（渦）を共有しようとする（図 7.39(d)）．孤立した逆向きの渦が周囲のセルの渦の一部と打ち消しあったものと考えてもよい．位置 z_0 で $1/q$ ラフリン状態から1位のゼロ点1つを除去した N_e 体波動関数は

$$\hat{S}^\dagger(z_0)\Psi_q(z_1, z_2, \cdots, z_{N_e})$$
$$\propto \prod_i \left[\exp\left(-\frac{|z_i|^2}{4}\right)\left(2\frac{\partial}{\partial z_i} - z_0^*\right)\exp\left(+\frac{|z_i|^2}{4}\right)\right]\Psi_q(z_1, z_2, \cdots, z_{N_e})$$
$$= \exp\left(-\sum_{i=1}^{N_e}\frac{|z_i|^2}{4}\right) \cdot \prod_i \left(2\frac{\partial}{\partial z_i} - z_0^*\right)\prod_{i<j}(z_i - z_j)^q \tag{7.234}$$

となることが知られている．セルの重なり部分の電子密度は周囲に比べ過剰になるので，負の局在電荷が現れる．セルの重なりはゼロ点1つ分の面積 $S/N_\phi = 2\pi l^2$ に相当するので，電子の平均電荷密度 $-eN_e/S$ を乗じて，z_0 近傍には $-eN_e/N_\phi = -e/q$ の局在負電荷が現れることになる．これは準正孔に共役な分数電荷励起で「準電子」とよばれる．

分数量子ホール効果のプラトーの中心 $\nu = 1/q$ では，多電子系の基底状態として $1/q$ ラフリン状態がギャップを隔てて安定化する．磁場を増減してプラトーの中心から占有率をずらすと準正孔あるいは準電子がギャップ上に励起され分数電荷 $\pm(1/q)e$ をもつキャリアとなる．これらの準粒子が乱れによって局在すれば，ホール伝導度に寄与しなくなりホール効果の量子化が起こる．これが $1/q$ 分数量子ホール効果である．ギャップを反映して $\sigma_{xx} \to 0$ が，準粒子の分数電荷を反映して σ_{xy} の分数量子化が起こるのである．分数量子ホール状態における準粒子の分数電荷は，エッジ状態間の準粒子トンネル測定や量子ポイントコンタクトのショットノイズ測定により実験的に観測されている．

e. 階層構造の標準模型

分数量子ホール効果は $1/q$ 以外の奇数分母の占有率 ν でも観測されている．これはどのように理解されるのであろうか．初期の段階では，ラフリン状態の準粒子が1世代下の新たなラフリン状態をつくるという階層構造が考えられた．すなわち，ゼロ点に存在する電子にさらに2つのゼロ点が重なって第1世代の $1/3$ ラフリン状態の非圧縮性セルが形成されたように，$1/3$ ラフリン状態の準正孔（または準電子）に2つの $1/3$ 非圧縮性セルが重なって第2世代の $2/7$ ラフリン状態（または $2/5$ ラフリン状態）の非圧縮性セルが形成されると考えるのである．以下，例えば $2/7$ 状態の準準正孔（孤立 $1/3$ セル）に2つの $2/7$ セルが重なって第3世代の $5/17$ 状態のセルが形成される，という具合に新世代のラフリン状態が次々に構成されていくと考える．ハルデイン，ラフリン，ハルペリンらによるこの描像を階層構造の「標準模型」とよぶ．しかし実験では $\nu = 1/3, 2/5, 3/7, 4/9, \cdots$ とい

う異なる世代の状態が他の同世代の状態より優先的に観測され，世代が進むにつれ状態が不安定になるとする標準模型の予測とは一致しない．分数量子ホール効果の階層構造については，次節で述べる複合フェルミオン描像がより明快で直感的な説明を与える．

7.5.7 複合粒子描像

1980年代後半までは，ラフリンの波動関数と標準模型によって分数量子ホール効果の本質は理解されたと考えられていた．しかしその後，より直感的な描像である複合粒子描像が提案された．これは電子系の分数量子ホール効果の問題を，電子にフィラメント状磁束を貼り付けた複合粒子（composite particle）の問題に変換する考え方で，その変換が粒子の統計性を変える点に特徴がある．複合粒子描像には大別してツァン（S. C. Zhang）や江澤らにより提案された複合ボゾン描像とジェイン（J. K. Jain）により提唱された複合フェルミオン描像があるが，本項では主に後者について説明しよう．

a. 磁束付着変換

まず，電子の波動関数が原点にゼロ点をもつ（点状の穴のある）2次元系の1体問題を考えよう．この系でバイヤース−ヤンの定理（7.5.3項）と同様の議論を行う．太さのないフィラメント状仮想磁束Φがゼロ点を貫いているとすると，Φは周囲にベクトルポテンシャル$\boldsymbol{a}(\boldsymbol{R}) = (\Phi/2\pi|\boldsymbol{R}|)\boldsymbol{e}_{\theta(\boldsymbol{R})} = (\Phi/2\pi)\boldsymbol{\nabla}\theta(\boldsymbol{R})$をつくる．ここで$\theta(\boldsymbol{R}) \equiv \tan^{-1}(Y/X)$は$x$軸から$y$軸に向けて測った$\boldsymbol{R}$の方位角，$\boldsymbol{e}_{\theta(\boldsymbol{R})}$は原点を中心とする$\boldsymbol{R}$を通る円周に沿った$\theta(\boldsymbol{R})$が増加する方向の単位ベクトルである．$\tilde{\chi}(\boldsymbol{R}) = -(\Phi/2\pi)\theta(\boldsymbol{R})$とおいた特異ゲージ変換$\boldsymbol{a}(\boldsymbol{R}) \to \boldsymbol{a}'(\boldsymbol{R}) = \boldsymbol{a}(\boldsymbol{R}) + \boldsymbol{\nabla}\tilde{\chi}(\boldsymbol{R})$を行うとハミルトニアンから$\boldsymbol{a}(\boldsymbol{R})$を消去できる．このとき波動関数は$\varphi(\boldsymbol{R}) \to \varphi'(\boldsymbol{R}) = e^{-i(e/\hbar)\tilde{\chi}(\boldsymbol{R})}\varphi(\boldsymbol{R}) = e^{i(\Phi/\Phi_0)\theta(\boldsymbol{R})}\varphi(\boldsymbol{R})$ ($\Phi_0 = h/e$) に変換されるが，これは$\Phi/\Phi_0 = p$（整数）の場合にのみ1価関数になる．結局，ゼロ点にフィラメント状の磁束量子Φ_0を任意の整数p本だけ貼り付けても，周囲のベクトルポテンシャルは特異ゲージ変換で消去できることになる．これを「磁束付着変換」とよぶことにする．2次元座標$\boldsymbol{R}$を複素平面上の点$z \equiv (X - iY)/l = |\boldsymbol{R}|e^{-i\theta(\boldsymbol{R})}/l$で表すことにすると，波動関数は$\varphi(z) \to \varphi'(z) = e^{ip\theta(\boldsymbol{R})}\varphi(z) = (|\boldsymbol{R}|e^{-i\theta(\boldsymbol{R})}/|\boldsymbol{R}|)^{-p}\varphi(z) = (z/|z|)^{-p}\varphi(z)$に位相変換されることになる．

ゼロ点が$\boldsymbol{R} = \boldsymbol{R}_0$（複素座標で$z = z_0$）にある場合は，磁束付着変換の結果，波動関数は

$$\varphi(z) \to \varphi'(z) = e^{ip\theta(\boldsymbol{R}-\boldsymbol{R}_0)}\varphi(z) = \left(\frac{z-z_0}{|z-z_0|}\right)^{-p}\varphi(z) \tag{7.235}$$

に変化する．変換で$\boldsymbol{a}(\boldsymbol{R})$は消去されても，特異ゲージ変換の適用外（特異点）であるゼロ点のフィラメント磁束$p\Phi_0$は不変であることに注意されたい．

b. 複合粒子描像

次に，上の磁束付着変換の議論をN_e体電子系に応用しよう．多体のハミルトニアンは

$$\hat{H} = \sum_{i=1}^{N_e} \frac{1}{2m^*}\{\hat{\boldsymbol{P}}_i + e\boldsymbol{A}(\hat{\boldsymbol{R}}_i)\}^2 + \sum_{i<j} U(\hat{\boldsymbol{R}}_i - \hat{\boldsymbol{R}}_j) \tag{7.236}$$

のように書ける.$\boldsymbol{R}_i$ は i 番目の電子のサイト座標,$\boldsymbol{P}_i$ はそれに正準共役な運動量である.$\boldsymbol{A}(\boldsymbol{r}) = (1/2)\boldsymbol{B}\times\boldsymbol{r}$ は一様な外部磁場 $\boldsymbol{B} = (0,0,B)$ を与えるベクトルポテンシャルで,この磁場での縮重度を N_ϕ とおく.N_e 体波動関数 $\Psi(z_1, z_2, \cdots, z_{N_e})$ で各電子の位置 z_i は他の膨大な数の電子にとってゼロ点となるので,各電子に磁束を付着させてみよう.一様な外部磁束 $N_\phi\Phi_0$ のうちの一部 $pN_e\Phi_0$ を,$p\Phi_0$ ずつ太さのないフィラメント状に束ねて,各電子に貼り付けた状況を考えるのである(磁束の向きが外部磁場と平行場合を $p>0$ にとる).付着されず残った一様磁場 $\boldsymbol{B}_\text{eff} = \nabla\times\boldsymbol{A}_\text{eff}$ を与えるベクトルポテンシャルは $\boldsymbol{A}_\text{eff} = \{(N_\phi\Phi_0 - pN_e\Phi_0)/N_\phi\Phi_0\}\boldsymbol{A} = (1-p\nu)\boldsymbol{A}$ となるので,系のハミルトニアンは

$$\hat{H}_\text{CS} = \sum_{i=1}^{N_e} \frac{1}{2m^*}[\hat{\boldsymbol{P}}_i + e\{\boldsymbol{a}(\hat{\boldsymbol{R}}_i) + \boldsymbol{A}_\text{eff}(\hat{\boldsymbol{R}}_i)\}]^2 + \sum_{i<j} U(\hat{\boldsymbol{R}}_i - \hat{\boldsymbol{R}}_j) \tag{7.237}$$

と書ける.ここで

$$\boldsymbol{a}(\boldsymbol{R}) = \frac{p\Phi_0}{2\pi}\sum_j \frac{1}{|\boldsymbol{R}-\boldsymbol{R}_j|}\boldsymbol{e}_{\theta(\boldsymbol{R}-\boldsymbol{R}_j)} = \frac{p\Phi_0}{2\pi}\sum_j \nabla\theta(\boldsymbol{R}-\boldsymbol{R}_j) \tag{7.238}$$

は各電子(位置 $\boldsymbol{R}_j$)に付着させたフィラメント磁束 $\Phi = p\Phi_0$ がつくるベクトルポテンシャルの和で,「チャーン–サイモンズ(Chern–Simons)ゲージ場」とよばれる.$\hat{H}$ と $\hat{H}_\text{CS}$ のベクトルポテンシャルは,電子間距離程度のスケールでみればまったく異なった空間分布をしている.しかし巨視的には $\hat{H}_\text{CS}$ のフィラメント磁束のポテンシャルは平均化されて $\hat{H}$ の一様磁束のポテンシャルと同じになると見なせるであろう.そこでこれらを同一視する「平均場近似」$\hat{H}\approx\hat{H}_\text{CS}$ を行う.しかしポテンシャルのずれ $\hat{H}_\text{CS}-\hat{H}$ は「ゲージ場の揺らぎ」として平均場近似の本質的な問題として残ることになる.

磁束付着変換の処方に従い,$\hat{H}_\text{CS}$ から $\boldsymbol{a}(\boldsymbol{R})$ を特異ゲージ変換により消去しよう.多体波動関数を

$$\begin{aligned}\Psi_\text{CS}(z_1,z_2,\cdots,z_{N_e}) &\to \Psi_\text{CP}(z_1,z_2,\cdots,z_{N_e}) \\ &= \exp\left(ip\sum_{i<j}\theta(\boldsymbol{R}_i-\boldsymbol{R}_j)\right)\Psi_\text{CS}(z_1,z_2,\cdots,z_{N_e}) \\ &= \prod_{i<j}\left(\frac{z_i-z_j}{|z_i-z_j|}\right)^{-p}\Psi_\text{CS}(z_1,z_2,\cdots,z_{N_e})\end{aligned} \tag{7.239}$$

のように位相変換すれば,ハミルトニアンは $\boldsymbol{a}(\boldsymbol{R})$ が消去された形

$$\hat{H}_\text{CP} = \sum_{i=1}^{N_e}\frac{1}{2m^*}\{\hat{\boldsymbol{P}}_i + e\boldsymbol{A}_\text{eff}(\hat{\boldsymbol{R}}_i)\}^2 + \sum_{i<j}U(\hat{\boldsymbol{R}}_i-\hat{\boldsymbol{R}}_j) \tag{7.240}$$

に変換される．A_{eff} と相互作用項は変化しないことに注意されたい．また $a(R)$ は変換で消去されても，電子位置（ゼロ点）は変換の対象外であるため電子に貼り付けた磁束は不変で（そもそも磁束はゲージ変換では変化しない），変換後の A_{eff} とは無関係である．変換後の $\Psi_{\text{CP}}(z_1, z_2, \cdots, z_{N_e})$ は電子にフィラメント磁束 $p\Phi_0$ が付着した「複合粒子」の多体波動関数で，$\hat{H}_{\text{CP}}$ は電荷 $-e$，質量 m^* の複合粒子が一様な有効磁場 $B_{\text{eff}} = \nabla \times A_{\text{eff}} = (1-p\nu)B$ の中を相互作用しながら運動する系を記述していると解釈できる（図 7.40）．これが複合粒子描像である．電子の波動関数である $\Psi_{CS}(z_1, z_2, \cdots, z_{N_e})$ は粒子の交換に対して反対称なので，複合粒子の波動関数 $\Psi_{\text{CP}}(z_1, z_2, \cdots, z_{N_e})$ は整数 p が偶数のときは反対称，奇数のときは対称となる．すなわち電子にフィラメント状の磁束量子が偶数本付着したものは「複合フェルミオン」，奇数本付着したものは「複合ボゾン」として振る舞うのである．このように磁束付着変換は，粒子の統計性を変化させるという 2 次元系特有の著しい特徴をもつ．詳細は省略するが，これは粒子交換に伴う符号変化を付着磁束を周回する幾何学的位相（アハラノフ–ボーム位相）に担わせたことに起因している．

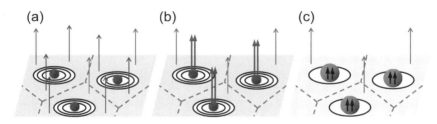

図 **7.40** 複合フェルミオン描像．(a) 一様磁場中の 1/3 ラフリン状態の多体波動関数 Ψ．(b) 磁場の一部を束ねて各電子位置に磁束量子を 2 本ずつ配置したとき（平均場近似）の多体波動関数 $\Psi_{CS}(\sim \Psi)$．(c) Ψ_{CS} を特異ゲージ変換した多体波動関数 Ψ_{CP}．磁束量子を囲むベクトルポテンシャルを消去し，残った磁場中の複合粒子（矢印を囲む球）の問題に変換する．1/3 ラフリン状態は複合フェルミオンの $\nu_{\text{CF}} = 1$ 整数量子ホール状態に変換される．

c. ラフリン状態の複合フェルミオン描像

複合フェルミオン描像の立場から $1/(2k+1)$ ラフリン状態を解釈し直してみよう．ラフリンの波動関数を

$$\Psi_{q=2k+1}(z_1, z_2, \cdots, z_{N_e}) \propto \prod_{i<j}(z_i - z_j)^{2k} \cdot \left\{ \prod_{i<j}(z_i - z_j) \cdot \exp\left(-\sum_{i=1}^{N_e} \frac{|z_i|^2}{4}\right) \right\}$$

$$= \prod_{i<j}(z_i - z_j)^{2k} \cdot \Psi_{q=1}(z_1, z_2, \cdots, z_{N_e}) \tag{7.241}$$

の形に書き直して，特異ゲージ変換と比較すると，電子の $\nu = 1/(2k+1)$ 分数量子ホール状態 $\Psi_{q=2k+1}$（Ψ_{CS} に対応）が，磁束量子 $p = 2k$ 本が付着した複合フェルミオンの

占有率 $\nu_{\mathrm{CF}} = 1$ の整数量子ホール状態 $\Psi_{q=1}$（Ψ_{CP} に対応）として解釈できることがわかる（この比較は厳密なものではなく，$|z_i - z_j|^p$ の因子の存在や複合フェルミオンと電子の磁気長の違いなどを無視している．複合粒子への変換については種々の理論的提案が行われている）．$\nu = 1/(2k+1)$ となる外部磁場 $\boldsymbol{B}$ では，複合フェルミオンは有効磁場 $\boldsymbol{B}_{\mathrm{eff}} = (1 - p\nu)\boldsymbol{B} = \nu\boldsymbol{B}$ を感じ，これにより「擬ランダウ準位」に量子化される．$\boldsymbol{B}_{\mathrm{eff}}$ での擬ランダウ準位の縮重度は $N_{\phi\mathrm{CF}} = \nu N_\phi$ なので，占有率については確かに基底擬ランダウ準位が複合フェルミオンでみちた整数量子ホール状態の条件 $\nu_{\mathrm{CF}} \equiv N_e/N_{\phi\mathrm{CF}} = 1$ をみたしている．

上の描像は一見，ホール効果の整数量子化 $\rho_{yx} = -(1/\nu_{\mathrm{CF}})(h/e^2)$ を導き矛盾するようにみえるが，そうではない．複合フェルミオンにはフィラメント磁束 $p\Phi_0$ が付着しているので，その運動は電場を伴うからである．これは第2種超伝導体において渦糸（ボルテックス）が運動すると電圧が発生するのと同じである．一般に磁場 $\boldsymbol{B}$ が静止系に対し速度 $\boldsymbol{v}$ で運動すると $\boldsymbol{E} = (-\boldsymbol{v}) \times \boldsymbol{B} = \boldsymbol{B} \times \boldsymbol{v}$ の電場が生ずるので，付着磁束の運動で発生する電場は $E_y = (p\Phi_0 N_e/S)\{j_x S/(-eN_e)\} = -p(h/e^2)j_x$ と見積もられる．この寄与を加えたホール抵抗率は $\rho_{yx} = E_y/j_x = -(1/\nu_{\mathrm{CF}} + p)(h/e^2) = -(1/\nu)(h/e^2)$ となって，分数量子化に相当する値を与えるのである．これは複合粒子系 $\hat{H}_{\mathrm{CP}}$ では付着磁束が外部有効磁場から切り離されているための効果である．

この事情はエッジ描像で考えても同じである．端のある試料の $\nu_{\mathrm{CF}} = 1$ 整数量子ホール状態では，複合フェルミオンの基底擬ランダウ準位のエッジチャネルが試料端に形成される．この1次元チャネルに沿って付着磁束を伴った複合粒子が運動すると，チャネルの両側（試料の内外）に複合粒子の流量（化学ポテンシャルの関数）に比例した電位差が発生する．チャネルの外側にあるホール端子間の電位差は，チャネル間の化学ポテンシャルの差にこの付着磁束の電位差の寄与を加えたものとなり，やはり分数量子化を与えるのである．

複合フェルミオン系の $\nu_{\mathrm{CF}} = 1$ 整数量子ホール状態では，有効磁場下での基底擬ランダウ準位と第1励起擬ランダウ準位の間のギャップが最低励起エネルギーとなっている．電子系に焼き直すと，これは真の磁場下の $1/(2k+1)$ 分数量子ホール状態のギャップに対応すると考えられる．しかし擬ランダウ準位を構成してギャップを定量的に見積もることは，複合フェルミオン間相互作用やゲージ場の揺らぎの有効質量への繰り込みの問題があるため簡単ではない．

このギャップを超えて上下に生成された複合フェルミオンやその空孔（複合フェルミオンの孤立ゼロ点）が複合フェルミオン描像における準粒子で，電荷 $\mp e$ と付着磁束 $\pm 2k\Phi_0$ をもつ．この複合準粒子の運動は付着磁束のために電場を伴うことに注意すると，外部電場に対する複合準粒子の応答は，電荷 $\mp e/(2k+1)$ をもち付着磁束のない粒子の応答と同じであることがわかる．すなわち複合準粒子は電子系の準粒子（準電子または準正孔）を複合フェルミオン系に変換したものであると見なせる．

外部磁場が変化して占有率が $\nu_{\rm CF} = 1$ からずれると複合準粒子が生成する．これらが擬ランダウ準位端の局在領域にあるうちは付着磁束も動けないため，ホール効果には分数量子化されたプラトーが観測されることになる．

d. 階層構造の複合フェルミオン描像

一般の分数量子ホール状態も $\nu = 1/(2k+1)$ 状態と同様に複合フェルミオンの整数量子ホール状態として解釈できる．電子に $p = 2k$（偶数）本のフィラメント磁束量子を付着させた複合フェルミオンが占有率 $\nu_{\rm CF}$（整数）の整数量子ホール状態をつくるとすると，そのときの電子の占有率は，

$$\nu = \frac{N_{\rm e}}{N_\phi} = \frac{N_{\rm e}}{2kN_{\rm e} + N_{\phi{\rm CF}}} = \frac{\nu_{\rm CF}}{2k\nu_{\rm CF} + 1} \tag{7.242}$$

で与えられる．有効磁場 $\boldsymbol{B}_{\rm eff}$ が外部磁場 $\boldsymbol{B}$ と逆方向になった場合は，$\nu_{\rm CF}$ は負の整数となる．上式で $k = 0$ の場合は，電子の整数量子ホール効果を与える．$k = 1$ の場合は，$\nu_{\rm CF} = 1, 2, 3, \cdots$ に対応して $\nu = 1/3, 2/5, 3/7, \cdots$，$\nu_{\rm CF} = -1, -2, -3, \cdots$ に対応して $\nu = 1, 2/3, 3/5, \cdots$ となって，実験的に優先的に観測される分数量子ホール効果の主系列を自然に導く（図 7.38 参照）．このように複合フェルミオン描像は，通常の整数量子ホール状態も含めた分数量子ホール状態の階層構造を非常にうまく説明する．

占有率 $\nu = 1/2k$ の磁場は，分数量子ホール効果の k 系列，すなわち磁束量子 k 本が付着した複合フェルミオンの整数量子ホール効果の系列（$|\nu_{\rm CF}| \to \infty$）の集積点となっている．$\nu = 1/2k$ では有効磁場 $\boldsymbol{B}_{\rm eff} = (1 - 2k\nu)\boldsymbol{B}$ がゼロになるので，複合フェルミオン系はランダウ量子化を起こさず，ギャップのないバンド分散をもったフェルミ液体状態になると予想される．相互作用やゲージ場の揺らぎが繰り込まれたフェルミ液体のバンド分散（あるいは有効質量）については複数の理論的研究がある．この $\nu = 1/2$（$k = 1$）の磁場近傍では，アンチドット格子系の整合振動効果や磁気収束（focusing）効果など，有効磁場下の複合フェルミオンの半古典的軌道運動を反映した伝導現象が実験的に観測されている．これらの現象は従来の描像では予測できなかったもので，複合フェルミオン（のフェルミ液体）の実在性を強く示唆するものである．この意味で，複合フェルミオン描像は単なる数学的な変換理論を超えて，物理的実体を伴った有効模型になっているようにみえる．

本節では 1 体の基底ランダウ準位のみを考えているため，議論を $\nu \leq 1$ の占有率に限ってきた．しかし一般に分数量子ホール効果は $\nu > 1$ でも観測される．このときの異常な現象として，偶数分母である $\nu = 5/2$ における量子ホールプラトーがある．上で述べたように偶数分母占有率では複合フェルミオンのフェルミ液体状態が実現するはずなので，これはきわめて不思議な状態である．この「5/2 分数量子ホール状態」は，複合フェルミオンが対をつくってボーズ凝縮した状態であると考えられている．これは電子がクーパー対をつくってボーズ凝縮し，超伝導状態を形成するのと同様である．この系に磁束（空孔）を導入すると，反粒子が自身と一致する「マヨラナ（W. E. Majorana）粒子」的な励起が

現れる．これはトポロジカル超伝導体の端や渦糸内に現れるマヨラナ励起と同様の状況である．これらのマヨラナ励起は非可換統計に従い，トポロジカルに安定なため，エラー耐性のある量子演算の担体として興味がもたれている．

e. 複合ボソン描像

最後に複合フェルミオン描像と対をなす複合粒子描像である複合ボソン描像について触れておこう．複合ボソン描像では電子の分数量子ホール状態を複合ボソンのボーズ凝縮状態と解釈する．例えば $\nu=1/(2k+1)$ 分数量子ホール状態において，フィラメント磁束量子 $p=2k+1$ 本を電子に付着させた複合ボソンの問題に変換すると，有効磁場 $\boldsymbol{B}_{\mathrm{eff}}=(1-p\nu)\boldsymbol{B}$ はゼロとなるので，基底状態（分数量子ホール状態）はゼロ磁場下の複合ボソンのボーズ凝縮状態にほかならないことがわかる．複合ボソン描像は，複合フェルミオン描像とは相補的な考え方になっている．

7.6 グラフェンと固体中ディラック電子系

ディラック方程式とは，相対論的量子力学においてスピン 1/2 の自由フェルミオンを記述する方程式である．固体中ブロッホ電子系において，電子動力学を記述する有効質量方程式がディラック方程式と同型になるとき，その系を「固体中ディラック電子系」という．特に静止質量をゼロとしたディラック方程式で記述される系は「質量ゼロ (massless)」のディラック電子系とよばれ，2つのバンドが1点で線形に交叉し，種々の異常な物性を示す．その最も典型的かつ最初の例が，炭素の単原子層結晶であるグラフェンである．

2004年にガイム (A. Geim) とノボセロフ (K. Novoselov) は層状黒鉛結晶（グラファイト）からの劈開によりグラフェンの単離に成功した．グラフェンが質量ゼロの2次元ディラック電子系であることは理論的には古くから認識されていたが，彼らは実際に電気伝導測定を行い，ディラック電子特有の半整数量子ホール効果を実証した[55]．この業績に対し2010年にノーベル物理学賞が授与された．彼らが用いた試料作製法は驚くほど単純かつ巧妙なもので，現在でも標準的な手法となっている．まず表面に適切な厚さの SiO_2 絶縁膜を形成した導電性 Si 基板を用意する．市販の粘着テープを用いてグラファイト結晶の劈開を繰り返し，十分薄くなったものを押し当ててグラファイト超薄膜結晶片を基板上に貼り付ける．基板上の多数の結晶片の中から，単原子層のグラフェンを光学顕微鏡で探し出し（基板の酸化膜の厚さは，干渉効果により単原子層でも光学的コントラストが得られるように選ばれている），電子線リソグラフィー法で試料の整形や微小電極の形成などを行う．

本節では，単原子層科学，あるいはディラック電子系のトポロジカルな異常物性という新しい研究分野の幕開けとなったグラフェンの電子構造と物性を中心に，固体中ディラック電子系について概説する[56～58]．

7.6.1 ディラック方程式

ディラック（P. A. M. Dirac）の相対論的量子力学によれば，真空中のスピン 1/2 の自由フェルミオンを記述する波動方程式は 4×4 の行列形式で表現され，波動関数も 4 成分をもつ（ディラック・スピノルとよばれる）．この 4 成分は相対論のローレンツ不変性を満足するために導入が必要不可欠であり，粒子反粒子自由度およびスピン自由度に対応する．このように本来，反粒子とスピンの概念はディラック方程式から導かれるものである．また 7.2.5 項でも述べたように，スピン軌道相互作用も本来，ディラック方程式の非相対論的近似としてシュレーディンガー方程式を導く際に現れる補正項である．

ディラック方程式の行列表現は基底のとり方によりいろいろな形をとるが，静止質量がゼロまたは小さい場合に便利なワイル表現（カイラル表現）では，

$$i\hbar \frac{\partial}{\partial t} \begin{pmatrix} \psi_{L1} \\ \psi_{L2} \\ \psi_{R1} \\ \psi_{R2} \end{pmatrix}$$

$$= \begin{pmatrix} +ic\hbar\partial_z & +ic\hbar(\partial_x - i\partial_y) & mc^2 & 0 \\ +ic\hbar(\partial_x + i\partial_y) & -ic\hbar\partial_z & 0 & mc^2 \\ mc^2 & 0 & -ic\hbar\partial_z & -ic\hbar(\partial_x - i\partial_y) \\ 0 & mc^2 & -ic\hbar(\partial_x + i\partial_y) & +ic\hbar\partial_z \end{pmatrix} \begin{pmatrix} \psi_{L1} \\ \psi_{L2} \\ \psi_{R1} \\ \psi_{R2} \end{pmatrix} \quad (7.243)$$

という形になる．ここで m は粒子の静止質量，c は光速，$(\partial_x, \partial_y, \partial_z) \equiv (\partial/\partial x, \partial/\partial y, \partial/\partial z)$ である．スピノル各成分の添字 L と R は，それぞれ基底が「左巻き」状態と「右巻き」状態（カイラリティ演算子 γ_5 の固有状態（固有値 -1，$+1$）で，粒子成分と反粒子成分が混ざっている）であることを表す．一方，添字 1 と 2 はスピン自由度に対応する．特に静止質量がゼロの場合，上の 4×4 行列は 2 つの 2×2 行列の直和となり，「左巻き」成分と「右巻き」成分についての独立な 2 つの方程式に分離できる．

$$i\hbar \frac{\partial}{\partial t} \begin{pmatrix} \psi_{L1} \\ \psi_{L2} \end{pmatrix} = c\hat{\boldsymbol{p}} \cdot (-\boldsymbol{\sigma}) \begin{pmatrix} \psi_{L1} \\ \psi_{L2} \end{pmatrix}$$

$$= \begin{pmatrix} +ic\hbar\partial_z & +ic\hbar(\partial_x - i\partial_y) \\ +ic\hbar(\partial_x + i\partial_y) & -ic\hbar\partial_z \end{pmatrix} \begin{pmatrix} \psi_{L1} \\ \psi_{L2} \end{pmatrix} \quad (7.244)$$

$$i\hbar \frac{\partial}{\partial t} \begin{pmatrix} \psi_{R1} \\ \psi_{R2} \end{pmatrix} = c\hat{\boldsymbol{p}} \cdot (+\boldsymbol{\sigma}) \begin{pmatrix} \psi_{R1} \\ \psi_{R2} \end{pmatrix}$$

$$= \begin{pmatrix} -ic\hbar\partial_z & -ic\hbar(\partial_x - i\partial_y) \\ -ic\hbar(\partial_x + i\partial_y) & +ic\hbar\partial_z \end{pmatrix} \begin{pmatrix} \psi_{R1} \\ \psi_{R2} \end{pmatrix} \quad (7.245)$$

これらはワイル（H. Weyl）方程式とよばれ，質量ゼロの自由フェルミオンが従う方程式である．波動関数はスピン自由度に対応した2成分をもつスピノルとなる．例えば右巻き方程式において，定常状態が波数 k，エネルギー E の平面波状態であると仮定して波動関数を ${}^t(\psi_{R1},\psi_{R2}) = {}^t(C_{R1},C_{R2})\exp(i\boldsymbol{k}\cdot\boldsymbol{r} - iEt/\hbar)$ とおくと，固有状態は行列

$$H(\boldsymbol{k}) = \hbar c\boldsymbol{k}\cdot\boldsymbol{\sigma} = \begin{pmatrix} \hbar c k_z & \hbar c(k_x - ik_y) \\ \hbar c(k_x + ik_y) & -\hbar c k_z \end{pmatrix} \tag{7.246}$$

の対角化により得られ，固有エネルギーは

$$E_{\pm}(\boldsymbol{k}) = \pm\hbar c|\boldsymbol{k}| = \pm\hbar c\sqrt{k_x^2 + k_y^2 + k_z^2} \tag{7.247}$$

と求まる．負エネルギーの解は反粒子に対応する．質量ゼロの粒子は，常に相対論における最高速度 c に達して運動しているので，エネルギーの波数依存性（分散関係）は光速に相当する傾きをもった線形分散となる．分散 $E_+(\boldsymbol{k})$ と $E_-(\boldsymbol{k})$ を次元を1つ省略した2次元波数空間上でプロットすると，原点で頂点が接触する上下一対の円錐（ディラックコーンとよばれる）になる．また2つの円錐が接触する準位交差点はディラック点とよばれる．右巻き方程式の固有状態（カイラリティ = +1）は，$E > 0$ ではスピン $\boldsymbol{\sigma}$ が波数 $\boldsymbol{k}$ 方向を向き（ヘリシティ：$h \equiv \boldsymbol{k}\cdot\boldsymbol{\sigma}/|\boldsymbol{k}| = +1$），$E < 0$ では $\boldsymbol{\sigma}$ が $\boldsymbol{k}$ の反対方向を向く（$h = -1$）．左巻き状態（カイラリティ = −1）も同じディラックコーン分散をもつが，スピンの向きは逆になる．ディラック粒子系においては，軌道角運動量やスピン角運動量は（ディラック方程式に内在するスピン軌道相互作用により）保存量にならないが，ヘリシティや全角運動量はハミルトニアンと可換な保存量となることに注意しよう．

ディラックの空孔理論によれば，真空状態では下側ディラックコーンは負エネルギー粒子でみたされており，そこから粒子を取り去った空孔は正エネルギーの反粒子と解釈される．反粒子は背景の負エネルギー粒子に対し，反対符号の電荷 $-q$，エネルギー $-E > 0$，運動量 $-\hbar\boldsymbol{k}$，スピン $-\boldsymbol{\sigma}$ と，同符号のヘリシティ h，群速度 $\boldsymbol{v}$ をもつ．

7.6.2 グラフェンの電子構造

炭素の単体結晶のうち，高圧下で安定なダイヤモンドに対して，常圧下で安定なものは黒鉛（グラファイト）である．グラファイトは黒色で金属光沢のある層状結晶で，天然に産出するとともに（マダガスカル産など），人工的にも合成される（キッシュ（Kish）グラファイト，高配向パイログラファイト（HOPG）など）．結晶の各層では炭素原子が共有結合により2次元蜂の巣（六角）格子を形成しており，層間はファン・デル・ワールス力で弱く結合している．各層は位置をずらして2層周期で交互積層している．これをベルナール（Bernal）積層という．

グラフェンはこの3次元グラファイト結晶から単一層を取り出した2次元結晶である．

7.6 グラフェンと固体中ディラック電子系

炭素原子の平面上蜂の巣格子構造は、各炭素原子の $2\mathrm{sp}^2$ 混成軌道の強固な面内 σ 結合と、面に垂直方向に広がった $2\mathrm{p}_z$ 軌道の π 結合により維持されている。フェルミ準位を基準としたとき、σ 結合軌道からなるバンドは非常に安定でエネルギーが低く、また σ 反結合軌道のバンドは不安定でエネルギーが高い。したがってフェルミ準位近傍に位置して物性に寄与するのは p_z 軌道に由来する π バンドである。

グラフェンの結晶構造と座標軸の模式図を図 7.41 に示す。図で $\boldsymbol{a} = a(1,0)$ と $\boldsymbol{b} = a(-1/2, \sqrt{3}/2)$ は基本並進ベクトル(格子ベクトル)、$a = |\boldsymbol{a}| = |\boldsymbol{b}| = 0.246$ nm は格子定数である。ここでは $\boldsymbol{a}$ と $\boldsymbol{b}$ のなす角が $2\pi/3$ になるように選んだが、$\pi/3$ になるように選ぶことも多い。図でひし形の領域は単位胞の例である。単位胞内には A, B 2 つの炭素原子が存在し、それぞれ格子全体の中で三角格子配列をもった副格子を形成している。B 原子から 3 つの最近接 A 原子に向かう相対位置ベクトルは、$\boldsymbol{\tau_1} = a(0, 1/\sqrt{3})$、$\boldsymbol{\tau_2} = a(-1/2, -1/2\sqrt{3})$、$\boldsymbol{\tau_3} = a(1/2, -1/2\sqrt{3})$ となる。格子ベクトル $\boldsymbol{a}$ と $\boldsymbol{b}$ から逆格子ベクトルをつくると $\boldsymbol{a}^* = (2\pi/a)(1, 1/\sqrt{3})$、$\boldsymbol{b}^* = (0, 2\pi/a)(2/\sqrt{3})$ となるので、波数空間のブリルアン領域は Γ 点 ($\boldsymbol{k} = 0$) を中心とする正六角形となり、隣り合う頂点である K 点と K' 点は、$\boldsymbol{K} = (2\pi/a)(1/3, 1/\sqrt{3})$、$\boldsymbol{K'} = (2\pi/a)(2/3, 0)$ で与えられる。他の 4 頂点は K 点または K' 点と等価である。K 点を時間反転すると $-\boldsymbol{K}$ に移るがこれは K' 点と等価である。すなわち K 点と K' 点は時間反転の関係にある。したがって正六角形の中心 (Γ 点) や辺の中点 $(\boldsymbol{K} + \boldsymbol{K'})/2$ (M 点) は時間反転不変運動量 (TRIM) となる。

グラフェンのバンド構造を強束縛近似 (tight binding 近似) で考えてみよう。原点にある孤立炭素原子の $2\mathrm{p}_z$ 軌道のエネルギー準位を ε_{2p}、波動関数を $\varphi_{2p_z}(\boldsymbol{r})$ とおき、格子点

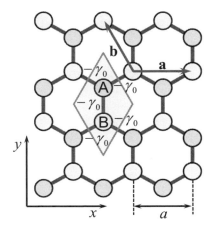

図 7.41 グラフェンの結晶構造と座標軸。ひし形の領域は単位胞を表し、A と B の 2 つの炭素原子を含んでいる。

R_A にある A 原子の p_z 軌道の波動関数を $\langle r|A(R_A)\rangle = \varphi_{2p_z}(r - R_A)$, R_B にある B 原子の波動関数を $\langle r|B(R_B)\rangle = \varphi_{2p_z}(r - R_B)$ のように表すことにする. またグラフェン結晶のハミルトニアン $\hat{H}$ の p_z 軌道間の行列要素（トランスファー積分）は，最近接炭素原子間（A 原子–B 原子間）のみに有限な値 $-\gamma_0$ をもつとする.

$$\langle A(R_A)|\hat{H}|B(R_B)\rangle = -\gamma_0(\delta_{R_A,R_B+\tau_1} + \delta_{R_A,R_B+\tau_2} + \delta_{R_A,R_B+\tau_3})$$
$$= -\gamma_0 \sum_{l=1,2,3} \delta_{R_A,R_B+\tau_l} \quad (7.248)$$

さらに簡単のため最近接炭素原子間の p_z 軌道は直交していると考え，その重なり積分を $\langle A(R_A)|B(R_B)\rangle = 0$ とする（これは模型を単純化するための近似であって，実際には正しくない）．すると結晶のハミルトニアンは各格子点の原子軌道を基底として次のように表現される．

$$\hat{H} = \sum_{R_A,R_B} \sum_{l=1,2,3} (|A(R_A)\rangle \quad |B(R_B)\rangle) \begin{pmatrix} \varepsilon_{2p} & -\gamma_0 \\ -\gamma_0 & \varepsilon_{2p} \end{pmatrix} \begin{pmatrix} \langle A(R_B+\tau_l)| \\ \langle B(R_A-\tau_l)| \end{pmatrix} \quad (7.249)$$

ここで A 副格子と B 副格子の各々について，原子軌道の線形結合（LCAO）をとって次のようにブロッホ関数を構成する（ブロッホ和）．

$$|A(k)\rangle = \sum_{R_A} |A(R_A)\rangle\langle A(R_A)|A(k)\rangle = \sum_{R_A} |A(R_A)\rangle \frac{1}{\sqrt{N}} e^{ik\cdot R_A} \quad (7.250)$$

$$|B(k)\rangle = \sum_{R_B} |B(R_B)\rangle\langle B(R_B)|B(k)\rangle = \sum_{R_B} |B(R_B)\rangle \frac{1}{\sqrt{N}} e^{ik\cdot R_B} \quad (7.251)$$

このブロッホ和を基底にとって結晶のハミルトニアンを表現すると，

$$\hat{H} = \sum_k (|A(k)\rangle \quad |B(k)\rangle) \begin{pmatrix} \varepsilon_{2p} & -\gamma_0 \sum_{l=1,2,3} e^{-ik\cdot\tau_l} \\ -\gamma_0 \sum_{l=1,2,3} e^{ik\cdot\tau_l} & \varepsilon_{2p} \end{pmatrix} \begin{pmatrix} \langle A(k)| \\ \langle B(k)| \end{pmatrix}$$
$$(7.252)$$

これを対角化すると固有エネルギーが次のように求まる．

$$E_\pm(k) = \varepsilon_{2p} \pm \gamma_0 \left|\sum_{l=1,2,3} e^{-ik\cdot\tau_l}\right| = \varepsilon_{2p} \pm \gamma_0 \sqrt{1 + 4\cos\frac{ak_x}{2}\cos\frac{\sqrt{3}ak_y}{2} + 4\cos^2\frac{ak_x}{2}}$$
$$(7.253)$$

上式の 2 次元波数空間におけるバンド分散を図 7.42 に示す．単位胞内に A と B の 2 原子が存在するため，p_z 軌道は 2 枚の π バンドを形成する．著しい特徴は，2 枚のバンドが正六角形のブリルアン領域の独立な 2 つの頂点（K 点と K$'$ 点）で円錐状の分散をもって点接触（準位交差）することである．グラフェンでは単位胞（2 炭素原子）あたり $4+4=8$

7.6 グラフェンと固体中ディラック電子系   451

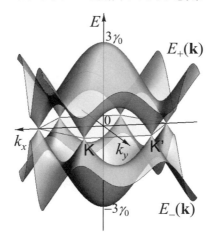

図 7.42 グラフェンの π バンドの分散. $\varepsilon_{2p} = 0$ とおいた. 正六角形の第一ブリルアン領域の頂点（K 点と K' 点）で伝導帯と価電子帯が点接触し, ゼロギャップ伝導体となっている.

個の価電子が存在するが, 6 個が sp^2 混成軌道の結合軌道から成る低エネルギーの σ バンドを占めるため, 残った 2 個が低エネルギー側の π バンドを完全に占有することになる. したがってフェルミ準位は 2 枚のバンドの中央, すなわち円錐の頂点が接触する準位交差点に位置することになる. 仮に準位交差点の位置にギャップが存在していれば, 系は低エネルギー側のバンド（価電子帯）がすべて占有された半導体（絶縁体）になる. その意味でグラフェンの電子構造はしばしば「ゼロギャップ半導体」とよばれる（しかし後述のように現実の系は「ゼロギャップ伝導体」とよぶべき特異な伝導特性を示す）.

一般に伝導特性などの電子物性に影響するのはフェルミ準位近傍の電子状態なので, グラフェンでは K 点と K' 点の準位交差点付近の電子状態（しばしば「バレー」とよばれる）が重要になる. 安藤らに従って, K および K' バレーにおける電子動力学を有効質量近似で取り扱う有効模型を構築しよう[56]. まず強束縛近似の結晶ハミルトニアンを K 点および K' 点近傍で波数 k について 1 次まで展開し, バレー付近の電子状態を単純化する. エネルギーと波数 k の原点は準位交差点に取り直す（$\varepsilon_{2p} = 0$）.

$$\hat{H} = \sum_{k} (|A(\boldsymbol{K}+\boldsymbol{k})\rangle \quad |B(\boldsymbol{K}+\boldsymbol{k})\rangle)$$
$$\times \begin{pmatrix} 0 & -\omega^{-1}\gamma(k_x - ik_y) \\ -\omega\gamma(k_x + ik_y) & 0 \end{pmatrix} \begin{pmatrix} \langle A(\boldsymbol{K}+\boldsymbol{k})| \\ \langle B(\boldsymbol{K}+\boldsymbol{k})| \end{pmatrix}$$

$$+ \sum_k (|A(\bm{K'}+\bm{k})\rangle \quad |B(\bm{K'}+\bm{k})\rangle)$$
$$\times \begin{pmatrix} 0 & +\gamma(k_x+ik_y) \\ +\gamma(k_x-ik_y) & 0 \end{pmatrix} \begin{pmatrix} \langle A(\bm{K'}+\bm{k})| \\ \langle B(\bm{K'}+\bm{k})| \end{pmatrix} \quad (7.254)$$

ここで $\gamma \equiv \sqrt{3}a\gamma_0/2$, $\omega \equiv \exp(2\pi i/3) = (-1+\sqrt{3}i)/2$ とおいた. これから以下の有効質量ハミルトニアンが構成できる. $\partial_X \equiv \partial/\partial X$, $\partial_Y \equiv \partial/\partial Y$ と書くことにすると,

$$\hat{H}_{\text{eff}} = \sum_k (|F_A^K(\bm{R})\rangle \quad |F_B^K(\bm{R})\rangle)$$
$$\times \begin{pmatrix} 0 & \gamma\{(-i\partial_X)-i(-i\partial_Y)\} \\ \gamma\{(-i\partial_X)+i(-i\partial_Y)\} & 0 \end{pmatrix} \begin{pmatrix} \langle F_A^K(\bm{R})| \\ \langle F_B^K(\bm{R})| \end{pmatrix}$$
$$+ \sum_k (|F_A^{K'}(\bm{R})\rangle \quad |F_B^{K'}(\bm{R})\rangle)$$
$$\times \begin{pmatrix} 0 & \gamma\{(-i\partial_X)+i(-i\partial_Y)\} \\ \gamma\{(-i\partial_X)-i(-i\partial_Y)\} & 0 \end{pmatrix} \begin{pmatrix} \langle F_A^{K'}(\bm{R})| \\ \langle F_B^{K'}(\bm{R})| \end{pmatrix}$$
$$(7.255)$$

ここで $|F_A^K(\bm{R})\rangle \equiv e^{i\bm{K}\cdot\bm{R}}|B(\bm{R})\rangle$, $|F_B^K(\bm{R})\rangle \equiv -\omega e^{i\bm{K}\cdot\bm{R}}|B(\bm{R})\rangle$, $|F_A^{K'}(\bm{R})\rangle \equiv e^{i\bm{K'}\cdot\bm{R}}|A(\bm{R})\rangle$, $|F_B^{K'}(\bm{R})\rangle \equiv e^{i\bm{K'}\cdot\bm{R}}|B(\bm{R})\rangle$ とおいて, K点, K'点への原点シフトによる位相因子と $-\omega^{-1}$ などの位相因子を基底のワニア状態に繰り込んだ.

K点近傍の電子が従う時間に依存する有効質量方程式は,

$$\begin{pmatrix} 0 & -i\gamma(\partial_X-i\partial_Y) \\ -i\gamma(\partial_X+i\partial_Y) & 0 \end{pmatrix} \begin{pmatrix} \langle F_A^K(\bm{R})|\psi\rangle \\ \langle F_B^K(\bm{R})|\psi\rangle \end{pmatrix} = i\hbar\frac{\partial}{\partial t} \begin{pmatrix} \langle F_A^K(\bm{R})|\psi\rangle \\ \langle F_B^K(\bm{R})|\psi\rangle \end{pmatrix}$$
$$(7.256)$$

となるが, これは右巻き (カイラリティ $= +1$), 質量ゼロの2次元ディラック・フェルミオンが従うワイル方程式とまったく同型である. これがグラフェンを「質量ゼロのディラック電子系」とよぶ理由であり, その伝導電子が質量ゼロの相対論的フェルミオンと同じように振る舞うことを保証する. 光速 c に対応するものは群速度 $\gamma/\hbar$ であり (これは 10^6 m/s 程度で c の 1/300 に相当する), 電子は常にこの大きさの群速度で運動する. 相対論的フェルミオンのスピン自由度に対応するものは, 電子が A, B どちらの原子上にあるかというサイト自由度であり, これを「擬スピン」とよぶことがある. これは $\bm{\sigma} = (\sigma_x, \sigma_y)$ のようにパウリ行列で表現される. 擬スピンはグラフェンの電子が元々もっている「真のスピン」自由度とは別のものであることに注意しよう.

K点近傍の電子の定常状態の包絡関数として平面波の形

$$\begin{pmatrix} \langle F_A^K(\bm{R})|\psi\rangle \\ \langle F_B^K(\bm{R})|\psi\rangle \end{pmatrix} = \frac{1}{\sqrt{L_xL_y}}e^{i(\bm{k}\cdot\bm{R}-Et/\hbar)} \begin{pmatrix} \chi_A^K(\bm{k}) \\ \chi_B^K(\bm{k}) \end{pmatrix} \quad (7.257)$$

7.6 グラフェンと固体中ディラック電子系

を仮定する．$\bm{k}$ はディラック点 $\bm{K}$ から測った波数である．有効質量方程式は

$$\gamma(k_x\sigma_x + k_y\sigma_y)\begin{pmatrix}\chi_{\mathrm{A}}^{\mathrm{K}}(\bm{k})\\ \chi_{\mathrm{B}}^{\mathrm{K}}(\bm{k})\end{pmatrix} = \begin{pmatrix} 0 & \gamma(k_x - ik_y) \\ \gamma(k_x + ik_y) & 0 \end{pmatrix}\begin{pmatrix}\chi_{\mathrm{A}}^{\mathrm{K}}(\bm{k})\\ \chi_{\mathrm{B}}^{\mathrm{K}}(\bm{k})\end{pmatrix}$$
$$= E\begin{pmatrix}\chi_{\mathrm{A}}^{\mathrm{K}}(\bm{k})\\ \chi_{\mathrm{B}}^{\mathrm{K}}(\bm{k})\end{pmatrix} \tag{7.258}$$

となり，固有状態 $|\psi_\pm^{\mathrm{K}}(\bm{K})\rangle$ のエネルギーと包絡関数の擬スピン部分が次のように求まる．

$$E_\pm^{\mathrm{K}}(\bm{k}) = \pm\gamma|\bm{k}| = \pm\gamma\sqrt{k_x^2 + k_y^2} \tag{7.259}$$

$$\begin{pmatrix}\chi_{\mathrm{A}\pm}^{\mathrm{K}}(\bm{k})\\ \chi_{\mathrm{B}\pm}^{\mathrm{K}}(\bm{k})\end{pmatrix} = \frac{1}{\sqrt{2}}e^{-i\frac{\alpha_{\bm{k}\pm}}{2}}\begin{pmatrix}e^{-i\frac{\varphi_{\bm{k}}}{2}}\\ \pm e^{+i\frac{\varphi_{\bm{k}}}{2}}\end{pmatrix} \tag{7.260}$$

ここで $\varphi_{\bm{k}}$ は2次元波数空間で k_x 軸から測った $\bm{k}$ の方位角 $(\bm{k} = |\bm{k}|(\cos\varphi_{\bm{k}}, \sin\varphi_{\bm{k}}))$，$\alpha_{\bm{k}\pm}$ はバンドごとに任意にとれる位相定数で，波数空間のベリー接続に関する特異ゲージ変換の自由度に対応している（実空間の電磁場ポテンシャルとは無関係である）．± で指定される 2 つの固有エネルギーは $\bm{k} = 0$ で頂点が接触する上下 2 つの円錐状バンドで，2次元のディラック・コーンを形成する．円錐の頂点 ($\bm{k} = 0$) では擬スピン部分は不定となる．各固有状態について 2 次元擬スピン $\bm{\sigma} = (\sigma_x, \sigma_y)$ の期待値を求めると $\langle\psi_\pm^{\mathrm{K}}(\bm{k})|\hat{\bm{\sigma}}|\psi_\pm^{\mathrm{K}}(\bm{k})\rangle = \pm(\cos\varphi_{\bm{k}}, \sin\varphi_{\bm{k}}) = \pm\bm{k}/|\bm{k}|$ となり，伝導帯では波数 $\bm{k}$ と平行，価電子帯では反平行に固定されることがわかる．ディラック粒子の負エネルギー状態には価電子帯が対応し，反粒子には価電子帯の正孔（ホール）が対応する．価電子帯を埋める 1 つの電子状態に対し，それの正孔は逆符号の電荷 $+e > 0$，エネルギー $-E_-^{\mathrm{K}}(\bm{k}) > 0$，運動量 $-\hbar\bm{k}$，擬スピン $-\bm{\sigma}$ と，同符号のヘリシティ h，群速度 $\bm{v}$ をもつ．これは通常の半導体の正孔概念と同様である．

K' 点近傍の電子の従う方程式は，見かけ上ワイル方程式と一致しない．しかし基底を変換してスピノル ${}^t(\langle F_{\mathrm{B}}^{\mathrm{K}'}(\bm{R})|\psi\rangle, -\langle F_{\mathrm{A}}^{\mathrm{K}'}(\bm{R})|\psi\rangle)$ についての方程式に直せば，K 点と同じ右巻きワイル方程式になるので，K' 点近傍も質量ゼロのディラック電子系となる．実際，K' 点近傍の固有状態 $|\psi_\pm^{\mathrm{K}'}(\bm{k})\rangle$ の固有エネルギーは K 点と同じディラック・コーンを形成し，包絡関数は平面波と次の擬スピン部分との積で与えられる．

$$\begin{pmatrix}\chi_{\mathrm{A}\pm}^{\mathrm{K}'}(\bm{k})\\ \chi_{\mathrm{B}\pm}^{\mathrm{K}'}(\bm{k})\end{pmatrix} = \frac{1}{\sqrt{2}}e^{-i\frac{\alpha'_{\bm{k}\pm}}{2}}\begin{pmatrix}\pm e^{+i\frac{\varphi_{\bm{k}}}{2}}\\ e^{-i\frac{\varphi_{\bm{k}}}{2}}\end{pmatrix} \tag{7.261}$$

ここで擬スピンの向きは，伝導帯では $(k_x, -k_y)$ に平行，価電子帯では反平行となり，K' 点を周回すると K 点とは逆回りに回転する（図 7.43）．

454   7. 電気伝導—低次元電子系の量子伝導

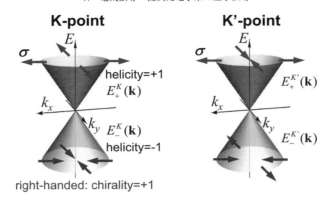

図 7.43　K 点と K′ 点におけるディラックコーンと擬スピン $\boldsymbol{\sigma}$ の向き.

7.6.3　ベリー位相と後方散乱の消失

固体中の質量ゼロの 2 次元ディラック電子系の特異な電子物性は，2 つのバンドがディラック点で準位交差する特異なバンド構造に帰着する．ここでは上に述べた擬スピンとそのベリー位相という観点から，ディラック電子のポテンシャル散乱について議論しよう．

a.　ベリー位相

グラフェンの K 点（ディラック点）を囲む経路のベリー位相を調べよう．7.2.4 項の議論におけるブロッホ状態の周期関数部分 $\langle r|u_{n\boldsymbol{k}}\rangle$ には，包絡関数の擬スピン部分が対応する．ベリー位相の周回積分の計算では包絡関数は $\boldsymbol{k}$ について 1 価である必要があるので，ゲージ自由度を表す位相を $\alpha_{\boldsymbol{k}\pm} = \mp\varphi_{\boldsymbol{k}}$ に固定しよう．$\boldsymbol{k} = 0$ を中心とする半径 k_0 の円周経路 C の囲むベリー位相を計算してみると，K 点の伝導帯（$E_+^K(\boldsymbol{k})$ バンド）については

$$\gamma_+^K(C) = i\oint_C (\chi_{A+}^{K*}(\boldsymbol{k})\quad \chi_{B+}^{K*}(\boldsymbol{k}))\frac{\partial}{\partial \boldsymbol{k}}\begin{pmatrix}\chi_{A+}^K(\boldsymbol{k})\\ \chi_{B+}^K(\boldsymbol{k})\end{pmatrix}\cdot d\boldsymbol{k}$$

$$= \frac{i}{2}\oint_C (1\quad e^{-i\varphi_{\boldsymbol{k}}})\frac{\partial}{\partial(k_0\varphi_{\boldsymbol{k}})}\begin{pmatrix}1\\ e^{+i\varphi_{\boldsymbol{k}}}\end{pmatrix}d(k_0\varphi_{\boldsymbol{k}}) = -\pi \qquad (7.262)$$

このようにディラック・コーンを周回するベリー位相は経路 C の大きさに依存せず一定値 $-\pi$（$+\pi$ と等価）となる．これは $\boldsymbol{k} \neq 0$ ではベリー曲率がゼロで，ディラック点（$\boldsymbol{k} = 0$）にのみデルタ関数的なベリー曲率があるためである．

この特異なベリー位相はディラック・コーンの包絡関数の擬スピン部分に現れる 2 成分スピノルの性質に関係する．前述のように固有状態の擬スピン $\boldsymbol{\sigma}$ の向きは波数 $\boldsymbol{k}$ を指定すると決まってしまう．ディラック点のまわりを $\boldsymbol{k}$ が 1 周して元の点に戻るとき，擬スピン $\boldsymbol{\sigma}$ の向きも 1 回転するが，ゲージ位相因子 $e^{-i\alpha_{\boldsymbol{k}\pm}/2}$ を除いた擬スピン波動関数（スピノル）$(e^{-i\varphi_{\boldsymbol{k}}/2}\quad e^{+i\varphi_{\boldsymbol{k}}/2})$ は元に戻らず，符号が変わり位相 $\pm\pi$ が付与される（波動関数が多

価になる).擬スピンが2回転して初めてスピノルは元に戻る.ゲージ位相因子 $e^{-i\alpha_{\boldsymbol{k}\pm}/2}$ を調整（特異ゲージ変換）すれば波動関数の多価性を消す（原点周回時の境界条件を変える）ことができるが，今度はベリー位相の形で位相変化 $\pm\pi$ が現れるのである．

b. 後方散乱の消失

このベリー位相は後方散乱の消失という著しい性質を導く．ここでは長距離弾性散乱体，すなわち散乱ポテンシャルの空間変化が単位胞内の A 原子と B 原子の距離に比べ十分緩やかな散乱体の場合に限って考える．このとき A，B の両副格子上で散乱ポテンシャルは共通と見なせるので，バレー内の散乱ポテンシャルは副格子自由度を表す擬スピン $\boldsymbol{\sigma}$ を含まず，スピノルに対して $V(\boldsymbol{R})\sigma_0$ と表現できる．ここで σ_0 は 2×2 単位行列である．異なるバレー間を結ぶ大きな波数（急な空間変化）をもつポテンシャル成分は長距離散乱の仮定により無視できるので，バレー間の散乱は考えなくてよい．$V(\boldsymbol{R})$ のフーリエ展開における波数 $\boldsymbol{q}$ の展開項を $V(\boldsymbol{q})e^{i\boldsymbol{q}\cdot\boldsymbol{R}}$ とおく．まずその行列要素を求めてみると，K 点の伝導帯状態間または価電子帯状態間では

$$\langle\psi_\pm^{\mathrm{K}}(\boldsymbol{k}')|V(\boldsymbol{q})e^{i\boldsymbol{q}\cdot\hat{\boldsymbol{R}}}|\psi_\pm^{\mathrm{K}}(\boldsymbol{k})\rangle = V(\boldsymbol{k}'-\boldsymbol{k})\delta\{\boldsymbol{k}'-(\boldsymbol{k}+\boldsymbol{q})\}\cdot e^{i\frac{\alpha_{\boldsymbol{k}'\pm}-\alpha_{\boldsymbol{k}\pm}}{2}}\cos\frac{\varphi_{\boldsymbol{k}'}-\varphi_{\boldsymbol{k}}}{2} \tag{7.263}$$

特に $\varphi_{\boldsymbol{k}'}-\varphi_{\boldsymbol{k}}=\pm\pi$ が成り立つ後方散乱の場合，上式はゼロになる．同一バンド上では波数が逆向きの2状態は逆向きの擬スピンをもつが，後方散乱時の行列要素の消失は擬スピン波動関数が直交することに起因する．したがって1次の散乱項のみ考えるボルン近似の範囲内では同一バンド内の後方散乱は起こらない．一方，伝導帯と価電子帯の間の行列要素は

$$\langle\psi_\mp^{\mathrm{K}}(\boldsymbol{k}')|V(\boldsymbol{q})e^{i\boldsymbol{q}\cdot\hat{\boldsymbol{R}}}|\psi_\pm^{\mathrm{K}}(\boldsymbol{k})\rangle = V(\boldsymbol{k}'-\boldsymbol{k})\delta\{\boldsymbol{k}'-(\boldsymbol{k}+\boldsymbol{q})\}\cdot e^{i\frac{\alpha_{\boldsymbol{k}'\mp}-\alpha_{\boldsymbol{k}\pm}}{2}}i\sin\frac{\varphi_{\boldsymbol{k}'}-\varphi_{\boldsymbol{k}}}{2} \tag{7.264}$$

となるが，これは $\varphi_{\boldsymbol{k}'}-\varphi_{\boldsymbol{k}}=0$ が成り立つ前方散乱の場合にはゼロになる．同一波数 $\boldsymbol{k}$ における伝導帯と価電子帯の擬スピンは逆向きなので，擬スピン波動関数が直交するのである．逆に擬スピンが保存される後方散乱（群速度も保存する）では遷移確率は最大になる．ポテンシャル中の伝導帯電子の状態を自由粒子状態で展開すると，伝導帯（$E>0$）の状態に加えて，この行列要素により価電子帯（$E<0$）の負エネルギー電子成分も混じる．これはディラック粒子の著しい特徴である．

多重散乱まで考慮した一般の場合も，同一バンド上の状態間の後方散乱が消失することを安藤らは示した[59]．ここではその概略を説明する．擬スピン波動関数のゲージ位相因子を除いた部分は擬スピンの回転に対応するため計算が容易である．そこでここでは $\alpha_{\boldsymbol{k}\pm}$ を固定せず計算を進めよう．擬スピンを1回転させると元の波動関数に対し符号が変わることから，擬スピンを左と右に半回転させた2つの状態の波動関数は互いに符号が異なることになる（2価性）．計算時の混乱を避けるために，$\varphi=\pm\pi$ にブランチカットを設け $\varphi_{\boldsymbol{k}}$

の変域を $-\pi < \varphi_{\boldsymbol{k}} \leq +\pi$ に限定することにより,$\boldsymbol{k}$ の方位に単一の $\varphi_{\boldsymbol{k}}$ 値を対応させるようにしよう.また始状態の波数 $\boldsymbol{k}_0$ の方向を $\varphi_{\boldsymbol{k}_0} = 0$,後方散乱された同一バンドの終状態の波数 $-\boldsymbol{k}_0$ の方向を $\varphi_{-\boldsymbol{k}_0} = +\pi$ とする.中間状態はどちらのバンドにあっても構わない.

散乱理論によると,V のかわりに T 行列を考えれば多重散乱の寄与を取り込むことができる.K 点の波数 $\boldsymbol{k}_0$ の状態 $|\psi_{\pm}^{\mathrm{K}}(\boldsymbol{k}_0)\rangle$ から同一バンド上の波数 $-\boldsymbol{k}_0$ の状態 $|\psi_{\pm}^{\mathrm{K}}(-\boldsymbol{k}_0)\rangle$ への後方散乱の行列要素 $\langle\psi_{\pm}^{\mathrm{K}}(-\boldsymbol{k}_0)|\hat{T}|\psi_{\pm}^{\mathrm{K}}(\boldsymbol{k}_0)\rangle$ を評価する.T 行列は V で摂動展開されるが,その和の各項は V の行列要素のように軌道部分と擬スピン部分の積の形に書ける.簡単のため図 7.44 に示した $|\psi_{\pm}^{\mathrm{K}}(\boldsymbol{k}_0)\rangle \to |\psi_{b_1}^{\mathrm{K}}(\boldsymbol{k}_1)\rangle \to |\psi_{b_2}^{\mathrm{K}}(\boldsymbol{k}_2)\rangle \to |\psi_{\pm}^{\mathrm{K}}(-\boldsymbol{k}_0)\rangle$ という 3 次の後方散乱過程を例にとって考えよう.b_1 と b_2 は中間状態がどちらのバンドにあるかを表す添字である.図では波数と擬スピンが左回りに半回転して後方散乱になっている.この行列要素は上の V の行列要素を用いて具体的に書き下すことができる.次に,この過程の時間反転過程(正確には後述する特殊時間反転)$|\psi_{\pm}^{\mathrm{K}}(-(-\boldsymbol{k}_0))\rangle \to |\psi_{b_2}^{\mathrm{K}}(-\boldsymbol{k}_2)\rangle \to |\psi_{b_1}^{\mathrm{K}}(-\boldsymbol{k}_1)\rangle \to |\psi_{\pm}^{\mathrm{K}}(-\boldsymbol{k}_0)\rangle$ を考えると,これもまた後方散乱になっている.波数と擬スピンの回転方向は元の過程とは逆方向で,図では右回りに半回転となる.$\varphi_{\boldsymbol{k}}$ の変域を $-\pi < \varphi_{\boldsymbol{k}} \leq +\pi$ に限定し,$\varphi_{\boldsymbol{k}}$ の変化がブランチカットを超えないように(左回りになる)注意して計算すると,この(特殊)時間反転過程の行列要素は元の過程の行列要素の符号を変えたものになることがわかる.これを一般化すると,時間反転対称な系では後方散乱の時間反転過程は擬スピンが逆向きに半回転する後方散乱となり,T 行列の行列要素は逆符号になる.その結果,すべての後方散乱過程についての和をとると,時間反転過程どうしで相殺が起こり,後方散乱の

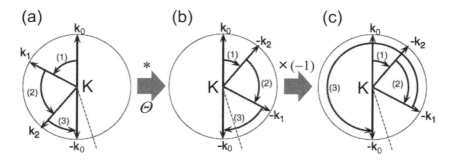

図 7.44 K 点近傍における電子の多重散乱過程.(a) $\boldsymbol{k}_0\ (\varphi = 0)$ から $-\boldsymbol{k}_0\ (\varphi = +\pi)$ への後方散乱過程の 1 つ.破線はブランチカット.(b) (a) を時間反転した散乱過程.波数の向きと遷移の順序が逆転するが,T 行列要素は実数で (a) と等しい.(c) (b) をブランチカットを越えないようにした散乱過程.(3) の回転の向きが逆転するため T 行列要素の符号が変わる.これも $\boldsymbol{k}_0$ から $-\boldsymbol{k}_0$ への後方散乱過程の 1 つになっており,行列要素は (a) 過程と相殺する[59].

遷移確率はゼロになるのである．以上の議論で系の時間反転対称性は本質的である．外部から磁場を加えて系の時間反転対称性を破ると，時間反転の関係にある散乱過程の相殺が起こらず後方散乱が現れる．

c. クライン・トンネリング

上の議論は長距離不純物散乱のみならず長距離ポテンシャル中を通過する電子の運動にも適用できる．x 軸方向に図 7.45 のような緩やかなポテンシャル障壁があり，伝導帯の電子波束が垂直に入射するとする．ポテンシャルが十分緩やかならば後方散乱は起こらないため波束は侵入を続ける．ディラック点がフェルミ準位に達するとバンド間の散乱によって波束は価電子帯に移動するが，伝導帯と価電子帯の間では前方散乱が禁止されているので x 軸方向の後方散乱によって k は反転する．このとき群速度 v は変わらないので，波束は依然として同じ方向に進行するのである．価電子帯内でも後方散乱は禁止されているので波束は進行を続ける．すなわち質量ゼロのディラック電子系ではポテンシャル障壁によって電子を閉じ込めることはできず，正孔に転換して障壁外にトンネルしてしまうのである．これは相対論的ディラック電子論における「クライン (Klein) の逆理」を質量ゼロの場合に適用したものに相当しており，「クライン・トンネリング」とよばれる．クライン・トンネリングはディラック電子系の著しい特徴であり，グラフェンにおける実験でも確認されている．

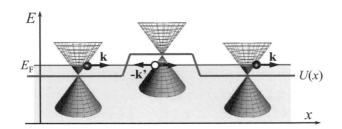

図 **7.45** 質量ゼロのディラック電子のクライン・トンネリング．x 軸方向に運動する伝導帯の電子が障壁に垂直入射すると，擬スピンが等しく $-x$ 方向の波数をもつ価電子帯の電子状態（x 方向の波数をもつ正孔状態）に転換して障壁内を透過する．擬スピンの重なりがゼロとなるため障壁による反射（後方散乱）は起こらない．

d. 特殊時間反転対称性の破れとバレー間散乱

後方散乱消失を導いた時間反転対称性は，K 点（あるいは K′ 点）近傍の電子系（部分系）をワイル方程式で記述する有効模型における形式的な時間反転対称性であって，ブリルアン領域全系で成り立つ真の時間反転対称性ではない．そこで，この K 点あるいは K′ 点における時間反転操作を安藤らに従い「特殊時間反転」操作とよび演算子 S で表すこと

にしよう.これに対し真の時間反転操作を演算子 T で表すことにする.ブリルアン領域内の波数 $K+k$ は,S 変換により $K-k$ に移り,T 変換により $-(K+k)=K'-k$ に移る.ディラック点近傍の電子系は S 対称性と T 対称性の2つの時間反転対称性を併せもっているわけである.

これまでは長距離散乱ポテンシャルのみを考え,バレー(K点とK′点)間の散乱は考えてこなかった.このときは上の議論のように S 対称性を考えればよかった.しかし散乱ポテンシャルの短距離成分が重要になってくると,単位胞内のA原子とB原子の位置で感じるポテンシャルに差が生じる.その結果,AサイトとBサイトの同等性(「カイラル対称性」)が破れ,k 空間内で離れたK点とK′点の間のバレー間散乱の寄与が大きくなる.バレー間散乱は S 対称性をみたさないので,バレー内散乱のような後方散乱消失機構は働かない.

e. グラフェンにおける電子局在

一般に,時間反転対称性とスピン回転対称性は,空間的な対称性のない不規則系でも考えることのできる基本的対称性であり,これらの有無により系を「普遍性クラス」に分類できる.系が両方の対称性を備えている場合を「直交クラス」,時間反転対称性はあるがスピン軌道相互作用などによってスピン回転対称性がない場合を「シンプレクティック・クラス」,スピン回転対称性はあるが外部磁場や磁性不純物などによって時間反転対称性がない場合を「ユニタリ・クラス」とよぶ.不規則ポテンシャルによる電子局在,すなわち「アンダーソン局在」の振る舞いは,系の具体的詳細によらず,系がどの普遍性クラスに属するかによって決まってしまう.直交クラスに属する通常の2次元電子系では,「弱局在効果」が起こり,磁場によって局在が破れる負の磁気抵抗効果が観測される.一方,スピン軌道相互作用が強い系はシンプレクティック・クラスに属し,「反局在効果」によってゼロ磁場伝導度は正の量子補正を受けて増大する.

グラフェンのK点(またはK′点)近傍の電子状態を記述するワイル方程式は,S 対称性をもつが,波数と結合しているため擬スピンの回転対称性はない.したがって特殊時間反転と擬スピン回転についてシンプレクティックな系である.前述のように,系に長距離散乱ポテンシャルを導入しても,S 対称性は保たれる.このときは後方散乱抑制機構が働き反局在効果が起こる.しかしポテンシャル散乱が短距離になると,バレー間散乱が生じ S 対称性は破れる.その結果,残った真の時間反転対称性(T 対称性)に由来する弱局在効果が顕著になる.言い換えると,短距離散乱(バレー間散乱)によってシンプレクティック・クラスから直交クラスへのクロスオーバーが起こることになる.

7.6.4 ランダウ準位と量子ホール効果

半古典論によれば,磁場中の2次元電子系では,電子波束は k 空間内を等エネルギー線Cに沿って軌道運動する.このとき強磁場では,7.2.4項でみたように,Cが囲む面積 S_k

がオンサーガーの量子化条件

$$S_{\bm{k}} = \frac{2\pi}{l^2}\left(N + \frac{1}{2} - \frac{\gamma_n(\mathrm{C})}{2\pi}\right) \tag{7.265}$$

をみたす電子軌道のみが許容される（$N = 0, 1, 2, \cdots$）．ここで $l = \sqrt{\hbar/eB}$ は磁気長，$\gamma_n(\mathrm{C})$ は波束が C を一周したときに獲得するベリー位相である．

グラフェンのような質量ゼロの 2 次元ディラック電子系の場合は，電子が $\bm{k}$ 空間でディラック点を周回するとベリー位相 $\gamma_n(\mathrm{C}) = \pm\pi$ が付加されるので，量子化条件は $S_{\bm{k}} = (2\pi/l^2)N$ となる．一方，線形分散では $S_{\bm{k}} = \pi k^2 = \pi(|E|/\gamma)^2$ なので，ランダウ準位として $E^2 = 2(\gamma/l)^2 N$，すなわち

$$E = \pm\frac{\sqrt{2}\gamma}{l}\sqrt{N} \tag{7.266}$$

（$N = 0, 1, 2, \cdots$）が得られる（図 7.46）．線形分散の $S_{\bm{k}}$ を反映してランダウ準位は等間隔にはならない．特徴的なことは $N = 0$ のランダウ準位が磁場の大きさにかかわらず常に $E = 0$ の「ゼロモード」になることである．一般に磁場中では波数空間に交換関係 $[\hat{k}_x, \hat{k}_y] = -i/l^2$ が導入されるので，$k_x = 0$ と $k_y = 0$ が同時に確定するバンド端のエネルギー $E = 0$ をとることはできず，有限のゼロ点エネルギーが現れる．ディラック電子系の場合は，このランダウ準位のゼロ点エネルギー分が，ディラック方程式に組み込まれている「擬スピンのゼーマン効果」によって見かけ上打ち消されるのである（電子の真のスピンとは関係ないことに注意）．すなわち $N = 0$ ランダウ準位は，ゼロ点エネルギーをもった K 点の価電子帯の仮想的基底ランダウ準位（B 副格子の擬スピンをもつ）と，K' 点の伝導帯の仮想的基底ランダウ準位（A 副格子の擬スピンをもつ）が，逆方向にゼーマン

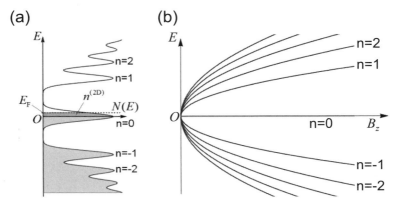

図 **7.46** 質量ゼロの 2 次元ディラック電子のランダウ準位．(a) 磁場中の状態密度．(b) ランダウ準位の磁場依存性．

シフトして $E=0$ で縮退したものであると解釈できる．この特異な「ゼロモード」ランダウ準位は，質量ゼロのディラック電子系に特有のものであり，強磁場中の種々の異常物性に関係する．

a. グラフェンのランダウ準位

磁場中のランダウ準位状態を量子論的に調べてみよう．グラフェンに垂直に磁場 $\boldsymbol{B} = (0,0,B)$ が加えられているときの K 点近傍の電子の定常状態について考える．電子の真のスピンはここでは考えない．磁場中の有効質量方程式は，ゼロ磁場のときの微分演算子 ∂_X, ∂_Y をゲージ共変微分 $D_X \equiv \partial_X + i(e/\hbar)A_x$, $D_Y \equiv \partial_Y + i(e/\hbar)A_y$ で置き換えることにより得られる．

$$\begin{pmatrix} 0 & \gamma\{(-iD_X)-i(-iD_Y)\} \\ \gamma\{(-iD_X)+i(-iD_Y)\} & 0 \end{pmatrix} \begin{pmatrix} \langle F_A^K(\boldsymbol{R})|\psi\rangle \\ \langle F_B^K(\boldsymbol{R})|\psi\rangle \end{pmatrix}$$
$$= E \begin{pmatrix} \langle F_A^K(\boldsymbol{R})|\psi\rangle \\ \langle F_B^K(\boldsymbol{R})|\psi\rangle \end{pmatrix} \tag{7.267}$$

ベクトルポテンシャルとして $\boldsymbol{A}=(0,BX,0)$ を選ぶと（ランダウゲージ），ハミルトニアンに Y が含まれないため，包絡関数は次のように変数分離できる．

$$\begin{pmatrix} \langle F_A^K(\boldsymbol{R})|\psi\rangle \\ \langle F_B^K(\boldsymbol{R})|\psi\rangle \end{pmatrix} = \frac{1}{\sqrt{L_y}} e^{iK_y Y} \cdot \begin{pmatrix} f_A^K(X) \\ f_B^K(X) \end{pmatrix} \tag{7.268}$$

中心座標を $X_0 \equiv -l^2 K_y$ で定義すると，有効質量方程式は

$$\gamma \begin{pmatrix} 0 & -i\partial_X - i(X-X_0)/l^2 \\ -i\partial_X + i(X-X_0)/l^2 & 0 \end{pmatrix} \begin{pmatrix} f_A^K(X) \\ f_B^K(X) \end{pmatrix} = E \begin{pmatrix} f_A^K(X) \\ f_B^K(X) \end{pmatrix} \tag{7.269}$$

と書き直される．これから $f_A^K(X)$ を消去すると

$$\left\{ -\gamma^2 \frac{d^2}{dX^2} + \frac{\gamma^2}{l^4}(X-X_0)^2 \right\} f_B^K(X) = \left(E^2 + \frac{\gamma^2}{l^2} \right) f_B^K(X) \tag{7.270}$$

これは 1 次元調和振動子のシュレーディンガー方程式と同型である（$\gamma^2 \leftrightarrow \hbar^2/2m$ と対応させる）．したがって，$E^2 + \gamma^2/l^2$ の固有値は $2\gamma^2/l^2 (N+1/2)$ $(N=0,1,2,\cdots)$ となり，半古典論と同じエネルギー準位 $E = \pm(\sqrt{2}\gamma/l)\sqrt{N}$ が得られる．また $f_B^K(X)$ の固有関数はエルミート-ガウス関数

$$\phi_{NX_0}(X) \equiv \frac{1}{\sqrt{2^N N! \sqrt{\pi} l}} H_N\left(\frac{X-X_0}{l}\right) e^{-\frac{(X-X_0)^2}{2l^2}} \tag{7.271}$$

に比例する．$H_N(\xi)$ は N 次のエルミート多項式である．対応する $f_A^K(X)$ は，求めた E と $f_B^K(X)$ を有効質量方程式に代入すれば得られる．有効質量ハミルトニアンの非対角行

列要素が実関数 $\phi_{NX_0}(X)$ の昇降演算子 $(1/\sqrt{2})\{\mp l\partial_X + (X - X_0)/l\}$ に比例している事実を考慮すると，有効質量方程式の解は下のように構成できることがわかる．

$$E_n = \text{sgn}(n)\frac{\sqrt{2}\gamma}{l}\sqrt{|n|} = \text{sgn}(n)\sqrt{\frac{2eB|n|}{\hbar}}\gamma \tag{7.272}$$

$$\begin{pmatrix} \langle F_A^K(\boldsymbol{R})|\psi_{nX_0}^K\rangle \\ \langle F_B^K(\boldsymbol{R})|\psi_{nX_0}^K\rangle \end{pmatrix}$$

$$= \begin{cases} \dfrac{1}{\sqrt{L_y}}e^{iK_yY} \cdot \dfrac{1}{\sqrt{2}}\begin{pmatrix} \text{sgn}(n)i^{|n|-1}\phi_{|n|-1X_0}(X) \\ i^{|n|}\phi_{|n|X_0}(X) \end{pmatrix} & (n = \pm 1, \pm 2, \pm 3, \cdots) \\[1em] \dfrac{1}{\sqrt{L_y}}e^{iK_yY} \cdot \begin{pmatrix} 0 \\ \phi_{nX_0}(X) \end{pmatrix} & (n = 0) \end{cases} \tag{7.273}$$

ここで E の符号 ± と非負整数 N をまとめて整数 n で表した ($\text{sgn}(n) = \text{sgn}(E)$, $|n| = N$). K 点近傍の磁場中電子状態は，符号付きランダウ指数 n で指定されるランダウ準位に量子化される．各ランダウ準位は中心座標 X_0 について縮退している．ランダウ準位は線形分散を反映して不等間隔であり，また $\sqrt{B}$ に比例した磁場依存性を示す．これはディラック点の直近では，ゼロ質量を反映してサイクロトロン周波数が急激に増大するためであると解釈できる．

$n = 0$ ランダウ準位は磁場によらず常に $E = 0$（ゼロモード）になっており，伝導帯と価電子帯に共有される特別なランダウ準位になっている．さらに特徴的なことは $n = 0$ ランダウ準位の包絡関数は B 副格子成分だけをもち，擬スピンが下向きに完全偏極していることである．これはゼロモードを，ゼロ点エネルギーと擬スピンゼーマン効果が相殺したものと解釈することを正当化する．K′ 点近傍のランダウ準位も同様に計算できるが，固有エネルギーは E_n に等しく，包絡関数は K 点の A 副格子成分と B 副格子成分を入れ替えたものになる．K′ 点の $n = 0$ ランダウ準位は A 副格子成分だけをもって擬スピンが上向きに偏極する．$n = 0$ ランダウ準位では，バレー自由度と副格子自由度（擬スピン自由度）が同じものなのである．

b. 半整数量子ホール効果

2005 年にガイムとノボセロフは劈開法で作製したグラフェンが量子ホール効果を示すことを報告した（図 7.47）[55]．この量子ホール効果は上で述べた質量ゼロのディラック電子系の特異なランダウ準位構造を反映したもので「半整数量子ホール効果」とよばれる．実験では通常，表面に SiO_2 絶縁膜を形成した導電性 Si 基板上にグラフェンを固定し，その上に微小電極を形成した試料を用いる（図 7.47(a)）．これは電界効果トランジスタ構造になっており，導電性基板がバックゲート電極として働く．グラフェンと導電性基板は一種のコンデンサを形成し，基板側に電圧を加えることでグラフェンに電荷（電子あるいは正

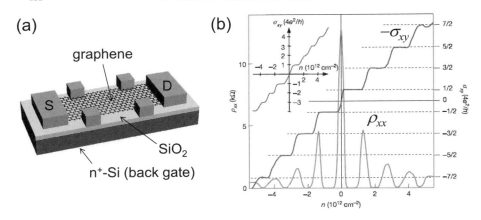

図 **7.47** (a) グラフェン FET 素子．高ドープの Si 基板をキャリア数制御のためのバックゲート電極として用いる．(b) 単層グラフェンの半整数量子ホール効果[55]．一定磁場下でゲート電圧を掃引して測定したもの．挿入図は 2 層グラフェンの量子ホール効果である（後述）．

孔）を蓄積することができる．グラフェンは単原子膜で状態密度（体積に比例）が極めて小さいため，導電性基板の電圧（ゲート電圧）によってディラック・コーン分散におけるフェルミ準位の位置を制御できる．図 7.47(b) は一定磁場のもとで，ゲート電圧を掃引して縦抵抗とホール抵抗を測定したものである．縦抵抗 ρ_{xx} はスパイク状のシュブニコフ–ド・ハース効果を示し，谷の領域ではゼロになっている．このゼロ抵抗領域でホール抵抗 ρ_{yx} はプラトーを形成し $-(1/\nu)(h/e^2)$ に量子化される（ν は特定の整数）．したがってホール伝導度 $\sigma_{xy} = \rho_{yx}/(\rho_{xx}^2 + \rho_{yx}^2)$ も $-\nu(e^2/h)$ に量子化される．これは整数量子ホール効果に他ならない．

特徴的なことは，整数値が $\nu = \pm 2, \pm 6, \pm 10, \cdots$ という値の系列をとることである．グラフェンの場合，各ランダウ準位はバレー（K 点と K' 点）について 2 重縮退しており，さらに電子の真のスピンについても（ゼーマン分裂を無視すれば）2 重縮退している．結局 1 つのランダウ準位はバレーとスピンについて 4 重縮退しており，4 倍の縮重度をもつことになる．このため量子ホール効果はこれら 4 つの重ね合わせとなり，縮退が解けなければプラトー間の段差は $\Delta\nu = 4$ となる．またグラフェンでは $n = 0$ ランダウ準位が常に準位交差点（電荷中性点ともいう）に位置するため，ゲート電圧ゼロ（キャリア数ゼロ）ではフェルミ準位は 4 重縮退した $n = 0$ ランダウ準位の中心に位置してしまい $\nu = 0$ の量子ホール効果は現れえない．以上と電子・正孔対称性を考えれば $\nu = \pm 2, \pm 6, \pm 10, \cdots$ の系列が一応理解できる．

問題は，縮退のない（単一バレー・単一スピン）1 つのディラック・コーンあたりの

示す量子ホール効果が

$$\sigma_{xy} = -\left(n + \frac{1}{2}\right)\frac{e^2}{h} \tag{7.274}$$

という半奇数値に量子化されることである．これが半整数量子ホール効果といわれる理由である．7.5.3項で述べたラフリンの議論によれば，電子の電荷が $-e$ である限り σ_{xy} は整数値に量子化されなくてはならず，半奇数は許されない．この矛盾は以下のように回避される．グラフェンには2つのディラック・コーンがあるが，一般に2次元結晶格子上の（カイラル対称性をもつ）ディラック電子系ではディラック・コーンは必ず対の形で現れることが示される（ニールセン–二宮の定理）[59]．したがって通常，量子ホール系が単独あるいは奇数個のディラック・コーンをもつことはありえないのでラフリンの議論を破らないのである[60]．しかし現実にはトポロジカル絶縁体の表面2次元電子系のように奇数個のディラック・コーンをもつ系が存在する．この場合はホール伝導度は半奇数に量子化される（チャーン数が半奇数）ことになるが，表面系は端のない系なのでラフリンの議論の適用外なのである．

c. 基底ランダウ準位の対称性破れと整数・分数量子ホール効果

グラフェンの量子ホール効果の実験は，当初は SiO_2 絶縁膜付き導電性Si基板上に劈開法でグラフェンを固定した素子を用いて行われていたが，SiO_2 膜表面の非平坦性やダングリングボンドの影響で良質の試料を得ることは困難であった．しかし近年，グラフェンを基板から浮かせた空中懸架構造素子（suspended graphene）や，原子層レベルで平坦で，かつダングリングボンドのない六方晶窒化ホウ素（h-BN）結晶の劈開面上にグラフェンを固定した素子を用いることにより，非常に高移動度の素子を得ることが可能となった．それに伴い量子ホール伝導の特性も鮮鋭化し，種々の新現象が観測されている．

単層グラフェンのランダウ準位はスピンとバレーについて4重に縮退しているが，この縮退がゼーマン効果や相互作用によって解ければランダウ準位は分裂し，通常観測されない整数値の量子ホールプラトーが現れる．キム（P. Kim）らはh-BN基板上の高移動度単層グラフェンを用いて，従来の量子ホール効果に加えチャーン数 $\nu = \pm 1, \pm 3, \pm 4, \pm 5, \cdots$ の量子ホールプラトーを観測している（図7.48(a)）[61]．この中で $\nu = 0$ の量子ホール状態は特殊で，ホール電場がゼロとなるため，低温極限で $\rho_{xx} = 1/\sigma_{xx}$ が指数関数的増大を示す絶縁相となる．全整数において量子ホール効果が観測されたという事実は，ランダウ準位の4重縮退が破れていることを意味する．スピン縮退は強磁場中ではゼーマン分裂によって破れるが，バレー縮退も短距離相互作用によって破れていることになる．

特に $\nu = 0$ の量子ホール絶縁相はよく研究されており，単純なスピン分裂によるスピン偏極状態（量子ホール強磁性状態）ではなく，短距離相互作用によってスピンとバレーの自由度が絡み合って4重縮退が破れた（SU(4)対称性の自発的破れ）スピン非偏極状態であることが，活性化エネルギーの角度依存性の解析から明らかにされている．この場合の

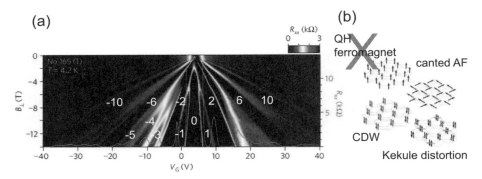

図 7.48 (a) h-BN 基板上の高移動度グラフェンで観測された量子ホール状態[61]. 縦抵抗 R_{xx} の大きさをゲート電圧と磁場の関数として濃淡プロットしたもので，すべての整数指数の量子ホール状態が現れている．これは各ランダウ準位の 4 重縮退が解けていることを意味する．(b) $\nu = 0$ の量子ホール絶縁相として考えられる電子状態．

可能な秩序状態として，キャントした反強磁性状態，電荷整列状態，ケクレ歪状態の安定性が議論されている（図 7.48(b)）．

2009 年にアンドレイ（E. Andrei）らとキムらにより単層グラフェンにおける分数量子ホール効果の観測が相次いで報告された[62,63]．これらは共に高移動度の空中懸架構造の 2 端子素子を用いた実験であり，$\nu = 1/3$ の分数量子ホールプラトーが観測された．ρ_{xx} の温度依存性の活性化エネルギーから $\nu = 1/3$ 状態のエネルギーギャップは 14 T で 20 K 程度という大きな値をとると評価された．さらにキムらは h-BN 上高移動度グラフェンの多端子素子と強磁場を用いて実験を行い，対称性の破れによる $|\nu| = 0, 1, 2, 3, 4, \cdots$ の整数量子ホール効果とともに $|\nu| = 1/3, 2/3, 4/3, 7/3, 8/3, 10/3, 11/3, \cdots$ という一連の 1/3 系列の分数量子ホール効果を観測している（図 7.49）[64]．特徴的な点は，$\nu = 5/3$ 状態が観測されないこと，偶数分子状態のギャップは相対的に大きく $|\nu|$ が増えると減少する傾向があるのに対し，奇数分子状態では逆になることなどである．グラフェンの分数量子ホール効果を考える場合，ランダウ準位の配置や縮退の違いを反映して占有率 ν の意味が半導体 2 次元電子系とは異なるので注意を要する．例えば占有率 $\nu = 1/3$ は，半導体系ではスピン縮退の解けた低エネルギー側の $n = 0$ のランダウ準位が電子で 1/3 占有された状況であるが，グラフェンでは 4 重縮退した $n = 0$ のランダウ準位全体が正孔で 5/12（電子で 7/12）占有された状況に相当し，その意味づけは 4 重縮退の解け方に依存する．また占有率 $\nu = 5/3 = 2 - 1/3$ は，4 重縮退がスピンとバレーについて独立に解けていれば，それらの中で最もエネルギーの高い準位が正孔で 1/3（電子で 2/3）占有された状況に相当する．縮退の解けた個々のランダウ準位については電子正孔対称性が成り立つと考えら

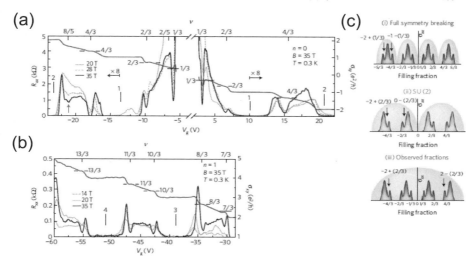

図 7.49 (a) (b) 強磁場において h-BN 基板上高移動度グラフェンで観測された分数量子ホール効果[63]．(c) $n=0$ ランダウ準位の 4 重縮退の解け方と分数量子ホール状態の安定性．

れるので，対応する電子と正孔の分数量子ホール状態のギャップも同程度になるはずである．これを利用して各占有率の分数量子ホール状態の安定性を調べることにより，縮退の解け方（対称性の破れ方）に関する知見が得られる（図 7.49(c)）．実験結果は，スピン自由度とバレー自由度の混合した準位分裂を示唆しており，前述の内容とも整合している．

7.6.5 歪誘起ゲージ場[57,58]

強束縛近似によるグラフェンのバンド模型 (7.6.2 項) では，3 方向の最近接炭素原子間（A–B 間）の行列要素（トランスファー積分）のみを考え，これをすべて $-\gamma_0$ とおいた．本節ではこれらの 3 つのトランスファー積分が異なる場合を考えよう．B 原子から A 原子に向かうベクトル τ_1, τ_2, τ_3 に対応する 3 つのトランスファー積分を $-\gamma_1, -\gamma_2, -\gamma_3$ とおく．これらを独立に大きく変化させると，例えば 2 つのディラック・コーンが合体して (merging) ギャップが開いたバンド構造などが得られる．一方，各トランスファー積分の値が $-\gamma_0$ から少しずれた場合は，2 つのディラック・コーンの位置は K 点と K′ 点から移動するが，ディラック・コーン分散自体は保持される．K 点近傍の電子状態を記述する有効質量方程式は，7.6.2 項と同様の手順で以下のように構成される．

$$\{(\boldsymbol{\gamma}_x \cdot \hat{\boldsymbol{k}})\sigma_x + (\boldsymbol{\gamma}_y \cdot \hat{\boldsymbol{k}})\sigma_y\} \begin{pmatrix} \langle F_A^K(\boldsymbol{R})|\psi\rangle \\ \langle F_B^K(\boldsymbol{R})|\psi\rangle \end{pmatrix}$$

$$= \begin{pmatrix} 0 & \boldsymbol{\gamma}_x \cdot \hat{\boldsymbol{k}} - i\boldsymbol{\gamma}_y \cdot \hat{\boldsymbol{k}} \\ \boldsymbol{\gamma}_x \cdot \hat{\boldsymbol{k}} + i\boldsymbol{\gamma}_y \cdot \hat{\boldsymbol{k}} & 0 \end{pmatrix} \begin{pmatrix} \langle F_\mathrm{A}^\mathrm{K}(\boldsymbol{R})|\psi\rangle \\ \langle F_\mathrm{B}^\mathrm{K}(\boldsymbol{R})|\psi\rangle \end{pmatrix} = E \begin{pmatrix} \langle F_\mathrm{A}^\mathrm{K}(\boldsymbol{R})|\psi\rangle \\ \langle F_\mathrm{B}^\mathrm{K}(\boldsymbol{R})|\psi\rangle \end{pmatrix} \tag{7.275}$$

これは「傾斜ワイル方程式」とよばれる．ここで $\hat{\boldsymbol{k}} = -i\boldsymbol{\partial}_{\boldsymbol{R}} + (e/\hbar)\tilde{\boldsymbol{A}}$, $\boldsymbol{\partial}_{\boldsymbol{R}} \equiv (\partial/\partial X, \partial/\partial Y)$, $\boldsymbol{\gamma}_x = \sqrt{3}a/2((\gamma_2+\gamma_3)/2, (\gamma_2-\gamma_3)/2\sqrt{3})$, $\boldsymbol{\gamma}_y = \sqrt{3}a/2((\gamma_2-\gamma_3)/2\sqrt{3}, (4\gamma_1+\gamma_2+\gamma_3)/6)$ であり，$\tilde{\boldsymbol{A}}$ は

$$\boldsymbol{\gamma}_x \cdot \frac{e}{\hbar}\tilde{\boldsymbol{A}} = -\frac{(\gamma_2-\gamma_1)+(\gamma_3-\gamma_1)}{2}, \quad \boldsymbol{\gamma}_y \cdot \frac{e}{\hbar}\tilde{\boldsymbol{A}} = -\frac{\sqrt{3}}{2}(\gamma_2-\gamma_3) \tag{7.276}$$

をみたすように決めた2次元ベクトルである．$\gamma_1, \gamma_2, \gamma_3$ の γ_0 に対するずれが十分小さいときは，$\boldsymbol{\gamma}_x \approx \gamma(1,0)$, $\boldsymbol{\gamma}_y \approx \gamma(0,1)$ とおけるので ($\gamma \equiv \sqrt{3}a\gamma_0/2$)，上式は前述 (7.6.4項 a) の磁場中の有効質量方程式とまったく同型になる．$\gamma_1, \gamma_2, \gamma_3$ の不一致に由来する $\tilde{\boldsymbol{A}} \approx -\{\gamma(e/\hbar)\}^{-1}((\gamma_2+\gamma_3-2\gamma_1)/2, \sqrt{3}(\gamma_2-\gamma_3)/2)$ が，電磁場のベクトルポテンシャル $\boldsymbol{A}$ のかわりに現れている点に注目しよう．これはトランスファー積分を変調して $\tilde{\boldsymbol{A}}$ を有限にすることにより，ベクトルポテンシャル $\boldsymbol{A}$ と同様のゲージポテンシャルを系に導入できることを意味する．$\gamma_1, \gamma_2, \gamma_3$ が空間的に一定の場合は $\tilde{\boldsymbol{A}}$ は一様となり，ディラック・コーンの波数空間内の位置を平行移動させる．興味深いのは $\gamma_1, \gamma_2, \gamma_3$ が格子定数に比べ十分緩やかに空間変化する場合で，位置に依存する $\tilde{\boldsymbol{A}}(\boldsymbol{R})$ が生成するゲージ場

$$\tilde{\boldsymbol{B}}(\boldsymbol{R}) = \frac{\partial}{\partial \boldsymbol{R}} \times \tilde{\boldsymbol{A}}(\boldsymbol{R}) \tag{7.277}$$

が K 点近傍の電子に対して有効磁場として作用することになる．このとき K′ 点近傍の電子には逆向きのゲージ場が加わるので，系全体として時間反転対称性が破れることはない．

トランスファー積分の変調は，グラフェンに歪みを与えることにより実現できる．面内歪テンソル $u_{\alpha\beta}$ とゲージポテンシャル $\tilde{\boldsymbol{A}}$ の間には

$$\tilde{A}_x \propto \frac{\hbar}{ea}(u_{xx}-u_{yy}), \quad \tilde{A}_y \propto -\frac{\hbar}{ea}u_{xy} \tag{7.278}$$

の関係がある．この歪誘起のゲージ場を積極的に用いて，グラフェンの電子構造を変調しようとする試み ("strain engineering" とよばれる) が行われている．例として，グラフェンに3回対称の引張り歪を加えることにより，中央部にほぼ一様な有効磁場 $\tilde{\boldsymbol{B}}(\boldsymbol{R})$ を発生させ，ゼロ磁場でランダウ量子化や量子ホール効果を発現させる提案がある[65]．

7.6.6　2層グラフェン

3次元のグラファイト結晶は，単層グラフェンが交互積層した「ベルナール (Bernal) 積層」構造をもち基本単位は2層からなっている．この2層を単離したものが2層グラフェンで，単層グラフェンと同様に劈開法で得られる．ベルナール積層した2層系において，

7.6 グラフェンと固体中ディラック電子系

下層の B 原子直上には上層の A′ 原子が存在しトランスファー積分 $\gamma_1 \equiv \gamma_{BA'}$ で結合して「2 量体」を形成するが，下層の A 原子の直上，あるいは上層の B′ 原子の直下には原子が存在しない．単位胞には A, B, A′, B′ の 4 原子が含まれ，それらの $2p_z$ 軌道が 4 枚の 2 次元 π バンドを構成する．2 量体をつくらない A 原子と B′ 原子は面内方向に単層グラフェンと同じ蜂の巣格子を形成する．単層グラフェンと同じく第一ブリルアン領域の頂点（K 点と K′ 点）で各バンドは極値をとる．2 量体の結合バンドと反結合バンドはギャップを開いて高エネルギーバンドを形成するため，上下に相手のいない A と B′ の $2p_z$ 軌道が伝導帯と価電子帯を構成する．両者は K 点と K′ 点で点接触するが，分散は円錐状ではなく回転放物面状になる．

単一バレー（K 点近傍）における電子状態は次の有効質量方程式で記述される．

$$-\frac{\hbar^2}{2m}\begin{pmatrix} 0 & (\hat{k}_x - i\hat{k}_y)^2 \\ (\hat{k}_x + i\hat{k}_y)^2 & 0 \end{pmatrix}\begin{pmatrix} \langle F_A^K(\boldsymbol{R})|\psi\rangle \\ \langle F_{B'}^K(\boldsymbol{R})|\psi\rangle \end{pmatrix} = E\begin{pmatrix} \langle F_A^K(\boldsymbol{R})|\psi\rangle \\ \langle F_{B'}^K(\boldsymbol{R})|\psi\rangle \end{pmatrix} \tag{7.279}$$

ここで γ_0, γ_1 以外のトランスファーを無視した．このとき A-B′ 間の電子移動は直接には起こらず（$\gamma_3 \equiv \gamma_{AB'} = 0$），必ず 2 量体を介した 2 次のホッピング過程として起こることになる．$m \equiv \gamma_1/2v_F^2$ は伝導帯と価電子帯の有効質量の絶対値である．$\langle F_A^K(\boldsymbol{R})|\psi\rangle$ と $\langle F_{B'}^K(\boldsymbol{R})|\psi\rangle$ は 2 量体をつくらない下層の A 原子または上層の B′ 原子上の確率振幅に相当する．

磁場のない場合の解は，波数 $\boldsymbol{k} = (k_x, k_y) = |\boldsymbol{k}|(\cos\varphi_{\boldsymbol{k}}, \sin\varphi_{\boldsymbol{k}})$ と伝導帯・価電子帯を区別する指標 ± で指定され，

$$E_{\boldsymbol{k}\pm}^K = \pm\frac{\hbar^2}{2m}|\boldsymbol{k}|^2 = \pm\frac{\hbar^2}{2m}(k_x^2 + k_y^2) \tag{7.280}$$

$$\begin{pmatrix} \langle F_A^K(\boldsymbol{R})|\psi_{\boldsymbol{k}\pm}^K\rangle \\ \langle F_{B'}^K(\boldsymbol{R})|\psi_{\boldsymbol{k}\pm}^K\rangle \end{pmatrix} = \frac{1}{\sqrt{L_xL_y}}e^{i\boldsymbol{k}\cdot\boldsymbol{R}}\cdot\frac{1}{\sqrt{2}}e^{i\alpha_{\boldsymbol{k}\pm}}\begin{pmatrix} e^{-i\varphi_{\boldsymbol{k}}} \\ \pm e^{+i\varphi_{\boldsymbol{k}}} \end{pmatrix} \tag{7.281}$$

となる．エネルギー $E_{\boldsymbol{k}\pm}^K$ は原点で接する一対の放物型分散をもつ．波動関数の擬スピン部分は $\boldsymbol{\sigma}_{\boldsymbol{k}\pm} = \pm(\cos 2\varphi_{\boldsymbol{k}}, \sin 2\varphi_{\boldsymbol{k}})$ に対応する．$\alpha_{\boldsymbol{k}\pm} = 0$ とおけば波動関数は 1 価になり K 点周回時のベリー位相は 2π となる．

2 層グラフェンでは有効質量ハミルトニアンの基底である A サイトと B′ サイトが異なる層に存在するため，外部から垂直電場を加えることにより A サイトと B′ サイトに異なるポテンシャルを導入することができる．これはハミルトニアンに σ_z に比例した対角項（質量項）を導入することになり，原点で接していた 2 つの放物線バンドの間にギャップが開く．このギャップは外部電場により制御できるので，2 層グラフェンはデバイス応用の観点から盛んに研究されている．

垂直磁場下の電子状態は，ランダウゲージ $\boldsymbol{A}(\boldsymbol{R}) = (0, BX, 0)$ を採用すると，

$$E_n = \text{sgn}(n)\hbar\frac{eB}{m}\sqrt{|n|(|n|-1)} \tag{7.282}$$

$$\begin{pmatrix} \langle F_{\text{A}}^{\text{K}}(\boldsymbol{R})|\psi_{nX_0}^{\text{K}}\rangle \\ \langle F_{\text{B}'}^{\text{K}}(\boldsymbol{R})|\psi_{nX_0}^{\text{K}}\rangle \end{pmatrix} = \begin{cases} \dfrac{1}{\sqrt{L_y}}e^{iK_yY}\cdot\dfrac{1}{\sqrt{2}}\begin{pmatrix} \text{sgn}(n)\phi_{|n|-2X_0}(X) \\ \phi_{|n|X_0}(X) \end{pmatrix} (n=\pm 2,\pm 3,\cdots) \\ \dfrac{1}{\sqrt{L_y}}e^{iK_yY}\cdot\begin{pmatrix} 0 \\ \phi_{nX_0}(X) \end{pmatrix} (n=0,1) \end{cases} \tag{7.283}$$

のように求まる．エネルギー E_n は整数 $n=0,1,\pm 2,\pm 3,\cdots$ で指定されるランダウ準位に量子化され（$n=-1$ の準位はない），$n=0$ と $n=1$ の準位は $E=0$ に縮退している．$n=0$ と $n=1$ の波動関数は B' 成分のみをもち（擬スピンが下向きに偏極）上層に局在している．K' 点では K 点の A 成分と B' 成分を入れ替えたものになるので，磁場中の $n=0$ と $n=1$ の波動関数は A 成分のみをもち下層に局在する．すなわち磁場中の2層グラフェンでは，$E=0$ のランダウ準位はランダウ指数（$n=0$ と $n=1$），バレー（K と K'），スピンについて各2重の計8重の縮退を有するのに対し，他のランダウ準位はバレーとスピンについての4重縮退しているのみで，縮退度が異なる．$E=0$ のランダウ準位では，A と B' の副格子自由度（擬スピン）は下層と上層の自由度でもあり，K と K' のバレー自由度とも同等になる．

2層グラフェンの量子ホール効果は早い段階から観測され単層系と比較された（図 7.47(b) 挿入図）．2層系ではホール伝導度 $\sigma_{xy}=-\nu(e^2/h)$ を与えるチャーン数が $\nu=\pm 4,\pm 8,\pm 12,\cdots$ という系列になることが特徴である．ホールプラトーの高さの段

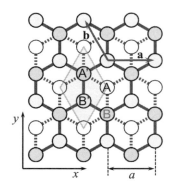

図 **7.50** ベルナール積層した2層グラフェンの結晶構造．白丸と破線は下側のグラフェン層を表す．菱形の単位胞には上層の A', B' 原子と下層の A,B 原子が存在する．A' 原子の直下には B 原子が存在して2量体を形成し，残った A 原子と B' 原子の p_z 軌道が伝導帯と価電子帯を構成する．

差が電荷中性点でのみ $\Delta\nu = 8$ となり，他では $\Delta\nu = 4$ になることは，$E = 0$ のランダウ準位のみが 8 重縮退であることに対応している．また 2 層系の場合も時間反転対称な 2 つのバレーが存在するためラフリンの議論に抵触することはない．

2 層グラフェンについても単層グラフェンと同様に対称性の破れによる量子ホール状態が研究されている．2 層系ではゼロエネルギーランダウ準位（$n = 0, 1$）は 8 重縮退しているが，これの破れを反映した整数量子ホール効果が強磁場で観測されている．伝導面に垂直な電場は，ゼロ磁場では伝導帯と価電子帯の間にギャップが開くが，磁場中では $E = 0$ のランダウ準位の縮退を解く．2 層系のゼロエネルギー近傍の対称性の破れに由来する電子状態は，層間電場をパラメータとしてさらに多彩な振る舞いを示すことが，高移動度空中懸架素子を用いた研究により明らかになっている．

7.6.7　固体中ディラック電子系

グラフェンは固体における典型的な質量ゼロの 2 次元ディラック電子系であるが，他にも固体中ディラック電子系と見なせる種々の系が存在する．以下，その代表的な物質系をあげる．

a. ゼロギャップ有機導体[66]

有機導体 α-(BEDT-TTF)$_2$I$_3$ は，7.5 GPa 程度以上の圧力下で，質量ゼロの 2 次元ディラック電子系が弱い層間結合で積層した多層ディラック電子系であることが知られている．この物質は有機分子 BEDT-TTF（ビス・エチレンジチオ・テトラチアフルバレン）が整列した層と無機の I$_3$ 分子層が交互に積層した層状結晶で，I$_3$ 分子が BEDT-TTF 2 分子から 1 個の割合で電子を引き抜いて閉殻化し，電荷移動錯体とよばれる一種のイオン結晶：([BEDT-TTF]$^{+0.5}$)$_2$[I$_3$]$^{-1}$ となっている．この電荷移動によって BEDT-TTF 分子の最高被占有分子軌道（HOMO）は平均 3/4 だけ占有されていることになる．各 BEDT-TTF 層の 2 次元単位胞には 4 個の分子があるので，これらの HOMO が全体として 3/4 だけ占有された 4 枚のバンドをつくる（図 7.51）．エネルギーが最も高いバンド（伝導帯）と次のバンド（価電子帯）のエネルギーに重なりがあれば系は半金属（補償金属），重なりがなければ絶縁体になる．しかし本系では（電荷秩序の発生に伴う絶縁体転移が起きない高圧下で）両者の境界にあたるゼロギャップ状態が実現するのである．そこでは 2 次元波数空間内の時間反転対称な 2 点 $\bm{k}_0$ と $-\bm{k}_0$ で，伝導帯端と価電子帯端が点接触し，準位交差を起こして傾いた異方的ディラック・コーンを形成する．本物質は 3 次元の層状バルク結晶であるが，隣接層との結合が弱いために各層の電子系が 2 次元ディラック電子系と見なせるのであって，3 次元ディラック電子系ではないことに注意されたい．

本物質がディラック電子系となることは，理論的には，適当なパラメータ（分子軌道間トランスファー積分）を用いた 2 次元 4 バンドの強束縛（tight-binding）モデルの範囲内で示すことができる．傾斜ディラック・コーン近傍の電子状態は 7.6.5 項で述べた「傾斜

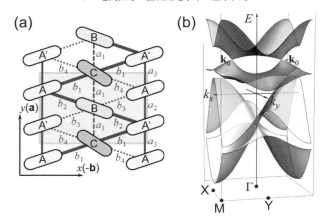

図 7.51 (a) 層状有機導体 $\alpha\text{-}(BEDT\text{-}TTF)_2I_3$ の伝導層における BEDT-TTF 分子の配列．単位胞には A，A′，B，C の 4 分子が存在し，7 種のトランスファー積分が考えられる．(b) 強束縛近似による 2 次元バンド分散の計算例．

ワイル方程式」で記述される．ディラック電子系が実現している実験的根拠は，特異なランダウ準位を反映した伝導特性や，比熱の温度依存性の解析などの間接的手法によって得られている．角度分解光電子分光（ARPES）や走査トンネル分光（STS）によるバンドの直接観測は，高圧下という実験技術的制約のために行われていない．

本物質のフェルミ準位はグラフェンのように制御可能ではなく，ディラック点近傍に固定されている．したがって非ドープのグラフェンと同様に，強磁場極限では $n=0$ ランダウ準位の 4 重縮退の破れによる $\nu=0$ 量子ホール状態の発現が期待される．グラフェンと異なり，本系では完全スピン偏極した「量子ホール強磁性」状態の発現が実験的に示唆されている．

b. トポロジカル絶縁体の表面状態[67, 68]

近年，絶縁体が基本的な離散的対称性によって幾何構造の異なる複数のクラスに分類できることが認識されるようになった．一般に結晶のバンド全体の大域的な幾何構造はトポロジカル数とよばれる離散量（整数）で特徴づけることができる．7.2.4 項で述べたチャーン数はその 1 つの例である．この幾何構造の違いはバンド全体が占有された絶縁体において顕在化する．時間反転対称性があり，かつ強いスピン軌道相互作用によるバンド反転のある 2 次元系と 3 次元系では，通常の自明な絶縁体とは異なる幾何構造をもった「トポロジカル絶縁体」（2 次元系では「量子スピンホール絶縁体」ともよばれる）が実現することがあり，「Z_2 数」とよばれる 2 値のトポロジカル数によって自明な絶縁体と区別される．

トポロジカル絶縁体の顕著な特徴は，その表面にギャップのない金属状態が現れること

である．これは量子ホール系の端にカイラルエッジ状態が現れる（7.5.5項）バルク-エッジ対応を一般化した性質である．トポロジカル絶縁体内部ではバンドの大域的な幾何構造は変化できないためにトポロジカル数は一定である．自明な絶縁体である真空は絶縁体内部とはトポロジカル数が異なるので，トポロジカル絶縁体と真空との界面，すなわち試料表面ではトポロジカル数が不連続に変化することになる．このときトポロジカル数の異なる領域を仕切るように，ギャップがいったん閉じて表面金属状態が現れるのである．

3次元トポロジカル絶縁体の場合，この表面状態の2次元バンド分散はバルクの価電子帯と伝導帯をギャップなしで結ぶように現れる．表面では空間反転対称性が破れているので，7.2.5項で考察したように，スピン軌道相互作用があると，時間反転不変運動量（TRIM）を2次元波数空間に射影した対称点（表面 TRIM）以外の2次元波数 k で，表面バンドのスピン縮退が解ける．スピン分裂した表面バンド上の各点ではスピン σ の向きが k の関数となっている（スピン-運動量ロッキング）．ここで時間反転の関係にある表面状態 (k, σ) と $(-k, -\sigma)$ は同じエネルギーにクラマース縮退する．したがって $k = 0$ などの TRIM は (k, σ) と $(-k, -\sigma)$ がスピン縮退する準位交差点となる．時間反転対称性を破らない限り，この2重縮退を解いてギャップを開くことはできない．これを表面金属状態が「トポロジカルに保護されている」という．表面 TRIM 以外の表面波数 k では，表面バンドが交差すればギャップが開く可能性がある．しかし表面バンドの数が奇数であれば，TRIM 以外でギャップが開いても，最低1個の表面バンドがバルクの価電子帯と伝導帯をギャップなしで結ぶことがわかる．すなわちトポロジカル絶縁体を特徴づける Z_2 数とは，表面バンド数の偶奇に関係するものなのである．

金属的な表面バンドは TRIM となる表面波数で準位交差してディラック・コーンを形成する．この質量ゼロの2次元ディラック電子系では，ディラック点に対して対称な波数（k と $-k$）では σ の向きは逆になる（この性質をヘリカルという）．結局，Z_2 数が奇となる3次元トポロジカル絶縁体の表面には，表面 TRIM に2次元ディラック・コーン分散をもった金属的「ヘリカル表面状態」が形成されることになる．グラフェンと違ってディラック・コーン間の散乱がないため，この表面状態は弱局在することがない．

同様に2次元トポロジカル絶縁体（「量子スピンホール絶縁体」）の場合は，試料の周縁部に，電子の周回方向を逆にするとスピンの向きも反転する1次元電子系である「ヘリカル・エッジ状態」が形成される．トポロジカル絶縁体はバルク的には絶縁体であるため，その低温での伝導特性はこうしたヘリカル表面状態（エッジ状態）が支配する．

トポロジカル絶縁体は，2005年にケイン（C. L. Kane）とメレ（E. J. Mele）によってスピン軌道相互作用のあるグラフェンの模型を用いて理論的に提案された（現実のグラフェンではスピン軌道相互作用の効果は無視できる）[69]．実験的には2次元トポロジカル絶縁体である CdTe/HgTe/CdTe 量子井戸構造において，ヘリカル・エッジ状態の量子化伝導を観測することにより初めて実証された[70]．その後，$Bi_{1-x}Sb_x$ 混晶や Bi_2Se_3 など

の結晶が3次元トポロジカル絶縁体であることが，角度分解光電子分光（ARPES）による奇数個の表面バンドやディラック・コーンの観測により確認されている．また最近は，スピン軌道相互作用がなくても結晶対称性によって実現する「トポロジカル結晶絶縁体」や7.2.4項で触れた「チャーン絶縁体」（量子異常ホール絶縁体）など，従来のZ_2トポロジカル絶縁体とは異なるタイプのトポロジカル絶縁体の研究も行われている．

c．シリセン[71]

炭素原子が平面上に蜂の巣格子を形成した単原子層であるグラフェンに対応して，同じIV族のシリコン原子が蜂の巣格子を形成した2次元結晶がシリセンである．実験的には最近，銀の(111)面上およびZrB_2上に実現できるようになった．シリコンの原子半径は炭素より大きいため，シリセンではシリコンの蜂の巣格子が単一平面上に存在せずに折れ曲がり，AサイトとBサイトの原子が異なる平面上に存在する（これを座屈（buckling）しているという）．この座屈のために，フェルミ準位近傍のバンド構造はグラフェンのようにp_z軌道だけではなく，s，p_x，p_y軌道成分が混成したものになる．またグラフェンでは無視できたスピン軌道相互作用がシリセンでは無視できなくなる．

シリセンの電子構造は結晶を2次元平面に射影すればグラフェンと同様に考えることができる．最近接A-B原子間のトランスファーのみ考えれば，スピンについて2重に縮退した価電子帯と伝導帯が正六角形のブリルアン領域の頂点で点接触する質量ゼロの2次元ディラック電子系となる．しかし実際にはスピン軌道相互作用の影響で，ディラック点にギャップが開き絶縁体となる．これは非自明なトポロジカル絶縁体であり，試料端にはヘリカル・エッジ状態が形成される．以上はグラフェンにスピン軌道相互作用を導入してトポロジカル絶縁体を論じたケイン-メレ模型に直接対応している．またシリセンではAサイトとBサイトが異なる平面上に存在するため，2層グラフェンと同様に垂直電場を加えることにより両サイトに異なるポテンシャルを導入することができる．このため単層でも2層グラフェンと同様の外部垂直電場によるギャップ制御ができる．

以上のようにシリセンでは，グラフェンとトポロジカル絶縁体の特徴を併せもつ多彩な物性が現れる．実験的研究は開始されたばかりであるが，今後の発展が期待される．

7.7 まとめと展望

本章では，電気伝導関連の基礎知識を整理した後，磁気抵抗効果とフェルミオロジー，量子ホール効果，固体中ディラック電子系という3つのトピックスについて解説した．伝導物性研究の歴史は，キャリア集団による散逸的で局所的な「オーミック伝導」に始まり，1980年代以降はアンダーソン局在やメゾスコピック系など電子波の干渉性が顕在化する「コヒーレント伝導」，近年では背景電子状態の幾何学的構造に由来する「トポロジカル伝導」のように興味の対象が移り変わってきた．このうち本章ではオーミック伝導とトポロ

ジカル伝導の基礎を扱った（コヒーレント伝導は第8章で扱われている）．トポロジカル伝導現象は，トポロジカル絶縁体・超伝導体やマルチフェロイクスなどの物理と関係して，盛んに研究されている．

　このように近年の物性物理学は，トポロジーやゲージ変換といったキーワードに象徴される幾何学的な見方を1つの軸にして発展しているようにみえる．量子ホール効果のTKNN理論はその先駆であった．電子相関のような多体問題だけでなく，すでに解明されたと考えられていた1体問題においてさえも，こうした発展の可能性が残されていたことは大変興味深い．幾何学的な見方とそれが顕在化した新現象の研究は今後の物性物理学の潮流の1つになると思われる． 　　　　　　　　　　　　　　　　　　　　　　　　[長田俊人]

文　献

1) J. M. ザイマン（山下次郎・長谷川彰訳），固体物性論の基礎（丸善，1976）．
2) J. M. Luttinger and W. Kohn, Phys. Rev. **97**, 869 (1955).
3) 長田俊人・川澄篤・鹿児島誠一，固体物理 **26**, 615 (1991).
4) D. R. Hofstadter, Phys. Rev. B **14**, 2239 (1976).
5) M. V. Berry, Proc. R. Soc. London A **392**, 45 (1984).
6) G. Sundaram and Q. Niu, Phys. Rev. B **59**, 14915 (1999).
7) R. Karplus and L. M. Luttinger, Phys. Rev. **95**, 1154 (1954).
8) F. D. M. Haldane, Phys. Rev. Lett. **61**, 2015 (1988).
9) C.-Z. Chang, *et al.* Science **340**, 116802 (2013).
10) G. P. Mikitik and Y. V. Sharlai, Phys. Rev. Lett. **82**, 2147 (1999).
11) 柳瀬陽一・播磨尚朝，固体物理 **46**, 229 (2011); *ibid.*, 283 (2011).
12) S. Datta and B. Das, Appl. Phys. Lett. **56**, 665 (1990).
13) 阿部龍蔵，電気伝導（培風館，1965）．
14) 阿部龍蔵，統計力学（東京大学出版会，1992）．
15) A. A. アブリコソフ・L. P. ゴリコフ・I. E. ジャロシンスキー（松原武生・米沢富美子・佐々木健訳），統計物理学における場の量子論の方法（東京図書，1987）．
16) 長岡洋介・安藤恒也・高山一，局在・量子ホール効果・密度波（現代物理学叢書）（岩波書店，2000）．
17) R. Kubo, S. J. Miyake and N. Hashitsume, Solid State Physics **17**, 269 (Academic Press, 1965).
18) 長田俊人他，固体物理 **34**, 372 (1999); *ibid.*, **41**, 239 (2006); *ibid.*, **42**, 157 (2007); *ibid.*, **48**, 65 (2013).
19) T. Ishiguro, K. Yamaji and G. Saito, *Organic Superconductors* (Springer, 1998).
20) J. Wosnitza, *Fermi Surfaces of Low-Dimensional Organic Metals and Superconductors* (Springer, 1996).
21) M. V. Kartsovnik, V. N. Laukhin, S. I. Pesotskii, I. F. Shegolev and V. M. Yakovenko, J. Physique I France **2**, 89 (1990).
22) K. Kajita, Y. Nishio, T. Takahashi, R. Kato, H. Kobayashi, W. Sasaki, A. Kobayashi and Y. Iye, Solid State Commun. **70**, 1189 (1989).
23) K. Yamaji, J. Phys. Soc. Jpn. **58**, 1520 (1989).

24) T. Osada, A. Kawasumi, S. Kagoshima, N. Miura and G. Saito, Phys. Rev. Lett. **66**, 1525 (1991).
25) G. M. Danner, W. Kang and P. M. Chaikin Phys. Rev. Lett. **69**, 2827 (1992).
26) H. Yoshino, K. Saito, K. Kikuchi, H. Nishikawa, K. Kobayashi and I. Ikemoto, J. Phys. Soc. Jpn. **64**, 2307 (1995).
27) T. Osada, S. Kagoshima and N. Miura Phys. Rev. Lett. **77**, 5261 (1996).
28) W. Kang, T. Osada, Y. J. Jo and Haeyong Kang, Phys. Rev. Lett. **99**, 017002 (2007).
29) R. Yagi, Y. Iye, T. Osada and S. Kagoshima, J. Phys. Soc. Jpn. **59**, 3069 (1990).
30) M. V. Kartsovnik, V. N. Laughkin, S. I. Psotskii, I. F. Schegolev and V. M. Yakovenko, J. Physique I France **2**, 89 (1992).
31) R R Gerhardts, D Weiss and K.von Klitzing Phys. Rev. Lett. **62**, 1173 (1989).
32) N. Hanasaki, S. Kagoshima, T. Hasegawa, T. Osada and N. Miura Phys. Rev. B **57**, 1136 (1998).
33) T. Osada and E. Ohmichi, J. Phys. Soc. Jpn. **75**, 051006 (2006).
34) D. Yoshioka, J. Phys. Soc. Jpn. **64**, 3168 (1995).
35) R. H. McKenzie and P. Moses Phys. Rev. Lett. **81**, 4492 (1998).
36) D. Shoenberg, *Magnetic Oscillations in Metals* (Cambridge University Press, 1984).
37) W. Kang, G. Montambaux, J. R. Cooper, D. Jerome, P. Batail and C. Lenoir, Phys. Rev. Lett. **62**, 2559 (1989).
38) L. M. Ross and P. M. Argyres *Semiconductors and Semimetals*, **1** (edited by R. K. Willardson and A. C. Beer), p.159 (Academic Press, 1966).
39) H. Shinagawa, S. Kagoshima, T. Osada and N. Miura Physica B **201**, 490 (1994).
40) 安藤恒也, 大学院物性物理 1——量子物性 (伊達宗行監修, 福山英敏・山田耕作・安藤恒也編), p.1 (講談社, 1996).
41) 吉岡大二郎, 量子ホール効果 (新物理学選書) (岩波書店, 1998).
42) K. v Klitzing, G. Dorda and M. Pepper Phys. Rev. Lett. **45**, 494 (1980).
43) A. A. Paalanen, D. C. Tsui and A. C. Gossard, Phys. Rev. B **25**, 5566 (1982).
44) R. B. Laughlin Phys. Rev. B **23**, 5632 (1981).
45) Qian Niu, D. J. Thouless and Yong-Shi Wu, Phys. Rev. B **31**, 3372 (1985).
46) D. J. Thouless, M. Kohmoto, M. P. Nightingale and M. den Nijs, Phys. Rev. Lett. **49**, 405 (1982).
47) M. Kohmoto, Ann. Phys. (NY) **160**, 355 (1985).
48) Y. Hatsugai, Phys. Rev. Lett. **71**, 3697 (1993).
49) B. I. Halperin Jpn. J. Appl. Phys. Suppl. **26-3**, 1913 (1987).
50) M. Koshino, H. Aoki, K. Kuroki, S. Kagoshima and T. Osada, Phys. Rev. Lett. **86**, 1062 (2001).
51) 中島龍也・青木秀夫, 固体電子論 III 分数量子ホール効果 (東京大学出版会, 1999).
52) D. C. Tsui, H. L. Stormer and A. C. Gossard, Phys. Rev. Lett. **48**, 1559 (1982).
53) R. Willet, J. P. Eisenstein, H. L. Stormer, D. C. Tsui, A. C. Gossard and J. H. English, Phys. Rev. Lett. **59**, 1776 (1987).
54) R. B. Laughlin, Phys. Rev. Lett. **50**, 1395 (1983).
55) K. S. Novoselov, A. K. Geim, S. V. Morozov, D. Jiang, M. I. Katsnelson, I. V. Grigorieva, S. V. Dubonos and A. A. Firsov, Nature **438**, 197 (2005).

56) T Ando, J. Phys. Soc. Jpn. **74**, 777 (2005).
57) A. H. Castro Neto, F. Guinea, N. M. Peres, K. S. Novoselov and A. K. Geim, Rev. Mod. Phys. **81**, 109 (2009).
58) M. I. Katsnelson, *Graphene - Carbon in Two Dimensions* (Cambridge University Press, 2012).
59) T. Ando, T. Nakanishi and R. Saito, J. Phys. Soc. Jpn. **67**, 2857 (1998).
60) 青木秀夫, 固体物理 **45**, 753 (2010).
61) A. F. Young, C. R. Dean, L. Wang, H. Ren, P. Cadden-Zimansky, K. Watanabe, T Taniguchi, J. Hone, K. L. Shepard and P. Kim, Nat. Phys. **8**, 550 (2012).
62) X. Du, I. Skachko, F. Duerr, A. Luican and E. Y. Andrei, Nature **462**, 192 (2009).
63) K. I. Bolotin, F. Ghahari, M. D. Shulman, H. L. Stormer and P. Kim, Nature **462**, 196 (2009).
64) C. R. Dean, A. F. Young, P. Cadden-Zimansky, LWang, H. Ren, K Watanabe, T Taniguchi, P. Kim, J. Hone and K. L. Shepard, Nat. Phys. **7**, 693 (2011).
65) F. Guinea, M. I. Katsnelson and A. K. Geim Nat. Phys. **6**, 30 (2010).
66) 田嶋尚也・梶田晃示, 固体物理 **45**, 719 (2010).
67) 齋藤英治・村上修一, スピン流とトポロジカル絶縁体——量子物性とスピントロニクスの発展（基本法則から読み解く物理学最前線 1）（共立出版, 2014）.
68) Y. Ando, J. Phys. Soc. Jpn. **82**, 102001 (2013).
69) C. L. Kane and E. J. Mele, Phys. Rev. Lett. **95**, 226801 (2005).
70) M. Konig, S. Wiedmann, C. Brune, A. Roth, H. Buhmann, L. Molenkamp, X.-L. Qi and S.-C. Zhang, Science **318**, 766 (2007).
71) 江澤雅彦, 固体物理 **48**, 161 (2013).

8. ナノスケール人工量子系

8.1 ナノスケール量子系

8.1.1 量子構造

物質を構成するさまざまな自由度（電子軌道，スピン，原子核，核スピン，その他）に量子論的効果が現れるような微細構造を量子構造という．かつては，原子的な構造を繰り込んだ準粒子などで表される自由度に量子効果が生じる人間が作り出した系を「メゾスコピック系」とよび，天然系と区別していたが，微細化の技術が進むとともに，人工量子系で培われた概念が天然系にも適用されるようになり，その境界は現在曖昧になっている．

量子構造のベースは，空間次元 d（自由な運動の自由度が残された次元数）により，量子井戸（$d=2$），量子細線（1），量子ドット（0）に分類される．$d=3,2,1$ での等方的で金属的な系での電子濃度 n とフェルミ波数 k_F との関係は

$$n = 2V_d\left(\frac{k_\mathrm{F}}{2\pi}\right) = \frac{2}{(2\pi)^3}\frac{4\pi}{3}k_\mathrm{F}^3 \ (d=3), \ \frac{2}{(2\pi)^2}\pi k_\mathrm{F}^2 \ (d=2), \ \frac{2}{2\pi}k_\mathrm{F} \ (d=1) \quad (8.1)$$

（係数 2 はスピン自由度）である．

エネルギー E の位置の状態密度 $\mathscr{D}(E)$ は，3 次元系の場合はよく知られているように，m^* を有効質量として $\boldsymbol{k}$ 空間内での等エネルギー球面の面積をエネルギー軸上で表すことで，

$$\mathscr{D}_\mathrm{3d}(E) = \frac{\sqrt{2}}{\pi^2}\frac{m^{*3/2}}{\hbar^3}\sqrt{E} \quad (8.2\mathrm{a})$$

となる．量子構造では，量子化された自由度の状態は離散的となるのでこれを指数 i で数え，残る自由度については $\boldsymbol{k}$ 空間で足し上げる．$d=2,1,0$ ではヘヴィサイド（Heaviside）関数 $\Theta(x) = 0 \ (x<0), \ 1 \ (x \geq 0)$ とクロネッカー（Kronecker）デルタ $\delta_{x,y}$ を用いて以下のように書ける．

$$\mathscr{D}_{2d}(E) = \sum_i 2\frac{m^*}{2\pi\hbar^2}\Theta(E-E_i), \tag{8.2b}$$

$$\mathscr{D}_{1d}(E) = \sum_i \frac{2}{h}\sqrt{\frac{m^*}{2(E-E_i)}}, \tag{8.2c}$$

$$\mathscr{D}_{0d}(E) = \sum_i 2\delta_{E,E_i}. \tag{8.2d}$$

図 8.1 に各構造の概念図を示した．

また，このように低次元化した量子構造を周期的に並べることで，いったん落とした次元数を再び高くすることも考えられる．これらは，結晶格子よりも大きな構造が周期的に並んでいるという意味で超格子とよばれる．代表例は，量子井戸を等間隔に並べたもので，井戸間の結合が弱い場合や層数が少ない場合，多重量子井戸とよばれるが，結合が強くなり層数も多くなると井戸面に垂直方向の運動も離散的なエネルギー準位が広がりをもつようになって 3 次元性を回復し，超格子とよぶのに相応しくなる．狭義の超格子としてはこのような強結合多重量子井戸のことを指す．

本章で取り扱う量子構造は，これらおよびその組み合わせによって形成される．実際の形成の仕方はさまざまであるが，代表的な例は，超薄膜製造技術によって 2 次元的な量子井戸構造を作製し，これを微細加工技術を用いて「切り刻む」やり方である．一方向に量子閉じ込めポテンシャルを形成すると，その方向の運動の自由度は離散化（量子化）し，離散化の間隔が系の特徴的エネルギーより十分に大きければその方向の自由度は凍結されたとみることができ，有効な次元が 1 つ減る．以降ではまず，このようなポテンシャルをどのようにつくってどう取り扱うか，を述べ，そのような系に生じる特徴的な現象として，光学過程と量子輸送を取り上げて議論する．両者とも他の章で詳しくふれられているが，ここでは，その議論の基本となる概念について解説する．

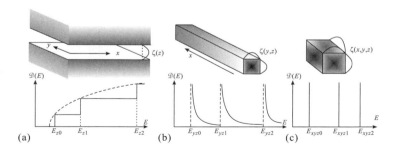

図 **8.1** 量子構造により作り出した低次元系と状態密度 $\mathscr{D}(E)$ の模式図．(a) 量子井戸，(b) 量子細線，(c) 量子ドット．$\zeta(\boldsymbol{r})$ は閉じ込められた方向の局在波動関数を表す．

8.1.2　半導体人工構造

　量子構造による低次元系は，障壁ポテンシャル導入によって運動を量子化して一部の自由度を有効的に抑えており，物理モデルの単純な次元低下では近似がよくないことも多い．例えば電子間相互作用はクーロン相互作用の形は 3 次元のままである一方，運動の次元が落ちることで遮蔽効果は変化する．本項では低次元化近似を行う際の最低限の知識を得るため，実際にどのように半導体量子構造を作製するかを眺めておこう．

a. ヘテロ接合と包絡関数近似

　人工ポテンシャルを作製する重要な技術の 1 つがヘテロ接合で，これは異種の半導体を文字どおり貼り合わせたものである．貼り合わせ方はさまざまであるが，ここでは図 8.2(a) のように接合面で原子レベルまで乱れていない接合を対象とする．量子構造に使用される半導体の多くは，ブラベー（Bravais）格子が面心立方格子（fcc），六方格子（hexagonal），などで，ヘテロ接合面の構成には，結晶系と格子定数が近いものを選ぶことが多い．図 8.2(c) は，格子定数に対するエネルギーギャップを代表的半導体についてプロットしたもので，縦の帯で示した領域がヘテロ接合によく使用される．格子定数に違いがある場合でも，膜が一定の厚さ（臨界膜厚）よりも薄い場合，転位などの結晶乱れが入ることなく成膜可能であり，「歪入りヘテロ接合」として使用する場合もある．

　図 8.3(a) は，fcc 系のうち，ダイアモンドあるいは閃亜鉛鉱構造（ダイアモンド構造で

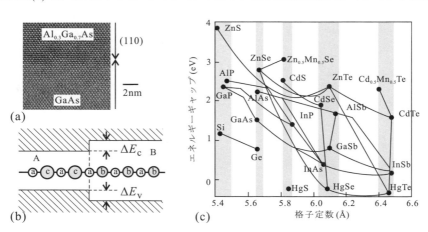

図 8.2　(a) $Al_{0.3}Ga_{0.7}As/GaAs$ ヘテロ接合面の高分解能透過電子顕微鏡写真．白く粒状に見えているものが原子像．(b) ヘテロ接合面の硬いバンドモデル．(c) 代表的半導体（一部混晶）を格子定数とエネルギーギャップの 2 次元平面にプロットしたもの．点間に引かれた線は，混晶を示している．灰色の帯は，格子定数が近いため，ヘテロ接合として堆積されることがある組み合わせの位置を示している．

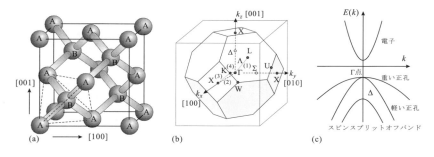

図 **8.3** 面心立方（fcc）格子をブラベー格子とする半導体の (a) 結晶構造，(b) 第 1 ブリルアン領域，(c) Γ 点付近のバンド構造の模式図.

はすべてのサイトを単一種原子が占め，閃亜鉛鉱構造では A，B サイトを異なる種の原子が占める）の原子配置を示す．(b) は，バルクの第 1 ブリルアン（Brillouin）域で代表的な対称点（●）と対称軸（○）を表記している．(c) は Γ 点付近のバンド構造である．特に価電子帯側は，重い正孔と軽い正孔が Γ 点で縮退し，スピン軌道相互作用によるスプリットオフバンドが低エネルギー側に存在する．

　ヘテロ接合を扱う最も簡単なモデルは「硬い」バンドモデルで，これは図 8.2(b) のように，接合面までバルクと同じギャップをもったバンドが伸びており，接合面で伝導帯と価電子帯にそれぞれバンド不連続 ΔE_c，ΔE_v が生じてバンドギャップの辻褄を合わせる，というものである．伝導帯を構成する反結合性軌道のエネルギーは格子によって異なるためバンド不連続が生じる．この「格子による違い」は数原子層の距離で生じ，したがって，バンド不連続もこのオーダーで生じるとするのは自然である．

　このようなヘテロ接合ポテンシャルを簡単に取り扱う代表的方法が包絡関数近似である[1]．すなわち，固体中のブロッホ（Bloch）波動関数 $\psi_n(\boldsymbol{r}) = Ae^{i\boldsymbol{k}\boldsymbol{r}}u_n(\boldsymbol{r})$ （u_n は結晶格子の周期性をもつ関数．n はバンド指数）のうち，自由粒子的な指数関数部分の振幅 A が空間依存性をもち，この部分がヘテロ接合によるポテンシャル変調の影響を受けるとする．例えば図 8.1(a) のような z 方向の量子井戸の場合，量子井戸として解いた束縛波動関数を $\zeta(z)$ として，全体の波動関数を

$$\psi_n(\boldsymbol{r}) = A_\mathrm{N}\zeta(z)\exp(k_x x + k_y y)u_n(\boldsymbol{r}) \tag{8.3}$$

という形で近似する（A_N は規格化定数）．しかし，包絡関数近似が成立するのは格子定数程度の距離に対するポテンシャル変化が十分緩やかな場合であり，ヘテロ接合は一般に図 8.2(a) のように格子レベルで急峻であるから，この近似がよいとは限らない．通常の有限ポテンシャル問題では波動関数の接続条件として値と空間微分の連続性を求めるが，包絡関数に対して接合面で同様な接続条件を要求してよいかどうかも次項にみるように自明で

はない．代表的な (Al, Ga)As/GaAs 接合系の場合は，簡単な 1 次元鎖モデルや第 1 原理バンド計算の結果などから，包絡関数に通常のポテンシャル問題の処方を適用するのがよい近似であることがわかっている．

b. 接合近傍のバンドのモデル I

A, B 2 つの半導体を $z=0$ 面で接合させる（図 8.2(b)）．各領域で，ブロッホ関数で展開し

$$\psi^{(A)}(\boldsymbol{r}) = \sum_l f_l^{(A)}(\boldsymbol{r}) u_{l\boldsymbol{k}}^{(A)}(\boldsymbol{r}), \quad \psi^{(B)}(\boldsymbol{r}) = \sum_l f_l^{(B)}(\boldsymbol{r}) u_{l\boldsymbol{k}}^{(B)}(\boldsymbol{r}) \tag{8.4}$$

とする．l はバンド指数，$u_{l\boldsymbol{k}}^{(A,B)}$ は格子周期関数であるが，簡単のため，これらと分散関係は A, B で共通，$u_{l\boldsymbol{k}}^{(A)}(\boldsymbol{r}) = u_{l\boldsymbol{k}}^{(B)}(\boldsymbol{r})$, $\partial\epsilon_l^{(A)}/\partial\boldsymbol{k} = \partial\epsilon_l^{(B)}/\partial\boldsymbol{k}$, とする．波動関数接続条件は，$xy$ 面ベクトルを $\boldsymbol{r}_{xy}$ として

$$f_l^{(A)}(\boldsymbol{r}_{xy}, 0) = f_l^{(B)}(\boldsymbol{r}_{xy}, 0) \tag{8.5}$$

$\boldsymbol{r}_{xy}$ についてもブロッホ関数で書き，

$$f_l^{(A,B)} = S^{-1/2} \exp(i\boldsymbol{k}_{xy} \cdot \boldsymbol{x}) \chi_l^{(A,B)}(z) \tag{8.6}$$

とする．$S^{-1/2}$ は xy 面内規格化定数，$\chi_l(z)$ が包絡関数である．

ここで，$\boldsymbol{k} = 0$ に対して格子周期関数と離散準位を求め，$\boldsymbol{k} \neq 0$ の領域を $\boldsymbol{k} \cdot \boldsymbol{p}$ に比例する摂動ハミルトニアンによって離散準位が混じる効果によって表すいわゆる $\boldsymbol{k} \cdot \boldsymbol{p}$ 摂動を適用すると，$\boldsymbol{\chi} = \{\chi_j\}$ を求める方程式は

$$\mathscr{D}^{(0)}\left(z, -i\hbar\frac{\partial}{\partial z}\right)\boldsymbol{\chi} = \epsilon\boldsymbol{\chi} \tag{8.7}$$

と書ける．ただし，$N \times N$ の演算子行列 $\mathscr{D}^{(0)}$ は次のとおりである．

$$\mathscr{D}_{lm}^{(0)}\left(z, \frac{\partial}{\partial z}\right) = \left[\epsilon_l(z) + \frac{\hbar^2 k_{xy}^2}{2m_0} - \frac{\hbar^2}{2m_0}\frac{\partial^2}{\partial z^2}\right]\delta_{lm} + \frac{\hbar\boldsymbol{k}_{xy}}{m_0}\cdot\langle l|\boldsymbol{p}_{xy}|m\rangle - \frac{i\hbar}{m_0}\langle l|p_z|m\rangle\frac{\partial}{\partial z}, \tag{8.8}$$

$$\epsilon_l(z) = \epsilon_l^{(A)} \quad (z < 0), \quad \epsilon_l^{(B)} \quad (z \geq 0). \tag{8.9}$$

ここで，$|u_{m0}\rangle$ などを $|m\rangle$ と書いている．

「バンド不連続ポテンシャル」を強調して

$$V_l(z) \equiv \begin{cases} 0 & z < 0 \quad (z \in A) \\ \epsilon_l^{(B)} - \epsilon_l^{(A)} & z \geq 0 \quad (z \in B) \end{cases} \tag{8.10}$$

と書くと，

$$\sum_{m=1}^{N} \left\{ \left[\epsilon_{m0}^{(A)} + V_m(z) + \frac{\hbar^2 k_{xy}^2}{2m_0} - \frac{\hbar^2}{2m_0} \frac{\partial^2}{\partial z^2} \right] \delta_{lm} - \frac{i\hbar}{m_0} \langle l|\hat{p}_z|m\rangle \frac{\partial}{\partial z} \right.$$
$$\left. + \frac{\hbar \boldsymbol{k}_{xy}}{m_0} \cdot \langle l|\hat{\boldsymbol{p}}_{xy}|m\rangle \right\} \chi_m = \epsilon \chi_l \quad (8.11)$$

という $\{\chi_l\}$ に関する連立方程式が得られる.

以上から,バンド l の包絡関数 χ_l の接続条件を考える.すでにみたように,ここでは u_l が A,B で変化しないとしたため,χ_l は界面で連続でなければならない.一方 χ_l が連続という条件下で式 (8.11) がさらに χ_l に課す条件は,式 (8.11) を界面をまたいで積分することで,

$$\mathscr{A}^{(A)} \chi^{(A)}(z_0 = 0) = \mathscr{A}^{(B)} \chi^{(B)}(0) \quad (8.12)$$

の形に得られる.ただし,

$$\mathscr{A}_{lm} = -\frac{\hbar^2}{2m_0} \left[\delta_{lm} \frac{\partial}{\partial z} + \frac{2i}{\hbar} \langle l|p_z|m\rangle \right] \quad (8.13)$$

である.$k \cdot p$ 摂動中のバンドの混じりの項 $\langle l|p_z|m\rangle$ によって,包絡関数の微分が連続,という接続境界条件は一般には成立しない.逆にこの項が小さくなることが $k \cdot p$ 近似の範囲内では包絡関数にポテンシャル問題の処方が適用可能となる条件である.

c. 接合近傍のバンドのモデル II

非放物線性が強くない場合,$k \cdot p$ 摂動でのバンド混じりの効果は有効質量に現れるわけであるから,u やバンド分散(有効質量)が接合面で変化するとし,式 (8.4),(8.6) でバンドを 1 つだけ扱うモデルも考えられる.有効質量方程式は 2 階の微分方程式であるから,一般的な境界接続条件は

$$\begin{pmatrix} \chi^{(A)}(0) \\ \nabla_A \chi^{(A)}(0) \end{pmatrix} = \begin{pmatrix} t_{11} & t_{12} \\ t_{21} & t_{22} \end{pmatrix} \begin{pmatrix} \chi^{(B)}(0) \\ \nabla_B \chi^{(B)}(0) \end{pmatrix} \quad (8.14)$$

である.ただし,a を共通な格子定数として,

$$\nabla_{A,B} = \frac{m_0}{m_{A,B}} \frac{\partial}{a \partial z} \quad (8.15)$$

である.$T_{BA} = \{t_{ij}\}$ を**界面行列**とよぶ[3].

z 方向の粒子流密度は,包絡関数で決まり,

$$j(z) = \frac{\hbar}{2im^*} \left[\chi^*(z) \frac{\partial \chi}{\partial z} - \frac{\partial \chi}{\partial z} \chi(z) \right] \quad (8.16)$$

で与えられる.粒子数保存から,A,B 領域での $j(z)$ は等しく,これは次と同値である.

$$\det T_{BA} = 1. \quad (8.17)$$

この条件をみたす最も簡単な近似として $T_{BA} = I$(単位行列)とするものが考えられ,この近似内では包絡関数を通常の波動関数と同等に扱える.

d. 表面，ショットキー接合

2次元的な電子系をさらに量子細線や量子ドットに加工する際によく導入されるのが，エッチングなどによって単純に切り落として「表面」によって電子の閉じ込めポテンシャルを形成する方法と，微細加工電極を形成して電極から空乏層を延ばして同様にポテンシャルを形成する方法とがある．

高状態密度の表面状態が存在し，フェルミ準位をその位置にピン止めし，それに伴って，硬いバンド近似に従い，表面まで延びたバンドに湾曲が生じるというごく簡単なモデルを考える．ドナー濃度 N_d に一様ドープされた半導体に表面電荷 Q によって幅 w の空乏層ができるとする．フェルミ準位ピン止め位置を伝導帯下端から $e\phi_s$ だけ下にあるとすると，古典電磁気学により $|Q| = e\sqrt{\epsilon\epsilon_0 N_d \phi_s}$, $w = \sqrt{\epsilon\epsilon_0 \phi_s / N_d}$ が得られる．このように端から空乏層が入り込むことで細線が幾何学形状より実質的に細くなることは，実験上も注意が必要な点である．

図 8.4(a) のように，表面に金属を接合して，その電位によって表面空乏層を変化させる素子がショットキー (Schottky) 接合である．外部電圧を V とすると障壁高さは $e(\phi_s - V)$ であるから，半導体側の運動エネルギー分布を無視して熱電子放出式を適用すると，接合の電流 (J) 電圧特性は次のようになる．

$$J = eAT^2 \exp\left(\frac{-e\phi_s}{k_B T}\right) \left[\exp\left(\frac{eV}{k_B T}\right) - 1\right] \tag{8.18}$$

A はリチャードソン (Richardson) 係数である．このように表面準位でフェルミ準位がピン止めされている多くの接合においては，接合形成の可否はピン止め位置で決まっている．例えばn型のGaAsは接合形成が比較的容易であるが，p型ではきわめて困難である．逆にInPではp型が容易であり，n型では困難である．

ショットキー接合では空乏層幅は，$\sqrt{\epsilon\epsilon_0(\phi_s - V)/N_d}$ のように変化するから逆方向電圧により幅を広げることができる．図 8.4(b) に模式的に示したように，2次元電子系 (2DEG，g項にて後述) の表面に微細加工金属を形成して逆方向電圧を加えると，2次元電子系が部分的に追い出されて電圧により制御可能な2次元電子系の微細構造が生じる．これをスプ

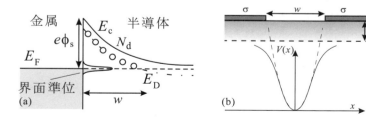

図 **8.4** (a) ショットキー接合を側面からみたエネルギーバンドダイアグラム．(b) スプリットゲート構造の模式図．

リットゲート法とよび，量子ポイントコンタクトや量子ドットの実験に頻用される．間隔 w で半無限の金属を表面においたとする．ゲートに電圧を加えて線密度 σ の電荷がゲート金属に発生したとし，2DEG の面垂直方向の閉じ込めポテンシャルの厚さを η とすると，スプリットゲートによるポテンシャルは

$$V_{\mathrm{sg}} = \frac{\sigma\eta}{2\pi\epsilon\epsilon_0}\left[\pi - \arctan\left(\frac{w/2-x}{d}\right) - \arctan\left(\frac{x-w/2}{d}\right)\right] \quad (8.19)$$

となる．これら 2 つの方法を組み合わせて微細加工エッチした試料に微細加工ショットキー接合ゲートを乗せてさまざまな構造を作り出す方法もある．

e. 自己形成量子系

以上のような人工性の高い量子構造形成法に対し，天然性をより利用したものが自己形成法である[4]．これまで述べてきたような，2 次元的な超薄膜を作製するには，多くの場合，半導体単結晶基板の上に薄膜材料となる原子をばらまき，結晶構造上安定な格子点に原子をはめこみながら薄膜を成長するエピタキシャル成長法を用いる．エピタキシャル成長にはさまざまなモードとよばれる成長様式があり，高品質超薄膜を得るためのモードとしては，降り積もった原子が表面を動いて一層ずつ成長する層堆積あるいは Frank–van der Merve (FvdM) モード（図 8.5(a)）や，表面テラスの端に原子が付着して表面ステップが流れることで成長するモードなどがある．これに対して，薄膜と基板の界面エネルギーが大きい材料系では，成長初期より基板に材料がはじかれて 3 次元成長する Volmer–Weber (VM) モード（図 8.5(b)）や，最初は 2 次元的に成長するが，膜内に入る格子歪みのために途中から 3 次元成長する Stranski–Krastanow (SK) モード（図 8.5(c)）などが存在し，2 次元よりさらに低次元の構造が自己形成される．

このような自己形成的成長を用いて低次元系をつくる代表例が，格子歪を利用して自己形成量子ドットを得るものである．実験例が図 8.6(a) で，GaAs 基板の上に 7%格子定数が大きい InAs を堆積し，高い基板温度にしばらく放置すると表面の In 原子が拡散凝縮運動を起こして量子ドット構造が形成される．InAs の場合，ドットが自己形成されるのは，基板上に比較的少数の In 原子が存在する場合，基板からの強い格子歪から逃げるためには高さ方向に 3 次元的成長を行った方がエネルギー的に安定なためで，表面に数原子層の薄

図 **8.5** エピタキシャル成長モードの概念図．灰色の丸は基板原子，白丸は薄膜原子を表す．(a) 層堆積 (layer by layer あるいは Frank–van der Merve) モード．(b) Volmer–Weber モード．(c) Stranski–Krastanow モード．

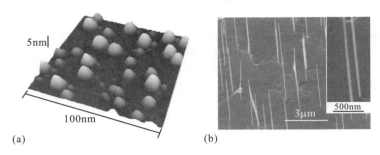

図 8.6 自己形成量子系の例. (a) GaAs(001) 基板上に SK モードを使用して分子線エピタキシー成長した InAs 量子ドットの原子間力顕微鏡像. (b) InAs (111)B 基板上に Au 微粒子を触媒として VLS 法で分子線エピタキシー成長した InAs[111] ナノワイヤー（量子細線）の走査電子顕微鏡像.［北海道大学 量子集積エレクトロニクス研究センター陽完治教授提供］

い濡れ層をつくった後，SK モード成長により基板面方位に応じた形状のドットがランダムに形成される．SK モード成長による量子ドットは，形状や配置がランダムである一方，簡単に高密度の量子ドットが得られることから量子ドットレーザーなど光学素子に広く応用されている．材料，面方位，成長条件によっては 1 次元的構造（ナノワイヤー）が形成される．

また，半導体基板上に金属などで「種」をつけ（これにも電子線部分照射その他さまざまな手法が使用される），この基板上で結晶成長すると，種の上だけ結晶成長が進んでナノワイヤーが成長する．薄膜成長のときに使用したヘテロ接合や変調ドーピングを組み合わせて多彩な構造を作り出すことができる．図 8.6(b) は InAs(111)B 基板上に金微粒子を触媒として，VLS（気相-液相-固相）法で分子線エピタキシー成長した [111] 方向 InAs ナノワイヤーの例である．

f. 量子井戸のバンドアラインメント

量子井戸のバンド不連続の形態について量子井戸側（バンドギャップ小側）からみた伝導帯，価電子帯の不連続 ΔE_c, ΔE_v の正負で次のように分類する[5]．表の行の最後につけたのは，各型の代表的物質系である．

型		バンド不連続条件	物質例
I 型		$\Delta E_c > 0$, $\Delta E_v > 0$	GaAs/(Al,Ga)As
II 型	（互い違い型）	$\Delta E_c < 0$, $\Delta E_v > 0$	InAs/(In,Ga)Sb
II 型	（バンド分離型）	$\Delta E_c < 0$, $\Delta E_v < 0$	InAs/GaSb
III 型		井戸層が半金属	CdTe/(Hg,Cd)Te

図 8.7 にそれぞれの型の模式図を示した．(a) の I 型は電子と正孔の双方に対してバンド

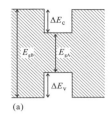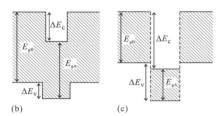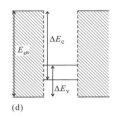

図 **8.7** バンドのそろい方による量子井戸の分類．物質 B で物質 A を挟む構造について示した．斜線部はバンドギャップを表す．(a) I 型，(b) II 型（互い違い型），(c) II 型（バンド分離型），(d) III 型．

ギャップの小さな物質の A 層が量子井戸として働く．これに対して II 型は，ΔE_c と ΔE_v の符号が異なるため，(b) のような互い違い（staggered）型は電子に対して井戸として働くのが A 層であるのに対して，正孔に対して低いポテンシャルを提供するのは B 層である．さらに (c) のバンド分離（band misaligned）型は，A 層のバンドギャップが B 層の価電子帯頂上よりも下にくる．このような量子井戸が規則的に並ぶ超格子構造では半金属となりやすいバンド配置である．III 型は井戸層が半金属であり，伝導帯下端と価電子帯上端が入れ替わっている．特にトポロジカル絶縁体（量子スピンホール系）が生成できることで注目を集めるようになった．

g. 変調ドープと 2 次元電子系

ヘテロ接合を用いて作製される人工系で最もポピュラーなものが変調ドープヘテロ接合 2 次元電子系（two-dimensional electron gas, 2DEG）で，図 8.8 のように単一のヘテロ接合をつくり，バンドギャップの大きな半導体側にドーピングを行う．以下 n 型についてみていく．硬いバンド近似では接合面で伝導帯に不連続 ΔE_c が生じ，これに伴い，電荷が再配置する．前節の近似内では包絡関数を波動関数そのものと考え，さらに電子間相互作用をハートリー（Hartree）近似で扱えば，イオン化ドナー，バンド不連続，2DEG 自身がつくる静電ポテンシャルそのものが 2DEG の量子化準位をつくる形の自己無撞着なポアソン–シュレーディンガー（Schrödinger）方程式を解くことで面垂直方向波動関数（包絡関数）が得られる．

接合面に垂直な方向に z 軸をとる．図 8.8 で空乏化領域のイオン化ドナー面密度を N_d とすると，これによって生じる静電ポテンシャルは $V_D(z) = (4\pi e^2/\epsilon\epsilon_0)N_d z$ である．2DEG 波動関数（包絡関数）は $\Psi(\boldsymbol{r}) = \psi(x,y)\zeta(z)$ と変数分離形に書いておく．2DEG 面密度を n_{2d} と書くと，位置 z' の電荷面密度は $-en_{2d}|\zeta(z')|^2$ であるから，接合面で不連続 ΔE_c をもつ階段ポテンシャルを $V_h(z)$ とすると，2DEG が感じるポテンシャルは

$$V(z) = V_h(z) + \frac{4\pi e^2}{\epsilon\epsilon_0}N_d\left(z - \int_{-\xi}^{\infty}|z-z'||\zeta(z')|^2 dz'\right) \tag{8.20}$$

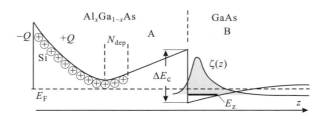

図 8.8 変調ドープによるヘテロ接合 2 次元電子系の生成スキーム例. $Al_xGa_{1-x}As/GaAs$ の場合について例示している.

となる.これと,$\zeta(z)$ に関するシュレーディンガー方程式

$$\left[-\frac{\hbar^2}{2m}\frac{\partial^2}{\partial z^2} + V(z)\right]\zeta(z) = E_z\zeta(z) \tag{8.21}$$

を自己整合的に解くことで $\zeta(z)$ を得ることができる.このような一種のハートリー近似法を,ポアソン–シュレーディンガー法とよぶ.このようにループ計算により電荷分布を求める方法は,最近の非平衡グリーン関数法(g 項)などでも用いられている.

式 (8.20), (8.21) を数値的に解くことは,GaAs の伝導帯のようにバンド構造が比較的単純でスピン軌道相互作用も小さいものについてはきわめて簡単であるが,谷数が増え,スピン軌道相互作用が重要になる場合は次第に計算規模が大きくなる.$\zeta(z)$ を使ってさらに計算をしたい場合,簡単な形をもつ近似解が便利である[6].Fang–Howard 近似は

$$\zeta(z) = \sqrt{\frac{b^2}{2}}x\exp\left(-\frac{bz}{2}\right) \tag{8.22}$$

を試行関数,b を変分パラメータとして変分法を行うもので,結果は

$$b^3 = \frac{48\pi me^2}{\epsilon\epsilon_0\hbar^2}\left(\frac{11}{32}n_{2d} + N_d\right) \tag{8.23}$$

となる.さらに近似をよくするには,大きなバンドギャップをもつ層への波動関数の沁み出しを考慮しなければならない.このとき,b 項で述べたように,$\zeta(z)$ が包絡関数であるため沁み出し部分と井戸内部分との接続が単純でない可能性がある.

8.1.3 半導体量子構造の光学現象

成長膜厚方向の量子閉じ込め効果が顕著に現れる現象の 1 つが光学吸収・発光である.量子構造の物性物理学は,光学実験を通して精密科学の地位を獲得したといっても過言ではない.詳細は 10.5 節で解説するが,本項では光吸収現象に限って量子閉じ込め効果の例を,量子井戸構造,およびそれを複数個規則的に並べた超格子構造について代表的な 3 つの効果,バンド端吸収,励起子効果,超格子中の成長膜厚方向のブロッホ振動について

みておこう．また本項以降では閉じ込め効果の物理的な特徴をみるため，ヘテロ接合についても包絡関数近似が成立するものとする．実際の系への適用には前項で述べたような注意が必要である．

a. 半導体の光吸収

まずバルク半導体結晶の光吸収について基礎事項をまとめておく．簡単のため z 方向に進む直線偏光平面電磁波をベクトルポテンシャル $\boldsymbol{A}$ を使って

$$\boldsymbol{A} = A_0 \boldsymbol{e} \exp[i(\boldsymbol{k}_p \cdot \boldsymbol{r} - \omega t)] \tag{8.24}$$

と表す．波数 $\boldsymbol{k}_p$ は $(0,0,k_p)$，$\boldsymbol{e}$ は偏光ベクトルで $\boldsymbol{e}_x = (1,0,0)$ とおく．電場 $\boldsymbol{E} = -\partial \boldsymbol{A}/\partial t$，磁場 $\boldsymbol{H} = \mu^{-1}\mathrm{rot}\boldsymbol{A}$（$\mu$ は媒質透磁率）より，エネルギー密度流（Poynting ベクトル）は

$$\boldsymbol{I} = \langle \boldsymbol{E} \times \boldsymbol{H} \rangle = \frac{\epsilon_0 c \bar{n} \omega^2 A_0^2}{2}\boldsymbol{e}_z \tag{8.25}$$

となる．$\bar{n}$ は屈折率（媒質中光速を $c' = 1/\sqrt{\epsilon_1 \epsilon_0 \mu_1 \mu_0}$（$\epsilon_1$, μ_1：媒質の比誘電率, 比透磁率）として $\bar{n} = c/c' = \sqrt{\epsilon_1 \mu_1}$），$\boldsymbol{e}_z = (0,0,1)$ である．物質の光吸収により $|\boldsymbol{I}|$ は $I(z) = I_0 \exp(-\alpha z)$ と指数関数的に減衰し，この α が吸収係数である．この定義より，$\alpha = -dI/Idz = -dI/Ic'dt$，そこで光子の単位時間単位体積あたりの平均吸収個数を W とすると I の減少割合は $\hbar \omega W$ であるから，

$$\alpha = \frac{\hbar \omega W}{I} = \frac{2\hbar \omega W}{\epsilon_0 c \bar{n} \omega^2 A_0^2} \tag{8.26}$$

光吸収機構のうち，価電子帯の電子が光子を吸収して伝導帯に励起されるものを基礎吸収とよび，ちょうどバンドギャップに相当するエネルギーより上で吸収が生じる．このバンドギャップ直上の吸収をバンド端吸収という．ハミルトニアン $\mathscr{H} = (\boldsymbol{p} + e\boldsymbol{A})^2/2m_0 + V(\boldsymbol{r})$ で，$\boldsymbol{A}$ を摂動として扱い $\boldsymbol{A}^2$ の項を無視して，$\mathscr{H} = \mathscr{H}_0 + (e/m_0)\boldsymbol{A} \cdot \boldsymbol{p}$ とする．伝導帯と価電子帯のブロッホ関数をそれぞれ $|c\boldsymbol{k}\rangle = u_{c\boldsymbol{k}}e^{i\boldsymbol{k}\boldsymbol{r}}$，$|v\boldsymbol{k}\rangle = u_{v\boldsymbol{k}}e^{i\boldsymbol{k}\boldsymbol{r}}$ と書くと，摂動項による価電子-伝導電子の単位体積あたり遷移確率 W_{vc} はフェルミの黄金則近似で

$$\begin{aligned}W_{\mathrm{vc}} &= \frac{2\pi e}{\hbar m_0}|\langle c\boldsymbol{k}|\boldsymbol{A}\cdot\boldsymbol{p}|v\boldsymbol{k}'\rangle|^2 \delta(E_c(\boldsymbol{k}) - E_v(\boldsymbol{k}') - \hbar\omega) \\ &= \frac{\pi e^2}{2\hbar m_0^2}A_0^2 |M|^2 \delta(E_c(\boldsymbol{k}) - E_v(\boldsymbol{k}') - \hbar\omega),\end{aligned} \tag{8.27}$$

$$\begin{aligned}M &= \int_V \frac{d^3r}{V} e^{i(\boldsymbol{k}_p + \boldsymbol{k}' - \boldsymbol{k})\cdot\boldsymbol{r}} u_{c\boldsymbol{k}}^*(\boldsymbol{r})\boldsymbol{e}\cdot(\boldsymbol{p} + \hbar\boldsymbol{k}')u_{v\boldsymbol{k}'}(\boldsymbol{r}) \\ &= \sum_l \frac{e^{i(\boldsymbol{k}_p + \boldsymbol{k}' - \boldsymbol{k})\cdot\boldsymbol{R}_l}}{V}\int_\Omega d^3r\, u_{c\boldsymbol{k}}^*(\boldsymbol{r})\boldsymbol{e}\cdot(\boldsymbol{p} + \hbar\boldsymbol{k}')u_{v\boldsymbol{k}'}(\boldsymbol{r}) \\ &= \frac{N}{V}\delta_{\boldsymbol{k}_p + \boldsymbol{k}' - \boldsymbol{k}, \boldsymbol{K}}\int_\Omega d^3r\, u_{c\boldsymbol{k}}^*(\boldsymbol{r})\boldsymbol{e}\cdot(\boldsymbol{p} + \hbar\boldsymbol{k}')u_{v\boldsymbol{k}'}(\boldsymbol{r})\end{aligned} \tag{8.28}$$

となる. l は格子点の指数, V は系の, Ω は単位胞の体積であり, $\boldsymbol{K}$ は逆格子ベクトル, $\boldsymbol{k}_p$ は光子運動量, N は系中の格子点数で $N\Omega = V$ である.

式 (8.28) では,光子の電磁場による電子の直接的励起を考えた. このような遷移を直接遷移とよぶ. 直接遷移による基礎吸収が生じる条件は $\boldsymbol{k}_p + \boldsymbol{k}' - \boldsymbol{k} = \boldsymbol{K}$ であるが, バンドギャップ, 有効質量, 格子定数の一般的な値から, $\boldsymbol{K} = \boldsymbol{0}$ である. また, ここで考える双極子遷移の範囲内では $\boldsymbol{k}_p$ を無視して $\boldsymbol{k} = \boldsymbol{k}'$ として差し支えない. $u_{c\boldsymbol{k}}(\boldsymbol{r})$, $u_{v\boldsymbol{k}}(\boldsymbol{r})$ は異なる固有値に属し直交しているから, 式 (8.28) の $\hbar \boldsymbol{k}'$ の項は消え,

$$M = \int_\Omega \frac{d^3r}{\Omega} u_{c\boldsymbol{k}}^*(\boldsymbol{r}) \boldsymbol{e} \cdot \boldsymbol{p} u_{v\boldsymbol{k}}(\boldsymbol{r}). \tag{8.29}$$

式 (8.26), (8.29) より, M の $\boldsymbol{k}$ 依存性が小さいとすると, 直接遷移による吸収係数の表式

$$\alpha_{\mathrm{da}} = \frac{\pi e^2}{\bar{n}\epsilon_0 \omega c m_0^2} |M|^2 \sum_{\boldsymbol{k}} \delta(E_{\mathrm{c}}(\boldsymbol{k}) - E_{\mathrm{v}}(\boldsymbol{k}) - \hbar\omega) \tag{8.30}$$

が得られる. 項の後半の $\boldsymbol{k}$ の和の部分を結合状態密度という. これを $J_{\mathrm{cv}}(\hbar\omega)$, $E_{\mathrm{c}}(\boldsymbol{k}) - E_{\mathrm{v}}(\boldsymbol{k})$ を $E_{\mathrm{cv}}(\boldsymbol{k})$ と書くと, $\boldsymbol{k}$ の和を積分にして

$$J_{\mathrm{cv}}(\hbar\omega) = \sum_{\boldsymbol{k}} \delta(E_{\mathrm{cv}}(\boldsymbol{k}) - \hbar\omega) = 2 \int \frac{d^3k}{(2\pi)^3} \delta(E_{\mathrm{cv}}(\boldsymbol{k}) - \hbar\omega). \tag{8.31}$$

$\boldsymbol{k}$ 空間での積分を等エネルギー面上での面積要素 dS とエネルギー E_{cv} での積分に変数変換する. 等エネルギー面に垂直な k 成分を $k_\perp$ と書くと,

$$d^3k = dS dk_\perp = dS \frac{dk_\perp}{dE_{\mathrm{cv}}} dE_{\mathrm{cv}} = dS |\boldsymbol{\nabla}_{\boldsymbol{k}} E_{\mathrm{cv}}|^{-1} dE_{\mathrm{cv}},$$

$$\therefore J_{\mathrm{cv}}(\hbar\omega) = \frac{2}{(2\pi)^3} \int \frac{dS}{|\boldsymbol{\nabla}_{\boldsymbol{k}} E_{\mathrm{cv}}(\boldsymbol{k})|_{E_{\mathrm{cv}}=\hbar\omega}}. \tag{8.32}$$

以上より式 (8.32) の被積分関数分母が 0 となる点は吸収の特異点(van Hove 特異点)となる. いま, 図 8.9(a) のような直接ギャップ型とよばれる半導体を考え, $\boldsymbol{k} = \boldsymbol{k}_0$ で $E_{\mathrm{cv}} = E_{\mathrm{g}}$, $\boldsymbol{\nabla}_{\boldsymbol{k}} E_{\mathrm{cv}} = \boldsymbol{0}$ とする. E_{cv} を $\boldsymbol{k}_0$ のまわりで展開し, 1 次の項がゼロであるから, 2 次までとると,

$$E_{\mathrm{cv}}(\boldsymbol{k}) = E_{\mathrm{g}} + \sum_{i=1}^{3} \frac{\hbar^2}{2\xi_i}(k_i - k_{i0})^2. \tag{8.33}$$

直接ギャップ型では, $\forall i : \xi_i > 0$ で, van Hove 特異点分類では M_0 である. 電子, 正孔のバンド端有効質量が等方的な場合, これらを m_{e}, m_{h} として換算質量 $m_r^{-1} = m_{\mathrm{e}}^{-1} + m_{\mathrm{h}}^{-1}$ を考えると, J_{cv} は式 (8.2a) の 3 次元状態密度と同じで

$$J_{\mathrm{cv}} = \frac{\sqrt{2}}{\pi^2} \frac{m_r^{3/2}}{\hbar^3} \sqrt{\hbar\omega - E_{\mathrm{g}}}. \tag{8.34}$$

この場合は, 直接遷移による吸収係数の表式 (8.30) より, 次が得られる.

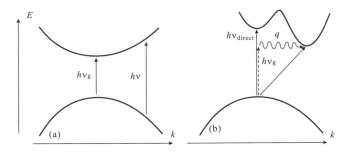

図 **8.9** (a) 直接ギャップ半導体バンドの模式図. (b) 間接ギャップ半導体バンドの模式図.

$$\alpha(\hbar\omega) = \frac{e^2(2m_r)^{3/2}|M|^2}{2\pi\epsilon_0 m_0^2 \bar{n}\omega c \hbar^3}\sqrt{\hbar\omega - E_g}. \tag{8.35}$$

このうち，結合状態密度を除いて遷移の強さを表す $|M|^2/\omega$ を無次元化した

$$f_{\mathrm{vc}} = \frac{2|M|^2}{m_0 \hbar\omega} \tag{8.36}$$

を振動子強度とよぶ．

一方，図 8.9(b) のように，価電子帯頂上と伝導帯下端が異なる位置にある場合，バンドギャップ付近では光子と電子系だけでは選択則 $k = k'$ をみたすことができないが，図中に示したように，フォノンにより波数 q を得ることで遷移が可能になる．これを間接遷移とよび，図 8.9(b) のようにバンドギャップ付近で間接遷移によって光を吸収する半導体を間接ギャップ半導体とよぶ．この場合の吸収係数はフォノンの分散関係を反映して複雑なエネルギー依存性を示すことが多いが，大雑把に平均するとバンド端付近では

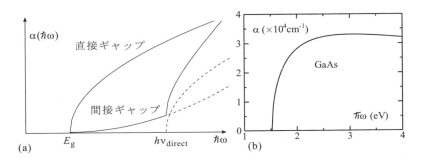

図 **8.10** (a) 直接，および間接ギャップ半導体の吸収係数のエネルギー依存性を模式的に描いたもの. (b) 式 (8.35) に GaAs の十分低温での物質パラメータを代入して計算した吸収係数.

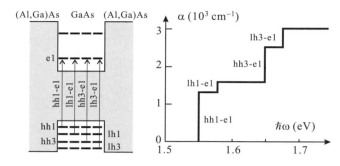

図 8.11 幅 3 nm の AlGaAs/GaAs 量子井戸の吸収係数を式 (8.39) によって計算したもの．障壁への染み出しも考慮したため，3→1 の遷移も現れている．hh, lh, e はそれぞれ重い正孔，軽い正孔，電子のサブバンドを示している．パリティ選択則のため，このエネルギー領域では奇数番準位間遷移のみを考えている．

$$\alpha_{\rm id}(\hbar\omega) \propto (\hbar\omega - E_{\rm g})^2$$

のような依存性となる．直接ギャップ，間接ギャップ半導体の吸収係数のエネルギー依存性を図 8.10(a) に模式的に示した．GaAs の物質パラメータを使った式 (8.35) で計算した吸収係数を図 8.11(b) にプロットしている．

b. 量子井戸のサブバンド端吸収

I 型量子井戸中に生じたサブバンド間の光学遷移を考える．井戸の量子化軸を z 方向にとり，z 方向局在波動関数間の遷移と，残る 2 次元的な波動関数間の遷移とに分けて光子（電磁場）の摂動を考える．i 番目の z 方向局在包絡関数を，伝導帯，価電子帯についてそれぞれ $|c_i\rangle$, $|v_i\rangle$ と書くと，量子井戸による吸収係数を求めるには，式 (8.34) の結合状態密度を

$$\frac{J_{\rm cv}^{\rm 2d}(\hbar\omega)}{L} = \frac{m_r}{\pi\hbar^2 L}\sum_{i,j}\langle c_i|v_j\rangle \Theta(E_{ij} - \hbar\omega), \tag{8.37}$$

$$E_{ij} = E_{\rm g} + E_{ci} + E_{vj} \tag{8.38}$$

で置き換えればよい（双極子遷移演算子が包絡関数に作用した結果の項は，3 次元の場合と同様に消える）．L は井戸幅，E_{ci}, E_{vj} はそれぞれ井戸層の伝導帯下端，価電子帯頂上を基準にした z 方向量子化準位の位置である．自由な場合の $k_z = k_z'$ にかわって式 (8.37) の包絡関数の重なり積分から，選択則が生じる．井戸の中心線に対して対称な 1 次元量子井戸では，束縛波動関数にパリティが生じ，異なるパリティの波動関数の重なり積分は消えて禁止遷移となる．さらに，障壁高さが無限大であれば，同じ量子数どうし以外の重なり積分が消えて禁止遷移となる．

吸収係数 $\alpha(\hbar\omega)$ は

$$\alpha(\hbar\omega) = \frac{e^2 m_r |M|^2}{2\epsilon_0 c \bar{n} \hbar^2 m_0^2 \omega L} \sum_{i,j} \Theta(E_{ij} - \hbar\omega) = \frac{e^2 m_r}{4\epsilon_0 c \bar{n} \hbar m_0} f_{\rm vc} \sum_{i,j} \Theta(E_{ij} - \hbar\omega) \quad (8.39)$$

と書くことができる．ただし，i,j の和は許容遷移についてとるものとする．

図 8.11 に AlGaAs/GaAs の幅 3 nm の量子井戸について式 (8.39) を計算した結果を示した．ただし，障壁層への染み出しは無視している．重い正孔バンドからの吸収係数への寄与が大きくなるのは，有効質量の差により状態密度が大きいためである．

c. 低次元励起子

励起子は光励起によって生じた電子と正孔が束縛状態をつくったものであり，光吸収・発光に大きな影響を及ぼす．自由な励起電子正孔対に比べて束縛状態を形成している分安定であり，寿命も長いため，吸収係数もバンド間基礎吸収に比べて大きくなる．多くの種類があるが，ここでは励起子の空間的広がりが格子間隔に比べて十分大きなワニエ（Wannier）型自由励起子について考える．ワニエ励起子は簡単な近似では 1 体問題として取り扱える．有効束縛ポテンシャルを $V(\bm{r}) = a/|\bm{r} - \bm{r}_0|$ とすると束縛準位 E_n $(n = 1, 2, \cdots)$ は水素原子的で，有効リュードベリ（Ryderberg）定数を R^* として $E_n = -R^*/n^2$ である．量子構造中では，量子閉じ込め距離が有効ボーア（Bohr）半径 $a_{\rm B}^*$ に比べて十分短い場合，励起子も低次元化する．

水素原子問題と考え，クーロン中心力ポテンシャル $V_{\rm c}(\bm{r})$ をもつシュレーディンガー方程式

$$\left(-\frac{\hbar^2}{2m^*} \nabla^2 + V_{\rm c}(\bm{r}) \right) \psi(\bm{r}) = E\psi(\bm{r}) \quad (8.40)$$

を低次元で取り扱う．ここでは，m^* は換算質量とする．また，

$$V_{\rm c}^{\rm 2d}(\bm{r}) = -\frac{e^2}{4\pi\epsilon\epsilon_0 |\bm{r}|}, \quad V_{\rm c}^{\rm 1d}(r) = -\frac{e^2}{4\pi\epsilon\epsilon_0 (|z| + 0.3 r_0)} \quad (8.41)$$

と，特に 1 次元（z 軸とする）ではポテンシャル形状の変更が必要である．これは，8.1.2 節冒頭でも述べたように，式 (8.40) をそのまま 1 次元化すると励起子エネルギーの発散などの異常を生じるためである．実際に近い有限幅の量子細線（ここでは半径 r_0 の円筒）を考え，その効果を式 (8.40) を 1 次元化したものにポテンシャル形状として実験式として取り込んだものが式 (8.41) である．

以下，水素原子問題そのものであるが，簡単にフォローすると，式 (8.40) の解を動径方向と回転の自由度への変数分離仮定により

$$\psi^{\rm 3d} = \rho^l e^{-\rho/2} R(\rho) Y_{l,m}(\theta, \varphi), \quad \psi^{\rm 2d} = \rho^{|m|} e^{-\rho/2} R(\rho) e^{im\varphi}, \quad \psi^{\rm 1d} = R(\zeta) \quad (8.42)$$

とすることができる．ρ, ζ は動径方向座標，z 軸座標を換算質量と束縛エネルギーを使い無次元化したもので

$$\rho = \alpha r, \quad \zeta = \alpha(|z| + 0.3 r_0), \quad \alpha = \frac{\sqrt{-8m^* E}}{\hbar} \quad (8.43)$$

であり，$R(\rho)$, $R(\zeta)$ は，次の方程式の解である．

$$\begin{cases} \left(\rho\dfrac{\partial^2}{\partial\rho^2} + (p+1-\rho)\dfrac{\partial}{\partial\rho} + q\right)R(\rho) = 0: & \text{3 次元, 2 次元,} \\ \left(\dfrac{\partial^2}{\partial\zeta^2} + \dfrac{\partial}{\partial\zeta} + \dfrac{\lambda}{\zeta}\right)R(\zeta) = 0, \ \lambda \equiv \dfrac{e^2}{4\pi\epsilon_0\hbar}\sqrt{-\dfrac{m^*}{2E}}: & \text{1 次元} \end{cases} \quad (8.44)$$

ただし，p, q は次元によって変化し，

$$p = \begin{cases} 2l+1 & \text{(3 次元)} \\ 2|m| & \text{(2 次元)} \end{cases}, \quad q = \begin{cases} \lambda - l - 1 & \text{(3 次元)} \\ \lambda - |m| - 1/2 & \text{(2 次元)} \end{cases} \quad (8.45)$$

である．l は角運動量量子数，m は磁気量子数である．

3 次元，2 次元の場合，式 (8.44) の $R(\rho)$ を次のように展開する．

$$R(\rho) = \sum_\nu \beta_\nu \rho^\nu, \quad \beta_{\nu+1} = \beta_\nu \frac{\nu - q}{(\nu+1)(\nu+p+1)}. \quad (8.46)$$

この展開式が有限項 $\nu_{\max}$ で止まるためには，$\nu_{\max} = q$ である．そこで，主量子数 n が次のように定義される．

$$n \equiv \lambda = \nu_{\max} + l + 1 \ \text{(3 次元)}, \quad n \equiv \lambda - \frac{1}{2} = \nu_{\max} + |m| \ \text{(2 次元)} \quad (8.47)$$

以上から，3 次元，2 次元の場合の励起子のエネルギー準位を次の形に書くことができる．

$$E_{\mathrm{b}n}^{\mathrm{3d}} = -\frac{E_0}{n^2} \qquad\qquad n = 1, 2, \cdots, \quad (8.48)$$

$$E_{\mathrm{b}n}^{\mathrm{2d}} = -\frac{E_0}{(n+1/2)^2} \qquad n = 0, 1, \cdots. \quad (8.49)$$

ただし，エネルギー単位 E_0 は

$$E_0 = \frac{e^2}{8\pi\epsilon\epsilon_0 a_0^*}, \quad a_0^* = \frac{4\pi\epsilon\epsilon_0\hbar^2}{m^* e^2} \quad (8.50)$$

である．a_0^* は有効ボーア半径である．式 (8.47) より，2 次元の場合は $n=0$ が可能であり，基底状態エネルギーは 3 次元の $-E_0$ に対して，$-4E_0$ で，束縛エネルギーが 4 倍大きくなる．これは，3 次元の場合 z 方向への閉じ込めによる運動量不確定性から運動エネルギーが増加するのに対して，2 次元系ではこれはすでにバンド端のエネルギーシフトとして取り込まれ，これを基準とした束縛エネルギーであることから定性的には容易に理解される．

一般の動径方向波動関数はラゲール陪多項式と指数関数を使って表され，3 次元の場合 1s 波動関数は $\psi_{1s}^{\mathrm{3d}} \propto \exp(-r/a_0^*)$ と書ける．同様に $\psi_{1s}^{\mathrm{2d}} \propto \exp(-r/a_0^{*2\mathrm{d}})$, 式 (8.44) へ $l = m = 0$ として代入すると，$a_0^{*2\mathrm{d}} = a_0^*/2$ が得られる．すなわち，2 次元励起子の空間

サイズは束縛エネルギーの増加と呼応して3次元の半分になる.

励起子は,光吸収においては基礎吸収端よりも低エネルギー側の吸収ピークとして現れる. その様子を,図 8.12(a) に量子井戸の場合に模式的に描いた. $n = 0$ の基底状態のみが現れる場合を考えている. また,障壁が十分高く,サブバンド量子数の異なる電子正孔波動関数の結合状態密度は存在しないとしている. 図 8.12(b) は,井戸幅 7.6 nm の AlAs/GaAs 量子井戸についての実験結果である. 図 8.11 で予想したような 2 次元の状態密度を反映した階段的な吸収係数の変化の上に,hh, lh などで示したような励起子吸収ピークが明瞭に現れている. また障壁高さが有限なために生じる異なる量子数間の遷移によるピークもみられる. 低次元化の影響は,束縛エネルギーの増大に伴い,励起子吸収ピークが吸収端より明瞭に低エネルギー側に離れること,比較的高温までピークが観測されることなどに現れる.

1次元の量子細線の場合,動径方向波動方程式 (8.44) は,次の微分方程式

$$\left(\frac{\partial^2}{\partial \zeta^2} + \frac{\lambda}{\zeta} - \frac{1}{4} + \frac{1/4 - \mu^2}{\zeta^2}\right) W_{\lambda\mu}(\zeta) = 0 \tag{8.51}$$

をみたす Whittaker 関数とよばれる関数 $W_{\lambda\mu}(\zeta)$ で $\mu = \pm 1/2$ とした場合に相当する. これを R_λ とする. 励起子の束縛エネルギーを E_0 を使って

$$E_b^{1d} = -\frac{E_0}{\lambda^2} \tag{8.52}$$

と書いておく. 式 (8.41) のポテンシャルは $z = 0$ に対して対称であるから,$R_\lambda(\zeta)$ は $z = 0$

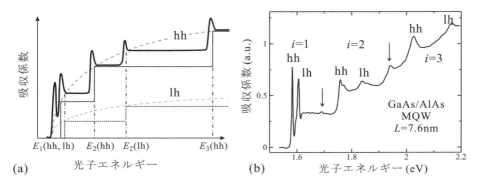

図 8.12 (a) 量子井戸の結合状態密度と励起子を考慮した吸収係数の模式図. 同じ量子数の電子・正孔波動関数間のみ遷移可能と近似し,重い正孔,軽い正孔に分けて描いた. (b) 井戸幅 7.6 nm の AlAs/GaAs 量子井戸を 40 層並べた系で吸収係数を測定した結果. 測定温度は 6 K. 矢印で示したように,障壁高さが有限なことによる異なる量子数間の遷移による励起子ピークも現れている. データは Fox[7] より.

に対してパリティをもつ. このうち, 双極子遷移を生じるのはパリティ偶のものであるので, こちらのみを考える. 量子細線の半径 r_0 が十分小さいとすると, Whittaker 関数の性質を使いやや数学的な議論を経て[9], 量子細線励起子の束縛エネルギー E_b^{1d} がやはりバルクの E_0 よりもかなり大きくなることを示すことができる. 直感的には, 2 次元の場合に対してさらに閉じ込めの次元数を高くしているため, バンド端準位は閉じ込めによるエネルギー増加によりさらに持ち上げられ, その分束縛エネルギーは大きくなる. GaAs/AlGaAs 系の物質パラメータを用いたやや現実的な計算では $5E_0$ になるといわれている. 1 次元系の光学現象についてはさらに第 3 章において詳しく解説する.

量子ドットの場合, ドット半径 r_D (量子閉じ込め効果) と a_0^* (クーロンポテンシャル閉じ込め効果) との大小関係で小さい方が主で他方は補正・摂動として扱える. 例えば球状ドットで閉じ込めポテンシャル障壁が無限大で, $r_D \ll a_0^*$ の場合, 励起子基底状態束縛エネルギー (閉じ込めエネルギーに対する補正項) は

$$E_{b0}^{0d} = -E_0 \left(3.572 \frac{a_0^*}{r_D} + 0.248 \right) \tag{8.53}$$

と与えられている[8]. 2 次元, 1 次元の場合同様, 空間制限による運動エネルギーの増加分は閉じ込めエネルギーに繰り込まれるため, $r_D \ll a_0^*$ では束縛エネルギーは 3 次元系に比べて非常に大きくなる.

d. 超格子中のブロッホ振動

量子井戸を規則的に並べ, かつ障壁層を薄くして井戸間のトンネル確率を大きくしたものが超格子である. 規則性によって 2 次元面に垂直方向 (z 方向とする) の並進対称性が回復し, トンネルによって z 方向に量子化した準位に広がりが生じてエネルギーバンドを形成する. トンネル結合が強くなるにつれて, この強束縛近似的な見方に対して自由電子近似的な見方も可能になってくる. すなわち, 有効質量をもつ広がった電子系に格子間隔よりも長い周期のポテンシャルを導入すると, そのブラッグ反射によってエネルギーギャップが開く, というものである. 図 8.13 に, このような描像に基づくバンドの概念図を示した. このようにして「細切れ」になったバンドをミニバンドとよぶ.

このようにバンド幅が小さくなることで生じやすくなるのが, ブロッホ振動現象である. 簡単のため周期 L の 1 次元格子で考え, キャリア群速度 v_g の方程式を書くと,

$$\frac{dv_g}{dt} = \frac{d^2 E}{\hbar dt dk} = \frac{dk}{\hbar dt} \frac{d^2 E}{dk^2} = \frac{F}{m^*}, \quad m^* = \left(\frac{d^2 E}{\hbar^2 dk^2} \right)^{-1}, \quad F = \frac{\hbar dk}{dt}. \tag{8.54}$$

電場などによりキャリアに一定の力 F が働いているとすると, 最後の結晶運動量 $\hbar k$ に対する加速方程式より $t = 0$ で $k = 0$ とすると $k = Ft/\hbar$ である. 分散関係を $E(k) = E_0(1 - \cos kL)$ と簡単化すると, $m^*(k) = \hbar^2 (E_0 L^2 \cos kL)^{-1}$ で, $k = \pi/2L$ で発散して符号を変え, ブリルアン域端から経路を逆にたどって原点に戻る. キャリアの位

8.1 ナノスケール量子系

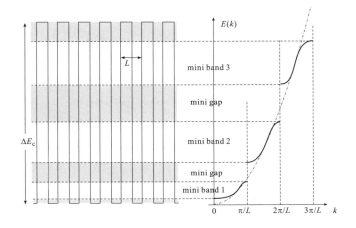

図 8.13 ミニバンドの模式図. 左図：超格子ポテンシャルの模式図. 3つの束縛準位が広がって3つのミニバンドになった様子を示す. 灰色の部分は, 超格子のブラッグ反射によるミニギャップ. 右図：左の超格子ポテンシャルによるミニバンドの概念図.

置座標期待値 $\langle x \rangle$ も

$$\langle x \rangle = \frac{E_0}{F}\left(1 - \cos\frac{FL}{\hbar}t\right) = \frac{E_0}{F}\left(1 - \cos\omega_\mathrm{B} t\right), \quad \omega_\mathrm{B} \equiv \frac{FL}{\hbar} \tag{8.55}$$

のように振動する. このブロッホ振動は, エネルギーバンド一般の現象であるが, 結晶格子のエネルギーバンドは一般に E_0 が eV オーダーで, バンド頂上まで散乱されずにコヒーレントに加速することは困難であるが, ミニバンドであればブロッホ振動観測の可能性がある.

ブロッホ振動状態は, 空間的には局在しているが, 運動エネルギーの振動状態でエネルギー固有状態ではない. そこで, 同じ問題を F としてポテンシャル力 $F = -d\phi/dx$ をとり, 超格子ポテンシャルに $\phi = -Fx$ を加えたポテンシャル問題とし, 強束縛近似で考える. 各量子井戸の局在準位がトンネルによって結合して生じたものがミニバンドであるが, いまは, ϕ のために隣接準位間のエネルギーが $\Delta E = FL$ だけずれていて, 遠方まで広がった状態エネルギー固有状態を形成できない. 結局, 各井戸に1つの局在状態が形成され, 方向性の並進対称性からエネルギー準位は等間隔になる. これを（F の原因を電場として）シュタルク (**Stark**) はしご状態とよぶ. 局在状態の広がりの程度は, 式 (8.55) より, E_0/F 程度である. 図 8.14(a) のようなエネルギーダイアグラムから, これはミニバンドが傾いてエネルギー一定の状態が存在できる範囲になっている. $\omega_\mathrm{B} = \Delta E/\hbar$ からわかるように, ブロッホ振動は隣接シュタルクはしご状態間のビートによって生じるコヒーレンス振動であ

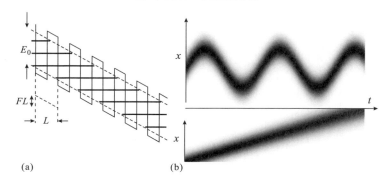

図 **8.14** (a) 超格子ポテンシャルに電場が印加された場合に生じるシュタルクはしご状態の概念図. 水平な太い実線がシュタルクはしご準位, 線の長さが空間範囲を表す. (b) 波束の時間発展を調べたもの. 波束波動関数の絶対値 $|\psi|$ を濃淡プロットしている (黒い方が振幅大). 上は, 余弦波で表されるバンドにつくった波束に電場を加えた場合で, ブロッホ振動を生じている. 下は, 通常の放物線的分散関係のもとでの波束の運動. 下は分散関係により波束が広がるが, ブロッホ振動ではいったん広がった波束も収束を起こして振動が続く.

る. 局在状態を初期状態にとると, $F=0$ の場合でも局在状態間のトンネルによるコヒーレンス振動が生じ, その振動数はトンネルマトリクスを T とすると, $\omega_t = |T|/\hbar$ である. ω_t も含むコヒーレンス振動の振動数は $\omega = (1/2)(\omega_B \pm \sqrt{\omega_B^2 + \omega_t})$ となる. 図 8.14(b) は, コサインバンドに電場を加えた場合に生じるブロッホ振動について, 平面波を重ねて波束をつくり, 各平面波の波数がブリルアン域内をブロッホ振動するとして, 重ね合わせた波束がどのように運動するかみたもので, 瞬間的には分散があるが, ブリルアン域内を一周する間に収束が起こるため振動が重なっても波束が広がらず運動する.

図 8.15 に示したのは, 光応答を用いたシュタルクはしご, ブロッホ振動の実験例で, (a) のようにバンド間遷移を用いてシュタルクはしご状態間で電子正孔対を励起する. これらのキャリアは非弾性散乱によって低ポテンシャル側へ移動し, 光電流となる. このとき, 井戸内には隣接井戸よりシュタルクはしご状態が入り込んでくるので, 励起光エネルギーを掃引すると主光電流ピークのまわりにサイドピークが生じ, その間隔は電場に比例して広がる (図 8.15(b)). 次に, 光電流ピークの中間程度のエネルギーの高強度の光を照射すると, 2 つのシュタルクはしご状態が混じった状態を励起してブロッホ振動が生じる. 混じりの割合によって, 振動はキャリア間である程度コヒーレントになる. ブロッホ振動は, 荷電粒子の加速を伴う振動なので, 制動輻射によって電磁波を放出して減衰する. この放射テラヘルツ光を実時間観測することで, ブロッホ振動をそのままみることができる. 図 8.15(c) がその観測例である.

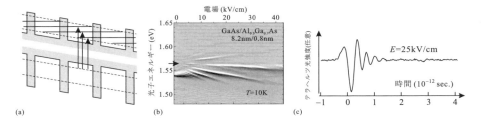

図 **8.15** (a) バンドの模式図．量子井戸中でシュタルクはしご状態への励起過程を矢印で示した．(b) GaAs/Al$_{0.3}$Ga$_{0.7}$As 超格子に電場をかけながら光電流 I_{ph} を測定した結果．ピーク構造を強調するため，入射光のエネルギー $h\nu$ に対する微分 $dI_{ph}/hd\nu$ をグレースケールで表している．電場増加に対してピークは矢印位置から扇状に広がっている．(c) 超格子から放射される電磁波（テラヘルツ光）の強度の時間変化を測定した結果．電場が 25 kV/cm のデータを取り出したもの．［東京大学生産技術研究所平川一彦教授提供[10]］

8.1.4 コヒーレント輸送現象

光学現象と並んで量子構造の影響が最も明瞭に現れるのが電気伝導現象であり，このような輸送現象一般を「量子輸送」とよぶ．量子輸送はさまざまな角度から扱われるが，実験で測定されやすい電気伝導度を求めるのには散乱形式がよく採用される．本項ではその基礎部分を与える．

コヒーレント輸送現象は，考えている「試料」中に散乱中心がほとんどなく入射した電子が試料壁以外で散乱されることなく外部に流れ出る弾道的伝導と，電子が試料中で頻繁に散乱され運動量を変えながらも位相記憶を失うことなく試料端に達する拡散的伝導が両極限として存在する．ここでは，弾道的伝導から始めて，拡散性のある伝導にも使える一般形式を導き，拡散的伝導に特徴的な現象については e, f の両項で述べる．

a．1 次元電子の伝導度

1 次元自由電子系の電気伝導度を考える．図 8.16 のように，2 つの粒子溜め L，R を散乱のない 1 次元の導体試料 S に接続する．伝導体の分散関係を $E(k)$ と書くと波数 k の状態が運ぶ電流 $j(k)$ は L を，波動関数の規格化長として

$$j(k) = \frac{e}{L}v_g = \frac{e}{\hbar L}\frac{dE(k)}{dk} \tag{8.56}$$

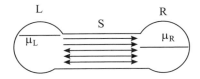

図 **8.16** 散乱のない 1 次元導体の電気伝導．

である.粒子溜めの電気化学ポテンシャルを μ_L, μ_R とすると,$E(k)$ がこれらの間にある状態が電流に寄与するので,全電流 J は

$$J = \int_{k_\mathrm{R}}^{k_\mathrm{L}} j(k) L \frac{\mathrm{d}k}{2\pi} = \frac{e}{h} \int_{\mu_\mathrm{R}}^{\mu_\mathrm{L}} \mathrm{d}E = \frac{e}{h}(\mu_\mathrm{L} - \mu_\mathrm{R}) = \frac{e^2}{h} V \tag{8.57}$$

となる.$V = (\mu_\mathrm{L} - \mu_\mathrm{R})/e$ は左右の溜め間にかかっている電圧であり系の伝導度 G は

$$G = \frac{e^2}{h} \equiv G_q \equiv R_q^{-1} \tag{8.58}$$

となる.この G_q あるいは,スピン自由度を考慮して $2G_q$ としたものを伝導度量子,あるいは量子化伝導度とよぶ.一定の化学ポテンシャル差 eV のもとで1次元フェルミ系に粒子を詰め込む速さは決まっているため,散乱なしでも伝導度は有限となる.

きわめて簡単な取り扱いではあったが,有限な eV を考えており,すでに非平衡系を扱っていることになる.したがって,ハミルトニアンの評価だけでは伝導度が得られず(例えば,細線中の状態の基底として定在波をとれば,当然ながらどのような統計分布をとっても電流はゼロとなる)図 8.16 のように境界条件の設定が重要になる.

b. 量子ポイントコンタクト

現実的に1次元量子細線の電気伝導を調べることができる系として,図 8.17(a) のようなスプリットゲートによる細い「くびれ」を考える.8.1.2 項でみたようにゲートにかかる逆方向電圧によってその幅は制限される.以下にみるように,幅方向の運動が量子化されて伝導が1次元的となり,伝導度量子化が実現するような「くびれ」を量子ポイントコ

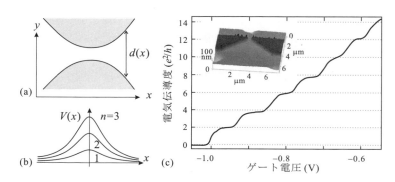

図 8.17 (a) 量子ポイントコンタクト (QPC) を形成するためのスプリットゲート(灰色部分)形状の概念図.(b)(a) の構造で,y 方向の運動量子化に伴い,x 方向の運動に実効的なポテンシャル $V(x)$ が生じる様子を模式的に示した.(c) AlGaAs/GaAs ヘテロ接合 2DEG 上に形成した QPC のスプリットゲート電圧に対する伝導度.測定温度は 30 mK.挿入図はこのスプリットゲートの原子間力顕微鏡像.

ンタクト (quantum point contact, QPC) とよぶ.

図8.17(a) のように座標軸をとり, y 方向の閉じ込めポテンシャルを $V(x,y)$ とする. V の x 方向変化は電子波長に比べて十分緩やかとして局所的に x 依存性を無視すると, 2次元シュレーディンガー方程式は x, y で変数分離でき, y 方向の運動エネルギーは閉じ込め距離を $L_y(x)$ として, $E_{yn}(x) = (nh/2L_y(x))^2/(2m^*)$ (n は正整数) 程度に量子化される. x 方向の運動は, $V_{\text{eff}}(x) = -E_{yn}(x)$ を有効ポテンシャルとしてもつ1次元系となり, y 方向の準位ラベル n をこの伝導チャネルの指数とすることができる. いま, QPC へ向かう電子の運動は断熱的に y 方向離散準位 E_{yn} の状態に流れ込むとすると, x を変化させて得られる E_{ny} の最大値を $E_{yn}^{\max}$ として, $E_F > E_{yn}^{\max}$ である伝導チャネルが QPC を通過し, それ以外のチャネルは反射される. $E_{yn}^{\max}$ は QPC が最も細く, $L_y(x)$ の最小値に対して与えられ, 細くなるほどに大きくなる. したがってゲートに負電圧が加わり, QPC が細くなるにつれて透過チャネル数は減少する.

図8.17(c) はこのような QPC の実験例で, 伝導度がスプリットゲート電圧に対して $2G_q$ を単位に階段的に変化し, 弾道的伝導をする1次元チャネル伝導度の量子化 (式 (8.58)) と, 上で述べた QPC 幅によるチャネルの選択が生じていることを実証している. 現実のスプリットゲートポテンシャルは, 図8.4(b) のように調和振動子的であるから, 伝導度の階段はこの実験のように比較的幅のそろったものが現れることが多い. 強磁場を印加してゼーマン分裂を生じさせると, 量子化の単位は G_q へ変化する.

c. ランダウアー–ビュティカー伝導公式

次に, 1次元系が複数交差する「点」(散乱点) を考える. この「点」は文字どおりのゼロ次元系である必要はなく, 中身は何であっても, 内部で電子が量子コヒーレンスを失わないような散乱を起こし, 外界と1次元系でつながっているもの, とする (図8.18(a) 参照). j で指数づけされる1次元系のフェルミ準位波動関数を $A_j^{\pm} e^{\pm ik_{jF}x}$ (点への入射方向を k, x の正にとる), フェルミ速度を v_j とする. 量子波動関数 ψ を「粒子の複素存在確率」ととらえ, 確率密度流 $J = (\hbar/2im)(\psi^* \nabla \psi - (\nabla \psi^*)\psi)$ に対応する複素密度流 ξ ($|\xi|^2 = J$) を考えると, いまの場合, $\xi = \sqrt{v_j} A_j^{\pm}$ などとすることができる.

シュレーディンガー方程式の線形性から

$$\begin{pmatrix} A_1^- \sqrt{v_1} \\ \vdots \\ A_n^- \sqrt{v_n} \end{pmatrix} = \{S_{ij}\} \begin{pmatrix} A_1^+ \sqrt{v_1} \\ \vdots \\ A_n^+ \sqrt{v_n} \end{pmatrix} \equiv S \begin{pmatrix} A_1^+ \sqrt{v_1} \\ \vdots \\ A_n^+ \sqrt{v_n} \end{pmatrix} \quad (8.59)$$

と点への入力と出力の関係を線形に書くことができる. このとき, S を S 行列とよぶ. その概念図を図8.18(b) に示した. 確率密度の保存から入出力ベクトルのノルムが保存, すなわち S 行列はユニタリである. 最も簡単な例は, 1次元系中のトンネル障壁を S 行列で表したもので, 複素密度流のベクトル, 入力 $^t(a_1, a_2)$, 出力 $^t(b_1, b_2)$ に対し, S 行列を

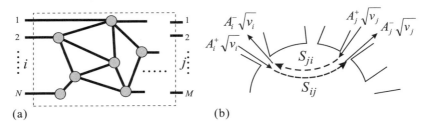

図 8.18 (a) 1 次元系と散乱点とで構成した量子輸送回路の概念図. (b) S 行列の概念図. 量子輸送回路の「点」を, そこへ集まる 1 次元系とそれらの間の輸送係数で表す.

$$\begin{pmatrix} b_1 \\ b_2 \end{pmatrix} = S \begin{pmatrix} a_1 \\ a_2 \end{pmatrix} = \begin{pmatrix} r & -t^* \\ t & r^* \end{pmatrix} \begin{pmatrix} a_1 \\ a_2 \end{pmatrix} \tag{8.60}$$

と書くことができる. r, t は障壁の複素反射率, 透過率であり, 反射率 $R = |r|^2$, 透過率 $T = |t|^2$ ($|S| = |r|^2 + |t|^2 = R + T = 1$) と書かれる.

散乱形式理論では, コヒーレント伝導体を, 1 次元電子系で結ばれたこのような「点」の集合体ととらえる. 点を結ぶ 1 次元の電子系を伝導チャネルとよぶ. 伝導体と外部測定回路とをつないでいるのは端子とよばれる電子の双方向経路であり, 一般に複数の伝導チャネルを束ねることで形成される.

最も簡単な 2 端子試料を考え, 左右端子がそれぞれ N, M 本の伝導チャネルで構成されているとする (図 8.18(a)). 左の i 番目のチャネルに振幅 1 の波動関数が入力されたとすると, 導体内の点で散乱を繰り返し, 最終的には一般に左右すべてのチャネルから流れ出す. 試料の伝導に寄与したのは右のチャネルから出たものであり, 右 j 番目のチャネルから流れ出す確率を $i \to j$ の透過率 T_{ij} と書こう. 各チャネルの透過率 1 に対する伝導度は式 (8.58) の $2G_q$ であるから, 全伝導度は

$$G = \frac{2e^2}{h} \sum_{i,j}^{N,M} T_{ij} = 2G_q \mathscr{T}_{LR} \tag{8.61}$$

と書くことができる. これをランダウアー (Landauer) の (2 端子) 伝導公式という. $\mathscr{T}_{LR}$ を端子 L から R への透過率とよぼう.

一般の数の端子数をもつ試料について, 図 8.19 のように, 各端子 (p) が電気化学ポテンシャルの決まった (μ_p) 粒子溜めにつながっているとする. 端子 p に流れ込む電流 J_p は, やはり式 (8.57) を使い, 電荷保存則 (Kirchhoff 則) より

$$J_p = -\frac{2e}{h} \sum_{q \neq p} (\mu_p \mathscr{T}_{pq} - \mu_q \mathscr{T}_{qp}), \quad \sum_p J_p = 0 \tag{8.62}$$

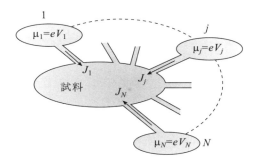

図 **8.19** ランダウアー–ビュティカー伝導公式を導くための多端子試料のモデル．

である．また，条件として μ_p がすべて等しければ電流はゼロであるから，

$$\sum_{q \neq p} (\mathscr{T}_{pq} - \mathscr{T}_{qp}) = 0 \tag{8.63}$$

である．式 (8.62), (8.63) がランダウアー–ビュティカー（Büttiker）の（多端子）伝導公式であり，理論のみならず実験解析上も強力な手法である[11]．

d. S 行列の合成，T 行列

式 (8.60) の表式は，入出力をベクトル化，透過率反射率をテンソル化することで複数チャネルを束ねた「2 端子素子」に拡張できる．

$$\begin{pmatrix} \boldsymbol{b}_1 \\ \boldsymbol{b}_2 \end{pmatrix} = \begin{pmatrix} \boldsymbol{r} & \boldsymbol{t}' \\ \boldsymbol{t} & \boldsymbol{r}' \end{pmatrix} \begin{pmatrix} \boldsymbol{a}_1 \\ \boldsymbol{a}_2 \end{pmatrix} \tag{8.64}$$

式 (8.61) の 2 端子試料では，端子から流れ出た波動関数がコヒーレントを保って戻ってくることを考慮していなかったが，式 (8.64) には粒子溜めのようなデコヒーレンスを生じる部分がないので「素子」として量子回路に組み込むことができる．

簡単な例として散乱点を 2 個直列に並べた場合を考え，対応する S 行列を添字 A, B で区別しよう（図 8.20(b)）．接続条件は $\boldsymbol{a}_3 = \boldsymbol{b}_2$, $\boldsymbol{b}_3 = \boldsymbol{a}_2$ で，この直列散乱点全体を入力 ($\boldsymbol{a}_1, \boldsymbol{a}_4$)，出力 ($\boldsymbol{b}_1, \boldsymbol{b}_4$) の 2 端子素子とみることができるから，合成系を 1 個の S 行列で

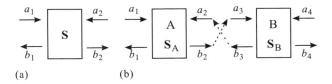

図 **8.20** (a) 最も簡単な 2 伝導チャネルに対する S 行列．(b) 2 つの伝導体 A, B の直列接続に伴う，2 つの S 行列の合成．

表すことができる．結果は

$$\begin{pmatrix} r_A + t'_A r_B (I - r'_A r_B)^{-1} t_A & t'_A (I - r_B r'_A)^{-1} r'_B \\ t_B (I - r'_A r_B)^{-1} t_A & r'_B + t_B (I - r'_A r_B)^{-1} r'_A t'_B \end{pmatrix} \quad (8.65)$$

と面倒な形になるが，点間の多重散乱が逆行列の形で繰り込まれている様子がわかりやすい．

単純な直列接続の場合，式 (8.64) に対して T 行列

$$\begin{pmatrix} \bm{b}_2 \\ \bm{a}_2 \end{pmatrix} = \mathcal{T} \begin{pmatrix} \bm{a}_1 \\ \bm{b}_1 \end{pmatrix}, \quad \mathcal{T} = \begin{pmatrix} \bm{t} - \bm{r}'(\bm{t}')^{-1} \bm{r} & \bm{r}'(\bm{t}')^{-1} \\ -(\bm{t}')^{-1} \bm{r} & (\bm{t}')^{-1} \end{pmatrix} \quad (8.66)$$

を求めることができれば，直列接続系の T 行列は T 行列の積となるので計算が容易である．式 (8.60) の 1 次元系では次のように簡単に求めることができる．

$$\mathcal{T} = \frac{1}{t^*} \begin{pmatrix} 1 & -r^* \\ r & 1 \end{pmatrix}. \quad (8.67)$$

e. オンサーガー相反性

輸送現象一般に対して成立するオンサーガー（Onsager）相反性は，S 行列形式では磁場 $\bm{B}$ に対して

$$S(\bm{B}) = {}^t S(-\bm{B}) \quad (S_{mn}(\bm{B}) = S_{nm}(-\bm{B})) \quad (8.68)$$

と表すことができる．これは，磁場を含むシュレーディンガー方程式を考慮することで容易に導くことができる．

図 8.21 のような 4 端子試料を，Casimir 境界条件 $J_1 = -J_3$, $J_2 = -J_4$ のもとで考える．$J_2 = 0$ とおけば実験でよく使用される 4 端子測定法である．ランダウアー–ビュティカー公式を適用すると，$V_{ij} = (\mu_i - \mu_j)/e$ と書いて

$$\begin{pmatrix} J_1 \\ J_2 \end{pmatrix} = \begin{pmatrix} \alpha_{11} & -\alpha_{12} \\ -\alpha_{21} & \alpha_{22} \end{pmatrix} \begin{pmatrix} V_{13} \\ V_{24} \end{pmatrix} \quad (8.69)$$

という形に解くことができる．ただし，

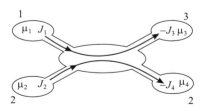

図 **8.21** Casimir 問題の模式図．

$$\alpha_{11} = 2G_q[-\mathcal{T}_{11} - S^{-1}(\mathcal{T}_{14} + \mathcal{T}_{12})(\mathcal{T}_{41} + \mathcal{T}_{21})], \tag{8.70a}$$

$$\alpha_{12} = 2G_q S^{-1}(\mathcal{T}_{12}\mathcal{T}_{34} - \mathcal{T}_{14}\mathcal{T}_{32}), \tag{8.70b}$$

$$\alpha_{21} = 2G_q S^{-1}(\mathcal{T}_{21}\mathcal{T}_{43} - \mathcal{T}_{23}\mathcal{T}_{41}), \tag{8.70c}$$

$$\alpha_{22} = 2G_q[-\mathcal{T}_{22} - S^{-1}(\mathcal{T}_{21} - \mathcal{T}_{23})(\mathcal{T}_{32} + \mathcal{T}_{12})], \tag{8.70d}$$

$$S = \mathcal{T}_{12} + \mathcal{T}_{14} + \mathcal{T}_{32} + \mathcal{T}_{34} = \mathcal{T}_{21} + \mathcal{T}_{41} + \mathcal{T}_{23} + \mathcal{T}_{43} \tag{8.71}$$

である．式 (8.68) により，次の関係が成り立つ．

$$\alpha_{11}(B) = \alpha_{11}(-B), \quad \alpha_{22}(B) = \alpha_{22}(-B), \quad \alpha_{12}(B) = \alpha_{21}(-B). \tag{8.72}$$

4 端子問題に適用して，m, n:電流端子，k, l:電圧端子，としたときの電気抵抗を $\mathcal{R}_{mn,kl}$ と書くと，

$$\mathcal{R}_{mn,kl} = R_q \frac{\mathcal{T}_{km}\mathcal{T}_{ln} - \mathcal{T}_{kn}\mathcal{T}_{lm}}{D}, \qquad D \equiv R_q^2(\alpha_{11}\alpha_{22} - \alpha_{12}\alpha_{21})S \tag{8.73}$$

なので，相反関係

$$\mathcal{R}_{mn,kl}(B) = \mathcal{R}_{kl,mn}(-B) \tag{8.74}$$

が成立する．すなわち，電流端子対と電圧端子対を入れ替えて測定した電気抵抗は磁場反転に対して対称である．これは，量子揺らぎに由来する磁気抵抗の実験結果チェック上も重要な関係である．式 (8.74) より，2 端子素子 $(m, n) = (k, l)$ の場合，電気抵抗が磁場反転に対して対称（$\mathcal{R}_{mn}(B) = \mathcal{R}_{kl}(-B)$）であることがわかる．

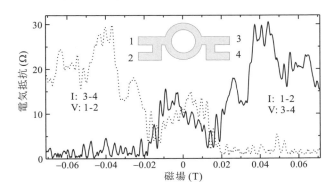

図 **8.22** 実線と点線は図中に示したような 4 端子試料（後述の AB リングの一種）について，電圧 (V) 端子，電流 (I) 端子を入れ替えて非局所磁気抵抗を測定したもの．細かい振動は主に後述の AB 振動，大きい緩やかな振動は普遍的伝導度揺らぎ．それぞれはゼロ磁場に対して非対称であるが，2 つのデータは磁場反転に対してほぼ対称になっている（多少の違いは，測定間の試料の経時変化による）．

f. アハロノフ–ボームリング

以上の関係を，メゾスコピック伝導体の代表例の1つ，アハロノフ (Aharonov)–ボーム (Bohm) (AB) リングの実験例で検証する．AB リングは図 8.23(a) のように，1 次元導体をいったん 2 股に分けて再結合し，生じたリングの中に外部から磁束 ϕ を通したものである．最も単純には分岐時には各経路を通る波動関数の位相はそろっているが，合流時には行路差と AB 位相 $2\pi\phi/\phi_0$（$\phi_0 \equiv h/e$ は**磁束量子**）がつくため，リング全体を透過する波動関数振幅（すなわち伝導度）が ϕ の関数として周期的に変化する．もちろん，これ以外にも多数の透過経路があり，すべて波動として足し上げる必要がある．

簡単なモデルとして，図 8.23(b) のように S 行列を設定する．三叉路部分の S 行列を

$$S_t = \begin{pmatrix} 0 & -1/\sqrt{2} & -1/\sqrt{2} \\ -1/\sqrt{2} & 1/2 & -1/2 \\ -1/\sqrt{2} & -1/2 & 1/2 \end{pmatrix} \tag{8.75}$$

とおく．AB 位相については，片側の経路に

$$S_{\rm AB} = \begin{pmatrix} 0 & e^{i\theta_{\rm AB}} \\ e^{-i\theta_{\rm AB}} & 0 \end{pmatrix}, \quad \theta_{\rm AB} \equiv 2\pi\frac{\phi}{\phi_0} = \frac{e}{\hbar}\phi \tag{8.76}$$

という S 行列で表される導体を挿入し，またリングの両方の腕の行路差を表す S 行列

$$S_{\rm w} = \begin{pmatrix} 0 & e^{i\theta_0} \\ e^{i\theta_0} & 0 \end{pmatrix} \tag{8.77}$$

を，反対側の経路に挿入する．磁場なしの行路差による位相シフト θ_0 は伝播方向によらないのに対し，$\theta_{\rm AB}$ は向きにより反転し，この導体のオンサーガー相反性 (8.68) は，これに

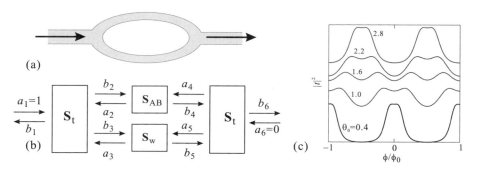

図 **8.23** (a) AB リングの模式図．(b) AB リングの透過を考えるための最も簡単な S 行列回路．(c) (b) の回路から計算された透過率 $T = |t|^2$ のリングを貫く磁束 ϕ に対する依存性．0 から π までの行路差位相 θ_0 に対する結果．

よってみたされる．

以上の合成 S 行列より，リング全体の複素透過率は
$$t = \frac{4\sin\theta_0}{1 + e^{i\theta_{AB}}(e^{i\theta_{AB}} + e^{i\theta_0} - 3e^{-i\theta_0})} \tag{8.78}$$

と得られる．透過率 $T = |t|^2$ は磁束 ϕ に対して，図 8.23(c) のように ϕ_0 周期の AB 振動をしている．θ_0 を変化させても，同様に 2π 周期の振動をするが，$|t|^2$ は $\phi = 0$ 軸に対して対称であり，AB 振動の ϕ に対する振動位相は 0 または π に固定されて変化しない．これは，S 行列 (8.76) に対して導入したオンサーガー相反性により，式 (8.78) にも相反性が生じた結果であり，2 端子素子の磁気抵抗のゼロ磁場に対する対称性から当然であるが，AB 振動位相の固定とよばれる現象である[12]．

図 8.24 に実験例を示す．(a) は，電流，電圧測定の端子がいずれも AB リング部分をまたがった端子配置で測定される伝導度は式 (8.78) の 2 端子測定に近い．(b) は電流，電圧端子が AB リングの両端に分離しており，式 (8.78) とは異なる磁場応答を示す．図 8.24(c) は 4 端子測定に対する AB 振動成分を経路にかかるゲート電圧を変えながら（θ_0 の変化に相当）濃淡プロットしたもので，図 8.23(c) ほど簡単ではないが，(a) の 2 端子測定では振動パターンがゼロ磁場に対して対称，(b) の 4 端子測定では対称ではなく AB 振動位相が連続的に流れていることがわかる．4 端子の非対称な場合でも，電流電圧端子を入れ替えて測定するとゼロ磁場に対してほぼ完全に対称なパターンが得られ，式 (8.74) が成立し

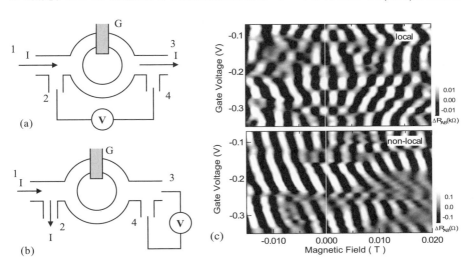

図 8.24 (a) 局所測定セットアップ模式図．(b) 非局所測定．(c) AB リングの実測電気抵抗のうち，AB 振動成分を抜き出して白黒濃淡プロットしたもの．上：局所測定（(a) のセットアップ）結果，下：非局所測定結果．

ている.再度 (a) をみると,ゼロ磁場に対する対称性は保たれているが,ゼロ磁場から離れると,AB 振動位相は連続変化しているようにみえる.これは,リング中に複数の伝導チャネルが存在し,それぞれのループを貫く磁束にばらつきがあることが主な原因である.

g. S 行列のグリーン関数表式

x 方向の量子細線を考え,x' にある δ 関数ソースが x に与える影響を表す,以下の方程式をみたす遅延グリーン関数 $G^{\mathrm{R}}(x,x')$

$$(E - \mathscr{H} + is)G^{\mathrm{R}}(x,x') = \delta(x-x') \tag{8.79}$$

を考える.s は正の無限小であり,この項を $-is$ とすることで,先進グリーン関数 $G^{\mathrm{A}}(x,x')$ の方程式が得られる.$\mathscr{H} = (\hbar^2/2m^*)\partial^2/\partial x^2$ とすると,式 (8.79) と $x = x'$ での接続条件より,$G^{\mathrm{R}}(x,x') = A\exp[ik|x-x'|]$,$k = \sqrt{2mE}/\hbar$,$A = -im^*/\hbar^2 k$ が得られる.また,$G^{\mathrm{A}}(x,x') = (G^{\mathrm{R}}(x,x'))^*$ である.

量子細線がまったくの 1 次元ではなく,横方向の自由度モード n が複数存在しているとし,各 n について,横方向波動関数 $f_n(\zeta)$ (ζ は x 以外の座標を象徴したもの) と縦方向伝播関数 $\exp[ik_n|x-x'|]$ を考え,

$$G^{\mathrm{R}}(x,x';\zeta) = \sum_n A_n f_n(\zeta) \exp[ik_n|x-x'|] = \sum_n G^{\mathrm{R}}_n(x,x';\zeta) \tag{8.80}$$

と書いてみる.ただし,式 (8.79) より,$\mathscr{H}$ を有効質量 m^* の自由粒子ハミルトニアンとして $A_n = -im^*/\hbar^2 k_n$ である.G^{R}_n はモード n の遅延グリーン関数と考えることができる.

図 8.25(a) のように,試料にチャネル i から入射して j へ抜けるプロセスを考える.チャネル i の入射口に原点 $x = 0$,試料方向に $x > 0$ と x 軸をとる.この入射口に式 (8.79) の δ 関数励起を加えることを考え,このような場合に $i \to j$ の伝播を表す遅延グリーン関数を G^{R}_{ji} と表すと,$i \to j$ の S 行列要素を s_{ji} として

$$G^{\mathrm{R}}_{ji} = \delta_{ji} A^- + \sqrt{(v_i/v_j)} s_{ji} A^+$$

と書ける.右辺第 1 項は励起に伴い,試料の透過と関係なく反対方向に励起される成分で

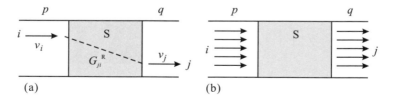

図 **8.25** (a) 電極 p のチャネル i から電極 q のチャネル j へ抜ける過程を遅延グリーン関数で表す.(b) 試料のチャネル模式図.

ある．係数 $A^{\pm}$ は $-im^*/\hbar^2 k_i = -i/\hbar v_i$ であるから

$$s_{ji} = -\delta_{ji} + i\hbar\sqrt{v_j v_i} G_{ji}^{\mathrm{R}} \tag{8.81}$$

と表される[13]．

以上から，図 8.25(b) のような試料についての透過率 $\mathscr{T}$ を考えると，

$$\mathscr{T} = \sum_{i\in p, j\in q} \mathscr{T}_{ij} = \sum_{i\in p, j\in q} |s_{ji}|^2 = \hbar^2 \sum_{i\in p, j\in q} v_i G_{ij}^{\mathrm{A}} v_j G_{ji}^{\mathrm{R}} \tag{8.82}$$

$$= \hbar^2 \mathrm{Tr}\left\{V_p G_{qp}^{\mathrm{A}} V_q G_{qp}^{\mathrm{R}}\right\} \tag{8.83}$$

と，入出チャネルの群速度と先進・遅延グリーン関数の積をチャネルの組み合わせで足し上げたもので書くことができる．ここで，$G_{pq}^{\mathrm{R(A)}}$ は $G_{ij}^{\mathrm{R(A)}}$ ($i \in p, j \in q$) を要素とする行列，$V_{p(q)}$ は，v_i ($i \in p(q)$) を対角要素とする対角行列である．式 (8.61) より，これを $2G_q$ 倍することで，電気伝導度が得られる．

h. 量子輸送と経路積分形式

一般に量子輸送現象は波動の伝播現象にほかならず，伝導チャネルの伝播モードを結節点で足し上げて確率振幅を得る方式は，量子力学の経路積分形式を特殊化したものとみることができる[14]．経路積分形式ではホイヘンスの原理に従い，波動関数 $\psi(\boldsymbol{x}', t')$ が時間発展して $\psi(\boldsymbol{x}, t)$ となる過程を

$$\psi(\boldsymbol{x}, t) = \int d^3 x K(\boldsymbol{x}, t; \boldsymbol{x}', t') \psi(\boldsymbol{x}', t') \tag{8.84}$$

と表す．ここで積分核 $K(\boldsymbol{x}, t; \boldsymbol{x}', t')$ は

$$K(\boldsymbol{x}, t; \boldsymbol{x}', t') = \int_{\boldsymbol{x}'}^{\boldsymbol{x}} \exp\left(\frac{i}{\hbar} S_A[\boldsymbol{x}, \boldsymbol{x}']\right) \mathcal{D}\boldsymbol{\xi}(t) \tag{8.85}$$

で表される．ただし，$\mathcal{D}\boldsymbol{\xi}$ は空間中の（いまの場合，$\boldsymbol{x}'$ と $\boldsymbol{x}$ とをつなぐ）あらゆる経路の寄与を積分することを表し，作用 $S_A[\boldsymbol{x}, \boldsymbol{x}']$ は

$$S_A[\boldsymbol{x}, \boldsymbol{x}'] = \int_{t(\boldsymbol{x}')}^{t(\boldsymbol{x})} \mathscr{L}(\dot{\boldsymbol{\xi}}, \boldsymbol{\xi}, t) dt \tag{8.86}$$

で定義され，経路 $\boldsymbol{\xi}(t)$ に依存する．$\mathscr{L}$ は系のラグランジアンである．

図 8.26(a) に経路積分の概念図を示した．多くの場合，古典的粒子がたどる経路（古典経路）が他に比べて大きな寄与をし，$\mathcal{D}\boldsymbol{\xi}$ は古典経路のまわりの波長程度の量子揺らぎの範囲で積分することがよい近似である．これは，式 (8.86) の被積分関数が極小値をとる条件，すなわち古典力学のラグランジュ方程式がみたされる $\xi(t)$ の周囲では，左図で小さな経路の変化 $\delta\xi$ に対して $\mathscr{L}$ の変化は小さく，これらの経路は式 (8.85) の積分を行う際の位相がコヒーレントで積分後に値が残るが，それ以外は $\delta\xi$ に対して $\mathscr{L}$ が大きく変化して

位相が振動し，積分結果がゼロとなるためである．

シュレーディンガー方程式 $i\hbar \partial |\psi\rangle/\partial t = \mathscr{H}|\psi\rangle$ を形式的に解いて $|\psi(t)\rangle = \exp(\mathscr{H}t/i\hbar)|\psi(0)\rangle \equiv \mathcal{U}(t)|\psi(0)\rangle$ と書く．式 (8.84) を時間発展演算子 $\mathcal{S}(t,t')$ を使い，次のように表す．

$$|\psi(t)\rangle = \mathcal{S}(t,t')|\psi(t')\rangle = \mathcal{U}(t)\mathcal{U}^{-1}(t')|\psi(t')\rangle. \tag{8.87}$$

これより，

$$\psi(\boldsymbol{x},t) = \langle \boldsymbol{x}|\psi(t)\rangle = \langle \boldsymbol{x}|\mathcal{S}(t,t')|\boldsymbol{x}'\rangle\langle \boldsymbol{x}'|\psi(t')\rangle = \langle \boldsymbol{x}|\mathcal{S}(t,t')|\boldsymbol{x}'\rangle\psi(\boldsymbol{x}',t') \tag{8.88}$$

となって，$\mathcal{S}$ 演算子の座標表示 $\langle \boldsymbol{x}|\mathcal{S}(t,t')|\boldsymbol{x}'\rangle$ が S 行列と類似機能を果たしている．S 行列は，$\mathcal{S}$ 演算子を「伝導チャネル」で行列表示し，各チャネルの入出力の群速度で各要素を規格化したものと考えることができる．

以上の考えと式 (8.83) の表式を組み合わせを考えると，後者でのチャネルでの和を空間座標での積分で置換することになる．これも Tr を用いて表示し，x 方向の伝導度 g_x を

$$g_x = \frac{e^2 h}{2\pi^2}\mathrm{Tr}\left\{V_p G^{\mathrm{A}}_{qp} V_q G^{\mathrm{R}}_{qp}\right\} \tag{8.89}$$

と書くことができる．これは，久保–グリーンウッドの公式（第 7 章）で不純物平均をとる前の伝導度の表式にほかならない．これを図形的に表すと，図 8.26(b) のようになる．図で G^{R} のラインに $\epsilon + \hbar\omega$，G^{A} のラインに ϵ とあるのは，定義式 (8.79) において，$\mathscr{H}$ の期待値を結晶波数 k 状態でとったものである．振動数 ω の項は ω の交流電場に対する応答を考えたもので，直流伝導度の場合，$\omega \to 0$ とする．

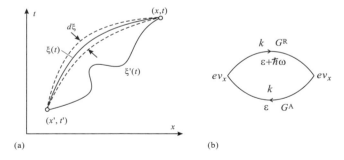

図 8.26 (a) 経路積分の模式図．時空点 (x',t') から (x,t) に向かう経路 $\xi(t)$ を考える．(b) 経路積分の $\mathcal{S}$ 演算子を S 行列に群速度 v_x が入った演算子として扱い，電気伝導度を求めるための処方，式 (8.89) を図形化したもの．

8.1.5 単電子帯電効果と量子ドット

本項では,特にゼロ次元系–量子ドットを扱う.本章ではこれまで,電子間相互作用を特にあらわには扱わなかった.系がゼロ次元になると,特に電荷の離散性によって古典的にも電子間相互作用が電気伝導に強く影響するようになる.これが単電子帯電効果である.メゾスコピック構造においては,運動の自由度ばかりでなく,電子間有効ポテンシャル形の次元性も問題になるが,本項では電子回路論的に簡単化して扱う.

a. 単電子帯電効果と電気伝導

ランダウアー–ビュティカーの伝導公式で考えた系は,電気化学ポテンシャルが一定の粒子溜につながっていたが,粒子溜と見なせる部分とトンネル接合(抵抗無限大の場合も含む)でのみ接続されている系を「クーロン島」とよぶ.これを図 8.27(a) のように,M 個のトンネル接合と粒子溜すなわち定電圧電源を通して接地された金属としてモデル化する.回路パラメータを図のようにおくと,クーロン島の静電ポテンシャル ϕ は

$$\phi = \frac{1}{C_s}\left(\sum_{i=1}^M C_i V_i - Ne\right) \tag{8.90}$$

である.ただし,$C_s \equiv \sum_{i=1}^M C_i$ である.全接合の静電エネルギーの和は式 (8.90) を使って

$$U_E = \frac{1}{2}\sum_{i=1}^M C_i(V_i-\phi)^2 = \frac{1}{2C_s}\sum_i\sum_{j>i}C_iC_j(V_i-V_j)^2 + \frac{(Ne)^2}{2C_s} \tag{8.91}$$

となる.

トンネル過程に際し,定電圧電源は電圧を一定にするためにエネルギーを供給するので,電気化学ポテンシャルを考えるには,電源がこの系に対して行う仕事を考慮し,エンタルピーを考えるのが便利である.j 番目のトンネル接合を通して 1 個の電子がクーロン島に

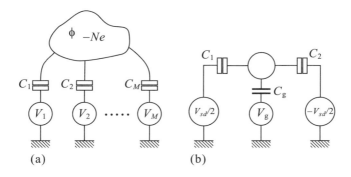

図 **8.27** (a) クーロン島の回路図.定電圧電源を丸,トンネル接合を長方形を貼り合わせた図形で表している.(b) 単電子トランジスタの回路図.

入る過程を考えると, ϕ が $-e/C_s$ だけ変化することから, 電源のする仕事は,

$$W_j = \sum_i^M \Delta q_i V_i - eV_j = e \sum_i^M (V_i - V_j) \frac{C_i}{C_s} \qquad (8.92)$$

である. $-eV_j$ の項は, j 番目の電源がトンネルした分の電荷を供給したためについた. このような系で粒子のトンネルに伴う電気化学ポテンシャルは, エンタルピー

$$H(N) = U_E(N) - \int_0^N W dN' \qquad (8.93)$$

の N に対する変化 $dH(N')/dN'|_{N'=N}$ である (μ_N とする).

2つのトンネル接合と1つのゲートをもつ量子ドット伝導測定系を考え, 各パラメータを図 8.27(b) のようにおこう. ソース・ドレインには対称的にバイアス電圧を加え, $V_1 = -V_2 = V_{\rm sd}/2$ とする. 最初クーロン島に電子が N 個いて, そのうち1個の電子が接合1をトンネルしてソースへ抜ける過程 (図 8.28(c) の 1←) を考える. H の変化は

$$\Delta H = \Delta U - (-W_1) = \frac{(1-2N)e^2}{2C_s} + \frac{e}{C_s} \left\{ -\left(C_2 + \frac{C_g}{2}\right) V_{\rm sd} + C_g V_g \right\} \qquad (8.94)$$

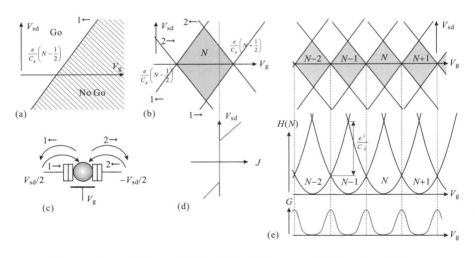

図 **8.28** クーロンダイアモンド構造の模式的説明図. (c) は単電子トランジスタ構造. 1次のトンネル過程, 1⇌, 2⇌ を示した. (a) 量子ドット電子数 N 個の場合に, V_g-$V_{\rm sd}$ 平面上で 1→ のトンネル過程が禁止される領域を斜線で示した. (b)(c) の全トンネル過程の禁止条件を描いたもの. グレーの菱形領域 (クーロンダイアモンド) ではトンネルが禁止され, N 状態が安定である. (d) は, 固定ゲート電圧に対するソース・ドレイン電圧 $V_{\rm sd}$ に対する非線形な電流応答. (e) 中: 各 N に対するエンタルピー ($V_{\rm sd} = 0$) を V_g の関数として描いた. 下: クーロン振動の模式図.

である. 絶対零度で考えると, $\Delta H \leq 0$ であればこのトンネル過程は許され, それ以外は静電エネルギー増加により禁止される（クーロン・ブロッケード）. $V_g - V_{sd}$ 座標平面でこの過程の禁止領域は図 8.28(a) の斜線の半平面で示される. 電子数 n の状態が変化する可能な1次のトンネル過程はこれ以外に図 8.28(c) に示した3つである. これらの禁止領域もそれぞれ半平面となり, 4つすべての過程が禁止される領域は, 図 8.28(b) に示した4つの直線で囲まれた菱形領域である. これを N に対するクーロンダイアモンドとよぶ.

$V_{sd} = 0$ に対するエンタルピーは $H(N, V_g) = (C_g V_g - Ne)^2 / C_s$ の形にまとめることができる（これ以外の項もあるが, N に関係しないので無視できる）. 各 $H(N, V_g)$ は, 図 8.28(e) のようになり, 縮退が生じて電流が流れるクーロンピーク位置は $V_g = e(N - 1/2)/C_g$ と等間隔になる.

b. 量子ドットと量子閉じ込め効果

量子ドットは, 8.1.1 項でもふれたように, 0次元系までの量子閉じ込めを行い, エネルギー準位が離散的になったものを指す.「クーロン島」は電子1個によるクーロンエネルギーの増減が問題となったが, 半導体量子構造のようにフェルミ波長が長い系では島のサイズ縮小に伴い, 量子閉じ込め効果も顕在化し, 量子ドットとなる. したがって, 量子ドットでは, 特に外部との電子のやりとりが問題となる伝導現象では, クーロンエネルギーと量子閉じ込めの両方が重要となる.

図 8.29 に示したのは, メサエッチとラップゲート法で作製した量子ドットの電気伝導に

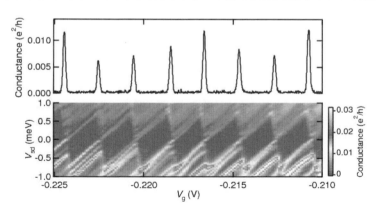

図 8.29 上：AlGaAs/GaAs 2次元電子系をメサエッチとラップゲート法で加工して作製した量子ドットに現れたクーロン振動. 縦軸は量子ドット伝導度, 横軸は量子ドットに加えたゲート電圧（上下共通）. 下：量子ドットの伝導度をゲート電圧（横軸），ソース・ドレイン電圧（縦軸）の平面上に濃淡プロットしたもの. 横軸上に並んでいる暗い（低伝導度）平行四辺形が, クーロンダイアモンドである.

生じたクーロンダイアモンドとクーロン振動である．図 8.28 との明らかな違いは，クーロンピーク間隔がほぼ一定してはいるものの完全に一定してはいないこと，ダイアモンドの外側に多くのラインがみえていることで，これらは，ドットへの量子閉じ込め効果による．

電極への波動関数の広がりを無視すれば，量子ドット内の 1 電子波動関数は空間的に局在し，軌道エネルギー準位は離散的である．スピン縮退も含めてすべての準位に，低エネルギーより番号を振り，ϵ_i ($i = 1, 2, \cdots$) とする．N 電子の基底状態は，$i = 1, 2, \cdots, N$ の状態を電子が占有する状態である．

前節で考えたクーロン島の古典電磁気モデルは，V_g に対してブロッケードが解除される点が等間隔に並んでいた．ゲート電圧がドットのポテンシャルを $eC_g V_g / C_s$ だけシフトすることを考えると，これは，ドット内各電子が他の電子との一定のエネルギー増加を伴って相互作用する「一定相互作用モデル」に相当する．すなわち，一定の電子間相互作用を ϵ_c とおくと，N 電子についての全クーロン相互作用は ${}_N C_2 \epsilon_c = N(N-1)\epsilon_c / 2$ であるから，$\Delta N = 1$ の電子数変化に対するクーロンエネルギー変化は $\epsilon_c / 2$ で N によらず，V_g 上で化学ポテンシャルが E_F に一致する点（クーロンピーク位置）は等間隔 $\epsilon_c C_s / 2eC_g$ で並ぶ．

定相互作用モデルに離散準位効果を加えると，$\Delta N = 1$ に対する ϵ_N を $\Delta \epsilon_N$ と書いて，クーロンピーク間隔は $(\epsilon_c / 2 + \Delta \epsilon_N) C_s / eC_g$ と変化する．これが，図 8.29 でピーク間隔が不ぞろいになった主な要因である．むろん，定相互作用モデルは簡単すぎ，波動関数形状などにより ϵ_c も N に依存するため注意を要するが，ピーク間隔の解析から $\Delta \epsilon_N$ を求めることができる．

ダイアモンドの外側の筋状構造は直接的に ϵ_N 離散化の効果である．これは，ソース-ドレインの化学ポテンシャル間にトンネル過程に使用できる励起状態が入ってきたために伝導度が変化したもので，伝導中の量子ドット内電子数変化は 1 で，励起状態が加わってもトンネルに必要なクーロンエネルギーは同じで励起エネルギーの分だけ V_{sd} が増加したところで励起状態伝導が加わってくる．伝導チャネルが増えるので，伝導度が増加するのが普通であるが，チャネル間にドットを通して強いクーロン相関があるため減少する場合もある．いずれにしても，ステップ状の急激な伝導度変化から励起状態が V_{sd} 内に入ってきたことがわかり，これより 1 電子問題での励起エネルギーが測定できる．電子数が 1 増加した状態のエネルギーと比較することで，電子相関の効果などを詳細に議論できる可能性がある．

8.1.6 量子コヒーレンス・デコヒーレンスと非平衡伝導

a. 環境と量子デコヒーレンス

まず，「観測とは何か」という，よく立てられる命題について命題の言い換えをする．ある系の量子状態が 2 次元のヒルベルト空間で表されたとする．このような系を **2 準位系** (two-level system)，あるいは**量子ビット** (quantum bit, qubit, q-bit) とよぶ．このよ

うな系2つを，$\{|1\rangle,|2\rangle\}$，$\{|A\rangle,|B\rangle\}$ と書こう．それぞれの系の状態を示す波動関数は，$|\psi\rangle = |1\rangle + |2\rangle$，$|\phi\rangle = |A\rangle + |B\rangle$ のように2次元の線形結合で書くことができる．ただし，各基底波動関数につく規格化定数を省略している．これら2つの系の間に相互作用がなければ，合成系の状態は，

$$|\Psi\rangle = |\psi\rangle \otimes |\phi\rangle = \sum_{i=1,2, j=A,B} |i\rangle \otimes |j\rangle$$

と書くことができる．これに対して，一部の要素を除いた

$$|\Psi_e\rangle = |1\rangle \otimes |A\rangle + |2\rangle \otimes |B\rangle \tag{8.95}$$

を考える．繰り返しになるが，規格化の定数は省いている．この状態では，$|\psi\rangle$ と $|\phi\rangle$ との間には相互作用が存在し，これらが見かけ上どれほど離れた場所にあったとしても，$|\phi\rangle$ を測定して $|A\rangle$ という結果が出たとすると $|\psi\rangle$ は自動的に $|1\rangle$ に定まる．あるいは，「…に定まる」という因果律的な書き方より，式 (8.95) では $|\phi\rangle$ と $|\psi\rangle$ は区別不可能な状態になっている，というべきであろう．式 (8.95) の状態では，$|\psi\rangle$ と ϕ は**最大エンタングル状態**にある，という．

ここで，$|\phi\rangle$ が観測装置を表していて，$|A\rangle$ と $|B\rangle$ はマクロに区別のつく状態であるとする．この場合は，$|\psi\rangle$ と ϕ が最大エンタングルした時点で $|A\rangle$ か $|B\rangle$ のどちらが実現したか判明しているわけであるから，「観測とは，観測装置のマクロな自由度と被観測体の自由度とを最大エンタングルさせることである」と言い換えることができる．しかし，これはもちろん問題の言い直しにすぎず，「マクロな状態とミクロな状態とのエンタングルメントはどのように生じるのか」，「そもそもマクロな状態，とは何か．量子力学は適用されるのか否か」という問題に答えなければならない．

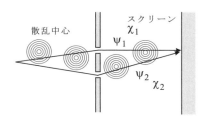

環境論の答は，「基礎方程式に書き込まれるべきデコヒーレンスは存在しない」，しかし，「多自由度系の統計力学的原理により，ミクロ自由度と多自由度系がエンタングルすることでデコヒーレンスが生じる」である．左図の粒子の2重スリット実験を考える．スリット1，2を通る場合の部分波動関数をそれぞれ ψ_1，ψ_2 とおく．スクリーン上の確率振幅は

$$|\psi|^2 = |\psi_1+\psi_2|^2 = |\psi_1|^2+|\psi_2|^2+2|\psi_1||\psi_2|\cos\theta_{12}$$

で，右辺第1，2項が古典的な通過の項，第3項が干渉項で，θ_{12} は2つの経路での位相の行路差である．ここで，1，2それぞれの経路に対して環境 χ_1，χ_2 が対応しているとすると，スクリーン上での環境も含めた確率振幅は

$$|\Psi|^2 = |\psi_1|^2|\chi_1|^2 + |\psi_2|^2|\chi_2|^2 + 2\mathrm{Re}(\langle\psi_1|\psi_2\rangle\langle\chi_1|\chi_2\rangle) \tag{8.96}$$

で，干渉項に環境波動関数の内積 $\langle\chi_1|\chi_2\rangle$ がかかってくる．粒子は伝播の際に何らかの形で環境と相互作用しているはずであるが，スクリーン上まで伝播したときに環境に与える影響が経路によって異なる場合，$\langle\chi_1|\chi_2\rangle \neq 1$ となり干渉項が縮む．

これはもちろん，環境波動関数の干渉がオーバーラップしているにすぎず，デコヒーレンスとよべるものではない．しかし，いま仮に環境波動関数 χ の中で ψ とエンタングルしている部分波動関数が χ 内部で乱雑なエンタングルが進んだとすると，統計的な乱雑さが増大してエンタングルを解くことが事実上不可能な不可逆過程となる．これが，デコヒーレンスとよばれているものである，というのが環境論からの答である[15]．この過程によって $|\chi_1\rangle \perp |\chi_2\rangle$ となれば干渉性は完全に失われるが，そうでない場合，「弱い測定」のように干渉が弱くなるが消滅はしない部分コヒーレンスというメゾスコピック系特有の現象も説明することができる．

b. スピン-ボソン模型

環境論による散逸を考慮した量子力学では，特別に変わった量子力学を考えるわけではなく，左図のように，系+環境を全系と考え，これに通常のハミルトニアン形式量子力学を適用する．このとき，環境系としてボソン系を考え，「系」として最も簡単な量子2準位系，すなわちスピンあるいは qubit を考えたものを**スピン-ボソン模型**とよぶ[16]．

ハミルトニアンとして

$$\mathcal{H} = \mathcal{H}_q + \mathcal{H}_{env} + \mathcal{H}_{coupling} \tag{8.97}$$

と書く．系（qubit）のハミルトニアン $\mathcal{H}_q$ はスピンであるから，2×2 行列で与えられる．ここで，スピン系として2つのポテンシャル極小状態 $|+\rangle$, $|-\rangle$ があり，それぞれのエネルギーが $\pm\epsilon/2$ である模型を考える．2状態の間のトンネル行列要素を $\mathcal{T}$ とすると，基底 $\{|+\rangle,|-\rangle\}$ に対して

$$\mathcal{H}_q = \frac{\epsilon}{2}\sigma_z + \mathcal{T}\sigma_x = \begin{pmatrix} \epsilon/2 & \mathcal{T} \\ \mathcal{T} & -\epsilon/2 \end{pmatrix} \tag{8.98}$$

である．容易に対角化でき，固有状態は $2\mathcal{T}$ のギャップをもつ．

次に，環境のハミルトニアン，結合のハミルトニアンは，

$$\mathcal{H}_{env} = \sum_m \hbar\omega_m b_m^\dagger b_m, \tag{8.99a}$$

$$\mathcal{H}_{coupling} = -q_0\sigma_z\hat{F}, \quad \hat{F} = \sum_m (C_m b_m^\dagger + \mathrm{h.c.}) \tag{8.99b}$$

とモデル化できるであろう．$\hat{F}$ はボソン系を調和振動子集団として表したときの一方の共役物理量の和である．外部から何らかの摂動を与えることを考え，これにより式 (8.99b) の q_0 に時間変化成分 $q(t)$ が加わり $q_0 + q(t)$ となったとする．q のフーリエ成分 $q(\omega)$ に対する $\langle \hat{F} \rangle$ の応答 $F(\omega)$ で，応答関数 $\chi(\omega)$ を定義する．

$$F(\omega) = \chi(\omega) q(\omega). \tag{8.100}$$

ハイゼンベルク（Heisenberg）運動方程式

$$\frac{db_m}{dt} = \frac{1}{\hbar}[\mathscr{H}, b_m] = -i\omega_m b_m + \frac{i}{\hbar} C_m q(t)$$

より，フーリエ変換して

$$\langle b_m(\omega) \rangle = \frac{C_m}{\hbar(\omega_m - \omega - i0)} q(\omega). \tag{8.101}$$

$\langle b_m^\dagger(\omega) \rangle$ も同様に得られ，全体の応答を表す $\chi(\omega)$ は，m について足し上げて

$$\chi(\omega) = \sum_m \frac{|C_m|^2}{\hbar} \left(\frac{1}{\omega_m - \omega - i0} + \frac{1}{\omega_m + \omega + i0} \right),$$

$$\therefore \quad \mathrm{Im}\,\chi(\omega) = \frac{\pi}{\hbar} \sum_m |C_m|^2 \delta(\omega - \omega_m) \tag{8.102}$$

トンネルがない $\mathcal{T} = 0$ の場合，$+$，$-$ を独立に考え，ϵ を略すと，ハミルトニアンは，

$$\mathscr{H}_\pm = \sum_m \hbar \omega_m b_m^\dagger b_m \pm q_0 (C_m b_m^\dagger + C_m^* b_m) \tag{8.103}$$

と書ける．ここで，それぞれのモード m について，演算子 b_m に「シフト」を与えることで，ちょうど完全平方型に整える要領で見かけ上 1 次の項を消すことができる．すなわち，

$$b_m^{(\pm)} \equiv b_m \pm \lambda_m, \quad \lambda_m \equiv -2q_0 C_m / (\hbar \omega_m) \tag{8.104}$$

とすると，

$$\mathscr{H}_\pm = \sum_m \hbar \omega_m b_m^{(\pm)\dagger} b_m^{(\pm)} + \mathrm{const.} \tag{8.105}$$

であり，$b_m^{(\pm)}$ は b_m と同じ交換関係をみたす．

$\mathscr{H}_\pm$ の固有状態は，モード m のボソン数 n_m を指数とする表示を用いてそれぞれ $|\{n_m\}_+\rangle$，$|\{n_m\}_-\rangle$ と書くことができる．真空 $|0_-\rangle$ の性質から

$$b_m^{(-)} |0_-\rangle = 0, \quad b_m^{(+)} |0_-\rangle = \lambda_m |0_-\rangle \tag{8.106}$$

で，第 2 式はコヒーレント状態の性質として知られているもので，$+$，$-$ 系の間には，一方の真空状態は他方のコヒーレント状態であるという関係が存在する[17]．具体的には数状

態の重ね合わせとして次のように表される.

$$|0_-\rangle = \exp(-|\lambda|^2/2) \sum_n \frac{\lambda^n}{\sqrt{n!}} |n_+\rangle \tag{8.107}$$

この真空に対する擾乱が生じた状態を考える.初期状態は基底状態 $|0_-\rangle$ とし,瞬間的に $-q_0 \to q_0$ と変化させたとする.波動関数はこれに追随しないから以前の $|0\rangle$ にとどまっているが,この変化によって − 系の基底状態ではなく,式 (8.107) と類似の,励起状態の重ね合わせで書かれるコヒーレント状態となる.簡単のため単一モード ω で考えると,擾乱によってエネルギー E を系が獲得する確率分布 $P(E)$ は

$$P(E) = \sum_n p_n \delta(E - n\hbar\omega) \tag{8.108}$$

で,ボソン n 個が励起される確率 p_n は

$$p_n = |\langle 0_-|n_+\rangle|^2 = e^{-\bar{N}} \frac{\bar{N}^n}{n!}, \quad \bar{N} = |\lambda_m|^2 = \left|\left(\frac{2q_0 C_m}{\hbar\omega_m}\right)\right|^2 \tag{8.109}$$

である.ポアソン分布であるから,$\bar{N} \ll 1$ であれば,励起がなく散逸がない確率が最も高い.$\bar{N}$ が増加して 1 を超えると,増加につれて散逸がない確率は急速に抑えられ,有限の励起が生じる確率がずっと高くなる.モードが無限に存在する環境に戻ると,全モードからの寄与を考え

$$P(E) = \exp\left(-\sum_m \bar{N}_m\right) \sum_{\{n_m\}} \left[\prod_m \frac{\bar{N}^{n_m}}{n_m!} \delta\left(E - \sum_m n_m \hbar\omega_m\right)\right]. \tag{8.110}$$

ここで,「散逸が生じない」確率 p_0 を考えると,これは,2 つの真空間の重なり $p_0 = |\langle 0_+|0_-\rangle|^2$ である.指数関数の中は,式 (8.102) の表記を使うと

$$\sum_m \bar{N}_m = \sum_m \left|\frac{2q_0 C_m}{\hbar\omega_m}\right|^2 = \int_0^\infty d\omega \sum_m \delta(\omega - \omega_m)|C_m|^2 \frac{4q_0^2}{\hbar^2\omega^2} = \int_0^\infty d\omega \frac{4q_0^2 \mathrm{Im}\chi(\omega)}{\pi\hbar\omega^2}. \tag{8.111}$$

この積分は紫外,赤外両方で発散しうるが,紫外側には一般に環境系に高エネルギーカットオフ E_{cut} が存在するので,2 真空間の直交は,$\omega \to 0$ での赤外発散により生じる.

式 (8.110) は以下のように変形される.

$$\begin{aligned}
P(E) &= \int \frac{dt}{2\pi\hbar} \sum_{\{n_m\}} \exp\left[i\left(E - \sum_m n_m \hbar\omega_m\right)\frac{t}{\hbar}\right] \exp\left(-\sum_m \bar{N}_m\right) \prod_m \frac{\bar{N}^{n_m}}{n_m!} \\
&= \int \frac{dt}{2\pi\hbar} e^{iEt/\hbar} \prod_m \sum_{\{n_m\}} \frac{\bar{N}_m^{n_m}}{n_m!} \exp(-in_m\omega_m t - \bar{N}_m) \\
&= \int \frac{dt}{2\pi\hbar} e^{iEt/\hbar} \prod_m \exp\left[\bar{N}_m(e^{-i\omega_m t} - 1)\right]
\end{aligned}$$

$$= \int \frac{dt}{2\pi\hbar} e^{iEt/\hbar} \exp\left[\sum_m \bar{N}_m (e^{-i\omega_m t} - 1)\right]$$

$$= \int \frac{dt}{2\pi\hbar} e^{iEt/\hbar} \exp[J(t) - J(0)], \tag{8.112}$$

$$J(t) = \sum_m e^{-i\omega_m t} \bar{N}_m = \int_0^\infty d\omega e^{-i\omega t} \frac{4q_0^2 \mathrm{Im}\chi(\omega)}{\pi\hbar\omega^2}. \tag{8.113}$$

$P(E)$ に対して,エネルギー E のボソン1個を励起する確率 $P_1(E)$ は,

$$P_1(E) = \frac{4q_0^2 \mathrm{Im}\chi(E/\hbar)}{E^2} \tag{8.114}$$

と書けるから,これを使って $P(E)$ は

$$P(E) = \int \frac{dt}{2\pi\hbar} e^{-iEt/\hbar} \exp\left[\int dE' P_1(E')(e^{iE't/\hbar} - 1)\right] \tag{8.115}$$

のように書ける.

トンネル行列要素 $\mathcal{T}$ を有限とすると,トンネル確率 Γ はフェルミの黄金則近似により

$$\Gamma = \frac{2\pi}{\hbar} \sum_f \mathcal{T}^2 \delta(E_i - E_f) \tag{8.116}$$

と書ける.初期状態では,qubit 状態は $+$ にあり,環境は $|0_+\rangle$ である.トンネル後は qubit は $-$ となり,環境の基底状態は $|0_-\rangle$ となるが,状態自身は $|0_+\rangle$ 状態にとどまっていると考えられ,ちょうど $q_0 \to -q_0$ の擾乱を与えた状況となる.トンネルにより qubit 側から $+,-$ のエネルギー差 ϵ が供給されると考え,遷移確率は式 (8.115) より次のようになる.

$$\Gamma(\epsilon) = \frac{2\pi}{\hbar} \mathcal{T}^2 P(\epsilon). \tag{8.117}$$

c. 環境との結合の仕方の分類

$\Gamma(\epsilon)$ の振る舞いを議論するにあたって,環境との結合の性質を1ボソン励起 (8.114) の $P_1(E)$ の $E \to 0$ に対する性質として分類する.紫外発散を避けるためのカットオフエネルギーを E_{cut} として

$$P_1(E) \propto \frac{E^s}{E_{\mathrm{cut}}^{s+1}} \exp\left(-\frac{E}{E_{\mathrm{cut}}}\right) \quad (E \to 0) \tag{8.118}$$

と書くことができる.この s の値によって

 a. $s < -1$: サブオーミック(Subohmic)
 b. $s = -1$: オーミック(Ohmic)
 c. $s > -1$: スーパーオーミック(Superohmic)

に分類する.

オーミックな場合，$\mathrm{Im}\chi(\omega) \propto \omega$ $(\omega \to 0)$ で，式 (8.118) で指数関数部分は $E \to 0$ で 1 に収束すればよいので，計算の便のため

$$P_1(E) = \frac{2\alpha}{E} \frac{1}{(E/E_{\mathrm{cut}})^2 + 1} \tag{8.119}$$

とする．ここで，$\alpha \propto q_0^2$ が環境と系との結合の強さを表している．$E \to 0$ で $P_1(E) \sim 2\alpha/E$ より $P(E) \propto E^{2\alpha-1}$ である．

(1) サブオーミックな場合　　赤外発散 → 直交定理，によってトンネル現象は強く抑えられる．$\epsilon \to 0$ での遷移確率は

$$\Gamma(\epsilon) \propto \exp\left\{-\left[\left(\frac{E_{\mathrm{cut}}}{\epsilon}\right)^{\frac{1}{s+2}-1}\right]\right\} \tag{8.120}$$

となり，$\epsilon \to 0$ でトンネルはまったくできなくなってしまう．

(2) オーミックな場合　　上にも述べたように

$$P_1(E) = \frac{2\alpha}{E}, \quad P(E) \propto E^{2\alpha-1} \ll P_1(E) \quad (E \to 0)$$

で，遷移確率は

$$\Gamma(\epsilon) = \frac{2\pi}{\hbar}\mathcal{T}^2 \left(\frac{\epsilon}{E_{\mathrm{cut}}}\right)^{2\alpha-1} \tag{8.121}$$

となる．この遷移によるエネルギー準位の相対幅は $\hbar\Gamma(\epsilon)/\epsilon \propto \epsilon^{2(\alpha-1)}$ であるから，$\alpha = 1$ を境にして $\epsilon \to 0$ の場合に $+$，$-$ の準位の区別がつかなくなる，状態が広がって量子的になる場合 ($\alpha < 1$) と，準位が峻別される古典的な場合 ($\alpha > 1$) とに別れる．この局在-非局在転移を，証明者の名をとって **Schmid 転移** とよぶ[18,19]．

(3) スーパーオーミックな場合　　この場合，遷移に伴う励起は 1 ボソン励起過程が主である．低エネルギーでの遷移では

$$\Gamma(\epsilon) = \frac{2\pi\Delta^2}{\hbar}P_1(\epsilon) \propto \epsilon^s \quad \epsilon \to 0 \tag{8.122}$$

となる．したがって，オーミックな場合と類似の議論が成立し，$s < 1$ で非局在化して量子的，$s > 1$ で局在化して古典的となる．

d. 位相コヒーレンス長

電子が伝播中に量子デコヒーレンスを生じたり，電気伝導は電子集合に対する多数回測定の平均であるから，各測定に現れる量子効果にばらつきがあったりすることにより，電気伝導度からは次第に量子効果が消失する．量子効果の消失を，電子が伝播中に以前もっていた波動関数の「位相の記憶を失う」と表現し，散乱などの単体の効果や集団の平均の効果をひっくるめて，電子が伝播中に量子コヒーレンスを保つ平均の距離を位相コヒーレンス長とよぶ．

位相コヒーレンス長の制限要因で，単体の量子デコヒーレンスは，環境との相互作用（エンタングルメント）によって生じるので，散乱という形で代表することができる．便宜的に弾性散乱と非弾性散乱とに分類される．前者はポテンシャル散乱近似では電子の運動量が変化するのみで環境に一切の変化が生じずデコヒーレンスが生じていないため，後者のみが量子デコヒーレンスを生じるということがいわれた時期があり，結果としてそのようになっていることも多いが，本来弾性/非弾性とデコヒーレンスは直結した概念ではない．

多数回測定を原因とするコヒーレンス長制限要因として，伝導に寄与する電子の非単色性，すなわちエネルギーのばらつきがある．熱平衡伝導においては，有限温度によるフェルミ準位付近の分布広がりによってこれが生じ，制限長は位相の分布が 2π 程度になる時間 $\tau_{\mathrm{th}} = \hbar/k_{\mathrm{B}}T$ の間に伝播する距離である．拡散的伝導，弾道的伝導のそれぞれに対して次のようになる．

$$l_{\mathrm{th}} = \sqrt{D\tau_{\mathrm{th}}} = \sqrt{\frac{\hbar D}{k_{\mathrm{B}}T}} \text{ （拡散的伝導）}, \quad l_{\mathrm{th}} = v_{\mathrm{F}}\tau_{\mathrm{th}} = \frac{\hbar v_{\mathrm{F}}}{k_{\mathrm{B}}T} \text{ （弾道的伝導）}. \quad (8.123)$$

位相コヒーレンス長 l_ϕ は，最も簡単には散乱による制限長 l_{sc} と合わせてマティーセン則により

$$l_\phi^{-1} = l_{\mathrm{sc}}^{-1} + l_{\mathrm{th}}^{-1} \quad (8.124)$$

と近似される．特に電子間散乱がデコヒーレンスの主要因であるような場合，散乱体自身が位相コヒーレンスの影響を受け，式 (8.124) のような近似が成立しない場合もある．いずれにしてもこれらコヒーレンス制限長は $T \to 0$ で発散するが，これに対して実験では低温で何らかの飽和があるようにみえ，絶対零度でもデコヒーレンスを生じさせる機構があるのではないか，ということが議論になったことがある．現在ではこれらは磁性不純物など低温でも自由度が凍結しにくい散乱中心が存在するためと考えられている．これらの自由度も，さらに低温では広い意味での近藤効果（後述）のためにデコヒーレンスを生じなくなり，制限長は発散する．

e．拡散伝導領域の量子コヒーレンス現象

電気伝導現象に，量子コヒーレンスが重要な役割を果たすことが最初に認識されたのは，ポテンシャルの乱れた金属のように，電子が多数回の散乱を繰り返し，拡散によって電気伝導を生ずる拡散伝導領域においてである．結晶の欠陥や不純物による弾性散乱は，格子が受ける反作用は小さく，ほぼコヒーレンスが保たれるため，拡散伝導であっても低温では l_ϕ は 10^{-6}m を超えることがしばしばあり，微細加工で作製した構造で十分量子効果の観測が可能である．また，微細加工構造でなくても強い磁場によって磁気長 $l_{\mathrm{B}} = \sqrt{h/eB}$ が導入され，これが l_ϕ よりも短くなればコヒーレンスに起因する現象が電気伝導に現れる[23]．拡散伝導でも，各散乱中心を結ぶ自由な伝播領域を伝導チャネルとし，c 項のランダウアー–ビュティカー伝導公式を適用することが可能である．一方，このような伝導チャ

ネルは h 項でみた古典経路として自動的に取り込まれると考えれば，チャネルを連続化した，久保公式の結果と等価なランダウアー公式を使うこともできる．

拡散伝導領域に特徴的なものが，図 8.30(a) に示した時間反転ループ間の協力的干渉によるアンダーソン弱局在効果である．バルクの拡散伝導においては，非常に多数の伝導チャネルのランダムな組み合わせが存在し，干渉効果も協力的/相殺的がランダムに生じて平均化により効果が失われそうに思われる．しかし，図 8.30(a) のように，× で示した不純物による散乱を経た後に出発点 A に戻るようなループにおいては，時間反転対称な系では破線で示した反対向きに回る経路が常に互いに協力的な干渉を生じる．この干渉は常に出発点の存在確率を高めるので，古典的な拡散運動に比べて出発点に止まろうとする傾向，すなわち局在性が高くなる．以上が弱局在効果である．

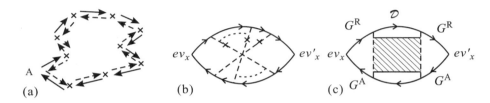

図 8.30 (a) アンダーソン弱局在効果を与える時間反転経路の干渉効果を模式的に示したもの．(b) 時間反転経路間の干渉効果による伝導度への寄与を表すダイアグラム．式 (8.132) に対応．(c) (b) のダイアグラムを図 8.31(b) の左辺の記法で描いたもの．

時間反転経路間の協力干渉は，局在が弱く，多数回の散乱を受ける平面波の近似が成立する領域（弱局在領域），平均自由行程を l として $(k_F l)^{-1}$ が小さい領域では，第 7 章の久保公式を用いて電気伝導度を $(k_F l)^{-1}$ で展開する形で定量的に評価することができる．

不純物散乱ポテンシャルは短距離力とし，各不純物位置を $\bm{R}_l$ として

$$\mathscr{H} = \frac{p^2}{2m} + v_0 \sum_l \delta(\bm{r} - \bm{R}_l) = \frac{p^2}{2m} + \sum_{\bm{q}} \rho_{\bm{q}} e^{i\bm{q}\bm{r}} \tag{8.125}$$

とする[*1]．散乱による自己エネルギー E_Σ（これは，図 8.31(a) の，散乱ポテンシャルの 2 次の項から緩和時間近似[*2]によって下のように表される）を取り込んだ遅延（先進）グリーン関数

[*1] これは，不純物ポテンシャルの強さを一定 (v_0) とし，ポテンシャル位置を乱雑とする，一種の「サイトランダム」とよばれる乱雑さの導入法である．これに対して，散乱ポテンシャルの強さをランダムとする「ポテンシャルランダム」とよばれる方法もある．

[*2] この緩和時間近似表式は，久保公式 (8.127) を自由電子模型に適用した結果がドゥルーデの伝導度 $\sigma_{xx} = (e^2 n/m)\tau$ に一致するように定めたものである．

8.1 ナノスケール量子系

$$G^{\mathrm{R(A)}} = \frac{1}{E \pm is - E_k - E_\Sigma^{\mathrm{R(A)}}}, \quad \mathrm{Im} E_\Sigma^{\mathrm{R(A)}} = \mp \frac{\hbar}{2\tau} \tag{8.126}$$

を使って（複号の上は遅延，下は先進に対応，τ は緩和時間），第7章の久保公式による電気伝導度は

$$\sigma_{xx} = \frac{e^2 \hbar}{2\pi V} \langle \mathrm{Tr}[\hat{v}_x G^{\mathrm{R}} \hat{v}_x G^{\mathrm{A}}] \rangle_{\mathrm{imp}} \tag{8.127}$$

と表される．

波数 k と k' 状態の不純物散乱を介した干渉の寄与は，図 8.31(b) のダイアグラム（対伝播関数とよばれる）で表される．図 8.31(b) の右辺第1項は，不純物濃度を n_i として，

$$\xi(q,\omega) = n_i v_o^2 \sum_k G^{\mathrm{R}}(k, E+\hbar\omega) G^{\mathrm{A}}(-k+q, E) \tag{8.128}$$

である．ただし，$q = k + k'$ である．これを使って右辺全体は

$$\mathcal{D}(q,\omega) = n_i v_0^2 [1 + \xi + \xi^2 + \cdots] = n_i v_0^2 [1 - \xi(q,\omega)]^{-1} \tag{8.129}$$

と計算される．

式 (8.126) より，式 (8.128) の $\xi(q,\omega)$ は，q と ω のべき展開で，それぞれの最低次の項までとると，次のようになる．

$$\xi(q,\omega) = 1 - Dq^2\tau + i\omega\tau. \tag{8.130}$$

D は拡散係数で，キャリア濃度を ρ としたときの拡散方程式 $\partial\rho/\partial t = D\nabla^2\rho$ によって定義されるが，フェルミ縮退キャリアの場合，$D = \epsilon_{\mathrm{F}}\tau/m$ と表される．ここで，干渉効果を表す対伝播関数はコヒーレンス時間 $\tau_\phi \equiv l_\phi^2/D$ だけの寿命をもつと考えて導入すると $\mathcal{D}(q,\omega)$ は，

$$\mathcal{D}(q,\omega) = \frac{1}{2\pi N(0)\tau^2} \frac{1}{Dq^2 - i\omega + 1/\tau_\phi} \tag{8.131}$$

と評価される．この評価結果から，$q \to 0$ すなわち $k = -k'$ で，互いに反対方向へと走る軌道間の干渉の寄与が大きいことが計算上も確認される．

これを，久保公式 (8.127) に取り込むと，ドゥルーデの伝導度を与える図 8.30(a) の寄与に対し，$k = -k'$ に対する図 8.31(b) の影響を与える寄与は，図 8.30(b) のように，不純物散乱のラインが扇状に走る形に表すことができ，扇形ダイアグラムとよばれている．この寄与は，図 8.30(c) からわかるように，

$$\sigma_{\mathrm{fan}} = \frac{e^2}{\pi m^2} \sum_{k,k'} k_x k'_x G^{\mathrm{R}}(k, \epsilon+\hbar\omega) G^{\mathrm{A}}(k, \epsilon) G^{\mathrm{R}}(k', \epsilon+\hbar\omega) G^{\mathrm{A}}(k', \epsilon) \mathcal{D}(q,\omega)$$

$$= -\frac{e^2}{\pi m^2} \sum_k k_x^2 G^{\mathrm{R}}(k, \epsilon+\hbar\omega)^2 G^{\mathrm{A}}(k, \epsilon)^2 \sum_q \mathcal{D}(q,\omega)$$

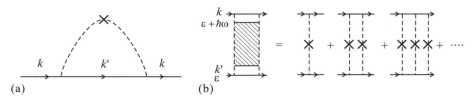

図 8.31 (a) 不純物散乱ポテンシャルの 2 次の項の寄与を表し, グリーン関数（プロパゲーター）の寿命を決める過程. × マークが不純物, 破線がポテンシャルによる散乱過程を表す. (b) 多重不純物ポテンシャル散乱を介しての 2 つの波数 (k, k') 状態間の干渉効果の寄与を表すダイアグラム.

$$= -\frac{e^2 \epsilon_F \tau}{\pi \hbar^2} \frac{2}{m} \sum_q \frac{1}{Dq^2 - i\omega + 1/\tau_\phi} \tag{8.132}$$

と評価される. 各次元についてこれを計算すると, $\omega \to 0$ に対して

$$\sigma_{\text{fan}}^{3d} = -\frac{1}{\pi^2} \frac{2e^2}{h} \left[\frac{1}{l} - \frac{1}{l_\phi} \right], \tag{8.133a}$$

$$\sigma_{\text{fan}}^{2d} = -\frac{1}{\pi} \frac{2e^2}{h} \ln \frac{l_\phi}{l}, \tag{8.133b}$$

$$\sigma_{\text{fan}}^{1d} = -\frac{2e^2}{h}(l_\phi - l) \tag{8.133c}$$

となる. ただし, l は τ によって決まる長さ（平均自由行程）で $v_F \tau$, l_ϕ は位相干渉長 $\sqrt{D\tau_\phi}$ である. 各次元の特徴的な τ_ϕ 依存性を示す部分の係数が 1 伝導度量子 $G_q = e^2/h$ 程度になっている. マクロサイズの試料が, l_ϕ を実効的なサイズとする微小試料の集合体と考え, l_ϕ の変化によって各微小試料の有効伝導チャネル数が 1 程度変化する（後述の UCF と同様）結果と解釈することができる.

以下, 特に 2 次元系についてみておこう. σ_{fan} に対して, 図 8.26(b) で表されるドゥルーデの電気伝導率 σ_0 を 2 次元系で表すと, $\sigma_0 = ne^2\tau/m = e^2\epsilon_F\tau/\pi\hbar^2$ であるから, 式 (8.133b) の係数部分すなわち $\epsilon_F = \hbar k_F v_F/2$ より $\hbar/2\pi\epsilon_F\tau = (\pi k_F l)^{-1}$ である. 金属的な伝導領域においては一般に $(k_F l)^{-1} \ll 1$ であるから, 式 (8.133b) は, 弱局在の影響を $(k_F l)^{-1}$ のべき展開で表した第 1 項目とみることができる.

位相コヒーレンスを制限する散乱機構によるが, τ_ϕ の温度依存性が $\tau_\phi \propto T^{-p}$ のように書けたとすると, 弱局在の寄与 (8.133b) は

$$\sigma_{\text{fan}}^{2d}(T) = \frac{1}{\pi}\frac{e^2}{h} p \ln\left[\frac{T}{T_0}\right] \tag{8.134}$$

と, 温度に対して対数的な変化を与える. このような電気伝導度の対数的な温度変化は, ポテンシャル乱れが強く 2 次元的な伝導をする金属において広くみられる現象である. た

だし，ポテンシャル乱れがある場合の電子間相互作用も 2 次元的な伝導では同じ温度依存性を与え，いずれの効果が対数的温度変化を与えているかは，磁気抵抗など他の情報を参照して調べる必要がある．

τ_ϕ は $T \to 0$ で発散するから，式 (8.134) は発散的な寄与を与え，$(k_\mathrm{F}l)^{-1}$ の高次項を考慮する必要が生じるが，いずれにしても式 (8.134) の温度変化は，熱活性化型のものに変化すると考えられている．スケーリング理論によれば，電子間相互作用，スピン軌道相互作用が存在しない 2 次元系においては，すべての状態は局在し，金属的伝導は絶対零度極限では失われる．式 (8.134) の弱局在から熱活性化型の強局在への変化はこのスケーリング過程をみている，とみることもできる．

次に 2 次元面に垂直に弱い磁場（磁束密度 B）が印加されている場合を考える．「弱い」条件は，サイクロトロン振動数 $\omega_\mathrm{c} = eB/m$ に対して $\omega_\mathrm{c}\tau \ll 1$ で，サイクロトロン軌道が描かれる前に散乱が生じる．このような弱磁場でも，図 8.30(a) に示したような反転経路間の対称性を破ることでアンダーソン局在効果には大きな影響を与える．磁場をベクトルポテンシャル $\boldsymbol{A}$ で表し，運動量を $\hbar\boldsymbol{k} + e\boldsymbol{A}$ で入れ替えることで，式 (8.132) の σ_fan は，2 次元系で $\omega \to 0$ の場合，ディガンマ関数 $\psi(z)$ を使って，

$$\sigma(B,T) - \sigma(0,T) = \frac{e^2}{\pi h}\left[\psi\left(\frac{1}{2} + \frac{1}{x}\right) + \ln x\right] \tag{8.135}$$

で与えられる．ただし，x は，

$$x = \frac{8\pi eL^2 B}{h} = 4\frac{\pi L^2 B}{(h/2e)} \tag{8.136}$$

で定義され，係数 4 の後の量は，半径 L の円を貫く磁束を，一種の磁束量子 $h/2e$（図 8.30(a) のように，時間反転経路間の干渉を考える場合，ループの囲む面積は実質 2 倍になるため，通常の磁束量子の 1/2 を使用する）で測ったものである．式 (8.135) で，磁場が強くなるにつれ右辺括弧内第 2 項が大きくなり，磁気伝導度は $\ln B$ という特徴的な磁場依存性を示す．

f. 普遍的伝導度揺らぎ

以上，拡散的伝導領域でのマクロな試料の電気伝導に現れる量子干渉効果の典型例であったが，試料を小さくすると，伝導が h 節の古典経路に支配されていることが電気伝導に現れる．すなわち，式 (8.127) 中で $\langle\cdots\rangle_\mathrm{imp}$ として表されている不純物の配置に対する平均（不純物平均）は，l_ϕ よりも試料サイズが十分大きいことによってその実質的な操作が行われていたが，サイズが l_ϕ 程度以下になることでこの平均操作が行われず，いわば各試料中の電子波の干渉縞が伝導度に影響を与える状態となる（古典経路ネットワークの個性が伝導度に現れる，とみることができる）．

この非平均化効果は，同形状の試料の伝導度が試料ごとに異なる揺らぎとして現れるは

ずである.ランダウアー公式 (8.61) の考え方を適用し,試料中に N 個程度の伝導チャネルを考えることができたとする.非平均化効果は,有効な伝導チャネル数の試料ごとのばらつきとして現れ,N がランダムな確率変数だとすると,その分布の広がり(揺らぎ)は $\delta N \sim \mathcal{O}(\sqrt{N})$ と評価される.しかし,乱雑な不純物分布をもつコヒーレント伝導体においては,$\delta N \sim \mathcal{O}(1)$ と揺らぎが小さくなる.これは,エネルギー領域で考えるとランダム行列理論が教えるように準位間反交差のために準位が等間隔で並よ,このために E_F 以下の準位(チャネル)数の揺らぎが $\mathcal{O}(1)$ 程度に抑えられると解釈できる.チャネルあたりの最大の伝導度は $2e^2/h$ であるから,揺らぎの最大振幅も $2e^2/h$ 程度と普遍的になる.これが普遍的伝導度揺らぎ(universal conductance fluctuation, UCF)である[21, 22].

上の議論からわかるように,UCF といっても常に $2e^2/h$ の振幅で揺らぐわけではなく,条件により振幅は小さくなる.揺らぎの大きさを 2 次元の拡散的伝導体について定性的な議論で見積もってみる.サイズ $L \times L$ の 2 次元試料に端から電子が入射し,拡散係数 D の拡散運動により反対側の端に抜けている過程を考えると,通過に必要な時間 τ_L は $\tau_L = L^2/D$,対応するエネルギーの広がり(不確定性)は $\delta E = \hbar/\tau_L = \hbar D/L^2$ である.E_F 以下の状態数は,$N = 2L^2 \pi k_\mathrm{F}^2/(2\pi)^2$ で見積もられるから,準位間隔は最も粗くは $\Delta E \sim E_\mathrm{F}/N = (2\pi/L^2)(\hbar^2/m)$ であるから,伝播の間に使用できる伝導チャネルの数は次のように見積もられる.

$$N_\mathrm{ch} \sim \frac{\delta E}{\Delta E} = \frac{E_\mathrm{F} \tau}{\hbar} = \frac{k_\mathrm{F} l}{4\pi} \qquad (8.137)$$

したがって伝導度揺らぎの試料全体の伝導度に対する割合は,$\delta g/g \sim 1/N_\mathrm{ch} \sim 4\pi/k_\mathrm{F}l$ であり,全体の伝導度がドゥルーデの伝導度 $\sigma_0 = ne^2\tau/m = (e^2/h)(k_\mathrm{F}l)$ 程度だとすると,伝導度揺らぎは

$$\delta g \sim \frac{\sigma_0}{N_\mathrm{ch}} \sim 4\pi \frac{e^2}{h} \qquad (8.138)$$

と,やはり $2e^2/h$ 程度になることが確認される.

伝導度揺らぎを実験的に調べるには同型の試料を多数用意する必要があるが,その代用として図 8.32(a) に模式図を示したように,磁気伝導度を使用することが多い.左電極のチャネル i から右の j への透過率 T_{ij} は,$i \to j$ の経路を α, β で指数づけし,この経路を伝播する波動関数の振幅を a_α, a_β,経路間の行路差,位相シフト差を含めた位相差を $\theta_{\alpha\beta}$ と書くと,

$$T_{ij} = \sum_{\alpha, \beta} a_\alpha a_\beta \cos \theta_{\alpha\beta}$$

と形式的に書くことができる.散乱中心位置の乱雑さは $\theta_{\alpha\beta}$ の分布として表現される.垂直磁場により,$\theta_{\alpha\beta}$ に AB 位相 $2\pi e \phi_{\alpha\beta}/h$ が加わるが,経路 α と β が囲む領域を貫く磁束 $\phi_{\alpha\beta}$ は,行路差 $\theta_{\alpha\beta}$ とは異なる分布をとり,実効的に「異なる不純物配置」を連続的に実現することができる.図 8.32(b) は,比較的移動度の低い($\sim 10^5 \mathrm{cm}^2/\mathrm{Vs}$)2 次元電子

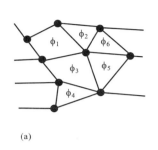
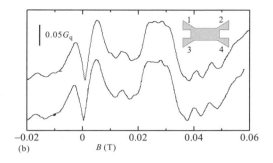

図 8.32 (a) UCF が伝導度の磁場依存性（磁気伝導度）として現れることの定性的説明図．試料中にできた各ループを貫く磁束の変化によって経路位相差が変化し，実質的に不純物配置を変化させたのと同様の効果が生じる．(b) 4 端子伝導度の磁場依存性に現れた UCF の例．試料はヘテロ接合 2 次元電子系を挿入図のような形状（長手方向が $1\mu\mathrm{m}$）に加工したもので，1-3 に電流を流し，2-4 で電圧をとっている．2 回の異なる磁場掃引に対するデータを並べて示している（比較のためオフセットをつけている）．

系を微細加工した試料の磁気伝導度で，UCF（2 回の磁場掃引に対してほとんど再現する非周期的振動）が現れている．測定温度は 40 mK である．弾道的伝導領域に近いため振幅は e^2/h に比べてかなり小さくなっている．

g. 非平衡グリーン関数法

ランダウアーの取り扱いによる 1 次元の伝導度を導く際（8.1.4a 項）に，境界条件を考慮することが必要で，非平衡を扱うことになる，と述べた．2 重障壁ダイオードのように素子中に一様でない電場勾配が生じる場合，素子中の電場分布などは量子的に直接扱うのは現実的ではなく，密度行列から電荷分布を求めてセミマクロなポアソン方程式と無撞着になるよう，計算機を用いて解答を得るのが比較的容易な方法である．このような計算の際に有用なのが非平衡グリーン関数の方法である[24]．これらの処方は非平衡問題に対して常によい近似を与える保証はなく，確立している保証範囲は限定的である．一方，非線形光学現象などではこのような「保証範囲」を超えてよく実験と合うことが実証されており，適用範囲については議論が多い[25,27,66]．ここでは，簡単な例をあげるにとどめる．

図 8.33 のような簡単な 1 次元鎖の 2 端子デバイスを考える．電極，試料のハミルトニアン $\mathscr{H}_\mathrm{L}$，$\mathscr{H}_\mathrm{R}$，$\mathscr{H}$ に対する強束縛近似で一定のホッピングマトリクスを与えると，それぞれ余弦バンドが得られる．各サイトの波動関数をベクトル状に表し，左右電極，試料内サイトの波動関数を成分にもつベクトルを $\{\phi_\mathrm{L}\}$，$\{\phi_\mathrm{R}\}$，$\{\psi\}$ とする（したがって，それぞれが無限次元あるいは大きな次元をもつベクトルである）．試料と電極の接触を表す行列を τ_L，τ_R とすると，全体のシュレーディンガー方程式は

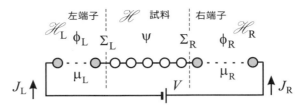

図 8.33　2端子素子の簡単な1次元鎖モデル.

$$\begin{bmatrix} \mathscr{H}_L & \tau_L^\dagger & 0 \\ \tau_L & \mathscr{H} & \tau_R \\ 0 & \tau_R^\dagger & \mathscr{H}_R \end{bmatrix} \begin{Bmatrix} \phi_L \\ \psi \\ \phi_R \end{Bmatrix} = E \begin{Bmatrix} \phi_L \\ \psi \\ \phi_R \end{Bmatrix} \tag{8.139}$$

となる.

ここで，中央の方程式

$$(EI - \mathscr{H})\psi = \tau_L \phi_L + \tau_R \phi_R \tag{8.140}$$

に着目する．右辺の非斉次項が ψ を含まなければ相互作用のないグリーン関数を考えて解くことができる．そこで，電極を一種の「外界」とし，試料中の1粒子と電極の自由度との相互作用がある多体問題として扱ってみる．相互作用を1粒子描像に自己エネルギー $\Sigma = \Sigma_L + \Sigma_R$（図 8.33）という形で繰り込み，

$$[EI - \mathscr{H} - \Sigma]\psi = \tau_L \phi_{0L} + \tau_R \phi_{0R}$$

とする．ここで，ϕ_{0L}, ϕ_{0R} は相互作用がなく熱平衡にある電極の状態である．Σ の実部はエネルギーシフト，虚部はエネルギー準位の広がりを表す．熱平衡状態での電極の遅延グリーン関数を

$$[EI - \mathscr{H}_{L,R} + i0^+ I]G_{L,R}^R = I \tag{8.141}$$

で定義すると，式 (8.139) の第1，第3式より

$$\phi_L = \phi_{0L} + G_L^R \tau_L^\dagger \psi, \quad \phi_R = \phi_{0R} + G_R^R \tau_R^\dagger \psi$$

である．式 (8.140) より

$$\Sigma_L = \tau_L G_L^R \tau_L^\dagger, \quad \Sigma_R = \tau_R G_R^R \tau_R^\dagger \tag{8.142}$$

以上から，試料部分の遅延グリーン関数（非平衡グリーン関数）を

$$[EI - \mathscr{H} - \Sigma_L - \Sigma_R + i0^+ I]G^R = I \tag{8.143}$$

と書いて，波動関数 ψ を

8.1 ナノスケール量子系

$$\psi = G^{\mathrm{R}}(\tau_{\mathrm{L}}\phi_{0\mathrm{L}} + \tau_{\mathrm{R}}\phi_{0\mathrm{R}}) \tag{8.144}$$

と表すことができる.

電荷密度を計算するための密度行列は, $S \equiv \tau_{\mathrm{L}}\phi_{0\mathrm{L}} + \tau_{\mathrm{R}}\phi_{0\mathrm{R}}$ として

$$\begin{aligned}
\rho &= 2(f(\epsilon_{0\mathrm{L}} - \mu) + f(\epsilon_{0\mathrm{R}} - \mu))\psi\psi^\dagger \\
&= 2\int dE f(E-\mu) \sum_{\alpha=\mathrm{L,R}} \delta(E-\epsilon_{0\alpha})\psi\psi^\dagger \\
&= 2\int dE f(E-\mu) G^{\mathrm{R}} \left\{ \sum_{\alpha=\mathrm{L,R}} \delta(E-\epsilon_{0\alpha})\{S\}\{S\}^\dagger \right\} G^{\mathrm{R}\dagger}
\end{aligned} \tag{8.145a}$$

$$\begin{aligned}
&= 2\int \frac{dE}{2\pi} G^{\mathrm{R}} \left[\sum_{\alpha=\mathrm{L,R}} \tau_\alpha a_\alpha \tau_\alpha^\dagger f_\alpha \right] G^{\mathrm{R}\dagger} \\
&= -2i \int \frac{dE}{2\pi} G^<
\end{aligned} \tag{8.145b}$$

式 (8.145a) の a_α は $2\pi\delta(E-\epsilon_\alpha)\phi_\alpha\phi_\alpha^\dagger$. また, 式 (8.145b) の $G^<(r,r';E)$ は相関グリーン関数で, 点 r, r' での波動関数の相関を表し, 密度行列に対応するものである. 式 (8.145a), 式 (8.145b) を次のように書いてみる.

$$G^< = G^{\mathrm{R}} \Sigma^< G^{\mathrm{R}\dagger} = i(f_{\mathrm{L}} A_{\mathrm{L}} + f_{\mathrm{R}} A_{\mathrm{R}}). \tag{8.146}$$

$$\Sigma^< = \Sigma_{\mathrm{L}}^< + \Sigma_{\mathrm{R}}^< = i(f_{\mathrm{L}}\Gamma_{\mathrm{L}} + f_{\mathrm{R}}\Gamma_{\mathrm{R}}), \tag{8.147}$$

$$\begin{aligned}
\Gamma &= i\left(\Sigma^{\mathrm{R}} - \Sigma^{\mathrm{R}\dagger}\right) = -2\mathrm{Im}\,\Sigma^{\mathrm{R}} \\
&= \Gamma_{\mathrm{L}} + \Gamma_{\mathrm{R}} = \tau_{\mathrm{L}} a_{\mathrm{L}} \tau_{\mathrm{L}}^\dagger + \tau_{\mathrm{R}} a_{\mathrm{R}} \tau_{\mathrm{R}}^\dagger,
\end{aligned} \tag{8.148}$$

$$\begin{aligned}
A &= i\left(G^{\mathrm{R}} - G^{\mathrm{R}\dagger}\right) = -2\mathrm{Im}\,G^{\mathrm{R}} \\
&= A_{\mathrm{L}} + A_{\mathrm{R}} = G^{\mathrm{L}} \Gamma_{\mathrm{L}} G^{\mathrm{L}\dagger} + G^{\mathrm{R}} \Gamma_{\mathrm{R}} G^{\mathrm{R}\dagger}.
\end{aligned} \tag{8.149}$$

Γ は透過率, A は状態密度に対応している. 結局, 密度行列は式 (8.145b) より遅延グリーン関数 (8.141) より求められるが, 式 (8.141) の中の $\mathscr{H}$ は ρ で決まるハートリーポテンシャルを含んでいるから, g 項のポアソン–シュレーディンガーと同様, これを繰り返して解くことにより, 自己無撞着解が得られる.

時間依存シュレーディンガー方程式は, 式 (8.139) で E を $i\hbar d/dt$ で置換することで得られる. そこで, デバイス電流は素子内の波動関数 ψ に対して

$$J = (-e)\frac{d\psi^\dagger}{dt}\psi = -\frac{e}{i\hbar}\mathrm{Tr}\left[\psi^\dagger(\tau_1\phi_1 + \tau_2\phi_2) - (\phi_1^\dagger \tau_1^\dagger + \phi_2^\dagger \tau_2^\dagger)\psi\right] \tag{8.150}$$

で得られる．ここで，左右電極を 1, 2 とした．透過係数は透過率と状態密度の積で $T = \Gamma A$ と書けるとすると，この電流の表式は

$$J = \frac{2e}{h} \int dE T(E)[f_1(E) - f_2(E)] \tag{8.151}$$

と，ランダウアー–ビュティカーの表式に帰着する．

8.1.7 量子ドットを舞台とする物理現象
a. 量子ドットと低エネルギー光子

クーロンブロッケード現象は何らかの非弾性過程があれば破れうる．トンネル過程で電子が光子から特定のエネルギーを得ることがあればこのような現象が生じ，単色光を使用すればこの光子補助トンネル（photon-assisted tunneling, PAT）過程はゲート電圧軸上で電流ピークとして現れる．実験ではマイクロ波をゲートやソースの電圧に重畳させることが多く，古典的な振動電場とし，ハミルトニアンに

$$H = H_0 + eV_m \cos \omega t \tag{8.152}$$

と振動する摂動項を付け加えて扱うこともある．H_0 の固有関数，固有値を $H_0 \varphi = E \varphi$ とおき，式 (8.152) の固有関数 ψ をベッセル関数 J_n の母関数表示より次のように書く．

$$\begin{aligned} \psi &= \varphi \exp\left[-i \int^t \frac{dt'}{\hbar}\left(E + eV_m \cos \omega t'\right)\right] \\ &= \varphi \sum_{n=-\infty}^{\infty} J_n\left(\frac{eV_m}{\hbar \omega}\right) \exp\left(-i \frac{E + n\hbar\omega}{\hbar} t\right) \end{aligned} \tag{8.153}$$

これより，状態密度 $\rho(E)$ は変調を受け，

$$\rho_{\mathrm{mod}}(E) = \sum_{n=-\infty}^{\infty} \rho(E + n\hbar\omega) J_n^2\left(\frac{eV_m}{\hbar \omega}\right) \tag{8.154}$$

と，n 個光子分だけ離れたところの状態間に振動振幅のベッセル関数の 2 乗に比例する混じりを生じる．状態数が一定になるように規格化する．

量子ドット系を左右電極，ドットに分けて，それぞれが式 (8.154) により変調を受け，その間にトンネルが生じる，とするのが PAT の簡単な近似である．電極は金属的で状態密度はフラットと考えると式 (8.154) の影響は，定性的にはソースドレイン電圧を有限にしたときに生じる．一方，半導体ドットで量子閉じ込めによる 1 電子準位が離散化している場合にはゲート応答に直接的な影響がある．

1 電子準位間隔 $\Delta \epsilon$ が $\hbar \omega$ に対し十分大きいとし，1 準位のみ考慮する．この場合ドット内電子間反発の効果については，主ピークより高充填側でホール伝導，低充填側では電子伝導が生じるとし，PAT の影響は有限温度の効果と同様に考えればあらわに取り扱う必要

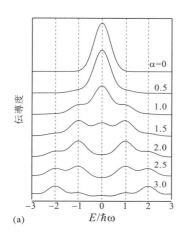
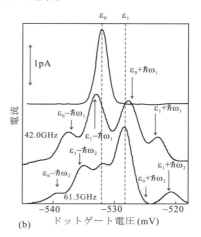

図 8.34 (a) 式 (8.154) から,総和則に基づきゲート電圧 $E = eV$ に対して伝導度の積分値が等しくなるという仮定に基づいて計算した量子ドット伝導度をパラメータ $\alpha \equiv eV_m/\hbar\omega$ のさまざまな値についてプロットしたもの. (b) GaAs 量子ドットで測定された PAT 効果. $\Delta\epsilon \approx \hbar\omega$ の場合の電流変化分. データは van der Wiel et al.[28] より.

はなく,状態密度に比例して伝導が起こると考えられる.すなわち,$\hbar\omega$ の整数倍のエネルギーをもつ光子の吸収に起因する「状態密度」の移動により,クーロンピークから $n\hbar\omega$(n は整数)離れた位置にサイドピークが生じる.図 8.34(a) は伝導度のゲート電圧積分値が等しくなるという簡単な仮定で計算したクーロンピークで,元の準位幅を $\hbar\omega$ にとり,マイクロ波強度 V_m を強くしていくと,$J_0(x)$ のゼロ点付近で主伝導ピークが小さくなるとともに,PAT によるサイドピークが次第に成長する様子が観察される.

図 8.34(b) に示したのが,実際の量子ドットの PAT 信号である[28].この実験では,$\hbar\omega$ を隣接量子化準位との間隔よりもわずかに大きくとってあるため,隣接準位(位置 ϵ_1)による電流ピークも生じているが,これを考慮すれば,比較的 (a) を再現する結果が現れている.照射マイクロ波強度を強くしていくと,励起の量子ドットに対する非対称性その他の影響により,(a) の計算結果からは大きくずれ,単電子ポンプ効果によってゼロバイアスでも有限電流が流れるなどの効果が生じる.

b. ファノ効果

ファノ(Fano)効果[29]は固有状態が空間的に広がり連続スペクトルをもつ系と,局在して離散スペクトルをもつ系との結合系の透過率に干渉効果が影響する現象である.離散状態を $|\varphi\rangle$,エネルギー E の連続スペクトル状態を $|E\rangle$ と書き,ハミルトニアン $\mathscr{H}$ を次のようにとる.

$$\langle\varphi|\mathscr{H}|\varphi\rangle = E_\varphi, \ \langle E|\mathscr{H}|\varphi\rangle = V_E, \ \langle E'|\mathscr{H}|E\rangle = E\delta(E' - E). \tag{8.155}$$

$\mathscr{H}$ の ϵ を固有値とする固有状態 $|\psi_\epsilon\rangle$ を $\{|\varphi\rangle, |E\rangle\}$ で展開する．

$$|\psi_\epsilon\rangle = a|\varphi\rangle + \int dE b_E|E\rangle = \epsilon^{-1}\hat{H}|\psi_\epsilon\rangle. \tag{8.156}$$

式 (8.156) より，次の連立方程式が得られる．

$$aE_\varphi + \int dE b_E V_E^* = a\epsilon, \ aV_E + Eb_E = b_E\epsilon. \tag{8.157}$$

式 (8.157) の第 2 式より $\epsilon = E$ で異常が生じるので，散乱問題の処方箋に従い $\mathcal{P}$ を積分の主値記号として，

$$b_E = aV_E\left(\frac{\mathcal{P}}{\epsilon - E} + z(\epsilon)\delta(\epsilon - E)\right) \tag{8.158}$$

とする．$z(\epsilon)$ は散乱問題では $i\pi$ とすることが多いが，ここでは多数回の散乱が問題になるため，z を実にとり，ϵ 依存性を考える．式 (8.157) の第 1 式へ式 (8.158) を代入し

$$E_\varphi + \int dE V_E^* V_E \left[\frac{\mathcal{P}}{\epsilon - E} + z(\epsilon)\delta(\epsilon - E)\right] = \epsilon \tag{8.159}$$

である．これより主値積分部分を ϵ の関数として次のように求められる．

$$z(\epsilon) = \frac{\epsilon - E_\varphi - F(\epsilon)}{|V_\epsilon|^2}, \ \left(F(\epsilon) \equiv \mathcal{P}\int dE \frac{|V_E|^2}{\epsilon - E}\right). \tag{8.160}$$

式 (8.157) はみたせたので，最後に規格化条件 $\langle\psi_{\epsilon'}|\psi_\epsilon\rangle = \delta(\epsilon' - \epsilon)$ から (a, b_E) が求まる．極限操作に留意しながらやや面倒な計算を行うと

$$a(\epsilon) = \frac{\sin\Delta}{\pi V_\epsilon} \ \left(\Delta \equiv -\arctan\left[\frac{\pi}{z(\epsilon)}\right]\right) \tag{8.161}$$

となり，式 (8.158) から b_E も求められる．Δ は位相シフトに相当する．

$$\begin{aligned}|\psi_\epsilon\rangle &= a(\epsilon)\left[|\varphi\rangle + \mathcal{P}\int dE \frac{V_E|E\rangle}{\epsilon - E} + V_\epsilon z(\epsilon)|\epsilon\rangle\right] \\ &= a(\epsilon)|\Phi\rangle - \cos\Delta|\epsilon\rangle, \ \ |\Phi\rangle \equiv |\varphi\rangle + \mathcal{P}\int dE \frac{V_E|E\rangle}{\epsilon - E}\end{aligned} \tag{8.162}$$

と書くと，$|\Phi\rangle$ は局在状態 $|\varphi\rangle$ が $|E\rangle$ の混じりにより変化したもので，V_E による 1 次摂動に類似の形（分母の ϵ が E_φ でない点が異なる）をしており，エネルギー準位も同様に $\epsilon_0 \equiv E_\varphi + F(\epsilon)$ へシフトしたと考えることができる．

この系の外部の平面波 $|i\rangle$ から，$|\psi_\epsilon\rangle$ への遷移確率を考える．式 (8.155) に外界との結合を表す項を付け加えることになるが，この遷移演算子を一般的に $\hat{T}$ とすると $\langle\psi_\epsilon|\hat{T}|i\rangle = a^*\langle\Phi|\hat{T}|i\rangle - \cos\Delta\langle\epsilon|\hat{T}|i\rangle$ より

8.1 ナノスケール量子系

$$\frac{\langle \psi_\epsilon | \hat{\mathcal{T}} | i \rangle}{\langle \epsilon | \hat{\mathcal{T}} | i \rangle} = q \sin \Delta - \cos \Delta = \sin \Delta (q + \xi) \tag{8.163}$$

と書ける．ただし，

$$q \equiv \frac{1}{\pi V_\epsilon^*} \frac{\langle \Phi | \hat{\mathcal{T}} | i \rangle}{\langle \epsilon | \hat{\mathcal{T}} | i \rangle}, \quad \xi \equiv -\cot \Delta = \frac{\epsilon - \epsilon_0}{\Gamma/2}, \quad \Gamma \equiv 2\pi |V_\epsilon|^2 \tag{8.164}$$

で，q はファノパラメータとよばれ，Γ は V_E によってついた共鳴幅，ξ はこれにより無次元化された共鳴位置からの距離である．$\sin^2 \Delta = 1/(1+\xi^2)$ より，次が得られる．

$$\frac{|\langle \psi_\epsilon | \hat{\mathcal{T}} | i \rangle|^2}{|\langle \epsilon | \hat{\mathcal{T}} | i \rangle|^2} = \frac{|q+\xi|^2}{1+\xi^2}. \tag{8.165}$$

ファノ効果を観測しうるメゾスコピック試料として，AB リングの片方の経路に量子ドットが入った系（図 8.35(b) 右上挿入図）を考える．散乱形式を適用して伝導度を計算してみる．ここでは，図 8.35(a) に示した合成 S 行列をそのまま量子ドット S 行列に使用し，8.1.4f 項の図 8.23(b) の AB リングモデルの S_w を (a) で得られた S 行列に置換し，S_AB に有限反射率を導入したモデルで計算した．

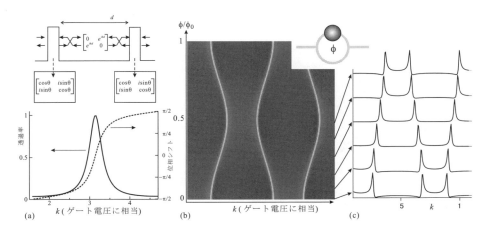

図 8.35 (a) 上：量子ドット2重障壁モデル．障壁部，井戸部分にそれぞれ S 行列を考える．下：量子ドット透過率と位相シフト．$d=1$ とし，k を横軸にとっている．障壁の反射率は 0.7．(b) 右上挿入図の AB リング＋量子ドット系の伝導度を k（ゲート電圧相当）とリングを貫く磁束 ϕ に対して濃淡プロットしたもの．図 8.23(a) の AB リングモデルの S_w を (a) で得られた S 行列に置換し，S_AB に有限反射率を導入したモデルで計算した．ドットの反射率は，0.7，反対側の「参照腕」の反射率は 0.82．(c)(b) の透過率を $\phi/\phi_0 =$ 0, 0.01, 0.19, 0.29, 0.38, 0.48 についてプロットした．

図 8.35(b), (c) に透過率を (k,ϕ) の関数として描いた. この k はモデルに示したように, 2 重障壁内を走る電子の波数であるが, 狭い変数範囲で共鳴ピークの線形などを議論する場合にはエネルギー E, あるいはゲート電圧 V_g と読み換えてよい. ϕ が一定の断面 (図 8.35(c)) をみると, 透過率はディップとピークが隣り合う形状をしており, ディップ位置では透過率はゼロに落ちる. これはまさに式 (8.165) で示された遷移確率にほかならない. ここでモデル化した量子ドットの透過率と位相シフトは E に対して図 8.35(a) 下図のように変化するので, 弱め合う干渉効果の結果であるディップは, 共鳴ピーク付近で位相シフトが π 変化することから生じていることが明らかである. 言い換えれば, 図 8.35(a) はファノ効果を直感的に理解するためのダイアグラムとみることができる.

ファノ効果はさまざまな系でみられるが, 量子ドット干渉計では外部パラメータによって制御できる点が特徴である. 例えば, AB 干渉計の場合, 磁束 ϕ によりファノパラメータ q に AB 振動を生じさせることができ, 図 8.35(b) でクーロンピーク位置が ϕ_0 周期でジグザグ運動しているのはこれを反映している.

図 8.36 に GaAs の量子ドット+AB リング系で測定されたファノ効果のデータを示した[30]. 図 8.36(a) と図 8.35(b) を比べると, 実験では AB 振動のピーク位置がゲート電圧に対して連続的にシフトする変化を示しているが, これは, AB リング中の複数伝導チャ

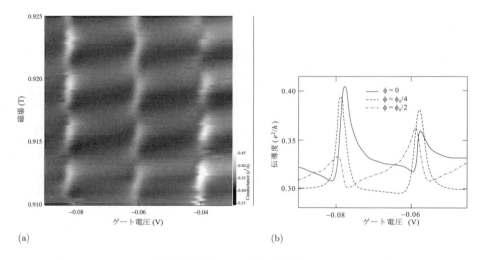

図 8.36 (a) GaAs2 次元電子系を加工して作製した量子ドット-AB リング系に現れた Fano 効果. 電気伝導度変化をゲート電圧-磁場に対して白黒濃淡プロットしたもの. (b) 3 つの代表的な磁場での電気伝導度をゲート電圧に対してプロットしたもの. 実線のデータでの磁場をリング内の磁束のゼロ点にとり, $\phi_0/4$, $\phi_0/2$ のデータを取り出した[30].

ネルの効果として説明できる[12]．(b) に示したように，AB リング中の磁束を $\phi_0/2$ だけ増加すると，ファノ効果が量子干渉に起因していることを反映してクーロンピークの歪の向きが反転する．

c. 近藤効果

近藤効果は，低温での孤立スピン散乱に関して発見されたが，縮退した 2 準位系 (qubit)，あるいはさらに多縮退の縮退系が多フェルミ自由度系と相互作用している場合に生じる一般的効果である[31]．通常のメゾスコピック伝導体では，低エネルギー極限では，励起が不可能になることで自由度がすべて凍結され，伝導特性は単一 S 行列で記述できる．縮退系の場合はエネルギーを下げてもこの自由度が凍結されない．伝導電子はエネルギーを失うことなく局在スピン (qubit) 状態を変化させ，qubit の自由度が失われることもない．この不安定性が近藤効果の駆動力である．

近藤効果の摂動計算の詳細は他書に譲り[31]，ここではメゾスコピック伝導体にやや特化したモデルについて，大まかな議論を展開しておこう[53]．電極電子の伝導チャネルを i, j で指数づけする．また，qubit の 2 つの縮退状態を $|\alpha\rangle, |\beta\rangle$ と書く．i チャネルにいた電子がドットで j チャネルに散乱され，ドット状態が $\alpha \to \beta$ と変化することに対応する複素透過係数を考え，これを $it(j,\beta;i,\alpha)$ と書く．以上から，次のハミルトニアンが得られる．

$$\mathcal{H} = \underbrace{\mathcal{H}_{\mathrm{q}}}_{\text{qubit}} + \underbrace{\sum_{k\sigma}\epsilon_k c^\dagger_{k\sigma}c_{k\sigma}}_{\text{電極電子}} - \underbrace{\sum_{k,k'}\sum_{i,j,\alpha,\beta}\frac{\hbar}{\sqrt{Vv_{\mathrm{F}i}v_{\mathrm{F}j}}}t(j,\beta;i,\alpha)|\beta\rangle\langle\alpha|c^\dagger_{kb}c_{k'a}}_{\text{(qubit 散乱部分)}}. \quad (8.166)$$

近藤効果は，2 次以上の遷移（量子ドット伝導では同時トンネル）の寄与が異常を生じる過程である．これに対していわゆるプアマンズスケーリング (poor man's scaling) を行ってみる．一般に系に存在する励起の高エネルギーカットオフ E_cut を単位として無次元化したエネルギー領域 $[-D,D]$ のフラットな状態密度のバンドを仮定し，D を微小量 δD だけ縮めたとき，低エネルギー現象を不変に保つために透過率 t がどのように変化するか調べる．

2 次の過程を考えると，図 8.37 のように，中間状態として電子のチャネルを使うものと，正孔のチャネルを使うものが考えられる．中間チャネルを l，ドットの中間状態を γ で指数づけすると，$\eta \equiv -\ln D$ として

$$\frac{dt(j,\beta;i,\alpha)}{d\eta} = \frac{1}{2\pi}\sum_{l,\gamma}(t(j,\beta;l,\gamma)t(l,\gamma;i,\alpha) - t(l,\beta;i,\gamma)t(j,\gamma;l,\alpha)) \quad (8.167)$$

というスケーリング方程式が得られる．ここで 2 項目の正孔を経由する過程の寄与に負号がついているのは電子の生成消滅演算子の反交換関係によるものである．$t(j,\beta;i,\alpha)$ を状態 (i,α) を 1 つのインデックスとする行列 $\boldsymbol{t}$ と扱う．これを $\{t(j,\beta;i,\alpha)\}$ と書き，「チャネルに関する転置行列」$\bar{\boldsymbol{t}}$ を

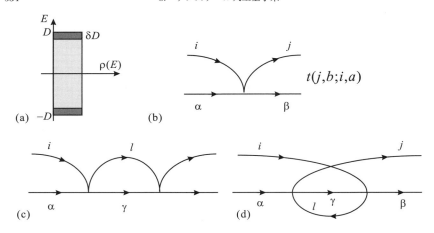

図 8.37 (a) プアマンズスケーリングの概念図. (b)$t(j,b:i,a)$ が表す透過（散乱）過程をダイアグラムで表したもの. (c) 仮想電子状態を中間チャネルとする 2 次の散乱過程. 式 (8.167) の右辺第 1 項に相当. (d) 同じく正孔状態（時間を逆行するライン）を中間チャネルとする過程.

$$\{\bar{t}(j,\beta;i,\alpha)\} = \{t(i,\beta;j,\alpha)\} \tag{8.168}$$

を定義すると，式 (8.167) は

$$\frac{d\boldsymbol{t}}{d\eta} = \frac{1}{2\pi}(\boldsymbol{t}^2 - \overline{\boldsymbol{t}^2}) \tag{8.169}$$

と表すことができる.

近藤効果は，最初に述べた低温での不安定性が駆動力となり伝導電子（外部フェルミオン）自由度の局在自由度（qubit）による散乱確率が増大し，多数フェルミオン自由度の最大エンタングルド状態が生じる現象である．そこで，そのような最大エンタングル状態 $\Psi_{i\alpha}$ を考えると，i と α の 1 対 1 対応状態であるから

$$\sum_\alpha \Psi^*_{i\alpha}\Psi_{j\alpha} = \frac{\delta_{ij}}{N_{\text{ch}}}, \quad \sum_i \Psi^*_{i\alpha}\Psi_{i\beta} = \frac{\delta_{\alpha\beta}}{2} \tag{8.170}$$

である．したがって，演算子

$$\hat{t} = Kt\left(|\Psi\rangle\langle\Psi| - \frac{1}{2N_{\text{ch}}}\hat{I}\right), \quad K = \left(1 - \frac{1}{2N_{\text{ch}}}\right) \tag{8.171}$$

をつくると，$|\Psi\rangle$ は固有値 t をもつ $\hat{t}$ の固有関数で，$\text{Tr}(\hat{t}) = 0$ である．この $\hat{t}$ を式 (8.166) の中の qubit 散乱部分の $\{t(j,\beta;i,\alpha)\}$ として採用してみる．これをスケーリング則 (8.169) に入れて Ψ が最大エンタングル状態であることを勘案して計算すると，(8.169) の右辺全体が Ψ を固有ベクトルにもつ行列になる．これより

$$\frac{dt}{d\eta} = \frac{K}{2\pi}t^2 \tag{8.172}$$

が得られる.

式 (8.172) より, $t > 0$ に対して $t \to \infty$, すなわち, バンド幅を狭めるに従い, 透過行列が無限大に発散するという結果が得られる. むろんこのスケーリングは t が小さいという前提条件で成立するので, 発散するところまでは使えないが, 温度が低くなるほど透過（結合）が大きくなるという漸近的強結合の性質を示すものである. 式 (8.172) の解は η_K を定数として $t(\eta) = (2\pi/K)(\eta_K - \eta)^{-1}$ となり, $\eta = \eta_K$ で発散が生じる. 発散自身はスケーリングの取り扱いの破綻を示すだけであるが, $\eta_K = 2\pi/Kt_0$ ($t_0 \equiv t(\eta=0)$) は強結合領域 ($t \sim 1$) を与える特徴的エネルギーの指標となる.

η の定義より, η_K に相当する近藤効果を特徴づけるパラメータである**近藤温度** T_K は

$$k_B T_K = E_{\text{cut}} \exp(-2\pi/Kt_0) \tag{8.173}$$

で与えられる. 透過率 t のエネルギー依存性は

$$t(E) = \frac{2\pi}{K}\frac{1}{\ln(E/k_B T_K)} \quad E \gg k_B T_K \tag{8.174}$$

と不明数 E_{cut} が現れない形になる.

式 (8.167) のスケーリング則は, 量子ビットと電子系（フェルミ粒子系）との相互作用系について導いたものであり, 2 次のプロセス（同時トンネル）による透過率の異常増大は $\eta \to \infty$ すなわち温度を T_K より十分下げて有効バンド幅 D が小さくなったときに得られる. すなわちこの現象は, フェルミ面由来の現象である. また, 式 (8.172) の導出からわかるように, 量子ビットの自由度が周辺自由度と最大エンタングルすることで生じる現象である. 式 (8.172) のスケール則は透過行列として式 (8.171) の形を前提としている. 一般の場合に相互作用が同形になる保証はないが, 式 (8.171) はスケール則が (8.172) の簡単な形となるために選ばれたもので, 一般の透過行列についても, むしろ特別な形を考えなければ透過行列中の式 (8.171) に相当する部分が漸近的強結合のスケーリングを生じて支配的になる.

量子ドットにおいては, 以上の議論からわかるように, 近藤効果が生じると同時トンネル過程によって透過行列が異常増大する. $T \to 0$ の近藤効果の理論によれば透過率は 1（ユニタリティ極限）まで, すなわち, 伝導度が $2e^2/h$ まで増大する. 同時トンネルはクーロンブロッケード現象ではトンネルが禁止されるクーロンの谷においても生じる現象であるから, 近藤効果が生じる前提であるエネルギー準位の縮退があれば, 通常温度低下とともに伝導度が低下するクーロンの谷において, 近藤効果が生じた場合は逆に伝導度が通常のクーロンピークにおいて期待される最高の伝導度である e^2/h の 2 倍まで増大するという劇的な現象が生じることになる.

エネルギー縮退としては，最も普遍的に存在するものとして電子スピンによるクラマース（Kramers）縮退が考えられ，前節でも考えた1電子の軌道準位が順にスタックする簡単なモデルでは，電子数が奇数となるクーロンの谷で近藤効果発生の条件がみたされていることになる．さらに，近藤効果が観測されるには，T_K が実験室で電子温度として到達しうる温度である数十 mK よりも高くなる必要があり，このためには電極とドットとの結合を高く設定する必要がある．代表的な実験結果を図 8.38 に示した．

近藤状態での量子ドット伝導については，式 (8.174) より T_K より十分高温側での伝導度の温度依存性が与えられるが，低温域で確立している近似を合わせて

$$G(T) = \frac{2e^2}{h} \frac{4\Gamma_L \Gamma_R}{(\Gamma_L + \Gamma_R)^2} F(T/T_K) \tag{8.175}$$

という表式が実験の解析によく使用される．ここで，

$$F(x) \approx 1 - \pi^2 x^2 \ (x \ll 1), \quad (3\pi^2/16)(\ln x)^{-2} (x \gg 1) \tag{8.176}$$

で，間の領域はこの2領域を適当に滑らかにつないで使用する．

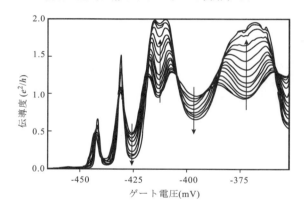

図 8.38 比較的電極との結合が強い量子ドットに現れた近藤効果．クーロンの谷における伝導度が温度低下（矢印で示した）とともに交互に増大と減少を示し，増大した谷ではほぼ $2e^2/h$ に達している[33]．

8.1.8 半導体複合ナノスケール系

これまで，半導体に何らかの形でポテンシャルを形成することで，さまざまな量子現象を引き出せることをみてきたが，ナノスケール系のもう1つの面白さは，対称性やトポロジー的性質の異なる系との接合系をつくって，その界面での物理を調べる点にある．本節では，ゲージ対称性が破れた超伝導体との接合界面について述べる．時間反転対称性が破れた強磁性体との接合については，8.2 節で詳述する．

a. 超伝導-常伝導接合

超伝導体（S）と常伝導体（N）のように物質の基本的な対称性が異なる系を接合した系（SN接合）を考える．界面にフェルミ面上の電子が入射する場合，図8.39(a)のようにそのままでは超伝導エネルギーギャップ（秩序パラメータ）Δによる障壁に反射されて（正常反射）入射できず，透過には対称性の違いを吸収する機構が必要とされる．常伝導体から超伝導体へ電子を注入する際に，Δに相当する分のエネルギーを界面に印加した電圧によって与えることで電子は準粒子（励起状態）としてS側へ入る（図8.39(b)）が，これは対称性の違いを補償したわけではない．

電子を超伝導体内にクーパー対として注入するための対称性補償機構がアンドレーフ（**Andreev**）反射である．これは，図8.39(c)のように（スピン一重項結合の場合）波数$\boldsymbol{k}$，スピン↑の電子がN側から界面に入射し，波数$-\boldsymbol{k}$スピン↓の電子を伴ってクーパー対としてS側に入るというものである．界面で後者の電子をN側のフェルミ面上からS側へ奪うことになるので，N側では波数$-\boldsymbol{k}$，スピン↑の正孔が生じる[*1)]．この正孔は入射電子とちょうど反対向きの波数をもっているので，電子の入射経路を逆にたどる．これを遡及反射とよぶ．逆にN側から$(\boldsymbol{k},\uparrow)$の正孔が入射すると，クーパー対の$(\boldsymbol{k},\downarrow)$の電子と対消滅し，もう一方の$(-\boldsymbol{k},\uparrow)$の電子が$N$側へ「反射」される．

以上からわかるように，アンドレーフ「反射」では，電荷$-e$の電子が入射して，eの正孔が反射されるため，全体として電荷$-2e$が流れて電荷が保存しない．一方，スピンは↑の電子入射に対して↓の正孔が反射して保存される．また電子波動関数の位相情報，超伝

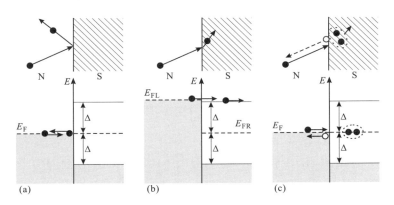

図8.39 超伝導（S）-常伝導（N）界面での電子の反射．(a) 通常反射．(b) バイアス電圧によってエネルギーギャップ障壁を超えて電子が入射．(c) アンドレーフ反射．

[*1)] この「正孔」は，フェルミ面をもつ金属においてフェルミ面下に非占有状態ができた状態で「フェルミ準位下の空き状態」という意味では半導体系の「正孔」と同じであるが，一般に後者は価電子帯の孔で正孔有効質量は正となるが，前者は伝導帯中の孔で，負の有効質量をもつ．

導秩序パラメータの位相情報は反射正孔に引き継がれる．「反射」とされるゆえんである．

b. BTK 公式

SN 界面を yz 平面 ($x=0$) にとり，簡単のため x 軸に沿った 1 次元的な伝導を考え，1 電子のハミルトニアンを

$$\mathscr{H} = -\frac{\hbar^2}{2m^*}\frac{d^2}{dx^2} + V\delta(x) - E_F \tag{8.177}$$

とする．界面ポテンシャル障壁（右辺第 2 項）に対し，障壁高さを表す無次元パラメータ

$$Z \equiv \frac{k_F V}{2E_F} = \frac{V}{\hbar v_F} \tag{8.178}$$

を慣例により導入しておく．ボゴリューボフ–ドゥ ジェンヌ（Bogoliubov–de Gennes: BdG）方程式は，

$$\begin{pmatrix} \mathscr{H}(x) & \Delta(x) \\ \Delta^*(x) & -\mathscr{H}(x) \end{pmatrix} \begin{pmatrix} u(x) \\ v(x) \end{pmatrix} = E \begin{pmatrix} u(x) \\ v(x) \end{pmatrix} \tag{8.179}$$

である．ここで，$u(x)$, $v(x)$ は，それぞれフェルミ準位を挟んでの電子および正孔の自由度を表す波動関数成分である．さらに簡単のため秩序パラメータ（ペアポテンシャル）$\Delta(x)$ は，超伝導近接効果を無視し，N 側で 0，S 側で一定（$\Delta_0 e^{i\theta}$）とする．

N 側から電子が入射する状況を考える．N 側の波動関数は，

$$\psi_N = e^{k^+ x}\begin{pmatrix} 1 \\ 0 \end{pmatrix} + ae^{k^- x}\begin{pmatrix} 0 \\ 1 \end{pmatrix} + be^{-k^+ x}\begin{pmatrix} 1 \\ 0 \end{pmatrix} \tag{8.180}$$

と書くことができる．右辺は順に入射電子，アンドレーフ反射正孔，通常反射電子を表す．$\Delta(x) = 0$ より，式 (8.179) から分散関係 $\hbar k^\pm = \sqrt{2m^*(E_F \pm E)}$ が得られる．$E \ll E_F$ であれば，$k^\pm$ の差は無視でき，電子正孔の有効質量 m^*, m_h^* は $m_h^* = -m^*$ より，運動量は保存される．一方，S 側で

$$\psi_S(x) = ce^{ik_s^+ x}\begin{pmatrix} u_0 \\ v_0 e^{-i\theta} \end{pmatrix} + de^{-ik_s^- x}\begin{pmatrix} v_0 \\ u_0 e^{-i\theta} \end{pmatrix} \tag{8.181}$$

とおく．式 (8.179) より

$$u_0 = \left[\frac{1}{2}\left(1 + \frac{E}{\Omega}\right)\right]^{1/2}, \quad v_0 = \left[\frac{1}{2}\left(1 - \frac{E}{\Omega}\right)\right]^{1/2}, \quad \Omega = \sqrt{E^2 - \Delta_0^2} \tag{8.182}$$

として，

$$\hbar k_s^\pm = \sqrt{2m^*(E_F \pm \Omega)} \tag{8.183}$$

である．

$x=0$ での式 (8.180)，式 (8.181) の接続から係数が決まるが，界面で δ 関数ポテンシャルを仮定したので，接続条件は

$$\psi_N(-0) = \psi_S(+0), \quad \left.\frac{d\psi_N}{dx}\right|_{-0} = \left.\frac{d\psi_S}{dx}\right|_{+0} + \frac{2m^*V}{\hbar^2}$$

となる．これより，4つの係数が Z の関数として定まり，アンドレーフ，通常の反射係数はその結果よりそれぞれ，$A(E) = (k^-/k^+)|a|^2$，$B(E) = |b|^2$ によって求められる．これより，SN 界面を流れる電流 J と電圧 V の関係が

$$\frac{dJ}{dV} = \frac{2e^2}{h}[1 + A(eV) - B(eV)] \tag{8.184}$$

と与えられる．式 (8.184) を Blonder–Tinkham–Klapwijk（BTK）公式とよび，(磁性も含めた) 金属-超伝導接合の伝導解析によく使用される．

c. アンドレーフ束縛状態とジョセフソン効果

常伝導領域が 2 つの超伝導領域に挟まれた SNS 構造を考える．通常反射する電子には，S 領域はエネルギーギャップによる障壁領域であるから，N 領域は量子井戸と見なすことができ，定在波共鳴状態が生じる．一方，アンドレーフ反射の場合も入射粒子の位相情報は反射粒子に引き継がれるから，量子井戸内の位相情報の往復に際して一定位相差が積算され，一種の「定在波」状態が現れる．これをアンドレーフ束縛状態（ABS）とよぶ．図 8.40 で A^+ と書いた経路を考えると，式 (8.180), (8.181) の接続条件より，右側では反射の際に正孔には $\varphi_R - \varphi$（$\varphi = \arctan(E/\Delta_0)$）の位相が加算され，左では同様に電子に $-\theta_L - \varphi$ が加算される．井戸幅 L を伝播する際につく位相と合わせて

$$k^+L - k^-L + \theta_R - \theta_L - 2\varphi \equiv k^+L - k^-L + \Delta\theta - 2\varphi = 2n\pi$$

が定在波条件となる．また，図 8.40 で A^- と書いた，電子と正孔が入れ替わっている経路では，上式で $\Delta\theta$ のところが，$-\Delta\theta$ となる．すなわち，$A^\pm$ の経路から生じる ABS の離散化運動エネルギーは

$$E_n^\pm = \frac{\hbar v_F}{2L}[2(n\pi + \varphi(E_n^\pm)) \pm \Delta\theta] \tag{8.185}$$

を解くことで与えられる．$E_n \ll \Delta_0$ では $\varphi \approx \pi/2$ で，エネルギーの低い ABS は近似的に間隔 $2\hbar v_F/L$ で並んでいる．

ABS は波動としては束縛状態であるものの，A^+，A^- のそれぞれについてみれば波が一周回する度に $2e$ の電荷が運ばれる．左右の超伝導体に電位差がない場合，一般に ABS

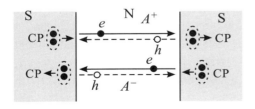

図 **8.40** アンドレーフ束縛状態の形成プロセス．

はフェルミ準位よりかなり高い位置に形成されるが，式 (8.185) から ABS 準位間隔は S 領域間を電子が移動する時間に対応するエネルギー不確定性幅そのものであるから，ABS を仮想状態として電荷が N 領域を透過する過程が可能である．すなわち，超伝導体間の位相差によってゼロ電位差で電流が流れるジョセフソン（Josephson）効果が生じうる．

超伝導電流 J，位相差 $\Delta\theta$ と自由エネルギー F との関係

$$J = \frac{2e}{\hbar}\frac{\partial F}{\partial(\Delta\theta)}, \tag{8.186}$$

および

$$F = -2k_{\rm B}T \sum_{E_n>0} \ln\left[2\cosh\left(\frac{E_n}{2k_{\rm B}T}\right)\right] \tag{8.187}$$

より，超伝導（ジョセフソン）電流の表式として次が得られる．

$$J = -\frac{2e}{\hbar}\sum_n \frac{dE_n}{d(\Delta\theta)}\tanh\frac{E_n}{2k_{\rm B}T} - \frac{2e}{\hbar}\frac{2}{k_{\rm B}T}\int_{\Delta_0}^{\infty} dE \ln\left[2\cosh\frac{E}{2k_{\rm B}T}\right]\frac{\partial\rho}{\partial(\Delta\theta)}. \tag{8.188}$$

ここで，$\rho(E)$ は，$E > \Delta_0$ での状態密度である．上式右辺では，$E_n \leq \Delta_0$ で準位が離散化した ABS の寄与（第 1 項）と $E > \Delta_0$ の連続的な散乱状態の寄与（第 2 項）を分けて和をとっている．式 (8.188) は，SNS 接合でも絶縁体を通して流れるジョセフソン電流も共通して扱える（超伝導の染み出し効果による超伝導電流は異なる現象であり，対象外）．$L \ll \hbar v_{\rm F}/\pi\Delta_0$ で，各 ABS チャネルの透過率 T_n が 1 より十分小さい場合，ジョセフソン電流は

$$J = \frac{\pi\Delta_0}{2e}\left[\frac{e^2}{\pi\hbar}\sum_n T_n\right]\tanh\frac{\Delta_0}{2k_{\rm B}T}\sin(\Delta\theta) \tag{8.189}$$

と書け，括弧 [ ] 内は常伝導時の伝導度であるから，トンネル接合の Ambegaokar–Baratoff 表式を再現する[34, 35]．

8.2 スピントロニクス

8.2.1 スピントロニクスとは

スピントロニクスは，スピンとエレクトロニクスを合わせた造語である．歴史的には，1970 年代の Meservey と Tedrow によって行われた先駆的な強磁性体/超伝導体のトンネル効果の実験，および Julliere による磁気トンネル接合の初期の実験にまでさかのぼる．この分野の発展は，金属素子中でのスピンに依存した電子輸送現象が 1980 年代に相次いで発見されたことで一気に加速した．これには，1985 年の Johnson と Silsbee による強磁性金属から通常の金属へのスピン偏極電子注入の観測，および 1988 年の Albert Fert らと Peter Grünberg らによる巨大磁気抵抗効果の発見がある．一方半導体のスピントロニクスへの利用は，Datta と Das（1990）によるスピントランジスタの理論的な提唱に端を

発する．その後の磁性半導体研究に後押しされ金属・半導体スピントロニクスは相補的に進歩した．20世紀後半1990年代に入ると，スピンの角運動量を利用して磁壁を駆動するスピントルク磁壁移動，あるいは磁化反転を誘起するスピントルク磁化反転といった磁化状態の操作が理論と実験の両面から検証され数々の研究成果が報告された．

これらにより，磁気記録や磁気センサに資する応用技術に直結する重要な物性研究分野が誕生した．さらに21世紀に入ると，上述の現象を引き起こす主要因の角運動量を運搬するスピン流に研究の重心が移り，現在に至っている．これらの動作原理は磁気記録装置の書き込み技術にも応用されることが期待され，従来型磁気固体メモリ（MRAM）とは異なり，スピン注入により書き込みをする磁気固体メモリ（Spin-MRAM）やスピントルクダイオードなど，実用的なデバイス応用の提案も数多くなされている．

このように電荷のみを用いる従来の電気回路とは異なりスピン自由度も同時に利用して動作する電子工学をスピンエレクトロニクスあるいはスピントロニクスとよぶ．スピンと電荷の結合だけではなく，磁気光学効果のように電荷のほかに光とスピンの結合に基づく現象もあるので，図8.41に示すように広義には磁気的・電気的・光学的特性を3本の柱としてそれらがスピンを通じて結びついたエレクトロニクスをスピントロニクスと見なすことができる．

スピントロニクスに必要な技術事項として現象を分類すると，生成（スピン流生成・注入を含む），輸送，蓄積，情報処理，変換（スピン状態検出を含む）などが主なものである．これらの課題を眺めてもわかるように，スピントロニクスもメゾスコピック系の輸送現象と同様，非平衡系を扱うことがその中心となる．スピン自由度は磁気モーメントを伴っているから，磁場や磁気的相互作用を用いることでスピン自由度を直接操作することも原理的には不可能ではないと考えられる．しかし実際には，双極子であるスピンの操作は単極

図 8.41　スピン流を通じて結びついたスピントロニクス相関図．

子が使える電荷に比して格段に難しく，むしろ，以上に示した例のように，電荷自由度との結合や変換を基礎に，スピン自由度の利点を取り込もうというのが工業的な応用の方向である．

スピントロニクスは始まって日の浅い分野であるが，すでに大々的な工業応用から新しい物質や新構造の基礎物性研究まで幅広く展開されている．今後も多くの発見と淘汰が期待され，現状での解説はまとまった学問体系の展開というより，さまざまな方向での研究の現状紹介ということにならざるをえない．本章では，理解に最低限必要な磁性の基礎事項を確認した後，電荷自由度とスピン自由度との相互作用のうえで重要なスピン依存伝導について述べる．続いて固体中でのスピンの空間輸送現象を扱う．電流が電子の集団運動であるように，スピン流も個別の電子の移動ではなく，スピン集団，あるいはスピン磁気モーメントの輸送としてとらえる必要がある．この基本のうえに，スピン注入を含むスピン流の生成についてみていく．スピントロニクスの大きな醍醐味は，磁性体の自発磁化というマクロな自由度を電気的に制御することであり，磁性体を微小にすることで制御性が飛躍的に高まった．未知の部分が多いこの現象について，現象論的に考える．最後に，スピン自由度を使った情報処理のいくつかのアイデアについて解説する．以上以外に，現在注目度の高い分野としてスピンと熱流や蓄熱との関係を調べるスピンカロリトロニクスとよばれるものがある．実験解釈にも未確定の要素が多く，本章ではふれていないが，いずれ大きな項目となるべきものと予想される．

8.2.2 磁性の基礎事項

磁性については，他章で詳しく解説されているが，ここでは，スピントロニクスに必要な事項に絞り，セミマクロな現象論を中心に固体の磁性について概観しておく．

a. 電子スピンと磁気モーメント

電子は「スピン」とよばれる内部自由度をもち，これは，角運動量 $\hbar/2$ を伴う．これを「電子のスピンは $1/2$」であると表現し，角運動量の方向量子化により電子スピンがとりうる値は量子化軸に対して $\pm 1/2$ の2つである．すなわち，電子スピン自由度は2次元のヒルベルト空間を張り，量子2準位系とよばれるものと等価である．スピン $1/2$ と $-1/2$ の状態の電子を，それぞれスピン上向き（up）電子，下向き（down）電子，さらに簡潔に記号で↑，↓と表現することもある．これらは量子力学的な自由度であり，Stern–Gerlach 実験のように「上向きか下向きか」という測定を行えば結果は上向き下向きの2種類に別れるが，測定器を 90°回して「左向きか右向きか」という測定を行うと，やはり左向き右向きの2種類に別れる．非磁性体のように時間反転対称性が保たれている系では，↑，↓ 2つのスピン状態は縮退しており（すなわち空間に特定の方向がない），電子系の波動関数はスピン自由度も含めた自由度を指数とする1電子波動関数を反対称化した多体波動関数の重ね合わせで書かれていることになる．それでも後述のように便宜的に2種類に分けて考え

るモデルがスピン依存伝導をよく説明する場合が多い．

電子スピンは磁気モーメントを伴っており，これは Landé の g 因子 g と，ボーア磁子 $\mu_B = e\hbar/2m_0$ を用いて，$s = -g\mu_B/2$ と表される．したがって，伝導電子は一種の微小磁石ととらえることができ，その運動とともにスピン磁気モーメントが運ばれる．原子位置に局在した電子のスピン磁気モーメントは物質のもつ磁化を構成する．

b. 交換相互作用

交換相互作用は，多電子の波動関数が電子の交換に対して反対称であるというパウリ原理および電子間のクーロン相互作用に由来する量子力学的相互作用で，結果としては2つのスピン（磁気モーメント）の間の相互作用として表される．相互作用するスピンの性質（遍歴か局在か，など）や交換のメカニズムなどによってさまざまに分類されている．最も直接的な交換相互作用は，隣接する2つの磁性イオン間に働く**直接交換相互作用**で，隣接サイトを a, b，その局在スピンを s_a, s_b と書くと，相互作用ハミルトニアンは一般的に

$$\mathscr{H}_{ex} = -2J s_a \cdot s_b \tag{8.190}$$

の形になる．J は交換積分とよばれる局在波動関数に依存する定数である．

式 (8.190) の直接交換相互作用や，イオン間に別の原子が入る超交換相互作用など，局在スピン間の交換相互作用は磁性発現のうえで，重要であるが，スピン依存伝導のうえでは，局在スピンと遍歴スピンとの間に働く交換相互作用も重要である．これらは s, p, d, f といった原子軌道の呼称をとって名づけられることが多い．例えば局在スピンをもつ電子の波動関数が主に d 軌道から形成され，遍歴スピンが主に s 軌道から形成された伝導帯に存在しているとすると，これらの間に働く交換相互作用は s-d 交換相互作用とよばれる．s-d 交換相互作用は，局在-遍歴相互作用の代表格で，局在電子スピンを S，遍歴電子スピンを s として，その相互作用ハミルトニアンを

$$\mathscr{H}_{sd} = -2J_{sd} \sum_{(i,j)} s_i \cdot S_j \tag{8.191}$$

（J_{sd} は定数）とする簡単なモデルが比較的よく成立する．形式的には，式 (8.190) と同じ形になる．これは不純物アンダーソンモデルから導かれるもので，元来は Fe, Mn, Ni などの磁性不純物を希薄に混入した合金などに適用すべく考えられたものであるが，磁性体のように局在スピンが各格子サイトに存在するような場合にもよく使用されている．

c. 2重交換相互作用，RKKY 相互作用

伝導電子と局在スピンとの交換相互作用の結果，局在スピン間に間接的な相互作用が生じる場合がある．2重交換相互作用はその代表であり，複数局在スピンと交換相互作用する電子が局在スピンに磁気秩序があることで遍歴範囲が広がり，運動エネルギーを得することができることから，金属絶縁体転移を伴って磁気秩序が生じる．

RKKY (Ruerman–Kittel–Kasuya–Yosida) 相互作用では，伝導電子が s-d 交換相互作

用 (8.191) によって局在スピンの周囲に定在スピン分極をつくることで局在スピンからの距離に対して振動的な（強磁性的結合と反強磁性的結合が交代的に現れる）相互作用を生じる．その距離依存性は，有効交換積分 J_{ex} が距離に依存し

$$J_{\mathrm{ex}}(r) \propto J_{\mathrm{sf}}^2 \frac{2k_{\mathrm{F}}r\cos(2k_{\mathrm{F}}r) - \sin(2k_{\mathrm{F}}r)}{r^4} \tag{8.192}$$

のように変化する形で与えられる．RKKY 相互作用によっても磁気秩序が生じる可能性があることが古くから指摘され，後述する希薄磁性半導体がその候補と考えられているが，その実際の磁性発現機構は複雑で，明瞭な RKKY 強磁性体と考えられるものは未発見である．

自発磁化が存在する磁性体の場合，伝導帯は主に磁性イオン間の交換相互作用によってクラマース縮退が解け，スピンサブバンドに分裂する（**交換分裂**）．一般に，伝導帯は複数種の原子軌道の混成によって生じており，交換相互作用はこのためもあって結晶運動量とエネルギーに複雑に依存し，交換分裂を単純なエネルギー軸上のスピンに依存する平行移動とすることはできない．しかし，電気伝導のようにフェルミ準位近傍のパラメータのみが問題になる場合，フェルミ準位近傍以外のバンド形状は問題にならず，スピンに依存する 2 種類のバンドが混在していると考えて十分である．

d．スピントロニクス用磁性材料

磁気工学（マグネティックス）において，さまざまな用途のために非常に多種類の磁性材料が開発されてきた．これらの中で，現在スピントロニクスに多用されている材料について，簡単に紹介する．

強磁性体では，自発磁化によって空間の対称性が下がり，磁化方向を基準にして上向きスピン（up, ↑）と下向きスピン（down, ↓）のサブバンドを考えることできる．伝導帯のスピン総数では↑の方が常に多く，このため多数スピン（majority spin）状態，↓を少数スピン（minority spin）状態と称し，＋，－ で表すこともある．強磁性体のスピン分極 P は，各スピンサブバンドのフェルミ準位付近の状態密度 $\mathcal{D}_{+,-}(E_{\mathrm{F}})$ を用いて

$$P = \frac{\mathcal{D}_+(E_{\mathrm{F}}) - \mathcal{D}_-(E_{\mathrm{F}})}{\mathcal{D}_+(E_{\mathrm{F}}) + \mathcal{D}_-(E_{\mathrm{F}})} \tag{8.193}$$

と定義される．すぐ後（図 8.42）でもみるように，$\mathcal{D}_{+,-}(E_{\mathrm{F}})$ は，＋ の方が大きいとは限らず，P は負の値もとりうる．P の絶対値をスピン分極とよぶ場合もある．P が特に重要となるのは，後述のトンネル磁気抵抗（tunnel magnetoresistance, TMR）素子においてである．

(1) 遷移金属，合金　　単元素物質で強磁性を示すのは，鉄 Fe，コバルト Co，ニッケル Ni に代表される $3d$ 遷移金属とガドリニウム Gd からエルビウム Er までの希土類金属である．希土類では $4f$ 軌道由来の電子はきわめて狭いエネルギー領域にあって局在性が強く，電気伝導は主に s 電子に担われている．比較すると，$3d$ 遷移金属では $4s$（軌道

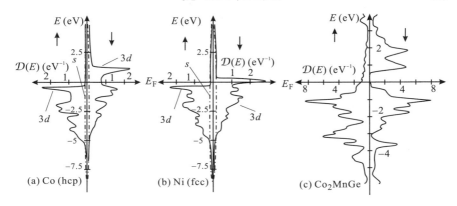

図 8.42 強磁性金属伝導帯のスピン依存状態密度．(a), (b) は $3d$ 遷移金属 Co, Ni に関する簡易な第一原理計算 linear muffin tin orbital 法による計算結果．(c) はホイスラー合金 Co_2MnGe についての密度汎関数法による計算結果．[Candan et al., J. Alloys and Compound **560**, 215 (2013)]

由来) 電子と $3d$ 電子，さらには $4p$ 電子も混成し，d 電子の伝導も大きい．

図 8.42(a), (b) は，Co と Ni のスピンサブバンドごとの linear muffin tin orbital 法で計算した状態密度である．d 軌道由来電子の状態密度が大きく，結晶ポテンシャルと混成によって大きく複雑に広がり，直接交換相互作用によって大きく交換分裂していることがわかる．また，このいずれにおいても，フェルミ準位付近の状態密度は少数スピン状態の方が高くなっており，式 (8.193) で定義されるスピン分極は，負の値をとる．その大きさは 20～50％程度である．

遷移金属どうし，あるいは他の金属元素との合金もさまざまな用途，特にソフト（保持力が小さく，外部磁場で容易に磁化が変化する．高透磁率材料として用いる）な磁性材料として，パーマロイ（Fe-Ni の合金）がまずあげられる．保持力が，0.01～0.05Oe ときわめて小さく，ソフト磁性体の代名詞である．さまざまな Ni 組成，また場合によっては Mo や Nb などの第 3 の元素も使用して合金がつくられている．このほかでは，Fe-Co-Ni（フェコーニ，あるいはコバール）合金，Si-Al-Ge（センダスト）合金などもソフト磁性体である．

(2) ホイスラー合金 ホイスラーという名称が冠された合金は，ハーフメタル，すなわち，フェルミ準位での状態密度が一方のスピンサブバンドにしか存在せず，$|P|=1$ となる磁性体として注目されている．X=Ni, Co, Pt, Y=Cr, Mn, Fe, Z=Sb, Ge, Al として，XYZ 型のハーフホイスラーと，X_2YZ 型のフルホイスラーとがある．立方格子が入れ子になった結晶構造（ブラベー格子は bcc）をしており，$L2_1$ 構造とよばれる．図 8.42(c) にフルホイスラー Co_2MnGe のバンド構造計算結果を示す．E_F 付近では，↑バンドのみ状態密度をもっている．

ホイスラー合金は,一般に結晶性が悪くなると急速にハーフメタル性を失うため,超格子などの構造も超高真空マグネトロンスパッタなどの装置を用い,電子線回折により結晶性をモニタしながら作製する必要がある.TMR 素子に使用する場合,少数スピンバンドの状態密度を抑えることが OFF 時のリーク電流を抑えるため重要である.現状のホイスラー合金を使った素子では,温度特性の改善が課題となっている.

(3) 希薄磁性半導体 固体エレクトロニクスの主舞台は半導体であるが,一方,スピントロニクスにおいては後述するスピン注入時の界面抵抗,そして磁気秩序を得にくい点が大きな問題となっている.強磁性あるいは反強磁性のような,局在磁性スピンあるいは遍歴電子スピンが秩序状態に転移する現象は,多体効果ではあるがバンド構造と抜きにくく関係しており,一般の半導体のような狭ギャップ絶縁体では磁性秩序を得ることは大変難しい.希薄磁性半導体はこの問題へのアプローチであったが,現状ではむしろ,金属磁性体でなかなか得られなかったさまざまな外部パラメータ制御を実現した点が大きい.半導体における**希薄磁性**(dilute magnetism)は,非磁性の半導体に Mn や Fe などの磁性イオンとなりやすい元素を混入することで生じる.II-IV 族半導体や,Eu カルコゲナイド(EuO, EuSe)などでは古くから試みられ,さまざまな研究が行われていた.特に II-VI 族 CdTe に Mn などの磁性イオンを混入した半導体は,明瞭な強磁性は示さないが,きわめて大きな磁気光学応答をもつため,光アイソレータなどの用途に実用化されている.明瞭な希薄磁性とよべるものが観測され,磁性が構造や外部パラメータにより制御可能であることが示されたのは,InAs, GaAs のような III-V 族半導体に分子線エピタキシーのような非平衡結晶成長法を用いて Mn を混入した薄膜においてである.

これらの希薄磁性半導体では,磁性原子は電荷キャリアを発生するドーパントとして働く.キャリア濃度増加に伴い,他の不純物半導体同様金属絶縁体転移を生じて低温でも電気伝導度が有限となる,ポテンシャル乱れの強い金属になる.強磁性発現の磁性原子濃度は金属絶縁体転移の臨界濃度とほぼ同じである.さらに,図 8.43 に示したように,永続的光伝導やゲート電圧によるキャリア増加によって磁性原子濃度を固定した状態でも常磁性状態から強磁性状態への転移がみられ,局在スピン間の強磁性的相互作用を電荷キャリアが担っていることは確実と考えられている.しかし,具体的な強磁性的間接相互作用の機構については,諸説あり,十分解明されているわけではない.長年研究され,いまだに不明な点の多い金属的不純物半導体の問題と密接に関係しており,既知の強磁性メカニズムの枠内で説明可能なものなのかどうかも定かではない.

実用化に関しては,強磁性転移温度 T_C が低いことが最大の問題である.T_C が室温を超えると希薄磁性半導体と称するものもいくつか見つかっているが,これらは III-V 族にみられたような磁性の制御性に乏しく,非磁性半導体との接合性も現在のところ良好性が確認されていない.「磁性制御の実験室」以上の意味をもちえるかどうか,今後の物質設計開発にかかっている.

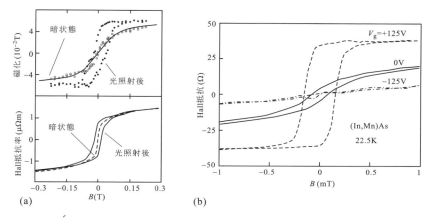

図 8.43 (a) (In,Mn)As/GaSb 構造での永続的光伝導による強磁性発現[37]．上は磁気モーメントの直接測定．下は異常 Hall 抵抗による測定．測定温度は 5 K．(b) (In,Mn)As/InAs/(Al,Ga)Sb 構造での上部金属ゲートで加えた電場による強磁性発現[38]．

e．スピン依存伝導に特徴的な長さ

非磁性金属の拡散的電気伝導は，7．3．1項のドゥルーデ（Drude）電気伝導度で $\omega_c = 0$ として得られる

$$\sigma = \frac{e^2 n \tau(E_F)}{m^*} \tag{8.194}$$

で比較的よく記述されると信じられている．ここで，ボルツマン方程式より導かれる本来のドゥルーデ伝導度では，n はキャリアの全濃度であり，その際に k 空間でフェルミ球で表されるバンド構造を仮定している．図 8.42 のようなバンド構造では，これは当然成立しない．しかし，以下でみるように，式 (8.194) と 2 電流モデルを基礎に，実験結果をよく説明できることが多く，n は「$\mathcal{D}(E_F)$ に比例する適当な量」とされることもあるが，経験的によく成立する実験式と考えるべきであろう．

フェルミ準位での平均散乱時間 τ により，平均自由行程 l は $l = v_F \tau$ と表される．電子のスピンは，空間伝播に伴い，上で述べた交換相互作用やスピン軌道相互作用などによって反転される．このようなスピン反転の間に電子が移動する平均の距離を，**スピン反転長**（spin-flip length），特に拡散的伝導領域で，スピン反転の間に拡散によってシフトする平均の距離を**スピン拡散長**（spin-diffusion length）とよぶ．スピン反転長 l_{sf} は，平均自由行程同様，平均スピン反転時間 τ_{sf} により $v_F \tau_{sf}$ と書ける．拡散係数 D を用いて，スピン拡散長 λ_{sf} とこれらの関係を，

$$\lambda_{sf} = \sqrt{D \tau_{sf}} = \sqrt{\frac{l v_F \tau_{sf}}{3}} = \sqrt{\frac{l l_{sf}}{3}} \tag{8.195}$$

と書くことができる.

一般にバンドに付随するパラメータはスピンサブバンドに依存し,上に示した特徴的な長さも同様である. 強磁性金属全体のスピン拡散長 λ_{sf}^F を,up, down の拡散長 $\lambda_\uparrow^F$, $\lambda_\downarrow^F$ を用いて

$$\frac{1}{(\lambda_{sf}^F)^2} = \frac{1}{(\lambda_\uparrow^F)^2} + \frac{1}{(\lambda_\downarrow^F)^2} \tag{8.196}$$

と定義する. ここで, 強磁性体中のスピン偏極率に相当するスピン依存散乱の非対称度 P_F をそれぞれのスピンバンドの電気伝導度 $\sigma_{\uparrow,\downarrow}^F$ を用いて

$$P_F = \frac{\sigma_\uparrow^F - \sigma_\downarrow^F}{\sigma_\uparrow^F + \sigma_\downarrow^F} \tag{8.197}$$

と定義する. これは, 各バンドに式 (8.194) が成立するとしても, 式 (8.193) の P とは異なる量である. m^*, $\tau(E_F)$ が両バンドに共通で n のかわりに $\mathcal{D}(E_F)$ に比例する適当な量を用いたときには $P_F \sim P$ となる. ただし, 不純物ポテンシャルはスピンに依存することが多く, 通常は m^*, $\tau(E_F)$ 共にスピンサブバンドにより異なる. 式 (8.195) および, 後述するスピン依存拡散伝導方程式を適用し, 定義式 (8.196) を用いることで, スピン偏極に依存する平均自由行程 $l^F = l(1-P_F^2)$ が新たに導かれる.

最終的に, 強磁性体と非磁性体のスピン拡散長は, 下式のように求められる. ちょうど, 式 (8.195) の係数 1/3 が 1/6 に入れかわった形となる.

$$\text{強磁性体の場合} : \lambda_{sf}^F = \sqrt{\frac{l^F l_{sf}^F}{6}} = \sqrt{\frac{(1-P_F^2)ll_{sf}^F}{6}}, \tag{8.198a}$$

$$\text{非磁性体の場合} : \lambda_{sf} = \sqrt{\frac{l^N l_{sf}^N}{6}}. \tag{8.198b}$$

f. 2電流モデル

以下, このように 2 つのサブバンドが考えられる系での伝導に関するモットの 2 電流モデルを簡単に説明する. 2 電流模型は, ↑スピン電子と↓スピン電子が流れる伝導チャネルが独立で, 系全体の抵抗はこれらの並列回路として求められるとするものである. スピンサブバンドを分離した場合 ρ が ↑, ↓ で異なるのは, 状態密度や k_F などのパラメータが異なるためである. ↑, ↓スピンチャネルの抵抗をそれぞれ $\rho_\uparrow$, $\rho_\downarrow$ とすると, 全体の電気抵抗 ρ は, $1/\rho = 1/\rho_\uparrow + 1/\rho_\downarrow$ で求められる.

2 電流モデルの物理的な根拠としては, b 項で述べたように, 電気伝導を考える際には, スピン依存する 2 つのバンドが混在しているとみることが可能であることがあげられる. スピン反転散乱, すなわち, 2 つのスピンサブバンド間の遷移の間に何度も散乱を受ける場合, すなわち, $\tau \ll \tau_{sf}$ の場合は, 電気伝導は各スピンサブバンドで独立とみることができ, 2 電流モデルがよい近似となる. 金属磁性体においてはスピン拡散長が平均自由行程より長く ($\lambda_F \gg l_F$), よく成立すると考えられている. また, 常磁性金属においても,

スピン注入などによりスピン自由度分布に非平衡状態が生じている場合，2電流モデルが考えられ，一般によく成立している．

2電流モデルでは，電気伝導に対するドゥルーデ公式 (8.194) をスピンごとに適用して，各スピンサブバンドの伝導度が $\sigma_s = e^2 n_s \tau_s / m_s^*$ $(s=\uparrow,\downarrow)$ と求められる．図 8.42(a), (b) に，単元素強磁性体 Co と Ni の↑と↓に対する状態密度 (linear muffin tin potential 法で計算したもの) を示しているが，狭いエネルギー領域に分布している $3d$ 軌道由来成分が，主に直接交換相互作用により大きく交換分裂しているのに対し，s 軌道由来成分には交換分裂がなく，広いエネルギー領域に分布している．E_F 付近の状態密度は，両者とも↓成分の方が大きく，このため，および不純物ポテンシャルのスピン依存のために $\sigma_\downarrow > \sigma_\uparrow$ となっている．

8.2.3 スピン輸送現象

強磁性体中を流れる全電流密度は j_c はそれぞれ↑と↓スピン電子チャネルの電流密度の和 $j_\uparrow + j_\downarrow$ で与えられ，その差分の $j_\uparrow - j_\downarrow$ だけスピン偏極した電流が流れる．これをスピン偏極電流 j_s とよび，この電流の偏極度を

$$P_c = \frac{j_\uparrow - j_\downarrow}{j_\uparrow + j_\downarrow} = \frac{j_s}{j_c} \tag{8.199}$$

と定義する．同様のことは，スピンサブバンド間の平衡が破れた常磁性金属でも生じるので，上記定義はいかなる物質にも適用するものとする．スピン偏極電流は，電荷とスピンの両方を運ぶ．本項では，スピンに焦点をおくが，電荷にも注意しながらその輸送現象を考える．

a. スピン依存電気化学ポテンシャル

スピン依存電流密度 j_s $(s=\uparrow,\downarrow)$ も通常の電流と同様に電場 $\boldsymbol{E}$ によるドリフト電流と，電子密度の熱平衡状態からの変位 δn_s による拡散電流の和で与えられると考えると次の式で与えられる．

$$\boldsymbol{j}_s = \boldsymbol{\sigma}_s \boldsymbol{E} - eD_s(-\nabla \delta n_s). \tag{8.200}$$

スピン注入（あるいは流出）などによってスピンサブバンド間に非平衡が生じている場合でも，各サブバンド内のキャリア間散乱は十分頻繁で局所的な擬似熱平衡が保たれ，2電流モデルが適用できるとする．この仮定により，各スピンサブバンドの局所フェルミ運動エネルギー ϵ_s，本来の熱平衡からのずれ $\delta\epsilon_s$ を定義する．また，簡単のため，伝導度テンソル $\boldsymbol{\sigma}_s$ をスカラー σ_s で置き換える．静電ポテンシャル ϕ を使って $\boldsymbol{E} = -\nabla\phi$ と書き，アインシュタインの関係式 $\sigma_s = e^2 N_s(E_F) D_s$, $\delta n_s = N_s(E_F)\delta\epsilon_s$ を用いることで，次式を得る（以下，本章では慣用により電子電荷を $-e$ と記す）．

$$\boldsymbol{j}_s = -\frac{\sigma_s}{e}\left[e\nabla\phi - \frac{D_s \nabla \delta n_s}{\sigma_s}\right] = \frac{\sigma_s}{e}[-e\nabla\phi + \nabla\delta\epsilon_s]. \tag{8.201}$$

2電流モデルの適用により各スピンに対しての局所電気化学ポテンシャル

$$\mu_s = -e\phi + \epsilon_s \tag{8.202}$$

が定義でき，各スピンサブバンドの電流密度は，これにより，

$$\boldsymbol{j}_s = -\frac{\sigma_s}{-e}\nabla\mu_s \tag{8.203}$$

と表される．以下頭の「電気」はしばしば省略する．

b. スピン流

エレクトロニクス中の電流に対応するスピントロニクスの概念が，スピンの流れ：スピン流である．ここで，スピン流とその定義についてみておく．強磁性体中のスピンサブバンド依存電流 (8.203) に伴う最も簡単なスピン流の定義として

$$\boldsymbol{j}^s(\boldsymbol{r},t) = \frac{\hbar}{2(-e)}(\boldsymbol{j}_\uparrow - \boldsymbol{j}_\downarrow) \tag{8.204}$$

が考えられる．スピン流は，本来局所スピン密度を示すベクトルと流れを示すベクトルにより構成されるテンソルであるが，ここでは，簡単のためスピン角運動量の磁化方向 (z) 成分の流れとしてスピン流を考えている．また，一般には，ここで考えた電子の流れに伴うスピン流以外に，スピン波など交換相互作用によって流れるスピン流もある．

局所スピン角運動量密度を $\boldsymbol{s}(\boldsymbol{r},t)$，その z 方向成分を s_z とおくと，以上の簡易な定義でのスピン角運動量保存則は

$$\frac{\partial s_z}{\partial t} + \mathrm{div}\,\boldsymbol{j}^s = 0 \tag{8.205}$$

と書かれる．スピン緩和が存在する場合は，電流の電荷保存則と同じ意味での保存則は，一般に成立せず，式 (8.205) の右辺に緩和項を考える必要がある．緩和時間近似を用いると，

$$\frac{\partial s_z}{\partial t} + \mathrm{div}\,\boldsymbol{j}^s = \frac{\partial s_z}{\partial t} + \frac{\hbar}{2(-e)}\nabla\cdot(\boldsymbol{j}_\uparrow - \boldsymbol{j}_\downarrow) = \frac{\hbar}{2}\left(\frac{\delta n_\uparrow}{\tau_\uparrow} - \frac{\delta n_\downarrow}{\tau_\downarrow}\right). \tag{8.206}$$

これに対して電荷 ρ の保存則は次のようになる．

$$\frac{\partial\rho}{\partial t} + \mathrm{div}\,\boldsymbol{j} = \frac{\partial\rho}{\partial t} + \nabla\cdot(\boldsymbol{j}_\uparrow + \boldsymbol{j}_\downarrow) = 0. \tag{8.207}$$

定常状態では，$\partial\rho/\partial t = \partial s_z/\partial t = 0$ である．また，緩和時間 $\tau_\uparrow$ と $\tau_\downarrow$ は，系全体としてスピン反転が生じていないという条件から，フェルミ準位状態密度 N_s を使った詳細釣り合い

$$N_\uparrow\tau_\downarrow = N_\downarrow\tau_\uparrow \tag{8.208}$$

の関係にある．これらと，式 (8.206), (8.207) より

$$\nabla^2(\sigma_\uparrow\mu_\uparrow + \sigma_\downarrow\mu_\downarrow) = 0, \tag{8.209a}$$

$$\nabla^2(\mu_\uparrow - \mu_\downarrow) = \frac{1}{(\lambda_{\mathrm{sf}}^{\mathrm{F}})^2}(\mu_\uparrow - \mu_\downarrow) \tag{8.209b}$$

が得られる．平均スピン拡散長 $\lambda_{\mathrm{sf}}^{\mathrm{F}}$ は式 (8.196) に定義されている．式 (8.209b) がスピン拡散方程式である．

c. 巨大磁気抵抗効果

スピントロニクスが大きな分野として認められるきっかけ，そして推進力となったのが巨大磁気抵抗効果（giant magnetoresistance, GMR）の発見とその応用による磁気記録密度の飛躍的な増大であった．スピン依存伝導が端的に現れた例としてみておこう．

GMR は，磁性膜と非磁性膜の多層積層膜で，金属としてはきわめて大きな負の磁気抵抗が得られる現象である．GMR 素子は，ゼロ磁場では磁性層の磁化が反平行（aniti-parallel, AP）に配向しており，磁場を加えることでこれが平行（parallel, P）に変化することで電気抵抗の変化が生じる．AP，P 各配置の電気抵抗をそれぞれ ρ_{AP}，ρ_{P} と書き，

$$(\mathrm{MR})_1 \equiv \frac{\rho_{\mathrm{AP}} - \rho_{\mathrm{P}}}{\rho_{\mathrm{AP}}}, \quad (\mathrm{MR})_2 \equiv \frac{\rho_{\mathrm{AP}} - \rho_{\mathrm{P}}}{\rho_{\mathrm{P}}} \tag{8.210}$$

をいずれも MR 比とよぶ．情報は同じであるが，MR_1 は 1 以下で，理論で多用され，MR_2 は無限に大きくなる可能性があり，実用上はリーク電流の減少の度合いは重要なファクターであるから，こちらが多用される．磁気読み出しヘッドに使用するには，MR 比は重要であるが，速度の点では電気伝導度，記録密度の点では GMR を得るための磁場の絶対値も重要である．

図 8.44(a) に Fe/Cr 多層膜で発見された GMR のデータを示した．最も大きなもので，MR 比が 40%程度であるが，良金属の磁気抵抗としては通常より桁違いに大きいといえる．ただし，40% の MR を出すのに 2 T 近い磁場を必要としており，磁気ヘッドやセンサに使用するうえでの困難点である．そこで，磁性層間結合を弱くすることで感度を上げる工夫などがなされる．

ゼロ磁場で強磁性層が半平行に磁化するのは，非磁性層を介して磁性層の磁気モーメント間に交換相互作用が生じているためである．これは，図 8.44(b) の MR 比および，AP から P へと転移する磁場 H_c が非磁性層の膜厚に対して振動的に変化することに現れており，中性子回折の実験からも磁性層間の結合が非磁性層厚に対して反強磁性的と強磁性的の間を振動的に変化する様子がみられている．さらに，非磁性層のフェルミ波長にも振動的に依存することがわかっている．これは，式 (8.192) の RKKY 相互作用を想起させるが，非磁性層は一般にフェルミ波長よりもかなり厚く，単純な RKKY 相互作用では説明できない．理論・実験の集積の結果，磁性・非磁性界面でのスピンサブバンドのバンド不連続により，量子閉じ込め効果が生じ，これが少数スピン多数スピンで異なる周期の定在波を生じた結果，図 8.44(b) のようなゆっくりした振動を生じていることが明らかになっている[41]．

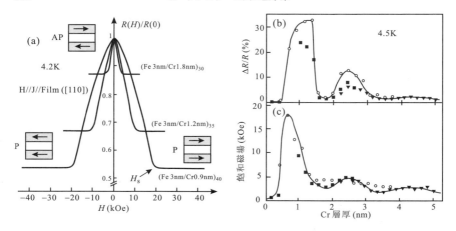

図 8.44 (a) 最も初期の GMR 測定結果. Fe/Cr 多層膜[40]. (b) Fe/Cr 多層膜の磁気抵抗比 (MR_2) の Cr 層厚依存性. Fe 層厚は 2 nm. 横軸は (c) と共通. さまざまなシンボルは, 蒸着時の基板温度や層数など, パラメータの異なるシリーズを表す. 測定温度は 4.5 K. (c) (b) と同じ測定で, MR が飽和する磁場位置 ((a) の H_s に該当) を Cr 層厚の関数として示した[42].

GMR 効果が生じる理由は, 最も単純には図 8.45(a) のような等価回路モデルで説明される. GMR を示すような多層膜では, 層厚を d として, 多くの場合 $l_{sf} \gg l \sim d$ であるから, 複数層を通しての 2 電流モデルを考えることができる. ここでは, 2 電流モデルを 2 つの並列抵抗で表している. 非磁性層の 2 つのスピンバンドの抵抗を ρ_0 で表す. この等価回路から単純なオームの法則により MR 比を表すと,

$$(MR)_1 = \left(\frac{\rho_\uparrow - \rho_\downarrow}{\rho_\uparrow + \rho_\downarrow + 2\rho_0}\right)^2 = \left(\frac{1-\alpha}{1+\alpha}\right)^2 \quad (8.211)$$

となる. ここで, $\alpha \equiv (\rho_\downarrow + \rho_0)/(\rho_\uparrow + \rho_0)$ は α パラメータとよばれ, 磁性体非磁性体の組み合わせについて大よそ決まっている.

やや実体的な単純なモデルとして, 図 8.45(b) のようなものも考えられる. 非磁性層と磁性層の各スピンサブバンドの整合性には差があり, ↑, ↓ のいずれかの方が他方より界面散乱確率をもつ. 磁性層の磁化配置が平行であれば, 少なくともある方向のスピンをもった電子はすべての界面を小さな散乱確率で通過できるが, 反平行の場合は, いずれの向きであっても必ず片方の界面で大きな確率の散乱を受ける. 後者の方が一般に抵抗は高くなる.

現実はもちろんこれほど簡単ではなく, 上述のスピンサブバンド不整合問題, 界面の乱れによるスピン依存散乱, スピン反転散乱, 磁区形成, 伝導の異方性 (層平行電流か垂直電流か) など考慮すべきことは非常に多く, 実験結果を説明するだけでも容易ではない.

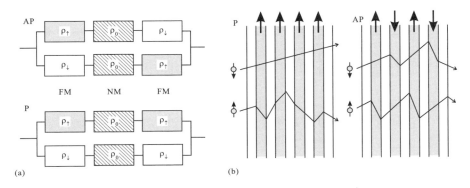

図 8.45 GMR 効果の簡単な現象論モデル．(a) 2 電流モデル（多層にわたって成立すると考える）に基づく等価回路モデル．強磁性-常磁性-強磁性の 3 層分についてのもの．(b) 強磁性の多数スピン，少数スピン各バンドと常磁性の伝導バンドの接続の良否により界面の散乱確率が異なるとするもの．磁化の平行配置では，一方のスピンの電子は散乱少なく通り抜けることができる．

d. スピンバルブ

スピンバルブは，GMR 効果のうえに立って磁場に敏感な電気伝導を示す素子としてデザインされたものである．その代表的な構造を図 8.46(a) に示す．上の図は，非結合型の GMR 素子ともよばれ，層間結合を極力なくして，2 種類の強磁性層 A, B の保磁力の差によって磁化の整列変更を行うものである．保磁力の小さな磁性層は自由（フリー）層，大きな層は固定層とよばれる．あるいは，下の図のように磁性層には同じ磁性体を使い，一端にピン層とよばれる反強磁性層を接触し，異方的交換相互作用による面内有効磁場を生じさせて固定層とする構造も使用される．

図 8.46(b) はピン層を使用したスピンバルブの室温の磁場応答であり，MR 比は小さいが，非常に小さな磁場（1 Oe 程度）で応答している．現在主に磁気ヘッドに使用されているのはスピンバルブあるいはやはり後述するトンネル磁気抵抗素子である．

e. トンネル磁気抵抗

トンネル磁気抵抗（tunneling magneroresistance, TMR）素子（magnetic tunneling junction, MTJ）は，絶縁体を 2 種類（または同種）の磁性体で挟んだ構造で，古より AP, P 配置で大きな抵抗差が得られる可能性が指摘されていた．図 8.47 は古くからある最も簡単な現象論で Julliere モデルとよばれる．トンネル伝導度を，s をスピン指数として

$$G(V) = R^{-1} = \sum_s |\mathcal{T}|^2 \mathcal{D}_{As}(E_F)\mathcal{D}_{Bs}(E_F + eV) \tag{8.212}$$

と書く．トンネル確率 $|\mathcal{T}|^2$ は各スピンの組み合わせについて共通とする．図 8.47 のモデルから直ちにわかるように，磁性体 A, B について式 (8.193) の状態密度スピン偏極率が

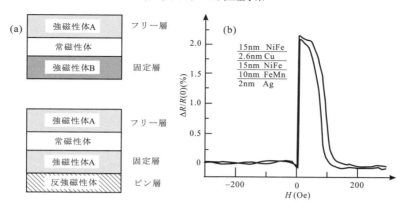

図 8.46 (a) 代表的なスピンバルブ素子の構造．上の図は2種類の磁性体の保磁力の差を用いて磁場により反平行配置，平行配置をスイッチする[43]．下の図は，同じ磁性体を使用しているが，一方に反強磁性体（ピン層）を接触させることで一方の有効保磁力を大きくして同様のことを実現する[44]．(b) スピンバルブ素子の磁気応答[44]．ヒステリシスは，磁場増加により固定層がピン層の異方的交換磁場から外れ，磁場減少により再び交換磁場方向に固定される過程による．測定温度は室温．

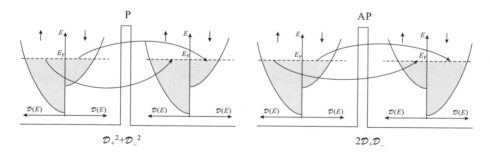

図 8.47 トンネル磁気抵抗の Juliere モデル．左は平行配置，右は反平行配置で，この図では ↑，↓ は多数，少数スピンではなく，左側の磁化に平行方向スピンと反平行方向スピンを意味し，多数，少数は +，− で表している．簡単のため物質は同じにしている．平行配置では式 (8.212) の伝導度は $\mathcal{D}_+^2 + \mathcal{D}_-^2$ に比例するが，反平行配置では $2\mathcal{D}_+\mathcal{D}_-$ となり，前者の方が必ず大きくなる．

それぞれ P_A, P_B であるとすると，

$$(\mathrm{MR})_1 = \frac{\rho_{\mathrm{AP}} - \rho_{\mathrm{P}}}{\rho_{\mathrm{P}}} = \frac{2 P_A P_B}{1 - P_A P_B} \tag{8.213}$$

で与えられる．

Juliere モデルでは，MTJ の MR 比は電極に使用する強磁性体金属の状態密度スピン偏

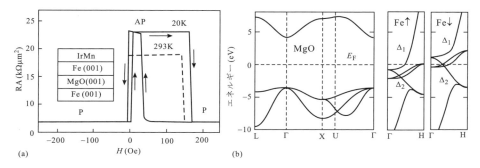

図 8.48 (a) MgO を障壁層に用いた MTJ の磁場応答特性. IrMn のピン層を用いている. 単結晶に近く, 電流は (001) 方向である. 破線の室温特性は上昇磁場に対してのみ示した. データは Yuasa et al.[47]) より. (b) MgO(fcc) と Fe(bcc) ((001) 方向のみ) のバンド構造展開図.

極 P_F で決まる. しかし, 実際には接合の状態や絶縁体の選択で MR 比は大きく異なる. また, 酸化マグネシウム MgO を障壁物質に用いた場合など, 図 8.48(a) に示したデータのように第一原理計算などで得られた P_F を使用して式 (8.213) から得られた理論値よりも大きな実験値が得られる場合もあり, 明らかに改善を要する.

1つの改善点は, 式 (8.212) のトンネル確率 $|\mathcal{T}|^2$ のスピン依存性を考慮することである. 自由電子模型で 1 次元矩形ポテンシャル障壁を考え, 強磁性体バンドを, 図 8.47 のように, フェルミエネルギーがそろって, バンドの底が異なる 2 つの自由電子系と考えるだけでも, P と AP とによって波数によるトンネル確率の差が生じるが, その効果は小さい.

図 8.48(a) の説明には, さらにトンネル過程の詳細を考慮し, コヒーレントなトンネルを考える必要がある. 図 8.48(b) は Mg と Fe のバンド構造で, 波動関数が空間的に回転対称な $\Delta_1 = s + p_z + d_{2z^2-x^2-y^2}$ バンドは, フェルミ準位付近では↑しか状態密度をもっておらず, このバンドだけみれば bcc の Fe は完全偏極しており, この意味ではハーフメタルである. MgO のバンド構造をみると, 伝導帯下端価電子帯上端は Γ 点にあり, 原子軌道はそれぞれ s, p_z が主であるから Δ_1 に近く, Fe の Δ_1 バンドと混成しやすいと予想される. 一方, 逆に↓で状態密度をもっているのが Fe で $\Delta_2 = d_{x^2-y^2}$ バンドであるが, MgO のバンドとの混成は難しいと考えられる.

上の定性的予測は, 第一原理バンド計算と, スピン依存接合伝導度 Γ_s に対する実空間久保公式

$$\Gamma_s = \frac{4e^2}{h} \sum_{\boldsymbol{k}_\parallel} \mathrm{Tr}\left[\left\{T_s \mathrm{Im} G_{\mathrm{R}s}(E_\mathrm{F}, \boldsymbol{k}_\parallel)\right\}\left\{T_s^\dagger \mathrm{Im} G_{\mathrm{L}s}(E_\mathrm{F}, \boldsymbol{k}_\parallel)\right\}\right],$$

$$T_s = \mathcal{T}(\boldsymbol{k}_\parallel)\left[I - G_{\mathrm{R}s}(E_\mathrm{F}, \boldsymbol{k}_\parallel)\mathcal{T}^\dagger(\boldsymbol{k}_\parallel) G_{\mathrm{L}s}(E_\mathrm{F}, \boldsymbol{k}_\parallel)\mathcal{T}(\boldsymbol{k}_\parallel)\right]^{-1}$$

(8.214)

を使った計算により確認されている.ただし,$G_{L,R}$ はスピン s の左右電極の遅延グリーン関数,Tr は,原子軌道 s, p, d についてとり,T_s や $\mathcal{T}$ が行列であるのも原子軌道指数による.また,k の和は,2 次元ブリルアンゾーン全体でとる.すなわち,障壁層 MgO の透過率に大きなバンド選択性があり,一方,Fe や Co などの bcc 型強磁性体では,Δ_1 バンドが理想的なハーフメタルであり,この組み合わせによって非常に大きなトンネル磁気抵抗が生じている.

f. 量子ドットのスピン依存伝導:スピンブロッケード

少数多体系である量子ドットでは,電子スピン,さらには構成物質の核スピンも電気伝導,光応答,その他に大きな影響をもつ.電子スピン状態が電気伝導に大きな影響を与える例は,例えば 8.1 節で近藤効果についてみたが,ここでは量子ドットスピントロニクスに直接有用であるスピンブロッケードを紹介する.

空間対称性を特にもたない量子ドット閉じ込めポテンシャル中の 1 電子エネルギー準位は,偶然縮退を除いて縮退が解けている.これに電子を詰めていくことを考え,クーロン反発と電子相関による占有順序の逆転効果などが生じないとすると,エネルギー準位の低い軌道から順にスピン縮退電子対を詰めた状態が基底状態である.ドット内全電子数が偶数であれば占有最高準位はスピン一重項で,全スピンは 0 となるが,奇数であれば最高準位を不対電子が占有するため全スピン 1/2 が残る.このように電子数の偶奇(パリティ)で電子スピンが生成消滅する.この最も簡単なモデルを離れても,奇数電子の場合はどのような電子配置でも必ず 1/2 以上のスピンが残るが,偶数の場合は電子相関の効果などによってスピンが生じる可能性があり,必ず消滅するわけではない.

スピンブロッケードは,パウリ排他律によってトンネルが制限される現象であり,典型例は有限バイアス下の 2 重量子ドット系においてみられる.図 8.49(a) 挿入図がその化学ポテンシャルダイアグラムで,左右ドットともに最上位エネルギー準位は上向きスピン電子で占有されており,エネルギー収支のみ考えれば左ドット → 右ドットのトンネルが可能であるが右ドットの最上空準位はすでに上向きスピン電子が占有しておりパウリ排他律により下向き電子しか収容できない.有限バイアスのため,左右のドットを占有した上向きスピン電子が電極の下向きスピン電子と入れ換わる過程も禁止される.以上よりいったん図 8.49(a) のようなスピン配置になると以降のトンネルはドット内のスピンが何らかの反転現象を生じるまで続く.これがスピンブロッケードである.

スピンブロッケードはリーク電流がきわめて少なく,非常に鋭敏なスピンフィルターであるため,2 重ドットをスピンブロッケード状態におき,一方のスピンに何らかの量子ゲート操作を行い,スピンブロッケード状態が破れるかどうかでスピン検出が可能である.ただし,方向を決めたスピン検出ができるわけではなく,各ドットのスピンがそろっているか否かを判定する.

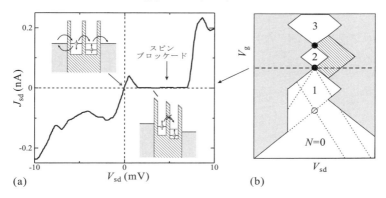

図 8.49 (a) 半導体（AlGaAs/InGaAs）縦型 2 重量子ドットで，電子数 $N=1$ と 2 の間のクーロンピーク付近で生じたスピンブロッケード電流電圧特性．挿入図は電子の出入りに関する 2 量子ドットの化学ポテンシャルダイアグラム．右図 (b) で破線部分に相当するデータ．データは Ono et al.[49] より．(b) 2 量子ドットのクーロンダイアモンド（8.1 節）ダイアグラム模式図．横軸にソース・ドレイン電圧，縦軸にゲート電圧をとり，伝導度を白黒濃淡で示した．2 ドット直列構造のため $N=0, 1$ 境界での 1 次クーロンピークは生じない（同時トンネルのみ）．スピンブロッケードは斜線部分．

8.2.4 スピン注入・スピン緩和・スピン流生成

非磁性体（あるいは磁性体）に外部磁性体などからスピン偏極電子を注入することで発生させた非平衡なスピン偏極はスピン流として流れながら減衰する．その物理の解明・応用はスピントロニクスの大きなテーマである．また，磁性体を使用せずに光励起やスピン軌道相互作用をもつ系での電流などを使ってスピン流を生成することも行われている．

a. 強磁性-常磁性界面

強磁性（FM）-常磁性（NM）の界面に垂直に電流 j_c を流している状況を考える．FM, NM 各領域でのスピン s に依存する局所化学ポテンシャル（式 (8.202)）を，次のように書いてみる．

$$\mu_s^{\mathrm{M}} = a^{\mathrm{M}} + b^{\mathrm{M}} x \pm \frac{c^{\mathrm{M}}}{\sigma_s^{\mathrm{M}}} \exp\left(\frac{x}{\lambda_{\mathrm{sf}}^{\mathrm{M}}}\right) \pm \frac{d^{\mathrm{M}}}{\sigma_s^{\mathrm{M}}} \exp\left(-\frac{x}{\lambda_{\mathrm{sf}}^{\mathrm{M}}}\right). \tag{8.215}$$

ここで，$s=\uparrow, \downarrow$，M は，F および N で，強磁性，常磁性の各領域を表す．x 軸は面垂直方向に，界面を原点にとり，常磁性体側を正とする．$\pm$ の複号は，+ が $\uparrow$，− が $\downarrow$ に対応している．右辺第 1, 2 項はスピンによらない部分で，この 2 項の和を μ_0 と書く．第 3, 4 項は，スピン依存部分が拡散方程式 (8.209) に従うことからこのようにおいた．式 (8.215) が，式 (8.209) をみたしていることは容易に確認される．

係数 $a \sim d$ は以下の条件から決定する．2 電流模型は界面を通して成立しているとすると，

各スピンサブバンドで局所化学ポテンシャル μ_s は界面でも連続,すなわち $\mu_s^{\rm F}(-0) = \mu_s^{\rm N}(+0)$ である.μ_0 は ↑,↓ 間に非平衡が生じている界面では連続である必要はないが,$|x| \to \infty$ で界面から離れるに従い,FM,NM の両側で $\mu_\uparrow$,$\mu_\downarrow$ の差はなくなり μ_0 に漸近するはずであるから,$d^{\rm F} = 0$,$c^{\rm N} = 0$ である.また,式 (8.203) のスピンサブバンドの電流の和は全電流密度 j_c となる.以上の条件から $\mu_s^{\rm M}$ は次のように得られる.

$$\mu_s^{\rm F} = \frac{(-e)j_c}{\sigma^{\rm F}}x \mp \frac{(-e)j_c P_{\rm F} \lambda_{\rm sf}^{\rm N}(1-P_{\rm F}^2)\sigma^{\rm F}}{2\sigma_s^{\rm F} \sigma^{\rm N}\left[1+(1-P_{\rm F}^2)\dfrac{\sigma^{\rm F}\lambda_{\rm sf}^{\rm N}}{\sigma^{\rm N}\lambda_{\rm sf}^{\rm F}}\right]} \exp\left(\frac{x}{\lambda_{\rm sf}^{\rm F}}\right), \tag{8.216a}$$

$$\mu_s^{\rm N} = \frac{(-e)j_c}{\sigma^{\rm N}}x + \frac{(-e)j_c P_{\rm F} \lambda_{\rm sf}^{\rm N}}{\sigma^{\rm N}\left[1+(1-P_{\rm F}^2)\dfrac{\sigma^{\rm F}\lambda_{\rm sf}^{\rm N}}{\sigma^{\rm N}\lambda_{\rm sf}^{\rm F}}\right]}\left[1 \mp \exp\left(-\frac{x}{\lambda_{\rm sf}^{\rm N}}\right)\right]. \tag{8.216b}$$

複号はやはり上が ↑,下が ↓ に対応する.平衡状態($j_c = 0$ での化学ポテンシャルが 0 となるように基準をとっている.偏極率 $P_{\rm F}$ は式 (8.197) で定義されたものである.以上を図示すると,図 8.50(a) のようになる.

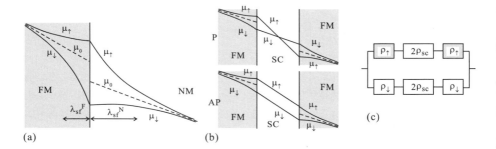

図 **8.50** (a) FM-NM 界面に FM 側から電子が流れるような電流を加えた場合のスピン依存化学ポテンシャルと平均化学ポテンシャルの空間変化を,界面に垂直な方向を横軸に,模式的に描いたもの.(b) FM-SC(半導体)-FM 構造でのスピン依存化学ポテンシャル空間変化の模式図.(a) と同様な電流を流した場合を,磁化配置が平行,反平行の場合について示した.(c) (b) の等価回路.

$\mu_\uparrow$ と $\mu_\downarrow$ は界面でバルクの μ_0 よりも上下に分裂しており,NM 側に入り込んでいる不均衡は常磁性体内へのスピン注入が生じていることを示す.同様な不均衡が FM 側でも生じているが,これは,N 側にあるスピンバンド不整合による反射によって,界面近傍にスピンが停留していることを示している.この状況を,界面でスピン蓄積が生じている,と表現することもある.式 (8.204) で定義されるスピン流は,常磁性体側に流れ込んでいるが,スピン拡散長 $\lambda_{\rm sf}^{\rm N}$ 程度で減衰する.

b. 伝導度不整合

半導体は，光励起等によるキャリアの外部からの注入によって電気伝導をさまざまに変化できる．スピンでも同様なことができると期待されるが，これには電気伝導度不整合が大きな問題である[46]．これを調べるには，FM-SC（半導体）-FM の接合構造を考え，半導体中のスピン偏極電流を考えるのが簡単である．図 8.50(b) のような化学ポテンシャル空間変化，(c) のような等価回路により容易に理解できる．接合全体を流れる電流のスピン偏極度を P_c（式 (8.199) と同じ），強磁性体の抵抗のスピン偏極度 P_ρ を

$$P_c = \frac{j_\uparrow - j_\downarrow}{j_\uparrow + j_\downarrow}, \quad P_\rho = \frac{\rho_\uparrow - \rho_\downarrow}{\rho_\uparrow + \rho_\downarrow} \tag{8.217}$$

とする．半導体の抵抗を ρ_{SC}（すなわち，2電流モデルで，片方のバンドの抵抗を $2\rho_{\mathrm{SC}}$），強磁性体の抵抗を $\rho_{\mathrm{FM}} = (\rho_\uparrow^{-1} + \rho_\downarrow^{-1})^{-1}$ とすると，平行配置のときの P_c は，

$$P_c = -P_\rho \frac{\rho_{\mathrm{FM}}}{\rho_{\mathrm{SC}}} \frac{2}{2(\rho_{\mathrm{FM}}/\rho_{\mathrm{SC}}) + 1 - P_\rho^2} \tag{8.218}$$

であり，反平行配置では2電流チャネルの間に差がないので $P_c = 0$ である．通常の強磁性金属と半導体では，$\rho_{\mathrm{FM}}/\rho_{\mathrm{SC}} \sim 10^{-4}$ で $|P_\rho|$ は1より相当小さな値となる．したがって $|P_c|$ も $\rho_{\mathrm{FM}}/\rho_{\mathrm{SC}}$ 程度の大変小さな値になる．

この問題の解決の方法としては，まず，ρ_{FM} が大きく，$|P_\rho|$ が1に近い強磁性体を使用することが考えられ，希薄磁性半導体 (8.2.1d-(3)) などがその候補である．また，FM-SC 界面をトンネル接合にすることで，8.2.3 の e 項でみたように，高抵抗値でスピンに依存するトンネル抵抗を挿入することも考えられる．

c. スピン注入と検出

図 8.50 のようにスピン流と電流が重なると，電気的測定では電流の直接的効果とスピン偏極効果の分離が難しいため，実際のスピン注入実験では，図 8.51(a) のように，非局所配置とよばれる素子構造が多く使用される．パーマロイ（Py）1と銅（Cu）との間に電流 j_c を流すと，界面で図 8.50(a) のように $\mu_\uparrow$ と $\mu_\downarrow$ が分離し，スピン蓄積が生じる．電流は Py2-Cu 間には流れないが，スピン拡散は電流とは関係なく生じ，スピン流は Py2 方向にも流れて Py2 電極に到達するため，これによって Py2-Cu 間に電気化学ポテンシャルの差が生じ，電圧として検出される．検出される電圧は，式 (8.216) とスピン拡散式 (8.209b) から，

$$V = \pm \frac{1}{2} e j_c P_{\mathrm{Py}}^2 \frac{\rho^{\mathrm{Py}} \rho^{\mathrm{Cu}}}{\rho^{\mathrm{Py}} + \rho^{\mathrm{Cu}}} \exp\left(-\frac{L}{\lambda_{\mathrm{sf}}^{\mathrm{Cu}}}\right) \tag{8.219}$$

と計算される．ここで，P_{Py} は，Py 中の式 (8.197) の P_F に相当する伝導度スピン偏極である．

図 8.51(b) が実験結果で，Py1 と Py2 は幅を変えてあるため，ストリップ方向の磁場に対する保磁力が違っており，これによってスピンバルブ的な非局所磁気抵抗が現れている．

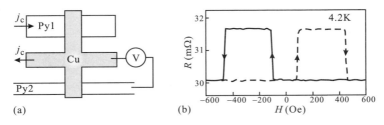

図 **8.51** (a) スピン注入効果の非局所測定配置.電流 j_c は Cu のクロス点を通って左へ抜けるが,Py1 より注入されたスピン流は Py2 へ達して界面にスピン蓄積することで μ_0 のステップを引き起こし,電圧 V として検出される.(b) 測定された非局所抵抗.スピンバルブ的磁気抵抗は,Py1 と Py2 の形状の違いによる保磁力差によるもの.データは Jedema et al.[50] より.

さまざまなパラメータ下の実験を式 (8.219) で解析することで,P_F や λ_{sf} などのパラメータを得ることができる.

図 8.52(a) に半導体へのスピン注入で多用される非局所 4 端子配置の模式図を示した.強磁性体を含む左側の 2 本の電極間に電流を流し,右のやはり強磁性体電極を含む電圧端子でスピン流によって生じた電気化学ポテンシャル差を測定する.このような針状薄膜電極では,外部磁場による磁化反転は,形状磁気異方性のために電極の長手方向に磁場を印加して行う.一方,注入されるスピンに垂直な方向に磁場を印加すると,スピン磁気モーメントは歳差運動を生じる.このとき,仮に電子がすべて完全にコヒーレントに回転し,

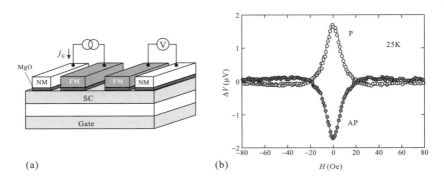

図 **8.52** (a) 半導体 (SC) へのスピン注入を 4 端子非局所効果で検出するための電極配置.左の強磁性体 (FM) と常磁性体 (NM) 間に電流 j_c を流すことで,スピン流は右方向へも流れ,右の FM 電極と NM 電極に生じる電気化学ポテンシャル (電位) 差として検出される.注入効率を上げるため,MgO などの絶縁体障壁が用いられる.(b) 左と類似の構造で Si にスピン注入して面垂直磁場によってスピン歳差運動を生じさせて観測された Hanle 信号[51].

電子がスタートする位置も完全にそろっているとすると，検出電圧はこの回転角度に応じて振動する．拡散過程においては遍歴距離は広く分布するうえに，実際の試料では開始位置に幅があるから歳差回転が進むにつれて振動は急速に減衰する．これを Hanle 効果とよんでいる．

常磁性体中での x 軸方向 1 次元のスピン拡散を考えると，8.2.3 項の議論で，σ_s, D_s, τ_s などのスピン依存が落ちる．式 (8.200) で，非局所測定で拡散流のみであることを考え，ドリフト項を落とし，式 (8.206) の緩和時間近似を適用すると，次のスピン拡散方程式

$$\frac{\partial s_z}{\partial t} = D\frac{\partial^2 s_z}{\partial x^2} - \frac{s_z}{\tau_{\rm sf}} \tag{8.220}$$

が得られる．これによって Hanle 信号は

$$\begin{aligned}\Delta V &= \pm \frac{j_c P_j^2}{e^2 N_{\rm SC}} \int_0^\infty dt\, \varphi(t) \cos\omega t, \\ \varphi(t) &= \frac{1}{\sqrt{4\pi Dt}} \exp\left(-\frac{d^2}{4Dt}\right) \exp\left(-\frac{t}{\tau_{\rm sf}}\right)\end{aligned} \tag{8.221}$$

と書くことができる．ここで，d は注入電極と検出電極の距離，P_j は接合直下でのスピン偏極で，$\omega = g\mu_{\rm B} B/\hbar$ は Larmor 周波数である．

図 8.52(b) に示したのは，Si に Fe 電極を用いてスピン注入を行い，Hanle 信号を測定したもので，式 (8.221) を用いてフィットすることができる．ここから $\lambda_{\rm sf}$ などのパラメータを得ることができるが，現在これらの値については，さまざまな測定と議論が行われているところである．

d．光励起によるスピン注入・光スピン検出

円偏光は角運動量を有しているから，吸収する半導体側でこれを電子スピン偏極に変換できれば，光照射によってスピン注入（どちらかというと光によるポンプアップ）を行うことができる．III-V 族半導体で伝導帯と価電子帯の角運動量の差を用いてスピン注入を行う方法を紹介する．

III-V 族で閃亜鉛鉱型の結晶構造を示す半導体は Γ 点付近で図 8.53 左側のようなバンド構造をとる．すなわち，s 的な伝導帯（$S=1/2$）と p 的な価電子帯とに分かれ，価電子帯はスピン軌道相互作用のために $J=L+S=3/2$ の正孔バンドと $J=1/2$ のスピンスプリットオフバンドに分かれる．このエネルギー差を一般に Δ と書く．正孔バンドには，$J_z = \pm 3/2$ の重い正孔と $J_z = \pm 1/2$ の軽い正孔とがあり，Γ 点で縮退している．III-V 族では一般に強いスピン軌道相互作用を反映して Δ が大きく，これによりスピン選別励起が可能になる．以下では適当な励起光エネルギーを選ぶことでスピンスプリットオフバンドは考えないことにする．

右回り円偏光 $\sigma+$，左回り円偏光 $\sigma-$ はそれぞれ角運動量 $\mp\hbar$ をもっているので，励起に際して吸収電子の可能な角運動量変化は $\Delta J_z = \mp 1$ である．これより，$\sigma\pm$ で可能な光

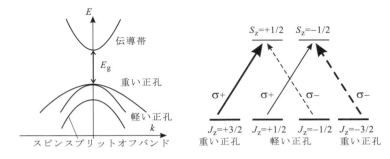

図 8.53 左は III-V 族などの fcc 型半導体に共通する Γ 点付近の模式的バンド構造．右は，円偏光で正孔バンド（価電子帯頂上付近）から伝導帯へ励起する場合の許容励起過程を矢印で示したもの．矢印の太さは，吸収確率を模式的に示したもの．

励起過程は図 8.53 右図のようになる．結合状態密度の差から，重い正孔バンドは軽い正孔バンドに比べて吸収係数が 3 倍ほど大きい．この事情は，図中の矢印の太さで定性的に示している．このため，$\sigma+$ で励起すると，$S_z = +1/2$ の伝導電子が 75%，$S_z = -1/2$ が 25%程度励起されることになり，全体としてスピンポンプ（注入）50%程度が生じる．この議論からわかるように，光励起によるスピン注入の効率は重い正孔と軽い正孔の縮退に大きく制限されており，量子閉じ込め構造などによって縮退を解けば注入効率をほぼ 100%まで上げることも可能である．

上記と逆のプロセスを使用することで電子スピンの偏極度を調べることができる．すなわち，伝導電子が重い正孔と対消滅するに際して円偏光光子を放出するので，キャリア再結合発光の偏光度からスピン偏極度を測定できる．また，スピン偏極度はファラデー効果による透過光の偏光面の回転角，あるいは，カー（Kerr）効果による反射光の偏光回転角から測定（スピン偏極は回転角に比例）できる．

e. 半導体中のスピン緩和

前節のスピンポンプ・偏極検出の手法は，しばしば組み合わされて，円偏光（ポンプ光）によるスピン注入，一定時間後に直線偏光（プローブ光）を加えてスピン偏極度測定を行い（すなわち，ポンプ・プローブ法の一種），スピン緩和・スピン拡散・歳差運動などを調べることが行われている．半導体は，金属に比して長い電子スピン緩和時間，拡散距離をもっていることが多い．その緩和機構にはさまざまなものがあるが，代表的なものは以下の 4 つである（むろん半導体の専売特許ではなく，金属中にもこれらの機構は存在する）．

(1) Elliott–Yafet (EY) 機構 スピン軌道相互作用のある系では，固有状態ではスピン状態と軌道状態を独立に決めることができない．ある量子化軸に対して決まったスピンをもつ固有状態の軌道部分は複数ブロッホ波動関数の一定の決まった重ね合わせ状態であり，スピン自由度と軌道自由度とがエンタングルしている．したがって，軌道状態に

おける散乱は同時にスピン状態の散乱でもある．これが Elliott–Yafet（EY）機構である．

(2) D'ykonov–Perel（DP）機構 この機構は，スピン軌道相互作用があって閃亜鉛鉱構造のように空間反転対称性のない結晶構造において発生する．このような系では，電子軌道の進行方向を反転させた状態間の縮退が解けており，スピン軌道相互作用によってスピン↑，↓状態も1重状態へと分裂している．これは，運動量に依存する有効ゼーマン磁場があるような状態であり，スピンはこの有効磁場内で歳差運動を行うが，軌道の散乱に伴い，有効磁場の向きが変化し，歳差運動が乱雑に生じることでスピン緩和が生じる．

(3) Bir–Aronov–Pikus（BAP）機構 p型の半導体では，電子スピンと正孔スピンとの交換相互作用によってスピン緩和が生じる．正孔のスピンは電子スピンに比べて非常に早く緩和するので，これと電子スピンが交換相互作用することで結果として電子スピンはランダムな相互作用，すなわち散乱を生じて緩和する．

(4) 超微細相互作用 GaAs などの半導体では，各構成原子核の多くが核スピンをもつ．これは，電子スピンとの間で点接触型超微細相互作用を行い，スピン緩和を引き起こす．特に，量子ドット内電子のように空間的に局在した電子のスピンは超微細相互作用を通してのスピン緩和が大きな問題となる．

緩和が速い方が高速動作上有利な場合もあるが，多くはスピン緩和はスピントロニクス上での障害となる．スピン緩和を抑えることは容易ではないが，さまざまな方法で緩和時間を延ばす努力が行われている．特に DP 機構のように結晶の対称性に依存するものは，量子構造と結晶方位の選択により大きく抑えられる場合がある．図 8.54 はその例で，GaAs 結晶中での DP 機構によるスピン緩和を，量子井戸の膜成長面方位を (110) にとり，電子（励起子）を井戸内に閉じ込めることによって劇的に減少させ，スピン緩和時間を 30 倍程度に伸ばしている．反転対称性をもたない方向の運動が量子井戸によって量子化され散乱

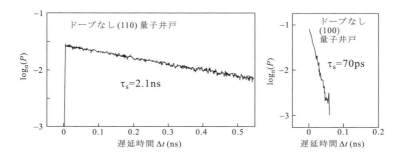

図 8.54 左：(110) 面に成長した GaAs 量子井戸での光励起したスピンの緩和測定．ポンプ/プローブ光エネルギーは励起子に合わせ，励起後 Δt 後に円偏光プローブを入れて偏光依存吸収 I^s（$s = \sigma+, \sigma-$）を測定し，$P = (I^{\sigma+} - I^{\sigma-})/I^{\sigma+} + I^{\sigma-})$ より偏極 P を得ている．対数プロットにより傾きがスピン緩和時間を表す．測定温度は室温．右：同じ測定を (100) 面成長量子井戸について行ったもの[52]．

が大きく抑えられたことで，DP 機構で有効磁場の方向がランダムに変化することを避けた効果が明瞭に現れている．また，これにより，DP 機構は比較的高温域で重要なスピン散乱機構になることも示された．

f. スピン軌道相互作用とスピン流生成

電流はそれ自身時間反転対称性を破っているから，スピン軌道相互作用 7.2.5 項が存在すれば，スピン偏極を発生できる可能性がある．これについては，非常に多くの可能性が指摘されてきた．曲がりのある試料形状を使用するもの，アハロノフ–ボーム干渉効果を使用するものなどさまざまであるが，一例として，ラシュバ型スピン軌道相互作用のある系で量子ポイントコンタクト（quantum point contact, QPC）を通して電流を流すことで，電流が高い偏極度でスピン偏極する，というものを紹介しよう[53]．

z 方向の非対称性のためにラシュバ（Rashba）型のスピン軌道相互作用を生じている 2 次元（xy 面）電子系で QPC を構成することを考え，ハミルトニアンとして

$$\mathscr{H} = \mathscr{H}_0 + \mathscr{H}_{\mathrm{ras}} = \frac{\boldsymbol{p}^2}{2m} + V(\boldsymbol{r}) + \frac{\lambda}{\hbar}(p_y \sigma_x - p_x \sigma_y) \tag{8.222}$$

とおく．σ_x, σ_y はパウリ行列，λ はスピン軌道結合パラメータとよばれる[*1]．$V(\boldsymbol{r})$ は QPC ポテンシャルで，QPC は x 方向に電子を通すものとする．このとき，図 8.17 のように，$V(\boldsymbol{r})$ によって y 方向の運動エネルギーは量子化され，全体として x 方向複数の 1 次元バンドに分かれる．各 1 次元バンドはラシュバ項 $\mathscr{H}_{\mathrm{ras}}$ のために図 8.55(a) のように k_x 軸方向にスピンに依存して分散が分裂する．

電子が QPC 中を断熱的に進むとすると，チャネル幅が狭まるにつれてバンドの底のエネルギーが上がっていき，フェルミ準位までに収まらなくなった電子は，QPC のつくる有効ポテンシャルによって反射される．分散関係の方を固定して描くと，図 8.55(a) のように C→B→A と進むにつれてフェルミ準位位置が下がり，A→B'→C' と進んで上がっていく．

A までは断熱過程だとして分布は準平衡であるが，その後チャネル幅が広がる際に，状態数に対して供給電子数は少なく，分布に偏りが生じる．A→B' と進む場合をみると，この図の書き方では E_{F} が上に進む際に空の (2,↑) バンドと (1,↓) バンドが交差し，$\mathscr{H}_{\mathrm{ras}}$ 中の $p_y \sigma_x$ 項によって混じりが生じる．すなわち，(1,↓) → (2,↑) の遷移が，(満) → (空) の遷移であり，エネルギー的にも下がることから優勢に起こって，↑スピン状態に余計に分布する．これによってスピン偏極が生じる．図 8.55(b) はリカーシブ・グリーン関数法によって計算したスピンに依存する伝導度 $G_\uparrow$ と $G_\downarrow$ であり，$k_\lambda \equiv m\lambda/\hbar^2$ をフェルミ波数 k_{F} で除した無次元パラメータに対してこれが大きくなる（すなわちスピン軌道相互作用が強くなる）につれて $G_\uparrow$ が優勢になってスピン偏極が生じる様子がわかる．

[*1] 通常，α が使用されることが多いが，後出のダンピング定数と紛らわしいため，ここでは λ を使用する．

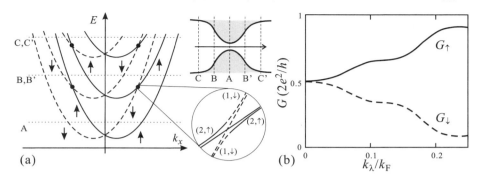

図 8.55 (a) ラシュバ型スピン軌道相互作用が存在する 2 次元系で x 方向に電子を流す QPC を作製した場合の x 方向エネルギー分散ダイアグラム．右上図は QPC の模式図で，A, B, C それぞれの位置で QPC の有効ポテンシャルによるフェルミ準位の位置を，左の分散図に水平線で示した．丸の中は $(1,\downarrow)$ と $(2,\uparrow)$ の交差点の小さな反交差の様子．(b) リカーシブ・グリーン関数法で計算した QPC のスピン $\uparrow$，$\downarrow$ の各コンダクタンス $G_\uparrow$, $G_\downarrow$ [53]．

g. スピンホール効果

以上みてきたように，磁性体や円偏光，電流のように時間反転対称性を破るものを使用してスピン流を作り出すことができるが，スピンと流れによって構成されるテンソルであるスピン流自身は，時間反転操作に対して符号を変えないので，時間反転対称性を破らない状況からスピン流が生成する可能性がある．スピンホール効果は，スピン軌道相互作用のある系に電場を加えるとこれと垂直方向にスピン流が発生する現象である．電場に伴い，電流が流れる場合もある．スピンホール効果によるスピン流をスピン座標指数 i，流れの座標指数 j に対して J_{ij} と書いて電場 $\boldsymbol{E}$ に対して

$$J_{ij} = \sigma_s \sum_k \epsilon_{ijk} E_k \tag{8.223}$$

と書くことができる．ϵ_{ijk} は完全反対称テンソル（レヴィ–チビタ記号）で，スピン流のスピンと流れ，および電場がそれぞれ互いに垂直であることを表す．σ_s をスピンホール伝導度とよぶ．

不純物散乱がスピン依存する（散乱角がスピン依存するスキュー散乱，散乱による軌道のシフトがスピン依存するサイドジャンプ）ことによる外因性スピンホール効果と，バンド構造を起因とする内因性スピンホール効果がある[*1]．特に量子スピンホール系は，トポロジカル絶縁体として注目を集めている（第 4 章）．スピントロニクスにおいては，スピン

[*1] サイドジャンプ散乱も不純物散乱の一種ではあるが，異常速度をその起因としており，外因性・内因性の中間的な効果とみることもできる．

ホール効果は，スピン流生成手段として，また，逆スピンホール効果（スピン流に垂直方向に電流が励起される）を通してスピン流検出手段として考えられる．

内因性スピンホール効果が現れる理論模型の1つ，ラシュバ模型（式 (8.222) のハミルトニアンで $V(\boldsymbol{r}) = 0$ としたもの）を考える．分散関係は，図 8.55(a) のように放物線が k 方向にずれた格好になるが，これを2次元系全体について描くと，図 8.56(a) のようになり，E_F でこの図をカットすると，(b) のように大小2つの「フェルミ円」が生じる．フェルミ円上の各点で波数ベクトルは放射状でラシュバ相互作用による有効磁場はこれと直交し，電子スピンは灰色の矢印のようにこの方向を向く．図 8.56(c) のように電場が x 方向にかかった状況を，フェルミ円が $-k_x$ 方向にずれたモデルで考える．ラシュバ有効磁場の向きは円の接線方向からずれ，スピンはそのまわりに歳差運動を行う．図のように $k_y > 0$ ではスピンは上方向のトルクを感じ，$k_y < 0$ で下向きのトルクを感じるため，全体で y 方向へスピン流が流れる．

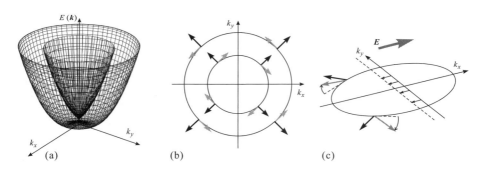

図 **8.56** (a) ラシュバ模型（式 (8.222) で $V(\boldsymbol{r}) = 0$）の分散関係をワイヤフレーム表示したもの．(b) 左の分散関係の結果生じる2つのフェルミ円．黒い矢印で描かれた波数ベクトル $\boldsymbol{k}$ に対して，灰色の矢印は，スピン軌道相互作用による有効磁場方向を向いた電子スピンを表している．(c) x 方向に電場 $\boldsymbol{E}$ が加わり，斜め上方からみたフェルミ円が $-k_x$ 方向にシフトした様子．この加速によって生じるスピン軌道有効磁場向きの変化により，電子スピンは矢印で示したように歳差運動を行う．その向きは k_y の符号によって反転する[54]．

以上よりスピン流を見積もる．ラシュバ模型より，$\vec{n}$ で向きを表すスピンの運動方程式を

$$\frac{\hbar d\vec{n}}{dt} = \vec{n} \times 2\lambda(\boldsymbol{e}_z \times \boldsymbol{k}) + \alpha \frac{\hbar d\vec{n}}{dt} \times \vec{n} \tag{8.224}$$

とする．α はダンピング定数で，式 (8.224) は後出 (8.2.5a 項) の LLG 方程式の一種である．ラシュバ有効磁場右辺第1項の $2\lambda(\boldsymbol{e}_z \times \boldsymbol{k})$ の部分を，$\vec{\Delta}$ と書く．加速前に有効磁場が $\boldsymbol{x}_1$ 方向の Δ_1 で加速により $\boldsymbol{x}_1$ と直交する面内ベクトル $\boldsymbol{x}_2$ の方向へほんの少し向きを変えるとする．運動方程式 (8.224) について，線形応答極限をとり，

$$\begin{cases} \dfrac{\hbar dn_2}{dt} = n_z \Delta_1 + \alpha \dfrac{dn_z}{dt}, \\ \dfrac{\hbar dn_z}{dt} = -n_2 \Delta_1 + \Delta_2 - \alpha \dfrac{dn_2}{dt} \end{cases} \quad (8.225)$$

が得られる．ただし，Δ_2 は $\vec{\Delta}$ の $\boldsymbol{x}_2$ 方向成分 $\vec{\Delta} \cdot \boldsymbol{x}_2$ である．第 0 近似として $\vec{n}$ は $\vec{\Delta}$ に沿って断熱的に変化するとすると，$n_2 = \Delta_2/\Delta_1$ である．これを上の式に入れて

$$n_z(t) = \frac{1}{\Delta_1^2} \frac{\hbar d\Delta_2}{dt} \quad (8.226)$$

が得られる．x 方向電場 E_x により $\hbar dk_x/dt = -eE_x$ となった場合に適用すると，

$$n_{z,\vec{p}} = \frac{-ek_y E_x}{2\lambda k^3} \quad (8.227)$$

となる．y 方向のスピン流を計算するには，これに $v_y = \hbar k_y/m$ をかけてフェルミ円に沿って積分する．2 つのフェルミ円の寄与を加えると

$$j_{s,y} = \int_{\text{annulus}} \frac{d^2 \boldsymbol{k}}{(2\pi)^2} \frac{\hbar n_{z,\vec{p}}}{2} \frac{\hbar k_y}{m} = \frac{-e\hbar E_x}{16\pi\lambda m}(k_{F+} - k_{F-}). \quad (8.228)$$

2 つのフェルミ円の差 $k_{F+} - k_{F-} = 2m\lambda/\hbar^2 r$ であるから，ユニバーサルなスピンホール伝導率

$$\sigma_s \equiv \frac{j_{s,y}}{E_x} = \frac{e}{8\pi} \quad (8.229)$$

が求められた．

スピンホール効果とベリー位相との関係について簡単にふれておく．第 7 章でも述べたように，何らかの拘束条件の下で運動することで生じるベリー位相によって干渉効果が生じ，波束の運動に「異常速度」とよばれる項が生じる．これは，$\dot{\boldsymbol{k}}$ とのベクトル積をとっていることからわかるように電場 $\boldsymbol{E}$ に垂直方向の速度であり，そのため，ホール効果あるいはホール速度ともよばれる．この異常速度をスピン波動関数も含む，スピン軌道相互作用系に適用して得られるのがスピンホール効果である．ラシュバ系の場合，2 次元面に拘束されるという条件があり，そのために生じるベリー位相による干渉効果がスピン流を生んでいると解釈することもできる．バルクの場合にも，結晶格子のために波動関数がバンド内に拘束される，という条件があり，このためにスピンホール効果が生じる．

h. 半導体/金属中のスピンホール効果検証

スピンホール効果は，内因性・外因性共に広く検証が行われている．

図 8.57 は，n 型の GaAs に電流を流し，スピンホール効果によって試料端に生じるスピン蓄積を強磁性体電極に生じる化学ポテンシャル差として検出した実験である．電流反転に追随して反転する明瞭なスピン信号（反平行磁化配置ではほとんど何も現れない）が検出され，スピンホール効果が生じていることがわかる．温度変化などの解析から，外因性スピンホール効果が主に生じていると議論されている．

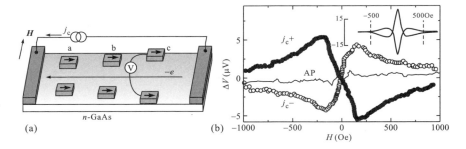

図 8.57 (a) n 型 GaAs 試料の電極配置. 電流に垂直に対向した Fe 電極で,試料端のスピン蓄積を検出する. (b) 試料端から $2\mu m$ にある電極でのスピンホール信号. 電流密度は $5.7\times 10^3 \mathrm{A/cm^2}$. 黒丸白丸は平行磁化配置に電流の向きを反転した結果,実線は反平行磁化配置の結果. 挿入図は,電極間の Hanle 効果測定. 温度は 30 K. データは Garlid et al.[55] より.

金属でも類似の実験が行われ,スピン流を流すことで電場が発生する逆スピンホール効果[56]や不純物の効果によって非常に大きなスピンホール効果が生じる[57]ことが報告されている. また,磁性体のようにスピンサブバンド間に不均衡が存在する場合,スピンホール効果は異常ホール効果の形で現れる[58]. 8.2.2d 項で紹介した薄膜の磁化測定のために使われた希薄磁性半導体の異常ホール効果は,「内因性」異常ホール効果が主であるとされている.

スピンホール効果によってスピントロニクスに使用できるほど大きなスピン流が発生した例はまだ報告されていないが,逆スピンホール効果はスピン流検出手段として広く使われるようになっている.

8.2.5 微小磁性体

磁性体を微小にすることで,自発磁化をスピン流により制御することが可能になる. このような現象の中でも,スピン注入により微小磁性体の磁化を反転させるスピン注入磁化反転,スピントルク移送による磁壁移動がスピントロニクスの特に重要な課題である.

a. LLG 方程式

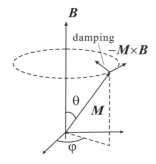

スピン分極電流によるスピントルクを考慮した磁化の現象論的運動方程式を考える. Landau–Lifshitz 方程式とは,磁気モーメント M に対する次の運動方程式を指す.

$$\frac{\partial M}{\partial t} = -\frac{g\mu_B}{\hbar} M \times B \quad (8.230)$$

これに,何らかの形での M の緩和 $\mathcal{R}$ が加わったと考え

$$\frac{\partial M}{\partial t} = -\frac{g\mu_B}{\hbar} M \times B + \mathcal{R} \quad (8.231)$$

8.2 スピントロニクス

まったく現象論的に持ち出した $\mathcal{R}$ であるが，あくまで現象論的またマクロスコピックに，どのような形の項が考える．M は B の方向を向くのが最も安定と考えられるから，左図のように緩和はこの方向にかかる力と考えることができる．その向きは $-M \times B$ と M に垂直であるから，

$$\mathcal{R}_{\mathrm{LL}} = -\lambda \frac{M}{|M|} \times (M \times B) \tag{8.232}$$

と書けるであろう（λ は定数），と推察することは自然である．これを Landau–Lifshitz の減衰項とよぶ．

これに対して，摩擦項のように，減衰率は M の速さ–時間変化に比例するべきである，という考えもありうる．時間変化 $\partial M/\partial t$ は上の $-M \times B$ と同じ向きであるから，Landau–Lifshitz 項と同様に向きを考えると，α を定数として，

$$\mathcal{R}_{\mathrm{G}} = \alpha \frac{M}{|M|} \times \frac{\partial M}{\partial t} \tag{8.233}$$

と書ける．これを Gilbert の減衰項とよぶ．この中の $\partial M/\partial t$ に，減衰がない場合の運動方程式 (8.230) を代入すると，これは Landau–Lifshitz 項と一致する．$\mathcal{R}_{\mathrm{G}}$ を採用した

$$\frac{\partial M}{\partial t} = -\frac{g\mu_{\mathrm{B}}}{\hbar} M \times B + \alpha \frac{M}{|M|} \times \frac{\partial M}{\partial t} \tag{8.234}$$

を **Landau-Lifshitz-Gilbert（LLG）**方程式といい，磁化の運動を現象論的に記述するのによく使用される．

スピン流が存在する場合の磁化の振舞いを考えるため，LLG 方程式 (8.234) にスピン流によるトルク（スピントルク）を導入する．スピン流テンソルを $\mathcal{J}$ として，

$$\frac{\partial M}{\partial t} + \nabla \cdot \mathcal{J} = -\frac{g\mu_{\mathrm{B}}}{\hbar} M \times B + \mathcal{R}. \tag{8.235}$$

ここで，スピン流分も入れた磁化の時間変化を

$$\frac{DM}{Dt} \equiv \frac{\partial M}{\partial t} + \nabla \cdot \mathcal{J} \tag{8.236}$$

と書き，これを Gilbert 型の減衰 (8.233) の $\partial M/\partial t$ に置換するとスピン流を考慮した LLG 方程式

$$\frac{DM}{Dt} = -\frac{g\mu_{\mathrm{B}}}{\hbar} M \times B + \alpha \frac{M}{|M|} \times \frac{DM}{Dt} \tag{8.237}$$

が得られる．

b. スピン注入歳差運動と磁化反転

2 種類の強磁性体 FM1 と FM2 が接合されていて，FM1 から FM2 へスピン注入する場合を考える．スピン注入に伴って強磁性体の局在スピンは注入スピンによるト

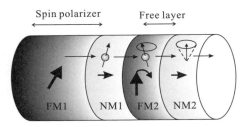

ルクを感じ，場合によっては連続的なスピン回転が引き起こされる．試料を右図のように，FM1-NM1-FM2-NM2 と積層された細長いピラー構造とする．常磁性体 NM1，NM2 の各層を流れるスピン流を $\bm{j}_1^s$，$\bm{j}_2^s$ とすると，FM2 層の全角運動量を $\bm{S}_2$ として

$$\frac{d\bm{S}_2}{dt} = \bm{j}_1^s - \bm{j}_2^s \tag{8.238}$$

である．ここで，スピン流の定義を式 (8.204) から変更し，流れの方向の方をピラーの長手方向に固定し，角運動量ベクトルをスピン流ベクトルとして表す．また，FM2 層は十分に薄いとし，層内でのスピンの相互回転等は無視した（マクロスピンモデル）．

 注入電子のスピンを単純化して球座標で (θ, ϕ) 方向に完全偏極しているとし，スピン波動関数を，

$$|(\theta, \phi)\rangle = \cos\frac{\theta}{2}|\uparrow\rangle + e^{i\phi}\sin\frac{\theta}{2}|\downarrow\rangle \tag{8.239}$$

と書く．FM2 層を弾道的かつ 1 次元的に電子が抜けるとすると，層厚を d_2 として，$\uparrow$ に対応する波数に応じ $k_\uparrow d_2$，$k_\downarrow d_2$ となる．FM2 層の通過後のスピン波動関数は，スピノル表示で

$$\begin{pmatrix} e^{ik_\uparrow d_2} & 0 \\ 0 & e^{ik_\downarrow d_2} \end{pmatrix} \begin{pmatrix} \cos\frac{\theta}{2} \\ e^{i\phi}\sin\frac{\theta}{2} \end{pmatrix} = e^{ik_\uparrow d_2}\begin{pmatrix} \cos\frac{\theta}{2} \\ e^{i(\phi+(k_\downarrow-k_\uparrow)d_2)}\sin\frac{\theta}{2} \end{pmatrix} \tag{8.240}$$

となる．現実にはピラーに垂直な 2 次元の自由度も残り，拡散的伝導により層を抜けるまでの行程も広く分布しているから，この位相ずれが生じている項は乱雑位相効果によって消えてしまうであろう．そこで，式 (8.238) は，

$$\frac{d\bm{S}_2}{dt} = g(\theta)\frac{j_c}{-e}\left(\frac{\hbar}{2}\begin{pmatrix} \cos\phi\sin\theta \\ \sin\phi\sin\theta \\ \cos\theta \end{pmatrix} - \frac{\hbar}{2}\begin{pmatrix} 0 \\ 0 \\ \cos\theta \end{pmatrix}\right) = g(\theta)\frac{j_c s\hbar}{-2e}\bm{e}_2 \times (\bm{e}_1 \times \bm{e}_2) \tag{8.241}$$

となる．$\bm{e}_1 = (\cos\phi\sin\theta, \sin\phi\sin\theta, \cos\theta)$，$\bm{e}_2 = (0, 0, 1)$ はそれぞれ FM1，FM2 層の磁化方向単位ベクトル，$g(\theta)$ はスピン移送の効率である．スピン流としてスピノルからベクトルにしたため，$\theta/2$ から $1/2$ がとれた形をしている．Slonczewski のモデルによると，$g(\theta)$ は次のようになる[59]．

$$g(\theta) = \left[-4 + \left(P^{-1/2} + P^{1/2}\right)^3 \frac{3+\cos\theta}{4}\right]^{-1}$$

ただし，P は FM1 中のスピン偏極度である．

 磁場方向を向いている磁気モーメントに対して何らかのトルクが働くと，歳差運動が始まる．トルクを与えるものが振動磁場であり，歳差運動と振動数が一致すると磁気共鳴が生じる．類似現象は式 (8.238) のスピン注入トルクでも生じることが考えられる．式 (8.241) のトルクを含めて FM2 層についての LLG 方程式を書き下すと

$$\frac{d\boldsymbol{S}_2}{dt} = \gamma \boldsymbol{S}_2 \times \boldsymbol{H}_{\mathrm{eff}} - \alpha \boldsymbol{e}_2 \times \frac{d\boldsymbol{S}_2}{dt} + g(\theta)\frac{j_c}{-e}\frac{\hbar}{2}\boldsymbol{e}_2 \times (\boldsymbol{e}_1 \times \boldsymbol{e}_2) \tag{8.242}$$

となる.右辺第1項は有効磁場 $\boldsymbol{H}_{\mathrm{eff}}$ によるトルク(γ は磁気回転比),第3項はスピン注入によるトルクで,第2項は Gilbert ダンピング項である.

有効磁場 $\boldsymbol{H}_{\mathrm{eff}}$ は,外部磁場,磁化による反磁場,異方性磁場を束ねたものである.形式的には FM2 層の磁気エネルギー E_{mag},全磁化 M_2 を使って

$$\boldsymbol{H}_{\mathrm{eff}} = \frac{1}{\mu_0 M_2}\frac{\partial E_{\mathrm{mag}}}{\partial \boldsymbol{e}_2} \tag{8.243}$$

と書くことができる.

簡単な場合として1軸性異方性をもつ円筒形ピラーについて E_{mag} は

$$E_{\mathrm{mag}} = -\frac{1}{2}\mu_0 M_2 H_u \cos^2\theta + \mu_0 M_2 H_{\mathrm{ext}} \cos\theta + (\mathrm{const.}) \tag{8.244}$$

である.ここで,H_u は1軸異方性による有効磁場,H_{ext} は外部磁場の強さである.第1項の係数部分は次のように書くことができる.

$$\frac{1}{2}\mu_0 M_2 H_u = K_u v + \frac{1}{2}\mu_0 M_2 \frac{N_{\mathrm{demag}} M_2}{v}. \tag{8.245}$$

K_u は1軸異方性定数,v は FM2 層の体積,N_{demag} は反磁場係数である.$\boldsymbol{H}_{\mathrm{eff}}$ は

$$\boldsymbol{H}_{\mathrm{eff}} = (-H_u \cos\theta + H_{\mathrm{ext}})\boldsymbol{e}_1 \tag{8.246}$$

となるので,FM2 層の磁化の向きの変化 $d\boldsymbol{e}_2/dt$ は

$$\frac{d\boldsymbol{e}_2}{dt} \simeq \gamma(-H_u \cos\theta + H_{\mathrm{ext}})(\boldsymbol{e}_2 \times \boldsymbol{e}_1) - \alpha_{\mathrm{eff}}(\theta)\gamma H_u \cos\theta(\boldsymbol{e}_2 \times (\boldsymbol{e}_1 \times \boldsymbol{e}_2)) \tag{8.247}$$

と表される.ここで,α_{eff} は

$$\alpha_{\mathrm{eff}}(\theta) \equiv \alpha + \frac{1}{(-\gamma)H_u \cos\theta}g(\theta)\frac{j_c}{-e}\frac{\hbar}{2S_2} \tag{8.248}$$

と定義される.

式 (8.247) 第1項は有効磁場トルクによる $\boldsymbol{H}_{\mathrm{eff}}$ まわりの歳差運動の増幅(ドライブ)を表し,第2項は,歳差運動の減衰を表している.$j_c = 0$ の場合,$\boldsymbol{S}_2$ は歳差運動しながら最終的には H_{eff} 方向に磁気モーメントがそろう.これに対し,j_c と $g(\theta)$ が両方正である場合,スピン移送トルクは歳差運動を増幅するため,$\boldsymbol{S}_2$ の運動はリミットサイクルとなって歳差運動を続けるか,完全な磁化反転を生じる.

H_{eff} 方向にそろった P 状態が不安定になる閾値電流は $\alpha_{\mathrm{eff}}(\theta) = 0$ によって与えられ

$$j_c^{c0} = e\alpha \frac{-\gamma(H_u \cos\theta - H_{\mathrm{ext}})}{g(\theta)}\frac{S_2}{\hbar/2} \quad (\theta = 0, \text{ or } \pi) \tag{8.249}$$

である.安定なリミットサイクルが存在しない場合は,上記電流は P-AP のスイッチングが生じる閾地電流を表す.

c. 磁気ランダムアクセスメモリ (**MRAM**)

磁化反転によって2つの磁性層の磁化配置が変化すると，8.2.3項でみたように，これらの層を通した全体の電気抵抗が変化する．

スピン注入による磁化反転を制御して発生させることができれば，磁化配置を通して不揮発性のメモリとして動作させることが可能である．このようなメモリを磁気ランダムアクセスメモリ (magnetic random access memory, MRAM) とよぶ．当初は，2次元的に配置した配線に電流を流して発生する磁場によって磁化反転を生じさせていたが，書き換えのために必要な電力が大きく，省電力化が図れるスピン注入トルクによる磁化反転が使用されるようになった．DRAM を超えるスピードと省電力化，不揮発性などから実用化の期待が高く，現在，移動機器用のメモリ等に商用化が始まっている．

d. スピントルクダイオード

スピン注入トルクによる微小磁化の回転運動を，マイクロ波の周波数選別性のある検波作用に応用したのがスピントルクダイオードである．交流の場合は，スピン注入トルクも振動的に印加され，解析は面倒になる[*1)]が，やはり条件によりフリー層は外部磁場によってほぼ決まる強磁性共鳴周波数で磁化回転する．このとき，印加交流は回転周波数にほぼ同期している．すると，磁化が AP 配置をとり素子抵抗が高いときの印加電圧の符号はほぼ決まった状態となるため，直流電圧成分が生じる．

図 8.58(a) はスピントルクダイオードの構造例である．この例では磁性層を3層使用しており，最下層は反強磁性層によって磁化が固定された層で，上部2層の間には，e 項で

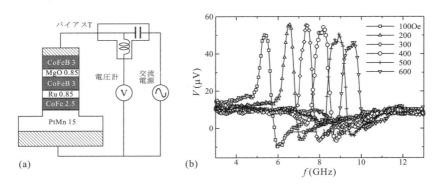

図 8.58 (a) スピントルクダイオードの断面模式図．物質名の後についている数字は膜厚で単位は nm．磁性層は3層使用し，最下層は PtMn の反強磁性ピン層で磁化が固定されている．中央の層を注入トルクで回転させ，上の層との間の TMR によって直流の検波信号を得る．(b) 印加交流周波数 f に対して得られた直流出力電圧のプロット．パラメータは外部磁場．データは Tulapurkar[61)] より．

---

*1) 現象論的解析には Suzuki[60)] などを参照．

みた，MgO によるトンネル障壁が使用され，磁化配置によって大きな抵抗差が得られるようになっている．図 8.58(b) がその特性で[61]，外部磁場に対して直流電圧がピークとなる周波数が直線的に変化する様子が得られている．ただし，ゼロ磁場の切片は有限周波数で得られ，これは強磁性共鳴に共通する振舞いである．

e. 磁壁移動

異なる磁化方向をもつ磁気ドメインを隔てる磁壁は，有限の空間領域で磁化が何らかの軸のまわりに回転している．ここに，一方のドメインからスピン偏極電子を注入することで，磁壁を構成している回転磁化にモーメントを与えることで，磁壁の空間位置を移動させることができる．アイデア自身は大変古くからあるが，微細加工により強磁性細線をつくって大きな電流密度によって実際に磁壁を移動する実験が行われるようになったのは比較的最近である．

理論的な取り扱いは，かなり複雑であり，詳細は多々良[62]などに譲る．注入された電子のスピンは，局所磁化の方向に完全に追随して回転するという断熱仮定をおく．この場合，磁壁の通過によって電子スピンが反転する場合，1 個の電子がこの系に反作用として与える磁気モーメントは $2\mu_B$ である．時間幅 Δt の電流密度 j の電流パルスを細線に加えたときに，細線に与えられるモーメントは，$2P\mu_B jS\Delta t/e$ である．P は電流のスピン偏極率，S は細線の断面積である．このモーメント変化による磁壁移動量を l とすると，細線の磁化の変化は $2MSl$ である．これらが等しいとおくことで，磁壁の電流パルス中の移動速度は

$$v_{\rm dw} = \frac{l}{\Delta t} = \frac{m u_B j P}{Me} \tag{8.250}$$

と得られる．

実験（また，より現実的な理論でも）では，磁壁が動き出すまでにかなり大きな電流（閾値電流）を流す必要があることが報告されている[63]．レーストラック型メモリへの応用も考えられ，そのために閾値電流を下げる努力が行われている．

8.2.6 スピン情報処理

これまでみてきたスピントロニクスは，主に情報蓄積を目的としたものであったが，スピン自由度を使って情報処理を行うことも考えられ，スピントランジスタやスピン論理デバイスが考案されている．このような，古典論理素子に対して，スピントロニクスが有利になると予想されているのが，量子情報処理素子である．電子スピン 1/2 は，数学的には 2 次元ヒルベルト空間，2 準位系とまったく等価である．すなわち，1 電子のスピンは 1 量子ビット（qubit）としての量子情報をもち，原理的には qubit として量子情報処理に使用できる．量子情報処理の具体的な方法が模索された中で，量子ドットにトラップされた 1 電子スピンを qubit として使用する方法は，最も量子計算機の可能性の高い系の一つとして候補にあげられている[64]．

a. スピントランジスタ

これまでみてきたように，スピントロニクス素子は一般に非線形性が大変強く，アナログ信号処理には不向きである．一方，MRAM などの場合もそうであるように，すでに一種のスイッチとして動作しているので，これらを組み合わせることでビット操作が可能である．電子スピンを用いてトランジスタのような3端子スイッチ動作をさせよう，という提案・試みはさまざまに行われている．図 8.58 のスピントルクダイオードでもすでに，注入層，回転層，検出層の3層を使用しているから，これらに独立電極をつければ3端子スイッチとなる．Mark Johnson による一連の金属スピントランジスタ提案・実験も[65]，このような発想によるものである．

一方，半導体の電場効果トランジスタ (field effect transistor, FET) に近い発想で，スピンを用いてスイッチ動作を実現しようと提案されたのが，Datta–Das トランジスタとよばれる素子である[66]．原理自身は図 8.59 のように大変簡単なもので，強磁性体をソースおよびドレイン電極に使用し，これを，ラシュバスピン軌道相互作用をもつ2次元的なチャネルでつなぐ．

ソース強磁性体から面垂直方向にスピン偏極した電子をチャネルに注入すると，スピン軌道有効磁場によって注入電子スピンは進行と同時に歳差運動を行う．ドレイン電極に到達したとき，電子スピンの向きが電極のフェルミ面状態密度の大きな方のサブバンドにあたっていれば低抵抗で電極に入るが，逆であれば高抵抗となる．これは，スピンの回転角すなわち，スピン軌道磁場の大きさによって決まるから，ゲート電圧により変化させることができる[*1]．回転角を変化させることで，高抵抗/低抵抗を切り替えることでスイッチ動作とする．

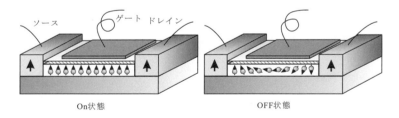

図 8.59 Datta–Das トランジスタの概念図．ソース，ドレインには強磁性体を使用し，磁化を P または AP に配向させておく．ゲート電圧は，伝導チャネルのラシュバ相互作用の強さを制御し，ON 状態では，電子スピンは P 配置でドレインに入射し，回転周期が変わって AP 配置で入射すると高抵抗となり OFF 状態となる．

[*1] 「面垂直方向の電場強度が変わるから」，という単純な説明は，エーレンフェストの定理より面垂直方向の電場の平均がゼロとなることと相容れない．詳しい議論は Winkler[67] などを参照．

Datta–Das トランジスタは，発表以来 20 年以上経過しても実用化には至っていない．c 項の Hanle 効果の測定などをみても，スイッチ素子としての動作は困難が大きいことが理解される．しかし，その実現のために実験・理論の両面を刺激し続けており，学問的な功績の大きなアイデアである．

b. スピン干渉効果

Datta–Das トランジスタの大きな困難の 1 つは，8.2.4 の b 項で述べた伝導度不整合である．MgO トンネル接合の採用などで，これが大きく改善されてきたことをみたが，強磁性金属-半導体の接合を使わないでスイッチ効果を得ようというデバイスも提案され，その 1 つがスピン干渉効果を使うものである．

アハロノフ–ボームリング（8.1.4 の f 項）のように，xy 面内にある量子細線を半径 r_0 のリング状に丸めた量子リングを考える．2 次元極座標 (r, φ) を用いてハミルトニアンは，

$$\mathscr{H}(\varphi) = -\frac{\hbar^2}{2m^* r_0^2}\frac{\partial^2}{\partial \varphi^2} - i\frac{\lambda}{r_0}(\cos\varphi\, \sigma_x + \sin\varphi\, \sigma_y)\frac{\partial}{\partial \varphi} - i\frac{\lambda}{2r_0}(\cos\varphi\, \sigma_y - \sin\varphi\, \sigma_x) \quad (8.251)$$

と書ける．回転対称性から固有関数，エネルギーは，

$$\psi(\varphi) = \frac{1}{\sqrt{2}}\begin{pmatrix} C_n^+ e^{in\varphi} \\ C_n^- e^{in\varphi} \end{pmatrix}, \quad E_{n\pm} = \frac{\hbar^2}{2m^* r_0^2}\left(n + \frac{\phi}{\phi_0} - \frac{\theta_{\mathrm{ras}}^{\pm}}{2\pi}\right)^2 \quad (8.252)$$

である．n は整数，$\pm$ はスピンを表す指数，θ_{ras} はラシュバスピン軌道相互作用に起因する位相で，

$$\theta_{\mathrm{ras}}^{\pm} = -\pi\left[1 \pm \sqrt{\left(\frac{2m^*\lambda}{\hbar^2}\right)^2 + 1}\right] \quad (8.253)$$

と表され，Aharonov–Casher 効果[68] による位相と同じものとする説がある．

リングの両端に電極をつけ，電極からのリング内波動関数に対する影響が無視できるとすると，この試料の伝導度 G は

$$G \propto 1 - \cos\left[\pi\sqrt{\left(\frac{2m^*\lambda}{\hbar^2}\right)^2 + 1}\right] \quad (8.254)$$

となり，ラシュバ相互作用定数 λ に対して振動的に変化する．このスピン干渉トランジスタ効果は，実験室レベルでは，量子リングの配列構造に生じる Altshuler–Aronov–Spivak 振動振幅を調べることで検証されている[69]．

c. 量子ドットスピントロニクス

8.2.3 の f 項で，奇数個の電子をもつ半導体量子ドットに電子スピン 1/2 がトラップされることをみたが，このように孤立した電子スピンは，環境自由度との結合を弱くすることができ，長いコヒーレンス時間を実現できる．また，電子スピンは磁気モーメントが大きく，比較的弱い磁場でも高い共鳴周波数が得られるため，スピン回転などのユニタリ変

換に要する時間が短い.以上の特長から,量子情報処理素子の最右翼の1つと考えられている.

量子ビットとしての量子ドット電子スピン操作の例を,図8.60に示した.ここでは,直列2重量子ドットのスピンブロッケード状態(8.2.3のf項)を使用する.外部から一定磁場を加え,いったんクーロンブロッケード状態として微小アンテナで一方の量子ドットに共鳴マイクロ波を加えることで歳差運動を起こす.マイクロ波を一定時間印加して歳差運動を生じさせた後,スピンブロッケードのゲート電圧条件に戻すと,歳差運動によりスピン反転が生じていればスピンブロッケード条件が破れて電子は外に漏れだし,反転していなければブロッケードが継続する.このシーケンスを繰り返してマイクロ波照射時間に対して2重量子ドットを流れる電流をプロットすると,図8.60右図のように,単一電子スピンの回転の様子を直接みることができる.

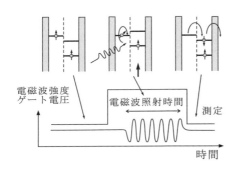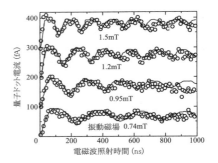

図 8.60 スピンブロッケードを用いた単一電子スピンの歳差運動の検出.左図:スピン操作と検出のためのシーケンス.右:電磁波照射時間に対する電流の振動として検出された電子スピン歳差運動.

以上の例は,多数回測定の集積結果を用いているが,これを単一回の測定にすることや,2量子ドットの量子もつれ,情報スワップなど,さまざまな方向からの開発研究が進められている.

d. 核スピンスピントロニクス

最後に核スピンを使ったスピントロニクスについて,ふれておく.核スピンは構成核種を選ぶなどすることで,孤立性を非常に高くすることができるので,量子コヒーレンス時間を他と比べて桁違いに長くすることができる.核スピンにアクセスする最もポピュラーな方法は,核磁気共鳴(nuclear magnetic resonance, NMR)であるが,伝統的な高周波の減衰を調べる方法では 10^{10} 個程度の非常に多数の核スピンの振舞いをみることになる.それでも,分子内の化学シフト(ナイトシフト)を用いて核スピンを操作し,7量子ビットの量子アルゴリズムを行う実験が報告されている[70].

核スピンに電気伝導からアクセスする方法もさまざまに開発されている．1つは，量子ドットのスピンブロッケードを用いる方法で，核スピンが超微細相互作用を通してスピンブロッケードの漏れ電流に影響を与える[71]．もう1つ，広く行われている方法は，量子ホール効果のスピン偏極エッジ状態を用いるもので，電流による動的核スピン偏極と電気伝導測定によるスピン検出の両方を行う．量子ポイントコンタクトを組み合わせる実験も行われている[72]．

光学的なアクセスも行われている．基本的には，8.2.4のd項で述べた方法を用い，ポンプパルスによって励起した磁場中電子スピンの歳差運動をKerr回転角によって検出し，超微細相互作用を通して電子スピン共鳴の分裂から核スピンの情報を得る．電極等が必要ない利点を生かし，自己集積型の量子ドット中の核スピン緩和や，量子井戸中の核スピンが調べられている．量子情報として最も進んでいるのは，ダイアモンド中の窒素不純物と空格子が結合したNVセンターとよばれる不純物状態での電子スピン-核スピン操作である．顕微分光法を用いて，単一のセンターを抽出し，核スピンに量子情報を蓄積，電子スピンで情報演算を行った後に電子スピン側に情報を読み出すなど，きわめて先鋭的な量子情報実験が進行している[73]．

[勝本信吾]

文　献

1) G. Bastard, *Wave Mechanics Applied to Semiconductor Heterostructures* (Les Éditions de Physique, 1988).
2) T. Ando, S. Wakahara and H. Akera, Phys. Rev. B **40**, 11609 (1989).
3) T. Ando and S. Mori, Surf. Sci. **113**, 124 (1982).
4) J. A. Venables, *Introduction to Surface and Thin Film Processes* (Cambridge, 2000).
5) R. Tsu, *Superlattice to Nanoelectronics* (Elsevier, 2011).
6) T. Ando, A. B. Fowler and F. Stern, Rev. Mod. Phys. **54**, 437 (1982).
7) A. M. Fox, Contemporary Physics **37**, 111 (1996).
8) Y. Kayanuma, Phys. Rev. B **38**, 9797 (1988).
9) H. Haug and S. W. Koch, *Quantum Theory of the Optical and Electronic Properties of Semiconductors*, 4th ed. (World Scientific, 2004).
10) Y. Shimaca et al., Phys. Rev. Lett. **90**, 046806 (2003); N. Sekine and K. Hirakawa, Phys. Rev. Lett. **94**, 057408 (2005).
11) M. Büttiker, Phys. Rev. Lett. **57**, 1761 (1986).
12) A. Aharony et al., Phys. Rev. B **73**, 195329 (2006).
13) D. S. Fisher and P. A. Lee, Phys. Rev. B **23**, 6851 (1981).
14) R. P. Feynman and A. R. Hibbs, *Quantum Mechanics and Path Integrals* (Dover, 2010).
15) V. Vedral, *Introduction to Quantum Information Science* (Oxford, 2007).
16) A. J. Leggett et al., Rev. Mod. Phys. **59**, 1 (1987).
17) Y. V. Nazarov and Y. M. Blanter, *Quantum Transport* (Cambridge, 2009).
18) A. Schmid, Phys. Rev. Lett. **51**, 1506 (1983).

19) U. Weiss, *Quantum Dissipative Systems* (World Scientific, 2012).
20) P. A. Lee and T. V. Ramakrishnan, Rev. Mod. Phys. **57**, 287 (1985).
21) P. A. Lee, A. D. Stone and H. Fukuyama, Phys. Rev. B **35**, 1039 (1987).
22) Y. Imry, *Introduction to Mesoscopic Physics* (Oxford, 2008).
23) P. A. Lee and T. V. Ramakrishnan, Rev. Mod. Phys. **57**, 267 (1985).
24) Y. Meir and N. S. Wingreen, Phys. Rev. Lett. **68**, 2512 (1992).
25) D. K. Ferry, S. M. Goodnick and J. Bird, *Transport in Nanostructures* (Cambridge, 2009).
26) S. Datta, *Quantum Transport* (Cambridge, 2005).
27) G. D. Mahan, *Many-particle Physics* (Plenum, 1993).
28) W. van der Wiel et al., in *Strongly Correlated Fermions and Bosons in Low-Dimensional Disordered Systems*, I.V. Lerner et al. (eds.), pp.43 (Kluwer, 2002).
29) U. Fano, Phys. Rev. **124**, 1866 (1961).
30) K. Kobayashi et al., Phys. Rev. Lett. **88**, 256806 (2002); Phys. Rev. B **68**, 235304 (2003).
31) 近藤 淳，金属電子論（裳華房，1983），芳田圭，磁性（岩波書店，1991）．
32) 特に量子ドットの近藤効果についての解説：江藤幹雄，物性研究 **85**, 853 (2006).
33) W. G. van der Wiel et al., Science **289**, 2105 (2000).
34) V. Ambegaokar and A. Baratoff, Phys. Rev. Lett. **10**, 486 (1963); *ibid* **11**, 104 (1963).
35) C. W. J. Beenakker, Phys. Rev. Lett. **67**, 3836 (1991).
36) 近角聰信ほか編，磁性体ハンドブック（朝倉書店，2006）．
37) S. Koshihara et al., Phys. Rev. Lett. **78**, 4617 (1997).
38) H. Ohno et al., Nature **408**, 6815 (2000).
39) 井上順一郎，伊藤博介，スピントロニクス 基礎編（共立出版，2010）．
40) M. N. Baibich et al., Phys. Rev. Lett. **61**, 2472 (1988).
41) J. Mathon et al., Phys. Rev. B **56**, 11797 (1997).
42) S. S. P. Parkin, N. More and K. P. Roche, Phys. Rev. Lett. **64**, 2304 (1990).
43) T. Shinjo and H. Yamamoto, J. Phys. Soc. Jpn. **59**, 3061 (1990).
44) B. Dieny et al., Phys. Rev. B **43**, 1297 (1991).
45) M. Julliere, Phys. Lett. **54A**, 225 (1975).
46) G. Schmidt et al., Phys. Rev. B **62**, R4790 (2000).
47) S. Yuasa et al., Nature Materials **3**, 868 (2004).
48) W. H. Butler et al., Phys. Rev. B **63**, 054416 (2001); J. Mathon, J. Phys. D: Appl. Phys. **35**, 2437 (2002).
49) K. Ono et al., Science **297**, 1313 (2002).
50) F. J. Jedema, A. T. Filip and B. J. van Wees, Nature **410**, 345 (2001).
51) T. Sasaki et al., Appl. Phys. Express **2**, 053003 (2009).
52) Y. Ohno et al, Phys. Rev. Lett. **83**, 4196 (1999).
53) M. Eto, T. Hayashi and Y. Kurotani, J. Phys. Soc. Jpn. **74**, 1934 (2005).
54) J. Sinova et al., Phys. Rev. Lett. **92**, 126603 (2004).
55) E. S. Garlid et al., Phys. Rev. Lett. **105**, 156602 (2010).
56) T. Kimura et al., Phys. Rev. Lett. **98**, 156601 (2007).
57) T. Seki et al., Nature Materials **7**, 125 (2008).
58) N. Nagaosa et al., Rev. Mod. Phys. **82**, 1539 (2010).
59) J. C. Slonczewski, J. Magn. Magn. Mater. **159**, L1 (1996).

60) Y. Suzuki, in *Nanomagnetism and Spintronics*, pp.93 (ed. by T. Shinjo, Elsevier, 2009).
61) A. A. Tulapurkar et al., Nature **438**, 339 (2005).
62) 多々良 源, スピントロニクス理論の基礎 (培風館, 2009).
63) A. Yamaguchi et al., Phys. Rev. Lett., **92**, 077205 (2004).
64) D. Loss and D. P. DiVincenzo, Phys. Rev. A **57**, 120 (1998).
65) M. Johnson, Science **260**, 320 (1993).
66) S. Datta and B. Das, Appl. Phys. Lett. **56**, 665 (1990).
67) R. Winkler, *Spin-orbit Coupling Effects in Two-Dimensional Electron and Hole Systems* (Springer, 2004).
68) Y. Aharonov and A. Casher, Phys. Rev. Lett. **53**, 319 (1984).
69) T. Koga, Y. Sekine and J. Nitta, Phys. Rev. B **74**, 041302 (2006).
70) L. M. Vandersypen et al., Nature **414**, 883 (2001).
71) K. Ono and S. Tarucha, Phys. Rev. Lett. **92**, 256803 (2004).
72) G. Yusa et al., Nature **434**, 1001 (2005).
73) L. Childress et al., Science **314**, 281 (2006).

9. その他の物性実験

9.1 超低温物性

9.1.1 低温生成
a. 低温物理と超低温

オランダ ライデン（Leiden）大学のカマリン・オネス（Heike Kamerlingh Onnes）が，ヘリウムの液化に成功した1908年をもって，低温物理の夜明けとされる．その3年後の1911年には水銀の超伝導が，同じくカマリン・オネスによって発見されている．カマリン・オネスは，また，液体ヘリウムが2.17 K以下で相転移を伴う異常な性質を示すことにいち早く気づき，精力的な研究を指揮した．この現象が，超流動（^{4}He）であることが認識されるまでには，さらに長い年月を要し，1937年のカピッツァ（Peter Kapitza）の研究を待つ必要があった．このように長い時間を必要とした理由の一つは，超流動が相転移を伴いながらも，実空間での際立った秩序を示さなかったからである．超流動・超伝導という，1世紀を経た現在もなお活発な研究対象となる現象が，ヘリウムの液化という低温開拓の結果として得られたことが，極限物性の有効性を認識させることにもなった．そして，超流動・超伝導の本質が，運動量空間における秩序化であることが理解されれば，量子力学が巨視的なスケールで現れたものとして，それまでの常識を覆す現象であることが了解される．ヘリウム液化に成功した時点において，それまでとはまったく違う物質の姿が現れたもので，低温物理の夜明けとするにふさわしい状況の変化があった．

1908年当時，ヘリウム液化の取り組みは，温度の尺度を未踏の低温領域に拡張することであり，科学の最先端であった．ヘリウムの液化温度に到達したことは，とりもなおさず，低温の記録を塗り替えることでもあった．ヘリウム自体が発見されて間もなく，また，飛行船に使用される，厳しく管理された軍需品であったので，入手が困難であった．このような状況のなかで，国際的に激しいヘリウム液化競争が繰り広げられていた．特に，カマリン・オネスとイギリスのデュワーの競争は熾烈を極めるものであった．このように，ヘ

リウム液化の取り組みは，まさに極限物性研究の源流である．カマリン・オネスのとったアプローチは，現代の巨大科学が採用する組織的なアプローチであり，まず，職工の訓練学校から整備するという，周到なものであったという．この成功に基づいて，極限的低温を目指す指向は，その後も長く続くことになる．物性研究所が1978年に超低温プロジェクトを開始したのも，この大きな科学研究の流れに沿ったものと位置づけられる．

低温は，強磁場，高圧，高エネルギーと同じく，極限環境の一つであるが，他の極限とは大きく異なる特徴をもっている．それは，宇宙の中でも非常に限られた領域にしか存在しない状態と考えられるからである．図9.1に示すように，現在の宇宙は，138億年前の

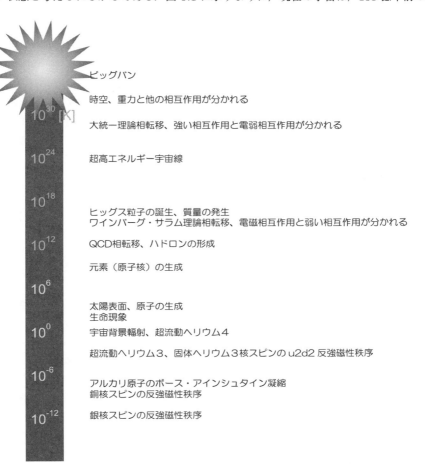

図 9.1 宇宙の温度スケール．

ビッグバンに始まったと考えられている．宇宙は，最初非常に温度が高い状態にあり，膨張を続ける中で温度が下がっていったと考えられている．それにつれて，真空の相転移が起き，相互作用や素粒子が生成され，多様な物質世界を実現したと考えられる．この過程を遡って高温状態を研究しようというアプローチが加速器を使った高エネルギー物理の指向である．しかし，ビッグバン初期に予想されるエネルギー（温度）に到達することはとても望むべくもない．また，強磁場，高圧という極限環境も，宇宙をみれば，実験室では到達不可能な極限環境が存在することは確かである．ところが，低温環境はというと，宇宙マイクロ波背景輻射から推測される現在宇宙の温度が，2.7 K であること，そして熱力学の知見を考え合わせれば，2.7 K よりも低い温度が自然に発生する可能性は，非常に少ないことから，2.7 K をはるかに下回る低温環境の実現には，何かしらの人為的，知的な営みが必要である．したがって，実験室で実現されている，1 K の 1000 分の 1，100 万分の 1 という超低温環境は，広い宇宙の中でも極めてまれにしか実現されない環境である．低温の世界記録は，宇宙記録であると主張する根拠がここにある．

一方，面白いことに，真空の相転移による宇宙創造のシナリオの源流を，超流動・超伝導現象に見いだすことができる．相転移に普遍的に付随する対称性の破れが，現在の素粒子像の基礎となっている．超流動・超伝導相転移は，運動量空間において，状態の変化が発生するという点で，粒子の質量というような概念と直接対比することができる．特に，超流動ヘリウム 3 は，相転移後の秩序パラメータに多くの自由度を残しており，それらの自由度が支える集団運動モードが，あたかも真空中に励起された素粒子と見なされるという興味深い性質をもつ．まさに，宇宙論のミニチュア・モデルとして，興味深い研究対象である．実験室でいろいろな条件を規定して，その性質を調べることができるという点で，宇宙論では不可能な実験的検証が可能な系である．

この章では，超低温物性を研究するために必要となる低温生成技術の一端と，それを用いて研究が進んだ，量子液体，おもにヘリウムの物理について紹介しよう．

b. 蒸発冷却

液体の蒸発潜熱を利用した冷却方法は，夏の打ち水や，ビル空調の冷却塔など，日常生活でも，しばしば用いられるが，低温物理実験においても便利な冷却技術である．最近，クローズドサイクル冷却機の性能向上と普及により，液体ヘリウムを直接用いない低温実験装置が普及するようになってきてはいるが，液体ヘリウムを寒剤として利用し，4.2 K を得てから，順次低温を生成するやり方は，依然として超低温実験における普通のスタイルである．

蒸発冷却は，液体と気体が二相共存している状態で，物質を液体から気体に移すときに発生する寒冷（吸熱）を冷却に利用する．図 9.2 は，ヘリウム 4 の相図である．気体，液体，固体の三相を隔てる境界線がある．さらに，液体には，常流動状態と超流動状態の 2 種類の相があり，それらを隔てる境界線がある．気体と液体の境界線上で，圧力が 1 気圧

9.1 超低温物性

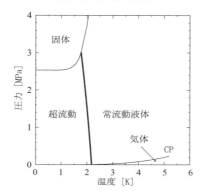

図 9.2 ^{4}He の相図．細い実線でかかれた相境界では不連続な相転移が起こり，二相が共存する．CP は，気液共存線が終端する臨界点で，ここから先では，液体と気体の間に明確な境はない．太い実線は，常流動液体と超流動液体の境界線である．ここでは臨界点と同じような連続な相転移が起きる．

(~ 0.1 MPa) のところから，大気圧下の液体ヘリウムの温度が，4.2 K であることが読み取れる．これらの境界線上では相転移が起きるが，細い実線で描かれている線は，1 次転移あるいは不連続な相転移が起きる．この線上では，接する二相が共存するという，1 次転移に特徴的な共存状態が出現する．逆に，二相が共存する時には，温度と圧力がこの線上にあることが保証されるが，一相のみ存在する状態からこの線を越えようとすると，必ずしもこの線上で相転移が起きるとは限らない．いわゆる過熱，過冷却という現象がある．

気体と液体の境界線をみると，臨界点（CP）で終端している．この点では，連続的あるいは，2 次相転移とよばれる相転移を示す．臨界点より先では気体と液体に区別がなく，気体と液体の間を相転移を経ずに移り変わることが可能である．一方，太い実線で書かれている，常流動状態と超流動状態との間の境界線は，前述の臨界点が集積したようなもので，二相共存やヒステリシスは示さず，連続な相転移によって二相が隔てられている．

二相が共存する条件は，二相の圧力 P と温度 T が等しいことに加えて，ギブズの自由エネルギー G あるいはそれを粒子数 N で割った，化学ポテンシャル μ が二相の間で等しことが熱力学から要請される．この条件をみたすところが，PT 平面上の相境界である．この共存線上では，クラウジウス–クラペイロン（Clausius–Clapeyron）の関係式が成り立つ．共存している二相をそれぞれ，1, 2 として，二相の化学ポテンシャルが等しいという条件，$\mu_1(P, T) = \mu_2(P, T)$, の温度微分をとると，

$$\frac{\partial \mu_1}{\partial T} + \frac{\partial \mu_1}{\partial P}\frac{dP}{dT} = \frac{\partial \mu_2}{\partial T} + \frac{\partial \mu_2}{\partial P}\frac{dP}{dT}$$

という関係が得られる．ここで，圧力と温度が共存線という関数で結ばれており，独立な変数ではないことに注意する必要がある．さらに，$(\partial \mu/\partial T)_P = -s$, $(\partial \mu/\partial P)_T = v$ を

使うと，

$$\frac{dP}{dT} = \frac{s_1 - s_2}{v_1 - v_2} \tag{9.1}$$

が得られる．ただしここで，s_1, v_1, s_2, v_2 は二相の1分子あたりのエントロピーと体積である．ここで，相1から相2に物質が転換するときの，1分子あたりのエントロピーと体積の変化を，$\Delta s = s_2 - s_1$，$\Delta v = v_2 - v_1$，その際に，可逆的に，熱浴とやりとりする1分子あたりの熱量を q とすれば，$q = T\Delta s$ であるので，

$$\frac{dP}{dT} = \frac{\Delta s}{\Delta v} = \frac{q}{T\Delta v} \tag{9.2}$$

という，クラウジウス-クラペイロンの関係式が得られる．

ここで，液体を1，気体を2として液体から気体への転換（蒸発）を考えると，気体の体積が液体の体積よりも大きいことから，$\Delta v > 0$ であり，図9.2からわかるように，気液共存線の傾き dP/dT も正であるので，$q > 0$ であることが結論される．したがって，1分子あたり q の熱量を温度 T の熱浴から吸収することが結論される．熱の流入がなければ，系の温度が下がり，蒸発冷却が起きることがわかる．

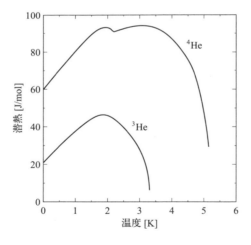

図 **9.3** ^{3}He と ^{4}He の蒸発の潜熱．

q にアボガドロ数 N_A を掛けた $L = N_A q$ を，気化の潜熱（latent heat）とよぶ．1モルの分子が液体から気体に転換すると，L の熱量が熱浴から吸収される．図9.3に，^{3}He と ^{4}He の潜熱の温度依存性を示す．この図から，^{3}He，^{4}He の両方とも低温領域において，$q(T) = q_0 + q_1 T$ という温度依存性を示すことがみてとれる．低温では，$v_2 \gg v_1$ であり，気相に対して理想気体の状態方程式を適用することが妥当であるので，$\Delta v \sim v_2 \sim k_B T/P$

9.1 超低温物性

と書くことができる.ここで,k_B はボルツマン定数である.すると,クラウジウス–クラペイロンの関係式 (9.2) は

$$\frac{1}{P}\frac{dP}{dT} = \frac{q}{k_B T^2} \tag{9.3}$$

となるので,$q(T) = q_0 + q_1 T$ を代入して微分方程式を解けば,$P(T) \propto T^{(q_1/k_B)} \exp(-q_0/k_B T)$ という,気液共存線を表す圧力と温度の関係が得られる.また,^{4}He で $2 < T < 4$K の温度範囲で,潜熱をほぼ定数 $q = q_0$ と見なせば,$P(T) \propto \exp(-q_0/k_B T)$ という関係が得られ,いずれにしても,圧力は温度の低下に伴って急激に減少する温度の関数であることがわかる.図 9.4 に気液共存線の ^{3}He と ^{4}He の比較を示す.なお,余談になるが,図 9.3 において,^{4}He の潜熱が 2 K 付近で示す V 字形の異常は超流動転移によるものである.

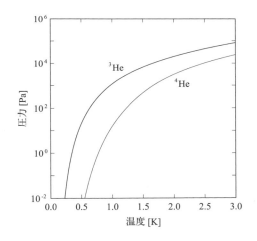

図 **9.4** ^{3}He と ^{4}He の蒸気圧曲線(気液共存線)の比較.

ヘリウム蒸気を減圧すると,液体が存在する限り気液共存線上を動き,圧力の低下とともに,液体ヘリウムの温度が減少する.単位時間に液体から気体に移動するヘリウム分子の数を $\dot N$ とすると,それに気化の潜熱 q を掛け合わせた,$\dot N q$ が,単位時間に吸収される熱量であるから,それが外部からの熱流入と均衡するところで,定常状態になりそれ以上温度は下がらなくなる.ヘリウムを減圧する真空ポンプは,単位時間に一定体積の気体を排気する装置なので,$\dot N \propto P(T)$ である.したがって,温度が低下して圧力が減少すると,それに比例して冷却能力が減少する.圧力は温度の低下とともに,指数関数的に減少するので,排気性能を多少あげても,1 K 程度が実際上の最低到達温度となる.

ヘリウム 4 の同位元素である ^{3}He は,安定な同位体であるが,地球上には天然の ^{3}He

はほとんど存在しない．人工的な核反応の産物として蓄積するものを集めて，実験で使用する．^{3}He の気液共存線を ^{4}He のそれと比較すると図 9.4 のように，同じ温度であれば，^{3}He の蒸気圧の方が高い．同じ排気能力のポンプを用いれば，^{3}He を用いる方がより低い温度を得ることができる．また後で説明するように，^{4}He は超流動状態になるために熱流入を増大させる性質があるが，^{3}He にはそのようなことがないので，0.5 K 以下の温度を容易に得ることができる．それでも 0.3 K 程度が実用的な限界である．

潜熱の大きさは，液化温度程度であるので，液体ヘリウムの潜熱は液体の中で最も小さい．液体ヘリウムの蒸発冷却ではこの小さな潜熱を利用するが，ヘリウムをコンテナから実験装置に移送する際には，共存線上の低温気体が等圧過程で室温に達するまでの間に吸収する熱量（エンタルピー）も忘れてはいけない．これを上手に使うことで，液体ヘリウムの消費量を抑えることができる．

c. 温　　度

(1) 国際温度標準　　絶対零度を基準とする熱力学温度の単位「ケルビン（K）」は，水の三重点の熱力学温度の 1/273.16 と定められている．三重点の圧力と温度は物質によって一意的に定まるので，圧力に左右される氷点よりもより普遍的であり，標準にふさわしい．水の三重点における温度と圧力はそれぞれ，273.16 K, 611.73 Pa である．現時点における最新の温度標準は，1990 年国際温度目盛（ITS-90）で，国際度量衡委員会で採択されたものである[1]．かつて，水の氷点を基準とした摂氏温度（単位は °C）は，この標準では熱力学温度から 273.15 を引いたものとして定義されており，1 度の刻みは両者で一致している．ちなみに，この定義によれば，水の三重点は正確に 0.01°C と定義される一方，氷点はおおよそ 0°C ということになる．沸点は圧力に依存するが，1 標準気圧（0.101325 MPa）で沸騰する水の温度は，99.947°C である．

(2) ヘリウム蒸気圧　　0.65 K から 5.0 K までの温度領域では，温度 $T[\mathrm{K}]$ はヘリウムの蒸気圧 $P[\mathrm{Pa}]$ を用いて，以下の式 (9.4) と表 9.1 に示す係数によって定義される．

$$T/\mathrm{K} = A_0 + \sum_{i=1}^{9} A_i \left[(\ln(P/\mathrm{Pa}) - B)/C\right]^i \tag{9.4}$$

^{4}He の蒸気圧によって定義される温度区間を 2 つに分けている．2.1768 K という温度は，超流動転移温度で，λ 点とよばれる温度定点である．また，λ 点の圧力は 5041.8 Pa である．

ITS-90 の定義では，^{3}He の蒸気圧に関しては，0.65 K 以上，^{4}He に関しては，1.25 K 以上に限られていて，より低い温度領域で飽和蒸気圧を知りたいときには不便である．^{3}He に関して，0.2 K まで，また，^{4}He に関して，0.5 K までの低温領域をカバーする，1976 年暫定温度目盛（EPT-76）を拡張した式 (9.5)–(9.7) と表 9.2 がある[2,3]．この表式は ITS-90 が定義する領域を覆っており，数値的に逆関数を求めることは容易であるので，実用上はこちらの方が便利であろう．ちなみに，^{3}He の臨界圧力は，0.11466 MPa であり，液体

表 9.1 1990 年国際温度目盛における式 (9.4) の係数.

	^{3}He	^{4}He	^{4}He
	0.65〜3.2K	1.25〜2.1768K	2.1768〜5.0K
A_0	1.053 447	1.392 408	3.146 631
A_1	0.980 106	0.527 153	1.357 655
A_2	0.676 380	0.166 756	0.413 923
A_3	0.372 692	0.050 988	0.091 159
A_4	0.151 656	0.026 514	0.016 349
A_5	−0.002 263	0.001 975	0.001 826
A_6	0.006 596	−0.017 976	−0.00 4325
A_7	0.088 966	0.005 409	−0.00 4973
A_8	−0.004 770	0.013 259	0
A_9	−0.054 943	0	0
B	7.3	5.6	10.3
C	4.3	2.9	1.9

^{3}He を加圧するとすぐに液面が見えなくなる.また,^{4}He の臨界温度は,5.1953 K.臨界圧力は 0.22746 MPa である.

$$\ln(P/\mathrm{Pa}) = \sum_{i=-1}^{4} a_i T^i + a_5 \ln(T/\mathrm{K}), \tag{9.5}$$

$$\ln(P/\mathrm{Pa}) = \sum_{i=-1}^{6} b_i (T/\mathrm{K})^i, \tag{9.6}$$

$$\ln(P/\mathrm{Pa}) = \sum_{i=-1}^{8} c_i t^i + c_9 (1-t)^{1.9}, \tag{9.7}$$
$$t = T/5.1953\mathrm{K}$$

(3) ヘリウム 3 融解圧 ヘリウム蒸気圧は温度の下降とともに急激に減少する.絶対圧力を求めることの難しさから,0.5 K 以下ではヘリウム蒸気圧を温度測定に用いるのは実用的な困難をともなう.ヘリウム 3 の相図 (図 9.5) をみると,ヘリウム 4 とは大きく異なり,1 mK 程度の超低温領域まで固液共存線 (固体と液体の境界) が大きな温度依存性をもっている.この固液共存線をしばしば融解圧曲線とよぶ.T_min=315.24 mK に極小をもち,T_min より低温側の傾きが負になっている.前出のクラウジウス–クラペイロンの関係式 (9.2) によって,液体から固体への転換を考えるとき,固体の密度は液体よりも大きいので,$\Delta v < 0$ である.共存線の傾きが負 $dP/dT < 0$ ということは,$\Delta s > 0$,すなわち,固体のエントロピーの方が液体のエントロピーよりも大きいことを示している.これは古典液体では理解しにくいことである.空間自由度だけを考えれば,分子の位置が規

表 9.2 ETP-76 を拡張した ^{3}He と ^{4}He の蒸気圧,式 (9.5-9.7) の係数.

^{3}He: 式 (9.5)	^{4}He: 式 (9.6)	^{4}He: 式 (9.7)
0.2〜3.3162K	0.5〜2.1768K	2.1768〜5.1953K
$a_{-1} = -2.50943$	$b_{-1} = -7.41816$	$c_{-1} = -30.93285$
$a_0 = 9.70876$	$b_0 = 5.42128$	$c_0 = 392.47361$
$a_1 = -0.304433$	$b_1 = 9.903203$	$c_1 = -2328.04587$
$a_2 = 0.210429$	$b_2 = -9.617095$	$c_2 = 8111.30347$
$a_3 = -0.0545145$	$b_3 = 6.804602$	$c_3 = -17809.80901$
$a_4 = 0.0056067$	$b_4 = -3.0154606$	$c_4 = 25766.52747$
$a_5 = 2.25484$	$b_5 = 0.7461357$	$c_5 = -24601.4$
	$b_6 = -0.0791791$	$c_6 = 14944.65142$
		$c_7 = -5240.36518$
		$c_8 = 807.93168$
		$c_9 = 14.53333$

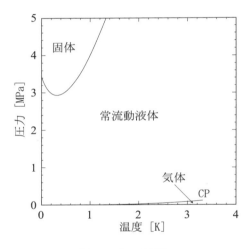

図 9.5 ^{3}He の相図.

則的に整列する固体の方が,空間的な配置の自由度が大きな液体よりも,エントロピーが小さいのが自然だからである.この性質は,^{3}He が,核スピン 1/2(簡単のため,ここでは $\hbar = 1$ とする)のフェルミ (Fermi) 粒子であることによる,量子力学的な効果によるものである.^{3}He が固化すると,空間配置のエントロピーは小さくなるもの,核スピンが局在スピンとなり,1 スピンあたり $k_B \log 2$ のエントロピーをもつことになる.ここで,k_B はボルツマン定数である.この核スピンによるエントロピーは核スピンが整列する温度まで,ほぼ一定のままである.一方,液体 ^{3}He は,低温で縮退フェルミ粒子系となるので,そのエントロピーは温度に比例する.したがって,温度が下降して液体のエントロピーが

表 9.3 式 (9.8) の係数.

$a_{-3} = -1.3855442 \cdot 10^{-12}$	$a_{-2} = 4.5557026 \cdot 10^{-9}$
$a_{-1} = -6.4430869 \cdot 10^{-6}$	$a_0 = 3.4467434 \cdot 10^0$
$a_1 = -4.4176438 \cdot 10^0$	$a_2 = 1.5417437 \cdot 10^1$
$a_3 = -3.5789853 \cdot 10^1$	$a_4 = 7.1499125 \cdot 10^1$
$a_5 = -1.0414379 \cdot 10^2$	$a_6 = 1.0518538 \cdot 10^2$
$a_7 = -6.9443767 \cdot 10^1$	$a_8 = 2.6833087 \cdot 10^1$
$a_9 = -4.5875709 \cdot 10^0$	

固体のエントロピー $k_B \log 2$ に等しくなる温度で,エントロピーの大小関係が逆転し,融解曲線の極小を与えることになる.フェルミ縮退は運動量空間における秩序状態であるので,液体だからといって,必ずしも乱れた状態ではないということが重要である.

ITS90 では,0.65 K 以下の低温域は規定されていない.しかし,0.65 K 以下の温度域で研究を行う研究者の間では,この温度域における共通の温度スケールがあったので,それを国際的に標準化する試みが始まった.その結果,^{3}He の融解圧曲線にもとづく温度スケールが 2000 年に,The Provisional Low Temperature Scale 2000(PLTS2000)として導入された.その融解圧は,0.902 mK から 1 K の間で,次の関数と表 9.3 の係数によって与えられる.

$$P_m/\text{MPa} = \sum_{i=-3}^{+9} a_i (T/\text{K})^i \tag{9.8}$$

図 9.6 は 1 K 以下の融解圧を図示したものである.この図で,$T_N, T_{AB}, T_A, T_{min}$ は PLTS2000 で定められる融解曲線上の温度定点であり,それぞれ,固体 ^{3}He のネール

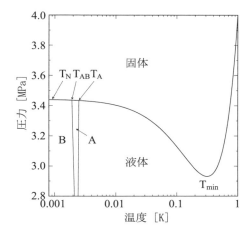

図 **9.6** PLTS2000 の融解圧および超流動 ^{3}He の相図.

(Néel) 点，超流動 ^{3}He の AB 相転移温度（B 点），^{3}He の超流動転移温度（A 点），融解圧の極小温度である．ネール点は固体 ^{3}He の核スピンが整列する温度であり，この温度以下では核スピンのエントロピーが $k_B \log 2$ から急激に減少する．これらの融解曲線上の温度定点の圧力と温度の値は，表 9.4 に示したとおりである．

表 9.4 PLTS2000 の温度定点．

温度定点	p_m/MPa	T/mK
極小 (T_{in})	2.93113	315.24
A 点 (T_A)	3.43407	2.444
B 点 (T_{AB})	3.43609	1.896
ネール点 (T_N)	3.43934	0.902

d. ポメランチュク冷却

前出の蒸発冷却は，気液相転移という 1 次相転移において，液相から気相への相転換に伴う，吸熱を利用する冷却方法であった．気体と液体が共存する条件下で冷却が起きるので，TP 相図の共存線に沿って冷却が進む．蒸発冷却と同様に 1 次相転移に伴う吸熱を利用する冷却方法が他にもある．その一つが，^{3}He の液相から固相への相転移を用いるポメランチュク（Pomeranchok）冷却という方法である．ミリケルビン領域の超低温を実現する方法としては，後述の核断熱消磁技術が定着したのと，固液共存状態にある ^{3}He を冷却するのには，有効であるが，それを用いて他のものを冷却するのに向かないことがあり，今後ポメランチュク冷却の用途はあまり多くないと思われるが，超流動 ^{3}He の発見がこの方法によってなされたという，歴史的な意義のある冷却方法である．

図 9.6 にみられるように，融解圧曲線に極小が存在し，それよりも低温側では固体のエントロピーの方が液体のエントロピーよりも大きい．したがって，圧力によって液体から固体への状態変化を起こさせることによって吸熱することができる．固体のエントロピーが，核スピン由来であり，核スピン整列がおきる温度（ネール点，0.902 mK）近くまで，ほぼ一定の値をとるのに対し，液体のエントロピーが温度に比例して減少するので，エントロピー差が低温でむしろ大きくなるのと，液体から固体への転換を圧力により制御できるので，吸熱量が温度の下降とともに蒸発冷却のように減少しない点は，この方法の利点である．

固液が共存する，融解圧曲線に極小が存在することによって，考慮しなければならない問題がある．常温部から ^{3}He を低温部の固液共存領域に供給することができない．極小点以下の低温部に至る途中で固化が起こりそこで液体をブロックしてしまうので，2.93 MPa 以上の圧力を低温部に伝えることができなくなるからである．したがって，低温部に加圧機構が必要となる．実際的には，液体 ^{4}He による加圧と，口径の異なるベローズを用いる方法による圧力増幅の機構を用いて，この困難は克服されている．また，加圧にともなう

摩擦熱の発生は致命的な温度上昇を招く可能性があるので注意が必要である．

低温部において加圧を行うために，供給ラインにバルブを設けて，^{3}He が逆流するのを防がなければならないが，これにも極小点の存在をうまく使うことができる．極小点付近の温度領域に細い管を用いることで，自動的に栓を形成する，キャピラリーブロックという方法がとられる．極小点より高温の液体状態で，仕込み圧を適当に選んで低温部に ^{3}He を充填して，温度を下げていくと，一度固体になった後さらに温度が下がったときに固液共存状態が出現するようにすることができる．この状態では，自動的に圧力が高温部と隔絶されるので，容易に低温部だけを加圧することができる．

e. 希釈冷凍

もう一つ，低温物理実験でよく用いられる 1 次相転移を用いる冷却方法に，希釈冷凍法がある．^{3}He と ^{4}He 混合液体を用意して，それを冷却すると，^{3}He 濃度によって，ある温度以下で ^{4}He が多い相と ^{3}He が多い相に相分離が起きる．^{3}He が多い相を濃厚 (C) 相，^{4}He が多い相を希薄 (D) 相と，^{3}He 濃度を目安に二相をよぶのが慣例である．^{3}He 濃度と温度の平面で相図を描くと，図 9.7 のようになる．この相図のグレーの領域には安定な状態はない．図 9.5 の気液共存線では，このような領域はなかったが，温度と圧力の平面に相図を描いたからであって，温度とモル体積あるいは密度の平面に描けば，安定な状態のない領域が現れる．気体と液体との間で密度が異なるためでる．

^{3}He-^{4}He 混合液の相分離でも，気液相分離のときのように，臨界点が存在し，そこに超流動転移線が接続する．この点を三重点（triple point）とよび，$T_t = 0.867\text{K}$, $x_t = 0.674$ である．ここで x は ^{3}He 濃度，x_t はその三重点での値である．^{3}He-^{4}He 混合液の相分離

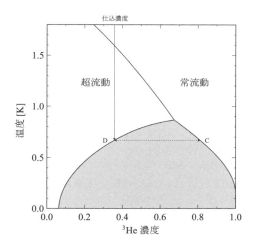

図 **9.7** ^{3}He-^{4}He 混合液の相図．

は，気液相分離とよく似ている．

図 9.7 の仕込濃度（約 35%）とかかれた割合の ^{3}He-^{4}He 混合液を冷やしていくと，実線にそって下降していき，0.65 K くらいのところでで相分離線にぶつかる．そこで混合液は，D 相と C 相に相分離を始める．さらに温度を下げていくと，D 相は左側の，C 層は右側の線にそってそれぞれの濃度が変化していき，C 相は純粋な ^{3}He に近づく．一方で D 相は 6.4%の ^{3}He が超流動 ^{4}He に解けた状態へと向かっていく．100 mK 以下になると，この D 相は，超流動 ^{4}He という真空中にあるフェルミ縮退した希薄な ^{3}He の系と見なすことができる．超流動 ^{4}He の素励起は長波長のフォノンだけとなり，エントロピーの非常に低い，真空ともいえる状態が実現する．

縮退したフェルミ気体の 1 粒子あたりのエントロピー (s) は，

$$s = \left(\frac{\pi}{3}\right)^{2/3} m \left(\frac{k_\mathrm{B}}{\hbar}\right)^2 v^{2/3} T \tag{9.9}$$

であたえられる．ここで，m は粒子の質量，$\hbar$ はプランク（Planck）定数，v は 1 粒子あたりの体積で，フェルミ気体の体積を V，そこに含まれるフェルミ粒子の数を N として，$v = V/N$ である．したがって，1 粒子あたりのエントロピーは希薄な気体の方が，大きい．実際に，D 相の方が C 相に比べて，^{3}He 分子あたりのエントロピーが 5 倍程度大きい．また，D 相と C 相のエントロピー差 (Δs) が，温度に比例するので，^{3}He 分子を C 相から D 相に移動したときに吸収する熱量は，$q = T\Delta s \propto T^2$ と，温度の 2 乗に比例することがわかる．したがって単位時間あたりの冷却能力 ($\dot{N}q$) も T^2 の程度にしか低下しない．ここで，D 相の ^{3}He 濃度が低温で 6.4%と，一定値をとるので，$\dot{N}$ が温度に依存しないことに注意したい．蒸発冷却の能力が指数関数的に低下したことを考えると，この希釈冷凍の優位性がわかる．低温での冷却能力以外にも希釈冷凍には大きな実際的なメリットがある．それは，C 相から D 相に希釈した ^{3}He を分留回収し，熱交換器を通して C 相に戻すことで，連続的に低温を生成できることにある．最近市販されている機械は，5～10 mK の最低温度を定常的に生成する能力をもつものが多い．試験研究用に製作された機械では，1.7 mK という最低温度の報告がある．

f. 核断熱消磁冷却

1 次相転移を利用する冷却方法とともによく利用される方法に，カルノーサイクルなどの熱力学サイクルを用いる方法がある．カルノーサイクルでは，気体を作業物質に用いて，断熱過程と等温過程を繰り返すことで，低温側から高温側に熱量を移動させるものであった．カルノーサイクルの一部である，断熱膨張過程について復習しておこう．理想気体の 1 分子あたりのエントロピーは，

$$s = k_\mathrm{B} \left[-\log P + \frac{5}{2} \log T + C \right] \tag{9.10}$$

のように，圧力 P と温度 T および定数 C を用いて表すことができる．断熱過程，すなわちエントロピー一定のもとで，圧力を P_1 から P_2 に変化させたとすると，$T_2/T_1 = (P_2/P_1)^{2/5}$ の関係が成り立つ．したがって，断熱膨張過程の場合，$P_2 < P_1$ であるので，系の温度が下がることになる．

上の過程では，理想気体を作業物質として，圧力を変えることで，温度を下げることができた．そこで，作業物質を核スピンに，圧力を磁場に置き換えて同様な過程を行うことを考えてみる．磁場中におかれた核スピン I は $2I+1$ の準位にゼーマン分裂する．すると，1スピンの分配関数 Z_I は，

$$Z_I = \sum_{m=-I}^{I} \exp\left(\frac{\hbar\gamma_{\mathrm{m}} B}{k_{\mathrm{B}} T} m\right) \tag{9.11}$$

である．ここで，γ_{m} は核スピンの磁気回転比で，B は磁束密度である．これは，$x = \hbar\gamma_{\mathrm{m}} BI/k_{\mathrm{B}} T$ として，

$$Z_I(x) = \sinh\left(\frac{2I+1}{2I}x\right) / \sinh\frac{x}{2I} \tag{9.12}$$

のように計算することができる．したがって，1スピンあたりのエントロピー s_I は，ブリルアン（Brillouin）関数

$$B_I(x) = \frac{d}{dx}\log Z_I(x) \tag{9.13}$$

を用いて，

$$s_I = k_{\mathrm{B}}[xB_I(x) + \log Z_I(x)] \tag{9.14}$$

となり，B/T が同じならばエントロピーも同じであることがわかる．また，$T \to \infty\ (x \to 0)$ の高温極限で $s_I = k_{\mathrm{B}}\log(2I+1)$ という一定値になる．核スピン同士の相互作用がなければ，ゼロ磁場でのエントロピーは一定値のままだが，実際には相互作用による核秩序があり，ゼロ磁場下でも低温でエントロピーの減少がみられる．銅の核スピンの場合，1μ K 以下の nK 領域において，この相互作用による核磁気秩序が形成されることが知られている．

銅には，^{63}Cu と ^{65}Cu の安定な同位元素が2種類あるが，ともに核スピンは $I = 3/2$ であり，平均の γ_{m} は，$2\pi \times 11.56$ MHz 程度である．一定磁場中における銅の核スピンエントロピーを図 9.8 に温度の関数として示す．この図からわかるように，8 T の強磁場のもとで，10 mK まで予冷をしても核スピンエントロピーは，高温極限の一定値，$k_{\mathrm{B}}\log 4$ から 10%弱しか減少しない．それでも，核断熱消磁を行うためには十分で，この状態から，磁場をゆっくりと断熱的に減少させると，核スピン系の状態は横軸と平行に変化し，0.08 T（8 T の 1/100）で 100 μK に到達することがわかる．エントロピーの温度変化が大きなところで核スピン比熱は大きく，低温で減少する格子比熱や電子比熱に比べて十分な冷却能力をもつ．

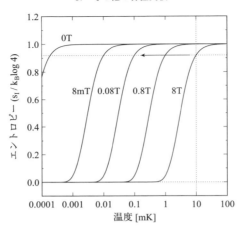

図 9.8　一定磁場中における銅の核スピンエントロピーの温度依存性.

物性研究所では，核断熱消磁を用いた大規模な超低温実験が極限物性研究計画の一環としてはじまり，大型2段核断熱装置によって，27 μK という世界記録を樹立するという偉業を成し遂げた．そのときの記録が，図 9.9 に示す冷却曲線である[4]．

9.1.2　超流動 ^{4}He

液体 ^{4}He を減圧（蒸発）冷却していくと，λ 点とよばれる温度で，相転移を起こし，秩序状態に移る．この秩序状態を代表する特徴は，液体の粘性が消失するという，極めて異様なもので，Kapitza によって超流動と命名された．この超流動現象は，超低温物性研究と特別な関係にある．それは，低温極限を追い求めることと，液体ヘリウムの研究が並行して進められてきた歴史があるからである．希釈冷凍技術では，ヘリウム混合液体の物性研究が本質的な役割を果たし，超流動 ^{3}He 探索が，超低温技術開発を駆動した．核断熱消磁は超流動 ^{3}He の物性研究を動機として開発が進み，完成されていったといってよい．

^{4}He の超流動は，超流動現象がボース（Bose）粒子の示す現象であることを示唆する．^{4}He 原子は，陽子，中性子，電子，それぞれ2個の合計6個のフェルミ粒子からできている．同種フェルミ粒子の交換に対して，波動関数は符号を変えるが，偶数個のフェルミ粒子をひとまとめにしたものを2組用意して，それらを交換すると符号の交替は相殺して波動関数の符号は変わらない．波動関数が交換に対して符号を変えないという性質は，ボース粒子のもつ性質である．^{4}He 原子は（スピン 0 の）複合ボース粒子であると考えられる．同位元素の ^{3}He は ^{4}He から中性子を1つ取り除いたもので，フェルミ粒子である．^{3}He が λ 点と同程度の温度領域では超流動を示さないことが，超流動現象をボース粒子に固有の性質とする根拠である．λ 点よりもはるかに低温の mK 領域で，^{3}He が超流動性を示す

9.1 超低温物性

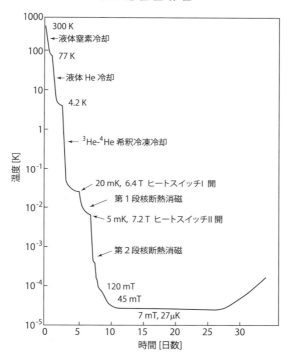

図 9.9 物性研究所 2 段核断熱装置の冷却曲線．[「物性研 30 年—回顧と展望—」より転載]

ことが発見されているが，2つの ^{3}He 原子が対をつくることによって，ボース粒子的な性質を帯びることで引き起こされる現象であることがわかっている．

多くの元素のなかで，ヘリウムだけが絶対零度まで固化せずに液体として存在する．このような物質が存在することは，われわれにとって非常に幸運なことである．低温でも広い空間領域を移動する自由度を失うことがないことによって，粒子の量子力学的な運動を記述する波動関数という複素量が，巨視的なスケールで出現することを可能にしたからである．液体ヘリウム中で，ヘリウム原子が長距離移動することは，2つのヘリウム原子に着目すると，その位置を頻繁に入れ替える，つまり位置を交換していることととらえることができる．同種粒子の位置交換という対称操作の一つは，量子力学において，基本的操作であり，重要な意味をもっている．^{4}He の超流動現象では位置交換が，単に数学的な操作ではなく，実際の物理過程において現実的な役割をはたすことに気づかされる．^{4}He の超流動現象においては，ボース凝縮と粒子間の斥力相互作用が本質的に重要であり，それに基づく準粒子あるいは素励起という概念によって現象の多くが説明される．

a. ボース–アインシュタイン凝縮

相互作用のない理想ボース粒子は量子力学的な1粒子状態を複数の粒子が同時に占有することができる．粒子のとりうる状態に番号を付け，i番目の状態のエネルギーをϵ_iとすると，その状態を占有する平均粒子数（ボース分布関数）は，

$$n(\epsilon_i) = \frac{1}{e^{(\epsilon_i - \mu)/k_B T} - 1} \tag{9.15}$$

によって与えられる（ボース分布）．ここで，k_Bはボルツマン定数，Tは温度であり，μは全粒子数をNとするとき，$N = \sum_i n(\epsilon_i)$から決まる化学ポテンシャルである．ϵ_iの最小値をϵ_0とすると，$\mu < \epsilon_0$でなければならない．さもないと，$T \to 0$としたときに$n(\epsilon_0)$が負となり，nが「平均の粒子数」という定義と矛盾する．

相互作用のないボース粒子系（理想ボース気体）において，粒子の質量をm，運動量をpとすれば，エネルギーは$\epsilon = p^2/2m$である．広い空間に収められた粒子の並進運動状態は準連続的であるので，状態に関する和（$\sum_i$）を位相空間の積分（$V/2\pi^2\hbar^3 \int p^2 dp$）で置き換えることができる．ここで，$V$はボース粒子系の体積，$\hbar$はプランク定数である．このような条件のもとで，化学ポテンシャルを決める条件，$N = \sum_i n(\epsilon_i)$は，

$$\frac{N}{V} = \frac{m^{3/2}}{\sqrt{2}\pi^2\hbar^3} \int_0^\infty \frac{\sqrt{\epsilon}\, d\epsilon}{e^{(\epsilon - \mu)/k_B T} - 1} = \frac{(mk_B T)^{3/2}}{\sqrt{2}\pi^2\hbar^3} \int_0^\infty \frac{\sqrt{z}\, dz}{e^{z - \mu/k_B T} - 1} \tag{9.16}$$

となる．温度が高いときには，この条件から$\mu(<0)$が求められる．しかし，温度を下げていくとμは次第に0に近づき，やがてT_0という温度で，$\mu \to 0$となる．このとき，

$$\int_0^\infty \frac{z^{x-1} dz}{e^z - 1} = \Gamma(x)\zeta(x) \quad (x > 1) \tag{9.17}$$

という公式を用いれば，

$$\frac{N}{V} = \frac{(mk_B T_0)^{3/2}}{\sqrt{2}\pi^2\hbar^3} \Gamma(3/2)\zeta(3/2) \tag{9.18}$$

という関係が得られる．ここで，Γとζはそれぞれガンマ関数とツェータ関数を表し，$\Gamma(3/2) = \sqrt{\pi}/2$，$\zeta(3/2) \approx 2.612$という値をもつ．したがって，$T_0$は

$$T_0 \approx 3.31 \frac{\hbar^2}{mk_B} \left(\frac{N}{V}\right)^{2/3} \tag{9.19}$$

と求まり，これよりも低い温度では(9.16)の右辺はN/Vより小さくなり，残りの粒子は，$\epsilon = 0$の状態を占有することになる．この$\epsilon = 0$の状態を占有する粒子数をN_0とし，残りを$N_{\epsilon>0}$とすれば，$T < T_0$の温度では，

$$N_{\epsilon>0} = N\left(\frac{T}{T_0}\right)^{3/2} \tag{9.20}$$

$$N_0 = N\left[1 - \left(\frac{T}{T_0}\right)^{3/2}\right] \tag{9.21}$$

である．T_0 以下の温度域では，$\epsilon = 0$ の一つの状態を N_0 という N と同程度のマクロな数のボース粒子が占めることになり，この現象をボース–アインシュタイン凝縮（BEC）という．また，$\epsilon = 0$ の状態を占める N_0 個のボース粒子の集団を凝縮体（condensate）とよぶ．

低温における液体ヘリウムの粒子密度，$2.20 \times 10^{22} \text{cm}^{-3}$ を用いて T_0 を求めると，おおよそ 3.15 K となる．この温度が超流動転移温度，2.1768 K とそれほど離れていないことや，フェルミ粒子である ^{3}He で同様な現象がみられないことから，超流動がボース凝縮に関連した現象と考えられた．

ボース–アインシュタイン凝縮した理想ボース気体の全エネルギーは，式 (9.16) で $\mu = 0$ として $N_{\epsilon>0}$ を求めたのと同様に，

$$E = \frac{Vm^{3/2}}{\sqrt{2}\pi^2 \hbar^3} \int_0^\infty \frac{\epsilon^{3/2} d\epsilon}{e^{\epsilon/k_B T} - 1} \tag{9.22}$$

から，

$$E = \frac{V(mk_B T)^{3/2} k_B T}{\sqrt{2}\pi^2 \hbar^3} \int_0^\infty \frac{z^{3/2} dz}{e^z - 1} = \frac{Vm^{3/2}(k_B T)^{5/2}}{\sqrt{2}\pi^2 \hbar^3} \Gamma(5/2)\zeta(5/2)$$
$$= 0.128 \frac{Vm^{3/2}}{\hbar^3}(k_B T)^{5/2} \tag{9.23}$$

となる．ここで，(9.17) および $\Gamma(5/2) = 3/4\sqrt{\pi}$, $\zeta(5/2) \approx 1.341$ を用いた．したがって，比熱は，

$$C_v = \frac{5E}{2T} \tag{9.24}$$

となり，$T^{3/2}$ に比例する．

b. 素励起・準粒子（ボゴリューボフ理論）

粒子の運動量とエネルギーの関係を分散関係といい，理想気体では，

$$\epsilon = \frac{p^2}{2m} \tag{9.25}$$

である．後に説明する，ランダウ（Landau）の議論では，ボース粒子系に，式 (9.25) という分散関係をもつ励起状態が存在する限り，超流動性は現れない．理想ボース気体において，ボース–アインシュタイン凝縮が起こっても，分散関係に変化は現れないので，直ちに超流動になるという結論は得られない．しかし，粒子間に弱い斥力を導入することで，この状況が変わることが，ボゴリューボフ（Bogolubov）によって示され，ボース–アインシュタイン凝縮とボース粒子間の斥力相互作用によって，超流動が発現すると考えられている．

スピン 0 のボース粒子の消滅，生成演算子を $\hat{a}_{\boldsymbol{p}}, \hat{a}_{\boldsymbol{p}}^\dagger$ とすると，理想ボース気体のハミルトニアンは，

$$\hat{H} = \sum \frac{p^2}{2m} \hat{a}_{\boldsymbol{p}}^\dagger \hat{a}_{\boldsymbol{p}} \tag{9.26}$$

のように書くことができる．ここで，和は，すべての運動量 $\boldsymbol{p}$ についてとる．また，ボース粒子の消滅，生成演算子は次の交換関係をみたす．

$$\hat{a}_{\boldsymbol{p}}\hat{a}_{\boldsymbol{p}'} - \hat{a}_{\boldsymbol{p}'}\hat{a}_{\boldsymbol{p}} = 0, \quad \hat{a}_{\boldsymbol{p}}\hat{a}_{\boldsymbol{p}'}^{\dagger} - \hat{a}_{\boldsymbol{p}'}^{\dagger}\hat{a}_{\boldsymbol{p}} = \delta_{\boldsymbol{p}\boldsymbol{p}'} \tag{9.27}$$

ここで，理想ボース気体の粒子間に弱い相互作用を導入する．ボース粒子系は低温状態にあり，ボース粒子の平均運動量が $\boldsymbol{p}=0$ の近くにあるとすると，相互作用の強さを $\boldsymbol{p}=0$ での値，U_0 で一定とすることが許されるので，相互作用を取り入れたハミルトニアンを，

$$\hat{H} = \sum \frac{p^2}{2m}\hat{a}_{\boldsymbol{p}}^{\dagger}\hat{a}_{\boldsymbol{p}} + \frac{U_0}{2V}\sum \hat{a}_{\boldsymbol{p}_1'}^{\dagger}\hat{a}_{\boldsymbol{p}_2'}^{\dagger}\hat{a}_{\boldsymbol{p}_2}\hat{a}_{\boldsymbol{p}_1} \tag{9.28}$$

のように近似する．相互作用によって，$(\boldsymbol{p}_1, \boldsymbol{p}_2) \to (\boldsymbol{p}_1', \boldsymbol{p}_2')$ という 2 体散乱過程が導入されたことになる．ここで，相互作用の強さを表す U_0 は，散乱長 a を用いて，$U_0 = 4\pi\hbar^2 a/m$ のように表すことができる．

さて，ここでボース–アインシュタイン凝縮によって，$N_0 \approx N$ が成り立っていることに注意すると，$\hat{a}_0^{\dagger}\hat{a}_0 = N_0 \approx N$ であるので，$\hat{a}_0^{\dagger}\hat{a}_0$ は，非常に大きな量となり，式 (9.27) の右辺の 1 は無視してもよく，$\hat{a}_0\hat{a}_0^{\dagger} - \hat{a}_0^{\dagger}\hat{a}_0 \approx 0$ と考えることができる．すなわち，$\hat{a}_0, \hat{a}_0^{\dagger}$ は，c-数とみなすことができ，これを a_0 とすれば，$a_0^2 = N_0$ である．一方，$\hat{a}_{\boldsymbol{p}\neq 0}$ の期待値は a_0 に比べて圧倒的に小さいので，式 (9.28) の右辺第 2 項の和のなかで，最も大きな項は

$$\hat{a}_0^{\dagger}\hat{a}_0^{\dagger}\hat{a}_0\hat{a}_0 = a_0^4 \tag{9.29}$$

であり，その次は，$(\boldsymbol{p}_1, \boldsymbol{p}_2, \boldsymbol{p}_1', \boldsymbol{p}_2')$ のうち 2 つが 0 となる

$$a_0^2 \sum_{\boldsymbol{p}\neq 0}(\hat{a}_{\boldsymbol{p}}\hat{a}_{-\boldsymbol{p}} + \hat{a}_{\boldsymbol{p}}^{\dagger}\hat{a}_{-\boldsymbol{p}}^{\dagger} + 2\hat{a}_{\boldsymbol{p}}^{\dagger}\hat{a}_{\boldsymbol{p}} + 2\hat{a}_{-\boldsymbol{p}}^{\dagger}\hat{a}_{-\boldsymbol{p}}) \tag{9.30}$$

という項である．$(\boldsymbol{p}_1, \boldsymbol{p}_2, \boldsymbol{p}_1', \boldsymbol{p}_2')$ のうち，3 つが 0 となる項は運動量保存則をみたさないので現れない．さらに，

$$N = a_0^2 + \sum_{\boldsymbol{p}\neq 0}\hat{a}_{\boldsymbol{p}}^{\dagger}\hat{a}_{\boldsymbol{p}} \tag{9.31}$$

であることを考慮して，$\hat{a}_{\boldsymbol{p}}, \hat{a}_{\boldsymbol{p}}^{\dagger}$ の 2 次までの項で式 (9.28) を近似すると，

$$\hat{H} = \frac{N^2}{2V}U_0 + \sum_{\boldsymbol{p}}\frac{p^2}{2m}\hat{a}_{\boldsymbol{p}}^{\dagger}\hat{a}_{\boldsymbol{p}} + \frac{N}{2V}U_0\sum_{\boldsymbol{p}\neq 0}(\hat{a}_{\boldsymbol{p}}\hat{a}_{-\boldsymbol{p}} + \hat{a}_{\boldsymbol{p}}^{\dagger}\hat{a}_{-\boldsymbol{p}}^{\dagger} + 2\hat{a}_{\boldsymbol{p}}^{\dagger}\hat{a}_{\boldsymbol{p}}) \tag{9.32}$$

が得られる．このハミルトニアンを対角化することで，励起状態の固有エネルギーを求めることができる．そのために，$\hat{a}_{\boldsymbol{p}}, \hat{a}_{\boldsymbol{p}}^{\dagger}$ と以下の線形変換によって結ばれた，あたらしいボース演算子 $\hat{b}_{\boldsymbol{p}}, \hat{b}_{\boldsymbol{p}}^{\dagger}$ を導入する．

$$\hat{a}_{\boldsymbol{p}} = u_{\boldsymbol{p}}\hat{b}_{\boldsymbol{p}} + v_{\boldsymbol{p}}\hat{b}_{-\boldsymbol{p}}^{\dagger}, \quad \hat{a}_{\boldsymbol{p}}^{\dagger} = u_{\boldsymbol{p}}\hat{b}_{\boldsymbol{p}}^{\dagger} + v_{\boldsymbol{p}}\hat{b}_{-\boldsymbol{p}} \tag{9.33}$$

ここで，$\hat{b}_{\boldsymbol{p}}$, $\hat{b}_{\boldsymbol{p}}^{\dagger}$ にも $\hat{a}_{\boldsymbol{p}}$, $\hat{a}_{\boldsymbol{p}}^{\dagger}$ と同じボース粒子の交換関係 (9.27) が成り立つことを要請すると，$u_{\boldsymbol{p}}^2 - v_{\boldsymbol{p}}^2 = 1$ という関係が得られる．さらに，

$$L_{\boldsymbol{p}} = \frac{1}{mu^2}\left\{\epsilon(p) - \frac{p^2}{2m} - mu^2\right\}, \tag{9.34}$$

$$\epsilon(p) = \sqrt{u^2 p^2 + \left(\frac{p^2}{2m}\right)^2}, \tag{9.35}$$

$$u = \sqrt{\frac{NU_0}{mV}} = \sqrt{\frac{4\pi\hbar^2 aN}{m^2 V}} \tag{9.36}$$

という量を定義して，

$$u_{\boldsymbol{p}} = \frac{1}{\sqrt{(1-L_{\boldsymbol{p}}^2)}}, \quad v_{\boldsymbol{p}} = \frac{L_{\boldsymbol{p}}}{\sqrt{(1-L_{\boldsymbol{p}}^2)}} \tag{9.37}$$

とすれば，ハミルトニアン (9.28) は，

$$\hat{H} = E_0 + \sum_{\boldsymbol{p}\neq 0} \epsilon(p)\hat{b}_{\boldsymbol{p}}^{\dagger}\hat{b}_{\boldsymbol{p}}, \tag{9.38}$$

$$E_0 = \frac{1}{2}mu^2\left(N + \sum_{\boldsymbol{p}\neq 0} L_{\boldsymbol{p}}\right) \tag{9.39}$$

のように対角化される．

対角化されたハミルトニアン (9.38) に現れる，式 (9.35) で与えられる $\epsilon(p)$ は，$\hat{b}_{\boldsymbol{p}}^{\dagger}$ によって生成される励起状態の固有エネルギーである．式 (9.38) からわかるように，$\hat{b}_{\boldsymbol{p}}$, $\hat{b}_{\boldsymbol{p}}^{\dagger}$ によって表される励起状態は，相互作用のない理想ボース気体として振る舞う．この状態を，素励起（elementary excitation）あるいは準粒子（quasiparticle）とよぶ．ボース系の準粒子の平均占有数はボース分布 (9.15) に従う．絶対零度では $\boldsymbol{p} \neq 0$ の状態は占有されない．この状態が，弱い斥力相互作用のあるボース粒子系の量子力学的な基底状態である．$\epsilon(p)$ は，運動量の大きな領域あるいはエネルギーの高い領域では，$\epsilon(p) \approx p^2/2m$ と相互作用のない自由粒子の分散関係に漸近し，逆の領域すなわち運動量の小さな領域では，u を音速とする音波の分散関係 $\epsilon(p) \approx up$ に漸近することがわかる．式 (9.35) 右辺の平方根内の 2 項の大きさが等しくなる，$p = 2mu$ で前記の 2 つの領域が移り変わる．低エネルギーの準粒子は相互作用を入れる前のボース粒子の集団運動である音波であり，高エネルギーでは質量 m の自由粒子のように振る舞う．

さて，式 (9.39) の右辺第 2 項の和は，位相空間の積分 $(V/2\pi^2\hbar^3 \int \cdots p^2 dp)$ として求めることができる．しかし，式 (9.34), (9.35) からわかるように，$p \to \infty$ でこの積分は発散する．この不具合は，式 (9.39) において，

$$L_{\boldsymbol{p}} \to L_{\boldsymbol{p}} + \frac{m^2 u^2}{p^2} \tag{9.40}$$

とすることで避けられる．この変更には，ここまで無視してきた，相互作用の運動量依存性に対する近似を進めるという物理的な意味がある．これによって，ハミルトニアン (9.38) の定数項は，

$$E_0 = \frac{1}{2}mu^2 N \left[1 + \frac{128}{15}\sqrt{\frac{a^3 N}{\pi V}}\right] \qquad (9.41)$$

と計算される．

準粒子を考えるときには，E_0 はエネルギー原点の単なるシフトであり，準粒子が支配する物理現象にあらわに顔を出すことはない．しかし，準粒子にとっては所与の物理，例えば，準粒子の速度（音速）と密接な関係がある．音速を決めているのはもともとのボース粒子間の相互作用である．式 (9.41) の右辺第 2 項は，この系の体積 V に対する，ボース粒子のハードコア（芯）の体積 ($a^3 N$) の占める割合の平方根であり，希薄な気体では 1 に比べて十分小さな量と考えられる．そこで，E_0 の主要な寄与である第 1 項のみを考え，式 (9.36) から得られる $\partial u^2/\partial V = -u^2/V$ という関係に注意して，熱力学的関係 ($P = -\partial E/\partial V$) を用いて圧力 P を求めると，

$$P = \frac{1}{2}u^2 \frac{mN}{V} = \frac{U_0}{2}\frac{N^2}{V^2} \qquad (9.42)$$

という関係が得られる．$\rho = mN/V$ に留意して，音波の速度 $\sqrt{\partial P/\partial \rho}$ を計算すれば，u と一致することが確かめられる．低エネルギーの準粒子がボース粒子系の粒子間相互作用に起因する音波であること整合している．

以上の考察から，低エネルギー領域の準粒子は音波あるいはフォノンであることが結論される．もともとのボース粒子が相互作用するようになった結果，個々の粒子の運動エネルギーがゼロから $p^2/2m$ という値に，独立に遷移する個別励起という描像から，フォノンという複数の粒子が協同して運動することにより，$\epsilon(p)$ というエネルギーを伴った集団運動モードを励起する描像へと移行した．それによって，準粒子という理想ボース気体を得ることができた．

準粒子は理想ボース気体として，ボース分布関数に従うので，絶対零度では $\bm{p} \neq 0$ の状態は占有されることはなく，$\hat{b}_{\bm{p}}^\dagger \hat{b}_{\bm{p}} = 0$ となる．それでは，そのときに $\hat{a}_{\bm{p}}, \hat{a}_{\bm{p}}^\dagger$ によって表されるもともとのボース粒子の分布はどうなっているであろうか．それをみるためには，式 (9.33) の $\hat{a}_{\bm{p}}, \hat{a}_{\bm{p}}^\dagger$ を用いて，$\hat{a}_{\bm{p}}^\dagger \hat{a}_{\bm{p}}$ を計算してみればよい．$\hat{b}_{\bm{p}}, \hat{b}_{\bm{p}}^\dagger$ がボース粒子の交換関係をみたすことと，$\hat{b}_{\bm{p}}^\dagger \hat{b}_{-\bm{p}}^\dagger$ と $\hat{b}_{-\bm{p}} \hat{b}_{\bm{p}}$ は常に 0 であり，また $\hat{b}_{\bm{p}}^\dagger \hat{b}_{\bm{p}}$ も絶対零度ではゼロになることを用いれば，

$$\hat{a}_{\bm{p}}^\dagger \hat{a}_{\bm{p}} = v_{\bm{p}}^2 = \frac{L_{\bm{p}}^2}{1-L_{\bm{p}}^2} = \frac{m^2 u^4}{2\epsilon(p)\{\epsilon(p) + p^2/2m + mu^2\}} \quad (\bm{p} \neq 0) \qquad (9.43)$$

のように計算できる．すなわち，元々のボース粒子の運動量分布は，絶対零度において，有限の運動量の状態が空ではなく，占有されていることがわかる．これを，位相空間で積分

すれば，有限の運動量状態に励起されているボース粒子の数を計算することができ，

$$N_0 = N - \frac{V}{(2\pi\hbar)^3} \int \hat{a}_{\boldsymbol{p}}^\dagger \hat{a}_{\boldsymbol{p}} \, d^3p = N\left[1 - \frac{8}{3}\sqrt{\frac{a^3 N}{\pi V}}\right] \qquad (9.44)$$

となる．これをみると，すべての粒子が $\boldsymbol{p}=0$ の状態を占有しているわけではなく，$\boldsymbol{p}\neq 0$ の状態にも粒子が分布していることがわかる．絶対零度でも完全にはボース–アインシュタイン凝縮をしていないかのようにみえるが，絶対零度では確かにこれが，N ボース粒子系の最低エネルギー状態になっている．

c. フォノン比熱

準粒子のエネルギー分散関係が理想ボース気体の $\epsilon = p^2/2m$ から相互作用するボース粒子系の $\epsilon = up$ へと変化することによって，比熱の温度依存性が劇的に変化する．準粒子のエネルギー分散関係が $\epsilon = up$ という，フォノンの分散関係である場合，ハミルトニアン (9.38) からわかるように，低温（ボース凝縮している温度領域）では，系の全エネルギーが，

$$E = E_0 + \frac{V}{2\pi^2 \hbar^3} \int_0^\infty \frac{up\, p^2 dp}{e^{up/k_{\rm B}T} - 1} \qquad (9.45)$$

によって与えられる．この積分は式 (9.17) を用いてただちに計算するこができ，

$$E = E_0 + \frac{\pi^2 V (k_{\rm B}T)^4}{30(\hbar u)^3} \qquad (9.46)$$

が得られる．したがって比熱は，

$$C_v = \frac{2\pi^2 V k_{\rm B}^4}{15(\hbar u)^3} T^3 \qquad (9.47)$$

となり，T^3 に比例することがわかる．この結果は，相互作用のない理想ボース気体の場合の式 (9.24) における $T^{3/2}$ の温度依存性とは大きくことなる．

実際，超流動ヘリウム 4 の比熱は，図 9.10 に示すとおり，低温領域で T^3 に比例しており，相互作用するボース粒子系の低エネルギー領域における準粒子がフォノンであることと合致している[*1)]．

ところで，0.6 K 以上の温度領域で，超流動ヘリウム 4 の比熱にフォノン比熱以外の寄与があることが明瞭に見て取れる．このことは超流動ヘリウム 4 の準粒子がフォノンだけではないことを示唆している．これはロトンとよばれる準粒子からの寄与であることが知られている．

d. 超流動ヘリウム 4 の準粒子

超流動ヘリウム 4 準粒子の分散関係は中性子非弾性散乱などの方法によって実験的に知ることができる．実際に実験によって求められた，準粒子のエネルギー分散関係は図 9.11

[*1)]　超流動ヘリウム 4 に関する物性データは Donnelly and Barenghi[5)] による．

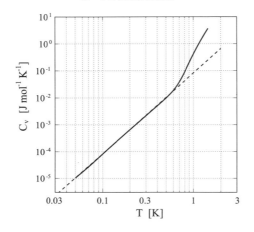

図 **9.10** 超流動ヘリウム 4 の比熱（実線）．破線は，式 (9.47)．低温における液体ヘリウム 4 のモル体積 $V = 27.58 \text{ cm}^{-3}$ と音速 $u = 23820 \text{ cm s}^{-1}$ を用いた．

に示したように，極大と極小をもち，運動量の単調な関数ではない．運動量の小さな領域で分散関係は直線的で，ボゴリューボフ理論と整合している．この直線の傾きはヘリウム中の音波の音速と一致しており，この運動量領域の準粒子が音波，すなわちフォノンであることを示している．さらに大きな運動量領域で，素励起のエネルギーは極大を経たあと，特徴的な極小をもつ．エネルギーの極小周辺の準粒子はロトンとよばれる．これが，0.6 K 以上の温度領域において，フォノン比熱に余剰をもたらした原因である．

e. ファインマン理論

前記のエネルギー分散関係は，ファインマン理論によって，定性的に理解することができる．N 個のボース粒子が体積 V の容器に入った系を考え，この系の基底状態の波動関数を $\phi(\boldsymbol{r}_1, \boldsymbol{r}_2, \cdots, \boldsymbol{r}_N)$ とすると，ϕ は座標の入れ替えに対して対称な実関数にとることができ，基底状態の波動関数には節がないので，正値関数とすることができる．以後，紛らわしくない場合には，簡単のため $\boldsymbol{r}_1, \boldsymbol{r}_2, \cdots, \boldsymbol{r}_N$ をまとめて $\boldsymbol{r}^N$ と表記することにする．ヘリウム原子間の相互作用は図 9.12 からわかるように，2 つの原子が接近するところで大きな斥力をおよぼし合う．したがって，$\phi(\boldsymbol{r}^N)$ は $|\boldsymbol{r}_i - \boldsymbol{r}_j| < r_0 \ (i \neq j)$ でほとんどゼロになる．$\phi(\boldsymbol{r}^N)$ はヘリウム原子間の強い相関を反映する．ファインマン理論では，準粒子（励起状態）のエネルギー分散関係を求める際に，$\phi(\boldsymbol{r}^N)$ の具体的な形を知る必要はない．2 体相関を取り入れることで，準粒子のエネルギー分散関係を定性的に理解することができる．

粒子間の相互作用ポテンシャルを $V(\boldsymbol{r}_1, \boldsymbol{r}_2, \cdots, \boldsymbol{r}_N)$ とすれば，この系のハミルトニアン $\hat{H}$ は

9.1 超低温物性

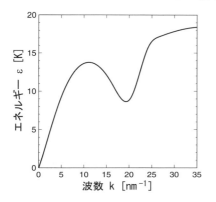

図 9.11 超流動ヘリウムの素励起のエネルギー分散関係．横軸は運動量と等価な波数 $k = p/\hbar$ で，縦軸のエネルギーは温度（ケルビン）である．

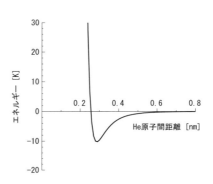

図 9.12 He 原子間の 2 体相互作用ポテンシャル．

$$\hat{H} = -\frac{\hbar^2}{2m}\sum_i \nabla_i^2 + V(\boldsymbol{r}^N) - E_0 \tag{9.48}$$

と書くことができる．ここで E_0 は基底状態のエネルギーであるので，$\hat{H}\phi = 0$ である．準粒子の波動関数は $\phi(\boldsymbol{r}^N)$ と直交し，粒子の入れ替えに対して対称な関数でなくてはならない．ファインマンは，$F(\boldsymbol{r}^N) = \sum_i f(\boldsymbol{r}_i)$ を用いて，準粒子の試行波動関数として $\psi = F\phi$ を仮定し，量子力学でお馴染みの変分法を用いて，準粒子の波動関数とエネルギーを求めた．すなわち，$A = \int \psi^* H \psi \, d^N\boldsymbol{r}$，$B = \int \psi^* \psi \, d^N\boldsymbol{r}$ として，$\epsilon = A/B$ を最小にするような $f(\boldsymbol{r})$ を求めることが，ここでの問題である．ただし，$d^N\boldsymbol{r} = d\boldsymbol{r}_1 d\boldsymbol{r}_2 \cdots d\boldsymbol{r}_N$ である．

$\hat{H}\phi = 0$ を用いると，

$$\hat{H}\psi = \hat{H}(F\phi) = -\frac{\hbar^2}{2m}\sum_i (\phi \nabla_i^2 F + 2\nabla_i \phi \cdot \nabla_i F) \tag{9.49}$$

$$= -\frac{\hbar^2}{2m}\frac{1}{\phi}\sum_i \nabla_i \cdot (\phi^2 \nabla_i F)$$

となるので，

$$A = \int \psi^* \hat{H}\psi \, d^N\boldsymbol{r} = \frac{\hbar^2}{2m}\sum_i \int (\nabla_i F^*) \cdot (\nabla_i F) \rho_N(\boldsymbol{r}^N) d^N\boldsymbol{r} \tag{9.50}$$

$$= \frac{\hbar^2}{2m}\sum_i \int \nabla_i f^*(\boldsymbol{r}_i) \cdot \nabla_i f(\boldsymbol{r}_i) \rho_N(\boldsymbol{r}^N) d^N\boldsymbol{r}$$

となる．ここで，$\phi^2(\boldsymbol{r}^N) = \rho_N(\boldsymbol{r}^N)$ とした．$\rho_N(\boldsymbol{r}^N)$ は，$(\boldsymbol{r}_1, \boldsymbol{r}_2, \cdots, \boldsymbol{r}_N)$ という配置に

原子を見いだす確率密度である．ここで，$\rho_1(\boldsymbol{r})$ を

$$\rho_1(\boldsymbol{r}) = \sum_i \int \delta(\boldsymbol{r}'_i - \boldsymbol{r}) \rho_N(\boldsymbol{r}'_1, \boldsymbol{r}'_2, \cdots, \boldsymbol{r}'_N) d^N \boldsymbol{r}' \tag{9.51}$$

と定義すると，

$$A = \frac{\hbar^2}{2m} \int \nabla_i f^*(\boldsymbol{r}) \cdot \nabla_i f(\boldsymbol{r}) \rho_1(\boldsymbol{r}) d\boldsymbol{r} \tag{9.52}$$

と書くことができる．$\rho_1(\boldsymbol{r})$ は，$\boldsymbol{r}$ に i 番目の原子を発見する確率密度を N 倍したもので，均一な系では $\boldsymbol{r}$ に依存しない定数，原子の数密度となる．したがって，数密度を $N/V \equiv \bar{\rho}$ として，

$$A = \bar{\rho} \frac{\hbar^2}{2m} \int \nabla f^*(\boldsymbol{r}) \cdot \nabla f(\boldsymbol{r}) d^3 \boldsymbol{r} \tag{9.53}$$

が得られる．

一方，分母は

$$B = \int \psi^* \psi \, d^N \boldsymbol{r} = \int F^* F \rho_N(\boldsymbol{r}^N) d^N \boldsymbol{r} \tag{9.54}$$

$$= \sum_{i,j} \int f^*(\boldsymbol{r}_j) f(\boldsymbol{r}_i) \rho_N d^N \boldsymbol{r}$$

である．ここで，式 (9.51) にならって，

$$\rho_2(\boldsymbol{r}_1, \boldsymbol{r}_2) = \sum_{i,j} \int \delta(\boldsymbol{r}'_i - \boldsymbol{r}_1) \delta(\boldsymbol{r}'_j - \boldsymbol{r}_2) \rho_N(\boldsymbol{r}'^N) d^N \boldsymbol{r}' \tag{9.55}$$

とすれば，

$$B = \int f^*(\boldsymbol{r}_1) f(\boldsymbol{r}_2) \rho_2(\boldsymbol{r}_1, \boldsymbol{r}_2) \, d^3 \boldsymbol{r}_1 d^3 \boldsymbol{r}_2 \tag{9.56}$$

と書くことができる．式 (9.55) 右辺の積分は，i 番目の原子を $\boldsymbol{r}_1$ に，同時に j 番目の原子を $\boldsymbol{r}_2$ に発見する確率である．この確率は，$\boldsymbol{r}_1$ に i 番目の原子を発見する確率 ($1/V$) に，$\boldsymbol{r}_1$ に i 番目の原子がいるときに $\boldsymbol{r}_2$ に j 番目の原子が存在する確率をかけたものであり，$i = j$ と $i \neq j$ の場合を分けて和をとれば，2 体分布関数 $g(\boldsymbol{r})$ を用いて，

$$\rho_2(\boldsymbol{r}_1, \boldsymbol{r}_2) = \frac{N}{V} \left\{ \delta(\boldsymbol{r}_1 - \boldsymbol{r}_2) + \frac{N-1}{V} g(\boldsymbol{r}_1 - \boldsymbol{r}_2) \right\} \tag{9.57}$$

のように書くことができる．液体では 2 体分布関数は等方的であり，動径ベクトルの絶対値にしか依存しないので，$g(r)$ と書いて，動径分布関数という．液体ヘリウムの動径分布関数は，図 9.13 のような振る舞いを示す．図 9.12 のハードコア斥力ポテンシャルを反映して，0.2 nm 以内の領域にはヘリウム原子が近づくことができない．最初のピークはヘリウム原子の平均間隔に対応している．

$$\rho_2(\boldsymbol{r}_1, \boldsymbol{r}_2) = \bar{\rho} \, p(\boldsymbol{r}_1 - \boldsymbol{r}_2) \tag{9.58}$$

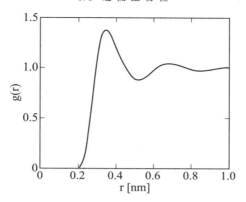

図 **9.13** 液体ヘリウムの動径分布関数.

とすると,
$$B = \bar{\rho} \int f^*(\boldsymbol{r}_1) f(\boldsymbol{r}_2) p(\boldsymbol{r}_1 - \boldsymbol{r}_2) d^3\boldsymbol{r}_1 d^3\boldsymbol{r}_2 \tag{9.59}$$
となる. $\epsilon = A/B$ を極小にする条件は, f^* に関する変分を $\delta/\delta f^*$ として,
$$\frac{\delta A}{\delta f^*} B - A \frac{\delta B}{\delta f^*} = 0 \tag{9.60}$$
であるから,
$$\epsilon \int p(\boldsymbol{r}_1 - \boldsymbol{r}_2) f(\boldsymbol{r}_2) d^3\boldsymbol{r}_2 = -\frac{\hbar^2}{2m} \nabla^2 f(\boldsymbol{r}_1) \tag{9.61}$$
という関数方程式が得られる. この関数方程式が
$$f(\boldsymbol{r}) = \exp(i\boldsymbol{k} \cdot \boldsymbol{r}) \tag{9.62}$$
という解をもつことは容易にみてとれる. その結果, ϵ に対して,
$$\epsilon(k) \int p(\boldsymbol{r}) e^{-i\boldsymbol{k} \cdot \boldsymbol{r}} d^3\boldsymbol{r} = \frac{\hbar^2 k^2}{2m} \tag{9.63}$$
という関係が得られる. ここで,
$$p(\boldsymbol{r}) = \delta(\boldsymbol{r}) + \bar{\rho} g(\boldsymbol{r}) \tag{9.64}$$
であったことを思い出せば $[(N-1)/V \approx \bar{\rho}]$, $p(\boldsymbol{r})$ のフーリエ変換が,
$$\int p(\boldsymbol{r}) e^{-i\boldsymbol{k} \cdot \boldsymbol{r}} d^3\boldsymbol{r} = 1 + \bar{\rho} \int g(\boldsymbol{r}) e^{-i\boldsymbol{k} \cdot \boldsymbol{r}} d^3\boldsymbol{r} \equiv S(\boldsymbol{k}) \tag{9.65}$$
のように, 構造因子 $S(\boldsymbol{k})$ を与えるので,
$$\epsilon(k) = \frac{\hbar^2 k^2}{2m S(k)} \tag{9.66}$$

という準粒子のエネルギーが得られる．

　ファインマン理論によれば，ヘリウム原子の分散関係と超流動ヘリウム中の準粒子の分散関係は構造因子 $S(k)$ によって関係づけられている．構造因子は2体分布関数のフーリエ変換であるので，その中に原子間の相関に関する情報が含まれている．これを理論的に計算しようとすれば，基底状態の波動関数 $\phi(\boldsymbol{r}^N)$ の性質が必要になるが，構造因子は直接実験的に求めることができる．図9.14に超流動ヘリウムの構造因子を示す．図9.15に相互作用がないとしたときのヘリウム原子のエネルギー分散関係 ($\epsilon(k) = \hbar^2 k^2/2m$) と，それを構造因子で割算したファインマン理論の結果，さらに実験との比較を示す．ロトン領域では2倍程度の不一致があるが，波数の小さな領域ではよく一致している．ロトン極小がほぼ正しい位置に現れるなど，準粒子エネルギー分散関係の定性的な性質を説明することができる．

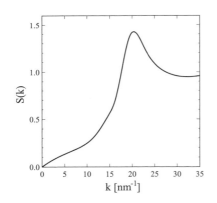
図 9.14　超流動ヘリウムの静的構造因子．

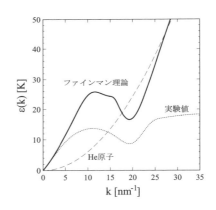
図 9.15　実線はファインマン理論で求めた準粒子のエネルギー分散関係．破線は観測値，点線はヘリウム原子のエネルギー分散関係を示す．

　結局ロトン極小は，静的構造因子の極大に起因することがわかった．静的構造因子の極大の大きさは，原子間位置の相関の強さを表しており，結晶では δ 関数となって発散する．超流動ヘリウムの準粒子エネルギー分散関係は，液体のなかに成長した原子間位置の短距離秩序を反映したものと理解することができる．この秩序の起源は，ヘリウム原子のもつハードコア斥力相互作用である．ハードコアの大きさと原子間距離が同程度である液体状態においては，多体相関の重要性が増すことが容易に想像される．ファインマン理論では2体相関を取り入れて大きな成功を収めたが，さらに多体相関を取り入れた理論によって定量的な一致を得る努力が続けられている．

f. ランダウ臨界速度

　超流動の特徴は粘性が消失し，流れが減衰しないことである．逆に超流動体の中を運動する物体は抵抗を受けない．これがどのような条件のもとで成り立つか，図 9.16 のような状況を思考実験として考えてみる．すなわち，質量 M の物体が，速度 $\bm{v}$ で超流動体中を運動しているとする．この運動が減衰するためには，準粒子を励起して，その速度が $\bm{v}'$ に変化する過程が必要である．この変化が起きるためには，運動量とエネルギーが変化の前後で保存しなくてはならない．すなわち，

$$M\bm{v} = M\bm{v}' + \bm{p} \tag{9.67}$$

$$\frac{1}{2}M\bm{v}^2 = \frac{1}{2}M\bm{v}'^2 + \epsilon(\bm{p}) \tag{9.68}$$

という条件がみたされなくてはいけない．ここで，$\bm{v}'$ を消去すれば，

$$0 = -\bm{v} \cdot \bm{p} + \epsilon(\bm{p}) + \frac{\bm{p}^2}{2M} \tag{9.69}$$

という条件が得られる．したがって，

$$v > \frac{\epsilon(p)}{p} + \frac{p}{2M} \tag{9.70}$$

でなければならない．つまり，図 9.16 のような変化が起きるためには，物体の速度に下限が存在することになる．この速度の下限以下の速度で運動する物体は準粒子を放出することができず，したがって，運動が減衰することもない．いわゆる超流動の状態で，物体は摩擦を受けることなく運動することができる．この速度をランダウの臨界速度 v_c という．ランダウの臨界速度を超えると，運動する物体から準粒子が放出され，運動の減衰が可能になる．式 (9.70) の右辺第 2 項は，第 1 項 $\epsilon(p)/p$ の (m/M) 倍程度の微小量であるので，

$$v_c \approx \frac{\epsilon(p)}{p} \tag{9.71}$$

である．$\epsilon(p) = up$ の場合 $v_c \approx u$ となり，物体の速度が音速を超えたところで，準粒子（フォノン）を放出することができるようになり，抵抗が発生する．準粒子のエネルギーが図 9.11 に示した超流動ヘリウム 4 の場合，v_c は，図 9.17 の原点を通る直線が分散曲線にちょうど接するときの傾きから求めることができる．このランダウ臨界速度はおおよそ 60 m s^{-1} となる．

　ボース凝縮した理想ボース粒子系の場合，準粒子のエネルギー分散関係は $\epsilon(p) = p^2/2m$ であるので，$v_c \propto p$ となり，いくらでも小さな値をとることが可能である．したがって，理想ボース粒子系では超流動性は期待できない．

　実際の超流動ヘリウムの流れでは，後述する量子渦が生成される過程によって臨界速度が決まることが多く，ランダウ臨界速度を観測することはまれである．それでも，ランダ

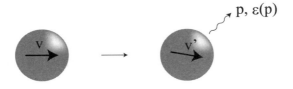

図 9.16 速度 v で運動していた物体が，運動量 p，エネルギー $\epsilon(p)$ の準粒子を生成してその速度を v' に変化させる素過程を示す概念図．

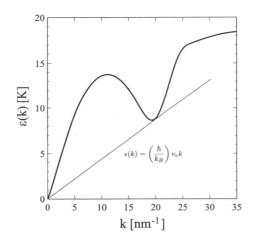

図 9.17 準粒子分散関係のグラフを用いたランダウ臨界速度の求め方．

ウ臨界速度の概念は準粒子を量子渦に置き換えれば，超流動ヘリウムにおける粘性出現の臨界速度を理解するうえで有効である．この臨界速度をしばしばファインマン臨界速度とよぶ．

円環状に加工した管の内側に超流動ヘリウムを充填して，円環に対して相対的な速度を与えて循環流をつくったとすると，その速度が臨界速度に達するまでは流れが減衰することなく流れつづけることが，同様の議論によって導かれる．このような流れを永久流とよび，実際に用意することができる．その流れは，時間の対数に比例して減衰することが知られており，量子渦の熱的な励起によることが知られている．この対数関数で表される時間依存性が，実験で実現可能な観測時間を越えて続くものと仮定すると，流速が半分になる時刻が現在の宇宙の年齢を越えるような結果が得られる．このような意味で，超流動 ^{4}He の永久流は，永久というにふさわしい，驚くべき性質である．

g. 常流動成分

超流動 ^{4}He の準粒子は相互作用のない理想ボース粒子としてふるまうので,

$$n(\mathbf{p}) = n(\epsilon(\mathbf{p})) = \frac{1}{e^{\epsilon(\mathbf{p})/k_\mathrm{B}T} - 1} \tag{9.72}$$

という分布関数にしたがう. 有限温度の定常状態における準粒子は容器の「壁」と熱平衡状態にある. 超流動ヘリウムが容器に対して静止しているときには, 準粒子の分布関数は, 式 (9.72) であるが, 壁が超流動ヘリウムに対して速度 $\mathbf{v}$ で動いていると, 超流動ヘリウムは壁に対して速度 $-\mathbf{v}$ で動いていることになるので, 壁から見た準粒子のエネルギーはドップラーシフトによる変位を受け, $\epsilon(\mathbf{p}) - \mathbf{p} \cdot \mathbf{v}$ となる. したがって, 壁と平衡状態にある準粒子の分布は, $n(\mathbf{p}) = n(\epsilon(\mathbf{p}) - \mathbf{p} \cdot \mathbf{v})$ にしたがう. このような準粒子集団がもつ単位体積あたりの運動量 $\mathbf{P}$ は,

$$\mathbf{P} = \int \mathbf{p}\, n(\epsilon(\mathbf{p}) - \mathbf{p} \cdot \mathbf{v}) d\tau \tag{9.73}$$

で与えられる. ここで, $d\tau = d^3p/(2\pi\hbar)^3$ である. 壁に固定された座標系にガリレイ変換 ($\mathbf{p} \to \mathbf{p}$, $\epsilon \to \epsilon + \mathbf{p} \cdot \mathbf{v}$) で移ると, $\mathbf{P} = 0$ となるので, 準粒子集団は平均として壁とともに運動することが確認できる.

壁の速度 v が (音速に比べて) 十分に遅く, $\mathbf{p} \cdot \mathbf{v} \ll \epsilon$ であれば, 被積分関数を $\mathbf{p} \cdot \mathbf{v}$ で展開することができ,

$$\mathbf{P} = -\int \mathbf{p}\, (\mathbf{p} \cdot \mathbf{v}) \frac{dn(\epsilon)}{d\epsilon} d\tau \tag{9.74}$$

となる. 被積分関数における $\mathbf{p}(\mathbf{p} \cdot \mathbf{v})$ の x 成分は $p_x^2 v_x + p_x p_y v_y + p_x p_z v_z$ であるが, 積分が残るのは $p_x^2 v_x$ の項だけである. y, z 成分についても同様であり, 各成分からは同一の寄与があるので,

$$\mathbf{P} = -\frac{1}{3}\mathbf{v} \int \frac{dn(\epsilon)}{d\epsilon} p^2 d\tau \tag{9.75}$$

という結果が得られる. 流体の単位体積あたりの運動量は, すなわち流量密度であり, これと速度の比例係数が流体の密度である. したがって, 壁とともに運動する準粒子集団に付随する流体の密度を,

$$\rho_\mathrm{n} = -\frac{1}{3} \int \frac{dn(\epsilon)}{d\epsilon} p^2 d\tau \tag{9.76}$$

と定義することができる. この密度を常流動成分の密度, あるいは常流動密度とよぶ. 有限温度では, 常流動密度に相当する超流動ヘリウムは容器の壁に引きずられて, 壁と一緒に運動することが結論される. 常流動密度が, 壁と平衡状態にある準粒子集団によって運ばれる運動量に起因することが重要である.

これまでの議論は, 超流動ヘリウムが静止する座標系で議論したが, 超流動ヘリウムも運動している場合に議論を拡張するのは容易である. 超流動ヘリウム全体が速度 $\mathbf{v}_\mathrm{s}$ で運動しており, 同時に準粒子集団が $\mathbf{v}_\mathrm{n}$ で運動しているとするとすれば, 単位体積あたりの全

運動量は,液体ヘリウムの密度を ρ として,$\boldsymbol{P} = \rho \boldsymbol{v}_\mathrm{s} + \rho_\mathrm{n}(\boldsymbol{v}_\mathrm{n} - \boldsymbol{v}_\mathrm{s}) = (\rho - \rho_\mathrm{n})\boldsymbol{v}_\mathrm{s} + \rho_\mathrm{n}\boldsymbol{v}_\mathrm{n}$ となる.単位体積あたりの全運動量は超流動ヘリウム全体の流量密度 $\boldsymbol{j}$ であるので,

$$\boldsymbol{j} = \rho_\mathrm{s}\boldsymbol{v}_\mathrm{s} + \rho_\mathrm{n}\boldsymbol{v}_\mathrm{n} \tag{9.77}$$

という関係が得られる.ここで,$\rho_\mathrm{s} \equiv \rho - \rho_\mathrm{n}$ と定義した.密度 ρ_s,速度 $\boldsymbol{v}_\mathrm{s}$ で運動する超流動成分と,密度 ρ_n,速度 $\boldsymbol{v}_\mathrm{n}$ で運動する常流動成分の 2 成分からなる流体として超流動ヘリウムの運動を記述する流体力学が,2 流体モデルである[*1].常流動成分は超流動ヘリウム中を伝播する素励起だから,媒質である超流動成分との間で力のやりとりはない.常流動成分が容器の壁と平衡状態に達する過程で,常流動成分と壁との間で相互作用がある.これによって,常流動成分は粘性を示す.また,準粒子間の相互作用の程度によって,どの程度局所的な平衡が達成されるかが決まる.局所的な平衡が成り立つとき,通常の流体力学と類似な 2 流体モデル,あるいは 2 流体力学が現象をよく記述する.

準粒子の分散関係としてフォノンの

$$\epsilon(p) = up \tag{9.78}$$

を用いて式 (9.76) を計算すると,

$$\rho_\mathrm{n}^\mathrm{ph} = \frac{2\pi^2 k_\mathrm{B}^4}{45\hbar^3 u^5} T^4 \tag{9.79}$$

となる.図 9.18 に示すように,0.5 K 以下の低温でこの T^4 温度依存性が成り立つ.

もしも,$\epsilon = p^2/2m$ という理想ボース気体のエネルギー分散関係を用いて式 (9.76) を計算すると,式 (9.16) の右辺において,$\mu = 0$ として得られる量に原子の質量 m を掛けたものになる.この場合,ρ_n の温度依存性は $T^{3/2}$ に比例することになり,実際の現象と一致しない.量子凝縮状態においてはヘリウム原子ではなく,フォノンという準粒子が,より実際的な存在であるということができる.

一方 0.5 K 以上の温度で ρ_n は,式 (9.79) から上方にずれており,フォノンに加えてロトンの励起が重要になってくる.ロトン極小近傍で準粒子の分散関係を

$$\epsilon(p) = \Delta + \frac{(p-p_0)^2}{2\mu} \tag{9.80}$$

と放物線で近似し,さらに $T \ll \Delta$ という条件のもとでは,ボース–アインシュタイン分布がボルツマン分布で近似できることに注意すれば,

$$\rho_\mathrm{n}^r = \frac{2\mu^{\frac{1}{2}} p_0^4}{3(2\pi)^{\frac{3}{2}}(k_\mathrm{B}T)^{\frac{1}{2}}\hbar^3} e^{-\Delta/k_\mathrm{B}T} \tag{9.81}$$

というロトンからの寄与が得られる.図 9.18 からわかるように,0.7 K 以上の温度では,ロトンが常流動成分に中心的な寄与をする.

[*1] ρ_n には $\boldsymbol{v}_\mathrm{n} - \boldsymbol{v}_\mathrm{s}$ 依存性があるが,音速に比べて小さいときには無視できる.

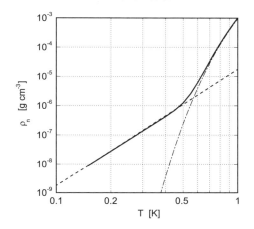

図 **9.18** 常流動成分の温度依存性（実線）．破線は式 (9.79) で，$u = 23820 \text{ cm s}^{-1}$ を使用．1点鎖線は式 (9.81)．式 (9.80) で近似したロトンの分散関係のパラメータは，図 9.11 のロトン極小をフィッティングして求めた値を使用 $(p_0/\hbar \approx 1.93 \times 10^8 \text{ [cm}^{-1}], \mu \approx 1.0146 \times 10^{-24} \text{ [g]}, \Delta/k_B \approx 8.64 \text{ [K]})$．

h. 2流体力学

準粒子の集団である常流動成分と，全体から常流動成分を差し引いた超流動成分の2成分からなる液体の運動を記述するのが，ランダウの2流体力学（モデル）であることは，先に述べた．完全流体の運動を記述する方程式は，流体の速度 $\bm{v}$，密度 ρ および圧力 p の間の関係を表す微分方程式で，質量の保存，運動量の保存などの保存則から求められる．2流体モデルでは，常流動成分と超流動成分のそれぞれに対して速度 $(\bm{v}_n, \bm{v}_s)$ と密度 (ρ_n, ρ_s) が存在するので，通常の流体力学の方程式に比べて変数の数が多い．完全流体に対する流体力学の方程式に対応する，常流動成分の粘性を無視した2流体モデルの方程式は，

$$\frac{\partial \rho}{\partial t} + \nabla \cdot \bm{j} = 0 \quad (\bm{j} = \rho_n \bm{v}_n + \rho_s \bm{v}_s), \tag{9.82}$$

$$\frac{\partial (\rho s)}{\partial t} + \nabla \cdot (\rho s \bm{v}_n) = 0, \tag{9.83}$$

$$\frac{\partial \bm{j}}{\partial t} + (\bm{v}_n \cdot \nabla)(\rho_n \bm{v}_n) + (\bm{v}_s \cdot \nabla)(\rho_s \bm{v}_s) + \nabla p = 0, \tag{9.84}$$

$$\frac{\partial \bm{v}_s}{\partial t} + (\bm{v}_s \cdot \nabla) \bm{v}_s + \nabla \mu = 0 \tag{9.85}$$

によって与えられる．ここで，μ は化学ポテンシャルで，

$$\mu = \mu(p, T) - \frac{1}{2} \frac{\rho_n}{\rho} (\bm{v}_n - \bm{v}_s)^2 \tag{9.86}$$

である．式 (9.86) の第 1 項は熱力学に現れる通常の化学ポテンシャルであり，2 流体力学ではエントロピーと同様に単位質量あたりの量として定義され，$d\mu = -sdT + dp/\rho$ という関係がある．

これらの 4 つの方程式はそれぞれ保存則に対応している．式 (9.82) は質量の保存を表し，式 (9.83) は準粒子集団の流れがエントロピーを運び，かつその過程でエントロピーが保存されることを表している．式 (9.84) は運動量の保存則すなわちニュートンの運動方程式に対応する．さきに述べたとおり，2 つの流体成分の間に運動量のやりとりはない．最後の式 (9.85) は超流動成分の加速方程式である．この式は熱機械（噴水）効果に対する考察から得られた．

噴水効果は，常流動成分が通り抜けられないような狭い隙間を超流動成分がするすると流れることを視覚的に示すことのできる，最も超流動らしい現象の一つである．図 9.19 の写真は噴水効果を撮影したものである．上端を絞ったガラス管の下端を白墨で栓をして，ガラス管内にヒーターを取り付ける．ここではチョークに巻かれている抵抗線がヒーターである．これを半分ほど超流動ヘリウムに沈めて，ヒーターに電流を流すと管内の温度がわずかに上昇し，それに対応した化学ポテンシャルの差によって，超流動成分が外側の容器から管内に流れ込む．ここで使用した白墨のように，狭い隙間をもつ多孔質などで，超流動成分のみを通す性質をもつのを，総称してスーパーリークとよぶ．白墨内の細孔はある程度の領域を平均すれば一様な系と見なすことができるので，これを流れる超流動の流

図 9.19 噴水効果．

図 9.20 フィルムフロー．

れが定常状態にあると，式 (9.85) から，流れにそって，$\nabla\mu = 0$ あるいは $\delta\mu = 0$ となる．すなわち，$sdT = dp/\rho$ が成り立つ．これをスーパーリークにそって積分すれば，ガラス管の内側の超流動ヘリウムと外の超流動ヘリウムの温度差と圧力差が比例することがわかる．温度の高い側の超流動ヘリウムの圧力の方が外側の超流動ヘリウムのあるよりも高くなる．そのために細くなった上端から超流動ヘリウムが吹き上がるという噴水効果が現れる．

超流動成分が粘性なく流れることを示すもう一つの例がフィルムフローである．図 9.20 の写真は，直径が 2 cm 程度のガラス容器で超流動ヘリウムを汲み上げると容器の壁に吸着したヘリウム膜を流れる超流動成分が容器の下端で滴となって，ポタポタと落ちる瞬間を撮影したものである．直径が 1 mm ほどの滴が毎秒 1 滴程度の速度で落下する．ヘリウム膜の厚さは数百 nm であるので，最も早いところでは流速が秒速 10 cm 以上という高速で流れていることになり，粘性のない流れというのがいかに驚異的であるかを実感できる現象である．

i. 秩 序 変 数

超流動ヘリウム 4 は，相転移を経て T_λ 以下の温度で出現する．一般に相転移は，対称性の破れを伴い，低温側の相では対称性の破れ方にしたがった秩序状態を形成する．超流動転移における秩序は，ヘリウム原子が，量子力学的な波動関数の位相を共有することにより，ボース–アインシュタイン凝縮という形で，運動量空間において発生する．それによって，波動関数が巨視的な量として姿を現す．このときに破れる対称性は，個々の原子の波動関数の位相を変化させることに対する系の不変性であり，ゲージ対称性とよばれる．

ヘリウム 4 の超流動相の秩序を特徴づける秩序変数として，ボゴリューボフ理論で出てきた，$\hat{a}_0$ の期待値を採用することができる．ボース–アインシュタイン凝縮が起きたときにはじめて巨視的な量になるので，秩序変数としての性質を備えている．$n_0 = N_0/V$ として，$\langle\hat{a}_0\rangle/\sqrt{V} = \sqrt{n_0}\,e^{i\theta}$ が秩序変数の候補となる．ゲージ対称性の破れを表すために，位相因子 $e^{i\theta}$ を明示している．これをさらに進めて，

$$\Psi = \sqrt{\frac{\rho_\text{s}(\boldsymbol{r},t)}{m}}\,e^{i\theta(\boldsymbol{r},t)} \tag{9.87}$$

という複素スカラー量を秩序変数とすると，超流動ヘリウム 4 の性質をコンパクトに記述することができる．

超流動の流れにともなう流量を

$$\boldsymbol{j}_\text{s} = -\frac{i\hbar}{2}[\Psi^*\nabla\Psi - \Psi\nabla\Psi^*] \tag{9.88}$$

によって計算すれば，

$$\boldsymbol{j}_\text{s} = \rho_\text{s}\frac{\hbar}{m}\nabla\theta(\boldsymbol{r},t) \tag{9.89}$$

という関係が得られる．これから，$\boldsymbol{v}_\text{s} = (\hbar/m)\nabla\theta(\boldsymbol{r},t)$ という関係が成り立つことが予想される．この関係が実際に正しいことは，渦度の量子化によって確かめられている．

渦度は流体中の閉曲線 C にそった線積分として,

$$\Gamma = \oint_C \boldsymbol{v}_\mathrm{s} \cdot d\boldsymbol{s} = \frac{\hbar}{m} \oint_C \nabla \theta \cdot d\boldsymbol{s} = \frac{\hbar}{m} [\theta]_C \tag{9.90}$$

によって与えられる.ここで $[\theta]_C$ は閉曲線 C を1周したときの θ の増分である.秩序変数の一価性から,$[\theta]_C = 2n\pi$ でなければならない.したがって,Γ は $2\pi\hbar/m$ の整数倍でなくてはならないことが結論され,渦度が量子化されることが導かれる.$n=1$ の量子渦がもっとも安定であり,$n>1$ の量子渦が存在したとしても,いずれ $n=1$ の量子渦に崩壊すると考えられる.量子渦による流れは超流動の流れであり,流速は渦芯からの距離に反比例して発散する.そこでは秩序変数の位相が定義できない,数学的な特異点が現れる.実際には流速が理解速度を越えるところで,超流動状態が壊れて,$\rho_\mathrm{s} = 0$ となると考えられる.この長さはヘリウム原子間距離ほどに短いことが知られている.

常流動成分の力学は,準粒子集団の力学として,ある程度基礎づけがはっきりしているということができる.それに比べると,超流動成分の力学の基礎づけは,それほど簡単ではない.(9.87) 式を波動関数と思い,自由粒子のハミルトニアン $\hat{H} = -(\hbar^2/2m)\nabla^2 - m\mu$ を用いて,シュレーディンガー方程式,

$$i\hbar \frac{\partial \Psi}{\partial t} = \hat{H}\Psi \tag{9.91}$$

を計算すると,$\rho_\mathrm{s} \to \rho, \rho_\mathrm{n} \to 0$ とした2流体力学の方程式と一致する[*1].この秩序変数を巨視的波動関数ともよぶ.

9.1.3 超流動 ^{3}He

ヘリウム3はヘリウム4の同位元素であり,原子炉や人工的に蓄積された核物質などの核反応により生成される,三重水素が自然崩壊することによって産出される.天然には産出しない,人工的な元素である.ヘリウム3原子は,ヘリウム4の原子核から中性子を1つ取り除いた構造をもつ.奇数個のフェルミ粒子から構成され,複合粒子としてフェルミ粒子の性質を備える.そのために,ボース-アインシュタイン凝縮と密接に関連したヘリウム4の超流動現象が,ヘリウム3ではみられないということは自然に理解される.

フェルミ粒子系においても粒子間に実効的な引力が働く場合には,クーパー対の凝縮(BCS理論)によって,超流動現象が現れる可能性が期待される.金属の超伝導における電子をヘリウム3原子に置き換えて考えればよい.この様な期待を動機として液体ヘリウム3の研究が,1950年代前半から始まった.その結果,ヘリウム3原子間の相互作用は非常に強く,1Kのオーダーであることがわかった.強く相互作用するフェルミ粒子系は,ランダウのフェルミ液体として定式化され,液体ヘリウム3はその典型として,定量的な

[*1] ただし,ρ_s の変化量が小さいとする ($\delta\rho_\mathrm{s}/\rho_\mathrm{s} \ll 1$).

研究が詳細に行われている．

　強い相互作用があるにもかかわらず，クーパー対凝縮が1K近傍で起きないのは相互作用が主に斥力であることによる．これは，原子半径より内側にヘリウム原子同士が近づくと，非常に強い斥力が働く，原子間力におけるハードコアの存在に起因している．そのために，波動関数の軌道部分が座標の交換に対して対称な，S状態のクーパー対は形成することができない．したがって，ヘリウム3においては，S波超流動は実現しない．そのかわりに，相互作用が引力となる部分波であるP波において超流動が実現する．しかし，このP波超流動が出現する温度は2mKという超低温領域に限られている．

　このような超低温領域での実験には，核断熱消磁などの特殊な冷凍装置が必要となり，手軽に実験できるものではない．それでも，このような温度領域の片隅に超流動ヘリウム3が存在することはわれわれにとって，まったくの僥倖であった．ヘリウム4の超流動でも驚異的な現象をみることができたが，ヘリウム3では，それをはるかに越える，目を見張らせる現象が展開され，まさに物理現象の至宝ともいえる美しさがある．

　対称性の破れという現代物理学を構成する重要な概念の一つが，相転移に伴って現れる秩序状態において典型的に現れる．その中でも超流動ヘリウム3という秩序状態は，非常に多様な現象を示すことが知られ，真空に次ぐ豊かな物理を内包する「対称性の破れた状態」と考えることができる．その全貌は膨大であるが，対称性の考察に基づいた，秩序パラメータを知ることで，その多くを定性的に理解することが可能である．

a. 秩序変数

　ヘリウム3の超流動状態を特徴づける秩序変数については，第1章において，式(1.138)から式(1.144)にわたって詳しく述べられている．

$$F_{\alpha\beta}(\boldsymbol{k}) = \langle c_{\boldsymbol{k}\alpha} c_{-\boldsymbol{k}\beta} \rangle \tag{9.92}$$

として，秩序変数は

$$\Delta_{\alpha\beta}(\boldsymbol{k}) = -\sum_{\boldsymbol{k}'}\sum_{\gamma\delta} V_{\beta\alpha\gamma\delta}(\boldsymbol{k}-\boldsymbol{k}') F_{\gamma\delta}(\boldsymbol{k}'),$$

$$\hat{\Delta}(\boldsymbol{k}) \equiv \Delta_{\alpha\beta}(\boldsymbol{k}) = \begin{pmatrix} \Delta_{\uparrow\uparrow}(\boldsymbol{k}) & \Delta_{\uparrow\downarrow}(\boldsymbol{k}) \\ \Delta_{\downarrow\uparrow}(\boldsymbol{k}) & \Delta_{\downarrow\downarrow}(\boldsymbol{k}) \end{pmatrix} \tag{9.93}$$

のような2×2の複素行列で与えられる．ヘリウム原子間の相互作用$V(\boldsymbol{q})$は，超流動相転移によって対称性が破れる前の高い対称性を備えているので，対称性という観点では，$F_{\alpha\beta}(\boldsymbol{k})$と$\Delta_{\alpha\beta}(\boldsymbol{k})$は，同等なものと考えてよい．また多くの場合，比例する量と近似される．$F_{\alpha\beta}(\boldsymbol{k})$は，運動量空間におけるクーパー対の波動関数と考えられる．

　液体ヘリウム3は均一で等方的な液体であるので，球対称性が高く，フェルミ面は球面と考えることができる．また，超流動現象が運動量空間のフェルミ面近傍でのみ起きる変

化であるとすると k の絶対値はフェルミ運動量に対応する一定値（フェルミ波数）と近似できる．したがって，k は運動量空間の単位ベクトルとして，方位に関する情報のみを担う量と見なす．

この秩序変数はスピン 1/2 の同種フェルミ粒子の 2 体波動関数の性質をもつ．超流動ヘリウム 3 の場合は，合成スピン角運動 $S=1$，軌道角運動量 $L=1$ の p 波スピン三重項 (^{3}P) 状態の波動関数が対応する．この波動関数は，スピン部分と軌道部分の基底関数の積の線形結合として表される．軌道部分の基底を，角運動量演算子 $\hat{L}$ の z 成分 $\hat{L}_z$ の固有関数にとれば，

$$\psi_+ = \frac{k_x + ik_y}{\sqrt{2}}, \quad \psi_0 = k_z, \quad \psi_- = \frac{k_x - ik_y}{\sqrt{2}} \tag{9.94}$$

が，$L_z = 1, 0, -1$ に対応する軌道部分の基底である．パウリ行列

$$\sigma_1 = \begin{pmatrix} 0 & 1 \\ 1 & 0 \end{pmatrix}, \quad \sigma_2 = \begin{pmatrix} 0 & -i \\ i & 0 \end{pmatrix}, \quad \sigma_3 = \begin{pmatrix} 1 & 0 \\ 0 & -1 \end{pmatrix} \tag{9.95}$$

を成分とするベクトル $\boldsymbol{\sigma} = (\sigma_1, \sigma_2, \sigma_3)$ と $g = i\sigma_2$ を用いると，$\boldsymbol{\sigma} g$ はスピン空間のベクトルであり，軌道部分と同様に，$\chi_\pm = (\sigma_1 g \pm i\sigma_2 g)/\sqrt{2}, \chi_0 = \sigma_3 g$ は，それぞれ $\pm 1, 0$ を固有値とする，$\hat{S}_z$ の固有関数である．これをスピン部分の基底とすることができる．これを，あからさまに書けば

$$\chi_+ = \begin{pmatrix} -\sqrt{2} & 0 \\ 0 & 0 \end{pmatrix}, \quad \chi_0 = \begin{pmatrix} 0 & 1 \\ 1 & 0 \end{pmatrix}, \quad \chi_- = \begin{pmatrix} 0 & 0 \\ 0 & \sqrt{2} \end{pmatrix} \tag{9.96}$$

となり，式 (9.93) と比べるとその意味は明瞭である．ここで，軌道角運動量演算子 $\hat{L}$ およびスピン角運動量演算子 $\hat{S}$ は，

$$\hat{L}\Delta_{\alpha\beta}(\boldsymbol{k}) = -i\boldsymbol{k} \times \frac{\partial}{\partial \boldsymbol{k}} \Delta_{\alpha\beta}(\boldsymbol{k}), \tag{9.97}$$

$$\hat{S}\hat{\Delta}(\boldsymbol{k}) = \frac{1}{2}(\boldsymbol{\sigma}\hat{\Delta}(\boldsymbol{k}) + \hat{\Delta}(\boldsymbol{k})\boldsymbol{\sigma}^t) \tag{9.98}$$

のように秩序変数に作用する演算子である．ここで，$\boldsymbol{\sigma}^t$ はパウリ行列の転置行列を成分とするベクトルである．

上記の基底は，それぞれ $\boldsymbol{k}$ と $\boldsymbol{\sigma} g$ の成分の線形結合であるので，3×3 の行列 $A_{\mu j}$ ($\mathbf{A}$) を用いて，

$$\Delta_{\alpha\beta}(\boldsymbol{k}) = \sum_{\mu, j} (\sigma_\mu g)_{\alpha\beta} A_{\mu j} k_j = (\boldsymbol{\sigma} g)\mathbf{A}\boldsymbol{k} \tag{9.99}$$

のように超流動 ^{3}He の秩序変数を一般的に記述することができる．この 3×3 行列 $\mathbf{A}$ を超流動ヘリウム 3 の秩序変数とみることもできる．この場合，$\boldsymbol{k}$ と $\boldsymbol{\sigma} g$ が，回転に対してベクトルとして変換するので，回転に対する物理的な見通しがよいという利点がある．

秩序変数は，2×2 行列と等価な 3 次元ベクトルとして表すこともできる．これも，ス

ピン 1/2 の 2 体波動関数の一般的な性質である. この 3 次元ベクトルを $\boldsymbol{d}(\boldsymbol{k})$ とすると,

$$\boldsymbol{d}(\boldsymbol{k}) = -\frac{1}{2}\mathrm{Tr}\, g\boldsymbol{\sigma}\hat{\Delta}(\boldsymbol{k}), \quad \hat{\Delta}(\boldsymbol{k}) = \boldsymbol{d}(\boldsymbol{k}) \cdot (\boldsymbol{\sigma}g) \tag{9.100}$$

という関係で $\hat{\Delta}(\boldsymbol{k})$ と結ばれている. また, これらの間には,

$$\hat{\Delta}(\boldsymbol{k})\hat{\Delta}^\dagger(\boldsymbol{k}) = [\boldsymbol{d}(\boldsymbol{k}) \cdot \boldsymbol{d}^*(\boldsymbol{k})]\sigma_0 + i\,[\boldsymbol{d}(\boldsymbol{k}) \times \boldsymbol{d}^*(\boldsymbol{k})] \cdot \boldsymbol{\sigma} \tag{9.101}$$

という関係が成り立つ. ただし, ここで σ_0 は 2×2 の単位行列である. $\mathrm{Tr}\,\boldsymbol{\sigma} = 0$ であるから,

$$\frac{1}{2}\mathrm{Tr}\,[\hat{\Delta}^\dagger(\boldsymbol{k})\hat{\Delta}(\boldsymbol{k})] = \boldsymbol{d}(\boldsymbol{k}) \cdot \boldsymbol{d}^*(\boldsymbol{k}) = |\boldsymbol{d}(\boldsymbol{k})|^2 \tag{9.102}$$

という関係がある. $\hat{\Delta}(\boldsymbol{k})\hat{\Delta}^\dagger(\boldsymbol{k})$ の固有値は, エネルギーギャップ関数の 2 乗を与える.

秩序変数が, $\hat{\Delta}(\boldsymbol{k})\hat{\Delta}^\dagger(\boldsymbol{k}) \propto \sigma_0$ という関係をみたすとき, このような相をユニタリー相という. ユニタリー相では, 式 (9.101) から明らかなように, $\boldsymbol{d}(\boldsymbol{k}) \times \boldsymbol{d}^*(\boldsymbol{k}) = 0$ である. これは, $\boldsymbol{d}(\boldsymbol{k})$ が実ベクトル掛ける位相 $e^{i\theta}$ という形に書けることを意味する. また, $\boldsymbol{d}(\boldsymbol{k})$ は, $\boldsymbol{d}(\boldsymbol{k}) \cdot \hat{\boldsymbol{S}}\hat{\Delta}(\boldsymbol{k}) = 0$ という性質があるので, ユニタリー相では, $\boldsymbol{k}$ によって指定されるフェルミ面上の各点で, $\boldsymbol{d}(\boldsymbol{k})$ 方向へのスピンの射影は 0 である.

図 9.21 は超流動 ^{3}He の相図である. 超流動ヘリウム 3 には, A_1, A_2, B の 3 つの相がある. A_1 相は磁場下で, 常流動と超流動の相転移温度近傍のみに存在する. A_1 が出現する温度領域の幅は, 磁場に比例し, ゼーマンエネルギーが重要な役割をはたす現象である. 強磁場下で, A_1 相と区別するために A_2 相という名前がついているが, 弱磁場領域では単に A 相とよばれる. A 相と B 相は, 理論的予言者にちなんで, それぞれ ABM 状態, BW 状態とよばれる.

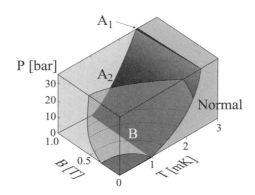

図 **9.21** 温度-磁場-圧力空間での超流動 ^{3}He の相図. 3 つの異なる相が現れる. A_1: 磁場下でのみ存在する超流動 ^{3}He-A_1 相. A_2: 磁場下では A_1 相と区別するために A_2 とするが, ゼロ磁場や弱磁場領域では, 単に A 相とされる. B: 超流動 ^{3}He-B 相. Normal: 常流動相.

b. 秩序変数の対称性

相転移によって現れる秩序状態の性質はその秩序変数によって特徴づけられるが,特にその対称性が重要である[6]. いま,秩序変数が H という群の変換に対して不変に保たれるとする. ただし,H は,系のハミルトニアンのもつ対称性を表す群,

$$G = (SO_3^L \times P) \times SO_3^S \times (T \times U(1)) \tag{9.103}$$

の部分群とする. ここで,括弧の内側は互いに交換しないことを意味する. このような部分群のうちで極大部分群とよばれる部分群の変換に対して不変となる秩序変数が,ギンツブルグ–ランダウ自由エネルギー $F(\hat{\Delta}(\boldsymbol{k}))$ の極値を与えることが知られている[*1]. 相転移によって対称性が破れても,H の変換に対する対称性が,秩序変数には残ることになる. ここで,SO_3^L は $\hat{\boldsymbol{L}}$ が生成する軌道空間の3次元回転,SO_3^S は同じく $\hat{\boldsymbol{S}}$ が生成するスピン空間の3次元回転を表す. また,P は空間反転,T は時間反転を意味し,

$$\hat{T}\hat{\Delta}(\boldsymbol{k}) = g\hat{\Delta}^\dagger(\boldsymbol{k})g, \quad \hat{P}\hat{\Delta}(\boldsymbol{k}) = \hat{\Delta}(-\boldsymbol{k}) \tag{9.104}$$

と秩序変数に作用する.

$U(1)$ はゲージ変換を表す. 粒子数演算子を $\hat{N}$ として,波動関数の位相を θ 変化させるゲージ変換の演算子 $\hat{U}_\theta$ は,消滅演算子に,$\hat{U}_\theta c_{\boldsymbol{k}\alpha} = e^{-i\theta \hat{N}} c_{\boldsymbol{k}\alpha} e^{i\theta \hat{N}} = e^{i\theta} c_{\boldsymbol{k}\alpha}$ のように作用する. 秩序変数に対しては,

$$\hat{U}_\theta \hat{\Delta}(\boldsymbol{k}) = e^{2i\theta} \hat{\Delta}(\boldsymbol{k}), \quad \hat{U}_\theta \hat{\Delta}^\dagger(\boldsymbol{k}) = e^{-2i\theta} \hat{\Delta}^\dagger(\boldsymbol{k}) \tag{9.105}$$

のように作用する. これは,$\hat{N}$ が生成する複素平面の回転である.

超流動 ^{3}He の秩序変数の対称性を表す,G の極大部分群 H が,$U(1)$ を含まないことは自明である. $U(1)$ があると超流動にならない. また,SO_3^L と SO_3^S がそのままの形で含まれると,秩序変数は,$L=0$ あるいは $S=0$ の固有関数となってしまい,^{3}P 状態であるということと矛盾するから,これらも含まない. このような制約のもとで,G の極大部分群 H の対称性をもつ秩序変数で記述される相を不活性相 (inert phase) とよぶ. 超流動 ^{3}He の3つの相はいずれも不活性相の一つである.

c. B 相の秩序変数

B 相は,全角運動量が 0 となる固有状態に対応した秩序変数 $\hat{\Delta}_B(\boldsymbol{k})$ によって特徴づけられる. 全角運動量演算子を $\hat{\boldsymbol{J}} = \hat{\boldsymbol{L}} + \hat{\boldsymbol{S}}$ とすると,$\hat{\boldsymbol{J}}\hat{\Delta}_B(\boldsymbol{k}) = 0$ という関係をみたす. このことは,軌道空間とスピン空間を相対的に固定してその全体を回転させる,$\hat{\boldsymbol{J}}$ によって生成される回転に対して,$\hat{\Delta}(\boldsymbol{k})$ が不変に保たれることを意味する. このような回転に対して不変に保たれる量として,ベクトルの内積がある. 事実,B 相の秩序変数は,$\boldsymbol{k}$ と $\boldsymbol{\sigma} g$ の内積として次のように与えられる.

[*1] 極大部分群 H は G の部分群で,H に含まれない G の元を H に加えると G になるような部分群.

$$\hat{\Delta}_{\mathrm{B}}(\boldsymbol{k}) = \Delta_{\mathrm{B}}(T)\,(\boldsymbol{\sigma}g)\cdot\boldsymbol{k} = \Delta_{\mathrm{B}}(T)\begin{pmatrix} -k_x + ik_y & k_z \\ k_z & k_x + ik_y \end{pmatrix} \qquad (9.106)$$

ここで, $\Delta_{\mathrm{B}}(T)$ は, 超流動転移温度で 0 となる温度に依存したスカラー定数（位相を含む）で, あとで示すようにその絶対値がエネルギーギャップ関数であることがわかる. $\hat{L}_z$ の固有関数 (9.94) と $\hat{S}_z$ の固有関数 (9.96) をみれば, B 相の秩序変数が,

$$\hat{\Delta}_{\mathrm{B}}(\boldsymbol{k}) = \Delta_{\mathrm{B}}(T)\,(\psi_-\chi_+ + \psi_0\chi_0 + \psi_+\chi_-) \qquad (9.107)$$

と書けることがわかる. これからただちに $\hat{J}_z\hat{\Delta}_{\mathrm{B}}(\boldsymbol{k}) = 0$ であることがわかる. また, $\hat{J}_x, \hat{J}_y$ についても計算によって確かめることができる. $\hat{\boldsymbol{J}}\hat{\Delta}_{\mathrm{B}}(\boldsymbol{k}) = 0$ は, B 相が球対称性の高い相であることを意味する.

式 (9.99) で定義した 3×3 行列の秩序変数が, B 相において $A_{\mu j} = \Delta_{\mathrm{B}}(T)\delta_{\mu j}$ と, 単位行列に比例することが, 式 (9.106) からすぐにわかる. しかし, これはユニークではなく, スピン空間の座標系と軌道空間の座標系の相対的方位を自由にとることができるので, 任意の回転行列 $\mathbf{R}(\boldsymbol{n},\theta)$ を B 相の秩序変数 $\mathbf{A}$ とすることができる[*1]. ここで, $\mathbf{R}(\boldsymbol{n},\theta)$ は $\boldsymbol{n}$ という単位ベクトルを回転軸とした角度 θ の回転を表す行列である. B 相の秩序変数は $\mathbf{R}(\boldsymbol{n},\theta)$ だけ縮退しているといえる. 同じように $e^{i\phi}$ というゲージ変換の位相回転に対しても縮退がある.

B 相の $\boldsymbol{d}(\boldsymbol{k})$ ベクトルが,

$$\boldsymbol{d}(\boldsymbol{k}) = \Delta_{\mathrm{B}}(T)\mathbf{R}(\boldsymbol{n},\theta)\boldsymbol{k} \qquad (9.108)$$

となることは容易に確かめられる.

B 相の秩序変数は

$$H(B) = SO_3^J \times T \times PU_{\pi/2} \qquad (9.109)$$

という G の極大部分群の変換に対して不変である. B 相は時間反転に対して対称である.

$$\hat{\Delta}_{\mathrm{B}}(\boldsymbol{k})\hat{\Delta}_{\mathrm{B}}^{\dagger}(\boldsymbol{k}) = |\Delta_{\mathrm{B}}(T)|^2\sigma_0 \qquad (9.110)$$

であるので, B 相のエネルギーギャップ $|\Delta_{\mathrm{B}}(T)|$ は, $\boldsymbol{k}$ に依存しない定数で, 等方的であることがわかる.

超流動ヘリウム 3 のスピン軌道相互作用はヘリウム 3 原子の核スピン間に働く磁気双極子相互作用に起因する. 2 原子間の双極子-双極子相互作用をクーパー対の波動関数で平均することで, 双極子-双極子相互作用エネルギーは, 秩序変数を $\mathbf{A}$ として,

$$H_d = g_d\left[(\mathrm{Tr}\mathbf{A}^*)(\mathrm{Tr}\mathbf{A}) + \mathrm{Tr}(\mathbf{A}^*\mathbf{A})\right] \qquad (9.111)$$

[*1] このとき, 全角運動量演算子は $\hat{\boldsymbol{J}}^R = \hat{\boldsymbol{L}} + \hat{\boldsymbol{S}}\mathbf{R}$ となる.

のように与えられる．ここで，g_d は相互作用の強さを表す定数で，正であることが知られている．今，B 相の場合は，$\mathbf{A} = \mathbf{R}(\bm{n}, \theta)$ であるから，$\mathrm{Tr}\mathbf{R}(\bm{n}, \theta) = 1 + 2\cos\theta$ と $\mathbf{R}^2(\bm{n}, \theta) = \mathbf{R}(\bm{n}, 2\theta)$ に注意すれば，

$$H_d^B = 4g_d \Delta_\mathrm{B}^2(T)(\cos\theta + 2\cos^2\theta) \tag{9.112}$$

が得られる．これが極小となる条件から，

$$\cos\theta_\mathrm{L} = -\frac{1}{4} \tag{9.113}$$

となり，レゲット角 $\theta_\mathrm{L} \approx 104°$ が得られる．すなわち，運動量空間とスピン空間を，$\bm{n}$ を軸として，θ_L 回転させた状態のエネルギーがいちばん低く安定である．液体の十分内部で制約条件が他にないときには，$\bm{n}$ は，どちらをむいていても構わないのでまだ縮退が残る．さらに，磁場 $\bm{B}$ がある場合には，$\bm{n} \parallel \bm{B}$ となり，表面では $\bm{n}$ が法線と平行，あるいは表面（壁）に垂直にそろうことが知られている．ただ，磁場や法線ベクトルに対して平行か反平行かは依然として縮退している．

磁場が表面に垂直にかかっているときは，上の議論とまったく矛盾が生じないが，磁場が表面に平行にかかっている場合には，事情が複雑になる．磁場が，ある値（数十ガウス）を越えると，$\bm{n}$ が表面に垂直な方向から傾き，磁場方向の単位ベクトルを θ_L 回転したときに法線と一致するような回転軸 $\bm{n}$ の配向が起きる．このとき，$\bm{n}$ と法線および $\bm{n}$ と磁場との角度がともに，$\cos^{-1}(1/\sqrt{5}) \approx 63.4°$ という角度をなす．

d. A 相の秩序変数

A 相の秩序変数は

$$H(A) = (O_z^S \times O_{x,\pi}^S U_{\pi/2}) \times (O_z^{L-(1/2)N} \times O_{x,\pi}^L T) \times PU_{\pi/2} \tag{9.114}$$

という G の極大部分群の変換に対して不変である．ここで，O_z^S は，スピン空間における z 軸まわりの回転である．A 相の秩序変数はこの回転に対して不変でなければならない．$O_{x,\pi}^S$ は，同じくスピン空間において，x 軸のまわりに π 回転させる操作で，y 軸と z 軸を反転させることに対応する．これと $\pi/2$ のゲージ回転を組み合わせと A 相の秩序変数が不変に保たれるということを意味している．$O_z^{L-(1/2)N}$ は特徴のある変換で，軌道空間においてその z 軸のまわりに θ 回転させると同時に $-\theta/2$ のゲージ回転を行うという，2 つの回転を組み合わせた結合回転変換である．この結合回転の生成演算子は，$\hat{Q} = \hat{L}_z - \frac{1}{2}\hat{N}$ である．A 相では時間反転対称性と空間反転対称性がそれぞれ破れている．A 相の秩序変数を $\hat{\Delta}_\mathrm{A}(\bm{k})$ とすると，$\hat{S}_z \hat{\Delta}_\mathrm{A}(\bm{k}) = 0$ をみたす．また，$\hat{N}\hat{\Delta}_\mathrm{A}(\bm{k}) = 2$ であることから，$(\hat{L}_z - 1)\hat{\Delta}_\mathrm{A}(\bm{k}) = 0$ をみたさなければならない．したがって，$H(A)$ の変換に対して不変に保たれる A 相の秩序変数は，$S_z = 0, L_z = 1$ の固有状態に対応し，

$$\hat{\Delta}_\mathrm{A}(\bm{k}) = \Delta_\mathrm{A}(T)\sigma_3 g(k_x + ik_y) = \Delta_\mathrm{A}(T)\begin{pmatrix} 0 & k_x + ik_y \\ k_x + ik_y & 0 \end{pmatrix} \tag{9.115}$$

のように与えられる.

エネルギーギャップ関数は,運動量空間の z 軸から測った角度を θ として, $|\Delta_{\rm A}(T)|\sin\theta$ となることがわかる.$\theta=0,\pi$ となる z 軸方向にエネルギーギャップが 0 となる,ノード点があることがわかる.顕著な異方性をもつ超流動相である.

一般的な秩序変数は,式 (9.115) のスピン空間と運動量空間を任意に回転させて得られる.スピン空間の z 軸 $(S_z=0)$ 方向の単位ベクトルを $\hat{d}$,運動量空間の z 軸方向,すなわちエネルギーギャップのノードの方向を l として,これと直行する正規直交基底を,(l,m,n) とすると,

$$A_{\mu j} = \Delta_{\rm A}(T)\,\hat{d}_\mu(m_j+in_j) \tag{9.116}$$

によって与えられる.

これはまた,

$$d(k) = \Delta_{\rm A}(T)\,\hat{d}(k\cdot m + ik\cdot n) \tag{9.117}$$

という $d(k)$ ベクトルを与え,方向は k によらず一定で,$S_z=0$ となる量子化軸 z の方向を向いている.

$$|d(k)|^2 = |\Delta_{\rm A}(T)|^2[(k\cdot m)^2+(k\cdot n)^2] = |\Delta_{\rm A}(T)|^2[1-(k\cdot l)^2] \tag{9.118}$$

であるので,l と k のなす角を θ とすれば,

$$|d(k)|^2 = |\Delta_{\rm A}(T)|^2\sin^2\theta \tag{9.119}$$

となり,先に求めたエネルギーギャップと一致することが確かめられる.

A 相における双極子-双極子相互作用の影響は,

$$H_d = -2g_D|\Delta_{\rm A}^2(T)|^2(\hat{d}\cdot l)^2 \tag{9.120}$$

となり,$\hat{d}$ と l が平行あるいは反平行のときにエネルギーが最低になり安定である.

$\hat{d}$ の方向のスピンの射影は 0 であるので,この方向に磁場を印可してもクーパー対は磁化を発生しない.しかし,$\hat{d}$ と垂直な方向の射影は χ_+ と χ_- の線形結合になっているので,常流動液体ヘリウムのパウリ帯磁率と同じ有限な帯磁率が期待される.そのために,$\hat{d}$ は磁場と直交することで,磁気エネルギーが得をする.

A 相の表面(壁)では,l を表面に垂直に向ける力が働く.p 波超流動では,秩序変数の壁に垂直な成分は壁によるヘリウム原子の散乱によってクーパー対が破壊される効果があるので,秩序変数が抑制されその分の凝縮エネルギーを損をすることになる.A 相の場合はもともとエネルギーギャップが 0 の方向 (l) があるので,これを表面に垂直に向けることで,このエネルギーの損を避けることができる.このエネルギーは磁気的なエネルギーよりもはるかに強く,l を配向させる最大の要因である.

式 (9.117) の $\boldsymbol{d}$ ベクトルを $(\boldsymbol{l}, \boldsymbol{m}, \boldsymbol{n})$ で決まる直交座標系で, $\boldsymbol{l}$ を基準とする極座標をとり, $\boldsymbol{k}$ の $(\boldsymbol{m} - \boldsymbol{n})$ 平面への射影が $\boldsymbol{m}$ となす角度を φ とすれば,

$$\boldsymbol{d}(\boldsymbol{k}) = \Delta_{\mathrm{A}}(T)\hat{\boldsymbol{d}}\sin\theta\, e^{i\varphi} \tag{9.121}$$

と書くことができる．これをみればわかるように，$(\boldsymbol{l}, \boldsymbol{m}, \boldsymbol{n})$ を $\boldsymbol{l}$ を軸として，φ' 回転したとすると，$e^{-i\varphi'}$ という位相因子がかかることになる．この因子は，$\Delta_{\mathrm{A}}(T)$ に含まれている位相と区別がつかない．これは先にのべたように，A 相の秩序変数が軌道の回転とゲージ回転を組み合わせた回転操作に対して不変に保たれることに対応している．これは超流動の流れの性質に影響を与える．

e. A_1 相の秩序変数

磁場がある場合，スピン空間の 3 次元回転対称性が破られしまうために，これまで A 相および B 相で考えた群 G を出発点とすることができない．磁場が z 軸方向にかかっているときに，超流動転移点近傍では，

$$G_1 = SO_3^L \times (O_z^S \times O_{x,\pi}^S T) \times P \times U(1) \tag{9.122}$$

という対称性から議論を始める．この対称性を破る不活性相に A_1 相という相があり，実際に超流動転移移転近傍で確認されている．A_1 相の秩序パラメータがもつ対称性は

$$H(A_1) = (O_z^{L-(1/2)N} \times O_z^{S-(1/2)N} \times O_{x,\pi}^J T) \times PU_{\pi/2} \tag{9.123}$$

と表すことができる．A 相と同様に，$\hat{L}_z - (1/2)\hat{N}$ によって生成される軌道空間の回転とゲージ変換を組み合わせた回転と，$\hat{L}_z - (1/2)\hat{N}$ によって生成されるスピン空間の回転とゲージ変換を組み合わせた回転に対して秩序変数が不変に保たれるという性質をもつ．すなわち，$L_z = 1, S_z = 1$ という量子数に対応する固有状態の波動関数と同じ形になる．そのような秩序変数は，

$$\begin{aligned}\hat{\Delta}_{A_1}(\boldsymbol{k}) &= \Delta_{A_1}(T)(\sigma_1 g + i\sigma_2 g)(k_x + ik_y) \\ &= \Delta_{A_1}(T)\begin{pmatrix} k_x + ik_y & 0 \\ 0 & 0 \end{pmatrix}\end{aligned} \tag{9.124}$$

のように与えられる．これから明らかなように，$\Delta_{\uparrow\uparrow}$ の成分しかなく，エネルギーギャップも ↑↑ の対にしか開かない．

さらに温度がさがると，ゼーマンエネルギーと凝縮エネルギーの微妙なバランスが解消しむしろ対称性は高くなり，

$$G_2 = SO_3^L \times (O_z^S \times O_{x,\pi}^S) \times P \times (T \times U(1)) \tag{9.125}$$

がスタート地点になる．この対称性のもとでは A 相が復活する．この秩序変数のみたす対

称性は，

$$H(A) = (O_z^{L-(1/2)N} \times TO_{x,\pi}^L) \times O_{x,\pi}^S \times O_{x,\pi}^S U\pi/2 \times PU_{\pi/2} \tag{9.126}$$

となり，磁場と垂直方向のスピンの射影が 0 になるような構造になる． [河野公俊]

9.2 走査トンネル顕微鏡による表面研究

9.2.1 固体表面研究

　固体表面が物質変換の場であることは 19 世紀から認識され，プラチナ表面での水生成や光電効果などのいくつかの興味深い表面現象が知られていた．そこから始まる固体表面の研究とその手段である測定技術の発展の流れを図 9.22 に示した．20 世紀前半には，Langmuir が反応場としての表面に着目し，表面反応の基礎的な概念を構築した．この時期はちょうど量子力学の完成期であり，それに基づいた固体電子理論が発展し，固体の境界としての表面の理論的研究が行われてきた．これらの理論的研究は 1950 年代に発明されたトランジスタの基礎理論として活用された．この 1950 年代にはミクロな構造を解明する実験研究も始まり，表面測定技術として，直視型低速電子回折や光電子分光などが発達し，半導体の清浄表面の再構成原子構造観察や表面元素組成分析などが行われるようになった．さらに，超高真空を実現するポンプとして，イオンポンプやターボ分子ポンプがこのころに発明され，本格的な表面実験研究を行うための基盤が構築された．このおかげで，1960 年代には真空技術と測定技術が並行して開発され，10^{-8}Pa 程度の超高真空中で

表面研究と測定技術の流れ

19世紀	プラチナ表面反応 光電効果
1920〜	量子力学の誕生 Langmuirの表面反応理論 電子回折 固体電子論・表面理論
1950〜	トランジスター 直視型低速電子回折 光電子分光 イオンポンプ ターボ分子ポンプ
1980〜	軌道放射光電子分光 走査トンネル顕微鏡 原子間力顕微鏡
1990〜	極低温走査トンネル顕微鏡 原子操作 高分解能角度分解光電子分光

図 9.22　固体表面研究の流れと測定技術の発展．

清浄表面を作製し，同じ真空容器内で 10 時間以上にわたる構造観察や元素分析を行うことができるようになった．そして，次々と考案された多様な表面分析手法を用いて，表面構造と元素組成を規定した系での定量的な実験研究がなされ，固体電子理論を基礎とする表面物性研究や表面化学反応の研究が大きく発展していった．

最も単純な固体表面における原子配列は，3 次元結晶がそのまま単純に切断された構造である．しかし，実際にそのような表面構造となる場合は少ない．それは，原子間の結合が切断されたままの原子は不安定であり，表面では原子間結合の組み換えによってさらに安定な構造へと変化するからある．超高真空中で清浄な固体表面の定量的な研究できるようになってからは，この表面特有の再構成した超構造原子配列を明らかにすることが表面研究の一つの目標であった．そのために，表面研究に適した回折法や電子顕微鏡法が発達した．一方，超高真空中での清浄表面を用いた表面反応の研究では，触媒反応の基礎過程の解明をめざして，表面から脱離する原子の質量分析とエネルギー分析，電子線と X 線照射による放出電子分光などの手法が開発された．これらの構造解析手法や表面分析手法と超高真空技術が普及してきた 1980 年ごろまでには，複雑な表面超構造や金属表面における反応過程が議論できるようになってきた．2007 年にノーベル化学賞を受賞した Ertl のグループは，この時期から吸着表面構造や反応過程の研究を精力的に行っていたグループの一つである．

その後，1980 年代には電子シンクロトロンから軌道放射される真空紫外光・軟 X 線を利用した電子分光手法が急速に発展し，角度分解光電子分光による表面価電子バンド構造や内殻光電子分光による化学結合状態などが，精度よく測定できるようになっていった．また，同じ頃に走査トンネル顕微鏡（STM）が発明され，表面周期構造の実空間像だけでなく，非周期的な表面原子構造や吸着した原子分子が実空間で観察できるようになった．この顕微鏡では，トンネル分光を利用して局所電子状態の情報も得ることができ，角度分解光電子分光による表面価電子バンドの情報とともに，表面電子物性や表面反応に関して実験結果に基づいたミクロな視点からの議論が始まった．現在では，軌道放射光を用いた電子分光と STM を含めた走査プローブ顕微鏡（SPM）は，表面科学の研究に不可欠となっている．軌道放射光を用いた研究手法として，光電子分光の他にも多くの手法が開発され，例えば，高分解能化された吸収分光・発光分光は，元素選択的に電子状態を調べることができる分光手段として広く用いられている．軌道放射光を用いた手法については，第 10 章で詳しく述べられている．一方，SPM の中でも原子間力を検出する原子間力顕微鏡は，絶縁体表面での構造解析や原子操作など広く表面研究に使われている．このようにみてくると，現在の固体表面の研究には，2 つの流れがあることがわかる．一つは低次元（2 次元，1 次元，0 次元）電子系としての表面を理解しようとするものであり，もう一つは，表面で生じている結晶成長や化学反応など原子組み合えの機構を理解しようとするものである．本節では，STM を用いた研究に焦点を絞り，その原理と表面物性研究への応用について

述べる.

9.2.2 走査トンネル顕微鏡の動作原理

まず最初に,走査トンネル顕微鏡によって,表面の原子像が得られる原理を説明する.この装置では,先端を鋭く尖らした金属探針を,図 9.23(a) のように導電性物質の表面に近づけて,表面を観察している.このとき,金属探針の先端部分を拡大してみると,図 9.23(c) のように探針の先端と表面の原子がみえてくる.走査トンネル顕微鏡が動作している状態では,この図のように,表面原子と探針原子とは接しておらず,その距離は 1 nm 程度である.直接原子が接していなくても,これほどまでに表面と探針とを近づけると,その間に電流を流すことができる.これは,量子力学的な電子のトンネル効果の結果である.

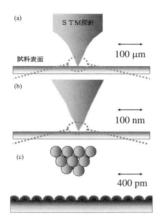

図 **9.23** STM で最も重要な探針先端と表面付近の模式図.(a) トンネル顕微鏡では,先端を尖らした 1 本の金属探針を表面に近づける.光学顕微鏡で観察すると,(b) のように探針先端部が表面に接しているようにみえる.実際に高分解能の電子顕微鏡で観察すると,(c) のように,探針先端の原子と表面の原子は数百 pm 離れている.探針先端と表面との距離が数 nm 以下になると,トンネル電流が流れる.

トンネル効果を理解するために 1 次元電子系を考えてみよう.固体中の電子は簡単のため図 9.24(a) のように箱型のポテンシャルに閉じ込められている自由電子とする.すると,その波動関数 $\Psi(x)$ の絶対値 $|\Psi(x)|$ は,図のように表面から固体の外側に指数関数的に減衰している.そして,その減衰長 $1/\beta$ は原子サイズ程度である.固体が 1 つだけある場合には,この電子の固体外への浸み出しは重要な働きはしない.しかし,2 つの固体が数 nm の距離に近づき,図 9.24(b) のように 2 つの固体に閉じ込められた電子の波動関数が重なると,電子が一方の固体からもう一つの固体に移ることができる.これが,トンネル効果であ

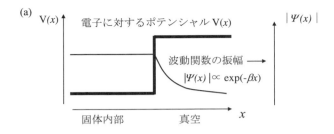

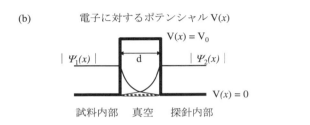

図 **9.24** 表面近傍の固体中の電子波動関数とトンネル効果のモデル図. (a) 表面近傍の電子系のモデルとして，1 次元自由電子に対する階段ポテンシャルと電子波動関数の絶対値を示した. 電子は固体の箱型ポテンシャルに閉じ込められている. そして，表面近傍では，電子の固有エネルギーがポテンシャルエネルギーよりも小さい領域に，波動関数がしみ出している. (b) 2 つの固体間の距離 d が数 nm 以下になると，固体外にしみ出している波動関数が重なり，電子が 2 つの固体間を行き来する確率が有限になる.

る．自由電子の質量が m でエネルギーが E であり，表面ポテンシャル障壁の高さが V_0 のとき，波動関数の減衰長の逆数 β を量子力学を使って計算すると，$\beta = \sqrt{2m(V_0 - E)}/\hbar$ となる．また，幅 d のポテンシャル障壁を電子が透過する確率は，$\exp(-2\beta d)$ に比例する．このようにして，トンネル効果によって流れる電流（トンネル電流）は，探針と表面との距離 d に対して指数関数的に減少することになる．

走査トンネル顕微鏡の探針先端が図 9.25 のようにたった 1 つの原子であれば，表面との距離が探針と表面の間を流れるトンネル電流のほとんどすべてが，表面との距離が最も近いその探針先端の原子を通る．トンネル電流が原子間距離の指数関数で減衰するので，探針の他の原子を流れる電流は無視できるぐらい小さい．原子が規則的に並んでいる表面を流れる電流も，そのほとんどが探針先端の原子に最も近い原子を通ることになる．このようにして，トンネル電流の値は，探針直下の表面原子近傍の波動関数の形に依存することになる．ここで簡単のため，探針の原子でも表面の原子でも，原子の中心から最も外側まで広がっている波動関数は，球状であると仮定しよう．そして，図 9.25(a) のように探針

9.2 走査トンネル顕微鏡による表面研究

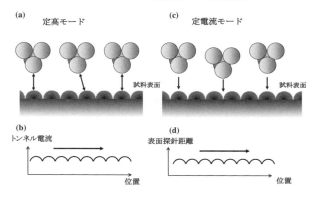

図 9.25 探針の動きと観察モード．(a) 定高モードでは，探針表面間の距離が一定に保たれ，表面平行に探針が走査される．このとき，トンネル電流値は (b) のように，表面の凹凸に応じて増減する．(c) 定電流モードでは，表面平行に探針が走査されると同時に，トンネル電流が一定となるように表面探針距離が制御される．このとき，表面探針距離は (d) のように，表面の凹凸に応じて増減する．

を表面平行な方向に動かす場合を考えてみよう．すると，探針先端の原子が表面原子の真上にあるか，それとも隣り合う原子間の真上にあるかによって，最も近い表面原子との距離が，図のように近づいたり遠ざかったりする．この距離の変化は原子の大きさよりもはるかに小さい．しかし，トンネル電流が探針表面間距離の指数関数に比例するために，探針の表面平行移動に伴いトンネル電流も図 9.25(b) のように大きく変化する．そこで，表面平行に探針を 2 次元的に走査してトンネル電流を探針の水平位置の関数として描くと，表面の原子配列が像として現れてくる．この観察モードは定高モードとよばれ，平らな表面の原子像を観察する目的に適している．しかし，探針表面間距離よりも高い構造が表面にあると，表面平行に探針を動かしているうちに，探針がそこに衝突してしまうという欠点がある．

そこで，実際に凹凸の大きい表面を観察する際には，トンネル電流が常に一定となるように探針と表面間の距離を制御しながら，探針を表面平行方向に移動させることが多い．すると，図 9.25(c) のように，探針は表面原子の凹凸に従って上下することになる．そして，原子像を得るためには，図 9.25(d) のように，この探針先端の表面垂直方向の動きを表面平行方向の位置ごとに記録する．この観察モードは定電流モードとよばれている．

この原理を用いて顕微鏡を実用化するためには，原子サイズ以下の精度で探針位置を制御しなければならない．そのために，電界に比例して伸び縮みするセラミックであるピエゾ素子が使われている．走査トンネル顕微鏡では，このセラミック素子に電界がかけられるように，素子表面に電極を配置する．すると，ピエゾ素子の電極にかける電圧を精密に

制御することにより，探針の位置を原子間距離の1/100以上の精度で決めることができる．この顕微鏡でもう一つ重要なことは，外来のノイズを極限まで減らすことである．電気的ノイズはもちろんのこと，機械的振動によって探針と表面間の距離が変動しても，高分解能の探針制御ができない．原理は比較的簡単であるが，原子分解能をもつ STM ではさまざまな技術的な工夫がなされている[7]．

9.2.3 局所電子状態密度の測定

走査トンネル顕微鏡が物性研究にとって有用である理由は，フェルミエネルギー（E_F）近傍の局所的な電子状態密度をエネルギーの関数として測定できるからである．電子状態密度は，対象としている固体の電気的性質や表面の反応性などの物性を決めるものなので，物性研究にとってたいへん重要な量である．STM の探針として広く用いられているプラチナ合金やタングステンは金属であり，その電子は自由電子で近似できる．そして，その電子状態を特徴づけるエネルギーとして，E_F がある．絶対零度では，すべての電子が E_F より低いエネルギーの状態に入っている．

ここで試料も金属だとすると，その中の電子もエネルギーが E_F 以下の状態に入っている．探針と試料表面を近づけていき，E_F 付近の電子の波動関数が空間的に重なるようになると，その間で電子がトンネル効果で行き来できるようになる．ここで，探針と試料間に電位差 V_b をつけると，トンネル電流が流れる．2つの金属間に電位差をつけるということは，図9.26のように，探針と試料の2つ金属のフェルミエネルギーの差（$E_{Ft} - E_{Fs}$）を eV_b にすることに対応している．ここで，試料が正の電位（$V_b > 0$）となる場合を考えることとし，素電荷を e とした．このとき，探針の電子は試料の空電子状態にだけに移ることができる．試料のフェルミエネルギー以下の状態にはすでに電子が入っており，フェルミ粒子である電子はすでに占有されている状態に入ることができないからである．したがって，探針から試料に移動できる電子は，エネルギー範囲が $E_{Ft} - eV_b$ と E_{Ft} の間にある電子だけである．試料の電子状態に注目するならば，電子はエネルギー範囲が $E_{Fs} + eV_b$ と E_{Fs} の間の状態にトンネルしてくることになる．

ここで，単位エネルギーあたりの試料の電子状態密度 $D_s(E)$ を考えよう．この電子状態密度は，一般にエネルギー E に依存している．この $D_s(E)$ を用いると，探針から試料に移動できる電子数 N は，

$$N = \int_{E_{Fs}}^{E_{Fs}+eV_b} D_s(E) \, dE \tag{9.127}$$

とかける．トンネル接合を流れる電流 I_t は，単位時間に電子が移る確率を $P(E)$ とすると，

$$I_t = e \int_{E_{Fs}}^{E_{Fs}+eV_b} P(E) D_t(E) D_s(E) \, dE \tag{9.128}$$

となる．ここで，遷移確率 $P(E)$ と探針である金属の電子状態密度 $D_t(E)$ は，フェルミ

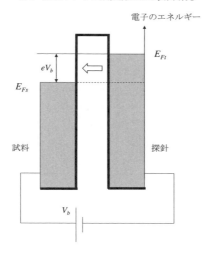

図 9.26 2つの金属間にバイアス電圧 V_b をかけた場合のエネルギー変化．探針と試料のフェルミエネルギー（E_{Ft} と E_{Fs}）は，図のように eV_b だけずれる．V_b が正の場合，試料のエネルギーが E_{Fs} と $E_{Fs}+eV_b$ の範囲に探針から電子がトンネルしてくる．逆に V_b が負の場合，試料のエネルギーが E_{Fs} と $E_{Fs}+eV_b$ の範囲の電子が，探針にトンネルする．

エネルギー近傍ではほぼ一定と見なすことができるので，I_t は，

$$I_t = eP(E_{Ft})D_t(E_{Ft})\int_{E_{Fs}}^{E_{Fs}+eV_b} D_s(E)\,dE \tag{9.129}$$

と表すことができる．

　電子状態密度，トンネル電流およびバイアス電圧の関係を模式的に示したものが図 9.27 である．ここでは，試料は単純な金属ではなく，図 9.27(a) のようにその状態密度 $D_s(E)$ がエネルギーに大きく依存しており，フェルミエネルギー付近では状態密度が小さいとした．走査トンネル顕微鏡においてバイアス電圧の絶対値を大きくすることは，試料と探針のフェルミエネルギーの差を大きくしていくことに対応する．図 9.27(b) は，(a) と比べて $|V_b|$ が大きい場合を模式的に示した図である．この試料を用いた場合の電流電圧特性を図 9.27(c) に示した．$D_s(E)$ が E_{Fs} 付近で小さい試料では，$|V_b|$ を 0 から増やしていってもはじめのうちはあまりトンネル電流は増えない．さらに $|V_b|$ を増やしていくと，$D_s(E_{Fs}+e|V_b|)$ が急に大きくなることに対応して，図 9.27(c) のように電流は急に大きくなる．この I_t と V_b との関係から，$dI_t(V_b)/dV_b \propto D_s(E=eV_b)$ となり，図 9.27(d) のように，トンネル接合の微分電気伝導度 dI_t/dV_b を測定すると，それが，近似的に状態密度に比例している．ここで測定された電子状態密度は，トンネル電流が流れている領域，すなわち探針真下の

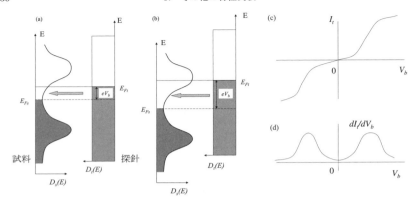

図 9.27 (a,b) 電子状態密度 $D_s(E)$ がエネルギー E に依存する試料と金属探針間のトンネル接合の模式図．バイアス電圧 V_b の大きさが変化すると，探針と試料のフェルミエネルギーの差も変化する．(c,d) (a) のような状態密度をもつ試料でのトンネル電流 I_t (c) および微分コンダクタンス dI_t/dV_b (d) とバイアス電圧との関係．

局所的なものである．そして，それは表面の原子の位置に大きく依存する場合がある．

局所的な電子状態密度の測定例として，Si(111) 表面の 3 つの異なる場所でのトンネルスペクトルを図 9.28 に示した[8]．この表面を構成しているシリコン原子は，その位置に依存して異なる局所電子状態密度をもっている．この表面では，図 9.28(c) のように表面から第 4 層までがバルク結晶とは異なる原子配列になっており，バルクの格子周期と比較して 7 倍 × 7 倍の周期構造となっている．この図に示された 3 カ所の原子位置ではフェルミエネルギーから ±1 eV 以内に状態密度のピークがあり，そこに電子状態があることがわかる．そして，状態密度のピークエネルギー値と幅はそれぞれ異なっている．特に，図 9.28(a) の A の位置には，最表面に原子はなく図 9.28(a) の STM 像では暗く観察されている．しかし，図 9.28(c) のモデル図と比べてみるとわかるように第 2 層目に原子がある場所である．したがって，トンネルスペクトルでは，2 層目の原子の局所状態密度を観察していることになる．B と C はともに最表面原子の位置であるが，この 2 つの原子は周囲の第 2 層原子との結合が異なっている．このため，局所状態密度も異なっている．

図 9.28(c) のモデル図で示されているように，この表面では表面第 4 層目の構造が，左右で異なっている．左の半分では第 4 層目の構造がバルク結晶と異なる積層欠陥になっているために，上からみえない．試料バイアスが正の場合は，図 9.28(a) のように左右の三角形の中の原子が同じ高さに観察される．実際，積層欠陥があるかないかにかかわらず，表面原子の高さは等しい．しかし，試料バイアスを負にすると，積層欠陥のある左の半分の方が高く観察される．これは，バイアスを負にすると，原子の高さに差ができるからで

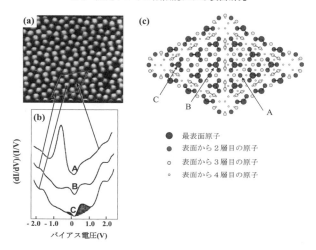

図 9.28 Si(111) 清浄表面の STM 像 (a), 3 つの位置 A, B, C におけるトンネルスペクトル (b), および 構造モデル (c)[8]. A 位置では, 最表面層に原子がなく, 第 2 層目には原子がある. B, C 位置は最表面原子位置である. 構造モデルをみると, この 2 つの表面原子は同等ではないことがわかる.

はない. 積層欠陥がある場合には, それがない場合に比べて占有状態の表面電子状態密度が高くなるからである. このように, STM で観察される高さは原子の実際の高さとは限らないことに注意すべきである.

9.2.4 探針による原子操作

走査トンネル顕微鏡の原理をよく考えてみると, 探針先端と表面原子の間に働く原子間力が観察に影響を与えないかどうか心配になるだろう. STM で原子像を観測しているとき, その 2 つの原子間距離は 1 nm 程度離れており, それは固体中の原子間距離の 3 倍以上である. このくらいの距離では, 原子間力は表面構造を変化させるほどには影響を与えない. しかし, さらに探針を表面に近づけたら, 原子間力によって表面の原子位置は変化するだろう. そして, その力をうまく利用することができれば, 表面の原子を動かすことができるはずである. それは実際に行われている.

最初に行われた実験では, 極低温でニッケル表面上にキセノン原子を並べて字が書かれた[9]. その方法は, 以下である. まず, 原子間力が弱くて表面の原子が動くことはない STM 観察条件で, その原子の位置を確認する. 次に, 図 9.29 の左側のように, キセノン原子の真上に探針を近づけ, 探針との原子間引力が表面との原子間力よりも大きくなるようにする. そして, そのまま図の矢印のように探針を右側に表面平行に動かすと, 探針の動きに

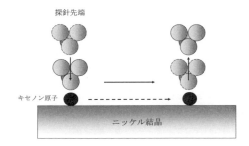

図 9.29 表面原子を STM 探針で動かす方法．左側のように探針を表面原子に近づけることにより，探針と表面原子との間の原子間引力を強くすると，表面原子を探針で表面平行方向に引きずることができる．右側のように，再び，探針を表面原子から遠ざけると，原子は表面に留まり，原子操作が完了する．

従ってキセノン原子は原子間力で引きずられて，右側に動く．望んだところまできたら，今度は図 9.29 の右側のように，探針を原子から真上に引き離す．すると，原子は表面のその場所に留まり安定する．

同じような方法で表面に吸着している原子を集め，だんだんと円を描くようすが図 9.30 に示されている[10]．この図では，Cu(111) 面に蒸着された鉄原子が操作されている．原子間力を用いて原子を動かすこの手法は，金属表面上の原子や分子に対して適応できる．しかし，これは万能ではない．シリコンの表面のように共有結合をもつ結晶の表面では，その表面上の原子や分子が表面と強い結合をつくるために，この手法では自由に原子を動かすことはできない．また，表面上を動かすばかりでなく，一度表面から探針に原子を移動させてから探針を動かし，再び表面の他の場所に原子をおくという手法でも，原子操作が行われている．

すでに述べたように STM 観察中には数 nA のトンネル電流が流れている．このトンネル電流の密度は，原子 1 つあたりにこの電流が流れているとして計算すると，$10^3 \mathrm{A/mm^2}$ 程度となる．日常生活で使っている電線の定格は $5 \mathrm{A/mm^2}$ 程度であることと比べると，原子 1 つに流れている大きな電流密度に驚くだろう．このような大電流が，原子を動かしてしまうことはないだろうか．実際は，このような高い電流密度は多くの場合 STM 観察には影響を与えず，原子を安定に観察することができる．これは，トンネル電流が流れている表面の原子がトンネル電流からエネルギーをほとんど受け取らないからである．すなわち，トンネル電子がもつエネルギーのうち，表面の原子を経由して固体の電子系や格子系に移る部分は非常に少なく，トンネル電子が注入点から数十 nm 以上離れた領域まで固体中を進む間に，エネルギーは徐々に固体の電子や格子に移っていく．このように，エネルギー緩和が生じている領域は原子サイズよりもはるかに大きいので，通常の STM 観察

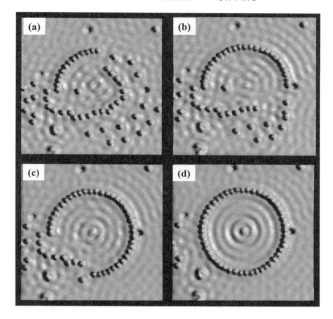

図 9.30 Cu(111) 面上の鉄原子を円周上に並べる過程の STM 像.[10] STM を用いた原子操作によって周囲にある鉄原子を集めて，(a) から (d) へと円弧を長くしていった．円が完成すると，円の内部に閉じ込められた電子がつくる定在波がはっきり観察されている．完成した円の直径は，約 15 nm である．

条件である $10^3 \mathrm{A/mm^2}$ 程度の電流密度を用いた場合でも，表面原子が動かずに表面構造が安定に観察できる場合が多い．

　このトンネル電子のエネルギーを使って，表面の原子が実際に動かすこともできる．局所電流による表面原子操作を行うためには，表面原子がエネルギーを受け取る確率が増えるように，通常の観測条件よりもトンネル電流を増加させればよい．実際，図 9.30(a) のシリコン表面の原子上に STM 探針を固定して，数十 nA のトンネル電流を流すと，探針下の原子だけが脱離することがある．この場合には，1 秒間に 10^{14} 個以上のトンネル電子が通過するので，そのうちのいくつかの電子から，原子の結合エネルギーよりも大きなエネルギーが直接シリコン原子に与えられる可能性が出てくる．トンネル電子のエネルギーは数 eV であり，これは原子の結合エネルギーと同程度である．

　このような原子脱離機構を詳しくみると，2 種類ある．単純な方は，1 つのトンネル電子が，原子の結合を切るエネルギーを与えているとするものである．もう一つは，1 個のトンネル電子は，表面原子の振動を励起するエネルギーを与えるだけであり，さらに引き

続いた複数のトンネル電子による振動励起が重なった結果，やっと原子結合を切るエネルギーに達するというものである．実際には，一度に大きなエネルギーを電子から格子系に移す過程が生じる確率は非常に小さいために，後者の多電子励起過程が起こる場合が多い．小さなエネルギーを原子に与えて表面原子の振動を引き起こす過程は，トンネル電流の上昇として観測できる場合がある．この原子操作法では，シリコンのように原子間結合エネルギーの大きな物質の表面でも原子操作ができる．しかし，表面原子の脱離を起こさせることはできても，原子を自由に元どおりはめ戻すことは非常に困難であり，一般には操作の可逆性がない．これと比べると，先に述べた探針の原子間力を使う方法は，原子操作が可逆である．トンネル電流による原子操作については，後に 9.2.7 項でもう一度詳しく述べる．

9.2.5　表面電子波動関数の観察とその分散関係の測定

図 9.30(d) で，鉄原子を円周上に並べたときに，円の内部の表面に同心円状の波が観測されていることに気がついたであろう．すでに，円弧が 1/4 だけできている図 9.30(a) でも鉄原子の周囲に平坦な面に波があるようにみえる．これは，表面にある 2 次元的な運動をしている電子が鉄原子に散乱されて定在波ができているからである．固体中の電子は 3 次元の箱に閉じ込められた自由電子と見なすことができる．それでは，固体の表面付近の電子はどうなるだろうか．固体の表面では，3 次元的な原子配列の周期性が破れていて，表面の原子は結合する相手が一部いなくなっている．このことは，表面近傍では固体中には存在しえない電子状態が存在する可能性があることを意味する．そのような電子状態の一つに，表面近傍だけに局在した 2 次元的な電子状態がある．図 9.30 の表面は Cu(111) 清浄表面であり，この表面に，有効質量 $m_e = 0.38 m_0$ で，バンドの底のエネルギーが E_F から 0.45 eV 下にある 2 次元自由電子と見なせる表面電子状態があることが，角度分解光電子分光で確認されている．ここで，m_0 は真空中の電子の質量である．この表面状態は波数空間でバルク電子状態が存在しない場所にあり，欠陥や不純物のない表面では，表面状態電子はバルク状態に散乱されることがない．しかし，この 2 次元電子は，図 9.30 のように表面原子配列の周期性を破っている鉄原子があると，他の表面電子状態やバルク電子状態に散乱される．したがって，鉄原子で囲まれた円の内側にある電子は，鉄原子でできている檻を通過することが難しく，外側にほとんど漏れ出さない．すなわち，この電子は円形のポテンシャルに閉じ込められた 2 次元電子と近似できる．そして，この円形のポテンシャルに閉じ込められた電子のエネルギーは量子化され，その量子化された波動関数の形を STM 像として観察することができる．

鉄原子の円が無限大の斥力の円形井戸型ポテンシャルをつくると仮定すると，2 次元のシュレーディンガー方程式を解くことができる．半径 R の円の内部の波動関数を動径 r と偏角 θ とする極座標で表すとすると，波動関数 $\Psi_{n,l}(r,\theta)$ は 2 つの量子数 n と l をもち，l

次のベッセル関数 $J_l(k_{n,l}r)$ と $e^{il\theta}$ の積に比例する. ここで, $k_{n,l} = z_{n,l}/R$, $z_{n,l}$ は, $J_l(z)$ の n 番目の零点である. この波動関数は, 鉄原子のところが節になり, さらに量子数 n が増えるほど節の数が増えていく. 一方, 図 9.30(d) の STM 像は, バイアス電圧が小さいときの像なので, フェルミエネルギーに近いエネルギーをもつ電子の状態密度の空間分布を反映している. そして, この像には, 極小値をつないだ同心円が 4 個あるのがわかる. これは, フェルミエネルギー近傍のエネルギーを固有値とする波動関数は, 同心円状で 4 つ節があることを意味する. そして, それは 5 番目にエネルギーが高い. この 2 次元電子の有効質量とバンドの底のエネルギーを用いて, 量子化されたエネルギー準位を計算すると, フェルミエネルギー付近に固有値をもつ状態は, 観察どおり, 基底状態から数えて 5 番目の状態になる. 観測された同心円状の波の振幅は, ちょうど量子化準位がフェルミエネルギーとなっているこの状態の波動関数の絶対値の 2 乗に比例している.

　電子状態の量子化は, トンネル分光を用いて調べることができる. 図 9.30(d) の表面において, 探針を円の中心の表面上に固定して dI/dV を V_b の関数として観察すると, 図 9.31 の下段のスペクトルのように, いくつかのピークが観察される[11]. これらのピークは, 2 次元電子の量子化された固有エネルギーに対応している. この図の上段には, 比較のために円の外側におけるトンネルスペクトルも示してある. 円の外側の量子化されていない 2 次元電子系には明確な dI/dV のピークは観察されず, 2 次元電子系のバンドの底に対応した状態密度の変化が $V_b = -0.5$ V 付近に観察されるだけである. 各々の量子化された状態の波動関数の形は, dI/dV を 2 次元的に測定し画像化すればわかる. それは, この値が局所電子状態密度に比例しているからである. 実際, 各ピーク付近の電圧にバイアス電

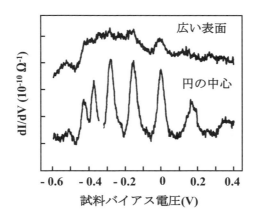

図 9.31　鉄原子に囲まれた Cu(111) 表面のトンネルスペクトル[11]. 比較のため, 広い表面でのスペクトルを上段に示した. 鉄原子で囲まれた領域では, 電子状態が量子化され, dI/dV のピークが現れる.

圧を固定し，dI/dV を図示すると，節の数の異なる波動関数の形がみえてくる．探針を円の中心に固定した場合には，円形井戸型ポテンシャル中の軌道角運動量 l が 0 の状態だけが観測される．探針を円の中心からずらしてトンネル分光を行うと，上で観測された状態に加えて，$l \neq 0$ の状態も dI/dV のピークとして観測できる．

閉じ込められていない表面 2 次元電子がある領域に観測される波を解析すると，電子系の分散関係がわかる．その部分では電子のエネルギー E は，$E = \hbar^2 k^2 / 2m_e$ と書ける．ここで，k は電子の波数である．したがって，観測された定在波の波長とそのエネルギーの関係を調べると分散関係が求まる．より一般的には，各エネルギーでの dI/dV 像のフーリエ変換を行うと，2 次元の分散関係を求めることができる．この方法は，角度分解光電子分光では測定できない非占有状態の分散関係も調べることができるという利点がある．

9.2.6 表面原子構造の解明

ここまでの説明で，STM が表面の電子密度分布を観測していることが理解できたであろう．このことは，表面の原子サイズの凹凸が観測されたとしても，それは必ずしも原子とは限らないことを意味する．図 9.32(a) の STM 像[12, 13] をみてみよう．これは，銀が吸着した Si(111) 表面の 80 K における STM 像である．この像では中央部と右上あるいは左下の原子構造が異なってみえている．どちらも構造の周期性はシリコン結晶の $\sqrt{3} \times \sqrt{3}$ 倍であり，そのユニットセルの大きさを白いひし形で示した．STM 像の中央部では，同じ高さにみえる点がこのユニットセルに 2 個ある．

室温の X 線回折を用いて決定されたこの表面構造は図 9.32(b) の HCT モデル[14] である．この構造モデルでは黒い点線で囲まれたひし形のユニットセル中に，3 個の銀原子が

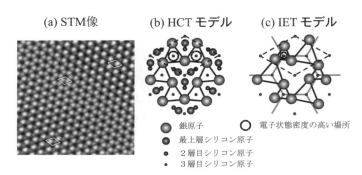

図 **9.32** 銀吸着 Si(111) 表面の STM 像 (a)[12, 13] とその 2 つの構造モデル，HCT (Honeycomb Chained Triangle) モデル (b)[14] と IET (Inequivalent Triangle) モデル (c)[12]．表面はバルク結晶ユニットセルの $\sqrt{3}$ 倍 × $\sqrt{3}$ 倍の周期をもつ．(a) の白い線で囲まれたひし形および図 (b,c) の点線で囲まれたひし形は，その構造のユニットセルを表す．

ある.一方,室温で観察された STM 像は図 9.32(a) の中央部と同じである.この STM 像と HCT モデルを比べると,STM 像の凹凸が表面の銀やシリコンの原子位置に対応していないことに気がつく.そこで,この構造モデルに基づいて表面の電子密度分布を計算してみた結果,電子密度の多い場所は,銀原子の位置でもシリコン原子の位置でもなく,銀原子がつくる三角形の中心であり,そこには表面原子がいないことがわかった[15].逆に,電子密度が少ない場所は表面シリコンがつくる三角形の中心である.そして,この計算された電子密度分布パターンは,まさに図 9.32(a) の STM 像の中央部と同じである.室温で測定された STM 像もそのようになっている.したがって,この結果は,STM 像が原子を観察しているのではなく,電子状態密度の分布を測定していることを明確に示している.

以上のように,この表面の構造は HCT モデルどおりでよくわかったと思われたのだが,実はそれは正確ではないことが後に示された[12].この表面の基底状態は対称性が低く,ユニットセル中の銀原子がつくる 2 つの三角形が,図 9.32(c) の IET モデルで示されるように大と小に変形したものであることがわかったのである.この図では,左の三角形が小さくなっている.そしてこの場合,小さい方の三角形の中心の電子状態密度が大きくなり,大きい方の三角形の中心の電子状態密度は小さくなる.実際,低温で観察された STM 像である図 9.32(a) の右上と左下では,明るさの異なる 2 つの輝点が観察されており,この STM 像は IET モデルと一致する領域が広い.IET モデルをよくみると,図 9.32(c) とは反対にユニットセル内の右の三角形が小さい構造も,図 9.32(c) の構造と等価であることに気がつく.図 9.32(a) の右上と左下の違いは,この左側の三角形が大きいか右側の三角形が大きいかの違いである.そして,その 2 つの領域に挟まれた境界の部分では,2 つの三角形の大きさが等しくなり,HCT モデルと同じ構造が現れると考えられる.それでは,室温で観察された HCT 構造はどうであろうか.2 つの三角形の大きさが等しい HCT 構造は,ICT 構造よりもエネルギーが高いので,それが高温で安定に存在することはできない.一方,温度が高い場合には,この 2 つの同じエネルギーをもつ IET 構造が,熱励起によって少しエネルギーが高い HCT 構造を経由して,入れ替わることができる.そして,構造が入れ替わることに応じて,電子状態密度の高い場所も入れ替わる.すなわち,室温での STM 像は,HCT モデルの構造が安定に存在しているためではなく,2 つの安定な配置間を揺らいでいる IET 構造の時間平均として観察されたのである.室温で観察されたこの表面の STM 像は,原子の位置に対応しない場所が高く観察されるばかりでなく,真の表面構造が示す局所電子密度分布とも対応せず,その熱揺らぎの時間平均として記録されていることになる.

時間的に揺らいでいる構造の時間平均を観察している例は他にもある.例えば,Si(001) や Ge(001) の 2×1 構造である.この 2 つの物質は同じダイヤモンド結晶構造をもつ.そして,その (001) 面では,図 9.33(a) のように傾斜した原子対が単位となって結合している.この表面の基底状態の構造は図 9.33(b) にモデルを示した $c(4 \times 2)$ 構造であり,80 K

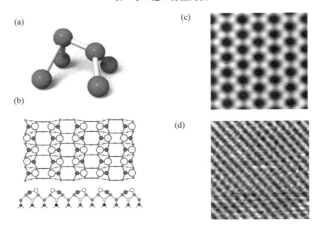

図 9.33 (a) Ge(001) 表面の2つの原子がつくる傾斜ダイマーのモデル．(b) 傾斜ダイマーからなる $c(4\times2)$ 表面構造のモデル．(c) 80 K における $c(4\times2)$ 構造表面の STM 像．(d) 室温で観測される 2×1 構造表面の STM 像．

では，この構造に対応した STM 像が図 9.33(c) のように観察できる．しかし，室温では，銀吸着 Si(111) 表面と同様に熱励起が原因となり，原子対の傾斜が高速で反転する．このために，室温で STM 像を観察すると，図 9.33(d) のように表面原子対が対称にみえる 2×1 構造が現れる．

9.2.7 探針電流による表面構造の可逆制御

前項の最後に述べた Si(001) や Ge(001) 表面では，探針電流による STM 像の変化が観測できる．表面原子対の傾斜反転が熱励起されないような 80 K では，STM によって傾斜原子対が観測される．しかし，10 K 以下の低温で Si(001) 面を観察すると，室温と同じように 2×1 構造が現れることがある．この原因は，観察のためのトンネル電流のエネルギーが表面原子系に与えられ，表面原子対の傾きが高速で反転するようになるからである[16]．このような現象は STM 像の解釈を複雑にし，表面安定構造を観察するためには障害となる．しかし，この電流注入による構造変化を意図的に使うことができれば，表面の原子構造を精密に制御することにつながる．Ge(001) 表面では，それが実現している．

図 9.34(a) には，Ge(001) 表面の表面構造と STM 観察時のバイアス電圧との関係を示した[17]．低温で Ge(001) 表面の構造は図 9.33(b) のように $c(4\times2)$ 構造であり，V_b が -0.7 V 以下では，この構造が観察できる．，V_b を -0.7 V から大きくしていっても $+0.7$ V までは同じ構造である．しかし，V_b を $+0.8$ V 以上すると，図 9.34(b) のようにこれとは異なる 2×2 構造が観察される．V_b を下げていく場合には，$+0.7$ V を過ぎて -0.6 V まで

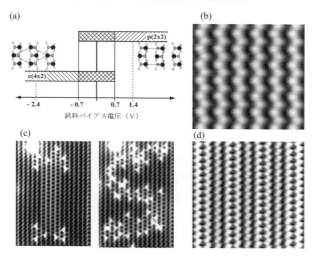

図 **9.34** (a) Ge(001) 表面超構造と試料バイアス電圧の関係. (b) 80 K における 2 × 2 構造表面の STM 像. (c) トンネル電流を制御して Ge(001) 表面に書いた文字 "I" と "S". (d) トンネル電流を制御して Ge(001) 表面に描いたストライプ構造[17]).

はこの 2 × 2 構造のままである. そして, V_b を -0.7 V 以下にすると再び $c(4 \times 2)$ 構造に戻る. このように, 構造変化は可逆でかつ履歴がある. 履歴があることを利用すると, -0.6 V $< V_b <$ $+0.6$ V の範囲の V_b では, 両方の構造が共存できる. したがって, 図 9.34(c,d) のように, 原子スケールのアルファベットやストライプ構造を可逆的につくることができる.

この構造変化では, 局所的な変化を起こす範囲が V_b の符号によって異なることが知られている. バイアス電圧が正の場合には, 電子を注入した原子対の周囲の構造がタイマー列に沿った方向だけ 1 次元的に変化する. 一方, それが負のときには, 電子を引き抜かれた点を中心としてほぼ等方的に構造変化した領域が広がる. 注入した電子はこの表面を 1 次元的に伝導し, 電子を引き抜かれた原子には周囲から等方的に電子が流れ込むからである. これらの性質を利用し, 図 9.34(c) のアルファベットは V_b を負にして作製し, 図 9.34(d) は V_b を正にして作製した.

この構造変化は, 探針から表面電子状態に注入された電子あるいはホールが表面を伝搬するうちに, 電子格子相互作用によってそのエネルギーが格子系に移り, 表面原子移動を引き起こすことによって生じている. 図 9.34(a) で試料バイアス電圧の絶対値が小さいときに構造が変化しないのは, 注入された電子やホールのエネルギーが小さすぎて, 表面原子の振動は励起できても, 表面原子対の傾きを反転させることができないからである. 第

一原理計算の結果によれば，表面原子対の傾き反転に必要なエネルギーは 0.4 eV 程度である．表面バンド内遷移による電子エネルギー放出が，この値を越えると構造が変化すると考えられる．バンド計算によると，そのような遷移がちょうど，±0.7 V ぐらいで起こる．また，この場合に可逆な原子操作が可能であった原因は，双安定な原子対構造の存在である．

9.2.8 おわりに

本章では，STM を用いた表面研究を紹介した．現在では，STM は光電子分光と並んで，表面研究には欠かせない観察・測定手法である．それに留まらず，後半で述べたように表面の原子や分子を操作する方法の一つとして用いられている．STM 手法の発展としては，探針として金属強磁性体あるいは金属反強磁性体を用いた，スピン偏極 STM がある．トンネル確率が探針先端原子のスピンと表面原子のスピンの相対的な向きに依存するために，この装置を用いて磁性体表面を観察すると，表面のスピン配列を観察することができる．9.2.6 項では，STM 像は必ずしも表面原子の凹凸とは一致しないことを述べた．表面の凹凸を観察したい場合には，原子間力顕微鏡がたいへん役に立つ．これらの新しい走査プローブ顕微鏡については，重川ら[7]が詳しいので，参照してほしい．表面研究の第一の流れの低次元電子系としての表面研究では，従来の表面物性の研究対象ではなかった化合物や合金などで新しい発展がある．また，第 2 の流れである原子組み換えの場としての表面は，環境問題やエネルギー問題の解決のための学理として，有機物の表面化学反応などのより複雑な現象を対象とした研究が進められている．今後も，走査プローブ顕微鏡や電子分光測定を中心とする表面研究の発展が期待される．　　　　　　　　　　　　　　　　［小森文夫］

文　献

1) H. Preston-Thomas, Metrologia **27**, 3-10 (1990).
2) M. Durieux, R. L. Rusby, Metrologia **19**, 67-72 (1983).
3) R. L. Rusby, J. Low Temp. Phys. **58** 203-205 (1985).
4) H. Ishimoto, N. Nishida, T. Furubayashi, M. Shinohara, Y. Takano, Y. Miura, K. Ôno, J. Low Temp. Phys. **55**, 17-31 (1984).
5) R. J. Donnelly, C. F. Barenghi, J. Phys. Chem. Ref. Data **27**, 1217-1274 (1998).
6) この節の内容は，主に次の文献による．G. E. Volovik, Chapter 2, *"Helium Three"* (Eds. W. P. Halperin and L. P. Pitaevskii, Elsevier Science Publishers B. V., 1990).
7) 重川秀実，吉村雅満足，河津璋編，走査プローブ顕微鏡，(共立出版，2009).
8) R. Wolkow and Ph. Avouris, Phys. Rev. Lett. **60**, 1049 (1988).
9) D. M. Eigler and E.K. Schweizer, Nature **344**, 524 (1990).
10) M. F. Crommie, C. P. Lutz, D. M. Eigler and E. J. Heller Physica D**83**, 98 (1995).
11) M. F. Crommie, C. P. Lutz and D. M. Eigler, Science **262**, 218 (1993).
12) H. Aizawa, M. Tsukada, N. Sato and S. Hasegawa, Surf. Sci. **429**, L509 (1999).

13) 長谷川修司氏より提供された.
14) T. Takahashi, S. Nakatani, N. Okamoto, T. Ishikawa and S. Kikuta, Surf. Sci. **242**, 54 (1991).
15) S. Watanabe, M. Aono and M. Tsukada, Phys. Rev. B **44**, 8330 (1991).
16) T. Uda, H. Shigekawa, Y. Sugawara , S. Mizuno, H. Tochihara, Y. Yamashita, J. Yoshinobu, K. Nakatsuji, H. Kawai and F. Komori, Prog. in Surf. Sci. **76**, 147 (2004).
17) 小森文夫, 高木康多, 中辻寛, 吉本芳英, 固体物理 **42**, 19 (2007).

第III部

大型施設を使った物性実験

10. 光物性実験

10.1 序　　論

10.1.1 序　　論

　現代物理学の礎である「量子力学」は水素原子スペクトル，黒体輻射，光電子効果などの実験事実に対する解釈の成功から端を発した．その後着々と理論構築が進められてきたが，それには光（輻射場）と物質の相互作用の研究が密接にかかわってきた．この量子力学の発展は光物性研究にも大きくフィードバックされ，対象物質は原子からマクロな凝集系と押し広げられてきた．物質に光があたると光は吸収，反射，散乱する．場合によって光は物質によって増幅され，また蛍光，燐光，非弾性光散乱のように異なる波長（色）の光が放出される発光現象もある．さらに紫外線などの短波長光を用いると電子が飛び出す「光電子効果」が発生し，またレーザー光のように強い光を用いると，例えば入射光の整数倍の振動数をもつ光が放出されるなどの「非線形光学効果」が出現する．

　光物性とは一般に「物質の性質を光で探る」ことである．光を用いた物性研究や物性評価は基本的に物質を問わず共通して使えるため，光物性は優れた手段として気体，液体，固体にわたりさまざまな物質系の研究に利用されてきた．固体では，自然界に存在する結晶やアモルファス物質，生体物質などから新しく合成された分子性結晶や多元素化合物などの新物質，原子レベルで人工的に設計・成長された半導体超格子構造などが含まれる．実際最近では光学応答による物質情報とそれに基づく新物質設計との間のフィードバック・ループが確立してきた．これが光物性と総合技術を結びつける要因ともなって光物性分野は，物質を利用して光の性質を制御する「量子エレクトロニクス」の分野とも相呼応して進展してきた．このように光と物質の相互作用が織りなす現象は多岐にわたり，また光を利用した技術も日々めざましい進歩を遂げている．光物性物理学はその基礎となる学問で，その重要性はいうまでもない．本稿では現代の光物性研究に必要な基礎をまとめる．

　さて，われわれが目にする可視光はその波長は 380（紫）〜780（赤）nm であるが，自

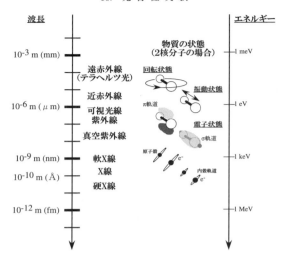

図 **10.1** 光と物質の各エネルギー状態の関係（分子を例に）．各状態のエネルギー準位に対応して光と物質の相互作用の仕方が異なる．

然界の電磁波（光）には，例えば波長が 100 μm 以上の電波から 10 pm 以下のガンマ線まで存在する．図 10.1 に分子を対象に光エネルギーと物質の各エネルギー準位との関係を示す．この領域では分子の回転，振動，電子状態のエネルギーに対応し，また，固体では物性を支配するバンドギャップや準粒子励起などが含まれる．光の波長とエネルギーはアインシュタインの式，$E = h\nu$ をもとにエネルギー [eV] と波長 [nm] とで E [eV] = 1240/λ [nm] の変換式で表すことができる．われわれの日常の大きさから約 1/1000 の波長の電磁波は（遠）赤外線領域で分子の回転・振動状態のエネルギー差に相当し，これら運動に伴い（遠）赤外線が分子に吸収される．それよりも短くなると可視光となり，この領域では分子での化学結合にかかわる分子軌道間のエネルギー差に相当し，実際いわゆるわれわれが目にする色に直接関係する．さらに光の波長が短くなって数百 nm（約 5 eV）以下になると，光照射によって物質から電子が放出される（光電効果）．このとき放出された電子のエネルギーはエネルギー保存則から，各電子状態の分子軌道，内殻軌道のエネルギー準位などを知ることができる．紫外線の短波長側の波長約 10 nm（約 100 eV）の領域は慣例的に"真空紫外線（vacuum ultraviolet, VUV）"とよばれているが，境界波長の定義は曖昧である．この VUV 線は大気の吸収が大きいので地球上では存在できず，"真空"中の紫外線として通常の紫外線と区別される．X 線領域では長波長領域も空気を含めた物質の吸収が大きいが，短波長領域では質量吸収係数は 3 桁も小さくなり，さらに電子-陽電子生成などの素粒子反応も支配的となっていく．X 線領域はこのように波長の大きさによって物

質との相互作用が異なるので，長波長側を軟 X 線（soft X-ray, SX）領域，短波長側を硬 X 線（hard X-ray, HX）領域と慣例的に区分する．

このように光と物質の相互作用は波長に応じて多種多様であり，また光を用いた実験法もそれぞれの波長領域に無数に存在する．本稿では物質の電子状態を研究するのに強力な波長数百 nm（数 eV）〜数Å（数 keV）領域の光を用いた物性測定法を取り扱う．このような可視光〜真空紫外線（VUV）〜軟 X 線（SX）は結晶の価電子帯・伝導帯，分子の HOMO 分子軌道，そして物質内の原子の化学状態などの情報を直接得ることができる．そのため近年ではその実験は基礎物性の測定から最先端のテクノロジー材料や生体系への評価へとその分析対象が急速に広がっている[1〜8]．

一方，光物性実験において，光源は不可欠である．光源には単色性，波長可変性，コヒーレンス，強度，輝度，偏光度，パルス幅などの特徴があり，実験の目的に応じて適切に選定する必要がある．一方，赤外線〜X 線領域についてはレーザーとシンクロトロン軌道放射（放射光）がこれらの特性に優れた極めて強力な光源として近年登場し，現在物性研究に不可欠な日常的手段として完全に組み込まれている．光物性と同様，これらも輻射場（光）と物質の相互作用のしくみをうまく利用した光源であり，レーザーはミクロな原子内での輻射過程（電子加速運動）を全原子・分子間で自律的に同位相化させた制動輻射であり，シンクロトロン放射光はマクロな磁場内での相対論的電子の加速運動による制動輻射である．一見異なるこの 1 つの原理を融合させたのが，空間の周期磁場下で蛇行する相対論的電子の輻射を全電子間で自律的に同位相化させた「自由電子レーザー」である．現在の先端光物性研究ではこれらの光源を用いた実験や，それぞれを組み合わせた実験が行われている．そのためこれらの光源の知識は物性実験を行う上で重要であるので，本節では以下に各光源の解説を簡単に行う．

10.1.2 レーザー

レーザー（laser）は，Light Amplification by Stimulated Emission of Radiation の頭文字を意味するその名前が示す通り，誘導放出により光の増幅効果をもつ利得媒質を，光共振器と組み合わせて構成した発振光源である．1917 年のアインシュタインによる電磁波の誘導放出確率係数（アインシュタイン係数）の理論，1953 年タウンズ（Townes）らによるメーザーの発明，1958 年のタウンズとショウロウ（Schawlow）によるレーザーの理論提案などを経て，1960 年にメイマン（Maiman）の実験により初めてレーザー発振が実現された．メイマンが用いた利得媒質はルビー $Cr:Al_2O_3$（波長 694.3 nm）であった．その後，様々な利得媒質を用いたレーザーがつぎつぎと開発された．固体レーザーとしては，Nd:YAG（波長 1064 nm）やチタンサファイア $Ti:Al_2O_3$（波長 700–900 nm）など，気体レーザーとしてヘリウムとネオンの混合ガス HeNe（波長 1.15 μm, 632.8 nm），Ar（波長 514.5 nm, 488 nm），CO_2（波長 10.6 μm）など，色素レーザーとしてローダミン

やクマリンなどの有機色素溶液，半導体レーザーとしてGaAs（波長850 nm），InGaAs（980 nm），InGaAsP（1550 nm），GaAsP（670 nm）などの利得媒質が有名である．光共振器も多様であるが基本的には，直線型，リング型，分布帰還型などに分類される．最初のレーザー発振から約半世紀が経過した近年でも，希土類イオンをドープしたファイバーレーザー・セラミクスレーザー，半導体量子井戸のサブバンド間赤外遷移を用いた量子カスケードレーザー，GaN系ワイドギャップ半導体レーザーなど，新しいレーザーの開発，研究，応用が活発に進んでいる．また，信頼性の高い高出力固体レーザーの登場によって，後述するような波長変換技術を用いることによって，可視域をカバーするだけでなく，軟X線・極紫外・真空紫外といった短波長域や，赤外・中赤外・遠赤外・テラヘルツといった長波長領域の「光」を発生させることが可能となっている．レーザーやその基礎・応用に関しては，すでに，多くの優れた成書［文献[9〜20]］やWWWサイトがある．詳細の解説はそれらの文献に譲り，本節では，現代的な視点からのポイントのみを簡潔に述べるに留める．

a. コヒーレンス

レーザーは，特定モードの光を誘導放出による増幅効果で発振させる動作原理のために，高い空間的および時間的コヒーレンス（電磁波の向き・拡がりや周波数・位相がよくそろっていること，可干渉性とも訳される）を最大の特徴として有する．レーザー光の持続時間（パルス幅 Δt）と周波数拡がり（$\Delta \omega$）の間には $\Delta t \cdot \Delta \omega \geq 1$ という関係が存在し，等号が成り立つときをフーリエ限界と呼ぶ．時間的コヒーレンスが高いことは，フーリエ限界に近いことを意味する．単色性のよい（$\Delta \omega$ が小さい）光を得るためには Δt が大きい方が有利であり，連続発振光が望ましい．パルス幅の短い（Δt が小さい）パルス光を得るためには，スペクトル幅 $\Delta \omega$ が広い方が有利である．一般に，一定のスペクトル幅の光であっても，電場の位相によってパルス幅は変化する．スペクトル位相が一定値となるときがフーリエ限界に相当し，最短のパルス幅となる．レーザーと光増幅・波長変換は，今日の光物性実験や光科学に必要な様々な光を造り出すための基幹技術である．レーザー光は，高い空間的コヒーレンスをもつため，長距離をビーム状に伝播させることができ，またレンズや凹面鏡を用いて回折限界まで集光することができる．これにより，非常に強度の高い光電磁場を発生させることや，光と物質との相互作用を高効率で発現させ制御することが可能となる．

b. モード同期と光周波数コム

レーザー研究の黎明期においては，励起方式がパルス励起であるか定常励起であるかによって，レーザーはパルス発振と連続波（CW）発振とに分類された．しかし，モード同期発振および光周波数コム技術の発明により，両者は融合した．レーザーを構成する光共振器の内部で，発振可能な光の周波数（縦モード）は，往復あるいは周回の光路長が光の波長の整数倍となるように量子化される．通常のレーザーでは，利得帯域に比べて縦モードの周波数間隔がきわめて小さいために，たくさんの縦モードが同時に発振している．周波

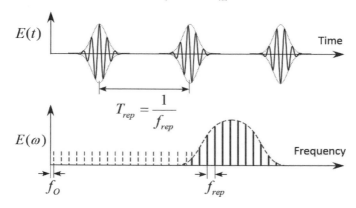

図 10.2 モード同期パルス列（上）と周波数コム（下）の模式図．時間領域で周期的な光パルスは，法絡線に対する搬送波の位相（キャリアエンベロープ位相）が一定値をもつ．周波数領域では，パルス列の時間間隔の逆数の周波数間隔となる周波数コムとなっており，オフセット周波数がキャリアエンベロープ位相に対応する．

数の異なる縦モードの位相が同期している状態が，モード同期，あるいはモード同期レーザーと呼ばれる．モード同期レーザーにおける1つの縦モードは単一周波数で連続的に発振している状態であり，純粋な連続波発振状態に対応する．多数の縦モードで発振しているレーザーでは，一般に複雑な発振状態となる．例えば，光共振器内部の媒質の屈折率は波長依存性をもつため，モードの間隔は一定にはならず，また有限の非線形性のため複数のモードの結合音も新しい周波数の発振モードとして寄与することで，発振は一層複雑さを増す．しかし，レーザー共振器内の非線形性により短パルスでの発振が有利となる条件が整うと，連続的な定常励起を行っていても，モード同期発振という周期的パルス発振状態が生じる．モード同期発振状態では，多数の発振縦モードが位相をそろえて同期して発振する．しかも，縦モード間隔も一定に固定される．縦モード間隔の周波数の逆数時間は，光パルスの周期，すなわち光が共振器内を往復あるいは周回する時間に対応する．このとき，各縦モードの周波数の分布は，櫛（コム）の歯のような分布となり，縦モード間隔の整数倍にオフセット周波数を加えた値になる（光周波数コム）．このときのレーザー発振は，時間領域で周期的なパルス発振であると同時に，周波数領域では等間隔の固定された多数の縦モードが同期している状態になっている．

c. 波長変換・高調波発生

レーザー光の中心周波数（波長）や周波数（波長）拡がりは，利得媒質や共振器の設計などに応じて決まる．実用上優れた利得媒質が任意の周波数（波長）に対して得られるわけではないので，レーザー光として得られる光の周波数（波長）は限られている．そこで

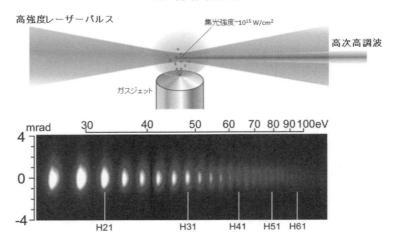

図 10.3 高強度レーザーパルスによる高次高調波発生の模式図．（上）高強度レーザーパルスをガス中に集光することによって，入射光と同軸方向にコヒーレントな短波長光が放出される．（下）この短波長光のスペクトルは，高強度レーザー光の光子エネルギーの奇数倍にピークをもつ櫛形構造となっており，「高次高調波」と呼ばれる．

様々な周波数（波長）の光を得るための波長変換技術が開発された．非線形分極を発生する媒質（例えば強誘電性結晶）に強いレーザー光を入射すると，第2次・3次高調波発生，和周波発生，差周波発生，光パラメトリック発生・増幅・発振などが可能である．また，希ガス原子に超高強度レーザー光を入射させると，非摂動的な非線形応答によって高次高調波が発生する．その光子エネルギーは極紫外から軟X線領域（光子エネルギーとしては1 keV領域まで）に及ぶ．一方，パルス幅がサブピコ秒程度の短パルスレーザーを用いた瞬時電流発生や光整流効果により，テラヘルツ周波数領域の半〜数サイクル電磁場を発生することも可能である．こうした非線形周波数（波長）変換技術を用いると，実用的な高出力レーザーを基盤として，光子エネルギーにして meV から keV，電磁波の呼称にしては電波・遠赤外線から X 線に及ぶ，マルチスケールの周波数領域をカバーするテーブルトップ "光" 源が得られる．

d. 光 増 幅

レーザー発振器からの直接の出力光は周波数コムに見られるように精緻な制御が可能な反面，光子数や光強度を必要とする実験や，非線形周波数変換，長距離光伝送などに用いるには，光の強度が足りない場合も多い．そのため，様々な光増幅技術が開発されてきた．レーザー発振器に用いられる利得媒質は，基本的に増幅に用いることも可能であるが，1回の通過（シングル・パス）で得られる増幅率が不十分なことが多い．再生増幅器は，利

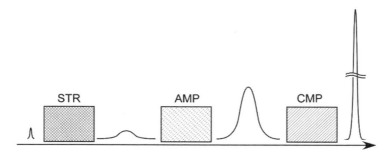

図 10.4 チャープパルス増幅の模式図．STR はパルスストレッチャーであり，分散素子によって低エネルギーの超短パルスを時間的に引き延ばす．AMP はレーザー媒質であり，パルスが伸長されることによって媒質を損傷させることなく飽和増幅する．CMP はパルスコンプレッサーであり，分散素子によってパルス幅を圧縮することによって高エネルギー超短パルスが得られる．

得媒質，光共振器，電気光学素子などによる光パルスの高速切替器からなる．高速切替器は，通常，ポッケルスセルと偏光子からなり，種（seed）光パルスを光共振器内に取り入れ，十分に増幅したのちに取り出す役割を負う．共振器内の光パルスは，取り入れから取り出しまでの間に，利得媒質を多数回通過することで典型的には 10^6 倍程度の大きな利得を得ることができる．ファイバー増幅器は，Er や Yb などの利得を担う希土類イオンを光ファイバーにドープし，相互作用距離を長くとることで大きな利得を得る．再生増幅器やファイバー増幅器はいずれも優れた光増幅器であるが，増幅の途中で光パルスの尖頭値が高くなりすぎると，望まれない多様複雑な非線形効果が引き起こされるだけでなく，増幅媒質自体の損傷につながる．これを回避するため，チャープパルス増幅（CPA）という方法が用いられる．この方法では，まず，光パルスを，線形分散性の媒質や素子（ストレッチャー）を通して時間的に引き延ばされたチャープパルスにし，パルス尖頭値を予め低くしておく．その後，再生増幅やファイバー増幅を行って，非線形効果を抑えつつ十分に増幅する．最後に，ストレッチャーとは逆の線形分散をもつ媒質や素子（コンプレッサー）を通してやることで，時間的に短くかつ尖頭値の高いパルスに圧縮する．

e．レーザーダイオード

　今日の光科学研究の先端的レーザーの中心的な存在は，固体レーザーやファイバーレーザーなどであるが，これらはいずれも光励起型レーザーであり，その励起光源として半導体レーザー（レーザーダイオード; LD）の利用が主流となってきた．半導体レーザーは，小型であり，電気エネルギーを高効率で光へ変換することができ，大量の冷却水を必要とせず低振動である．また，電流駆動であるため低ノイズであるだけでなく，出力強度をモニターし注入電流へフィードバックすることで超高安定・低雑音の光励起が可能となる．半

導体レーザーには，強い非線形性が内在し，その制御が難しいという問題があるため，それらを回避できる励起用光源や単一波長光源などが今日の主たる利用法となっている．しかし半導体レーザーには，極めて大きな材料利得，広帯域利得，高速緩和など，高速パルス光源としての多くの利点もあり，今後，活用の幅はさらに大きく広がるものと期待される．

[秋山英文・板谷治郎]

10.1.3　シンクロトロン放射

図 10.5 に放射光の歴史的系譜を示す．その発見以来，何世代にもわたって進化を続けてきた．大まかにシンクロトロン放射光と自由電子レーザーとに区別され，それぞれ独自の歴史を重ねてきた[1〜8]．

シンクロトロン放射光とは光速近くの速度で運動する相対論的荷電粒子（電子）が加速をするときに発生する光（制動輻射）であり，光源はその粒子加速器から構成される．利用光源としての特徴は以下のとおりである．

1) テラヘルツ光から X 線までの幅広いエネルギー領域をカバーする
2) X 線管などの従来の実験光源に比べて数桁明るい
3) 高い指向性，平行性をもっている
4) 任意の偏光（直線偏光，円偏光）を取り出せる
5) パルス特性をもっている

放射光は生体を含むあらゆる物質の固体，液体，気体の状態における構造と，その性質（物性）の解明に威力を発揮し，また創薬や新材料開発などの産業利用や放射線医療にも応用されている．放射光利用の研究人口は増え続け，世界中でさまざまな規模と目的に応じた放射光施設が存在する．放射光施設では電子を光速近くまで加速する加速器と，電子を蓄積して光を発生させる光源加速器（蓄積リング）の2つから構成される．蓄積リングは超高真空槽からできており，(1) 電子の周回運動と軌道輻射を促す偏向電磁石，(2) 高輝度な放射光をなど発生する挿入光源，(3) 放射光発生で失った電子のエネルギーを補てんする高周波空洞が装備されている（図 10.6）．

[1] 偏向電磁石による軌道放射

偏向電磁石（bending magnet）：偏向電磁石からの輻射は，相対論的電子がその一様な磁場を通過し，円軌道を描くことでその中心に加速を受けたときに生じる．放射光は円の接線方向に鋭い指向性をもって発生し，その角度広がりはローレンツ因子（γ）の逆数（$1/\gamma$）ほどである．エネルギースペクトルは連続スペクトルで，あらゆる波長の光を含むということで"white light"とよばれる．

[2] 挿入光源による軌道放射

アンジュレータ（undulator）：アンジュレータからの輻射は周期的磁石列を相対論的電子が蛇行運動することで発生する．印加磁場を比較的弱くすることで，電子の蛇行する幅

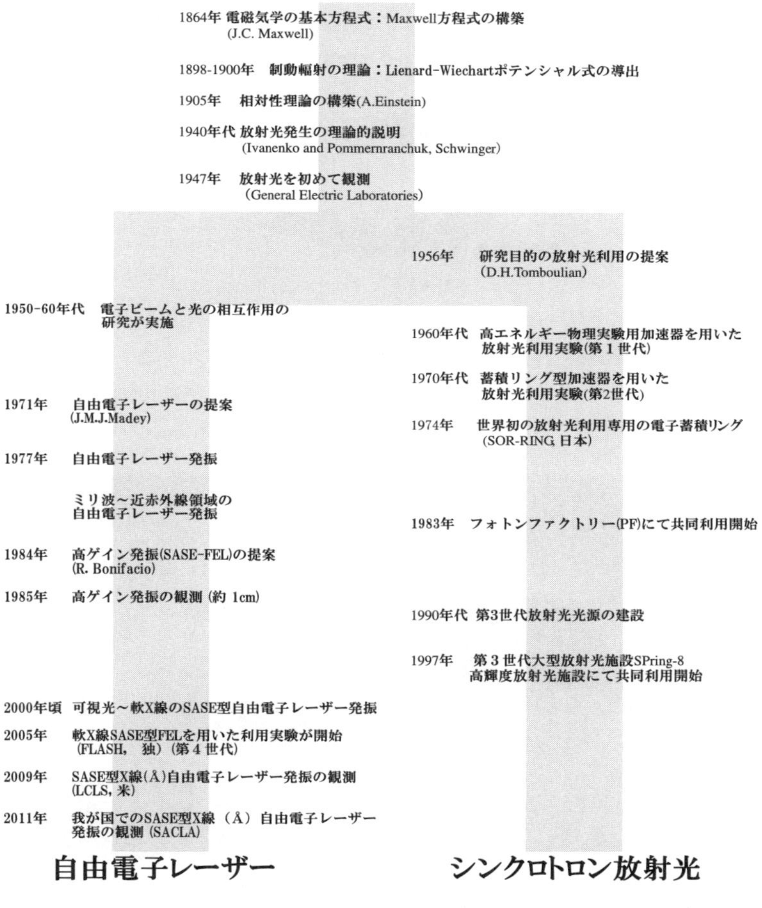

10.1 序論

年	自由電子レーザー	シンクロトロン放射光
1864年	電磁気学の基本方程式：Maxwell方程式の構築 (J.C. Maxwell)	
1898-1900年	制動輻射の理論：Lienard-Wiechartポテンシャル式の導出	
1905年	相対性理論の構築 (A.Einstein)	
1940年代	放射光発生の理論的説明 (Ivanenko and Pommernranchuk, Schwinger)	
1947年	放射光を初めて観測 (General Electric Laboratories)	
1956年		研究目的の放射光利用の提案 (D.H.Tomboulian)
1950-60年代	電子ビームと光の相互作用の研究が実施	
1960年代		高エネルギー物理実験用加速器を用いた放射光利用実験 (第1世代)
1970年代		蓄積リング型加速器を用いた放射光利用実験 (第2世代)
1971年	自由電子レーザーの提案 (J.M.J.Madey)	
1974年		世界初の放射光利用専用の電子蓄積リング (SOR-RING 日本)
1977年	自由電子レーザー発振	
	ミリ波〜近赤外線領域の自由電子レーザー発振	
1983年		フォトンファクトリー(PF)にて共同利用開始
1984年	高ゲイン発振(SASE-FEL)の提案 (R. Bonifacio)	
1985年	高ゲイン発振の観測 (約1cm)	
1990年代		第3世代放射光光源の建設
1997年		第3世代大型放射光施設SPring-8 高輝度放射光施設にて共同利用開始
2000年頃	可視光〜軟X線のSASE型自由電子レーザー発振	
2005年	軟X線SASE型FELを用いた利用実験が開始 (FLASH, 独) (第4世代)	
2009年	SASE型X線(Å)自由電子レーザー発振の観測 (LCLS, 米)	
2011年	我が国でのSASE型X線(Å)自由電子レーザー発振の観測 (SACLA)	

図 10.5　シンクロトロン放射光と自由電子レーザーの系譜

を輻射の角度広がり（〜$1/\gamma$）よりも小さくしている．その結果アンジュレータ内で生じた光どうしが干渉し，高輝度な準単色かつコヒーレントな放射光が発生する．アンジュレータ光は磁場周期数（N）に応じて鋭くなり，その角度広がりは〜$1/\gamma\sqrt{N}$ となる．挿入光源では磁石の配列を調整することで，蛇行運動だけでなく螺旋運動を起こさせることができる．その結果，直線偏光（planar undulator, Figure-8 undulator）や円偏光（helical undulator）の放射光を発生することができる．

ウィグラー（wiggler）：ウィグラーからの輻射はアンジュレータと同様に周期的磁石列を相対論的電子が蛇行運動することで発生する．しかし大きな磁場を印加することでより高

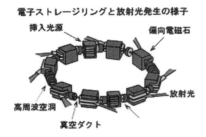

図 10.6 放射光施設における光源加速器 (蓄積リング) の様子

図 10.7 (a) SPring-8 放射光施設の写真. (b) 施設内ビームライン BL07LSU のアンジュレータの写真 (画像提供: 理化学研究所)

10.1 序論

表 10.1 SPring-8 放射光施設の光源パラメータ

パラメータ	値
電子エネルギー	8 GeV
ローレンツ因子 γ	15656
電子の速度 (v/c)	0.999999998
電流	100 mA
周回長	1486 m
(ビーム) エミッタンス	3nm*rad

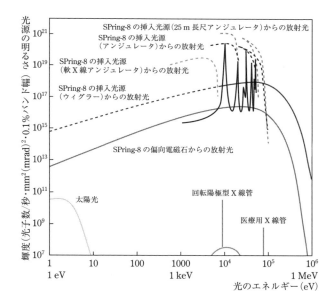

図 10.8 SPring-8 放射光施設の放射光輝度の光エネルギー依存性（画像提供：理化学研究所）

い光エネルギーの光を，何度も輻射させることで高い光フラックスで発生させる．大きい磁場が印加されるので，輻射の角度広がりよりも電子の蛇行する幅が大きくなり，アンジュレータのような干渉効果が起きない．その結果，エネルギースペクトルは連続的（white light）である．

図 10.7 は SPring-8 放射光施設と施設内ビームライン BL07LSU のアンジュレータである．SPring-8 放射光施設の加速器のパラメータを表 10.1 に，光エネルギーに対する輝度を図 10.8 に示す．

放射光を発生する蓄積リング内では，電子はバンチ（bunch）とよばれる集団をなして周回運動をしている．そのため放射光は各電子バンチから発生するためパルス光となる．

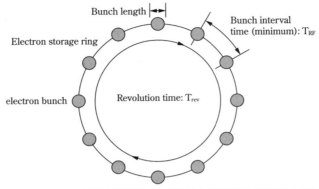

Facility	E(GeV)	circumference (m)	Trev (μs)	T_{RF} (ns)	bunch length (ps)
Spring-8	8	1436	4.787	1.97	13–50
APS	7	1104	3.682	2.84	20–40
ESRF	6	844.4	2.816	2.84	20–73
SOLEIL	2.75	354.1	1.181	2.84	14–50
SLS	2.4	288	0.961	2	70
BESSY-II	1.7	240	0.801	2	< 50
ALS	1.0–1.9	196.8	0.656	2	70

図 10.9 放射光パルスの時間構造

図 10.9 に放射光パルスの時間構造を示す．大まかに，パルス幅がピコ秒，パルス間隔がナノ秒，周回時間がマイクロ秒のスケールとなっている．放射光を利用した時間分解実験は，この時間構造を利用して行われる．

放射光光源はこれまで4世代進化し，世代ごとに約4桁明るくなってきた．放射光利用は 1960 年代から行われ，第 1 世代とよばれる時期は高エネルギー物理実験用の加速器を間借りして行われていた．その後放射光実験を占有利用するために円形加速器が使用され，偏向電磁石を中心とした第 2 世代放射光源，さらに挿入光源を中心としたより高輝度な第 3 世代放射光源が建設された．第 2，第 3 世代光源の違いは，加速器の性能を表す（ビーム）エミッタンスとよばれる量で区別される（表 10.1）．エミッタンスとは荷電粒子ビームの位置分布（光源サイズ）と発散角分布の積で，各円形加速器内を運動する電子の保存量としてそれぞれ異なる値をとる．すなわちビーム位置を絞ると発散角が大きくなり，発散角を抑えると今度はビーム位置が不確定となる．第 2 世代と第 3 世代放射光源ではこのエミッタンス値でも区別され，一般的に 10 nm・rad 以下のものが第 3 世代とされている．エミッタンスには「自然エミッタンス」とよばれる下限（$\lambda/4\pi$）が存在し，この条件が放射光の回折限界に対応する．現在この「自然エミッタンス」による究極の放射光（ultimate synchrotron radiation, USR）が発生可能な第 3 世代放射光源の開発が進められている．

第4世代放射光源とは線形加速器を用いたX線自由電子レーザー（XFEL）やエネルギー回収型ライナック（ERL）を指す．第2, 3世代光源における蓄積リング型の加速器では定常的な電子の周回運動が必要なことから電子ビームの特性に制限があり，エネルギー分解能（10^{-3}）やパルス幅（数十10ピコ秒）などの光源性能には限界があった．一方，ライナックでは加速器の性能そのものが光源性能を決めるので，最近の加速器技術の進歩により高いエネルギー分解能（10^{-5}）や短いパルス幅（100フェムト秒）をもつ新しい光源開発が可能となった．ERLは現在その計画がされ，XFELではすでにその共同利用が実施されている（10.1.4項）．

10.1.4 自由電子レーザー

自由電子レーザー（FEL, Free Electron Laser）における光発生および増幅は，周期磁石列（アンジュレータ）を蛇行する電子と光（放射光）の相互作用を利用したものである．この相互作用では電子から光へエネルギーが移る場合は輻射のパワーを増やすことができるが，条件を逆にすると光から電子へエネルギーを与え電子を加速することになる．

一般的にFELは2種類に分けられ，レーザー共振器とアンジュレータを組み合わせた共振器型（マルチパス型）FELと，長いアンジュレータにおいて自発光が自己増幅するSASE（Self-Amplified Spontaneous Emission）型（シングルパス型）FELがある（図10.10）．共振用光学ミラーの条件により共振器型FELは可視光程度までの利用がされている．一方SASE型ではミラーを使用しないので，その制限はなく現在X線（波長1Å）まで利用可能である．図10.10に示すように，SASE型では電子バンチ内で発生した放射光と電子が相互作用をして，波長に応じた周期構造を作る（マイクロバンチ構造）．その結果，発生した放射光が同位相となり，光強度を強め，さらにその結果マイクロバンチ構造の形成も促進される，という機構で自己増幅していく．SASE光では自然な自己増殖が元になっているため，パルスごとにエネルギーや強度などの異なる性質がある．現在，外部からのレーザーをシード光として，人工的にマイクロバンチ構造を形成させてからFELの発振を行う再現性のよいFEL光源の開発が進められている．世界に現存するFEL施設では，その光源特性は以下のとおりである．

1) 波長を連続的に変えることができる
2) 単色性に優れている
3) ピーク輝度が第3世代放射光光源に対して約10^{10}倍大きい
4) 高い指向性，平行性をもっている
5) 任意の偏光（直線偏光，円偏光）を取り出せる
6) フェムト秒のパルス幅をもつ
7) 空間フルコヒーレンスがある

図10.11にX線自由電子レーザーSACLAの写真を示す．XFELでは空間コヒーレン

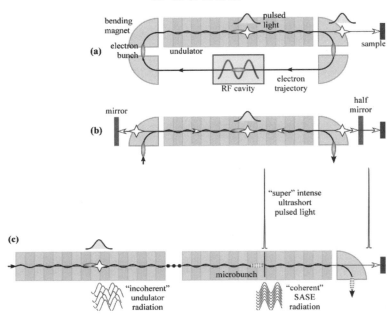

図 10.10　(a) 蓄積リング型放射光，(b) 共振器型 (マルチパス型)FEL，(c)SASE 型 (シングルパス型)FEL における光発生の様子

図 10.11　X 線自由電子レーザー SACLA の写真（画像提供：理化学研究所）

スを活かせるので非結晶物質の構造を決定することができる．そのため生体分子やナノ材料の構造決定と，超高速パルス性を利用した時間分解測定が行われている．また物質に非常に強い光を照射することができるので，極限状態における物質の様子を調べる研究も実施されている．

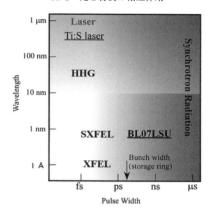

図 10.12 波長とパルス幅に基づく光源の比較

10.1.5 本章の構成

光物性研究では上記の各種光源を用いたさまざまな実験法が存在する．波長領域などでは各光源どうしで重なる領域もあるが輝度・強度や光源の操作性などの違いがあるため，実際の実験や測定では目的に応じて光源をうまく選ぶ必要がある．図 10.12 に上記に取り扱った光源の波長とパルス幅の比較を示す．

本章では，10.2 節において光と物質の相互作用の基礎を取り扱う．10.3 節では真空紫外～軟 X 線を中心に物性実験を解説し，10.4 節では非線形光学を解説する．10.5 節ではこれら波長領域の実際の研究例として，半導体ナノ構造と固体表面系での研究を紹介する．

[松田　巌・秋山英文・板谷治郎]

10.2　光と物質の相互作用

10.2.1　光学応答の現象論

a. 光の伝搬——マクスウェル方程式と平面波解

電磁波の伝搬は，マクスウェル方程式から導かれる．

$$\nabla \cdot \boldsymbol{D} = \rho \tag{10.1}$$

$$\nabla \cdot \boldsymbol{B} = 0 \tag{10.2}$$

$$\nabla \times \boldsymbol{E} = -\frac{\partial \boldsymbol{B}}{\partial t} \tag{10.3}$$

$$\nabla \times \boldsymbol{H} = \boldsymbol{J} + \frac{\partial \boldsymbol{D}}{\partial t} \tag{10.4}$$

物質の電気的な分極に関する構成方程式は,以下のようになる.ここで,χ_e は電気感受率である.

$$D = \varepsilon E = \varepsilon_0(1+\chi_e)E \tag{10.5}$$

$$P = \varepsilon_0 \chi_e E \tag{10.6}$$

$$J = \sigma E \tag{10.7}$$

磁場に関する構成方程式は,以下のようになる.ここで,χ_m は磁気感受率である

$$B = \mu H = \mu_0(1+\chi_m)H \tag{10.8}$$

$$M = \mu_0 \chi_m H \tag{10.9}$$

マクスウェル方程式では,媒質の性質は3つの定数,すなわち誘電率 ε,透磁率 μ,電気伝導率 σ に反映されている.ポインティングベクトル $S = E \times H$ を用いると,電磁場のエネルギーの保存則は次式のようになる.

$$\int S \cdot \hat{n}\, dS + \int dV \left\{ \frac{\partial}{\partial t}\left(\frac{\varepsilon |E|^2}{2}\right) + \frac{\partial}{\partial t}\left(\frac{\mu |H|^2}{2}\right) + E \cdot J \right\} = 0 \tag{10.10}$$

ポインティングベクトル S はエネルギーの流れ(W/m^2),空間積分の最初の2項は空間に蓄えられた電気的・磁気的なエネルギー,空間積分の最後の項 $E \cdot J$ は体積内でのエネルギーの損失を表し,電気伝導率 σ に比例していることがわかる.また,レーザー活性媒質中の伝搬を現象論的に考える場合は,電気伝導率 σ を負にすればよいことがわかる.

次に,自由空間での損失のない電磁場の伝搬を考えてみよう.真空中では $\rho = \sigma = \chi_e = \chi_m = 0$ として,以下のような波動方程式が導かれる.

$$\nabla^2 E - \varepsilon \mu \frac{\partial^2 E}{\partial t^2} = 0 \tag{10.11}$$

$$\nabla^2 H - \varepsilon \mu \frac{\partial^2 H}{\partial t^2} = 0 \tag{10.12}$$

この波動方程式は以下のような平面波解をもつ.

$$E(r,t) = \mathrm{Re}\left\{E_0 e^{j(\omega t - kr)}\right\} \tag{10.13}$$

$$H(r,t) = \mathrm{Re}\left\{H_0 e^{j(\omega t - kr)}\right\} \tag{10.14}$$

$$H_0 = \sqrt{\frac{\varepsilon}{\mu}} \frac{k \times H_0}{k} \tag{10.15}$$

進行する電磁場をこの平面波解の重ね合わせで表示することは多いが,実空間から波数空間へのフーリエ変換を行っていることと同じである.例えば原子や分子と光との相互作用を考える場合は,対象となる系が光の波長に比べて十分小さいため,光の電磁場を平面波

の重ね合わせとして考えることが多い．パルス光のように時間的に局在した電磁場を構成するためには，平行な波数ベクトルで異なる周波数 ω のモードを重ね合わせればよい．指向性の高いレーザービームや導波路中での光のように空間的に局在した電磁場の場合は，後節で説明するガウシアンビーム（自由空間）あるいは導波路中の境界条件で決まる電磁場のモードを重ね合わせればよい．

平面波解の式において波数ベクトル k が実数であれば，平面波は減衰せずに伝播する．しかし，$\tilde{k} = k_\mathrm{I} - jk_\mathrm{R}$ と複素数であたえられるとき，進行波は次式のように減衰する．

$$E(r,t) = \mathrm{Re}\left\{ E_0 e^{j(\omega t - k_\mathrm{R} r)} e^{-k_\mathrm{I} r} \right\} \tag{10.16}$$

このとき複素誘電率 $\tilde{\varepsilon}$ と複素屈折率 $\tilde{n}$ は次式のように定義される．

$$\frac{\tilde{k}c}{\omega} = \left(\frac{\tilde{\varepsilon}}{\varepsilon_0}\right)^{1/2} \equiv \tilde{n}\,(= n_\mathrm{R} + jn_\mathrm{I}) \tag{10.17}$$

光強度（W/m²）は電磁波の強度を表す便利な表記であるが，単位面積を単位時間あたり通過する電磁場のエネルギーの時間平均として，次式で与えられる．

$$I = \langle |E \times H| \rangle = \frac{\varepsilon c n |E|^2}{2} \tag{10.18}$$

光強度と電場振幅を対応づけるには，以下の表式が便利である．

$$E_0(\mathrm{V/cm}) \simeq 27.45 \sqrt{\langle S \rangle\,(\mathrm{W/cm^2})} \tag{10.19}$$

b. 境界面での電磁場の振る舞い

マクスウェル方程式は連続媒質中での電磁場を微視的に記述するが，媒質に不連続面があるときは境界条件で式を置き換える必要がある．電場の接線方向の接続については，境界面の上下にまたがる閉曲線に対してストークスの定理をマクスウェル方程式に適用し，

$$\oint E \cdot dl = \int_S (\nabla \times E)\, dS = -\frac{d}{dt}\int_S B\, dS \tag{10.20}$$

上式において閉曲線の面積をゼロに近づけることにより，境界の外側と内側の電場の接線成分 $E_\mathrm{i}^{\|}, E_\mathrm{t}^{\|}$ を用いて，

$$E_\mathrm{i}^{\|} = E_\mathrm{t}^{\|} \tag{10.21}$$

が成り立つことがわかる．磁場成分の接線成分についても同様に考えると，

$$\oint H \cdot dl = \frac{d}{dt}\int_S D\, dS + \int_S J\, dS \tag{10.22}$$

より，

$$H_\mathrm{i}^{\|} = H_\mathrm{t}^{\|} + \int J^{\|} dz \tag{10.23}$$

となる．ここで右辺第 2 項は表面に沿った単位面積あたりの電流密度である．境界の法線成分の接続のためには，境界に沿った閉曲面（境界にそった面積 S）に対してガウスの定理を用いればよい．

$$\int_V (\nabla \cdot \boldsymbol{B}) dV = (B_\mathrm{i}^\perp - B_\mathrm{t}^\perp) S = 0 \tag{10.24}$$

$$\int_V (\nabla \cdot \boldsymbol{D}) dV = (D_\mathrm{i}^\perp - D_\mathrm{t}^\perp) S = \int \rho dz S \tag{10.25}$$

より磁束密度と電束密度の法線成分については，

$$B_\mathrm{i}^\perp = B_t^\perp \tag{10.26}$$

$$D_\mathrm{i}^\perp = D_t^\perp + \int \rho dz \tag{10.27}$$

となる．ここで右辺第 2 項は表面に沿った単位面積あたりの電荷密度である．

完全導体の場合は，$\sigma = \infty$ とおいて考えればよい．$\boldsymbol{J} = \sigma \boldsymbol{E}$ において導体内で無限大の電流が流れないためには，内部で $\boldsymbol{E} = \boldsymbol{0}$ でなければならない．したがって，境界面の外部での電場は，面に垂直な成分だけをもつことになる．導体内で $\boldsymbol{E} = \boldsymbol{0}$ より，$\frac{\partial \boldsymbol{B}}{\partial t} = 0$ となる．すなわち導体内では静磁場は存在しうるが，時間的に変動する交流磁場は存在できない．したがって磁場の法線成分の接続条件より，境界面の外部での電場は境界面に平行な成分だけをもつことになる．

媒質が有限の電気伝導度 σ をもっている場合は，マクスウェル方程式から導かれる波動方程式は次式のようになる．

$$\nabla^2 \boldsymbol{E} - \varepsilon\mu \frac{\partial^2 \boldsymbol{E}}{\partial t^2} - \sigma\mu \frac{\partial \boldsymbol{E}}{\partial t} = 0 \tag{10.28}$$

上式の左辺第 3 項は減衰項であり，電流によってジュール熱 σE^2 が発生することに相当する．このとき，z 方向に伝搬する平面波を $E_x = E_0 e^{j(\omega t - \gamma z)}$ とおくと，伝搬係数 γ は次式をみたす必要があり，

$$\gamma^2 - \varepsilon\mu\omega^2 - j\sigma\mu\omega = 0 \tag{10.29}$$

これを解くことにより伝搬係数 $\gamma = \pm(\gamma_\mathrm{R} + j\gamma_\mathrm{I})$ の実部 γ_R と虚部 γ_I が得られる．

$$\gamma_\mathrm{R} = \sqrt{\frac{\varepsilon\mu}{2}} \omega \left(\sqrt{1 + \left(\frac{\sigma}{\varepsilon\omega}\right)^2} + 1 \right)^{1/2} \tag{10.30}$$

$$\gamma_\mathrm{I} = \sqrt{\frac{\varepsilon\mu}{2}} \omega \left(\sqrt{1 + \left(\frac{\sigma}{\varepsilon\omega}\right)^2} - 1 \right)^{1/2} \tag{10.31}$$

特に，$\sigma \gg \varepsilon\omega$ の場合，

$$\gamma_R \sim \gamma_I \sim \sqrt{\frac{\sigma\mu}{2}\omega} \equiv 1/\delta \tag{10.32}$$

となり，z 方向に δ 伝播することにより，電磁場の振幅が $1/e$ に減衰する．これは，電磁場が金属などの伝導率の高い媒質中に入り込めないことの対応し，表皮効果とよばれる．電磁場のしみこむ深さ δ は表皮厚さである．表皮の厚さは電磁場の波長（$\sim \omega^{-1}$）ではなく，$\omega^{1/2}$ でスケールされている．

c. クラマース–クローニッヒの関係式[21]

時間領域での電場と磁場 $\boldsymbol{E}(t), \boldsymbol{H}(t)$ は実数である．電場のスペクトルを複素フーリエ変換で次式のように定義する．

$$\boldsymbol{E}(t) = \int_{-\infty}^{\infty} \boldsymbol{E}(\omega)e^{i\omega t}d\omega \tag{10.33}$$

$$\boldsymbol{E}(\omega) = \frac{1}{2\pi}\int_{-\infty}^{\infty} \boldsymbol{E}(t)e^{-i\omega t}dt \tag{10.34}$$

このとき，電束密度 $\boldsymbol{D}(t)$ のフーリエ変換 $\boldsymbol{D}(\omega)$ も同様に定義することにより，周波数領域での誘電率と電気感受率 $\varepsilon(\omega), \chi(\omega)$ を次式のように定義できる．これらは定義より，一般的に複素数となる．

$$\boldsymbol{D}(\omega) = \varepsilon(\omega)\boldsymbol{E}(\omega) \tag{10.35}$$

$$\boldsymbol{P}(\omega) = \varepsilon_0 \chi(\omega)\boldsymbol{E}(\omega) \tag{10.36}$$

このとき，誘電率と電気感受率の関係は，$\frac{\varepsilon(\omega)}{\varepsilon_0} = 1 + \chi(\omega)$ となる．時間領域での場を表す物理量は実数であることより，次式のような関係が成り立つ．

$$\varepsilon_R(-\omega) = \varepsilon_R(\omega), \quad \varepsilon_I(-\omega) = -\varepsilon_I(\omega) \tag{10.37}$$

$$\chi_R(-\omega) = \chi_R(\omega), \quad \chi_I(-\omega) = -\chi_I(\omega) \tag{10.38}$$

このとき，実数であたえられる分極 $\boldsymbol{P}(t)$ が電場 $\boldsymbol{E}(t)$ の線形応答によって決定されるという条件から，周波数領域での応答関数の実部と虚部の間で次式が成り立つ．これをクラマース–クローニッヒの関係式と呼び，次式のようになる．

$$\chi_R(\omega) = \frac{2}{\pi}P\int_0^\infty \frac{\Omega\chi_I(\Omega)}{\Omega^2 - \omega^2}d\Omega \tag{10.39}$$

$$\chi_I(\omega) = -\frac{2}{\pi}P\int_0^\infty \frac{\omega\chi_R(\Omega)}{\Omega^2 - \omega^2}d\Omega \tag{10.40}$$

複素屈折率に関しては，$[1+\chi(\omega)]^{1/2} - 1 = n_R(\omega) + in_I(\omega) - 1$ より，有用な次式が得られる．

$$n_R(\omega) - 1 = \frac{c}{\pi}P\int_0^\infty \frac{\alpha(\Omega)}{\Omega^2 - \omega^2}d\Omega \tag{10.41}$$

$$n_\mathrm{I}(\omega) = -\frac{2}{\pi} P \int_0^\infty \frac{\omega n(\Omega)}{\Omega^2 - \omega^2} d\Omega \tag{10.42}$$

この関係式を用いることにより,実験的に得られた反射率から光学定数を求めることができる.

d. ガウシアンビーム

レーザーを用いた実験で最も有用なのが,自由空間のマクスウェル方程式の解として与えられるガウシアンビームである[22]. マクスウェル方程式の平面波解が空間を無限に占めているのに対して,ガウシアンビームは進行方向の軸 (z 軸) の周辺に局在して進行する波である. 最低次の解は以下のように表される. z_0 はレイリー長, $2z_0$ は共焦点パラメーター (confocal parameter) とよばれる. ガウシアンビームは,進行方向の軸に沿って,ビームサイズ $w(z)$ および波面の曲率半径 $R(z)$ で特徴づけられる. ビーム径 $w(z)$ が最小になるところはビームウエストとよばれる. z 軸上のある場所で,ビーム径 $w(z)$ と波面の曲率半径 $R(z)$ を定めると,ガウシアンビームを一意的に決めることができる.

$$\boldsymbol{E}(r,z) = \boldsymbol{E_0} e^{i\omega t} \times \frac{w_0}{w(z)} \exp\left\{ i[kz - \eta(z)] - r^2 \left[\frac{1}{w^2(z)} + \frac{ik}{2R(z)} \right] \right\} \tag{10.43}$$

$$z_0 = \frac{\pi w_0^2}{\lambda} \tag{10.44}$$

$$R = z\left(1 + \frac{z_0^2}{z^2}\right) \tag{10.45}$$

$$\eta(z) = \tan^{-1}\left(\frac{z}{z_0}\right) \tag{10.46}$$

上式よりガウシアンビームは,ビームウエストから十分遠い領域 ($|z| \gg z_0$) では,ビームウエストの中心点から放出された球面波のように振る舞うことがわかる. ビームウエスト周辺の領域 ($|z| \sim z_0$) では,ビームサイズはほぼ一定の大きさで伝搬し,波面は平面波的となる. ただし,波面の伝搬速度 (位相速度) は位相項 $\eta(z)$ によって光速よりも速く進む.

任意の位置 z でのビームの強度分布 $I(z,r)$ は次式のようになる. ビーム径を表すパラメーター $w(z)$ は,中心から強度が $1/e^2$ に落ちるところまでの半径に相当する.

$$I(r,z) = I_0 \left(\frac{w_0}{w(z)}\right)^2 \exp\left[-\frac{2r^2}{w^2(z)}\right] \tag{10.47}$$

ガウシアンビームは, $w(z)$ と $R(z)$ の 2 つのパラメーターで指定できるため,複素パラメーター $q(z)$ を以下のように導入する.

$$\frac{1}{q(z)} = \frac{1}{R(z)} - i\frac{\lambda}{\pi w^2(z)} \tag{10.48}$$

ガウシアンビームの自由空間や光学的な界面での伝搬は,この q パラメーターの変換とし

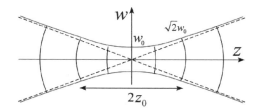

図 10.13 ガウシアンビームの模式図．$z = 0$ はビームウエストとよばれ，波面は平坦でビーム径が最小値 w_0 となる．$z = z_0$ においてビーム径は $\sqrt{2}w_0$ となり，波面の曲率が最大となる．長さ $2z_0$ が共焦点距離（confocal parameter）である．$z \gg z_0$ では $R \sim z$ となり，ビームウエスト中心に置かれた点光源からの波面に近づく．

て考えることができる．このとき，伝搬に応じた 2×2 の行列（ABCD 行列）が用意されており，ガウシアンビームの伝搬を容易に計算することができる．

また，ガウシアンビームにはエルミート多項式で表される高次のモードもあるが，それらは電場と磁場の向きが進行方向に対して常に垂直となっており，TEM モード（transverse electric magnetic mode）とよばれる．

e. 導波路中の伝搬

光導波路は，光ファイバーに代表されるように，光学的な転送路とそれを取り囲む高屈折率の領域からなっている．また，半導体中の構造によって光導波路あるいは光共振器をつくることも行われている．ここでは，導波路モードの導出の詳細にはふれず，様々な導波路に共通した性質をまとめよう．

- 導波路に固有のモード（電磁場の強度分布）は，形状は材質などの境界条件によって決定される．電場成分が進行方向に垂直な場合，TE モード（transverse electric）とよばれる．同様にして，磁場成分が進行方向に垂直な場合，TM モード（transverse magnetic）とよばれる．電場成分と磁場成分の両方が進行方向に垂直な場合，TEM モードとよばれる．導波路の場合，一般に TEM モードとはなるとは限らない．
- 最低時のモードは，電場分布に節がないため，境界よりも中心部にエネルギーが集中する．そのため，最低次のモードが一般的に損失が少なく，有用性が高い．
- 各モードに対して，伝搬定数 β（平面波でいうところの波数 k）が定義され，以下のように与えられることが多い．

$$\beta(\omega) = kn\sqrt{1 - K(\omega; l, m)} \tag{10.49}$$

ここで，k は真空中での波数 $(= 2\pi/\lambda)$，n は主媒質の屈折率，K は構造によって決まるモードの指標 (l, m) の関数である．導波路が小さくなる（あるいは波長が長くなる）と K が相対的に大きくなり，ある時点で伝搬定数が虚数となり光は伝搬できなく

なる．これをカットオフとよぶ．
- カットオフ近傍では，伝搬定数はゼロに近づいていく．これは，波長が無限大に発散することを意味する．また，位相速度は光速を超えて無限大へ発散する．この振る舞いは，プラズマ中での臨界密度付近での光伝搬や，ガウシアンビームのウエスト付近での伝搬にともなう位相変化と類似している．

10.2.2 古典論とローレンツモデル[23]

物質の光学応答は，多くの場合，古典的な電子の運動方程式に基づくモデルによって説明できる．束縛状態の電子は，調和振動子ポテンシャル中の電子として記述するモデル（ローレンツモデル）が広く用いられている．また，自由電子の場合は，ローレンツモデルにおいて束縛ポテンシャルをゼロにした極限（ドルーデモデル）が用いられている．これらのモデルは古典的ではあるが，絶縁体や金属の光学応答を定性的に理解する上で非常に重要である．また，モデル自体の拡張も行われており，不均一性をともなう物質の光学応答や輸送特性を古典的に記述するうえでの基礎となっている．

a．ローレンツモデル

絶縁体の誘電応答は，ローレンツモデル（調和振動子モデル）によって定性的に理解できる．絶縁体中の電子は，固体を構成する原子に束縛され，局在している．そこに電場を加えることによって，電子と原子（正イオン）の中心位置が相対的にずれることによって双極子が発生する．マクロに考えると，多数の双極子が重なり合うことによって物質の分極 P が生じる．ローレンツモデルでは，1つ1つのミクロな双極子を，変位に比例した復元力が働く「ばね」で束縛された点電荷と考える．また，速度に比例した減衰力によって，点電荷の振動運動は緩和していくとする．このとき，古典的な運動方程式は以下のようになる．

$$m\left(\frac{d^2x}{dt^2} + \gamma\frac{dx}{dt} + \omega_0^2 x\right) = qE \tag{10.50}$$

ここで，電荷の運動方向を x 減衰力の比例係数を γ，調和振動子の固有振動数を ω_0，電荷を q とした．この方程式で，外場を $E = E_0 e^{-i\omega t}$，電荷の位置 x を $x_0 e^{-i\omega t}$ とおいて形式解を求めると次式のようになる．実際の変位は実数だから，この形式解の実部が実際の変位となる．

$$x_0 = \left(\frac{qE_0}{m}\right)\frac{1}{\omega_0^2 - \omega^2 - i\omega\gamma} = \left(\frac{qE_0}{m}\right)\frac{\exp(i\phi)}{\sqrt{(\omega_0^2 - \omega^2)^2 + \omega^2\gamma^2}} \tag{10.51}$$

$$\tan\phi = \frac{\omega\gamma}{\omega_0^2 - \omega^2} \tag{10.52}$$

図 10.14 に，共鳴周波数 $\omega \simeq \omega_0$ 付近での振幅 x_0 の振る舞いを示す．双極子の振幅は，電場の振動数が共鳴に近づくと，大きくなる．共鳴より低周波数側では一定値へ，高周波数

側ではゼロに漸近していく．双極子の位相は，共鳴周波数から遠い周波数では，外場の周波数と等しい．共鳴周波数に低周波数側から近づいていくと，双極子の位相遅れは大きくなっていく．また，高周波数側から共鳴に近づいていくと，双極子の位相は外場に対して進んでいく．共鳴周波数では $\tan\phi$ が発散するため，位相は不連続となる．

ここまでは，1つの束縛された電荷の振動電場に対する応答をみてきたが，多数の束縛電荷の応答の総和が物質のマクロな分極になっていると考えてみる．このとき，外場 $\boldsymbol{E}$，分極 $\boldsymbol{P}$，電束密度 $\boldsymbol{D}$ は，

$$\boldsymbol{D} = \varepsilon \boldsymbol{E} = \varepsilon_0 \boldsymbol{E} + \boldsymbol{P} \tag{10.53}$$

である．一方，多数の双極子による誘電応答では，単位体積あたりの分極は，$\boldsymbol{P}(\omega) = q\boldsymbol{x} \times (N_0/V) = \varepsilon \boldsymbol{E}_0$ と与えられるから，複素誘電率は次式のようになる．

$$\varepsilon = \varepsilon_0 + \frac{N_0}{V}\frac{q^2}{m}\frac{1}{\omega_0^2 - \omega^2 - i\omega\gamma} \tag{10.54}$$

複素誘電率の実部は，電場に対する分極の大きさと位相差を与える．それに対して虚部は，誘電損失に相当する．

実際の物質中では，多数の双極子が異なる振動数 ω_j をもって分布していると考えると，光学応答をより適切に記述することができる．ω_j の双極子の割合を f_j とすると，誘電率は次式のように与えられる．

$$\varepsilon = \varepsilon_0 + \sum_j f_j \frac{N_0 q^2/mV}{\omega_0^2 - \omega^2 - i\omega\gamma} \tag{10.55}$$

ここで ε_0 は，ローレンツモデルとは異なる機構による双極子成分であり，f_j は振動子強度とよばれる．

誘電率の実部と虚部は互いに独立ではなく，クラマース–クローニッヒの関係式で結ばれている．誘電率を実部と虚部に分けて以下のように表す．

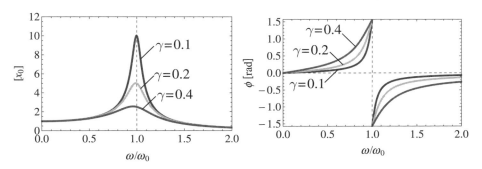

図 **10.14** 誘導双極子の振幅（左図）と位相（右図）．

$$\varepsilon = \varepsilon_r + i\varepsilon_i \tag{10.56}$$

このとき，以下の関係が成り立つ．

$$\varepsilon_r(\omega) = \frac{2}{\pi} P \int_0^\infty \frac{\omega' \varepsilon_i(\omega')}{(\omega')^2 - \omega^2} d\omega' \tag{10.57}$$

$$\varepsilon_i(\omega) = -\frac{2}{\pi} P \int_0^\infty \frac{\omega' \varepsilon_r(\omega')}{(\omega')^2 - \omega^2} d\omega' \tag{10.58}$$

ここで，積分記号の前の文字 P は，主値積分を表す．また，上式を導くにあたって，クラマース–クローニッヒの関係式は一般的に，線形応答における周波数応答関数の実部と虚部の間に成り立つ関係式である．時間領域では，外場が加わる前に誘電応答が起こらないという条件から導かれるため，因果律に相当している．

クラマース–クローニッヒの関係式を用いることにより，例えば，真空紫外などの吸収の大きい周波数領域における屈折率などの光学定数を決めることができる．ただし，この関係式は物質の線形応答を仮定しているため，高強度のレーザーパルス光による物質の励起など物質の応答が非線形である場合には必ずしも成り立たないことに注意すべきである．

物質の光学的な性質を表すのに複素屈折率 $\tilde{n}$ が広く用いられるが，誘電率とは以下のように関係づけられる．

$$(\varepsilon/\varepsilon_0)^{1/2} = \tilde{n} = n + i\kappa \tag{10.59}$$

屈折率を用いて，物質中を伝搬する単色の電磁波は，

$$\boldsymbol{E} = \boldsymbol{E}_0 \exp[i(kz - \omega t)] = \boldsymbol{E}_0 \exp\left[i\left(\frac{\omega n}{c} z - \omega t\right) - \frac{\omega \kappa}{c} r\right] \tag{10.60}$$

となるので，屈折率の実部は位相速度に，虚部は吸収（減衰）にそれぞれ対応していることがわかる．

屈折率の波長依存性は次式のようなセルマイヤーの分散公式で与えられることが多い．セルマイヤーの分散公式は次式で与えられる．

$$n^2 - 1 = C + \sum_j \frac{D_j}{\omega_0^2 - \omega^2} \tag{10.61}$$

この表式はローレンツモデルで導かれる式と同一である．セルマイヤーの分散公式は通常，共鳴から離れた波長範囲（すなわち，共鳴吸収のない透明な周波数範囲）で，実測値と非常によく一致することが知られている．

一般に物質の誘電率の周波数依存性は，図 10.15 に示されるようなかたちをもつことが多い．それぞれのピークは，物質中の異なる自由度（分子の振動や回転，または電子励起など）に起因する共鳴吸収に相当する．また，誘電率は物質の結晶構造だけでなく人為的なナノ構造によっても制御することができる．特に近年では波長以下の構造を物質中に作り込むことにより，電磁波に対して均質に振る舞いながら，通常の材料では実現できない誘電率や透磁率を実現できる．このような新物質はメタマテリアルとよばれている．

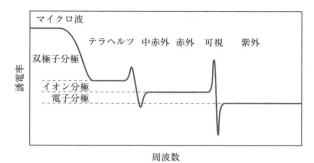

図 10.15 物質の誘電率の周波数依存性の模式図

b. ローレンツの局所場

ここまでは，誘電率や電気伝導度などのマクロな定数を求めるために，個々の誘導分極に数密度 N_0/V をかけていた．実際には，外場によって誘起された物質中の分極によって内部の電場が変化するため，個々の原子や分子が感じる電場 $\boldsymbol{E}_{\mathrm{eff}}$ と，個々の原子の集合である物質に加えられる電場 $\boldsymbol{E}_{\mathrm{ext}}$ は，異なる．これはローレンツの局所場とよばれており，次式で与えられる．

$$\boldsymbol{E}_{\mathrm{eff}}(\boldsymbol{r}, t) = \boldsymbol{E}_{\mathrm{ext}}(\boldsymbol{r}, t) + \frac{\boldsymbol{P}(\boldsymbol{r}, t)}{3\varepsilon_0} \tag{10.62}$$

ここで，分子1つあたりの分極率を α とすると，分子の分極は以下のように与えられる．

$$\boldsymbol{p}(\boldsymbol{r}, t) = \int_{-\infty}^{t} \alpha(t-t') \boldsymbol{E}_{\mathrm{eff}}(\boldsymbol{r}, t') dt' \tag{10.63}$$

この式をフーリエ変換することにより，周波数領域では以下のように表せる．

$$\boldsymbol{p}(\boldsymbol{r}, \omega) = \alpha(\omega) \boldsymbol{E}_{\mathrm{eff}}(\boldsymbol{r}, \omega) \tag{10.64}$$

これより，電子感受率 χ_{e} は，$\boldsymbol{P}(\boldsymbol{r}, \omega) = \chi_{\mathrm{e}}(\omega) \boldsymbol{E}_{\mathrm{ext}}(\boldsymbol{r}, \omega) = (N_0/V) \boldsymbol{p}(\boldsymbol{r}, \omega)$ を用いて次のようになる．

$$\chi_{\mathrm{e}}(\omega) = \left(\frac{N_0}{V}\right) \frac{\alpha(\omega)}{1 - \left(\frac{N_0}{V}\right) \frac{\alpha(\omega)}{3\varepsilon_0}} \tag{10.65}$$

関係式 $\varepsilon = \varepsilon_0 + \chi_{\mathrm{e}}$ を用いて，誘電率と分極率の関係は以下のようになる．

$$\alpha(\omega) = \frac{3\varepsilon_0}{\left(\frac{N_0}{V}\right)} \frac{\varepsilon - \varepsilon_0}{\varepsilon + 2\varepsilon_0} \tag{10.66}$$

透明な波長域では，屈折率 n に対して，$\varepsilon/\varepsilon_0 \simeq n^2$ としてよいから，次式が近似的に成り立つ．この関係式は，ローレンツ–ローレンツの関係とよばれる．

$$\frac{n^2-1}{n^2+2} \bigg/ \frac{N_0}{V} = \text{const.} \tag{10.67}$$

ローレンツの局所電場を用いることにより，誘導双極子の集合によって生じるマクロな分極（あるいは光学応答）が，1 分子の場合と比べて共鳴周波数のシフトや形状の変化などが起こることを定性的に説明できる．

c.　ドルーデモデル

電荷が物質中で束縛されていない場合，たとえば，金属中の電子や半導体中のキャリヤーやホールによる光学応答を考えてみる．ローレンツモデルの運動方程式で，質量 m を有効質量 m^* に置き換え，復元力に相当する項をゼロにする（$\omega_0 = 0$）．また，速度に比例する減衰項を，$\gamma = 1/\tau$ とする．ここで τ は散乱されないで伝搬する平均的な時間である．この運動方程式に基づくモデルはドルーデモデル（Drude model）とよばれる．このとき，古典的な運動方程式は次式のようになる．

$$m^* \left(\frac{d^2x}{dt^2} + \frac{1}{\tau} \frac{dx}{dt} \right) = qE \tag{10.68}$$

外場が振動電場 $E = E_0 \exp(i\omega t)$ の場合，運動方程式の解の複素振幅は以下のようになる．

$$v_0 = \left(\frac{qE_0}{m^*} \right) \frac{1}{1-i\omega\tau} \tag{10.69}$$

$$x_0 = \left(\frac{qE_0\tau}{m^*\omega} \right) \frac{i}{1-i\omega\tau} = -\left(\frac{qE_0\tau}{m^*\omega} \right) \frac{\exp[i(\phi+\pi/2)]}{\sqrt{1+(\omega\tau)^2}} \tag{10.70}$$

$$\tan\phi = \omega\tau \tag{10.71}$$

まず，電気伝導率 σ は，$\boldsymbol{J} = (N_0/V)q\boldsymbol{v_0}\exp(-i\omega t)$ を用いて以下のようになる．これはオームの法則である．

$$\sigma = \sigma_r + i\sigma_i = \frac{\sigma_0}{1-i\omega\tau} \tag{10.72}$$

$$\sigma_r = \frac{\sigma_0}{1+\omega^2\tau^2} \tag{10.73}$$

$$\sigma_0 = \frac{N_0 q^2 \tau}{V m^*} \tag{10.74}$$

また，前節と同様にして誘電率を求めると，

$$\varepsilon = \varepsilon_0 + \frac{N_0}{V} \frac{q^2}{m^*\omega(\omega+i/\tau)} \tag{10.75}$$

となる．ここで，プラズマ振動数 ω_p は次式で与えられる．

$$\omega_p = \left(\frac{N_0}{V} \frac{q^2}{\varepsilon_0 m^*} \right)^{1/2} \tag{10.76}$$

プラズマ振動数に対応するプラズマの密度は臨界密度 ρ_c とよばれ，次式のようになる．

$$\rho_c = \frac{\varepsilon_0 m^* \omega_p^2}{q^2} \tag{10.77}$$

金属中での τ は典型的には 10 フェムト秒程度である．透明電極として用いられている酸化インジウムスズ (ITO) でも τ は同程度であり，多くの場合 $\omega\tau \gg 1$ という近似が成り立つ．プラズマ振動数は，金属の場合は可視から紫外の波長域にあり，ITO ではテラヘルツ領域にある[24]．

$\omega\tau \gg 1$ の場合，誘電率は実数となり，屈折率は次式のようになる．プラズマの屈折率は電荷の符号によらず，1 よりも小さくなることがわかる．

$$n^2 \simeq \varepsilon = \varepsilon_0 \left(1 - \frac{\omega_p^2}{\omega^2}\right) \tag{10.78}$$

電磁波の周波数がプラズマ周波数よりも高い場合，複素屈折率 $\tilde{n}$ は実数となる．また，電磁波の周波数が高周波数側からプラズマ周波数に近づくにつれて，屈折率 $\tilde{n}$ はゼロに近づいていく．これはプラズマ中を伝搬する電磁波の位相速度が光速よりも速くなり，波長が無限大に発散することに相当する．この振る舞いは，光導波路中でのカットオフ周波数近傍での光の伝搬と類似している．電磁波の周波数がプラズマ周波数よりも小さくなると，複素屈折率は純虚数となり伝搬できなくなる．密度勾配があるプラズマ中を電磁波が伝搬する場合，臨界密度付近で電磁波は反射される．

d．ドルーデ–スミスモデル

ドルーデモデルの一般化は多く試みられているが，ここでは N. V. Smith による拡張を紹介する[25]．ドルーデモデルでは，自由な荷電粒子が速度に比例する減衰力を受けるとして τ という時間スケールを導入した．スミスは，この減衰力のかわりに，時間的にはランダムに散乱が起こるとして，散乱の時間間隔がポアソン分布をした場合のモデルをつくった．このとき，複素伝導率は以下のように与えられる．ここで，c_n は，n 回の衝突で電子が元の速度を保っている割合である．

$$\sigma = \frac{\sigma_0}{1 - i\omega\tau}\left[1 + \sum_{n=1}^{\infty}\frac{c_n}{(1-i\omega\tau)^n}\right] \tag{10.79}$$

上の式で，1 回の散乱ではある割合（$c_1 = c$）で電子は速度を保つが，2 回目以降の散乱では速度は保たれない（$n > 1$ で $c_n = 0$）とする．このとき，電気伝導率の実部 σ_r と誘電率の実部 ε_r は以下のようになる．

$$\sigma_r = \frac{\sigma_0}{1+\omega^2\tau^2}\left[1 + c\frac{(1-\omega^2\tau^2)}{1+\omega^2\tau^2}\right] \tag{10.80}$$

$$\varepsilon_r = 1 - \frac{\omega_p^2\tau^2}{1+\omega^2\tau^2}\left[1 + \frac{2c}{1+\omega^2\tau^2}\right] \tag{10.81}$$

この結果は，水銀などの液体金属やドメイン構造をもつ金属相において，実験をうまく説明できることが見いだされている．物理的な描像としては，後方散乱を含めることによって，局在した定在波を現象論的に記述しているものと考えられる．赤外からテラヘルツ領域における分光手法の発達によって，広い波長域にわたる光学特性が測定可能となっており，ローレンツモデルや拡張されたドルーデモデルによって様々な物質の理解が進んでいる[26]．

10.2.3　光と物質の相互作用の半古典論

物質の光学応答の基礎は，振動電場中におかれた電子のふるまいに帰着される．特に光の場はマクスウェル方程式で表される古典的な電磁場として考える一方で，物質を量子力学的に扱う手法は「半古典論」とよばれている．半古典論にもとづく光と物質の相互作用の取り扱いは，アインシュタインによる光量子仮説などに代表されるように，現在の量子力学の基礎を形作るうえで重要な役割を果たしてきた．本章ではまず，輻射場中での電子のハミルトニアンを導出する．つぎに，光電場中の 2 準位系を例にして光と物質の相互作用の理論を説明する[27,28]．

a. 輻射場中の電子の古典的ハミルトニアン

電場 E と磁場 B の中を運動する電子には，ローレンツ力 F が働き，次式のように与えられる．

$$F = -e(E + v \times B) \tag{10.82}$$

ここで電場と磁場はベクトルポテンシャル A を用いて次式のようにあたえられる．

$$E = -\nabla \phi - \frac{\partial A}{\partial t}, \quad B = \nabla \times A \tag{10.83}$$

上の 2 式より，電子の運動方程式は次式のようになる．

$$m\ddot{r} = e\nabla\phi + e\dot{A} - e[\dot{r} \times (\nabla \times A)] \tag{10.84}$$

この運動方程式は，以下のようなラグランジアン L に対して，オイラー–ラグランジュ方程式を計算することによって導くことができる．

$$L = \frac{m}{2}(\dot{r})^2 + e\phi - e(\dot{r} \cdot A) \tag{10.85}$$

$$\frac{d}{dt}\left(\frac{\partial L}{\partial \dot{q}}\right) - \frac{\partial L}{\partial q} = 0 \tag{10.86}$$

また，r に正準共役な運動量 p およびハミルトニアンは，解析力学の手順にしたがって次式のように求められる．

$$p = \frac{\partial L}{\partial \dot{r}} = m\dot{r} - eA \tag{10.87}$$

$$H = (\boldsymbol{p}\cdot\boldsymbol{v}) - L = \frac{(\boldsymbol{p}+e\boldsymbol{A})^2}{2m} - e\phi \tag{10.88}$$

このハミルトニアンの正準方程式は以下のようになる．

$$\dot{\boldsymbol{p}} = -\nabla_{\boldsymbol{r}} H(\boldsymbol{p},\boldsymbol{r}) \tag{10.89}$$

$$\dot{\boldsymbol{r}} = -\nabla_{\boldsymbol{p}} H(\boldsymbol{p},\boldsymbol{r}) \tag{10.90}$$

b. 量子力学的なハミルトニアンの表現

量子力学的なハミルトニアンは，前節の古典的なハミルトニアンにおいて，対応原理

$$p \to -i\hbar\nabla \tag{10.91}$$

を適用することによって以下のように求められる．

$$H = -\frac{\hbar^2}{2m}\nabla^2 + \frac{e}{m}(\boldsymbol{A}\cdot\boldsymbol{p}) - i\frac{e\hbar}{2m}(\nabla\cdot\boldsymbol{A}) + \frac{e^2\boldsymbol{A}^2}{2m} - e\phi \tag{10.92}$$

クーロンゲージでは $\nabla\cdot\boldsymbol{A}=0$ であるから，上式の右辺第 3 項はゼロとなり，次式のようになる．

$$H = -\frac{\hbar^2}{2m}\nabla^2 + \frac{e}{m}\boldsymbol{A}\cdot\boldsymbol{p} + \frac{e^2\boldsymbol{A}^2}{2m} - e\phi \tag{10.93}$$

上式において，$\boldsymbol{A}$ について 1 次の項は光吸収や発光などの 1 次の光学過程に相当し，$\boldsymbol{A}^2$ を含む項はレイリー散乱やコンプトン散乱などの電子系が輻射場と 2 回相互作用する 2 次の遷移に相当する．

c. 2 準位系と時間依存した摂動

ここでは，量子力学的な物質の応答を記述するために，シュレーディンガー方程式から出発する．

$$H\Psi = i\hbar\frac{\partial\Psi}{\partial t} \tag{10.94}$$

注目している粒子の感じるポテンシャルが時間依存しない場合，すなわち，$V(\boldsymbol{r},t)=V(\boldsymbol{r})$ のとき，変数分離によって波動関数の固有状態と固有エネルギーが導かれる．

$$\Psi(\boldsymbol{r},t) = \Psi(\boldsymbol{r})e^{-iEt/\hbar} \tag{10.95}$$

$$H\Psi = E\Psi \tag{10.96}$$

いま，摂動の加えられていない系の 2 つの固有関数を ψ_a,ψ_b，対応する固有エネルギーを E_a,E_b，ハミルトニアンを H^0 とする．このとき，系の時間発展は次式のようになる．

$$\Psi(t) = c_a\psi_a e^{-iE_at/\hbar} + c_b\psi_b e^{-iE_bt/\hbar} \tag{10.97}$$

この系に，時間依存する外場などの摂動が加えられた場合を考える．摂動は，固有状態

を変化させない程度に弱いとすると，この摂動によって系を特徴づける係数 c_a, c_b は時間依存することになる．このとき，シュレーディンガー方程式は以下のようになる．

$$H\Psi = i\hbar\frac{\partial \Psi}{\partial t}, \quad H = H^0 + H'(t) \tag{10.98}$$

ここで，非対角項を $\langle a|H'|b\rangle = H'_{ab}, \langle b|H'|a\rangle = H'_{ba}$ とおき，対角項はゼロ（$\langle a|H'|a\rangle = \langle b|H'|b\rangle = 0$）とする．このとき，系の時間発展は以下のようになる．

$$\dot{c}_a = -\frac{i}{\hbar}H'_{ab}e^{-i\omega_0 t}c_b, \quad \dot{c}_b = -\frac{i}{\hbar}H'_{ba}e^{-i\omega_0 t}c_a \tag{10.99}$$

$$\omega_0 = \frac{E_b - E_a}{\hbar} \tag{10.100}$$

初期状態として，$c_a(0)=1, c_b(0)=0$ とする．このとき，1次の摂動の結果は以下のようになる．

$$c_a^{(1)}(t) = 1 \tag{10.101}$$

$$c_b^{(1)}(t) = -\frac{i}{\hbar}\int_0^t H'_{ba}(t')e^{-i\omega_0 t'}dt' \tag{10.102}$$

1次の摂動の結果を用いて2次の摂動を計算すると，次式のようになる．

$$c_a^{(2)}(t) = 1 - \frac{1}{\hbar^2}\int_0^t H'_{ab}(t')e^{-i\omega_0 t'}\left[\int_0^{t'} H'_{ba}(t'')e^{i\omega_0 t''}dt''\right]dt' \tag{10.103}$$

$$c_b^{(2)}(t) = c_b^{(1)}(t) = -\frac{i}{\hbar}\int_0^t H'_{ba}(t')e^{-i\omega_0 t'}dt' \tag{10.104}$$

d. 周期的な摂動による遷移

時間依存した摂動として，正弦波的なポテンシャルの変化を考える．これは例えば，単色の光電場に対する双極子遷移の場合に相当する．

$$H'(r,t) = V(r)\cos(\omega t) \tag{10.105}$$

$$H'_{ab} = V_{ab}\cos(\omega t), \quad V_{ab} = \langle a|V|b\rangle \tag{10.106}$$

ここで，外場が共鳴に近い（$\omega \simeq \omega_0$）として近似することにより，状態 a から状態 b への遷移確率を求めることができる．ここで，$\Delta = \omega - \omega_0$ とおいた．

$$P_{a\to b}(t) = |c_b(t)|^2 \cong \frac{|V_{ab}|^2}{\hbar^2}\frac{\sin^2[\Delta t/2]}{\Delta^2}$$

$$= \frac{|V_{ab}|^2}{4\hbar^2}\text{sinc}^2\left[\frac{\Delta t}{2}\right] \tag{10.107}$$

ここで得られる最も興味深い結果は，状態 a から状態 b への遷移確率が角振動数 $|\omega_0 - \omega|$ で振動することである．上の結果は2次の摂動によるものだが，正確な解でも同じような

振動が現れることが知られており，ラビ振動（Rabi flopping）とよばれる．

状態 a から状態 b への遷移確率を求める計算と全く同様にして，状態 b から状態 a への遷移確率を求めることができる．

$$P_{a \to b}(t) = P_{b \to a}(t) \tag{10.108}$$

この結果は，光電場が入射したときに，下準位から上準位への遷移確率 $P_{a \to b}(t)$ と下準位から上準位への遷移確率 $P_{b \to a}(t)$ が等しい，つまり誘導放出と誘導吸収は等確率で起こることを示している．

e. 光の吸収と放出

ここまでは 2 次の摂動論の結果に基づいて，誘導放出と誘導吸収は等確率で起こることを示したが，この関係は一般的に成り立つ．2 準位系と光との相互作用では，誘導放出と誘導吸収だけでなく，上準位にいる原子が一定時間たつと下準位へ遷移して光を放出する自然放出の過程も存在する．本章では，原子系のみを量子力学的に扱い，光電場は古典的に取り扱ってきた．自然放出を導くためにはこの枠組みでは困難であり，光の場を量子化する手続きが必要になる．

ここでは，自然放出の導出には立ち入らないで，初期量子論において問題となった黒体放射と，これまでの誘導放出の導出が整合していることを示そう．黒体放射のスペクトルのエネルギー密度は，以下のようにあたえられる．この式を導出するために，プランクは電磁波のエネルギーが連続ではなく，$\hbar\omega$ の整数倍をとると仮定して見事に説明した．

$$\rho(\omega)d\omega = \frac{\omega^2}{\pi^2 c^3} \frac{\hbar\omega}{(e^{\hbar\omega/k_B T} - 1)} d\omega \tag{10.109}$$

2 準位系において，下準位と上準位のポピュレーションをそれぞれ $N_a = |c_a^2|, N_b = |c_b^2|$ とする．このとき，上準位のポピュレーションの時間変化を以下のように 3 つの係数 A, B_{ba}, B_{ab} を用いて表せるとする．これらの係数は，アインシュタインの A 係数，B 係数とよばれており，それぞれ自然放出と誘導放出（あるいは誘導吸収）に対応している．

$$\frac{dN_b}{dt} = -A N_b - B_{ba} N_b \rho(\omega_0) + B_{ab} N_a \rho(\omega_0) \tag{10.110}$$

熱平衡状態では，$dN_b/dt = 0$（定常状態）であり，2 つの準位のポピュレーションはボルツマン分布にしたがうとする．

$$\rho(\omega_0) = \frac{A}{(N_b/N_a)B_{ab} - B_{ba}} \tag{10.111}$$

$$\frac{N_a}{N_b} = e^{\hbar\omega_0/k_B T} \tag{10.112}$$

上の 2 式より，次式が求められる．

$$\rho(\omega_0) = \frac{A}{e^{\hbar\omega_0/k_B T} B_{ab} - B_{ba}} \tag{10.113}$$

この式をプランクの黒体放射の式と比較することによって，アインシュタインの A 係数，B 係数について次式を導くことができる．

$$B_{ab} = B_{ba}, \quad A = \frac{\omega_0^3 \hbar}{\pi^2 c^3} B_{ba} \tag{10.114}$$

光の吸収と放出について，(10.114) 式のような簡単な関係が成り立たないとすると，プランクの黒体放射の式を正しく導くことは難しくなる．例えば，自然放出がない（$A = 0$）とすると，熱放射は存在しなくなる．また，$B_{ba} \neq B_{ab}$ とすると，黒体放射のスペクトル形状が正しく求められない．これらの結果は，光の放出と吸収が，自然放出，誘導放出，誘導吸収の 3 つの過程のみからなっていることを示している．

f. 回転波近似による 2 準位系の取り扱い

ここまでは摂動論によって外場による遷移を考えたが，ここではより正確な取り扱いを行う．まず，時間依存した外場の加わった 2 準位系では，波動関数は一般的に次のように表される．

$$\Psi(t) = c_a(t) \psi_a e^{-iE_a t/\hbar} + c_b(t) \psi_b e^{-iE_b t/\hbar} \tag{10.115}$$

2 つの準位が $V = -\mu_{ba} E_0 \cos(\omega t)$ という誘導双極子遷移で結ばれているとすると，時間依存したシュレーディンガー方程式は行列表示で以下のようになる．

$$i\hbar \frac{\partial}{\partial t} \begin{pmatrix} c_a(t) e^{-iE_a t/\hbar} \\ c_b(t) e^{-iE_b t/\hbar} \end{pmatrix} = \tag{10.116}$$

$$\begin{pmatrix} E_a & -\mu E_0 \cos(\omega t) \\ -\mu E_0 \cos(\omega t) & E_b \end{pmatrix} \begin{pmatrix} c_a(t) e^{-iE_a t/\hbar} \\ c_b(t) e^{-iE_b t/\hbar} \end{pmatrix} \tag{10.117}$$

ここで，外場の共鳴からずれ（detuning）を $\Delta = \omega - \omega_0$ として，$\omega_0 \gg \Delta$ として高速で振動する項を無視すると，シュレーディンガー方程式は以下のようになる．なお，この近似は，回転波近似とよばれる．

$$\dot{c}_a(t) = i \frac{\mu E_0}{2\hbar} e^{+i\Delta t} c_b(t) \tag{10.118}$$

$$\dot{c}_b(t) = i \frac{\mu E_0}{2\hbar} e^{-i\Delta t} c_a(t) \tag{10.119}$$

これを，摂動計算のときと同様に，初期条件を $c_a(0) = 1, c_b(0) = 0$ として解くと，以下のような解が得られる．

$$c_a(t) = e^{+i\frac{\Delta t}{2}} \left[\cos\left(\frac{\Delta t}{2}\right) - i\frac{\Delta}{\Omega} \sin\left(\frac{\Omega t}{2}\right) \right] \tag{10.120}$$

$$c_b(t) = 2i e^{-i\frac{\Delta t}{2}} \left(\frac{\mu E_0}{2\hbar \Omega}\right) \sin\left(\frac{\Omega t}{2}\right) \tag{10.121}$$

ここで Ω はラビ周波数とよばれ，以下のように表される．

$$\Omega = \sqrt{\Delta^2 + \left(\frac{\mu E_0}{\hbar}\right)^2} \qquad (10.122)$$

右辺の2項は，共鳴の周波数差（detuning）と，誘導双極子の強さに相当する．

各準位のポピュレーションは，絶対値の2乗をとって以下のようになる．

$$|c_a(t)|^2 = \left(\frac{\Delta}{\Omega}\right)^2 + \left(\frac{\mu E_0}{\hbar \Omega}\right)^2 \cos^2\left(\frac{\Omega t}{2}\right) \qquad (10.123)$$

$$|c_b(t)|^2 = \left(\frac{\mu E_0}{\hbar \Omega}\right)^2 \sin^2\left(\frac{\Omega t}{2}\right) \qquad (10.124)$$

上準位のポピュレーションが最大になるためには，外場の振動数 ω が共鳴周波数 ω_0 に等しく，かつ，電場強度（双極子遷移の強さ μE_0）がラビ周波数 Ω よりも大きいことが必要である．また，上準位のポピュレーションが最初に最大になる瞬間は，$t=\pi/\Omega$ であり，共鳴に近いほどゆっくりとポピュレーションが移っていく．特に，外場が共鳴条件 $\Delta=0$ をみたすとき，

$$\Omega_0 = \Omega(\omega = \omega_0) = \frac{\mu E_0}{\hbar} \qquad (10.125)$$

$$c_a(t) = \cos\left(\frac{\Omega_0 t}{2}\right), \quad c_b(t) = i\sin\left(\frac{\Omega_0 t}{2}\right) \qquad (10.126)$$

となる．電場波形が $t \geq \pi/\Omega_0$ でゼロとなるようなパルス励起の場合，上準位が最大のポピュレーションとなる．このような励起パルスを π パルスとよばれる．同様に，$t \geq \pi/2\Omega_0$ でゼロとなるようなパルス励起の場合，上準位と下準位のポピュレーションが等しくなり，$\pi/2$ パルスとよばれる．より一般的には，外場が完全に共鳴しているとき（$\omega - \omega_0 = 0$），下準位から上準位へうつるポピュレーションは振動電場の包絡線の時間積分に比例する．これをパルスの面積定理（area theorem）とよぶ．

g. 2準位系における誘導双極子とドレスト状態

ここまでは，外場のない場合の2準位系の固有関数系 ψ_a, ψ_b を用いて，振動電場が加えられたときの時間発展を見てきた．ここでは振動電場中の固有状態であるドレスト状態（dressed state）について説明する．

時刻 $t=0$ で2準位系の基底状態 ψ_a にある系の時間発展を考える．前節での結果を用いて誘導される双極子は，$\langle a|\mu|a\rangle = \langle b|\mu|b\rangle = 0$，$\langle a|\mu|b\rangle = \langle b|\mu|a\rangle = \mu$ として次式のようになる．

$$\langle \mu \rangle = -\frac{1}{4\Omega^2}\frac{\mu E_0}{\hbar}$$
$$\times \left[2\Delta e^{-i\omega t} - (\Delta - \Omega)e^{-i(\omega+\Omega)t} - (\Delta + \Omega)e^{-i(\omega-\Omega)t}\right]\mu + \text{c.c.} \qquad (10.127)$$

上式をみるとわかるように，外場 ω に対して誘起される双極子は，振動数 ω だけでなく，

振動数 $\omega \pm \Omega$ のサイドバンドも含んでいる.

このサイドバンドの出現は，以下に述べるドレスト状態を考えることによって，自然に理解することができる．ドレスト状態 ψ_a, ψ_b は，次式で定義される．

$$\psi_\pm = \mp N_\pm \exp\left[-i(\omega_a - \frac{\Delta}{2} \mp \frac{\Omega}{2})t\right]\psi_a + N_\mp \exp\left[-i(\omega_b + \frac{\Delta}{2} \mp \frac{\Omega}{2})t\right]\psi_b \quad (10.128)$$

$$N_\pm = \left(\frac{\Omega \pm \Delta}{2\Omega}\right)^{1/2} \quad (10.129)$$

$t = 0$ において，ψ_+ は $(c_a, c_b) = (1, 0)$ の解であり，ψ_- は $(c_a, c_b) = (0, 1)$ の解となっている．また，以下のような直交条件を満たしている．

$$\langle\psi_\pm|\psi_\pm\rangle = 1, \quad \langle\psi_\pm|\psi_\mp\rangle = 0 \quad (10.130)$$

ポピュレーションについては次式が成り立ち，時間に依存しないことがわかる．

$$|\langle a|\psi_\pm\rangle|^2 = \frac{\Omega \pm \Delta}{2\Omega}, \quad |\langle b|\psi_\pm\rangle|^2 = \frac{\Omega \mp \Delta}{2\Omega} \quad (10.131)$$

つまり，$\psi_\pm$ は相互作用項を含むハミルトニアンに対して定常的な状態になっている．ただし，ハミルトニアンが時間依存することから，$\psi_\pm$ はエネルギー固有関数になっていないことに注意する必要がある．このような 2 準位系の取り扱いによって，AC シュタルクシフトや断熱的なポピュレーションの移動を記述することができる． [板谷 治郎]

10.3　真空紫外—軟 X 線での物性実験

10.3.1　双極子遷移
a. 光と物質の相互作用

場の量子論を用いると，ベクトルポテンシャル演算子 $\boldsymbol{A}$ は光子の生成演算子と消滅演算子に対して線形で，それらの複素共役の形で含んでいる[29]．すなわち，$\boldsymbol{A}$ を 1 つ含む 1 次摂動の遷移確率，式 (10.93) は光の吸収または発光 (蛍光) 過程に対応する．一方 $\boldsymbol{A}$ を 2 つ含む 2 次摂動の遷移確率，式 (10.93) では光の消滅と生成の 2 つの過程が起きているので光の散乱に対応する[*1)]実際 1 次摂動の過程では異なるエネルギー状態への励起 (excitation) しかできないが，2 次摂動の過程では中間状態を経て元のエネルギー状態に戻ることができる（弾性散乱，レイリー散乱）．図 10.16 はこれらの過程をまとめたものである．

図 10.16(a–e) は吸収の過程に関連する事象である．吸収では光遷移エネルギーが (a) 真空準位以下の場合は電子は非占有準位への遷移に留まるが，(b) 真空準位を超えた場合は真空中に放出する（光電効果）．(a,b) の過程では内殻準位に正孔が生成され，いずれも (c,d)

[*1)] 10.2 節において無視した $\boldsymbol{A}^2$ 項の 1 次摂動も同様に散乱過程でトムソン散乱に対応する．エネルギーの高い X 線ではその効果が現れる．

10.3 真空紫外—軟X線での物性実験

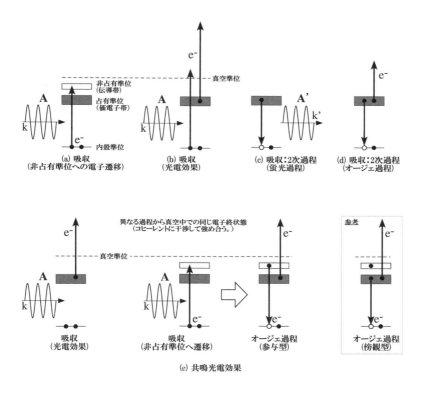

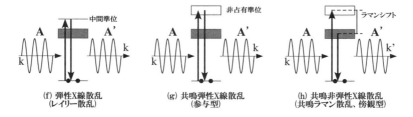

図 10.16 吸収・散乱における過程．A は光のベクトルポテンシャルである．(a) 吸収（真空準位よりも下のエネルギー準位への電子遷移），(b) 吸収（光電効果），(c) 蛍光過程（吸収：2次過程），(d) オージェ過程（吸収：2次過程），(e) 共鳴光電効果，(a), (b), (d) が混ざった過程である．(f) レイリー散乱（弾性X線散乱），(g) 共鳴弾性X線散乱，(h) 共鳴ラマン散乱（共鳴非弾性X線散乱）．

の吸収の2次過程を伴う．(c) では価電子帯の電子が内殻準位へ遷移することで光が発生する蛍光過程で，(d) は価電子帯から内殻準位への電子遷移に伴い価電子帯のその他の電子が真空中に放出する非輻射型のオージェ過程である．(e) は共鳴光電効果とよばれる過程で，(a),(b),(d) が絡んだものである．すなわち内殻準位と非占有準位のエネルギー差に合わせた入射光を用いると，光電効果の過程と吸収—オージェ過程の2つの過程において，真空中に同じエネルギーをもった電子が終状態として放出される．この2つの終状態の波動関数は干渉して強め合うので，結果として大きな光電子強度をもつ．そのため共鳴光電効果では非占有状態と同じ起源の軌道の占有状態の光電子強度が選択に増大する．図10.16(e)について，オージェ過程は参与（participator）型と傍観（spectator）型に区別することができる．前者ではオージェ電子の放出は吸収励起した電子が内殻準位に戻ることで参与しているが，後者でのオージェ電子放出は異なる電子が内殻準位に戻る際に発生し励起電子はそれを傍観しているようである．

図10.16(f–h) は散乱に関する事象である．(e) のレイリー散乱（弾性X線散乱）では内殻準位の電子が中間準位への遷移を経て元のエネルギー準位に戻る．その結果，入射光と出射光の波数(波長)は変化しない．(f) のように中間状態と非占有準位が一致すると，式(10.93) の共鳴項が増大しその結果散乱が著しく起きやすくなる（共鳴効果）．このような散乱は共鳴弾性X線散乱とよばれる．(g) A を2つ含む散乱過程において，2つの電子遷移について一方が内殻準位から非占有準位で他方が価電子帯の占有準位から内殻準位の場合，入射光に対して出射光は低波数（長波長）になる．このような散乱は共鳴ラマン散乱（Resonant Raman Scattering）あるいは共鳴非弾性X線散乱（Resonant Inelastic X-ray Scattering, RIXS）とよばれる．図10.16(g) の発光は吸収励起した電子が内殻準位に戻ることで発生するため，(c) の対比から「参与型」とよばれ，図10.16(h) の発光はそれとは異なる電子が内殻準位に戻るため「傍観型」とよばれる．

光と電子の相互作用は電子のスピン状態の情報も与える．その際は以下のようなスピン(σ) を含めた電子と電磁場の相互作用ハミルトニアンを取り扱う．

$$H'_{op} = -\frac{e}{m}(\boldsymbol{A}\cdot\boldsymbol{p}) + \frac{e^2}{2m}A^2 - \frac{e\hbar}{2m}\sigma\cdot(\nabla\cdot\boldsymbol{A}) - \frac{e^2\hbar}{2(mc)^2}\sigma\cdot\left(\frac{d\boldsymbol{A}}{dt}\times\boldsymbol{A}\right) \quad (10.132)$$

実際にこのハミルトニアンを元に遷移確率を求めいくと，上記と同様に $\boldsymbol{A}$ のマトリックス項が現れる．そして磁気やスピンに対応した吸収などの遷移確率（断面積）を求めるには $\boldsymbol{A}$ の1次の項を集め，散乱の場合は2次の項をまとめてから計算を行う．

b．光学遷移マトリックス

先の1次摂動のマトリックスを $\langle f|\frac{e}{m}\boldsymbol{A}\cdot\boldsymbol{p}|i\rangle = \langle f|\frac{e}{m}p_A|i\rangle$ と直す．ここで p_A は入射光の偏光方向への運動量ベクトルの投影である．そしてマトリックスを位置ベクトル r_A で表すと，以下のようになる．

$$\langle f \mid \frac{e}{m} p_A \mid i \rangle = \frac{d}{dt}\langle f \mid er_A \mid i \rangle = i\omega_{fi}\langle f \mid er_A \mid i \rangle \tag{10.133}$$

すなわち光学遷移確率は双極子を用いて近似できる（双極子近似, electric dipole approximation）．これは電磁場と電子の相互作用を古典物理で取り扱ったローレンツ振動子モデルに対応する[30]．

c. 選択律

この双極子近似のマトリックスを用いると光学遷移について重要な性質が導かれ，そのいくつかを紹介する．

まず（双極子）遷移では以下の条件下でしか光学遷移が行われない（選択律）[7]．

光学遷移の選択律

1) 軌道角運動量量子数（orbital-angular-momentum quantum number）l について

$$\Delta l = \pm 1 \tag{10.134}$$

2) 磁気量子数（magnetic quantum number）m について

$$\Delta m = 0, \pm 1 \tag{10.135}$$

3) 量子数のスピン s について

$$\Delta s = 0 \tag{10.136}$$

例えば 2p 準位の電子は非占有の 4d または 4s 準位に遷移することができるが，4p や 4f には遷移できない．この選択律は球対称ポテンシャルの系では球面調和関数を使って導かれる．より一般的な系についても全角運動量保存則に基づく量子電磁力学の議論から同様の結果が得られる[29]．

4) $j = l + s, l - s$（$l = 0$ の場合は $j = s$）となる全角運動量量子数（total angular momentum quantum number）j について

$$\Delta j = 0, \pm 1$$

ただし $j = 0$ 間の遷移は存在しない．

d. 対称性選択則

原点に対して反転対称の系では，電子状態は原点に対して偶（gerade, g）か奇（ungerade, u）の対称性をもつ（パリティ，偶奇性）．双極子は原点に対して奇（u）の対称性をもつので，$\langle f \mid er \mid i \rangle = \langle f \mid u \mid i \rangle \neq 0$ となるのは $\langle u \mid u \mid g \rangle$ と $\langle g \mid u \mid u \rangle$ のときとなる．すなわち反転対称性のある系では双極子遷移において始状態と終状態は逆の偶奇対称を有する（Laporte rule）[29]．

双極子遷移は $\langle f \mid er_A \mid i \rangle = \langle f \mid \boldsymbol{A} \cdot (er) \mid i \rangle$ と，光の偏光ベクトルと双極子の演算子の

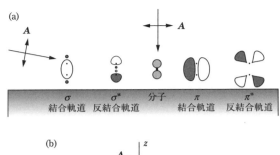

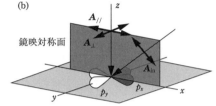

図 10.17 直線偏光を利用した対称性選択則. (a) 2 核分子の（反）結合軌道と偏光ベクトル $\boldsymbol{A}$ の幾何配置. (b) 鏡映対称面のある系における軌道の対称性と偏光ベクトル $\boldsymbol{A}$ との間の幾何配置.

内積で与えられる. すなわち, 直線偏光ベクトルと遷移モーメントのなす角を θ とおくと, 遷移確率は $\cos^2\theta$ に比例する. このことから, 例えば表面吸着分子の特性化学種の結合軸の方向を知ることができる. 図 10.17(a) にその例を示す. 基板に垂直に配向した吸着 2 核分子について, 直線ベクトルが面直の場合 $\sigma(\sigma^*)$ 軌道が, 面内の場合は $\pi(\pi^*)$ 軌道が選択的に遷移される.

図 10.17(b) では鏡映面のある系について取り扱う. 鏡映面に対して even（偶）の p_x 軌道と odd（奇）の p_y 軌道も図示した. 鏡映面内に検出器がある場合, 終状態は鏡映操作に対し even となる (odd では node をもつため 0 になってしまう). また一般的に終状態のエネルギーが大きくなれば, 真空中の電子は自由電子的になり, その波動関数は全対称モードとして even になる. すると $\langle f | \boldsymbol{A} \cdot (e\boldsymbol{r}) | i \rangle \neq 0$ となるのは $\langle$even$|$even$|$even$\rangle$ と $\langle$even$|$odd$|$odd$\rangle$ のときである. すなわち, 鏡映面と検出面とした場合, 直入射の $A_{//}$ と斜め入射の A_{in} に対して p_x 軌道 (even) が, 直入射の $A_\perp$ に対して p_y 軌道 (odd) がそれぞれ光電子強度して観測される.

e. 振動子強度と総和則

光吸収の強さを表すのに以下の振動子強度 (oscillator strength) とよばれる量が用いられる[34,38].

$$f_{\alpha\beta} = \frac{2m}{\hbar^2}(E_\beta - E_\alpha) | \langle \beta | \boldsymbol{r}_i | \alpha \rangle |^2 \tag{10.137}$$

ここでは $f_{\alpha\beta}$ は状態 α から状態 β への遷移に対する振動子強度で, r_i は直線偏光に対する双極子オペレータ $(i = x, y, z)$ である. 振動子強度 $f_{\alpha\beta}$ は, その定義からわかるようにその吸収に関与している電子の数を表すと見なすことができる. そのため β について, 吸収でとりうるすべての終状態の和をとると, 電子の総数すなわち電子密度 N_e に等しくなる（総和則）.

$$\sum_{\beta} f_{\alpha\beta} = N_e \tag{10.138}$$

$$\sum_{\beta} f_{\alpha\beta}^{\pm} = N_e \pm \frac{1}{\hbar}(\langle \alpha | L_z | \alpha \rangle + \frac{1}{2mc^2}\langle \alpha | S_z(x\nabla_x V + y\nabla_y V) | \alpha \rangle) \tag{10.139}$$

ここで L_z と S_z は角運動量とスピンオペレータの z 成分で, V は 1 電子ポテンシャルである. 円偏光の振動子強度には電子の軌道とスピン情報を含んでいる. また, 左右円偏光の振動子強度の和では以下の総和則が成り立つ.

$$\sum_{\beta}(f_{\alpha\beta}^+ + f_{\alpha\beta}^-)/2 = N_e \tag{10.140}$$

10.3.2　真空紫外〜軟 X 線での物性実験
a. 軟 X 線と物質の相互作用

　放射光源は赤外線から X 線までの幅広い波長（エネルギー）範囲の光を発生するが, この中で特に真空紫外 (VUV) 線から X 線領域において比類ない光源である. VUV〜X 線の光を物質に照射すると, 図 10.18 のようにさまざまな波長の光やエネルギーの粒子（電子, イオン）が発生する. これらの現象は (光) 吸収と (光) 散乱に起因し, その大小関係は断面積（cross section）で表される. 図 10.19 に VUV 線から X 線の各エネルギーに対する依存性を示す[31, 32]).

　VUV 領域では吸収が支配的であるが, 吸収断面積は光エネルギーの増加とともに減少する. 光エネルギーが SX 領域に入ると, 特定のエネルギーで階段上に断面積の上昇がみられる. これは吸収端 (absorption edge) とよばれ, 元素ごとにエネルギー位置が決まっている. そして SX 領域ではレイリー散乱などの散乱の寄与も大きくなってくる. さらに X 線領域に入るとコンプトン散乱が支配的となり, また散乱断面積が吸収断面積よりも大きくなっていく.

　VUV〜X 線照射で発生した光や粒子をプローブとした無数の測定法が存在し, それらは物質の元素・化学分析, 構造決定, 電子状態分析, スピン・磁性分析などに用いられる. 図 10.20 は"吸収・散乱"と各分析法との関係をまとめたものである[1〜7]). 吸収と散乱は電磁波 (光) のベクトルポテンシャル (A) の 1 次, 2 次過程としてそれぞれ区別することができる.

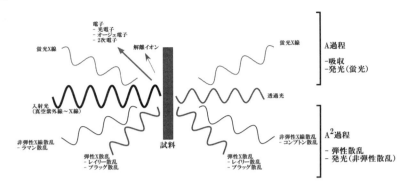

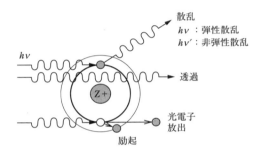

図 10.18　光（真空紫外線～軟 X 線～X 線）と物質の相互作用．(上) 試料のまわりの様子．(下) 原子のまわりの様子．

b. 光吸収（光電子分光）

物質への VUV～X 線吸収を利用した分光法の中で代表的なものは光電子分光法[35～37,39]と X 線吸収微細構造[53,54,56～58]であり，以下これらを解説する．

(1) 光電子分光　光電子分光とは物質の価電子から内殻電子の占有状態を直接調べることができる手法である．光電効果を分光法に応用したもので，仕事関数 (ϕ) 以上のエネルギーの光を物質に照射し，放出した電子（光電子）をエネルギー分析する（図 10.21）．

エネルギー保存則から，真空中の電子の運動エネルギー (E_k) は光エネルギー ($\hbar\omega$) と以下の関係がある．

$$E_k = \hbar\omega - E_B - \phi \tag{10.141}$$

E_B はフェルミ準位 (E_F) を基準にした物質中電子の結合エネルギー（binding energy）で，ϕ は仕事関数で一般的に $\phi = 4\sim5$ eV の値をとる．光エネルギー $\hbar\omega$ を大きくすればするほど，より高い結合エネルギー E_B の（より深いエネルギー準位の）電子を取り扱うことができる．紫外線（UV）～真空紫外線（VUV）では価電子までを，軟 X 線（SX）～

10.3 真空紫外—軟X線での物性実験

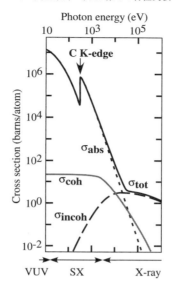

図 10.19 炭素原子の全光断面積 (σ_{tot}) のエネルギー依存性（概観図）. σ_{abs}：吸収断面積. σ_{coh}：コヒーレント散乱（レイリー散乱）, σ_{incoh}：インコヒーレント散乱（コンプトン散乱）.

X線では原子核まわりの内殻準位までの電子を放出することができる（図10.16）. 固体の価電子帯や分子のHOMO軌道などの電子（価電子）は電気伝導や化学反応などの物性に直接関係しており，光電子分光法はその状態を調べることができる．また内殻準位は元素によってE_B値が異なり，また価数や化学的環境によってもE_B値がシフト（化学シフト）する．そのため内殻準位のE_B値とその光電子強度から，定量的に化学組成も決定できる．光エネルギーによって物質から得られる情報の違いから，低い光エネルギー側の前者を紫外線光電子分光（ultraviolet photoelectron (photoemission) spectroscopy, UPS），より高い光エネルギー側の後者をX線光電子分光（X-ray photoelectron (photoemission) spectroscopy, XPS）または内殻光電子分光（Core-level photoelectron (photoemission) spectroscopy, CLS）と，歴史的に区別してよばれてきた．

光電子強度は単一バンドで相互作用のない電子系では次の単純な関係式で表される（sudden approximation）.

$$I_{\text{PES}} \propto |\langle f | H_{\text{op}} | i \rangle|^2 f_{\text{FD}}(E,T) \delta(E - \varepsilon(\boldsymbol{k})) \tag{10.142}$$

光電子強度はマトリックス遷移確率, フェルミ–ディラック分布関数（Fermi-Dirac distribution function）$f_{\text{FD}}(E,T)$, エネルギー保存則に対応するδ関数の積に比例する．光電

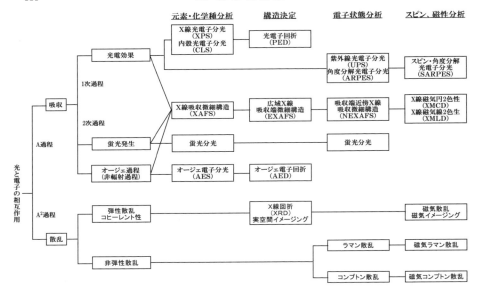

図 10.20 光と電子の相互作用（吸収，散乱）と，各測定法との関係．それぞれの手法により得られる情報および本文で説明される過程との関連も合わせ載せる．

XPS: X-ray photoemission (photoelectron) spectroscopy,
CLS: core-level photoemission (photoelectron) spectroscopy,
PED: photoelectron diffraction,
UPS: ultraviolet photoemission (photoelectron) spectroscopy,
ARPES: angle-resolved photoemission spectroscopy,
SARPES: spin- and angle-resolved photoemission spectroscopy,
XAFS: X-ray absorption fine structure,
EXAFS: extended X-ray absorption fine structure,
NEXAFS: near-edge X-ray absorption fine structure,
XMCD: X-ray magnetic circular dichroism,
XMLD: X-ray magnetic linear dichroism,
AES: Auger electron spectroscopy,
AED: Auger electron diffraction,
XRD: X-ray diffraction.

子分光では遷移マトリックスの始状態 (i) が物質の電子状態で，終状態 (f) は真空中に放出された光電子の状態である．一方，電子間相互作用などを考えた系では光電子強度は以下のように表される[35,40]．

$$I_{\text{PES}} \propto |\langle f|H_{\text{op}}|i\rangle|^2 f_{\text{FD}}(E,T) A(\boldsymbol{k}, E) \tag{10.143}$$

$A(\boldsymbol{k}, \omega)$ はスペクトル関数とよばれ，一般に系に電子（ホール）を追加した後の状態変化

10.3 真空紫外—軟 X 線での物性実験

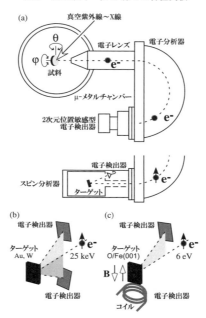

図 10.21 光電子分光の測定の様子．(a) 実験は外部磁場を遮蔽した μ-メタルチャンバー内にて超高真空下で行われる．光電効果で放出した光電子は，電子レンズと電子分析器を経てエネルギー分光された後に検出される．最近では電子検出器としてエネルギーと角度範囲を一度に測定する 2 次元位置敏感型のものが主流である．一方電子検出器のかわりにスピン分析器を設置した場合，電子のスピンの向きも決定することができる．(b,c) スピン分析の原理で図中灰色で示した箇所は電子の散乱面である．(b) モット散乱を利用したスピン分析器．(c) 超低速電子回折（Very Low Energy Electron Diffraction）を利用したスピン分析器[42]．

に対応し，光電子過程で光電子が放出されて電子が系から 1 個なくなった（系にホールが追加された）様子を表している．このスペクトル関数 $A(\bm{k},\omega)$ は，物理モデルでよく使用されるグリーン関数（Green's function）と以下の関係がある．

$$A(\bm{k},E) = \frac{1}{\pi}\mathrm{Im}G(\bm{k},E) \tag{10.144}$$

$$G(\bm{k}),E) = \frac{1}{E-\varepsilon(\bm{k})-\Sigma(\bm{k},E)} \tag{10.145}$$

$\Sigma(\bm{k},E)$ は自己エネルギー（self energy）で，これを $\Sigma(\bm{k},E) = \mathrm{Re}\Sigma + i\mathrm{Im}\Sigma$ のように実部と虚部に分けるとスペクトル関数は以下のように書き換えられる．

$$A(\bm{k},E) = \frac{1}{\pi}\frac{\mathrm{Im}\Sigma}{(E-\varepsilon(\bm{k})-\mathrm{Re}\Sigma)^2+(\mathrm{Im}\Sigma)^2} \tag{10.146}$$

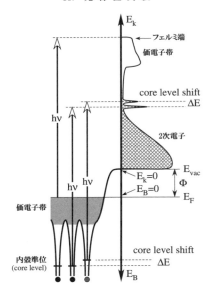

図 10.22　光電子分光の原理

すなわちエネルギーに対して光電子ピークはローレンツ関数形をなす．自己エネルギーは電子の相互作用エネルギーを与え，バンドエネルギーのずれから実部が，またピーク幅から虚部が得られる．

結晶の光電過程を上記のように1段階でとらえるモデル（one step model）があるが，光電子スペクトルをわかりやすく解釈するためには，現象を3段階に分けたモデル（three step model）が広く用いられている（図 10.23）．

光電子分光の3段階モデル

(1) まず物質中で電子の光励起（photo-excitation）が起きる．このとき双極子遷移の始状態と終状態は物質中の電子状態で近似される．

(2) 次に励起した電子が表面への輸送する．このときエネルギーが保存された弾性散乱電子だけでなく，この過程でエネルギーを失った非弾性散乱電子（2次電子）が生成される．電子がエネルギーを失うことなく進む距離は平均自由行程とよばれ，電子の運動エネルギーに対してその距離は図 10.24 のようになる[41]．主に電子のプラズモン励起によるエネルギーロスが非弾性過程の原因で，電子の運動エネルギーが 50〜80 eV で平均自由行程は最小となり，約2原子層分の厚みに相当する (表面敏感)．一方，エネルギーが 10 eV 以下や 1000 eV 以上になると，平均自由行程は 2 nm 以上になる（バルク敏感）．同じ結合エネルギーの電子状態を調べる際，光エネルギーを変えると電子の運動エネルギーが変化

10.3 真空紫外―軟 X 線での物性実験

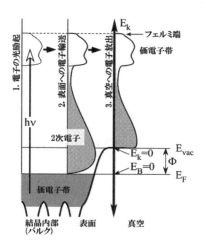

図 **10.23** 光電子分光の 3 段階モデル．1. 物質中の電子の光励起，2. 電子の表面への輸送，3. 固体から真空への電子放出．

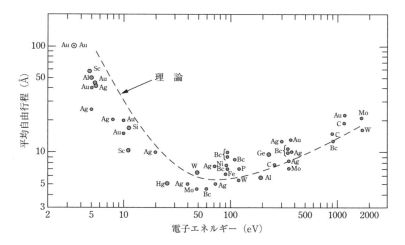

図 **10.24** 電子の平均自由行程．本曲線は物質に対する依存性がほとんどなく，ユニバーサル曲線とよばれている[41]．

するので平均自由行程を調整することができる (表面敏感〜バルク敏感).

(3) 物質から真空への電子の脱出. このとき仕事関数よりも大きいエネルギーの電子のみが放出される.

(2) 角度分解光電子分光（フェルミ面マッピング） 結晶などの物性を理解するためには，結晶中の電子の波数 (運動量) とエネルギーの関係で表された（バンドの）エネルギー分散図を知る必要がある．前述したように式 (10.141) から光電子分光ではエネルギー保存則から物質中の電子状態のエネルギー位置を知ることができる．一方，電子の運動量については図 10.25 のようにさまざまな極角 (θ) や方位角 (φ) に対する角度分解光電子分光 (angle-resolved photoemission spectroscopy, ARPES) 測定から得ることができる．まず真空中の電子の運動量の x, y, z 成分は θ や φ に対して以下で与えられる（単位はエネルギーは [eV], 波数は [Å^{-1}] である).

$$k_{x,\text{out}} = \sqrt{2mE_k/\hbar^2} \sin\theta\cos\phi = 0.512\sqrt{E_k}\sin\theta\cos\phi \tag{10.147}$$

$$k_{y,\text{out}} = 0.512\sqrt{E_k}\sin\theta\sin\phi \tag{10.148}$$

$$k_{z,\text{out}} = 0.512\sqrt{E_k}\cos\theta \tag{10.149}$$

ここで m は電子の質量，$\hbar$ はプランク定数 (h) を 2π で割ったもの ($\hbar = h/2\pi$) で，$\hbar^2/m = 7.62$ eVÅ^2 の関係がある．電子は物質から真空に放出される際，面内 ($//, x, y$) の運動量は保存されるが，面直 ($\perp, z$) 方向では保存されない．

$$k_{x,\text{in}} = k_{x,\text{out}} \tag{10.150}$$

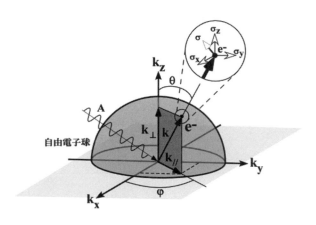

図 **10.25** 真空中に放出された電子の波数 (運動量) 成分とスピン成分の様子

$$k_{y,\text{in}} = k_{y,\text{out}} \tag{10.151}$$
$$k_{z,\text{in}} = \sqrt{k_{z,\text{out}}^2 + (0.512)^2 V_0} \tag{10.152}$$

ここで V_0 は inner potential とよばれ，一般的に V_0=10〜20 eV の範囲から，バンド分散が波数の対称点に合うように選ぶ．

以上により角度分解光電子分光測定ではバンド分散を直接決定することができる[35,43]．図 10.26 に角度分解光電子分光によるバンドマッピングの測定例を示す．図中，明るく見えるところが光電子強度が大きいところで，バンドの存在に対応する．エネルギーを一定にして広範囲の角度分解測定を行うとバンドの等エネルギー面が得られることになり，特にフェルミエネルギーに合わせれば金属物性を支配するフェルミ面を決定することができる[35,44,56]．図 10.27 に角度分解光電子分光によるグラフェンのバンドマッピングの結果を示す．図のように直接ディラックコーンが確認することができる．

(3) スピン分解光電子分光　図 10.21 で説明したようにエネルギー分析した光電子をさらにスピン分析すると，物質中の電子のスピン状態も知ることができる[42,46]．スピン分析の方法は代表的に 2 種類が存在しており，1 つはモット（Mott）散乱を利用し（図 10.21(b)），もう一方は超低速電子回折（very low energy electron diffraction）を利用する（図 10.21(c)）．前者では高エネルギー（25 keV）の電子を Au や W などの重い元素のターゲットに衝突させるもので，スピン偏極した電子がターゲット原子の原子核で散乱するとスピン軌道相互作用によってその散乱強度は空間的に非対称になる．そのため対称位置に電子検出器を配置して両者の電流差を測定するとスピンが識別できる．一方，後者の VLEED 型ではターゲットに磁性表面を利用し，ここにスピン偏極した低速電子（例：6 eV）を衝突させる．スピン偏極した電子は磁性表面の遍歴電子系との交換相互作用の結果，磁性ターゲットの磁化方向に応じて電子検出器の散乱強度が変化する．

電子の散乱面内上方向を量子化軸にとり，それに対して平行なスピンをもつ入射電子数を $N_\uparrow$，反平行なスピンをもつ電子の数を $N_\downarrow$ とするとスピン偏極度は以下で定義される．

$$P = \frac{N_\uparrow - N_\downarrow}{N_\uparrow + N_\downarrow} \tag{10.153}$$

一方，スピン検出器の非対称性 A_s は，モット検出器では実際に観測される両側（上または up，下または down）の電子数 $N_{\text{up}}, N_{\text{down}}$ を用いて次のように表される．（VLEED 検出器ではターゲットの両磁化方向の電子数が対応する．）

$$A_s = \frac{N_{\text{up}} - N_{\text{down}}}{N_{\text{up}} + N_{\text{down}}} \tag{10.154}$$

スピン偏極度 P と非対称性 A_s は比例しており（$P = A_s/S_{\text{eff}}$），その比例係数は S_{eff} は有効シャーマン（Sherman）関数とよばれ検出器に固有である．$S_{\text{eff}}, N_{\text{up}}, N_{\text{down}}$ を用いると，スピン偏極度 P とスピン分解スペクトル $N_\uparrow, N_\downarrow$ はそれぞれ以下のように表される．

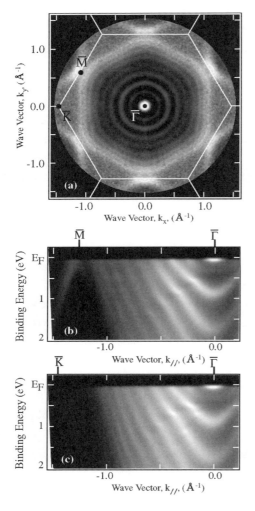
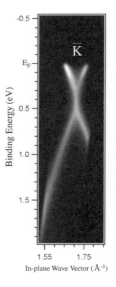

図 10.26 角度分解光電子分光測定によるバンドおよびフェルミ面マッピングの測定例[56]. 半導体 (Si) 基板上の作成した金属 (Ag) 超薄膜の (a) フェルミ面と (b,c) 対称軸に沿ったバンド分散図. 1つ1つのバンドは超薄膜内に閉じ込められた量子井戸状態に対応する.

図 10.27 角度分解光電子分光測定によるグラフェンのバンドマッピングの測定結果

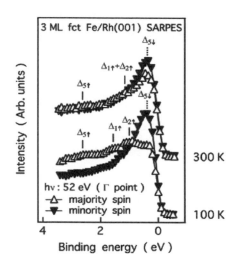

図 10.28 Rh(001) 表面上の 3ML-fct Fe 膜のスピン・角度分解光電子スペクトル (spin- and angle-resolved photoemission spectra, SARPES)[47]. 測定は KEK-PF BL-19A で実施された.

$$P = \frac{N_{\text{up}} - N_{\text{down}}}{S_{\text{eff}}(N_{\text{up}} + N_{\text{down}})} \tag{10.155}$$

$$N_\uparrow = (1 + P)(N_{\text{up}} + N_{\text{down}}) \tag{10.156}$$

$$N_\downarrow = (1 - P)(N_{\text{up}} + N_{\text{down}}) \tag{10.157}$$

図 10.28 はスピン・角度分解光電子スペクトル (spin- and angle-resolved photoemission spectra, SARPES) の例である. Rh(001) 表面上の 3ML-fct Fe 膜の Rh(001) 表面上の 3ML-fct Fe 膜はキュリー温度以下の 100 K では電子はスピン偏極し, majority spin と minority spin はそれぞれ異なる SARPES スペクトルを示す[47]. 図 10.29 はトポロジカル絶縁体のエッジ状態の SARPES の結果である.

(4) **内殻光電子分光** 先に説明したように, 内殻光電子分光を測定すると, 物質の構成元素そして化学状態を直接知ることができる. 例えば古くからデバイス材料の要として Si の化学結合状態が内殻光電子分光で調べられてきた. 図 10.30 のように, Si は隣接元素の種類によって価数が 0 価から 4 価まで変わり, Si 2p 内殻光電子スペクトルに分裂が明確に観測される[49].

(5) **共鳴光電子分光** 図 10.16(e) で紹介したように, 光電子分光の光エネルギーとして, 内殻準位と非占有準位のエネルギー差を選ぶと共鳴光電効果がおき, 元素の軌道に

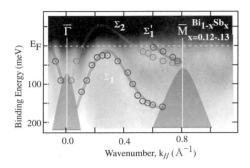

図 10.29 スピン・角度分解光電子分光測定で決定したトポロジカル絶縁体 $BiSb_x$ ($x = 0.12, 0.13$) のスピン偏極バンド構造[48]. 背景のグレースケールは ARPES の結果である. SARPES 測定で黒い線の丸と灰色線の丸で各バンドのスピンが区別された. SARPES 測定は KEK-PF BL-19A で実施された.

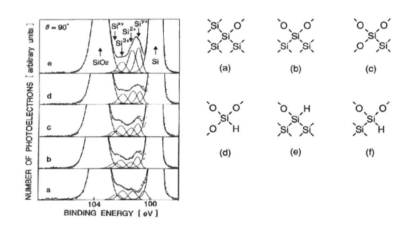

図 10.30 (a) SiO2/Si の Si 2p 内殻光電子スペクトル. (b) Si-SiO2 界面に存在しうる化学結合のモデル[49].

かかわる価電子状態が選択的に大きな光電子強度をもつ. 図 10.31 は $CeNi_2$ の Ce 3d-4f 遷移の共鳴光電子分光スペクトル (resonant photoemission spectra) である[50]. 励起光のエネルギーが 3d-4f 遷移に一致したとき (共鳴), 結合エネルギー 0 (フェルミ準位) で大きな光電子信号が得られる.

(6) 光電子回折 光電子分光実験と関係の深い現象である光電子回折について, 簡単にふれておく. 光電子過程ではその遷移マトリックスの終状態は厳密には真空中の電子であり, その電子は波として周囲の原子と散乱し回折現象を起こす. そのため図 10.32(a)

10.3 真空紫外—軟 X 線での物性実験

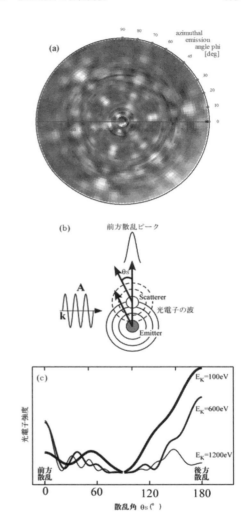

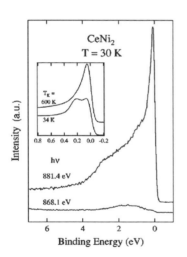

図 10.31 共鳴光電子分光スペクトル (resonant photoemission spectra) の例[50]．

図 10.32 光電子回折の様子．(a) 光エネルギー 1.2 keV で測定した Si 2p 準位（結合エネルギー～100 eV）の光電子の角度分布（X線光電子回折パターン）．(b) 光電子の波が回折を起こす様子．(c) 各電子の運動エネルギーにおける光電子強度の散乱角依存性．EDAC による計算[51]．

のように，内殻準位の光電子強度の角度分布を測定すると，光電子回折 (photoelectron diffraction, PED) パターンを得ることができる．光電子を放出する原子は emitter，電子散乱する原子を scatterer といい，一般的に図 10.32(b) のように scatterer 原子の方向に大きな光電子強度をもつ（前方散乱ピーク）．ただし，この散乱の様子は電子の運動エネルギーに大きく依存し，図 10.32(c) のようにエネルギーが大きいほど前方散乱が大きくなり，小さいほど後方散乱が起きやすくなる．少し専門的な言い方をすれば，前者は一回散乱の運動論的現象で，後者は後方散乱を含む多重散乱を考慮した動力学的現象である．このように，この回折パターンを調べることで emitter 原子まわりの原子構造を決定することができる．最近ではこの回折スポットにおいて分光測定を行うことにより，特定の原子を選択的に軟 X 線分光する研究が行われている（回折分光[52]）．

(7) 円偏光・スピン分解光電子分光実験　次の節で説明するように，円偏光を用いることで価電子の軌道角運動量（磁気量子数）を選択的に励起できる．したがって，円偏光励起とスピン分解光電子分光測定を同時に行えば，バンドの各波数ベクトルでのスピンおよび軌道角運動量についての偏極度を測定することができる[59]．

c. 光吸収（X 線吸収微細構造）

(1) X 線吸収微細構造　X 線吸収微細構造とは物質の非占有状態を直接調べることができる手法である．図 10.19 で説明したように特定のエネルギーに到達すると吸収が大きくなる．これは光エネルギーがある内殻準位の電子を励起するのに十分な大きさになったことに対応し，これは吸収端 (absorption edge) とよばれる．そのエネルギー位置は元素種に依存する．図 10.33 のように吸収端近傍には微細な構造があり，その X 線吸収分光法は X 線吸収微細構造 (X-ray absorption fine structure, XAFS) とよばれ，さらに吸収端から 30~50 eV までの領域を X-ray absorption near-edge structure (XANES) あるいは near-edge X-ray absorption fine structure (NEXAFS)，それから数百 eV までの範囲を extended x-ray absorption fine structure (EXAFS) と区別される．

ランベルト–ベールの法則に従う吸収分光法では，試料に入射する光の初強度 I_0 と試料を透過した光の強度 I を測定し，吸光度 $\mathrm{Abs} = -\log\left(\dfrac{I}{I_0}\right)$ を光のエネルギーまたは波長に対してプロットすることによって吸収スペクトルを描く．しかし，前述したように軟 X 線の物質に対する透過能が非常に小さいため，通常の測定では透過 X 線の強度を測定することが困難である．一方，物質は X 線を吸収して主に電子を放出し，その量は吸収量に比例する[*1]．そのため，試料から放出される電子の量を測定できれば，透過法が使えない試料でも軟 X 線吸収スペクトルを描くことができる（図 10.34）．このように電子をと

[*1] 光エネルギーによる電子励起が真空準位以下（光電子放出が起きない場合）でも，内殻準位から非占有軌道への遷移が起きれば，非弾性散乱によって 2 次電子が生じたり，内殻準位のホール緩和によってオージェ電子や蛍光が発生する．そのため真空準位以下の非占有状態の NEXAFS スペクトルが測定できる．

10.3 真空紫外—軟X線での物性実験

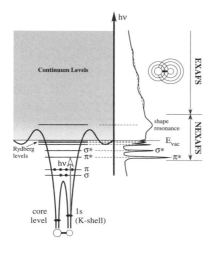

図 10.33 吸収端近傍における吸収スペクトルの様子

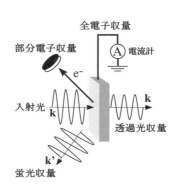

図 10.34 X線吸収分光実験の様子

らえる方法を電子収量（electron yield）法とよぶ．試料から放出される電子としては光電子の他にオージェ電子や2次電子があり，特定のエネルギーをもつ電子を選別する方法を部分電子収量（PEY: partial electron yield）法，エネルギーを選別しない方法を全電子収量（TEY: total electron yield）法，オージェ電子をとらえる方法をオージェ電子収量（AEY: Auger electron yield）法とよばれている．このうち，全電子収量法は，試料に流れる電流（試料電流またはドレインカレント）を測るだけで比較的簡単に全電子収量が得られるので，多くの軟X線吸収測定に利用されている．また，試料から放出される蛍光X線をとらえる全蛍光収量（TFY: total fluorescence yield）法もバルク敏感な手法として多用されている．

XAFSでは遷移マトリックスは始状態 $|i\rangle$ が内殻準位である．そして終状態 $|f\rangle$ は吸収端から高エネルギーへ順に物質の i) 非占有準位（σ^*,π^* などの反結合軌道，伝導帯など），ii) リュードベリ（Rydberg）状態，iii)（準）連続準位となっており，それぞれが各エネルギー範囲で異なるスペクトル形状を示す（図10.33）．

(2) NEXAFS

i) 終状態が非占有準位

終状態が分子軌道などの非占有状態では，その軌道対称性に依存したスペクトル変化を示す．直線偏光ベクトルと遷移モーメントのなす角 θ_{mol} に対して非占有準位のピーク強度は $\cos^2\theta_{mol}$ に比例する（双極子遷移）．例えば図10.17(a)のような表面分子吸着系の場合，$1s \to \sigma^*$ と $1s \to \pi^*$ の遷移モーメントはそれぞれ分子軸の沿った方向およびそれと直交する方向に向いているので，π^* および σ^* ピーク強度の偏光依存性から吸着分子内の各化

学結合軸の方向を特定することができる．また，これら空準位のピーク強度は準位の空具合を反映しており，強度減少の度合いから基板から吸着分子の基底状態への電荷移動量を推定することもできる．

図 10.35(a) は，グラファイト（HOPG, highly oriented pyrolytic graphite），カーボンナノチューブ（CNT, carbon nanotube），窒素含有カーボンナノホーン（N-CNH, N-carobon nanohorn）の炭素（C）および窒素（N）のK殻エネルギー領域における軟X線吸収スペクトルである[55]．吸収端近傍のピーク構造は各物質の非占有状態（π^*, σ^*）に対応している．炭素六角網面構造が積層して高い配向性を示すグラファイト（HOPG）について，試料面に対する放射光の入射角を変えながら測定した軟X線吸収スペクトルを図 10.35(b,c)に示す．HOPG では 285 eV の π^* ピークと 291 eV の σ^* ピークが入射角に対して著しく変化し，さらに逆の挙動を示すことがわかる．このことは π^* 軌道は $2p_z$ に対応するため面直方向に広がっているのに対し，σ^* 軌道は面内に広がっていることに対応する．別の例として図 10.36 に同様の六角網面構造の六方格子窒化ホウ素（h-BN）の窒素（N）のK殻軟

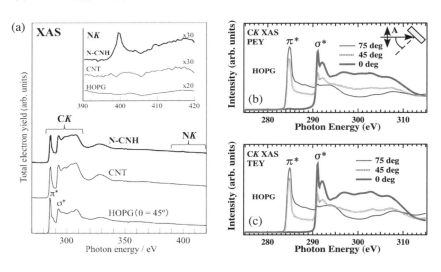

図 **10.35** (a) グラファイト（HOPG, highly oriented pyrolytic graphite），カーボンナノチューブ（CNT, carbon nanotube），窒素含有カーボンナノホーン（N-CNH, N-carobon nanohorn）の炭素（C）および窒素（N）のK殻エネルギー領域における軟X線吸収スペクトル[55]．(b) 光電子（部分電子）収量法で測定した HOPG のCK殻軟X線吸収スペクトルの入射角依存性．角度は面直方向を基準にしており，0 度は直入射，75 度は斜入射に対応している．(c) 全電子収量法で測定した HOPG のCK殻軟X線吸収スペクトルの入射角依存性．(b,c) の測定は SPring-8 BL27SU で実施された．

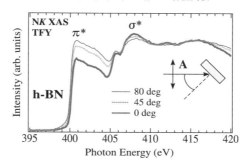

図 10.36 六方格子窒化ホウ素（h-BN）の窒素（N）の K 殻軟 X 線吸収スペクトルの入射角依存性．角度は面直方向を基準にしており，0 度は直入射，75 度は斜入射に対応している．測定は SPring-8 BL07LSU で実施された．

X 線吸収スペクトルの入射角依存性を示す．このように軟 X 線吸収スペクトルの入射角依存性測定から物質の配向性（または化学結合の方向）について分析することができる．

ii) 終状態がリュードベリ準位

イオン化準位近傍では，系統的にリュードベリ状態が存在する．そのため，その電子遷移によりこの準位間に対応したピークが現れる．

iii) 終状態が準連続準位

電離して物質がイオン化する際，電子は静電ポテンシャル場によって，イオン化閾値を超えたあたりの（準）連続準位での励起で電子が一時的にトラップされる．このとき，吸収断面積が増大し，その現象は一般的に形状共鳴（shape resonance）とよばれる．

(3) EXAFS

iv) 終状態が連続準位

連続準位に遷移した電子は光電子波として振舞い，X 線吸収原子および周囲の原子との間に散乱して干渉を起こす．すなわち，終状態は X 線吸収原子とその周囲の原子によって干渉し合った光電子波となる．エネルギースペクトルを波数に変換し，その変調構造 χ は一般的に以下のように表される．

$$\chi(k) \propto \sum_j N_j \frac{1}{kr_j^2} \exp\left(\frac{-2r_j}{\lambda(k)}\right) \sin(2kr_j + \delta) \tag{10.158}$$

その結果原子間（r）での光電子波の位相（kr）が変化し，吸収は以下の変調を受ける．これが EXAFS であり，この変調構造を解析することで吸収原子周辺の配位数 N や結合距離 r といった局所構造情報を得ることができる．$\chi(k)$ は sin 関数なので，EXAFS のフーリエ変換で動径分布関数に対応するものが得られるのも特徴である．

このようにこれら吸収微細構造は特定の元素（内殻電子）まわりの局所的な電子状態や

(4) 磁気円2色性,磁気線2色性　　X線吸収微細構造の測定として,円偏光を用いると磁性情報を取り出すことができる.光を物質に照射した場合,その左右の円偏光度(図10.37(a,b))や量子化軸に対する直線偏光度の向きに応じて吸収強度 (μ_+, μ_-) が変化し,これを2色性(dichroism)という.磁場に対するX線の2色性では,それぞれX線磁気円2色性(X-ray magnetic circular dichroism, XMCD)とX線磁気線2色性(X-ray magnetic linear dichroism, XMLD)とよばれる[37,54,57,59,60].XMCDはこの吸収強度の差

$$\Delta\mu = \mu_+(+\boldsymbol{B}) - \mu_-(+\boldsymbol{B}) \tag{10.159}$$

で定義され,ここで $\mu_+(\mu_-)$ とは入射X線の $+(-)$ ヘリシティ(helicity)のときのX線吸収強度である(図10.37(c)).XMCDは以下のようにある円偏光に対して印加磁場($\boldsymbol{B}$)の反転でも得ることができる(図10.37(d)).ここで量子化軸を $+z$ とし,入射光の波数ベ

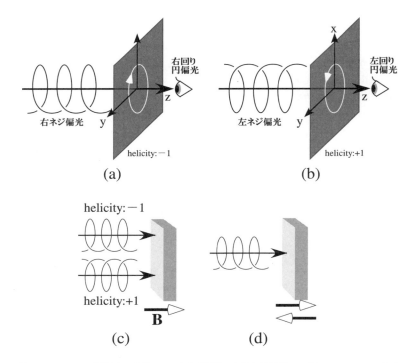

図 **10.37**　(a,b) 円偏光の定義.(a) 右ネジ偏光,右回り円偏光,ヘリシティ=-1.) 左ネジ偏光,左回り円偏光,ヘリシティ=$+1$.(c,d) XMCDの測定.(c) 円偏光の切換.(d) 印加磁場の向きの切換.

クトルも $+z$ にとり，磁場の向き $+\boldsymbol{B}$ を $-z$ 方向とする．するとオンサーガーの関係から以下が成り立つ．

$$\Delta\mu = \mu_+(+\boldsymbol{B}) - \mu_+(-\boldsymbol{B}) = \mu_-(-\boldsymbol{B}) - \mu_-(+\boldsymbol{B}) = \mu_-(-\boldsymbol{B}) - \mu_+(-\boldsymbol{B}) \quad (10.160)$$

次に実際に X 線円偏光が，X 線 2 色性を生むことをみてみる．図 10.38 のように，3d 金属の 2p-3d 遷移（L 端吸収）を考える．+ (−) ヘリシティの円偏光による遷移マトリックスは以下の式で与えられ，ここに 2p 状態における各スピンの占有状態を取り入れると，各状態間の遷移は図 10.38 のようになる[29]．

$$\sigma_+ \propto |\langle f | \boldsymbol{x} + i\boldsymbol{y} | i \rangle|^2 \quad (10.161)$$

$$\propto 3/2 \times (l + m_l + 2)(l + m_l + 1) \quad (10.162)$$

$$\sigma_- \propto |\langle f | \boldsymbol{x} - i\boldsymbol{y} | i \rangle|^2 \quad (10.163)$$

$$\propto 3/2 \times (l - m_l + 2)(l - m_l + 1) \quad (10.164)$$

すべての 3d が空状態のときは円偏光度，磁場の向きに対して強度に変化はしないが，3d 状態のスピンが不均一である場合は，磁気円 2 色性が生まれる．例えば図 10.38 の場合，まず一方のスピン状態（$m_s = 1/2$ の 3d 状態）がすべて埋まっていて，さらに他方のスピン状態（$m_s = -1/2$ の 3d 状態）に部分的に電子が詰まっていたとする．そして $m_s = -1/2$ の 3d 準位のうち，$m_l = 2, 1, 0, -1, -2$ に均等に電子が分布していれば（系の軌道磁気モーメントは 0），XMCD スペクトルは図 10.39(b) のようになるが，不均一に分布している（系に軌道磁気モーメントがある）場合は図 10.39(c) のようになる．このように磁気効果は円 2 色性を生み出し，さらに次の節で取り扱う総和則（sum rule）を用いた解析をすることで，物質のさまざまな磁気情報を直接取り出すことができる[54,57,59,60]．

一方，XMLD とは以下のように量子化軸を z として，それと平行方向の直線偏光による XAS スペクトル $\mu_{//}(\mu_0)$ と垂直方向の直線偏光による XAS スペクトル $\mu_\perp$ の差で定義される．

$$\mu_{//} - \mu_\perp = \mu_0 - \frac{\mu_+ + \mu_-}{2} \quad (10.165)$$

物質に磁場を印加するとその磁化軸が定まり，その結果磁気線 2 色性が生まれる．磁場の印加によって電子状態に異方軸が発生した場合，この軸と入射 X 線光の直線偏光ベクトルのなす角を α とすると $\cos^2\alpha$ の依存性をもつ．

(5) 磁気円 2 色性における総和則 XMCD スペクトルに総和則を適用することで，物質のスピン磁気モーメントと軌道磁気モーメントを決定することができる．ここでは Fe や Co などの 3d 金属を例に，内殻 2p 準位（L 殻）からの 3d 空準位への遷移における XMCD を取り扱う．

実際の物質の 2p 吸収端では 3d だけでなく 4s などの他準位への遷移も起きている．そ

702　　10. 光物性実験

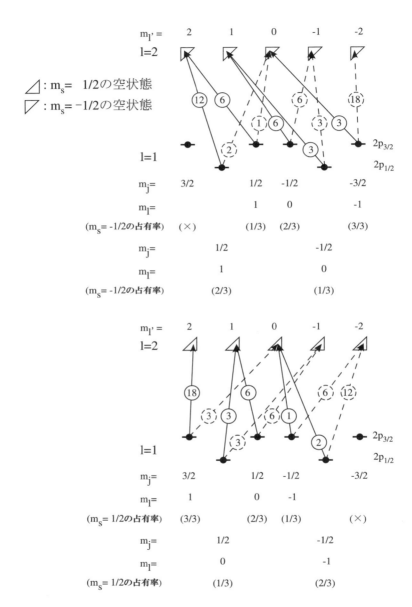

図 10.38　2p-3d 遷移の円偏光度依存性

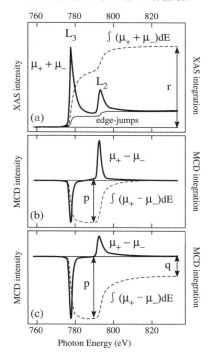

図 10.39 $L_{2,3}$-吸収端 (edge) の XAS および XMCD スペクトル（積分）と μ_+, μ_- の関係. p,q,r を求めるための各積分は (a) の edge-jump を含むバックグラウンドを引いてから行われる. (a)$L_{2,3}$-吸収端 (edge) の XAS スペクトルとその積分. (b) $L_{2,3}$-吸収端 (edge) の XAS スペクトルとその積分（軌道磁気モーメントが 0 の場合）. (c) $L_{2,3}$-吸収端 (edge) の XAS スペクトルとその積分（軌道磁気モーメントがある場合）.

のため，2p-3d 遷移での総和則を適用するにあたり，これら無関係な成分を取り除かなければならない．一般に 2p-連続帯遷移での吸収強度は階段的に起こるので，実験データの解析ではこれらの成分を取り除いてから行われる．その結果，2p-3d 遷移についてすべての偏光方向（試料の量子化軸に対して平行 1 方向 (z)，垂直 2 方向 (x,y)）に対する XAS スペクトル ($\mu_z + \mu_x + \mu_y = \mu_0 + \mu_+ + \mu_-$)，すなわち無偏光 XAS スペクトルの総和は以下で与えられる．

$$\int_{L_3+L_2} \mu(E)dE = \int_{L_3+L_2} \mu dE = \int_{L_3+L_2} \mu_0 + \mu_+ + \mu_- dE = \frac{C}{5}\langle 10 - n_{3d}\rangle \quad (10.166)$$

ここで C は双極子遷移マトリックスを含む定数で，積分は 3d の空準位の数 $\langle 10 - n_{3d}\rangle$ に比例する[37]．一方円 2 色性を積分すると $\langle L_z \rangle$ に比例する．なお，以下の実際の計算式は，

主要項のみで行われる[57]．

$$\int_{L_3+L_2}(\mu_+ - \mu_-)dE = -\frac{C}{10}\langle L_z \rangle \tag{10.167}$$

式 (10.167) を式 (10.166) で割れば定数 C を消去することができ，軌道モーメントに関する以下の総和則が得られる[57]．

$$\langle L_z \rangle = -\frac{\int_{L_3+L_2}(\mu_+ - \mu_-)dE}{\int_{L_3+L_2}\mu dE} \cdot 2\langle 10 - n_{3d}\rangle \tag{10.168}$$

一方，スピンモーメント $\langle S_z \rangle$ についても総和則が得られるが，少し複雑になる[58]．

$$\langle S_z \rangle = \frac{\int_{L_3}(\mu_+ - \mu_-)dE - 2\int_{L_3+L_2}(\mu_+ - \mu_-)dE}{\int_{L_3+L_2}\mu dE} \cdot \frac{3}{2} \cdot \langle 10 - n_{3d}\rangle - \frac{7}{2}\langle T_z \rangle \tag{10.169}$$

ここで T_z とは，電子のスピン-4 極子カップリング (spin-quadrupole coupling, magnetic-dipole coupling) $\boldsymbol{T} = \Sigma_i \boldsymbol{s}_i - 3\boldsymbol{r}_i(\boldsymbol{r}_i \cdot \boldsymbol{s}_i)/\boldsymbol{r}_i^2$ の z 成分である．もしこの総和則でスピンモーメントを決定する場合は，$\langle T_z \rangle$ を 0 と仮定するか，理論計算や他の実験で近似的にでも値を決めておかなければならない．

磁性を理解するうえで重要な物理量である軌道磁気モーメント (orbital magnetic moment) m_{orb} は $\langle L_z \rangle$ から $m_{\text{orb}} \equiv -\langle L_z \rangle \mu_B/\hbar$ と定義され，またスピン磁気モーメント (spin magnetic moment) m_{spin} は $\langle S_z \rangle$ と $m_{\text{spin}} \equiv -2\langle S_z \rangle \mu_B/\hbar$ と定義される．そして式 (10.168) と (10.169) の分母内（式 (10.165)）の直線偏光の XAS スペクトル μ_0 を $\mu_0 = (\mu_+ + \mu_-)/2$ と置き換えると[63]，m_{orb} と m_{spin} に対する以下の総和則が得られる．

$$m_{\text{orb}} = -\frac{4\int_{L_3+L_2}(\mu_+ - \mu_-)dE}{3\int_{L_3+L_2}(\mu_+ + \mu_-)dE}\langle 10 - n_{3d}\rangle \mu_B \tag{10.170}$$

$$m_{\text{spin}} = -\frac{6\int_{L_3}(\mu_+ - \mu_-)dE - 4\int_{L_2}(\mu_+ - \mu_-)dE}{\int_{L_3+L_2}(\mu_+ + \mu_-)dE}\langle 10 - n_{3d}\rangle \mu_B (1+\frac{7\langle T_z \rangle}{2\langle S_z \rangle})^{-1} \tag{10.171}$$

図 10.39 のように $\int_{L_3}(\mu_+ - \mu_-)dE$ を p，$\int_{L_3+L_2}(\mu_+ - \mu_-)dE$ を q とすると，XMCD のスペクトルから直接 m_{orb} と m_{spin} の比を求めることができる．

$$\frac{m_{\text{orb}}}{m_{\text{spin}}} = \frac{2q}{9p - 6q} \tag{10.172}$$

ここで，総和則中の $\frac{\langle T_z \rangle}{\langle S_z \rangle}$ は無視した．というのは，第一原理計算により Fe や Co の結晶ではこの項は全体の -0.3% ほどしか寄与しないからである[37]．さらに図 10.39 のように XAS スペクトルから吸収端での階段的なスペクトル形状 (edge-jump) を差し引いたものの積分を r とすると，左右円偏光のスペクトル μ_+ と μ_- から得られる XAS$(\mu_+ + \mu_-)$ と XMCD$(\mu_+ - \mu_-)$ スペクトルから，m_{orb} と m_{spin} をそれぞれ決定することができる（n_{3d}

は他の実験または理論的方法で求めておく必要がある). 図 10.39 に $L_{2,3}$-吸収端 (edge) の XAS および XMCD スペクトル (積分) と μ_+, μ_- の関係を示す. 図中の各積分値 p, q, r から $m_{\rm orb}$ と $m_{\rm spin}$ を以下の関係式から求めることができる.

$$m_{\rm orb} = -\frac{4q}{3r}\langle 10 - n_{3d}\rangle \mu_{\rm B} \tag{10.173}$$

$$m_{\rm spin} = -\frac{6p - 4q}{r}\langle 10 - n_{3d}\rangle \mu_{\rm B} \tag{10.174}$$

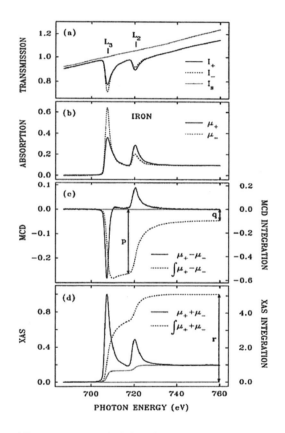

図 10.40 Fe 試料における $L_{2,3}$-吸収端 (edge) の XAS および XMCD スペクトル (積分). (a) 実験で得られた透過スペクトル, (b) (a) から求めた XAS スペクトル, (c) XMCD スペクトルとその積分, (d) XAS スペクトルとその積分[63]. p, q, r を求めるための各積分は (d) の edge-jump を含むバックグラウンド (two-step-like function) を引いてから行われる.

図 10.40 は Fe 試料における $L_{2,3}$-吸収端 (edge) の XAS および XMCD スペクトル（積分）です. この実験結果を総和則から Fe(bcc) は $m_{\text{orb}}/m_{\text{spin}} = 0.043$, $m_{\text{orb}} = 0.085\mu_{\text{B}}/atom$ と $m_{\text{spin}} = 1.98\mu_{\text{B}}/atom$ と求められる[63].

10.3.3 発　　光
a. X 線発光分光

X 線発光分光法では，放射光ビームラインなどの分光器で単色化された X 線を試料に入射し，そして試料からの発光 X 線を発光分光器で分光してそのスペクトルを測定する（図 10.41）[65〜68]. この方法では，手段に応じて物質中の電子の占有，非占有状態をとらえることができる．また，光を励起と検出に用いるので，光電子分光法などと比べてより物質内部の情報を取り出せるだけでなく，真空下でなくても，また電場や磁場などの外場中でも測定可能である．

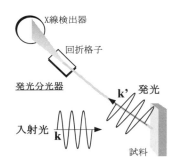

図 **10.41**　発光分光測定配置．一般的な発光分光器は回折格子と検出器から構成される．

(1) X 線蛍光分光法　　放射光による典型的な炭素化合物（図 10.35 と対応する）の C K 端 X 線発光スペクトルを図 10.42 に示す．これは選択則に従って 2p 軌道電子が 1s 空孔に遷移するときに放出される軟 X 線のエネルギー分布であり，基本的に 2p 軌道の電子状態（σ 軌道，π 軌道）を反映している．このように軟 X 線発光スペクトルから占有軌道の電子状態や化学状態に関する状態分析ができ，主に指紋分析として利用されている．もう 1 例として図 10.43 に六方格子窒化ホウ素（h-BN）の窒素（N）K 殻吸収端における超高分解能共鳴軟 X 線発光スペクトルを示す[70]．横軸のエネルギーは弾性散乱ピークを基準にしており，スペクトル形状は h-BN のバンド構造におけるバンドエッジのエネルギー位置に対応している．

(2) 非弾性散乱（X 線ラマン散乱）　　放射光などの連続光源を用いると励起エネルギーを吸収端近傍で変化させながら軟 X 線発光スペクトルを測定できる．その結果，通常の蛍光 X 線ではなく軟 X 線ラマン散乱現象もとらえることができる（図 10.16(h)）．図

10.3 真空紫外—軟 X 線での物性実験

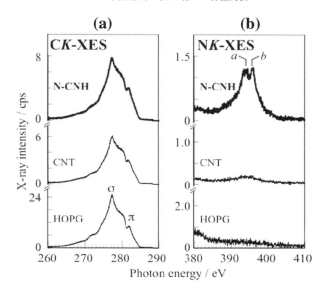

図 10.42 グラファイト（HOPG, highly oriented pyrolytic graphite），カーボンナノチューブ（CNT, carbon nanotube），窒素含有カーボンナノホーン（N-CNH, N-carobon nanohorn）の (a) 炭素および (b) 窒素の K 殻の軟 X 線発光スペクトル[55]．励起光のエネルギーはそれぞれ 320 eV と 430 eV である．

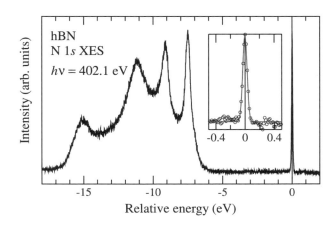

図 10.43 六方格子窒化ホウ素（h-BN）の窒素（N）の K 殻軟 X 線発光スペクトル．吸収端に励起光を合わせた共鳴条件で測定している．横軸は弾性散乱ピーク（挿入図）を基準にしている．測定は SPring-8 BL07LSU で実施された[70]．

10.16(h) は,共鳴励起した際の発光過程を模式的に示したものである.図 10.16(c) と異なり,発光が起こる際に光を吸収して遷移した電子が残っているので吸収と発光が一体の過程 (**A**2 の次の過程) となる.これは"(共鳴) 軟 X 線ラマン散乱"とよばれ,図 10.16(c) の蛍光過程と区別される.可視光レーザーを用いたラマン散乱が振動励起探知に優れているように,この X 線のラマン散乱では価電子励起をとらえることができる.そこで,弾性散乱 (レイリー散乱) のエネルギー位置を原点とすると,図 10.44(a) のようにロスエネルギー (ラマンシフト) に対する発光スペクトルが得られる.蛍光成分のピークは励起エネルギーに合わせてシフトするが,ラマン成分はシフトしないので,その区別をつけることができる.実際の例として図 10.44(b) にさまざまな励起エネルギーで測定した TiO_2 (ルチル型) の Ti L 端"共鳴"吸収&発光スペクトル[69] を示す.ラマンシフト表示の発光スペクトルでは励起エネルギーに依存しないラマン成分がいくつか確認できる.例えば弾性散乱から 14 eV のところにあるラマン散乱は O 2p 軌道と Ti 3d 軌道が混ざってできた結合状態と反結合状態の間の電子遷移に対応する.

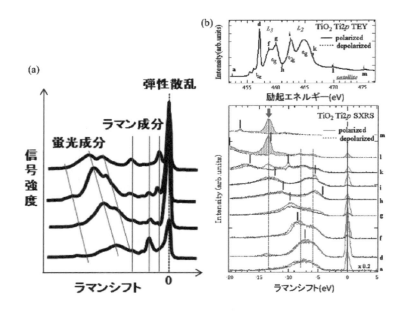

図 **10.44** (a) 共鳴励起発光の共鳴発光スペクトルのラマンシフト表示. (b) TiO_2 の Ti 2p 共鳴発光スペクトル[69].

10.3.4 より高度な実験
a. 超高分解能測定

(1) 超高分解能光電子分光 光電子分光法とは10.3.2項のとおり，物質の電子状態を直接調べることができる強力な物性測定法である．このエネルギー分解能を向上させる，ということは超伝導ギャップなどの微細な電子構造の観測も可能となり，その結果物質中の電子間相互作用が起こすさまざまな特異な物性の本質に迫ることができる．光電子分光装置のエネルギー分解能 ΔE は一般的に光源のエネルギー分解能 ΔE_{light} と電子分析器の分解能 ΔE_{ana} を用いて以下のように表される．

$$\Delta E = [(\Delta E_{\text{light}})^2 + (\Delta E_{\text{ana}})^2]^{1/2} \tag{10.175}$$

すなわち，エネルギー分解能向上のためには光源と電子分析器両者を総合的に考える必要がある．例えば，代表的な真空紫外光源であるヘリウム放電管では He Iα 共鳴線（$h\nu = 21.2$ eV）ではその自然幅 1.1 meV が ΔE_{light} に相当する．波長を連続的に可変できる放射光光源では ΔE_{light} はビームライン分光器の性能で決まり，高分解能に設計された真空紫外線ビームラインでは ΔE_{light} は 1 meV に達している[71]．またレーザー光源では非線形光学結晶 KBe$_2$BO$_3$F$_2$ (KBBF) を用いたもの（$h\nu = 7$ eV）では自然幅は 260 μeV となり，現在エネルギー分解能 ΔE_{light} が最もよい[72,73]．図10.45に装置の概略を示す[72,73]．一方，電子分析器は高分解能仕様として大型の半球型のものや飛行時間型のものが開発されており，その分解能 ΔE_{ana} は数百 μeV である．このように現代の光電子分光技術では装置性能上は $\Delta E =$ 数百 μeV での光電子分光測定が可能であるが，実際の測定では熱揺

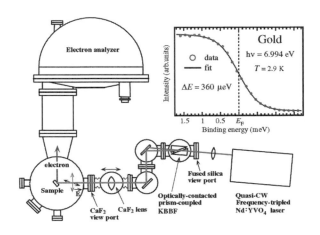

図 **10.45** 超高分解能光電子分光の測定システム[72,73]．挿入図はフェルミ準位近傍における金のスペクトルである．

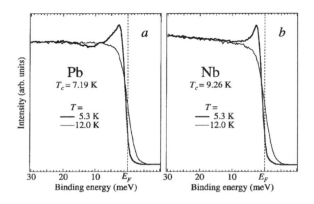

図 10.46 (a) Pb と (b) Nb の超伝導転移における超高分解能光電子分光スペクトルの変化[74]

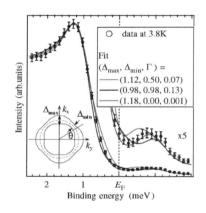

図 10.47 CeRu$_2$ 超伝導ギャップの超高分解能光電子分光スペクトル[72]

らぎの効果があるため，この熱エネルギーを少なくとも ΔE 以下に抑える必要がある．そのため，超高分解能測定では低温での測定が不可欠となり，現在のところ 1.8 K において $\Delta E = 150~\mu\text{eV}$ が記録されている．図 10.46 は Pb と Nb の超伝導転移前後のスペクトル変化である[74]．金属のフェルミ端のスペクトル形状が転移温度以下で超伝導ギャップを形成する様子が確認できる．また図 10.47 は CeRu$_2$ の測定例である．この物質の超伝導はフェルミ面の方向によってギャップの大きさが変化する異方性が確認できる[72]．

(2) 超高分解能発光分光 （軟）X 線発光分光では 10.3.3 項のとおり蛍光過程と非弾性散乱過程と 2 種類が存在し，いずれも物質の電子状態を測定する方法であり，特に

後者において共鳴効果を利用すると,元素および電子軌道選択的になる(共鳴非弾性散乱).発光分光測定の分解能を向上させるためには,入射光のエネルギー分解能をよくし,試料に照射するスポットサイズも小さくし,さらにX線発光分光器を大きくすればよい.しかし,分光器を大きくすれば検出立体角が著しく小さくなるため,信号強度の不足により測定自身が困難となる.しかしながら近年の高輝度放射光光源の誕生によりエネルギー分解能は100 meV前後まで向上してきた[75].そのため,発光分光においても物質中での振動励起(フォノン),スピン励起(マグノン),軌道秩序励起(オービトン)などの素励起の検出が可能となってきた(図10.48).

図10.49(左)は,La_2CuO_4 (LCO) のCu L_3-吸収端における共鳴非弾性散乱スペクトルである[76].弾性散乱ピーク(A)に対する非弾性ピークとして(B)シングルマグノン,(C)

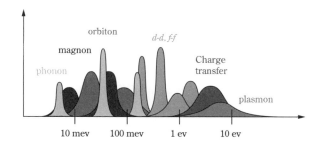

図 **10.48** 物質中の各素励起におけるエネルギーダイアグラム.eV-オーダーではプラズモン(plasmon),電荷移動(charge transfer),d-d (f-f) 準位間遷移が測定され,meV-オーダーではオービトン(orbiton),マグノン(magnon),フォノン(phonon)の励起が観測される.

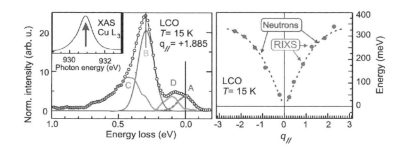

図 **10.49** (左) La_2CuO_4 (LCO) のCu L_3-吸収端における共鳴非弾性散乱スペクトル[76].各ピークは (A) 弾性散乱,(B) シングルマグノン励起,(C) マルチマグノン励起,(D) 光学フォノン励起に対応する.(右) シングルマグノンエネルギーの散乱運動量依存性[76].点線は中性子・弾性散乱より得られた結果.

マルチマグノン，(D) 光学フォノンピークが確認できる．このうち，シングルマグノンのエネルギー位置を，散乱波数に対してプロットすると図 10.49(右) のようになる．点線は非弾性中性子散乱の結果であり，放射光で測定された共鳴非弾性散乱のものとよく一致する．マグノンなどの検出はこれまで中性子ビームを用いた実験が実施されてきたが，このように高分解能化によって放射光実験でも実現できるようになった．放射光光源では試料上の光のサイズは一般的に数十 μm 以下にすることができるため，今後微小試料での実験において本手法が活躍すると期待される．

(3) 時間分解 VUV-SX 分光測定　事象は時々刻々と変わっている．そのため，その時間変化をリアルタイムで追跡観測することは物性の理解をするうえで重要であることはいうまでもない．われわれが実感できる秒時間の変化を対象としても時間構造は階層的であり，各時間スケールにおいてそれぞれ特有の時間変化が存在する．VUV-SX を用いれば，元素，電子状態 (化学状態) や原子構造の時間変化を直接調べることができることになる．

図 10.50 は，その一例として光触媒反応・光起電力効果における光照射後ナノ秒までの各過程での時間変化をまとめたものである[77]．一般的にはフェムト秒パルスの光で系を電子励起で促した場合，キャリアのエネルギー変化はフェムト秒の時間スケールで電子-電子間相互作用が発生し，それとともに電子系から格子系へとエネルギーが移る．そしてピコ

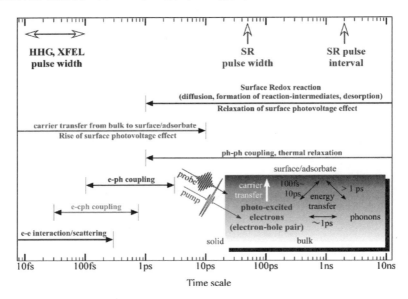

図 **10.50**　光触媒反応・光起電力効果における各過程の時間変化[77]．

10.3 真空紫外—軟 X 線での物性実験

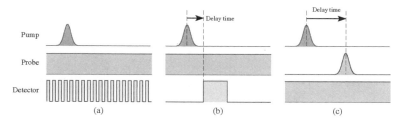

図 10.51 時間分解測定の方法．(a) ポンプ (pump) がパルス光，プローブ光 (probe) が連続，検出器 (detector) が十分に高い繰返し周波数を有しているケース．(b) ポンプ (pump) がパルス光，プローブ光 (probe) が連続，検出器 (detector) は指定した遅延時間で信号検出を行うケース．(c) ポンプ (pump) がパルス光，プローブ光 (probe) がパルス，検出器が連続のケース．ポンプ-プローブ法．

秒のオーダーから格子間相互作用や熱緩和が発生する．一方，半導体系では物質内部で発生した光励起キャリアが表面へ輸送するまでフェムト秒の時間がかかり，そのあとピコ秒以上の時間スケールで光起電力の緩和や光化学反応が進行する．現状ではこのような非平衡過程は three-temperature model などの実験データに基づく現象論的な動的モデルが使用されている．各時間スケールにおける動的変化を再現する詳細なメカニズム解明には，今後時間分解密度汎関数法などの計算方法に期待が寄せられる．

　動的現象をリアルタイムで追跡する時間分解測定は，一般的に動的現象を引き起こすトリガー（ポンプ，pump）と，その後の時間変化を追跡するプローブ光 (probe)，そしてプローブ光信号の検出器 (detector) から構成される．図 10.51 は時分割測定における 3 者の関係を示しており，3 つの方法に分類される．1 つ目 (a) はプローブ光が連続的であり，ポンプがパルス，そして検出器として高い繰返し周波数を有しているケースである．この場合，検出器自身が各時刻におけるデータ収集を行うことで，プローブ光信号の時間変化をとらえることができる．2 つ目 (b) はプローブ光が連続，ポンプがパルス，そして検出器の周波数がポンプ光の周波数よりも低いケースである．ポンプと検出のタイミングを調整して，各時刻におけるプローブ光信号の検出を行う．3 つ目 (c) は，プローブ光とポンプが両者がパルスで，検出器は常時信号を検出している状態である．ポンプとプローブ光のタイミングを調整して，時分割測定を実施する．時間実験においていずれの方法をとるかは，各要素の時間分解能やプローブ光の信号強度などで選定される．一般的に検出器の時間分解能は高速でもナノ秒程度である．そのため，ピコ秒以下の時間分解能を要求する場合は 3 つ目 (c) の方法がとられる．この方法はポンプ-プローブ (pump-probe) 法とよばれる．

　このポンプ-プローブ法の一例として図 10.52 にフェムト秒パルスレーザー光をポンプとし，放射光をプローブ光をとした時間分解光電子分光測定システムを紹介する[78]．シリコ

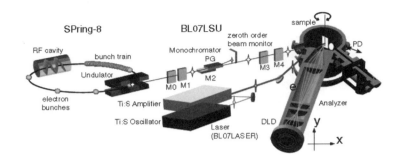

図 10.52 軟 X 線放射光とフェムト秒パルスレーザーを用いたピコ秒時間分解光電子分光システム[78]

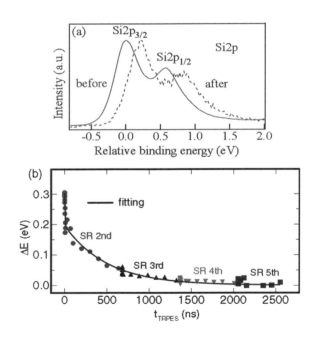

図 10.53 レーザー・ポンプ，放射光プローブの実験例：Si 半導体表面における光起電力効果の緩和過程[78]．測定は SPring-8 BL07LSU で実施された．

ンなどの半導体表面に光を照射すると起電力が発生する(表面光起電力効果).軟X線を用いた光電子分光法ではその様子をとらえることができ,図10.53(a)のようにレーザーパルス照射前後でSi 2p内殻準位のエネルギー位置が起電力の発生とともに変化する.そして一定時間を経て元の状態に戻る.この緩和過程について,時間分解光電子分光で得られたエネルギーシフトの時間依存性を図10.53(b)に示す.この実験では放射光パルス幅に対応する<50ピコ秒の時間分解能で測定されている.また,プローブ光として図10.9の放射光リングの時間構造をもとに684ナノ秒間隔で発生する複数の放射光パルスを利用し,1つのポンプ光に対して複数のプローブ光を用いている(one-pump, multi-probe method).

ポンプ-プローブ実験のもう一例として,高次高調波(High Harmonic Generation)レーザーを用いたものを紹介する[79].$h\nu = 60$ eV HHGレーザーはガスジェットへのレーザー照射によって発生する.時間分解の実験システムでは図10.54のようにプローブ光の元となるレーザーと同一のレーザーをポンプ光源として利用し,ポンプとプローブ光間の同期を合わせている.図10.55に実際の例として電荷密度波物質として知られるTaS_2の光誘起転移の時間分解光電子分光の実験を紹介する.レーザー照射に伴い電荷密度波状態が溶け,そして元に戻る過程におけるTaS_2のTa 4f内殻光電子スペクトルの変化である.光誘起転移後の緩和過程において振動現象が観測される.これは電荷密度波相の振動励起モードに対応し,それが直性検出できていることがわかる.　　　　　　　　　　　　　　[松田　巖]

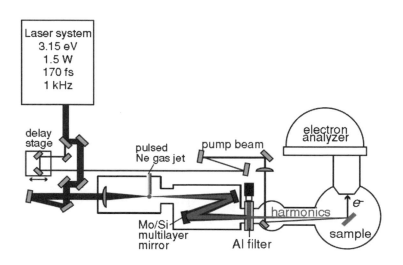

図10.54　フェムト秒パルスHHGレーザーを用いたフェムト秒時間分解光電子分光システム[79]

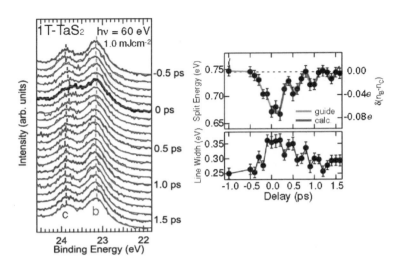

図 10.55 フェムト秒時間分解光電子分光測定例. TaS_2 の光誘起転移[79].

10.4 非線形光学

10.4.1 光パルスの伝搬

モード同期パルスレーザーから得られる光パルスは,ある幅をもったスペクトル領域において各スペクトル成分の電場が定まった位相関係(コヒーレンス)をもっている.法絡線がガウシアンとなる光パルスの電場波形は次式で与えられる[80].

$$\boldsymbol{E}(t) = \boldsymbol{E}_0 \exp\left[-\left(\frac{t}{\tau}\right)^2\right] e^{i\omega_0 t} \tag{10.176}$$

以降,$\boldsymbol{E}$ はスカラー量として E と表記することにする.フーリエ変換を次式で定義する.

$$\begin{cases} \hat{f}(\omega) = \dfrac{1}{\sqrt{2\pi}} \int f(t) e^{-i\omega t} dt \\ f(t) = \dfrac{1}{\sqrt{2\pi}} \int \hat{f}(\omega) e^{i\omega t} dt \end{cases} \tag{10.177}$$

このとき,スペクトル領域では上記のガウシアンパルスは以下のようになる.

$$\hat{E}(\omega) = E_0 \left(\frac{\tau}{\sqrt{2}}\right) \exp\left[-\left(\frac{\omega - \omega_0}{\Delta\omega}\right)^2\right] \tag{10.178}$$

$$\tau\Delta\omega = 2 \tag{10.179}$$

上の2番目の式は，時間幅とスペクトル幅の不確定性関係を表している．時間的に短い光パルスを発生させるためには，広い帯域にわたる光を発生する必要があるともいえる．

この光パルスが屈折率 $n(\omega)$ で与えられる媒質中を長さ z だけ伝搬したときの電場波形は，周波数領域で位相遅延 $\phi(\omega)$ を与えてからフーリエ逆変換することによって求められる．

$$\hat{\phi}(\omega) = \frac{\omega n(\omega)}{c} z \tag{10.180}$$

$$\hat{E}(\omega, z) = \hat{E}(\omega) e^{-i\hat{\phi}(\omega)} \tag{10.181}$$

伝搬に伴う位相遅延を中心周波数でテイラー展開する．

$$\hat{\phi}(\omega) = \hat{\phi}_0 + \hat{\phi}_1(\omega - \omega_0) + \frac{\hat{\phi}_2}{2}(\omega - \omega_0)^2 + \cdots \tag{10.182}$$

$$\hat{\phi}_0 = \hat{\phi}\Big|_{\omega=\omega_0}, \quad \hat{\phi}_1 = \frac{\partial \hat{\phi}}{\partial \omega}\Big|_{\omega=\omega_0}, \quad \hat{\phi}_2 = \frac{\partial^2 \hat{\phi}}{\partial \omega^2}\Big|_{\omega=\omega_0} \tag{10.183}$$

このとき，パルスの搬送波は $e^{i(\omega_0 t - \phi_0)}$ となるから，位相速度 v_ϕ および位相遅延時間 τ_ϕ は次式で与えられる．

$$v_\phi = \frac{\omega_0}{\hat{\phi}_0} z \tag{10.184}$$

$$\tau_\phi = \hat{\phi}_0 / \omega_0 \tag{10.185}$$

パルスの法絡線については，$A_{\text{out}}(t) = A_{\text{in}}(t - z/v_\text{g})$ から，

$$v_\text{g} = z / \hat{\phi}_1 \tag{10.186}$$

$$\tau_\text{g} = \hat{\phi}_1 \tag{10.187}$$

が得られる．ここで τ_g は群遅延時間である．位相遅延の2次以上の項は，パルスの瞬間周波数の変化（チャープ）に対応する．特に2次の項は瞬間周波数が時間あるいは周波数に対して線形に変化することに対応している．瞬間周波数 ω_i は，時間波形の位相 $\phi(t)$ に対して，次式のように定義される．

$$\omega_i(t) = \frac{\partial \phi}{\partial t} \tag{10.188}$$

10.4.2 摂動論的な非線形光学

a. 非線形分極

点電荷 q の，光に対する応答を考えてみよう．光は振動する電磁場であり z 方向へ進む単色平面波の場合，次式のように与えられる．

$$\boldsymbol{E} = \boldsymbol{e}_x E_0 \cos \omega t \tag{10.189}$$

$$\boldsymbol{H} = \boldsymbol{e}_y H_0 \cos \omega t \tag{10.190}$$

点電荷に働く力 $\boldsymbol{F}$ は，$\boldsymbol{F} = q\boldsymbol{E} + q(\boldsymbol{v} \times \boldsymbol{B})$ であるから，電場による力 $F_{\rm e}$ と磁場による力 $F_{\rm m}$ の比は次式のようになる．

$$\frac{F_{\rm m}}{F_{\rm e}} = \frac{v}{c} \tag{10.191}$$

したがって，電子の速度が光速に比べて十分小さい非相対論的な場合，電場による力のほうが磁場による力よりもはるかに大きい．例えば，電場による加速によって磁場成分が顕著に表れる光強度は 10^{18} W/cm^2 程度であるが，固体中に強いレーザー光を照射してプラズマ化する光強度は約 10^{11} W/cm^2 であり，これは光学材料の損傷閾値に相当する．固体材料を非線形媒質とした実験では，これよりも低い光強度のレーザー光が用いられることが多いので，非相対論的な電子の応答は妥当な近似であり，物質の光応答を考えるとき，光電場のみを考えればよいことがわかる．そこで以下では，光の電場に対する物質の分極応答のみを考える．

物質が入射した光電場に線形に応答する場合，物質中に誘起される分極 P は，$\boldsymbol{P} = \varepsilon \chi_{\rm e} \boldsymbol{E}$ と表される．集光されたレーザー光のように電場が非常に強くなると，高次の非線形性が分極に現れる．物質中に誘起される非線形分極は，次式のように摂動展開して表される．分極は一般にはテンソル量だが，次式は簡単のためスカラー量として表示している．

$$P = \varepsilon E = \varepsilon_0 \left[\chi^{(1)} E + \chi^{(2)} E^2 + \chi^{(3)} E^3 + \cdots \right] \tag{10.192}$$

例えば，2つの異なる振動数をもつ光電場が入射して，2次の非線形性 $\chi^{(2)}$ で誘起される分極を考えてみよう．

$$E_n(t) = E_0(\omega_n) \cos \omega_1 t = E_{0n} e^{i\omega_n t} + \text{c.c.} \quad (n = 1, 2) \tag{10.193}$$

このとき，2次の分極は以下のようになる．

$$P_{\rm NL}^{(2)} = \varepsilon_0 \chi^{(2)} \begin{bmatrix} E_{01}^2 e^{i2\omega_1 t} + E_{02}^2 e^{i2\omega_2 t} + 2E_{01}E_{02} e^{i(\omega_1 + \omega_2)t} \\ + 2E_{01}E_{02}^* e^{i(\omega_1 - \omega_2)t} \\ + E_{01}^* E_{01}^* + E_{02}^* E_{02}^* \\ + \text{c.c.} \end{bmatrix} \tag{10.194}$$

上式の右辺をみるとわかるように，入射した2つの光電場の周波数 ω_1, ω_2 に対して，和の周波数として $\omega_{\rm NL} = 2\omega_1, \omega_1 + \omega_2, 2\omega_2$，差の周波数として $\omega_{\rm NL} = \omega_1 - \omega_2, 0$ が現れていることがわかる．周波数の「足し算」は和周波発生（自分自身の和周波発生は，2倍波発生），周波数の「引き算」は差周波発生（自分自身の差周波発生では，光整流）と呼ばれる．このように，物質の非線形応答を用いることによって，元の周波数と異なる周波数の光を

発生することができる．また，このような物質の非線形を利用して，光の電場波形を制御したり，精密な計測を行うことができる．このような光科学の一分野は，非線形光学とよばれている．

非線形分極 P_{NL} を用いて，電場の波動方程式は次式のようになる．ここで，μ, ε は線形応答に対応する透磁率および分極率である．

$$\nabla^2 \boldsymbol{E} - \mu\varepsilon \frac{\partial^2 \boldsymbol{E}}{\partial t^2} = \mu \frac{\partial^2 P_{\mathrm{NL}}}{\partial t^2} \tag{10.195}$$

この非線形伝搬の波動方程式において，光パルスの法絡線が搬送波の振動に対してゆっくり変化しているという近似（slowly varying envelope approximation, SVEA）を適用すると，時間領域における非線形伝搬方程式を導くことができる．

$$\frac{\partial A(z,t)}{\partial z} + \frac{1}{v_{\mathrm{g}}} \frac{\partial A(z,t)}{\partial t} = -\frac{i\omega\mu_0 c}{2n} P_{\mathrm{NL}}(z,t)(\hat{\boldsymbol{e}} \cdot \hat{\boldsymbol{p}}) e^{ik_0 z} \tag{10.196}$$

ここで，$A(t)$ は入射した光電場の法絡線関数，v_{g} は法絡線関数の進行速度（光パルスの群速度），P_{NL} は誘起された非線形分極である．

b．2 次の非線形光学効果

非線形分極の原因として，電場振幅の 2 次の効果を考えてみよう．

$$P_{\mathrm{NL}}(z,t) = \varepsilon_0 \chi^{(2)} E^2(z,t) \tag{10.197}$$

また，角周波数 $\omega_0, 2\omega_0$ の伝搬する波を考える．

$$E(z,t) = \frac{1}{2} \left[A_\omega(z) e^{i(\omega_0 t - k_\omega z)} + A_{2\omega}(z) e^{i(2\omega_0 t - k_{2\omega} z)} + \text{c.c.} \right] \tag{10.198}$$

このとき，$\Delta k = k_{2\omega} - 2k_\omega$ と $\chi^{(2)} = 2d_{\mathrm{eff}}$ を用いて，次式のような結合方程式が導かれる．

$$\frac{\partial A_\omega}{\partial z} = -i \frac{\omega_0 d_{\mathrm{eff}}}{n_\omega c} A_{2\omega} A_\omega^* e^{-i\Delta k z} \tag{10.199}$$

$$\frac{\partial A_{2\omega}}{\partial z} = -i \frac{\omega_0 d_{\mathrm{eff}}}{n_{2\omega} c} E_\omega^2 e^{+i\Delta k z} \tag{10.200}$$

ここで $n_\omega, n_{2\omega}$ は，角振動数 $\omega, 2\omega$ での屈折率である．また，上式は 2 つの波が実効的な非線形係数 d_{eff} を介してエネルギーのやりとりをしながら伝搬する様子を表している．

特に，$n_\omega = n_{2\omega}$ のとき，$\Delta k = 0$ となる．この条件は位相整合とよばれ，効率的な波長変換を行ううえで重要な条件である．このとき，伝搬に伴う電場振幅は以下のようになる．

$$A_\omega(z) = A_\omega(0) \mathrm{sech}[\kappa A_\omega(0) z] \tag{10.201}$$

$$A_{2\omega}(z) = -i A_\omega(0) \tanh[\kappa A_\omega(0) z] \tag{10.202}$$

$$\kappa = \frac{\omega_0 d_{\mathrm{eff}}}{cn} \tag{10.203}$$

この解は，伝搬距離が十分長いと，入射した基本波（角振動数 ω_0）はほとんど2倍波（角振動数 $2\omega_0$）へ変換できることを示している．一方，$\Delta k \neq 0$ の場合，基本波のエネルギーが2倍波へ変換するが，ある程度進むと，異なる場所で発生した2倍波が打ち消し合うように干渉しはじめる．その結果，2倍波を効率的に発生させるための最適な伝搬距離があることが示される．この伝搬距離は，コヒーレント長とよばれる．

また，基本波の強度が一定で，2倍波の強度が十分小さい領域では，2倍波の強度 $I_{2\omega}$ は，基本波の強度 I_ω と伝搬距離 L に対して，$I_{2\omega} \propto I_\omega^2 L^2$ となっている．

一般に，2次の光学過程は反転対称性のない媒質においてのみ起こりうる．2次の分極 $P_{\rm NL}^{(2)}$ は次式で与えられるが，

$$P_{\rm NL}^{(2)} = \varepsilon_0 \chi^{(2)} E^2 \tag{10.204}$$

反転対称性のある系では電場の反転 $E \to -E$ という操作に対して分極が反転し，$P_{\rm NL} \to -P_{\rm NL}$ となる．その結果，$\chi^{(2)} = 0$ となり，偶数次の非線形光学現象は起きない．偶数次の非線形現象（特に2次の非線形性を利用した波長変換）では，反転対称性をやぶる構造をもつ結晶が広く用いられている．効率的な波長変換を実現するためには，結晶の複屈折を利用して位相整合をとることが広く行われている．また，表面や界面では結晶構造の反転対称性が破れているため，2次の非線形効果が現れる．表面での2倍波発生から，表面での触媒反応，吸着した分子の量や配向，表面電子準位などを測定する分光法も広く用いられている．

c. 3次の非線形光学効果

次に，非線形分極の原因として，電場振幅の3次の効果について考えてみよう．

$$P_{\rm NL}(z,t) = \varepsilon_0 \chi^{(3)} E^3 \tag{10.205}$$

とくに2次の非線形応答のない反転対称性のある系の場合，誘起される全分極は次式のようになる．

$$P = \varepsilon_0 \left(\chi^{(1)} E + \chi^{(3)} E^3 \right) \tag{10.206}$$

このとき，媒質中の電束密度 D は $D = \varepsilon_0 E + P = \varepsilon E$ であり，屈折率 n は $n^2 = \varepsilon / \varepsilon_0$ であることから，屈折率は次式のように与えられる．

$$n = \left(1 + \chi^{(1)} \right) + \chi^{(3)} E^2 \equiv n_0 + n_2 I \tag{10.207}$$

ここで，n は光強度が弱いときの屈折率であり，n_2 は光強度が高いときの $\chi^{(3)}$ による屈折率の増大に対応し，非線形屈折率とよばれる．非線形屈折率は多くの光学材料で正となり，合成石英では $2 \times 10^{-20} [{\rm m}^2/{\rm W}]$ 程度である．

強度の高いレーザー光を集光した場合，ビームの中心部は周辺部と比べて強度が高いた

め，非線形屈折率 $n_2(>0)$ によってビームの中心部の位相は周辺部にくらべて遅れる．それにより波面が湾曲し，ビームがさらに強く集光される現象があり，自己収束（self focusing）と呼ばれる．自己収束は高強度レーザー光を用いた実験において光学素子の損傷の主要な原因となる．また，自己収束とビームの回折による発散がバランスすることによって，集光されたレーザーパルス光がビーム径を一定に保ちながらレイリー長以上に伝搬する現象は，チャネリング（channeling）あるいはフィラメンテーション（filamentation）などとよばれており，レーザー光の波長変換に応用されている．

次に，強度の高いレーザー光がパルス的になっている場合を考えてみよう．入射パルスの電場波形が式 (10.176) のようなガウス型として，自己収束が無視できる程度の薄い媒質（厚さ z）を伝搬したとき，出射パルスの電場波形は

$$E_{\mathrm{out}}(t) = E_0 \exp\left[-\left(\frac{t - z/v_\phi}{\tau}\right)^2\right] e^{i\omega_0 t - ikz} \tag{10.208}$$

となる．ここで，v_ϕ は角周波数 ω_0 での位相速度である．波数 k は，$k = \omega n/c$ であり，非線形屈折率を考慮すると出射パルスの位相 ϕ と，瞬間周波数 ω_i は次式のようになる．

$$\phi(t) = \omega_0 t - \frac{\omega_0 z}{c}\left[n_0 + n_2 I(t)\right] \tag{10.209}$$

$$\omega_i = \frac{\partial \phi}{\partial t} = \omega_0 \left(1 - \frac{n_2 z}{c}\frac{\partial I}{\partial t}\right) \tag{10.210}$$

これより $n_2 > 0$ の場合，パルスの前端部（$\partial I/\partial t > 0$）では瞬間周波数が低周波数側へシフトし，後端部（$\partial I/\partial t < 0$）では高周波数側へシフトすることがわかる．このようなパルス内の光強度の急速な変化に伴う位相シフトは自己位相変調（self phase modulation）とよばれており，超短パルスのスペクトル幅を広帯域化するのに広く応用されている．また，瞬間周波数が時々刻々変化しているパルスはチャープパルスと呼ばれる．チャープパルスに適切な分散をあたえることによって，瞬間周波数が変化しないパルスを発生することもできる．そのようなパルスはフーリエ限界パルス（transform limited pulse）とよばれており，与えられたスペクトル形状に対して最短の時間幅を与える．

d. 非線形光学の応用

非線形光学の応用として最も重要な分野は波長変換である．特に，2次の非線形効果は反転対称性の破れた光学結晶を用いることによって，高次の非線形応答とくらべて大きな分極を生成することができる．また，光学結晶中の複屈折を利用することによって，伝搬する異なる波長の光の位相速度を等しくすることによって効率的な波長変換を実現できる．入射光の2倍の周波数の光を発生する2倍波発生がその代表例であるが，2つの光波の和の周波数を発生させる周波数混合，差周波発生による長波長光の発生や光整流など，テラヘルツから紫外域をカバーする波長変換が可能である．また，3次の非線形性に基づく自己位相変調は入射光のスペクトル幅を拡大できるため，コヒーレントな白色光発生やより

短い光パルスを発生させるパルス圧縮に広く用いられている．特に，可視域において非線形性を利用した超短パルス発生技術が発展しており，電場振動の数サイクルで構成される超短光パルスの発生が実現している．可視域における超短光パルスの時間幅は 10 フェムト秒程度（$\sim 10^{-14}$ 秒）であるため，光励起に伴う電子移動や格子振動に伴う超高速現象を時間分解測定することが可能となっている．

近年では，パルス幅の短縮だけでなく，レーザーパルスの高強度化も飛躍的に進歩している．たとえば，テーブルトップ規模の装置で 1 TW（10^{12} W）を越えるピーク出力のレーザーパルスが容易に得られるようになっており，光強度として 10^{15} W/cm^2 を越える高強度光電場が実現できる．そのような高強度光電場中では，原子や分子はトンネルイオン化し，さまざまな興味深い応答を示す[81]．例えば，高次高調波発生とよばれる現象では，高強度光電場中でイオン化した原子や分子が電子と再結合する際に，コヒーレントな短波長光を発生する．この短波長光の波長域は真空紫外から軟 X 線に及ぶため，レーザーを用いた軟 X 線分光やアト秒領域（1 アト秒 = 10^{-18} 秒）の超高速分光[82]が期待されている．

[板谷治郎]

10.5　ヘテロ構造・ナノ構造デバイス光科学

10.5.1　はじめに

1969 年の江崎らの超格子構造の提案や，1970 年代の分子線エピタキシー（MBE）法などヘテロ構造薄膜エピタキシャル成長法の開発発展により，半導体物理学は飛躍的発展を遂げた[83,84]．エピタキシャル成長とは，下地の結晶に格子を合わせて結晶成長を行うことを意味し，この方法を用いると，単結晶ウエハー基板の上に，供給する材料の種類や組成を切り替えながら順次薄膜形成を行うことができる．こうして作製される構造は，異なる材料の積層構造（ヘテロ構造）でありながら，結晶格子としては単結晶となる．天然には存在しないこのような系は，人造物質，エンジニアードマテリアルなどともよばれる．これらの人造物質に，pn 接合やオーミック・ショットキー接合，ゲート構造，光導波路，光共振器などの半導体デバイス形成技術が融合し，ナノ構造・ヘテロ構造デバイス物理・科学の研究が盛んに行われた．

1980 年代には，エピタキシャル成長技術がさらに発展し，結晶の純度や，異種材料の界面（ヘテロ界面）の急峻性・平坦性が向上し，量子井戸・超格子・トンネル障壁などの顕著な量子効果デバイスの研究が進み，さらに，変調ドーピング，FET 構造，高移動度 2 次元電子系形成などの手法が実現され半導体ヘテロ構造デバイスの物理は劇的な進歩を遂げた[85]．また，より低次元の 1 次元・0 次元電子系への関心が高まり[86]，微細加工技術や選択成長・ファセット成長法などの手法の開拓と共に研究が進んだ．

これらとほぼ同時期に，モード同期超短パルスレーザーを中心とした光科学の発展があっ

た[87]．色素やチタンサファイアを用いた ps・fs レーザー，ポンププローブ分光，四光波混合分光などの超高速コヒーレント非線型分光，THz 光発生および分光などが急速に発展し，その適用対象として最適な 800 nm 波長帯に遷移エネルギーをもつ GaAs 系ナノ構造・ヘテロ構造光デバイスの基礎研究が著しく進んだ．その後，再生増幅器や波長変換技術の発展により，紫外可視から赤外・THz 領域までのあらゆる波長域にまで対象は拡大した．

光デバイスに関しては，1990 年代以降，光通信・光記録・省エネルギー光技術の発展，グリーンイノベーションへの社会的要請などにも強く牽引され，レーザー・発光ダイオード・太陽電池などに関わる研究が加速された．これらの半導体光デバイスの物理における中心課題は，予測制御が難しいキャリア間相互作用・多体効果の理解であり，このテーマに基礎・応用の両面からの大きな関心が集まった．

デバイス物理研究のコンセプトは，IV 族・III-V 族・II-VI 族などの典型元素の無機半導体にとどまらず，広く，有機物，遷移金属酸化物，あるいは，溶液系，分子系など，さまざまな材料系に適用され展開している．さらには，遺伝子工学・生物工学の発展を背景として，光合成・視物質・生物発光などの生体系材料・現象にまで適用されている．自然淘汰の中で選びぬかれたうえに人類が改変を加えた生体関連の分子系やタンパク質酵素環境中で高効率反応を実現するシステムの研究が，物性物理研究の新しいトレンドにもなっている．

従来の光物性研究では，「光」をプローブ・手段として用い「物質」を対象として研究することが主流であった．しかし，今日の光デバイス物理・光科学では，「物質」を手段として「光」という対象を研究したり，光と物質の両者を対等な対象として研究したり，光と物質の相互作用そのものを研究するなど，多様な研究形態が含まれる．高 Q 値光共振器からの非古典光発生，レーザーなどはその典型である．これらは，共振器電気力学，量子情報など新しい研究領域の基盤にもなっている．

以下では，そのような光デバイス研究の基礎物理や，近年著しく発展した半導体低次元構造の電子状態と光学応答研究の基礎・具体例について解説する．

10.5.2 半導体低次元系の光学遷移の基礎
a. 半導体光学遷移の自由電子近似理論

半導体中のバンド間光学遷移による吸収スペクトルについて述べる．まず，電子と正孔の間の相互作用を無視（自由電子近似）した場合について述べる．クーロン相互作用を含む議論への展開は，次項以降で行う．半導体において電子（e）と正孔（h）がそれぞれ伝導帯および価電子帯の最低サブバンドにのみ存在すると仮定し，電子と重い正孔の 2 つのバンドのみを考える．

吸収スペクトル $\alpha(\omega)$ の定式化には，大きく 2 通りの道筋がある．

一つは感受率 $\chi(\omega)$ や電気伝導率 $\sigma(\omega)$ などの線型応答関数を求める方法である[84,88,89]．

感受率 χ あるいは電気伝導率 $\sigma = -i\omega\epsilon_0\chi$ から複素屈折率 $\tilde{n}$ を $\sqrt{1+\chi} = \tilde{n} = n + i\kappa$ として決め，$\alpha = 2\kappa\omega/c$ より，

$$\alpha = \frac{\omega}{nc}\text{Im}\chi = \frac{1}{nc\epsilon_0}\text{Re}\sigma \quad \text{(MKSA 単位系)} \tag{10.211}$$

を得る．この方法は次項で実際に用いる．

もう一つの方法は，フェルミの黄金率に従って単位時間単位体積あたりの遷移確率（フォトンの吸収確率）W を求めるもので，遷移確率 W から吸収係数を

$$\alpha = \hbar\omega W/I \tag{10.212}$$

として求める[90〜92]．ただし I は単位面積あたりの光の入射パワー，すなわちポインティングベクトルの大きさである．

本項では，2つ目の方法に従って，吸収係数の自由電子近似計算を示す[84,88,89]．

光と電子系の相互作用ハミルトニアン H' は，電子系のハミルトニアンの中の演算子 $\hat{p}$ を $\hat{p} + e\boldsymbol{A}$ へと置き換え（パイエルス置換）して展開することにより，$H' = (e/m_0)\boldsymbol{A}\cdot\hat{p}$ となる．$\boldsymbol{A}$ は，ベクトルポテンシャルである．$\boldsymbol{A} = A_0\boldsymbol{e}\cos(\boldsymbol{K}\cdot\boldsymbol{r} - \omega t)$（$A_0$ は振幅，$\boldsymbol{e}$ は偏光方向単位ベクトル）とすると，$\boldsymbol{E} = -\partial\boldsymbol{A}/\partial t$ および $\boldsymbol{H} = (1/\mu_0)\nabla\times\boldsymbol{A}$ より，電場振幅 $E_0 = \omega A_0$ と磁場振幅 $H_0 = (1/\mu_0)(n\omega/c)A_0$ となり，$I = (n\epsilon_0 c\omega^2/2)A_0^2$ である．

フェルミの黄金率 $W = \frac{2\pi}{\hbar}\sum_{\boldsymbol{k},\boldsymbol{k}'}|\langle\Psi_{\boldsymbol{k}}^{(e)}|H'|\Psi_{\boldsymbol{k}'}^{(h)}\rangle|^2$ および式 (10.212) により，

$$\alpha(\omega) = \frac{\pi\omega|\boldsymbol{e}\cdot\boldsymbol{d}|^2}{n\epsilon_0 c}\rho_j(\hbar\omega) \tag{10.213}$$

が得られる．ただし，$\boldsymbol{d}$ は光学遷移の双極子モーメント（$\boldsymbol{d} = \langle f|e\boldsymbol{r}|i\rangle$），$\rho_j(\hbar\omega)$ は結合状態密度

$$\rho_j(\hbar\omega) = \sum_{\boldsymbol{k}}\delta\left(\frac{\hbar^2 k^2}{2m_e^*} + \frac{\hbar^2 k^2}{2m_h^*} + E_{g0} - \hbar\omega\right) \tag{10.214}$$

を表す．

バルクの場合には，$\sum_{\boldsymbol{k}}$ は 3 次元 $\boldsymbol{k}$ ベクトルに関する和，E_{rmg0} はバンドギャップエネルギー E_g を意味する．m_r^* を換算質量とすると，結合状態密度は

$$\rho_j^{3D}(\hbar\omega) = \frac{1}{2\pi^2}\left(\frac{2m_r^*}{\hbar^2}\right)^{3/2}(\hbar\omega - E_g)^{1/2}$$

である．量子井戸および量子細線の場合は，$\sum_{\boldsymbol{k}}$ は 2 次元あるいは 1 次元 $\boldsymbol{k}$ ベクトルに関する和，m_e^* と m_h^* は電子と正孔の面内有効質量，E_{g0} は量子化エネルギーを含む電子サブバンドと正孔サブバンドの間のギャップエネルギーを意味する．結合状態密度は

$$\rho_j^{2D}(\hbar\omega) = \frac{m_r^*}{\pi\hbar^2 l_z}\Theta(\hbar\omega - E_{g0})$$

$$\rho_j^{1D}(\hbar\omega) = \frac{\sqrt{2m_r^*}}{\pi\hbar l_x l_y}(\hbar\omega - E_{g0})^{-1/2}$$

である．ただし，l_z は井戸の厚み，$l_x l_y$ は細線の断面積である．

材料や量子閉じ込めに応じて決まる有効質量 m^* や双極子モーメント $\boldsymbol{d}$ は，k・p 摂動法を用いた有効質量近似理論を用いて定量的な記述が可能である[85]．それによって，吸収や利得の強度も定量記述が可能である．逆に，実験によって求められるこれらの値から，ナノ構造中の物理パラメータに関する知見を得ることができる．

半導体が必ずしも基底状態になく，電子および正孔の分布関数が $f_{e,k}, f_{h,k}$ で与えられ，

$$F_k \equiv 1 - f_{e,k} - f_{h,k} \tag{10.215}$$

で定義されるパウリ因子が 1 以外の値をもとりえる場合にまで議論を拡張すれば，吸収係数 $\alpha(\omega)$ あるいは利得係数 $G(\omega)$ が，

$$\alpha(\omega) = -G(\omega) = \frac{\pi\omega|\boldsymbol{e}\cdot\boldsymbol{d}|^2}{n\epsilon_0 c}F(\omega)\rho_j(\hbar\omega) \tag{10.216}$$

のように記述できる．ここで，$F(\omega)$ は，$\frac{\hbar^2 k^2}{2m_e^*} + \frac{\hbar^2 k^2}{2m_h^*} + E_{g0} = \hbar\omega$ をみたす k に対するパウリ因子 F_k である．

フェルミの黄金率に従って単位時間単位体積あたりの遷移確率 W を求める方法によれば，発光スペクトルを与える自然放出レート $r(\omega)$ についても，同様の計算が可能である[89]．ただし，電子状態の次元に応じて放出される光子の次元がかわりその終状態密度がかかることと，$F_k \equiv 1 - f_{e,k} - f_{h,k}$ のかわりに電子と正孔の分布関数の積 $f_{e,k}f_{h,k}$ がかかる点が，吸収の場合の式 (10.216) と異なる．

b．キャリア間相互作用を含む半導体光学遷移の平均場近似理論

キャリア間クーロン相互作用を含めた，バンド間光学遷移の理論について述べる．キャリア間クーロン相互作用が存在することにより，低キャリア密度のときの励起子効果，高キャリア密度の場合の電子正孔プラズマにおける多体効果，中間キャリア密度における励起子モット転移など，多彩な光学物性・現象が引き起こされる．

基礎的な記述として，静的遮蔽クーロン相互作用をする電子正孔系の平均場近似理論[90〜92]を，紹介する．簡単のため，連続光励起や直流電流駆動などによる連続ポンピングに対応して，系が定常状態にあると仮定する．このとき，分極 $\mathcal{P}(\omega)$ は，以下のような一連の方程式で与えられる．

$$\mathcal{P}(\omega) = 2\sum_k \mathcal{P}_k(\omega) \tag{10.217}$$

$$\sum_{k'} \left[(\hbar\omega - \hbar\omega_{k'} + i\gamma)\delta_{k,k'} + F_k V^s_{|k-k'|}\right]\mathcal{P}_{k'}(\omega) = -F_k d^2 \mathcal{E}(\omega), \tag{10.218}$$

$$\hbar\omega_k = \tilde{e}_{e,k} + \tilde{e}_{h,k} + E_{g0}, \tag{10.219}$$

$$\tilde{e}_{i,k} = \frac{\hbar^2 k^2}{2m_i} - \sum_{k' \neq k} V^s_{|k-k'|} f_{i,k'} + \frac{1}{2} \sum_q (V^s_q - V_q), \quad i = e, h \quad (10.220)$$

$$V^s_q = V_q/\varepsilon_q \quad (10.221)$$

V_q は（裸の）クーロン相互作用の波数 q のフーリエ成分を表す．V^s_q は遮蔽されたクーロン相互作用，ε_q は静的遮蔽関数のフーリエ成分，γ は現象論的ブロードニング定数である．$\tilde{e}_{i,k}$ (i=e,h) は，電子と正孔の静的遮蔽ハートリー–フォック自己エネルギーであり，第 2 項と 3 項の寄与がバンドギャップ収縮効果を表す．式 (10.217) における 2 はスピン縮重による係数である．電子および正孔の分布関数をそれぞれ $f_{e,k}, f_{h,k}$，およびパウリ因子 $F_k = 1 - f_{e,k} - f_{h,k}$ は，本来，光吸収や放出の影響を受けて決定されるので，電場 $\mathcal{E}(\omega)$ および分極 $\mathcal{P}(\omega)$ と自己無撞着に解かれるべきものである．しかし，熱分布化が高速で分布決定において支配的な場合などには，準熱平衡分布として適当な温度や化学ポテンシャルに対して決まるフェルミ分布関数を仮定して計算を進めることができる．

分布関数 $f_{e,k}, f_{h,k}$，したがってパウリ因子 F_k，が与えられれば，式 (10.218) を $\mathcal{P}_k$ について逆行列法もしくは行列対角化法により数値的に解き，式 (10.217) に代入することで，分極 $\mathcal{P}$ が求められる．1 次元系の場合は，波数 q はスカラーなので，式 (10.218) はそのまま逆行列法もしくは行列対角化法により数値的に解くことができるが，2 および 3 次元系の場合では大抵，波数の角度依存性を無視する s 波近似を用いて，数値計算を簡単にする．有限太さの擬 1 次元量子細線におけるクーロン相互作用 V_q は，3 次元クーロン相互作用を細線の閉じ込め方向の波動関数で平均して 1 次元化したものを用いる[93〜95]．擬 2 次元系の場合も同様である．分極 $\mathcal{P}$ が求められると光学感受率 $\chi(\omega)$ が，

$$\chi(\omega) = \mathcal{P}(\omega)/\epsilon_0 \mathcal{E}(\omega) \quad (10.222)$$

により決定され，その虚部から式 (10.211) より光学吸収利得係数 $\alpha(\omega)$ が決まる．

式 (10.218) および (10.220) において $V_q = 0$，とすると自由粒子近似での結果 (10.213) および (10.216) に帰着する．

励起キャリア密度ゼロの極限では $\varepsilon_q = 1$ かつ $F_k = 1$ となり，V_q が非ゼロでの式 (10.218) は水素原子様の励起子ワニエ方程式と等しくなる．したがって，この理論を用いて，励起子状態の吸収スペクトルを計算することができる．

利得領域や連続スペクトル領域において，電子正孔間クーロン引力による励起子効果を表すクーロンエンハンスメント因子（あるいはゾンマーフェルト因子）$\zeta(\omega)$ が

$$\zeta(\omega) = \frac{\mathrm{Im}\chi(\omega)}{\mathrm{Im}\chi^0(\omega)}, \quad \text{with } \chi^0(\omega) = -2 \sum_k \frac{F_k |d|^2/\epsilon_0}{\hbar\omega - \hbar\omega_k + i\gamma} \quad (10.223)$$

のように，定義される[90]．

図 10.56 は，断面サイズの異なる角柱状の GaAs 量子細線における，1 次元励起子束縛

10.5 ヘテロ構造・ナノ構造デバイス光科学

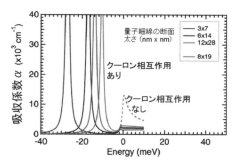

図 10.56 断面サイズの異なる無限バリア角柱状 GaAs 量子細線の 1 次元励起子吸収スペクトルの計算結果

状態と 1 次元連続状態の吸収スペクトルの計算結果である．細線の断面サイズが小さくなり 1 次元性が強まるにつれて，励起子束縛状態のエネルギーが下がり（励起子束縛エネルギーが増大し），その吸収強度が強くなっていることがわかる．また，1 次元連続状態の吸収強度が，クーロン相互作用のない自由粒子近似のときの値よりも小さく（ゾンマーフェルト因子 $\zeta(\omega)$ が 1 以下で），細線断面サイズの減少とともにどんどん小さくなってゆくことがわかる．これらは 1 次元励起子の顕著な特徴である[96,97]．

c. 相互作用する電子正孔多体系の光学利得

励起キャリア密度が高密度のときは，バンドの底で $F_k < 0$ に対応して反転分布が生じ，負の吸収 $\alpha(\omega)$ が負，すなわち正の利得 $G(\omega) = -\alpha(\omega)$ が生じる．このときは，誘電関数として，電子-正孔プラズマによる遮蔽を用いて計算を行うことができる．

2 次元系における利得スペクトル $G^{2D}(\omega)$（ブロードニング幅 $\gamma \to 0$ の場合）は，

$$G^{2D}(\omega) \simeq -\frac{2\pi}{n_w \lambda_0 l_z} \frac{m_r}{\pi \hbar^2} \pi F(\omega) |d|^2 \zeta(\omega) \Theta(\hbar\omega - \tilde{E}_{g0}) \qquad (10.224)$$

1 次元系の利得スペクトル $G^{1D}(\omega)$ は，

$$G^{1D}(\omega) \simeq -\frac{2\pi}{n_w \lambda_0 l_x l_y} \frac{\sqrt{2m_r}}{\pi \hbar} \pi F(\omega) |d|^2 \zeta(\omega) [\hbar\omega - \tilde{E}_{g0}]^{-1/2} \qquad (10.225)$$

となる．ここで，m_r は電子正孔の換算質量である．また，l_z，l_x，l_y は量子井戸厚，および量子細線断面サイズをそれぞれ示す．式 (10.224), (10.225) で明らかなように，自由電子理論では利得スペクトル形状は結合状態密度（2 次元系では $\frac{m_r}{\pi\hbar^2}$，1 次元系では $\frac{\sqrt{2m_r}}{\pi\hbar}\frac{1}{\sqrt{\hbar\omega}}$）とパウリファクター $F(\omega)$ で表される．

図 10.57 は，自由粒子近似と平均場近似での 1 次元量子細線の利得スペクトルの計算結果である[98]．量子細線モデルとして，閉じ込め方向に有限サイズ (l_x, l_y) で無限障壁高さの矩形型量子細線を考えた．相互作用には Benner ら[93] の方法に従い，遮蔽関数として静

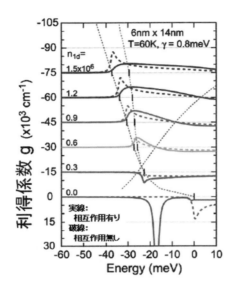

図 10.57 自由粒子近似（クーロン相互作用なし）と平均場近似（クーロン相互作用あり）での1次元量子細線の利得スペクトルの計算結果[98]

的プラズモンポール近似した静的遮蔽クーロンポテンシャルを用いた．

　キャリアの分布が準熱平衡ないしは既知の場合の，電子正孔系の定常電子状態や定常光学応答を系統的に計算・研究するには，通常，グリーン関数を用いた理論が多く用いられている[90,99]．前項および本項で紹介した平均場近似理論は，電子と正孔の自己エネルギーを，静的遮蔽ハートリー–フォック自己エネルギーで扱い，電子正孔間の分極をはしご近似により求めるものである．最も基本的な，最低次の近似理論といえる．この理論は，自己エネルギーの虚部，すなわちキャリア間のインコヒーレント散乱によるダンピング（ブロードニング）が無視される近似になっている．そのため，ブロードニング γ は，現象論的パラメータとして，手で入れてやらねばならなかった．これに対して，より近似レベルを上げた，さまざまな理論が試みられている．例えば，自己エネルギーを2次摂動ボルン近似で取り入れるもの[91]，自己エネルギーを T 行列を用いて無限次まで自己無撞着に計算する理論[100,101] などがある．

　半導体光デバイスの物理を研究するためには，非定常（したがって非平衡）の場合の取り扱いも重要である．また，2準位系の光学的ブロッホ方程式のように分極と分布が自己無撞着に決定される場合，さらにはレーザーを扱うマックスウェル–ブロッホ方程式のように分極・分布・光電場の3者が自己無撞着に決定される場合などの扱いも重要である．こ

れらに対応する理論の流儀として,半導体中の電子正孔が形成する分極の振幅と,電子や正孔の分布関数の時間変化を,光学的ブロッホ方程式と類似の形式に連立させた半導体ブロッホ方程式理論が,Haug と Koch らによって開発され[91],実験結果の解析にも広く用いられた.前項および本項上記の平均場近似理論は,半導体ブロッホ方程式理論の定常解としても得られる.さらに,光を量子論で扱い,かつ自己エネルギーの近似レベルを高めた,半導体ルミネッセンス方程式理論が,Koch と Kira らによって開発されている[102].

10.5.3　半導体光デバイス（レーザー）の基礎

半導体光デバイスの構成要素として重要なファブリ–ペロー光共振器と光導波路について説明したのち,半導体レーザーの基本構造と評価方法,単一モードレーザーの基礎理論について述べる.

a. ファブリ–ペロー光共振器

図 10.58 に示すような,2 枚の高反射率膜でサンドイッチされた単一の平板状の誘電体をファブリ–ペローエタロンあるいはファブリ–ペロー光共振器とよぶ[103, 104].誘電体は,厚み l,屈折率 n をもち,両境界面には反射率 R と透過率 T および吸収散乱損失 A（ただし $R+T+A=1$）の高反射率膜がコーティングされている.ファブリ–ペローエタロンでは,通常 R は 1 に近く A はほぼゼロである.外部は真空で屈折率はいずれも 1 とする.

特性行列を用いた計算法[105〜107],あるいは,多重反射光の級数和をとる Airy の計算法[107] により,反射電場振幅 E_r,透過電場振幅 E_t,入射電場振幅 E_i,反射光強度 I_r,透過光強度 I_t,入射光強度 I_i の関係が,$R+T+A=1$ であることを用いて,

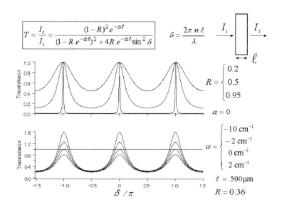

図 10.58　ファブリ–ペロー光共振器とフリンジ.（上）吸収なしと（下）吸収利得ありの場合.

$$E_\mathrm{r} = -E_\mathrm{i}\frac{\sqrt{R}[1-(1-A)e^{2i\delta}]}{1-Re^{2i\delta}}, \quad I_\mathrm{r} = I_\mathrm{i}\frac{R[(A^2+4(1-A)\sin^2\delta]}{(1-R)^2+4R\sin^2\delta} \quad (10.226)$$

$$E_\mathrm{t} = E_\mathrm{i}\frac{(1-R-A)e^{i\delta}}{1-Re^{2i\delta}}, \quad I_\mathrm{t} = I_\mathrm{i}\frac{(1-R-A)^2}{(1-R)^2+4R\sin^2\delta} \quad (10.227)$$

と求まる.ただし,$\delta = \omega n l \cos\theta/c = 2\pi n l \cos\theta/\lambda$ は片道での位相変化である.内部電場 E_cav は,$b = \sqrt{R}e^{2i\delta}$ として,

$$E_\mathrm{cav} = E_\mathrm{i}\frac{\sqrt{1-R-A}[e^{-ikz\cos\theta} - be^{ikz\cos\theta}]}{1-Re^{2i\delta}} \quad (10.228)$$

$$= E_\mathrm{i}\frac{\sqrt{1-R-A}[(1-b)e^{-ikz\cos\theta} - 2ib\sin(kz\cos\theta)]}{1-Re^{2i\delta}} \quad (10.229)$$

と書ける.分子の第1項が z の正方向へ進む進行波を表し,第2項は共振器内部に形成される定在波を表す.この定在波の(空間平均)強度 I_SW は,

$$I_\mathrm{SW} = I_\mathrm{i} n\frac{2(1-R-A)|b|^2}{|1-Re^{2i\delta}|^2} = I_\mathrm{i} n\frac{2(1-R-A)R}{(1-R)^2+4R\sin^2\delta} \quad (10.230)$$

と求まる.

$\delta = m\pi$(m は整数)のときは,$\sin^2\delta = 0$ となり,透過光強度 I_t は極大値をとる.また,ファブリ–ペロー光共振器の中の定在波強度 I_SW が共鳴的に大きな値をとる.このときの透過光強度 I_t と定在波強度 I_SW の値は,

$$\frac{I_\mathrm{t}}{I_\mathrm{i}} = \left(1-\frac{A}{1-R}\right)^2 \quad (10.231)$$

$$\frac{I_\mathrm{SW}}{I_\mathrm{i}} = \frac{2nR(1-R-A)}{(1-R)^2}, \quad \frac{I_\mathrm{SW}}{I_\mathrm{t}} = \frac{2nR}{1-R-A} \quad (10.232)$$

となる.共鳴増大する各定在波を縦モードとよぶ.m を縦モードの指数とよぶ.極大値を与える縦モード角周波数 ω_m を縦モード間隔,あるいは自由スペクトルレンジ(FSR: free spectral range)ω_FSR とよぶ.これらは垂直入射の場合,

$$\omega_m = 2\pi\frac{c}{2nl}m \quad (10.233)$$

$$\omega_\mathrm{FSR} = 2\pi\frac{c}{2n_\mathrm{g}l} \quad (10.234)$$

$$n_\mathrm{g} = \frac{n}{1+\frac{\lambda}{n}\frac{\partial n}{\partial \lambda}} \quad (10.235)$$

である.n_g は群屈折率あるいは実効屈折率とよばれる.波長分散 $\partial n/\partial \lambda = 0$ のときは n_g は n そのものであるが,通常の正常分散($\partial n/\partial \lambda < 0$)の媒質中では n_g は n よりも大きな値になる.透過率 $\mathcal{T} = I_\mathrm{t}/I_\mathrm{i}$ の,各モードピークの半値全幅(FWHM)を $\Delta\omega_{1/2}$ とする.$R \sim 1$ のとき,

10.5 ヘテロ構造・ナノ構造デバイス光科学

$$\Delta\omega_{1/2} = \frac{c(1-R)}{n_g l \sqrt{R}} \tag{10.236}$$

となる.

ピークの鋭さの目安として，フィネス $\mathcal{F}$ を

$$\Delta\omega_{1/2} = \frac{\omega_{\text{FSR}}}{\mathcal{F}} \tag{10.237}$$

のように定義する．上式より

$$\mathcal{F} = \frac{\pi\sqrt{R}}{1-R} \tag{10.238}$$

となる.

共振器に光を入射するのを $t=0$ に止めたときに，共振器内の電場強度 $(\propto \sqrt{I(t)})$ が減衰する時定数 κ_{C}^{-1} を光子寿命（共振器寿命）とよぶ．定義により，$I(t) = I_0 \exp(-2\kappa_\text{C} t)$ である．一方，光共振器に蓄えられたエネルギーと単位時間あたり共振器から失われるエネルギーの比に，光の角周波数 ω をかけた無次元量を共振器の Q_C 値とよぶ．定義により，$Q_\text{C} = \omega \frac{I(t)}{dI(t)/dt}$ である．よって，$Q_\text{C} = \omega/2\kappa_\text{C}$ を得る．また，電場強度 $(\propto \sqrt{I(t)})$ のフーリエ変換をとり，その2乗を求めると $I(\omega) \propto 1/[(\omega-\omega_m)^2 + (\kappa_\text{C})^2]$ を得るので，共鳴の幅は $\Delta\omega_{1/2} = 2\kappa_\text{C}$ となる．これらの一般的考察より，

$$\Delta\omega_{1/2} = 2\kappa_\text{C} = \frac{\omega}{Q_\text{C}} \tag{10.239}$$

という関係式を得る.

上式と式 (10.236) より，

$$2\kappa_\text{C} = \frac{\omega}{Q_\text{C}} = \frac{c(1-R)}{n_g l \sqrt{R}} \tag{10.240}$$

を得る．一方，光が共振器内を1往復する場合の減衰を，$I_0 \exp(-2\kappa_\text{C} 2 n_g l / c) = I_0 R^2 \exp(-2\alpha l)$ としてつなげることにより，

$$2\kappa_\text{C} = \frac{c}{n_g}(\alpha + \frac{1}{2l}\ln\frac{1}{R^2}) \tag{10.241}$$

を得る．ここでは，共振器内部に吸収係数 α の吸収がある場合を含めて考えた．$\alpha = 0$ かつ $R \sim 1$ のときには，上の2式は等しい.

共振器内に吸収係数 $\alpha \neq 0$ がある場合の表式は，

$$E_\text{r} = -E_\text{i}\frac{\sqrt{R}[1-(1-A)e^{-\alpha l}e^{2i\delta}]}{1-Re^{-\alpha l}e^{2i\delta}} \tag{10.242}$$

$$I_\text{r} = I_\text{i}\frac{R[(1-(1-A)e^{-\alpha l})^2 + 4(1-A)e^{-\alpha l}\sin^2\delta]}{(1-Re^{-\alpha l})^2 + 4Re^{-\alpha l}\sin^2\delta} \tag{10.243}$$

$$E_{\mathrm{t}} = E_{\mathrm{i}} \frac{(1-R-A)e^{-\alpha l}e^{i\delta}}{1-Re^{-\alpha l}e^{2i\delta}} \tag{10.244}$$

$$I_{\mathrm{t}} = I_{\mathrm{i}} \frac{(1-R-A)^2 e^{-\alpha l}}{(1-Re^{-\alpha l})^2 + 4Re^{-\alpha l}\sin^2\delta} \tag{10.245}$$

である.

 ファブリ–ペローエタロン・光共振器のこれらの特性は,レーザー共振器,干渉計,フィルターなどとして直接用いられているほか,光電場の増強のためのエンハンスメント共振器[108],微弱吸収や微弱散乱による光学ロス評価のためのリングダウン測定[109],半導体レーザーや光導波路素子の利得吸収評価のためのハッキ–パオリ–キャシディ解析[110,111]などきわめて広い応用がある.

b. 光導波路

 半導体レーザー,ファイバーレーザーや集積光学素子など多くの光デバイスが,誘電体導波路光学に基づいて設計されている[103,112].場所には依存するが等方的な誘電率あるいは屈折率 $n(\boldsymbol{r})$ を有する誘電体物質中の電場を記述する波動方程式は,

$$\nabla^2 \boldsymbol{E}(\boldsymbol{r}) - \frac{n^2(\boldsymbol{r})}{c^2}\frac{\partial^2}{\partial t^2}\boldsymbol{E}(\boldsymbol{r}) = 0 \tag{10.246}$$

である.境界条件は,誘電体の界面で電場と磁場の接線成分が連続となることである.屈折率が z 方向に一様な場合,z 方向に伝播する導波モードの電場として $\boldsymbol{E}(\boldsymbol{r},t) = \boldsymbol{E}(x,y)\exp i(\omega t - n_m k z)$ を仮定することができる.ここで,ω は角振動数,n_m は伝播モードの有効屈折率,$k = \omega/c$ は真空中での光の波数である.$\beta \equiv n_m k$ を伝播定数ともよぶ.これを,波動方程式 (10.246) に代入して,

$$\left(\frac{\partial^2}{\partial x^2} + \frac{\partial^2}{\partial y^2}\right)\boldsymbol{E}(x,y) + [k^2 n^2(x,y) - k^2 n_m^2]\boldsymbol{E}(x,y) = 0 \tag{10.247}$$

を得る.この方程式は,ベクトル関数 $\boldsymbol{E}(x,y)$ に関するものではあるが,定常状態の 2 次元シュレーディンガー方程式と相似の方程式であり,$-k^2 n^2(x,y)$ はポテンシャルエネルギー項に,$-k^2 n_m^2$ はエネルギー固有値の項に対応する.

 (1) 対称スラブ型導波路 具体的に,図 10.59 のような対称スラブ型導波路構造を考える.この場合,解は TE(横電場:スラブの面に平行方向の電場)モードと TM(横磁場:スラブの面に平行方向の磁場)モードに分類される.

 TE モードに対する方程式は,$E_x = E_z = 0$ で,かつ電場や屈折率の y 依存性がなく,$\partial/\partial y = 0$ となるので,

$$\frac{\partial^2}{\partial x^2}E_y(x) + [k^2 n^2(x) - k^2 n_m^2]E_y(x) = 0 \tag{10.248}$$

を得る.境界条件は界面 $x = \pm L/2$ における $E_y(x)$ と $(\partial/\partial x)E_y(x)$ の連続である.こ

10.5 ヘテロ構造・ナノ構造デバイス光科学

図 **10.59** スラブ型光導波路：TE モード

の方程式は，$-k^2 n^2(x)$ をポテンシャルエネルギー項 $(2m/\hbar^2)V(x)$ に，$-k^2 n_m^2$ をエネルギー固有値項 $(2m/\hbar^2)E$ に対応させると，1 次元量子井戸に対するシュレーディンガー方程式 $\frac{\partial^2}{\partial x^2}\psi(x) - (2m/\hbar^2)[V(x)-E]\psi(x) = 0$ と相似の方程式である．したがって，最低次の解は $K = k\sqrt{n_{\text{core}}^2 - n_m^2}$，$\kappa = k\sqrt{n_m^2 - n_{\text{clad}}^2}$ のもと，

$$E_y(x) = \begin{cases} A \exp(\kappa x) & (x < -L/2) \\ B \cos(Kx) & (-L/2 < x < L/2) \\ A \exp(-\kappa x) & (x > L/2) \end{cases} \quad (10.249)$$

となり，固有値方程式

$$\tan\left(\frac{KL}{2}\right) = \frac{\kappa}{K} \quad (10.250)$$

より，n_m が決まることが容易にわかる．

TM モードの場合は，式 (10.248) を磁場 $H_y(x)$ に対して解くことになる．境界条件は界面 $x = \pm L/2$ における $H_y(x)$ と $E_z(x) = n^{-2}(x)(\partial/\partial x)H_y(x)$ の連続であり，固有関数は式 (10.249) と同型となり，わずかに異なる固有値方程式

$$\tan\left(\frac{KL}{2}\right) = \frac{(n_{\text{core}}^2/n_{\text{clad}}^2)\kappa}{K} \quad (10.251)$$

より n_m が決まる．

固有値方程式 (10.250) および (10.251) の解は，初等量子力学でもなじみのグラフや数値解法により容易に得られる．

(2) 有効屈折率法　図 10.60 にリッジ型導波路構造を示す．リッジ型導波路などの 2 次元断面解析を行う方法には，市販のソフトを含めて色々あるが，「有効屈折率法（等価屈折率法）」[112] が有用であるので述べておく．

TE モードの解について述べる．よって電場 $E_y(x, y)$ を求める．x 方向のモード閉じ込めが強く，y 方向の閉じ込めが緩くなっているので，解が

$$E_y(x, y) = f(x; y)g(y) \quad (10.252)$$

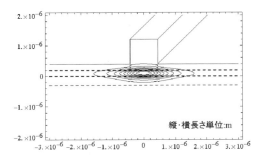

図 10.60　リッジ型導波路構造と有効屈折率法による光モード計算

のように変数分離でき，$f(x;y)$ は y の関数としては非常にゆっくりしか変化しないことを仮定する．式 (10.252) を式 (10.248) に代入して，$\partial f(x;y)/\partial y = 0$ の近似を用いると，

$$\frac{1}{f(x;y)}\frac{\partial^2}{\partial x^2}f(x;y) + \frac{1}{g(y)}\frac{\partial^2}{\partial y^2}g(x) + [k^2 n^2(x,y) - k^2 n_m^2] = 0 \quad (10.253)$$

を得る．ここで，x に依存せず y ごとに決まる有効屈折率 $n_m(y)$ を導入することにより，

$$\frac{\partial^2}{\partial x^2}f(x;y) + [k^2 n^2(x,y) - k^2 n_m^2(y)]f(x;y) = 0 \quad (10.254)$$

$$\frac{\partial^2}{\partial y^2}g(x) + [k^2 n_m^2(y) - k^2 n_m^2]g(y) = 0 \quad (10.255)$$

のように，式 (10.248) と同じ形の，2本の分離された1次元波動方程式を得ることができる．そこで，TE モードの境界条件の式 (10.250) により，有効屈折率 $n_m(y)$ と $f(x;y)$ を求める．次に，有効屈折率 $n_m(y)$ を背景屈折率として，TM モードの境界条件の式 (10.251) を用いることにより，モード屈折率 n_m と $g(y)$ を求めるのである．

なお，TM モードの解の求め方についても同様で，境界条件の式だけを入れ替えて用いてやればよい．

図 10.60 の等高線は，有効屈折率法を用いて得た TE モードの光強度 $|E_y(x,y)|^2$ の分布を示す．スラブ導波路計算を2段階に分けて使うことによって近似解を得るこの方法は，非常に簡単な方法でありながら，リッジ型導波路のような縦方向と横方向の広がりに差がある場合に，非常に有効である．

c. 半導体レーザー構造とモード利得

図 10.61 に示すように，代表的な半導体レーザーの光共振器のつくり方には，(a) ファブリ–ペロー (FP) 型, (b) 分布帰還 (DFB) 型, (c) 縦型共振面発光 (VCSEL) 型のよう

10.5 ヘテロ構造・ナノ構造デバイス光科学

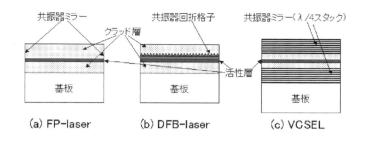

図 **10.61** 半導体レーザーの構造．(a) ファブリ–ペロー（FP）型，(b) 分布帰還（DFB）型，(c) 縦型共振面発光（VCSEL）型．

な分類がある．発振する縦モードに関して，(a) ファブリ–ペロー（FP）型はマルチモードレーザー，(b) 分布帰還（DFB）型や (c) 縦型共振面発光（VCSEL）型は単一モードレーザーになる．

半導体レーザーの光導波路の各横モードは，活性媒質領域と部分的にしか重なりをもたない．そのため，光導波路全体での電場積分強度に対する利得領域での電場積分強度の割合が，光閉じ込め係数（optical confinement factor）Γ_{opt} は

$$\Gamma_{\text{opt}} = \frac{\iiint_{\text{gain}} |E(\boldsymbol{r})|^2 d\boldsymbol{r}}{\iiint_{\text{waveguide}} |E(\boldsymbol{r})^2| d\boldsymbol{r}} \tag{10.256}$$

のように定義される．$E(r)$ は導波路内部における導波路モードの電場強度空間分布である．

各光モードの伝播に伴う増幅（減衰）を表す光学利得（吸収）は，モード利得（吸収）とよばれる．一方，前項で求めた光学利得（吸収）は，一様な光電場強度の中におかれた媒質の光学応答として求められたものであり，マテリアル利得（吸収）とよばれている．モード利得 $g_{\text{mod}}(\omega)$ とマテリアル利得 $G(\omega)$ の間には，

$$g_{\text{mod}}(\omega) = \Gamma_{\text{opt}} G(\omega) \tag{10.257}$$

の関係がある．

半導体レーザー共振器内を往復（往復長 $2l$）する光モードの強度は，活性層媒質の利得 $g_{\text{mod}}(\omega) = \Gamma_{\text{opt}} G(\omega)$ による増幅のほかに，導波路界面での散乱や活性層内外の自由キャリア吸収などに起因する散乱吸収損失（内部損失）α_{int}，共振器の両端面ミラーでの反射率 $R_1 R_2$ による減衰を受ける．$\alpha_m = -(1/2l)\ln(R_1 R_2)$ をミラー損失とよぶ．

$$2\kappa_{\text{C}} = \left(\frac{c}{n_{\text{g}}}\right)(\alpha_{\text{int}} + \alpha_m) \tag{10.258}$$

$$= \left(\frac{c}{n_{\text{g}}}\right)\left(\alpha_{\text{int}} - \left(\frac{1}{2l}\right)\ln(R_1 R_2)\right) \tag{10.259}$$

$$\gamma = \frac{I_{\max}}{I_{\min}} \quad \boxed{g_{net} = \frac{1}{\ell}\ln\left(\frac{\gamma^{1/2}-1}{\gamma^{1/2}+1}\right)} \quad \text{Hakki \& Paoli}$$

$$p = \frac{I_{\text{sum}}}{\text{FSR}\times I_{\min}} \quad \boxed{g_{net} = \frac{1}{\ell}\ln\left(\frac{p-1}{p+1}\right)} \quad \text{Cassidy}$$

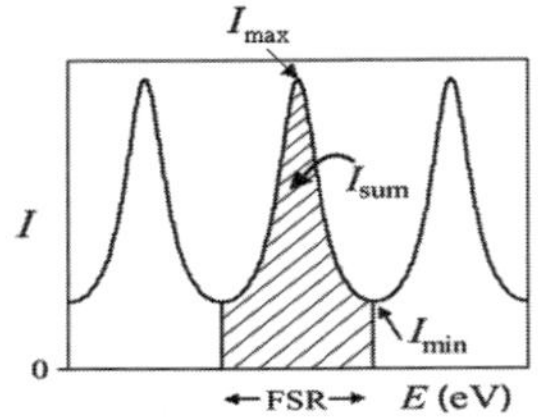

図 **10.62** ハッキ–パオリ–キャシディ法[110,111] によるモード利得計測

で決まる κ_C をレーザー共振器の光子緩和レート（光子寿命の逆数）とよぶ．c/n_g は群光速度である．したがって，共振器内を伝播する光強度の全体を単位長さあたりに均した利得係数 g_{net} は

$$g_{\text{net}} = \Gamma_{\text{opt}} G - \alpha_{\text{int}} - \alpha_m \tag{10.260}$$

$$= g_{\text{mod}} - \left(\frac{n_g}{c}\right)2\kappa_C \tag{10.261}$$

となる．レーザー発振条件は，$g_{\text{net}} \geq 0$ あるいは $g_{\text{mod}} \geq (n_g/c)2\kappa_C$ と表される．

ファブリ–ペロー型半導体レーザーについては，ハッキ–パオリ–キャシディの方法[110,111]により，利得の値およびスペクトルを実験的に評価することができる．この方法では，図 10.62 に示すように，発振しきい値以下での導波路出力光のスペクトルのファブリ–ペロー干渉縞の最大値 $I_{\max}$ と最小値 $I_{\min}$ の比 $\gamma = I_{\max}/I_{\min}$，あるいは1周期の面積強度 I_{sum} と最小値 $I_{\min}$ × 自由スペクトルレンジ FSR の比 $p = I_{\max}/I_{\min}FSR$ を測定する．そして，その値から，利得 g_{net} の値を $g_{\text{net}} = \frac{1}{l}\ln\frac{\gamma^{1/2}-1}{\gamma^{1/2}+1} = \frac{1}{l}\ln\frac{p-1}{p+1}$ として抽出する．ミラー損出 α_m の計算値や，バンドギャップ以下の透明領域から見積もられる内部損失 α_{int} を差し引くことにより，モード利得 $g_{\text{mod}} = \Gamma_{\text{opt}} G$ を評価することができる．

d. 2準位原子系半古典レーザー理論とレート方程式

本項では，2準位原子系（遷移角周波数 ω_A，位相緩和レート γ_A，分布緩和レート τ_A^{-1}，双極子モーメント d）をレーザー媒質とし，これを単一モード光共振器（共鳴角周波数 ω_C，共振器光子緩和レート κ_C）に入れた，単一モードレーザーを半古典論により扱う[104,113]．またその後に，断熱近似に基づきレート方程式を導出する．

回転波近似のもと，マクスウェル方程式に基づく単一モード電場振幅 $\mathcal{E}$ の時間変化，ブロッホ方程式による 2 準位原子の分極振幅 $\mathcal{P}$ および反転分布 D の時間変化は，

$$\frac{d}{dt}\mathcal{E} = -[\kappa_C - i(\omega_C - \omega)]\mathcal{E} - \frac{i\omega_A}{2\epsilon_0}\mathcal{P} \tag{10.262}$$

$$\frac{d}{dt}\mathcal{P} = -[\gamma_A - i(\omega_A - \omega)]\mathcal{P} + \frac{id^2}{\hbar}D\mathcal{E} \tag{10.263}$$

$$\frac{d}{dt}D = \frac{D_0 - D}{\tau_A} + \frac{2i}{\hbar}(\mathcal{E}^*\mathcal{P} - \mathcal{E}\mathcal{P}^*) \tag{10.264}$$

によって記述される[104,113]．これらの連立方程式は，$\frac{id^2}{\hbar}D\mathcal{E}$ という非線型結合項を含むため，非線型 3 元連立方程式であり一般に複雑な振る舞いをする．

まず，定常状態について調べる．定常状態においては，式 (10.262)～(10.264) のすべての左辺をゼロとおくことができる．非自明な定常発振解は，式 (10.262)，(10.263) の右辺の係数行列の行列式をゼロとおいた

$$\begin{vmatrix} -i\kappa_C + \omega_C - \omega & \omega_A/2\epsilon_0 \\ -d^2 D/\hbar & -i\gamma_A + \omega_A - \omega \end{vmatrix} = 0 \tag{10.265}$$

をみたす．この虚部から，発振周波数に関する有名な内分公式

$$\omega = \frac{\kappa_C \omega_A + \gamma_A \omega_C}{\kappa_C + \gamma_A} \tag{10.266}$$

を得る．すなわち発振周波数は，2 準位原子と光共振器のそれぞれの共鳴周波数から，それぞれの緩和レートに応じて内分した周波数に一致する．また，発振時の反転分布 D と光強度 $S \equiv \mathcal{E}\mathcal{E}^*$ に関して

$$D = \frac{2\kappa_C}{B(\omega)} \;(\equiv D_{th}) \tag{10.267}$$

$$S = \frac{D_0 - D_{th}}{4\kappa_C \tau_A} \tag{10.268}$$

を得る．ここで，$B(\omega)$ は利得係数

$$B(\omega) = \frac{\omega_A d^2}{\epsilon_0 \hbar} \frac{\gamma_A}{\gamma_A^2 + (\omega - \omega_A)^2} \tag{10.269}$$

である．定常発振状態での反転分布 D，したがって，利得の値は，ポンピングの強さ D_0 によらないことがわかる．すなわち利得がクランプする．

次に，非定常解について調べる．ただし，断熱近似 $\frac{d}{dt}\mathcal{P} = 0$ が許される場合を考える．断熱近似が成り立つ場合には，式 (10.263) の $\mathcal{P}$ について $\mathcal{P} = \epsilon_0 \chi \mathcal{E}$ のような形に解くことができる．これを他の式に代入すれば，光の強度 S と反転分布 D に関する次のレート方程式を得る．

$$\frac{d}{dt}S = -2\kappa_C S + \omega_A \mathrm{Im}\chi(\omega)S \tag{10.270}$$

$$\frac{d}{dt}D = \frac{D_0 - D}{\tau_A} - 2\omega_A \mathrm{Im}\chi(\omega)S \tag{10.271}$$

$$\chi(\omega) = \frac{d^2 D}{\epsilon_0 \hbar[(\omega - \omega_A) - i\gamma_A]}, \tag{10.272}$$

あるいは,

$$\frac{d}{dt}S = -2\kappa_C S + B(\omega)DS \tag{10.273}$$

$$\frac{d}{dt}D = \frac{D_0 - D}{\tau_A} - 2B(\omega)DS. \tag{10.274}$$

レート方程式は非線型2元連立方程式であり,一般的な解析解を得ることは依然として難しいが,数値的に解を調べることはかなり簡単になる.

また,発振周波数 ω の共振器共鳴周波数 ω_C からのずれに関して

$$\omega = \omega_C - \omega_A \mathrm{Re}\chi(\omega)/2 \tag{10.275}$$

という関係式を得る.$\mathrm{Re}\chi(\omega)$ は D に比例するので,D が時間変化する非定常発振時の発振周波数は,時間とともに変化(チャープ)することを意味する.

断熱近似は,レート方程式近似ともよばれる.この近似がよいのは γ_A が大きい(位相緩和が早い)ため,各時刻の $\mathcal{P}$ が,同時刻の D や $\mathcal{E}$ に追随して決まるような場合である.そうではない場合には,分極 $\mathcal{P}$ を含む式 (10.262)～(10.264) の3元連立微分方程式を解かねばならない(超放射やポラリトン凝縮などはその例である).

e. 半導体レーザーダイナミクス

上記では,単純な2準位原子レーザーの場合を述べたが,半導体レーザーについても類似の理論が構築される.半導体レーザー活性層内の位相緩和時間はきわめて高速であるため,きわめて特殊な状況を除く通常の場合は,断熱近似を仮定することができる.この近似のもと,半導体中の分極 $\mathcal{P}$ は,式 (10.217)～(10.221) の連立方程式により,同時刻の $\mathcal{E}$ や電子正孔対密度 $N(=\sum_k f_{e,k} = \sum_k f_{h,k})$ に応じて決まる.そこから,感受率 $\chi(N)$,さらにマテリアル利得 $G(N)$ が,それぞれ N の関数として決まる.光子密度(光の強度)S と電子正孔対密度 N に関するレート方程式は次のように表される.

$$\frac{d}{dt}S = -2\kappa_C S + \left(\frac{c}{n_\mathrm{g}}\right)\Gamma_\mathrm{opt} G(N)S + \beta\frac{N}{\tau_N} \tag{10.276}$$

$$\frac{d}{dt}N = J_N(t) - \left(\frac{c}{n_\mathrm{g}}\right)\Gamma_\mathrm{opt} G(N)S - \frac{N}{\tau_N} \tag{10.277}$$

ここで,$\beta N/\tau_N$ は,自然放出光の中で発振モードに結合するものを表す項である.電磁場を古典的に扱う上記の半古典論では含まれなかった項であるが,レーザーの量子論では自

然に含まれる項である．半導体レーザーの解析においては検討の対象になる場合もあるので含めておいた．ただし，β は 0 から 1 の間の値をとる自然放出結合定数，τ_N はキャリア寿命，$J_N(t)$ はポンピング（キャリア注入）レートである．その他のパラメータはこれまで定義したとおりである．利得を $G(N) \approx G' \times (N - N_0)$ のように線型近似して簡単化した解析や，光強度に対する非線型性を含めた利得 $G(N) \approx G' \times (N - N_0)/(1 + \varepsilon S)$ を用いた解析などが広く行われている．ここで，N_0 は利得と吸収の境目の密度に相当する透明キャリア密度，ε は利得コンプレッション因子である．このレート方程式により，緩和振動，利得スイッチング，チャーピングなど，半導体レーザーの重要なダイナミクスを記述することができる[114, 115]．

半導体レーザー中のコヒーレンスを議論するためには，分極のダイナミクスを含めた半古典論もしくは量子論を扱わなければならない．半導体中の電子正孔多体系は，再結合寿命が十分に長く，電子正孔系が粒子数一定で熱平衡状態に到達できる場合には，BCS 対凝縮や励起子ボース–アインシュタイン（BEC）凝縮などの凝縮相[116]を形成すると考えられている．また，電子正孔系を光共振器に閉じ込めて，共振器寿命を無限大として，電子正孔対と光子について閉じた系の熱平衡状態を用意すると，ポラリトン凝縮という凝縮相[117]が現れる．共振器寿命が有限の開放系では，ポンピングに応じてレーザー発振状態が達成されることを本項で議論した．これまで，これらは類似性はあるものの状況設定が大きく異なり関連性のない"相転移"現象・コヒーレンス形成現象としてとらえられてきた．しかし，近年，これらの閉じた系の熱平衡状態で出現するポラリトンなどの凝縮状態と，開放系の非平衡状態で出現するレーザー発振状態とを，一つのモデルの枠内で理解する理論が，Littlewood らによって 2 準位系媒質について[118]，山口・上出・小川らによって半導体電子正孔系について，形成され，統一的な理解が得られつつある[119]．

10.5.4　低次元半導体量子構造の光学物性
a.　量子井戸のフォトルミネッセンス（PL）

エピタキシャル成長された半導体量子構造の光学計測で最も多用されるのはフォトルミネッセンス（PL）計測[120]である．これは，試料の加工などが不要で簡便であり，吸収計測などと比べて非常に高感度で，不純物や欠陥などの存在に敏感といった，試料評価上の多くの利点のためである．

図 10.63 に示したのは，MBE 法により作製した井戸幅の異なる 6 つの GaAs/AlAs 単一量子井戸構造を有する典型的な試料の 10 K および 77 K における PL スペクトルのデータである．試料構造は，500 nm 以上のバルク GaAs と GaAs（2 nm）/AlAs（2 nm）超格子からなるバッファー層の上に積層された，厚み L_z の異なる 6 つの GaAs 単一量子井戸層である．各層の厚み L_z は，バッファー層側から順に 20 nm=70 ML（ただし分子層 1 ML=0.283 nm），10 nm=35 ML，7.4 nm=26 ML，5.9 nm=21 ML，5.1 nm=18 ML，

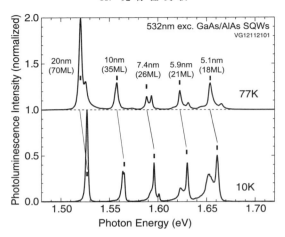

図 **10.63** 6 種類の井戸幅が異なる GaAs/AlAs 単一量子井戸構造を有する試料の 10 K および 77 K における PL スペクトル. それぞれの井戸幅 L_z は, 20 nm (70 ML), 10nm (35 ML), 7.4 nm (26 ML), 5.9 nm (21 ML), 5.1 nm (18 ML), 4.0 nm (14 ML).

4.0 nm=14 ML であり, それぞれ厚み 5.7 nm=20 ML の AlAs 障壁層ではさまれた構造となっている. 試料の表面は, GaAs (30 nm) のキャップ層でカバーされている. なお, これらは非ドープ GaAs(100) 基板上に基板温度約 600°C で形成され, 各 GaAs 層と AlAs 層の成長後にそれぞれ 90 秒と 15 秒の成長中断が行われている.

図 10.63 の各温度の PL スペクトルには, 長波長 (低エネルギー) 側から, L_z=20 nm, 10 nm, 7.4 nm, 5.9 nm, 5.1 nm の各量子井戸構造の重い正孔 (hh) 励起子からの PL ピークが現れている. PL ピーク波長の違いは, 以下で述べる量子化エネルギーの違いを反映している. L_z=4.0 nm の量子井戸からの PL は現れていない. これは, この層だけはタイプ II 量子井戸になっている (量子井戸内の電子の量子準位が AlAs バリア領域の X 点の準位を越えて高くなり, 量子井戸内の正孔と分離している) ためである.

量子井戸構造の n=1 の電子-重い正孔バンド間遷移のエネルギーを計算した結果の例を表 10.2 に示した. 計算には, 組成比 x の $Al_xGa_{1-x}As$ の, 温度 T (K) における直接遷移 (Γ 点) のバンドギャップ E_g (eV) の経験式[121]:

$$E_g(x \leq 0.45) = E_g(0,T) + 1.247x \qquad (10.278)$$

$$E_g(x > 0.45) = E_g(0,T) + 1.247x + 1.147(x-0.45)^2 \qquad (10.279)$$

$$E_g(0,T) = 1.519 - 5.405 \times 10^{-4} \frac{T^2}{T+204} \qquad (10.280)$$

を用い, ここから伝導電子バンド不連続 ΔE_c と価電子バンド不連続 ΔE_v の和 $\Delta E_g =$

表 10.2 (001) 基板上の井戸幅 L_z の GaAs/AlAs 量子井戸構造の温度 77 K における $n=1$ の電子-重い正孔バンド間遷移のエネルギー E, 1 ML あたりのエネルギー差 $\partial E/\partial L_z$, 波長 λ (計算パラメータは, $Q_c=0.65$, $m_e^*=0.067m_0$, $m_{hh}^*=0.38m_0$).

L_z (ML)	L_z (nm)	E (eV)	$\partial E/\partial L_z$ (meV/ML)	λ (nm)	L_z (ML)	L_z (nm)	E (eV)	$\partial E/\partial L_z$ (meV/ML)	λ (nm)
17	4.8	1.679	15.7	738.4	27	7.6	1.589	5.1	780.2
18	5.1	1.664	13.8	744.8	28	7.9	1.584	4.7	782.6
19	5.4	1.651	12.1	750.6	29	8.2	1.579	4.4	784.8
20	5.7	1.640	10.6	755.7	30	8.5	1.575	4.1	786.9
21	5.9	1.630	9.4	760.3	31	8.8	1.572	3.8	788.7
22	6.2	1.621	8.3	764.5	32	9.1	1.568	3.5	790.4
23	6.5	1.613	7.4	768.3	33	9.3	1.565	3.1	792.0
24	6.8	1.606	6.6	771.7	34	9.6	1.562	2.7	793.5
25	7.1	1.600	6.0	774.8	35	9.9	1.559	2.2	794.8
26	7.4	1.594	5.5	777.7	36	10.2	1.557	1.7	796.1
					∞	∞	1.508	0	822.2

$\Delta E_c + \Delta E_v$ を求めた.伝導電子バンド不連続比の

$$Q_c = \Delta E_c/(\Delta E_c + \Delta E_v)$$

の値として,初期においては,$Q_c=0.85 \pm 0.03$(Dingle 則)が電子の有効質量 $0.067m_0$ と重い正孔の有効質量 $0.45m_0$ とともに用いられたが,その後,$Q_c \simeq 0.60$(Miller 則)が閉じ込め方向の重い正孔の有効質量 $0.34m_0$([001] 方向の場合)とともにより広く用いられてきた[84].通常の GaAs/Al$_x$Ga$_{1-x}$As 量子井戸構造における $n=1$ のバンド間遷移では,両者の差は小さい.ここでは,現在比較的よく用いられている

$$Q_c \simeq 0.65 \simeq 2/3$$

を,電子の有効質量 $0.067m_0$ と [001] 方向の重い正孔の有効質量 $0.38m_0$ とともに用いた.

表 10.2 では励起子効果を陽には取り入れていないが,光学遷移エネルギーの計算結果は実験と比較的よく一致する.GaAs/AlAs 量子井戸構造の場合の 2 次元励起子束縛エネルギーは,$L_z=10$ nm のとき $E_b=12$ meV,$L_z=5$ nm のとき $E_b=14$ meV といった値が報告されている.表 10.2 の計算よりも高い精度をめざした計算では,各パラメータの近似精度を高めるとともに E_b やその変化分も取り入れるべきである.

図 10.63 の L_z=7.4 nm,5.9 nm,5.1 nm の各量子井戸構造からの PL ピークは,1 ML の膜厚揺らぎに起因するピークの分裂を示している.その分裂は井戸幅が狭い量子井戸ほど大きい.発光の線幅も,井戸幅が狭い量子井戸ほど大きい.これは,表 10.2 にも示したとおり,1ML あたりのエネルギー差 $\partial E/\partial L_z$ が狭い量子井戸ほど急激に大きくなることに対応している.表 10.2 のような表をもつことは,スペクトルを解釈し,試料の評価を行

ううえで非常に重要である．

試料評価では，図 10.63 に示したような，ヘリウム温度近傍（4〜10 K）や窒素温度（77 K）など低温での PL 計測が有用である．低温では，光励起キャリアの低エネルギー側の分布確率が高くなるため，膜厚が厚くなっている領域や局在状態など低エネルギー状態からの PL が支配的である．したがって，状態密度の少ない不純物や局在状態，量子箱・細線などのナノ構造に敏感な評価を行うためには，10 K 程度以下の低温領域での計測が適している．低温では，通常，PL スペクトルのピーク位置と吸収スペクトルのピーク位置とは一致せず，PL スペクトルのピークがやや低エネルギー側に現れる．このシフト量のことを Stokes シフトとよぶ．温度が高くなるにつれ，分布関数のエネルギー依存性が弱まり，より状態密度の大きい状態，すなわち平均膜厚領域における自由励起子状態からの PL が支配的になる．低温から徐々に温度上昇をさせたときの PL ピークの形状や重心の変化量は，Stokes シフト，局在状態や不純物に関する目安を与える．液体窒素温度での計測は，平均膜厚や膜厚揺らぎの分布評価のために有効である．

b.　フォトルミネッセンスの温度依存性

77 K 以下の温度依存性については，前小節ですでにふれた．図 10.64 に示したのは，MBE 法により作製した井戸幅 12 nm バリア幅 10 nm の GaAs/Al$_{0.3}$Ga$_{0.7}$As 量子井戸を 10 周期含んだ多重量子井戸構造試料の PL スペクトルの温度依存性データである．

温度上昇とともに，PL が全体的に大きく低エネルギーシフト（レッドシフト）していることがわかる．これは，式 (10.280) の形のバンドギャップの温度依存レッドシフトによ

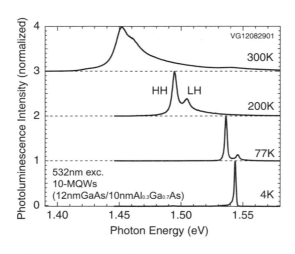

図 **10.64**　井戸幅 $L_z = 12$ nm バリア幅 10 nm の GaAs/Al$_{0.3}$Ga$_{0.7}$As 量子井戸を 10 周期含んだ多重量子井戸構造試料の PL スペクトルの温度依存性データ

る．このレッドシフトを Varshni シフトとよぶ[120]．

　また，77 K 以上のスペクトルには，重い正孔（hh）励起子からの PL ピークの短波長（高エネルギー）側に軽い正孔（lh）励起子からの小さな PL がみられる．100 K から 300 K までの温度領域では，フォノン散乱の増大により，発光ピークの幅が大きくなり，特に短波長（高エネルギー）側にすそを引くようにスペクトル形状が変化してゆく．また，試料によっては，PL 強度の減少がみられる．これは，無輻射再結合の増加を反映する．したがって，無輻射再結合の割合などの結晶の品質に関する評価には 77～300 K 領域での計測が有効で，低温のデータはその基準点としてしばしば使われる．

　10 K 以下のスペクトルでは，1.519 eV（816 nm）付近やその低エネルギー（長波長）側に，基板やバッファー層のバルク GaAs からの PL が観測されることがある．10 K 以下のバルク GaAs の PL については，自由ないし浅い不純物に束縛された励起子に起因するものが 1.51～1.52 eV（816～820 nm）付近に，炭素不純物などアクセプター準位を介したものが 1.49 eV（830 nm）付近に現れることが知られている[122]．これらの発光強度は温度が上昇するにつれて急激に減少する．

c．バンド間遷移による光吸収と発光励起（PLE）スペクトル

　GaAs など閃亜鉛鉱型化合物半導体の電子と正孔のブロッホ関数の格子周期関数部分 $|\phi\rangle$ は，Γ 点の近傍でそれぞれ S 軌道および P 軌道的な性質をもった関数であり，一般に，

$$|\phi_c\rangle = |S\rangle \tag{10.281}$$

$$|\phi_v\rangle = C_x|P_X\rangle + C_y|P_Y\rangle + C_z|P_Z\rangle \tag{10.282}$$

のように表記される[85]．これらのバンド間の光学遷移は，例えば x 偏光の光学遷移では，双極子モーメントの x 成分の 2 乗

$$|\langle\phi_c|ex|\phi_v\rangle|^2 \propto |C_x|^2$$

が遷移確率・遷移強度を与える．よって，光吸収強度の偏光依存性から C_x, C_y, C_z の大きさがわかる．

　価電子帯のブロッホ関数は，もともとの結晶の性質とともに，量子構造の閉じ込めの強さ，方向，対称性などに依存して決まる．z 軸に対して回転対称性が保たれている構造では，価電子バンド端を構成する $j=3/2$ 正孔バンドのうち，$j_z=\pm 3/2$ と $j_z=\pm 1/2$ のバンドが固有状態となる．バルクでは，正孔の運動方向を Z 軸にとり，その方向の有効質量の軽重をさして，重い正孔，軽い正孔とよぶ．量子構造では，量子化エネルギーを決める閉じ込め方向有効質量で軽重を区別する．回転対称軸と閉じ込め方向が一致する量子井戸構造では $j_z=\pm 3/2$ が，両者が直交する量子細線では $j_z=\pm 1/2$ が，それぞれ重い正孔となってバンド端遷移に寄与する．このとき量子井戸構造の偏光依存遷移強度比は，重い正孔遷移で井戸に平行な偏光の場合と垂直な場合，軽い正孔遷移で井戸に平行な偏光の場合

と垂直な場合に関して，3:0:1:4 となる．また，量子細線構造では，重い正孔遷移で細線に平行な偏光の場合と垂直な場合，軽い正孔遷移で細線に平行な偏光の場合と垂直な場合に関して，4:1:0:3 となる．

吸収計測は，主にバンド端のみからの信号を検出する PL 計測とは異なり，もっとエネルギーの高い励起状態間の光学遷移に関する豊富かつ定量的な情報を与えてくれる優れた方法である．一方で，試料の薄片化あるいは不透明基板除去が必要であったり，十分な S/N を得るために光学密度が適切な値になるように試料設計が必要であることなど，PL 計測よりも技術的に難しい面が多い．光学密度の小さい単一ナノ構造では吸収計測は非常に難しい．そのような困難を回避するために，広く用いられるのが，PL 励起スペクトル（PLE スペクトル）測定である．

PLE 測定では，励起光の波長を走査し，観測される PL の強度を測定する．PL の強度は光の吸収量に比例するので，それぞれの波長に対する吸収量，すなわち吸収スペクトルが得られる．PLE 測定では，吸収係数の絶対値は得られないが，PL 強度を測定するため高感度であること，吸収測定に必要な試料の薄片化処理が不要であること，測定系が PL 測定のものと共通であることなど，吸収測定よりも便利な点も多く，頻繁に行われる．PLE 測定には，波長可変の光源が必要で，チタンサファイアレーザー，白色ランプの白色光を分光したものなどが用いられる．

図 10.65（左）に，井戸幅 L_z=7.4nm の単一量子井戸構造の低温での PLE スペクトルデータを示す[123]．井戸幅の ML 揺らぎを反映した 25，26，27 ML に対応して分裂した，重い正孔励起子，重い正孔の連続吸収端，軽い正孔励起子の構造が明瞭に現れている．重い正孔遷移と軽い正孔遷移のピーク強度比は上述のとおり，井戸に平行な偏光の場合のおよそ 3:1 となっている．PLE スペクトルでは，遷移の絶対強度はわからないため，縦軸は

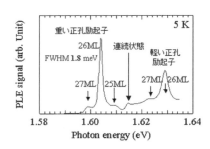 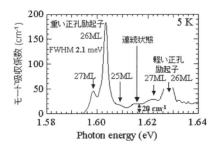

図 10.65 単一 GaAs/Al$_{0.3}$Ga$_{0.7}$As 量子井戸（井戸幅 L_z=7.4 nm）構造の低温 5 K での PL 励起（PLE）スペクトルと導波路点励起法により得たモード吸収係数スペクトル[123]

任意単位になっている．

　通常の吸収測定が難しい，単一ナノ構造などに対する定量計測のニーズに対応するため，内部発光を光源として用いる導波路点励起透過計測法が開発された[123,124]．この方法では，試料に光導波路をつくりこみ，その導波路内の適当な点を点励起し，そこから出る内部発光を光源として，導波路に沿って出てきた光成分を分光計測する．スペクトルのフリンジ解析と，導波路の励起位置依存性を調べることにより，吸収スペクトルの定量計測を行う．

　図10.65（右）に同じ試料の導波路点励起透過計測法により定量測定された吸収スペクトルを示す[123]．図10.65左図は導波路内の1点に関するスペクトルであるのに対して，図10.65右図は導波路全体の平均的なスペクトルであるため，ややブロードなスペクトルになっているが，両者の形状はよい一致を示している．導波路点励起透過計測法による吸収スペクトルでは，遷移の絶対強度が測定されている．

d．サブバンド間遷移赤外光吸収と電子ラマン散乱

　量子閉じ込めにより生じるサブバンド間の光学遷移は赤外光吸収を生じさせる．図10.66（左）は，低温における単一量子井戸の典型的なサブバンド間赤外吸収スペクトルである[125]．各サブバンドの分散関係がほぼ平行なため，サブバンド間遷移の光吸収スペクトルは，常温であってもそれぞれ孤立したピークとなる特徴がある．

　ピークエネルギーは，後に述べる多体効果による補正を除けばサブバンド間隔に一致する．無限大バリア近似で計算すると，10 nm幅のGaAs量子井戸の量子化エネルギーは56 meVであり，第1～第2サブバンド間隔はその3倍の170 meVになる．このエネルギーの光は，中赤外領域に相当する．

　吸収の強度は，双極子モーメント d_{sub} により決まる．伝導電子帯内のサブバンド間遷移の場合，

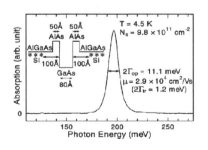 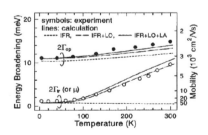

図 10.66　低温における単一量子井戸のサブバンド間赤外吸収スペクトル（左）と，吸収線幅 $2\Gamma_{\mathrm{op}}$・移動度に対応する散乱レート $2\Gamma_{\mathrm{tr}}$ の温度依存性（右）[125]．

$$\boldsymbol{d}_{\mathrm{sub}} = \langle \Psi^{(f)}(\boldsymbol{r})|e\boldsymbol{r}|\Psi^{(i)}(\boldsymbol{r})\rangle \tag{10.283}$$

$$\simeq \langle F_{n'}(\boldsymbol{r})|e\boldsymbol{r}|F_n(\boldsymbol{r})\rangle \langle u_0^{(e)}(\boldsymbol{r})|u_0^{(e)}(\boldsymbol{r})\rangle \tag{10.284}$$

$$= \langle F_{n'}(z)|e(0,0,z)|F_n(z)\rangle \tag{10.285}$$

のようになる．ここから，$n'-n \equiv \Delta n$ が奇数でかつ z 偏光の光学遷移のみが許容で，Δn が偶数もしくは偏光が z 成分をもたない場合は禁制というサブバンド間遷移の選択則が得られる．

式 (10.285) の双極子モーメントの大きさは，包絡関数部分のみで決まり，ブロッホ関数部分にはよらない．例えば，無限大バリア近似の量子井戸における $n=1$ から $n=2$ へのサブバンド間遷移の場合，その値は

$$d_{\mathrm{sub},z} = (16/9\pi^2)eL_z$$

と計算される．サブバンド間遷移の双極子モーメントは素電荷×量子井戸厚の程度の値であり，素電荷×格子定数の程度の値であるバンド間遷移に比べて大きい．吸収量は基底サブバンドの 2 次元電子密度にほぼ比例する．

図 10.66（左）のサブバンド間吸収スペクトルの半値幅は 10 meV 程度である．サブバンド間吸収の幅の起源は，キャリアの散乱過程にほかならない．しかし，図 10.66（右）のプロットに示した，電気伝導実験における移動度に対応する幅とサブバンド間吸収スペクトルの幅の測定値との間には，明確な相関がみられない．この問題を明らかにするため，サブバンド間吸収スペクトルの半値幅の系統的な計測と，界面ラフネス散乱，フォノン散乱，アロイ散乱などの寄与の微視的理論による定式化・比較を行ってみると，サブバンド間吸収スペクトルの幅は移動度に対応する幅に比べて，界面ラフネス散乱に対して約 1 桁ほど敏感であることが判明した．実験で観測される吸収幅が，図 10.66（右）の実線に示すように，定量的に解釈・予測できるようになった[125, 126]．

サブバンド間赤外光吸収の実験では，双極子モーメントの向きが量子閉じ込めの方向であるので，電場ベクトルが基板の法線方向の成分をもつように光を入射する必要がある．基板表面に垂直に入射しても吸収は観測できない．そこで入射光を試料に対し p 偏光でブリュースター角で入射する配置（ブリュースター配置）での計測が最初に試みられた[127]．この場合，光電場ベクトルが入射面内にあれば（p 偏光），表面での光反射係数は零となり，サブバンド間吸収を選択的に検知できる．ブリュースター配置は試料準備が比較的簡単であるが，試料内部で光電場ベクトルと双極子モーメントのなす角度が大きく吸収量は小さい．2 次元電子密度 $10^{12}/\mathrm{cm}^2$ の量子井戸を 50 周期積層した場合でも吸収量は高々 2 % である．この配置で単一量子井戸の吸収を測定することは非常に困難である．十分な吸収量を確保するため，試料の両端面を斜めに加工し，入射した光が試料内部の表面（薄膜）と裏側で全反射を繰り返す配置が試みられた（導波路配置）[128]．例えば，全長約 3 mm，厚

さ 300 μm の試料では内面で 5 回反射が起こり，導波路のない場合に比べて 10 倍の吸収量が期待できる．実際に，図 10.66 の単一量子井戸の測定では，この方法を用いた．

透過・吸収スペクトルの測定では，白色光を分光して透過光強度を計測するが，赤外領域では，回折格子ではなくマイケルソン干渉計を用いた分光系，フーリエ変換赤外分光計（FTIR）が主に用いられる．干渉計は，同一規模の回折格子分光器に比べて，出射光が明るい，波長分解能がよい，などの長所をもつ．FTIR では，干渉計内部の可動鏡を走査し，2 光束の光路差の関数として光強度スペクトル（インターフェログラム）を記録し，その逆フーリエ変換を計算して透過スペクトルを得る．赤外域では，大気中の分子（H_2O，CO_2 など）の振動による鋭い吸収ピークが広い範囲にわたって存在するため，光学系全体は真空雰囲気に保つ必要がある．

サブバンド間光吸収スペクトルの遷移共鳴エネルギーには，多数のキャリアによる多体効果が次のように現れることが知られている[129,130]．ドープ量子井戸のサブバンド間隔 E'_{12} は，非ドープ量子井戸のサブバンド間隔 E_{12} に対して，ドープキャリア間の直接クーロン相互作用，すなわち荷電キャリアが形成する静電ポテンシャルによる寄与（ハートリー項）の Δ と，交換相互作用および電子相関による寄与 ϵ_{xc} の分だけ変化しており，

$$E'_{12} = E_{12} + \Delta + \epsilon_{xc}$$

のようになる．このような静的多体効果に対して，さらに励起状態を含む動的な多体効果を取り入れて，実際の遷移共鳴エネルギー $\hbar\omega_{12}$ は，

$$\hbar\omega_{12} \sim E'_{12}(1 + \alpha_{12} - \beta_{12})$$

のように表される．$\alpha_{12}E'_{12}$ は反分極（depolarization）シフト，$\beta_{12}E'_{12}$ は励起子的補正とよばれる．GaAs 量子井戸の場合には，ϵ_{xc} や β_{12} の寄与は他の項に比べて小さいことが知られている．反分極シフト $\alpha_{12}E'_{12}$ は，古典論のプラズマ振動エネルギーに対応し，量子論では波動関数 $F_1(z)$ や $F_2(z)$ に応じて計算される動的ハートリー項に相当する．

反分極シフト $\alpha_{12}E'_{12}$ や励起子的補正 $\beta_{12}E'_{12}$ は，電子ラマン散乱実験により，電荷密度励起（CDE），スピン密度励起（SDE），独立粒子励起（SPE）によるサブバンド間遷移のエネルギー差として観測できる[129,130]．図 10.67 に，井戸幅の広い（25 nm）単一量子井戸の平行および直交偏光配置での電子ラマン散乱スペクトルを示す[129]．電荷密度励起，スピン密度励起，独立粒子励起に対応するピークが異なる強度ですべて観測されている．これらのうちの電荷密度励起のピーク位置と，サブバンド間赤外吸収のピーク位置が一致する[130]．また，井戸幅の狭い量子井戸では，独立粒子励起のピークが電子ラマン散乱において支配的になることが確かめられている[131]．

e. 低次元励起子と連続状態

典型的な無機半導体では軽い有効質量と大きな誘電率のために，有効質量近似のもとで励起子を記述する方程式は，水素原子型のワニエ方程式となり，励起子はワニエ励起子と

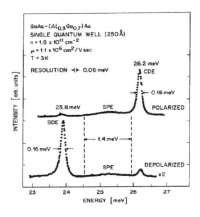

図 10.67 低温における井戸幅の広い (25 nm) 単一量子井戸の平行および直交偏光配置の電子ラマン散乱スペクトル[129].

よばれる. 3D バルク半導体でのワニエ励起子束縛エネルギーは, 電子-正孔の換算有効質量 m_r^*, 比誘電率 ϵ_b を用いて,

$$E_b^{3D} = \frac{e^4 m_r^*}{2(4\pi\epsilon_b)^2 \hbar^2}$$

と表される. GaAs においては, E_b^{3D} はおよそ 4 meV である. 3D 励起子束縛準位のエネルギーは, 主量子数 n のリュードベリ系列

$$E_n^{3D} = -E_b^{3D} \times \frac{1}{n^2} \quad (n = 1, 2, 3, \ldots)$$

となる.

ヘテロ構造量子井戸・層状物質やグラフェンなどの擬 2 次元系, ヘテロ構造量子細線・鎖状物質やカーボンナノチューブ・半導体ナノワイヤなどの擬 1 次元物質における励起子, すなわち, 低次元励起子は, 近年盛んに研究が行われているトピックスの一つである. 理想的な低次元水素原子モデルでは, 低次元励起子基底状態の束縛エネルギー E_b は, 理想 2 次元系では 3 次元系の 4 倍となり, 理想 1 次元系では無限大に増大する. 理想 2 次元系では主量子数 n の励起子束縛準位のエネルギーは,

$$E_n^{2D} = -E_b^{3D} \times \frac{1}{(n+\frac{1}{2})^2} \quad (n = 0, 1, 2, 3, \ldots)$$

となる[89].

図 10.68（左）に示す理論計算[97]に示されるように, 擬 1 次元量子細線のモデル系では, 細線幅が小さくなるにつれて, 基底状態励起子エネルギー準位が著しく深く閉じ込めら

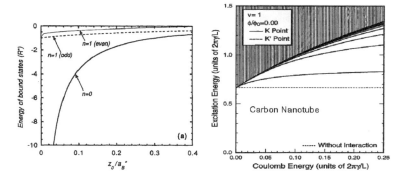

図 **10.68** 左図：量子細線中の擬 1 次元励起子の基底状態（$n=0$）と励起状態（$n=1$,odd と even）の束縛エネルギーの細線幅（z_0）依存性[97]．右図：カーボンナノチューブの連続状態（縦縞領域）と励起子束縛状態（実線）のエネルギー準位のクーロン相互作用強さ依存性[132]．

れ，高次のリュードベリ系列は閉じ込めが比較的浅くなるという特徴が知られている．磁場中での PLE 計測法を併用すると，このような低次元励起子の高次のリュードベリ状態を調べることができる[133]．一方，図 10.68（右）に示すカーボンナノチューブの場合[132]には，相互作用が強くなると基底状態と高次リュードベリ状態の励起子束縛エネルギーのコントラストが小さくなるという特徴が現れる．逆に，クーロン相互作用が比較的小さい領域で基底状態励起子エネルギー準位が相対的に著しく深くなっている．

　励起子効果の増強は，束縛エネルギー E_b の増大だけでなく，その吸収強度（振動子強度）の増強にも現れる．図 10.69 は，単一量子細線レーザー素子に外部から光を直接入射して透過測定した単一 T 型 GaAs 量子細線の低温 5 K での透過および吸収スペクトルである[134]．1 次元励起子吸収の構造が明瞭に観測されている．また，このような定量的な実験により，単一細線中の励起子によるモード吸収の絶対値が得られ，ピークでは 80 cm^{-1} という大きな値であることがわかった．これは，0.5 mm の光路長の間に入射光の 98% が吸収されるほどの強い吸収に対応する．この強い励起子吸収は，量子細線の単位長さあたりのエネルギー積分した偏光方向 i の吸収断面積 $\tilde{\sigma}_i/L$ という量で表現することができ，その値は約 3 meV nm であった[134]．さらにこの吸収断面積 $\tilde{\sigma}_i/L$ は，後に他の試料で測定された 2.5 meV nm とよく一致し[124]，1 次元励起子の固有輻射寿命 τ_{1D} と，

$$\frac{\tilde{\sigma}_i}{L} = \frac{6\pi\hbar c}{n\omega}\frac{d_i^2}{d^2}\tau_{1D}^{-1} \tag{10.286}$$

で結ばれ，$\tau_{1D} = 110\text{ps}$ という見積もりを与える．

　ポリシランなどの鎖状物質やカーボンナノチューブのような擬 1 次元系では，バンドギャップ E_g に匹敵するほど大きな励起子束縛エネルギー E_b をもち，振動子強度のすべ

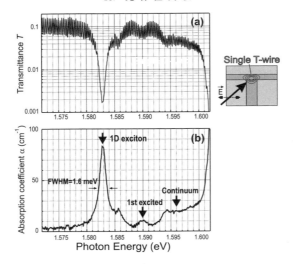

図 10.69 導波路中の単一量子細線の直接の透過計測により測定された透過および吸収スペクトル（温度 5 K）[134]

てがほとんど励起子状態に集中することが知られている[135]．

実際の有限の厚みをもつ擬 2 次元 GaAs 量子井戸系においても，井戸幅 L_z の減少とともに励起子効果が強められ，振動子強度が増大して固有輻射寿命が短くなることや，室温でも明瞭に励起子吸収ピークが観測（室温励起子）されることが観測されている[89]．

低次元励起子の PL 寿命は，分散曲線上の熱分布を反映して，2 次元では温度 T に比例[136]，1 次元では $T^{1/2}$ に比例[137] して増大することが理論的に示されている．波数 $k = 0$ 近傍の励起子の輻射寿命は，固有輻射寿命とよばれ，PL 寿命の温度依存の比例係数を決定する．2 次元 GaAs 量子井戸では約 20 ps 程度，1 次元 GaAs 量子細線では約 100 ps と計算されている．PL 寿命の温度依存性の実験結果も，上記の吸収絶対強度の実験結果も，これらの固有輻射寿命の値を支持している[138]．

励起子基底状態より束縛エネルギー E_b 分だけ高い位置には，連続状態（電子と正孔が解離したイオン化状態）の吸収端が存在する．この連続状態吸収にも，励起子効果，すなわちクーロン相互作用の効果が現れる．理論的にその効果を表すのが，式 (10.223) で導入した，ゾンマーフェルト因子 $\zeta(\omega)$ である．3 次元や擬 2 次元系では，ゾンマーフェルト因子 $\zeta(\omega)$ は 1 よりも大きい．すなわち，電子正孔間のクーロン引力相互作用は，連続状態吸収を増加させる．しかしながら，擬 1 次元では，ゾンマーフェルト因子 $\zeta(\omega)$ は 1 よりも小さくなり，相互作用は連続状態吸収を低減させることが理論的に示されている[97]．

実際，図 10.56 に示した無限バリア角柱状 GaAs 量子細線の 1 次元励起子吸収スペクト

ルの計算結果においても，クーロン相互作用なしの場合よりもありの場合のほうが連続状態吸収が小さくなっており，図 10.69 の単一 T 型 GaAs 量子細線の低温 5 K での吸収スペクトルにおいても，1 次元系に特有の 1 より小さいゾンマーフェルト因子が明瞭に現れている[134]．

グラフェンや III-V 族半導体量子井戸などの 2 次元連続状態の光吸収強度は，主に微細構造定数によって決まり，構造や物質パラメータにはほとんど（あまり）依存しないという興味深い一般的性質が指摘されている[139, 140]．この性質は，スコッチテープ法による単層膜のグラフェン作製法を支える重要な評価手法として用いられている．また，2 次元連続状態を光吸収強度の標準として用いれば，例えば前述の PLE 測定にも定量性が付加され，強力な定量分光手法となる[141]．

f. 量子構造・励起子と磁場中分光

磁場中光学計測は，量子井戸や種々のナノ構造の中の電子状態，特に 2 次元励起子効果や量子閉じ込めの効果を調べるうえで有効な方法である．10 T 程度の磁場を発生させるためには超伝導磁石付きクライオスタットを用いる．光学測定を行うため，光学窓か光ファイバーなどを介した光励起・検出を行う．

量子井戸においては，井戸幅の減少とともに電子-正孔の波動関数が強く重なるため，励起子効果が強められること（2 次元励起子効果）を，前節で述べた．その際，励起子の広がりが小さくなり，バルクの 4 倍近くまで励起子束縛エネルギーが増大することなどが期待されるが，実際これらは磁場下の光学計測により検証される．2 次元励起子効果について調べるためには，量子井戸構造に垂直に磁場 B を印加する．

磁場 B が弱い範囲では，磁場は励起子状態に対して摂動と見なされる．基底準位の 1s 励起子準位については，磁場の 1 次に比例するゼーマン項は通常無視できるほど小さく，磁場の 2 次に比例したブルーシフト βB^2 が観測される．このシフトは反磁性シフトとよばれ，その係数 β の大きさは，磁場に垂直な量子井戸面（$x-y$ 面）内の励起子の実効広がり $\langle x^2 + y^2 \rangle$ を反映して，

$$\beta = \langle \hbar^2 (x^2 + y^2)/8\mu \rangle$$

で与えられる（一般には，van Vleck 常磁性シフトも $\propto B^2$ の寄与を与えるが，今の場合は対称性により寄与がない）．ただし，ここで μ は電子と正孔の換算質量である．具体的には，バルク励起子のボーア半径を a_B として，バルク 3D 励起子および 2D 励起子に対して

$$\beta_{3D} = e^2 a_\text{B}^2 / 4\mu \tag{10.287}$$

$$\beta_{2D} = (3/16) e^2 a_\text{B}^2 / 4\mu \tag{10.288}$$

となる．GaAs の場合，$\beta_{3D} = 109~\mu\text{eV/T}$，$\beta_{2D} = 20~\mu\text{eV/T}$ という値になる．実際に，厚い量子井戸構造から薄い量子井戸構造へと近づくに従って，2 次元励起子効果が強まるため，β の値が β_{3D} から β_{2D} へ近づき減少する様子が観測されている（図 10.70）[142]．

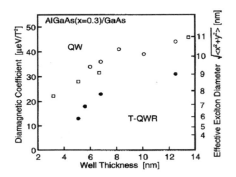

図 10.70　2 次元量子井戸および 1 次元量子細線中の低次元励起子の磁場印加に伴うシフト[142]

　強磁場領域では，エネルギーシフトは磁場に比例したものとなる．これは，強磁場下では，量子井戸面内の電子や正孔の自由運動が，サイクロトロン運動となり，量子化されたエネルギー固有値

$$E_N = (N + 1/2)\hbar\omega_c$$

($N = 0, 1, 2, \ldots$) を有するランダウ準位が形成されるからであり，そこではクーロン相互作用が摂動と見なされる．$\hbar\omega_c$ は磁場の大きさに比例するサイクロトロンエネルギーである．GaAs における電子の有効質量 $m_e^* = 0.067m_0$ に対し，$B = 10$ T のとき $\hbar\omega_c = 17.3$ meV という値が得られる．

　ランダウ量子化された電子と正孔の間のバンド間光学遷移は，同じ N 番目のランダウ準位どうし間で遷移が許容となり，異なる N に対し禁制となる．$N = 0, 1, 2, \ldots$ の許容遷移の吸収（あるいは PLE）ピークのエネルギーを磁場 B に対してプロットすると，それぞれが磁場 B に比例したシフトを示すが，このそれぞれのピークエネルギーをゼロ磁場にまで内挿すると大きな N に対応するピークの内挿線は一点に収束する．この収束点とゼロ磁場下の励起子吸収ピークのエネルギー差は，励起子束縛エネルギーの正確な見積もりを与える[143]．

　次に，磁場に対して垂直な面内に量子閉じ込めポテンシャルがある場合，例えば，量子井戸や超格子の面に平行に磁場をかけた場合や，量子細線や箱構造のように量子井戸にさらに横方向閉じ込めが加えられている場合などを考える（図 10.70）[142]．定性的には，電子や正孔の運動が閉じ込めポテンシャルにより制限されているため，電子状態は磁場に対して鈍感になりエネルギーシフト量は小さい．ポテンシャル閉じ込めのサイズよりもサイクロトロン軌道が小さくなるほどの強磁場に至るまでは，線型なエネルギーシフトは観測されない．この特徴を利用して，さまざまなナノ構造の電子状態が実際に量子閉じ込めを

受けていることの検証が行われる．なおこのような配置で，弱磁場印加に対するシフト量 βB^2 の定量的な議論を行うためには，反磁性シフトとともに van Vleck 常磁性シフトの寄与も取り入れる必要がある．磁場軸に対して，系の回転対称性が保たれない場合には，van Vleck 常磁性シフトの寄与はゼロとは見なせない[133]．

g. 低次元励起子非線型光学・励起子モット転移

非ドープ半導体への光励起強度を上げると励起子密度が増加し，励起子束縛状態はやがて消失し，最終的には電子正孔プラズマ系へ移行する．この過程は「励起子モット転移」とよばれる．相互作用する電子正孔多体系が，低密度から中間密度をへて高密度に到達するまでにとりうる多体電子状態やその非線型光学応答は，動的相関効果の中心的な課題であり，かつ難題として知られている．1次元量子細線系では，クーロン相互作用，遮蔽，状態占有効果，状態密度などが，3次元バルク系や2次元量子井戸系と異なり，励起子効果が強くなるのでとりわけ強い関心がもたれてきた[145, 146]．

図 10.71 に，単一 T 型 GaAs 量子細線試料の点励起発光スペクトルの励起強度依存性を示す[144]．励起子密度の増加とともに励起子準位の約 3 meV 下にサブピークが現れている．このサブピークは励起子強度の2乗に従って増加するため，励起子分子に由来するピークと同定された．さらに密度を増加させると，励起子分子発光は励起子発光の強度を超え，励起子ピークとマージしつつ幅が増大し，ブロードな電子正孔プラズマ発光へと連続的に

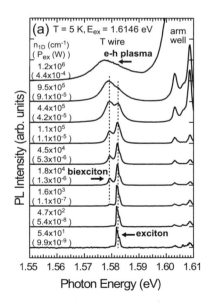

図 10.71 単一 T 型 GaAs 量子細線の点励起発光スペクトルの励起強度依存性[144]

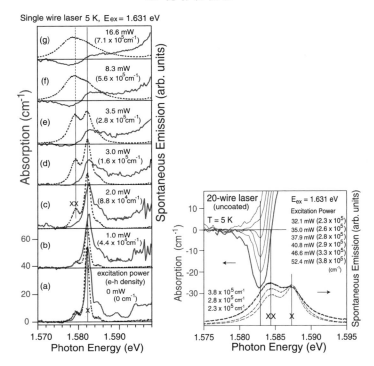

図 10.72 単一量子細線（左）および 20 周期量子細線（右）における吸収利得および発光スペクトルの変化[147]．励起子から電子正孔プラズマへのクロスオーバーを表す．

変化した．すなわち，「励起子モット転移」は，励起子状態から，励起子分子状態を介してプラズマ状態へ連続的にクロスオーバーするものであった．

同じ試料に対して，ハッキ-パオリ-キャシディの方法で，励起子モット転移に伴う非線型吸収および利得発生を定量評価した（図 10.72(左)）[147]．図 10.72（左）中の実線が吸収利得スペクトル，点線が同時計測した発光スペクトルである．ゼロ密度での励起子吸収から，励起密度の上昇とともにスペクトルが変化し，やがて利得が発生する様子が明瞭に観測された．発光スペクトルは，図 10.71 の点励起発光スペクトル同様に，励起子分子を介した電子正孔プラズマへのクロスオーバーの様子を再現している．

図 10.73 に，GaAs 量子細線の発光および吸収利得実験から得た励起子状態とバンド端のエネルギー位置および（エラーバーで示す）幅のプロットを示す．クロスオーバー領域に対する平均場近似理論計算結果も比較のためプロットした[144]．

これらのデータで注目すべきは，このクロスオーバーの際に 1 次元連続吸収バンド端は

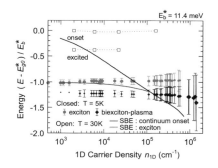

図 10.73　GaAs 量子細線の発光および吸収利得実験から得たピークエネルギー値のプロットと平均場近似理論計算との比較[144]．

シフトせず，励起子吸収ピークと 1 次元連続吸収バンド端が共にブロードニングしつつ，それらの状態のギャップを埋めていく様子が観測されたことである．この結果は，「バンドギャップ収縮（BGR）効果によりレッドシフトしたバンド端と励起子準位が交差したときに励起子モット転移が起きる」とする平均場的描像がクロスオーバー領域では成立しないことを示唆する．第二の注目点は，利得が，励起子分子と励起子の発光ピークが依然明瞭に残存し，ちょうど前者が後者の強度を追い越す瞬間に発生したことである．この点はさらに量子細線の本数を 20 本に増やした試料を用いた実験によってより明確に検証された（図 10.72(右)）．この実験により，利得の発生は励起子が消滅しプラズマが発生するいわゆる励起子モット転移点を示すものではないことが明らかになった．利得発生の起源は，励起子分子と励起子の間の反転分布として発生し，電子正孔密度の増大とともにそれが電子正孔プラズマ起源へと連続的に変化していくものであった[144]．

h. 量子細線レーザーと 1 次元電子正孔多体系光学利得

モット転移点あるいはモット密度を十分越えた高密度領域では，1 次元励起子束縛状態も完全に消失し，1 次元電子-正孔系も多体相互作用するプラズマ状態をとる．多体相互作用する電子正孔プラズマ状態の動的相関効果を反映した光学利得は，図 10.74 に示すような量子細線レーザーの発振特性や起源の機構の鍵である．1 次元系の光学利得の実験的評価は，試料の不均一性が大きくかつ測定も難しかったためこれまで困難であったが，最近漸く可能になった[145, 146]．

図 10.75（左）に，励起光強度を変えて測定した T 型量子細線レーザーの利得スペクトルを示す[146]．実験には，均一性の高い 3 周期 T 型量子細線レーザー試料を用いた．共振器長は 0.5 mm で，共振器端面は無コートのまま用いた．光励起を行いハッキ–パオリ–キャシディの方法を用いて導波路放出光を解析し，利得スペクトルを求めた．図 10.75（左）のいちばん下にゼロ密度極限の励起子吸収スペクトルを示す．この急峻さは，試料の高い均

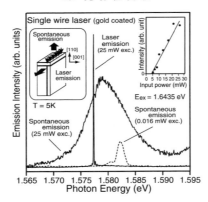

図 10.74 量子細線レーザーの発振強度プロット（挿入図），発振スペクトルと自然放出スペクトル[145]．

一性を反映するものあり，その他の各励起密度でのスペクトル形状が，試料の不均一性ではなく，固有の物理効果によるものであることを保証する．弱励起では，1.580 eV に 1 次元励起子基底状態による強い吸収ピークのみ現れ，利得は存在しなかった．励起光強度を増加させると，励起子吸収は減少し，その低エネルギー側（1.574 eV 近傍）に新たに利得ピークが現れた．この利得ピークが，励起光強度の増加に伴い成長していく様子が系統的に観測された．図中矢印で示す，利得から吸収へと変化するエネルギー位置は，化学ポテンシャルに相当し，ここから量子細線中の電子正孔密度を見積もることができる．この位置の励起光強度の増加に伴う高エネルギー側へのシフトは，量子細線中の電子正孔密度の増加を示す．利得形状は，電子正孔密度の増加と共にピークの鋭さが失われ，ピークと化学ポテンシャルの間の領域ではうえに凸の曲率が生じた．また，ピークの低エネルギー側のテールの広がりも密度とともに増大した．興味深いことに，利得のピーク値は密度の増加に伴い最初は急激に増加するが，やがて頭打ちになり，その後減少するという奇妙な振る舞いを示した．図 10.74 のレーザー発振の低いしきい値特性は，低い密度での利得発生と急峻な利得増加により理解できる．また，発振エネルギーのシフトが小さいことは利得ピークのシフトが小さいことから，単一モードでの発振は利得ピーク形状が尖っていることから理解できる．

図 10.75（左）の利得スペクトルの電子正孔密度依存性を理解するために，図 10.57 の計算で用いたのと同様の，準熱平衡状態を仮定した半導体ブロッホ方程式理論により利得スペクトルの計算を行った．図 10.75（右）に，励起パワー 38 mW のときの実験の利得スペクトル（図 10.75（左））に対応する，自由粒子理論計算（FE）および半導体ブロッホ方程式理論計算（SBE）のスペクトルを重ねて示した[146]．なお，計算に用いた温度パラ

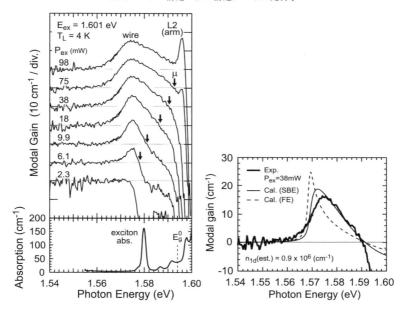

図 10.75　量子細線の利得スペクトルの励起密度依存性の実験データ（左）と理論計算との比較（右）[146]

メータは，実験で得た利得スペクトルと発光スペクトルから評価したキャリア温度と同じく 60 K とした．現象論的なブロードニングとして 1 meV 半値半幅のローレンツ関数形状を手で入れたが，その他のパラメータは，k・p 摂動理論によって決まる通常の値を用いており縦軸の絶対値を含めてフィッティングパラメータは用いていない．自由粒子理論の利得スペクトルは，1 次元結合状態密度 $1/\sqrt{E}$ にローレンツ型ブロードニング関数を畳み込んだ形状を示し，実験結果とは大きく相違した．一方，半導体ブロッホ方程式理論の利得スペクトルは，バンド端での利得抑制効果のため 1 次元結合状態密度を反映した発散形状をもたず，実験の利得ピーク値を比較的よく再現した．また，実験でみたピークの鋭さが失われ，ピークと化学ポテンシャルの間の領域でうえに凸の曲率をもつ利得スペクトルの特徴がよく再現されている．実験結果と異なる点は，実験では密度増加に伴い急激に低エネルギー側に幅広いテールが現れるのに対して，理論では低エネルギー側にほとんどテールが広がらない点である．しかし，半導体ブロッホ方程式理論は，平均場近似を用いて振動子強度の再配分効果の主要部分を取り入れる一方，キャリア間散乱により生じるダンピングの効果をすべて無視する理論なので，散乱によるテールの広がりを再現できないことは当然の帰結といえる．実験と理論の比較の結論として，実験で得た利得スペクトルのう

ちピークの低エネルギー側の形状はキャリア間散乱によるものと理解され,一方,ピークの高エネルギー側の形状はキャリア間相互作用による振動子強度の再配分によって決まっており半導体ブロッホ方程式理論計算とよく一致した.ピーク利得値の電子正孔密度依存性についても,半導体ブロッホ方程式理論の計算結果とよい一致が得られた[146].

光励起した高密度電子正孔系の光学利得スペクトルが,多体クーロン相互作用の効果によりキャリア密度の増加に応じて著しい変化を見せることを示した.ドーピングにより電子を供給した場合の多数キャリアが存在する場合の電子相関効果とその結果の光学応答特性にも強い興味がもたれる.また電流注入半導体レーザーでは,電子と正孔の密度のバランスが等しいとは限らず一般には非中性電子正孔系が形成される[148].光励起では生成される電子と正孔の密度は同じで電気的中性が保たれるが,電流注入ではその保証はない.電流注入を用いた多くの実用能動光デバイスの性能理解・予測のためにも,非中性電子正孔系の光学応答の理解制御の必要性は高い.そのため,単一変調ドープ量子細線にゲート電極を設けた電界効果型光デバイスを作製された.ゲート電圧の印加により1次元電子ガス濃度を大きく変化させ発光と吸収の両方のスペクトルを取得したところ,低濃度領域での1次元トリオンの挙動が明らかになり,トリオン-バンド間遷移のクロスオーバーが観測された[149].高濃度領域では1次元電子状態密度を明確に反映したスペクトル形状や,多体効果の寄与が意外に小さいこと,バースタイン・モス・シフト(ドープ電子がバンド端を状態占有するために吸収と発光のスペクトルが分離・シフトする効果)の様子などが明らかになった.電流注入型量子細線レーザーや,ドーピングにより電荷バランスを意図的に崩した量子細線レーザーについても,非中性電子正孔系の形成の評価と,発光および利得吸収スペクトルの測定が行われている.余剰キャリアの存在がバンド端での利得抑制効果により一層寄与し,さらにピークの低エネルギー側の大きなテールにも寄与し,結果としてピーク利得を低減する効果があることが明らかになった.

i. 詳細平衡関係式とキャリアの熱平衡・非平衡性

単位体積・単位立体角・単位エネルギーあたりの黒体輻射のスペクトル密度に関するプランク公式は

$$B^E(\hbar\omega, T) = \frac{\hbar^2 \omega^3}{4\pi^3 c^3 (\exp(\hbar\omega/k_\mathrm{B} T) - 1)} \tag{10.289}$$

$$B^Q(\hbar\omega, T) = B^E(\hbar\omega, T)/\hbar\omega \tag{10.290}$$

で与えられる[150].ただし,上添字のE,Qは,それぞれエネルギーと光子数の密度であることを示している.これに対応して,吸収能$A(\hbar\omega, \theta)$をもつ物体表面の単位面積・単位立体角・単位エネルギーあたりの熱輻射の放出エネルギー強度$I^E(\hbar\omega, \theta)$および放出光子数強度$I^Q(\hbar\omega, \theta)$(発光スペクトル)は,

$$I^E(\hbar\omega, \theta) = \cos\theta A(\hbar\omega, \theta) c B^E(\hbar\omega, T) \tag{10.291}$$

$$I^Q(\hbar\omega,\theta) = \cos\theta A(\hbar\omega,\theta)cB^Q(\hbar\omega,T) \quad (10.292)$$

となる．この関係式は，輻射に関するキルヒホッフの法則である．初期には，非散乱性・非蛍光性の物体に対してのみ成立するという議論があり，ランダウ・リフシッツの教科書[150]にもそのような記述がある．しかし，この関係式は，温度 T の黒体に取り囲まれて熱平衡状態にある輻射場と物体の間の詳細平衡関係式とみることができ，表面散乱や蛍光を有する物体であっても線型応答の範囲内で一般に成立すると考えられる[151,152]．

PL 実験のような場合でも，光励起された電子と正孔が伝導帯・価電子帯あるいは LUMO・HOMO 内で十分に熱分布に達してから発光するような場合には，線型応答領域の発光 (PL) スペクトル $I^Q(\hbar\omega)$ と吸収確率のスペクトル $A(\hbar\omega)$ の間に，式 (10.292) あるいは

$$\ln(I^Q(\hbar\omega)/\omega^2 A(\hbar\omega)) = -\hbar\omega/k_BT + C \quad (k_BT \ll \hbar\omega) \quad (10.293)$$

(C は光子エネルギー $\hbar\omega$ や温度 T によらない定数) が成り立つであろうという議論が古くからなされ，この関係式やこれと等価な関係式は，Kennard–Stepanov 関係式[151,152]，Roosbroeck–Schockley 関係式[153]，Kubo–Martin–Schwinger 関係式[154,155] などともよばれ，レーザー理論[92]，太陽電池の詳細平衡限界効率理論[156]，光学応答基礎理論[90] などにおいて非常に頻繁に用いられている．しかし，詳細平衡関係式は，本来は熱平衡状態においてのみ厳密に成立すべき関係式であり，PL 実験のような外部からのポンピングを受けているような非平衡条件においては成立が保証されているものではないことには注意が必要である．実際，この関係式の成立を実験的・理論的に検証しようとする研究も多く，成立例は必ずしも多くはない (Ihara ら[157] とその中の引用文献を参照のこと)．また，キャリア間相互作用が効く場合には，この関係式が成立しなくなることを指摘する研究[158] も報告されている．また逆に，この関係式からのずれを手がかりに，光励起キャリアの非平衡性を評価することが可能になりつつある[159] ことも指摘しておく．

j．展　　望

本章では，ヘテロ構造・ナノ構造光デバイスの舞台設計の基礎物理と，その半導体低次元構造を舞台として展開されてきた光学遷移におけるキャリア間相互作用や多体効果の研究を中心に紹介した．その中で，半導体ヘテロ構造・ナノ構造が，内部に存在するキャリアの量や分布により光学応答が強く影響されて変化する，きわめて強い非線型応答をする系であることをみた．この主原因は，キャリア間クーロン相互作用と，状態占有に伴うパウリ排他律とのためである．光導波路や光共振器を含む半導体レーザーのような場合には，光と電子の間の強い相互作用も原因として加わる．そのような強い光学非線型性や非平衡キャリアダイナミクスを，先端的な分光を駆使して明らかにすることが，近年の半導体光学物性研究の中心課題であった．

しかし，これまでの膨大な基礎研究の進歩・蓄積にもかかわらず，半導体レーザーをはじめとする半導体光デバイスの高速非線型性の理解や制御は未だ不十分である．例えば，

産業界における半導体レーザーの利用をみてみると，電気-光エネルギー変換効率の高さや波長安定性を活かした応用は進んでいるが，高速性・非線型性を活かした応用は進んでいない．具体例を挙げると，高速光通信においては半導体レーザーは定常発振源であり信号を載せるためには外部変調が用いられている．これは，半導体レーザーを内部変調させると，難解な非線型性や非平衡性が顕在化して十分な制御ができないからである．超短パルス発生でも，中心的には固体レーザーやファイバーレーザーが用いられており，半導体レーザーはその励起源（エネルギー源）でしかない．また，単一光子状態など非古典光の発生も，半導体光源からの直接の発生は未だ難しく，非線型光学結晶を用いた手法が主流である．半導体レーザーに限らず，半導体太陽電池や他の光デバイスをみても状況は同様で，半導体ヘテロ構造・ナノ構造デバイスに内在する励起状態キャリア間相互作用，電子光子強結合，高速非線型性，非平衡ダイナミクスは，未利用の物性資源として埋蔵されているといわざるをえない．今後の基礎物理研究の果すべき役割はきわめて大きい．

[秋山英文]

文　献

1) 大柳宏之編, シンクロトロン放射光の基礎 (丸善, 1996).
2) 渡辺誠, 佐藤繁編, 放射光科学入門 (東北大学出版会, 2004).
3) 日本表面科学会編, 新訂版・表面科学の基礎と応用 (エヌ・ティー・エス, 2004).
4) 日本化学会編, 実験化学講座 10, 物質の構造 II, 分光下, 第 5 版 (丸善, 2005).
5) 加藤誠軌編, X 線分光分析 (内田老鶴圃, 1998).
6) J. A. Samson, D. L. Ederer, *Vacuum Ultraviolet Spectroscopy* (Academic Press, 2000).
7) D. Attwood, *Soft X-Rays and Extreme Ultraviolet Radiation* (Cambridge University Press, 1999).
8) C. Pellegrini, The history of X-ray free-electron lasers, Eur. Phys. J. H, **37**, 659 (2012).
9) レーザー学会編, レーザーハンドブック (オーム社, 2005).
10) 霜田光一, レーザー物理入門 (岩波書店, 1983).
11) 霜田光一・矢島達夫編著, 量子エレクトロニクス (上), 物理学選書 13 (裳華房, 1972).
12) M. Sargent III, M. O. Scully and W. E. Lamb, Jr., Laser Physics (Addison-Wesley, 1974).
13) H. Haken, Light (North-Holland, 1985).
14) R. Loudon, The Quantum Theory of Light, 2nd edition (Oxford University Press, 1997).
15) A. Yariv, Quantum Electronics, 3rd edition (John Wiley & Sons, 1989). (多田邦雄・神谷武志訳, 光エレクトロニクスの基礎 (丸善, 2010))
16) L. A. Coldren and S. W. Corzine, Diode Lasers and Photonic Integrated Circuits (John Wiley & Sons, 1995).
17) W. W. Chow, S. W. Koch and M. Sargent III, Semiconductor-Laser Physics (Springer-Verlag, 1994).
18) H. C. Casey, Jr. and M.B. Panish, Heterostructure Lasers (Academic Press, 1978).
19) P. Vasil'ev, Ultrafast Diode Lasers (Artech House, 1995).
20) G. P. Agrawal ed., Semiconductor Lasers: Past, Present, and Future (AIP Press, 1995).

文　献

21) J. D. Jackson, *Classical Electrodynamics*, 3rd ed. (Wiley, 1998).
22) A. Yariv, *Quantum Electronics*, 3rd ed. (John Wiley & Sons, 1989).
23) 櫛田孝司, 光物性物理学 (朝倉書店, 1991).
24) C.-W. Chen et al., IEEE J. Quant. Electron. **46**, 1746 (2010).
25) N. V. Smith, Phys. Rev. B **64**, 155106 (2001).
26) R. Ulbrichit et al., Rev. Mod. Phys. **83**, 543 (2011).
27) D. J. Griffiths, *Introduction to Quantum Mechanics*, 2nd Ed. (Pearson, 2003).
28) 霜田光一, レーザー物理入門 (岩波書店, 1983).
29) L. Schiff, *Quantum Mechanics* (McGraw-Hill, 1969).
30) N. Ashcroft and N. D. Mermin, *Solid State Physics* (Thomson Learning, 1976).
31) *X-RAY DATA BOOKLET Center for X-ray Optics and Advanced Light Source* (Lawrence Berkeley National Laboratory) http://xdb.lbl.gov/
32) J. H. Hubbell et al., J. Phys. Chem. Ref. Data **9**, 1023 (1980).
33) B. Henderson and G.F. Imbusch, *Optical Spectroscopy of Inorganic Solids* (Oxford Univ Pr on Demand, 2006).
34) D.Y. Smith, Phys. Rev. B **13**, 5303 (1976)
35) S. Hüfner, *Photoelectron Spectroscopy: Principles and Applications* (Springer, 2003)
36) W. Schattke and M.A. Van Hove (Eds.), *Solid-State Photoemission and Related Methods* (WILEY-VCH, 2003).
37) F. de Groot and A. Kotani, *Core-Level Spectroscopy of Solids* (CRC Press, 2008).
38) 長倉三郎, 光と分子 上・下 (岩波書店, 1979, 1980)
39) 日本表面科学会編, X線光電子分光法 (丸善, 1998).
40) 藤森淳, 強相関電子系を解明する実験方法—光電子分光 (大学院物性物理2, 伊達宗行監修), p.321 (講談社サイエンティフィック, 1996).
41) A. Zangwill, *Physics at Surfaces* (Cambridge University Press, 1988).
42) 奥田太一, 武市康男, 柿崎明人, 日本物理学会誌 **65**, 840 (2010).
43) 匂坂康男, 角度分解紫外光電子分光 放射光 **3**, 69 (1990).
44) J. Osterwalder, Surf. Rev. Lett. **4**, 391 (1997).
45) N. Miyata, H. Narita, M. Ogawa, A. Harasawa, R. Hobara, T. Hirahara, P. Moras, D.Topwal, C.Carbone, S.Hasegawa and I. Matsuda, Phys. Rev. B **83**, 195305 (2011).
46) スピン分解光電子フェルミ面マッピング 放射光 **20**, 159 (2007).
47) K. Hayashi, M. Sawada, H. Yamagami, A. Kimura and A. Kakizaki, J. Phys. Soc. Jpn **73**, 2550 (2004).
48) A. Nishide, A. A. Taskin, Y. Takeichi, T. Okuda, A. Kakizaki, T. Hirahara, K. Nakatsuji, F. Komori, Y. Ando and *I. Matsuda, Phys. Rev. B **81**, 041309 (2010).
49) N. Terada et al., Jpn. J. Appl. Phys. **30**, 3584 (1991).
50) Hun Yang, S.-J. Oh, Hyeong-Do Kim, Ran-Ju Jung, A. Sekiyama, T. Iwasaki, S. Suga, Y. Saitoh, E.-J. Cho and J.-G. Park, Phys. Rev. B **61**, R13629 (2000).
51) F. J. Garcia de Abajo, M. A. Van Hove and C. S. Fadley, Phys. Rev. B **63**, 75404 (2001).
52) 松井文彦, 松下智裕, 大門寬, 回折分光法による電子・磁気構造の原子層分解解析, 表面科学 **30**, 28 (2009).
53) 太田俊明, 軟X線吸収分光法—XAFSとその応用— (アイピーシー, 2002).
54) 横山利彦, 太田俊明編著, 内殻分光—元素選択性をもつX線内殻分光の歴史・理論・実験法・応用—

(アイピーシー, 2007).
55) T. Amano, Y. Muramatsu, N. Sano, J. D. Delinger and E. M. Gullikson, J. Phys. Chem. C **116**, 6793 (2012).
56) J. Stöhr, *NEXAFS Spectroscopy* (Springer,2003).
57) 橋爪弘雄, 岩住俊明編著, 放射光 X 線磁気分光と散乱 (アイピーシー, 2007).
58) 宇田川康夫編, X 線吸収微細構造—XAFS の測定と解析— (学会出版センター, 1993)
59) 今田真, 菅滋正, 宮原恒昱, 日本物理学会誌 **55**, 20 (2000).
60) J. Stöhr, J. Electron Spectroscopy and Related Phenomena, **75**, 253 (1995).
61) B. T. Thole, P. Carra, F. Sette and G. van der Laan, Phys. Rev. Lett. **68**, 1943 (1992).
62) P. Carra, B. T. Thole, M. Altarelli and X. Wang, Phys. Rev. Lett. **70**, 694 (1993).
63) C. T. Chen, Y. U. Idzerda, H. -J. Lin, N. V. Smith, G. Meigs, E. Chaban, G. H. Ho, E. Pellegrin and F. Sette, Phys. Rev. Lett. **75**, 152 (1995).
64) C. C. Calvert, A. Brown and R. Brydson, Journal of Electron Spectroscopy and Related Phenomena **143**, 173 (2005).
65) F. Gel'mukhanov and H. Agren, *Resonant X-ray Raman Scattering* (Elsevier, 1999).
66) A. Kotani and S. Shin, Rev. Mod. Phys. **73**, 203 (2001).
67) F. de Groot, Chem. Rev. **101**, 1779 (2001).
68) U. Bergmann and P. Glatzel, Photosynth. Res. **102**, 255 (2009).
69) Y. Harada, T. Kinugasa, R. Eguchi, M. Matsubara, A. Kotani, M.Watanabe, A. Yagishita and S. Shin, Phys. Rev. B **61**, 12854 (2000).
70) Y. Harada, M. Kobayashi, H. Niwa, Y. Senba, H. Ohashi, T. Tokushima, Y. Horikawa, S. Shin and M. Oshima, Rev. Sci. Instruments **83**, 013116 (2012).
71) S. V. Borisenko, V. B. Zabolotnyy, A. A. Kordyuk, D. V. Evtushinsky, T. K. Kim, E. Carleschi et al., J. Vis. Exp. **68**, 50129 (2012).
72) T. Kiss, F. Kanetaka, T. Yokoya, T. Shimojima, K. Kanai, S. Shin, Y. Onuki, T. Togashi, C. Zhang, C. T. Chen and S. Watanabe, Phys. Rev. Lett. **94**, 057001 (2005).
73) 木須孝幸他, 固体物理 **40**, 353 (2005). : 木須孝幸他, 表面科学 **26**, 716 (2005).
74) A. Chainani, T. Yokoya, T. Kiss and S. Shin, Phys. Rev. Lett. **85**, 1966 (2000).
75) L.J.P. Ament, M. van Veenendaal, T. P. Devereaux, J. P. Hill and J. van den Brink, Rev. Mod. Phys. **83**, 705 (2011).
76) L. Braicovich, J. van den Brink, V. Bisogni, M. M. Sala, L. J. P. Ament, N. B. Brookes, G. M. De Luca, M. Salluzzo, T. Schmitt, V. N. Strocov and G. Ghiringhelli, Phys. Rev. Lett. **104**, 77002 (2010).
77) S. Yamamoto and I. Matsuda, J. Phys. Soc. Jpn., **82**, 21003 (2013).
78) M. Ogawa, S. Yamamoto, Y. Kousa, F. Nakamura, R. Yukawa, A. Fukushima, A. Harasawa, H. Kondo, Y. Tanaka, A. Kakizaki and I. Matsuda, Rev. Sci. Instrum. **83**, 023109 (2012).
79) K. Ishizaka, T. Kiss, T. Yamamoto, Y. Ishida, T. Saitoh, M. Matsunami, R. Eguchi, T. Ohtsuki, A. Kosuge, T. Kanai, M. Nohara, H. Takagi, S. Watanabe and S. Shin, Phys. Rev. **83**, 81104(R) (2011).
80) A. E. Siegman, *Lasers* (University Science Books, 1986).
81) T. Brabec and F. Krausz, Rev. Mod. Phys. **72**, 545 (2000).
82) F. Krausz and M. Ivanov, Rev. Mod. Phys. **81**, 163 (2009).
83) 江崎玲於奈監修, 榊裕之編, 超格子ヘテロ構造デバイス (工業調査会, 1988).

84) C. Weisbuch and B. Vinter, *Quantum Semiconductor Structures: Fundamentals and Applications* (Academic Press, 1991).
85) G. Bastard, *Wave Mechanics Applied to Semiconductor Superlattices*. (Halsted Press, New York, 1988).
86) Y. Arakawa and H. Sakaki, Appl. Phys. Lett., **40**, (11), 939–941 (1982).
87) レーザー学会 (編), レーザーハンドブック (第 2 版) (オーム社, 2005).
88) P. Y. Yu and M. Cardona, *Fundamentals of Semiconductors: Physics and Materials properties* (Springer, Berlin, 1999).
89) 岡本紘, 超格子構造の光物性と応用 (コロナ社, 1988).
90) H. Haug and S. Schmitt-Rink, Progress in Quantum Electronics, **9**, (1), 3–100 (1984).
91) H. Haug and S. W. Koch, *Quantum Theory of the Optical and Electronic Properties of Semiconductors*, **3** (World Scientific Singapore, 1993).
92) W. W. Chow and S. W. Koch, *Semiconductor-Laser Fundamentals: Physics of the Gain Materials* (Springer, 1999).
93) S. Benner and H. Haug, Europhys. Lett., **16** (6), 579–583 (1991).
94) P. Huai and T. Ogawa, J. Luminescence, **119**, 468–472 (2006).
95) P. Huai, H. Akiyama, Y. Tomio and T. Ogawa, Japanese J. Appl. Phys., **46**, L1071–L1073 (2007).
96) R. Loudon, American J. Phys., **27**, 649–655 (1959).
97) T. Ogawa and T. Takagahara, Phys. Rev. B **44**, 8138–8156 (Oct 1991).
98) M. Okano, P. Huai, M. Yoshita, S. Inada, H. Akiyama, K. Kamide, K. Asano and T. Ogawa, J. Phys. Soc. Japan, **80** (11), 114716 (2011).
99) R. Zimmermann, *Many-Particle Theory of Highly Excited Semiconductors* (BG Teubner, 1988).
100) T. Yoshioka and K. Asano, Phys. Rev. Lett., **107**, 256403 (Dec 2011).
101) T. Yoshioka and K. Asano, Phys. Rev. B **86**, 115314 (Sep 2012).
102) M. Kira and S. W. Koch, *Semiconductor Quantum Optics* (Cambridge University Press, 2011).
103) A. Yariv, 光エレクトロニクスの基礎 (丸善, 1988).
104) 霜田光一, レーザー物理入門 (岩波書店, 1983).
105) H. A. Macleod, *Thin Film Optical Filters* (Taylor & Francis, 2001).
106) L. A. Coldren and S. W. Corzine, *Diode Lasers and Photonic Integrated Circuits* (Wiley, New York, NY, 1995).
107) M. Born and E. Wolf, 光学の原理 (東海大学出版会, 1974).
108) R. J. Jones, K. D. Moll, M. J. Thorpe and J. Ye, Phys. Rev. Lett., **94** (19), 193201, (2005).
109) A. OKeefe and D.A.G. Deacon, Rev. Sci. Inst., **59** (12), 2544–2551 (1988).
110) B. W. Hakki and T. L. Paoli, J. Appl. Phys., **46** (3), 1299–1306, (1975).
111) D. T. Cassidy, J. Appl. Phys., **56** (11), 3096–3099 (1984).
112) 岡本勝就, 光導波路の基礎 (コロナ社, 1992).
113) 霜田光一, 矢島達夫, 量子エレクトロニクス, 上巻 (裳華房, 1972).
114) S. Chen, M. Yoshita, T. Ito, T. Mochizuki, H. Akiyama, H. Yokoyama, K. Kamide and T. Ogawa, Japanese J. Appl. Phys., **51**, 098001 (2012).
115) S. Chen, M. Yoshita, A. Sato, T. Ito, H. Akiyama and H. Yokoyama, Optics Express, **21**

(9), 10597–10605 (2013).
116) K. Yoshioka, E. Chae and M.Kuwata-Gonokami, Nature Communications, **2**, 328 (2011).
117) H. Deng, G. Weihs, C. Santori, J. Bloch and Y. Yamamoto, Science, **298** (5591), 199–202 (2002).
118) M. H. Szymańska, J. Keeling and P. B. Littlewood, Phys. Rev. Lett., **96** (23), 230602 (2006).
119) M. Yamaguchi, K. Kamide, T. Ogawa and Y. Yamamoto, New J. Phys., **14** (6), 065001 (2012).
120) J. I. Pankove, *Optical Processes in Semiconductors* (Courier Dover Publications, 1971).
121) H.C. Casey and M. B. Panish, *Heterostructure Lasers* (Academic press New York, 1978).
122) E. H. C. Parker, *The Technology and Physics of Molecular Beam Epitaxy* (Plenum Press New York, 1985).
123) T. Mochizuki, M. Yoshita, S. Maruyama, C. Kim, K. Fukuda, H. Akiyama, L. N. Pfeiffer and K. W. West, Japanese J. Appl. Phys., **51** (10), 6601 (2012).
124) M. Yoshita, T. Okada, H. Akiyama, M. Okano, T. Ihara, L. N. Pfeiffer and K. W. West, Appl. Phys. Lett., **100** (11), 112101–112101 (2012).
125) T. Unuma, T. Takahashi, T. Noda, M. Yoshita, H. Sakaki, M. Baba and H. Akiyama, Appl. Phys. Lett., **78** (22), 3448–3450 (2001).
126) T. Unuma, M. Yoshita, T. Noda, H. Sakaki and H. Akiyama, J. Appl. Phys., **93**, (3), 1586–1597 (2003).
127) L. C. West and S. J. Eglash, Appl. Phys. Lett., **46**, 1156 (1985).
128) B. F. Levine, R. J. Malik, J. Walker, K. K. Choi, C. G. Bethea, D. A. Kleinman and J. M. Vandenberg, Appl. Phys. Lett., **50** (5), 273–275 (1987).
129) A. Pinczuk, S. Schmitt-Rink, G. Danan, J. P. Valladares, L. N. Pfeiffer and K. W.West, Phys. Rev. Lett., **63**, 1633–1636 (Oct 1989).
130) T. Unuma, K. Kobayashi, A. Yamamoto, M. Yoshita, K. Hirakawa, Y. Hashimoto, S. Katsumoto, Y. Iye, Y. Kanemitsu and H. Akiyama, Phys. Rev. B **74**, 195306, (Nov 2006).
131) T. Unuma, K. Kobayashi, A. Yamamoto, M. Yoshita, Y. Hashimoto, S. Katsumoto, Y. Iye, Y. Kanemitsu and H. Akiyama, Phys. Rev. B **70**, 153305 (Oct 2004).
132) A. Tsuneya, J. Phys. Soc. Japan, **66** (4), 1066–1073 (1997).
133) M. Okano, Y. Kanemitsu, S. Chen, T. Mochizuki, M. Yoshita, H. Akiyama, L. N. Pfeiffer and K. W. West, Phys. Rev. B **86** (8), 085312 (2012).
134) Y. Takahashi, Y. Hayamizu, H. Itoh, M. Yoshita, H. Akiyama, L. N. Pfeiffer and K. W. West, Appl. Phys. Lett., **86** (24), 243101–243101 (2005).
135) T. Hasegawa, Y. Iwasa, H. Sunamura, T. Koda, Y. Tokura, H. Tachibana, M. Matsumoto and S. Abe, Phys. Rev. Lett., **69**, 668–671 (Jul 1992).
136) L. C. Andreani, F. Tassone and F. Bassani, Solid State Communications, **77** (9), 641–645 (1991).
137) D. S. Citrin, Phys. Rev. Lett., **69**, 3393–3396 (1992).
138) H. Akiyama, S. Koshiba, T. Someya, K. Wada, H. Noge, Y. Nakamura, T. Inoshita, A. Shimizu and H. Sakaki, Phys. Rev. Lett., **72**, 924–927 (Feb 1994).
139) J. H. Davies, *The Physics of Low-Dimensional Semiconductors: An Introduction* (Cambridge university press, 1997).
140) T. Ando, Y. Zheng and H. Suzuura, J. Phys. Soc. Japan, **71** (5), 1318–1324 (2002).

141) M. Yoshita, K. Kamide, H. Suzuura and H. Akiyama, Appl. Phys. Lett., **101** (3), 032108–032108 (2012).
142) T. Someya, H. Akiyama and H. Sakaki, Phys. Rev. Lett., **74** 3664–3667 (May 1995).
143) S. Tarucha, H. Okamoto, Y. Iwasa and N. Miura, Solid State Communications, **52** (9), 815–819 (1984).
144) M. Yoshita, Y. Hayamizu, H. Akiyama, L. N. Pfeiffer and K. W. West, Phys. Rev. B **74** (16), 165332 (2006).
145) M. Yoshita, S. M. Liu, M. Okano, Y. Hayamizu, H. Akiyama, L. N. Pfeiffer and K. W. West, J. Phys.: Condensed Matter, **19** (29), 295217 (2007).
146) 秋山英文, 吉田正裕, 固体物理, **46** (11), 747–756 (2011).
147) Y. Hayamizu, M. Yoshita, Y. Takahashi, H. Akiyama, C. Z. Ning, L. N. Pfeiffer and K. W. West, Phys. Rev. Lett., **99** (16), 167403 (2007).
148) S. M. Liu, M. Yoshita, M. Okano, T. Ihara, H. Itoh, H. Akiyama, L. N. Pfeiffer, K. W. West and K. Baldwin, Japanese J. Appl. Phys., **46** (14), L330–L332 (2007).
149) T. Ihara, Y. Hayamizu, M. Yoshita, H. Akiyama, L. N. Pfeiffer and K. W. West, Phys. Rev. Lett., **99** (12), 126803 (2007).
150) ランダウ, リフシッツ, 統計物理学 上・下 (岩波書店, 1980).
151) E. H. Kennard, Phys. Rev., **11** (1), 29 (1918).
152) B. I. Stepanov, In Soviet Phys. Doklady, **2**, 81 (1957).
153) W. Van Roosbroeck and W. Shockley, Phys. Rev., **94** (6), 1558 (1954).
154) R. Kubo, J. Phys. Soc. Japan, **12** (6), 570–586 (1957).
155) P. C. Martin and J. Schwinger, Phys. Rev., **115** (6), 1342 (1959).
156) W. Shockley and H. J. Queisser, J. Appl. Phys., **32** (3), 510–519 (1961).
157) T. Ihara, S. Maruyama, M. Yoshita, H. Akiyama, L. N. Pfeiffer and K. W. West, Phys. Rev. B **80** (3), 033307 (2009).
158) M. Kira, F. Jahnke and S. W. Koch, Phys. Rev. Lett., **81**, 3263–3266 (Oct 1998).
159) 丸山俊, 東京大学 博士論文 (2012).

11. 磁場開発と物性測定

11.1 緒言

11.1.1 はじめに

　物性測定ではさまざまな物理量をパラメータに用いる．主なものだけでも温度，磁場，圧力などがあげられる．これらの中で，磁場はその量子性ゆえにユニークなパラメータである．物質の磁性とは，ある物質が磁場に対してどのような反応を示すかで決まるのだが，その反応の原因は原子，電子および原子核レベルで起きる量子力学的効果であることが多い．例えば，方位磁針が磁場の方向を向きたがる現象にも量子力学的な背景が存在する．また，磁場のユニークさはその強さの絶対性にもある．他の物理量が統計的平均量であるのに対し，磁場は1粒子の磁気モーメントや運動量から求められる絶対的な量である．そして時間の反転に対して符号が入れ替わる点もユニークな物理量である．精密に制御された磁場を用いた測定は物性研究には必要不可欠な要素となっており，近代以降の科学においては磁場の制御技術が向上するたびに新しい発見がもたらされている．とりわけ，極限環境下での新現象探索では強磁場をいかに制御するかが成功への鍵となっている．この章では，強磁場開発の現状を概観し，それを用いた物性測定の最前線を紹介する．

a. 強磁場の歴史

　強磁場が科学の世界に登場するのは近代以降のことである．もちろん，紀元前から天然磁石の発見や，方位磁針としての磁石の利用はあったものの，それらは制御可能な物理量としての磁場のイメージからはほど遠く，また科学の発展に寄与することもなかった．現代の科学に通じる，制御された"強磁場"は産業革命後の英国からスタートする．そのきっかけとなったのが1820年のエルステッドによる発見である．つまり，電流の作用で方位磁針が振れることを発見した瞬間から磁場を制御する道が拓けたのである．実際，この発見が伝わり，アンペールは数カ月後にはコイル状の電流によって単純な電磁石が得られることを見いだした．これらは磁場の強さからみると"強磁場"とよべるほどではなかったが，学問的には非常に重要な発見であった．当時の"強磁場"はその5年後，英国人スター

11.1 緒言

ジョンの電磁石によってもたらされた．彼は軟鉄を芯にして銅線をコイル状に巻き付けた電磁石をつくり，それに電流を流して当時の"強磁場"を発生することに成功した．この成功が人類の強磁場開発の幕開けとなった．この電磁石が発生する磁場はせいぜい 0.1 テスラ（= T）程度ではあるが，これを用いて導かれた「ファラデーの電磁誘導の法則」の波及効果は多大であった．まず，この発見はマクスウェルによって数学的に「電磁気学」の形式へとまとめられた．そして，この「電磁気学」がもつ矛盾点は更なる学問の誕生を促した．地球以外の星の上における「電磁気学」の矛盾に気づいたアインシュタインによって「特殊相対性理論」が導き出され，次に，高温物質が出すスペクトルを説明することができない「電磁気学」の矛盾が「量子力学」を生むきっかけへとつながったのである．電磁石の影響は純粋な学問以外にもおよんだ．例えばファラデーの発見は「モーター」の誕生につながり，さらに「モーター」は強力な永久磁石と組み合わされることで「電気自動車」の実用に結びついている．ちなみに「電気自動車」のモーターに使われている永久磁石は 1 T 程度であるが，これは日本人の発明である．

20 世紀に入って，強磁場を用いた研究はどんどん発展した．電磁石の技術が上がり，精度のよい強磁場（～1 T）をつくることができるようになったため，第 2 次世界大戦中に発達したレーダー技術と組み合わされて，NMR（核磁気共鳴）が誕生した．1946 年にノーベル賞を獲得した NMR は，MRI（磁気共鳴画像）技術へと展開されて今や医療現場の必需品となっている．実は，この MRI の解像度を決めているのは磁場の強さであるため，MRI を用いる現場では，容易に強磁場を発生することができる超伝導マグネットが用いられている．超伝導マグネットが強磁場発生にとって理想的な電磁石であることは，カマリン・オネスが超伝導を発見した 1911 年以来考えられてきたことではあるが，現実には，第 2 種超伝導体が発見されて初めて超伝導材料をマグネットに用いることが可能となった．超伝導マグネットが実用化されだしたのは 1960 年頃のことであるが，現在では超伝導マグネットが鉄芯入り電磁石にとってかわりさまざまな場面で利用されている．半世紀前であれば電磁石を使って物性研究を行っていた研究室の大部分は電磁石のかわりに超伝導マグネットを導入しているといっても過言ではない．いまや超伝導マグネットは物性研究には必要不可欠な装置である．

このように，すでに物質科学の研究には不可欠な超伝導マグネットであるが，今後，高温超伝導体を応用した超伝導マグネットが登場して飛躍的な発展を遂げると期待されている．もし高温超伝導体による電磁石が実用化されれば，現状の上限である 20 T をぐんと伸ばし，30～40 T 以上の磁場発生が可能となる日がくると考えられる．現在，この磁場領域は超伝導ならぬ常伝導マグネットによって発生されており，巨大な設備を備えた限られた施設でしか利用することができない．もし，これを超伝導マグネットに置き換えることができれば，いままで以上に強磁場へアクセスしやすい環境が実現する．物性研究者の高温超伝導マグネットに対する期待は大きい．

超伝導マグネットが登場する以前に電磁石を越える強磁場を発生したのが常伝導マグネットである．電磁石は鉄芯の磁化を利用して強磁場をつくるため，2～3 T 以上の磁場を発生するには効率が落ちる．むしろ空芯コイルに大電流を流して磁場をつくる方が測定空間を広くとれ効率的である．ただし，大電流によるジュール発熱が大きいため強制的な冷却が必要である．このようにして開発された水冷式常伝導マグネットがビターマグネットである[1]．1939 年にビターが開発したマグネットは 10 T を発生することが可能であった．その後，コイルの形状，電源の規模や冷却能力などが強化され，1964 年にはビターマグネットは 25 T を発生するようになり，現在では 35 T までの発生が可能になっている．もし使用するエネルギーに制限がなければマグネットを多層化することによって発生磁場を伸ばすことは可能であるが，投入エネルギーに比べて磁場の増加は少なく非効率的である．多層化したビターマグネットのかわりとなる効率的な方法がハイブリッドマグネットであり，これは 1966 年にウッドとモンゴメリーによって提案された[2]．この方法は，仮想的に多層化したビターマグネットの最外層コイルを超伝導マグネットに置き換えることによって効率化を図っており，最大 45 T までが実用化されている．超伝導マグネットが発生する磁場空間にビターマグネットを配置するため，ビターマグネットにかかるローレンツ力が磁場の限界を決めている．

　基礎研究において強磁場がもたらした発見の代表格が量子ホール効果であり，1980 年以降にノーベル賞を 2 度獲得している．これは 20 世紀の後半に 10 T を越える強磁場が研究者にとって身近な測定手段となったことによって明らかになった物理現象である．これに対し，21 世紀の強磁場は 60～1000 T をカバーする必要がある．例えば上述した超伝導で考えると，この磁場領域は高温超伝導体の研究に必要不可欠であることがわかる．なぜならば，その超伝導機構を見極めるには，本質に迫る分解作業が必要であり，それは強磁場を用いた研究にほかならないからである．つまり超伝導を担う電子どうしの結合エネルギーと磁場が与えるエネルギーとが同程度であり，100 T の強磁場で初めて超伝導を壊して調べることができるからである．これら強相関系を含めた新しい超伝導体の磁場中相図の全体像を調べるには 100 T 領域の精密測定が必要である．そして，この 100 T 領域の強磁場はパルス強磁場とよばれる手法でのみ発生が可能である．次に，このパルス強磁場の歴史を手短に述べる．

b. パルス強磁場の歴史

　そもそも，鉄心入り電磁石を大きく越える磁場をつくろうとしたパイオニアは，カピッツアである．カピッツアは英国キャベンディッシュ研究所に留学中の 1924 年に発電機を短絡するという方法で機械的エネルギーを磁場エネルギーに変え，最高 32 T のパルス磁場をつくることに成功した[3]．彼の著名さに隠れてあまり知られていないがそのすぐ後にコンデンサ電源を用いた 20 T のパルス磁場がウォールにより得られている[4]．パルス強磁場の次のブレークスルーが起きたのは 1956 年である．その頃，研究の中心は MIT に移っ

ており，フォナー・コーム式ヘリカルコイルは 50 T のパルス磁場を実用化した[5]．

ところで 50 T 以上になると，問題はきわめて難しくなることが次の議論でわかる．フォナー・コーム式コイルは大変よく考えられているが要は単層コイルである．単層コイルで 50 T の磁場をつくったとすると，その磁場がつくるマクスウェル応力は 1 GPa にも達する．さらに応力は磁場の 2 乗で増加するため，例えば磁場が 100 T のときには約 4 GPa となる．スチールの強度が約 1 GPa であることを思い出せばこれは大変大きな応力で，フォナー・コーム式コイルで用いられる材料の Be-Cu 合金が普通 1～1.3 GPa の強度であるから磁場として 50 T あたりが限度となることがわかる．

50 T 以上の磁場を，コイルを破壊することなく発生できるのが多層式マグネットの方法である．多層マグネットの原理は，コイルに働く強いマクスウェル応力を多層コイルの各層に均等に配分することにより応力の集中を防ぐことにある．例えば 2 層コイルを考えたとき，外側のコイルは内側のコイルにほとんど影響されないために単層コイルと同等に扱ってよい．すると，外側のコイルで発生できる磁場には限界があることは上述したとおりである．次に，内側のコイルについて考えると，これには自分自身のマクスウェル応力に加えて外側のコイルがつくる磁場によるローレンツ力が働くため，力学的にはより厳しい条件が課されることがわかる．しかしながらローレンツ力は，このコイルに流れる電流密度と外側のコイルがつくる磁場との積に比例する力であるため，電流密度を外側のコイルに流れるそれよりも小さくする必要があるが，適当な電流密度にすれば少なくとも外側のコイルだけでつくる限界磁場よりも大きな磁場を発生することが可能となる．このようにコイルの内側に新たなコイルを入れる多層コイルは限界磁場を伸ばす有効な方法なのである．実際，大阪大学の伊達は 1973 年，二層式のマルエージング鋼製コイルにより 60 T の実用化に成功している[6]．最近では，ロスアラモスの国立強磁場研究所で多段のマグネットを組み合わせることで 100 T もの磁場を発生することに成功している．しかしながら多層コイルを用いた磁場発生でも実用上はエネルギーや大きさの制約からの発生限界はあり，その限界以上の磁場領域での研究を可能にするのが破壊型パルス強磁場である．

このように 100 T までの磁場はコイルを破壊することなく発生することが可能なのに対し，それ以上の磁場に用いられる手法が破壊型パルス強磁場である．破壊型パルス強磁場には大きく分けて 2 種類があり，そのうちのひとつが一巻きコイル法である．これは，1957 年にファースによって開発された方法であり[7]，コイルが破壊されながらつくる磁場を利用する方法である．ファースは小さな一巻きコイルとコンデンサ電源を使い 160 T の発生に成功した．その後，一巻きコイル法はヘルラッハによって洗練され，コイルが破壊されても試料空間は破壊されない装置となった．これにより最大で約 300 T までの測定が可能となっている．

一巻きコイル法が非破壊型パルスの延長上にあると見なされる手法であるのに対し，破

壊型でのみ可能な磁場発生法が 1960 年代に開発された．それが磁場濃縮法である．磁場濃縮法の基本的な考え方は以下のとおりである．ある閉空間に一定量の磁束を閉じ込めておきその磁束を逃すことなく空間を縮める，と考える．そうすると，磁場の強さは磁束密度であるから磁束が貫く面積が縮まる割合に逆比例して磁場は増加するのである．実際にはあらかじめライナー（金属製のパイプ）中に磁場を発生しておき，そのライナーを何らかの方法で急速につぶすことによって磁場を濃縮するのだが，これを火薬で行う方法を爆縮法とよび 1960 年にファウラーらが成功している[8]．爆縮法は文字どおり爆発を伴う危険な実験であるため砂漠の真ん中といった安全な状況で実施しなければならないし，コイルの傍にある機器はすべて破壊されてしまう．それに対し火薬を用いることなく電磁力によってライナーをつぶす方法が電磁濃縮法であり，1966 年にクネールが 210 T を発生したのが始まりである[9]．この方法は室内での実験が可能であり，現在，物性研究所において実用的な装置が稼働している．発生磁場の再現性もよく，最大 720 T を発生し，測定も約 600 T まで行われている．

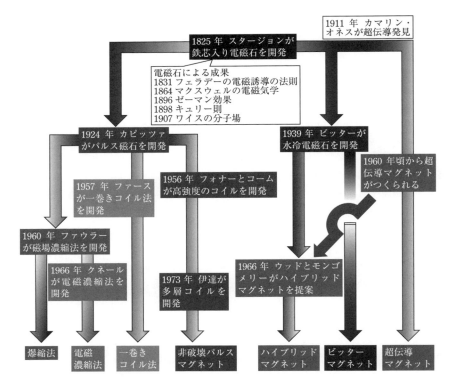

図 11.1　強磁場の歴史

11.1.2 磁場に関する基礎事項
a. 磁場とは

電場は電荷がつくり，磁場は運動する電荷によってつくられる．磁場は相対論的効果であり，電荷が静止していても運動する観測者からみれば磁場がつくられている．静止している座標系 K′ において，原点に静止している電荷 q がつくる電場は

$$\boldsymbol{E}'(\boldsymbol{x}') = \frac{q}{4\pi\epsilon_0}\frac{\boldsymbol{x}'}{r'^3} \tag{11.1}$$

となる．ここで ϵ_0 は真空の誘電率，$|\boldsymbol{x}'| = r'$ である．このとき，$\boldsymbol{x}' = \boldsymbol{z}'$ において速度 $\boldsymbol{v}'$ で運動する電荷 q_1 に作用する力は $\boldsymbol{F}' = q_1 \boldsymbol{E}'(\boldsymbol{z}')$ とかける．

一方，K′ 系に対して，速度 $-\boldsymbol{u}$ で運動する K 系で観測すると電荷 q は等速度 $\boldsymbol{u}$ で運動している．K 系で観測したときに速度 $\boldsymbol{v}$ で運動する電荷 q_1 に働く力は，相対論から質点の速度の変換

$$\boldsymbol{v}' = \frac{d\boldsymbol{z}'}{dt'} = \frac{\boldsymbol{v}_\perp/\gamma + \boldsymbol{v}_\| - \boldsymbol{u}}{1 - \boldsymbol{u}\cdot\boldsymbol{v}/c^2} \tag{11.2}$$

を用いて，

$$\boldsymbol{F} = q_1 \left\{ (\boldsymbol{E}'_\| + \gamma \boldsymbol{E}'_\perp) + \boldsymbol{v} \times \left(\frac{\gamma}{c^2}\boldsymbol{u} \times \boldsymbol{E}'_\perp \right) \right\} \tag{11.3}$$

のように，電荷 q_1 の速度 $\boldsymbol{v}$ を含む項が現れる[10]．この項は，$\boldsymbol{v}$ を含むために電荷 q のつくる場という意味を与えることができず，電場とは別の場として定義する必要がある．これが磁場であり，

$$\boldsymbol{B} = \left(\frac{\gamma}{c^2}\boldsymbol{u} \times \boldsymbol{E}'_\perp \right) \tag{11.4}$$

と定義できる．ここで，$\boldsymbol{E}'_\|$, $\boldsymbol{E}'_\perp$ はそれぞれ座標系の速度 $\boldsymbol{u}$ に平行，垂直な電場成分であり，γ はローレンツ因子

$$\gamma = \frac{1}{\sqrt{1 - u^2/c^2}} \tag{11.5}$$

である．

電場 $\boldsymbol{E} = \boldsymbol{E}'_\| + \gamma \boldsymbol{E}'_\perp$ は，座標のローレンツ変換を使うと時間 $t = 0$ で，

$$\boldsymbol{E} = \frac{q}{4\pi\epsilon_0 r'^3}(\boldsymbol{x}'_\| + \gamma \boldsymbol{x}'_\perp) = \frac{q\gamma \boldsymbol{x}}{4\pi\epsilon_0 r'^3} \tag{11.6}$$

になり，磁場は，

$$\boldsymbol{B} = \frac{\gamma}{c^2}\frac{q\boldsymbol{u}\times\boldsymbol{x}'}{4\pi\epsilon_0 r'^3} = \frac{1}{c^2}\boldsymbol{u}\times\boldsymbol{E} \tag{11.7}$$

のように書き直せる．u が c よりも十分小さいときには，$\gamma = 1$, $\boldsymbol{x}' = \boldsymbol{x}$ で

$$\boldsymbol{E} = \frac{q\boldsymbol{x}}{4\pi\epsilon_0 r^3} \tag{11.8}$$

となり，クーロンの法則から得られる電場の式と同じになる．さらに，真空の透磁率 μ_0 が $1/\mu_0 = c^2\epsilon_0$ のようにかけることから，式 (11.7), (11.8) を使って

$$B = \frac{\mu_0 q \boldsymbol{u} \times \boldsymbol{x}}{4\pi r^3} \tag{11.9}$$

となるが，これはビオ–サバールの法則から得られる磁場の式である．

磁場は運動する電荷によってつくられるから，電流 I により磁場がつくられるともいえる．2本の平行な導線に電流 I_1, I_2 が流れているとき，導線間の距離 ρ に反比例して力

$$F = \frac{\mu_0}{2\pi}\frac{I_1 I_2}{\rho} \tag{11.10}$$

（アンペール力）が生じるが，電流 I_2 がそのまわりに磁場

$$B = \frac{\mu_0}{2\pi}\frac{I_2}{\rho} \tag{11.11}$$

をつくり，I_1 に力 $F = I_1 B$ を及ぼすと考えられる．微小要素から考えると，式 (11.9) において $q\boldsymbol{u}$ を電流要素 $I_2 d\boldsymbol{r}_2$ で置き換えて，電流要素 $I_2 d\boldsymbol{r}_2$ が $\boldsymbol{r}_1$ につくる磁場 $d\boldsymbol{B}(\boldsymbol{r}_1)$ が電流要素 $I_1 d\boldsymbol{r}_1$ に作用する力は

$$d^2\boldsymbol{F}_{12} = I_1 d\boldsymbol{r}_1 \times d\boldsymbol{B}(\boldsymbol{r}_1) \tag{11.12}$$

である．$\boldsymbol{r}_{12} = \boldsymbol{r}_1 - \boldsymbol{r}_2$ として，

$$d\boldsymbol{B}(\boldsymbol{r}_1) = \frac{\mu_0 I_2}{4\pi}\frac{d\boldsymbol{r}_2 \times \boldsymbol{r}_{12}}{r_{12}^3} \tag{11.13}$$

となるが，$d\boldsymbol{r}_2 \times \boldsymbol{r}_{12}/r_{12}^3$ を導線が無限に長いとして $\boldsymbol{r}_2$ に沿って線積分すれば $2/\rho$ となるので，式 (11.13) の右辺から I_2 がつくる磁場の大きさは式 (11.11) と一致する．

より一般的なビオ–サバールの法則の式では，電流密度 $\boldsymbol{J}(\boldsymbol{z})$ が $\boldsymbol{x}$ につくる磁場 $\boldsymbol{B}(\boldsymbol{x})$ を，電流に沿った体積要素 dV についての積分の形で

$$\boldsymbol{B}(\boldsymbol{x}) = \frac{\mu_0}{4\pi}\int dV \frac{\boldsymbol{J}(\boldsymbol{z}) \times (\boldsymbol{x} - \boldsymbol{z})}{|\boldsymbol{x} - \boldsymbol{z}|^3} \tag{11.14}$$

と表す．任意の電流密度 $\boldsymbol{J}$ が与えられたときの磁場をこれで計算することができる．

また，磁場の発散密度，回転密度は時間に依存しない静磁場の場合にそれぞれ

$$\nabla \cdot \boldsymbol{B} = 0 \tag{11.15}$$

$$\nabla \times \boldsymbol{B} = \mu_0 \boldsymbol{J} \tag{11.16}$$

である．式 (11.15) は，磁場をつくる磁荷（磁気モノポール）が存在しないことを表し，式 (11.16) はアンペールの法則とよばれる．この2式がビオ–サバールの法則と同等である．式 (11.15) から磁場は必ずあるベクトル場 $\boldsymbol{A}$ によって

$$\boldsymbol{B} = \nabla \times \boldsymbol{A} \tag{11.17}$$

と表され，この $\boldsymbol{A}$ をベクトルポテンシャルとよぶ．磁場はベクトルポテンシャルを先に求

め，その回転密度から計算した方が簡単な場合もある．ビオ–サバールの法則 (11.14) に対応して

$$A(\boldsymbol{x}) = \frac{\mu_0}{4\pi}\int dV \frac{\boldsymbol{J}(\boldsymbol{z})}{|\boldsymbol{x}-\boldsymbol{z}|} \tag{11.18}$$

である．ここで，式 (11.16) は，磁場が時間に依存する際には成立しない．両辺の発散密度を計算すると，右辺に電荷の時間依存項が現れて，左辺が恒等的にゼロであることと矛盾するためである．この矛盾を解消するために変位電流

$$\boldsymbol{J}_d = \epsilon_0 \frac{\partial \boldsymbol{E}(\boldsymbol{x},\mathrm{t})}{\partial t} \tag{11.19}$$

を式 (11.16) 右辺に付け加えた

$$\boldsymbol{\nabla}\times\boldsymbol{B}(\boldsymbol{x},t) = \mu_0 \boldsymbol{J} + \mu_0 \epsilon_0 \frac{\partial \boldsymbol{E}(\boldsymbol{x},\mathrm{t})}{\partial t} \tag{11.20}$$

は時間に依存する磁場において成立し，アンペール–マクスウェルの法則とよばれる．

b. B と H

半径 a に環状電流 I が流れているとき，観測点が環状電流から十分遠く離れているとき，ベクトルポテンシャルは

$$\boldsymbol{A} = \frac{\mu_0}{4\pi}\frac{\boldsymbol{m}\times\boldsymbol{r}}{r^3} = -\frac{\mu_0}{4\pi}\boldsymbol{m}\times\boldsymbol{\nabla}\frac{1}{r} \tag{11.21}$$

である．このとき，$\boldsymbol{m} = I\pi a^2 \boldsymbol{e}_z$ を磁気双極子モーメント（略して磁気モーメント）という．ここで電流は xy 面内に流れているとしており，$\boldsymbol{e}_z$ は z 方向の単位ベクトルである．磁気モーメントの大きさは電流 I と電流の囲む面積 $S = \pi a^2$ の積であり，その方向は電流面に垂直である．一般的に環状に限らず任意の閉回路を流れる局在した電流についても同様である．ここで，ベクトルポテンシャルを用いて磁場 $\boldsymbol{B}$ の回転密度を計算する．クーロンゲージをとり $\boldsymbol{\nabla}\cdot\boldsymbol{A} = 0$ とし，デルタ関数

$$\delta(\boldsymbol{x}) = \frac{1}{4\pi}\boldsymbol{\nabla}\cdot\frac{\boldsymbol{x}}{r^3} = -\frac{1}{4\pi}\nabla^2\frac{1}{r} \tag{11.22}$$

を用いると，

$$\boldsymbol{\nabla}\times\boldsymbol{B} = \boldsymbol{\nabla}\boldsymbol{\nabla}\cdot\boldsymbol{A} - \nabla^2\boldsymbol{A} = 0 + \frac{\mu_0}{4\pi}\boldsymbol{m}\times\boldsymbol{\nabla}\nabla^2\frac{1}{r} = -\mu_0\boldsymbol{m}\times\boldsymbol{\nabla}\delta(\boldsymbol{x}) \tag{11.23}$$

となる．これから，磁場 $\boldsymbol{B}$ は，原点に流れる電流密度

$$\boldsymbol{J}_M = -\boldsymbol{m}\times\boldsymbol{\nabla}\delta(\boldsymbol{x}) \tag{11.24}$$

によってつくられた場であることがわかる．さらに，磁気モーメント密度

$$\boldsymbol{M} = \boldsymbol{m}\delta(\boldsymbol{x}) \tag{11.25}$$

を使えば，定常電流密度は

$$J_M = \nabla \times M \tag{11.26}$$

である．

ここで，

$$H = B/\mu_0 - M \tag{11.27}$$

を考えると，$\nabla \times B = \mu_0 \nabla \times M$ であるから

$$\nabla \times H = 0 \tag{11.28}$$

であり，

$$H = -\frac{1}{\mu_0} \nabla \phi_m \tag{11.29}$$

のように H はスカラー関数 ϕ_m を用いて表せることがわかる．式 (11.28) から，H は電流ではなくむしろ微小距離 l に接近した磁荷 $\pm q_m^M$ が磁気モーメント $m = q_m^M l$ をつくり，その磁位

$$\phi_m = \frac{\mu_0}{4\pi} \frac{m \cdot x}{r^3} \tag{11.30}$$

による場である．多くの電磁気学の教科書では H を磁場とよび，B を磁束密度とよぶのが一般的であるが，磁場が電流によってつくられる場であることを考えれば，むしろ B の方を磁場とよぶべきであるとの考え方もある[11]．ここまでの記述の仕方はそれに従い，B を磁場とよんできた．式 (11.27) は原点でのみ成り立ち，真空中では原点以外で $H = B/\mu_0$ が成り立っている．磁性体を考える場合には，磁性体の磁化を M とすれば式 (11.27) が成り立つ．仮に磁気モノポールが存在するとすれば，その磁気モノポール密度を η_m とすると，η_m は $\nabla \cdot B = \mu_0 \eta_m$ のように B をつくるが，現在まで磁気モノポールの存在は確認されていないので，常に $\nabla \cdot B = 0$ である．

c. 時間的に変動する磁場

静磁場の中でコイルを運動させるとローレンツ力によって起電力 V_e が生じ，コイルを貫く磁束 Φ の時間変化との間に

$$V_e = -\frac{d\Phi}{dt} \tag{11.31}$$

の関係がある．ここで磁束は

$$\Phi = \int dS \, n \cdot B(x) \tag{11.32}$$

で与えられる．コイルが静止していても磁束の時間変化が生じると式 (11.32) は成り立つので，その起源をローレンツ力に求めることはできない．そのため静電磁場の法則にはない法則が必要となる．起電力は電場 $E(x, t)$ によって

$$V_e = \int dS \, n \cdot \nabla \times E(x, t) \tag{11.33}$$

と表せる．dS は閉回路を端とする面積の内部の面積要素で，n はその面に垂直な単位ベクトル（法線ベクトル）である．一方で静止したコイルを貫く磁束の時間変化から起電力は

$$V_e = -\frac{d\Phi}{dt} = -\int dS \boldsymbol{n} \cdot \frac{\partial \boldsymbol{B}(\boldsymbol{x},t)}{\partial t} \tag{11.34}$$

である．式 (11.33) と式 (11.34) が任意の面で成立しなければならないので，

$$\boldsymbol{\nabla} \times \boldsymbol{E}(\boldsymbol{x},t) + \frac{\partial \boldsymbol{B}(\boldsymbol{x},t)}{\partial t} = 0 \tag{11.35}$$

が成立する．これはファラデーの法則として知られている．先に示した式 (11.15)，(11.20) と，電場の基本方程式の一つ

$$\boldsymbol{\nabla} \cdot \boldsymbol{E}(\boldsymbol{x},t) = \frac{\varrho}{\epsilon_0} \tag{11.36}$$

あわせた 4 つの方程式がマクスウェルの方程式である．ここで ϱ は電荷密度である．アンペールの法則 (11.16) から電流が磁場をつくると読み取れるように式 (11.35) から，磁場の時間変化が電場をつくるといえそうであるが，これには注意が必要である．ファラデーの法則 $V_e = -d\Phi/dt$ は積分量の間に成り立つ関係式なので，V_e と $d\Phi/dt$ は同時刻の量である．電気信号は光速度でしか伝わらないので同時刻の間の量に因果関係を求めることはできない．式 (11.35) は，ある時刻で電場の回転密度が与えられたとき，時間 dt の後の磁場の変化が $d\boldsymbol{B} = -\boldsymbol{\nabla} \times \boldsymbol{E} dt$ となることを意味しており，磁場の時間変化が電場をつくっているわけではない[11]．ダランベール演算子 $\Box^2 = \nabla^2 - (1/c^2)(\partial/\partial t^2)$ を用いて，マクスウェル方程式から導かれる

$$\Box^2 \boldsymbol{E} = \frac{1}{\epsilon_0}\nabla\varrho + \mu_0 \frac{\partial \boldsymbol{J}}{\partial t} \tag{11.37}$$

$$\Box^2 \boldsymbol{B} = -\mu_0 \nabla \times \boldsymbol{J} \tag{11.38}$$

の 2 式をみると，電磁場の源が電荷と電流であることが明瞭であり，電場や磁場の時間変化を電磁場の源と考えるのは適当な考えではないことがわかる[10]．これは，相対論の立場に立つと電場と磁場は一体の量であることから互いに互いをつくりあうという考えが相応しくない，という考えとも一致する結論である．

d. 磁場のエネルギー

コイルに電流 I_1 が流れているとき，電流要素 $I_1 d\boldsymbol{x}$ と $I_1 d\boldsymbol{x}'$ の間にはアンペール力

$$d^2 \boldsymbol{F} = \frac{\mu_0}{4\pi} I_1^2 d\boldsymbol{x} \cdot d\boldsymbol{x}' \frac{\boldsymbol{x} - \boldsymbol{x}'}{|\boldsymbol{x} - \boldsymbol{x}'|^3} \tag{11.39}$$

が生じる．この力は $\boldsymbol{x}$ と $\boldsymbol{x}'$ を入れ替えれば符号が変わることからコイル 1 周で考えると，ゼロになる．しかし，各要素間のポテンシャルエネルギーは

$$d^2 U = \frac{\mu_0}{4\pi} I_1^2 \frac{d\boldsymbol{x} \cdot d\boldsymbol{x}'}{|\boldsymbol{x} - \boldsymbol{x}'|} \tag{11.40}$$

であるから，コイルに蓄えられるエネルギーは

$$U = \frac{1}{2}LI_1^2, \quad L = \frac{\mu_0}{4\pi}\oint_{C_1}\oint_{C_1}\frac{d\boldsymbol{x}\cdot d\boldsymbol{x}'}{|\boldsymbol{x}-\boldsymbol{x}'|} \tag{11.41}$$

である．ここで，L は自己誘導係数（自己インダクタンス）であり，C_1 はコイルの閉曲線を表す．アンペールの法則の線形性からコイルを貫く磁束 Φ と電流 I は比例関係にあり，

$$\Phi = LI \tag{11.42}$$

L が比例係数である．実際にコイル電流がつくるベクトルポテンシャル

$$\boldsymbol{A}(\boldsymbol{x}) = \frac{\mu_0 I_1}{4\pi}\oint_{C_1}\frac{d\boldsymbol{x}'}{|\boldsymbol{x}-\boldsymbol{x}'|} \tag{11.43}$$

から

$$\Phi = \int dS\boldsymbol{n}\cdot\boldsymbol{\nabla}\times\boldsymbol{A} = \oint d\boldsymbol{x}\cdot\boldsymbol{A} = \frac{\mu_0 I_1}{4\pi}\oint_{C_1}\oint_{C_1}\frac{d\boldsymbol{x}\cdot d\boldsymbol{x}'}{|\boldsymbol{x}-\boldsymbol{x}'|} \tag{11.44}$$

と記述できることから，L が式 (11.41) の第 2 式で表されることがわかる．自己誘導係数 L は導体の幾何学的形状で決まり，電流には依存しない．2 個以上のコイルがある場合には，相互誘導係数を考える必要があるが，ここでは 1 つのコイルの場合を考えた．誘導係数の起源はここで示したように電流要素間の力であり，一方の電流要素のつくる磁場が他方の電流要素に及ぼす力といっても同じである．その様に考えると，無限に長い太さの無視できる直線導線の L はゼロである．なぜなら電流を流した際に生じる磁場は直線上で常にゼロだからである．電流経路を曲げると L が有限に生じる．ただし，当然ながら現実には電流の流れるケーブルには有限の太さがあるため，インダクタンスがゼロのケーブルをつくることはできない．高速の電気回路では，幾何学的な形状によって決まるインダクタンスが，重要な設計要素であることを理解しておくことは必要である．

コイルの蓄積エネルギーは磁場のもつエネルギーと見なすことができるので，

$$U = \frac{1}{2}LI^2 = \frac{1}{2}I\int dSB \tag{11.45}$$

と表すことができる．電流が囲む面の面積要素 dS を端とする磁力管に沿った閉曲線でアンペールの回路定理を使うと

$$\frac{1}{2}IdSB = \frac{1}{2\mu_0}dSB\oint dsB = \frac{1}{2\mu_0}\int dvB^2 = \frac{1}{2\mu_0}dVB^2 \tag{11.46}$$

になる．$dv = dsdS$ は磁力管の体積要素で BdS が磁力管のどの場所でも一定であることを使っている．ここで磁力管は微小としてその体積を dV とした．すべての磁力管について式 (11.46) を加えると

$$U = \frac{1}{2}I\int dSB = \frac{1}{2\mu_0}\int dVB^2 \tag{11.47}$$

が得られる．これより，磁場のエネルギー密度は

$$u_m = \frac{1}{2\mu_0}B^2 \tag{11.48}$$

で与えられることがわかった．エネルギー密度は応力の次元をもっており，実際，直線磁場に垂直な方向に生じるマクスウェル応力は式 (11.48) の右辺で与えられる．

ここで，破壊型のパルス強磁場発生法の一つである一巻きコイル法で用いるコイルについて，粗い近似で簡単に自己インダクタンスを算出してみる．実際のコイルは後節における図 11.10 に大きさなどが示されている．コイルの幅を w，半径（内径）を r とし，コイル材の板の厚みは無視する．幅 w が r に比べて小さい場合，w を無限小とすると，電流 I が流れたときの中心の磁場は $B = \frac{\mu_0 I}{2r}$ であり，磁場がコイル内で均一だと考えて，磁束 $\Phi = \pi r^2 B$ とすれば，直ちに，$L = \frac{\pi r \mu_0}{2}$ となる．また w が r よりも十分大きい場合は，N 回巻き，半径 r の十分長いソレノイドコイルを考えて，その長さが w であると考えれば，電流を I として $\Phi = \frac{\mu_0 NI}{w}\pi r^2$ で与えられる．ここで，一巻きコイル法で実際用いているコイルのように，長さを内直径に等しく選ぶと，$w = 2r$ で，$N = 1$ として，$L = \frac{\pi r \mu_0}{2}$ と同じ式が得られる．$w \leq 2r$ 以下のコイルでは大よその見積もりがこれらの式で可能とすると，$w = 2r =10$ mm のとき，$L \sim 10$ nH となる．さまざまな形状におけるインダクタンスの算出方法は Knoepfel[12] に詳しく示されているが，それに従ってより近似のよい式を使うと，一巻きコイルのコイル部分だけでは 6.9 nH，平行電極板部分も含めると 9.1 nH となり，簡単な式でも大よそのインダクタンスが求められることがわかる．

e. LCR 回路

LCR 回路とは一般に，コイル（L）とコンデンサ（C），および電気抵抗（R）を直列につないだ回路を指す．（図 11.2）コンデンサに蓄えたエネルギーを電流として取り出し，コイル内部に瞬間的に磁場を発生させるのによく用いられる回路である．磁場のエネルギー密度は式 (11.48) で与えられることがわかった．一般にコイルは導線を円筒状に巻いたものを指すことが多いが，その幾何学的形状から自己インダクタンス L が決まる．電流 I が流れているときのコイルのもつ磁場のエネルギーは

$$U_L = \frac{1}{2}LI^2 \tag{11.49}$$

となる．

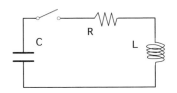

図 **11.2** LCR 回路の概略図．

一方，ここで電場 E を考えると，そのエネルギー密度は

$$u_e = \frac{1}{2}\epsilon_0 E^2 \tag{11.50}$$

で与えられる．コンデンサの電気容量を C とすると，コンデンサに蓄えられた電気エネルギーは，コンデンサ電極間の電圧を V として

$$U_C = \frac{1}{2}CV^2 \tag{11.51}$$

である．電場のエネルギーはコンデンサに貯めることができ，磁場のエネルギーはコイルに貯めることが可能であることがわかる．スイッチによって回路をいったん開け，C に電気エネルギーを蓄えた後に回路を閉じると，電流は L と R に流れ，電流の大きさや向きは時間に依存する．仮に電気抵抗 $R=0$ とすると周期 $T=2\pi\sqrt{LC}$ でエネルギーは C と L の間を振動し，そのときの電流 I_0 は

$$I_0 = \frac{V}{\omega_0 L}\sin(\omega_0 t) \tag{11.52}$$

となる．ここで，$\omega_0 = 2\pi/T$ である．

有限の R の場合はジュール熱でエネルギーの散逸が起こるので振動は減衰し，R が大きい場合は電流は時間とともに単調に減衰するだけで最初から振動が起こらない．

LCR 回路の C からの放電電流によって磁場を発生すると，式 (11.14) より磁場は電流に比例するため，エネルギー散逸がなければ式 (11.52) のように正弦波で記述される時間に依存した磁場が発生される．

コンデンサは時間に依存する磁場の発生源としてよく用いられ，多くの場合，R が小さい条件で使われる．

$$R < 2\sqrt{L/C} \tag{11.53}$$

この条件では放電電流 I は振動し，以下に示すように時間とともに減衰する．

$$I = \frac{V}{\omega L}\exp\left(-\frac{R}{2L}t\right)\sin(\omega t), \quad \omega = \left(\frac{1}{LC} - \frac{R^2}{4L^2}\right)^{\frac{1}{2}} \tag{11.54}$$

実際の LCR 回路では，電源として用いるコンデンサ容量 C と，充電電圧 V は既知の場合が多いが，R や L は回路が大規模で複雑になると決定するのが困難である場合がある．そのような場合に，放電電流波形から R や L を知ることができる．数値計算で波形を計算して，実験値を再現するように R や L を決めればそれでよいが，さらに簡単に R, L を知る方法があるので紹介する[12]．まず，κ を

$$\kappa = \frac{1}{2}R\sqrt{\frac{C}{L}} \tag{11.55}$$

と定義する．ここでは $\kappa < 1$ で考えることにする．このとき，

$$\omega = \omega_0 \sqrt{1-\kappa^2} \tag{11.56}$$

である.さらに,放電電流波形において,最初の極大における電流最大値を I_m,そのときの時間を t_m とする.これらは実際の実験で測定された電流波形から読み取ることができる量である.また,式 (11.54) から,I_m, t_m は簡単に求めることができる.さらにここでこれらを用いて,以下の 2 つの量を考える.

$$\frac{I_m}{I_0} = \exp\left\{-\frac{\kappa}{\sqrt{1-\kappa^2}} \arcsin\sqrt{1-\kappa^2}\right\} \tag{11.57}$$

$$\frac{t_m}{T/4} = \frac{2}{\pi} \frac{1}{\sqrt{1-\kappa^2}} \arcsin\sqrt{1-\kappa^2} \tag{11.58}$$

κ を変数として,$\frac{I_m}{I_0}$ および $\frac{I_m}{I_0}\frac{t_m}{T/4}$ 計算すると図 11.3 のようになる.ところで後者の物理量は,

$$\frac{I_m}{I_0}\frac{t_m}{T/4} = I_m t_m \frac{2}{\pi} \frac{1}{VC} \tag{11.59}$$

のように,既知の物理量(右辺)で表現できるので,図 11.3 の点線のカーブから対応する κ を決定できる.この κ における図 11.3 の実線のカーブ(I_m/I_0)の縦軸の値を読めば,それは

$$\frac{I_m}{I_0} = \frac{I_m}{V}\sqrt{\frac{L}{C}} \tag{11.60}$$

に対応する値なので,右辺にある未知である L を決定できる.L がわかれば κ の値と,式 (11.55) を用いて R の値も決定できる.ただし,これらの決定方法は,R や L が時間に依存しない定数と見なせる場合にのみ有効である.大電流回路などでは一般にジュール発熱のために R は時間とともに大きくなる.L は幾何学的形状だけで決まるため通常は時間に依存しないが,非常に強い磁場が発生された場合には式 (11.48) の右辺で与えられるマクスウェル応力のためにコイルが変形し,L も時間に依存するようになる.

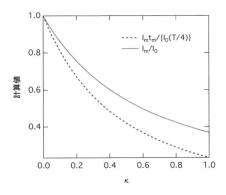

図 **11.3** 抵抗成分 R とインダクタンス成分 L の見積もりに使うプロット.

11.2　強磁場下の電子

11.2.1　単位系について

固体中の電子への磁場効果については，本書でもすでに述べられてきた．本節の内容はそれらと一部重複するが強磁場下でみられる特徴的な振る舞いに重点をおき，具体的なオーダー・エスティメーションを交えながらこの問題を再考する．

本題に入る前にまず単位系の話を整理しよう．SI 単位系（MKSA E-B 対応）では磁束密度 B，磁場（磁界）H と磁化 M の間の関係は次で表される．

$$B = \mu_0(H + M) \tag{11.61}$$

B の単位は T，H および M の単位は A/m である．ここで μ_0 は真空の透磁率であり $4\pi \times 10^{-7}$ H/m である．同じ MKSA 単位系でも E-H 対応では

$$B = \mu_0 H + M \tag{11.62}$$

となり磁化の単位は Wb/m^2 となる．一方 cgs ガウス単位系では

$$B = H + 4\pi M \tag{11.63}$$

で与えられ，B, H, M の単位はそれぞれ G, Oe, emu/cm^3 で与えられる．cgs ガウス単位系と SI 単位系の間には 1 T = 10,000 G および 1 emu/cm^3 = 1,000 A/m の対応関係がある．帯磁率 $\chi \equiv \partial M/\partial H$ は SI 単位系では無次元，cgs ガウス単位系では emu/cm^{3}Oe となるが，Oe を emu の中に含めて emu/cm^3 と表記することがあるため注意を要する．磁性体・超伝導体の分野では一般に cgs 単位系が用いられるが，磁場を表す際には SI 単位系のテスラを用いることが多い．テスラは本来磁束密度の単位であるが，真空中で x テスラの磁束密度を生じさせる磁場のことを「x テスラの磁場」というように表す．磁性体に磁場を印加した場合でも，例えば $s = 1/2$ のスピンが一辺 0.4 nm の立方体中に 1 つ存在する場合，そのスピンがすべてそろったときの磁化による磁束密度は 0.18 T にすぎないため，強磁場下では $B \sim \mu_0 H$ として大きな問題はない．本章でも慣例にならってこのような表記を使用する．

11.2.2　1電子系の問題

さて実際に電子に対する磁場効果を考えよう．磁場は電子のスピンおよび軌道運動に作用する．電子のスピン角運動量は $\hbar s$ で表される．ここで $\hbar = 1.055 \times 10^{-34}$ Js はプランク（Planck）定数を 2π で割った値であり，s は大きさ $s = 1/2$ の無次元の角運動量である．電子スピンがもつ磁気モーメントは $\boldsymbol{\mu}_\mathrm{s} = -g\mu_\mathrm{B} \boldsymbol{s}$ である．ここで $g = 2.0023$ は g 因子，

$\mu_\mathrm{B} = e\hbar/2m = 9.274 \times 10^{-24}$ J/T はボーア（Bohr）磁子である．$e = 1.602 \times 10^{-19}$ C は素電荷，$m = 9.109 \times 10^{-31}$ kg は電子の静止質量，$c = 2.998 \times 10^{8}$ m/s は真空中の光速である．磁場中におかれたスピンの磁気モーメントと外部磁場 $\boldsymbol{H}$ との相互作用（ゼーマン（Zeeman）効果）は

$$\mathcal{H}_s = -\boldsymbol{\mu}_\mathrm{s} \cdot \boldsymbol{B} = g\mu_\mathrm{B} \boldsymbol{s} \cdot \boldsymbol{B} \tag{11.64}$$

で表される（ただし $\boldsymbol{B} = \mu_0 \boldsymbol{H}$ とした）．$s = 1/2$ の系における 100 T の磁場効果を考えると，磁場方向のスピン量子数 $s_z = \pm 1/2$ に対するゼーマンエネルギーの差は $g = 2$ としたとき，1.86×10^{-21} J $= 11.6$ meV であり，これをボルツマン定数 $k_\mathrm{B} = 1.381 \times 10^{-23}$ J/K で割って温度に換算すると 134 K となる．このようなエネルギー換算は，ある物性変化を起こすためにどの程度の磁場が必要かを概算するうえで有用である．

一方で電子の軌道運動に対する磁場効果は運動量を $\boldsymbol{p} \to \boldsymbol{p} + e\boldsymbol{A}$ と置き換えることで導入できる．これらの寄与をまとめたハミルトニアンは以下で与えられる．

$$\mathcal{H} = \frac{1}{2m}(\boldsymbol{p} + e\boldsymbol{A})^2 + V(\boldsymbol{r}) + g\mu_\mathrm{B} \boldsymbol{s} \cdot \boldsymbol{B} \tag{11.65}$$

ここで $V(\boldsymbol{r})$ は位置 $\boldsymbol{r}$ におけるポテンシャル・エネルギーを表す．まずポテンシャルの小さい極限として $V(\boldsymbol{r}) = 0$ とした自由電子系を考えよう．自由電子は磁場と垂直な平面内ではサイクロトロン運動をする．このサイクロトロン運動の振動数は $\omega_\mathrm{c} = eB/m$ の整数倍に量子化され，量子化されたエネルギー E_n をもつランダウ（Landau）準位が形成される．ランダウ量子化については（7.2.3 項）で述べられているので，ここでは式の詳細は省略して結果のみを示す．

$$E_n = \left(n + \frac{1}{2}\right)\hbar\omega_\mathrm{c} \tag{11.66}$$

このランダウ量子化は自由電子系に限られた話ではない．金属・半導体の伝導電子が結晶の周期ポテンシャル中を運動する際，有効質量近似のもとで ω_c に含まれる m を有効質量 m^* で置き換えると同様の議論が可能である．ただし固体中の電子は有限の時間 τ の間に散乱を受けることを考慮する必要がある．ランダウ準位が形成されるためには，散乱を受けるまえにサイクロトロン運動が完了するために $\omega_\mathrm{c}\tau > 1$ が必要条件となる．この条件をキャリアの易動度 $\mu \equiv e\tau/m^*$ を用いて書き換えると $\mu B > 1$ となる．μ に対して実用単位である cm^2/Vs を用いると $\mu B > 10^4$ Tcm^2/Vs，したがって $\mu = 100$ cm^2/Vs の試料でランダウ準位を形成するには 100 T 程度の磁場が必要である．ちなみに電気伝導に関するドルーデ（Drude）の式 $\rho = (ne\mu)^{-1}$ を使うと，$n = 10^{23}$/cm^3 のキャリア密度をもつ金属で $\mu > 100$ cm^2/Vs となるには電気抵抗率が $\rho < 0.62$ $\mu\Omega$cm とならなければならない．したがってランダウ量子化を実現するには残留抵抗値の低い純良な試料が必要である．

式 (11.66) にみられるように，ランダウ準位のエネルギーは磁場に比例して増大する．こ

のランダウ準位がフェルミ (Fermi) エネルギーと重なるたびに状態密度が極大値をとるため，磁化や磁気抵抗の曲線に周期的な振動が現れる．このような量子振動現象の観察はフェルミ面の形状やキャリアの有効質量を求める実験手法として非常に強力である．この量子振動現象を観察するには熱揺らぎをランダウ準位の間隔以下に抑えるため，$\hbar\omega_c > k_B T$ となる低温環境が必要である．キャリアの有効質量が電子の静止質量の 10 倍になるような重い電子系にこの条件を適用すると，液体ヘリウムの沸点である 4.2 K で $\hbar\omega_c > k_B T$ を実現するには 31 T の磁場が必要になる．

ここで強磁場中で量子化された電子の実空間での広がりについて考える．最低次のランダウ準位にある電子のサイクロトロン運動の軌道半径は $r_c = \sqrt{\hbar/eB}$ で与えられ，100 T の磁場下では 2.57 nm に相当する．この長さは原子間距離と比較すると十分長いため，通常はサイクロトロン運動をする電子は格子のポテンシャルを平均として感じる．しかし半導体人工超格子などでは，r_c が格子間隔と同等以下になりうる．このときランダウ準位のエネルギーにおけるサイクロトロン運動の中心座標依存性が無視できなくなり，準位幅の増加 (Harper ブロードニング)[15] やフラクタル的なエネルギー分散 (Hofstadter Butterfly)[16] などが出現する．

次にポテンシャルの強い場合として，原子核による球対称な中心力ポテンシャルを考える．この中心力ポテンシャル中の電子は主量子数 n，方位量子数 l および磁気量子数 m という 3 つの量子数で特徴づけられた離散的エネルギー準位（リュードベリ (Rydberg) 準位）を形成する．リュードベリ準位のエネルギーは主量子数に依存し，

$$E_n = -\frac{1}{n^2 Ry} \tag{11.67}$$

である．$Ry \equiv me^4/(8\epsilon_0^2 h^2) = 13.6$ eV であるため通常はポテンシャルエネルギーが支配的であり，磁場効果は摂動として取り入れられる．慣例として方位量子数 $l = 0, 1, 2, 3, ...$ の状態は $s, p, d, f, ...$ のようにアルファベットを使って表す．例えば主量子数 3，方位量子数 2 の状態は $3d$ と表される．主量子数と方位量子数が指定された状態（殻）は，磁気量子数による $2l+1$ 個の軌道自由度と $s = \pm 1/2$ による 2 個のスピン自由度があるため $2(2l+1)$ 個の電子状態がある．この $2(2l+1)$ 個の状態を電子がすべて占有した閉殻構造では，各電子の軌道角運動量の和 $\boldsymbol{L} \equiv \sum_i \boldsymbol{l}_i$ およびスピン角運動量の和 $\boldsymbol{S} \equiv \sum_i \boldsymbol{s}_i$ はともにゼロとなる．一方で磁性イオンとよばれるイオンでは不完全に占有された殻が存在し，有限の $\boldsymbol{L}$ または $\boldsymbol{S}$ が残る．殻内の電子配置の決定には，原子内クーロン相互作用 U，スピン軌道相互作用 λ，周囲の原子による結晶電場 V などが影響を及ぼす[13]．一般に希土類化合物などでは $U > \lambda > V$ の関係にあり，フント (Hund) 則が成立した後，$\boldsymbol{L}$ と $\boldsymbol{S}$ が合成されて角運動量 $\boldsymbol{J}$ をつくり，その $\boldsymbol{J}$ 多重項の縮退を結晶場が解く．一方 $3d$ 遷移金属酸化物などでは通常 $U > V > \lambda$ の関係にあり，結晶場によってエネルギー準位が分裂することで $\boldsymbol{L}$ が消失し，$\boldsymbol{S}$ だけの準位を考えればよい．一般に λ は原子番号の大きい元素で大

11.2 強磁場下の電子

きくなるので，同じ遷移金属でも $4d$ または $5d$ 電子系ではスピン軌道相互作用の影響が顕著に現れる場合もある．これらの具体的エネルギースケールは，$100~\text{meV} < U < 10~\text{eV}$，$10~\text{meV} < V < 1~\text{eV}$，$10~\text{meV} < \lambda < 500~\text{meV}$ の程度である．$100~\text{T}$ の磁場のゼーマンエネルギーはこれら個々の相互作用より小さいが，これらの相互作用が競合する場合には外部磁場で電子配置を制御できることがある．

ところで，人工磁場の限界を超えて中心力ポテンシャルを凌駕する極限的強磁場を印加するとランダウ準位が優先されることになる．このリュードベリ準位-ランダウ準位の移り変わりは

$$\gamma \equiv \frac{\hbar\omega_c}{2Ry} = \frac{2h^3\epsilon_0^2 B}{\pi m^2 e^3} \tag{11.68}$$

で定義される γ が 1 付近で起こる．$\gamma = 1$ となる磁場は $2.35 \times 10^5~\text{T}$ であるため，中性子星のような特殊な環境下でしか実現できない．しかし半導体中の励起子では，電子-正孔間のクーロン相互作用で形成される中心力ポテンシャルが

$$Ry^* \equiv \frac{m^* e^4}{8\epsilon_0^2 \epsilon^2 h^2} \tag{11.69}$$

となり，仮想的水素原子と見なすことができる．ここで ϵ は比誘電率である．GaAs の m^* および ϵ を用いると $7.5~\text{T}$ の磁場下で $\gamma = 1$ を実現できるとされている[109]．

さて話を原子系に戻し，中心力ポテンシャル中に閉じ込められた電子への磁場効果を考える．式 (11.65) のハミルトニアンで磁場方向を z 軸にとり，ベクトルポテンシャルを対称ゲージ $\boldsymbol{A} = \frac{1}{2}(-By, Bx, 0)$ でとると

$$\mathcal{H} = \frac{\boldsymbol{p}^2}{2m} + V(\boldsymbol{r}) - \mu_B(l_z + gs_z)B + \frac{e^2 B^2}{8m}(x^2 + y^2) \tag{11.70}$$

閉殻構造をつくる電子では l_z および s_z の和がゼロとなるため $\mu_0 M = -\partial F/\partial H$ による

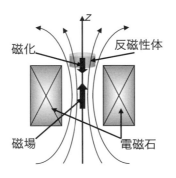

図 **11.4** 磁気浮上の模式図．

磁化は $H = 0$ で発生しないが、$\chi = \partial M/\partial H = -\frac{e^2}{8m^2}(x^2 + y^2)$ は有限に存在する。この閉殻の反磁性は一般に 10^{-6} emu/cm^3 程度の大きさであり、弱磁場では省略されることが多いが、強磁場下ではしばしば無視できない寄与をもたらす。例えば水の反磁性磁化率は $\chi_d = -7.2 \times 10^{-7}$ emu/cm^3 である。図 11.4 のように z 方向に勾配をもつ磁場中におかれた場合を考える。反磁性磁化のために水は上向きに $|\chi_d B(dB/dz)|$ の力を受ける。$B(dB/dz) = 1360$ T^2/m 以上になると、この力が重力よりも大きくなり、磁場勾配の中で水が浮上する。このような環境は大型の超伝導磁石を用いると実現可能であり、実際に地上における擬無重力状態を利用したさまざまな研究の舞台として利用されている。

11.2.3　多電子系の問題

これまでは（結晶電場の効果は除いて）単一イオンの状態を考えてきたが、ここでは複数の原子が存在する場合を考えよう。最も単純な系として2つの水素原子を考える。各原子 (a,b) で合わせて2個の 1s 電子 (1,2) が存在する。電子はフェルミ粒子であるため、この2電子を表す波動関数 $\Psi(1,2)$ は粒子の交換に対して反対称でなければならないため

$$\Psi_S(1,2) = \phi_S(1,2)\chi_A(1,2) \tag{11.71}$$
$$\Psi_A(1,2) = \phi_A(1,2)\chi_S(1,2) \tag{11.72}$$

となる。ここで $\Psi_S(1,2)$ は電子の入れ替えに対して、軌道部分 ϕ が対称、スピン部分 χ が反対称 ($S = 0$) であり、逆に $\Psi_A(1,2)$ は ϕ が反対称、χ が対称 ($S = 1$) である。スピン部分は

$$\chi_S(1,2) = \begin{cases} |\uparrow\uparrow\rangle & (S = 1, S_z = 1) \\ \frac{1}{\sqrt{2}}(|\uparrow\downarrow\rangle + |\downarrow\uparrow\rangle) & (S = 1, S_z = 0) \\ |\downarrow\downarrow\rangle & (S = 1, S_z = -1) \end{cases} \tag{11.73}$$

$$\chi_A(1,2) = \frac{1}{\sqrt{2}}(|\uparrow\downarrow\rangle - |\downarrow\uparrow\rangle)(S = 0, S_z = 0) \tag{11.74}$$

ここで $|\uparrow\downarrow\rangle$ は電子1がスピン↑、電子2がスピン↓の状態を表す。この2電子系の波動関数を用いてクーロン相互作用の期待値を計算すると、軌道部分の対称性に応じてエネルギーに違いが生じる。

$$\epsilon_{\text{ex}} = E_A - E_S = \frac{2(US_{ab}^2 - J)}{1 - S_{ab}^4} \tag{11.75}$$

ここで U は通常のクーロンエネルギー、J は量子力学的粒子交換によって発生するクーロンエネルギー（交換エネルギー）、S_{ab} は原子 a,b の電子軌道の重なり積分である。水素分子のように共有結合ができる場合は S_{ab} は 1 に近くなり、$\epsilon_{\text{ex}} > 0$ となる。そのため 1s

電子は互いのスピンが反平行の状態で同じ軌道を占有する．もし強磁場を印加してこのスピンを平行にそろえることができれば，パウリの排他率によって同一軌道の占有ができなくなり，このような形での化学結合は崩壊する．水素分子の結合エネルギーは分子あたり 4.5 eV である．このような化学的カタストロフィーを実現するには 10^5 T 程度の磁場が必要であると考えられており[17]，この値は人類が人工的に発生できる磁場の 100 倍程度である．一方，原子間距離が離れて軌道の直交性が増す ($S_{ab} \sim 0$) と $S=1$ の状態の方が安定になる．このように軌道の対称性によるクーロンエネルギーの違いから，$S=0$ の状態と $S=1$ の状態との間にエネルギー差が生じる．これを各電子のスピン演算子 s を用いて書き換えると

$$-2J\boldsymbol{s}_1 \cdot \boldsymbol{s}_2 \tag{11.76}$$

のような形になり，スピン $\boldsymbol{s}_1$ と $\boldsymbol{s}_2$ との相対角に依存する相互作用として扱うことができる．原子軌道を用いたこの計算では $J>0$ となり，強磁性的な相互作用を与える．これを直接交換相互作用とよぶ．

いまは簡単のため同種の 2 原子系を考えたが，より一般的な磁性体を考えよう．多くの化合物磁性体では磁性イオンは周囲の非磁性イオンを経由して他の磁性イオンと相互作用をもつ．このため交換相互作用を考える場合，非磁性イオンの電子軌道も取り入れた高次の交換相互作用（超交換相互作用）が重要になる．軌道の重なり積分は，軌道の対称性や原子の配列によって大きく変化するため超交換相互作用は符号を含めて大きく変化する．超交換相互作用の大きさは 0.1 meV から 100 meV 程度まで幅広く変化する．1000 T 級の超強磁場下では多くの物質においてゼーマンエネルギーが交換相互作用を凌駕する．

アボガドロ数程度の多数のスピンが存在する磁性体で隣接スピン間に式 (11.76) のような相互作用が存在する場合，スピンの集団としての安定状態は統計力学で記述される．一般にはスピンはある温度で秩序状態を形成してエントロピーを下げる相転移を起こす．磁気秩序のパターンや転移温度は相互作用の大きさ，磁性イオンの幾何学的配列および次元性に依存し，多種多様な磁気秩序が実現する．各磁気秩序間のエネルギー差は交換相互作用自体のエネルギースケールよりも低下し，磁場印加によって磁気秩序を変化させることができる．具体的事例の一部は後述するが，磁性体の相転移の詳細については他の専門書を参照されたい[13,18,19]．

多数原子系で電子の遍歴性が強い場合，バンド描像を出発点とした理解が有効である．(5.2.2項) で述べられているように，伝導電子のスピン自由度に由来したパウリ常磁性や軌道運動に由来したランダウ反磁性などがある．これらはともにフェルミ面付近の電子の状態密度に比例しており，通常は 10^{-6} emu/g 程度の帯磁率を生じ，一般には小さい．強磁場下では前出のランダウ準位が形成されるようになると，状態密度の増大が起こり，磁化測定で周期的な振動が観測される．これをド・ハース–ファン・アルフェン (de Haas–van

Alphen）効果とよぶ．電子間の交換相互作用やクーロン相互作用の競合により，正負のスピンバンドのずれ（交換分裂）が生じるとより大きな磁気モーメントをもつことができる．単純にはストーナー模型で説明されるが，より詳細にはスピン揺らぎを取り入れた SCR 理論で多くが説明される．特殊なバンド分散関係がある場合，磁場印加でスピン偏極率が急峻に変化するメタ磁性転移なども起こる．

11.3　パルス強磁場発生技術

11.3.1　非破壊型
a.　巻線式パルスマグネット

「パルス強磁場の歴史」で述べたように，非破壊型パルスマグネットによる磁場発生ではマクスウェル応力で壊れないマグネットをつくることが必要である．この場合，マグネットの材料強度を強くすることが最も重要であるが，材料強度には限界があるため単層コイルで 50 T を大きく越えることは難しい．材料強度のみに頼らず 50 T を越えるにはコイルの多層化による応力分散が有効で，今日では 80 T 級の磁場が多層ソレノイドによって発生されている．歴史的にみると，世界で初めてつくられた実用型の多層式マグネットは大阪大学のマルエージング鋼製の 2 層式マグネットであり，これはマルエージング鋼の強度を活かしつつ 2 層式とすることで 60 T の実用化に成功している．このマグネットはマルエージング鋼の丸棒をコイル状に機械加工することでつくられている．マルエージング鋼は材料強度としては非常に強いものの伝導度が低く，大電流による発熱が大きくなるのが欠点である．そのためマルエージング鋼製のマグネットでは磁場発生時間を短くする必要があり，コイルの多層化には不向きである．コイルを多層化するとインダクタンスが増え磁場発生時間も増えるからである．発熱を抑制することによって多層化を容易にするのが巻線式のマグネットである．これは材料強度ではマルエージング鋼に劣るものの，多層化のメリットを活かす点で優れている．しかも材料強度においても開発が進み，高強度かつ高伝導度の線材の開発に成功している．例えば，物性研究所の巻線式のマグネットに使われている線材は銅と銀の合金の平角線（銅銀線）であるが，銅銀線は 1 GPa 以上の強度が得られ[20]，伝導度も純銅の 75％程度を維持するためパルスマグネットにとって理想的な線材の一つと考えられている．世界では，銅銀線以外にもさまざまな線材を用いたコイルが巻かれている．銅とニオブの合金線[21] やステンレス鋼が被せられた銅線[22]，あるいは銅線でコイルを巻いて各層を高強度のファイバー（ザイロンなど）で補強する[23] などの工夫により高強度と高伝導度の線材が実現している．物性研のマグネットに使われた銅銀線は断面積が 2 mm × 3 mm であり，絶縁には熱融着性のポリイミドテープを使用している．使用している線材の銀濃度は 6％で，適切な伸線加工を行うことで高強度かつ高伝導度になり，測定した引っ張り強度は約 1.1 GPa，伝導度は 81％IACS（国際焼きなまし銅

11.3 パルス強磁場発生技術

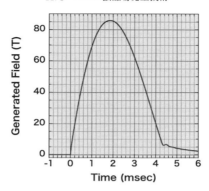

図 11.5 物性研非破壊マグネットの磁場波形.

線標準）であった．この線材を ϕ 18 mm の心棒に巻き付けて 11 層のソレノイドをつくり，エポキシ樹脂で固めた後に外径を削り，マルエージング鋼製の補強リングに挿入する．ここに用いるマルエージング鋼の強度は約 2.2 GPa である．このマグネットの磁場波形を図 11.5 に示している．パルス幅が約 4 ミリ秒でピーク磁場が 85.8 T の磁場が得られており，これは単一コイルによる非破壊型磁場としては世界最高の値である．

b. ロングパルスマグネット

巻線式のマグネットとコンデンサ電源を用いればパルス幅が数ミリ秒から数十ミリ秒までの磁場を発生することが可能である．もしパルス磁場を振動磁場の半波と考えた場合，その周波数は数十 Hz から数百 Hz に対応する．測定したい試料が金属であれば振動磁場が試料内部に侵入できる深さは表皮効果のために限られてしまう．また，試料には渦電流が流れ発熱の原因となる．これらの問題を解決する方法がパルス幅を長くすることである．パルス幅の長い磁場（ロングパルス）を考えるうえでの注意点は 2 点である．一つは，大電流を長時間流し続けるためには巨大なエネルギーを蓄えられる電源が必要となること，そしてもう一つは，巨大なエネルギーが投入されて温度が断熱的に上昇しても耐えられる熱容量をコイルがもっていることである．つまりエネルギーを蓄えられる電源と熱を蓄えられるコイルが必要となる．まずエネルギーの大きさは大雑把に見積もって約 100 MJ 程度が必要である．これほどのエネルギーをコンデンサ電源で蓄えるには非常に大きな空間を要するが，ドレスデン（独）の強磁場施設では実際に 50 MJ のコンデンサ電源を設置して磁場発生を行っている．コンデンサ電源よりもエネルギー密度を高く蓄積できる装置がフライホイール付き発電機である．これはいったんフライホイールの回転運動としてエネルギーを蓄積した後に発電により電流を取り出す仕組みで，ロスアラモス（米）と物性研究所に設置され使用されている．物性研究所の発電機は直流機としては世界最大の出力 51.3 MW をもち，吐出エネルギーは 210 MJ である．コンデンサ電源を用いた場合，パ

ルス幅はコンデンサとコイルで決まる時定数に固定されるが，発電機では波形制御ができ，例えばフラットトップをつくることも可能である．コンデンサ電源は静的な電源であるがゆえに維持管理が容易でありコイルに事故が発生した場合も被害が限定的である．これに対し，発電機は動的な電源なので維持管理が困難で，またコイルの状況にかかわらず電流を流す危険性があるのでコイル事故の際に暴走する可能性はある．このように，コンデンサ電源と発電機はマグネットの電源としてそれぞれの特徴はあるが，巨大なエネルギーを蓄積できる電源としては選択肢がないので，エネルギーの投入先であるコイルについてよく考える必要がある．つまり，このエネルギーを熱的に投入可能なコイルとはとりもなおさず質量の大きなコイルということになる．もし，100 MJのエネルギーが投入されてコイル温度が 77 K から室温まで上昇することを許すとすると，コイルの導体部は約1トンの重さがあればよいと経験的に計算される．1トンのコイルのコイルデザインは発生したい磁場のピーク値，発生時間および電源との整合性などから決まる．

c. ハイブリッドパルスマグネット

現在，非破壊型マグネットで最大の磁場発生を行っているのがハイブリッドパルスマグネットである．ハイブリッドパルスとは，ロングパルスマグネットと巻線式のパルスマグネットを組み合わせて多段のパルス磁場を発生する手法を意味しており，コイルの多層化を複数の巻線式マグネットのレベルで実現する方式である．これはロングパルス磁場を背景磁場として巻線式のマグネットによる磁場を重畳することで応力を分散しており，100 T以上の磁場を非破壊で発生することも可能にしている．

d. 超小型パルスマグネット

非破壊型パルスマグネットを体積比で 1/100 程度に小型化すると，用いるエネルギーが 1〜2 kJ でも 40 T 程度のパルス強磁場が発生可能である．内径は 3〜5 mm のマグネッ

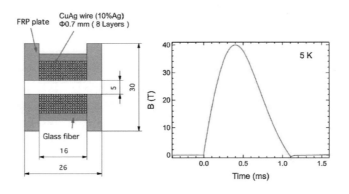

図 **11.6** 放射光 X 線で使用されている超小型パルスマグネットの概略図（数値単位は mm）と磁場波形．

トとなるため，通常の物性測定に用いるには小さいが，用途を限定すればきわめて手軽に強磁場実験を行うことが可能となる．最も有効な実験は，大型の磁場発生装置導入が困難な放射光X線や中性子実験であり，超小型パルスマグネットと可搬式のコンデンサ電源によって，従来不可能であった30 Tを超える磁場中における研究成果が多数得られている[24, 126, 127]．

11.3.2 破壊型
a. 概要
これまでにみてきたように，強磁場発生には強いマクスウェル応力が伴うため，マグネットを破壊しないで発生できる磁場の上限は100 T程度に制限される．しかし，マグネットを破壊してもよければさらに強い磁場の発生が可能である．極限的な磁場の発生により新たな研究分野を開拓しようとする観点からは，破壊を伴ってでも人類が制御可能な最強の磁場を作り出すことには大きな魅力がある．実際に破壊型磁場発生法を用いれば，100 Tをはるかに超える1000 T級の超強磁場が発生できる．一方で，破壊型という語感には精密な物性測定とは相容れないとの印象はぬぐいきれない．しかし実際にコイルが爆発的現象を伴って壊れるのは磁場発生の後である．測定に用いる磁場発生時間内ではマグネットの変形は始まるが，磁場は実験パラメータによって制御された状態にあり，再現性のよい高精度の実験が可能である．

強磁場発生技術の発展によって，すでに述べたように，市販の超伝導マグネットで20 T，大型施設での水冷銅マグネットやハイブリッドマグネットで30〜45 T，非破壊型のミリ秒パルス磁場で50〜100 Tが可能である．その上の100 T超の強磁場下での物性研究には広大な未開拓領域が広がっている．1000 T級超強磁場の発生と応用研究の歴史は比較的古いが，精密な物性研究の結果として万人が認める成果はまだそれほど多くない．物性研究所では一巻きコイル法と電磁濃縮法の2つの手法を用いて世界の超強磁場研究を牽引しており，高精度の強磁場発生・計測技術の開発を行ってきた．現在は，これらの実験技術を駆使して，1000 Tに迫る領域での物性研究を広く展開しようとしている．2011年現在，物性研究所以外では，一巻きコイル法が，トゥールーズ（仏）の強磁場研究所とロスアラモス（米）の国立強磁場研究所に整備されている．電磁濃縮法については物性応用という観点から考えると物性研究所が世界で唯一の研究機関である．火薬を用いる爆縮法はロシアと米国で行われてきたが，ここ数年はその実施回数は減少傾向にある．

b. 高電圧・大電流回路
次節から紹介するように，破壊型強磁場発生法では慣性によってマグネットの機械的破壊に時間遅れが生じることを利用して，破壊が生じる前に高速で磁場を発生する必要がある．同じ静電エネルギー $CV^2/2$ であれば，速い放電には電圧 V を高くし，静電容量 C を小さくする．またいうまでもなく，強い磁場は大電流によってつくられるため，$I_{max} \sim V\sqrt{C/L}$

をある程度大きくする必要がある．破壊型パルス磁場では 40〜60 kV の高電圧回路にマイクロ秒程度の時間幅で，最高 2〜6 MA 程度の大電流を流す ($MA = 10^6$ A)．

高電圧を扱う場合には，回路が予期しない箇所で短絡しないように，扱う素子の絶縁性（耐電圧性）に細心の注意を払う必要がある．超強磁場装置では蓄えるエネルギーも大きいため，絶縁が破れた場合には，大事故になる可能性がある．空気中の平行平板での平等電界の条件では，火花放電に対する耐電圧は 10〜100 mm の距離間隙で 30 kV/10 mm 程度あるが，針電極対平板電極になると，針電極が正極の場合には 5 kV/10 mm まで下がるので，注意が必要である．針電極が負極の場合は 15 kV/10 mm と 3 倍程度大きくなり，火花放電は負極の方が起こりにくい．電界が強く集中するような電極形状の場合には，このような大きな極性効果があることが知られている[25, 26]．耐電圧特性は，まわりの雰囲気や電圧がかかる素子の形状などに大きく依存するため，実際には正確に見積もるのは容易ではなく，安全のためには絶縁のための距離は長めにとるのがよい．ただし，数 Torr (10^{-2} Pa 程度) 程度に気圧を下げた場合にはパッシェン (Paschen) の法則から，火花電圧はある特性距離で最小になるので，必ずしも距離が長い方が放電がしにくいとは限らないので，注意が必要である．心配な場合は，絶縁物などで覆うなどの処置が必要になる．図 11.7 には空気に対するパッシェン曲線の概念図を示した．空気の場合は，最小火花放電電圧は，$pd = 5.67$ mm·mmHg において 330 V である[25]．

絶縁破壊にいたる電圧は気体，液体，固体の順に概ね大きくなるため，ポリエチレンなどのシートを絶縁強化に用いるのは有効である．平等電界の条件下で，空気中では 30 kV/cm の電界で絶縁破壊に至るが，ポリエチレンでは 1000 kV/cm 程度となるので 1 mm の厚みで 100 kV 程度の耐電圧特性が得られる[26]．実際の使用にはシートを重ねるなどして安全係数を 10 倍程度はとることは必要である．

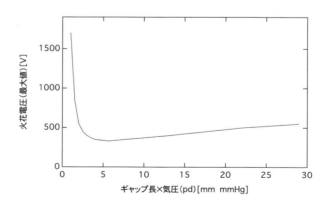

図 **11.7** 空気におけるパッシェン曲線の概略図．

さらに，高電圧ではシート表面に樹枝上の電流経路が形成される沿面放電が生じうるため，数枚のシートを互いにずらして重ね合わせるなど，沿面距離を長くとる対策が必要となる．沿面距離を長くとるため，表面にある程度の凸凹が合った方がよく，カプトンシートのように表面が滑らかな場合は沿面放電の可能性が高くなる．沿面放電による耐電圧特性は，空気中に比べてギャップ長 1 mm 以上では 40〜50% 程度に低くなるため，絶縁物だとしても安易に高電圧がかかる空間に挿入するのは避ける方が無難であり，沿面距離を長くする工夫が必要である[26]．

強磁場発生用の非破壊パルスマグネットは液体窒素で冷却して使用することが多いが，液体窒素はよい絶縁媒体でもあることは好都合である．室温での絶縁油（鉱油，アルキルベンゼンやシリコン油などの合成油）は，空気の 6〜7 倍の耐電圧特性があるが，液体窒素はさらにその 1.5 倍程度の耐電圧特性がある．ギャップ長 0.6 mm で交流での絶縁破壊電圧は液体窒素で 40 kV 程度もある[26]．ちなみに液体ヘリウムではその半分程度である．ただし，ここで安心してはいけないのは，液体中に気泡があると絶縁性が急に悪化することである．パルスマグネットは放電時に発熱するため液体窒素に気泡が生じるが，高電界部で気泡が生じると液体中ではなく気体中の火花放電となるため絶縁破壊が起こる可能性が非常に高くなる．実際にパルスマグネットで発生するトラブルのうち，気泡発生が原因である事例も含まれると予想されるが，マグネットが破壊される場合がほとんどなので原因を特定するのが難しく，詳細はよくわかっていない．

高電圧であっても電力が小さければ破壊は少ないが，破壊型パルス磁場では電流も大きいため，さらに扱いは難しい．破壊型超強磁場に必要な瞬間的な大電流はケーブルによってコイル近くまで導かれるが，大電流のまわりには意図せずとも強い磁場が生じる．パルスが高速の場合には，その磁場がまわりの導体に渦電流を誘導し，結果として強い電磁力が生じる．例えば，太さの無視できる導線に直線電流 $I = 10$ kA が流れた際，導線から 1 mm 離れた場所には，$B = \mu_0 I/(2\pi r) = 2$ T の磁場が発生する．同軸ケーブルは外側導体に内側導体（芯線）と逆方向の電流が流れるため周囲に磁場が漏れないので，このような電磁力の発生を回避できる．そのため，コンデンサからマグネットまでの電流回路の構成には多くの場合，同軸ケーブルが使われる．ケーブルから電極への接続部分などでは，芯線と外側導体を同軸配置から崩すため，周囲に磁場が漏れて大きな電磁力がかかりやすい．実際，パルスマグネットのトラブルにおいて電極まわりの不具合が原因であることは少なくない．

同軸ケーブルに流すことのできる電流の上限値を考える際，同軸ケーブルの芯線と外側導体の間には強い磁場が発生しうることを考慮する必要がある．たとえパルス幅が短くて電力的には許容範囲であっても，磁場によるマクスウェル応力の許容限界を超えると同軸ケーブルが磁場の内圧に耐えられなくなり，ケーブルの破壊（パンク）が起こってしまう．同軸ケーブルの許容電流は状況に応じて判断する必要があるが，破壊型超強磁場装置で用

いているケーブルの1つの実績としては，内部導体 21.5 mm^2，ケーブル外径 17.6 mm の 40 kV 耐圧の同軸ケーブルでは，100 μs のパルス幅で 25 kA 程度は流せるようである．

c. 超強磁場発生装置

(1) 一巻きコイル法　　一巻きコイル法は 1950 年代後半から 1960 年代後半にかけての超強磁場研究の初期段階に開発が始まり，物性研究に応用可能な装置としては 1983 年に物性研究所において，ベルギーのリューベン カソリック大学の F. Herlach 氏の協力のもとに開発された[27]．さらに 2000 年の物性研究所の柏キャンパス移転の際に装置の大幅な更新を行い，現在も最先端の研究に活用されている[29]．この間，ドイツとアメリカで一巻きコイル法の開発が行われ，現在，ドイツの装置はフランスのトゥールーズ強磁場研究所に移設され，アメリカの装置はロスアラモスの国立強磁場研究所に設置されている．

一巻きコイル法は破壊型磁場発生法の中で最もシンプルな方式といえる．原理はきわめて単純で，一巻きのコイルに大電流を瞬間的に流し，コイル内部に磁場を発生させる．コイルはマクスウェル応力によって外側に破壊するが，コイルの慣性のために有限時間は形状を保つ．破壊に要する時間よりも速い電流パルスによって強磁場の発生が可能となり，その時間スケールは μs の領域にある．したがって，一巻きコイル法においては速い電流掃引が必須であり，電源回路においてインダクタンスやキャパシタンスを十分小さくする必要がある．必然的に十分なエネルギーを蓄えるには高い電圧が必要である．物性実験では，測定試料やサンプルホルダー，クライオスタットなどをコイルの内側に配置させるが，コイル破壊が外側に起こるためそれらは損傷せず，コイル交換により繰り返し実験が行える．この利便性が，ヨーロッパとアメリカにおいても一巻きコイル法の導入が行われた要因の一つである．図 11.8 には一巻きコイル法の回路の概念図を示した．一方で図 11.9 は実際の一巻きコイル法の写真であり，実際の装置には回路概念図の簡単さからは想像のつ

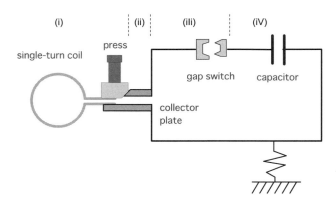

図 **11.8**　一巻きコイル法の回路概念図．

図 11.9　東京大学物性研究所の実際の一巻きコイル法装置の写真.

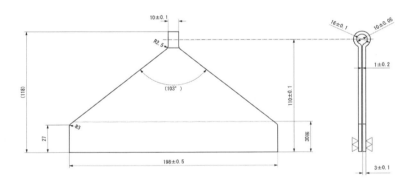

図 11.10　一巻きコイル（内径 10 mm）の概略図.

かない高電圧・大電流に耐える高い技術が使用されている.

　物性研究所の一巻きコイルは，厚さ 3 mm の銅板を曲げて，先端に直径（内径）10 mm 程度の輪をつくり，残りの部分は間隙 1.0 mm で平行に対向させている．図 11.10 はコイルの概略図である．平行な部分は電極となり，電源部分とクランプ装置を介して接合させる．コイルの厚みには，破壊の仕方や発生可能磁場などから決まる適正厚みがある．コイル厚みが大きすぎると電流分布が広くなり，磁場発生に不利であり，小さすぎると機械的強度が不足し，十分な強磁場発生の前にコイルが破壊してしまう．磁場発生時のコイル表面ではすでに銅は大電流によるジュール熱で高温となりプラズマ化しており，またマクスウェル応力による圧縮からコイル内部に衝撃波も生じる複雑な状態にある．そのため計算

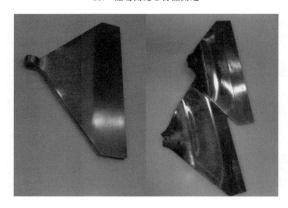

図 11.11 破壊前(左)と破壊後(右)の実際の一巻きコイルの写真.

による厚み決定は容易ではなく,最適なコイル厚みは実際の実験結果から決められている.理論的には衝撃波の波面がコイルの内側から外側に伝搬して反射し戻ってくるまでの時間が,磁場最大値となる時間よりも長くなるように厚みをとることが必要であるとされている[27,28]).

コイルは図 11.12 のようなクランプ装置により電極部分を機械的,電気的に接触させる.クランプ装置には集電板が接続されており,多数の同軸ケーブルによりコンデンサからエネルギーが供給される.電極の高電圧側と低電圧側は本来,電気的には十分な絶縁距離をとることが望ましいが,インダクタンスを減少させるためには間隙は狭くする必要がある.絶縁シートを十分な枚数が入るだけの間隙をとり,高絶縁性と低インダクタンスを実現させる.集電板にも大きな電磁力が発生するため,大型ボルトなどで締め付ける.物性研の最大 50 kV の一巻きコイル法装置では絶縁シートには 0.3 mm 厚みのポリプロピレンを 11 枚重ねている.

クランプ装置による電極の接触は,高電圧側の (a) 集電板-クランプと,(b) コイル-クランプ,低電圧側の (c) コイル-集電板,の 3 カ所があり,繊細な調整を要する.注意点は,十分な圧力を均一にかけること,接触面に段差や凸凹などがないようにすることである.圧力が不十分であったり,隙間があったりすると火花放電が生じ,電極が損傷するのに加え,電気的にも大きなノイズ源となる.コイルの間隙には絶縁シートを入れて,集電板の絶縁シートと重ねるが,絶縁シートの厚みもクランプ時の圧力に影響する(物性研では,厚み 0.5 mm の硬ポリエチレンシート 2 枚をコイル電極部分の絶縁シートとして用い,さらに先端の一巻きの部分に厚み 125 μm のカプトンシートを 1~2 枚挿入している).クランプ部分は油圧シリンダーによって力をかけ,磁場発生コイル破壊時には電極間を開こうとする力がかかるため,さらに大型の抑えネジでロックする.この押さえの力が十分でない

11.3 パルス強磁場発生技術

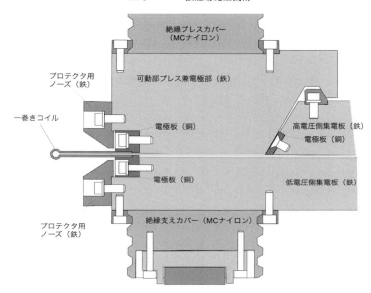

図 11.12　一巻きコイル装置のクランプ部分と集電板部分付近の概略図.

と，コイルが前方に押し出され，正常な放電が妨げられるとともに，コイル内側の試料ホルダーなどを破壊してしまう．物性研では 500 kN の規格の油圧プレス機（通称 50 t プレス）を用いている．

　接触させる電極ブロックや電極バーには主に銅を用いている．高速の大電流回路では電流経路の接続部は可能な限り少ない方がよい．しかし，これらの銅電極は火花放電などで損傷する可能性があるため，交換が可能である構造にする必要があり，どうしても接続部分ができてしまう．接続部分はボルトで取り付けられており，いかによい電気的接続状態を実現するかが重要となる．図 11.12 には電極板周辺の概念図を示した．ボルトのねじ穴部分も火花放電の可能性があるが，モリコートなどのグリスをボルトに塗布すれば不要な放電を抑える効果があることが知られている．高速大電流回路では直流的には同電位となる箇所であっても，インダクタンス成分によって電圧が生じるため，火花放電が生じる．直流や遅い交流回路と同じ設計では機能しないので十分注意することが必要である．また，回路全体のインダクタンスを下げるため，電流の流れる経路に急激な屈曲などができるだけないようにすべきである．ミリ秒領域のパルス幅をもつ非破壊型パルス磁場ではコイルのインダクタンスが mH（ミリヘンリー）と大きいのでこのような nH（ナノヘンリー）以下程度のインダクタンスは問題にならないが，一巻きコイルではコイルのインダクタンスが 10 nH のオーダーであり，また回路の残留インダクタンスも 16 nH 程度であるため影

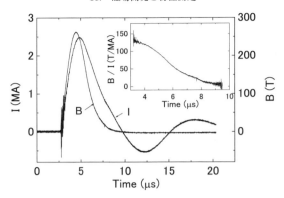

図 11.13 一巻きコイル装置による発生磁場と電流.

響が大きい.

　典型的な磁場波形と電流値を図 11.13 に示した. コイル直径（内径）と磁場の関係は $B(r_1) = B(r_2)\frac{r_2}{r_1}$ で概ねスケールさせて目星をつけることができる.（磁場/電流）はコイルが変形しなければ一定値をとるが, 挿入図に示されるように破壊にともなって単位電流あたりに発生できる磁場が少なくなっていく様子がわかる. 現在, 一巻きコイル法の発生限界磁場は 300 T 近傍にあるが, このとき磁場発生空間は直径 3 mm 程度に制限されるため物性研究には向かない. 実用的な磁場は内径 8～18 mm のコイルによる 200～80 T 程度である. 図 11.14 は内径 12 mm のコイルを使用した際の磁場発生時の集電板電圧の時間依存性の測定結果を示した. コンデンサの充電電圧が 35 kV にもかかわらず, 集電板電圧は 30 kV しかかかっていない. これは, ケーブルやスイッチ, コンデンサなどによる回路の残留インダクタンスのため, 分圧されたためである. 抵抗成分の寄与を無視する近似を使うと, 角振動数は $\omega = \frac{1}{\sqrt{LC}}$, 電流 $I = I_m \sin\omega t$; $I_m = V\sqrt{\frac{C}{L}}$ で与えられるため, 電流の立ち上がりは $dI/dt|_{t=0} = V/L$ と与えられる. 図 11.14 より, $dI/dt|_{t=0} = V/L$ =1.12 (T/μs) と見積もられるため, 測定値の V=30 kV を用いて, 集電板とコイルおよび電極プレス部分（図 11.8 の (i), (ii) の部分）におけるインダクタンスが L=27 nH と求められる. 一方, 電流波形の解析からは回路のインダクタンスが 31.5 nH と見積もられた. 集電板からケーブル, ギャップスイッチ, コンデンサまで（図 11.8 の (ii) ～ (iv) の部分）の残留インダクタンスが装置仕様として 16.5 nH であるため, コイルおよび電極プレス部分（図 11.8 の (i) の部分）のインダクタンスがおよそ 15 nH とわかる. また, 測定値 27 nH を用いると, 集電板（図 11.8 の (ii) の部分）のインダクタンスは 27 − 15 = 12 nH, さらに集電板に取り付けられたケーブル端からコンデンサまでのギャップスイッチを含めたインダクタンスが 16.5 − 12 = 4.5 nH と見積もられる. 一巻きコイル法では, コンデンサから

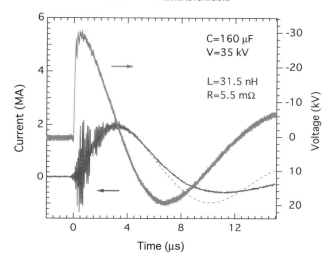

図 11.14　一巻きコイル装置（横型）による集電板での電流と電圧．波線は計算で波形をフィットした結果．

スイッチを経て集電板までの距離を可能な限り短くしているため，ケーブルなどによる残留インダクタンスがきわめて小さくなっており，効率よくコイルにエネルギーを入れることができていることがわかる．使用実績のある 40 kV 負荷用（仕上がり外径 18 mm）の高電圧ケーブルではインダクタンスが $0.15~\mu\text{H/m}(100~\text{kHz})$ であり，長さを 5 m，並列の本数を実際の装置での 320 本とすると，約 2.3 nH となる．これから，40 台並列のギャップスイッチおよびコンデンサが $4.5 - 2.3 = 2.2$ nH と見積もられる．一巻きコイルではインダクタンス軽減のため，ギャップスイッチがコンデンサに直結されており，その 1 組あたりで $2.2 \times 40 = 88$ nH 程度のインダクタンスをもつと見積もられる．これらは比較的簡単な見積もり方法から算出しているため厳密な値ではないが，大よその回路の構成を理解するうえで目安にすることができる．

　一巻きコイル法はシンプルな原理であるため，効率がよくまた使い勝手のよい超強磁場発生装置である．さらに，物性研究への応用の観点からの最大の長所は，コイルの破壊が外側に向かって生じるため，磁場発生空間であるコイルの内側に配置する試料冷却用のクライオスタットや試料そのものは破壊されない点である．コイルの交換は 10 分程度の時間で可能なため，30 分から 1 時間程度の時間間隔で同じ試料について繰り返し 100 T 以上の超強磁場実験を行うことができる．

　(2)　電磁濃縮法　　300 T を超える超強磁場下での物性実験は磁束濃縮法により可能である．前に述べたように，磁束濃縮法は，閉回路の面積を短時間で減少させることで電

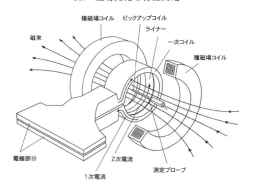

図 11.15　電磁濃縮法の概念図[27].

磁誘導により回路を貫く磁束をほぼ一定に保ち，面積比に従って磁束密度を上昇させて高い磁場を得る．ここでは物性研究所に整備されている電磁濃縮法装置を例に原理と具体的な磁場発生過程について説明する．実際の装置では閉回路には金属円筒を用い，それを収縮させるには外から押す強い力が必要になるが，その力に電磁力を用いるのが電磁濃縮法である．図 11.15 は電磁濃縮法の磁場発生コイル近傍の模式図である．ライナーとよばれる銅製の金属円筒を鉄製の大型の一巻きコイル（1 次コイル）と同心円状に配置させ，1 次コイルの両側には初期磁束をつくるための種磁場コイルが配置されている．

磁場発生には，はじめに種磁場コイルにコンデンサバンク（副バンク）から電力を供給し，種磁場を発生させる．種磁場パルスは最高 3〜4 T で，50 ms と比較的長い持続時間をもたせている．種磁場パルスの頂上で，別のコンデンサバンク（主バンク）により，1 次コイルに主電流を流す．主電流はピークが 4〜5 MA 程度で 100 μs 程度の持続時間をもつが，電流の立ち上がりは 1 MA/μs 以上で非常に急峻である．これはライナーがコイルの内側にあるため，コイルとライナーの複合負荷のインダクタンスが小さくなっていることに起因している．このことは，ライナーが 1 次コイルのつくる磁場を有効に遮蔽して，ライナー内側の磁束を小さくしていることに対応する．遮蔽の度合いは電流の立ち上がり速度やライナーの材質，厚みに依存する．ライナーに流れる遮蔽電流（2 次電流）は 1 次電流と大きさが同程度で方向が逆であるため，大きな反発方向の電磁力が生じる（見方を変えれば，ライナーとコイルの間の狭い空間に大きな磁場が発生し，マクスウェル応力が生じる）．この電磁力がライナーを内部に収縮させる．ここで，種磁場についてのライナーによる遮蔽効果について考えておく．種磁場のパルス幅が短くなると遮蔽効果が顕著になり，種磁場がライナー内部に有効に入らず，磁束濃縮しようにも最初の種磁束がないので実験はうまくいかない．物性研の装置では現在，ライナーの厚みは 2 mm 程度であり，銅の表皮深さが 2 mm になる周波数は約 1 kHz に相当する．正弦波近似では，半波で 500 μs の

時間に相当し，装置の種磁場のパルス幅はこの約100倍であるため，磁場は99%透過すると算出される．実際の装置での測定からはライナーを配置することで約0.7%の種磁場のピーク値の減少が観測されている．また，種磁場コイルは丈夫なステンレスのケースに収められており，また周りには，防護用のプロテクタなどの大きな金属部品が配置しているため，周辺部品との電磁誘導結合が顕著となり，電流と磁場は同位相にならない．実際の装置では電流波形と磁場波形ではピークをとる時間で磁場が2〜3 ms遅れることが観測されている．この時間遅れも考慮したうえで，ライナー内部の種磁場が最大になる時間に1次電流を流すようにタイミング回路を調整する．

図 11.16 には放電電流の波形とライナー半径，およびライナー速度の時間依存性を示した．ライナーは慣性により，電流立ち上がりから時間遅れを伴って運動をはじめる．主電流は小さなインダクタンスにより急峻な立ち上がりを示すが，ライナーが収縮運動をはじめ，コイルから遠ざかると負荷のインダクタンスは増大するため，電流は抑制されて飽和傾向を示す．図 11.17 はライナーの高速コマ撮り写真と発生磁場波形を示した．ライナーの収縮によって磁束密度が急速に増加することがわかる．なお，1次コイルは外側に広がって破壊するが，大型のため質量が大きく，ライナーの運動に比べて大幅に遅れる．そのため磁束濃縮過程を考える際に1次コイルの運動は無視しても問題ないが，実際の実験では破壊した1次コイルを受け止めるための丈夫なプロテクターが必須である．

電磁濃縮法の磁場発生原理の最もシンプルな理解は，種磁場 B_0 を面積比 (S_i/S_f) で濃縮して最高磁場 $B_m = B_0(S_i/S_f)$ を得るというものである．ここで，S_f，S_i はそれぞれ

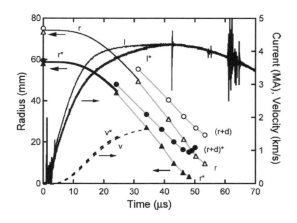

図 11.16 電磁濃縮法における放電電流波形とライナーの運動[30]．r はライナーの半径，I は電流，v はライナーの速度，d はライナーの厚みである．アスタリスク (*) つきは，フィードギャップ補償素子を用いた実験の結果を示す．

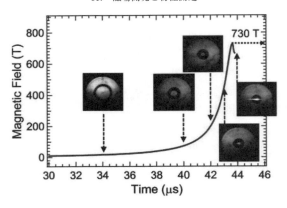

図 **11.17** 電磁濃縮法による発生磁場波形とライナーの高速コマ撮り写真[31, 32].

濃縮過程の最後と最初のライナーの内側面積である. 種磁場 B_0 が強ければ最高磁場も上昇するようにみえるが, 実際はそれほど単純ではなく, 使えるエネルギーが決まっている場合には, 最適な種磁場の強さ B_{0a} があり, それ以上の種磁場を用いても最高到達磁場は下がってしまう. 最高到達磁場はターンアラウンドとよばれる現象による磁場波形のピーク値で決定されるが, 磁束の漏れを考えない単純な場合には, 運動エネルギーと磁場エネルギーのバランスでターンアラウンドが起こることを考えれば, この種磁場依存性を理解できる. 図 11.17 の 730 T の磁場ピークがターンアラウンドのピークである. ライナーは磁束濃縮過程で内側に運動しながら内部の磁束密度を上昇させるが, 次第に内側の磁場による応力が大きくなり, 減速しはじめる. 最終的には内部の磁場のマクスウェル応力が大きくなり, ライナー内壁の運動は停止し, 次の瞬間から逆に外側に向けてライナーは膨らみはじめる. これが, 磁束の漏れを考慮しない場合のターンアラウンドの理解である. ライナー内壁の運動が停止したときに最高磁場 B_m が得られ, そのときの磁場発生空間 V をライナーの長さ l と内部の面積 S_{fa} で $V = l S_{fa}$ と表すと, 最高磁場発生の磁場のエネルギーは磁場が空間的に均一だとして, $E_a = \mu_0 B_m^2 l S_{fa}/2$ である. この最終的に磁場に変換されるエネルギー E_a は, コンデンサバンクのエネルギーや磁束濃縮過程でのエネルギー変換効率によって決まるが, 実験装置や条件によって概ねある決まった値をとると考えてよい. 最適な種磁場値 B_{0a} よりも大きな種磁場 B_{0b} を考え, 同じ最高磁場 B_m に到達すると, その際のライナーの面積 S_{fb} は, $B_m = B_{0a}(S_i/S_{fa}) = B_{0b}(S_i/S_{fb})$, $B_{0a} < B_{0b}$ から, $S_{fa} < S_{fb}$ となり, S_{fa} よりも大きいはずである. したがって, 最終的な磁場のエネルギーは $E_b = \mu_0 B_m^2 l S_{fb}/2 > E_a$ となり, 同じ最高到達磁場を得るのにより大きなエネルギーを必要とすることがわかる. 実際は磁束濃縮に使えるエネルギー (変換効率) は種磁場を大きくしてもほとんど E_a と変わらないと考えられるので, 磁場は B_m まで到達

できず，種磁場を大きくした方が最高磁場値は減少する．この考え方を使うと，種磁場 B_0 が無限小のときに，無限小までライナーを理想的な形で収縮できれば，無限大の磁場が得られることになる．しかし実際には，ここでは無視した磁束の漏れ（拡散）と衝撃波の効果など複雑な過程を考える必要があり，また，理想的にライナーを均一に面積無限小まで収縮するのは不可能であるため，ある有限の種磁場 B_{0a} で，最も高い到達磁場 B_{ma} が得られる．このとき，さまざまな要因で決定される最小ライナー面積 S_{fm} によって B_{ma} が決まっていると考えることができる．すなわち，可能な限り均一にライナーを収縮させることが，より小さい最小ライナー面積 S_{fm} を得，高い B_m を得るのに大切である．

また，コンデンサ容量や充電電圧の増加によってエネルギーが大きくなれば，それに見合ったコイルやライナーのサイズは必然的に大きくなるため，機械加工の精度や，収縮する際の理想的な変形からのずれなどの効果によって，最小ライナー面積 S_{fm} は大きくなると予想される．したがって，そのエネルギーで到達可能な最高磁場を実際に発生するには，より強い種磁場が必要になる．つまり，種磁場が小さければ十分小さな面積まで収縮しなければ高い磁場が得られず，大きな S_{fm} は，その前段階で濃縮過程が終了してしまうことを意味する．このとき，ターンアラウンド現象は観測されない．種磁場が十分大きければ，ターンアラウンドが観測されるライナー面積は S_{fm} よりも大きくなるため，ちょうど S_{fm} でターンラウンドが起こる種磁場の値を選べば，そのときが最高磁場が発生できる条件になると期待される．さらに別の観点から，物性実験に応用することを考えれば S_{fm} はある程度の大きさが必要であり，結論として強い種磁場コイルを開発することは非常に重要である．

種磁場コイルは直径 180 mm 程度の空間に 3〜4 T の磁場を 50 ms 程度のパルス幅で発生する必要がある．また，ソレノイドコイルではなく，2 個の 1 対のヘルムホルツ型コイルとして使用する．コイル間の距離はおよそ 200 mm であり，各々のコイルの中心では 10 T 程度の磁場を発生させる．種磁場はパルス幅が長く，対応する周波数も 10 Hz 程度なのでマイクロ秒クラスのパルス磁場と比べると電磁誘導による渦電流や周りの金属部品との電磁力は小さいと考えられる．しかし，実際の実験では種磁場発生においてもこれらの効果は無視できない．その理由は，磁場発生空間が大きく時間も長いため力積としては大きな値になることと，ゆっくりした時間変化の磁場でも十分厚みのある導体では遮蔽され力を受けるためである．種磁場コイルの近傍には，破壊した 1 次コイルを受け止めるためのプロテクターやクランプ電極など，金属製の大型部品が配置されているため，種磁場による誘導の影響を受けやすい．そのため種磁場コイルの固定は強固にしなければならず，また，絶縁シートなどを適切に挿入し，まわりの金属部分との渦電流による不要な火花放電を避ける必要がある．表 11.1 には種磁場コイルの仕様の 1 例を示した．使用するコンデンサの静電容量は 30 mF を想定している．種磁場コイルは，万が一片方のコイルが破損した場合に回路がオープンになるように，2 つのコイルを直列に接続する．コイル間の距

表 11.1 種磁場コイルの仕様（1つ分）.

幅 (mm)	層数	線材	線材サイズ
56	16	銅	6 mm × 3 mm

総巻き数	抵抗 (mΩ)：室温	インダクタンス (mH)
128	約 100	約 4.2

離は離れているため結合は弱いので，抵抗とインダクタンスはほぼ2倍になる．

電磁濃縮法において最高到達磁場を決定するのは，使用するエネルギーや種磁場の強さの他には，(a) エネルギー変換効率，(b) 磁場の拡散（漏れ），(c) 衝撃波の影響と粒子速度，(d) ライナーの変形の仕方，等がある．

(a) はコンデンサバンクに蓄えたエネルギーから最終的に磁場のエネルギーに変換される効率であり，高いことが望ましい．電磁濃縮過程においては，エネルギーの流れは図 11.18 に示すようになっている．(i) → (ii) の過程では，回路の残留インピーダンスを可能な限り下げて，負荷（1次コイルとライナー）に効率的にエネルギーを入れることが重要となる．いま，インピーダンスの大部分がインダクタンス成分で決まるとして，電流の立ち上がりからインピーダンスについて考察してみる．図 11.16 において，$dI/dt|_{t=0} = V/L \sim 0.33$ (MA/μs) で，$V = 40$ kV とすると $L = 121$ nH が算出される．使用したコンデンサバンクユニットの残留インダクタンスは 25 nH であるので，コイルクランプと負荷（コイルとライナー）のインダクタンスが 96 nH と算出できる．この値は，コイルやライナー形状，クランプ装置の電気接触の状態などに依存するが，概ね 60～100 nH 程度である．簡単な計算からは，1次コイルとライナーの複合インダクタンス（磁場発生前の初期値）は 30～50 nH である．一巻きコイル法と同様に，負荷であるコイルおよびライナーエネルギーを入れるには，装置の残留インダクタンスを十分小さくすることが重要である．(ii) → (iii) は1次電流，ライナーの厚み，幅などの形状，材質などに依存する．(iii) → (iv) ではラ

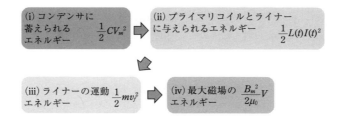

図 11.18 電磁濃縮法におけるエネルギーの変換の概念．C, V_m はそれぞれ，コンデンサバンクの静電容量と充電電圧．$L(t)$ は1次コイルとライナーの複合インダクタンスで，時間 t に大きく依存する．$I(t)$ は1次コイルに流れる電流．m と v_f はそれぞれライナーの質量と最大速度．B_m は最大磁場で，V は最大磁場が得られた際の磁場発生空間の体積．

イナーの収縮の均一性,ライナー速度が大きいことが重要である.ここでρは電気抵抗率,ライナーの収縮によるライナー内壁の運動はx方向と考える.

(b) の磁場の拡散（漏れ）については,渦電流近似を用いて平面の場合$\frac{\partial B}{\partial t} = \frac{1}{\mu_0}\frac{\partial}{\partial x}(\rho\frac{\partial B}{\partial x})$に従う.ライナーの電気抵抗が有限であるため磁場は外側に拡散し,ライナー内側の磁束は減少する.ここで,磁場の拡散速度をv_fとすれば,$v_f = E/B = (1/B)(\rho/\mu_0)(\partial B/\partial x)$が得られる.ここで,$\nabla \times \boldsymbol{B} = \mu_0 \boldsymbol{i}$, $\boldsymbol{i} = \boldsymbol{E}/\rho$を用いている.$\rho$は電気抵抗率である.さらに,表皮深さを$a$として,$\partial B/\partial x \sim B/a$と近似すると,$v_f \sim (\rho/(\mu_0 a))$が得られる.ライナーの電気抵抗が大きくなると$\rho/a \sim \sqrt{\rho}$から磁場の拡散速度は大きくなる.ライナーの速度を$v_i$とすれば$v_i > v_f$が磁束濃縮過程が進行するのに必要な条件となる.

磁束濃縮法ではライナー速度が十分速いことが重要であるが,最終段階では毎秒2 km以上の速度となるため衝撃波の効果がさまざまな悪影響を及ぼす.例えば磁束濃縮を空気中で行うと,衝撃波のため測定プローブが磁束濃縮過程の前に破壊されることがわかっており,周辺への破壊の度合いも増大する.このため,通常,ライナーはプライマリーコイル内に取り付けたプラスチック真空容器内に固定し,1 Pa以下程度の真空で実験を行う.ライナーが収縮していき磁束濃縮過程が進行するとライナーの内壁には磁場によるマクスウェル応力が急速に大きくなる.その収縮方向とは逆向きの急激な力のため,ライナー内壁は圧縮され,衝撃波がライナー内部に生じる.ライナー内壁は衝撃波の速度で外側に広がると考えられるため,その速度をv_pとすると,ライナーの実質的な内側への運動の速度は$v_i - v_p$になる.したがって,上で考えた磁束の漏れを考慮すると,磁束濃縮過程が進行するには

$$v_i - v_p > v_f \tag{11.77}$$

をみたす必要がある.つまり,$v_i - v_p = v_f$のときに濃縮は終了し,ターンアラウンドのピークが磁場波形に観測されると期待される.このことから,写真で観測したライナー速度がゼロになる時間と磁場のターンアラウンドのピークの時間は必ずしも一致しない（ライナー速度が有限でも,磁束の拡散速度と等しくなるとターンアラウンドが観測される）.さらに,ライナー内の衝撃波速度v_pは,粒子速度とよばれており,物質に依存する.v_pは以下のように表せる[27]．

$$\frac{-c_0 + \sqrt{c_0^2 + 4\kappa p/D_0}}{2\kappa} \tag{11.78}$$

ここで,c_0は音速に関連したパラメータ,κは圧縮率に関連したパラメータ,D_0は密度で,pは圧力である.ここで,ライナーの実効速度が$v_i - v_p$なのでv_pが小さい方が磁束濃縮に有利ということに気がつく.磁場をマクスウェル応力に換算して考えて,磁場とv_pの関係を示すと図11.19のようになる.これは,ある磁場で考えたときのv_pが材料によって決まっていることを示している.磁場の拡散を無視すれば,最高磁場は$v_i = v_p$のときに得られるので,同じ磁場ならCuに比べてTaやPtではv_pが小さく,より小さなライ

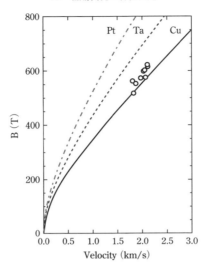

図 11.19　磁場と粒子速度の関係[30].

ナー速度でも同じ磁場が達成できることがわかる．言い換えれば，同じライナー速度であれば，Cu よりも Ta や Pt の方が到達できる磁場が高い．Cu 以外の材質のライナーは Ta や Pt が高価であるという理由などからこれまであまり試されていないが，今後検討すべき課題である．

11.4　定常強磁場および非破壊パルス磁場下における物性測定

　非破壊パルス磁場のパルス幅は通常数 ms から数百 ms の範囲にあり，この間の物性変化を磁場の関数として連続的に観測するにはその 1000 分の 1 程度の時間間隔でデータを取得する必要がある．近年のエレクトロニクスの発展や高強度の X 線・中性子線光源の開発などにより瞬間物性計測の技術はめざましい進化を遂げており，定常強磁場下で使われる測定法の多くが，非破壊パルス磁場中でも可能になっている．本節ではその中から電気伝導，磁化，構造の測定に絞って代表的な実験手法を紹介する．

11.4.1　直流測定

　電気伝導測定の最も基本的な方法は直流四端子法である．図 11.20(a) に示したように端子は通常縦に 4 個並ぶように配置する．両端の電極を通じて電流を印加し，中間の電圧端子間の電位差を測定して電気抵抗値を求める．通常は電流反転した結果との差分をとって熱起電力などによる余剰起電力の寄与を取り除く．印加電流の値が大きすぎるとジュー

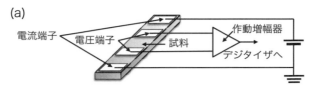

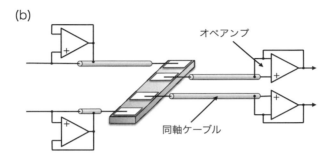

図 11.20 抵抗測定系の模式図. (a) 標準的四端子法. (b) ドリブン・シールドを用いた測定系.

ル発熱などにより電流電圧特性が非線形になるため,そうならない範囲で電流値を設定する．このような一般的注意事項のほかに,強磁場下の電気計測では信号線のオープンループを極力減らすことが重要になる．ループをつくるワイヤーが磁場中で振動すると,ループ内の磁束密度の変化に応じて電圧ノイズが生じる．特にパルス磁場下ではループが動かない場合でも,磁場の時間変化による誘導起電力の寄与が問題となる．例えば典型的な非破壊型パルスマグネットの磁場挿引速度は 5000 T/s 程度であり,面積 1 mm^2 のループがあると 5 mV 程度の誘導起電力を生じる．さらに破壊型パルス磁場下ではその 1000 倍以上の電圧が生じる．これらの電圧値は通常の金属的試料における電圧端子間の電圧信号よりはるかに大きいため,信号全体を測定できるレンジでデータを取得すると測定器のダイナミックレンジの大半を無駄にしてしまう．そこで誘導起電力が大きい場合には,試料付近に巻いた補償コイルの電圧を適当に抵抗分割して差し引き,測定器のダイナミックレンジを有効に使えるようにする．補償コイルで完全には差し引けない成分については,電流の極性を変えた 2 回の実験を行い,結果の差分をとって補正する．またパルス磁場中の誘導起電力は試料内部にも渦電流を発生させ,ジュール熱による試料温度上昇の原因になる．円板状の試料で考えると誘導電流による試料の温度上昇は試料の径の自乗に比例して増大する．パルス磁場中で試料の発熱を抑えるには,磁場に垂直な試料面積を小さくすることが重要である．

11.4.2 低周波交流測定

より高精度の測定が必要になる場合は交流測定法を用いる. 1 MHz 程度の周波数領域までは直流測定に準じた四端子測定法が使用できる. 電流端子間に $\sin\omega t$ で振動する電流を印加し,電圧端子間に生じる電圧の中から同じ振動数で変化する成分だけを検出する. 一般に熱雑音は周波数に反比例して減少するので,測定周波数が高くなるほど高い S/N 比が期待できる. ただし高周波測定では表皮効果に対する注意が必要である. 周波数 f の電磁波は表皮効果のため深さ $d = \sqrt{\rho/\pi f \mu}$ 程度までしか侵入できない. ここで μ と ρ はそれぞれ試料の絶対透磁率と電気抵抗率を表す. 例えば室温における銅程度の電気抵抗率 ($2~\mu\Omega$cm) をもつ物質では,周波数 1 MHz の電磁波は約 70 μm しか侵入できない. このためバルク試料の電気抵抗を交流法で正しく測定するには,試料の厚さを表皮厚さ d より十分に薄くする必要がある.

特定の周波数成分の電圧を抽出する手法としては市販のロックインアンプが便利である. ロックインアンプでは,信号電圧に対して検出したい角振動数をもつ $\sin\omega t$ の参照信号をかけた後にローパスフィルタを通すことで,この周波数の信号だけを選択的に検出する. 実際の交流測定では回路がもつ電気容量やインダクタンスに対する注意が必要である. 例えば信号線としてよく用いられる BNC ケーブルは,単位長さあたり 100 pF/m 程度の電気容量をもっている. 試料の抵抗値が小さい場合にはロックイン検波の際に,この電気容量などによる位相のずれを補正すれば十分な精度での抵抗測定が可能である. しかし高抵抗の試料を同軸ケーブルとつないだ場合には,系が一種の RC 積分回路となるため波形の歪みが問題となる. ケーブルの電気容量を 100 pF,試料の抵抗を 100 kΩ とすると積分回路の時定数は 10 μs となるため 100 kHz 程度以上の周波数になると波形の歪みに対する注意が必要である. この問題を解決する一つの手段として,ドリブン・シールドが用いられる[109]. ドリブン・シールドでは図 11.20(b) に模式的に示したように,同軸ケーブルのシース側をオペアンプのフィールバック・ループにつなぐことで,芯線とシースとの間の電位差をなくして電気容量を実効的にゼロにしている.

最近,市販のロックインアンプを越える手段として数値的ロックイン法が注目されている. 近年 16 ビットの分解能で秒間 1000 万点以上のデータを記録できるデジタイザが普及しつつある. このような高速・高精度のデジタイザを用いると,電圧の振動波形をすべて取り込んだ後で数値的にロックインアンプと同じ操作をすることができる. 後で解析するため実験後に位相のずれを補正することが可能であり,また高調波成分を解析して非線形伝導なども調べられるという利点もある. 強磁場下の測定としては,特にパルス磁場下の測定手法として近年発達しており,後述する高温超伝導体の量子振動測定などを可能にした.

11.4.3 高周波交流測定

より高周波の交流測定では，試料には直接端子をつけずに電磁波への応答を通して電気抵抗率を測定する．一つの例としてラジオ波の透過測定を紹介する．この手法では，まず図 11.21(a) のように電気伝導性をもつ試料の両側に一組のコイルをセットする．図の右側にある 1 次コイルに交流電圧 $V_\text{ac-in}$ を印加すると，コイル内に交流磁場が発生する．試料が表皮厚さより十分厚い場合には試料内に誘起される誘導電流が交流磁場を遮蔽するが，薄い試料を用いると電磁波の一部は透過し，左側の 2 次コイルに同じ振動数の交流電圧 $V_\text{ac-out}$ が生じる．この交流磁場の透過率 ($V_\text{ac-out}/V_\text{ac-in}$) は ρ/f の関数であり，その関係を用いて試料の電気抵抗率を求めることができる[37]．測定周波数を VHF 領域のラジオ波程度 ($f = 30 - 300$ MHz) にすることで，破壊型パルス磁場下における電気伝導測定にも適用できる[38]．

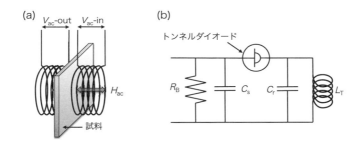

図 **11.21** 高周波測定の模式図．(a)RF 透過法．(b) トンネル・ダイオード発振器を使った共振回路による表面インピーダンス測定．

もう一つは LC 共振回路を用いた表面インピーダンス測定である．図 11.21(b) のように直径 1 mm 前後で数回〜数十回巻いたコイル L_T と微小なコンデンサ C_r とを並列に組み合わせた回路を作製する．コイルのインダクタンスを 1 μH，コンデンサの容量を 10 pF 程度にすると共振周波数 ($\sqrt{LC}$) は約 33 MHz となる．この回路にトンネル・ダイオード発振器を接続して共振回路を発振させる．ここでコイルの中，もしくはコイルに貼付けるように試料をセットすると，試料の表面インピーダンスの変化に応じてコイルの自己インダクタンスが変化し，回路の共振周波数が変化する．さまざまな物理量の中でも周波数は高い精度で測れるものの一つであるため，この周波数変化を通じて表面インピーダンスの微小な変化を検出することができる．図 11.21(b) に示した範囲の共振回路はすべて試料付近におく必要があるため，低温・強磁場下の実験ではこれらの環境下で使えるダイオードの選定が重要である．

これらの高周波交流測定では電気抵抗率の絶対値を正確に評価することは難しいが，量

11.4.4 磁化測定

磁化測定の手法としてこれまでさまざまな手法が開発されており，その長所・短所に応じた使い分けがなされている．本項ではこれらの手法を誘導法，ファラデー法，光学的手法の3種類に大別し，それぞれの基本原理と特徴を紹介する．本節では紙数の都合で詳細を省略しているため，より具体的な情報を必要とする読者は強磁場下における物性測定の専門書[109]を参照されたい．

a. 誘導法

巻き数 n，断面積 S のコイル中の磁束密度 B が時間変化するとき，その変化に応じて以下の誘導起電力が生じる．

$$V = nS\frac{dB}{dt} \tag{11.79}$$

ここで生じる起電力を積分して磁化を求める方法が誘導法である．

図 11.22(a) のように長さ $2L$，半径 R のコイルが単位長さあたりの巻き数 n で巻かれているとすると，このコイルを貫く全磁束 Φ は磁化 M の試料がコイル中心にあるとき最大の

$$\Phi = \frac{nML}{\sqrt{L^2+R^2}} \tag{11.80}$$

となる．したがってコイルから十分離れた位置から試料を動かしてコイルを通過させると，その間の磁束変化によって電圧 V が生じる．この電圧の時間変化を記録して数値的に積分

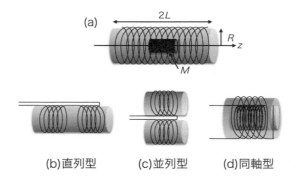

図 **11.22**　(a) ピックアップコイルを用いた磁化測定の模式図．(b)-(d) は磁場キャンセル用のダミーコイルを加えたピックアップコイル．(b) 直列型．(c) 並列型．(d) 同軸型．

すると，その積分値は試料がコイル中心に到達する時刻で最大となる．この最大電圧値より，以下の式で試料の磁化を計算できる．

$$M = \frac{\sqrt{L^2+R^2}}{nL}\left(\int V dt\right)_{\max} \tag{11.81}$$

磁場を掃引しながら測定する際，コイルには dH/dt による起電力も重畳する．この成分を補償するため，一般には磁場成分をキャンセルするダミーコイルを用いる．このダミーコイルの配置には図 11.22(b)-(d) に示したさまざまな型があり，使用するマグネット内の磁場分布などに応じて最適な形状を選択する．(b) 直列型と (c) 並列型では逆向きに巻いた同型のコイルを縦または横に並べ，両コイルの出力の差分をとって片方に入れた試料の信号を得る．(d) の同軸型では内外のコイルで断面積と巻き数の積を等しくしている．こうして空間的に一様な外部磁場の成分を両者で打ち消し，不均一な磁束密度をつくる磁化の成分を検出できる．どの型のコイルを用いても，実際には 2 つのコイルに有限の差があるために磁場成分を完全に打ち消すことはできない．そこで，主コイルに対して十分少ない巻き数の補償コイルにかかる電圧を適当に分割して足し合わせて補償をとる．

前節の電気抵抗測定と同様に，磁化測定においても S/N 比を向上させるために交流測定法を用いることができる．一つの方法は試料をある周波数 f で振動させ，その周期のコイルの信号を検出する方法である．この手法を用いた磁化測定装置は試料振動型磁束計 (Vibrating Sample Magnetometer: VSM) とよばれ，定常強磁場下における磁化測定手法として広く用いられている．一方で試料は固定しながら，印加磁場に弱い交流磁場を重畳させる手法が磁場変調法である．この手法では検出コイルの外側に巻いた変調コイルである周波数の交流磁場を発生し，検出コイルに生じる同じ周波数の電圧をロックイン検波することで磁化の磁場微分を高い感度で検出できる．磁化の絶対値より変化分の検出に優れているため，dHvA 振動の測定などに使われる．

これまでは主に定常磁場を想定した誘導法の測定について記述してきたが，磁場掃引速度の大きいパルス磁場下では変調コイルなしで試料を動かさずに磁化測定ができる．信号電圧の大きさは磁場掃引速度に比例するため，パルス磁場下では高感度の磁化測定が可能になる．この利点を生かして，一巻きコイル法で発生された 100 T までの超強磁場下における精密磁化測定も可能になっている[39]．この誘導電圧を高速のデジタル波形記録装置で保存し，数値的に積分することで磁化を得る．パルス磁場中の場合，完全には補償しきれない磁場成分を除去するため，試料がコイル内にある状態とない状態との 2 回の測定を行い，その差分から磁化による信号だけを得る．2 回の磁場発生の間でコイルバランスが微妙にずれると，磁場の時間変化に比例した起電力が重畳し，積分して求めた磁化曲線には磁場に比例した偽の勾配が生じる．同一条件の磁化測定を複数回行うことで，この偽の勾配の有無を確認できる．またコイルの検出する磁化の信号は試料の形状に依存する．この形状因子を補正して磁化の絶対値を求めるには，別の測定手法で精密に求めた磁化曲線と

一致するように定数倍して較正する．

b. ファラデー法

磁場勾配のあるところに磁化 M の磁性体をおくと，MdB/dz に比例した力を受ける．磁場勾配が既知の場合，この力を計測することで磁化を求めることができる．この磁化測定法がファラデー法である．試料にかかる力を検出する手法はいろいろあるが，なかでも高精度の測定が可能な電気容量法について紹介する．図 11.23(a) に模式的に描いた装置では，試料が力を受けるとバネ（バネ定数 k）が縮み，電極間の電気容量が変化する．電気容量の変化はキャパシタンスブリッジを用いると非常に高い精度で測定可能であるため，高感度の磁化測定が実現できる．平行平板コンデンサの電気容量 C は電極面積 S と電極間距離 d を用いて $C = \epsilon_0 S/d$ で与えられるため，測定した電気容量の変化 ΔC を用いると以下の式で磁化を求めることができる．

$$M = \epsilon_0 kS \left(\frac{1}{C_0} - \frac{1}{C_0 + \Delta C} \right) \bigg/ \left(\frac{dB}{dz} \right) \simeq \left(\frac{\epsilon_0 kS \Delta C}{C_0^2} \right) \bigg/ \left(\frac{dB}{dz} \right) \quad (11.82)$$

直径 5 mm の電極を 30 μm 離しておいた場合，平衡位置での電気容量は $C_0 = 5.8$ pF となる．キャパシタンスブリッジを用いれば磁場勾配中での電気容量の変化 $\Delta C/C_0$ は 10^{-7} の精度で測定可能である．$k = 10^3$ N/m, $\frac{dB}{dz} = 10$ T/m とすると，M は 3×10^{-10} Am^2 = 3×10^{-7} emu という高い精度で測定できる．この手法では交流磁場の印加や試料の移動が不要であり測定時の発熱を抑制できるため，100 mK 以下の極低温環境での高精度磁化測定で有効な手段として使われている[40]．

ファラデー法の応用として，異方的磁性体にかかる磁気トルクを検出する方法がある．一般に異方的磁性体の磁化は外部磁場と平行にはならず，若干ずれた方向を向く．そのため試料には $\boldsymbol{\tau} = \boldsymbol{M} \times \boldsymbol{H}$ で与えられる磁気トルクがかかる．このトルクを測定することで磁場と垂直な磁化成分を検出することができる．トルク測定法の一つとして，ここではカンチレバーを使った方法を紹介する．原子間力顕微鏡に用いられる自己検出型のカンチレバーでは，レバーが受けた力による歪みを，根元にある歪みセンサーの電気抵抗値の変化として読み取ることができる．このレバー上に試料を配置し，試料の磁化の異方性主軸

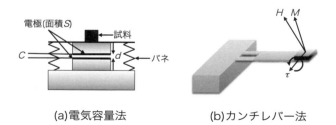

図 **11.23** ファラデー法による磁化測定系の模式図．(a) 電気容量法．(b) カンチレバー法．

から傾いた方向に磁場を印加することで磁気トルクを測定できる（図 11.23(b)）．歪みセンサーの電気抵抗は温度や磁場などの環境によっても変化するため，通常は付近におかれた試料を載せていないダミーセンサーの抵抗値を参照し，ブリッジ回路で差分をとることで除去する．この手法であれば一辺数十 μm の微小結晶で実験が可能である．また素子が小型であるため回転ステージとの組み合わせも容易であり，dHvA 振動の磁場方位依存性などを調べる手段として使用されている[41]．

c. 光学的磁化測定法

透明な磁性体に直線偏光した光を入射すると磁化に伴って偏光面が回転するという現象が起こる．これをファラデー回転という．物質中の光の伝播はマクスウェル方程式で記述でき，比誘電率テンソルの形が光の伝播を決定する．比誘電率テンソル $\tilde{\epsilon}$ は電束密度 D と電界 E とを関係づける 2 階のテンソルであり，

$$D = \epsilon_0 \tilde{\epsilon} E \tag{11.83}$$

ここで ϵ_0 は真空の誘電率である．簡単のため等方的物質を考えると $\tilde{\epsilon}$ は非対角成分をもたず，同じ値の対角成分のみで表される．この物質が z 方向に磁化 M をもつと 1 軸異方性が生じ，比誘電率テンソルは

$$\tilde{\epsilon} = \begin{pmatrix} \epsilon_{xx} & \epsilon_{xy} & 0 \\ -\epsilon_{xy} & \epsilon_{xx} & 0 \\ 0 & 0 & \epsilon_{xx} \end{pmatrix} \tag{11.84}$$

となる．ここで $\tilde{\epsilon}$ の各成分は磁化 M の関数である．オンサーガーの関係式から $\epsilon_{ij}(-M) = \epsilon_{ji}(M)$ が要求されるため，ϵ_{ij} は M の奇関数でなければならない．ファラデー回転角 θ_F はこの $\tilde{\epsilon}$ の非対角項の関数であり，その実部 ϵ'_{xy} と虚部 ϵ''_{xy} を用いて

$$\theta_F = -\frac{\omega}{2c} \frac{\kappa \epsilon'_{xy} - n \epsilon''_{xy}}{n^2 + \kappa^2} \zeta \tag{11.85}$$

と表される[42]．ここで n および κ はそれぞれ屈折率と吸収係数であり，ζ は試料の厚さである．実際の誘電率テンソルの形を決めるには量子力学的取り扱いが必要である．ここでは式の導出は省略するが，久保公式を用いると角振動数 ω の電場に対する誘電率テンソルは以下のように導出される[42]．

$$\epsilon_{xx}(\omega) = 1 - \frac{Ne^2}{m\epsilon_0} \sum_n (\rho_n - \rho_m) \frac{(f_x)_{mn}}{(\omega + i\gamma)^2 - \omega_{n0}^2} \tag{11.86}$$

$$\epsilon_{xy}(\omega) = -i \frac{Ne^2}{2m\epsilon_0} \sum_n (\rho_n - \rho_m) \frac{\omega_{mn}[(f_+)_{mn} - (f_-)_{mn}]}{\omega[(\omega + i\gamma)^2 - \omega_{mn}^2]} \tag{11.87}$$

ここで N, e, および m はそれぞれ電子数，素電荷，および電子の静止質量を表す．ρ_n と ρ_m は始状態 $|n\rangle$ と終状態 $|m\rangle$ の占有数である．$(f_x)_{mn}$ と $(f_\pm)_{mn}$ は直線偏光および左

右円偏光に対する電気双極子遷移の振動子強度を表す．この式の物理的描像を確認しておく．$3d$ 遷移金属イオンを考え，基底状態では軌道角運動量が消失しているとする．$3d$ 軌道にある電子は $l = 0$, $s = 1/2$ をもつ．一方，励起状態では有限の軌道角運動量をもちうる．このとき電気双極子遷移の選択則により，$\Delta l_z = \pm 1$, $\Delta s_z = 0$ の遷移のみが許容になる．ここでスピンの量子化軸は光の伝搬ベクトル方向である．スピン軌道相互作用がない場合，± 円偏光によって $|l_z = 0, s_z = 1/2\rangle$ から $|l_z = \pm 1, s_z = 1/2\rangle$ への遷移が起こる．このときスピン軌道相互作用があると 2 つの遷移のエネルギーに差が生じ，誘電率の非対角成分が発生する．ただし $|l_z = 0, s_z = -1/2\rangle$ から $|l_z = \pm 1, s_z = -1/2\rangle$ への寄与も同様に考えると，両者の寄与は互いに打ち消し合う．このため磁気光学効果は↑スピンと↓スピンの占有率に比例して現れるようになり，磁化測定に使用できる．大きな信号を得るには d-d 遷移のエネルギーをもつ可視光近辺の光が使われる．実際には振動子強度の差による寄与などもあるため，注意が必要である．

ファラデー回転の実験には通常，直線偏光した可視光を用いる．試料を透過させた光を Wollaston プリズムによって直交する 2 成分に分解し，それぞれの強度を記録する（図 11.24）．両者の比から偏光面の回転成分が，平均から吸収成分がそれぞれ求められる．光学的磁化測定は電磁ノイズの影響を受けにくいため破壊型パルス磁場中での磁化測定に向いており，実際この手法で測定されたフラストレート磁性体の 600 T までの磁化過程が報告されている[44]．

一方で吸収率 α にも左右円偏光で違いが出る．これを円 2 色性とよび，特にその起源が磁性に由来するものを磁気円 2 色性（Magnetic Circular Dichroism: MCD）とよぶ．磁

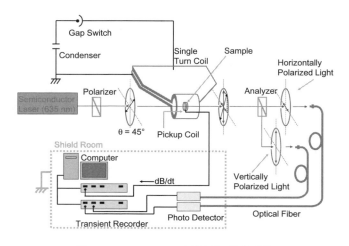

図 11.24　ファラデー回転測定系の模式図[43]．

気円2色性も誘電率の非対角成分で与えられるため，磁気円2色性を用いた磁化測定も可能である．

$$\Delta\alpha \equiv \alpha_+ - \alpha_- = \frac{2\omega}{c}\frac{n\epsilon'_{xy}+\kappa\epsilon''_{xy}}{n^2+\kappa^2} \tag{11.88}$$

この効果は可視光に限らずX線領域へも拡張可能である．ある元素の共鳴周波数でのX線MCD効果を測定することで元素選択的な磁化測定が可能である．鉄族遷移金属元素の場合，$2p \to 3d$ の遷移に対応する L 吸収端が軟X線領域にあり，希土類元素の場合には $3d \to 4f$ の遷移に対応する M 吸収端が硬X線領域にあるため，これらのエネルギーのX線を用いて元素選択的な実験が行われる．磁気光学総和則を用いると，スピンと軌道の磁気モーメントを独立に計算することができる．± の円偏光に対する吸収強度を $I_\pm$ とすると軌道磁気モーメントは[45]

$$M_{\rm orb} = \frac{4\int_{L_3+L_2}(I_+ - I_-)d\omega}{3\int_{L_3+L_2}(I_+ + I_-)d\omega}n_h \tag{11.89}$$

となる．ここでエネルギー積分は $2p_{1/2} \to 3d$ の吸収端 L_2 と $2p_{3/2} \to 3d$ の吸収端 L_3 を含む領域で行う．n_h は $3d$ 軌道に存在する正孔の数である．一方でスピンモーメントは[46]

$$M_{\rm spin} = -7M_T\frac{\int_{L_3}(I_+-I_-)d\omega - 2\int_{L_2}(I_+-I_-)d\omega}{\int_{L_3+L_2}(I_++I_-)d\omega}n_h \tag{11.90}$$

で与えられる．ここで M_T は磁気双極子の z 成分であり，$J=S$ の場合には無視できる．X線吸収の観測には，吸収時に放出される電子の総量を検出する全電子収量法またはX線領域での蛍光発光を検出するが全蛍光収量法などが使用される．全電子収量法は表面付近 2〜3 nm の深さまでの情報を検出するため，薄膜試料の磁化測定などでは特に有効な手段である．軟X線は大気中で急速に減衰するため超高真空下で実験を行わなければならず，強磁場を印加するには装置の工夫が必要である．中村らは超高真空対応のパルスマグネットを使用することで，21 T までの強磁場下における軟X線 XMCD 測定装置を実現している[47]．

11.4.5 構造測定

スピン系と格子系の結合が強い物質では磁場印加によって結晶構造が変化する．本節では磁場中で格子の外形が一様に変化する磁歪のほか，物質の対称性を変化させる構造相転移の測定法について紹介する．

a. 磁歪測定

一般に磁性体のスピンが整列する際，試料の外形には微小な変化が生じる．スピン系の変化に対応した試料の伸び縮みを線磁歪とよび，特に外部磁場の印加によって磁場方向に起こる線磁歪を縦磁歪，磁場と垂直方向に起こる線磁歪を横磁歪とよぶ．一般的な磁性体

の場合には横磁歪は縦磁歪の半分程度の変化を逆符号で示し、試料の体積はほぼ一定に保たれる。しかし、なかにはスピン間相互作用の利得を得るため、磁性イオン間の距離を変化させ、結果として体積変化も生じる物質もある。このような磁場による物質の体積変化を体積磁歪とよぶ。磁歪測定の簡便な方法としては市販の歪みゲージを用いる方法が古くから使われてきた[58]。抵抗検出型の歪みゲージでは、試料が伸びることで抵抗値が増大する。試料の長さ (L) の変化率に対する抵抗 (R) の変化率 $(\Delta R/R)/(\Delta L/L)$ をゲージ率とよぶ。磁歪の大きさは大きいものでも $\Delta L/L = 10^{-4}$ 程度であるため、ゲージ率2の歪みゲージで測定する場合、4桁程度の精度で抵抗値を測定しなければならない。このような微小な相対変化を検出する場合、一般にブリッジ回路が用いられる。磁場中心には試料を貼り付けたゲージ (R_S) と試料を貼り付けていないダミーゲージ (R_D) とをセットし、これらと同程度の抵抗値 R_0 および可変抵抗 R_X を用いた図 11.25 のような Wheatstone ブリッジを作製する。ここでダミーゲージは、ゲージ抵抗の温度・磁場変化を補償するために用いている。

$$V_{\text{out}} = \frac{R_X R_0}{(R_X + R_0)^2} \left(\frac{\Delta R_S}{R_S} - \frac{\Delta R_D}{R_D} + \frac{\Delta R_X}{R_X} - \frac{\Delta R_0}{R_0} \right) V_{\text{in}} \sim \frac{1}{4} \frac{\Delta R_S}{R_S} V_{\text{in}} = \frac{K}{4} \frac{\Delta L}{L} V_{\text{in}} \tag{11.91}$$

ここでゲージ率を K と表した。この簡便な方法で 10^{-5} 程度の歪みまでは検出可能である。市販の歪みゲージを使う手法としては、最近 Fiber Bragg Grating という特殊な光ファイバー内の反射光のスペクトルを調べる方法で、10^{-7} 以下の歪みまで検出できるようになっている[49]。また磁化測定の欄で紹介した電気容量法を用いた磁歪測定も感度の高い方法の

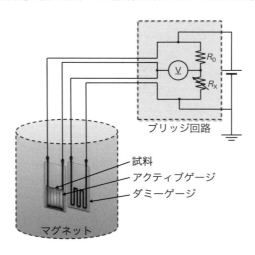

図 11.25　歪みゲージを用いた磁歪測定系の模式図.

一つである．図 11.23(a) のようにギャップ d をあけて平行においた電極間の電気容量を測ることで，試料の伸び縮みを精密に測定できる．式 (11.82) と同様にして d の変化分は以下の式で与えられる．

$$\Delta d \simeq -\frac{\epsilon_0 S \Delta C}{C_0^2} \tag{11.92}$$

この方法でもパルス強磁場下においても 10^{-6} 程度の歪みまで定量的に求めることができる．

磁歪はスピン系と格子系が磁気弾性結合によって結びつけられた現象である．単結晶試料に対して，いくつかの磁場・歪みの方位に対する磁歪測定を行えば磁気弾性結合定数について詳細な研究が可能である．弾性定数の詳細な研究については超音波吸収測定も有力な手法である．近年強磁場下においても超音波吸収測定が可能となっているが，ここでは参考文献を紹介するにとどめたい[50]．

b. X 線回折

物質の構造を決定する最も一般的方法は X 線回折実験であるといってよいだろう．物質に入射された波長 λ の X 線は，間隔 d で並んだ格子面によって Bragg の回折条件 $2d \sin\theta = n\lambda$ (n は整数) をみたす角度 θ で強く散乱される．磁場中でこの回折実験を行うためには，入射光と回折光の通り道を確保したマグネットのデザインが必要となる．ソレノイド型コイルでは高い磁場を発生させやすいという利点がある一方で，開口角が小さいというデメリットもある．スプリット型では幅広い角度の回折実験が可能になるが，マグネットの設計が難しく発生可能な磁場も制限される．近年さまざまな先端的 X 線回折実験の舞台となっている放射光施設では，大型の超伝導磁石の導入も進んでおり 15～18 T の磁場下における X 線回折実験が可能となっている．単結晶試料を用いて特定の反射位置を狙った回折実験を行い，その強度変化を追求する実験が主となる．また大口径のソレノイド型マグネットの中に挿入可能なデバイシェラーカメラを用いて，最高 10 T までの磁場下において幅広い角度での粉末 X 線回折実験が可能になっている．

放射光施設の高強度 X 線を用いるとパルス磁場中での X 線回折実験も可能である．松田らは Bragg 散乱強度の磁場依存性を調べることでペロフスカイト型マンガン酸化物の磁場誘起相転移を直接検証することに成功した[51]．その後よりパルス幅の長いマグネットと 2 次元の検出器を用いた実験によって一度の磁場発生の間に波数空間の有限領域の散乱強度を検出できるようになり，構造相転移のより詳細な情報が得られるようになっている[52]．このようなパルスマグネットを用いた実験は世界の放射光施設でも標準化しつつあり，アメリカの APS やフランスの ESRF など世界の第 3 世代放射光施設でも同様の実験が展開されている．

強磁場下における X 線を用いた実験は回折実験だけにとどまらず，吸収スペクトル測定による価数転移の直接観察[53]や前述の XMCD による磁化測定なども可能になっており，今後のさらなる発展が期待されている．

c. 中性子線回折

構造決定の有力な手段の一つとして中性子線回折実験がある.X線と比較した際の利点は,軽元素に対する感度が高いこと,そして何より中性子がスピンをもつため,磁気構造を直接的に決定できるという点にある.中性子線回折の詳細は別の章にあるので,この節では強磁場下における実験に焦点をあてて紹介する.中性子線回折は磁場中で起こる磁気構造の変化を調べるという目的に対して究極的な実験手段となりうる.しかし一般に中性子線回折は強度が弱いため,ゼロ磁場下での実験でも大型の試料を用いて長時間の積算の結果としてデータを取得する.中性子施設では古くから超伝導磁石を用いた磁場中の実験も行われており,最近大型の超伝導磁石を用いた 15 T 級の磁場下での測定が可能になっている.それより強磁場での実験ではパルス磁場を使う.磁場発生時間の限られたパルス磁場下において,中性子回折実験を行うというきわめて挑戦的な取り組みは本河らによって最初に行われた.十分なカウント数を得るため磁場発生を約 1 万回繰り返し,最大 25 T までの実験を行った[54].その後,パルス磁場発生システムを小型化し,より強い中性子施設へと実験が展開していくことで,実用的な時間で物性研究が可能な領域まで進展している.特定の反射スポット強度の磁場依存性を最大 30 T までの磁場中で調べることが可能になっており,いくつかのフラストレート磁性体への応用が始まっている[55].

さらに最近では J-PARC のようなパルス中性子の施設が設立され,パルス磁場下の中性子線回折実験が新たな段階を迎えている.パルス中性子での実験ではこれまでのように特性の回折強度の磁場依存性を調べるだけでなく,k 空間のさまざまな場所での回折強度にアクセスすることが可能になる.

d. 顕微鏡観察

磁場中の構造相転移における格子定数や超格子構造の変化を決定するためには上記のような回折実験が有効である.一方で構造相転移に伴う対称性の変化を検出するだけであれば光学顕微鏡による観察で高感度に測定することができる.構造変化が試料の外形にも顕著な影響を及ぼす場合,ある相で鏡面研磨した試料の表面を観察すると,表面起伏の生成によって構造相転移を識別することが可能である.表面起伏を伴わない場合でも,偏光顕微鏡を用いれば構造相転移による対称性の変化を敏感に検出することができる.屈折率 n,吸収係数 κ の試料表面に真空から垂直に光を入射した場合を考える.このとき試料表面における光の反射率 r は次式で与えられる.

$$r = \frac{n + i\kappa - n_0}{n + i\kappa + n_0} \tag{11.93}$$

光学的に等方もしくは 1 軸異方性をもつ結晶の対称軸(z 方向とする)から光を入射した場合,x および y 方向の屈折率は等しくなり,反射率に異方性は生じない.一方で 2 軸異方性をもつ結晶では n_x と n_y に差を生じるため,光学反射率も異方的になる.図 11.26(a) のように結晶の x 軸から角度 ϕ 傾いた方向に直線偏光した光を入射し,それと垂直成分の

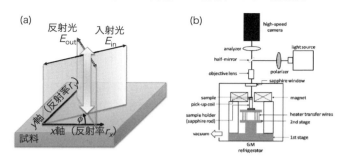

図 11.26 (a) クロスニコル配置での偏光観察の模式図. (b) パルス強磁場下における偏光顕微鏡観察システムの模式図[57].

反射光を検出するクロスニコル配置をとった場合,検出される光強度 I は反射率の差の自乗に比例して変化する.

$$I \propto |r_x - r_y|^2 \sin^2 2\phi \tag{11.94}$$

このような効果は複屈折として知られている.したがって $\phi = 45°$ とすると,正方晶のような 1 軸性結晶から斜方晶のような 2 軸性結晶への構造相転移をした場合,偏光顕微鏡像が明るくなる.また斜方晶では双晶構造ができるが, ϕ を 45° からずらすとこのようなドメインを識別できる.一般にこのような構造相転移を X 線回折などで検出することもできるが,ある種の相転移では偏光顕微鏡観察はより高い感度で検出できる.一例として層状マンガン酸化物 $La_{1/2}Sr_{3/2}MnO_4$ における軌道秩序の磁場融解現象についてみる. X 線回折で軌道秩序を検出する場合,軌道秩序の超格子反射強度が非常に弱いため放射光施設を用いた共鳴 X 線散乱によって (1/2,1/2,0) の反射強度を観測する.一方,偏光顕微鏡を用いた実験では,複屈折による信号強度を観測することで軌道秩序状態を識別できる[56].したがって超構造のパターンが未知の物質で X 線回折実験が困難な場合でも,対称性の破れをみる目的に限れば偏光顕微鏡観察は簡便かつ強力である.

一様な複屈折の観察だけであれば空間分解は必要ないが,偏光顕微鏡で観察することによりドメイン構造のコントラストとして検出できるため,バックグラウンドの効果を効率的に差し引くことができる.近年毎秒 1000 コマを超える撮影が可能なハイスピードカメラの感度が向上している.偏光顕微鏡観察ではハイスピードカメラを用いることにより,図 11.26(b) に示したセットアップでパルス強磁場下でも実体顕微鏡観察および偏光顕微鏡観察が可能になっており,さまざまな構造相転移の観察に使われている[57].

11.5 破壊パルス強磁場における物性測定

11.5.1 表皮効果とインピーダンスマッチング

破壊型磁場発生では数百テスラの磁場を数マイクロ秒の時間幅で発生し，非破壊型マグネットによる典型的なパルス磁場掃引時間よりも，3桁高速である．そのために，より時間に依存する磁場がもたらす効果を考慮する事が必要である．式 (11.20)，(11.35) はすでに紹介したとおり真空におけるマクスウェル方程式の一部であり，パルス磁場の研究において頻繁に現れる．式 (11.35) は磁場の時間変化により，磁束が貫く空間の閉回路に誘導される電場が記述されることを示しており，両辺の面積積分をとって，左辺にストークスの定理を用いて線積分に変換すると，V（誘導電圧）$= d\Phi/dt$（閉回路を貫く磁束の時間変化）となる．いわゆるファラデーの電磁誘導の法則である．式 (11.20) はアンペールの法則を導く．式 (11.35)，(11.20) からは電磁波の方程式が導かれるため，パルス磁場を発生させると電磁波が生じることになる．しかし，物性研究において，パルス磁場を電磁波としてあらわに考える必要はあまりない．それは，パルス強磁場の周波数が $10^2 \sim 10^5$ Hz 程度であり，電磁波とした場合，その波長が 3000～3 km と，対象とする系（測定試料）の大きさよりはるかに大きく，波として扱う必要がほとんどないためである．このとき，式 (11.20) において右辺第 2 項の変位電流の項を無視する近似が使える．

導体中では dB/dt のため生じた電場によって渦電流が流れ，磁場を遮蔽する効果が現れる．磁場の拡散は，変位電流を無視できるときには，渦電流近似で記述できる．このとき，

$$-\Delta \boldsymbol{B} = \sigma\mu \, (d\boldsymbol{B}/dt) \tag{11.95}$$

となり，円柱の場合

$$\frac{\partial \boldsymbol{B}}{\partial t} = \frac{1}{\mu r} \frac{\partial}{\partial r}\left(\frac{r}{\sigma} \frac{\partial \boldsymbol{B}}{\partial r}\right) \tag{11.96}$$

平面の場合

$$\frac{\partial \boldsymbol{B}}{\partial t} = \frac{1}{\mu} \frac{\partial}{\partial x}\left(\frac{1}{\sigma} \frac{\partial \boldsymbol{B}}{\partial x}\right) \tag{11.97}$$

の偏微分方程式により表現できる．ここで σ は電気伝導率，μ は透磁率である．例えば，$\boldsymbol{B} = (0, 0, B_z)$，$B_z = B_0 \exp(\nu t - x/a)$ のように時間とともに指数関数的に増加する磁場が $x = 0$ で導体（$x > 0$）に進入し，渦電流のため遮蔽される場合を考える．ここで，導体表面は yz 平面にあり，無限に広いと考え，また導体は x 方向に無限に伸びていると考える．$1/e$ に減衰する深さを $x = a$ とした．このとき，対称性から電流，および電場は y 方向で，$i = \sigma E$，さらに導体の誘電率を ϵ とすれば，式 (11.35)，(11.20) の ϵ_0，μ_0 を ϵ，μ で置きかえ，表皮深さ $a = \sqrt{\frac{1}{\mu\sigma\nu}}$ が得られる．正弦波的な時間変化をする場合には，ω を角振動数として，$B_z = B_0 \exp(-x/a) \exp\{i(\omega t - x/a)\}$ となり，表皮深さは $\sqrt{\frac{2}{\mu\sigma\omega}}$ と

なる．表皮効果を考えることはパルス磁場を用いる実験を行う場合にきわめて重要である．
(i) 磁場を透過させたい場合には，表皮深さよりも十分薄い材料を用いる必要があること，
(ii) 表皮深さよりも厚い導体は「磁場を有効に遮蔽する電流が流れ，結果的に電磁力を受ける」こと，を常に頭においておく必要がある．さらに測定試料については，十分に磁場が試料を透過できる条件で実験をするのはもちろんのこと，わずかな渦電流でも発熱により試料温度が上昇する可能性があるので注意が必要である．

　破壊型パルス磁場では磁場の周波数が 100 kHz 以上に相当するため，インダクタンス L によるインピーダンス $j\omega L$ が大きくなり，電気抵抗 R 成分の寄与は相対的に少なくなる．（j は虚数単位，ω は角振動数．）また，急峻な磁場依存性を反映する信号は 10 MHz 以上の高周波になりうる．破壊型パルス強磁場装置は測定機器も含めると実験系全体の大きさが数十 m の規模になるため，このような早い信号の波長に対してはケーブル長さなどが無視できなくなり，信号を波として扱うことが必要となる．ちなみに，10 MHz の電磁波の波長は 30 m である．

　高周波電気信号が波としてケーブルを伝送するとき，ある場所でインピーダンスが不連続に変化すると反射が生じ，波形が歪む．一般には信号ケーブルを測定器に接続したときに，ケーブルの特性インピーダンスと測定器の入力インピーダンスが整合していない場合にこのようなことが生じる．パルス磁場の場合，放電スイッチが閉じた直後，出力ケーブル，集電板には急峻な立ち上がりで高電圧が印加される（$\propto \sim \cos \omega t|_{t=0}$）ため，高周波信号としての扱いが必要である．インピーダンス不整合が大きいと信号が反射してピーク電圧が倍になる可能性があり，許容耐電圧を超えて事故につながる．大電力回路のインピーダンスマッチングの設計にはコンピュータシミュレーションなども用いた慎重な検討が必要である．

　信号測定系ではパルス強磁場発生回路の場合のように大電流を扱わないので事故につながるような場合はほとんどないが，インピーダンス非整合による波形の歪みには十分注意する必要がある．長い距離の信号伝送には高い周波数まで伝送特性のよい同軸ケーブルを用いるが，磁場発生コイル周辺では金属の使用を極力控えなければならないため，極細銅線をよった（ツイストした）ものも頻繁に使用する．同軸ケーブルでは特性インピーダンスが 50 Ω のものを用いることが多く，その場合，測定器の入力インピーダンスも 50 Ω に合わせる．

　伝送ケーブルのインピーダンスは，交流測定において一般に重要であり，ここで簡単にその考え方を紹介する[58]．直線導線 2 本が平行に並んだ線路を考える．線間に電圧をかけると電界が生じて線間には正負の電荷が生じるため，キャパシタンス成分があることがわかる．また，線の一方の端から電流を流し，他方の端から取り出すことを考えると，線のまわりには磁場が発生するため，インダクタンスが生じる．これらのキャパシタンスやインダクタンスは回路に局在しているわけではなく，回路全体に分布しているので分布定数

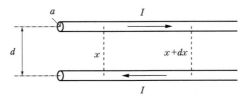

図 **11.27** 分布乗数回路として考える 2 本の平行導線の模式図.

回路という．図 11.27 のように導線の断面は丸いとして，その半径を a とし，導線の間の距離を d とする．導線は x 方向に伸びているものとする．信号電流 I が導線に流れているとすると，電流の方向は 2 本の線で互いに逆方向である．中心軸からの距離を r として，2 本の線の間を通る単位長さあたりの磁束 Φ を考えると，

$$\Phi = 2\mu_0 \int_a^d \frac{I}{2\pi r} dr = \frac{\mu_0 I}{\pi} \int_a^d \frac{1}{r} dr = \frac{\mu_0 I}{\pi} \ln \frac{d}{a} \tag{11.98}$$

のように書ける．したがって，単位長さあたりのインダクタンス L は，

$$L = \frac{\mu_0}{\pi} \ln \frac{d}{a} \tag{11.99}$$

となる．

キャパシタンス C を考えるために，2 本の導線の単位長さあたりに q, $-q$ の電荷がたまったとする．電位差 V は，

$$V = 2 \int_a^d \frac{q}{2\pi\varepsilon_0 r} dr = \frac{q}{\pi\varepsilon_0} \int_a^d \frac{1}{r} dr = \frac{q}{\pi\varepsilon_0} \ln \frac{d}{a} \tag{11.100}$$

であり，電気容量 C は，

$$C = \frac{\pi\varepsilon_0}{\ln(d/a)} \tag{11.101}$$

と表せる．ただし，簡単のために，導線近くでの磁場や電場の振る舞いを単純化して考えたため，求めた L と C は厳密なものではなく近似解である．

特性インピーダンス Z は，導線を伝わる信号が波として見なせる際に，電圧 V の電流 I に対する比として定義される．波形の電流が $I = f(x - ct)$ であるとき，波形の電圧は $V = Zf(x - ct)$ である．2 本の導線において，x と $x + dx$ で，電流と電圧の変化を考えると，この区間から流れ出る電流 dI によって，電圧は，単位時間あたり，$dI/(Cdx)$ だけ減少する．よって，

$$\frac{\partial I}{\partial x} = -C \frac{\partial V}{\partial t} \tag{11.102}$$

である．また，磁束の単位時間あたりの増加 $d\Phi$ は，単位長さあたり，$d(LI)/dt$ であるの

で，単位長さあたりの電圧降下は

$$\frac{\partial V}{\partial x} = -L\frac{\partial I}{\partial t} \tag{11.103}$$

と書ける．式 (11.102) と式 (11.103) より，以下の波動を表す微分方程式が得られる．

$$\frac{\partial^2 I}{\partial^2 x} = CL\frac{\partial^2 I}{\partial^2 t} \tag{11.104}$$

この微分方程式の解は，

$$I = f(x - ct) + g(x + ct) \tag{11.105}$$

のように表せる．$f(x-ct)$, $g(x+ct)$ はそれぞれ，x の $+$ 方向，$-$ 方向に速さ c で移動する波を表している．$I = f(x-ct)$ の両辺を x で 2 階微分した式と，t で 2 階微分した式から $d^2 f/d^2(x-ct)$ を消去すれば，

$$\frac{1}{c^2} = CL \tag{11.106}$$

が得られる．さらに式 (11.99), (11.101) を使って，$c = 1/\sqrt{\varepsilon_0\mu_0}$ となり，c が光速であることが示される．電流は波形を保ったまま光速で移動する．

さらに，式 (11.103), (11.102) より，

$$\frac{\partial^2 V}{\partial^2 x} = -L\frac{\partial(\partial I/\partial x)}{\partial t} = LC\frac{\partial^2 V}{\partial^2 x} = \frac{1}{c^2}\frac{\partial^2 V}{\partial^2 x} \tag{11.107}$$

であり，電圧も光速で伝わる波動を表している．

電流の波形を $I = f(x-ct)$ とすると，式 (11.103) より，$\partial V/\partial x = cL\partial f(x-ct)/\partial(x-ct)$ から，$V = cLf(x-ct)$ となる．特性インピーダンス Z は

$$Z = V/I = cL = \sqrt{\frac{L}{C}} = \frac{\sqrt{\mu_0/\varepsilon_0}}{\pi}\ln\frac{d}{a} \tag{11.108}$$

のように求められる．

高周波信号には同軸ケーブルが，より頻繁に用いられる．図 11.28 のように考えると，単位長さあたりのインダクタンス L，単位長さあたりの電気容量 C はそれぞれ，

$$L = \frac{\mu_0}{2\pi}\ln\frac{R}{a} \tag{11.109}$$

$$C = \frac{2\pi\varepsilon_0}{\ln(R/a)} \tag{11.110}$$

であり，特性インピーダンスは，

$$Z = \sqrt{\frac{L}{C}} = \frac{\sqrt{\mu_0/\varepsilon_0}}{2\pi}\ln\frac{R}{a} \tag{11.111}$$

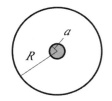

図 11.28 同軸ケーブルの模式図.

のように表すことができる.通常の同軸ケーブルは絶縁体にポリエチレンなどを用いているため,真空の誘電率 ε_0 は用いている物質の誘電率 ε に置き換えて考える必要がある.

長いケーブルで信号を伝送する場合,ケーブルの特性インピーダンスと同じ値に計測器の入力インピーダンスを選ぶ必要がある.計測器の入力インピーダンスが高抵抗(1 MΩ)しか選べない場合は,入力端子の直前にマッチング抵抗を並列に入れればよい.高周波ケーブルは特性インピーダンスが 50 Ω である場合が多く,インピーダンスマッチング用の 50 Ω の抵抗も市販されている.

11.5.2 磁場計測技術

パルス磁場を用いた物性実験においては時系列の測定が基本である.最も基本的な測定は磁場そのものの計測である.破壊型パルス磁場実験では磁場を正確に計測するのもそれほど容易ではないので,まずは磁場の計測方法を紹介することで 100 T を超える破壊型パルス磁場実験における基本的な測定を紹介する.

磁場の計測方法にはいくつかの手法があるが,パルス磁場ではピックアップコイルを用いた誘導起電圧から磁場を測るのが一般的である.ピックアップコイルの半径を r,巻き数を N とすれば有効断面積 $S = N\pi r^2$ となるので,時間 t の関数として磁場 $B(t)$ を考えると誘導電圧 $V(t) = S\frac{dB(t)}{dt}$ となる.$V(t)$ を時系列で測定し,そこから磁場を算出すればよい.測定原理はきわめて単純であり,ミリ秒以上の時間スケールをもつ非破壊型パルス磁場の計測であれば比較的容易である.しかしながら,破壊型パルス磁場ではいくつかの点に十分注意する必要がある.

a. 誘導電圧

一巻きコイル法を例にとると,磁場をパルス幅 6 μs,最高磁場 150 T の正弦波として近似すると,$N = 2$,$r = 1$ mm のピックアップコイルには最大約 500 V の電圧が誘導される.ピックアップコイルの断面積と巻き数を小さくすれば電圧は小さくなるが,ピックアップコイルが小さくなればなるほど導線の太さが無視できなくなり,閉回路の断面積の評価に誤差が生まれる.また,コイルの巻き終わりの処理にはどうしてもコイルのわずかな変形を伴うため,巻き数が少ない場合は理想的な閉回路からずれが生じ,正確な断面積

の算出に支障をきたす．さらに，実際の実験では測定試料があるため，ある大きさ以下にはピックアップコイルを小さくできない場合もある．以上のことから，ピックアップコイルにはある一定以上の適正な大きさが必要であり，磁場の計測には数百 V 以上の高電圧の信号を扱わなくてはならない．したがって，用いる導線の絶縁被覆の耐電圧は十分高い必要がある．

b. ピックアップコイルの製作と較正

現在，物性研究所おける電磁濃縮法実験では，直径 60 μm の銅線に AIW という高絶縁性の被覆を施した規格の線を用いている．絶縁被覆は導線を急激に曲げると弱くなり，また，曲率が大きい箇所には電界も集中するため，コイル制作時の最後にループにして閉じる部分の導線の扱いには細心の注意が必要である．ピックアップコイルは，直径 1~3 mm 程度のベークライトや FRP の棒又はパイプに数回巻いて製作する．

一方，一巻きコイル法の実験では銅線を用いるとうまく磁場が測れないことがある．この原因は完全には解明されていないが，ピックアップコイルの有効断面積 S が小さい場合には問題がないので，誘導電圧が関係していることは間違いない．しかし，絶縁被覆の耐圧よりも低い誘導電圧でも計測が失敗し，時にはピックアップコイルが断線することもあるため，表皮効果も寄与している可能性が高い．さらには，インピーダンス非整合の効果や，磁場発生時に大きな放電ノイズが生じると，そのスパークによる誘導電圧が絶縁被覆の耐電圧性に悪影響を及ぼすことなども懸念されている．マイクロ秒の間に数百万アンペアの電流が流れるのは特殊な事象であり，引き起こされる諸現象の微視的な理解はきわめて難しい．破壊型超強磁場実験では事前には思ってもみない部分で技術的困難に陥ることがしばしば起こる．一巻きコイル法では，ある有効面積以上のピックアップコイルには銅線が使えないので，実験上の制約でピックアップコイル形状を小さくできない場合には，マンガニン線を用いればよいことが経験上わかっている．マンガニン線の特徴は抵抗値が高いことがあげられる．抵抗値がケーブルの特性インピーダンスである 50 Ω 程度にできることや表皮深さが大きいことが功を奏していると考えられている．

先に述べたように，小さなサイズのピックアップコイルの断面積は正確に決定するのが難しいため，実際はファラデー回転や電子スピン共鳴，典型物質の磁気転移などのさまざまな物性測定から絶対値を決める．一度正確な断面積のピックアップコイルを制作できれば，そのコイルを較正用の標準コイルとして用いるのが効率的である．破壊型磁場の周波数帯域である 100 kHz 程度の小電力の交流磁場を発生させ，誘導起電力を標準コイルと比べることで各々のコイルの較正を行う．

c. 計 測 系

図 11.29 にピックアップコイルによる誘導電圧測定から磁場波形を測る計測系の概念図を示した．磁場発生用コイル内に位置させたピックアップコイルは，コイルを巻いた細い導線のまま，より線で（ツイストさせて）数十 cm 程度コイルから離れたところまでもっ

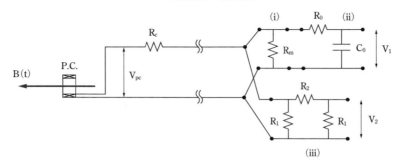

図 11.29 ピックアップコイル（P.C.）で磁場を計測する際の回路構成の一例.

ていき，同軸線の端子に半田付けなどで接続する．この半田付けは，銅線の場合は問題がないが，マンガニン線を用いた場合はよいコンタクトをとるのが難しい．ステンレス用半田と専用のフラックスの組み合わせ，インジウムとフラックスとしての乳酸の組み合わせ，を用いると成功率が上がる．その後，同軸ケーブルでシールド室またはシールドボックス内の，オシロスコープやデジタイザなどの波形記録装置に信号を伝送する．同軸ケーブルは特性インピーダンスが 50 Ω のものを用い，すずメッキ銅のシールド網線などでシールドする．波形記録装置の入力端子では 50 Ω の入力インピーダンスで受ける．また，波形記録装置に供給される AC 電源にはノイズフィルタを使い，電源ラインからのノイズの混入を抑制する．

伝送された信号は，磁場の時間微分 dB/dt に比例した信号なので，時間で積分して定数倍すれば磁場波形が得られる．先に述べたように，磁場計測ピックアップコイルには高電圧が誘起されるので，50 Ω で終端して直接信号を入力すると波形記録装置が壊れる．そのため，RC 積分回路によって積分してから記録する方法が安全である．しかしながら一方で，積分回路を通すと小さな信号の乱れなどは平坦化されて見えなくなるため，トラブルに気づきにくくなる．また，積分器の時定数 τ よりも長い周期の信号は積分されずそのまま透過する（RC 積分器はローパスフィルタとしても機能する）ので，周波数の遅くなる磁場波形の裾の方では真実の値よりも値がずれる．そのため，微分信号を減衰器を通してから波形記録装置に記録して，数値積分計算から磁場波形を得る手法も併用すると精度が上がる．積分器や減衰器の定数はよく較正しておく必要がある．

図 11.29 において，V_{pc} が測定できれば磁場を算出できる．ここでコイルから計測系までの伝送線の電気抵抗を R_c としている．(i), (ii), (iii) はそれぞれ，マッチング抵抗，RC積分器，π 型減衰器，である．この回路は，V_1, V_2 を同時に測定し，その各々から算出した磁場波形がほぼ一致することを確認することで磁場計測の信頼性を上げている．

ここで，図の回路に実際の実験で用いる値を適用して具体的に考えてみる．以下，波形

記録装置の入力インピーダンスはハイインピーダンス（MΩ）に設定してあるとする．

まず V_2 の計測について考える．(1) 信号の入力抵抗は，(i) の R_m と (iii) の合成抵抗 R' の並列接続で与えられ，$\sim 50\,\Omega$ 程度になるように合わせるのがよい．そのため，ここでは R' と R_m を同程度になるようにし，$R' \sim R_m \sim 100\,\Omega$ にする．
(2) CR 積分器は，dc 入力抵抗は無限大であるので，ひとまず入力インピーダンスは同様に無限大として近似的に考える．
(3) $R' = \frac{R_1(R_1+R_2)}{R_1+(R_1+R_2)} \sim 100\,\Omega$ とし，減衰率 A を $1/50$ 程度になるように選ぶと，例えば $R_1 = 100\,\Omega$，$R_2 = 5\,k\Omega$ とすればよい．$R' = 98.08\,\Omega$，$A = \frac{R_1}{R_1+R_2} = 1/51$ が得られる．よって，減衰器を介した信号 V_2 は，

$$V_2 = V_{\rm pc} \frac{\frac{R_m R'}{R_m+R'}}{R_c + \left(\frac{R_m R'}{R_m+R'}\right)} A \tag{11.112}$$

となる．この回路の合成入力インピーダンスは $R_m R'/(R_m + R') = 49.52\,\Omega \sim 50\,\Omega$ となる．

次に CR 積分回路を使った V_1 について考える．アナログ積分回路は R_0 と C_0 で決まる時定数 $\tau = R_0 C_0$ よりも十分短い時間で変化する信号が入力した際にその時間積分の出力を与える．

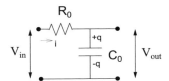

図 **11.30** CR アナログ積分器の模式図と入力信号と出力信号の関係．

図 11.30 に示すようにコンデンサに溜まる電荷を $\pm q$，抵抗 R_0 に流れる電流を i とする．

$$V_{\rm in} = R_0 i + \frac{q}{C_0} \tag{11.113}$$

$$V_{\rm out} = \frac{q}{C_0} \tag{11.114}$$

が成り立つが，ここで，十分短時間ではコンデンサに溜まる電荷が非常にわずかであるとし，$q/C_0 \ll R_0 i$ が成り立つ時間スケールを考える．このとき，$V_{\rm in} \sim R_0 i$ なので，

$$V_{\rm out} = \frac{q}{C_0} = \frac{1}{C_0} \int i dt \sim \frac{1}{R_0 C_0} \int V_{\rm in} dt \tag{11.115}$$

のように近似的に入力電圧の積分波形が出力されることがわかる．一巻きコイルや電磁濃縮法では電流波形の半波が $10\sim50\,\mu s$ であることを考慮して，$R_0 C_0 \sim 1$ ms 程度に選ぶ．

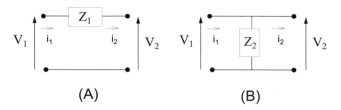

図 11.31 F パラメータ行列を考えるための要素回路 (A) と (B).

もう少し厳密に信号の速さを扱うには，次のようなパラメータ行列を使った考え方がある．図 11.31 のような回路を考えると，以下の関係が成り立つことがわかる．

$$\begin{pmatrix} V_1 \\ i_1 \end{pmatrix} = \begin{pmatrix} 1 & Z_1 \\ 0 & 1 \end{pmatrix} \begin{pmatrix} V_2 \\ i_2 \end{pmatrix} \quad \text{(A)} \tag{11.116}$$

$$\begin{pmatrix} V_1 \\ i_1 \end{pmatrix} = \begin{pmatrix} 1 & 0 \\ 1/Z_2 & 1 \end{pmatrix} \begin{pmatrix} V_2 \\ i_2 \end{pmatrix} \quad \text{(B)} \tag{11.117}$$

(A) と (B) の回路を従属接続した場合は，

$$\begin{aligned} \begin{pmatrix} V_1 \\ i_1 \end{pmatrix} &= \begin{pmatrix} 1 & Z_1 \\ 0 & 1 \end{pmatrix} \begin{pmatrix} 1 & 0 \\ 1/Z_2 & 1 \end{pmatrix} \begin{pmatrix} V_2 \\ i_2 \end{pmatrix} \\ &= \begin{pmatrix} 1 + Z_1/Z_2 & Z_1 \\ 1/Z_2 & 1 \end{pmatrix} \begin{pmatrix} V_2 \\ i_2 \end{pmatrix} \end{aligned} \tag{11.118}$$

のように表せる．このような 2 端子対回路（または 4 端子回路）の入力，出力の電流，電圧の関係を表す行列を伝送行列または F 行列とよぶ（V_1, i_1, V_2, i_2 をどの組み合わせで関係づけるかで Z 行列，h 行列などのそれぞれ別の名前がついている）．CR 積分器を考えるには，$Z_1 = R_0$, $Z_2 = 1/(j\omega C)$ とすればよい．ここで用いた j は虚数単位，ω は角振動数である．いま，記録装置の入力インピーダンスが高いので $i_2 \sim 0$ であることを考えると，

$$\begin{aligned} V_\text{in} &= (1 + j\omega R_0 C_0) V_\text{out} \\ i_\text{in} &= j\omega C_0 V_\text{out} \end{aligned} \tag{11.119}$$

が得られる．ここで，$j\omega \to d/dt$ の置き換えができるので，

$$\begin{aligned} V_\text{in} &= V_\text{out} + R_0 C_0 \frac{dV_\text{out}}{dt} \\ i_\text{in} &= C_0 \frac{dV_\text{out}}{dt} \end{aligned} \tag{11.120}$$

の微分方程式が得られる（RC 積分器の構成は単純であるため式 (11.120) は，特に行列を

使わなくても回路から直接導出できるが，さらに複雑に素子が組み合わされた場合には，ここで紹介した F 行列を使う方法が有用である)．これから，$R_0 C_0 (dV_{out}/dt)$ が V_{out} に比べて十分大きければ，式 (11.115) と同じ結論が得られることがわかるが，V_{out} の時間による変化が小さければ式 (11.115) は成り立たず，式 (11.120) を用いて V_{in} を厳密に評価する必要があることがわかる．ここで，図 11.29 に立ち戻り，積分器を通したあとの観測信号 V_1 と誘導起電圧 V_{pc} の関係式を整理すると，近似式 (11.115) が成り立つとした場合，

$$V_1 = \frac{1}{R_0 C_0} \int V_{pc} \frac{\frac{R_m R'}{R_m + R'}}{R_c + (\frac{R_m R'}{R_m + R'})} dt \tag{11.121}$$

となる．

このような考えをさらに推し進めれば，伝送ケーブルのインピーダンスを図 11.29 の R_c のように dc 電気抵抗だけでなく，高周波で効いてくるインダクタンスやキャパシタンス成分も評価することが厳密な磁場値の決定に必要であることがわかる．そのような精密な磁場計測のための解析方法が最近，中村らによって報告されている[59]．そこでは電磁濃縮法での 700 T を超える磁場の値の決定には，インダクタンスやキャパシタンス成分由来の複素インピーダンスを考慮することの重要性が指摘されている．

現実に減衰器や CR 積分器を作成する際には，入力電圧が 1000 V 程度にも大きくなりうることを考慮して素子を選ぶ必要がある．抵抗体としてはソリッド抵抗がよく，巻き線

図 **11.32** 約 1/51 の減衰器．図 11.29 の R_1 として 100 Ω，R_2 として 100 kΩ を 2 つ並列で 5 kΩ として用いている．［撮影協力：物性研究所，澤部博信氏］

図 **11.33** 時定数が約 1 ms の CR 積分器. 図 11.29 の R_0 として 10 kΩ, C_0 として $47 \times 2 + 4.7 = 98.7$ nF となるように 3 つのフィルムコンデンサを用いている.［撮影協力：物性研究所, 澤部博信氏］

タイプはインダクタンス成分が大きいので使わない方が無難である．またコンデンサとしては，フィルムコンデンサをよく用いる．例えば，$R_0 C_0 = 1$ ms としたい場合，さまざまな R_0 と C_0 の組み合わせが考えられるが，入力電流は最初，R_0 で制限されると考えると，R_0 を大きくとるのがよい．また，式 (11.120) からも，C_0 を小さくすれば入力電流を小さくできることがわかる．仮に 1000 V の電圧が瞬間的にかかった場合，R_0 を 10 kΩ にすれば，電流値は 100 mA 程度に抑えられると考えられる．そこで，物性研では 1 ms の時定数の RC 積分器を製作する際，$R_0 = 10$ kΩ, $C_0 = 100$ nH 程度になるようにしている．また，素子は，単独よりも複数を並列・直列で用いれば許容電力を大きくできる．図 11.32, 11.33 にそれぞれ，減衰器，CR 積分器の写真を示した．実際の使用の前には，アルミケースの中を絶縁材（例えば，信越化学シリコーン・一液型 RTV ゴム・脱オキシムタイプなど）で充填し，素子間やアルミケースと素子間の耐電圧性を上げておく．写真は充填剤を入れる前に撮影したものである．

11.5.3 電磁ノイズ

パルス強磁場でしばしば問題になる電磁ノイズは，(a) 発生された磁場によるノイズ，(b) 磁場を発生させる大電流からのノイズ，(c) 高電圧・大電流スイッチからのノイズ，(d) 集電板や電極でのノイズ，などがある．これらのノイズは互いに独立ではなく複合的に関連しあっているので対策は一般的に容易ではなく，状況に応じて対処する必要がある．以下に有効と考えられる一般的な対処方法などについて述べる．

a. シールド

高周波の電磁波的ノイズは銅やアルミなど高伝導率の金属で覆うことで遮蔽することができる．測定室全体にそのような処理を施すと，いわゆるシールド室になる．必要な測定器のみをアルミ製の箱などで覆うのが手軽である．一方，比較的ゆっくりとした磁気ノイズを遮蔽するには，透磁率の高い材料で覆う．一般には鉄がよく用いられ，外側箱を鉄製の磁気シールド，内側箱をアルミの電磁シールドとした2重シールド箱が有効である場合が多い．シールド箱へのケーブル配線にも注意を要し，不用意な配線を行うとシールド効果を損なってしまう．ケーブルもシールド箱直前までシールド網線で覆うのがよい．シールド箱の電位をアース電位にするのかどうかは状況によるが，超強磁場実験においては電位を浮かせて使用することが多い．

b. アース（接地）・電源

測定器などのアースは1カ所のみで行う．数カ所で接地すると，アース線を含めた大きな閉回路（グラウンドループ）ができ，ノイズを拾う原因になる．また，ノイズ電圧をアースに短絡して有効に落としてしまうにはアースのインピーダンスが小さい必要がある．高周波では表皮効果のため表面に電流が集中して流れるため，導体の実効的な断面積が小さくなる．インピーダンスを下げるにはアース線に太い線を用いるだけでは不十分であり，銅シートなどを用いて表面積を大きくとることも重要である．

アースは最終的には建物のアースに接続され，多くの場合配電盤にアース端子がある．電力を装置にどのように供給するかという問題とアースの問題は，実験室での作業現場では密接に関連している．不用意に数カ所でアースしてしまうのを避けるためにも，電源コー

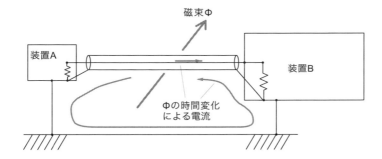

図 11.34 グラウンドループの概念図．ノイズ源である磁束 Φ がグラウンドループを貫くと，それにともなうノイズ信号が現れる．A または B のアースラインを切り離せばループが切れて，ノイズは抑制される．ただし，アースを機器から取り外す際には，電位が不用意に上がらないように安全対策をすることが大切である．この図では，信号ラインがつながっているため，A または B がアース接地されていれば静的な機器の電位は低く保たれることが保証される．

ドとアース線は分けてしまう方が無難である．また，ノイズフィルタを介して電源を供給することもノイズ対策として有効であるが，この際，フィルタの入力側，出力側アースの接続は状況に応じて切り離す場合もある．

さらに厳重に電源ラインからのノイズを排除したいときには，検出器や計測器をバッテリーで駆動させる．まわりの環境から直流的には切り離されるが，誘導的なノイズの影響は受けるためシールド箱と併用すると効果が上がる．バッテリーで測定器への電源を浮かせて使用する場合，実験中に電位の上昇の可能性があるときには，安全面から人体に触れる前にはアース棒などで接地する必要がある．

c. 光接続・縁切り

ケーブルが長くなるときはノイズの影響を受けやすく，意図しないループの形成の可能性も高くなる．そのような場合，可能であれば光信号に変換して伝送し，測定装置直前で光信号を電気信号に変換して受信するのが有効である．特に，時系列で記録するパルス磁場実験において，計測器などに記録開始を指令する信号（トリガ信号）には高い信頼性が必要なのでノイズの影響を受けにくい光信号を用いることが多い．光変換が望ましくない場合には，パルストランスなどによって直流的に配線を切り分ける．ノイズフィルタもトランスによって入力側と出力側の直流的な電位の分離を行っているものが多い．光変換やトランスによって直流電位を切り分けることを俗に縁切りということが多い．

11.5.4 物性測定技術

破壊型超強磁場を用いた物性実験では光学的手法を用いた研究がまず発展した．光は磁場と直接相互作用しないためプローブとして優れており，電気的な回路を磁場発生空間の近くに必要としないので，誘導ノイズの心配がないことが大きな理由である．しかし一方で，電気的な測定は物性測定に欠かすことができないため，さまざまな工夫をすることで超強磁場下の電気的測定を実現している．ここでは，光学的手法による測定技術と電気・磁気的測定技術に分けて解説したい．

a. 光学的測定技術

光学的測定手法は主には光のエネルギー（波長）域によって用いる装置が異なり，検出する物理量も異なってくる．現在，100 T を超える破壊型強磁場実験が可能なのは (a) 1.5～3 eV 程度の可視域，(b) 0.8～1.5 eV 程度の近赤外域，(c) 0.4～0.01 eV 程度の赤外・遠赤外域，に分けられる．(c) の赤外・遠赤外域では光源としてガスレーザーを用いるため，エネルギーは離散的であり，その数も少なくなる．

(a) の可視域の分光技術は一般に非常に発展しており，光源や検出器の感度，応答速度も超強磁場実験に適したものをいくつか選んで用いることができる．光源は，各種レーザーやキセノンフラッシュランプなどの白色光源を用いる．超強磁場実験では測定時間がマイクロ秒しかなく，測定試料も 1 mm^3 程度に小さいため，単位面積あたりの光源のピーク

出力強度が大きいことが重要である．検出器も高感度かつ高速のものが必要であるが，一般に高感度と高速度は両立させるのは難しいため目的に応じて選択することになる．以下に実際の測定例をあげながら詳細について説明したい．

(a-1) 可視分光　波長分解スペクトルを高速で記録できるマルチチャンネル検出器とストリークカメラを組み合わせて用いることで，マイクロ秒の磁場発生時間でも，磁場波形に同期して連続的にスペクトルの磁場依存性が測定可能である．図 11.35 に測定系の概念図を示した．図では白色光源による透過配置での吸収スペクトル実験について示している．試料からの透過光（発光）は光ファイバーによって分光器に導かれ，ストリークカメラを介して CCD 検出器に記録される．測定では，トリガ信号によってフラッシュランプを発光させ，光源強度が最大になる時間でパルス磁場が発生されるように遅延時間を調整する．ストリークカメラのスタートトリガも磁場発生にタイミングを合わせる．これらの時間関係を図 11.36 に示した．パルス磁場の実験ではいくつかの装置の動作を時間制御する必要があり，トリガパルスの扱いによく慣れておくことが実験の成功に欠かせない．時間軸の制御には，ケーブルの長さや装置の反応速度，内部遅れなど，隠れた部分に遅延が発生する可能性があることを常に考えておかないと，磁場と信号のタイミングがずれて，まったく間違ったデータ処理をしてしまう可能性があるのできわめて慎重にすべきである．

図 11.37 は，カーボンナノチューブの励起子吸収スペクトルの磁場依存性を測定した結果である．第 1 サブバンド間励起 E_{11} および第 2 サブバンド間励起 E_{22} において，ともに励起子吸収ピークの分裂が観測されている[61]．E_{11} 励起については InGaAs 検出器を用い，E_{22} 励起はストリークカメラによる測定である．このエネルギー分裂は，アハラノフ–

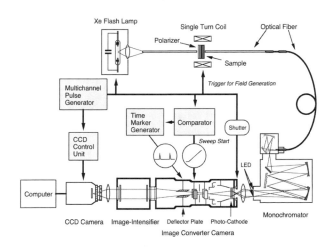

図 **11.35**　ストリークカメラを用いた可視域での分光実験系の概略図[60]．

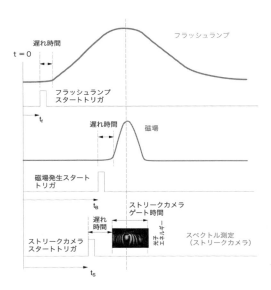

図 11.36　ストリークカメラを用いた光吸収実験でのトリガタイミングの一例.

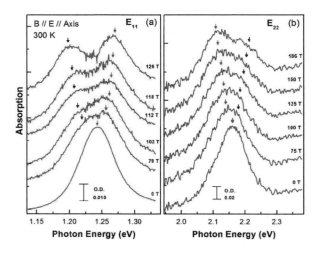

図 11.37　カーボンナノチューブの励起子磁気光吸収スペクトル. 磁場は物性研究所の一巻きコイル法によって発生された[61].

ボーム効果により生じており，きわめて強い磁場で初めて観測できる．また，この分裂の様子からこれまで不明であった励起子のエネルギー準位の詳細が明らかになっている[61]．

(a-2) ファラデー回転　ファラデー回転の実験は特に可視域に限らないが，光源と検出器の豊富さから可視域で行うことが多い．ファラデー回転は磁場中で左右円偏光に対する屈折率が異なるために，光の直線偏光方向が物質中を透過する際に入射光と透過光で角度 θ だけ回転する現象である．微視的には磁場中の電子状態を反映し，バンド間遷移などの各種の光学遷移と密接に関係する．その場合，$\theta(E)$ は一般に複雑なスペクトルとなる．ここで E は光子エネルギーである．

E を固定すれば，θ は磁束密度 $B = \mu_0 H + M$ の関数となり，磁性体の場合は磁化 M が支配的になる場合があることを利用してファラデー回転角 $\theta \propto M$ から磁化を調べることが可能である．後で述べるように，磁化測定を電気的信号によって行うのは破壊型超強磁場ではそれほど容易ではないため，光学的手法で磁化測定が可能なファラデー回転法はきわめて有力な方法である．ただし一方で，光が透過する物質でのみ可能であるため，適用可能な物質はある程度限定されるのと，磁場による電子状態の変化が大きい場合には $\theta \propto M$ の関係が必ずしも成り立たないので解析には十分な考察が必要である．詳しくは，前節「定常強磁場および非破壊パルス磁場下における物性測定」の中で詳しく紹介されているのでそちらを参照されたい．

(b) 近赤外分光　0.8～1.5 eV 近赤外域においても最近では高速の検出技術が発展しており，マイクロ秒の測定時間でも波長分解スペクトルが測定できる．しかし，検出器速度は可視域にはまだ及ばず，磁場掃引とともに連続的にスペクトルの磁場依存性を測定するまでには至っていない．そのため，電気的なゲートを検出器にかけることで，磁場の頂上付近の比較的磁場が一定の時間幅でのみ，測定を行う．この方法では磁場依存性を連続的に測定することはできないが，検出器に高速の応答速度を必要としない．図 11.37 のカーボンナノチューブの E_{11} 励起子遷移の測定においては，一巻きコイルのパルス磁場の頂上で InGaAs 検出器のゲートを 1 μs 開いて各磁場での実験を行っている．その際，磁場値の幅は約 4%である[61]．発光測定などの場合は，励起レーザー光をパルス状にして磁場の頂上にタイミングを合わすことで，電子的なゲートがなくても実験が可能になる．このエネルギー帯でのパルス強磁場実験は，50 T 程度の非破壊型のパルス磁場においても例が少なく，今後新たな展開が期待される．

(c) 赤外-遠赤外分光：サイクロトロン共鳴，電子スピン共鳴　赤外領域では光源や検出器が可視領域に比べて少なく技術的にもあまり発展していない．破壊型パルス強磁場実験では，数マイクロ秒のシングルショットで測定を行うため弱い光源は不向きであり，レーザーを用いることが必要である．よく用いられるのは，He-Ne レーザー（3.39 μm），CO レーザー（～5.5 μm），CO_2 レーザー（9.2～11 μm）である．さらに遠赤外領域では，H_2O レーザー（16.9, 23, 28, 119 μm），CO_2 レーザー励起遠赤外ガスレーザー（30～500 μm）

などがよく用いられる．CO_2 レーザー励起の遠赤外レーザーの作用ガスには C_2H_5OH，CH_3OH などが用いられる．一般によく用いられるフーリエ分光器（FTIR）は，波長の掃引に機械的な駆動を用いるためにマイクロ秒での単発測定は不可能であり，また，フェムト秒レーザーを用いる時間領域でのテラヘルツ分光も，同様に破壊型パルス磁場との組み合わせは現在のところ難しい．したがって，この領域での測定は光子エネルギーを固定した（単色光を用いた）磁場掃引のスペクトルを測定することになる．

　サイクロトロン共鳴や電子スピン共鳴の測定は興味深いテーマが多く，得られる情報も比較的明確である．また，先にあげたファラデー回転の実験をこの波長領域で行えば，可視域で不透明な物質においても実験可能となる．

　サイクロトロン共鳴はランダウ準位間の光学遷移に相当するため，電子状態を調べる有効な手法の一つである．キャリア密度が高いとプラズマ周波数が高くなり，近赤外～遠赤外領域の光は透過しないため，通常のサイクロトロン共鳴の実験は半導体などが主な研究対象である（金属では表面近傍でサイクロトロン共鳴と関連したアズベルカナー共鳴が観測できる）．また最近ではグラフェンのサイクロトロン共鳴にも注目が集まっている．キャリアの有効質量を m^* とした場合，一般にランダウ準位のエネルギーは $E_n = (n+1/2)\hbar\omega_c$（$\omega_c = eB_c/m^*$）で与えられるので，磁場掃引して観測されたサイクロトロン共鳴磁場 B_c から，有効質量 $m^* = eB_c/\omega_c$ が求められる．ここで，$\hbar\omega_c$ は用いた光源の光子エネルギーである．一般にサイクロトロン共鳴の観測には測定試料の易動度（μ_m）が高いことが要求されるため，高品質な試料でしか実験を行うことができない．これは，易動度が低い場合，サイクロトロン共鳴を起こすための軌道運動が完了する前に電子が不純物などで散乱されるためである．しかしながら，磁場が十分高ければサイクロトロン周波数 ω_c が散乱時間の逆数よりも十分高くなり，易動度の低い物質においても明瞭なサイクロトロン共鳴を観測することが可能となる．サイクロトロン共鳴が観測されるための目安となる条件は，$\mu_m B_c > 1$ と表現される．これまでに II-VI 族半導体[62]や磁性半導体[63]などの易動度の低い物質における電子や正孔の有効質量が，超強磁場下でのサイクロトロン共鳴によって決定されている[64,65]．

　電子スピン共鳴法は微視的プローブとしてきわめて有用であり，またパルス磁場との相性もよい．実際に，50 T 程度までの磁場領域では反強磁性体や量子スピン系を中心に[67,68]多くの成果が上がっている[66]．超強磁場領域では，CO_2 励起遠赤外ガスレーザーまたは H_2O レーザーの 119 μm の発振ラインを用いれば，$g=2$ の常磁性スピン共鳴が約 90 T に観測され，これまでにルビーなどについて研究例がある[69]．ところが，他の波長の強力な光源がほとんどないため，現在のところ，100 T 以上の領域では，電子スピン共鳴の研究はほとんど行われていない．今後，新たな強力テラヘルツ光源が出現すれば破壊型超強磁場の組み合わせはきわめて魅力的であり，取り組むべき研究課題である．

b. 電気的測定技術

　破壊型超強磁場においては，磁場発生コイルにかかる数十 kV の高電圧と数 MA の大電流，および，μs の高速パルスのための始動スイッチのノイズなど，磁場の時間微分による誘導起電力が大きいだけでなく，多様な電磁ノイズが発生する．電気的測定はきわめて困難な実験であるが，物性研究において基本的かつ重要な研究手段であるため，いくつかの試みがなされている．

　(a) 電気伝導測定　　磁場中での電気伝導測定は，一般には磁気抵抗効果やホール効果，およびシュブニコフ–ハース振動の観測等に用いられる．超強磁場実験では，特に，磁場で誘起される超伝導-常伝導転移や絶縁体-金属転移などの相転移の研究に有効である．試料に電流，電圧端子をとりつけて行う 4 端子法は，電磁ノイズの観点から破壊型超強磁場の実験としてはきわめて難易度が高いため，端子を必要としない非接触法が試みられている．非接触法は，交流的に試料と測定回路の結合をとる．その際の信号の周波数をパルス磁場の周波数よりも 2 桁以上高くとることで，磁場の時間微分に比例する誘導起電力ノイズを低周波除去フィルタなどで抑制することが可能となる．図 11.38 は高周波透過法による電気伝導率測定法の概略図である．この図では，検出に位相検波を用いており，振幅と位相の磁場依存性を測定することができる．高周波信号として 100 MHz 程度の正弦波を入力コイルに入れると，そのまわりに高周波磁場が発生する．対向して配置された出力コイルには誘導起電力が発生し，同じ 100 MHz の信号が検出系へと伝送されるが，入力コイルと出力コイルの間に金属的な試料をおくと，その 100 MHz の高周波磁場は試料に

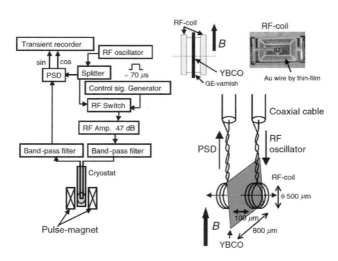

図 **11.38**　高周波透過法の測定セットアップ[96]．

よって表皮深さに応じて遮蔽される．その遮蔽度は，試料に流れる誘導電流が大きい，すなわち電気伝導率が高いほど大きくなり，出力コイルに現れる信号は小さくなる．この原理を利用して，高周波信号の透過強度の磁場依存性を測定し，電気伝導率を算出可能である．これまでに銅酸化物高温超伝導体の一種であるYBCOの臨界磁場H_{c2}測定の研究例があり，磁場をCuO_2面に平行に加えた場合に臨界磁場値が250 T以上であることが確かめられている[96]．

(b) 磁化測定　磁化測定は，光の偏光方向の回転を調べるファラデー回転法によっても調べることができるが，電子状態や光学遷移の磁場依存性が顕著な場合は解析が複雑になり，定量性に問題が生じる場合もある．また，不透明な試料には適用できないため，電気的な手法による磁化測定が必要となる場合がしばしば発生する．磁化Mはピックアップコイルとよばれる小さなコイルに誘導される起電力dM/dtを測定することで検出される．基本的な原理は，先に「定常強磁場および非破壊パルス磁場下における物性測定」で説明されたパルス磁場における磁化測定手法と同様であり，磁化信号と同時に検出される磁場の時間微分dH/dtの成分をうまく取り除くことが重要である．破壊型磁場では磁場の掃引速度が大きいため，dH/dtの成分は1～2 kV程度にもなりうる．磁化信号は数V程度であるため，10^{-4}～10^{-5}の精度で，コイルの補償をとる必要がある．試料まわりの検出系の構成をできるだけ簡素にして，ノイズを軽減するために，補償用のコイルは省略することもある．その場合は，ピックアップコイル作成時に補償度が決まる．破壊型の実験では，磁化ピックアップコイルは信号の絶対値を大きくとることができる並列タイプが採用されることが多い．図11.39には，一巻きコイルでの磁化測定用に作成された磁化検出用のピックアップコイルの写真を示した．外径1.12 mmのカプトンチューブに直径60 μmの銅ワイヤを左右それぞれ20巻きしている．実験では左右のどちらかに測定試料を入れて実験を行う[70,71]．

いま，右側のコイルに試料を入れて，左のコイルは空のままにしておくとする．磁場を発生させた際，右のコイルに誘起される電圧（V_R）と左のコイルに誘起される電圧（V_L）は，

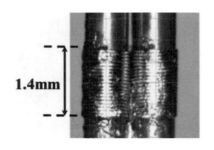

図 11.39　一巻きコイルでの磁化測定用のピックアップコイル[70,71]．

$$V_{\text{R}} = S_{\text{eff}}^{A}\mu_0 \frac{dH}{dt} + S_{\text{eff}}^{A} \frac{dM}{dt} \tag{11.122}$$

$$V_{\text{L}} = -S_{\text{eff}}^{B}\mu_0 \frac{dH}{dt}$$

のように与えられる．ただし，ここで S_{eff}^{A} と S_{eff}^{B} はそれぞれのコイルの巻き数まで含めた有効断面積である．μ_0 は真空の透磁率，H は外部磁場である．2つのコイルは極性が逆であり，直列に接続されているため，実験では

$$V_1 = V_{\text{R}} + V_{\text{L}} = \left(S_{\text{eff}}^{A} - S_{\text{eff}}^{B}\right)\left(\mu_0 \frac{dH}{dt}\right) + S_{\text{eff}}^{A} \frac{dM}{dt} \tag{11.123}$$

の電圧が得られる．$(S_{\text{eff}}^{A} - S_{\text{eff}}^{B})/S_{\text{eff}}^{A} \sim 10^{-4}$ の条件をみたすように $S_{\text{eff}}^{A} \sim S_{\text{eff}}^{B}$ となる十分補償のとれたピックアップを作製することが肝要である．

式 (11.123) 右辺の第1項は補償の不完全性から現れるバックグラウンドノイズであり，試料位置を入れ替える測定を行うことでさらに小さくすることが可能である．左コイルに試料を入れ替えた際の測定においては，以下の信号が得られる．

$$V_2 = V_{\text{R}} + V_{\text{L}} = \left(S_{\text{eff}}^{A} - S_{\text{eff}}^{B}\right)\left(\mu_0 \frac{dH}{dt}\right) - S_{\text{eff}}^{B} \frac{dM}{dt} \tag{11.124}$$

よって，最終的に，2回の測定結果を合わせ，

$$V = V_1 - V_2 = \left(S_{\text{eff}}^{A} + S_{\text{eff}}^{B}\right)\frac{dM}{dt} \sim 2S_{\text{eff}}^{A} \frac{dM}{dt} \tag{11.125}$$

のように，磁化 M の時間微分 dM/dt に比例した信号を得ることができる．

c. 超強磁場下での低温実験

破壊型のパルス磁場では試料まわりの細工に金属が使えないため，低温環境の構築にはプラスチック材料を使うなどの工夫が必要である．ヘリウムフロー型のプラスチック製小型クライオスタット[43]は 5〜10 K 程度までの低温環境が可能であるが，4 K 以下の極低温を安定して実現するのは容易ではない．そのため，100 T 以上の超強磁場と極低温を組み合わせた実験例はこれまでごく限られてきた．最近，縦型一巻きコイル法と強化プラスチックテールの液体ヘリウムクライオスタットを組み合わせた技術が確立し[70]，120 T, 2 K での実験が可能となってきた．このような極低温実験が安定して行えるようになったため，量子スピン系などへの応用が期待されている[72]．図 11.40 には液体ヘリウムクライオスタットの模式図を，図 11.41 には物性研究所の縦型一巻きコイル法装置に磁場発生コイルとクライオスタットを取り付けた際の写真を示した．

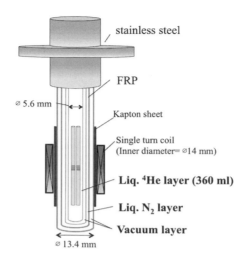

図 11.40　一巻きコイルで用いる液体ヘリウムクライオスタットの模式図[70, 71].

図 11.41　縦型一巻きコイル法装置に直径 14 mm の磁場発生コイルとヘリウムクライオスタットを取り付けた際の写真[70, 71].

11.6 強磁場下での物性

11.6.1 量子スピン
a. 1次元反強磁性体

低次元磁性体においてスピン数が小さな場合，低温下でも磁気秩序を示さず，古典的なモデルでは説明のできない量子的な現象がみられることがある．このような現象を示す対象をわれわれは量子スピン系とよんでいる．具体的には $s=1/2$ や $s=1$ の擬1次元（1d-）もしくは擬2次元（2d-）のハイゼンベルク型反強磁性体（HAFM）などがそれに該当する．これら量子スピン系は統計力学での取り扱いやすさから研究が進み，理論と実験の両面で量子現象が解明されている．例えば図11.42(a) のような，$s=1/2$ の 1d-HAFM の帯磁率はキュリー則には従わず図11.43(a) のように，交換相互作用 J の大きさに見合った温度で緩やかな極大をとり，それより低温ではその値を減じて絶対零度で有限の値に近づく．これを研究者の名前から Bonner–Fisher 曲線とよび[73]，低温でのキュリー則からの乖離は量子的なスピンの揺らぎが引き起こしている．この系の M（磁化）-H（磁場）曲線は図11.43(b) のように低磁場領域ではほぼ直線的に増え，飽和に近づくと非線形な伸びを示す．これは常磁性体の磁化曲線として期待されるブリルアン関数とは異なる量子的な振る舞いである．磁化の非線形な伸びはスピンの揺らぎが強磁場によって抑えられるために起きている．また，ゼロ磁場から有限の傾きで磁化が増加することから，基底状態と励起状態の間にエネルギーギャップがないことがわかる．上記の $s=1/2$ の 1d-HAFM では交換相互作用が隣接するどのスピン間にも均一な大きさで働いている場合を考えているが図11.42(b) のように，交換相互作用に交替があった場合（ボンド交替とよぶ）は様相が大きく変化する．わずかでも交替があればダイマー状態が基底状態となり低温では非磁性状態となる．基底状態と励起状態の間にはエネルギーギャップが生じ，磁場をかけること

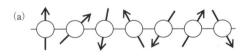

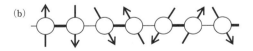

図 11.42 (a) $s=1/2$ の 1 次元ハイゼンベルク型反強磁性体の概念図．(b) 同じく，ボンド交替がある場合．

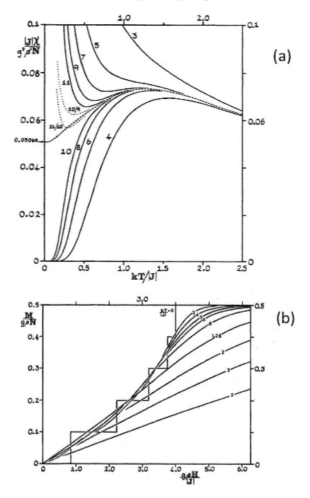

図 **11.43** 1次元ハイゼンベルク型反強磁性体の (a) 帯磁率の温度依存性と，(b) 磁化の磁場依存性（Bonner–Fisher 曲線）[73]．

でこのギャップが消失する．磁化過程については，ギャップが消失する磁場まではゼロ磁化が続き，それ以上で磁化が出現する．ボンド交替がなく，磁気的な基底状態を維持するよりボンド交替がありダイマー化した方が基底状態のエネルギーは下がるので，温度を下げることによりボンド交替鎖が生じる現象があり，この現象をスピンパイエルス転移とよんでいる．ダイマー化するときには格子変形を伴うため弾性エネルギーが大きな物質では

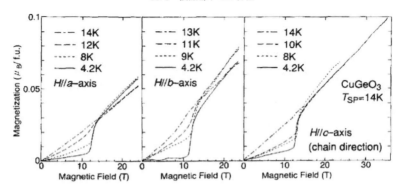

図 11.44　$CuGeO_3$ の磁化過程[75].

スピンパイエルス転移は生じない．実際に，有機物質ではいくつかのスピンパイエルス転移が見つかっているのに対し無機物質では $CuGeO_3$ で観測されているだけである[74]．図 11.44 に $CuGeO_3$ の磁化過程を示す[75]．通常のダイマー物質と異なり，反強磁性体のスピンフロップ転移のような転移を起こす点が特徴的である．スピンフロップ転移と異なるのは，スピンフロップ転移が磁化容易軸方向でのみ観測されるのに対して，すべての方向で転移が観測される点である．さて，もう一度均一なボンド鎖に戻り $s=1$ の 1d-HAFM について考えてみる．1983 年の Haldane Conjecture[76] の登場までは $s=1$ と $s=1/2$ は大差なく振る舞うであろうと考えられていた．それを大きく変えたのが Haldane であった．数学的に正しい説明は難しいが，Haldane Conjecture とは 1d-HAFM において s が半奇数の場合は $s=1/2$ のときと同様にギャップレスの励起状態があり基底状態は磁気的になるが，s が整数の場合はギャップが開き基底状態は非磁性になるはず，という推測で

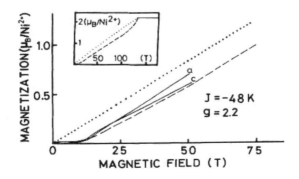

図 11.45　NENP の磁化過程[78]

ある.その後,モデル物質となる Ni 化合物(NENP)を Renard らが見つけだした[77]ことで,実験的にはこの推測が正しいことが示された.図 11.45 に NENP の磁化過程を示す[78].すべての方向で非磁性状態を反映するゼロ磁化を示し,ギャップが消失する磁場から磁化が増大する様子が観測されている.このような強磁場を始めとしたいくつかの実験と理論の研究により $s=1$ の 1d-HAFM では基底状態と励起状態の間にエネルギーギャップ(Haldane ギャップ)が存在することが証明された.ここで面白い問題が浮上する.ボンド交替鎖のある $s=1$ の 1d-HAFM を考える.交替比 $\alpha(=J'/J)$ を横軸にとった場合,$\alpha=1$ ならば Haldane ギャップがあり,$\alpha=0$ ならばダイマーギャップが存在する.では $0<\alpha<1$ の領域で Haldane ギャップとダイマーギャップはどのように接続するのか?と

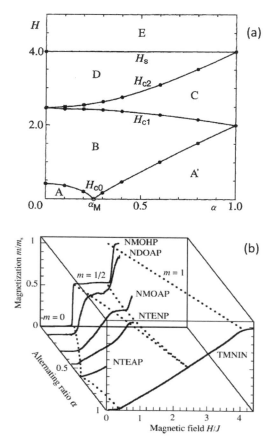

図 **11.46** Haldane ギャップとダイマーギャップ.(a) 相図[79],(b) 実験結果[80].

いう疑問が湧いてくる．これに対する解答が図11.46(a)に示されている[79]．この2つのエネルギーギャップはある α の値で消失することが示されている．これらを実験的に検証した結果が図11.46(b)である[80]．強磁場磁化測定により，いくつかの α に対してギャップの大きさや1/2プラトーの位置などを確認することにより，この相図の正しさを示している．また，ちょうどギャップが消失する α に対応する物質が合成され，極低温までギャップレスの振る舞いをすることが見いだされている．

b. 2次元反強磁性体

2d-HAFMとしては $SrCu_2(BO_3)_2$ が強磁場領域できわめて特異な磁化過程を示すことで知られている[82,83]．最隣接のCuの $s=1/2$ が反強磁性ダイマーを形成し，図11.47に示されるようにダイマーが2次元的に互いに直交配置していることが，この系の特異な磁気特性の理解に重要である．単に孤立したダイマーの集合であればダイマーギャップをもつ単純な磁気特性が期待されるが，次近接のCu間にも反強磁性相互作用が働くため，量子効果によって基底状態は非自明となる[84]．最隣接Cu間の交換相互作用を J，次近接Cu間の交換相互作用を J' とすれば，図11.47に示したCuの配列は，シャストリー–サザーランド（SS）模型[85]と幾何学的に等価であることから，理論的な研究も非常に発展してきた[86]．図11.48に，$SrCu_2(BO_3)_2$ のCuダイマー配列とSS模型を比べた．現在のところ，この系は厳密なダイマー基底状態をもつことがわかっている．

基底状態，全スピン $s_T=0$ のスピン1重項状態に磁場をかけるとダイマーギャップが閉

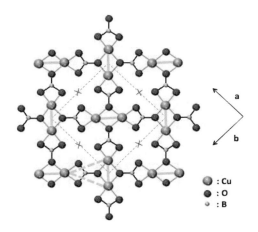

図 11.47 $SrCu_2(BO_3)_2$ の $CuBO_3$ 面の概念図．最隣接Cuイオンが反強磁性ダイマーを形成（灰色太線）し，次近接Cuイオン間にも反強磁性交換相互作用（灰色太点線）がある．次近接の相互作用を示す線は，図を見やすくするため2本だけ示している．

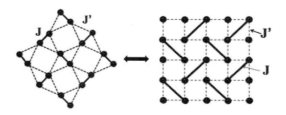

図 11.48 SrCu$_2$(BO$_3$)$_2$ の Cu ダイマー配列（左）とシャストリー–サザーランド模型の格子（右）.

じる磁場以上で $s_T = 1$ のスピン 3 重項状態が励起される. SrCu$_2$(BO$_3$)$_2$ ではダイマーが互いに直交した配列をとるため，励起されたスピン 3 重項状態が簡単に隣に移動できず，極めて局在性が強くなる[86]. そのためスピン 3 重項励起状態が結晶化し，超構造構造をとることが可能となる. 飽和磁化を M_S とし，磁化を M とするとき，$M/M_S = 1/8, 1/4, 1/3$ などの条件で磁化が磁場を増加しても一定値をとる磁化プラトー現象が観測される. これは，スピン 3 重項励起状態が空間的にあるパターンをとって配列し，エネルギーギャップを形成して安定化すると考えれば理解しやすい.

最近 100 T 級の磁場によるこの系の磁化プラトー過程の研究が進展し，磁歪測定[87]や磁化測定[88]の実験結果が報告され，1/2 プラトーまでが発見されている. 強磁場領域で

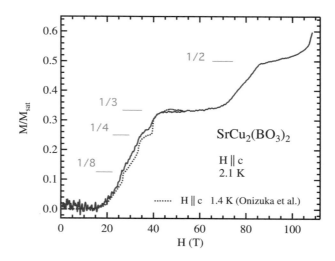

図 11.49 一巻きコイル法で得られた SrCu$_2$(BO$_3$)$_2$ の強磁場磁化過程[88]. 非破壊パルス磁場で得られた結果[83]も同時に示している.

はスピン3重項励起密度が高くなり，さまざまな新奇なスピン構造が期待されている．図 11.49 は，縦型一巻きコイル法によって得られた 2.1 K での磁化過程であり，1/2 プラトーが 1/3 プラトーに比べて 70%程度の長さをもつことが初めて示された[88]．1/2 プラトーが厳密に平らでなく，有限の傾きをもつのは有限温度効果（熱励起）のためであると考えられている．理論的には，1/3 プラトーと 1/2 プラトーの間の磁化過程において，スーパーソリッド相とよばれる新奇相が安定に存在することが示唆されており，磁化過程を定量的に再現することに成功している[88]．今後，中性子散乱や核磁気共鳴などの微視的プローブでスーパーソリッド相を観測することは大変興味深いが，現在のところ 50 T を超える磁場でのそれらの微視的測定は不可能である．これからの実験技術の進展とともに取り組んでいくべき課題であると考えられる．

c．三角格子反強磁性体

格子点が正三角形を成し，その格子点上に配置されたスピン間に反強磁性相互作用が働く物質を三角格子反強磁性体とよぶ．この場合，格子点にある 3 個のスピンがすべて満足する状態は実現できない．つまり，2 個のスピンは反平行になることで安定するが，残りのスピンはどちらを向いても安定できず，いわゆるフラストレーションが発生する．結果

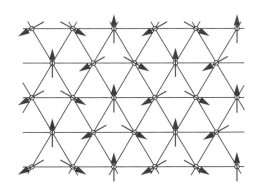

図 **11.50** 三角格子の 120° 構造．

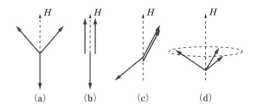

図 **11.51** 三角格子反強磁性体の磁化過程の概念図．

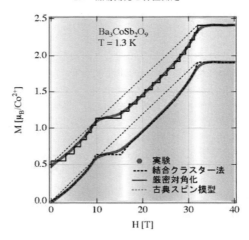

図 11.52　$Ba_3CoSb_2O_9$ の強磁場磁化過程.

としてすべてのスピンが互いに 120° になる配置が基底状態となり，この配置は 120° 構造とよばれる．この状態に磁場を加えると，古典スピンではスピン間の角度が少しずつ変わり，ネットで磁場方向にスピンをそろえることで磁化が直線的に増え飽和に至る．ところが $s = 1/2$ の三角格子反強磁性体について量子効果を考慮に入れると，磁化が量子スピン系に特有の非線形な増加を示すうえに，飽和モーメントの 1/3 の位置で up-up-down 構造が安定化して 1/3 プラトーが実現することもわかった．これらの理論的な予想もモデル物質となる Co 化合物の $Ba_3CoSb_2O_9$ での測定により実験的に証明された[81]．図 11.52 中の実験結果と量子効果を取り入れた計算結果は非常によい一致を示している．

11.6.2　高温超伝導体の強磁場物性研究

超伝導は巨視的な数の電子が位相をそろえて運動する量子現象であり，物性物理学の中心的テーマの一つとして 100 年以上にわたって盛んに研究されてきた．学術的な興味にとどまらず超伝導を応用した技術は MRI などに使われる超伝導磁石などを通じて日常生活にも普及しており，さらには損失のない送電線などへの応用も実現されつつある．超伝導はフェルミ面の上に置かれた 2 つの電子が微小な引力相互作用によってつくるある種の束縛状態であり，こうしてできた 2 電子の対（クーパー対）のコヒーレントな運動として理解される．したがって，ある物質で起こる超伝導を理解するためにはその物質の常伝導状態，特にそのフェルミ面の構造を知ることが不可欠である．超伝導を磁場で取り除く場合，1 T の磁場のエネルギーが温度換算で約 1 K に相当するため，数十 K で起こる超伝導を磁場で取り除くには数十 T の強磁場が必要になる．本項では銅酸化物高温超伝導体を中心

として，強磁場下での実験で解明されてきた超伝導体の物理の一部を紹介する．

a. 等方的な超伝導体の磁場応答

超伝導体の磁場下での振る舞いについて，まず一般的なギンツブルグ–ランダウ（GL）理論による説明から始めよう[89]．この理論では，超伝導体の自由エネルギー密度は以下の式で表される．

$$f = f_0 + \alpha|\psi|^2 + \frac{\beta}{2}|\psi|^4 + \frac{1}{2m^*}\left|\left(\frac{\hbar}{i}\nabla - \frac{e^*}{c}\boldsymbol{A}\right)\psi\right|^2 + \frac{H^2}{8\pi} \qquad (11.126)$$

ここで ψ は超伝導の秩序変数であり，f_0 はゼロ磁場における常伝導状態の自由エネルギー密度，α および β は展開係数，e^* は超伝導キャリアの電荷，右辺最終項の H は磁場を表す．ゼロ磁場下で ψ の空間変化がない場合には $|\psi|^2 = -\alpha/\beta$ となる．この状態に磁場を印加すると熱力学的臨界磁場 $H_c = 4\pi\alpha^2/\beta$ で常伝導相と超伝導相のエネルギーが等しくなり，それ以上の磁場では常伝導になる．実際には ψ は空間的に一定ではなく，超伝導領域の端ではコヒーレンス長とよばれる有限の距離でゼロから有限値へと変化する．このコヒーレンス長 ξ が磁場侵入長より短い第 II 種超伝導体では，熱力学的臨界磁場に到達する前に半径 ξ 程度の常伝導相が部分的に出現した混合状態を形成し，その常伝導領域には磁束が $\Phi_0 \equiv hc/(2e)$ の整数倍（通常は 1 倍）に量子化されて侵入する．この磁束量子間の磁気的エネルギーを最小にするため，等方的超伝導体では量子化された磁束が三角格子を形成する．磁場を増加させていくと物質のほぼ全体が常伝導領域で覆われるようになり，上部臨界磁場 $H_{c2} = \Phi_0/2\pi\xi^2$ で常伝導相への 2 次相転移を起こす．したがって実験的に ξ を求めるには H_{c2} を決定すればよい．GL 理論では $\xi^2 = \hbar^2/(2m^*|\alpha|)$ で与えられるため，電子の有効質量が大きくなるとコヒーレンス長は短く，そして上部臨界磁場は高くなる．

上部臨界磁場の温度依存性は WHH 理論[90]による式

$$\ln \frac{T_c}{T_{c0}} = \Psi\left(\frac{1}{2}\right) - \Psi\left(\frac{1}{2} + \frac{\alpha_d}{2\pi k T_c}\right) \qquad (11.127)$$

を用いて，超伝導転移温度 (T_c) の磁場依存性という形で表される．ここで Ψ はディガンマ関数であり，T_{c0} はゼロ磁場での T_c である．磁場効果は対破壊強度を表す α_d の中に含まれ，バルクの第 II 種超伝導体で電子の軌道運動に対する効果を考える場合には α_d は磁場に比例する．一方でクーパー対を形成する電子スピンへの磁場効果もある．スピン軌道相互作用による散乱が強い場合には α_d に対して磁場の自乗に比例した，弱い場合には磁場に比例した寄与をもたらす．

このような一般的な取り扱いは多くの超伝導体で有効であったが，次節で紹介する銅酸化物超伝導体の出現により，超伝導体の磁場応答には新しい概念による理解が必要であることがわかってきた．

b. 銅酸化物超伝導体

1986 年に Bednorz と Müller によって La, Ba, Cu を含む酸化物で超伝導が発見[91]されて以来，それまで 30 K 以下の低温でしか起こらないと考えられていた超伝導が 100 K を越える温度で実現されることがわかり，社会に大きなインパクトを与えた．この系の構造上の特徴は CuO_6 8 面体が頂点共有をしながら電気伝導を担う CuO_2 面を形成し，それをブロック層が隔てているという点にある．図 11.53(a) にはブロック層が CuO_2 面を 1 層ごとに区切っている $La_{2-x}Sr_xCuO_4$ の構造を示しているが，複数層の CuO_2 面が重なった構造をもつ物質でも高温超伝導が出現する．Cu の平均価数がちょうど 2+ のとき系はモット絶縁体であり，Cu の $S=1/2$ のスピンは低温で反強磁性秩序を形成する．ブロック層の価数を調整することで CuO_2 面に正孔または電子を導入すると反強磁性秩序が消失し，超伝導相が出現する．超伝導転移温度の最高値は，常圧下で約 140 K，高圧下では約 160 K という報告がある．このような高温超伝導の発現機構を解明すべく数多くの試みが行われてきたが，現在でも収束には至っていない．T_c が最大となる最適ドープ領域 (Cu あたりのキャリア数 0.15〜0.20) 以上の正孔数をもつ過剰ドープ組成の常伝導状態の振る舞いはフェルミ流体的であるのに対し，不足ドープ組成では非フェルミ流体的金属でありスピンと電荷の励起に擬ギャップをもつことが知られている．その全貌を紹介することは本項の趣旨を超えているので，ここでは磁場応答に関する話題にしぼって紹介する．

構造からも推測されるようにこの系の超伝導は非常に異方的である．キャリアの有効質量が異方的な場合，コヒーレンス長は面内と面間で異なる値をとり，GL モデルにおける上部臨界磁場は磁場方向に依存してそれぞれ次式で与えられる．

$$H_{c2}||c = \Phi_0/2\pi\xi_{ab}^2 \tag{11.128}$$

$$H_{c2}||ab = \Phi_0/2\pi\xi_{ab}\xi_c \tag{11.129}$$

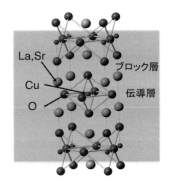
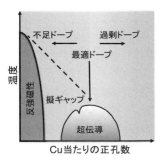

図 11.53 (a) $La_{2-x}Sr_xCuO_4$ の結晶構造と (b) 模式的に描いた電子相図．

ここで ξ_{ab}, ξ_c はそれぞれ面内，面間のコヒーレンス長である．この両者の比で定義した異方性パラメータ γ は次式のように有効質量の比の平方根に相当する．

$$\gamma \equiv \frac{H_{c2}||ab}{H_{c2}||c} = \sqrt{\frac{m_c}{m_{ab}}} \tag{11.130}$$

異方的な銅酸化物超伝導体の基本的性質を理解するためには，単結晶試料を用いた実験による異方的上部臨界磁場の決定が重要であった．家らは $RBa_2Cu_3O_{6+x}$ (R = Y, Gd, Ho) の微小な単結晶試料に対して磁気抵抗測定を行い，磁場を c 軸に掛けたときと ab 面内に掛けたときとで抵抗の回復する磁場が大きく異なることを見いだした[92]．この磁場を上部臨界磁場と見なすと面内磁場は c 軸磁場に対して非常に弱い効果しか及ぼさない．前述の異方性パラメータを求めると $YBa_2Cu_3O_{6+x}$ の場合，γ は 5〜8 という値になる．異方性の強さは銅酸化物超伝導体の中でも大きく分布があり，特に異方的な $Bi_2Sr_2CaCu_2O_{8+\delta}$ では $\gamma = 100$〜800 に及ぶことが知られている．このように極度に異方的な超伝導体では，c 軸方向のコヒーレンス長が超伝導を担う CuO_2 面の間隔よりも短くなる．こうなると連続的な 3 次元の超伝導体というより，ジョセフソン結合で結ばれた超伝導薄膜の多層系という見方がふさわしくなる．このとき層に垂直に印加した磁場は超伝導層内に円盤状の渦電流をもつ量子化磁束（パンケーキ磁束）を形成し，異なる層のパンケーキ磁束はジョセフソン結合で緩く結合する．このパンケーキ磁束は低温・弱磁場領域である程度の空間的秩序を保った配列を形成するが，高温になると熱揺らぎに対して不安定になる．Pastoriza らは $Bi_2Sr_2CaCu_2O_{8+\delta}$ に対する磁化測定で磁化の跳びを観測し，磁束格子融解転移の熱力学的証拠を示した[93]．磁束格子融解転移は $YBa_2Cu_3O_{6+x}$ の比熱測定でも観測されており[94]，銅酸化物超伝導体で広くみられる一般的な相転移として認識されている．このように揺らぎの強い銅酸化物超伝導体では（下部臨界磁場近傍の転移を除いて）磁束格子の融解転移だけが相転移として起こり，上部臨界磁場は相転移ではなくクロスオーバーとなる[95]．こうした意味で，高温超伝導体の真の磁場中相図の全貌に迫る実験はまだ限定的である．今後熱力学的な測定手段を用いて真の超伝導相図を決定することが，磁場下における超伝導体の根源的理解のために必要である．

一方で厳密な意味での上部臨界磁場は存在しないとはいえ，電気伝導における超伝導性がどの温度・磁場領域までみられるかは興味深い問題である．そのためさまざまな銅酸化物高温超伝導体に対して，見かけの上部臨界磁場を決定する試みが数多く行われてきた．揺らぎの強い銅酸化物超伝導体では見かけの上部臨界磁場の温度依存性は WHH 理論の曲線と合わないことも多く，低温強磁場までの実験による直接的決定が重要である．そのような実験的試みは，これまでさまざまな銅酸化物超伝導体に対して行われてきている．本節ではさまざまな事例を網羅的に紹介するかわりに，代表的な例として超強磁場下で測定された $YBa_2Cu_3O_{6+x}$ の結果について紹介する．関谷らは電磁濃縮法で発生した超強磁場下において，$YBa_2Cu_3O_{6+x}$ 薄膜の磁気抵抗測定をラジオ波透過法を用いて行った[96]．

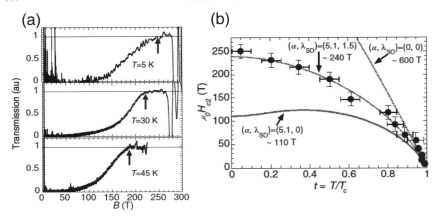

図 11.54　超強磁場下で測定された $YBa_2Cu_3O_{6+x}$ における (a) ラジオ波透過率の磁場依存性と (b) 見かけの上部臨界磁場の温度依存性[96].

ラジオ波の透過量を ab 面内に印加した磁場の関数としてみると，超伝導の抑制に伴って増大した透過量がある磁場以上で一定値に落ち着く（図 11.54(a)）．この磁場を見かけの上部臨界磁場として，温度の関数として示した図が図 11.54(b) である．この実験結果は最適ドープ領域にあり約 90 K の超伝導転移温度をもつ $YBa_2Cu_3O_{6+x}$ に対して，見かけの上部臨界磁場の全貌を明らかにした点で貴重であるとともに，超強磁場下での電気抵抗測定の新たな可能性を示した例として実験技術的にも重要である．

極度に異方的な超伝導体では上部臨界磁場の高い方向への磁場印加に対して超伝導は鈍感である．同様にキャリアの有効質量の大きい，いわゆる重い電子系超伝導体でも上部臨界磁場は高くなり，電子の軌道運動に対する磁場効果は相対的に低下する．このような場合，電子スピンへの磁場効果による影響が重要になる．ゼーマンエネルギーが大きな役割を果たすようになると，スピン↑と↓のフェルミ面の大きさが変わり，その結果として対形成時の波数の和がゼロでない場合が生じうる．すると超伝導の秩序変数に空間的な変調がかかった特殊な超伝導状態が出現する．これを理論的提案者の名前（Fulde–Ferrell–Larkin–Ovchinikov）の頭文字を集めて FFLO 状態という[97,98]．この特殊な超伝導状態の出現について，上部臨界磁場の温度依存性などから実験的観測に関するさまざまな報告が行われてきたが，高温超伝導体の研究で明らかになったように抵抗測定等で決めた相境界の議論はしばしば注意が必要である．近年強磁場下で可能になっているさまざまな微視的実験手法によって，FFLO 状態における超伝導秩序変数の空間変調を直接観測する実験が期待されている．

11.6.3 銅酸化物超伝導体の量子振動

超伝導を理解するうえで,その背景にある常伝導状態のフェルミ面の決定は不可欠である.銅酸化物高温超伝導体に関しても多くの研究グループが量子振動測定によるフェルミ面の精密な決定を目指してきたが,非常に高い見かけの上部臨界磁場,酸素の不定比性などによる本質的な結晶の乱れなどの問題があり,万人が認める確かな量子振動の観測はなかなか実現しなかった.またこの系では不足ドープ領域の常伝導状態が非フェルミ流体的振る舞いを示すことから,フェルミ流体描像で記述される量子振動現象が本質的に起こるべきかどうかも定かではなかった.そのような中で局面を大きく打開する量子振動の観測が,高温超伝導の発見から20年以上の時を経た2007年に報告された(図11.55)[99].

Doiron–Leyraud らは 62 T までのパルス強磁場下における測定で,$YBa_2Cu_3O_{6.5}$ のホール抵抗に明瞭な振動成分を見いだした(図11.55).ホール抵抗の振動成分を磁場の逆数に対してプロットすると,この振動が $1/B$ に対して周期的であることがわかる.一般に量子振動の振幅の温度依存性 $a(T)$ は Lifshitz–Kosevich の式から

$$a(T) = a_0 \frac{\pi\eta}{\sinh\pi\eta} \tag{11.131}$$

と表される[100].ここで無次元パラメータ $\eta \equiv 2\pi k_B T m^*/\hbar eB$ の中に含まれるキャリアの有効質量を $m^* = 1.9\ m_0$ とすると,$YBa_2Cu_3O_{6.5}$ のホール抵抗に現れる振動成分の温度変化が再現される.$YBa_2Cu_3O_{6.5}$ は Cu あたりの正孔数が約 0.10 であり,常伝導状態の振る舞いが非フェルミ流体的な不足ドープ領域にある.にもかかわらず,観測されたホール抵抗の振動現象は一般的な量子振動の振る舞いとよい一致を示す.ホール抵抗の非振動成分は,この系の超伝導状態に特徴的な負の値をとっていることから,62 T の磁場下で超

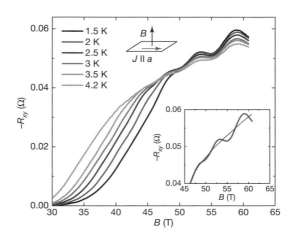

図 11.55 $YBa_2Cu_3O_{6.5}$ のホール効果測定で観測された量子振動[99].

伝導性は完全には破れていないと考えられる．このような混合状態においても量子振動現象が観察できることは，$NbSe_2$ などに関する実験などで古くから知られており[101]，銅酸化物に限った特別な話ではない．

さて $YBa_2Cu_3O_{6.5}$ の量子振動で観測されたフェルミ面について k 空間で考えてみよう．銅酸化物超伝導体のフェルミ面は角度分解光電子分光法を用いた研究が多くなされており，ドープ量による形状変化についても議論されてきた．フェルミ流体的性質を示す過剰ドープ領域では図 11.56(a) に模式的に示したように，第一ブリルアンゾーン内に円弧状のフェルミ面をもつ．拡張ゾーンに展開すると図の破線で示したように (π,π) を中心とした大きなフェルミ面を形成する．過剰ドープ領域における大きなフェルミ面は，$Tl_2Ba_2CuO_{6+\delta}$ に対するパルス強磁場下のトルク測定によって量子振動現象としても観測されている[102]．一方で不足ドープ領域では，過剰ドープ領域のフェルミ面の $(\pi,0)/(0,\pi)$ 近傍にギャップが形成され，角度分解光電子分光の実験では (π,π) 方向の円弧だけが観測される（図 11.56(b) 実線）．しかし量子振動が観測されるためには磁場と垂直な方向に閉じたフェルミ面が必要である．量子振動の振動数から求められたフェルミ面の面積は第一ブリルアンゾーンの 1.9 ％であり，これに相当する面積をもった閉じたフェルミ面がなければならない．

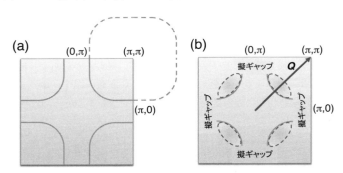

図 11.56　模式的に表した銅酸化物超伝導体のフェルミ面 (a) 過剰ドープ，(b) 不足ドープ．(b) の破線は矢印で示した波数をもつ変調によって再構成されたフェルミ面．

この小さいフェルミ面の出現に対する一つの解釈として，フェルミ面の再構成が提案されている．ϵ_k で表される分散関係をもつバンドと，それを波数ベクトル Q だけ平行移動したバンドが結合すると，次式で与えられるバンドが新たに構成される．

$$\epsilon_\pm = \frac{\epsilon_k + \epsilon_{k+Q}}{2} \pm \sqrt{\left(\frac{\epsilon_k - \epsilon_{k+Q}}{2}\right)^2 + V^2} \qquad (11.132)$$

ここで V は状態 k から $k+Q$ への散乱の行列要素を表す．$Q = (\pi,\pi)$ として V が大きい場合に再構成されたフェルミ面の形状を計算すると，図 11.56(b) の破線で示したように

($\pi/2, \pi/2$) 近辺に細長いフェルミ面が出現する.したがって量子振動が観測される条件下で,波数 $Q = (\pi, \pi)$ をもつ変調によって並進対称性が破れていれば小さなフェルミ面が現れてよいことになる.並進対称性を破る起源として,常伝導領域に発達する反強磁性秩序や電荷秩序などが考えられている.量子振動が観測される温度・磁場領域でのこれらの秩序の発達については,今後の強磁場実験による解明を待たねばならない.

銅酸化物超伝導体では非フェルミ流体的な不足ドープ領域とフェルミ流体的な過剰ドープ領域の境界付近で最も高い転移温度が実現する.そのため超伝導ドームに隠れた量子臨界点の存在が,この系の高温超伝導に果たす役割について多くの議論がなされてきた.一般に量子臨界点の近傍ではキャリアの有効質量の発散がみられる.量子振動の実験はキャリアの有効質量を正確に求められる手法であり,そのような観点から幅広い組成の試料に対する量子振動の観測が試みられてきた.

図 11.57 は Sebastian らによって行われたさまざまな酸素量の $YBa_2Cu_3O_{6+x}$ に対する量子振動の結果である[103].図 11.57(a) に示した振動成分の振幅は,各組成とも式 (11.131) とよい一致を示している.この解析から求められたキャリアの有効質量を組成に対してプロットした図が図 11.57(b) である.キャリアの有効質量は $x = 0.48$(Cu あたりの正孔数として約 0.09)という不足ドープ組成の中で発散する傾向を示している.この不足ドープ領域でみられる有効質量の発散が量子臨界性と関係があるか否かは明らかになっていない[104].一方で超伝導性が最も強くなる最適ドープ付近でどのような変化があるかが注目

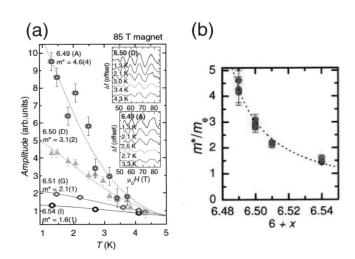

図 **11.57** さまざまな組成の $YBa_2Cu_3O_{6+x}$ で測定された量子振動測定結果から求められた (a) 振幅の温度依存性と (b) 有効質量の組成依存性[103].

されるが,超伝導がより強くなるこの領域では十分な議論ができるほどの実験データが得られていない.今後のさらなる強磁場下で高品質の試料に対する系統的な実験によって明らかにされるであろう.

以上,銅酸化物超伝導体の量子振動に関する話題をごく簡単に紹介したが,現在も研究が進行中の問題であり,日々結果が更新されている.より詳しく知りたい読者はSebastianによる総説[104]などを参照するとともに,最新の情報については原著論文などをご覧いただきたい.

11.6.4 半金属の強磁場物性

単体元素の電子状態を考えると,アルカリ金属や貴金属など奇数原子価の原子が単位胞内に奇数個存在する結晶では,伝導電子はあるバンドを半分だけ占有するために金属となる.一方で単位胞内に偶数個の原子が存在する物質では,価電子帯の最上位のバンドと伝導帯の最下位のバンドが何らかの理由でエネルギー的に重なった場合,両者に同数の正孔と電子が生じて金属になる.この前者を非補償金属,後者を補償金属とよぶ.補償金属の中で,この「何らかの理由」が弱いためにバンドの重なりが小さく,そのためキャリア数が原子あたり 10^{-2} 程度以下と極端に少なくなっている物質を半金属(semimetal)とよぶ.似たような言葉として,スピン分裂したバンドの片方のみがフェルミ面上に状態密度をもつ half metal とはまったく意味が異なるので,混同しないように注意が必要である.

代表的な半金属として,単体元素ではビスマス,アンチモン,ヒ素,グラファイトがあり,化合物では GeTe や HgSe などがよく知られている.半金属ではしばしば,金属が極限環境下で示すような物性を通常の実験環境下で実現できるため,さまざまな物理現象の発見・解明に重要な役割を果たしてきた.磁場効果に関していえば,キャリア数の少ない半金属ではフェルミエネルギーが普通の金属に比べて2桁程度小さいため,

$$\hbar\omega_c > E_F \tag{11.133}$$

の条件を実験的に印加可能な磁場領域で実現でき,最低エネルギーのランダウ準位にすべてのキャリアが落ち込んだ量子極限状態が実現される.本節ではこのような半金属の中からビスマスとグラファイトに絞って,その強磁場物性研究で明らかにされた[105],またされつつある興味深い話題を紹介する.

a. ビスマス

ビスマスの研究の歴史は古く,その特異な性質の発見とともに物性物理学が発展を重ねてきた[106].ビスマスで初めて発見された主な現象の例をあげると,反磁性,ネルンスト効果,巨大磁気抵抗効果,シュブニコフ–ド・ハース効果,ド・ハース–ファン・アルフェン効果などがあり,ビスマスに磁場を印加して新たな物理量を測定する度に,新しい物性現象が見いだされてきた感がある.特にパルス強磁場のパイオニアであるカピッツアが1928

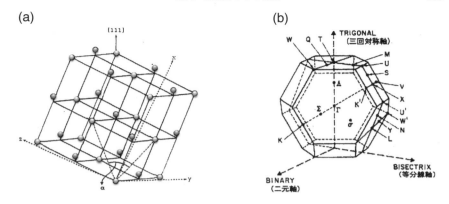

図 11.58 ビスマスの結晶構造(左)と第一ブリルアンゾーン(右)[106].

年に約 30 T までのパルス強磁場下で磁気抵抗測定を行い,巨大磁気抵抗効果を観測したことは実験技術の観点からも特筆に値する[107].これらの現象はビスマスだけに限られたものではなく,(その効果は小さくとも)金属で普遍的にみられるものである.その意味で,金属全般における本質的な磁場効果を知るうえで,ビスマスは最高の舞台を提供してきたといえる.

ビスマス原子は 5 個の価電子をもつため,単位胞に 1 つの原子しか含まない単純立方格子を組んだ場合は非補償金属となる.実際には単純立方格子が少し歪むことで単位胞内に 2 つの原子をもつ菱面体晶に変形して補償金属となる.この変形は,まず単純立方格子を図 11.58(a) のように NaCl 型の格子に色分けし,片方の副格子を [111] 方向に平行移動しつつ,両方の副格子を [111] 方向に引き延ばしたものとして理解される.ビスマスの第 1 ブリルアンゾーンは図 11.58(b) に示したように 8 面体の角を落としたような形をしている.ΓT 方向の 3 回対称軸を trigonal,TW 方向の 2 回軸を binary,TU 方向の等分線軸を bisectrix とよぶ.単位胞の変化によって新たに生じたブリルアンゾーン境界では L 点と T 点にギャップが形成されて電子系のエネルギーが下がるため,パイエルス不安定性がこの微小な歪みを引き起こしているとみることができる.フェルミ面付近に存在する小さいギャップの存在が高い易動度,小さい有効質量,非放物線的バンド分散などをもたらし,これらがこの半金属の異常物性の起源となっている.

菱面体歪みによって面心立方格子では縮退していた T 点と L 点の縮退が解け,L 点のエネルギーが下がり T 点のエネルギーが上がる(図 11.59(b)).その結果としてバンドの重なり(図の E_0)が生じ,3 個の L 点に合計 $3 \times 10^{17} \mathrm{cm}^{-3}$ 程度の電子,1 個の T 点にほぼ同数の正孔が生じる.このようにキャリア数の少ない半金属は,微量の不純物がその物性に多大な影響を与えるため,高純度の試料を用いることが非常に重要である.また

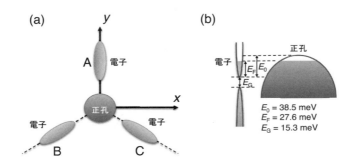

図 11.59 ビスマスのフェルミ面（左）とフェルミ面付近のバンド分散（右）．

融点の低いビスマスは柔らかい結晶であるため，試料整形にも細心の注意を払わなければ再現性のよい実験結果を得ることは難しい．そのためビスマスの本質的な現象を示す実験データの集積には，多くの研究者が多大な努力を払ってきた．その結果として，現在では基礎となるゼロ磁場の電子状態はほぼ解明されたといってよい状況にある．さまざまな実験によって決定された電子のフェルミ面は細長い回転楕円体をしている．フェルミ面付近の分散関係を示したものが図 11.59(b) である．図に示された特徴的エネルギーはそれぞれ，$E_0 = 38.5$ meV，$E_F = 27.6$ meV，$E_G = 15.3$ meV と求まっている．ビスマスと同様に半金属として知られる Sb と As も同じ結晶構造をもち，同様の状態が起こっていると考えられる．その中で原子番号の大きいビスマスはスピン軌道相互作用が強く，それが特にこの物質の物性を豊かなものにしている．

ビスマスの磁場応答として，図 11.59(a) に示した binary 軸（x 軸）方向に磁場を印加した場合を考える．細長い回転楕円体をした電子のフェルミ面（図の A-C）についてみると，B と C の電子は同じサイクロトロン有効質量 $0.0021\ m_0$（m_0 は電子の静止質量）をもち，A 電子のサイクロトロン有効質量 $0.032\ m_0$ と比較して 10 倍以上軽い．一方で g 値も巨大かつ異方的である．その結果，軽い電子ではゼーマンエネルギーとサイクロトロンエネルギーとの比 $\gamma \equiv g\mu_B B/\hbar\omega_c$ が 1 より大きくなり，伝導帯の最低次のランダウ準位（$n = 0, S = 1/2$）は磁場増加とともに下がってくる（図 11.60(a)）．一方で価電子帯の最低次のランダウ準位は磁場増加とともにエネルギーが上昇する．このため軽い電子のバンドと正孔のバンドとは約 10 T の磁場 H_C で交差しようとするが，実際には準位間の反発が起こるため交差はせずに波動関数が入れ替わる．さらに強磁場になると T 点にある正孔の価電子帯のエネルギーが下がってくる．両者は図の H_T で交差してバンドの重なりが消失することになり，この磁場で半金属/半導体転移が起こると予想されている[108]．

この半金属/半導体転移の近傍では励起子相とよばれる新しい電子状態の出現が期待さ

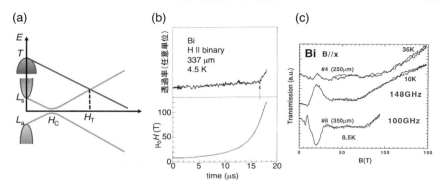

図 **11.60** (a) 磁場を binary 方向に掛けたときに予想されるエネルギー準位の磁場依存性[108]．(b) 超強磁場下で行われた遠赤外光の透過率と磁場の時間変化[109]．(c) 一巻きコイル法で発生した超強磁場下で測定されたミリ波の透過率の磁場依存性[111]．

れている．励起子相とは少数の電子と正孔の存在する系で励起子の束縛エネルギーがバンドギャップまたはバンドの重なりより小さいときに，両者の間のクーロン相互作用により束縛状態を形成して絶縁体化するという状態である．三浦らは電磁濃縮法で発生した超強磁場下における遠赤外光の透過実験によって 88 T の磁場で透過率の増大を観測した（図 11.60(b)）[109]．透過率の増大は高周波伝導度の低下を意味しており，励起子相で期待される絶縁体化とコンシステントな結果となっている．YKA 理論[110] によれば 88 T における励起子の束縛エネルギーは 4.6 meV（53 K）に増大するため，相当な高温での励起子相の実現が期待できる．嶋本らは一巻きコイル法を用いて発生した超強磁場下で遠赤外光透過率の磁場依存性をいくつかの温度で測定し，36 K まで半金属・半導体転移によると思われる透過率の変化を観測しているが，励起子相の有無について議論できる明瞭な結果は得られていない（図 11.60(c)）[111]．近年 100 T までの磁場領域で非破壊パルスマグネットを用いた各種の精密な物性測定が可能になっているので，今後半金属/半導体転移近傍における電子状態に関して，より踏み込んだ研究の展開が期待される．

b. グラファイト

グラファイトは炭素のつくるハニカム格子が積層した結晶構造をもっている．炭素のもつ 4 つの価電子のうち 3 つが σ バンドを占有してハニカム面内の強い化学結合に寄与し，残りの 1 つが π バンドを形成して電気伝導に寄与する．このハニカム格子の積層は，図 11.61(a) のように 1 層目に対して 2 層目がずれて重なっており，c 軸方向に 2 倍周期の構造をとっている．その結果，グラファイトは単位胞内に 4 個の炭素を含んだ補償金属となっている．グラファイトのバンド構造は Slonczewski–Weiss–McClure モデル[112] で記述さ

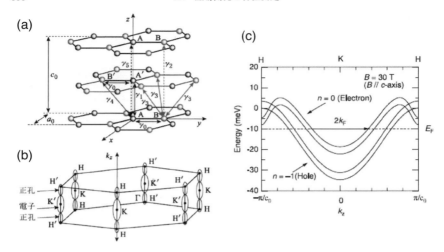

図 11.61 グラファイトの (a) 結晶構造と (b) ゼロ磁場におけるフェルミ面. (c)30 T の c 軸磁場下におけるグラファイトのバンド構造[116].

れており,正六角柱の形をした第 1 ブリルアンゾーンで六角形の頂点から k_z 方向に伸びた $H-K-H$ および $H'-K'-H'$ 軸に沿ってフェルミ面が存在する.このとき層間の弱い相互作用の影響で 2 つの π バンドがわずかに重なりあい,その結果として $3 \times 10^{18} \mathrm{cm}^{-3}$ 程度の電子と正孔がほぼ同数誘起されて半金属となる.

層間の結合は弱いためスコッチテープなどで容易に結晶の劈開が可能であり,劈開を繰り返して単層化したものがグラフェンである.層間の伝導をもたないグラフェンでは K 点および K' 点で電子と正孔のバンドが 1 点で接触し,そのまわりにディラック・コーンとよばれる円錐形の分散関係を示す.この特異な分散関係のためグラフェン中の電子の運動は有効質量をゼロとしたディラック方程式で記述され,さまざまな新しい電子物性の舞台となっている.その最初の論文を発表した Geim と Novoselov[113] は,2010 年にノーベル物理学賞を受賞している.本項では多層系グラファイトの強磁場物性に話を絞るので,ディラック電子系の物理に興味をおもちの方には文献などを参照されたい[114].

グラファイトにおけるキャリアの有効質量は,面内が $0.05\ m_0$ と軽い一方で面間は $10\ m_0$ と重い.少ないキャリア数と面内の軽い有効質量のため,c 軸方向に磁場を印加すると 7.4 T という低い磁場で,電子・正孔がそれぞれ 1 つ(スピン自由度まで入れると 2 つ)のランダウ・サブバンドを占有する準量子極限に入る.このとき面内の電子の運動はほぼサイクロトロン運動に制限されるため面内の電気伝導率は低下し,その結果として 10^4 に及ぶ巨大な正の磁気抵抗効果が現れる.一方で c 軸方向の伝導率も同様に正の磁気抵抗効果を示すとする報告がされてきたが[115],その再現性には問題があった.再現性を悪くしてきた原

11.6 強磁場下での物性

因の一つとして試料整形時の問題が考えられる．グラファイトを整形する際にカッターなどを用いると，しばしば試料の縁が湾曲する．グラファイトはゼロ磁場で 2 次元的伝導を示すため，この湾曲した縁を通じて面間方向にも面内の伝導成分が重畳してしまう可能性がある．長田らは劈力を加えて破断した試料を用いて面間抵抗の測定を行うと，c 軸方向の縦磁気抵抗効果が負になることを報告している[116]．この振る舞いは多層ディラック電子系の振る舞いとして予測されているものであり，実際にその振る舞いはモデル計算でも再現されている．このような異方的磁気抵抗効果の結果，準量子極限にあるグラファイトは強磁場下で擬 1 次元導体と見なすことができる．

電気伝導測定の再現性を下げているもう一つの理由として，試料の質の問題がある．グラファイトにおける電気伝導測定では試料の質の違いによる再現性の問題がしばしば顔を出す．物性研究に多く用いられてきたグラファイトとしては，天然鉱物として採集されるナチュラル・グラファイトのほか，人工的に合成されたものとして比較的入手が容易な高配向グラファイト（Highly Oriented Pyrolytic Graphite: HOPG），そして単結晶のキッシュ・グラファイトなどがあるが，本項ではバルクのグラファイトとしての本質的性質を最もよく反映していると思われるキッシュ・グラファイトの実験結果を中心に紹介する．

準量子極限に入ったグラファイトに，さらに強磁場を印加すると電気抵抗の異常な増大が観測される．田沼らは約 30 T までのパルス磁場下における磁気抵抗測定によって，面内抵抗率の顕著な増大を観測した（図 11.62(a)）[117]．この抵抗値の増大する磁場が顕著な温度依存性を示すことから，その起源は 1 電子のバンド的な効果ではなく，多体系の問題であることが示唆された．Slonczewski–Weiss–McClure の計算によると 30 T の磁場下におけるランダウ・サブバンドの分散関係は図 11.61(c) のようになる[112]．図中で $n = 0$，$n = -1$ の指数で示されているものがそれぞれ電子的および正孔的なサブバンドである．それぞれスピン自由度によって ↑ と ↓ の 2 つのブランチがあり，全部で 8 個のフェルミ点がある．このような低次元導体では一般に $2k_F$ 不安定性が起こりやすい．実際に吉岡・福山による計算ではこの準量子極限状態においてフェルミ点のネスティングが起こり，密度波相への相転移があることが示された[118]．この吉岡–福山理論によると密度波相への転移温度は次式で与えられる．

$$k_B T_c(B) = 4.53 E_F \frac{\cos^2(\frac{1}{2} c k_{Fn\sigma})}{\cos(c k_{Fn\sigma})} \exp\left(-\frac{2}{N_{n\sigma}(E_F)\mu}\right) \tag{11.134}$$

ここで E_F はバンドの底からみたフェルミ面のエネルギー，c は単位胞の c 軸長，$k_{Fn\sigma}$ および $N_{Fn\sigma}(E_F)$ はそれぞれ軌道指数 n・スピン σ をもつサブバンドのフェルミ波数およびフェルミ面での状態密度を表す．また μ は密度波を形成する相互作用を表す．この式は超伝導体の臨界温度を決める BCS の式と類似した形をしており，ランダウ量子化の影響で $N_{n\sigma}(E_F)$ が磁場印加とともに増大すると $T_c(B)$ は増大する傾向にあり，実験の観測結果とも符合する．ネスティングの波数についてはフェルミ点の選択でいくつかの組み合わせ

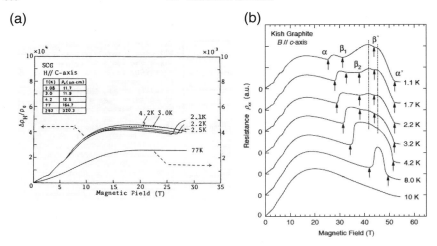

図 11.62 (a) 30 T[105], (b) 55 T までのパルス磁場下で測定されたキッシュ・グラファイトにおける面内抵抗の c 軸磁場依存性[122].

がありうる．吉岡–福山理論では $n=0\uparrow$ サブバンドのフェルミ点を結ぶ波数のネスティングによる電荷密度波が最も高い温度で出現するとしているが，どのような密度波相が安定になるかはいくつかの理論で異なる示唆があり[118~120]，実験的にも明確な決着は得られていない．また磁場の値によってネスティング波数が変化する可能性も指摘されており[121]，詳細は今後の研究に期待されている．

グラファイトのような少数キャリア系では，式 (11.134) における指数関数の前に掛かる E_F の磁場依存性も考慮する必要がある．特にネスティングに寄与するランダウ・サブバンドがフェルミ面から離れるところでは E_F の減少によって $T_c(B)$ がほぼ 0 となり，密度波相からギャップ・レスの状態に戻るリエントラント転移が期待される．矢口らは 55 T までの磁気抵抗測定によってこのリエントラント転移とみられる電気抵抗の急峻な減少を見いだした（図 11.62(b)）[122]．この転移磁場は吉岡–福山モデルによる 60 T 以上という予測より小さいが，電子相関の効果を取り入れた高田・後藤による計算結果[123]とはよい一致を示している．後者のモデルによる計算では，53 T 付近で起こる密度波相からのリエントラント転移において $n=0\uparrow$ と $n=-1\downarrow$ のサブバンドがほぼ同時にフェルミ面から離れるとしており，転移磁場以上では $n=0,-1$ ともスピン分裂まで含めてそれぞれ 1 つのバンドしか存在しない量子極限状態にある．リエントラント転移後の量子極限状態でどのような電子状態が実現するのか，今後さらなる強磁場下での精密な物性研究に期待したい．

c. 強磁場極限での物理

キャリア数の少ない半金属では人工的に到達可能な磁場領域で量子極限状態が実現できる. 量子極限状態では電子相関の効果がバンド幅に比べて大きくなるため, 強い電子相関を反映した物理現象が期待される. これまでも理論的には, 励起子相の実現, さまざまな密度波転移, 量子ホール効果, そして磁場誘起超伝導などさまざまな可能性が唱えられてきた. グラファイトでは実際に密度波相と思われる高抵抗状態が観測されているが, ネスティングを示す直接的な証拠はいまだ得られていない. 今後はこれまでの抵抗測定にとどまらず, 本章の中で紹介したさまざまな手段による強磁場物性測定を駆使して, より直接的な現象の解明が期待される. 一方のビスマスに関しては磁場を図 11.59(a) に示した trigonal 軸方向に印加した場合の超量子極限状態で分数量子ホール効果を観測したという報告がなされた[124]. しかしその後の詳細な研究で双晶構造を考慮に入れれば通常の量子振動で説明できることがわかっており[125], 超量子極限での物性については単一ドメイン試料に対する注意深い実験が必要である.

グラフェンによる特異な電子状態が見いだされて以来, ディラック電子系の物理が大きな注目を集めている. グラファイトやビスマスの示す異常な電子物性も, 同じ枠組みの中で説明する試みが広がっている. 半金属であるビスマスの電子系はギャップのあるディラック電子と考えられ, Sb 置換や圧力印加で L 点のギャップを減少させると, ギャップレスのディラック電子へと連続的に変化するといわれている[106]. ビスマスに対する詳細な強磁場物性研究はディラック電子系の物理にも新たな発展をもたらすと期待できる.

半金属に対する物性研究では高純度試料に対する実験が重要であり, 磁場領域を下げるべく元素置換などを行うと本質的な現象を見失うおそれがあるため, 強磁場下での物性研究が不可欠である. ビスマスやグラファイトに関する物性研究の歴史を振り返ると, 磁場領域の拡張や強磁場下での新しい測定手段の開発に伴って新しい電子相が見いだされてきた経緯がある. こうした意味でもこれらの半金属は極限物性の永遠のテーマであり, 今後も未知の物理現象への入り口となるであろう. 今後も高品質試料に対する多角的かつ注意深い強磁場物性研究によって, 超量子極限における物理が更なる発展を迎えることに期待したい.

11.6.5 重 い 電 子

重い電子系とよばれる物質群では, 伝導電子と局在電子の強い相関のため, 有効質量が通常の電子の 1000 倍程度も大きい準粒子が実現している. $4f$ 電子は局在性が強く, セリウム (Ce) やイッテルビウム (Yb) などの希土類元素を含むいくつかの金属間化合物において重い電子が形成される. さまざまな相互作用の拮抗による量子力学的な揺らぎの増大と, そこで出現する非フェルミ液体や非従来型の超伝導現象などが, 重い電子系の研究における現在の主要な研究テーマである. 重い電子の形成には f 電子-伝導電子間の磁気

的相互作用が大きく関与するため,強磁場下での性質を調べることで電子状態の理解が進むと考えられ,精力的に研究が行われている.

原子の電子状態を考えたとき,$4f$ 軌道に電子が占有する仕方はフント則,スピン軌道相互作用などによって決定される.スピン角運動量の量子数 S と全角運動量の量子数 L は一般に有限の値をもち,全角運動量の量子数 J で磁気モーメントの大きさが決定される.ここで,$J = L+S$ または $J = |L-S|$ である.固体中でも $4f$ 電子は原子の磁気モーメントを考えてその性質をよく記述できる場合が多く,その場合は通称,局在系とよばれる.局在系では,一般に $4f$ 電子と伝導電子の相関はあまり強くなく,重い電子は形成されない.

f 電子のエネルギー準位がフェルミ準位の近傍に位置する場合,伝導電子との波動関数の混成が生じて,f 電子に遍歴性が現れる.f 電子と伝導電子のスピン間に反強磁性的な交換相互作用 J_{cf} が働く場合,極低温で f 電子と伝導電子がスピン 1 重項状態を形成して非磁性状態になる場合がある.この効果は近藤効果とよばれ,スピン 1 重項を形成する温度の目安を近藤温度 T_K,1 重項を近藤 1 重項とよぶ.重い電子の形成は,f 電子と伝導電子が強く結合する T_K 以下程度の低温で起こると考えてよい.

重い電子系は,しばしば近藤格子ともよばれる.f 軌道はスピンも含めて 14 の縮退があるが,簡単のために縮退がないものとすると,近藤格子模型では,f 軌道の電子占有数 n_f は 1 と近似される.伝導電子との波動関数の混成効果が大きければ,f 電子の占有数は $n_f < 1$ となる.n_f の 1 からのずれは,イオン状態を考えたときの価数の整数値からのずれに対応するため,この現象は価数揺動現象と一般によばれる.重い電子系においては程度の差こそあれ,常に存在する現象である.近藤格子模型は価数揺動が小さいとして無視した近似といえる.近藤格子として見なされる典型的な重い電子系では T_K は 10 K 以下程度,$1-n_f \sim 0.01$ である.J_{cf} が大きくなると,T_K は大きくなり,n_f の 1 からのずれも大きくなる.T_K が 100 K 以上程度では $1-n_f > 0.1$ となり,近藤格子とは見なせなくなる.このとき,価数が整数から大きくずれるために価数揺動物質,または混合原子価物質とよばれる.f 電子は遍歴的性質が強くなり,有効質量の増大は抑制される.系のエントロピー S が T_K の温度スケールで放出されると考えれば,電子比熱係数 γ は $\gamma = S/T_\mathrm{K}$ で与えられるので,T_K が小さくなれば γ は大きくなる.有効質量 m^* は γ に比例するため,有効質量の増大は T_K が低いことに対応する.通常の金属状態では温度スケールはフェルミ温度程度で 10000 K のオーダーになると考えられるので,重い電子系における 1000 倍程度の有効質量の増大は,特性温度である T_K が低いことに起因していると考えることができる.

重い電子系は近藤 1 重項の形成によって実現していると考えると,磁場はゼーマン効果により 1 重項状態を抑制するため,強磁場中では重い電子状態は不安定になると予想できる.スピン 1/2,g 因子が 2 の場合を考えるとゼーマン分裂エネルギーは $2\mu_\mathrm{B} B$ であり,$\mu_\mathrm{B} B_c \sim k_\mathrm{B} T_\mathrm{K}$ で,重い電子が抑制されると考えられる.実験的には,$B = B_c$ で磁化の

磁場依存性に急激な増大（メタ磁性）が観測されることが期待できる．実際に，$CeRu_2Si_2$ や，$CeIrIn_5$ などのセリウム化合物，URu_2Si_2 や UPt_3 などのウラン化合物（$5f$ 電子系）でメタ磁性が観測されており，磁場による重い電子の抑制効果がその機構として考えられるが，実際にはそれほど単純ではなく，フェルミ面の形状効果なども考慮する必要があることが示唆されている．重い電子系のメタ磁性転移は現象がはっきりしており，興味深いが，その微視的機構はいまだ十分理解されていない点も多く，今後の研究課題の一つである．

最近，重い電子系の強磁場下での電子状態を調べる手法として放射光 X 線分光の技術開発が行われている．X 線分光による希土類元素の $2p-5d$ 遷移吸収近傍のスペクトルを観測すると，$4f$ 電子の軌道占有数を反映したエネルギー位置に吸収ピークが観測される．Ce の場合，f 軌道の電子占有数 n_f が 1 であれば，$Ce^{3+}(f^1)$ の位置に吸収ピークが観測されるだけであるが，$n_f < 1$ の場合には $n_f = 0$ の状態が混成するため，$Ce^{4+}(f^0)$ に対応する吸収ピークも同時に観測され，それぞれ f^1 ピークと f^0 ピークの強度比から実効的な n_f，すなわち価数が決定される．

図 11.63 には，X 線吸収スペクトルの磁場依存性から決定した $CeRu_2Si_2$ の Ce 価数の磁場依存性と磁化過程の様子を示している[128]．磁化過程には約 8 T でメタ磁性が観測され，磁化の磁場微分信号（dM/dH）には明瞭なピークが観測されている．過去の報告より，メタ磁性転移の前後でフェルミ面の変化が観測されているが，近藤 1 重項が磁場で壊されるまでには至っておらず，8 T 以上の磁場においても重い電子状態が持続してい

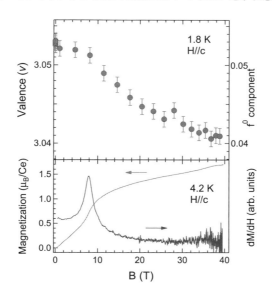

図 11.63　$CeRu_2Si_2$ の強磁場価数と磁化過程[128]．

とが示唆されている[129]．図11.63から，ゼロ磁場においてCe価数は3価よりわずかに大きく，$n_f \sim 0.95$の状態にあることがわかる．磁場を強くしていくと価数が3価方向に変化するが，メタ磁性転移磁場よりも低磁場ではその効果は弱く，転移磁場より強磁場で価数の磁場依存性が顕著になることが示されている．このことは，f電子はメタ磁性よりも強磁場側では遍歴性を失い，局在化することを意味している．ただし，$n_f = 1$の極限においてf電子が局在し，近藤1重項が壊れると考えると，40 Tという高い磁場においても依然として重い電子としての性質を維持していることがわかる．この結果は，これまでのこの物質の磁場中での性質の理解を大きく変えるものではないが，f電子の遍歴性が，メタ磁性前後で有限に変化していることを証明した最初の実験的証拠である．磁場による価数の変化は40 Tでもわずかに0.12であるが，この価数変化と$Ce^{4+}(f^0)$と$Ce^{3+}(f^1)$のイオン半径の違いから算出される体積変化は，$CeRu_2Si_2$で報告されている大きな磁歪を定量的に説明することから，決して無視できない効果であるといえる[128]．

重い電子系は近藤格子としてとらえられることが多かったため，価数揺動現象はあらわに議論されることは少なかった．しかし，最近，スピン揺らぎとともに価数揺らぎも低温の異常物性の理解に重要であるとの指摘がなされるようになり，特に価数転移の量子臨界点が注目されている．$CeCu_2Si_2$の超伝導や，Yb系重い電子での初めての超伝導物質である$\beta-YbAlB_4$などが，価数の量子臨界性と深く関連していると予想されている[130,131]．特に，$\beta-YbAlB_4$は$n_f \sim 0.8$と強い価数揺動を示し，T_Kも200 K程度と高いにもかかわらず，近藤格子としての性質も合わせもつ特異な物質であり，量子臨界点近傍に位置すると予想されている[132]．高い近藤温度をもつ価数揺動物質における強磁場実験は興味深く，いくつかの物質で1次の磁場誘起価数転移が観測されている．しかし，量子臨界性まで踏み込んだ実験研究はいまだほとんどないため，今後，さらなる研究展開が期待される．

また，重い電子系と同様にf電子と伝導電子が低温で強く結合するが，エネルギーギャップが形成されて絶縁体になる物質群があり，近藤絶縁体，または近藤半導体とよばれている．近藤絶縁体のエネルギーギャップの形成には$c-f$混成が関与していると理解されており，磁場で近藤1重項状態を壊した際には絶縁体から金属へ転移し，磁化にはメタ磁性が観測されることが期待される．実際，近藤半導体の一つであるYbB_{12}は約50 Tでメタ磁性と金属化が観測されている．ただし，強磁場相がどのような電子状態であるかは実験的には未解明であり，よくわかっていない．エネルギーギャップも単純な形ではなく，2段ギャップ構造などが提唱されているため，完全にギャップが閉じる強磁場中での振る舞いを明らかにすることはきわめて興味深い．また，最も単純で興味深いのは，磁化を飽和まで測定して，磁気モーメントの大きさを決定することである．100 T以上の超強磁場を用いた実験が現在進行形であり，YbB_{12}は110 Tの磁場ではまだ磁化の飽和は観測されていない．一方，近藤絶縁体は，絶縁体化の機構が通常のSiなどの半導体とは異なること

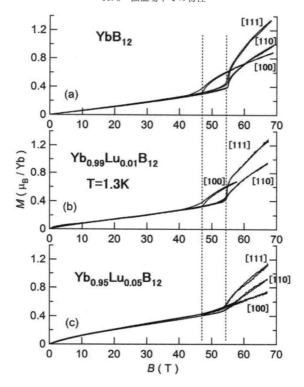

図 11.64　YbB_{12} 及び $Yb_{1-x}Lu_xB_{12}$ の強磁場磁化過程[134]

に起因して，トポロジカル絶縁体と見なせるのではないかとの提案も最近なされ，新たな視点からも再注目されている[133]．近藤絶縁体の理解において 100 T 超の破壊型の強磁場実験が果たすべき役割は大きく，測定技術のさらなる開発により，今後の研究の進展が期待される．

11.6.6　構　造　物　性

物性科学において磁場がなしうる作用は，主にスピンおよび軌道磁気モーメントを介したゼーマンエネルギー程度の大きさである．そのため，一般には磁気構造や電子帯構造には変化を及ぼすものの，結晶構造を大きく変化させることは難しいと考えられる．しかし，交換相互作用が大きく，スピン軌道相互作用や幾何学的フラストレーション効果などとの関連が強い場合には磁気的エネルギーの変化単独ではなく，他の自由度との協力から生まれるエネルギーバランスの変化の結果，磁場中での結晶構造変化が期待される．結晶構造

変化は電気的・磁気的な物質の性質をも大きく変化させる可能性が高く，相転移による物性の劇的変化が予想される．磁場誘起構造相転移は強磁場研究において最も魅力的な研究テーマの一つである．

交換相互作用は量子力学的効果であり，原子どうしの波動関数が重なり，電子の交換が可能である際に生ずる．したがって，交換相互作用は一般に原子間の距離に依存する．実際に圧力などを加えることで一般に交換相互作用の大きさや時には符号が変化する．ただし，磁気的エネルギーは化学結合エネルギーと比較すると通常は桁違いに小さいため，一般的には決まった結晶構造の元で交換相互作用を考える．したがって，磁場の印加によってスピンの方向を制御した場合，交換相互作用を介したエネルギー利得と格子変形による弾性エネルギーとのバランスから格子の変形量が決定されると考えて問題ない場合が多数であり，そのとき，格子定数を a とすると通常は $\Delta a/a$ は $10^{-5} \sim 10^{-6}$ と小さい値である．交換相互作用の原子間距離依存性が顕著な場合，桁違いに大きな格子変形が起こりうる．ここで，強い反強磁性交換相互作用がある場合を考える．外部磁場でスピンを強制的にそろえると，相互作用を介した磁気エネルギーは上昇してしまうため，より系のエネルギーを下げるために格子が膨らむ．このとき，交換相互作用 J の大きさは波動関数の重なりを考えれば，小さくなると考えられる．$J \to J - j(a/\Delta a)$ のように交換相互作用が小さくなれば，スピンがそろうことによるエネルギーの損をより軽減できるため，格子の膨張をさらに加速的に助ける働きになる．これは交換歪効果とよばれ，CoO や Gd_5Ge_3 の $\Delta a/a \sim 10^{-3}$ にも及ぶ 大きな磁歪などを説明する．パルス磁場中の X 線回折実験から詳細な研究が行われている[137,138]．磁化過程に特徴的な階段状の構造が現れる $CuFeO_2$ では，その磁化過程に興味がもたれているが，結晶構造にも交換磁歪効果によって大きな格子定数の変化が観測されている．図 11.65 に示すように，X 線回折実験から格子定数が $\Delta a/a \sim 10^{-3}$ 程度の大きな変化を示し，その磁場依存性が磁化に対応して階段状の振る

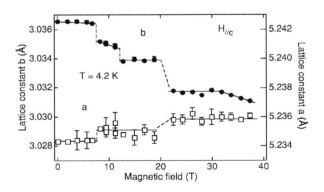

図 11.65　$CuFeO_2$ の磁場中の格子定数の変化[139]．

11.6 強磁場下での物性

舞いをみせることが明らかにされている[139].

　遍歴的な電子が媒介する2重交換相互作用が顕著な場合，スピンと格子の相関に加えて電気伝導性も磁場中の現象に深く関連する．巨大磁気抵抗効果を示すことで知られているマンガンを含むペロフスカイト構造の酸化物では，低温で電荷・軌道整列を起こし，絶縁体化する物質がいくつか存在する．電荷整列は，$Mn^{3+}(d^4)$ と $Mn^{4+}(d^3)$ の状態が規則的に整列する現象であり，結晶場分裂した $3d$ 軌道の t_{2g} と e_g 軌道のうち，Mn^{3+} の電子1つが2重縮退した e_g 軌道のうち一方を選択することで軌道整列が起こる．このとき，ヤーン–テラー効果によって結晶が変形し，$Pr_{1-x}Ca_xMnO_3$ などでは立方晶に近かった結晶は斜方晶に構造が変化する．このとき磁気的には反強磁性相関が強い状態になる．一方で，Mnのスピン間の2重交換相互作用機構では d 電子は隣り合うスピンが平行になった場合にサイト間の移動積分が大きくなり遍歴的になる．強磁性を示す Mn 酸化物では，この機構によって金属的伝導を示す場合が多い．磁場はスピンを平行にそろえるため，電荷・軌道整列している状態に十分強い磁場を加えると，絶縁体から金属への転移が観測される．この電荷・軌道整列の磁場による崩壊現象は，磁化過程においてはメタ磁性転移として観測され，ヤーン–テラー歪みが抑制され，結晶構造が立方晶に近くなる．図 11.66 はさまざまなペロフスカイト Mn 酸化物におけるメタ磁性転移を観測した結果が示されている[135]．70 T までに及ぶ強磁場領域での実験は，一巻きコイル法によって行われた[136]．大きなヒステリシス現象が観測されており，この転移が結晶構造変化を伴った1次転移であることを示している．結晶構造を調べるには X 線回折が直接的であり，放射光を用いたパルス磁場中

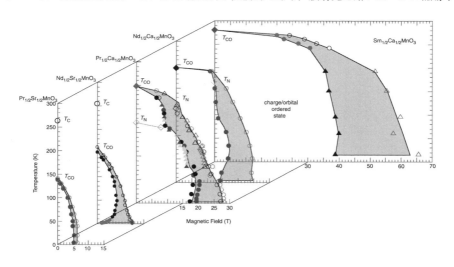

図 **11.66** ペロフスカイト Mn 酸化物の磁場誘起転移[135]

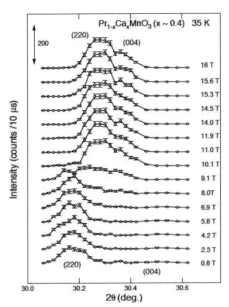

図 11.67　$Pr_{0.6}Ca_{0.4}MnO_3$ 単結晶の X 線回折プロファイルの磁場依存性[51]．

での実験が行われている．図 11.67 は $Pr_{0.6}Ca_{0.4}MnO_3$ 単結晶を用いた低温での X 線回折プロファイルの磁場依存性である[51]．低磁場では (004)，(220) の指数の反射が観測されているが，これは，低温で多数の結晶ドメインに分かれていることを反映している．したがって，厳密には単結晶状態にない．高温では立方晶に近いが低温で斜方晶となるために，降温によりこのようなマルチドメイン化が起こる．磁場を印加すると約 9 T で電荷・軌道整列が壊れ，磁場誘起の絶縁体・金属転移が起こるが，その磁場近傍で X 線回折プロファイルが大きく変化する様子がわかる．高磁場では (220) と (004) 反射ピークの位置が近くなっており，結晶が立方晶に近づいたことがわかる．

スピンと格子の強い結合は，スピンの幾何学的フラストレーションが強い場合にさまざまな新しい磁気構造を生み出す原因ともなる．スピネル構造をもつ $ZnCr_2O_4$ や $CdCr_2O_4$ などの Cr 酸化物では，Cr がパイロクロア格子を組むため 3 次元的な幾何学的フラストレーション効果が生じる．$ZnCr_2O_4$ ではワイス温度が -390 K であり強い反強磁性相互作用をもつが，フラストレーションが反強磁性秩序が生じるのを抑制するため実際の反強磁性転移温度は 12 K である．反強磁性秩序に伴い結晶は立方晶から正方晶へと変化しフラストレーションが解消する．Cr^{3+} の d 電子 3 つは結晶場で分裂した d 軌道のうち t_{2g} 軌道を占有し，軌道の自由度が失われているため，Mn 酸化物のようなヤーン–テラー歪み

11.6 強磁場下での物性

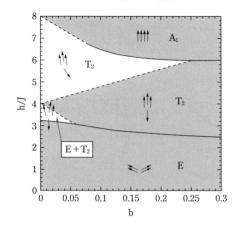

図 **11.68** Cr スピネルにおけるスピン格子結合の強さ b が異なる場合に予想される磁気構造の磁場依存性[140].

が起こらないが,交換歪を介してスピンと格子が結合している.いくつかの仮定をすることで,理論的にはこの系ではスピン格子結合は $b(\boldsymbol{S}_i \cdot \boldsymbol{S}_j)^2$ の相 2 次交換相互作用の形式に書き直すことが可能であり,b が結合の強さを表している.図 11.68 は b がいろいろな値をとる場合に磁場を加えると,さまざまな磁気構造が誘起されることを理論的に予測した結果を示している[140].

図 11.69(a) は,$ZnCr_2O_4$ の磁化過程をファラデー回転によって 600 T に及ぶ超強磁場において決定した結果である[141].図 11.69(b) には光吸収強度の磁場依存性も同時に示されている.実験は物性研究所の電磁濃縮法により行われた.120 T,410 T 付近で特徴的な磁化の振る舞いが観測されている.$ZnCr_2O_4$ では $b \sim 0.02$ と考えられており,120 T 付近の振る舞いは詳細にみると,図 11.68 における反強磁性相(E)-キャント 2:1:1 相 (E+T_2)- 1/2 プラトー相(T_2)-キャント 3:1 相(T_2)への転移であることが明らかにされている[142].

磁場中では磁気構造に対応して結晶構造の変化が予想されている.$CdCr_2O_4$ では 1/2 プラトー相において正方晶から立方晶へと変化する様子が 30 T までの X 線回折実験でとらえられていることから,$ZnCr_2O_4$ においても 1/2 プラトー相では立方晶である可能性がある.したがって,約 120 T で光吸収強度が減少しているのは,構造相転移を示唆していると考えられる.興味深いのは光吸収の急激な減少が 350 T 付近でも生じていることで,磁化過程にはその磁場近傍であまりはっきりした変化がみられていない.なんらかの構造相転移が生じている可能性があるが,仮に 1/2 プラトー相で立方晶になっている場合,強磁場による飽和相では交換歪効果を介して磁気エネルギーを下げるために結晶において酸

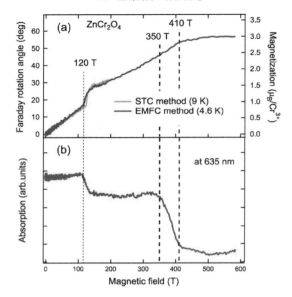

図 11.69 ZnCr$_2$O$_4$ の (a) ファラデー回転角の磁場依存性,および (b) 光吸収強度の磁場依存性[141].

素位置などの変化が生じている可能性がある.少なくとも,理論的に予想される図 11.68 にはない,350 T から飽和の 410 T までには新たな相が存在することが発見されたといえ,きわめて興味深い結果である.新たな相の詳細については,アンブレラやネマッティックとよばれる新奇なスピン状態が現在議論されているが,まだ決着をみるには至っていない.結晶構造についても,非常に高い磁場中であるため X 線回折などの直接的な方法での結晶構造の決定は難しいが,光学異方性などの利用によって対称性を調べることは可能であると思われ,今後の研究展開が期待できる.

化合物磁性体以外でも磁場中での結晶構造に興味がある物質はいくつかある.PbGeTe 系の半導体において,共有結合ボンドが磁場の影響を受け磁場誘起構造相転移を起こす可能性がサイクロトロン共鳴の実験から報告されている[143].サイクロトロン共鳴から得られた有効質量 m^* の磁場依存性からその可能性が示唆されているが,直接格子を観測する実験がなされていないため,詳しいことはわかっていない.伝導電子の軌道ではなく,共有結合を担っている電子の波動関数が磁場で制御された例はおそらく見つかっておらず,今後の解明が期待される問題の 1 つであろうと思われる.

分子固体は分子間の結合がファン・デル・ワールス力によっているため,イオン結晶や共有結合結晶に比べてやわらかく,形を変えやすいと期待される.最も単純な分子性固体の 1

つであり，興味深い磁性体として固体酸素がある．酸素の磁性は，酸素分子がスピン $S=1$ をもつことに由来する．固体酸素は常圧で α(23.8 K 以下)，β(44.3〜23.8 K)，γ(90.2〜44.3 K)，の 3 つの相があるが，それぞれにおいて，磁気構造と結晶構造が密接に関係している．4 極子相互作用および交換相互作用が酸素分子の配列に影響を及ぼしており，酸素分子のダイマー（O_2-O_2）を考えた際には，分子が平行に並んだ H 型で反強磁性交換相互作用，分子がねじれた配置の X 型では強磁性相互作用となることが第一原理計算から明らかになっている[144,145]．通常，酸素分子間では反強磁性相互作用が安定な構造をとり，常圧相（α，β，γ）ばかりでなく高圧相（ϵ，δ）でも H 型配置を基調とした（分子軸が平行に配置した）結晶構造であることが知られている．ちなみに，磁性をもたない N_2 分子や CO_2 分子がダイマーを形成する際には，四極子相互作用によって分子が平行にシフトした S 型配置をとる[144,145]．

酸素分子が反強磁性ダイマーを形成した際には，基底状態のスピン 1 重項状態（$S_T=0$，S_T は全スピン）は強磁場下で不安定になり，ゼロ磁場下での励起状態である 3 重項（$S_T=1$），5 重項（$S_T=2$）が，ある磁場下で 1 重項状態とクロスオーバーして基底状態が入れ替わることが期待される．ナノ細孔材料である銅配位高分子の CPL-1 に吸着した酸素はダイマーを形成し，強磁場下で $S_T=2$ の反強磁性ダイマーで予想される階段状の磁化過程が期待される[146]．

図 11.70 は測定された磁化過程とハイゼンベルク $S=1$ 反強磁性ダイマー模型で計算さ

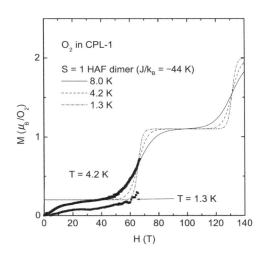

図 **11.70** ナノ細孔材料・銅配位高分子 CPL-1 に吸着した酸素分子ダイマーの磁化過程[146]．

れた磁化曲線である．4.2 K での磁化過程はダイマー間の相互作用 J_{AF}/k_B を -44 K とすれば説明可能であるが，同じ J_{AF}/k_B では 1.3 K の結果を説明できないことがわかっており，単純な $S=1$ 反強磁性ダイマー模型が適用できない[146]．その理由として，先に述べた酸素分子間ポテンシャルのスピン間相互作用依存性が重要であるとの予測がなされている．

一般的には，交換相互作用を決定する分子や原子の配置・配列は一定であり，磁場中の磁化過程は相互作用の大きさを反映した曲線になる．しかし実際には先に紹介したように，交換相互作用の原子間距離依存性から，磁場中で結晶が変形して磁気エネルギーを得する交換歪のメカニズムが顕著になる場合がある．酸素分子ダイマーでは，その効果がきわめて顕著に現れ，分子間の結合の様式が大きく変わりうる．磁場中で O_2-O_2 ダイマーが，反強磁性 H 型配置から強磁性 X 型配置へと変化すれば，磁場下で交換相互作用が徐々にまたはある磁場で急激に変化するため，磁化過程は単純な $S=1$ 反強磁性ダイマー模型では説明ができない．磁場による酸素分子配列再構築の実験的な証拠を探索する試みがなされており，磁場中での細孔内吸着酸素の研究が精力的に進められている[147]．

3 次元的な酸素分子間のポテンシャルにも磁気的エネルギーの寄与は大きいと考えられており，吸着系でなくバルクの固体酸素の磁場中での性質も非常に興味深い研究対象である．バルク酸素においても，反強磁性 H 型配置から強磁性 X 型配置への分子再配列が 100 T 以上の超強磁場下で起こることが期待され，研究が進められている．図 11.71 は固体酸素 α 相の光吸収スペクトルを最高 108 T までの超強磁場中で測定した結果である．α 相の基底状態は反強磁性であり，結晶構造は単斜晶である．図の横軸は時間であり，パルス磁

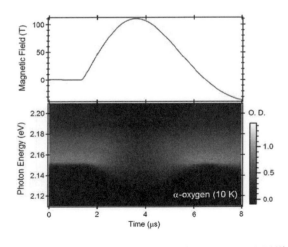

図 **11.71** 固体酸素 α 相の磁場中での光吸収スペクトルの変化[148]．

場波形も同時に示されている．黒い帯状に見えるのが，酸素分子の2分子吸収過程による吸収帯の1つで，可視光の赤色に相当する波長にある．この吸収帯のため固体酸素や液体酸素は淡い青色に見える．

吸収強度は最初は磁場にほとんど依存しないが，強磁場になるにつれて減少し，また，吸収帯の幅が顕著に広くなる様子が観測されている．吸収強度減少は，過去に液体酸素でも同様の現象が観測されており，酸素分子のスピンが磁場中で平行にそろうにつれて，光吸収遷移確率が減少することで説明できる．この吸収過程は励起状態でスピン $S=0$ の状態に遷移するため，双極子遷移におけるスピン保存則をみたすため，2分子が初期状態で全スピン $S_T=0$ の反強磁性ダイマー状態である必要がある．強磁場では反強磁性ダイマー状態をつくることができないため，吸収強度は減少し，酸素は磁場中で青から透明になる．

一方で，吸収帯の幅が広くなる原因の一つは軌道磁気モーメントによるゼーマン効果であると思われるがスペクトル形状の変化は複雑であり，それだけでは説明が難しい．また，吸収帯の重心のエネルギー位置も低エネルギー側にシフトすることがわかっている．結晶格子と反強磁性を安定させていた磁気エネルギーのバランスが磁場で崩れ，格子が不安定になっていると予想されており，実際に，格子が大きく膨張すると仮定すれば吸収帯のエネルギーシフトは説明可能である．さらなる強磁場領域で新しい固体酸素の相への相転移も期待されるため，現在，一巻きコイル法と電磁濃縮法を用いた研究が進められている[149]．

[金道浩一・松田康弘・徳永将史]

文　献

1) F. Bitter, Rev. Sci. Instrum. **7**, 482 (1936).
2) M. F. Wood and D. B. Montgomery, Colloq. Int., Les Champs Magnetiques Intense, Grenoble, 1966 (CNRS, 1967) p. 91.
3) P. L. Kapitza, Proc. Roy. Soc. A **105**, 691 (1924).
4) T. F. Wall, J. Inst. Elect. Engrs. **64**, 745 (1926).
5) S. Foner and H. H. Kolm, Rev. Sci. Instrum. **27**, 547 (1956).
6) M. Date, J. Phys. Soc. Jpn. **39**, 892 (1975).
7) H. P. Furth, M. A. Levine and R. W. Wanick, Rev. Sci. Instrum. **28**, 949 (1957).
8) C. M. Fowler, W. B. Garn and R. S. Caird, J. Appl. Phys. **31**, 588 (1960).
9) E. C. Cnare, J. Appl. Phys. **37**, 3812 (1966).
10) 太田浩一，マクスウェル理論の基礎—相対論と電磁気学（東京大学出版会，2002）．
11) 太田浩一，電磁気学 I（丸善，2000）．
12) Heinz Knoepfel, *Pulsed High Magnetic Fields* (American Elsevier Publishing Company, 1970).
13) 安達健五，化合物磁性　局在スピン系／遍歴電子系（裳華房，1996）．
14) 三浦登編，強磁場の発生と応用（共立出版，2008）．
15) P. G. Harper, Proc. Phys. Soc. (London) Sect. A **68**, 874 (1955).

16) D. R. Hofstadter, Phys. Rev. B **14**, 2239 (1976).
17) 伊達宗行, 極限の科学（講談社, 2010).
18) 芳田奎, 磁性（岩波書店, 1991).
19) 久保健・田中秀数, 磁性 I（朝倉書店, 2008).
20) Y. Sakai, K. Inoue, T. Asano and H. Wada, Appl. Phys. Lett. **59**, 2965 (1991).
21) V. Pantsyrnyi, A. Shikov, A. Vorobieva, N. Khlebova, I. Potapenko, A. Silaev, N. Beliakov, G. Vedernikov, N. Kozlenkova and V. Drobishev, Physica B **294–295**, 669 (2001).
22) H. Jones, F. Herlach, J. A. Lee, H. M. Whitworth, A. G. Day, D. J. Jeffrey, D. Dew-Hughes and G. Sherratt, IEEE Trans. Magn. **24**, 1055 (1988).
23) K. Rosseel, F. Herlach, W. Boon and Y. Bruynseraede, B **294–295**, 679 (2001).
24) 松田康弘, 放射光 **24**, 131 (2011).
25) 安藤　晃, 犬竹正明, 高電圧工学（朝倉書店, 2006).
26) 日高邦彦, 高電圧工学（数理工学社, 2009).
27) Fritz Herlach, Rep. Prog. Phys. **62** (1999) 859.
28) N. Miura and F. Herlach, *High Magnetic Fields*, vol. 1, p. 235 (eds., F. Herlach and N. Miura World Scientific, 2003).
29) N. Miura, T. Osada and S. Takeyama, J. Low Temp. Phys. **133** (2003) 139.
30) Y. H. Matsuda, F. Herlach, S. Ikeda and N. Miura, Rev. Sci. Instrum., **73** 4288 (2002).
31) S. Takeyama and E. Kojima, J. Phys. D: Appl. Phys. **44** (2011) 425003.
32) 嶽山正二郎, 日本物理学会誌 Vol.67, No.3 (2012) 170.
33) T. Sekitani, Y. H Matsuda and N. Miura, New. J. Phys. **9**, 47 (2007).
34) 三浦登編, 強磁場の発生と応用（共立出版, 2008).
35) G. J. Athas, J. S. Brooks, S. J. Klepper, S. Uji and M. Tokumoto, Rev. Sci. Instrum. **64**, 3248 (1993).
36) T. Coffey, Z. Bayindir, J. F. DeCarolis, M. Bennett, G. Esper and C. C. Agosta, Rev. Sci. Instrum. **71**, 4600 (2000).
37) T. Sakakibara, T. Goto and N. Miura, Rev. Sci. Instrum. **60**, 444 (1989).
38) T. Sakakibara, T. Goto and N. Miura, Physica B **155**, 189 (1989).
39) S. Takeyama, R. Sakakura, Y. H. Matsuda, A. Miyata and M. Tokunaga, J. Phys. Soc. Jpn. **81**, 014702 (2012).
40) T. Sakakibara, H. Mitamura, T. Tayama and H. Amitsuka, Jpn. J. Appl. Phys. **33**, 5067 (1994).
41) E. Ohmichi and T. Osada, Rev. Sci. Instrum. **73**, 3022 (2002).
42) 佐藤勝昭, 光と磁気（朝倉書店, 2001).
43) A. Miyata, H. Ueda, Y. Ueda, Y. Motome, N. Shannon, K. Penc and S. Takeyama, J. Phys. Soc. Jpn. **80**, 074709 (2011).
44) A. Miyata, H. Ueda, Y. Ueda, H. Sawabe and S. Takeyama, Phys. Rev. Lett. **107**, 207203 (2011).
45) B. T. Thole, P. Carra, F. Sette and G. van der Laan, Phys. Rev. Lett. **68**, 1943 (1992).
46) P. Carra, B. T. Thole, M. Altarelli and X. Wang, Phys. Rev. Lett. **70**, 694 (1993).
47) T. Nakamura, Y. Narumi, T. Hirono, M. Hayashi, K. Kodama, M. Tsunoda, S. Isogami, H. Takahashi, T. Kinoshita, K. Kindo and H. Nojiri, Appl. Phys. Exp. **4**, 066602 (2011).
48) 近角聰信, 強磁性体の物理（下）（裳華房, 1984).

49) R. Daou, F. Weickert, M. Nicklas, F. Steglich, A. Haase and M. Doerr, Rev. Sci. Instrum. **81**, 033909 (2010).
50) S. Zherlitsyn, O. Chiatti, A. Sytcheva, J. Wosnitza, S. Bhattacharjee, R. Moessner, M. Zhitomirsky, P. Lemmens, V. Tsurkan and A. Loidl, J. Low Temp. Phys. **159**, 134 (2010).
51) Y. H. Matsuda, Y. Ueda, H. Nojiri, T. Takahashi, T. Inami, K. Ohwada, Y. Murakami and T. Arima, Physica B **346 + 347**, 519 (2004).
52) N. Terada, Y. Narumi, Y. Sawai, K. Katsumata, U. Staub, Y. Tanaka, A. Kikkawa, T. Fukui, K. Kindo, T. Yamamoto, R. Kanmuri, M. Hagiwara, H. Toyokawa, T. Ishikawa and H. Kitamura, Phys. Rev. B **75**, 224411 (2007).
53) Y. H. Matsuda, Z. W. Ouyang, H. Nojiri, T. Inami, K. Ohwada, M. Suzuki, N. Kawamura, A. Mitsuda and H. Wada, Phys. Rev. Lett. **103**, 046402 (2009).
54) M. Motokawa et al., Physica B **155**, 39 (1989).
55) S. Yoshii, K. Ohoyama, K. Kurosawa, H. Nojiri, M. Matsuda, P. Frings, F. Duc, B. Vignolle, G. L. J. A. Rikken, L.-P. Regnault, S. Michimura and F. Iga, Phys. Rev. Lett. **103**, 077203 (2009).
56) T. Ishikawa et al., Phys. Rev. B **59**, 8367 (1999).
57) I. Katakura et al., Rev. Sci. Instrum. **81**, 043701 (2010).
58) 近角聰信，電磁誘導・交流・電磁波（培風館，2001）.
59) D. Nakamura, H. Sawabe, Y. H. Matsuda, S. Takeyama, Rev. Sci. Instrum. **84**, 044702 (2013).
60) N. Miura, H. Kunimatsu, K. Uchida, Y. Matsuda, T. Yasuhira, H. Nakashima, Y. Sakuma, Y. Awano, T. Futatsugi and N. Yokoyama, Physica B **256–258**, 308 (1998).
61) W. Zhou, T. Sasaki, D. Nakamura, H. Liu, H. Kataura and S. Takeyama, Phys. Rev. B **87**, 241406 (2013).
62) Y. Imanaka, N. Miura and H. Kukimoto, Phys. Rev. B **49**, 16965 (1994).
63) Y. H. Matsuda, T. Ikaida, N. Miura, S. Kuroda, F. Takano and K. Takita, Phys. Rev. B **65**, 115202 (2002).
64) 三浦登，固体物理 **31**, 349 (1996).
65) J. Kono and N. Miura, *High Magnetic Fields: Science and Technology*, vol. 3, p. 61 (World Scientific, 2006).
66) 本河光博，固体物理 **31**, 359 (1996).
67) S. Okubo, H. Wada, H. Ohta, T. Tomita, M. Fujisawa, T. Sakurai, E. Ohmichi and H. Kikuchi, J. Phys. Soc. Jpn. **80**, 023705 (2011).
68) H. Nojiri, H. Kageyama, Y. Ueda and M. Motokawa, J. Phys. Soc. Jpn. **72**, 3243 (2003).
69) G. Kido and N. Miura, Appl. Phys. Lett. **41**, 569 (1982).
70) S. Takeyama, R. Sakakura, Y. H. Matsuda, A. Miyata and M. Tokunaga, J. Phys. Soc. Jpn. **81**, 014702 (2012).
71) 嶽山正二郎，固体物理 **48**, 151 (2013).
72) N. Abe , Y. H. Matsuda, S. Takeyama, K. Sato, H. Kageyama, Y. Nishiwaki and J. Low, Temp. Phys. **170**, 452 (2013).
73) J. C. Bonner and M. E. Fisher, Phys. Rev. **135**, A640 (1964).
74) M. Hase, I. Terasaki and K. Uchinokura, Phys. Rev. Lett. **70**, 3651 (1993).
75) H, Hori, M. Furusawa, S. Sugai, M. Honda, T. Takeuchi and K. Kindo, Physica B **211**, 180 (1995).

76) F. D. M. Haldane, Phys. Rev. Lett. **50**, 1153 (1983).
77) J. P. Renard, M. Verdaguer, L. P. Regnault, W. A. C. Erkelens, J. Rossat-Mignod and W. G. Stirling, Europhys. Lett. **3**, 945 (1987).
78) K. Katsumata, H. Hori, T. Takeuchi, M. Date, A. Yamagishi and J. P. Renard, Phys. Rev. Lett. **63**, 86 (1989).
79) T. Tonegawa, T. Nakano and M. Kaburagi, J. Phys. Soc. Jpn. **65**, 3317 (1996).
80) Y. Narumi, K. Kindo, M. Hagiwara, H. Nakano, A. Kawaguchi, K. Okunishi and M. Kohno, Phys. Rev. B **69**, 174405 (2004).
81) Y. Shirahata, H. Tanaka, A. Matsuo and K. Kindo, Phys. Rev. Lett. **108**, 057205 (2012).
82) H. Kageyama, K. Yoshimura, R. Stern, N. V. Mushnikov, K. Onizuka, M. Kato, K. Kosuge, C. P. Slichter, T. Goto and Y. Ueda, Phys. Rev. Lett. **82**, 3168 (1999).
83) K. Onizuka, H. Kageyama, Y. Narumi, K. Kindo, Y. Ueda and T. Goto, J. Phys. Soc. Jpn. **69**, 1016 (2000).
84) A. Koga and N. Kawakami, Phys. Rev. Lett. **84**, 4461 (2000).
85) B. S. Shastry and B. Sutherland, Physica B+C **108**, 1069 (1981).
86) S. Miyahara and K. Ueda, J. Phys.: Condens. Matter **15**, R327 (2003).
87) M. Jaime, R. Daou, S. A. Crooker, F. Weickert, A. Uchida, A. E. Feiguin, C. D. Batista, H. A. Dabkowska and B. D. Gaulin, PNAS **109**, 12404 (2012).
88) Y. H. Matsuda, N. Abe, S. Takeyama, H. Kageyama, P. Corboz, A. Honecker, S. R. Manmana, G. R. Foltin, K. P. Schmidt and F. Mila, Phys. Rev. Lett. **111**, 137204 (2013).
89) 一般的な参考文献として, 例えば M. Tinkham 著, 青木亮三, 門脇和男共訳, 超伝導入門 (上) (下) (吉岡書店, 2006).
90) N. R. Werthamer, E. Helfand and P. C. Hohenberg, Phys. Rev. **147**, 295 (1966).
91) J. G. Bednorz and K. A. Müller, Z. Phys. B **64**, 189 (1986).
92) Y. Iye, T. Tamegai, T. Sakakibara, T. Goto, N. Miura, H. Takeya and H. Takei, Physica C **153–155**, 26 (1988).
93) H. Pastoriza, M. F. Goffman, A. Arribére and F. de la Cruz, Phys. Rev. Lett. **72**, 2951 (1994).
94) A. Schilling, R. A. Fisher, N. E. Phillips, U. Welp, D. Dasgupta, W. K. Kwok and G. W Crabtree, Nature **382**, 791 (1996).
95) 池田隆介, 日本物理学会誌 **65**, 598 (2010).
96) T. Sekitani, Y. H. Matsuda and N. Miura, New J. Phys. **9**, 47 (2007).
97) P. Fulde and R. A. Ferrell, Phys. Rev. **135**, A550 (1964).
98) A. I. Larkin and Y. N. Ovchinnikov, Sov. Phys. JETP **20**, 762 (1965).
99) N. Doiron-Leyraud, C. Proust, D. LeBoeuf, J. Levallois, J.-B. Bonnemaison, R. X. Liang, D. A. Bonn, W. N. Hardy and L. Taillefer, Nature **447**, 565 (2007).
100) D. Shoenberg, *Magnetic Oscillations in Metals* (Cambridge University Press, 1984).
101) J. E. Graebner and M. Robbins, Phys. Rev. Lett. **36**, 422 (1976).
102) B. Vignolle, A. Carrington, R. A. Cooper, M. M. J. French, A. P. Mackenzie, C. Jaudet, D. Vignolles, C. Proust and N. E. Hussey, Nature **455**, 952 (2008).
103) S. E. Sebastian, N. Harrison, M. M. Altarawneh, C. H. Mielke, R. Liang, D. A. Bonn, W. N. Hardy and G. G. Lonzarich, Proc. Natl. Acad. Sci. **107**, 6175 (2010).
104) S. E. Sebastian, N. Harrison and G. G. Lonzarich, Phil. Trans. R. Soc. A **369**, 1687 (2011).
105) 田沼静一ら, エキゾチック・メタルズ, 固体物理別冊特集号 (アグネ技術センター, 1983).

106) 伏屋雄紀, 物性研究 **90**, 537 (2008).
107) P. Kapitza, Proc. Roy. Soc. A **119**, 358 (1928).
108) K. Hiruma and N. Miura, J. Phys. Soc. Jpn. **52**, 2118 (1983).
109) N. Miura, K. Hiruma, G. Kido and S. Chikazumi, Phys. Rev. Lett. **49**, 1339 (1982).
110) Y. Yafet, R. W. Keys and E. N. Adams, J. Phys. Chem. Solids **1**, 137 (1956).
111) Y. Shimamoto, N. Miura and H. Nojiri, J. Phys.: Condens. Matter **10**, 11289 (1998).
112) J. C. Slonczewski and P. R. Weiss, Phys. Rev. **109**, 272 (1958); J. W. McClure, Phys. Rev. **119**, 606 (1960).
113) K. S. Novoselov, A. K. Geim, S. V. Morozov, D. Jiang, Y. Zhang, S. V. Dubonos, I. V. Grigorieva and A. A. Firsov, Science **306**, 666 (2004).
114) ディラック電子系の固体物理, 固体物理別冊特集号（アグネ技術センター, 2010).
115) I. L. Spain and J. A. Woollam, Solid State Commun. **9**, 1581 (1971).
116) 長田俊人, 今村大樹, 内田和人, 鴻池貴子, 固体物理 **45**, 599 (2010).
117) S. Tanuma, R. Inada, A. Furukawa, O. Takahashi and Y. Iye, *Physics in High Magnetic Fields* ed. S. Chikazumi and N. Miura, p. 316 (Springer, 1981).
118) D. Yoshioka and H. Fukuyama, J. Phys. Soc. Jpn. **50**, 725 (1981).
119) K. Sugihara, Phys. Rev. B **29**, 6722 (1984).
120) K. Takahashi and Y. Takada, Physica B **201**, 384 (1994).
121) H. Yaguchi and J. Singleton, J. Phys.: Condens. Matter **21**, 344207 (2009).
122) H. Yaguchi and J. Singleton, Phys. Rev. Lett. **81**, 5193 (1998).
123) Y. Takada and H. Goto, J. Phys.: Condens. Matter **10**, 11315 (1998).
124) K. Behnia, L. Balicas and Y. Kopelevich, Science **317**, 1729 (2007).
125) Z. Zhu, B. Fauqué, L. Malone, A. B. Antunes, Y. Fuseya and K. Behnia, PNAS **109**, 14813 (2012).
126) Y. H. Matsuda and T. Inami, J. Phys. Soc. Jpn. **82**, (2013) 021009.
127) H. Nojiri, S. Yoshii, M. Yasui, K. Okada, M. Matsuda, J. -S. Jung, T. Kimura, L. Santodonato, G. E. Granroth, K. A. Ross, J. P. Carlo and B. D. Gaulin, Phys. Rev. Lett. **106**, 237202 (2011).
128) Y. H. Matsuda, T. Nakamura, J. L. Her, S. Michimura, T. Inami, K. Kindo and T. Ebihara, Phys. Rev. **86**, 041109(R) (2012).
129) R. Daou, C. Bergemann and S. R. Julian, Phys. Rev. Lett. **96**, 026401 (2006).
130) K. Miyake, J. Phys.: Condens. Matter, **19** (2007) 125201.
131) S. Watanabe and K. Miyake, Phys. Rev. Lett. **105**, 186403 (2006).
132) Y. Matsumoto, S. Nakatsuji, K. Kuga, Y. Karaki, N. Horie, Y. Shimura, T. Sakakibara, A. H. Nevidomskyy and P. Coleman, Science **331**, 316 (2011).
133) M. Dzero, K. Sun, V. Galitski and P. Coleman, Phys. Rev. Lett. **104**, 106408 (2010).
134) F. Iga, K. Suga, T. Takeda, S. Michimura, K. Murakami, T. Takabatake and K. Kindo, J. Phys.: Conf. Ser. 200, 012064 (2010).
135) Y. Tokura and N. Nagaosa, Science **288**, 462 (2000).
136) M. Tokunaga, N. Miura, Y. Tomioka and Y. Tokura, Phys. Rev. B **60**, 6219 (1999).
137) Y. Narumi, K. Katsumata, U. Staub, K. Kindo, M. Kawauchi, C. Broennimann, H. Toyokawa, Y. Tanaka, A. Kikkawa, T. Yamamoto, M. Hagiwara, T. Ishikawa and H. Kitamura, J. Phys. Soc. Jpn. **75**, 075001 (2006).

138) Y.Narumi, Y. Tanaka, N. Terada, M. Rotter, K. Katsumata, T. Fukui, M. Iwaki, K. Kindo, H. Toyokawa, A. Tanaka, T. Tsutaoka, T. Ishikawa and H. Kitamura, J. Phys. Soc. Jpn. **77**, 053711 (2008).

139) N. Terada, Y. Narumi, Y. Sawai, K. Katsumata, U. Staub, Y. Tanaka, A. Kikkawa, T. Fukui, K. Kindo, T. Yamamoto, R. Kanmuri, M. Hagiwara, H. Toyokawa, T. Ishikawa and H. Kitamura, Phys. Rev. B **75**, 224411 (2007).

140) K. Penc, N. Shannon and H Shiba, Phys. Rev. Lett. **93**, 197203 (2004).

141) A. Miyata, H. Ueda, Y. Ueda, H. Sawabe and S. Takeyama, Phys. Rev. Lett. **107**, 207203 (2011).

142) A. Miyata, H. Ueda, Y. Ueda, Y. Motome, N. Shannon, K. Penc and S. Takeyama, J. Phys. Soc. Jpn. **80**, 074709 (2011).

143) H. Yokoi, S. Takeyama, N. Miura and G. Bauer, J. Phys. Soc. Jpn. **62**, 1245 (1993).

144) M. C. van Hemert, P. E. S. Wormer and A. van der Avoird, Phys. Rev. Lett. **51**, 1167 (1983).

145) B. Bussery and P. E. S. Wormer, J. Chem. Phys. **99**, 1230 (1993).

146) T. C. Kobayashi, A. Matsuo, M. Suzuki, K. Kindo, R. Kitaura, R. Matsuda and S. Kitagawa, Progress of Theoretical Physics Supplement **159**, 271 (2005).

147) A. Hori, T. C. Kobayashi, Y. Kubota, A. Matsuo, K. Kindo, J. Kim, K. Kato, M. Takata, H. Sakamoto, R. Matsuda and S. Kitagawa, J. Phys. Soc. Jpn. 82, 084703 (2013).

148) T. Nomura, Y. H. Matsuda, J. L. Her, S. Takeyama, A. Matsuo, K. Kindo and T. C. Kobayashi, J. Low. Temp. Phys. **170**, 372 (2013).

149) 最近になり，固体酸素の新規相が 120 T 以上の超強磁場下で発見された．T. Nomura, Y. H. Matsuda, S. Takeyama, A. Matsuo, K. Kindo, J. L. Her and T. C. Kobayashi, Phys. Rev. Lett. **112**, (2014) 247201.

12. 中性子散乱実験とソフトマター

12.1 はじめに

　中性子は 1932 年に Chadwick によって発見された．1942 年にはフェルミ (Fermi) により初の原子炉 "Chicago Pile" が建設され，1945 年には Shull により最初の回折計が，1954 年には Brockhouse により 3 軸分光器が建設された．彼らは，それぞれ中性子の発見 (J. Chadwick, 1935)，中性子照射による新放射性元素生成の研究と熱中性子による原子核反応の発見 (E. Fermi, 1938)，物性研究のための中性子散乱技術の開発 (C. G. Shull と B. N. Brockhouse, 1994) という功績でノーベル物理学賞を受賞している．中性子散乱が物質研究に本格的に利用されだしたのは，1972 年のラウエ・ランジュバン研究所 (58 MW) の建設以降である．日本では 1991 年に日本原子力研究所において改造 3 号炉が完成して以来，急激に利用が増大し，さらには世界最高レベルのパルス中性子線源 J-PARC が稼働して今日に至っている[1]．

　一方のソフトマターとは，高分子，液晶，コロイド，生体膜，生体分子などといった分子性物質の総称である[2〜4]．その名のとおり，柔らかい物質群で大きな内部自由度と，$k_B T$ 程度の分子運動エネルギーをもつ．固体結晶のような規則的な構造をもたない場合が多く，温度や濃度などの環境因子により物性が大きく変わり階層性の構造をもつ場合が多い．図 12.1 は物質から生命体を対象にそれらのサイズと階層性・複雑性を模式的に示したものである．物質の単位である「原子」の集合体としてハードマターがあるのに対し，ソフトマターは分子性集合体としてより複雑で大きな構造体として位置づけられる．また，ソフトマターは物質から生命体への境界領域にある物質群であるといえる．その特徴は，多様性，環境に優しい性質，さらには生命科学と深くかかわっていることである．いわば川と海の境界にある "汽水域" のように豊富な "資源" に恵まれた領域であり，プラスチック製品や食品，化粧品，洗剤，塗料などといった産業や日常生活に欠かせない物質である．その一方で，最先端テクノロジーを支え，またそれ自身が最先端材料として日々，進化してい

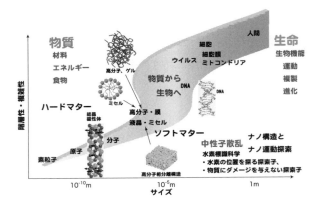

図 12.1 物質（ハードマター，ソフトマター）および生命体を構成する要素のサイズと階層性．ソフトマターは高分子や，液晶，膜，ミセルなどの分子性集合体で，決まった構造をもたず複雑で階層構造をもつ場合が多い．中性子散乱はソフトマターの研究において中性子のもつ水素識別能，標識能が役立っている．

る．白川英樹博士の発見による導電性高分子ポリアセチレン（2000年にノーベル化学賞）もその一つであり，ポリマー電池，太陽電池，センサー，プラスチック電線などへの応用が進んでいる物質でもある．こうした人工的なソフトマターのみならず，生命体を構成している細胞，皮膚や骨，臓器などもの組織も広い意味でソフトマターである．

ソフトマターとよばれる物質群が H, C, O, N などといった，たった数種類の元素からできているのは驚嘆に値する．ソフトマターの多くは自己組織能をもち，自身の分子サイズ（nmオーダー）を出発点として環境に応じて自己集合し，変化に富む階層構造を作り出す．その一方で，粘性や弾性が入り交じった複雑な運動もする．例えば，高分子の曳糸性（糸引き現象）や赤血球が形を変えながら自分の大きさより狭い毛細血管中を流れていく現象などはその例である．中性子散乱とソフトマターの接点は，中性子のもつ「水素 H と重水素 D を識別する能力」にある．一般に，ソフトマターは有機物であるため，その構成元素は H と C を含む．中性子の波長は 0.1 から 1 nm 程度であるためソフトマターの構造研究に適していること，また，分子や原子団の運動を観測するのに適していることから，ナノ構造探索子，ナノスケール運動探索子として，すでに1970年代始めにはポリスチレン鎖の広がりと分子量の関係を明らかにする中性子散乱実験が行れている[5〜7]．ソフトマターという術語自体は，1991年にノーベル賞を受賞した P.-G. de Gennes によって広められたといわれている[8]．彼は著書（Scaling Concepts in Polymer Physics, 1979[9]，日本語訳は「高分子物理学—スケーリングを中心として—」1984[10]）の序文の中で，最近のめざましい高分子物理学の発展は，(1) 中性子回折（散乱）による高分子の構造解析，(2)

光散乱による高分子ダイナミクス，(3) 汎関数積分やファインマングラフ，多体論のすべての計算技法が高分子に応用されるようになったことをあげている．de Gennes はそのような高分子物理学の発展のうえで，さらにスケーリングの概念を高分子に取り込み，高分子物理学理論を構築した．

本章では，まず中性子散乱の特徴，弾性散乱および非弾性散乱，散乱理論について概説する．つづいて，典型的なソフトマターである高分子の研究トピックスを振り返ることによって中性子散乱がいかにソフトマター研究に貢献してきたかを述べる．最後に，中性子測定技術を含めてソフトマターの将来を展望する．

12.2 中性子の性質

12.2.1 中性子の発生と種類

中性子線とは，中性子という量子粒子の流れを指す．中性子は実験室レベルで得ることはできず，原子炉内の核分裂，パルス中性子源での核破砕によって生み出される．たとえば，原子炉における ^{235}U の核分裂

$$^{235}U + n \rightarrow {}^{95}Y + {}^{139}I + 2n \tag{12.1}$$

により，2個の中性子（n）が生じる．核破砕の場合には，GeV オーダーの陽子を鉛や水銀などのターゲットに衝突させることにより，陽子1個あたりから 20〜25 個の中性子を取り出す．2008 年に初めて中性子を取り出し，現在，出力が上昇中の J-PARC[1] はこの例である．こうして生まれた中性子は数百 MeV オーダーのエネルギーをもっているので，それを水（軽水）などの減速材を使って冷却し，数十 meV オーダーのエネルギーをもつ熱中性子線を得る．冷中性子線の場合は液体水素を使って，さらに低い 1 meV オーダーの中性子とする．表 12.1 はエネルギーで分類した中性子の名称を示す．

表 **12.1** 中性子の種類．

エネルギー	波長 (nm)	名称
10^{-7} eV	90	超冷中性子
0.1〜10 meV	3〜0.3	冷中性子（cold neutron）
10〜100 meV	0.3〜0.1	熱中性子（thermal neutron）
100〜500 meV	0.1〜0.04	熱い中性子（hot neutron）
500 meV	0.04	熱外中性子（epithermal）

ソフトマター研究に使う中性子線とは主にこの冷中性子線とよばれる非常にエネルギーの低い中性子である．波長にして 0.4〜1.5 nm，エネルギーにして数 meV で，構造解析に用いる典型的な X 線と比べると波長はたかだか数倍なので構造解析の対象はほぼ同じである．その一方で，エネルギーでは 100 万分の 1 程度である．このことは小角 X 線散乱

でよく問題になる試料損傷はまったく起こらないことを意味している.

12.2.2 中性子の性質

中性子は電荷がゼロの粒子で,スピン量子数 1/2 をもつフェルミ粒子である.質量はほぼ陽子と同じで $m_\mathrm{n} = 1.675 \times 10^{-27}$ kg である.中性子は質量をもつので,物質中の原子核とエネルギー授受を行う.それを調べることで,物質の運動状態についての知見が得られる.寿命は 886.7 ± 1.9 秒(約 15 分)で, β^- 崩壊して,電子を放出して陽子になる.荷電がゼロであるため,中性子をプローブとすると核外電子の影響を受けることなく物質の構造(特に原子の位置)についての情報がわかる.したがって,非常に高い物質透過能をもっていることが特徴としてあげられる.また,スピン 1/2 をもつということは中性子が磁石としての性質をもつことを意味している.この性質を利用して物質の磁気構造がわかる.さらに,ソフトマター研究にとって重要なことは,水素(H)と重水素(D)の散乱長の差を利用できることである.核種 i の散乱長を b_i と表すことにすると,水素 H は $b_\mathrm{H} = -3.744$ fm,重水素 D は $b_\mathrm{D} = +6.744$ fm であり,大きさだけでなく符号も異なる.ここで,fm は散乱長の単位で 1 fm (fermi; フェルミ) $= 10^{-13}$ cm である.米国の国立標準技術研究所(NIST)のホームページに散乱長の表があるので,それを利用すれば,すべての原子,核種について散乱長(後述)を調べることができる[11].ソフトマターや生物の研究では溶媒を重水素化したり,見たい分子の一部もしくは全部を重水素化するなどして,中性子線に対してコントラストをつけて観測する.こうすることで,標的分子(部分)の"可視化"が可能となる.したがって,図 12.1 の階層図にも示したように,中性子散乱は(重)水素により標識することで物質を傷めないで構造解析ができる水素標識科学である.

表 12.2 中性子の基本的性質.

物理量	基本的性質
エネルギー	$E = mv^2/2 = p^2/2m$;(アインシュタイン,粒子波)
波長	$\lambda = h/mv = h/p$;(ド・ブロイ波)
温度	$E = kT$
速度	$v = \sqrt{2E/m}$
流束	$\Phi(v) \sim v^3 \exp(-mv^2/2kT_\mathrm{mod})$

12.2.3 電磁波,電子線,および中性子線のエネルギー分散比較

中性子を物性研究に利用する場合,中性子線のもつ波長とエネルギーの関係について知っておく必要がある.表 12.2 に中性子のエネルギー E,波長 λ,温度 T,速度 v,および流束 Φ の関係を示す.ここで,T_mod は減速材(moderator)の温度である.これらの関係を図示すると図 12.2 のようになる.ここでは比較のため,フォトン(電磁波;可視光,X 線など),電子線,および中性子線のエネルギーと波長の関係を示した.電磁波では,

12.3 中性子の散乱

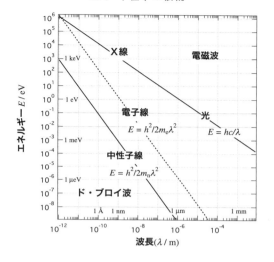

図 **12.2** 電磁波, 電子線, 中性子線のエネルギー分散関係.

$$E = \hbar\omega = \frac{hc}{\lambda} \tag{12.2}$$

であり，エネルギー E は波長 λ に反比例する．c は光速, h はプランク (Planck) 定数, ω は角振動数である．可視光の波長 ($\lambda = 400 \sim 700$ nm) のエネルギーはおおよそ 1 eV であるのに対し，X 線では波長 ($\lambda \approx 0.1$ nm) で 10 keV 程度にもなる．一方, 粒子線である電子線散乱や中性子線散乱では, 分散の式は

$$E = \frac{\hbar^2 k^2}{2m_e} = \frac{h^2}{2m_e\lambda^2}\text{(電子線)} \tag{12.3}$$

$$E = \frac{\hbar^2 k^2}{2m_n} = \frac{h^2}{2m_n\lambda^2}\text{(中性子線)} \tag{12.4}$$

となり, エネルギーは波長の 2 乗に逆比例する. ここで, $k = 2\pi/\lambda$ は波数, m_e は電子の静止質量 (9.109^{-31} kg), m_n は中性子の質量 (1.675^{-27} kg) である. 電子線の場合, 波長が $\lambda = 0.1$ nm の場合, そのエネルギーは 100 eV 程度となる. 一方, 中性子線の場合, 中性子の質量が電子のそれの約 2000 倍であるため, 同じ波長でもエネルギーは 50 meV 程度となり, ハードマターの励起現象にみられるエネルギーと同程度になる.

12.3 中性子の散乱

この節では, 中性子散乱の理論的背景について概説する. 紙面の関係で重要な式やそれらの簡単な導出にとどめるので, 詳しくは散乱理論についてのすぐれた教科書や参考書を

参照されたい[12〜15].

12.3.1 散乱断面積

物質による中性子の散乱を考える．中性子は中性粒子なので物質に中性子線が入射しても多くの中性子は物質内をそのまま素通りするが，原子核の近傍を通過した中性子は核間相互作用により散乱する．その様子を図12.3で説明する．単位断面積あたり毎秒$\Phi_0 [\mathrm{cm}^{-2}/\mathrm{s}]$個の中性子線が試料中の標的1つと相互作用（核散乱もしくは磁気散乱）して，$dn[\mathrm{s}^{-1}]$個の中性子が散乱角（2θ）で散乱され，試料からの距離$r[\mathrm{cm}]$で面積$dS[\mathrm{cm}^2]$（立体角$d\Omega$方向に）の検出器で中性子を計測したとすると，

$$dn = \Phi_0 \sigma(\theta) \frac{dS}{r^2} \tag{12.5}$$

の関係がある．ここで$\sigma(\theta)$は$[\mathrm{cm}^2]$の次元をもつ散乱断面積とよばれる量で，試料による中性子の散乱のされやすさの尺度である．通常の中性子散乱実験では，中性子線を試料に照射し，ある散乱角（ある微小立体角）で観測される散乱粒子数を計測する．それを微分散乱断面積$d\sigma/d\Omega$（弾性散乱）とよぶ．エネルギー変化を伴う場合には微小立体角$d\Omega$方向のみならず，微小角運動量幅$d\omega$での散乱となり，微分散乱断面積は$d^2\sigma/d\Omega d\omega$（非弾性散乱）となる．

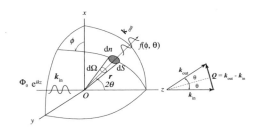

図12.3 散乱の座標系．e^{ikz}の平面波が点Oで散乱し，散乱角2θでの微小面積dSで観測される波と散乱振幅$f(\theta,\phi)$．右図は入射波ベクトル$\boldsymbol{k}_{\mathrm{in}}$，散乱ベクトル$\boldsymbol{k}_{\mathrm{out}}$，散乱角，運動量移行$\boldsymbol{Q}$の定義．

12.3.2 単一核の散乱理論

単一核からの散乱はシュレーディンガー（Schrödinger）方程式によって記述される[12,13]．

$$\left[-\frac{\hbar^2 \Delta}{2m_\mathrm{n}} + V(\boldsymbol{r}) \right] \varphi(\boldsymbol{r}) = E \varphi(\boldsymbol{r}) \tag{12.6}$$

ここで，$\varphi(\boldsymbol{r})$はエネルギーEの定常状態で，$V(\boldsymbol{r})$はポテンシャルである．Eは入射波数をkとすれば，

12.3 中性子の散乱

$$E = \frac{\hbar^2 k^2}{2m_\mathrm{n}} \tag{12.7}$$

で与えられる.

図 12.4 に示すように, e^{ikz} で表される平面波が原点 O にある標的によって定常的に散乱されたとき, 状態の波動関数 $\varphi(\bm{r})$ は,

$$\varphi(\bm{r}) = e^{ikz} + \frac{e^{i\bm{k}\cdot\bm{r}}}{r} f(\theta, \phi) \tag{12.8}$$

$$= e^{ikz} + \int d^3 r' G(\bm{r}-\bm{r}') U(\bm{r}') \varphi(\bm{r}') \tag{12.9}$$

となる. ここで, $f(\theta, \phi)$ は散乱角 2θ, 方位角 ϕ での散乱振幅, $U(\bm{r}) \equiv (2m_\mathrm{n}/\hbar^2) V(\bm{r})$ は入射波(粒子)と標的の相互作用ポテンシャルである. また, $G(\bm{r})$ は自由粒子のグリーン関数で

$$G(\bm{r}) = -\frac{1}{4\pi} \frac{e^{i\bm{k}\cdot\bm{r}}}{r} \tag{12.10}$$

である. 式 (12.9) の被積分関数中の $\varphi(\bm{r}')$ を入射波で近似(ボルン(Born)近似)し, また $|\bm{r}| \gg |\bm{r}'|$ とすると, $k|\bm{r}-\bm{r}'| = kr - \bm{k}_\mathrm{out} \cdot \bm{r}'$ より,

$$\varphi(r) = e^{ikz} - \frac{1}{4\pi} \frac{e^{i\bm{k}\cdot\bm{r}}}{r} \int d^3 r' e^{-i\bm{k}_\mathrm{out}\cdot\bm{r}'} \cdot U(\bm{r}') e^{i\bm{k}_\mathrm{in}\cdot\bm{r}'} \tag{12.11}$$

$$= e^{ikz} - \frac{1}{4\pi} \frac{e^{i\bm{k}\cdot\bm{r}}}{r} \int d^3 r' e^{-i\bm{Q}\cdot\bm{r}'} U(\bm{r}') \tag{12.12}$$

となる. ここで, $\bm{Q}$ は入射ベクトルと散乱ベクトルの差

$$\bm{Q} = \bm{k}_\mathrm{out} - \bm{k}_\mathrm{in} \tag{12.13}$$

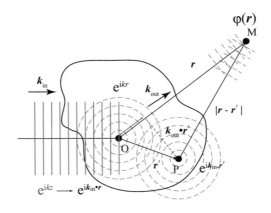

図 **12.4** 核による平面波の散乱. 点 O と P での散乱による合成波を点 M で観測する. $\bm{k}_\mathrm{in}$, $\bm{k}_\mathrm{out}$ はそれぞれ入射波, 散乱波ベクトル.

$$|\bm{k}_{\text{out}}| = |\bm{k}_{\text{in}}| \equiv k = \frac{2\pi}{\lambda} \tag{12.14}$$

$$Q = |\bm{Q}| = 2k\sin\theta \tag{12.15}$$

で，移行運動量（transfer momentum）である．

これらにより，散乱振幅は

$$f(Q) = -\frac{1}{4\pi}\int d^3 r e^{-i\bm{Q}\cdot\bm{r}} U(\bm{r}) \tag{12.16}$$

となる．ディラック（Dirac）のブラケット表記

$$\langle k'|U(\bm{r})|k\rangle = \int d^3 r' e^{-i\bm{k}_{\text{out}}\cdot\bm{r}'} \cdot U(\bm{r}') e^{i\bm{k}_{\text{in}}\cdot\bm{r}'} \tag{12.17}$$

を用いると，$f(Q) = -\langle k'|U|k\rangle/(4\pi)$ と書ける．

12.3.3 フェルミの疑似ポテンシャルと散乱長

X線散乱の場合には電磁波であるX線が標的物質内の核外電子と相互作用し，核外電子が誘導輻射をすることで散乱が起こる．核外電子がつくる静電ポテンシャルは原子の大きさのオーダーなので，散乱振幅は角度依存性をもつ．ところが，中性子散乱の場合，相互作用は入射中性子と標的中の原子核との核間相互作用である．ここで，中性子の波長（≈ 10^{-8} cm）に対して，核の大きさは，その10万分の1程度（10^{-13} cmオーダー）であるので式(12.6)中の核間相互作用ポテンシャル $V(r)$ はデルタ関数的になり，

$$V = \left(\frac{2\pi\hbar^2}{m_{\text{n}}}\right) b\delta(\bm{r}) \tag{12.18}$$

で与えられる．これをフェルミの疑似ポテンシャルという．ここで b は散乱長とよばれる量であり，その大きさは核の大きさオーダー（10^{-13} cm）である．したがって，$U(\bm{r}) \equiv (2m_{\text{n}}/\hbar^2)V(\bm{r})$ は単に

$$U(\bm{r}) = 4\pi b\delta(\bm{r}) \tag{12.19}$$

となる．

これを用いると，散乱振幅 f は

$$f(Q) = -\frac{1}{4\pi}\int d^3 r e^{-i\bm{Q}\cdot\bm{r}} 4\pi b\delta(\bm{r}) = -b \tag{12.20}$$

となり，散乱ベクトル $\bm{Q}$ に依存しない．この点はX線散乱や電子線散乱と大きく異なる点であり，中性子散乱の場合，散乱長 b を使って散乱強度を正確に見積もることができる．また，微分散乱断面積は

$$\frac{d\sigma}{d\Omega} = |f(Q)|^2 = b^2 \tag{12.21}$$

全断面積 σ_{tot} は

$$\sigma_{\text{tot}} = \int d\Omega b^2 = 4\pi b^2 \tag{12.22}$$

となる．

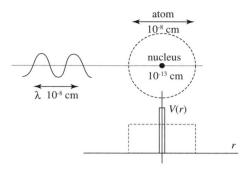

図 **12.5** フェルミの疑似ポテンシャル.

12.3.4 非干渉性散乱

前項では散乱長 b は実数であるかのように扱ったが,一般には複素数(虚数部は吸収に関係)であり,

$$b = b' + ib'' \tag{12.23}$$

と表すことができる.前述したように微分散乱断面積(散乱強度)は,

$$\frac{d\sigma}{d\Omega} = \left|\langle k'|b|k\rangle\right|^2 \tag{12.24}$$

で与えられるが,中性子散乱は試料を構成する元素の同位体やスピンの相対配置にも依存するから,

$$\frac{d\sigma}{d\Omega} = \sum_{s,s'} P_s \sum_{l,l'} e^{i\bm{Q}\cdot(\bm{R}_l-\bm{R}_{l'})} \left|\langle s'|b_{l'}^* b_l|s\rangle\right|^2 \tag{12.25}$$

のように,同位体 (l, l') やスピンの相対配置 (s, s') についても和をとる必要がある.ここで,P_s はスピン s をもつ頻度である.その結果,

$$\frac{d\sigma}{d\Omega} = \bar{b}^2 \sum_{l,l'} e^{i\bm{Q}\cdot(\bm{R}_l-\bm{R}_{l'})} + N(\overline{b^2} - \bar{b}^2) \tag{12.26}$$

で表される 2 つの項の和になる.右辺第 1 項は散乱要素の相対位置に依存する干渉性散乱(Q の関数)であり,第 2 項は非干渉性散乱(Q に依存しない)を与える.ここで,$\bar{b}$,$\overline{b^2}$ はそれぞれ,

$$\bar{b} = p^+ b^+ + p^- b^- \tag{12.27}$$

$$\overline{b^2} = p^+ (b^+)^2 + p^- (b^-)^2 \tag{12.28}$$

であり,p^+,p^- はアップスピン,ダウンスピンの割合,b^+,b^- はそれぞれの散乱長である.例えば軽水素 (H) の場合,スピン量子数が $i = 1/2$ だから,$p^+ = 2(i+1)/2(2i+1) = 3/4$,

$p^- = 2i/2(2i+1) = 1/4$, $b^+ = 10.85$ fm, $b^- = -47.5$ fm だから, $\sigma_{\text{coh}} = 4\pi \bar{b}^2 = 1.76$ barn (1 barn = 10^{-24} cm^2), $\sigma_{\text{inc}} = 4\pi(\overline{b^2} - \bar{b}^2) = 80.2$ barn となり, 他の原子と比べて非干渉性散乱が異常に大きい (表 12.3 参照). よって, ソフトマターの中性子弾性散乱実験においては, この非干渉性散乱をできるだけ小さくする工夫が必要である.

12.3.5 弾性散乱と非弾性散乱

弾性散乱の場合, 微分散乱断面積は式 (12.24) で与えられたが, 非弾性散乱の場合には,

$$\left(\frac{d\sigma}{d\Omega}\right)_{k,\lambda \to k',\lambda'} = \frac{k'}{k} \left| \langle k'\lambda' | b | k\lambda \rangle \right|^2 \tag{12.29}$$

となる. これに, エネルギーと運動量の保存則を加味すると,

$$\left(\frac{d^2\sigma}{d\Omega d\omega}\right)_{k,\lambda \to k',\lambda'} = \frac{k'}{k} \sum_\lambda P_\lambda \sum_{\lambda'} \left| \langle k'\lambda' | b | k\lambda \rangle \right|^2 \delta(\hbar\omega + E_\lambda - E_{\lambda'}) \tag{12.30}$$

となる. P_λ は波長分布である. 断面積には散乱断面積のほか, 吸収断面積 σ_{a} があり, それらを合わせると全断面積 σ_{T} は $\sigma_{\text{T}} = \sigma + \sigma_{\text{a}}$ となる.

12.3.6 散乱長密度

中性子散乱では, 中性子の波長 (≈ 1 nm) に比べると, 散乱要素 (核) は連続的に分布していると考えてよい. そこで, 散乱長密度で散乱要素の散乱長 b をその体積 v で割った量を散乱長密度 $\rho(\boldsymbol{r})[\text{cm}^{-2}]$

$$\rho(\boldsymbol{r}) = \sum_j b_j \delta(\boldsymbol{r} - \boldsymbol{R}_j) \tag{12.31}$$

と定義することができる. 散乱要素が分子の場合, 散乱長密度は

$$\rho_j = \frac{\sum_i b_i}{v_j} \tag{12.32}$$

のように, 分子を構成する原子 i で和 $\sum_i$ をとり, その分子の体積 $v_j[\text{cm}^3]$ で割って得られる. 表 12.3 はソフトマターを構成する主な元素の散乱長のリストである. 図 12.6 は原子番号 Z が 1 から 10 までの元素の散乱長と干渉性散乱断面積 (^{1}H については非干渉断面積も含む) を図示したものである. ソフトマターで扱う主な元素の散乱長は図中灰色部分で示された, おおよそ $+(5\sim 6)$ fm であるのに対し, ^{1}H だけが -3.74 fm という値をもつ. この性質を利用して D/H 置換による散乱コントラストの付与が行われる. その一方で, ^{1}H の異常に大きい非干渉性散乱断面積 (図中の円) のため, 中性子散乱実験では, この ^{1}H による多重散乱とバックグラウンドとしての非干渉性散乱を差し引くことが重要である. 散乱長密度を用いると散乱強度は

12.3 中性子の散乱

表 12.3 ソフトマターを構成する主な元素の散乱長のリスト.

isotope	S	conc. (%)	b (fm)	b_{inc} (fm)	σ_{coh} (barn)	σ_{inc} (barn)	σ_{a} (barn)
H			−3.739		1.7568	80.26	0.3326
^{1}H	1/2	99.985	−3.7406	25.274	1.7583	80.27	0.3326
^{2}H	1	0.015	6.671	4.04	5.592	2.05	0.000519
C			6.646		5.551	0.001	0.0035
^{12}C	0	98.9	6.6511	0	5.559	0	0.00353
^{13}C		1.1	6.19	−0.52	4.81	0.034	0.00137
N			9.36		11.01	0.5	1.9
^{14}N	1	99.63	9.37	2	11.03	0.5	1.91
^{15}N		0.37	6.44	−0.02	5.21	0.00005	0.000024
O			5.803		4.232	0.0008	0.00019
^{16}O	0	99.762	5.803	0	4.232	0	0.0001
^{17}O		0.038	5.78	0.18	4.2	0.004	0.236
^{18}O		0.2	5.84	0	4.29	0	0.00016
^{19}F	1/2	100	5.654	−0.082	4.017	0.0008	0.0096
^{23}Na	3/2	100	3.63	3.59	1.66	1.62	0.53
Si			4.1491		2.163	0.004	0.171
P		100	5.13	0.2	3.307	0.005	0.172
S			2.847		1.0186	0.007	0.53
Cl			9.577		11.5257	5.3	33.5
K			3.67		1.69	0.27	2.1
Ca			4.7		2.78	0.05	0.43

http://www.ill.fr/YellowBook/D4/n-lengths.html

$$\frac{d\sigma}{d\Omega}(Q) = \left\langle \left| \sum_j b_j \delta(\boldsymbol{r} - \boldsymbol{R}_j) e^{i\boldsymbol{Q}\cdot\boldsymbol{R}_j} \right|^2 \right\rangle \to \left\langle \left| \int d^3 r \rho(r) e^{i\boldsymbol{Q}\cdot\boldsymbol{R}_j} \right|^2 \right\rangle \tag{12.33}$$

と表すことができる.表 12.3 を用いると,散乱長密度を簡単に計算できる.例えば,重水では,$b_{\text{D2O}} = (2 \times 6.744 + 5.803) = 19.29$ fm $= 19.29 \times 10^{13}$ cm で,対応する散乱長密度 ρ_{D2O} は重水の密度 1.10 g/cm^3 を用いて,$\rho_{\text{D2O}} = 6.36 \times 10^{10}$ cm^{-2} を得る.通常の小角散乱実験では数密度 N/V の散乱体を含む試料に対して中性子線を照射したときの,

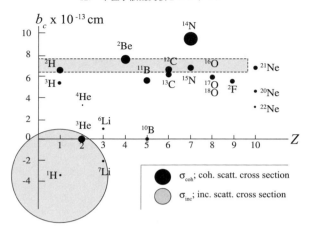

図 12.6 原子番号 Z が 1 から 10 までの同位体の散乱長と散乱断面積の変化. 点線枠で囲った部分は, ソフトマターを構成するおもな元素の散乱長のおおよその値を示す. 一方, 丸で囲った部分は他の核種の干渉性散乱断面積と比較した水素 H の非干渉性散乱断面積の相対的な大きさを面積比で示している. 水素 H の非干渉性散乱断面積が非常に大きいことがわかる.

ある散乱角 (ある微小立体角) で観測される散乱粒子数を計測する. それを微分散乱断面積 $d\Sigma/d\Omega$ とすると,

$$\frac{d\Sigma}{d\Omega} = \frac{N}{V}\frac{d\sigma}{d\Omega} \tag{12.34}$$

という関係があり, $d\Sigma/d\Omega$ は $[\mathrm{cm}^{-1}]$ の次元をもつ. 次節では, さまざまな系に対して微分散乱断面積 $d\Sigma/d\Omega$ を評価し, 構造との関係を議論する.

12.3.7 多数の核からの散乱

点 $\boldsymbol{r}' = \boldsymbol{R}_j$ に散乱長 b_j の核があるとき, 単一核からの散乱波の式 (12.11) は

$$\varphi(r) = e^{i\boldsymbol{k}\cdot\boldsymbol{r}} - e^{i\boldsymbol{k}\cdot\boldsymbol{r}}\frac{e^{-i\boldsymbol{k}_{\mathrm{out}}\cdot\boldsymbol{R}_j}b_j e^{i\boldsymbol{k}_{\mathrm{in}}\cdot\boldsymbol{R}_j}}{|\boldsymbol{r}-\boldsymbol{R}_j|} \tag{12.35}$$

$$\simeq \frac{e^{i\boldsymbol{k}\cdot\boldsymbol{r}}}{r}\{e^{-i\boldsymbol{k}_{\mathrm{out}}\cdot\boldsymbol{R}_j}(-b_j)e^{i\boldsymbol{k}_{\mathrm{in}}\cdot\boldsymbol{R}_j}\} \tag{12.36}$$

$$= \frac{e^{i\boldsymbol{k}\cdot\boldsymbol{r}}}{r}\langle k_{\mathrm{out}}|-b_j|k_{\mathrm{in}}\rangle \tag{12.37}$$

となるから, 多数の核 $(\boldsymbol{R}_j, b_j)$ では,

$$\varphi(r) = \frac{e^{i\boldsymbol{k}\cdot\boldsymbol{r}}}{r}\sum_j e^{-i\boldsymbol{k}_{\mathrm{out}}\cdot\boldsymbol{R}_j}(-b_j)e^{i\boldsymbol{k}_{\mathrm{in}}\cdot\boldsymbol{R}_j} \tag{12.38}$$

$$\simeq \frac{e^{i\boldsymbol{k}\cdot\boldsymbol{r}}}{r}\sum_j \langle k_{\text{out}}|-b_j|k_{\text{in}}\rangle \tag{12.39}$$

となる．よって，散乱強度は

$$\frac{d\sigma}{d\Omega} = \frac{dS}{d\Omega}\Big|\frac{e^{i\boldsymbol{k}\cdot\boldsymbol{r}}}{r}\sum_j \langle k_{\text{out}}|-b_j|k_{\text{in}}\rangle\Big|^2 \tag{12.40}$$

となる．ここで，$|e^{i\boldsymbol{k}\cdot\boldsymbol{r}}|=1$，$dS=r^2 d\Omega$ より，

$$\frac{d\sigma}{d\Omega} = \Big|\sum_j \langle k_{\text{out}}|-b_j|k_{\text{in}}\rangle\Big|^2 \tag{12.41}$$

$$= \sum_{i,j} b_i b_j e^{-i\boldsymbol{Q}\cdot(\boldsymbol{R}_i-\boldsymbol{R}_j)} \tag{12.42}$$

となる．試料中に散乱要素となる核が数濃度 N/V で存在している場合，散乱強度は

$$\frac{d\Sigma}{d\Omega} \equiv \frac{N}{V}\frac{d\sigma}{d\Omega} = \frac{N}{V}\sum_{i,j} b_i b_j e^{-i\boldsymbol{Q}\cdot(\boldsymbol{R}_i-\boldsymbol{R}_j)} \tag{12.43}$$

で与えられる．この $d\Sigma/d\Omega$ が微分散乱断面積，もしくは絶対散乱強度といって中性子散乱における観測量であり，cm^{-1} の単位をもっている．

12.3.8 散乱長密度分布関数と相関関数

さまざまな系に対して微分散乱断面積を計算する前に，微分散乱断面積と相関関数について述べる．散乱長密度分布の平均値 $\overline{\rho}$ からのずれ $\Delta\rho(\boldsymbol{r})$ を

$$\Delta\rho(\boldsymbol{r}) \equiv \rho(\boldsymbol{r}) - \overline{\rho} \tag{12.44}$$

と定義すると，散乱強度は

$$\frac{d\Sigma}{d\Omega} = \int_V d^3r \int_{V'} d^3r' \langle \Delta\rho(\boldsymbol{r})\Delta\rho(\boldsymbol{r}')\rangle e^{i\boldsymbol{Q}\cdot(\boldsymbol{r}-\boldsymbol{r}')} \tag{12.45}$$

となる．$\Delta\rho(r)$ のフーリエ変換は散乱振幅であり，

$$\Delta\widehat{\rho}(Q) \equiv \int_V d^3r \Delta\rho(\boldsymbol{r}) e^{i\boldsymbol{Q}\cdot\boldsymbol{r}} \tag{12.46}$$

と定義される．これを用いると，散乱強度は

$$\frac{d\Sigma}{d\Omega} = |\Delta\widehat{\rho}(Q)|^2 \tag{12.47}$$

となる．一方，散乱長密度分布関数 $\Delta\rho(\boldsymbol{r})$ の自己相関を相関関数といい，

$$\gamma(\boldsymbol{r}) = \langle \Delta\rho(\boldsymbol{r})\Delta\rho(\boldsymbol{r}')\rangle \tag{12.48}$$

で定義される．そのフーリエ変換 $S(Q)$

$$S(Q) = \int_V d^3r \gamma(r) \tag{12.49}$$

は応答関数，もしくは構造因子とよばれる量であり，散乱実験で観測される物理量である．中性子散乱に限らず，散乱実験では $S(Q)$ を実験から求め，それと $\Delta\rho(r)$ を関係づけて，対象とする物質の微細構造を決定，もしくは推定する．次節においてソフトマターに関連するさまざまな $S(Q)$ について議論することとするが，その前に中性子散乱における透過率について少し述べる．

12.3.9 透　過　率

中性子散乱実験では試料の透過率測定を行う必要がある．透過率については赤外吸収などにおける透過率と同じ Lambert–Beer 則

$$T = -\ln\left(\frac{\Phi}{\Phi_0}\right) = \exp[-n_\mathrm{p}\sigma_\mathrm{tot}t] \tag{12.50}$$

が成り立つ．ここで，Φ_0，Φ はそれぞれ入射および透過中性子線束（強度），$n_\mathrm{p}[\mathrm{cm}^{-3}]$ は試料中の散乱体分子（もしくは原子）の数密度 $n_\mathrm{p} \equiv N/V$ である．また $t[\mathrm{cm}]$ は試料の厚みである．可視光や赤外線分光における透過率は，物質による吸収や散乱によって透過率が 1 より小さくなるが，中性子散乱の場合，例外的な元素を除いて散乱断面積に比べて吸収断面積が非常に小さいので，吸収断面積よりも多重散乱によって透過率が決まることが多い．特に，ソフトマターの場合，軽水素（H）の非干渉性断面積が非常に大きい（図 12.6 参照）ため，H 原子核による多重散乱が著しい．図 12.7 はさまざまな試料厚み t をもつ軽水と重水の混合物の透過率の実測値である[16]．厚みや H 含量が増えるに従って，透過率は著しく小さくなることがわかる．また，Lambert–Beer 則 (12.50) に従って，1 つのマスター曲線で記述できることがわかる．

小角中性子散乱実験で有意な構造情報を得ようとすると，H をなるべく含まないような試料デザインが必要である．例えば，高分子溶液の実験の場合，溶媒に重水や重トルエンなどを用い，それに高分子を溶解させた試料を用いる．透過率は物質の断面積が中性子の波長に依存して変化するため，実験に用いる波長での透過率を測定する必要がある．ここで注意しなければならないことは，本来，透過率は中性子の波長が決まれば決まる物質固有の値であるはずであるが，実際には多重散乱のため見かけ上，

$$\left(\frac{d\Sigma}{d\Omega}\right)_\mathrm{inc} = \frac{K}{4\pi}\frac{e^{Kt}-1}{Kt} \tag{12.51}$$

$$K \equiv n_\mathrm{p}\sigma_\mathrm{inc} \tag{12.52}$$

となって試料の厚み t によって大きく変化する[16]．

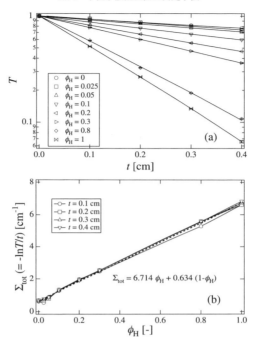

図 12.7 重水と軽水の混合物の透過率. 上；液厚 t 依存性, 下:重水分率 ϕ_D 依存性. [M. Shibayama, et al., J. Appl. Crystallogr., **42**, 621 (2009)]

12.4 中性子散乱装置と測定手法

前述したように，中性子散乱はソフトマター研究に大きな貢献をしており，特に高分子やミセルなどの大きさ・形状や配向に関する情報（構造情報），表面・界面の情報，分子の動きや運動についての情報（動的情報）を得るために使われており，それぞれ，小角散乱装置，反射率計，非弾性散乱装置がその役割を担っている．

12.4.1 小角散乱

ソフトマター研究において最もよく使われるのが小角中性子散乱（small angle neutron scattering; SANS）である．小角散乱とはその名のとおり，小さな角度での散乱実験を指す．具体的には散乱角が 5° 程度までである．東京大学物性研究所が日本原子力研究開発機構（JAEA）の研究用原子炉 JRR-3 のガイドホールに設置している小角散乱装置 SANS-U[17]

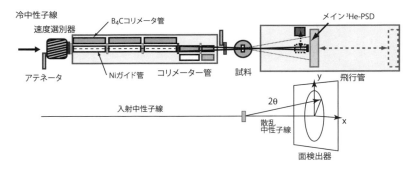

図 12.8 東京大学物性研究所が日本原子力研究開発機構の研究用原子炉 JRR-3 のガイドホールに設置した小角散乱装置 SANS-U の光学系図．B_4C コリメーター管（吸収壁）と Ni ガイド管（全反射壁）の組み合わせにより，見かけの線源位置を調整できる．また，真空飛行管中で面検出器（メイン ^{3}He-PSD）を移動させることにより計測可能な Q 域を調整する．

では波長 $\lambda = 0.70$ nm の冷中性子線を標準として使っている．この場合，散乱角 2θ が $1°$ での散乱ベクトルの大きさ Q は 0.157 nm^{-1} であり，Bragg 間隔 $2\pi/Q$ は 40 nm 程度となる．散乱装置の原理は図 12.8 に示すように簡単である．まず，速度選別器などで中性子ビームを単色化したのち，コリメーター管列の入り口と出口に置かれた 2 つのピンホールで平面波に近似できるほどに入射ビームの発散角を小さく絞る．それを試料に照射し，散乱される中性子線を面検出器で計数する．計数された散乱強度 $I_{\text{obs}}(Q_x, Q_y)$ に対し，試料透過率，空気（試料セル）散乱，面検出器の一様性などの補正を行ったあと，標準試料などを使って絶対強度化して微分散乱断面積 $(d\Sigma/d\Omega)(\boldsymbol{Q})$ を得る．溶液試料のように系が等方的な場合には，円環平均して Q の関数とした微分散乱断面積 $(d\Sigma/d\Omega)(Q)$ が得られる．これをフーリエ変換により相関関数として評価したり，理論散乱関数と比較したりして構造解析を行う．

a. 形状因子と Guinier 則

試料中に体積 V_p の散乱体が非常に低い濃度で分散している場合を考える．この場合の散乱振幅 $\widehat{\rho}(Q)$ は，

$$\widehat{\rho}(Q) = \int_{V_p} d^3 \Delta\rho(r) e^{i\boldsymbol{Q}\cdot\boldsymbol{r}} \tag{12.53}$$

$$= V_p \int_{V_p} d^3 \Delta\rho(r) \frac{\sin(Qr)}{Qr} \tag{12.54}$$

$$= V_p(\Delta\rho)\left[1 - \frac{Q^2}{6}\int_{V_p} d^3 \rho(r) + \dots\right] \tag{12.55}$$

で与えられる．ここで，ベクトル $\boldsymbol{Q}$ と $\boldsymbol{r}$ の配向平均をとると，

$$\langle e^{i\boldsymbol{Q}\cdot\boldsymbol{r}}\rangle_{\text{orient}} = \frac{\sin(Qr)}{Qr} = 1 - \frac{1}{3!}(Qr)^2 + \frac{1}{5!}(Qr)^4 - \cdots \tag{12.56}$$

となることを用いた．これより，散乱強度（微分散乱断面積）は式 (12.46) より，

$$\frac{d\Sigma}{d\Omega} \equiv n_\text{p}|\widehat{\rho}(Q)|^2 = n_\text{p}(\Delta\rho)^2 F(Q) = n_\text{p}(\Delta\rho)^2 V_\text{p}^2 \left[1 - \frac{R_\text{g}^2 Q^2}{6} + \cdots \right]^2 \tag{12.57}$$

となる．ここで n_p は散乱体粒子の数密度である（前述）．また，$F(Q)$ は形状因子とよばれ，粒子の形状を反映した散乱関数である．式 (12.57) は $R_\text{g}Q \ll 1$ のとき，

$$\frac{d\Sigma}{d\Omega} = n_\text{p} V_\text{p}^2 (\Delta\rho)^2 \exp\left[-\frac{R_\text{g}^2 Q^2}{3}\right] \tag{12.58}$$

の形に書くことができる．これを Guinier 則という．これより，実測散乱強度 $\ln[d\Sigma/d\Omega](Q)$ を Q^2 に対してプロットすることで，散乱体の回転半径 R_g

$$R_\text{g}^2 \equiv \frac{\int_0^\infty d^3 r \rho(\boldsymbol{r}) r^2}{\int_0^\infty d^3 r \rho(\boldsymbol{r})} \tag{12.59}$$

を評価することができる．

b. Porod 則とインバリアント

小角散乱において希薄系の散乱強度の振る舞いは小角側で Guinier 則で表されることを上述したが，広角側での挙動は Porod 則（散乱強度の Q^{-4} 乗則）で表されることが知られている．この Porod 則は希薄系のみならず，シャープな界面をもつ二相系において一般に成り立つ．Porod により，孤立粒子の相関関数 $\gamma_0(r)$ は

$$\gamma_0(r) = 1 - \frac{S_V}{4V_\text{p}} r + \cdots \tag{12.60}$$

で近似できることが導かれている[24]．ここで，S_V は比表面積（粒子の表面積を粒子の体積 V_p で割った量）である．これより，理想二相系の散乱強度は

$$\frac{d\Sigma}{d\Omega}(Q \to \infty) = (\Delta\rho)^2 \frac{2\pi S_V}{Q^4} \tag{12.61}$$

となることが知られてる．さらに，等方二相系では散乱強度を全 Q 空間で積分した量が組成 ϕ $(0 < \phi < 1)$ とコントラスト $\Delta\rho$ のみに依存するという，インバリアント

$$Q_{\text{inv}} = 2\pi n_\text{p} V_\text{p}^2 (\Delta\rho)^2 \phi(1-\phi) \tag{12.62}$$

が成り立つことが知られている．

小角散乱では，このほか，さまざまなモデルに基づく理論関数が導かれており，実測散乱強度関数との比較により構造パラメータが評価される．例えば分散系では，粒子のサイズ，粒子間距離，配向，コア・シェル構造をもつベシクルやミセルでは外殻および内殻の半径，

コアおよびコロナの大きさなどについての知見が得られる．一方，巨視的には均一系だが系内に揺らぎをもつ系として，高分子準濃厚溶液や臨界点近傍の系では Ornstein–Zernike 型[25]の散乱関数

$$\frac{d\Sigma}{d\Omega}(Q) = \frac{d\Sigma}{d\Omega}(Q=0)\frac{1}{1+\xi^2 Q^2} \tag{12.63}$$

が成り立ち，1つのサイズパラメータである相関長 ξ によって系は完全に記述される．

c. 粒子間干渉効果

希薄極限での散乱強度は

$$\frac{d\Sigma}{d\Omega} = n_p V_p^2 (\Delta\rho)^2 F(Q) \tag{12.64}$$

で与えられるが，多くの場合，粒子間干渉効果を無視することはできない．その粒子間干渉効果を構造因子 $S(Q)$ と定義すると，散乱強度は，

$$\frac{d\Sigma}{d\Omega} = n_p V_p^2 (\Delta\rho)^2 F(Q) S(Q) \tag{12.65}$$

となる．ここで，$S(Q)$ は動径分布関数 $g(r)$ を用いて，

$$S(Q) = 1 + 4\pi n_p \int_0^\infty dr \left[g(r) - 1\right] \frac{\sin(Qr)}{Qr} r^2 \tag{12.66}$$

で与えられる．

12.4.2 中性子反射率

中性子の屈折率は物質中で1よりわずかに小さいため中性子線を非常に小さな角度で平滑な面に入射すると全反射する．この性質を利用して光ファイバーのように全反射を利用して中性子を運ぶ中性子導管や，中性子を単色化するモノクロメーター，スピンを偏極させる中性子偏向素子などの中性子工学素子がつくられている．一方，物質研究では薄膜の厚み方向の濃度分布情報を得る中性子反射率法があり，1980年代末から盛んにソフトマター研究にも使われるようになってきた[20,21]．現在では，世界中の主な中性子研究施設に標準的に設置されており，日本では高エネルギー物理学研究機構（KEK）に設置された水平中性子反射率計（ARISA[22]；J-PARC に移設 ARISA-II，あらたに Sophia として完成），日本原子力研究開発機構（JAEA）の研究用原子炉 JRR-3 に設置された MINE-I, MINE-II, SUIREN が，J-PARC には上記の Sophia に加えて偏極中性子反射率計（SHARAKU）が設置されている．

中性子反射率の概要を図12.9に示す．薄膜の面にほぼ平行に中性子が入射すると，臨界角 θ_c 以下では全反射する．一方，θ_c（図中破線）以上の角度で入射した中性子は，一部が反射，一部がフィルム中へと侵入し，フィルム内部で散乱，あるいはフィルム底面の基盤で反射し，フィルムの外に再び出てくる．このとき，フィルムの厚み z 方向の構造情報を散乱長密度の厚み方向の分布 $\rho(z)$ として含んでいる．この情報を反射率 $R(Q_z)$ として評

12.4 中性子散乱装置と測定手法

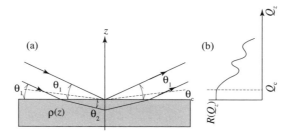

図 12.9 中性子反射率の原理. (a) 中性子が入射角 θ_1 でフィルムに入射し,反射中性子線強度を検出器で Q_z の関数として計測することでフィルム内部の構造情報,深さ方向の散乱長密度 $\rho(z)$ が得られる. θ_c は全反射の臨界角度. (b) 反射率 $R(Q_z)$ 曲線.

価する手法が中性子反射率法である.以下に,その原理を説明する.

一般に中性子に対する物質の屈折率は複素数であるが,ホウ素やカドミウムなど吸収断面積が大きい物質を除く多くの物質に対する中性子の屈折率は実数として扱ってよく,

$$n \cong 1 - \frac{\lambda^2 \rho}{2\pi} \tag{12.67}$$

で与えられる.

図 12.10 のように媒体 ($n = 1$) から屈折率 n の薄膜に中性子が入射したときの入射波,反射波,透過波,およびこれらの振幅をそれぞれ,φ_I, φ_R, φ_T, a_I, a_R, a_T とすると,$z = 0$ における φ, $d\varphi/dz$ についての連続性の式より,

$$a_\mathrm{I} + a_\mathrm{R} = a_\mathrm{T} \tag{12.68}$$

$$a_\mathrm{I} \boldsymbol{k}_\mathrm{I} + a_\mathrm{R} \boldsymbol{k}_\mathrm{R} = a_\mathrm{T} \boldsymbol{k}_\mathrm{T} \tag{12.69}$$

$$k_\mathrm{I} = n k_\mathrm{T} \tag{12.70}$$

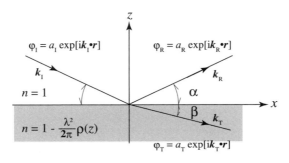

図 12.10 なめらかな表面での中性子の反射:Fresnel の法則.

となる．これらより，中性子反射率の基本になる式，Snellの式，

$$n_1 \cos\alpha_1 = n_2 \cos\alpha_2 \tag{12.71}$$

および電場の振幅反射率・振幅透過率に関するFresnelの式のうちの振幅反射率についての式，

$$r = \frac{\sin\alpha - n\sin\beta}{\sin\alpha + n\sin\beta} \tag{12.72}$$

が得られる．これより，反射率Rは

$$R \equiv rr^* = \left|\frac{\sin\alpha - n\sin\beta}{\sin\alpha + n\sin\beta}\right|^2 \tag{12.73}$$

となる．実験では，Rをz方向の散乱ベクトルQ_zに対して測定し，$R(Q_z)$を解析することで，薄膜の厚み方向の濃度分布（散乱長密度分布）$\rho(z)$が得られる．

より一般的には，屈折率（$n=n_1$）の媒体から屈折率（$n=n_2$）の薄膜に中性子が入射したときの反射振幅r_{12}は

$$r_{12} = \frac{n_1 \sin\alpha_1 - n_2 \sin\alpha_2}{n_1 \sin\alpha_1 + n_2 \sin\alpha_2} \tag{12.74}$$

となる．

図12.9のような平滑な界面による反射率は，臨界角近傍を除けば，1回散乱で近似（ボルン近似）して解くことができて，

$$R \equiv R_F = \frac{16\pi^2 \rho^2}{Q_z^4} \tag{12.75}$$

となる．ここで，R_FはFresnelの反射率とよばれ，小角散乱におけるPorod則に相当する量である．薄膜が厚み方向に構造をもっている場合，

$$R = R_F \left| \int \frac{d\rho(z)}{dz} e^{iQ_z z} dz \right|^2 \tag{12.76}$$

となり，Fresnelの反射率からの変調の形で薄膜の構造情報$d\rho(z)/dz$が得られる．

例として，分散σ^2をもつ粗い表面からの反射率は

$$R = R_F (\Delta\rho)^2 \exp(-Q_z^2 \sigma^2) \tag{12.77}$$

となる．また，基盤上に置かれた厚さdの薄膜の反射率は

$$R = \left|\frac{r_{01} + r_{12}\exp(2i\beta)}{1 + r_{01}r_{12}\exp(2i\beta)}\right|^2 \tag{12.78}$$

$$\beta = \frac{2\pi}{\lambda} n_1 d \sin\theta \tag{12.79}$$

などとなる．後述するように，1890年代の終わりから中性子反射率は急速にソフトマター界面の研究に使われるようになった．

12.4.3 非弾性散乱

熱中性子や冷中性子のもつエネルギーは物質中の運動や励起エネルギーとほぼ同じオーダーなので中性子非弾性散乱は物質中のダイナミクス研究に使われる．ソフトマターにおけるダイナミクスとしては，高分子鎖の局所運動，ガラス転移，分子膜の膜運動，タンパク質の局所運動などがある．ダイナミクス研究ではエネルギー変化を観測するために試料通過前後の中性子の波長変化（速度変化）を計測する必要があり，

$$\hbar\omega = \frac{mv'^2}{2} - \frac{mv^2}{2} \cong mv(v' - v) \tag{12.80}$$

の式におけるエネルギー変化，もしくは速度変化 ($v \to v'$) を測定することになる．非弾性散乱測定には，散乱中性子のエネルギー分析をアナライザーとよばれる分光器で行う3軸分光法（モノクロメーター軸，試料軸，アナライザー軸の3軸に由来）や，散乱中性子の飛行時間を測定する飛行時間分光法（time of flight, TOF）などがある．後者の例では，JRR-3のAGNES, J-PARCのさまざまなチョッパー分光器（AMATERAS, DNAなど）がそれに該当する．エネルギー分解能を向上させるためには，コリメーターやモノクロメーター，チョッパーなどを用い，入射波と散乱波の発散を抑える必要があるが，その結果，ビーム強度は大きく減少する．加えて，光散乱などに比べて中性子散乱では強度が桁違いに弱いので，十分な統計精度を得ることが難しい．ところが，Mezeiが開発した中性子スピンエコー法[18, 19]では中性子の偏極度を用い，入射波と散乱波の散乱ベクトルを独立に評価することができるので，発散や波長分散のあるビームを用いても高エネルギー分解能を達成できる．その特徴としては，(1) 波長分散とエネルギー分解能が原理的には完全に分離されているので，多分散波長の中性子を用いても高エネルギー分解能を達成可能である，(2) 非弾性中性子散乱においては最高のナノeVオーダー以下のエネルギー分解能をもつ，(3) 中間相関関数 $S(Q,t)$ を直接観測するので，緩和現象を観測するのに適している，などである．そこで，本項では中性子スピンエコー法についてもう少し詳しく述べる．

式 (12.80) のようなエネルギー変化が起こる頻度は中間相関関数 $S(\boldsymbol{Q},\omega)$ で与えられる．ここで，$\boldsymbol{Q}$ は運動量移行（散乱ベクトル）で，

$$\hbar\boldsymbol{Q} = m\boldsymbol{v}' - m\boldsymbol{v} \tag{12.81}$$

である．図12.11に示すように，スピンエコーでは，以下の7つのステップを通じて散乱によるエネルギー変化を中性子スピンの歳差運動の位相差として測定する．

(1) 入射中性子 $(0, 0, p_z)$: 入射中性子のスピンを z 軸にそろえる．
(2) $\pi/2$ フリップ:$(0, -p_z, 0)$, $\pi/2$ フリッパーを使って，スピンを z 軸に対して90°倒す．
(3) 第1プリセッション $(p_z \sin\phi, -p_z \cos\phi, 0)$:プリセッションコイル中を通過する間，スピンはラーモア（Larmor）歳差運動をする．その位相 ϕ_1 はラーモア歳差運動

$$\phi_1 = \frac{\gamma H l}{v} \tag{12.82}$$

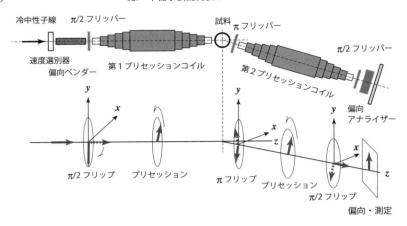

図 **12.11** スピンエコー装置の模式図(上)と各ステップでのスピンの向き(下).

で与えられ,プリセッションコイルの磁場の強さ H,ラーモア周波数 γ,磁場中の移動距離 z に比例し,中性子の速度 v に反比例する.プリセッションコイルの終端ではコイルの長さ l に相当する位相 ϕ_1 となる.

(4) π フリップ $(p_z \sin\phi_1, p_z \cos\phi_1, 0)$:$\pi$ フリッパーにより,x,y 軸の一方を反転し,位相を逆転させる.$\phi_1 \to \phi_2$

(5) 第 2 プリセッション $(p_z \sin(\phi_1 - \phi_2), p_z \cos(\phi_1 - \phi_2), 0)$:第 1 プリセッションの場合と同様にラーモア歳差運動をさせる.すると,位相差は ω の式として得られる.

$$\phi_1 - \phi_2 = \frac{\gamma H l}{v} - \frac{\gamma H l}{v'} \cong \frac{\gamma H l}{v^2}(v' - v) = \frac{\gamma H l}{v^2}\hbar\omega = \frac{\gamma H l m^2 \lambda^3}{2\pi h^2}\omega \quad (12.83)$$

(6) $\pi/2$ フリップ $(p_z \sin(\phi_1 - \phi_2), 0, p_z \cos(\phi_1 - \phi_2))$:スピンの一つの成分を z に向ける.

(7) 偏向 $(0, 0, p_z \cos(\phi_1 - \phi_2))$:スピンの偏向度 P を測定する.

$$P = \langle \cos(\phi_1 - \phi_2) \rangle = \left\langle \frac{\gamma H l m^2 \lambda^3}{2\pi h^2}\omega \right\rangle \quad (12.84)$$

$$= \frac{\int S(\boldsymbol{Q}, \omega)\cos(\omega t)d\omega}{\int S(\boldsymbol{Q}, \omega)d\omega} \quad (12.85)$$

$$= \frac{S(\boldsymbol{Q}, t_F)}{S(\boldsymbol{Q})} \quad (12.86)$$

ここで,分母の $S(\boldsymbol{Q})$ は静的構造因子(散乱強度に比例)である.また,t_F はフーリエ時間とよばれる緩和時間で

$$t_F = \frac{\gamma H l m^2 \lambda^3}{2\pi h^2} \quad (12.87)$$

である.一方,分子 $S(\boldsymbol{Q}, t_F)$ は中間相関関数とよばれる時間相関関数で,動的光散乱に

おける散乱振幅の時間相関関数 $g^{(1)}(Q,t)$ に相当している．動的光散乱と決定的に異なるのは，その対象とする Q 空間であり，動的光散乱がコロイド次元のダイナミクスを対象としているのに対し，中性子スピンエコーでは数 nm〜数十 nm のスケールでのダイナミクスが研究対象となる．このように，中性子スピンエコーでは中性子のもつスピンに対して歳差運動をさせ，それをあたかもストップウォッチのように使うことで，試料中でおこるエネルギー変化，運動量変化を精密に測定することができる．スピンエコー測定で得られる散乱強度 $I(Q, t_\mathrm{F})$ は次式のように Wiener–Khinchin 定理により波数空間での相関関数 $S(Q,\omega)$ と結ばれているので

$$I_\mathrm{NSE}(Q,t_\mathrm{F}) \sim \int_{-\infty}^{\infty} S(Q,\omega)\frac{1+\cos(\omega t_\mathrm{F})}{2}d\omega \tag{12.88}$$

相互の変換が可能である．

12.5　高　分　子

　高分子はモノマー（あるいはセグメント）とよばれる低分子化合物が非常に多くつながってできており，直鎖状をはじめとするさまざまな 1 次構造をもつ．特定の形態をもたないため，統計的な取扱いが必要となる．高分子の基本的特性は，Flory の高分子化学（1953）にほよってほぼ記述され[26]，1970 年代初めにほぼ高分子溶液論が完成した[27,28]．しかし，多体問題の難しさから，そこでは準濃厚溶液系の限定的な記述でとどまざるをえなかった．1970 年代に de Gennes は高分子物理学にスケーリングの概念を導入し，この多体問題に由来する諸問題を次々に解決していった[9]．1980 年代には，Doi–Edwards がレプテーションという概念を用いて高分子メルトや濃厚溶液系のダイナミクスを説明した[29]．こうした多くの理論的成果は中性子散乱によって実証・検証されている[23]．

　高分子が他の物質と大きく異なる点は，一般に紐状の構造をしているため，自重 Nm（N; 重合度，m; モノマー分子量）に比べてはるかに大きな空間を領有しており，重合度によっては非常に低い重量濃度でも溶液全体を高分子で充填することもできることである．その様子を模式的に図 12.12 に示した．この例では，重合度が 10^4 のポリスチレン溶液では，わずか 0.005％で空間全体を占有してしまうことを示している．一方，一般の低分子化合物では系を充填するために必要な体積分率が fcc で 0.74 といった具合とはまったく異なる．高分子ゲルが，自重の 1000 倍もの水を吸収できるのはこのためである．中性子散乱においても，こうした高分子の性質が現れ，形状因子や構造因子も低分子系とは大きく異なる．以下では，高分子の特殊性に注意しながら，高分子系の散乱について述べる．

　図 12.13 左に示すように，希薄溶液中の高分子は局在しており，高分子内で平均 C_int，外で 0 の濃度をもつ．一方，分子どうしが絡まり合う濃度 C^*（または ϕ^*）以上では高分子は互いに絡まり合い自他との区別が付かなくなる．このとき，注目する特定の高分子の 1 つ

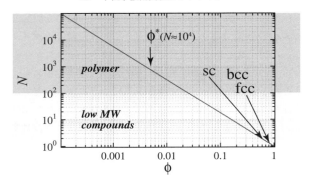

図 **12.12** 高分子（重合度 $N \gg 1$）と低分子化合物（重合度 $N \approx 1$）の空間占有率の比較．

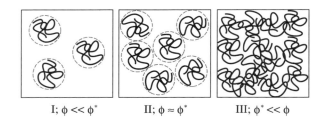

図 **12.13** 高分子鎖の濃度依存性．I; 希薄系, II; 準濃厚系, III; 濃厚系．

のセグメントは他の高分子鎖に属するセグメントに取り囲まれており，平均場的描像で記述できる．そこで，これらの 3 つの領域に分けて高分子系の散乱関数について議論する．

12.5.1 領域 I: 希薄系—単一鎖状高分子の統計力学—

溶液中に置かれた高分子鎖は糸まり状であり，まわりの溶媒分子と相互作用してブラウン運動し，時々刻々，その形態を変えている．それを記述するためには，統計的に扱う必要がある．幸い，単一鎖状高分子の統計力学は酔歩問題や拡散問題として扱うことができる．$P(\boldsymbol{R}, N)$ をセグメント数 N からなる高分子鎖が末端間ベクトル $\boldsymbol{R}$ をもつ確率とすると，以下の拡散方程式が成立する．

$$\frac{\partial P}{\partial N} = \frac{a^2}{6} \frac{\partial^2 P}{\partial R^2} \tag{12.89}$$

ここで a はセグメント長である．この解は，

$$P(\boldsymbol{R}, N) = \left(\frac{3}{2\pi N a^2}\right)^{3/2} \exp\left(-\frac{3\boldsymbol{R}^2}{2Na^2}\right) \tag{12.90}$$

となる.この式が高分子鎖の静的描像の出発点となる.鎖状高分子鎖の広がりは鎖末端間距離の根 2 乗平均 $\langle R^2 \rangle^{1/2}$ で表される.式 (12.90) より,$\langle R^2 \rangle^{1/2} = N^{1/2} a$ となり,鎖の広がりがセグメント数 N の 1/2 乗に比例する.

一方,高分子のダイナミクスを扱う場合,バネ・亜鈴モデルがあり,以下のような式となる.

$$P(\{\boldsymbol{R}_n\}) = \left(\frac{3}{2\pi na^2}\right)^{3N/2} \exp\left[-\frac{3}{2a^2}\sum_{n=1}^{N}(\boldsymbol{R}_n - \boldsymbol{R}_{n-1})^2\right] \tag{12.91}$$

$$= \exp\left[-\frac{U(\{\boldsymbol{R}_n\})}{k_\mathrm{B} T}\right] \tag{12.92}$$

$$U \equiv U(\{\boldsymbol{R}_n\}) = \frac{1}{2} k_\mathrm{sp} \sum_{n=1}^{N}\left(\boldsymbol{R}_n - \boldsymbol{R}_{n-1}\right)^2 \tag{12.93}$$

ここで,$k_\mathrm{sp} = 3k_\mathrm{B} T / a^2$ はバネ定数である.式 (12.91) はバネ一つあたりの確率 $p(\boldsymbol{r}_i)$ を使って,

$$p(\boldsymbol{r}_i) = \left(\frac{3}{2\pi na^2}\right)^{3/2} \exp\left[-\frac{3}{2a^2} r_i^2\right] \tag{12.94}$$

$$P(\{\boldsymbol{R}_n\}) = \prod_{i=1}^{N} p(\boldsymbol{r}_i) \tag{12.95}$$

と書くことができる.この式は,1 本の鎖全体の確率はセグメントそれぞれの確率の積と等価であることを示している.

12.5.2 回転半径と Debye の散乱関数

高分子には直鎖状のみならず,枝分かれ状鎖,星形鎖など,さまざまな形をもつ高分子があるので鎖末端間距離 $|\boldsymbol{R}|$ では高分子の広がりを示すことはできない.そこで図 12.14 に示すように,重心から各セグメントへのベクトルの 2 乗平均の平方根で定義される回転

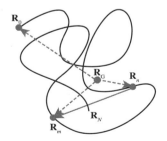

図 **12.14** 重合度 N からなる高分子鎖.$\boldsymbol{R}_m$ はセグメント m の位置ベクトル.$\boldsymbol{R}_\mathrm{G}$;重心の位置ベクトル.

半径 R_g が高分子の広がりを表す指標として使われる.

$$\boldsymbol{R}_\mathrm{G} = \frac{1}{N}\sum_{n=1}^{N}\boldsymbol{R}_n \tag{12.96}$$

$$R_\mathrm{g}^2 = \frac{1}{N}\sum_{n=1}^{N}\left\langle (\boldsymbol{R}_n - \boldsymbol{R}_\mathrm{G})^2 \right\rangle \tag{12.97}$$

$$= \frac{1}{2N^2}\sum_{n=1}^{N}\sum_{m=1}^{N}\left\langle (\boldsymbol{R}_m - \boldsymbol{R}_n)^2 \right\rangle \tag{12.98}$$

セグメント長 a,重合度 N のガウス鎖の場合,回転半径の 2 乗平均 R_g^2 は

$$R_\mathrm{g}^2 = \frac{Na^2}{6} \tag{12.99}$$

となる.単一直鎖状高分子鎖の散乱関数は Debye によって与えられ,

$$g_\mathrm{D}(Q) = \frac{1}{N}\sum_{n=1}^{N}\sum_{m=1}^{N}\left\langle \exp\left[i\boldsymbol{Q}\cdot(\boldsymbol{R}_m - \boldsymbol{R}_n)\right]\right\rangle \tag{12.100}$$

$$= \frac{1}{N}\sum_{n=1}^{N}\sum_{m=1}^{N}\exp\left[-\frac{|m-n|}{6}a^2Q^2\right] \tag{12.101}$$

$$g_\mathrm{D}(u) = \frac{2N}{u^2}(e^{-u} - 1 + u) \tag{12.102}$$

$$u \equiv \frac{Na^2}{6}Q^2 = R_\mathrm{g}^2 Q^2 \tag{12.103}$$

これを Debye 関数という.高分子の散乱関数の記述にはこの関数が基本となる.

例えば,高分子希薄溶液では,Debye 関数を展開し,Guinier 関数で近似できる.すなわち,

$$\frac{d\Sigma}{d\Omega} = n_\mathrm{p}V^2(\Delta\rho)^2 e^{-R_\mathrm{g}^2 Q^2/3} \tag{12.104}$$

ここで n_p は高分子鎖の数密度である.また,高分子-溶媒や高分子鎖-高分子鎖間の相互作用が無視できないときは,Zimm の散乱関数,

$$\frac{HC}{d\Sigma/d\Omega} = \frac{1}{M_\mathrm{w}}\left[1 + \frac{R_\mathrm{g}^2}{3}Q^2 + \cdots\right] + 2A_2 C + \cdots \tag{12.105}$$

を使って,高分子の重量平均分子量 M_w,および第 2 ビリアル係数 A_2 が評価できる.ここで,H はコントラスト因子,C は高分子の重量濃度である.

高分子が良溶媒中にあるとき,A_2 は正であり,それぞれの分子は排除体積効果により非摂動状態の広がりより大きくなり,内部では平均濃度(体積分率)$\phi_\mathrm{int} \simeq Na^3/R_\mathrm{F}^3$ となる($R_\mathrm{F} = N^{3/5}a$ は Flory 半径).また,高分子間には斥力的相互作用がはたらき,高分子鎖どうし絡み合いを避けるように分布する.

12.5.3 領域 II: 準濃厚系 ―C^* 定理―

高分子鎖が互いにふれあう濃度 $\phi \simeq Na^3/R_F^3$ 以上になると，高分子鎖が絡み合うため，高分子鎖による遮蔽効果が現れ，もはや高分子自身の大きさは観測されなくなり，図 12.15 に示すように相関長 ξ で特徴づけられる膨潤部分鎖が単位となる非摂動鎖として記述される（C^* 定理）．このとき，相関関数 $\gamma(r)$ は Yukawa ポテンシャル（Debye–Hückel ポテンシャル）型，

$$\gamma(r) = \frac{\xi}{r} e^{-r/\xi} \tag{12.106}$$

となり，それから得られる散乱関数は式 (12.63) で与えられた Ornstein–Zernike 関数，

$$\frac{d\Sigma}{d\Omega} \propto \frac{1}{1+\xi^2 Q^2} \tag{12.107}$$

となる．

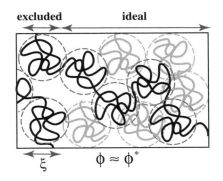

図 **12.15** 高分子のブロブモデル．高分子準濃厚溶液 $\phi \approx \phi^*$ では高分子鎖による遮蔽効果のため，排除体積効果の及ぶ距離は遮蔽長（相関長）ξ 内に限定され，それ以上のサイズでは理想鎖としての振る舞いをすると見なせる．

12.5.4 領域 III: 濃厚系およびメルト ―ポリマーブレンド―

濃厚溶液やメルトでは，散乱の原因となる濃度の揺らぎは，もはやモノマーレベルの大きさとなり自らの分子情報（重合度 N や分子の大きさ R_g など）をもたなくなる．しかし，異なる高分子の混合物からなる高分子ブレンドでは一方の高分子を重水素化することによって高分子の大きさを反映した散乱関数を与える．任意の組成の 2 成分高分子メルトの散乱関数 $S(Q)$ は乱雑位相近似に基づいて de Gennes によって導かれた[9]．

$$\frac{1}{S(Q)} = \frac{1}{\phi_A N_A g_D(Q; N_A)} + \frac{1}{\phi_B N_B g_D(Q; N_B)} - 2\chi \tag{12.108}$$

ここで，$S(Q)$ は応答関数，ϕ_i, N_i は成分 i のそれぞれ体積分率，セグメント数（重合度）である．また，$g_D(Q; N_i)$ は成分 i の Debye 関数でである．実験結果と比較するには，成分間のセグメントの不等性を考慮する必要があるので，式 (12.108) は

$$\frac{1}{v_0 S(Q)} = \frac{1}{v_A \phi_A N_A g_D(Q; N_A)} + \frac{1}{v_B \phi_B N_B g_D(Q; N_B)} - 2\frac{\chi}{v_0} \quad (12.109)$$

と修正される[35]．ここで，$v_0 = \sqrt{v_A v_B}$ である．この de Gennes の散乱関数は，2 成分高分子系の相溶性や臨界現象の研究に広く使われている．

12.5.5 ブロック共重合体

ブロック共重合体とは成分高分子鎖が共有結合によって結ばれた高分子であり，この結合のため，巨視的オーダーでの相分離は不可能であるため，ミクロな次元での相分離，すなわち，ミクロ相分離をする．ブロック共重合体が開発されたころは高分子界面活性剤として自動車用タイヤや耐衝撃性プラスチックの性能改善などに使われていたが，近年，ナノファブリケーション，量子ドットなどへの応用展開が盛んになってきた．

ブロック共重合体の散乱関数は，Leibler によって導かれている[30]．2 成分ブロック共重合体ではそれぞれの高分子鎖がセグメント数 fN と $(1-f)N$ のブロック鎖が化学結合でつながった構造をしている．相互作用パラメータ χ と N の積が臨界値 $\chi N (> 10.5)$ より大きいと，ブロック共重合体はブロック鎖の回転半径のオーダーでミクロ相分離する．一方，$\chi N < 10.5$ のとき，系は巨視的には均一系だが，微視的には相関空孔とよばれる空間相関の "谷間" が存在し，

$$S(Q) = \frac{1}{H(x) - 2\chi} \quad (12.110)$$

$$H(x) = \frac{f_D(1, x)/N}{f_D(f, x) f_D(1-f, x) - \frac{1}{4}[f_D(1, x) - f_D(f, x) - f_D(1-f, x)]^2} \quad (12.111)$$

$$f_D(f, x) = \frac{2}{x^2}[e^{-fx} - 1 + fx] \quad (12.112)$$

$$x \equiv \frac{Q^2 N a^2}{6} \quad (12.113)$$

となり，散乱関数にピークが現れる．この散乱関数が導かれて以来，ブロック共重合体の秩序-無秩序転移理論，相溶性評価などの研究が飛躍的に進展した．

12.6 ブレークスルー研究

12.6.1 高分子鎖の広がり

今日，非晶高分子鎖がガウス統計（式 (12.90)）にしたがい，鎖末端距離 R はセグメント（ステップ）数 N の 1/2 乗に比例することはよく知られており，高分子統計力学の出発点

になっている.しかし,1970年初頭までこれは仮説でしかなかった.ゴム弾性理論[31] からメルト状態にある高分子鎖はガウス統計にしたがうと信じられていたが,ゴム弾性を示さないガラス転移温度以下においてもそれが保たれることを実証することは困難を極めた.事実,ガラス状高分子には凝集構造があるという電子顕微鏡観察の報告もあった[32].高分子鎖がガウス統計にしたがうことを証明することは,ざるそばの中の特定の1本のそばの広がりを箸をふれずに調べようとすることにたとえられる.1970年代の前半にドイツ[5]やイギリス[6],フランス[7]のグループによって相次いで,中性子散乱実験によってこの仮説が実証された.中性子散乱のソフトマター研究への初めての応用である.Cotton らはポリスチレン(PS)と重水素化ポリスチレン(DPS)のブレンドフィルムの小角中性子散乱実験を行い,図12.16のような結果を得た[7].この図より,分子量 M_w が 21,000 から 1,100,000 までの広い範囲において,アモルファス状態での PS 鎖の広がり R_g 式 (12.99) は非摂動状態を与える θ 溶媒中のそれと等しく,

$$(R_\mathrm{g}^2)^{1/2} \propto M_\mathrm{w}^{1/2} \tag{12.114}$$

の関係があり,その係数 K は 2.75×10^{-9} cm であった.また,その散乱関数は非摂動状態でのコンフォメーションについて計算された Debye 関数[33]で記述できることが示された.一方,硫化水素溶液中での PS の広がりは,排除体積効果により非摂動鎖の広がりより大きくなっていることが確かめられた.ちなみに,この係数から計算される PS のセグメント長 $a \equiv (6R_\mathrm{g}^2/M_\mathrm{w})^{1/2} m_\mathrm{PS}^{1/2} = 0.688$ nm となる.この研究は,Kirste ら[5]や Ballard ら[6]の研究とともに高分子物理学の原点である「高分子鎖のガウス性」を証明したきわめて重要な研究である.

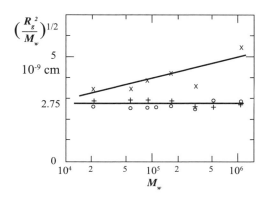

図 **12.16** ポリスチレン(PS)の回転半径 R_g と重量平均分子量 M_w の関係.×;硫化水素中.+;θ 溶媒中.〇;バルク.[J. P. Cotton et al., Macromolecules, **7**, 863. (1974) ACS より転載許可]

12.6.2 高分子ブレンドの臨界現象

それまで高分子ブレンド中の特定のラベル高分子鎖の広がりを調べるにはラベル鎖間の干渉効果が無視できるほど希釈して測定する必要があった（希釈近似）。ところが，de Gennes は乱雑位相近似（RPA）を用いて任意の組成における2成分高分子ブレンドの散乱関数（式 (12.108)）を導出した[9]。これにより，高分子ブレンドの臨界現象や相溶性の研究が大きく加速した。Herkt–Maetzky らは種々の組成の DPS（$M_w = 47k; k \equiv 10^3$）とポリビニルメチルエーテル（PVME）（$M_w = 99k$）のブレンドに対して SANS 実験を行い，散乱強度が温度の上昇とともに急激に増大することを観測した[34]。そして，この散乱関数を Ornstein–Zernike 関数でフィッティングし，相分離の臨界点に近づくにつれて相関長が発散することを報告した。図 12.17 は PVME 組成が $\phi = 0.408$ の時の DPS/PVME ブレンドの SANS 曲線から Ornstein–Zernike 関数を仮定して得た相関長 ξ の温度依存性である。相関長の2乗の逆数が温度 T に対して線形であり，184°C で相関長が発散した。彼らは，相関長 ξ および感受率（散乱強度）の臨界現象の臨界指数がそれぞれ 0.5, 1 となったことより，この高分子ブレンド系は平均場で記述できると結論した。

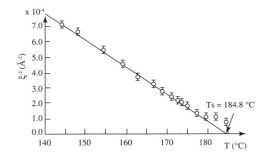

図 12.17 重水素化ポリスチレン（PSD）-ポリビニルメチルエーテル（PVME）ブレンドについての相関長 ξ の2乗の逆数 ξ^{-2} 対温度 T プロット．[C. Hert-Maetzky and J. Schelten, Phys. Rev. Lett. **51**, 896. (1983) APS より転載許可]

Shibayama らは，同じく DPS（$M_w = 255$ k）/PVME（$M_w = 99$ k）ブレンド系に対して，光散乱によりバイノーダル曲線を，SANS 実験によりスピノーダル曲線を決定し，図 12.18 のような相図を得た[35]。ここでは，新たに開発した中性子曇点法（光の濁度による相分離の判定法の中性子版で中性子線の透過率もしくは散乱強度が大きく変化する点を相分離点とする方法）も取り入れ，中性子曇点（図の+印）がバイノーダル曲線とよく一致することを示した。また，de Gennes の散乱関数にモノマー体積の非対称性を取り入れた散乱関数理論（式 (12.109)）を用いて，実測散乱関数をフィットし，これより相関長および高分子間の Flory 相互作用パラメータの温度，組成依存性について議論した。

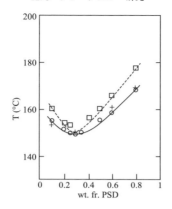

図 12.18 DPS (M_w = 255 k)/PVME (M_w = 99 k) ブレンドの相図. バイノーダル曲線 (実線と丸), スピノーダル曲線 (破線と四角), 光散乱曇点 (+). [M. Shibayama et al., Macromolecules **18**, 2179. (1985) ACS より転載許可]

12.6.3 同位体高分子ブレンドの量子相分離

同位体の液体混合系は $T\Delta S_m \to 0$ において相分離が起こる. ここで, ΔS_m は混合状態と相分離状態における混合エントロピー S_m の差である. このような量子相分離は ^{3}He と ^{4}He 混合系のみにおいて $T \to 0$ で起こることが知られていた. 溶融高分子系では $\Delta S_m \sim N^{-1}$ である (N は高分子のセグメント数) から $N \to \infty$ において量子相分離が起こる可能性が予想される. Bates と Wignall は 2 種類の高分子の同位体ブレンド (それぞれ D/H ポリスチレンおよび D/H ポリブタジエン) に対して SANS 実験を行い, 同位体混合物における相分離現象 (原報では量子相転移 quantum-phase transition と記述) を高分子系において初めて発見した[37]. この研究は, 高分子系と量子流体系のアナロジーの一例として重要な研究と位置づけられる.

12.6.4 スピンエコー法による高分子メルトのレプテーション運動の直接観察

高分子メルト中では, 高分子鎖が互いに絡まっているため自由な動きが大きく制限されている. de Gennes は, 高分子メルトのダイナミクスを, あたかも周囲の分子がつくるチューブの中を高分子鎖自身の長さ方向へ這い回る運動をすると考えた[36]. このような運動を「レプテーション」という. Richter らは, このレプテーション運動を中性子スピンエコー法によって初めて観察した[38]. 図 12.19 は中性子スピンエコー法を用いて測定したポリ (エチレン-プロピレン) 交互共重合体メルトのダイナミクス測定の結果である. 上段はホモポリマーに対するさまざまな Q 値での中間散乱関数, 中段はホモポリマーと共重合体の比較, 下段はホモポリマーについての温度が 492 K, 523 K での比較である. 実

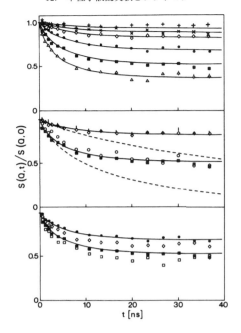

図 12.19 中性子スピンエコー結果. 上段:492 K でのホモポリマー (+; $Q = 0.058\text{Å}^{-1}$, ×; $Q = 0.068\text{Å}^{-1}$, ◇; $Q = 0.078\text{Å}^{-1}$, •; $Q = 0.097\text{Å}^{-1}$, ■; $Q = 0.116\text{Å}^{-1}$, △; $Q = 0.135\text{Å}^{-1}$). 中段: $Q = 0.078\text{Å}^{-1}$ (|と◇) と $Q = 0.116\text{Å}^{-1}$ (○と■) におけるホモポリマーと共重合体の比較. 破線は Rouse 緩和で予想される中間散乱関数. 下段:492 K, 523 K でのホモポリマーのスペクトルの比較. ◇; $Q = 0.097\text{Å}^{-1}$, □; $Q = 0.116\text{Å}^{-1}$. すべての図において実線は 492 K におけるホモポリマーのデータに対して Ronca 理論によるフィット結果. [D. Richter et al., Phys. Rev. Lett., **64**, 1389. (1990) APS より転載許可]

線は 492 K におけるホモポリマーのデータに対して Ronca による絡み合いを考慮した理論[39]によるフィット結果である. 短時間側で Rouse 緩和がみられるが, 長時間側では絡み合いによる緩和の抑制が起こり平坦領域が現れている. この研究から, 絡み合い距離は 4.7 nm, チューブ直径は約 5.0 nm が得られ, de Gennes 理論とよい一致を示した. この研究は de Gennes のノーベル物理学賞 (1991) 受賞に貢献したといわれている.

12.6.5 反射率測定によるブロック共重合体薄膜の規則構造研究

2 成分液体, 液晶, 高分子ブレンドなどにおいて, 表面の存在による秩序化現象が見いだされている. Menelle らは初めて中性子反射率法をソフトマター研究に応用し, ブロック共重合体薄膜の秩序-無秩序転移の研究を行った[40]. 組成がほぼ対称なブロック共重合体

はブロック分子の大きさのオーダーでラメラ状の規則的なミクロ相分離構造をもつが，温度上昇（もしくは降下）により，Flory–Huggins の相互作用パラメータ χ と高分子のセグメント数 N の積 χN が 10.5 以下になると秩序-無秩序転移を起こすことはすでに述べた．ところが，彼らはこの値が薄膜ではバルクのときに比べて大きくずれ，高温側にシフトすることをポリ（スチレン-重水素化メチルメタクリレート）系で見いだした．このとき，実際には秩序-無秩序転移（ODT）は観測されず，図 12.20 に示すように薄膜の厚さ t が小さくなると秩序-無秩序転移温度 T_{ODT} が上昇することが観測された．この研究を契機に，中性子反射率法はソフトマター研究に不可欠の研究手段となった．

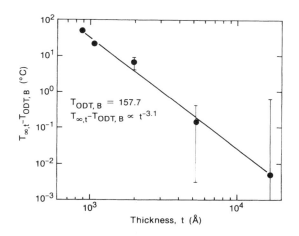

図 12.20 ポリ（スチレン-重水素化メチルメタクリレート）薄膜の中性子反射率測定から得られた秩序-無秩序転移温度 T_{ODT} の膜厚み t 依存性．[A. Menelle et al., Phys. Rev. Lett. **68**, 67. (1992) APS より転載許可]

12.6.6 高分子ゲルの体積相転移

Tanaka は高分子ゲルが温度や溶媒組成，pH などといった環境因子のわずかな変化によりゲルの体積が不連続に何十倍も変化する「体積相転移」を発見した[41]．Shibayama らはこの現象を小角中性子散乱により研究した[42]．図 12.21 はポリ（N-イソプロピルアクリルアミド/アクリル酸）共重合体（NIPA/AAc）ゲルの小角中性子散乱強度分布の温度依存性である．温度の上昇により，特徴的な波長の濃度揺らぎ式 (12.107) が増大し，ゲルはそして収縮力が浸透圧に打ち勝ったときに体積相転移が起こる．実線はわずかに荷電した高分子電解質に対して提案された Borue–Erukhimovich の散乱関数[43]によるフィットである．この発見により，体積相転移近傍のゲル内部では大きなフラストレート状態にあり，

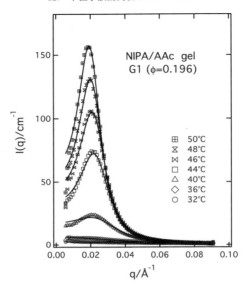

図 12.21 弱荷電ポリ（N-イソプロピルアクリルアミド/アクリル酸）共重合体ゲル（ゲル組成 $\phi = 0.196$）の SANS 強度曲線の温度依存性．温度の上昇につれ，特徴的な波長 $\approx 40nm$ が増大し，ゲル内に大きなフラストレート状態が形成される．実線は Borue–Erukhimovich の散乱関数によるフィット．[M. Shibayama et al., J. Chem. Phys. **97**, 6842. (1992) AIP より転載許可]

ミクロ相分離構造ともいえる nm オーダーの周期構造をつくることがわかり，ゲルの体積相転移の理解に大きな進展をもたらした．

12.6.7 コントラスト変調法による界面活性効果の研究

水，油，非イオン性界面活性剤の 3 成分系に，わずかに両親媒性ブロック共重合体を添加するだけで界面活性効果が数十倍も飛躍的に上昇する（必要な界面活性剤が数十分の1で済む）ことが Jakobs らによって報告されている[45]．Endo らはこの界面活性効果向上の機構を，溶媒の散乱長密度を段階的に変化させて SANS 測定を行って成分間の相関を詳細に調べるコントラスト変調小角中性子散乱法という手法で明らかにした．その結果，系にポリエチレンプロピレン-ポリエチレンオキシド（PEP-PEO）ブロック共重合体を加えると，高分子鎖は水-油界面に局在し，マッシュルーム構造をとって分散し，膨潤するため，水と油の界面の曲げ弾性率が大きくなり，また油滴どうしの会合を抑制し，双連続構造を形成しやすくなることがわかった[46]．このように，コントラスト変調法により目的とする成分ごとの散乱関数を抽出することができることから，多成分系ソフトマターの構造解析

が定量的に行えるようになった．

12.7 トピックス

12.7.1 高分子溶液の圧力・温度誘起相分離

ソフトマターの熱力学を扱う場合，温度依存性については多くの研究があるが，圧力依存性についての研究はあまり多くない．高圧下での実験環境を整えることが難しいことが主な理由である．中性子散乱の場合，中性子の物質透過性を利用して高圧セルがつくられ，中性子散乱実験が行われている．タンパク質や水溶性高分子などは水との間にファン・デル・ワールス相互作用に加え，疎水性相互作用や静電相互作用も働くために複雑な相挙動を示す[47]．Osaka らはポリ(2-(2-エトキシ)エトキシビニルエーテル)(EOEOVE)とポリ(2-メトキシシビニルエーテル)(MOVE)からなるブロック共重合体 EOEOVE-MOVE の重水溶液が温度 T と圧力 P に応じて多彩な相挙動を示すことを報告した[48]．

図 12.22 は 15%EOEOVE-MOVE 重水溶液の SANS 結果である．室温，常圧 (0.1 MPa) で複数の散乱ピークが観測されたことから，ミクロ相分離構造ができていることがわかった．図中の実線は，Hosemann のパラクリスタル理論[50]に基づいて行った理論散乱関数フィットの結果である．これより，この EOEOVE-MOVE 重水溶液中のミクロ相分離構造は半径 18 nm の EOEOVE 球のまわりに MOVE 鎖がコロナを形成し，bcc 充填構造をとるミクロ相分離であり，その格子長は $a = 75$ nm, Hosemann の格子揺らぎのパラメー

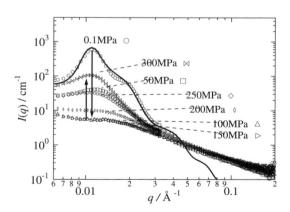

図 12.22 45°C における 15%EOEOVE-MOVE 重水溶液の SANS 曲線の圧力依存性．圧力の上昇にともない，ピークは消滅する．ところが，さらに圧力を上げると再び散乱強度が増大する．図中の実線は理論散乱関数フィット．[N. Osaka and M. Shibayama, Phys. Rev. Lett., **96**, 048303. (2006) APS より転載許可]

ター $\Delta a/a = 0.15$ と評価された. ところが, 圧力の上昇により, このミクロ相分離構造は消滅した (150 MPa). しかし, さらに加圧すると再びピークが現れた. 一連の SANS 実験から, EOEOVE-MOVE 重水溶液は温度・圧力に対して図 12.23 のような相挙動を示すことがわかった. まず, 温度 T_A と温度 T_B 曲線により, 相は一相 (I), ミクロ相分離相 (II), 二相相分離相 (III) に分けられる. さらに, 圧力に対しては, 圧力 P_0 に温度 T_A および温度 T_B 曲線が極大をもつような相図となる. 温度依存性については, 温度の上昇につれ, まず, EOEOVE ブロックが水に対して非溶性となることでミクロドメイン構造ができ, 続いて, MOVE も水に対して不溶となることで, 二相相分離が起こる. 一方, 圧力に対しては, 圧力に対する高分子の溶解性が低圧側 ($P < P_0$) と高圧側 ($P > P_0$) で異なり, 低圧側では「強い」疎水性水和 (SHS) 領域と「弱い」疎水性水和 (WHS) 領域に分類される. 一般に, 温度・圧力相図上における相はクラウジウス–クラペイロン (Clausius–Clapeyron) の法則

$$\frac{dP}{dT} = \frac{\Delta H_m}{T \Delta V_m} \tag{12.115}$$

により決まる. ここで, ΔH_m, ΔV_m はそれぞれ, 混合のエンタルピー変化, エントロピー変化である. EOEOVE-MOVE 重水溶液はもとより, タンパク質水溶液も含む多くの水溶性高分子では, $\Delta H_m < 0$ であることが知られている. EOEOVE-MOVE 重水溶液では ($P = 0.1$ MPa; 常圧) にて $\Delta H_m = -2.1$ kJ/mol と測定されたことより, $\Delta V_m = -2.4$ cm^3/mol と推定された. 圧力の増大につれ, $|\Delta V_m|$ が減少し, P_0 にて符号反転するため, 図 12.23 のような相図になると推定される. この実験結果は, タンパク質分子における折りたたみや高次構造形成に不可欠な疎水性相互作用が有効に働くためには ($P \leqslant P_0$) であることが必要であることを示している. 実際, 乳清タンパクである β ラクトグロブリンにおいても同様の研究結果が得られている[49].

12.7.2 脂質膜中の両親媒性分子のキネティクス

両親媒性化合物の 2 分子膜がシェル (殻) 状に並んで閉じた球体物質をベシクルといい, 細胞モデルとして細胞膜の構造や機能を調べる手段として用いられているほか, DDS (ドラッグデリバリーシステム) における機能成分の担体として医療業界で注目されている. 生体内では脂質膜を介してタンパク質などの物質交換が行われている.

Nakano らはリン脂質 dimyristoylphosphatidylcholine (DMPC) からなる巨大単層ベシクル (large unilamellar vesicles; LUV) について, H 体, D 体それぞれの DMPC (H-LUV, D-LUV) を調製し, D_2O/H_2O 混合溶媒中で時分割中性子散乱 (TR-SANS) を行った[51]. D 体 LUV と H 体 LUV を 1:1 で混合し, その後の散乱強度を時分割測定で評価した. その結果, 図 12.24 に示すように, 脂質分子 DMPC のベシクル内 (表裏) 移動 (フリップ-フロップ) およびベシクル間移動 (交換) の速度定数 k_f, k_{ex} を定量的に評価し, 37.0°C

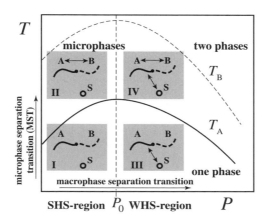

図 12.23　EOEOVE-MOVE 重水溶液の温度・圧力相図. A, B, S はそれぞれ EOEOVE, MOVE ブロック成分，および溶媒を表す．温度 T_A と温度 T_B 曲線により，相は一相，ミクロ相分離相，二相相分離相に分けられる．相溶性の極大を示す P_0 値．[N. Osaka and M. Shibayama, Phys. Rev. Lett., **96**, 048303. (2006) APS より転載許可]

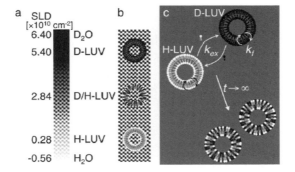

図 12.24　H 体および D 体のリン脂質からなる巨大単層ベシクルにおける分子のベシクル内移動（フリップ-フロップ）およびベシクル間移動の速度論実験．最初，それぞれ，100%H 体，D 体で作成したベシクルをコントラストマッチした水の中に入れ，時分割小角中性子散乱により散乱強度の低下の時間変化を観測することで，それぞれの過程における速度定数が求められる．[M. Nakano et al., Phys. Rev. Lett., **98**, 238101. (2007) APS より転載許可]

でそれぞれ，$k_f = 4.6 \times 10^{-1}$, $k_{ex} = 1.35 \times 10^{-1}$ という値を得た．また，この実験をさまざまな温度で行うことで，それぞれの過程におけるエンタルピー，エントロピー変化を評価した．

12.7.3 シシカバブ構造

Kimata らはポリプロピレン（PP）の押し出し成形物におけるシシカバブ構造の研究を行った．大中小と異なる分子量をもつラベル PP を非ラベル PP に混合した PP ブレンドペレットを押し出し成形し，変形後のフィルムの SANS を行うことでラベル PP の変形の様子を観察した[52]．その結果，PP 分子は分子量の大小にかかわらず芯となるシシを形成していることがわかり，従来のシシカバブ構造についての定説（シシ部は高分子量の高分子のみから形成される）を覆す結果を得た．

12.7.4 イオンの選択溶媒和による水/有機溶媒の膜状構造形成

水と3メチルピリジン（3MP）混合系は LCST 系であり，310 K で臨界点（$\phi_w \approx 0.7$）をもつ．ところが，この系にナトリウムテトラフェニルホウ素（NaBPh4）を加えると，LCST が上昇し，相溶域が拡大するだけでなく，黄色から緑に呈色した臨界タンパク光を発するようになることを Sadakane らは観測した[53]．彼らは，可視光域の構造をつくる要素がないにもかかわらず可視光域に周期性をもつ構造発現現象を臨界揺らぎと溶媒和効果のカップリングとして，Ornstein–Zernike 式に溶媒和効果を取り入れた，

$$I(Q) = \frac{I_0}{1 + \left[1 - \gamma_p^2/(1 + \lambda^2 Q^2)\right] \xi^2 Q^2} \quad (12.116)$$

式で説明した．これは，非常に強い疎水性塩が水と油（3MP）界面に強く局在し，それが界面活性剤として働く結果，溶解性の向上や可視光域での構造形成につながったと考えられる．さらに，3MP 組成が小さいところ（$\phi_{3MP} \simeq 0.1$）では $10~\mu m$ オーダーの球状構造物が形成されることがわかり，光学異方性も示すことから，オニオン状の多重膜構造であることがわかった．その SANS 結果は図 12.25 のようになり，低温で明確な周期性をもつラメラ構造が昇温につれ，周期が小さく，かつ消滅していく様子が観測された[54]．

12.7.5 新奇高強力ゲル

高分子ゲルとは高分子網目が多量の溶媒を含んで膨潤したものである．溶質である高分子の濃度は1重量％に満たないことも多く，力学的には非常に弱いため用途が限られていた．しかし，今世紀に入ってから数千倍にも膨潤するゲルや，数十倍も延伸可能なゲル，弾性率が軟骨より大きく，ハンマーでたたいても割れないような高強力ゲルが次々に開発されている[55~57]．こうした高強力ゲルは，図 12.26 に示すように (a) これまでの網目構造が制御されていないゲルとは異なり，(b) 架橋点が高分子鎖に沿って移動できるゲル，(c)

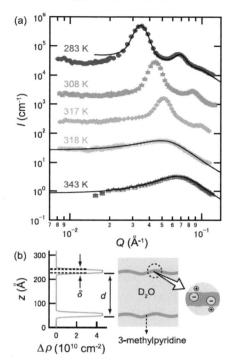

図 12.25 3MP の重水溶液にわずかに NaBPh4 を添加した系の (a) SANS 曲線, (b) 散乱長分布および構造の模式図. 温度の上昇につれてラメラ構造が消滅していく様子がわかる. [K. Sadakane et al., Phys. Rev. Lett., **103**, 167803. (2009) APS より転載許可]

板状無機鉱物を架橋点（面）としたゲル, (c) 網目構造が高度に制御された Tetra-PEG ゲルなどである. Shibayama らは中性子散乱を用いて, こうした高強力ゲルの構造および変形機構を解明した[58]. こうしたゲルの研究には中性子散乱の長所がいかんなく発揮されている. すなわち, X 線の場合, 大きな吸収率をもつ水系の実験であるため試料の厚みを非常に薄くする必要があるのに対し, 中性子では重水を使うことで, 透過率が大きく, 高分子網目の組み合わせによる大きなコントラストを得ることができた. さらには中性子散乱装置の試料まわりの大きさが大きく変形実験装置の設計・制作も容易であったこともあげられる.

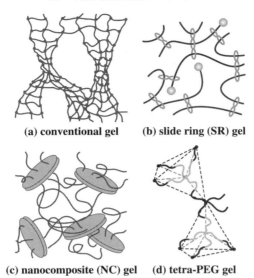

図 12.26 従来のゲルと最近，開発されたさまざまな高強力ゲルの比較模式図．(a) 従来の化学架橋ゲル，(b) 環動ゲル，(c) ナノコンポジットゲル，(d) Tetra-PEG ゲル．[M. Shibayama, J. Phys. Soc. Jpn. **78**, 41008. (2009) JPS より転載許可]

12.8　将来の展望

　本章では中性子散乱実験の歴史を通してソフトマター研究の発展をみてきた．中性子散乱の特徴である水素と重水素の散乱長の違いを利用して，ソフトマターの構造や運動，界面・表面構造の研究が大いに発展した．特に高分子物理学においては，凝縮系高分子の根本的理解からはじまり，多成分系の臨界現象における高分子系の特徴や他の系との普遍性についての理解，ミセルやナノエマルションなどのメゾスコピック構造体の精密構造解析，水溶液中でのタンパク質の構造やダイナミクスの生物物理などに大いに利用されてきた．その一方で，プラスチック，ゴム，繊維，化粧品などの開発にも大きな貢献をしてきた．この節では，測定技術とソフトマターサイエンスという2面から将来の研究の方向性を占う．

12.8.1　中性子散乱技法の発展

　小角中性子線散乱，反射率，中性子スピンエコー法などはそれらの原理や技法としてはほぼ確立しているといってよい．しかし，X線散乱や光散乱などと比較して中性子散乱で

12.8 将来の展望

常に問題となっているのが，(1) 中性子強度の弱さ，(2) 検出器の計数効率と空間分解能，それに (3) 非干渉性散乱である．(1) については，J-PARC に代表されるパルス中性子源を用いた実験施設の建設により大きく改善されようとしている．パルス中性子強度が定常炉と比較して，ピーク強度で数十倍，時間平均強度も上回ることから，分子運動，反応，相転移，結晶化，変形などといった時間とともに変化するような現象の研究が飛躍的に進展することが期待される．また，幅広い波長分布をもつ，いわゆる白色中性子を使い，飛行時間解析を行って散乱関数 $d\Sigma/d\Omega(Q, E)$ を取得する．白色中性子の利用については，特に中性子反射率測定においてその効果が著しい．それは，単一入射角で中性子を入射させ，反射中性子を飛行時間解析することによって反射率 $R(Q)$ に変換できるからである．これは，水平入射が必要な液体界面などの研究において大きな長所となる．実際，J-PARC に建設された中性子反射率計 Sophia は，そのようにデザインされており，今後，多くの研究成果を生み出していくと期待されている．

また，同じく J-PARC の大強度型中性子小中角散乱装置「大観; TAIKAN」（2011 年度より共用開始）では，白色中性子（波長範囲 0.8〜7.4 Å）を使い，散乱中性子を 5 台の大面積の検出器（例えば小角検出器では約 $2.5 \times 2.5 \text{ m}^2$）で検出することで，一度に 5×10^{-4} 〜10Å^{-1}（4 桁以上）の Q 領域の同時測定を目指している．図 12.27 に大観の概要図を示す．大観は集光型パルス偏極中性子小散乱装置および 4 桁に及ぶ Q 領域の同時測定といった特徴をもつ．さらに特筆すべき点として，日本で独自開発された 2 つの磁気デバイス（高精度偏極素子としての四極磁石（偏極度 99.9%）と集光レンズとしての 2 重連結型 6 極磁石）を搭載し，Q 分解能を高めている．装置の詳細については鈴木ら[59]を参照されたい．

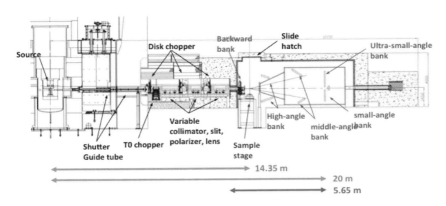

図 **12.27** J-PARC に建設中の大強度型中性子小中角散乱装置大観（TAIKAN）．左から，中性子源，シャッターと中性子導管，チョッパー群，スリット群，磁気デバイス，試料ステージ，検出器群（背面，高角，中角，小角，超小角バンク），ビームストッパー．

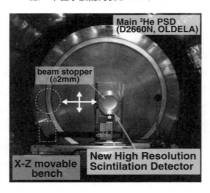

図 12.28　SANS-U の 2 次元中性子検出器．通常は直径 645 mm の ^{3}He 主 2 次元位置検出器（PSD）を用いて測定するが，高分解モード測定時には主検出器の前に可動式 ZnS/^{6}LiF シンチレーターと光電子増倍管を組み合わせた高分解能検出器を移動させて超小角散乱実験を行う．[H. Iwase, J. Appl. Cryst., **44**, 558. (2011) IUCr より転載許可]

一方，定常中性子束を単色化して散乱実験を行っている原子炉型中性子散乱においても，光学系の最適化や中性子用レンズやミラーなどといった集光システムの導入や，その性能を最大限引き出す光学系の最適化により，強度も位置分解能も格段に向上し，非常に定量的な散乱関数が得られるようになってきた[60]．検出器も従来のガス検出器にかわり，シンチレーターと光電子増倍管を組み合わせた高分解能検出器や光ファイバー型の検出器などが開発されつつあり，(2) については空間分解能において mm オーダーから 1/10 mm オーダーへと移りつつある．図 12.28 は SANS-U に導入された高分解能検出器である．大きな円形のものは空間分解能が約 5 mm の ^{3}He 2 次元位置検出器である．その直前に高分解能検出器（0.45 mm の分解能）を遠隔操作で挿入・待避させる．これら 2 つの検出器を併用することで広い Q 空間での実験が可能となった．この検出器を中性子用レンズ（MgF$_2$ 両凹面レンズを数十枚直列に配置）と併用することで従来の約 10 倍の小角分解能が実現されている[60]．図 12.29 は，この高分解能光学系で測定した半径 3000Å のポリスチレンラテックスの散乱関数である．従来のピンホール光学系ではまったく観測できなかった球の散乱関数由来のピークがいくつも観察されている．この図からもわかるように，最小 $Q_{min} \approx 3.8 \times 10^{-4}$Å^{-1} までの測定が可能となり，従来の約 10 倍の小角分解能を実現している．こうした小角分解能の向上は，光散乱でカバーできる Q 領域と完全に相補的になることから，ナノメートルからマイクロメートルの空間領域にわたるソフトマターの構造研究，特に階層性の研究などにますます威力を発揮すると期待される．

(3) の非干渉性散乱については，定量的に非干渉性散乱強度の寄与を評価することが可能になったが[16]，偏極中性子を使った散乱実験を行い，非干渉性散乱のもととなっている

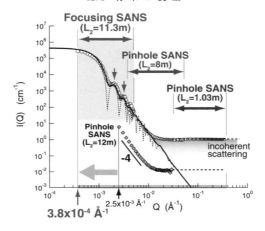

図 12.29 SANS-U の高分解能散乱実験例．ポリスチレンラテックス．L_2 は試料–検出器間距離．3 つの L_2 で測定した散乱関数をつないで広い Q 領域をカバーするが，$L_2 = 11.3$m で，集束型 SANS 測定により高分解能 SANS 実験を可能にしている．[H. Iwase, J. Appl. Cryst., **44**, 558. (2011) IUCr より転載許可]

アップスピンとダウンスピンを実験的に分離することで非干渉性散乱を排除することが可能である．実際，Kumada らは試料に含まれるプロトンの核スピンそのものを偏極する（動的核スピン偏極）装置を整備した[61,62]．この方法では非干渉性散乱を排除するだけでなく，コントラストを変調することも可能である．また，J-PARC の大観では偏極中性子散乱実験の整備が進められている．

12.8.2 ソフトマターサイエンス

a. 中性子散乱とスーパーコンピュータのコラボレーション

中性子散乱実験と分子動力学（MD）シミュレーションの相補的利用により中性子散乱関数の高精度な解析が可能になってきた．McLeish らは高分子メルトや濃厚溶液のレオロジー挙動を時分割中性子散乱実験でとらえ，それとスーパーコンピュータによる実空間動画シミュレーションと直接比較している[63]．インパクトのある実・逆両空間動画により，高分子レオロジーを視覚的に理解し，ソフトマター材料開発に新しい方法論を提供しているように思える．中性子スピンエコー法では，その優れたエネルギー分解能を利用した高度なソフトマターダイナミクス研究，たとえばタンパク質水溶液の運動と機能の解明などが行われている[64]．そこでは，結晶構造が既知のタンパク質について MD を駆使して種々のモードでの運動や振動モードをシミュレーションしてモデル時空散乱関数を計算してライブラリ化し，実測小角散乱データおよび中性子スピンエコー実験から得られる中間相関関数

と比較，検討することによって特定の運動モードを決定するという作業を経て行われている．スーパーコンピューターと最先端中性子スピンエコー法のコラボレーションによって初めて実現できる研究で限定的であるが，将来はより身近なものになっていくと思われる．

b. ソフトマター新物質の探索と評価

スーパーコンピュータを必要とする大規模な近未来ソフトマター中性子散乱研究とは対照的に，研究室レベルでのソフトマター新物質の探索と構造・物性研究においても大きな進展がある．前述したように，中性子散乱はソフトマターの構造やダイナミクス研究に大きな威力を発揮するので，ソフトマター新物質の探索と評価における中性子散乱の重要性は近未来においても変わることはない．卑近な例では，筆者のグループで新規な高強力高分子ゲルの開発と変形機構の研究を行っている．なかでも，多分岐状等鎖長ポリエチレングリコール（PEG）を 2 種の官能基でそれぞれ末端活性化し，それらを交差カップリングさせることにより得られる非常に強度の強い Tetra-PEG ゲル[57]（図 12.26(d) 参照）は，高強度ゲルとしての用途のみならず，医用材料，分子ふるい材料などへの応用が期待されている．この Tetra-PEG ゲル合成法の特徴は，アミン基と活性エステル基という相補的な 1 組の官能基どうしを「交差」結合させる点であり，自己捕食によるループ形成が起こらず無限網目が成長する．この Tetra-PEG ゲルの中性子小角散乱実験からはゲルに特徴的にみられる構造不均一性がほとんどみられないことから，これまで実現しなかった架橋欠陥や絡み合いをもたない理想高分子網目であると考えられている[65〜67]．図 12.30 は Tetra-PEG ゲルと市販のスーパーボールを机の上に落とす落下試験の様子をストロボ写真撮影したものである．この Tetra-PEG ゲルの成分は 85% 以上が水で残りが高分子であるが，このように水が多くてもスーパーボールに匹敵する反発計数をもっていることは驚嘆に値し，欠陥のほとんどない高分子網目が形成されていることが推測できる[68]．この Tetra-PEG ゲルを用いると，理想高分子網目の力学試験が可能となり，同時に外部歪みに対する理想網目の応答を微視的空間スケールで観察することができるようになるため，1940 年代から始まったゴム弾性理論を根本から見直すことができ，ゴム弾性の本質を理解したり，多くの

strobo-photos of ball drop experiment; (a) tetra-PEG gel (left) , (b)power ball (right)

図 12.30　Tetra-PEG ゲル（左）と市販のスーパーボール（右）の落下試験の一連のストロボ写真．[M. Shibayama, Polym. J. **43**, 18. (2011) Nature より転載許可]

仮定に基づいて提案されている従来の種々のゴム弾性理論の検証ができる．

さらに，イオン液体中で Tetra-PEG ゲルを合成することも行われている[69]．従来から，ハイドロゲルは水中で用いられることが前提であった．ソフトコンタクトレンズがその好例である．ハイドロゲルを空気中に放置すると，たちまち乾いてしまうため，せっかく高強度ゲルができても，その用途が水中に限られてしまっていた．それに対し，イオン液体は常温で液体であるにもかかわらず蒸気圧が非常に小さいので，イオン液体を媒体とするゲルでは 100°C 以上の高温でも真空中でもゲルとして機能する．また，イオン液体であるから導電性にも優れている．こうした特徴を生かし，リチウム電池，センサー，キャパシターなどの用途開発も爆発的に進むと期待される．このように，強靱な理想網目の合成が実現したことで，ゴム弾性理論の新たなパラダイムが形成されていくことが期待される．

中性子散乱は高圧実験も得意とするため，過酷環境での物性研究という観点から高圧場におけるソフトマターの挙動の研究が可能である．すでに，水溶性高分子の溶液やゲル，ミセルなどについての研究が行われてきたが，より系統的な研究が期待される．また，高圧場でのイオン液体中での高分子の振る舞い，流動場でのミセル形成，破壊，配向などの研究においても未解決な問題が山積している．これらは，化粧品や洗剤などといった界面化学の面からも非常に興味ある．さらには，不溶不融性のため，従来，ほとんど研究がなされてこなかった熱硬化性樹脂の中性子散乱による構造解析も始まったばかりであり，今後の進展が楽しみである．

12.9 結　　語

日々，新たなソフトマターが開発されている．日本は新奇ソフトマターの開発において世界をリードしており，特に最近では，燃料電池，ドラッグデリバリーシステム，高強力ゲル，生体模倣材料などの新材料，が次々に生み出されている．一方，最近では，ソフトマター研究を通して，生命の起源を探る研究も提案され，生体のモデルシステムや生体系そのものを「バイオマター」と称して，その構造や運動，さらには生命体の特徴である，自己複製や運動，分子認識などを合成化合物で実現する「バイオマター」の研究も盛んになってきた[70]．この分野でも，構造や運動を知る手段として，中性子散乱は重要な位置を占めている．このように，中性子散乱は，量子ドット，コンポジット，薄膜，有機トランジスタなどといった多種多様な新奇ソフトマター開発や，バイオマターの理解を支える重要な測定技術としてその必要性はますます大きくなっていくと期待される．最後に，ソフトマターサイエンスにおける中性子散乱の位置づけを図 12.31 に示しこの章を終える．

[柴山充弘]

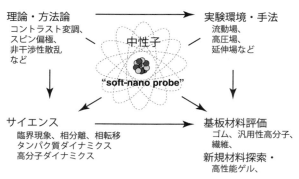

図 12.31　ソフトマターサイエンスにおける中性子散乱.

文　　献

1) http://j-parc.jp/
2) Ian W. Hamley 著，好村滋行，樹神弘也訳，ソフトマター入門―高分子・コロイド・両親媒性分子・液晶（Springer, 2002）.
3) 西敏夫監修，ソフトマテリアルの新展開（シーエムシー，2004）.
4) 国武豊喜，図解 高分子新素材のすべて―21 世紀の機能材料をひも解く（工業調査会，2005）.
5) R. G. Kirste, W. A Kruse and J. Schelten, Macromol. Chem., **162**, 299 (1973).
6) D. G. Ballard, J. Schelten and G. D. Wignall, Eur. Polym. J., **9**, 965 (1973).
7) J. P. Cotton, D. Decker, H. Benoit, B. Farnoux, J. Higgins, G. Hannink, R. Ober, C. Picot and J. des Cloizeaux, Macromolecules, **7**, 863 (1974).
8) P.-G. de Gennes, Nobel Lecture, "Soft Matter" December 9 (1991).
9) P.-G. de Gennes, *Scaling Concepts in Polymer Physics* (Cornell University Press 1979).
10) ド・ジャン著，久保亮五監修，高野宏，中西秀訳，高分子の物理学（吉岡書店，1984）.
11) http://www.ill.fr/YellowBook/D4/n-lengths.html
12) R. G. Newton, *Scattering Theory of Waves and Particles*, 2nd Ed. (Springer-Verlag, 1982).
13) 西島和彦，相対論的量子力学（培風館，1973）.
14) 砂川重信，散乱の量子論（岩波全書，1977）.
15) T. Brückel, G. Heger, D. Richter and R. Zorn, Eds. *Neutron Scattering*, Lectures of Laboratory Course held at the Forschungszentrum Jülich, **28** (Jülich, 2005).
16) M. Shibayama, T. Matsunaga and M. Nagao, J. Appl. Crystallogr. **42**, 621 (2009).
17) S. Okabe, T. Karino, M. Nagao, S. Watanabe and M. Shibayama, Nucl. Instrum. Methods Phys. Res. Sect. A-Accel. Spectrom. Dect. Assoc. Equip. **572**, 853 (2007).
18) F. Mezei, Ed. *Neutron Spin Echo, Lecture Note in Physics* **122** (Springer-Verlag, 1980).
19) F. Mezei, C. Pappas, T. and Gutberlet, *Neutron Spin Echo Spectroscopy: Basics, Trends, and Applications (Lecture Notes in Physics)* (Springer, 2003).
20) M. J. Grundy, R. M. Richardson, S. J. Roser et al. Thin Solid Films **159**, 43 (1988).
21) S. H. Anastasiadis, T. P. Russell, S. K, Satija et al., Phys. Rev. Lett. **62**, 1852 (1989).

22) 川合知二監修, 図解 ナノテクノロジーのすべて (工業調査会, 2001).
23) J. Higgins and H. Benoit *Polymers and Neutron Scattering* (Oxford University Press, 1995).
24) G. Porod, Kolloid Z. **124**, 83 (1951); *ibid* **125**, 51 (1952).
25) L. S. Ornstein and F. Zernike, Proc. Acad. Sci., Amsterdam **17**, 793 (1914).
26) P. J. Flory, *Principles of Polymer Chemistry* (Cornell University Press, 1953).
27) P. J. Flory, *Statistical Mechanics of Chain Molecules* (Wiley-Inerscience, 1969).
28) H. Yamakawa, *Modern Theory of Polymer Solutions* (Harper & Row, Publishers, 1971).
29) M. Doi and M., S. F. Edwards, *The Theory of Polymer Dynamics* (Oxford University Press, 1986).
30) L. Leibler, Macromolecules, **13**,1602 (1980).
31) W. Kuhn, Kolloid-Z., **68**, 2 (1934); **76**, 258 (1936).
32) G. S. Y. Yeh, J. Macromol. Sci. Phys. **6**, 451 (1972).
33) P. Debye, Colloid Chem. **51**, 18 (1947).
34) C. Hert-Maetzky and J. Schelten Phys. Rev. Lett. **51**, 896 (1983).
35) M. Shibayama, H. Yang, R. S. Stein and C. C. Han Macromolecules **18**, 2179 (1985).
36) P. G. de Gennes, J. Chem. Phys. **55**, 572 (1971).
37) F. S. Bates and G. D. Wignall Phys. Rev. Lett. **57**, 1429 (1986).
38) D. Richter, B. Farago, L. J. Fetters, J. S. Huang, B. Ewen and C. Lartigue,Phys. Rev. Lett., **64**, 1389 (1990).
39) G. Ronca, J. Chem. Phys. **79**, 1031 (1983).
40) A. Menelle, T. P. Russel, S. H. Anastasiadis, S. K. Satija and C. F. Majkrzak Phys. Rev. Lett. **68**, 67 (1992).
41) T. Tanaka, Phys. Rev. Lett. **40**, 820 (1978).
42) M. Shibayama, T. Tanaka and C. C. Han, J. Chem. Phys. **97**, 6842 (1992).
43) V. Borue and I. Erukhimovich, Macromolecules **21**,3240 (1988).
44) C. Rouf, J. Bastide, J. M. Pujol, F. Schosseler and J. P. Munch, Phys. Rev. Lett. **73**, 830 (1994).
45) B. Jakobs, T. Sottmann, R. Strey, J. Allgaier, L.Willner and D. Richter Langmuir **15**, 6707 (1999).
46) H. Endo, J. Allgaier, G. Gompper, B. Jakobs, M. Monkenbusch, D. Richter, T. Sottmann and R. Strey, Phys. Rev. Lett., **85**, 102 (2000).
47) L. Smeller, Biochimica Biophysica Acta **1595**, 11 (2002).
48) N. Osaka and M. Shibayama, Phys. Rev. Lett., **96**, 048303 (2006).
49) N. Osaka, S. Takata, T. Suzuki, H. Endo and M. Shibayama, Polymer, **49**, 2957 (2008).
50) R. Hosemann and S. N. Bagchi, *Direct Analysis of Diffraction by Matter* (North-Holland, 1962).
51) M. Nakano, M. Fukuda, T. Kudo, H. Endo and T. Handa, Phys. Rev. Lett., **98**, 238101 (2007).
52) S. Kimata, T. Sakurai, Y. Nozue, T. Kasahara, N. Yamaguchi, M. Shibayama and J. A. Kornfield, Science **316**, 1014 (2007).
53) K. Sadakane, H. Seto, H. Endo and M. Shibayama, J. Phys. Soc. Jpn., **76**, 113602 (2007).
54) K. Sadakane, A. Onuki, K, Nishida, S. Koizumi and H. Seto, Phys. Rev. Lett., **103**, 167803 (2009).

55) Y. Okumura and K. Ito Adv. Mater. **13**, 485 (2001).
56) K. Haraguchi and T. Takehisa Adv. Mater. **14**, 1120 (2002).
57) T. Sakai, T. Matsunaga, Y. Yamamoto, C. Ito, R. Yoshida, S. Suzuki, N. Sasaki, M. Shibayama and U. Chung Macromolecules **41**, 5379 (2008).
58) M. Shibayama, J. Phys. Soc. Jpn. **78**, 41008 (2009).
59) 鈴木淳市, 高田慎一, 篠原武尚, 奥隆之, 吉良弘, 鈴谷賢太郎, 相澤一也, 新井正敏, 大友季哉, 杉山正明, 日本中性子科学会誌「波紋」**20**, 54 (2010).
60) H. Iwase, H. Endo, M. Katagiri and M. Shibayama, J. Appl. Cryst., **44**, 558 (2011).
61) T. Kumada, Y. Noda, T. Hashimoto and S. Koizumi, Physica B **404**, 2637 (2009).
62) T. Kumada, Y. Noda, S. Koizumi and T. Hashimoto, J. Chem. Phys. **133**, 054504 (2010).
63) J. Bent, L. R. Hutchings, R. W. Richards, T. Gough, R. Spares, P. D. Coates, I. Grillo, O. G. Harlen, D. J. Read, R. S. Graham, A. E. Likhtman, D. J. Groves, T. M. Nicholson and T. C. B. McLeish, Science, **301**, 5640 (2003).
64) R. Biehl, B. Hoffmann, M. Monkenbusch, P. Falus, S. Prevost, R. Merkel and D. Richter Phys. Rev. Lett., **101**, 138102 (2008).
65) T. Matsunaga, T. Sakai, Y. Akagi, U. Chung and M. Shibayama, Macromolecules, **42**, 1344 (2009).
66) T. Matsunaga, T. Sakai, Y. Akagi, U. Chung and M. Shibayama, Macromolecules, **42**, 6245 (2009).
67) T. Matsunaga, T. Sakai, Y. Akagi, H. Asai, U. Chung and M. Shibayama, Macromolecules, **44**, 1203 (2011).
68) M. Shibayama, Polym. J. **43**, 18 (2011).
69) K. Fujii, H. Asai, T. Ueki, T. Sakai, S. Imaizumi, U. Chung, M. Watanabe and M. Shibayama, Soft Matter, **8**, 1759 (2012).
70) 今井正幸, ソフトマターの秩序形成 (シュプリンガー・ジャパン, 2007).

第IV部

新物質開発

13. 強相関電子系の物質開発

 固体物理学の進歩は，新しい物質の発見に端を発することが多い．表題にある電子相関とは，局在的な電子が互いの斥力のために複雑に連動し，個々では現れない特徴的な量子状態が現れることをいう．そのような強い電子相関で特徴づけられる物質群を，それを主に担う元素でグループ分けすると，周期表の順に，有機物，遷移金属化合物，f 電子系となる．本章では，これら p, d, f 電子系の代表的な強相関物質である有機導体，遷移金属酸化物，重い電子系の物質開発の現状とその手法について概説する．
 そもそも，強相関電子系が注目を集めるようになったルーツはどこにあるのかは，人によってさまざまな意見がありうるが，その足がかりとして，現在研究されている物質群を眺め，その歴史を振り返ろう．そうすると，有機導体，遷移金属化合物，f 電子系とそれぞれに，物質開発によるブレイクスルーがあったことがみえてくる．
 まず，分子性導体では，その歴史は，1954 年，日本で発見された電荷移動錯体であるペリレン・臭素に始まる．一般に，分子性導体は，構成単位が異方的な電子構造をもつ分子であるため，その凝集体も低次元電子系を特徴とする．そして，この次元性向上の物質開発とともに研究も発展してきた．まず，1973 年に，初めて低温まで安定な 1 次元金属である TTF-TCNQ が米国で発見され，これが 2000 年にノーベル賞を受賞した白川英樹博士らの"導電性高分子の発見"につながった．その後，1980 年に欧州で擬 1 次元導体である $(TMTSF)_2X$ が開発され，SDW 近傍で初の有機超伝導となることが見いだされた．1980 年代は分子性超伝導ばかりでなく，重い電子系，銅酸化物の高温超伝導，フラーレン，ナノチューブの発見と，物質開発が先導する物質科学の黄金期であったと思う．分子性導体でも，1980 年中頃より，世界各国で 2 次元系導体が研究され，その中でも日本で開発された $\kappa\text{-}(BEDT-TTF)_2X$ を舞台として，電子相関の物理が大きく発展した．また 3 次元系分子性超伝導体である A_3C_{60} も強相関系であると理解されている．近年は，サイト間のクーロン斥力が重要な電荷秩序系の物質開発も進み，強相関系においてスピン揺らぎと電荷揺らぎの共存，競合の研究が展開されている．また，この強相関系に幾何学的なフラス

トレーションを摂動したスピン液体や，トポロジカルな効果を加味したディラック電子系の研究も盛んに行われ，分子性物質の多彩な電子状態が注目を集めている．

次に，遷移金属化合物において，まず誰しも思い起こすのは，1986 年の銅酸化物における高温超伝導の発見であろう．セラミックスという身近で，かつ，絶縁体の代表ともいえる材料から，100 K を超える高い温度での超伝導が現れたことは，多くの物理学者，化学者を魅了し，たちどころに世界の物性研究の主流となった．また，これによって遷移金属酸化物への関心が高まり，90 年代においてはマンガン系においてきわめて大きな磁気抵抗効果が発見された．すでに実用化されつつあった強磁性金属多層膜での巨大磁気抵抗効果を凌ぐ顕著な振る舞いは，多くの研究者を魅了した．

これらの遷移金属化合物の研究は，化学的置換により物質の制御が簡便に行えることから，多くの研究者の参入を可能にした．特に，半導体の世界で行われているドーピングによる電子状態の制御との類推から，電子固有の自由度である，「電荷，スピン，軌道」を操ることで強相関電子系の多彩な基底状態の制御が可能であるというスローガンが生まれた．その後，電子相関の理論的研究の発展とも歩調を合わせるようにして，物質開拓のひとつの指針となった．このような流れに沿う成果に，ペロブスカイト型遷移金属酸化物の物性開拓があり，スピン系とよばれる磁性体での 80 年代後半から 90 年代にかけての低次元系の研究の発展へとつながり，その後，2000 年以降のフラストレーション系の物理の研究へと広がっていった．2008 年に発見された鉄系超伝導体においても，この化学置換による物性制御がプニクタイト系，カルコゲナイド系における多彩な超伝導体，磁性体の発掘につながった．

金属間化合物のなかでも，最も電子相関が強く顔を出すのは，いわゆる重い電子系とよばれる物質群である．特に，Ce，Yb，U などの元素を含む f 電子化合物に多くみられる．これらの系の驚きは，電子間相互作用の目安である有効質量が，有機導体，遷移金属化合物でも高々，数倍程度がふつうであるのに対して，100 倍を優に超え，なかには 1000 倍以上になるということであった．これは，まさに f 電子間の強い斥力の反映であることが明らかになったが，1979 年に $CeCu_2Si_2$ において，その重い電子が超伝導を形成することが発見されるや，この系の魅力と神秘性がさらに深いものとなった．これらもやはり，新物質開発を通して実験的に初めて明らかにされた現象である．このような強い斥力下にある系で発現するクーパーペアの引力の問題は，重い電子系超伝導の研究において初めてその重要性が認識され，その後発見された有機超伝導体，銅酸化物，さらに，鉄系超伝導体等の研究にも共通する課題として現在も多くの研究へと発展している．強相関電子系の中でも，重い電子系は特に純良な単結晶を育成できるだけでなく，多彩な量子状態のチューニングが比較的容易であることから，これらの強相関電子系で普遍的にみられる異常金属相や，量子臨界現象の起源を解明する恰好の舞台として現在も精力的に研究が進められている．

このように，物質開発が強相関電子系の物性開拓と物理解明をけん引してきたわけであ

るが，実際に新しい物理現象の発見は，ほとんどの場合，物質開発者の勘とそれに呼応して現れるセレンディピティに支えられてきた側面がある．一方で，その歴史は，ランダウ–ギンツブルクタイプの秩序パラメータで特徴づけられる物質の量子相の発見と制御が，さまざまな系で形を変えて現れてきたという見方もできる．その視点で見直してみると，最近は，このような秩序パラメータでは，とらえられない新しい物質相の発見にも大きな関心が集まっていることがわかる．その代表的な例は，トポロジカルな秩序で特徴づけられる相であり，1980年代に発見された2次元電子系での量子ホール効果やスピン系のハルデンギャップの発見に端を発するものである．最近の関心を集めているトポロジカル絶縁体で確認された表面の局在状態はまさにこのような非自明な秩序の顕れである．また，電子相関とは無関係な概念として導入されたこの現象に対して，分数量子ホール効果のような電子相関がもたらす新しい励起の探索も行われている．ただし，研究の対象がトポロジカルなものという非自明なものを扱っている以上，自ずから理論先行となる傾向があり，その点が先のセレンディピティによる物性開拓とは対照的といえる．

セレンディピティ型にせよ，理論先行の物質開拓にせよ，強相関電子系の研究の推進力は，物質開発による実験と，それを取り扱う理論との間の緊密な連携があってのことであり，その発展がまさに二人三脚の形で進んでいることにこの分野の健全性がある．今後もこの関係は，ますます強固なものとなり，さらに新しい分野が物質開発や測定技術の発展とともに切り開かれるものと期待される．

また，物質開発において実験的に重要な要素のひとつは，試料合成のための原料と技術の進歩である．一昔前までは，原料となる元素の純良化も合成屋が行う必要があったが，現在では一部のハロゲン化物などを除いては，99.9％（3N）を超える高純度の試薬が簡単に手に入る．また，試料作成のための装置も改良が進み，非常に純良な単結晶が比較的容易に作成できるようになってきた．一方，純良な単結晶は多くの場合，サイズに自ずと制限があることが多い．幸い，近年の測定系の進展に相まって，物性測定に必要な試料のサイズがますます小さくなりつつある．数十年前であれば，まったく物性測定ができなかったような小さな単結晶について，今では，バルク測定のみならず，微視的な測定も比較的簡単に行えるようになってきている．これらの発展が，強相関電子系の研究の推進に大きく役立っていることはいうまでもない．

本章では，有機導体，遷移金属酸化物，$4f$電子化合物の3つの物質群について，それぞれの物質の特徴ある物性の解説を柱としながら，その物質の作成法や測定法について解説する．物質開発の夢とそれを実現する舞台裏について知ることで，この分野についての興味を新たにしていただければこの上ない幸いである．また，この分野の学生の方や専門家に対しては，今後の新たな物質開発の一助となることを願っている．　　　　［中辻　知］

13.1 分子性物質

13.1.1 分子性導体の発展の歴史—低次元導体から強相関電子系超伝導体まで—（表 13.1）

炭素と水素を基盤とする有機物質は，閉殻であり，かつ価電子帯と伝導帯のギャップは大きいため，通常絶縁体である．たとえばリード線の銅の周りの絶縁被覆は有機高分子 PVC（ポリ塩化ビニール）で作られており，一般的には絶縁材料として用いられている．その中で，1952 年，R. S. Mulliken[3] が提唱し，1966 年にノーベル化学賞が授与された「分子間電荷移動相互作用の理論」にヒントを得て，導電性の有機電荷移動錯体が日本人によって作られた．図 13.2 のように，電荷移動錯体（$D^{\gamma+}A^{\gamma-}; 0 \leq \gamma \leq 1$）とは，電子供与体（D）の HOMO（最高占有軌道）から，電子受容体（A）の LUMO（最低非占有

表 13.1 低次元有機伝導体から強相関電子系超伝導体までの歴史[1,2]

1950 年代	有機半導体の開発期
1952 年	R. S. Mulliken 博士が電荷移動理論を発表[3]（1966 年ノーベル化学賞受賞）
1954 年	赤松，井口，松永博士らが良導性電荷移動錯体ペリレン・臭素（$1 \sim 10^{-3}~\Omega^{-1}\mathrm{cm}^{-1}$, $E_a = 0.055$ eV）を発見[4]
1957 年	BCS（Bardeen-Cooper-Schrieffer）超伝導理論発表（1972 年ノーベル物理学賞受賞）
1960 年代	有機良導体の開発期
1960 年	有機アクセプター（TCNQ）とその良導性（$100~\Omega^{-1}\mathrm{cm}^{-1}$）錯体の合成
1964 年	W. A. Little 博士が超伝導理論発表
1970 年代	金属的有機物の開発期
1970 年	有機ドナー TTF の合成
1971 年	ポリアセチレンフィルムの合成
1973 年	低次元有機金属（Organic Metal）TTF・TCNQ の発見[5]
1977 年	ポリアセチレンのドーピングによる高伝導性の発現
1980 年代	有機超伝導体の発展期
1980 年	初の擬 1 次元系有機超伝導体 $(\mathrm{TMTSF})_2\mathrm{PF}_6$ の発見（$T_c = 0.9$ K, 1.2 GPa 下）[8]
1988 年	初めて T_c が 10 K を越えた 2 次元強相関有機超伝導 $\kappa\text{-}(\mathrm{BEDT\text{-}TTF})_2\mathrm{Cu(NCS)}_2$（$T_c = 10.4$ K）の発見[10,21]
1991 年	C_{60} 系 3 次元分子性超伝導体 $\mathrm{K}_3\mathrm{C}_{60}$ の発見（$T_c = 18$ K）
1990, 2000 年代	
2000 年	導電性高分子の発見で白川英樹博士らノーベル化学賞受賞
2001 年	磁場誘起超伝導体 $\lambda\text{-BETS}_2\mathrm{FeCl}_4$ の発見
2002 年	有機伝導体において最高の $T_c = 14.2$ K（8.2 GPa 下）を有する 2 次元強相関有機超伝導体 $\beta\text{-}(\mathrm{BEDT\text{-}TTF})_2\mathrm{ICl}_2$ の発見[12]
2003 年	有機物質 $\kappa\text{-}(\mathrm{BEDT\text{-}TTF})_2\mathrm{Cu}_2(\mathrm{CN})_3$ における量子スピン液体状態の発見[13]
2006 年	有機導体 $\alpha\text{-}(\mathrm{BEDT\text{-}TTF})_2\mathrm{I}_3$ がゼロギャップのディラック電子系であることを発見
2008 年	分子性超伝導体の中で最高の $T_c = 38$ K（0.7 GPa 下）が $\mathrm{Cs}_3\mathrm{C}_{60}$ で発見[14]
2014 年	初の純有機量子スピン液体物質 $\kappa\text{-}\mathrm{H}_3(\mathrm{Cat\text{-}EDT\text{-}TTF})_2$ の発見[36]

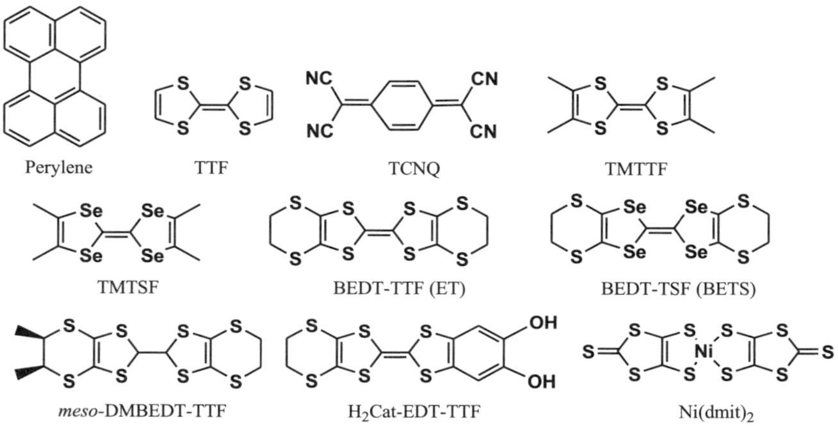

図 **13.1** 有機伝導体の構成成分.

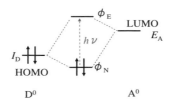

図 **13.2** 電荷移動錯体のエネルギー準位.

軌道）への電荷移動により作られ，その結合性の軌道および反結合性の軌道の波動関数は，$\phi_N = a\phi(D^0A^0) + b\phi(D^+A^-)$，$\phi_E = a\phi(D^0A^0) - b\phi(D^+A^-)$ と表され，結合性から非結合性軌道へのエネルギーへの遷移は電荷移動吸収帯 $h\nu$ となる．この電荷移動により生じる電子，ホールの電荷担体が分子間を移動することにより，有機物質でも電気が流れるだろうと考えたのは井口，松永，赤松博士ら日本人グループであった[4]．博士らはグラファイトの一部を切り取ったような，ベンゼン環が縮環した有機物ペリレン（図 13.1）と臭素の電荷移動錯体を作り，室温抵抗率は $1 \sim 10^{-3}$ $\Omega^{-1}\mathrm{cm}^{-1}$ で活性化エネルギー $E_a = 0.055$ eV と，良導性有機半導体であることを 1954 年に見出した．その後，デュポンにおいて進められた電気陰性度の高いシアノ基を用いた系統的な研究の成果として，1960 年に有機電子アクセプター TCNQ（tetracyanoquinodimethane，図 13.1）が合成された．その中で，N-メチルフェナジニウム・TCNQ など，室温付近において良導的（100 $\Omega^{-1}\mathrm{cm}^{-1}$）で，金属的挙動を示す電荷移動錯体も見出された．この TCNQ 分子は，対称性がよく，平面的で，中性の場合はキノイド構造として，2 電子還元されたときも 6π 系ベンゾノイド構

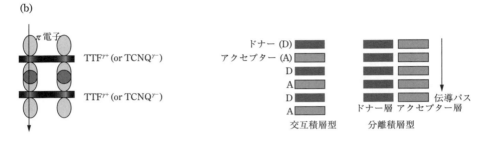

図 13.3 良導性分子錯体合成の条件として,(a) 電荷移動による電荷担体の生成と,(b) 伝導パスの形成のための分離積層型の分子配列が必要である.

造として化学的に安定である.

 さらに,1970 年に,有機超伝導体の骨格となるドナー TTF (tetrathiafulvalene,図 13.1),およびその電荷移動錯体が合成された.テトラチアフルバレンの物質名は,7π 系のヘプタフルバレン分子をベースにし,分子の安定化のため,4つ(テトラ)のエチレン基を等電子の S(チア)原子で置き替えたことに由来する.TTF は,優れた溶解性があり,中性においても安定であるばかりでなく,2 電子イオン化の開殻状態で 6π 系とヒュッケル (Hückel) 則を満たす化学的に安定なドナー分子であるため,数々の伝導体を輩出した.

 その中で,1973 年に,約 60 K まで金属性を有する低次元導電性電荷移動錯体 TTF・TCNQ が合成された[5]. 図 13.3 に示すように,良導性分子性錯体を合成するためには,(a) 電子供与体から電子受容体へ電荷が移動することにより,ホールあるいはエレクトロンの電荷担体の生成があること,(b) その電荷担体が移動する,π 電子による伝導パスが形成されるよう分離積層型の分子配列を有することが必要条件となる.TTF・TCNQ の電荷移動量は $0.59(e^-)$ で,それぞれ分離積層カラムを形成し,伝導パスを有するため良導体である.TTF・TCNQ の特徴として,分子の異方性を反映した低次元性が挙げられる.図 13.4(a) のように,TTF および TCNQ 分子は b 軸方向に積層して 1 次元カラムを形成し,b 軸方向は a 軸に比べ 2 桁よい伝導性を示す [図 13.4(b)].さらに,b 軸偏光の反射スペクトルを観測すると,低波数側で反射スペクトルが増大しプラズマエッジが観測されるが,a 軸偏光方向では,反射率も低く,周波数にも依存しない [図 13.4(c)].ま

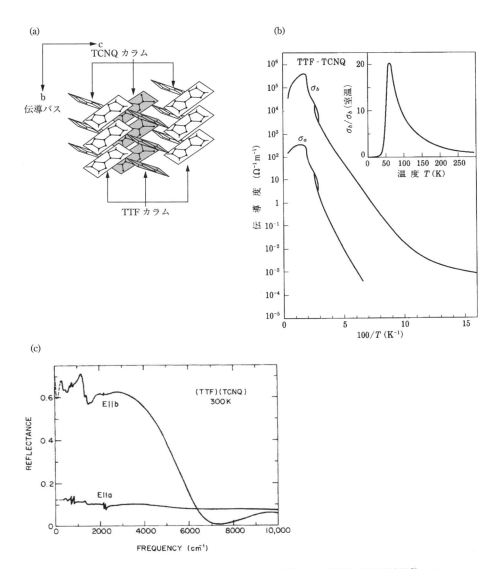

図 13.4 TTF・TCNQ における (a) 1 次元カラム構造, (b) 伝導度の温度依存性[6], (c) 反射率の波数依存性[7].

た，熱電能測定でも，異方的なバンド幅が観測された．この大きな電子-格子相互作用を反映した，低次元不安定性は物理学研究者を魅了し，1961 年にパイエルス（Peierls）が予言したパイエルス転移の研究が精力的に展開された．このパイエルス転移温度以下では，波数 $2k_F$ の電子密度の波と格子ひずみの波が互いに強く結合し，混成波（電荷密度波）として大きい振幅で現れ，絶縁化する．また，この電荷密度波の強電場下における並進運動は，電荷密度波の集団励起として，結晶中のピン止めやロッキングポテンシャルを鑑みた非線形伝導の理論・実験により調べられた．

一方，化学者は伝導性を向上させるために次元性の増加を目指した物質開発を行った．その結果，擬 1 次元系有機伝導体 $(TMTSF)_2PF_6$ において，常圧，12 K における SDW（スピン密度波）転移を圧力で抑え，1980 年に有機物質で最初の超伝導（$T_c = 0.9$ K, $P_c = 12$ kbar）が見出された[8]．T_c は，圧力印加と共に下降し，常伝導ではスピンの揺らぎが観測され，反強磁性揺らぎを媒介とした超伝導であることを示唆している．1 T の低磁場では，^{77}Se 核磁気共鳴の実験よりラインノードをもつ通常のシングレット超伝導であることが支持されているが，2.0〜2.5 T のより高磁場では，トリプレット超伝導，あるいは空間的に不均一な超伝導状態である FFLO（Flude, Ferrell そして独立に Larkin と Ovchinnikov）であることが提案され，磁気輸送現象でも観測されている．

その後，1986 年に，初めて転移温度が 10 K を超えた 2 次元有機超伝導体 κ-(BEDT-TTF)$_2$Cu(NCS)$_2$ ［BEDT-TTF; bis(ethylenedithio)tetrathiafulvalene，図 13.1］が物性研究所の筆者らのグループで発見された[10, 21]（13.1.3 a.）．そして，この物質を含めた κ 型の BEDT-TTF 超伝導体は，ドナー分子が強く二量体化していて実効的 1/2 充填バンド構造を有し，超伝導相はモット反強磁性絶縁相に隣接することが示された．さらに，物理圧あるいは化学圧により，強相関パラメータ（U/W: U; 二量体内クーロン斥力，W; バンド幅）を制御することにより，超伝導相からモット絶縁相まで電子状態が変化することが明らかとなった．この相図の提案を契機として，有機物質も強相関電子系として認知された[11]．超伝導機構としては，フェルミ（Fermi）面上にラインノードを有する異方的な対称性であることが NMR や STM スペクトルから提案されている．この異方性はクーロン斥力と相関しており，d 波超伝導を示唆している．

さらに，強く二量化した β'-(BEDT-TTF)$_2$ICl$_2$ は $T_N = 22$ K で反強磁性転移を起こすモット（Mott）絶縁体であり，82 kbar の高い圧力下で反強磁性が抑えられて $T_c = 14.2$ K で超伝導を示した[12]．これは，TTF 系有機超伝導として，最高の超伝導転移温度を与える．

一般的に，BEDT-TTF 塩は異方的な三角格子を有し，フラストレートした二量化構造であることが議論されている．フラストレーションの弱い二量体系は，超伝導転移以上の金属状態で短距離反強磁性秩序が成長したり，バンド幅が狭い物質は反強磁性相が基底状態となる．それに対して，フラストレーションが強い κ-(BEDT-TTF)$_2$Cu$_2$(CN)$_3$ は，低

温まで秩序化せず量子スピン液体状態を示す[13]．フラストレーションは超伝導転移を抑えるが，圧力印加ではフラストレーションは弱まり，超伝導が出現する．

以上のように，強い二量化構造では，モット反強磁性絶縁相が超伝導相と隣接していた．一方，弱い二量化構造をもつ強相関系分子性物質では，常圧でサイト間のクーロン斥力 (V) を回避するように電荷秩序相が安定化し，圧力の印加で超伝導相が出現する物質も報告されている．物性研究所で筆者らにより開発されたチェッカーボード型電荷秩序を有する圧力誘起有機超伝導体 β-(meso-DMBEDT-TTF)$_2$PF$_6$ については 13.1.3 b. で解説する．電荷秩序系の超伝導体に関して，理論的には強磁性的な f 波の超伝導電子対を組むという計算も提唱されているが，2013 年の時点では，超伝導の対称性に関する実験はなされていない．

さらに，3 次元的分子性超伝導体として，1991 年に K$_3$C$_{60}$ が発見された．その中で，最高の $T_c = 38$ K（0.7 GPa 下）が Cs$_3$C$_{60}$ で確認されている[14]．また，C$_{60}$ に中性のアンモニア分子を導入した，K$_3$C$_{60}$(NH$_3$) では伝導電子が局在化し，反強磁性を伴った絶縁体へ転移することが報告されている．これにより，フラーレン化合物も，強相関電子系であることが示されている．

13.1.2　強相関電子系分子性物質開発の手法

前項で述べたように，初めて転移温度が 10 K を超えた 2 次元分子性超伝導体 κ-(BEDT-TTF)$_2$Cu(NCS)$_2$ の発見を契機として，分子性導体も強相関電子系であるという理解が進んだ．この多様な電子状態を創出する強相関分子性物質の，分子・物質設計，結晶育成，結晶構造解析，バンド計算，物性測定について本項で述べる．

a. 分子・物質設計

p 電子系の分子性物質も，d，f 電子系とともに強相関電子系であることが，1980 年代後半から明らかとなり，モット転移，電荷秩序相，超伝導相，量子スピン液体状態などの電子物性の研究が進められている．特に，分子性物質の構成単位は分子であるため，分子の内部自由度を用いて，強相関電子系の中でも質的に異なる物質開発が行われている．

前述のように，分子性導体は (D$^{0.5+}$)$_2$A$^-$（D: 電子ドナー，A: 電子アクセプター）の組成で表され，+0.5 の価数を持つ電子ドナーが伝導バンドを組んで分子性導体を形成する．その中でも分子配列は重要な電子状態制御パラメータである．実際，分子の二量化の程度に依存した，分子配列，電子構造，電子物性を示す．分子の二量化の強い κ 型配列錯体は，実効的 1/2 充填バンドをもち，基底状態はダイマーモット反強磁性絶縁相（圧力制御で超伝導相および金属相に隣接）であるが，分子の二量化のない θ 型配列錯体は，3/4 充填バンドをもち，電荷秩序非磁性絶縁相となる．このように，同じ組成でも分子配列によって，反強磁性絶縁相や電荷秩序非磁性絶縁相と，全く異なる基底状態が実現しており，分子二量化の程度を制御することにより多彩な電子状態を創出することが可能である．

また，分子軌道を設計することにより，分子あるいは分子性物質の電子状態を制御する

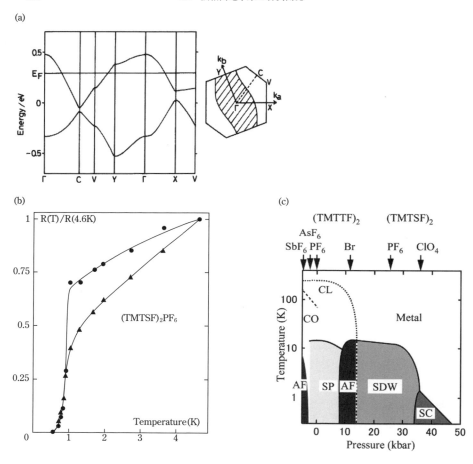

図 13.5 $(TMTSF)_2PF_6$ の (a) バンド構造[9], (b) 圧力下の超伝導転移[8], (c) 電子相図 $(TMTCF)_2X[C=T,S, X=Br, ClO_4, PF_6, AsF_6, SbF_6]$[2].

ことが可能である.図 13.5 に示すように,例えば $(TMTTF)_2PF_6$ は,常圧 250 K において抵抗最少をもちながら電荷秩序により絶縁化し,5.4 GPa の圧力下反強磁性相,SDW 相を経て超伝導転移をする.またこの S 原子を Se 原子に置換して分子軌道を広げ,バンド幅を制御した $(TMTSF)_2PF_6$ は,常圧では 12 K で SDW 相へ,0.12 GPa で超伝導相へ転移する.このように,分子軌道を制御することにより,反強磁性相 → 非磁性相 → 反強磁性相 → SDW 相 → 超伝導相と多様な基底状態を発現することが可能である.

さらに,分子自体に機能を付与し,分子集合体で新しい電子物性を創出させる化学と物

理の接点ともいえる強相関電子系分子性物質も開発されている．例えば，磁場誘起有機超伝導体 λ-(BEDT-TSF)$_2$FeCl$_4$ は，伝導性を担う BEDT-TSF 分子上の π スピン ($S = \frac{1}{2}$) と，磁性を担う FeCl$_4^-$ ($S = 5/2$) スピンが反強磁性的相互作用をもつため，常圧では 8 K で金属-絶縁体転移を起こす．しかし，磁場を印加すると Jaccarino–Peter の機構で内部磁場と外部磁場がつり合い，絶縁化が抑えられ，17 T, 0.1 K においてはじめて磁場誘起の超伝導転移を起こす．

上記のように，分子自由度を利用した分子，物質設計により，非常に多彩な電子状態が創出されている．分子自身の機能性は化学分野で精力的に研究されているが，それらすべてにおいてアボガドロ数集まり分子凝集系となったとき，電子物性（More is different）を創出するまでには至っておらず，今後の展開に期待がもてる．

b. 電荷移動錯体の結晶育成[15]

強相関電子系分子性固体の物性研究において，良質で，十分な大きさの単結晶を得ることは大変重要である．一般の結晶の育成は，気相から（気化法，気相反応法，化学輸送法），溶液から（濃縮法，徐冷法，反応法［拡散法，電解法］），および溶融体から（ノルマルフリージング法，帯溶融法）行われる．その中で，分子性電荷移動錯体の単結晶育成には，多くの場合溶液からの電解法が利用され，場合によっては直接法，拡散法，あるいは気相法が用いられている．以下に，それぞれについて述べる．

(1) 電解法（電気化学的酸化還元法）—有機超伝導体 κ-(BEDT-TTF)$_2$Cu(NCS)$_2$
— ほとんどの分子性伝導体はこの電気分解反応を利用した方法で育成される．例えば有機超伝導体である κ-(BEDT-TTF)$_2$Cu(NCS)$_2$ の単結晶（図 13.6）は，不活性ガスで置換したパイレックス三角型ガラスセル［図 13.7(b)］にドナー（BEDT-TTF），カウンターアニオンとなる支持電解質［CuSCN, KSCN, 18-crown-6 ether］，溶媒を加え，不活性ガス下，数週間の定電流電解酸化で得られる．陽極では次のような反応が進んでいると考えられている．

図 **13.6** 有機超伝導体 κ-(BEDT-TTF)$_2$Cu(NCS)$_2$ の単結晶．

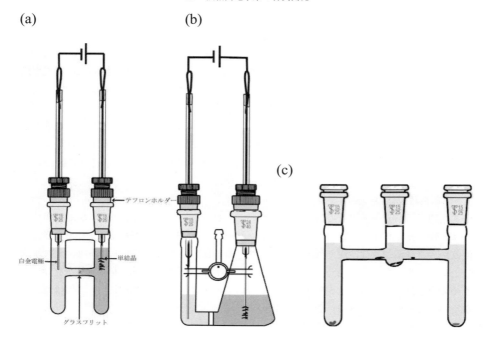

図 13.7 有機伝導体の単結晶育成で用いる電解法用 (a) H 型，(b) 三角フラスコ型ガラスセルセット，(c) 拡散法用ガラスセル．

$$\text{BEDT-TTF} \xrightarrow{-e^-} \text{BEDT-TTF}^{+\cdot}$$

$$\text{BEDT-TTF}^{+\cdot} + \text{BEDT-TTF} + \text{Cu(NCS)}_2^- \longrightarrow \kappa\text{-(BEDT-TTF)}_2\text{Cu(NCS)}_2$$

具体的な操作は以下である．

原料，溶媒の精製　　原料の Cu(I)SCN に Cu(II)(SCN)$_2$ が混入すると，超伝導転移温度は 1 K 以上下がるので次のように精製した．CuSCN（4 g）に過剰の KSCN（64 g）を加えて錯イオン KCu(NCS)$_2$ を温水で作製し，さらに過剰の冷水を加えて，Cu(I)SCN のみを沈殿させ，水で洗浄する方法を 3 回繰り返す．KSCN も 18-crown-6 もそれぞれエタノールとアセトニトリルで再結晶し，乾燥させる．1,1,2-トリクロロエタン溶媒（1500 g）も，塩素化合物を除去することが重要である．そこで，硫酸（100 ml）で一晩撹拌し，硫酸を除去し，弱アルカリ（NaHCO$_3$ 水溶液）で中和し，飽和 NaCl 水，乾燥剤 CaCl$_2$ で水分を除去して，塩基性活性アルミナで脱水ろ過してから蒸留する．

κ-(BEDT-TTF)$_2$Cu(NCS)$_2$ の単結晶育成

1) 三角型ガラスセル（図 13.7(b)）の三角セルのアノード陽極側にドナー BEDT-TTF

13.1 分子性物質

(30 mg),支持電解質 CuSCN (70 mg),KSCN (120 mg),18-crown-6 ether (210 mg) と撹拌子を加え,脱気して不活性ガスに置換する.

2) 蒸留して不活性ガス中ある 1,1,2-トリクロロエタンを用いるが,保存中分解して発生した酸を除去するために,使用直前に不活性ガス中で,塩基性活性アルミナに通す.精製した溶媒 90 mL と電解質を溶かすため蒸留したエタノール 10 mL をガラスセルに注入し,ドナーと支持電解質を撹拌及び超音波で溶解した後,撹拌子を取り除く.

3) 結晶が成長する白金電極の表面をカーボンペーストで物理的にきれいにし,硝酸または王水で化学的に洗浄した後,水洗いし,バーナーで焙って,テフロンホルダーに挿入して,ガラスセルにセットする.

4) ドナー,電解質側を陽極(アノード)に,もう一方を陰極(カソード)とし,暗所(例えば恒温槽)にて $0.5~\mu A$ の定電流で,数週間電解育成する.電極上に得られた単結晶 $(5 \times 0.2 \times 0.01~mm^3)$ をメタノールで洗浄後,乾燥させ,暗所で保存する.

通常,この電解法では,ガラスセルの形状,電極,溶媒,支持電解質,温度,電流値などの条件により得られる結晶が異なる場合がある.ガラスセルは,図 13.7(a) H 型(溶媒 10 mL 短足型 と 20 mL 通常型)と,(b) 三角フラスコ型(溶媒 100 mL)が用いられる.定電流電解の場合,電極間に負荷される電位差はガラスセルの形状にも依存するため,用いるセルにより得られる結晶も異なることがある.図に示すセルではアノードとカソード側の生成物の拡散を防ぐためにガラスフリットを有する.電極には表面で化学反応を起こしにくい白金棒($1 \sim 2~mm\phi$)が主に使われるが,金,ニッケル,タングステンの場合もあり,形状も板状,ラセン状もある.また用いる溶媒により,ドナーおよび支持電解質の濃度,および育成される電荷移動錯体の溶解度が異なるため,数種類の多形結晶が得られることがある.溶媒としては,1,1,2-トリクロロエタン,クロロベンゼン,1,2-ジクロロエタン,1,2-ジクロロメタン,テトラヒドロフラン(THF),アセトニトリル,ベンゾニトリル,ニトロベンゼン,1,1,1-トリクロロエタン,ジメチルホルムアミド(DMF)などが用いられる.また特に溶液中での支持電解質の濃度を上げるため $5 \sim 10~\%vol.$ のエタノール,メタノールなどの極性溶媒が使われる.アニオン支持電解質としては有機溶媒に溶かす必要性から,テトラブチルアンモニウム(TBA)塩,K^+(18-クラウン-6)塩,テトラフェニルホスホニウム(TPP)塩,テトラフェニルアルソニウム(TPA)塩,ビストリフェニルイミジニウム(PNN)塩が用いられる.支持電解質の純度は結晶の質に影響することが多いので,2〜3 回再結晶を行ったものを用いる.電解の温度は通常室温であるが,ドナーあるいはアクセプターの溶解度が低いときには高温恒温槽で($> 50°C$),育成する電荷移動錯体が不安定なとき,および溶解度が高いときには低温恒温槽($< -30°C$)で電解成長させる.電解は定電流($0.25 \sim$ 数十 μA)で行うことが多いが,結晶表面の面積に比例した電流を供給する制御電流法,第 3 の参照電極を導入した定電位法もある.

(2) 直接法，拡散法，気相法 ドナーとアクセプターを直接，気相，液相，あるいは固相で反応させ，電荷移動錯体を得る方法を直接法という．メノウ乳ばちで固体を混合して得られる固相反応や，不活性ガス中固体の C_{60} に蒸気のアルカリ金属（Na, K, Cs）を適量ドープして得る気相反応の錯体は超伝導体となる．また液相反応では，（テトラチアフルバレン）$_2$（テトラフルオロボレート）$_3$ $[TTF_2(BF_4)_3]$ とトリエチルアンモニウム・テトラシアノキノジメタン（$Et_3NH \cdot TCNQ$）のアセトニトリル溶液どうしを混合して TTF・TCNQ の微結晶を得る混合法，希薄溶液を濃縮して大きな単結晶を得る濃縮法がある．

他に，溶液からの結晶成長法としては，図 13.7(c) に示すように，パイレックスガラスセルの片側に例えばドナーの TTF を反対側にアクセプターの TCNQ を不活性ガス中導入し，静かに注いだアセトニトリル中室温で拡散させ，数ヶ月後セル中央に TTF・TCNQ の単結晶を成長させる拡散法がある．また，中性-イオン性転移を示す TTF・p-クロラニルは，たいこ型セルを用い昇華法（気相法）により大型結晶を育成させる．

c. 分子性物質の結晶構造解析[16]

単結晶に X 線ビームを照射させると回折像が得られ，それに位相を与える解析を行うと立体構造が明らかとなる（図 13.8）．分子性結晶でも組成，原子，分子位置，分子配列などの情報を得るために，通常単結晶，時には形状のそろったパウダーサンプルを用いて X 線構造解析を行う．解析では，3 次元の電子密度の情報が得られるので，原子の種類，3 次元座標（立体構造）ばかりでなく，原子間の距離，分子内の結合距離，分子間結合および相互作用，二面体角，分子の最適化平面，熱振動，混成状態，原子・分子の電荷・価数，絶対配置などの知見が得られる．

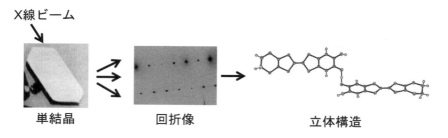

図 **13.8** 単ユニット分子性導体 κ-H_3(Cat-EDT-TTF)$_2$ の単結晶，回折像と求められた立体構造．

(1) X 線構造解析の原理 X 線は，熱せられたフィラメントから発生した電子が高圧で加速されて，金属陽極に衝突し，ここで失ったエネルギーの一部が X 線として放出される．この X 線は大別して，波長が連続な白色 X 線（連続 X 線）と不連続な波長をもつ特性 X 線がある．前者の最短波長は入射電子のエネルギーで決まるが，後者は表 13.2 の

13.1 分子性物質

表 13.2 様々な金属陽極で発生した X 線の波長 (Å)

	Mo	Cu	Cr
$K_{\alpha 1}$	0.709300	1.540562	2.28070
$K_{\alpha 2}$	0.713590	1.544390	2.293606
K_{α}	0.71073	1.54184	2.29100

ように陽極金属の種類で決まる．後者で $K_{\alpha 1}$ と $K_{\alpha 2}$ 線の強度平均が $K\alpha$ 線で，グラファイトのモノクロメータで単色化される．

このような単色化された X 線を結晶に照射すると，回折 X 線が得られる．これは物体全体からの散乱 X 線の重ねあわせとして表される．

$$E = \int \rho(r) \exp[i(\omega t + \delta(r))] dv$$
$$= \int \rho(r) \exp[i\delta(r)] dv \exp(i\omega t) = F \exp(i\omega t)$$

ただし，$\rho(r)$ は電子密度，ω は周波数，$\delta(r)$ は位相差である．位相差 $\delta(r)$ は，入射 X 線が O あるいは R を通って P に届くときの行路差に相当する（図 13.9）．

$$\delta(r) = (s_1/\lambda - s_0/\lambda)r = (k_1 - k_0)r = kr$$

また実際，X 線の回折強度として得られるのは重ね合わせ X 線 E の 2 乗で，$EE^* = |F|^2$ である．F は構造因子と呼ばれ，波長には関係しない．

$$EE^* = F \exp(i\omega t) F^* \exp(-i\omega t)$$
$$= FF^* = |F|^2$$

また，$F(k)$ は以下のように書ける．

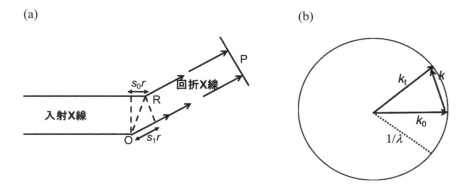

図 13.9 (a) 入射 X 線と回折 X 線の行路差と (b) 半径 $1/\lambda$ の Ewald 球．

$$F(k) = \int \rho(r) \exp(ikr) dv$$

図 13.9 より，k の長さは以下のように書くことができ，これはブラッグ（Blagg）の回折条件である．

$$k = \frac{2\sin\theta}{\lambda}$$

1つの原子に対する構造因子を，原子散乱因子（原子形状因子）と呼び，量子計算から求められる．$k = 0$ では，原子番号となる（図 13.10）．

$$f(k) = \int_{原子} \rho(r) \exp(ikr) dv$$

$$f(0) = \int_{原子} \rho(r) dv = Z$$

結晶は単位胞が周期的に並んだものであるが，単位胞の構造因子は，それぞれの原子の構造因子 $f(k)$ に位相をかけて，和をとり以下となる．

$$F(k) = \sum_{単位胞中の\ j} f_j(k) \exp(ikr_j)$$

さらに結晶の構造因子については，3次元的周期性 $\bm{r}_q = n\bm{a} + m\bm{b} + p\bm{c}$ をもつとして，和をとると，以下の式となる．

$$C(k) = \sum_q F_q(k) \exp(ikr_q) = \sum_q F_q(k)(\cos(kr_q) + i\sin(kr_q))$$

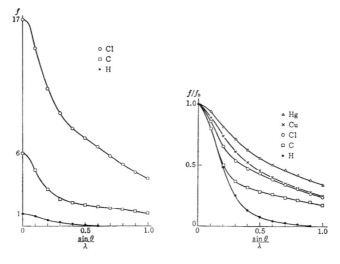

図 **13.10** 原子構造因子 f と規格化した f/f_0 の $\sin\theta/\lambda$ 依存性[16]．

13.1 分子性物質

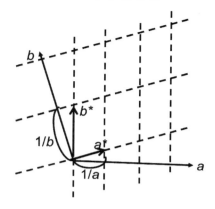

図 **13.11** 逆格子で回折の起こる条件.

このとき，$ka = 2p \times$ (整数)，$kb = 2p \times$ (整数)，$kc = 2p \times$ (整数) の場合には結晶の構造因子はゼロにならない．そこで，図 13.11 のような格子を考えると，この格子点でだけ回折強度がゼロにならない条件が満たされている．これを逆格子と呼び，逆格子上での X 線散乱をブラッグ散乱という．

$$a^* = \frac{b \times c}{V}$$
$$b^* = \frac{c \times a}{V}$$
$$c^* = \frac{a \times b}{V}$$

図 13.9(b) に示すような半径 $1/\lambda$ の Ewald 球の中心に結晶を置いて，平行な単色 X 線を入射し，その延長上の Ewald 球に逆格子点がのったところで，ブラッグ散乱が観測される．結晶を回転させることによって，すべての逆格子点が回折球上に来るようにし，強度を測定する．結晶構造解析の筋道は以下のとおりである（図 13.12）．

(1-1) 単結晶に単色 X 線を当て，回折データ $|F|$ 収集を行う．
(1-2) 回折データ $|F|$ に位相を与える（構造を解析する）．
(1-3) 逆結晶 F を求める．
(1-4) フーリエ変換して結晶の構造を求める．

(2) 分子性物質の X 線構造データ収集と解析

X 線源，検出器，結晶選定とマウント　　X 線源としては，実験室系では，通常結晶による吸収を考慮して MoK$_\alpha$（$\lambda = 0.071073$ nm）を，また絶対構造を求めるには CuK$_\alpha$（$\lambda = 0.15418$ nm）を，また大型施設としては，強度の強いシンクロトロン放射光（Spring8, KEK-PF）を用いる．実験室系において，X 線源が封入管で，0.3～3 kW，回転対陰極型

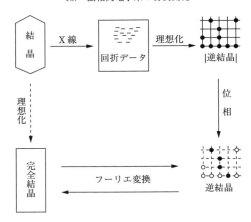

図 13.12 X 線結晶解析のスキーム[16].

で 16〜18 kW の出力があるが，さらにターゲット上の焦点を 70 μm 程度に絞り，光学系に多層膜集光ミラーを使用すると，20 μm 程度の微小結晶でも測定することができる．検出器は，シンチレーションカウンタ，CCD カメラ，イメージングプレート（IP）が利用されている．以前利用されていたシンチレーションカウンタ（NaI）を搭載した 4 軸回折計（結晶の位置を決める ω, χ, ϕ 軸と，カウンタの 2θ 軸で 4 軸）は，格子定数の計測に関して精度が高いものの，カウンタを動かしながら各ブラッグ反射を移動させて測定するために時間がかかっていた．最近は，CCD やイメージングプレートなどの 2 次元検出器の出現により，短時間で比較的容易にデータ収集をすることが可能となった．CCD は迅速に測定ができるが，ダイナミックレンジが 10^4 と小さく，IP は露光，読み取り，消去と処理に時間がかかるが，広い面積でダイナミックレンジも 10^6 と大きく，低温構造測定などに適している．低温で測定すると，通常，熱揺らぎが小さくなり，高角側の反射強度が増大する．特にゆらぎにより乱れがある場合の構造解析に有効である．温度変化は，温度制御された窒素（100 K 以上）あるいはヘリウムガスの吹きつけ（30〜50 K 以上）の他，クライオスタットを用いて約 10 K まで冷却することができる．

結晶は，双晶でなく，面がしっかりとした単結晶で，針状よりは板状，板状よりは直方体状で，できれば球形に近いものが理想的である．しかし，分子が異方的であるため，針状，板状のものが多いので，なるべく反射強度が充分得られ，0.3〜1 mmφ のコリメータで完浴できる結晶を選ぶ．

結晶のマウントは，通常，ガラス棒，キャピラリー，サンプルループを用いる（図 13.13）．ガラス棒は，2 段引きで先端径を 0.05〜0.1 mm 程度（低温でガス吹き付けの場合は 0.1〜0.2 mm 程度）にしてバックグラウンド反射の影響を最小にし，二剤混合タイプのエポキ

図 **13.13** X 線測定の結晶マウント (a) ガラス棒，(b) キャピラリー，(c) ループ[17].

シ系接着剤（結晶が溶けない溶剤であることを確認）で結晶をマウントする．含溶媒が抜けやすく空気中で不安定な結晶は，内径が 0.3～0.7 mm 程度のリンデマンガラスに少量の溶媒とともに封入する．室温測定では結晶が動くこともあるので，低温にして結晶を内壁に固定する．微小結晶を扱うには，ループに粘性の高いワセリンを塗り，これにサンプルを固定し，溶媒を含む場合は，直接ループで掬い取り，低温装置で溶媒ごと固めて測定する．プラスチック製のループと，カプトン製の万年筆タイプのものがある．

反射データの収集，結晶構造解析 反射データの収集は，装置付属のソフトウエアを用いて，(2-1) 予備測定（CCD およびゴニオの起動，結晶のマウントと中心あわせ，予備測定で指数付け，格子定数の決定），(2-2) 反射データの収集，(2-3) 反射データの処理（積分反射強度の計算，空間群の決定）の流れで行う．実験室系の Mo 線源の測定において，有機結晶では $\sin\theta/\lambda > 0.6$，つまり $2\theta > 52°$ が必要なので，通常は $2\theta = 55°$ まではデータ収集を行う．独立な反射データの 98% 以上が観測され，また，精密化するパラメータ数（通常 1 原子あたり，x, y, z 座標，異方性温度因子で 9 パラメータ）の 10 倍以上あることが望ましい．

結晶構造解析は，Crystal Structure や Shelx など，PC で動くプログラムソフトを用い，(3-1) データの取り込み（格子定数と反射データの取り込みと，組成式と空間群の設定），(3-2) 直接法プログラム（Sir, Shelx, Multan）で初期位相の決定，(3-3) 構造の精密化〔x, y, z 座標と等方性温度因子の精密化，水素原子の導入，座標と等方性および異方性温度因子の精密化，必要な場合原子の占有率も考慮〕，(3-4) 後処理〔D フーリエで残っている電子密度の確認，分子内，分子間結合距離と角度や最適化平面の算出，FoFc テーブルの出力，論文投稿用 CIF ファイルの作成，CIF チェックで構造解析の確認，ORTEP プログラムで作図〕の流れで行う．Shelx プログラムにおいて，すべての反射を精密化に用いており，$I > 2\sigma(I)$ についてモデルで説明できない反射強度の割合を R_1，重みをつけて

行った後の値を $wR_2(\text{all})$ で表し，$R_1 < 0.1$，$wR_2 < 0.25$ の場合，モデルで構造を説明できたといえる．精密化の際の相関係数（goodness of fit）も $0.8 < \text{GOF} < 1.3$ になるよう重みづけをする必要がある．吸収補正においては，吸収係数に結晶のサイズの最大値をかけたものが 0.1 以下のときは処理不要で，それ以上のときは，構造解析ソフトを用いた補正（PSI スキャン，結晶外形補正，統計補正）を行う．

対称心のない結晶構造で絶対配置を決める場合，フリーデル対を含む解析で，Flack parameter が 0 に近いかを確認する．0.5 の場合はラセミ体で，1 のときは，ミラーで写した絶対構造なので，座標変換をして再解析をし，0 となることを確認する．

有機結晶の結晶構造のデータベースとしては，ケンブリッジのデータベース（Cambridge Structural Database System）があり，解析後アップロードを行い，過去のデータはデータベースとして利用されている．

分子性物質の X 線構造解析結果　　X 線構造解析より，分子性物質の組成，分子の立体絶対配置，形状およびその配列が明らかになるばかりでなく，物性を理解する上でも構造との相関は大変重要である．相転移に伴い，分子の立体配座，無秩序-秩序，電荷価数，分子間相互作用の変化について知見を与える．さらに，構造解析結果を用いてバンド計算（13.1.2 d.）を行い，分子集合体であるバルクの電子状態について知見を与えることができる．

d．分子性物質の分子軌道計算とバンド計算[9)]

機能性の物質開発は，DSC サイクルで行われている．図 13.14 に示すように，目的とする機能性（伝導性，誘電性，磁性他）を得るために，まず分子設計を行い，実際に反応経路を検討することにより設計した分子を合成し，また性質を実験で調べ，さらに分子集合体である結晶を作成してその機能性，物性の測定を行う．その際，分子の性質については市販されている Gaussian プログラムなどを用いて分子軌道計算を行い，実験と相補的に調べることは可能である．しかし，分子集合体の物性を理論的に調べ，さらに次の分子設

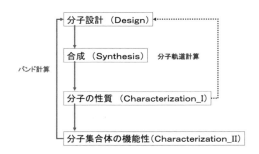

図 **13.14**　機能性物質開発の DSC（Design（分子設計），Synthesis（合成），Characterization（分子の性質および分子集合体の機能性測定））サイクル．

計に生かしていくために，分子性導体分野では，簡便なバンド計算の手法が確立しており，実験的にもその検証が行われ，次の分子設計に利用されている．本項では，X線構造解析結果に基づき，拡張ヒュッケル法を用いた分子軌道計算，およびその分子間相互作用である移動積分の計算，強結合近似によるバンド計算について解説する．

図 13.1 で示した有機超伝導体 β-(BEDT-TTF)$_2$I$_3$ を例として，バンド計算を説明する．図 13.15(a) のように，2次元層状構造でドナー伝導層とアニオン絶縁相から構成されるが，前者のみを対象とし，分子の長軸投影で分子配列を表したのが (b) である．単位格子あたり，BEDT-TTF 分子が2個あり，52(= 26×2) 原子からなるバンド構造を求めるのは煩雑なので，分子を単位と考える．そして，図 13.16(a) に示すように，通常結晶構造解析で得られた座標を用いて拡張ヒュッケル法で分子軌道を求め，図 13.15(b) の c, p1, p2, q1, q2 で示される分子間相互作用を図 13.16(b) 分子軌道間の重なり積分から求め，(c) その移動積分を用いて強結合近似のバンド計算を行い，バンド分散とフェルミ面を描いた．

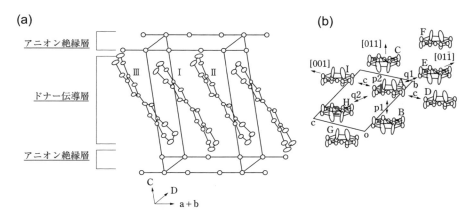

図 **13.15** 有機超伝導体 β-(BEDT-TTF)$_2$I$_3$ の (a) 結晶構造と (b) ドナー分子配列[18]．
移動積分は，c = 5.0, p1 = 24.5, p2 = 8.4, q1 = 12.7, q2 = 6.8（×10^{-2} eV）と計算された．

(1) 単一分子の分子軌道–拡張ヒュッケル法　最初の図 13.16(a) 多原子からなる分子の軌道計算であるが，式 (13.1) のように表される．

$$\left[\sum_i \left(-\frac{\hbar^2}{2m}\nabla_i^2 - \sum_n \frac{Z_n e^2}{r_{ni}}\right) + \sum_{i \neq j} \frac{e^2}{r_{ij}}\right]\psi = E\psi \tag{13.1}$$

ただし，m; 電子の質量，Z_n; n 番目の原子の原子番号，r_{ni}; n 番目の原子の原子核と電子 i の距離，r_{ij}; i 番目と j 番目の電子の距離である．第1項は電子の運動エネルギー，第2

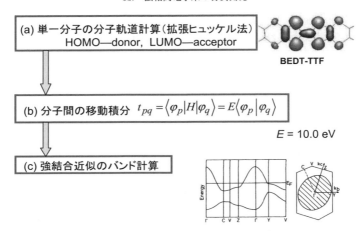

図 **13.16** 分子性導体のバンド計算. (a) 結晶構造解析で実験的に求められた分子構造 BEDT-TTF のデータを用いて，拡張ヒュッケル法で分子軌道計算を行い，(b) その分子軌道を用いて分子間の相互作用の大きさ (移動積分) を求め，(c) さらに移動積分を用いて強結合近似のバンド計算を行う．

項はポテンシャルエネルギー，第3項目は電子間のクーロン斥力であるが，ここでは他のポテンシャルに繰り込むことで，無視をする．その結果，分子の電子系波動関数はハートリー–フォック近似で，1電子波動関数の積として，ハミルトニアンは演算子の和として，エネルギーも和として表される．

$$\psi = \psi_1 \psi_2 \psi_3 \cdots \tag{13.2}$$

$$H = H_1 + H_2 + H_3 + \cdots \tag{13.3}$$

$$E = E_1 + E_2 + E_2 + \cdots \tag{13.4}$$

ゆえに，1電子シュレーディンガー方程式は，式 (13.5) と表される．

$$\left[-\frac{\hbar^2}{2m}\nabla_i^2 - \sum_n \frac{Z_n e^2}{r_{ni}} \right] \psi_i = E_i \psi_i \tag{13.5-1}$$

$$H\psi = E\psi \tag{13.5-2}$$

分子の波動関数 Ψ は，分子を構成する N 個の原子軌道の線形結合で表される．(LCAO-MO; linear combination of atomic orbitals-molecular orbital)

$$\psi = \sum_j^N c_j \chi_j \tag{13.6}$$

式 (13.5) の左から ψ^* をかけて全空間で積分すると以下となる．

$$E = \frac{\int \psi^* H \psi d\tau}{\int \psi^* \psi d\tau} \tag{13.7}$$

ただし，重なり積分，クーロン積分，共鳴積分は以下である．

$$\int \chi_i^* \chi_j d\tau = S_{ij} \quad \text{overlap integral（重なり積分）} \tag{13.8}$$

$$\int \psi_i^* H \psi_j d\tau = H_{ij} \tag{13.9}$$

H_{ii}；Coulomb integral（クーロン積分），H_{ji}；Resonance integral（共鳴積分）
式 (13.7) より以下式 (13.10) となる．

$$\sum_i \sum_j c_i c_j H_{ij} - E \sum_i \sum_j c_i c_j S_{ij} = 0 \tag{13.10}$$

波動関数を変分法，つまり式 (13.11) の条件を満たす解を求める．

$$\frac{\partial E}{\partial c_i} = 0 \tag{13.11}$$

$$\sum_j c_j H_{ij} - \frac{\partial E}{\partial c_i} \sum_i \sum_j c_i c_j S_{ij} - E \sum_j c_j S_{ij} = 0 \tag{13.12}$$

式 (13.11) より，変分の条件が満たされると以下となる．

$$\sum_j c_j (H_{ij} - E S_{ij}) = 0$$

この c_i についての連立 1 次元方程式を解けばよい．

$$\begin{vmatrix} H_{11} - ES_{11} & H_{12} - ES_{12} & \cdots \\ H_{21} - ES_{21} & H_{22} - ES_{22} & \cdots \\ \cdots & \cdots & \cdots \end{vmatrix} = 0 \tag{13.13}$$

永年方程式 (13.13) の固有値 E_i の固有ベクトルとして c_{ji} が求まる．全エネルギーは全占有軌道の和で求められる．

$$E = 2 \sum_i E_i \tag{13.14}$$

拡張ヒュッケル法では，式 (13.4), (13.5) のフォック行列の対角項については $H_{ii} = -I_\mathrm{p}$，イオン化ポテンシャルの実験データを用い[19, 20]，非対角項については式 (13.15) で，ただし $K = 1.75$ とする．

$$H_{ij} = K S_{ij} \frac{H_{ii} + H_{jj}}{2} \tag{13.15}$$

S_pq は，各 p, q 原子の Slater-type 軌道の重なり積分の値を用いる．したがって，拡張ヒュッケル法では，各原子において Slater 軌道の広がりを決める η とポテンシャルエネル

ギー I_p を半経験的パラメータとして与える[19, 20].

実際，有機超伝導体 β-(BEDT-TTF)$_2$I$_3$ について，結晶構造解析から得られた格子定数，BEDT-TTF 分子の原子座標（8 個の S 原子，10 個の C 原子，8 個の水素原子），各原子中の s, p, d 軌道の半経験的エネルギーと Slater 軌道の広がりを与える．S 原子は，1 個の 3s 軌道，3 個の 3p 軌道，5 個の 3d 軌道を，C 原子は 1 個の 2s 軌道，3 個の 3p 軌道を，H 原子は 1 個の 1s 軌道を有するので，BEDT-TTF 分子軌道は合計 120 個の軌道の線形結合となる．また，S 原子は 6 個の最外殻電子を，C 原子は 4 電子を，水素原子は 1 電子をもつので，合計 96 個の原子価電子を有する．その結果，96 個の軌道が計算され，下から 48 番目のエネルギーをもつ軌道，HOMO (Highest Occupied Molecular Orbital) は，図 13.16(a) のような分子軌道となる．この物質はホールがキャリアとなる分子性伝導体であるが，エレクトロンがキャリアとなる場合，計算される LUMO (Lowest Unoccupied Molecular Orbital) を用いて，バンド計算を進める．このように，フロンティア軌道である HOMO, LUMO 軌道は，他の軌道とエネルギー的に離れており，通常この単一軌道を用いてバンド計算を行っている．

(2) 分子間の移動積分　　分子間の移動積分は式 (13.7) より，分子間の重なり積分に $E = 10.0$ eV を掛けた式 (13.16) となる．

$$t = \int \psi^* H \psi d\tau = E \int \psi^* \psi d\tau \tag{13.16}$$

図 13.15(b) に示すように，β-(BEDT-TTF)$_2$I$_3$ の移動積分は c = 5.0, p1 = 24.5, p2 = 8.4, q1 = 12.7, q2 = 6.8（$\times 10^{-2}$ eV）と計算された．この結果，分子の積み重なり方向に，大きく二量化していること（p1/p2 = 2.9），積み重なり方向ばかりでなく，q1 方向も 2 番目にも大きく，2 次元的な相互作用があることなどが明らかとなった．

(3) 強結合近似のバンド計算　　ここまで，分子軌道が原子軌道の線形結合で表されることを示した．これからは，バンド構造が，ブロッホ関数で表される 1 次元分子列軌道，つまり結晶軌道の線形結合で求められることを説明する．

分子軌道は式 (13.6) で表されたが，図 13.17(a) に示すように，分子が等間隔 a，分子間相互作用 β ($= \int \chi_{n-1}^* H \chi_n d\tau$) で並ぶ結晶軌道は，ブロッホ関数として式 (13.17) で表される．

$$\psi = c_0 \sum_n e^{inka} \chi_n \tag{13.17}$$

分子が a だけ並進運動するとともに，位相が 2π 進む．式 (13.7) に式 (13.17) を代入すると，式 (13.18) が計算される．

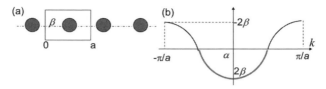

図 13.17 (a) 分子 1 個を含む単位方が周期的に並んだ 1 次元分子列と (b) そのバンド構造．

$$
\begin{aligned}
E &= \frac{\int \left(c_0 \sum_m e^{-imka} \chi_n^* \right) H \left(c_0 \sum_n e^{inka} \chi_n \right) d\tau}{\int \left(c_0 \sum_m e^{-imka} \chi_n^* \right) \left(c_0 \sum_n e^{inka} \chi_n \right) d\tau} \\
&= \frac{\sum_n \sum_m e^{i(n-m)ka} \int \chi_m^* H \chi_n dt}{\sum_n \sum_m e^{i(n-m)ka} \int \chi_m^* \chi_n dt} \\
&= \frac{N(\beta e^{ika} + \alpha + \beta e^{-ika})}{N} = \alpha + 2\beta \cos ka
\end{aligned}
\tag{13.18}
$$

ただし，$\alpha = \int \chi_n^* H \chi_n dt$，$\beta = \int \chi_{n-1}^* H \chi_n dt = \int \chi_{n+1}^* H \chi_n dt$ である．このような 1 次元に配列した分子のバンド構造は，式 (13.18) より図 13.17(b) と描かれる．周期は，$-\pi/a \leq k \leq \pi/a$ で，最低，最高エネルギー，バンド幅は $2\beta, -2\beta, |4\beta|$（$\beta < 0$）である．

この 1 次元配列の場合は，単位胞に分子が 1 個含まれていたので 1×1 の永年方程式 (13.19) を立て，解を得た．

$$
|H_{11} - ES_{11}| = 0 \tag{13.19}
$$

図 13.15(b) に示すように，β-(BEDT-TTF)$_2$I$_3$ では単位胞に 2 個の BEDT-TTF 分子 (1, 2) を含むので，2×2 の永年方程式 (13.20) を解くと，図 13.16(c) に示すバンド構造が求められる．単位胞中に 2 分子あるので，2 本のバンド分散が描かれ，ΓY, ΓZ, ΓC 方向でフェルミ面を横切り，bc 方向に 2 次元的なフェルミ面が計算された．フェルミ面の面積は，ブリルアン（Brillouin）ゾーンの 50% で，シュブニコフ–ハース（Shubnikov-de Haas）による磁気振動とよく一致することから，計算の有効性が証明された．

$$
\begin{vmatrix} H_{11} - E_{11}S_{11} & H_{12} - E_{12}S_{12} \\ H_{21} - E_{21}S_{21} & H_{22} - E_{22}S_{22} \end{vmatrix} = 0 \tag{13.20-1}
$$

$$
E_{11} = E_{22} = \frac{H_{11}}{S_{11}}
$$

$$= t(c)e^{ikc} + \int \chi_1^* H_{11}\chi_1 d\tau + t(c)e^{-ikc} = \int \chi_1^* H_{11}\chi_1 d\tau + 2t(c)\cos kc \quad (13.20\text{-}2)$$

$$E_{12} = E_{21} = \frac{H_{12}}{S_{12}}$$
$$= t(p1)e^{-(kb+kc)/2} + t(p2)e^{(kb+kc)/2} + t(q2)e^{-(kb-kc)/2} + t(q1)e^{(kb-kc)/2} \quad (13.20\text{-}3)$$

e. 物性測定

(1) 常圧,圧力下電気伝導度測定　電気抵抗を測定する際は,測定方法として図 13.18(a), (b) に示す二端子法と四端子法がある.四端子は,通常,電流端子 (+, −) に電流を流して電位勾配を作り,電圧端子 (+, −) で,電圧を測定して,抵抗を算出する.一方,二端子では,正極,負極同士が短絡しており,(i) 結晶への端子付けが容易に行える,(ii) リード線の数が少ないので金属の伝熱を利用する低温測定において有利である,(iii) 小さい結晶でも測定できるという利点がある.また,欠点としては,算出される抵抗値がサンプルに起因するものだけでなく,リード線の抵抗値 R_{Lead} やサンプルとの接触抵抗 R_C のような未知の値も含むため,金属や超伝導といった高伝導の物質本来の電気抵抗を正確に測定するためには,四端子法の方がよい.図 13.18(b) に示す四端子法の並列回路では,抵抗の高い電路より低い電路のほうが大きい電流が流れるため,サンプルの抵抗 R_{Sample} より十分大きな内部抵抗 R_V を持つ電圧計($R_V \gg R_{\text{Sample}}$)を並列に接続すれば,リード線の抵抗 R_{Lead} やサンプルとの接触抵抗 R_C を無視できる上に,電圧計側の電路にはほとんど電流は流れない.そのため電流計で読み取った電流値がサンプルに流れた電流値そのものと考えてよい.四端子法はこの原理を利用したもので,金属や超伝導物質などの低抵抗のサンプルの測定に適している.

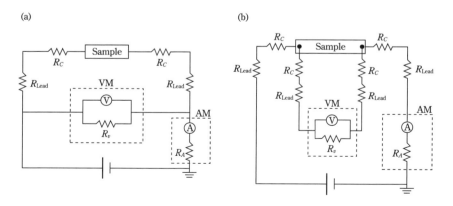

図 **13.18** (a) 二端子回路, (b) 四端子回路.

分子性結晶は通常小さく，柔らかいので，端子付けには工夫を要する．通常，電圧 100 V を数秒印加してなました ϕ15～16 μm の金線（田中電子工業）を用い，導電性ペーストでサンプルと金線を接着して端子とする．その際，サンプル全体に均一な電流が印加されるよう，サンプルのエッジをカバーするように導電性ペーストを接着する．導電性ペーストはカーボンペースト［Dotite XC-12, JEOL 日本電子，溶剤は ethylene glycol mono-n-butyl ether acetate（東京化成）］，銀ペースト（4922N, Dupont），金ペースト（徳力化学 8560）があるが，収縮率を考慮し，常圧，高圧測定とも通常カーボンペーストを用いることが多い．

電気抵抗測定の温度依存性を測定するクライオスタットとしては，次の 3 種類がよく用いられる．硝子の二重デュアーでは，外側デュアーに液体窒素を貯めて予冷し，内側のデュアーに液体ヘリウムを貯めてロータリーポンプで減圧することにより 1.3 K まで測定が可能である．ヘリウムタンクに吊り下げ式の方法［図 13.19, 交流四端子伝導度計 HECS 994C 型（扶桑製作所）］では 4.2 K まで簡便に複数サンプルの同時測定ができ，また PPMS (Physical Properties Measurement System, Quantum Design 社）では，1.8～400 K の温度，0～9 T 磁場範囲において，多様な温度，磁場制御下で測定することができる．

圧力下の測定は，物性研究所上床研究室で開発された CuBe と NiCrAl の二重構造型クランプセルを用いて，静水圧で圧力媒体に Daphne7373 を用いた場合，媒体が固化する 2.2 GPa まで印加することができる．圧力セル下部には専用アダプターを取り付け，PPMS 測定装置で圧力下の磁気抵抗を測定することが可能である．印加圧力は鉛の超伝導転移温度

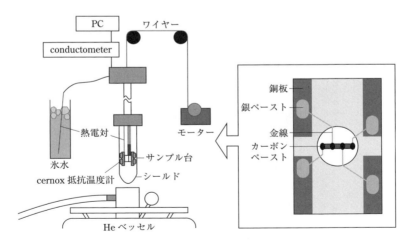

図 13.19　交流四端子伝導度測定装置［HECS994C 型（扶桑製作所）］およびサンプル基盤の模式図．冷却はヘリウムベッセルへのモータによるサンプル釣り降ろしにより行う．

より決定する.

(2) 磁気測定 静磁化率およびスピン磁化率は,Quantum Design 社製 MPMS (Magnetic Property Measurement System) および ESR (Electron Spin Resonance) を用いて測定を行う.前者の MPMS 装置では,通常,2〜350 K までの温度,0〜9 T の磁場範囲で温度,磁場をパラメータとして測定する.π スピンの磁化は小さいので,測定に十分な量のサンプルを,正の磁化をもつアルミニウムカプセル,箔などに包んで測定し,バックグランドを差し引いてサンプルの磁化率とする.殻の反磁性は,構成成分の磁化測定で,あるいはパスカル則により計算で求める.

ESR は電子スピンを磁場中でゼーマン分裂させ,そのエネルギー差に相当する 9 GHz (X-バンド) のマイクロ波を吸収する磁気共鳴法で物質中の不対電子を観測しスピン磁化率を測定する手法である.温度制御された He ガスの吹き付けで,通常 3 K から 300 K の温度範囲での測定が可能である.良質な単結晶 1 つで,磁化ばかりでなく,線幅,g 値の情報を得ることができる.

(3) 誘電率測定 誘電率は,ここでは二端子キャパシタンス法で測定について説明する.図 13.20 のように銀ペースト(サンプルによっては,カーボンペースト,金ペーストを用いる)を電極として金線をサンプル両面に固定し,インピーダンスアナライザー (Agilent Technologies 4294A,あるいは Solatron 126096 W 型) により等価並列キャパシタンス C_p と損失係数 D の測定を行う.測定は銀ペーストで覆われた部分の極板面積 ($L \times W$) と極板間距離 H を用いて式 (13.21) より複素誘電率の実部 ε' と虚部 ε'' を算出した.この温度可変のインピーダンスアナライザーでは,周波数は 1 Hz〜10 MHz の範囲で,液体ヘリウム用のクライオスタットでは 1.3 K から 300 K まで低温測定を行う.また,高温槽オーブンを用い,白金温度計を用いた高温用クライオスタットで室温から約 350 K までの高温測定を行う.

図 13.20 キャパシタンス法による誘電率測定のための二端子銀ペースト電極.

13.1 分子性物質

$$\varepsilon' = \frac{H \times C_p}{(L \times W) \times \varepsilon_0}$$

$$\varepsilon'' = \varepsilon' \times D \tag{13.21}$$

$\varepsilon_0 = $ 真空の誘電率 ($= 8.854 \times 10^{-12} [\mathrm{F/m}]$)

(4) 非線形伝導度測定 非線形伝導の測定には電圧制御と電流制御の2つのモードがある．以後，電圧制御の電流と電圧の関係を表したものを $I\text{-}V$ 特性，電流制御のそれを $V\text{-}I$ 特性とする．2つのモードのうち，電圧制御は非定常・非平衡状態を観測するが，電流制御は定常・非平衡状態を観測できる．電圧制御においては，サンプルだけの回路に対して $I\text{-}V$ 特性を測定しようとすると，サンプル電圧 V_{Sample} に対して多価な $I\text{-}V$ 特性のために，電圧印加による電流の制御が不可能となる．そこで，サンプルと直列にある大きさの負荷抵抗を接続することで，回路電圧 V_{Circuit} に対して1価の関数，サンプルには多価関数とすることができる．[図 13.21(b), (c)]．

実験の測定回路を図 13.22 に示す．電圧制御では二端子法，電流制御では擬似四端子法

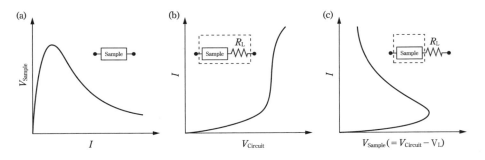

図 **13.21** 非線形伝導測定における (a) 電流制御 $V_{\mathrm{Sample}}\text{-}I$ 曲線，(b) 電圧制御 $I\text{-}V_{\mathrm{Circuit}}$ 曲線，(c) 電圧制御 $I\text{-}V_{\mathrm{Sample}}$ 曲線．

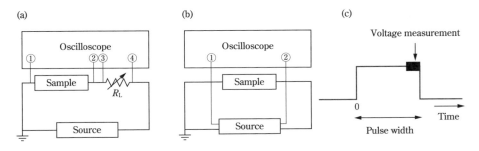

図 **13.22** 非線形伝導測定における (a) 電圧制御用回路，(b) 電流制御用回路，(c) 印加する単一矩形パルス．

を用いている．ソースメーター（例えばKeithley model 2611あるいはKeithley model 2612）を用い，測定の際に印加する電圧，電流によるジュール熱がサンプルを破損することのないように，比較的短い単一矩形パルス（5～10 msec程度）を一定間隔（off-time; 1～3 sec）で印加する．さらに，デジタルオシロスコープ（例えばTektronix DPO4054）を用い，電位の時間変化のモニターを行い，図13.22(c)のようにサンプル電圧の時間依存性を観測する．

13.1.3 トピックス

a. モット系分子性結晶の開発および反強磁性と超伝導の競合： κ-(BEDT-TTF)$_2$Cu(NCS)$_2$[2, 10, 21]

分子性導体が強相関電子系であることが認知されたのは，この κ-(BEDT-TTF)$_2$Cu(NCS)$_2$ および κ 型類塩体がダイマーモット絶縁相から，金属相，超伝導相まで圧力をパラメータとして統一相図が描かれた時点からである．本項では，強相関分子性導体の起源となったダイマーモット系分子性結晶 κ-(BEDT-TTF)$_2$Cu(NCS)$_2$ の物質開発，結晶・電子構造，常伝導・超伝導物性，フェルミオロジー，統一電子相図，超伝導機構，類塩体の量子スピン液体状態について述べる．

(1) 物質設計, 2次元層状結晶構造, 実効的1/2充填バンド構造 前節のバンド計算で計算された2次元フェルミ面を有する分子性超伝導体 β-(BEDT-TTF)$_2$I$_3$ の圧力依存性を調べたところ，図13.23に示すように $dT_c/dP = -1$ K であった．つまり，加圧で超伝導転移温度（T_c）は低下し，負圧で上昇すると予想される．BCS理論より，超伝導転移温度を考えると，T_c は式(13.22)で与えられる．

$$T_c = 1.14\frac{\hbar\omega_D}{k_B}\exp\left(-\frac{1}{N(0)V}\right) \tag{13.22}$$

ただし，ω_D; フォノンの周波数，$N(0)$; 状態密度，V; 電子-格子相互作用である．このとき，圧力が印加されると，バンド幅が広がるため状態密度 $N(0)$ が小さくなり，T_c が低下すると考えられる．また，物理圧ばかりでなく，絶縁層の直線アニオンの長さを I$_3$（10.2 Å）から，AuI$_2$（9.4 Å），IBr$_2$（9.3 Å）と短くすることによって有機伝導層に化学圧を印加すると，伝導層内の分子間相互作用，ひいてはバンド幅および状態密度が変化し，T_c は 8.1 K，4.9 K，2.7 K と低下する．ゆえに，長いアニオンを用いて，逆に化学的負圧を印加し，転移温度を向上させることを目的として，[M(NCS)$_2$]$^-$（M = Au, Ag, Cu）を用いる物質設計を行い，BEDT-TTF塩を作成した．

一連の物質合成の結果，2次元的な電子構造を有する κ-(BEDT-TTF)$_2$Cu(NCS)$_2$ の作成に成功した．図13.24(a)に示すように，ドナー伝導層とアニオン絶縁層が交互に積み重なる2次元層状構造をもつ．(b)のドナー層は，2個のBEDT-TTF分子が二量体をつくり，その二量体が井桁型構造で並ぶ κ 型ドナー配列をしている．この錯体

13.1 分子性物質

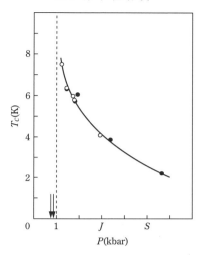

図 13.23 β-(BEDT-TTF)$_2$I$_3$ の超伝導転移温度の圧力依存性[22].

の組成は，$(D^{0.5+})_2A^-\{D = BEDT\text{-}TTF, A = [Cu(NCS)_2]\}$ であるため，厳密には $3/4[= (2 - 0.5)/2]$ 充填バンドであるが，BEDT-TTF は強く二量化しているため，二量化サイトを単位に考えると，実効的な 1/2 充填バンドを形成している．また，(c) のアニオン層は，$[Cu(NCS)_2]_n$ の b 軸方向に，向きのそろった 1 次元超分子構造をしており，そのため対称心がなく，結晶の空間群は P2$_1$ である．そこで，結晶の絶対構造と旋光性，およびそれらの一対一対応を調べた．

図 13.25 に示すように，X 線で測定した H 体 $[\kappa\text{-}(BEDT\text{-}TTF\text{-}h_8)_2Cu(NCS)_2]$ の結晶は (b) が絶対構造であり，同じ結晶をレーザー透過光で旋光性を調べると，右旋光 $[\alpha]$ (25°C, 632.8 nm) $\sim 230°$ であることが明らかとなった．また，D 体 $[\kappa\text{-}(BEDT\text{-}TTF\text{-}d_8)_2Cu(NCS)_2]$ も調べたところ，その結晶は左旋光 (a) の絶対構造であることも確認した．さらに，同じ結晶成長のバッジにおいて，H, D 体とも，双方の絶対構造を有することが調べられている．

さらに，電子構造について情報を得るために，得られた結晶構造に基づき，13.1.2 d. で述べた方法でバンド計算を行った．結晶学的に独立な 2 分子の分子軌道計算を拡張ヒュッケル法で行い，それを用いて計算した分子間の相互作用（移動積分）を図 13.24(b) に示した．二量体内の相互作用 (b1) は，二量体間に比べて b1/b2 = 2.5 と大きく，また p, p′, q, q′ と分子間相互作用は bc 2 次元面に広がっていることが明らかとなった．さらにこの移動積分を用いて，強結合近似でバンド分散，フェルミ面を計算した結果が図 13.26 である．単位胞中に 4 個の分子があるので，4 本の分散が計算される．分子の強い二量化のた

(a)

アニオン絶縁層

ドナー伝導層

アニオン絶縁層

(b)

(c)

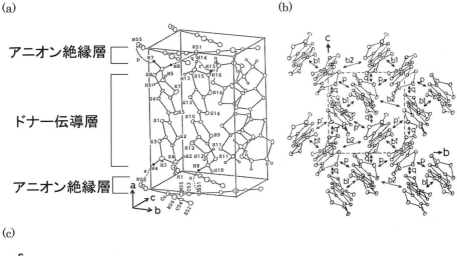
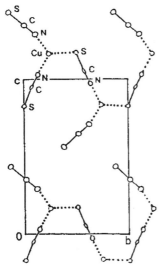

図 13.24 κ-(BEDT-TTF)$_2$Cu(NCS)$_2$ の (a) 2 次元層状構造, (b) 伝導層のドナー配列 (点線内は 2 量化した分子), (c) 絶縁層のアニオン配列[10]. (b) で, 分子間移動積分は, b1 = 25.7, b2 = 10.5, p = 11.4, p′ = 10.0, q = −1.7, q′ = −2.9 (×10^{-2} eV) と計算された[23].

めに, 上 2 本と下 2 本の分散間のエネルギーギャップは大きいので, 上 2 本のみを注目することができる. そこで, 2 本の上部バンドのみを考えると半分電子で充填されており, 実効的な 1/2 充填バンドになっていることがわかる. P2$_1$ の空間群のため, 詳細にみると ZM 方向の縮退は解けていて, Z を中心とした閉じたフェルミ面と, c* 方向に開いたフェルミ面が得られた. 閉じたフェルミ面の面積は, 第 1 ブリルアンゾーンの 18% で, 実験的に磁気抵抗測定のシュブニコフ–ド・ハース振動から得られたフェルミ面の 18% の面積

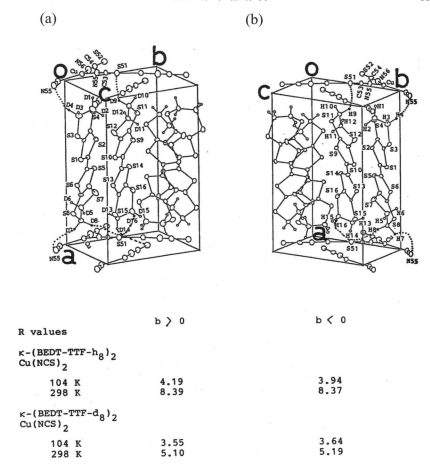

図 13.25 (a) κ-(BEDT-TTF-h_8)$_2$Cu(NCS)$_2$ と (b) κ-(BEDT-TTF-d_8)$_2$Cu(NCS)$_2$ の絶対構造[21].

とよく一致する[23]．その結果，13.1.2 d. で示した近似的なバンド計算が，実際の電子状態をよく反映していることを初めて明らかにした[23]．また，バンド計算によると，b^* 方向（ΓY）の分散はエレクトロン型のバンドで，c^* 方向（ΓZ）の分散はホール型のバンドと異方的である．このバンド計算の結果は，熱電能の符号，温度依存性をよく再現することが明らかとなった[24]［図 13.27(c)，13.1.3 a.(2) を参照］．

(2) 常伝導，超伝導電子状態　　κ-(BEDT-TTF)$_2$Cu(NCS)$_2$ の，常圧における電気抵抗の温度依存性は，通常の金属とは異なる振る舞いを示している［図 13.27(a)］．結晶面

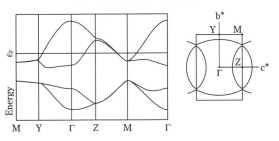

図 13.26 κ-(BEDT-TTF)$_2$Cu(NCS)$_2$ のバンド分散とフェルミ面[23].

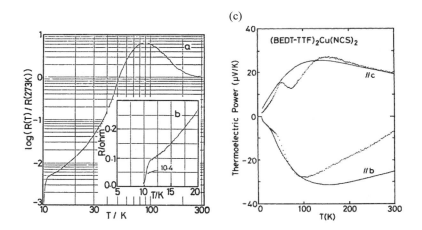

図 13.27 (a), (b) κ-(BEDT-TTF)$_2$Cu(NCS)$_2$ の電気的効率の温度依存性[10]. (c) 熱電能の温度依存性. 点線は実測値で, 実線はバンド構造に基づく計算値である[24].

内 b および c 軸方向の抵抗率は, 0.05～0.07 Ω cm で, 垂直 a* 方向は約 600 倍で 30～42 Ω cm である. 室温付近では金属的挙動で, 温度低下とともに抵抗率はまず上昇し, 85～100 K 付近で室温の 3～6 倍となる. さらに温度低下をすると, 再び金属的な挙動を示し, オンセット温度 11 K, ミッドポイント温度 10.3～10.4 K, オフセット温度 9.5～9.8 K で超伝導転移を示す. a*, c 軸方向でも同様の温度依存性を示す. このように, 室温から温度低下とともに, 金属的-半導体的-金属的と単純な金属と異なる振る舞いは, 次節に述べるように強相関電子系の特徴であると理解されている. また, 超伝導転移温度の圧力依存性は $dT_c/dP = -1.3$ K/kbar で, 他の BEDT-TTF 塩同様, 柔らかな π 電子系を反映している.

また, 2 次元面内で異方的な熱電能の温度依存性は, バンド構造から, 定性, 定量的に

13.1 分子性物質

も説明されている．図 13.27(c) に示すように，特徴的なことは，2 次元 bc 面内で，c 方向では正，b 軸方向では負と符号が違うことである．両方向とも異符号ながら，通常の金属と同様，温度低下とともに，150 K，100 K までは直線的に変化する．その後，極大，極小を経て c 方向では減少，b 軸方向では上昇する．さらに，c 方向において，50 K 付近ではフォノンドラッグとも思われるピークをもち，10 K 以下で超伝導転移のため 0 となることが観測された．このような符号の違いや温度依存性は，バンド計算を利用したボルツマン方程式 (13.23) で計算され，図 13.27(c) の実線に示すように，バンド計算からも定量的に理解されている．

$$S_{ij} = \frac{1}{eT}\sum_{k=1}^{3}(K_0^{-1})_{ij}K_{1,kj} \quad (i,j,k=x,y,z)$$
$$K_{0,ij} = \frac{1}{4\pi^3}\frac{\tau}{\hbar}\iint v_i v_j \left(-\frac{\partial f^0}{\partial \varepsilon}\right)\frac{dS}{v}d\varepsilon \quad (13.23)$$
$$K_{1,ij} = \frac{1}{4\pi^3}\frac{\tau}{\hbar}\iint v_i v_j (\varepsilon - E_F)\left(-\frac{\partial f^0}{\partial \varepsilon}\right)\frac{dS}{v}d\varepsilon$$

さらに，κ-(BEDT-TTF-d_8)$_2$Cu(NCS)$_2$ における超伝導転移温度の重水素効果も BCS 理論とは逆の結果がみられた．BEDT-TTF 分子の末端を重水素化した重水素体 κ-(BEDT-TTF-d_8)$_2$Cu(NCS)$_2$ の超伝導転移温度を水素体 κ-(BEDT-TTF-h_8)$_2$Cu(NCS)$_2$ と比較したのが図 13.28 である．電気抵抗測定のミッドポイント超伝導転移温度は，H 体が 10.4 K であるのに対して D 体が 11.0 K と 0.6 K 高く，電極付けによる局所的圧力効果を回避した RF ブリッジバランスの実験でも，H 体が 9.4 K であるのに対して，D 体が 9.9 K と 0.5 K 高い超伝導転移温度を示した[25]．この実験より末端エチレン基が超伝導転移には重要な効果を及ぼすことが明らかとなった．アニオンと末端水素の間には弱い水素

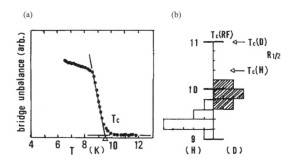

図 **13.28** κ-(BEDT-TTF-h_8および-d_8)$_2$Cu(NCS)$_2$ の (a) RF ブリッジバランスの温度依存性，(b) 超伝導転移の温度のサンプル依存性．$R_{1/2}$ の $T_c(D)$ および $T_c(H)$ の矢印は，それぞれ D 体および H 体の電気抵抗測定によるミッドポイント超伝導転移温度[25]．

結合が存在し，さらに赤外反射スペクトルでも，重水素化によって大きなレッドシフトが観測されており[26]，エチレン末端基のダイナミクスと超伝導転移温度には相関があることが示唆されている．

前述のように，κ-(BEDT-TTF)$_2$Cu(NCS)$_2$ は2次元的な超伝導なので，磁束の振る舞いが研究されている．図13.29は，磁化[28]，比熱[29]，ド・ハース–ファン・アルフェン振動の変化から求めた上部臨界磁場 H_{c2} 以下で，SQUID[28] とトルク磁化より求めた非可逆臨界磁場，つまり磁束の固相-液相境界があることを示している．注目すべきことは，0 K においても $H_{irr} \leq H \leq H_{c2}$ の領域で磁束の液相，つまり量子揺らぎが残っている点である．

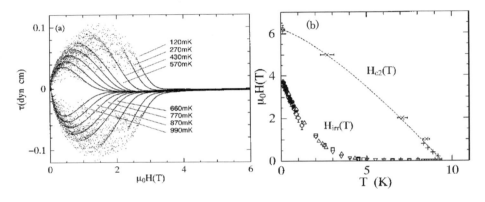

図 13.29 κ-(BEDT-TTF)$_2$Cu(NCS)$_2$ の (a) 各温度におけるトルク測定，(b) 上部臨界磁場 H_{c2}（H ⊥ 2次元面）と不可逆臨界磁場 Hirr の温度依存性．□と▽がSQUID[28]，△と●がトルク磁化，×が磁化[28]，+が比熱[29]，◎がド・ハース–ファン・アルフェン振動の変化から求めたデータ[27]．

(3) フェルミオロジー　　κ-(BEDT-TTF)$_2$Cu(NCS)$_2$ の結晶で，分子性導体の中では初めての量子振動であるシュブニコフ–ド・ハース振動が観測された．分子性結晶は量子振動が観測できるクリーンな系であることが認知され，フェルミオロジーの研究は前進した．さらに，13.1.2 d.で解説した簡単なバンド計算がこの実験とよく一致していることから，量子化学計算の有用性が認識された．図13.30に示すように，超伝導状態である 1.56 K 以下ではゼロ抵抗であるが，磁場を印加すると超伝導は壊れて抵抗は復活し，1 K 以下，8 T 以上で量子振動が観測された．結晶面に垂直方向である a* 軸と印加磁場の角度 θ とすると，振動は $0.0015\cos\theta$ (T^{-1}) の周期でみられ，サイクロトロン運動する電子の軌跡の面積を S とすると式 (13.24) となる．

$$\Delta(1/H) = \frac{2\pi e}{\hbar c S} \tag{13.24}$$

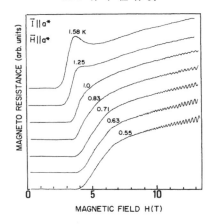

図 13.30　κ-(BEDT-TTF)$_2$Cu(NCS)$_2$ の磁気抵抗の磁場依存性[23].

これより，第 1 ブリルアンゾーンの 18% の面積と計算され，バンド計算から求められた図 13.26 の Z 周りの閉じたフェルミ面の面積 18% とよく一致する．このとき有効質量 $m^* = 3.5 m_0$，ディングル温度は約 1 K である．さらに，22 T が印加されると ZM 上のギャップを越えてマグネティックブレイクダウンが起こり，Γ を中心に，第 1 ブリルアンゾーンに対して 100.9% のフェルミ面上で電子がサイクロトン運動するのが報告されている．そのときの有効質量は，$m^* = 6.9 \pm 0.8 m_0$ とさらに大きいことが明らかとなっている[30].

(4)　κ 型塩の統一的電子相図と超伝導機構

統一的電子相図　図 13.31(a) は，κ-(BEDT-TTF)$_2$X における 2 次元伝導層内の κ-型ドナー配列である．前述のように，ドナー分子は二量化して井桁型に配列し，BEDT-TTF$^{0.5+}$ なので (BEDT-TTF$_2$)$^+$ と二量体内に正孔，つまり $S=1/2$ のスピンが存在する．エネルギーダイアグラムで表すと，各 HOMO（最高被占有軌道）には，1.5 個の電子が存在し，二量化して，結合性の軌道と非結合性の軌道となる．結合性の軌道には電子が 2 個入り，非結合性の軌道には 1 個で，上部バンドに注目すると実効的 1/2 充填バンド，つまりダイマーモット絶縁体となる［図 13.31(b)］．ゆえに，二量体内のクーロン斥力 (U) は，ほぼ $2 t_{\text{dimer}} = 2^* b1$ ［図 13.24(b)］に相当する．この U と電気を運ぶキャリアの運動エネルギーに比例するバンド幅 W の比 (U/W) が横軸で，転移温度が縦軸となった相図を図 13.32(b) に表す．図 13.32(a) に示すように，κ-(BEDT-TTF)$_2$Cu[N(CN)$_2$]Cl は，$U/W \gg 1$ のため半導体的挙動を示し基底状態が反強磁性相である．これに物理的および化学的な圧力を印加すると，κ-(BEDT-TTF)$_2$Cu[N(CN)$_2$]Cl では，半導体から金属的挙動に変化し，約 13 K で超伝導状態となる．このように，反強磁性相と常磁性金属相の間

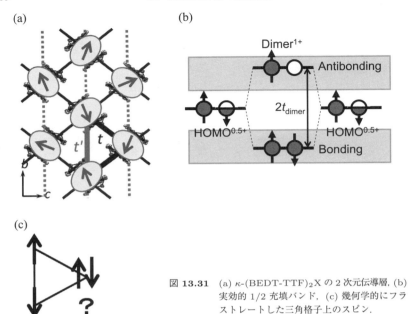

図 **13.31** (a) κ-(BEDT-TTF)$_2$X の 2 次元伝導層, (b) 実効的 1/2 充填バンド, (c) 幾何学的にフラストレートした三角格子上のスピン.

に超伝導相が隣接して存在する[11]．

超伝導機構 ダイマーモット型の κ-(BEDT-TTF)$_2$Cu(NCS)$_2$ について，超伝導の対称性が実験で調べられている．NMR のナイトシフトからスピンシングレットを，また，^{13}C NMR よりスピン-格子緩和率が T^3 則，電子比熱が T^2 則，磁場侵入長がべき乗則に従うこと，さらに，熱伝導度，トンネル分光の温度依存性より，フェルミ面にノードのある異方的な d 波超伝導であることが示唆されている[31]．しかしながら，通常の等方的な s 波超伝導であるという報告もあり，議論の途上にある[32]．理論計算では，$d_{x^2-y^2}$ の対称性をもつ超伝導が一番安定であると報告されている．[33]

また，κ-(BEDT-TTF)$_2$Cu(NCS)$_2$ は層状構造であり，2 次元的な電子構造をしている．この伝導層と平行に磁場を印加すると，臨界磁場付近で超伝導と常伝導が空間的に分布する FFLO（Fulde Ferrel Larkin Ovchiniikov）状態が観測されると報告されている．[34]

(5) スピンフラストレーション[35] 図 13.32 に示すように，κ-(BEDT-TTF)$_2$X では，反強磁性から超伝導，金属まで基底状態が変化している．この伝導層内において二量化した分子は三角格子を組み，この二量体上に $S=1/2$ のスピンが存在し，互いに反強磁性的相互作用をもつ [図 13.31(a)]．例えば反強磁性を示す κ-(BEDT-TTF)$_2$Cu[N(CN)$_2$Cl] の三角格子の比 t'/t は，第 1 原理計算で，0.4 である．ところが，κ-(BEDT-TTF)$_2$Cu$_2$(CN)$_3$ の t'/t は，0.84 と正三角形の 1 に近い．このとき，正三角格子上のスピンは，反強磁性的

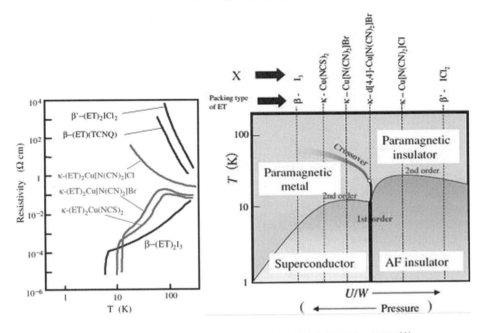

図 13.32 κ-(BEDT-TTF)$_2$X などの電気抵抗率の温度依存性と統一的相図[11].

相互作用をもつため,フラストレートしてスピン液体状態となる[図 13.31(c)].このスピン液体は,35 年前に P. W. Anderson により提案された,様々なスピンシングレットペアが共鳴し合う RVB(Resonance Valence Bond)モデルに適合している.これは,スピンシングレットが基底状態である VBS(Valence Bond Solid)と対照的で,実効的 1/2 充填バンドを有する強相関電子系 κ 相において,フラストレーションを用いた新たな基底状態である.

実験的に,κ-(BEDT-TTF)$_2$Cu[(CN)$_2$(CN)$_3$] がスピン液体状態であることは,^{13}C NMR より 32 mK まで磁気秩序が観測されていないことから提案され,そのほか,比熱,熱伝導度,熱膨張の測定で確認されている.分子性物質では,このほかにも,EtMe$_3$Sb[Ni(dmit)$_2$] や κ-H$_3$(Cat-BEDT-TTF)$_2$(図 13.1)がスピン液体候補物質であり,その物性パラメータを表 13.3 に表す.この中で,EtMe$_3$Sb[Ni(dmit)$_2$] と κ-H$_3$(Cat-BEDT-TTF)$_2$ は,ギャップレスのスピン液体の可能性が議論されている.物性研究所で筆者らのグループが開発した κ-H$_3$(Cat-BEDT-TTF)$_2$[36] は,EtMe$_3$Sb[Ni(dmit)$_2$] に対して,電子比熱係数の γ はほぼ 3 倍で,反強磁性的相互作用の J はほぼ 1/3 倍となるので,双方ともウイルソン比 1.4 と同程度である.このように,t'/t が 0.82 から 1.2 と広い範囲でギャップレスのスピ

表 13.3 分子性スピン液体物質の物性パラメータ

	κ-(BEDT-TTF)$_2$Cu$_2$(CN)$_3$	EtMe$_3$Sb[Pd(dmit)$_2$]$_2$	κ-H$_3$(Cat-EDT-TTF)$_2$
t'/t (拡張ヒュッケル)[*1]	1.06	0.92	1.4
t'/t (DFT)[*2]	0.84	0.76〜0.82	1.2
J/k_B (K)[*3]	250	220〜250	80〜90
γ (mJ mol^{-2}K^{-2})[*4]	12.6	19.9	65
β (mJ mol^{-2}K^{-4})[*5]	21	24.1	22.2
χ_0 (emu mol^{-1})[*6]	2.9×10^{-4}	4.4×10^{-4}	1.2×10^{-3}
ウイルソン比 R[*7]	1.8	1.4	1.4

[*1] 拡張ヒュッケル法で求めた分子軌道を用いた三角格子の移動積分比.1 で正三角格子となる.[*2] DFT 法で求めた三角格子の移動積分比.[*3] 磁化率の温度依存性を三角格子のハイゼンベルクモデルで最適化して求めた反強磁性的交換相互作用 J.[*4] 比熱から求めた電子比熱パラメータ γ.[*5] 比熱から求めた格子比熱パラメータ β.[*6] 温度依存性から外挿した 0 K での磁化率.[*7] ウイルソン比 R.

ン液体候補が見いだされた.従来の電荷によるフェルミ面とは異なり,スピノンのフェルミ面の観測が期待されている.

b. 電荷秩序系分子性物質の開発とその圧力誘起超伝導:β-($meso$-DMBEDT-TTF)$_2$PF$_6$

前項において,有機超伝導体は通常,有機ドナー分子 (D) と (−1) 価の閉殻アニオン (A$^-$) の比が 2:1 [= (D$^{0.5+}$)$_2$A$^-$] の電荷移動錯体であり,ドナー分子のダイマー性が強い系では,ダイマー内にホールが 1 個,つまり実効的な 1/2 充填バンドをもつことを述べた.また,ダイマー内の電子間クーロン反発エネルギー U とバンド幅 W が拮抗して,モット絶縁体から金属に至る過程で,有機物としては比較的高い,T_c が 10 K 級の超伝導が見出されていること,超伝導の対称性が高温超伝導体同様 d 波であるという実験結果があること,圧力をパラメータとした反強磁性絶縁相から金属(超伝導)相へのモット転移,フラストレーション効果によるスピン液体状態が話題となっていることも記した[11].

一方,ドナー分子のダイマー性が弱く,3/4 充填バンドをもつ強相関系では,分子間のクーロン反発エネルギー (V) の効果で「電荷秩序相」が出現することが理論的に予言され[37],実際実験でも実証された[38].このように,クーロン相互作用で分子間の電荷不均化が起こると,有機分子は柔らかいので変形する.さらに,この電荷揺らぎがコヒーレントとなって,格子系とカップルすると,格子を歪ませながら 3 次元的な電荷秩序を形成する.このように,有機物質は,電荷,スピン,格子の自由度の中で,特に電子-格子相互作用が強い.この格子の歪みを和らげ,緩衝作用として働くのが,分子の伸縮,屈曲などの「分子の形状の自由度」で,分子性物質の特性と考えられる.

本項では,物性研究所の筆者らが見出したチェッカーボード型電荷秩序相と競合[2,39]した超伝導相をもつ新規有機超伝導体 β-($meso$-DMBEDT-TTF)$_2$PF$_6$ について,物質設計,チェッカーボード型電荷秩序形成[40],圧力誘起超伝導相[41],電場誘起準安定状態[42]につ

いて記述する.

(1) 強相関パラメータ制御による物質設計　分子性物質において，電子の強相関パラメータ（U；分子二量体内における電子のクーロン反発，V；分子間における電子のクーロン反発，W；バンド幅）は，分子の距離，二量化の程度により系統的に変化させることができる．我々は，有機超伝導体約 120 種類のうち，50 種を与える電子ドナー BEDT-TTF の化学修飾を行うことにより，分子間距離，二量化の程度の制御を行った．その結果が図 13.33 である．まず，BEDT-TTF に化学修飾をして DMBEDT-TTF，C5BEDT-TTF，C6BEDT-TTF などの新規電子ドナー（D）を合成し，その PF_6 塩である D_2PF_6 を各々得た．その分子構造，二量化の程度，抵抗の温度依存性をみると，C6BEDT-TTF の C6 は TTF 平面から垂直に立ち，二量化の程度が弱く，低温まで金属的挙動を示した．また，C5BEDT-TTF の C5 は TTF 平面とほぼ平行で，二量化の程度が強く，半導体的挙動を示し，DMBEDT-TTF のメチル基はアキシャルとエカートーリアルに位置し，二量化の程度は他と比べても中程度で，金属-絶縁体的挙動を示した．このように，BEDT-TTF 分子への化学修飾により，その電荷移動錯体中で，多様な分子構造の自由度をもち，それを反映した二量化の程度など分子間相互作用で，多彩な電子機能を与えている．このような中

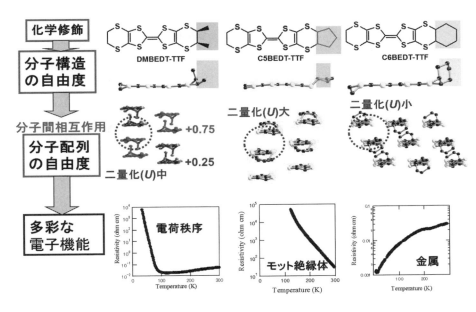

図 **13.33**　化学修飾した BEDT-TTF 類縁分子，その PF_6 塩における分子構造の自由度，分子配列の自由度，およびモット絶縁相，電荷秩序相，金属相と多彩な電子機能．

で，$\beta\text{-}(meso\text{-DMBEDT-TTF})_2\text{PF}_6$ が見出された．

(2) チェッカーボード型電荷秩序の形成と圧力誘起超伝導　　得られた $\beta\text{-}(meso\text{-DMBEDT-TTF})_2\text{PF}_6$ は，図 13.34 のように，有機伝導層とアニオン絶縁層が積み重なる 2 次元層状構造をもち，伝導層では 2 次元フェルミ面が計算される．常圧では，$\kappa\text{-}(\text{BEDT-TTF})_2\text{Cu(NCS)}_2$ と同程度のドナー二量化を有するにもかかわらず，二量体間の相互作用が強いため 75K まで金属的挙動を示し，その温度以下で絶縁体へ転移する（図 13.35）．その際，二量体ドナー内で，$+0.5 \times 2 = +1.0$ の電荷が，電荷リッチ（+0.75），プア（+0.25）へ電荷分離し，超格子出現による構造変形を伴いながら，大変珍しいチェッカーボード型電荷秩序を形成する［図 13.34］．図に示すように，二量体間で電荷リッチが並び，静電ポテンシャルとして利得はないが，スピン系としては電荷秩序形成とともにスピンシングレットを組んで安定化し，これが通常みられないチェッカーボード型電荷秩序の起源と考えられる．

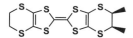

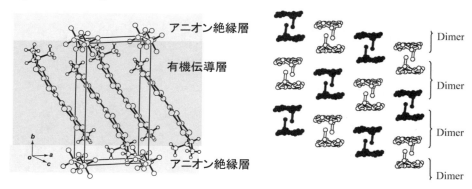

図 **13.34**　電荷秩序系圧力誘起分子性超伝導体 $\beta\text{-}(meso\text{-DMBEDT-TTF})_2\text{PF}_6$ において meso-DMBEDT-TTF の分子構造，結晶構造と有機伝導層のチェッカーボード型電荷秩序［電荷リッチ（+0.75，黒色），電荷プア（+0.25，白色）］をもつドナー配列．

この系に図 13.35 で示すように圧力を印加すると，金属-絶縁体転移は抑えられ，0.06 GPa の低圧で，$T_c = 4.6$ K において超伝導転移が観測される．電子相図では，超伝導相が長距離電荷秩序相，短距離電荷秩序相，金属相に隣接し，超伝導相と電荷秩序両相が競合していることが明らかとなった．

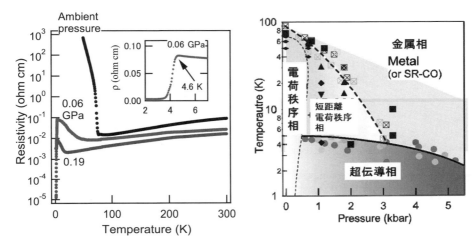

図 13.35 電荷秩序系 β-$(meso$-DMBEDT-TTF$)_2$PF$_6$ の (a) 圧力誘起超伝導と (b) 電子相図. 超伝導相が, 長距離電荷秩序相 (LR-CCO), 短距離電荷秩序相 (SR-CO), 金属相に隣接し, 両者は競合している.

(3) チェッカーボード型電荷秩序系伝導体の非線形伝導[42]　電荷秩序系 β-$(meso$-DMBEDT-TTF$)_2$PF$_6$ では, 75 K でチェッカーボード型電荷秩序が出現して絶縁化する. 電荷秩序の成長は, 図 13.36(a) に示すように誘電応答で観測される. 75 K で, 金属-絶縁体転移を起こすと, 誘電応答も金属相の負から電荷秩序絶縁相の正へ変化し, 温度低下とともに電荷秩序ドメインは成長し, 共鳴する周波数は低下する. 電荷秩序が成長した 70 K 以下で, 電流制御による 4 端子 E-J 特性を測定したところ, 電流印可に伴い電圧が降下する微分負性抵抗が観測された [図 13.36(a)]. また電圧制御による 2 端子 I-V 特性でも, 4 V 印加で 2 桁以上の抵抗減少する巨大非線形伝導がみられ, 電場印可による電荷秩序の融解が観測されている. また, サンプル電圧の時間依存性を測定すると, 電流制御, 電圧制御の双方で, 電場誘起の準安定状態が観測された.

さらに, 他の電荷秩序系分子性導体でも, 直流-交流発振 (有機サイリスタ), 電荷秩序の集団励起現象など, 電場を外場とした特異的な応答が観測されている[43]. このように分子性結晶を舞台として, 定常あるいは, 非定常の非平衡科学が展開されており, ミクロスコピックな観測が今後さらに進展すると考えられる.

13.1.4 強相関電子系分子性結晶のまとめと展望

分子性導体の多くは, 2:1 の組成 $(D^{0.5+})_2 A^{1-}$ (D; ドナー分子, A; アニオン) をもち, 3/4 $[= (2 - 0.5)/2]$ 充填バンドを形成する. その中で, 電子間のクーロン相互の強い強

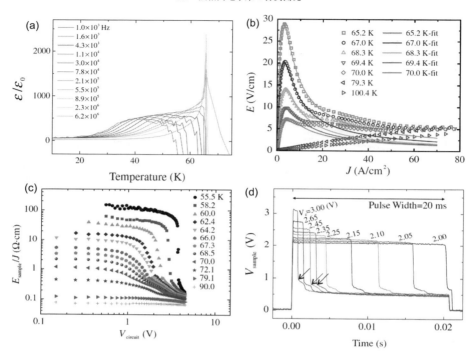

図 **13.36** 電荷秩序系 β-($meso$-DMBEDT-TTF)$_2$PF$_6$ の (a) 各周波数における比誘電率の温度依存性, (b) 電流制御による 4 端子 E-J 特性で, 大きな微分負性抵抗が観測されている. (c) 電圧制御による二端子 $[E(\text{sample})/J] - V(\text{circuit})$ 特性で 2 桁以上の抵抗現象がみられた. (d) 電圧制御による二端子 V-I 特性におけるサンプル電圧の時間依存性で, 電場誘起準安定状態 (矢印) が観測された[43].

相関電子系の電子状態は, 拡張モット・ハバードモデルで表される.

$$H = \sum_{i \neq j} t_{ij} a_i^+ a_i + U \sum_i n_{i\uparrow} n_{i\downarrow} + V \sum_{i \neq j} n_i n_j \tag{13.25}$$

式 (13.25) で第 1 項は電子の運動エネルギー, 第 2 項は i サイト上の電子間クーロン斥力エネルギー (U), 第 3 項は i と j サイト上の電子間クーロン斥力エネルギー (V) である.

このように, t, U および V の競合は強相関電子系の醍醐味であるが, 分子性導体においては, その分子配列で分類できる. 図 13.37 に示すように, 分子二量化の強い κ 型配列は, 二量体内で $U(>V)$ が効く系である. 上部バンドと下部バンドにギャップを有し, 上部バンドのみに注目すると, 実効的な 1/2 充填バンドとなる. 基底状態は反強磁性相で, 圧力印加により超伝導相と競合する. 13.1.3 a. で示したように, 1988 年に物性研究所で

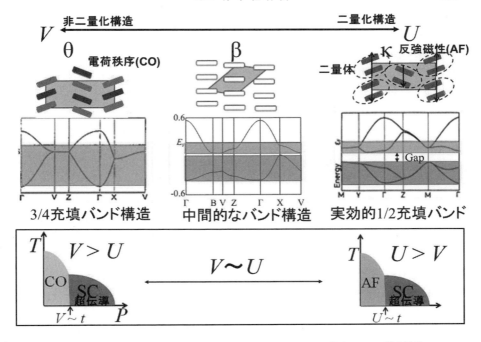

図 13.37 強相関電子系分子性結晶における,分子配列,バンド構造,および基底状態の相関.分子二量化構造をもつ κ 相は実効的 1/2 充填バンドをもち,基底状態は反強磁性相(AF)で,圧力印加により超伝導相(SC)と競合する.一方,非二量化構造をもつ θ 相は 3/4 充填バンドをもち,基底状態は電荷秩序相(CO)で,圧力により超伝導相と競合する.近年,その中間に位置する β 相は,電荷揺らぎとスピン揺らぎの両者を制御できる系として注目されている.

筆者らが開発した常圧で 10 K 級の超伝導体 κ-(BEDT-TTF)$_2$Cu(NCS)$_2$ より,このダイマーモット強相関電子系の研究が始まった.

一方,非二量化構造をもつ θ 相は,3/4 充填バンドをもち,サイト間の $V(>U)$ が効く系である.基底状態は電荷秩序相で,圧力により超伝導相と競合している.筆者らにより電荷秩序系 θ-(BEDT-TTF)$_2 MM'$(SCN)$_4$ $[M = \text{Co, Zn}, M' = \text{Tl, Rb, Cs}]$ が 1995 年に合成され,その相図が 1998 年に提唱された[44].分子性結晶の電荷秩序状態は,比較的相関長の大きなドメインを形成したり,強い電子-格子相互作用を反映して格子変形を伴ったりして,小さな光,電場による外部刺激で,大きな非線形応答をし,新たな動的電子機能に繋がっていることを,13.1.3 b(3) で述べた.

近年,κ 相と θ 相の中間に位置し,U と V が同程度で競合する β 相が注目され,スピン揺らぎと電荷揺らぎがせめぎ合う系での物性研究が進んでいる.13.1.3 b で紹介し,物性

研究所の筆者らにより開発された β-$(meso$-DMBEDT-TTF$)_2$PF$_6$ は，室温から 75 K まで二量化構造をもちながらも金属的で，その温度以下において二量体内電荷分離を起こしてチェッカーボード型電荷秩序相が出現する．また，静水圧力下で超伝導相が出現し，これまでに明らかにされていない電荷揺らぎが関係する超伝導として，その機構解明の研究が進展している．

今後，電荷揺らぎとスピン揺らぎが関係する強相関電子系の研究上でも，従来の電子系に別のパラメータ，例えばプロトンダイナミクスが相関したプロトン-電子相関型強相関電子系分子性物質[36] や，キラルな分子を用いることにより，対称性の破れた強相関電子系分子性物質など，分子の自由度を生かした物性研究が進展している．前者に関して，これまでの固体物理学は，プロトンと電子の運動を分離して取り扱う，ボルン–オッペンハイマー近似の下で成功を納めてきた．これは電子とプロトンの大きな質量比によって正当化される．しかし，この近似を超える物質，たとえばプロトンの動的変位が結晶構造を動的に変え，電子系の基底状態を揺さぶるようなプロトン-電子連動型分子性物質が最近見出されている．実際，プロトンダイナミクスと分子内電子分極が相関した新しい「常温有機強誘電体」が次々と見い出されたり，プロトンダイナミクスが相関した電子伝導性として「プロトンスイッチング効果」を示す物質が開発されている[36]．これらは，プロトンと電子の協奏効果によって，これまでの固体物性を超えた振る舞いを示している．このプロトンの変位が構造全体の変化をもたらすためには，柔らかな結晶格子が必要であり分子性導体はその格好の舞台を提供している．このプロトンを含むイオンと電子系「分子性イオノ・エレクトロニクス」の物性研究は，今後強相関電子系においても，またさらに次世代の柔い分子システムにおいても大きな進展が期待できる． ［森　初果］

13.2 遷移金属酸化物における物質開発

13.2.1 遷移金属酸化物の特徴

遷移金属を含む化合物において主に物性を支配するのは d 電子である．一般に d 電子は s, p 電子と比べて軌道の広がりが小さいため原子上に局在する傾向が強く，電子が狭い領域に閉じ込められた結果として電子間のクーロン相互作用（電子相関）U が大きくなる．また，s, p 電子が隣り合う原子間の大きな軌道の重なりを反映して大きなバンド幅 W をもつ伝導バンドを形成するのに対して，d 電子は W の小さな狭いバンドを形成する．前者では，図 13.38 に模式的に示すように，一つの電子がほとんど自由に結晶内を動き回ることができる．他の電子からのクーロン相互作用は電子の有効質量の増大として取り込むことができ，いわゆる平均場的な 1 体バンド近似が妥当とみなされる．直感的には一つの電子が動くとき，他の電子がどこにいるかに影響されることなく，ある平均的なポテンシャルの中を独自に運動するとみなしてよい．これに対して，U が大きく，または，W が小さ

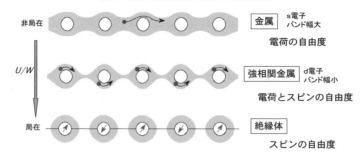

図13.38 強相関電子系の特徴を示す模式図．強相関電子系は，電子間クーロン相互作用 U とバンド幅 W をパラメータとして，U/W の小さな s・p 電子系と U/W が大きくなって電子が原子上に局在したモット絶縁体の中間に位置する．

くなると（つまり，U/W が大きくなると），電子は互いのクーロン相互作用を強く感じながら，狭いバンドの中をかろうじて動き回るようになる．そこではもはや1体バンド近似は成り立たず多体効果が重要となり，すべての電子が互いに押し合い圧し合いしながら運動することになる．このような状況にある金属を強相関電子系と呼ぶ．

W が有限であるにもかかわらず U が大きい極限において電子が動けなくなった状態はモット絶縁体と呼ばれる．特に1原子あたり電子が1個存在するとき（バンドが半分埋まったハーフフィルド状態），電子はクーロン反発のため隣の原子に飛び移れなくなり，電荷の自由度（電気伝導）を失って絶縁体となる（図13.38）．一方，局在した電子はスピンの自由度をもち，隣り合う原子間で反強磁性的にスピンが配列するため，モット絶縁体は反強磁性秩序を有することになる．また，温度，圧力，電子数をパラメータとして金属からモット絶縁体へ転移することがあり，これはモット転移と呼ばれる．通常の金属とモット絶縁体の中間に位置する強相関電子系では，電荷とスピンの自由度がともにある程度生き残ることが可能となり，2つの自由度が複雑に絡み合った特異な物性を示すことになる．さらにd電子には，d軌道特有の縮退に基づく軌道自由度が存在する．生き残ったこれらの自由度は低温で必ず何らかの秩序状態をもたらし，付随するエントロピーを消費する．結果として，異なる自由度に由来する秩序状態が競合することになる．2つの状態の競合が微妙な均衡にあるとき，わずかな外場（温度，磁場，圧力など）の変化により状態が移り変わり，巨大な物性変化をもたらす場合がある．マンガンを含むペロブスカイト酸化物にみられる巨大応答はこのよい例である[45]．一方，秩序状態に至る近傍にはその自由度に関連する揺らぎが存在する．この揺らぎが別の近接する秩序状態を安定化する場合もある．多くの金属の基底状態である超伝導は，このように何らかの自由度に関連する揺らぎの助けを借りて作られた電子の対によるものである．例えば，銅酸化物における高温超伝導はスピン自由度に由来する反強磁性揺らぎによって安定化された電荷自由度の「秩序」とみなすこと

が可能である．強相関電子は状況によって様々な姿に変貌する変幻自在な電子（protean electron）である．

電子が一旦，原子上に局在すると，原子の配列である格子が重要となる．図 13.39 に様々な格子を示す．局在スピンとなった電子間の磁気相互作用は格子の形に大きく依存する．立方体を基本とする 3 次元格子では多くの最近接スピンからの磁気相互作用の結果，単純な磁気秩序が安定となるが，2 次元や 1 次元の格子では最近接スピンの数が減り，磁気秩序は起こりにくくなる．一方，四角形を基本とする格子ではスピンが単純に上・下に並んだスピン配列が安定となるが，三角形を基本とする格子では，最近接スピン間の反強磁性相互作用の辻褄が合わなくなり（幾何学的磁気フラストレーション），単純な磁気秩序が不安定となる．そこではスピンが絶対零度まで凍結せず，量子力学的な液体状態（スピン液体）に留まると期待されている．このような状況は，スピンと競合または共生する自由度にとって好都合となり，何らかの新しい秩序が安定化される可能性が高い．

これに対して通常の弱相関金属では電子の波動関数が空間的に広がっており，格子の形状は重要ではない．しかしながら，強相関電子系では波動関数の広がりが小さく，スピンの自由度もある程度生き残っているため，格子が重要な役割を果たす場合がある．銅酸化物高温超伝導体や鉄ヒ素超伝導体では銅や鉄の正方格子において超伝導が起こっており，正方格子の対称性がその超伝導機構に重要な役割を担っていると考えられる．遷移金属酸

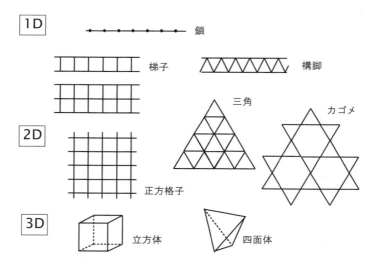

図 **13.39** 遷移金属化合物において実現される様々な格子．正方格子は銅酸化物や鉄砒素化合物における超伝導の舞台であり，三角格子やカゴメ格子は幾何学的磁気フラストレーションの舞台となる．

化物の最大の特徴は，その3次元結晶構造中に様々な対称性の高い格子を近似的に実現し，格子点上に存在する強相関 d 電子が様々なエキゾティック物性を示すことにある．本節では遷移金属酸化物の一般的な特徴を概観するとともに，いくつかの例を取り上げて，遷移金属酸化物における物質探索の面白さと重要性を伝えたい．

13.2.2 d 電 子

遷移金属元素は図 13.40 の周期表において，s 電子を有する I，II 族元素と p 電子を有する III-VIII 属元素の中間に位置する．結晶中において，遷移金属原子は d 電子よりも高いエネルギーをもつ s 電子を化学結合形成のために放出してイオンになる．2つの s 電子を失った 2 価のイオンでは，図 13.40 のように，5 個の d 軌道が 1〜10 個の電子で順番に埋められていくことになる．d 軌道は孤立原子では等しいエネルギーをもち五重に縮退しているが，結晶中では周りに配位したイオンのポテンシャル（結晶場）を感じて様々に分裂する．よって，同じ数の d 電子を有するイオンにおいても異なる状態が現れる．さらに，化学結合の性質に応じて余分の電子をもらってより低い価数となったり，さらに電子を失って高い価数をとることも可能となる．このようにして産み出される d 電子の多様性が遷移金属化合物の大きな特徴となる．一方，d 電子が完全に局在せず，それ自身，または，他の広がった電子と混ざり合ってバンドを形成し伝導に寄与する場合には，上記のような d 電子の数に基づく議論は意味を失う．しかしながら，強相関電子は伝導と局在の間の中間的な状況にあり，しばしば局在描像を出発点としてその物性を考えることがよい近似となって理解を助ける．

周期表の第 4，5，6 周期に位置する遷移金属はそれぞれ 3d，4d，5d 電子系である．3d 電子は軌道の広がりが小さいため大きな U をもち，4d，5d 電子となると軌道が広がって U は小さくなるため電子が動きやすくなって金属になりやすい．また，原子番号が大きく

周期表

		IA	IIA	IIIA	IVA	VA	VIA	VIIA	VIII			IB	IIB	IIIB	IVB	VB	VIB	VIIB	0
	1	₁H																	₂He
	2	₃Li	₄Be											₅B	₆C	₇N	₈O	₉F	₁₀Ne
	3	₁₁Na	₁₂Mg	d^1	d^2	d^3	d^4	d^5	d^6	d^7	d^8	d^9	d^{10}	₁₃Al	₁₄Si	₁₅P	₁₆S	₁₇Cl	₁₈Ar
3d	4	₁₉K	₂₀Ca	₂₁Sc	₂₂Ti	₂₃V	₂₄Cr	₂₅Mn	₂₆Fe	₂₇Co	₂₈Ni	₂₉Cu	₃₀Zn	₃₁Ga	₃₂Ge	₃₃As	₃₄Se	₃₅Br	₃₆Kr
4d	5	₃₇Rb	₃₈Sr	₃₉Y	₄₀Zr	₄₁Nb	₄₂Mo	₄₃Tc	₄₄Ru	₄₅Rh	₄₆Pd	₄₇Ag	₄₈Cd	₄₉In	₅₀Sn	₅₁Sb	₅₂Te	₅₃I	₅₄Xe
5d	6	₅₅Cs	₅₆Ba	57-71	₇₂Hf	₇₃Ta	₇₄W	₇₅Re	₇₆Os	₇₇Ir	₇₈Pt	₇₉Au	₈₀Hg	₈₁Tl	₈₂Pb	₈₃Bi	₈₄Po	₈₅At	₈₆Rn
	7	₈₇Fr	₈₈Ra	89-103															

図 13.40 周期表．遷移金属元素が 2 個の s 電子を失って 2 価イオンとなったときの d 電子数を欄外に記す．

なるとスピンと軌道の相互作用が強くなって、スピンと軌道の自由度を別々に考えることが困難となる．よって、3d 電子系におけるように、最初に軌道状態を決めてそこに電子を詰めていくというやり方は妥当ではない．特に 5d 電子系では大きなスピン軌道相互作用のために、スピンと軌道を結合した量子数 J に基づく多重項状態がよい記述を与える．例えば、Ir を含む酸化物 Sr_2IrO_4 において、このような J 多重項状態が実現されていることが実験的に観測され、さらにこれが比較的弱い電子相関により分裂したモット絶縁体が実現されていると考えられている．よって、同じ d 電子系でも 3d と 5d 電子系では異なる物理があると期待される．

13.2.3 遷移金属酸化物における格子

結晶中の遷移金属イオンはその大きさと配位する陰イオンの大きさの比に応じて様々な配位多面体を形成する．3 次元構造はこの多面体が連なったネットワークとこれを安定化する他の構成元素の組み合わせにより決定される．最も典型的なのは遷移金属元素が 6 個の酸素イオンに配位された八面体を構成単位とするペロブスカイト構造であろう．例えば、図 13.41a のように、$LaMnO_3$ では MnO_6 八面体が頂点を共有して繋がり、その空隙に La イオンが存在する．Mn イオンに着目すると単純な立方格子となるが、実際には八面体がわずかに傾斜して対称性が下がっている．一方、Na_xCoO_2 では、CoO_6 八面体が辺を共有して層を形成し、Co イオンは三角格子をなす（図 13.41b）．また、銅酸化物高温超伝導体の最も基本的な構造を有する La_2CuO_4 では、Cu と酸素イオンが層をなし Cu の正方格子を実現している．同様に LaFeAsO では $FeAs_4$ 四面体が層をなし、Fe 原子は正方格子を作る．

さらにここでは銅酸化物にみられる特徴的な低次元格子を紹介しよう．銅イオンは 2 価を取りやすく $3d^9$ の電子配置をもつため、3d 殻に 1 つのホール、または、不対電子を有することになる．Cu^{2+} イオンは通常八面体配位を好み、d^9 の電子数に起因する強いヤーン–テラー効果のために、しばしば上下の陰イオンが遠く離れて x^2-y^2 軌道が最高のエネルギーをもつことになり、そこに不対電子が入る．結果として、図 13.42a に示すように CuO_4 四角形をモチーフと見なすことができ、これが電子/スピンを担う．CuO_4 四角形を頂点または辺を共有させて 1 次元に並べるとスピン 1/2 の鎖ができる．実際に Sr_2CuO_3 などの化合物において、このような頂点共有鎖が実現され、スピン 1/2 反強磁性鎖として振る舞うことが知られている．この鎖を 2 本並べて繋ぐと $SrCu_2O_3$ にみられるような梯子格子ができる．さらに鎖を無限に並べると銅酸化物高温超伝導の舞台となる銅の正方格子に行き着く．一方、$CuO_4(OH)_2$ 八面体を図 13.42e のように銅イオンが正三角形を作るようにつなぎ合わせると、カゴメ格子を作ることができる．このような格子はハーバートスミサイトやベシニエイトなどの銅鉱物に存在し、フラストレーション磁性の舞台として研究されている．このように銅化合物は低次元量子スピン系の宝庫であり、これらを外場

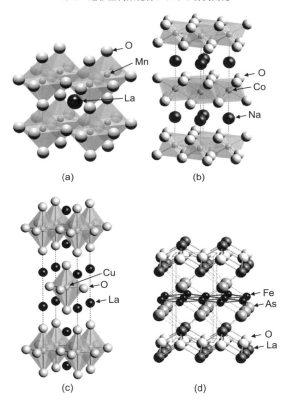

図 13.41 遷移金属化合物における様々な結晶構造. (a) 巨大磁気抵抗効果を示すペロブスカイト酸化物 (La, Sr)MnO$_3$, (b) 熱電材料として知られる Na$_x$CoO$_2$, (c) 銅酸化物超伝導体 (La, Sr)$_2$CuO$_4$, (d) 鉄ヒ素超伝導体 LaFeAs(O,F).

やバンドフィリング調整により強相関金属にすることができれば,様々な面白い物性が期待できる.

13.2.4 様々な物性

強相関電子系物質の示す性質の中で最も劇的なものは超伝導であろう.遷移金属酸化物においても,一連の銅酸化物を代表例として数多くの超伝導体が見つかっている.超伝導状態に相転移する温度 T_c の最高は HgBa$_2$Ca$_2$Cu$_3$O$_8$ における 135 K である(図 13.43).この物質に 10 万気圧以上の圧力をかけて冷やすことにより 165 K で超伝導になるとの報告がなされたが実験データに問題があり,現在,高圧下で確認されている最高の T_c は 153 K である[46].一方,その他の遷移金属酸化物超伝導体としては,LiTi$_2$O$_4$ (11.7 K),

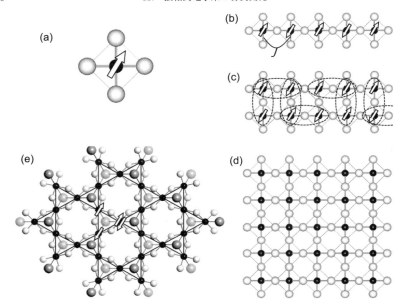

図 13.42 銅酸化物に見られる様々な格子.(a) スピン 1/2 をもつ CuO_4 四角形,(b) 頂点共有で連なったスピン 1/2 反強磁性鎖,(c) 2 本足梯子格子,(d) 銅酸化物高温超伝導の舞台となる CuO_2 2 次元正方格子,(e) $CuO_4(OH)_2$ 八面体が連なってできるカゴメ格子.

$SrTiO_{3-\delta}$ (0.3〜0.5 K),TiO (〜2.3 K),$BaTi_2Sb_2O$ (1.2 K),β-$Na_{0.33}V_2O_5$ (高圧下,9 K),$Na_xCoO_2 \cdot yH_2O$ (4.5 K),$(Sr, Ca)_{14}Cu_{24}O_{41}$ (高圧下,8 K),Sr_2RuO_4 (1.5 K),Rb_xWO_3 (7.7 K),$Cd_2Re_2O_7$ (1.0 K),β-KOs_2O_6 (9.6 K) などが挙げられる.β-KOs_2O_6 については後で触れる.興味深いことに 3d 電子系では多くの超伝導体が見つかっているが,5d では 3 つ,4d では 1 つしか例が知られていない.また,遷移金属酸化物以外にも鉄系超伝導体を筆頭に,$(Ba, K)BiO_3$ (30 K),$(Pb, Tl)Te$ (1.3 K),$12CaO \cdot 7Al_2O_3$ (0.2 K),YNi_2B_2C (15.6 K),Li_xZrNCl (15.2 K),$Ag_6O_8AgNO_3$ (1 K) など興味深い超伝導体が存在し,活発な研究が行われている.一方,$SrTiO_3$ などにおいて,電界効果を利用してキャリア数を制御し超伝導状態を実現することも可能となっている.

超伝導と並んで物性物理学の柱となるのが磁性である.3d 電子系の中央に位置する Cr,Mn,Fe,Co ではしばしば複数の不対電子が生き残って強い磁性を示す.例えば,図 13.41a のペロブスカイト構造を有する $LaMnO_3$ は Mn^{3+} イオンが 4 つの d 電子をもつ反強磁性モット絶縁体だが,La^{3+} の一部を Sr^{2+} イオンで置換すると電子が奪われて電気伝導性を

13.2 遷移金属酸化物における物質開発

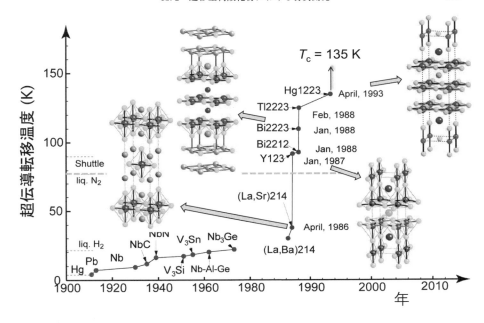

図 13.43 超伝導転移温度向上の歴史.

示すようになる．このとき，すべての 3d 電子が結晶内を動き回るのではなく，ほぼ 3 個の電子は Mn イオン上に局在しスピン量子数 3/2 の大きなスピンとして振る舞う．伝導電子と局在電子はフント結合により強く相互作用するため，磁場により局在電子スピンの向きを調整することで伝導を制御することが可能となる．さらに，d 電子の軌道自由度が磁性・伝導性に影響を与える．結果として，電荷・スピン・軌道の自由度が複雑に絡み合った複数の相が現れ，その相境界近傍において巨大な外場応答が観測される．

図 13.41b に示した Na_xCoO_2 はきわめてよい金属伝導性をもつが，同時に大きなゼーベック効果を示すため，熱電変換材料の候補物質として注目されている．さらに驚くべきことに，層間に水分子を挿入することにより超伝導が発現する．また，類似の Li_xCoO_2 はリチウムイオン電池の正極材料として有名な物質である．これらの特異な性質は Co の価数が 3 価 (d^6) と 4 価 (d^5) の間の広い範囲にわたって安定に存在することによる．

4d・5d 酸化物になると，d 軌道の広がりに応じて金属伝導性を示すものが多くなる．また，遷移金属のイオン半径の増大の結果，ペロブスカイト構造よりもパイロクロア構造が安定となる．例えば，4d の $Y_2Mo_2O_7$ はスピングラス転移を示す絶縁体であり，$Tl_2Ru_2O_7$，$Hg_2Ru_2O_7$，$Tl_2Rh_2O_7$ は劇的な金属–絶縁体転移を示す．5d パイロクロア酸化物についてはあとで触れる．5d 電子系で例外的に絶縁体である Sr_2IrO_4 は大きなスピン軌道相互

作用をもつ $J=1/2$ のモット絶縁体と考えられている．

13.2.5　量子スピン系

小さなスピン量子数を有するスピンを様々な低次元格子上に並べた系を量子スピン系と呼ぶ．そこでは強い量子揺らぎのために通常の反強磁性秩序が不安定化し，エキゾティックな基底状態が現れる．図 13.42 に示した銅酸化物にみられる低次元格子は典型例である．スピン 1/2 反強磁性鎖は長距離磁気秩序をもたないが，絶対零度においてほとんど秩序化した状態にあるため，あるスピンを揺するとそれが波となって伝わる．よって，無限小のエネルギーでスピンの励起が可能であり，スピン励起スペクトルにエネルギーギャップはない．一方，スピン 1/2 梯子格子においては，図 13.42c のように，各スピンが近くのスピンと反強磁性的に結合して一重項を作り，その組み合わせが時間的に変化すると考えられている．このような状態を Resonating Valence Bond (RVB) 状態と呼ぶ．RVB 状態にあるスピンを励起するためには一重項状態を壊す必要があるため，その結合の強さに対応する有限のエネルギーが必要となる．よってスピン励起にエネルギーギャップが存在することになる．さらに 3 本の足をもつ梯子格子の基底状態は 1 本の場合と同様にギャップをもたない．故に梯子系は鎖が奇数のときにギャップが閉じ，偶数になるとギャップが開くという偶奇効果を示す．ちなみにギャップの大きさは偶数梯子の鎖の足の数が増えるほど小さくなっていく．

13.2.6　フラストレーションとカゴメ格子

三角形を基本とする格子ではさらに幾何学的フラストレーションのために長距離秩序が不安定化し特異な基底状態が現れる．最近接反強磁性相互作用に対して基本的に要求されるのは 1 つの三角形やその 3 次元版である正四面体においてスピンの和がゼロになることであり，それらのユニットをどう並べてもエネルギーが変わらない．よって，スピンの配列に無限の可能性があり，巨視的な縮退が生じることになる．フラストレーションの物理は自然がこの巨視的縮退を如何に解消し，エントロピーを解放するかを知ることにある．

最も強いフラストレーションと量子揺らぎが期待される系はスピン 1/2 カゴメ格子反強磁性体である．その基底状態に長距離秩序がないことは明らかであるが，その代わりにどのような状態が選ばれるのかはわかっていない．図 13.44 に模式的に示すように，古典的な大きなスピンに対してはスピンが 120° の角度をなすように並んだ配列が安定と考えられている．すべてのスピンを互いに逆向きに揃えることが困難であるために生じた妥協の結果である．これに対して量子スピンの場合には，前述の RVB 状態を基本とした液体的な状態が実現されると期待される．ただし，梯子格子のように短距離の一重項状態ではなく長距離のそれを基本とするため小さなエネルギーギャップが予想される．一般に一重項ペアのサイズまたは磁気相関長 ξ の逆数がギャップの大きさ Δ となる．理論計算によると

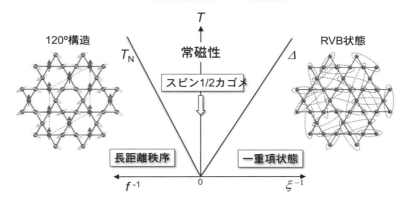

図 **13.44** スピン 1/2 反強磁性体の基底状態．古典スピン系では 120° 構造をもつ長距離秩序が安定と考えられる．量子スピン系では RVB 的な一重項を基本とする液体状態が期待されるが，予想されるスピンギャップは極めて小さく，真の基底状態は両者の中間に位置する．f はネール温度 T_N をワイス温度で割ったフラストレーション因子であり，ξ はスピン相関長，Δ は ξ に反比例するスピンギャップの大きさである．

Δ は最近接反強磁性体相互作用の大きさ J の 1/20 程度かそれ以下であり極めて小さい．さらにギャップが閉じているとの報告もある．いずれにせよ，量子スピンカゴメ格子反強磁性体の基底状態は 120° 構造をもつ長距離秩序と大きなギャップをもつ液体状態の中間に位置すると考えられる．重要なことは，このような量子臨界点に近い状態では磁気秩序温度もスピンギャップの大きさも極めて小さくなるため，わずかな外乱により真の基底状態が隠されてしまう可能性が高いことである．言い換えると，フラストレーションのために巨視的な数の状態が最低エネルギー状態に近接するため，外乱により容易に別の状態が選ばれることになる．特に現実の物質は多かれ少なかれ何らかの構造欠陥や理想的なモデルとの不一致を内包しており，その影響を注意深く吟味することが重要となる．

スピン 1/2 反強磁性体のモデル物質として様々な銅鉱物が研究されている．Cu^{2+} イオンは強いヤーン–テラー効果により x^2-y^2 型か $3z^2$-r^2 型のいずれかの軌道にスピンをもつ．カゴメ格子では，このうち一方の軌道のみを使って格子の対称性を破ることなく配置することが可能である．図 13.45 に示すように，ハーバースミサイトでは x^2-y^2 型 d 軌道が，ベシニエイトでは $3z^2$-r^2 型 d 軌道が配列する[47,48]．銅スピン間には酸素イオンを介する超交換相互作用が働き，これはすべて等価で反強磁性的である．その大きさは，それぞれ，170 K，50 K と見積もられている．ハーバースミサイトは 50 mK の低温まで磁気秩序の兆候がみられず，スピン液体的な状態が実現していると考えられているが，結晶構造に少なからぬ欠陥を含むためその詳細はわかっていない．一方，ベシニエイトは 9 K において

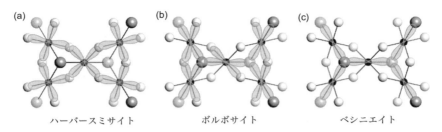

図 13.45 銅鉱物ハーバースミサイト，ボルボサイト，ベシニエイトにおける銅イオン上のd軌道配列．ハーバースミサイト，ベシニエイトではすべての銅イオンがそれぞれ x^2-y^2 型，$3z^2$-r^2 型d軌道にスピンをもち，カゴメ格子の対称性を維持した磁気相互作用を生じるが，ボルボサイトでは対称性を破る x^2-y^2 軌道配列のため歪んだカゴメ格子となる．

明確な磁気秩序を示す[49]．この原因はハイゼンベルグ型の磁気相互作用以外に余分に存在するジャロシンスキー–守谷相互作用が大きいためと理解されている．

一方，ボルボサイトはハーバースミサイトと同様に x^2-y^2 型d軌道からなるが，図13.45に示すように対称性を破る軌道配列のために歪んだカゴメ格子となる[50]．ちなみに，室温付近より高温において，中央の銅イオンのd軌道が向きを変えたり，$3z^2$-r^2 型軌道に変化する構造相転移が観測される．ボルボサイトは歪んだカゴメ格子反強磁性体であるが，他の物質と比べて極めて純良な試料を作製することが可能であり，以下に述べるような特異な磁性が観測されている．

ボルボサイトは天然に結晶として産出するが，様々な不純物を含むため物性測定には不向きである．よって，人工的に高純度の原料を用いて結晶成長を制御することが必要となる．図13.46は水熱条件下で育成した結晶の写真である．これは高純度のCuOとV$_2$O$_5$粉末を3:1のモル比で混合し，1%硝酸を溶媒としてテフロン容器に入れ，ステンレス製の圧力容器に挿入して170°Cで1ヶ月間反応させて得られたものである．結晶はきれいな緑色で矢じりの形状を有し，中心を境とする双晶である．

高品質の粉末や結晶試料を用いて様々な物性測定が行われている．その結果，ボルボサイトは1Kあたりで何らかの磁気秩序を示すが，50 mKの低温まで遅い揺らぎが生き残った特異な状態にあることがわかった．さらに高磁場下において，図13.47に示すように，磁化が3回にわたってステップ状に増加する相転移が見つかった．現在，V核のNMR実験によりその詳細が調べられている．

13.2.7　5dパイロクロア酸化物

ここではいくつかの5dパイロクロア酸化物を取り上げ，その合成，構造，物性について記す．通常のパイロクロア酸化物はA$_2$B$_2$O$_7$の化学式をもち，図13.48のような立方

13.2 遷移金属酸化物における物質開発

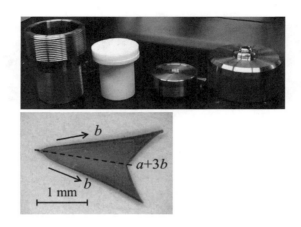

図 13.46 水熱合成に用いる反応容器と得られたボルボサイト単結晶.

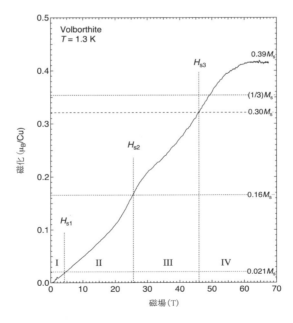

図 13.47 ボルボサイトの粉末試料を用いて測定された高磁場磁化過程. 磁化は, 4 T, 25 T, 46 T の磁場において磁気転移のために階段状に増加する.

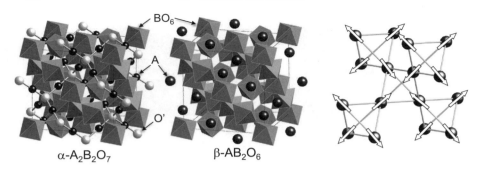

図 13.48 α型パイロクロア酸化物 $A_2B_2O_6O'$ (左) と β型パイロクロア酸化物 AB_2O_6 (中) の結晶構造と B 原子のみを取り出したパイロクロア格子 (右). パイロクロア格子上の矢印は四入四出型磁気構造におけるスピンの向きを示す.

相の構造をとる. 遷移金属 B は酸素の八面体中央に位置し, BO_6 八面体が頂点で繋がって 3 次元ネットワークを形成する. B-O-B 角度は約 $130°$ であり, $180°$ に近いペロブスカイト構造とは大きく異なる. 一方, BO_6 八面体が囲む空隙の中心にもう一つの酸素イオン O' があり, 2 つの O' の中点に A イオンがある. A または B 原子のみに着目するとそれぞれ正四面体が頂点共有で繋がったパイロクロア格子となる. 一方, AB_2O_6 の組成をもつ類似のパイロクロア酸化物があり, これを前者の α型と区別して β型と呼ぶ. 図 13.48 のように β型では α型の O' の位置を A 原子が占める. よって, もともと A_4O が占めていた空間を A 原子が単独で占めることになり, 広い空間 (カゴ) の中を A イオンが巨大な振幅をもって非調和振動をすることになる. これをラットリング振動と呼ぶ.

5d 元素の Re や Os を含むパイロクロア酸化物の結晶は図 13.49 のような化学輸送法の一種を用いて合成される. 例えば, $Cd_2Os_2O_7$ の多結晶試料を石英管に真空封入し, 電気炉中の高温側に配置すると, 徐々に低温側に運ばれ結晶となって析出する. このような方法により 1 mm 程度の大きさをもつ単結晶試料が得られる.

図 13.50 は 2 つの α型パイロクロア酸化物 $Cd_2Re_2O_7$ と $Cd_2Os_2O_7$ の電気抵抗を比較したものである. Re, Os はともに 5 価であり, それぞれ, 2, 3 個の 5d 電子をもつ. 両者は半金属であり, よく似た電子構造を有するが, この電子数の差によるバンドフィリングの違いが全く異なる現象を引き起こす. $Cd_2Re_2O_7$ では電気抵抗が 200 K 付近で減少し, 0.97 K で超伝導転移を示す[51]. 電気抵抗の減少は立方晶から正方晶へのわずかな構造相転移によるものである. 一方, $Cd_2Os_2O_7$ では 227 K において電気抵抗が増大に転じ絶縁体となる. 絶縁化と同時に図 13.48 に示すような四入四出型の磁気秩序が起こるが結晶構造の変化はない. つまり, 空間対称性の低下を伴わず, パイロクロア格子上で 4 つのスピンが中心を向く四面体と逆に外を向く四面体が交互に並ぶことになる. このまれなス

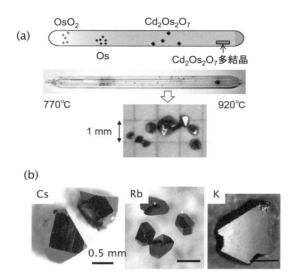

図 13.49 (a) 化学輸送法による $Cd_2Os_2O_7$ 結晶の育成. (b) β 型パイロクロア酸化物超伝導体 AOs_2O_6 の結晶.

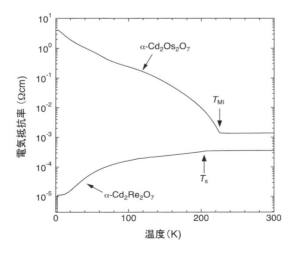

図 13.50 2つの α 型パイロクロア酸化物 $Cd_2Re_2O_7$ と $Cd_2Os_2O_7$ の電気抵抗率.

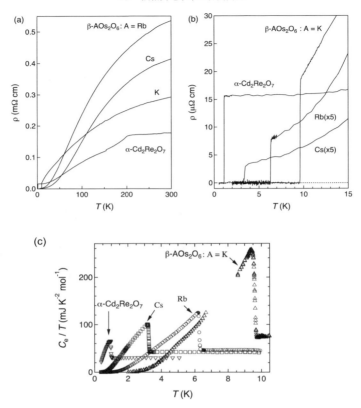

図 13.51 β パイロクロア酸化物である AOs_2O_6 (A=Cs, Rb, K) の電気抵抗率と電子比熱.

ピン配列が金属-絶縁体転移を引き起こしていると考えられる[52].

β 型パイロクロア酸化物である AOs_2O_6(A = Cs, Rb, K) は，それぞれ 3.3 K，6.3 K，9.6 K において超伝導転移を示す（図 13.51）[53]．興味深いことに T_c の増加とともに超伝導性が通常の弱結合から強結合へと変化する．特に一番高い T_c を有する KOs_2O_6 は大きな電子質量増強を示す強結合超伝導体である．その原因は比較的大きなカゴの中をラットリング振動する K イオンと伝導電子の結合による強い電子-格子相互作用であると考えられている．例えば，図 13.52 に模式的に示すように，主にカゴを構成する原子上に存在する伝導電子がカゴ内をゆっくりとラットリングするイオンを引き付け，これが 2 つめの電子を引き寄せることにより，2 つの伝導電子間に有効的な引力が働いてクーパー対が形成され，超伝導が起こるものと考えられる． [廣井善二]

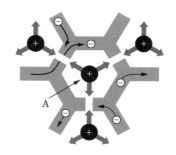

図 **13.52** ラットリング誘起超伝導機構の模式図.

13.3 金属間化合物における強相関電子系：重い電子系

13.3.1 はじめに

　重い電子系とは，低温での電子の有効質量の指標となる電子比熱係数が，100 mJ mol^{-1} K^{-2} を超える金属を指し，特に，希土類やアクチノイド元素を含む金属間化合物にその代表例が多く知られる．歴史的には，金属中の磁性不純物に関する近藤効果の全容がほぼ解明された 1970 年代の後半から，重い電子系のさきがけとして，f 電子が周期的に並んだ金属間化合物の研究が始まっている．その草分け的な研究は，CeAl$_3$ において電子比熱係数が，銅などの貴金属に比べて 1000 倍以上も大きく，1 J mol^{-1} K^{-2} にも及ぶことが発見されたことに始まる[54]．その後，1979 年に CeCu$_2$Si$_2$ の超伝導が発見され，重い質量をもった準粒子がクーパーペアを形成していることが強く示唆された．この発見は強相関電子系での異方的超伝導の研究の幕開けとなった[55]．また，量子振動の測定から，f 電子が実際に重い有効質量に特徴づけられる準粒子として遍歴的に振る舞い，"大きな"フェルミ面を構成していることが確認され，重い電子という言葉が定着するようになる（例えば UPt$_3$ の Taillefer and Lonzarich[56] 参照のこと）．その後，Ce, U 系での重い電子超伝導の研究は，銅酸化物高温超伝導体や，有機化合物，近年の鉄系超伝導の研究につながる重要な概念を次々と輩出してきた．特に 1990 年以降においては，磁気量子臨界点とその近傍の異常金属と超伝導がこれらの強相関電子系に共通する現象として広く注目されてきた．なかでも，重い電子系は得に純良な単結晶を育成しやすいこと，また，エネルギースケールが低いことから，その研究の恰好の典型例を提供してきた[57〜63]．

　ここでは，まず重い電子系と量子臨界性に関する基礎的な概念を簡単に紹介する．また，その研究の牽引役を担ってきた物質開発に関連して金属間化合物の合成法についてふれる．その後，これまで集中的な研究がなされその多彩な特徴が明らかになってきた反強磁性スピン揺らぎによる量子臨界性について典型例をもとに概説する．一方で，近年，この枠組

みに収まらない新しいタイプの重い電子現象，量子臨界現象が世界的に活発に研究されるようになってきている．そのいくつかの例を主に東京大学物性研究所で発見されたものの中から紹介し，今後の展望について議論したい．

13.3.2 量子臨界現象，スピン揺らぎ，フェルミ液体，異常金属

高温超伝導，有機導体，さらに本節の主役である重い電子系化合物は，総じてその局在的な電子のもつ強い斥力相互作用がその物性に大きく影響することから，強相関電子系とよばれている．これまでの研究から，この強相関電子系において，異方的な超伝導や異常金属状態が，共通して反強磁性の2次転移点が絶対零度になる点，すなわち，反強磁性の量子臨界点の近傍で現れることが明らかになってきた．量子臨界点近傍においては，磁気相関時間，相関長が発散的な傾向を示す．一方，不純物はこのような相関関数の発散を抑える傾向にあるため，臨界現象の本質的性質を調べるためには高純度の試料の準備が重要となる．また，量子臨界点に物質を制御するためには，圧力や磁場による系のコントロールが大事となる．このような系統的研究を行うにあたり，重い電子系はその純良な単結晶と比較的低いエネルギースケールをもつ恰好の対象であり，さまざまな典型例を輩出してきた．特に注目されてきたのは Ce 系をベースとした重い電子系化合物であるが，そのなかでもその研究の初期に明確な形で量子臨界現象を示したのが，$CeIn_3$ の圧力下の実験である[64]．図 13.53 に示すように，加圧下では反強磁性の転移温度が 12 K から急激に減少し，その転移点が消えたところで超伝導が発現する．さらに，この量子臨界点近傍におい

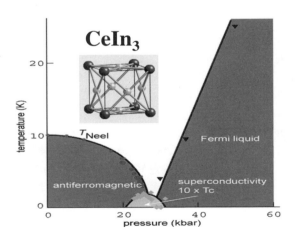

図 13.53 $CeIn_3$ の圧力-温度相図．反強磁性転移温度が圧力とともに抑えられ，その結果現れる量子臨界点近傍で超伝導が出現する[64]．

て,電気抵抗の温度依存性が $T^{1.2}$ 乗則を示す異常な金属状態が高温まで支配的となる.

通常の金属状態は,フェルミ液体状態とよばれる準粒子がよく定義できた状態であると考えられている.この状態はフェルミガス状態での裸の電子に相互作用を加えていった状態に断熱的につながっており,低温で特徴的な物性を示す.例えば,磁化率,比熱係数は低温で一定値に,電気抵抗は T^2 に比例する(表 13.4 参照).

a. ドニアック相図

重い電子系の基底状態の系統的な変化を理解するうえで,一つの指針を与えるのがドニアック相図である.そもそも,f 電子系には 2 つの拮抗するエネルギースケールが存在する.一つは,伝導電子を介した局在した f モーメント間に現れる RKKY 相互作用で,スピンを局在させる性質をもつ.もう一つが近藤効果である.これは比較的局在性の強い f 電子の磁気双極子モーメントが伝導電子と (cf) 混成することによって遮蔽され,低温で遍歴的な性質を獲得する現象のことをいう.これらのエネルギースケールは,近藤カップリング J_{cf} に対してそれぞれ,近藤温度が $T_K \sim \exp(-1/D_c(E_F)J_{cf})$,RKKY 相互作用が $T_{RKKY} \sim J_{cf}^2 D_c(E_F)$ の関係にある.ここで,$D_c(E_F)$ は伝導電子のバンドのフェルミレベルでの状態密度である.これらを模式的に示したのが図 13.54 のドニアック相図である.この相図からわかるように,J_{cf} の小さな領域においては,RKKY 相互作用が支配的になり,局在モーメントによる反強磁性状態が現れるのに対して,J の大きな領域においては,近藤効果のため局在モーメントが抑制される.それゆえ,磁気秩序が抑えられ,かわりにフェルミ液体が安定化する.このフェルミ液体状態がまさに重い有効質量をもった準粒子で特徴づけられる"重い電子状態"である.また,この磁性の変化とともに,フェルミ面の性質も変化する.すなわち,J_{cf} が小さく局在モーメントがよく定義できるところにおいては,f 電子はフェルミ面の形成には関与せず,フェルミ体積は伝導電子のみによるため,フェルミ面は小さい.一方で,J_{cf} が大きく f 電子が強い近藤効果のために遍歴的になる場合,f 電子はフェルミ面を形成し,その分フェルミ面は大きくなり,そのトポロジーも変化する.それでは,フェルミ面の変化はどこで起こるのかが大変興味深いが,近年それ

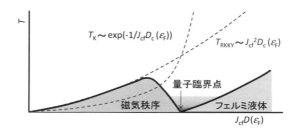

図 **13.54** ドニアック相図.近藤カップリング J_{cf} を横軸にとり,近藤効果のスケール T_K と RKKY 相互作用のスケール T_{RKKY} の競合を示す.

が量子臨界点で起こるのではないかという提案がある．この点についてはのちに議論する．

b. 磁気量子臨界点近傍の異常金属

量子臨界点近傍での非フェルミ液体性は，これまで実験的には図 13.54 で示した量子臨界領域に現れることが知られてきた．その振る舞いの理論的な取り扱いには，弱結合からのアプローチと強結合からのアプローチの 2 種類が知られている．

まず，弱結合からのアプローチとして，Hertz, Millis により発展された繰り込み群の方法と[65,66]，守谷らによるスピンの揺らぎの間のモード結合理論（self-consistent renormalization (SCR) theory）がある[67]．これらの理論による低温での非フェルミ液体的な振る舞いは一致している．それら物理量の温度依存性は臨界揺らぎのタイプと次元性 d による．揺らぎのタイプは主に強磁性か反強磁性かによって決まる動的臨界指数 z による．この動的臨界指数は，スピンの揺らぎの特性エネルギースケール $\hbar\omega$ が長距離秩序の特性波数 Q からのずれを表す波数 q とどのようなべきでスケールされるかを表す．守谷らによるモード結合理論によると，動的磁化率 $\chi(Q+q,\omega)$ は

$$\chi(Q+q,\omega) = \frac{\chi_Q^{(0)}}{\eta + Aq^2 - iC\omega/q^{z-2}} \tag{13.26}$$

と表される[68]．ここで，$\chi^{(0)}(Q+q,\omega)$ は準粒子の自由磁化率であり，その q,ω 依存性から，強磁性 ($Q=0$) の場合は $z=3$，反強磁性 ($Q\neq 0$) の場合は $z=2$ である．ただし，どの場合においても絶対零度では必ず準粒子が定義できるため，基底状態はフェルミ液体である．低温で比熱が発散する 2 次元の反強磁性，あるいは，強磁性の場合でも，低エネルギーの極限で準粒子はかろうじて定義できる．この理論により期待される各物理量の量子臨界現象の低温極限での温度依存性を表 13.4 に示す．参考のために，フェルミ液体の場合の振る舞いも載せた．

表 13.4 スピンの揺らぎの間のモード結合理論（self-consistent renormalization (SCR) theory）により期待される各物理量の量子臨界現象の低温極限での温度依存性．c は定数を示す．フェルミ液体の場合も最後に記す．

	強磁性 ($Q=0$),		反強磁性 ($Q\neq 0$),		フェルミ液体
	2 次元	3 次元	2 次元	3 次元	2, 3 次元
ρ	$T^{4/3}$	$T^{5/3}$	T	$T^{3/2}$	T^2
C/T	$T^{-1/3}$	$-\ln T$	$-\ln T$	$c_0 - c_1 T^{1/2}$	c
$1/\chi(Q)$	$-T\ln T$	$T^{4/3}$	T	$T^{3/2}$	$c_0 + c_1 T^2$
$1/T_1 T$	$\chi(Q)^{3/2}$	$\chi(Q)$	$\chi(Q)$	$\chi(Q)^{1/2}$	c

重い電子系の物質は基本的には 3 次元物質である．それゆえに，一般には，スピンの励起は 3 次元的であることが期待される．しかし，以下にいくつかの例をあげて説明するように，多くの物質が反強磁性の相関をもちながら低温で比熱の発散を伴う非フェルミ液体

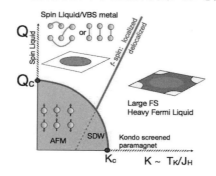

図 13.55 基底状態の相図. 横軸 K は混成効果の増大に対応し, 縦軸は低次元系やフラストレーションなどによる量子揺らぎの増加に対応する. Coleman and Nevidomskyy[69] より転載.

性を示す. 上記の SCR 理論によれば 3 次元の反強磁性量子臨界点において比熱は低温で定数に近づくことが期待され, これらの実験結果は再現できない. そこで, 強結合からのアプローチによってこれらの現象を説明しようという試みがなされている. そのなかの一つが, 近藤ブレークダウンというシナリオである[70〜72]. このシナリオを提唱する理論は複数のものが知られているが, 共通して重い電子を形成しているバンドにおいて繰り込み因子 Z がゼロになるという部分的なモット転移に対応する[73]. すなわち, 量子臨界点を境にして f 電子が局在し, フェルミ面の大きさのジャンプが起こる. このようなフェルミ面がジャンプする場合は, 準粒子が定義できないことが理論的に議論されている. 局在する f 電子は通常, 基底状態では反強磁性を示すことが期待されるが, この場合は量子臨界点の形は上図の相図 13.54 と同じ形になる. 理論的には, Coleman, Si らが提唱する局所量子臨界現象もその一つである[70,71]. 一方で, f 電子間に幾何学的なフラストレーションなどの理由により量子揺らぎが強く働く場合には, 基底状態で f モーメントは磁気的に秩序しないという可能性もありうる[72]. その場合は, 量子臨界点を境として重い電子状態からスピン液体という互いに非磁性の状態間に量子相転移が存在する. この際の転移を特徴づけるものは, フェルミ面のトポロジーの変化である. このような可能性を概念的に示した相図が図 13.55 である[69]. 重い電子系において, 幾何学的なフラストレーションの効果がどのように現れるかは, 現在まさに注目が集まっている興味深いテーマである.

13.3.3 金属間化合物の合成法

重い電子系の新しい量子現象の探索は, まさに物質開発によって支えられているといっても過言ではない. ここでは, その物質開発に必要な技術的な側面について簡単に紹介する. 重い電子系化合物は, 一般に金属間化合物として知られる. その金属間化合物を合成

するにあたり，以下のいくつかの方法がよく用いられる．

a. フラックス法

フラックス法とは，フラックスとよばれる 100°C より十分に高い融点をもつ溶媒を用いた溶液成長法のことである．育成法の原理は，溶媒内での目的物質の過飽和状態からの析出を用いることにより行われる．金属間化合物のみならず，酸化物，カルコゲン化合物，プニクタイト化合物の合成にも用いられる．金属間化合物であれば，酸化を防ぐために試料空間の雰囲気が重要となる．最も簡便に真空，あるいは，不活性ガスの雰囲気を実現するのは，石英管封入である．石英の融点は 1550°C であるが，石英管自身は，その強度と反応性から通常，常用温度は 1200°C までである．石英管を使う場合はボックス炉が便利であるが，場合によっては管状炉を用いて雰囲気制御を行って結晶成長を行う．結晶性を上げるには，0.1°C 以下の精度で温度の制御ができる温度コントローラを用いること，また，炉内の温度の分布をあらかじめ確認しておくことが重要となる．るつぼは，アルミナるつぼが汎用で最もよく使われているが，反応性によっては，炭素るつぼ，白金るつぼなどが用いられる場合も多い．結晶育成において，最も決め手となるのは溶媒であるフラックス選びである．これは目的に合わせて選ばないといけないため，特に新物質においては試行錯誤が必要な場合がある．また，純度の高い結晶育成を目指す際は，できるだけ自己フラックスとよばれる，目的結晶の成分の一部を溶媒として使用することにより，結晶に対するフラックスによる汚染を防ぐ．また，フラックスはより低融点のものを選ぶことで，化合物の蒸発・反応を避ける．また，フラックスの除去が簡便なものを選ぶというのも一つの指標である．フラックス法には徐冷法，溶媒蒸発法，温度差法などがあるが，金属間化合物の育成には，徐冷法が最もよく利用される．これは，文字どおり，過飽和にした溶液を徐冷して，結晶を析出させる方法である．重要なパラメータとしては，最高温度での保持時間，冷却速度，育成終了温度がある．これらの決定には析出開始温度，溶媒固化温度をあらかじめ把握しておくことが必要となる．最後に，結晶の取り出しに際しては，フラックスの除去が必要となる．その方法には，(1) 化学的に溶媒を酸・アルカリで溶解する方法，(2) 溶媒を融点以上に保持しておいて，溶媒をるつぼから流しだす方法，(3) 機械的に溶媒を取り除く方法がある．特に，(2) については，石英管に封じ切られている試料の場合，遠心分離機を用いて溶媒のみを石英ウールなどを用いて分離するという方法が便利である．

b. 融液成長法

一致溶融型の単結晶の育成には，融液成長法がしばしば用いられる．凝固による 1 次相転移を用いる融液成長には，潜熱を取り除くための熱管理と，結晶成長の駆動力である固液平衡温度の融点からのずれ，すなわち，過冷却度 ΔT の制御が必要となる．実際には，結晶成長が起こる固液界面の状態を決めている要素として熱勾配・輻射による熱伝導と固化潜熱が，さらには，熱勾配が大きいと融液内の物質対流が重要となる．融液成長の代表例としては，(a) 引き上げ法，(b) ブリッジマン法，(c) 浮遊帯域法が知られている．以下

では合金で特によく用いられる (a) と (b) について順に説明する．

(1) 引き上げ法　これは最も一般に用いられる融液成長法であり，工業的にも使用される．溶融方法が高周波加熱法とアーク放電による加熱法があり，それぞれ，るつぼ（金属，炭素など），銅のハースから融液を，種結晶を用いて結晶化しながら引き上げるものである．高周波加熱，アーク溶解ともに，融液の直上が融点になるように出力の調整をする必要がある．融液と種結晶を接触させ，その先端から凝固することでできる結晶を回転させながら引き上げる．この場合の凝固に伴う潜熱は結晶自身を通じる熱伝導，あるいは，輻射により取り除かれる．ここではアーク溶解を用いた方法での融解を用いた引き上げ法の手順を示す．まずは，化合物をアーク融解によりボタン状にする．単体原料から作成する場合には，混合のために数回裏返して試料を均質にする．この際，材料となる金属中にガスが含まれる際は十分にその除去を行うため，アルゴンガスの入れ替えも併用して純化する．その後，引き上げシャフトに対して，このボタン状の試料が中心に位置するようにセットする．また，種結晶がある場合には引き上げシャフトにセットする．良質な結晶を得るためには，ネッキングという手法が用いられる．これは温度を少し上げることで結晶を細くし，その後，良質な部分のみを太らせるというものである．引き上げシャフトにセットしたものが多結晶であれば一つの単結晶グレインを優先的に選ぶことができる．それが単結晶であれば，ネッキングによりサブグレイン，転移などの不完全性を取り除くことが可能となる．引き上げ速度はハースとの接触による結晶試料内での温度勾配，凝固熱，結晶の熱伝導などによって決まる．合金の場合は 10 から 100 mm/hr であり，回転速度は 1～10 rpm が普通よく使われるが，よりよい単結晶育成のためにはできた結晶を分析して最適値を個々の化合物に対して決定する必要がある．この方法は，以下のブリッジマン法とは異なり，引き上げた結晶のるつぼとの接触がなく，熱歪をうけないため，完全性の高い単結晶を得ることに適している．また，種結晶を用いることで，結晶の育成方位を制御できる．ただ，銅のハースからの若干の銅の混入は覚悟する必要がある．

(2) ブリッジマン法　ブリッジマン法は融液成長法のなかでも最も簡便なものとして親しまれている．以下のように単純な原理であるため特殊な技術が不要で，幅広い材料に対して用いることができる．また，比較的短い時間で大きな単結晶ができる可能性があるという点でよく用いられる．具体的には，るつぼにあらかじめ用意した化合物の多結晶体を充填することから始まる．このるつぼを縦型の電気炉の中心部で融点以上に加熱・保持し，均質な融液を得たのちに，るつぼ全体を一定の速度（1～10 mm/hr）で下に移動していく．通常，縦型の電気炉は，中心からほぼ双曲線上に温度勾配ができる．この勾配によりるつぼの先端から融点以下に達することで固化が始まることになる．先端を円錐状にしたるつぼを用いることで，先端で核生成した多結晶のなかから，相対的に最も成長しやすい方位をもった結晶が大きく育つ．この優位成長方位は結晶構造によって大きく支配され，また逆に，その優位成長をもつ結晶の成長を促すために，るつぼは円錐の形状にする．

るつぼ材料には化合物に応じて，石英ガラス，アルミナ，白金，黒鉛などが用いられる．ブリッジマン法で気を付けるべき点の一つは，このるつぼの選択である．熱膨張の違いにより結晶が歪をうけること，また，るつぼからの汚染がありうること，さらに，るつぼに対して融液が濡れる場合には結晶をるつぼから機械的に分離することが難しくなることなどがあるので注意が必要である．

13.3.4 重い電子系における量子臨界現象

a. Ce系重い電子化合物における反強磁性スピン揺らぎと超伝導

(1) $CeTIn_5$ と $PuTIn_5$ 2000年以降，Ce系の超伝導の研究の主流となったのが，$CeTIn_5$ 系である[75〜77]．T を Co, Rh, Ir がとる3種類の重い電子化合物が知られている．これらは米国のロスアラモス国立研究所とフロリダ州立大学の共同研究から発見された．通常は In を用いたフラックス法で作成され，RRR が 100 以上の高純度な単結晶の育成が可能である．特に $CeCoIn_5$ の超伝導転移温度は重い電子系最高の 2.3 K に達する．構造は図 13.56(a), (b) に示すように，先に議論した $CeIn_3$ 層が TIn_2 層と交互に積層してできており，Ce のつくる f 軌道のネットワークはより2次元的になる．この次元性の低下が T_c の増大に重要な役割を果たしていると考えられる．実際，量子振動で得られた $CeCoIn_5$ のフェルミ面は，f 電子が遍歴と仮定したバンド計算結果と一致しており，2次元的シリンダー型であることがわかっている[78,79]．また，おどろくべきことに，図 13.56(c)

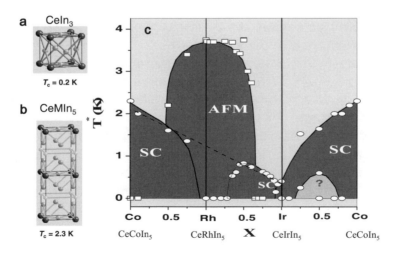

図 13.56 (a) $CeIn_3$ の結晶構造．(b) $CeTIn_5$ 系の結晶構造．$CeIn_3$ 層と TIn_2 層が積層した擬2次元の構造をもつ．(c) $CeTIn_5$ の T=Co,Rh,Ir の間の混晶系の磁気相図[74]．

の相図に示すように，CeTIn$_5$ の T を Co, Rh, Ir で置換した系において，どの混晶系においても，超伝導が支配的に現れる[74]．CeIn$_3$ の圧力下相図 13.53 と比べると，系を 2 次元的にすることで，転移温度・パラメータ領域の両方の意味で超伝導がより安定化していることがみてとれる．

興味深いことに，この系の超伝導現象も非フェルミ液体状態から現れる．転移温度直上まで電気抵抗は温度に線形に依存し，比熱は低温で $\ln T$ で発散する傾向を示す．これは 2 次元の反強磁性のスピン揺らぎによると考えられる．また，超伝導現象は通常の BCS 理論の s 波とことなり，高温超伝導体と同じ d 波であること，特に，$d_{x^2-y^2}$ の対称性をもつことがわかっている．東京大学物性研究所で測定された熱伝導の面内角度依存性の実験[80]から発見の当初から実験的に提唱され，近年，同じく物性研究所での極低温での比熱の面内角度依存性から決定的に確認されるに至っている[81]．さらに，このスピンシングレットの対称性をもつ超伝導は，反強磁性の量子臨界点近傍で現れることを反映して強い常磁性効果を示す．その顕著な特性は超伝導状態の臨界磁場での転移が 1 次転移になることにある．このことも東京大学物性研究所の極低温での精密磁化測定から初めて明らかになった[82]．一方，反強磁性揺らぎと超伝導をより微視的に関係づける興味深い現象も見つかってきている．例えば，近年，中性子回折実験により見つかった超伝導状態における非弾性散乱による共鳴ピークは，f 電子のもつ反強磁性の揺らぎを特徴づける波数と一致していることが明らかにされた[83]．これは，フェルミ面のネスティングに基づくと考えられ，その場合，ネスティングベクトルで結ばれるフェルミ面のギャップの符号は反転することが理論的に要請される．そのため，反強磁性の揺らぎを特徴づける波数に現れる共鳴ピークは，超伝導の波動関数が $d_{x^2-y^2}$ の対称性をもつ大きな証拠となる[84]．

その後，Ce を Pu に置換した PuCoGa$_5$ が 19 K の超伝導体であることが，同じロスアラモスのグループから報告された[85]．Pu は $5f^5$ の電子配列をもち，$5f$ 軌道にホールが 1 つ入っていると考えられるため，Ce の $4f^1$ について，電子-ホールの対称性をもつとみる見方もある．この系においても，常磁性状態は通常のフェルミ液体とは異なる振る舞いをみせる．最も顕著な振る舞いは NMR の測定結果からみられる[86]．CeCoIn$_5$ の場合と同様に超伝導転移温度直上まで，$1/T_1$ は増大する振る舞いをみせる．この振る舞いから，スピンの揺らぎに関する特徴的なエネルギースケール T_0 が見積もられるが，それと T_c を比較したのが図 13.57 である[86]．とても興味深いことにこのスピンの揺らぎのエネルギースケールと超伝導の転移温度がスケールしていることがわかる．

その後，Pu 系の研究は進み，現在では PuRhGa$_5$, PuCoIn$_5$, PuRhIn$_5$ がそれぞれ，超伝導体であることが見いだされている．CeTIn$_5$ との違いとしてこれらの系が磁性をまったく示さないことが指摘されてきたが，近年，PuIn$_3$ が反強磁性体であることが発見され，CeIn$_3$ と CeTIn$_5$ 系との関係に対応する事実が解明されつつある[87]．

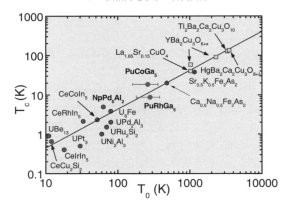

図 13.57 高温超伝導体,重い電子系超伝導体を含むさまざまな超伝導体でのスピン揺らぎの特性エネルギースケール T_0 と超伝導転移温度 T_c の関係.

b. Yb 系重い電子化合物における非従来型量子臨界現象

Yb 系における重い電子化合物の研究は,Ce 系のそれと同様に大変長い歴史がある.特に $Yb^{3+}(4f^{13})$ は $Ce^{3+}(4f^1)$ との明確な電子・ホール対称性をもつことから,Ce 系で見つかったエキゾティックな超伝導と同様な超伝導が見つかるのではないかという期待のもとに,特に 1980 年以降,世界的にさまざまな物質系が開発されてきた.しかし,Ce 系に比べて融点が 2000 度も低いことから蒸気圧が高く,純良な単結晶の育成が困難であることが,量子臨界現象の研究を難しくしていた.また,Ce 系の量子臨界現象の研究では,常圧で磁気秩序を示す系をまず見つけそれに圧力を印加することで量子臨界点を目指すというスタイルのものが多いのに対して,Yb 系で同じことをしようとすると低圧で磁気秩序を示す「常磁性物質」の探索がまず必要である.しかし,そのような Yb 系での常磁性物質の探索は,Ce 系の反強磁性体の探索とはことなり,常圧でどのような常磁性特性を示すべきか,指針が不明瞭である.このことが近年までシステマティックな量子臨界現象の研究を困難にしていた.しかし,2000 年以降,いくつかの常圧近傍で新しい量子臨界現象を示す純良な系が開発されてきたことで,一気に研究が進展してきた.ここでは,常圧で従来型の SCR 理論では説明できない,顕著な「非従来型」の量子臨界性を示す 2 つの物質 $YbRh_2Si_2$,β-$YbAlB_4$ に的を絞って紹介する.また,Yb 系重い電子化合物における非従来型量子臨界現象のさらなる詳細な解説は文献[88]を参照されたい.

c. $YbRh_2Si_2$

この系は 2000 年にドイツのドレスデンのグループが量子臨界性を報告した物質である[90].図 13.58(a) に示すように,重い電子系超伝導体の最初の系である $CeCu_2Si_2$,あるいは,鉄系超伝導体の母体である $BaFe_2Si_2$ と同じ "1-2-2" 系の構造をもつ.2000 年以前は,化

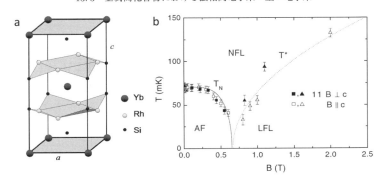

図 13.58 (a) YbRh$_2$Si$_2$ の結晶構造 (b) c 軸方向の磁場中,および,それと垂直な面内磁場中での相図. T_N と T^* はそれぞれ反強磁性の転移温度,フェルミ液体性 (電気抵抗の T^2 則) の現れる温度を示す.[89]

学的な置換効果が量子臨界現象の研究の主流となっていたが,不純物効果が本質的な臨界現象と干渉しその理解を難しくさせていた.そのうち,ab 面内の磁場で 600 G,c 軸方向の磁場で 7000 G という比較的弱い磁場で,反強磁性の量子臨界現象を YbRh$_2$Si$_2$ の純良単結晶を用いて実現できることが報告された (図 13.58(b))[89].さらに,その量子臨界点で準粒子の質量の発散を示す異常な金属状態が現れることが示され,実験的にも理論的にも多くの関心を集めた[89,91].

この系の量子臨界点では超伝導は現れないため,希釈冷凍機での最低温度まで,純良な単結晶を用いた磁場中の精密測定が多角的に行われた.その結果,電気抵抗は T-linear に,比熱は $\ln T$ に,磁化率は $T^{-0.6}$ に振る舞う様子が明らかにされた[89,91].これらはすべて,フェルミ液体での有効質量が発散することに対応する振る舞いである.さまざまな物理量の中でも最も特徴的な振る舞いを示すのが,ホール抵抗である[92,93].図 13.59 は近年,報告された詳細なレポートによるものであるが,これによるとこの系の最低温近傍でのホール抵抗は通常の正常ホール効果による[93,94].また,興味深いことに,ホール係数は量子臨界点近傍の狭い磁場の領域で比較的に急激な変化を示す.このことは,f 電子のフェルミ面の状態になんらかの変化がおこっていることを示している.その変化する磁場の幅が温度に比例して減少することが示され,低温でホール係数がジャンプをすることが議論された.

このような準粒子の質量の発散がホール係数のジャンプとともに現れることがこの系の量子臨界性の最も特異な点である.その解釈にはいくつかの候補があるが,興味深い可能性として,ここでは近藤ブレークダウンが考えられる.通常,フェルミ液体はかならず対応するフェルミ面が存在する.特に f 電子系ではその近藤効果を通じて,f 電子がフェルミ面を形成し,対応するフェルミ面の繰り込み因子 Z が定義される.量子臨界点に向ってフェルミ面上のすべての波数における Z が連続的にゼロに行くというのが,近藤ブレーク

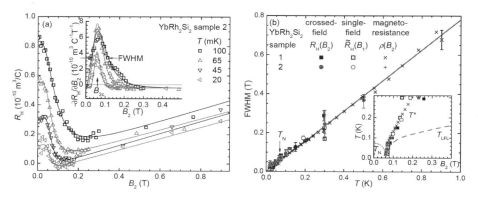

図 13.59 (a) YbRh$_2$Si$_2$ のホール係数 R_H の磁場に対する変化．ホール係数は c 軸方向に印加された磁場 B_1 に対するホール抵抗の線形な立ち上がりに対する傾きとして定義している．B_1 と垂直に ab 面内に印加した B_2（横軸）は基底状態をコントロールする（cross field）．挿入図はホール係数の磁場 B_2 に対する微分値．(b) (a) の挿入図のピークの半値幅（FWHM）の温度依存性．比較のため，磁場 B_1 のみで基底状態をコントロールし，ホール係数を決定した結果（single field）と，対応する磁気抵抗の変化から得られた半値幅の温度依存性も示す．RRR の異なる 2 種類のサンプルに対して行われた実験から，サンプル依存性がないことがわかる．挿入図は，反強磁性温度 T_N，ホール係数のクロスオーバースケール T^*，電気抵抗が T^2 則を示す温度 T_{LFL} の磁場依存性から得られた磁気状態図を示す．Friedemann et al.[94)] から転載．

ダウンシナリオである．この場合，量子臨界点で f 電子のフェルミ面が消失することを意味しており，同時に近藤温度もゼロになることで大きなフェルミ面から小さなフェルミ面へのジャンプがおこる（図 13.55 参照）．

d. β-YbAlB$_4$

β-YbAlB$_4$ は 2008 年に東京大学物性研究所を中心とした研究チームにより発見された Yb 系では初めての重い電子系超伝導体である[95)]．これまで重い電子系の超伝導体はいくつかの新しい概念をもたらす重要な役割を果たしてきたが，この物質もその例に漏れない大変興味深い性質を示す．まず第一に，金属では初めて量子臨界現象をチューニングなしに常圧，ゼロ磁場で示す（図 13.60）[95, 97)]．図 13.54 でも示したように，通常，量子臨界点に到達するには，J_{cf} をコントロールする磁場，圧力，あるいは，化学組成などのコントロールパラメータをていねいにチューニングする必要がある．特に Ce 系とは対照的に，Yb 系は加圧下でより磁気的になることが知られている．それゆえ，常圧で量子臨界点にある β-YbAlB$_4$ は加圧下ですぐに磁気秩序を示すことが期待された．しかし，驚くべきことに，以下に示すように，実際には磁気秩序は現れず，そのかわりにフェルミ液体相が安定化する．

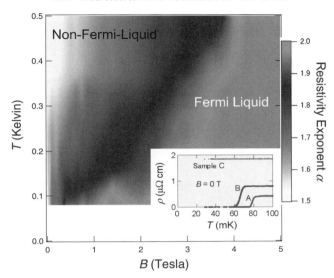

図 13.60　β-YbAlB$_4$ の電気抵抗の温度に対するべき乗則から決定した状態図[95]．（挿入図）超伝導転移温度付近の電気抵抗の試料依存性．残留抵抗の低いより純良な単結晶ほど転移温度は高くなる[95, 96]．

次に，β-YbAlB$_4$ は量子臨界物質としては初めて強い価数揺動をもつ系である．そもそも，これまで知られる量子臨界物質はすべて価数が整数 3+ とほぼ見なせる近藤格子系ばかりであった．例えば，CeCu$_2$Si$_2$，CeTIn$_5$，YbRh$_2$Si$_2$ はその典型例である．一方，β-YbAlB$_4$ は価数が整数値から大きくずれた 2.75+ という値をとる価数揺動系であることが，放射光を用いた光電子分光，X 線吸収実験からわかってきた（図 13.61(a)）[98]．

一方，従来の価数揺動系物質は近藤温度が 200 K 程度かそれ以上の物質が多く，それゆえ，高温から磁化率はパウリ常磁性を示し，比熱係数はそれほど大きな値を示さないことが知られてきた．しかし，β-YbAlB$_4$ は同様の高い近藤温度をもつのにもかかわらず，近藤格子系と似て，低温で局在モーメントをもつ重い電子の振る舞いを示し，130 mJ/mol K^2 以上の比熱係数を示す（図 13.61(b)）．

さらには，これまでの近藤格子系での量子臨界現象はすべて，磁気秩序相に隣り合わせて発現することが知られてきた．しかし，図 13.62 に示す β-YbAlB$_4$ の圧力-温度相図からわかるように，磁気秩序は加圧下 2.5 GPa 以上において初めてみられるのみで，常圧の量子臨界現象はフェルミ液体相と隣合わせて出現する[99]．このことは，Al サイトを Fe で置換することでも確認されている．すなわち，Al を 3 ％置換した系ではフェルミ液体相が安定化するのに対して，さらに Fe を加えた 6 ％置換系では反強磁性が常圧で出現する．

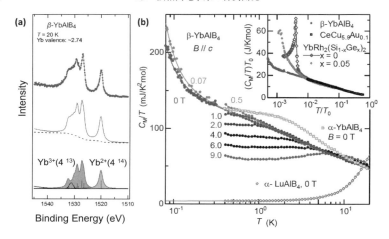

図 13.61 (a) 硬 X 線光電子分光により得られた内殻 $3d_{5/2}$ 準位のスペクトル．Yb^{3+} に加えて，Yb^{2+} に対応するピークが得られている[98]．(b) 重い電子系超伝導体 β-$YbAlB_4$ の比熱の温度依存性．低温での上昇には核の寄与を含む．(挿入図) ゼロ磁場において比熱は $-S_0/T^* \ln(T/T^*)$ ($T^* = 200$ K, $S_0 \sim 0.7R\ln T$) の温度依存性を示し，他の近藤格子系の量子臨界物質である $CeCu_{6-x}Au_x$ ($T^* = 6.2$ K), $YbRh_2Si_2$ ($T^* = 24$ K) のデータと 1 つのパラメータ T^* でスケールする[97]．

この相図は，量子臨界現象の起源はスピン揺らぎでないことを如実に物語っている．

以上のことをふまえて，いくつかの理論的提案がなされている．まず，第一に混成ギャップにノードが存在しそれが量子臨界性を導くというものである．この系の Yb のもつ結晶場は対称性から，$J_z = \pm 5/2$ からくると考えられるが[100]，この基底状態に基づき現象論的な電子構造が議論された．すなわち，このような結晶場を仮定すれば，自然に $4f$ 電子と伝導電子との混成は $(k_x \pm ik_y)^2$ という形をもつ．これは極度に異方的で，$k_x = k_y = 0$ の c 軸上で混成がゼロになるため，$k_x = k_y = 0$ の近傍で $4f$ 電子のバンドは，$E \sim (k_x^4 + k_y^4)$ という分散をもつ．仮にこのバンドの底にフェルミエネルギーがあれば，実験的に見いだされた異常な量子臨界性に対応した自由エネルギーが導かれる[101]．

しかし，この理論はミクロな起源については何も仮定をしない．そこで，考えられる起源は価数の臨界揺らぎである[102]．仮にこの系の常圧の状態が価数の 1 次転移の量子臨界点に近ければ，価数の揺らぎは臨界的に slowing down していることになり，低温で f 電子が局在し近藤格子的に振る舞うことも，また，結晶場基底状態が $J_z = \pm 5/2$ となることも自然に説明される．また，磁気秩序に隣接しないことも価数が広義の軌道揺らぎであることを考えれば説明がつく．ただし，現実はさらに興味深く，β-$YbAlB_4$ は常圧で量子臨界現象を示すのみならず，図 13.62 に示すように，この振る舞いを示す量子臨界相が低

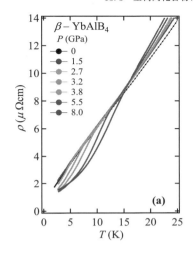
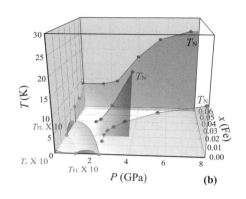

図 13.62 (a) 重い電子系超伝導体 β-YbAlB$_4$ の物理的圧力として，キュービックアンビルを使って静水圧下で測定した 2 K までの電気抵抗の温度依存性．(b) Fe を置換した系についても，同様にキュービックアンビルを用いた圧力下の抵抗測定を行い，作成した圧力，鉄の組成，温度の 3 つの軸による 3 次元相図．T_c と T_{FL} はそれぞれ超伝導転移温度，フェルミ液体性（電気抵抗の T^2 則）の現れる温度を示す．圧力と Fe 置換により誘起された反強磁性の転移温度 T_N は最大 25 K にも達する[99]．

圧で広がっている．このことは，単純な価数の量子臨界性のみでは説明されない．そもそも，価数のタイムスケール・空間的な相関などが，一般に価数の臨界現象ではどのように発達するのか，実験的にも理論的も未解明な点が多く，この系が今後それらを解明するための一つの典型例の役割を担うことが期待される．

13.3.5　Pr 系重い電子化合物における非磁性軌道揺らぎと異常金属，超伝導

電子間に働く強い斥力（電子相関）が重要な典型として知られる希土類やアクチノイド類を含む金属間化合物は，上記のように重い電子系として精力的に研究がなされ，重い電子状態，近藤絶縁体，異方的超伝導，量子臨界現象など多岐にわたる興味深い量子現象が次々と見いだされてきた．これらの現象を理解するうえで基礎となるのが「近藤効果」である．この近藤効果により電子の数百倍もの有効質量をもつ「重い電子」が現れ，時にはそれがペアをつくり非従来型の超伝導を生み出す．このように「磁気双極子モーメント」を伝導電子が遮蔽するという近藤効果は，これまで議論してきた重い電子系のみならず，量子ドット系などそれ以外の系でもさまざまな新奇な現象を生み出すことが知られており，固体物理の基礎的・普遍的現象の一つとして広く認知されている．

一方，局在した電子は，スピンの自由度以外に軌道の自由度をもつ場合がある．それに対応して，この局在した軌道の自由度を使った「非磁性」の近藤効果はありうるのか？という自然な疑問が発生する．すなわち，金属中にこのような自由度が存在した場合，それは伝導電子によりスクリーンされるのか，その場合はやはりフェルミ液体状態を生みだすのか？

このような疑問に答える最も端的な例が 1987 年に Cox により提案された[104]．ここでは，立方晶の対称性をもったサイトに f 電子が 2 つい る (f^2) 配置での Γ_3 状態を考える．この場合，大変興味深いことに，f^2 電子は結晶構造の対称性により低温で磁気双極子をもたず（非磁性），より高次の軌道（4 極子）の自由度のみをもつ．Cox はこのような 4 極子モーメントをもつ非磁性結晶場基底状態が安定な場合に，電気 4 極子の自由度を使うことで非磁性の近藤効果が起こりうることを理論的に指摘した．従来の近藤効果では，絶対零度近傍で通常の金属と同様，表 13.4 で示したように，電子はフェルミ液体として振る舞い，抵抗は温度の 2 乗で変化し，比熱，感受率は一定値になる．しかし，Cox の理論ではそれとはまったく異なり，抵抗は温度の 1/2 乗に従い，比熱・感受率は発散し，基底状態は大きな残留エントロピーを伴うなどの異常な金属が現れる可能性が示されている．この予言を確認するために，立方晶 U, Pr 化合物において世界的に数々の実験が行われてきた．しかし，これまでに研究されてきた化合物においては，この新しい近藤効果に不可欠な 4 極子自由度の縮退が，結晶の乱れのために解かれている可能性が否定できず，決定的な結果は得られていなかった（例えば文献[105, 106] 参照）．

最近，東京大学物性研究所において，4 極子自由度を使ったきわめて強い混成効果を示す新たな立方晶 Pr 化合物，$PrTr_2Al_{20}$ (Tr = Ti, V) が開発された[103]．この系は Pr 原子を 16 個の Al 原子が籠状に囲む結晶構造をしており，強い cf 混成が現れる（図 13.65 右上）．低温での詳細な物性測定により，この系の結晶場基底状態が非磁性で 4 極子自由度をもつ（Γ_3 2 重項）こと，また，4 極子転移 (T_Q = 2.0 K (Ti), 0.6 K (V)) を示すことを見いだした．また電気抵抗率の 4f 電子の寄与 ρ_{4f} をみると高温で温度の降下とともに $-\ln T$ に比例して増大する様子が観測された（図 13.63）．これは励起状態の磁気双極子を使った通常の近藤効果であると考えられる．一般に Pr 化合物は Ce や Yb 系に比べ局在性が強いため，近藤効果を示す例は非常に珍しく，特に非磁性 Γ_3 2 重項を結晶場基底状態にもつ系で近藤効果が観測されたのは今回が初めてである．さらに興味深いことに，PrV_2Al_{20} は低温約 20 K 以下で抵抗，および，磁化率が温度の 1/2 乗のべき乗則に従うなどの異常な金属状態を示すことがわかった（図 13.63）．明確な 4 極子秩序を示す純良な PrV_2Al_{20} 単結晶試料では，転移点以上で近藤効果に不可欠な 4 極子自由度の縮退が保障され，乱れによるこの縮退の破れはない．まさにこの 4 極子自由度が支配的な温度領域で現れるこの異常な金属状態は，その多くの物性が Cox の理論予想と一致していることなどから，4 極子近藤効果をその起源とする可能性が高いと考えられる．

一方，$PrTi_2Al_{20}$ は強軌道秩序相内で超伝導を発現する（図 13.64）．超伝導転移温度は

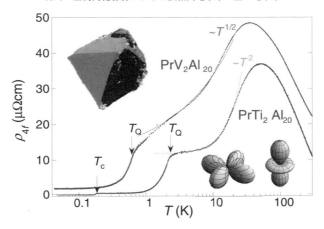

図 13.63 $PrTr_2Al_{20}$ (Tr = Ti, V) の電気抵抗率の 4f 電子の寄与 ρ_{4f} の温度依存性[103]. 高温では磁気双極子による近藤効果で，温度の降下とともに $-\ln T$ に比例する増大がみられる．低温の振る舞いは $PrTi_2Al_{20}$ では温度の 2 乗に比例するのに対し，PrV_2Al_{20} では温度の 1/2 乗に比例する．この顕著な非フェルミ液体性は 4 極子自由度による非磁性の近藤効果による可能性が高い．また，その 4 極子秩序との競合から新しい量子臨界現象の研究を可能とする．左上にはフラックス法で育成した RRR=300 の高純度単結晶の写真を示す．三角形の面は (111) 面に対応する．右下の図は立方晶 f^2 の Γ_3 状態で縮退する軌道（4 極子）モーメントを概念的に示したもの．

0.2 K と低いものの，軌道秩序内での重い電子超伝導は初めての発見である[107]. 抵抗がゼロになることだけでなく，交流・直流磁化測定でのマイスナー効果を確認することにより，この超伝導が確かにバルクの超伝導であることが確認されている（図 13.64）．さらに電子比熱係数，磁場に対する超伝導の壊れにくさなどから，この超伝導は重い電子により形成されていることがわかっている．超伝導が発現する低温ではスピンの自由度が存在しないため，軌道の揺らぎがクーパーペアの形成に関与しているまったく新しいタイプの超伝導である可能性が高い．

通常，4f 電子と伝導電子との間で混成が存在する場合は大きな圧力効果が現れる．そのことを期待して，加圧下の実験が東京大学物性研究所にて行われた．その結果，図 13.65 に示すように，強的軌道秩序の転移温度は 6 GPa 以上で急激に減少し始めることがわかった[108]. このような軌道秩序に対する量子臨界的な振る舞いは金属では初めての例である．さらに，驚くべきことに，この転移温度の減少と対応する圧力下で超伝導転移温度が増大し，8 GPa では 1 K 以上に達することがわかってきた．また，圧力下の超伝導は磁場に対しても強靭で 6 T の磁場下でも生き残る．超伝導転移温度の磁場依存性から見積もった電子の有効質量は 106 m_0 となり，重い電子超伝導が実現していることを示す[108]. このよ

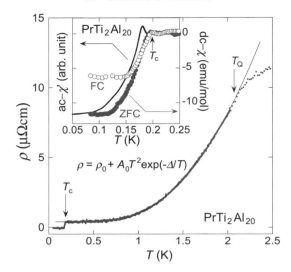

図 13.64 PrTi$_2$Al$_{20}$ の電気抵抗率の温度依存性. 2 K で強軌道秩序転移による電気抵抗率の減少が,0.2 K で超伝導によるゼロ抵抗が観測される.超伝導転移直前の残留抵抗率は約 0.38 $\mu\Omega$cm と非常に小さく,サンプルの純度がきわめてよいことを意味する.(左上挿入図)交流帯磁率(黒,左軸)と直流帯磁率(赤,右軸)の温度依存性.完全反磁性が十分出ていることから,この超伝導が(表面などの試料の一部ではなく)試料全体で起きている本質的なものであることを示す.Sakai et al.[107] より転載.

うな軌道の量子臨界点近傍での重い電子超伝導は,これまでのスピン揺らぎによる超伝導とは異なり,非磁性の軌道揺らぎがそのクーパーペアを媒介している可能性が高い.まだ,圧力は軌道の量子臨界点には達していないが,それが実現した暁にはどのような非フェルミ液体が現れるのか,また,それは同時に軌道を使った近藤効果が実現することを意味するのかなど,興味深い問題が数多く存在する.このような高濃度系の4極子近藤現象に関する研究は,実験・理論ともに未開拓であり,今後の発展が大いに期待される.

13.3.6 さ い ご に

重い電子系の研究において,従来型のスピンの揺らぎに支配されたドニアック型の相図の理解にひと段落がつき,現在は価数や軌道などの新しい自由度の臨界揺らぎが重要な非従来型の金属状態,超伝導の研究にその中心テーマがシフトしつつある.ここでも,純良な単結晶による常圧近傍での量子臨界点の研究が可能となったことで研究が加速度的に進んできている.強相関電子系全般にいえることであるが,新物質の役割りがこの分野の研究の進歩に大きな役割を果しており,それにより,今後さらに研究の多様性が広がってい

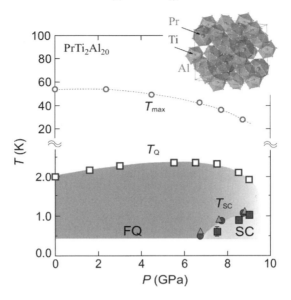

図 13.65　$PrTi_2Al_{20}$ の圧力 (P)・温度 (T) 相図．T_{SC} は抵抗 (○)，交流磁化率 (△) および，比熱 (■) の測定から見積もった超伝導転移温度を示す．T_Q は比熱から見積もった 4 極子秩序温度．T_{max} は電気抵抗が極大を示す温度で，Γ_3 2 重項の基底状態と結晶場の励起状態とのギャップエネルギーに対応する．右上の図は，$PrTi_2Al_{20}$ の結晶構造で Pr 原子を 16 個の Al 原子が籠状に囲む 20 面体を示す．Matsubayashi et al.[108] より転載．

くことが期待される．　　　　　　　　　　　　　　　　　　　　　　　　　[中辻　知]

文　　献

1) H. Fukuyama, J. Phys. Soc. Jpn. **75**, 051001 (2006).
2) H. Mori, J. Phys. Soc. Jpn. **75**, 051003 (2006).
3) R. S. Mulliken, J. Am. Chem. Soc. **74**, 811 (1952).
4) H. Akamatu, H. Inokuchi and Y. Matsunaga, Nature **173**, 168 (1954).
5) J. Ferraris, D. O. Cowan, V. V. Walatka and J. H. Perlstein, J. Am. Chem. Soc. **95**, 948 (1973).
6) 鹿児島誠一，低次元導体 (裳華房，2000)，p. 272.
7) D. B. Tanner, C. S. Jacobsen, A. F. Garito and A. J. Heeger, Phys. Rev. B **13**, 3381 (1976).
8) D. Jerome, A. Mazaud, M. Ribault and K. Bechgaard, J. Phys. Lett. **41**, L95 (1980).
9) T. Mori, A. Kobayashi, Y. Sasaki, H. Kobayashi and G. Saito, Bull. Chem. Soc. Jpn. **57**, 627 (1984).
10) H. Urayama-Mori, H. Yamochi, G. Saito, K. Nozawa, T. Sugano, M. Kinoshita, S. Sato, K.

Oshima, A. Kawamoto and J. Tanaka, Chem. Lett. 55 (1988); H. Urayama-Mori, H. Yamochi, G. Saito, S. Sato, A. Kawamoto, J. Tanaka, T. Mori, Y. Maruyama and H. Inokuchi, Chem. Lett. 463 (1988).

11) K. Kanoda, J. Phys. Soc. Jpn. **75**, 051007 (2006).
12) H. Taniguchi, M. Miyashita, K. Uchiyama, K. Satoh, N. Mori, H. Okamoto, K. Miyagawa, K. Kanoda, M. Hedo and Y. Uwatoko, J. Phys. Soc. Jpn. **72**, 468 (2003).
13) Y. Shimizu, K. Miyagawa, K. Kanoda, M. Maesato and G. Saito, Phys. Rev. Lett. **91**, 107001 (2003).
14) A. Y. Ganin, Y, Takabayashi, Y, Z. Khimyak, S. Margadnna, A. Tamai, M. J. Rosseinsky and K, Prassides, Nature Materials **7**, 367 (2008).
15) 森　初果，第 5 版実験化学講座 7（丸善，2004），p. 429-433.
16) 桜井敏雄，X 線結晶解析の手引き（裳華房，1983）.
17) X 線構造解析，宇野英満，http://www.bromine.chem.yamaguchi-u.ac.jp/library/L01_Xray.files/frame.htm.
18) E. B. Yagubskii, I. F. Shchegolev, V. N. Laukhin, P. A. Kononovich, M. V. Kartsovnic, A. V. Zvarykina and L. I. Buravov, JETP Lett. **39**, 17 (1984).
19) A. J. Berlinsky, J. F. Caloran and L. Weiler, Solid State Commun. **15**, 795 (1974).
20) R. Hoffmann, J. M. Howell and A. R. Rossi, J. Am. Chem. Soc. **98**, 2484, (1976).
21) H. Mori, International Journal of Modern Physics B **8**, 1 (1994).
22) V. N. Laukhin, E. E. Kostychenko, Y. V. Sushko, I. F. Shchegolev and E. B. Yagubskii, JETP Lett. **41**, 81 (1985).
23) K. Oshima, T. Mori, H. Inokuchi, H. Urayama, H. Yamochi and G. Saito, Phys. Rev. B **38**, 938 (1988).
24) T. Mori and H. Inokuchi, J. Phys. Soc. Jpn. **57**, 3674 (1988).
25) K. Oshima, H. Urayama-Mori, H. Yamochi and G. Saito, Synthetic Metals **27**, A473 (1988).
26) J. R. Ferraro, H. H. Wang, U. Geiser, A. M. Kini, M. A. Beno, J. M. Willialns, S. Hill, M. H. Whangbo and M. Evain, Solid State Commun. **68**, 917 (1988).
27) T. Sasaki, W. Biberacher, K. Neumaier, W. Hehn, K. Andres and T. Fukase, Phys. Rev. B **57**, 10889 (1998).
28) T. Nishizaki, T. Sasaki, T. Fukase and N. Kobayashi, Phys. Rev. B **54**, R3760 (1996); M. Lang, F. Steglich, N. Toyota and T. Sasaki, Phys. Rev. B **49**, 15 227 (1994).
29) J. E. Graebner, R. C. Haddon, S. V. Chichester and S. H. Glarum, Phys. Rev. B **41**, 4808 (1990).
30) T. Sasaki, H. Sato and N. Toyota, Solid State Commun. **76**, 507 (1990).
31) H. Mayaffre, P. Wzietek, D. Jérome, C. Lenoir and P. Batail, Phys. Rev. Lett. **75**, 4122 (1995); K. Kanoda, K. Miyagawa, A. Kawamoto and Y. Nakazawa, Phys. Rev. B **54**, 76 (1996).
32) M. Lang, N. Toyota, T. Sasaki and H. Sato, Phys. Rev. Lett. **69**, 1443 (1992); H. Elsinger, J. Wosnitza, S. Wanka, J. Hagel, D. Schweitzer and W. Strunz, Phys. Rev. Lett. **84**, 6098 (2000).
33) R. Arita, K. Kuroki and H. Aoki, J. Phys. Soc. Jpn. **69**, 1181 (2000).
34) R. Lortz, Y. Wang, A. Demuer, P. H. M. Böttger, B. Bergk, G. Zwicknagl, Y. Nakazawa and J. Wosnitza, Phys. Rev. Lett. **99**, 187002 (1997).

35) K. Kanoda and R. Kato, Annu. Rev. Condens. Matter Phys. **2**, 67 (2011).
36) T. Isono, H. Kamo, A. Ueda, K. Takahashi, A. Nakao, R. Kumai, H. Nakao, K. Kobayashi, Y. Murakami and H. Mori, Nature Commun. **4**, 1344(1-6) (2013); T. Isono, H. Kamo, A. Ueda, K. Takahashi, M. Kimata, H. Tajima, S. Tsuchiya, T. Terashima, S. Uji, and H. Mori, Phys. Rev. Lett., 112, 177201 (2014); A. Ueda, S. Yamada, T. Isono, H. Kamo, A. Nakao, R. Kumai, H. Nakao, Y. Murakami, K. Yamamoto, Y. Nishio, and H. Mori, J. Am. Chem. Soc. 136, 12184 (2014).
37) H. Kino and H. Fukuyama, J. Phys. Soc. Jpn. **65**, 2158 (1996); H. Seo, J. Phys. Soc. Jpn. **69**, 805 (2000).
38) K. Hiraki and K. Kanoda, Phys. Rev. Lett. **80**, 4737 (1998).
39) S. Kimura, T. Maejima, H. Suzuki, R. Chiba, H. Mori, T. Kawamoto, T. Mori, H. Moriyama, Y. Nishio and K. Kajita, Chem. Commun. 2454-2455 (2004).
40) S. Kimura, H. Suzuki, T. Maejima, H. Mori, J. Yamaura, T. Kakiuchi, H. Sawa and H. Moriyama, J. Am. Chem. Soc., **128**, 1456-1457 (2006).
41) N. Morinaka, K. Takahashi, R. Chiba, F. Yoshikane, S. Niizeki, M. Tanaka, K. Yakushi, M. Koeda, M. Hedo, T. Fujiwara, Y. Uwatoko, Y. Nishio, K. Kajita and H. Mori, Phys. Rev. B **80**, 092508(1-4) (2009).
42) S. Niizeki, F. Yoshikane, K. Kohno, K. Takahashi, H. Mori, Y. Bando, T. Kawamoto and T. Mori, J. Phys.Soc.Jpn. **77**, 073710(1-4) (2008).
43) F. Sawano, I. Terasaki, H. Mori, T. Mori, M. Watanabe, N. Ikeda, Y. Nogami and Y. Noda, Nature, **437**, 522-524 (2005); F. Itose, T. Kawamoto and T. Mori, J. App Phys. **113**, 213702 (2013).
44) H. Mori, S.Tanaka and Y.Maruyama, Bull. Chem. Soc. Jpn. **68**, 1136 (1995); H. Mori, S. Tanaka and T. Mori, Phys. Rev. B **57**, 12023-12029 (1998).
45) 巨大磁気伝導の新展開, 固体物理 **32**, 203 (1997).
46) N. Takeshita, A. Yamamoto, A. Iyo and H. Eisaki, J. Phys. Soc. Jpn. **82**, 023711 (2013).
47) M. P. Shores, E. A. Nytko, B. M. Bartlett and D. G. Nocera, J. Am. Chem. Soc. **127**, 13462 (2005).
48) Y. Okamoto, H. Yoshida and Z. Hiroi, J. Phys. Soc. Jpn. **78**, 033701 (2009).
49) M. Yoshida, Y. Okamoto, M. Takigawa and Z. Hiroi, J. Phys. Soc. Jpn. **82**, 013702 (2012).
50) Z. Hiroi, N. Kobayashi, M. Hanawa, M. Nohara, H. Takagi, Y. Kato and M. Takigawa, J. Phys. Soc. Jpn. **70**, 3377 (2001).
51) 広井善二, 瀧川仁, 固体物理 **37**, 47 (2002).
52) 広井善二, 山浦淳一, 播磨尚朝, セラミックス **48**, 453 (2013).
53) 山浦淳一, 広井善二, 固体物理 **44**, 9 (2009).
54) K. Andres, J. E. Graebner and H. R. Ott, Phys. Rev. Lett. **35**, 1779 (1975), http://link.aps.org/doi/10.1103/PhysRevLett.35.1779.
55) F. Steglich, J. Aarts, C. D. Bredl, W. Lieke, D. Meschede, W. Franz and J. Schäfer, Phys. Rev. Lett. **43**, 1892 (1979).
56) L. Taillefer and G. G. Lonzarich, Phys. Rev. Lett. **60**, 1570 (1988).
57) 上田和夫 大貫惇睦, 重い電子系の物理 (裳華房, 1998).
58) f 電子系の物理の最近の発展, 固体物理 **33**, 235 (1998).
59) G. R. Stewart, Rev. Mod. Phys. **73**, 797 (2001).

60) Y. Ōnuki, R. Settai, K. Sugiyama, T. Takeuchi, T. C. Kobayashi, Y. Haga and E. Yamamoto, J. Phys. Soc. Jpn. **73**, 769 (2004).
61) H. v. Löhneysen, A. Rosch, M. Vojta and P. Wölfle, Rev. Mod. Phys. **79**, 1015 (2007).
62) P. Monthoux, D. Pines and G. G. Lonzarich, Nature **450**, 1177 (2007).
63) P. Gegenwart, Q. Si and F. Steglich, Nature Physics **4**, 186 (2008).
64) N. D. Mathur, F. M. Grosche, S. R. Julian, I. R. Walker, D. M. Freye, R. K. W. Haselwimmer and G. G. Lonzarich, Nature **394**, 39 (1998).
65) J. A. Hertz, Phys. Rev. B **14**, 1165 (1976).
66) A. J. Millis, Phys. Rev. B **48**, 7183 (1993).
67) T. Moriya, *Fluctuations in Itinerant Electron Magnetism* (Springer, 1985).
68) T. Moriya and Takimoto, J. Phys. Soc. Jpn. **64**, 960 (1995).
69) P. Coleman and A. H. Nevidomskyy, J. Low Temp. Phys. **161**, 182-202 (2010).
70) P. Coleman, C. Pépin, Q. Si and R. Ramazashvili, J. Phys. Condens. Matter **13**, R723 (2001).
71) Q. Si, S. Rabello, K. Ingersent and J. L. Smith, Nature **413**, 804 (2001).
72) T. Senthil, S. Sachdev and M. Vojta, Phys. Rev. Lett. **90**, 216403 (2003).
73) M. Vojta, J. Low Temp. Phys. **161**, 203 (2010).
74) P. G. Pagliuso, C. Petrovic, R. Movshovich, D. Hall, M. F. Hundley, J. L. Sarrao, J. D. Thompson and Z. Fisk, Phys. Rev. B **64**, 100503 (2001).
75) H. Hegger, C. Petrovic, E. G. Moshopoulou, M. F. Hundley, J. L. Sarrao, Z. Fisk and J. D. Thompson, Phys. Rev. Lett. **84**, 4986 (2000).
76) C. Petrovic, P. G. Pagliuso, M. F. Hundley, R. Movshovich, J. L. Sarrao, J. D. Thompson, Z. Fisk and P. Monthoux, Journal of Physics: Condensed Matter **13**, L337 (2001a).
77) C. Petrovic, R. Movshovich, M. Jaime, P. Pagliuso, M. Hundley, J. Sarrao, Z. Fisk and J. Thompson, Europhysics Letters **53**, 354 (2001b).
78) R. Settai, H. Shishido, S. Ikeda, Y. Murakawa, M. Nakashima, D. Aoki, Y. Haga, H. Harima and Y. Onuki, Journal of Physics: Condensed Matter **13**, L627 (2001).
79) D. Hall, E. C. Palm, T. P. Murphy, S. W. Tozer, Z. Fisk, U. Alver, R. G. Goodrich, J. L. Sarrao, P. G. Pagliuso and T. Ebihara, Phys. Rev. B **64**, 212508 (2001).
80) K. Izawa, H. Yamaguchi, Y. Matsuda, H. Shishido, R. Settai and Y. Onuki, Phys. Rev. Lett. **87**, 057002 (2001).
81) K. An, T. Sakakibara, R. Settai, Y. Onuki, M. Hiragi, M. Ichioka and K. Machida, Phys. Rev. Lett. **104**, 037002 (2010).
82) T. Tayama, A. Harita, T. Sakakibara, Y. Haga, H. Shishido, R. Settai and Y. Onuki, Phys. Rev. B **65**, 180504 (2002).
83) C. Stock, C. Broholm, J. Hudis, H. J. Kang and C. Petrovic, Phys. Rev. Lett. **100**, 087001 (2008).
84) I. Eremin, G. Zwicknagl, P. Thalmeier and P. Fulde, Phys. Rev. Lett. **101**, 187001 (2008).
85) J. Sarrao, L. Morales, J. Thompson, B. Scott, G. Stewart, F. Wastin, J. Rebizant, P. Boulet, E. Colineau and G. Lander, Nature **420**, 297 (2002).
86) N. Curro, T. Caldwell, E. Bauer, L. Morales, M. Graf, Y. Bang, A. Balatsky, J. Thompson and J. Sarrao, Nature (2005).
87) E. D. Bauer, P. H. Tobash, J. N. Mitchell and J. L. Sarrao, Philosophical Magazine **92**, 2466 (2012).

88) 中辻 知, 固体物理 **47**, 521 (2012).
89) P. Gegenwart, J. Custers, C. Geibel, K. Neumaier, T. Tayama, K. Tenya, O. Trovarelli and F. Steglich, Phys. Rev. Lett. **89**, 056402 (2002).
90) O. Trovarelli, C. Geibel, S. Mederle, C. Langhammer, F. M. Grosche, P. Gegenwart, M. Lang, G. Sparn and F. Steglich, Phys. Rev. Lett. **85**, 626 (2000).
91) J. Custers et al., Nature **424**, 524 (2003).
92) S. Paschen, T. Lühmann, S. Wirth, P. Gegenwart, O. Trovarelli, C. Geibel, F. Steglich, P. Coleman and Q. Si, Nature **432**, 881&885 (2004).
93) S. Friedemann, N. Oeschler, S. Wirth, C. Krellner, C. Geibel, F. Steglich, S. Paschen, S. Kirchner and Q. Si, Proc. Natl. Acad. Sci. U. S. A. **107**, 14547 (2010), ISSN 0027-8424.
94) S. Friedemann, S. Wirth, S. Kirchner, Q. Si, S. Hartmann, C. Krellner, C. Geibel, T. Westerkamp, M. Brando and F. Steglich, J. Phys. Soc. Jpn. **80SA**, SA002 (2011).
95) S. Nakatsuji, K. Kuga, Y. Machida, T. Tayama, T. Sakakibara, Y. Karaki, H. Ishimoto, S. Yonezawa, Y. Maeno, E. Pearson, et al., Nature Phys. **4**, 603 (2008).
96) K. Kuga, Y. Karaki, Y. Matsumoto, Y. Machida and S. Nakatsuji, Phys. Rev. Lett. **101**, 137004 (2008).
97) Y. Matsumoto, S. Nakatsuji, K. Kuga, Y. Karaki, N. Horie, Y. Shimura, T. Sakakibara, A. H. Nevidomskyy and P. Coleman, Science **331**, 316 (2011).
98) M. Okawa, M. Matsunami, K. Ishizaka, R. Eguchi, M. Taguchi, A. Chainani, Y. Takata, M. Yabashi, K. Tamasaku, Y. Nishino, et al., Phys. Rev. Lett. **104**, 247201 (2010).
99) T. Tomita, K. Kuga, Y. Uwatoko and S. Nakatsuji, preprint (2012).
100) A. H. Nevidomskyy and P. Coleman, Phys. Rev. Lett. **102**, 077202 (2009).
101) A. Ramires, P. Coleman, A. H. Nevidomskyy and A. Tsvelik, Phys. Rev. Lett. **109**, 176404 (2012).
102) S. Watanabe and K. Miyake, Phys. Rev. Lett. **105**, 186403 (2010).
103) A. Sakai and S. Nakatsuji, J. Phys. Soc. Jpn. **80**, 063701 (2011).
104) D. L. Cox, Phys. Rev. Lett. **59**, 1240 (1987).
105) A. Yatskar, W. P. Beyermann, R. Movshovich and P. C. Canfield, Phys. Rev. Lett. **77**, 3637 (1996).
106) H. Tanida, H. S. Suzuki, S. Takagi, H. Onodera and K. Tanigaki, J. Phys. Soc. Jpn. **75**, 073705 (2006).
107) A. Sakai, K. Kuga and S. Nakatsuji, J. Phys. Soc. Jpn. **81**, 083702 (2012).
108) K. Matsubayashi, T. Tanaka, A. Sakai, S. Nakatsuji, Y. Kubo and Y. Uwatoko, Phys. Rev. Lett. **109**, 187004 (2012).

索　引

欧数字

A 相　64, 620
A_1 相　622
ABM 状態　65
α-(BEDT-TTF)$_2$I$_3$　469
AMRO　384
AOs$_2$O$_6$　988

B 相　64, 618
B3LYP　135
BBGKY の階層構造　93
BCS 理論　50, 151, 997
BEC　597
β-YbAlB$_4$　1001
β 型パイロクロア酸化物　988
Bogoliubov–de-Genne 方程式　152, 157
Bonner–Fisher 曲線　839
BTK 公式　539
BW 状態　65

C^* 定理　905
CC 法　92
Cd$_2$Os$_2$O$_7$　986
Cd$_2$Re$_2$O$_7$　986
CeCoIn$_5$　996
CeCu$_2$Si$_2$　989
CeIn$_3$　990
center migration theory　383
CeTIn$_5$　996
Cox　1004
CP^{N-1} ゲージ理論　195
CuGeO$_3$　841

CuO$_2$ 面　58
d 波超伝導　82, 966, 997
d ベクトル　61
Debye 関数　904
Debye の散乱関数　903
DFT　93, 130
dp モデル　59
$d_{x^2-y^2}$　997
$d_{x^2-y^2}$ 軌道　58

EPX 法　92
EXAFS　696, 699

f 電子系　327
FEL　657
Fermi–Pasta–Ulam　153
FFLO 状態　850
FHNC 法　92
FID　295
Fisher の関係式　281
Fresnel の式　898
Fresnel の反射率　898
FT-NMR　296

Γ_3 状態　1004
GGA（Generalized Gradient Approximation）　93, 135
GL パラメータ　47
Gross–Pitaevski 方程式　157
Guinier 則　894
GW 近似　153
GWΓ 法　127

H 定理　162

Haldane Conjecture　841
HF-RPA 近似　74
HF 近似　117
HgBa$_2$Ca$_2$Cu$_3$O$_8$　979
Hohenberg–Kohn　153

Inversion Recovery 法　299
irrelevant　175

J-PARC　919
$J-Q$ モデル　196

KdV 方程式　153
Kosterlitz–Thouless 型連続転移　195
KS 方程式　136
Kullback–Leibler 相互情報量　163

La$_2$CuO$_4$　978
LaFeAsO　978
λ 点　594
Lambert–Beer 則　892
Landau–Ginzburg–Wilson 理論　194
LDA　93
LSDA（Local Spin Density Approximation）　134

Mermin–Wagner の定理　188
MOS 型電界効果トランジスタ（FET）　407

Na$_x$CoO$_2$　978
NENP　842
NEXAFS　696, 697

NMR　291
NMRスペクトル　314, 321
NQR　310

Ornstein–Zernike 関数　896, 905, 908

p 波　64, 82
P 波超流動　615
PBE（Perdew–Burke–Ernzerhof）の汎関数　135
$\pi/2$ パルス　294
π バンド　449
PLTS2000　589
poor man's scaling　141
Porod 則　895
$PrTr_2Al_{20}$　1004
PrV_2Al_{20}　1004
Pr 系重い電子化合物　1003
$PuCoGa_5$　997
$PuCoIn_5$　997
$PuRhGa_5$　997
$PuRhIn_5$　997

relevant　175
RKKY 相互作用　991
RPA（Random Phase Approximation）　73, 119
RVB 状態　982

S 行列　499
s 波　997
SANS-U　893, 920
SARPES スペクトル　693
SASE 型 FEL　657
SCDFT　93
Schwinger ボゾン　192
SCR 理論　75, 993
sd 模型　141
Snell の式　898
SPT 相　229
Sr_2IrO_4　978
$SrCu_2(BO_3)_2$　843
strain engineering　466
SU(2) 対称性　185

SU(N) ハイゼンベルクモデル　191
Swendsen–Wang アルゴリズム　164

T^3 則　235
TDDFT（Time-Dependent DFT）　93
Tetra-PEG ゲル　922
TKNN 理論　359, 417, 420
transferred hyperfine interaction　306
TRIM　366

U(1) ゲージ対称性　66
U(1) ゲージ変換　51
U(1) 対称性　176
UPt_3　989

VBS 状態　196
VBS 秩序相　194

Wiener–Khinchin 定理　901
Wilson–Fisher 固定点　190

X 線吸収微細構造　696
X 線蛍光分光法　706
X 線磁気円 2 色性　700
X 線磁気線 2 色性　700
X 線発光分光　706
X 線ラマン散乱　706
XAFS　696
XANES　696
XMCD　700
XMLD　700
XY モデル　177

Yb 系重い電子化合物　998
Yukawa ポテンシャル　905

Z_2 数　470
Z_2 トポロジカル不変量　225
Z_2 トポロジカル量子数　226

ア 行

アイソトープ効果　57
アインシュタイン振動数　243
アインシュタインモデル　242
圧縮率 κ　121
圧縮率総和則　124
アハラノフ–ボーム位相　407, 443
アボガドロ数　29
アラビアの 3 原質　5
アルカリ金属　122
アルケー（根源）　2
アルダー　152
アロットプロット　269
アンジュレータ　652
アンダーソン局在　382, 458
アンダーソン弱局在　520
アンドレーフ束縛状態　539
アンドレーフ反射　537

イオン液体　923
移行運動量　886
異常金属　992, 1003
異常速度　363, 422
異常ホール効果　364
異常ホール伝導度　363
位相コヒーレンス長　518
位相差　137
位相整合　719
1 次元反強磁性体　839
1 次相転移現象　200
1 電子近似　29
1 電子スペクトル関数　127
"1-2-2" 系　998
1 体近似　29
一般化された BCS 理論　60
一般化された勾配近似　93
移動度端　412
異方性磁場　276
インコヒーレントな層間結合　398
インバリアント　895

索引

インピーダンスマッチング　818
ウィグナー–サイツ胞　33
ウィグラー　653
ヴィックの記号　376
ヴィックの定理　378
ウィルソン数　143
ウィルソンの数値的繰り込み群　142
ウィルソン比　142
ウェインライト　152
ウォール　768
渦糸　47
渦電流　818
ウッドのハイブリッドマグネット　768
エッジ状態（端状態）　426
エッジチャネル　428
エッジ描像　428
エピタキシャル成長　483
エルゴード性　160
エルゴード的　161
エーレンフェストの関係式　281
沿面放電　791

横波音響モード　235
オージェ過程　680
オーミック伝導　348
オームの法則　45
重い電子　861, 1003
重い電子系　58, 144, 989
──の超伝導　57, 1005
オルソヘリウム　103
音響モード　235
オンサーガーの量子化条件　354, 365, 403, 459
温度グリーン関数　376

カ　行

階層構造　440, 445
回転運動　110
回転波近似　676

回転半径　903
カイラル　426
カイラル p 波状態　69
カイラル異常　434
カイラル 1 次元電子系　433
カイラル対称性　458
ガウシアンビーム　664
ガウシアン模型　382
化学結合　105
化学的カタストロフィー　785
化学反応　200
化学ポテンシャル　36
拡散的伝導　497
拡散モンテカルロ法　91
核磁気緩和現象　331
核磁気緩和率　332
核磁気共鳴　291
核磁気共鳴の緩和率　79
核スピン格子緩和　332
核スピン–格子緩和率　298
核断熱消磁冷却　592
角度依存磁気抵抗振動　384
角度分解光電子分光　127, 690
核破砕　881
核比熱　254
核分裂　881
核 4 重極共鳴　310
核 4 重極分裂　256
カゴメ格子　978
価数スキッピング現象　200
価数の揺らぎ　1002
価数揺動　200
カスプ切片値　145
カスプ定理　101
カットオフエネルギー　56
価電子イオン複合系　115
カー–パリネロ法　156
カピッツア　768
カープラス–ラッティンジャーの異常速度　363
カマリン・オネスによるヘリウム液化　580
カルツォフニック–梶田振動　384, 386

干渉性散乱断面積　888
間接遷移　489
完全反磁性　47
完全反対称多項式（ヴァンデルモンド行列式）　437
カンチレバー　810
カントール集合　357
緩和時間近似　373, 385
緩和率　332

擬 1 次元電子系　390
幾何学的位相　360
幾何学的磁気フラストレーション　976, 993
擬ギャップ　86
希釈冷凍法　591
擬スピン　67, 452
基礎吸収　487
軌道　1004
──の量子臨界点　1006
擬 2 次元電子系　385
希薄磁性半導体　147
希薄 (D) 相　591
奇パリティ　61
基本群　207
基本並進ベクトル　30
逆格子　31
逆コーン–シャム変換　144
逆帯磁率　268
既約表現　67
既約表現の基底　67
ギャップ　52
ギャップ方程式　52, 64
キャリア間クーロン相互作用　725
吸収係数　487
吸収スペクトル　723
級数展開　154, 155
球面調和関数　81, 95
キュリー温度　41, 72, 268
キュリー則　264
キュリー定数　266
キュリー–ワイス則　74, 78, 265
強軌道秩序相　1004
強結合状態　143

索引

強結合電子格子相互作用系 200
強結合領域 75
強磁性 268
強磁性状態 41
強磁性転移 268
強磁性量子臨界点 76, 77
強磁場 766
凝集エネルギー 45
凝縮機構 104
凝縮系物理 89
凝縮体 597
強相関電子系 200, 929, 975, 989
強束縛近似 449
強的軌道秩序 1005
共鳴光電子分光 693
共鳴光電子分光スペクトル 694
共鳴ピーク 997
共鳴非弾性X線散乱 680
共鳴ラマン散乱 680
局在描像 977
局所磁場 295
局所電子状態密度 628
局所フェルミ液体理論 142
局所密度近似 93
巨視的波動関数 614
巨大単層ベシクル 914
擬ランダウ準位 444
金属 34
金属間化合物 989
金属強磁性 71
金属磁性 71
金属-絶縁体転移 988
金属電子論 29
金属反強磁性 72
金属-モット転移 158
ギンツブルク-ランダウ展開 69
ギンツブルク-ランダウ方程式 44, 157
ギンツブルク-ランダウ理論 41

空間反転 66

空間反転対称性 223, 364
空芯擬ポテンシャル 116
偶パリティ 61
クォーク閉じ込めの物理 144
グッツビラー関数 91
クネール電磁濃縮法 770
クーパー対 48, 537
久保-グリーンウッドの公式 380
久保公式 375, 418
クライン・トンネリング 457
クラインの逆理 457
クラウジウス-クラペイロンの式 279, 583, 914
クラスタ更新 163
グラファイト 857
グラフェン 446, 448
クラマース-クローニッヒの関係式 663, 667
クラマース対 366
繰り込み因子 999
繰り込み変換 202
グリーン関数 381, 885
グリーン関数法 92
グリーン関数モンテカルロ法 121
クロスゲート電極 430
クーロン斥力 39
クーロンホール 120

形状因子 894
経路積分表示 166
ゲージ共変微分 352, 415
ゲージ束 361
ゲージ対称性 178, 613
ゲージ場 361, 466
——の揺らぎ 442
ゲージ不変性 44, 212
ゲージ変換 44, 414
ゲージポテンシャル 361
結合状態密度 488
結合長 111
結晶運動量 350
結晶場 977

結晶場ハミルトニアン 250
結晶場分裂 250
原子散乱因子 944
原子操作 631
原子挿入法 135
減速材 882

高温超伝導体 846
光学モード 237
交換効果 103, 118
交換磁場 276
交換相関エネルギー 93
交換相関エネルギー汎関数 133
交換相関ポテンシャル 133
交換歪効果 866
高強力ゲル 916
格子振動 55
高次多極子 286
格子比熱 233
光周波数コム 648
合成法 993
構造因子 605
交代磁化 73
交代磁化率 73
高調波発生 650
高電子移動度トランジスタ（HEMT）409
光電子回折 696
光電子強度 685
光電子分光 684
光導波路 732
高分子ゲル 911
高分子ブレンド 908
高分子溶液論 901
後方散乱の消失 455
国際温度標準 586
国際温度目盛（ITS-90）586
固体水素 112
固体中ディラック電子系 446
固定点 202
古典モンテカルロ・シミュレーション 126
コヒーレンス 648
コヒーレンス長 47, 847

索引

コヒーレンス・ピーク 393, 399
コヒーレント表示 185
ゴム弾性理論 907
コリンハ則 79
混合状態 47
近藤一重項状態 142
近藤温度 142, 535, 991
近藤効果 140, 533, 991, 1003
近藤ブレークダウン 993
近藤ブレークダウンシナリオ 1000
近藤問題 141
コントラクション 378
コントラスト変調法 912

サ 行

サイクロトロン角周波数 355
サイクロトロン共鳴 833
歳差運動 369
最大エンタングル状態 513
座屈 472
サブバンド間赤外吸収スペクトル 745
三角格子反強磁性体 845
3軸分光器 879
3軸分光法 899
暫定温度目盛（EPT-76） 586
散乱緩和時間 373
散乱強度 891
散乱コントラスト 888
散乱振幅 891
散乱断面積 884
散乱長 886
散乱長密度 888

ジェリウム原子複合系 135
ジェリウム陽子複合系 144
磁化 37
磁化プラトー 844
磁化率 42
時間反転 65

時間反転対称性 221, 364, 410, 470
時間反転不変運動量（TRIM） 366, 449
時間分解 VUV-SX 分光測定 712
磁気異方性 258
磁気円2色性 700, 812
磁気貫通 357, 405
磁気共鳴 292
磁気周期性 357
磁気線2色性 700
磁気双極子モーメント 991, 1003
磁気測定 956
磁気長 355
磁気トルク 810
磁気8極子モーメント 286
磁気比熱 248
磁気ブリルアンゾーン 215
磁気ブリルアン領域 358, 420
磁気モノポール 422
自己位相変調 721
自己収束 721
自己相互作用 100
自己相似性（フラクタル性） 358
自己無撞着な繰り込み理論 76
自己無撞着方程式 266
自己無撞着ボルン近似 412
シシカバブ構造 916
脂質膜 914
磁性絶縁体 40
自然の階層構造 88
磁束格子融解転移 849
磁束の固相-液相境界 964
磁束付着変換 441
磁束量子 357, 414, 504
実効的 1/2 充填バンド構造 958
質量ゼロのディラック電子系 446
磁場-温度相図 273
磁場侵入長 46

自発磁化 41, 72, 269
自発的な対称性破れ 194
磁場濃縮法 770
磁場誘起相転移 284
シフト 303
シフト・テンソル 314
弱局在 410, 520
弱局在効果 382, 458
弱結合超伝導理論 54
弱結合領域 75
シャストリー–サザーランド模型 843
ジャストロウ関数 91
遮蔽効果 102
遮蔽されたクーロン斥力 56
自由エネルギー密度 42
周期的アンダーソン模型 144
周期的境界条件 32
周期表 977
重水素効果 963
自由スペクトルレンジ 730
自由電子気体モデル 35
自由電子レーザー 657
縦波音響モード 235
周波数シフト 303
自由誘導減衰 295
重量平均分子量 904
縮重度 355
シュタルクはしご状態 495
シュタルク量子干渉効果 400, 406
シュブニコフード・ハース効果 400, 410
シュブニコフード・ハース振動 390
シュレーディンガー方程式 153
準正孔 440
準電子 440
準粒子 127, 599
小角散乱 893
詳細釣り合い 160
詳細平衡原理 372
常磁性磁化率 37, 72
小周期振動 406

状態密度　36, 50
衝突項　372
蒸発潜熱　582
蒸発冷却　582
上部臨界次元　175
上部臨界磁場　847
常流動成分　609
ショックレーのチューブ積分公式　371
ショットキー型比熱　248
ショットキー接合　482
シリセン　472
試料振動型磁束計　809
磁歪　813
シングレットダイマー系　185
シングレット対　48
シンクロトロン放射　652
シンクロトロン放射光　652
人工量子系　476
振動子強度　489, 682
シンプレクティック・クラス　458

水素原子　94
水素負イオン　102
水素分子　104
垂直帯磁率　274
数値の転送行列の方法　155
数値のロックイン法　806
スケーリング　901
スケーリング則　175, 336
ストレーダ公式　422, 426
スピノーダル曲線　908
スピノル　448
スピノール状態　67
スピノン　194
スピン1/2カゴメ格子反強磁性体　982
スピン-運動量ロッキング　471
スピン液体　976
スピンエコー　296
スピンエコー減衰　338
スピン・角度分解光電子スペクトル　693

スピン軌道相互作用　67, 90, 365, 470, 978
スピン空間の回転対称性　65
スピン–格子緩和率　298
スピンシングレット状態　61
スピン帯磁率　121
スピントランジスタ　369
スピントリプレット　61
スピンに依存した動径分布関数　117
スピンの揺らぎ　990, 992
スピンの揺らぎの理論　75
スピンパイエルス転移　840
スピンフラストレーション　966
スピンフロップ相　277
スピンフロップ転移　276
スピン分解光電子分光　691
スピン-ボソン模型　514
スピンホール効果　364
スピン流　550
スプリットゲート法　482
スラブ型導波路　732
スレーター行列式　116, 436

正孔　34
整数量子ホール効果　210, 411
静的構造因子　900
静電相互作用　913
正方格子　978
正方対称の点群　66
世界線　166
絶縁体　34
絶縁破壊　790
絶対構造　959
摂動展開　376
ゼーマンエネルギー　37
ゼーマン効果　781
ゼーマン分裂　292
セルマイヤーの分散公式　668
ゼロギャップ半導体　451
ゼロ磁場スピン分裂　366
ゼロ点　437
ゼロモード　459

遷移確率　160
遷移行列　160
漸近的自由状態　143
線形応答　73
線形応答理論　374
線形化されたボルツマン方程式　372
選択律　681
全断面積　886
占有率　212

相関関数　891
相関基底関数法　91
相関効果　100, 118
相関長　905
双極子近似　681
相互作用表示　374
走査トンネル顕微鏡　623, 625
相分離現象　127
双連続構造　912
総和則　683, 701
遡及反射　537
速度相関関数　373
束縛エネルギー　50
束縛状態　49
疎水性相互作用　913
ソフトマター　879
素励起　332, 599

タ 行

第一原理系　89
第1チャーン数　419, 421
第1ブリルアンゾーン　33
第1臨界磁場　47
第1種超伝導体　47, 245
対角的長距離秩序　51
大観（TAIKAN）　919
第3角度効果　393
対称ゲージ　435
対称性　618
対称操作　65
帯磁率テンソル　259
体積相転移　911
第2種超伝導体　47

索　引

第 2 ビリアル係数　904
第 2 量子化　113
第 2 臨界磁場　47
対分布関数　117
ダイマー状態　839
ダイマーモット反強磁性絶縁相　937
多階層モデリング　201
多極子秩序　286
多重散乱　892
多格子　494
多層マグネット　769
多体効果とバンド効果の競合　123
多体摂動理論　92, 118
脱閉じ込め転移　196
脱閉じ込め転移の理論　194
伊達による多層コイル　769
多電子問題　29
ダナー–チェイキン振動　393
種磁場コイル　798, 801
ターンアラウンド　800, 803
単位胞　31
短距離秩序　253
単結晶試料　321, 324
端子　429, 500
端状態　219
弾性散乱　888
弾道的伝導　497
断熱近似　96
断熱変化　360
断熱ポテンシャル　109

チェッカーボード型電荷秩序　970
遅延グリーン関数　376
チェンバースの公式　373
チェンバースの表式　385
秩序パラメータ　208
秩序変数　41, 269, 613, 615, 618
秩序変数の変換性　67
秩序-無秩序転移　910
チャープパルス増幅　651
チャーン–サイモンズゲージ場　442
チャーン数　217, 420

チャーン絶縁体　364, 472
中間相関関数　899
中心座標　355
中性子曇点法　908
中性子スピンエコー法　899, 909
中性子線　881
中性子反射率法　896, 910
超越 LDA 汎関数　135
超格子　494
超高分解能光電子分光　709
超高分解能発光分光　710
超伝導　40, 345
　　――の秩序変数　51, 60
超伝導機構　965
超伝導転移温度　40, 53
超伝導マグネット　767
超薄膜　483
超微細磁場　303, 304, 308
超微細相互作用　255
超流動　580, 594
超流動 ^{3}He　614
超流動 ^{4}He　594
超流動相　178
超臨界状態のアルカリ金属流体　124
超臨界流体　124
直接遷移　488
直流-交流発振（有機サイリスタ）　971
直交クラス　458
チョッパー分光器　899

定圧比熱　233
ディオファントス方程式　423
定在波　634
低次元格子　978
低次元磁性体　839
低次元有機伝導体　932
低次元量子スピン系　978
低次元励起子　748
定常・非平衡状態　957
定積比熱　233
ディラックコーン　448
ディラック点　448

ディラックフェルミオン　217
ディラック方程式　447
ディングル温度　403
ディングルプロット　404
鉄ヒ素系超伝導体　57
デバイエネルギー　56
デバイ近似　239
デバイ振動数　240
デバイ波数　240
デュローン–プティ則　234
電解法（電気化学的酸化還元法）　939
電荷応答関数　80
電荷秩序相　937, 968
電荷中性点　462
電荷保存則　432
電荷ポンプ　417, 433
電気 16 極子モーメント　286
電気抵抗　79
電気抵抗極小現象　141
電気抵抗率　371
電気伝導　348
電気伝導度　371, 373, 376, 379
電気 4 極子モーメント　286
電気 4 重極相互作用　303, 309
電気 4 重極モーメント　256
点群　65, 66, 68
点欠陥　207
電磁運動量　415
電子ガス模型　93, 116
電子間クーロン相互作用項　115
電子供与体　932
電子格子相互作用　55
電子収量法　697
電子受容体　932
電子スピン共鳴　833
電子正孔　727
電子正孔励起　127
電子相関　929, 974
電子とイオンの周期ポテンシャルとの相互作用項　115

電子とイオンのハードコアとの相互作用項　115
電磁濃縮法　770, 797
電子の運動エネルギー項　115
電子比熱　243
電子比熱係数　37, 244, 989
テンソルネットワーク法　157
伝導チャネル　500
伝導度量子　498
電流相関関数　376
点励起発光スペクトル　753

統一的電子相図　965
銅銀線　786
動径分布関数　604
銅酸化物高温超伝導体　57
銅酸化物超伝導体　848
動の現象　200
動の構造因子　127
動の磁化率　73, 80, 992
動の光散乱　900
動の臨界指数　992
導波路　665
等方的フェルミ液体　81
特異ゲージ変換　415, 441
特殊時間反転対称性　457
特性インピーダンス　820
閉じ込め分子模型　111, 112
ド・ハース–ファン・アルフェン効果　400
ド・ハース–ファン・アルフェン振動　403, 964
トポロジー　206
トポロジカル結晶絶縁体　472
トポロジカル数　187, 470
トポロジカル絶縁体　220, 221, 226, 470
トポロジカル伝導　348
トポロジカル不変量　207, 419, 426
トーマス–フェルミの遮蔽長　55
ドメイン構造　70

トランスコリレーテッド法　92
トリプレット対　49
トリプロン　181
ドリブン・シールド　806
ドルーデ–スミスモデル　671
ドルーデモデル　670
ドルーデ理論　370
ドレスト状態　677
ドレッセルハウス型　367
トンネル効果　39, 625
トンネルスペクトル　630
トンネル描像　395

ナ　行

内殻光電子分光　693
内殻偏極　305
軟 X 線ラマン散乱　706
南部表示　51

2 次元イジングモデル　151
2 次元層状結晶構造　958
2 次元電子系　407
2 次元反強磁性体　843
2 準位原子系　736
2 層グラフェン　466
2 部分格子構造　274
2 分割可能な格子　73
5/2 分数量子ホール状態　445
2 流体モデル　610, 611
2 流体力学　611
ニールセン–二宮の定理　463

熱素（カロリック）　6
熱電能　962
熱容量　36
熱力学極限　419
熱力学第 2 法則　162
熱力学的臨界磁場　45, 247
ネール温度　73
ネール状態　196
ネール秩序相　194
燃素（フロギストン）　6

濃厚 (C) 相　591

ハ　行

配位多面体　978
パイエルス転移　936
バイオマター　923
排除体積効果　904
ハイゼンベルク表示　374
ハイゼンベルクモデル　153
配置間相互作用法　91
ハイトラー–ロンドン理論　104, 106
ハイブリッドマグネット　768
バイヤース–ヤンの定理　414
パイロクロア格子　986
パイロクロア酸化物　984
パウリ行列　365
パウリ常磁性　262
パウリ常磁性帯磁率　263
破壊型パルス強磁場　769
爆縮法　770
パーコレーション　412
梯子格子　978
パスカル定数　262
波長変換　650, 721
バックグラウンド反転　400
発光励起スペクトル　743
バーテックス関数　127
波動関数的アプローチ　91
ハートリー–フォック近似　71, 98, 180
バネ・亜鈴モデル　903
場の量子論的アプローチ　92
ハーバースミサイト　983
ハーバートスミサイト　978
ハバード模型　107
ハバードモデル　38, 40, 158
ハーパー・ブロードニング　357
ハーパー方程式　357
ハミルトニアン　29, 672
ハミルトンの正準方程式　353
パラクリスタル理論　913

索　引

パラヘリウム　103
パリティ　61
ハリマンの構成法　132
バルク-エッジ対応　431, 434, 471
ハルデーンギャップ　188
バレー　451
汎関数　93
反強磁性　272
反強磁性ベクトル　73
反強磁性量子臨界点　76, 78, 993
反強的4極子相　287
反局在効果　458
半金属　854
半金属/半導体転移　856
パンケーキ磁束　849
半古典論　672
反磁性化学シフト　302
反磁場　260
反磁場係数　260
反磁場補正　260
半整数量子ホール効果　461
反対称スピン軌道相互作用　366
反跳軌道（skipping 軌道）　426
反転層　408
反転対称性　66
半導体　34
半導体光学遷移　723
半導体レーザー　651, 738
バンド計算　948
バンド効果　122
バンド反転　470
バンド不連続　479

非圧縮性量子液体　438
非可換統計　446
光格子　176
光増幅　650
光導波路　732
光パルス　716
光物性　645
非干渉性散乱　887
非干渉性散乱断面積　888

ピーク効果　284, 393
飛行時間分光法　899
微細構造定数　411
非磁性軌道揺らぎ　1003, 1006
ビスマス　854
歪みゲージ　814
非摂動鎖　907
非線形 σ モデル　185
非線形屈折率　720
非線形光学　719
非線形伝導度測定　957
非線形分極　718
非対角的長距離秩序　51
非対称パラメータ　256
非弾性散乱　888, 899
非弾性散乱長（位相緩和長）　432
非断熱効果　97
ビッターマグネット　768
非定常・非平衡状態　957
一巻きコイル法　769, 792
比熱　36, 79, 233
火花放電　790
非フェルミ液体　246, 992, 997
非フェルミ液体的性質　78, 84
微分散乱断面積　884
非放物線性　359
非ユニタリ状態　62
標準模型　440
表皮効果　818
ビリアル定理　97

ファインマン図形　378
ファインマン理論　602
ファインマン臨界速度　608
ファウラー爆縮法　770
ファース一巻きコイル法　769
ファノパラメータ　531
ファブリ–ペローエタロン　729
ファブリ–ペロー光共振器　729

ファラデー回転　811, 833
ファラデーの法則　775
ファラデー法　283, 810
ファン・デル・ワールス相互作用　913
ファン・デル・ワールス力　105
ファン・ホーブ特異点　359
フィルムフロー　613
フェルミ（単位）　882
フェルミ液体　38, 991, 992
フェルミ液体状態　445
フェルミエネルギー　35
フェルミオロジー　964
フェルミ球　35
フェルミ端異常　141
フェルミ–ディラック分布関数　36
フェルミの疑似ポテンシャル　886
フェルミ波数　35
フェルミホール　120
フェルミ面　35
　——のトポロジー　993
フェルミ粒子　882
フェルミ流体　143
フォトルミネッセンス　739
フォナー・コーム式ヘリカルコイル　769
フォノン　55, 344
フォノン状態密度　242
不活性相　618
複屈折　817
複合フェルミオン　443
複合ボソン　443
複合粒子　443
複合粒子描像　441
不純物アンダーソン模型　139
負の磁気抵抗　410
負符号問題　156
部分格子　274
部分和　379
普遍性クラス　458
普遍的伝導度揺らぎ　524
普遍汎関数　131, 132

フライホイール付き発電機　787
フラストレーション　183, 845
プラズマロン　130
フラックス法　994
プラトー　411
ブラベー格子　30
フーリエ限界パルス　721
ブリッジマン法　995
フリーデル振動　138
フリーデルの和公式　137
ブリルアン関数　249
ブロック共重合　906
ブロッホ状態　350
ブロッホ–ドミニシスの定理　378
ブロッホの定理　30, 31
ブロッホ和　350, 450
分子軌道計算　948
分子線エピタキシー法　408
分子動力学シミュレーション　152, 156
分子動力学法　154, 200
分子の振動（バイブロン）　110
噴水効果　612
分数電荷　440
分数量子ホール効果　434, 464
分数量子ホール状態　434
フント則　103
フントの規則　39
分布定数回路　819
粉末試料　323

平均場近似　50, 71, 254, 442
平行帯磁率　274
並進対称性　30
並進対称の群　30
平面波解　661
ベクトルポテンシャル　43
ベシクル　914
ベシニエイト　978, 983
ヘッジホッグ　189

ベーテ仮説法　142
ヘテロ構造　722
ヘテロ接合　478
ベリー位相　188, 360, 361, 454
ヘリウム液化　580
ヘリウム原子　98
ヘリウム3超流動　64
ヘリウム3融解圧　587
ヘリウム蒸気圧　586
ヘリカル・エッジ状態　471
ヘリカル表面状態　471
ベリー曲率　361, 403, 419, 421
ヘリシティ　448
ベリー接続　361, 419, 421
ベルナール積層　448, 466
ヘルマン–ファインマンの定理　121
ヘルラッハー巻きコイル法　769
偏向電磁石　652
遍歴電子メタ磁性転移　280

ボーア磁子　365, 781
ポアソンの和公式　401
ボーア–ゾンマーフェルトの量子化条件　354
ボーア–ファンリューエンの定理　262
放射光　652
包絡関数　351, 479, 480
ボゴリューボフ変換　51, 62
ボゴリューボフ理論　597
ボース–アインシュタイン凝縮　153, 596, 597
ボース凝縮　176
ボース–ハバードモデル　177
ボース分布　239
ボース分布関数　596
ポッツモデル　196
ホフスタッター・バタフライ　358, 420
ポメランチュク冷却　590
ポーラー状態　65
ポリマーブレンド　905

ホール効果　210
ボルツマン方程式　371
ホール伝導　210
ホール伝導度　214, 218
ボルボサイト　984
ボルン–オッペンハイマー近似　96
ボルン近似　382, 885
ボンド交替　839
ポントリャーギン数　187
ポンプ–プローブ法　713

マ 行

マイスナー効果　40, 46
巻き付き数　419
マクスウェルの関係式　279
マクスウェル方程式　659, 775
マグノン　179
松原表示　376
マーデルングエネルギー　116
魔法角共鳴　392
マヨラナ粒子　445
マルコフ過程　152
マルコフ鎖　158
マルコフ鎖モンテカルロ法　159
マルチチャネル近藤問題　147

ミクロ相分離構造　913
密度汎関数理論　93, 130, 153
密度変分原理　131
ミニバンド　494
ミニマルな相互作用　43

メタGGA　135
メタ磁性　277
メトロポリス　152

モット絶縁相　936
モット絶縁体　34, 40, 975
モット転移　975

索　引

モード同期　648
モード同期レーザー　649
モード利得　735
モンゴメリーのハイブリッド
　　マグネット　768
モンテカルロシミュレーショ
　　ン　152, 155
モンテカルロ法　158

ヤ　行

山地振動　384, 386
ヤン–ウーの構成法　422

融液成長法　994, 995
有機超伝導体　932
有機電荷移動錯体　932
有限サイズスケーリング
　　175, 196
有限要素法　155
有効屈折率法　733
有効質量　244
有効質量近似　350
有効質量ハミルトニアン
　　351
有効質量方程式　351
有効磁場　266
有効媒質理論　135
有効ハミルトニアン　223
誘電異常　124
誘電異常現象　124
誘電率測定　956
誘導法　808
輸送・伝搬問題　104
ユニタリ・クラス　458
ユニタリ状態　62
ユニタリ性　61
揺らぎの遅延化　335

陽子対の分布関数　110
横磁場イジングモデル　202
4極子自由度　1004
4重極相互作用　311
四大元素　3

ラ　行

ラグランジュ関数　364
ラグランジュの未定係数
　　133
ラグランジュ微分　372
ラージゲージ変換　213
ラシュバ型スピン軌道相互作
　　用　366
ラッティンジャー流体　130
ラットリング　344, 986
ラフリン状態　437, 438
ラフリンの試行関数　438
ラフリンの思考実験　417
ラーモア歳差運動　293, 899
ラーモアの反磁性　261
乱雑位相近似　908
ランジュバン反磁性　261
ランダウアー公式　429
ランダウアーの伝導公式
　　500
ランダウアー–ビュティカー
　　の伝導公式　429, 501
ランダウアー–ビュティカー
　　描像　428
ランダウゲージ　355
ランダウ準位　211, 354, 781
ランダウの反磁性　263
ランダウプロット　403
ランダウ臨界速度　607
ランチョス法　155
ランデのg因子　267, 365

力学的運動量　415
リッジ型導波路　733
リフシッツ–コセービッチの
　　公式　403
粒子間干渉効果　896
粒子速度　803
リュードベリ準位　782
リュービルの定理　372
リュービル–フォン・ノイマ
　　ン方程式　374
量子異常ホール効果　363
量子異常ホール絶縁体　363

量子井戸　739
量子化伝導度　498
量子計算　201
量子構造　476
量子細線レーザー　755
量子情報　201
量子振動　851
量子スピン　839
量子スピン液体状態　937
量子スピン系　982
量子スピンホール効果　364
量子スピンホール絶縁体
　　470
量子相転移　224, 337, 909
量子ドット　511
量子ドット系　144
量子トンネル効果　200
量子ポイントコンタクト
　　498
量子ホール強磁性　470
量子ホール強磁性状態　463
量子ホール状態　411
量子モンテカルロシミュレー
　　ション　153
量子臨界現象　202, 990,
　　1001
量子臨界的な振る舞い　1005
量子臨界点　337, 990
量子臨界揺らぎ　77
量子臨界領域　78
両親媒性分子　914
臨界現象　201, 908
臨界指数　253, 271
臨界磁場　276
臨界終点　280

ルーダーマン–キッテル–糟
　　谷–芳田相互作用　147
るつぼ　994
ループアルゴリズム　168
ループ分割　168

励起子　491
励起子形成　129
励起子モット転移　753
冷中性子線　881

レーザー　647
レーザーダイオード　651
レート方程式　737
レビンソンの定理　137
レプテーション　901, 909
レベッド共鳴　392

ローレンツの局所場　669
ローレンツモデル　666

ロングパルスマグネット　787
ロンドン方程式　45

ワ 行

ワイス温度　266
ワイス振動　390
ワイス理論　151

ワイル表現（カイラル表現）　447
ワイル方程式　448, 452
ワード恒等式　127
ワニア状態　350
ワーム　170
ワームアルゴリズム　170

物性科学ハンドブック
　　―概念・現象・物質―

2016年5月30日　初版第1刷

編　集	東京大学物性研究所
発行者	朝　倉　誠　造
発行所	株式会社　朝　倉　書　店

東京都新宿区新小川町6-29
郵便番号　　162-8707
電　話　03(3260)0141
Ｆ Ａ Ｘ　03(3260)0180
http://www.asakura.co.jp

定価はカバーに表示

〈検印省略〉

Ⓒ 2016　〈無断複写・転載を禁ず〉　　　　中央印刷・牧製本

ISBN 978-4-254-13112-3　C 3042　　Printed in Japan

JCOPY　〈(社)出版者著作権管理機構　委託出版物〉

本書の無断複写は著作権法上での例外を除き禁じられています．複写される場合は，そのつど事前に，(社)出版者著作権管理機構（電話 03-3513-6969, FAX 03-3513-6979, e-mail: info@jcopy.or.jp）の許諾を得てください．

東大 鹿野田一司・物質・材料研 宇治進也編著

分子性物質の物理
―物性物理の新潮流―

13119-2　C3042　　　A5判 212頁 本体3500円

分子性物質をめぐる物性研究の基礎から注目テーマまで解説。〔内容〕分子性結晶とは／電子相関と金属絶縁体転移／スピン液体／磁場誘起超伝導／電界誘起相転移／質量のないディラック電子／電子型誘電体／光誘起相転移と超高速光応答

東北大 髙橋 隆著
現代物理学[展開シリーズ]3

光電子固体物性

13783-5　C3342　　　A5判 144頁 本体2800円

光電子分光法を用い銅酸化物・鉄系高温超伝導やグラフェンなどのナノ構造物質の電子構造と物性を解説。〔内容〕固体の電子構造／光電子分光基礎／装置と技術／様々な光電子分光とその関連分光／逆光電子分光と関連分光／高分解能光電子分光

前東北大 青木晴善・前東北大 小野寺秀也著
現代物理学[展開シリーズ]4

強相関電子物理学

13784-2　C3342　　　A5判 256頁 本体3900円

固体の磁気物理学で発見されている新しい物理現象を，固体中で強く相関する電子系の物理として理解しようとする領域が強相関電子物理学である。本書ではこの新しい領域を，局在電子系ならびに伝導電子系のそれぞれの立場から解説する。

前東北大 豊田直樹・東北大 谷垣勝己著
現代物理学[展開シリーズ]6

分子性ナノ構造物理学

13786-6　C3342　　　A5判 196頁 本体3400円

分子性ナノ構造物質の電子物性や材料としての応用について平易に解説。〔内容〕歴史的概観／基礎的概念／低次元分子性導体／低次元分子系超伝導体／ナノ結晶・クラスタ・微粒子／ナノチューブ／ナノ磁性体／作製技術と電子デバイスへの応用

東北大 岩井伸一郎著
現代物理学[展開シリーズ]7

超高速分光と光誘起相転移

13787-3　C3342　　　A5判 224頁 本体3600円

近年飛躍的に研究領域が広がっているフェムト秒レーザーを用いた光物性研究にアプローチするための教科書。光と物質の相互作用の基礎から解説し，超高速レーザー分光，光誘起相転移といった最先端の分野までを丁寧に解説する。

前慶大 米沢富美子著

金属‐非金属転移の物理

13110-9　C3042　　　A5判 264頁 本体4600円

金属‐非金属転移の仕組みを図表を多用して最新の研究まで解説した待望の本格的教科書。〔内容〕電気伝導度を通してミクロな世界を探る／金属電子論とバンド理論／パイエルス転移／ブロッホ‐ウィルソン転移／アンダーソン転移／モット転移

理科大 福山秀敏・青学大 秋光 純編

超伝導ハンドブック

13102-4　C3042　　　A5判 328頁 本体8800円

超伝導の基礎から，超伝導物質の物性，発現機構・応用までをまとめる。高温超伝導の発見から20年。実用化を目指し，これまで発見された超伝導物質の物性を中心にまとめる。〔内容〕超伝導の基礎／物性(分子性結晶，炭素系超伝導体，ホウ素系，ドープされた半導体，イットリウム系，鉄・ニッケル，銅酸化物，コバルト酸化物，重い電子系，接合系，USO等)／発現機構(電子格子相互作用，電荷・スピン揺らぎ，銅酸化物高温超伝導物質，ボルテックスマター)／超伝導物質の応用

前学習院大 川畑有郷・明大 鹿児島誠一・阪大 北岡良雄・東大 上田正仁編

物性物理学ハンドブック

13103-1　C3042　　　A5判 692頁 本体18000円

物質の性質を原子論的立場から解明する分野である物性物理学は，今や細分化の傾向が強くなっている。本書は大学院生を含む研究者が他分野の現状を知るための必要最小限の情報をまとめた。物質の性質を現象で分類すると同時に，代表的な物質群ごとに性質を概観する内容も含めた点も特徴である。〔内容〕磁性／超伝導・超流動／量子ホール効果／金属絶縁体転移／メゾスコピック系／光物性／低次元系の物理／ナノサイエンス／表面・界面物理学／誘電体／物質から見た物性物理

上記価格（税別）は 2016 年 4 月現在